U0266395

航天品质，呵护每一步！

五十年来，我们的润滑科技，一次次飞跃太空，挑战极限；
五十年来，我们的卓越品质，一步步融入生活，与您相伴；
长城润滑油，将航天与生活完美结合，全力呵护每一步！
航天级润滑保护，长城润滑油！

SINOPEC
长城润滑油
航 天 级 润 滑 保 护

国石化润滑油公司 地址：北京市海淀区安宁庄西路6号 邮编：100085 服务热线：400-810-9886 800-810-9886 网址：www.sinolube.com

石油化工科学研究院

上海高桥分公司年产140万吨MIP装置全景图

石油化工科学研究院（以下简称石科院）成立于1956年7月，是中国石油化工股份有限公司直属综合性科研开发机构，主要从事石油炼制和石油化工技术领域的科学研究与开发、技术许可、技术服务、技术咨询和技术培训。围绕中国炼油工业发展的技术需要，重点开展具有全局性、前瞻性和重大战略意义的关键课题研究。石科院学科完整，科研开发综合优势突出，业务领域涵盖了炼油工业技术全流程，拥有从原油评价到各项炼油工艺技术及催化剂开发，直到石油产品研制和评价的全炼油厂成套技术的开发实力和研发优势。

石科院下设17个研究部门，拥有炼油工艺与催化剂国家工程研究中心、石油化工催化材料与反应工程国家重点实验室、润滑油评定中心、水处理技术服务中心等机构。截至2008年底，职工总数为967人，各类技术人员819人。其中，中国科学院、中国工程院院士6人，教授级高级工程师94人，高级技术人员390人，博士177人，硕士201人。

崇尚科学、求实创新

加氢中型试验装置

催化重整中型试验装置

石科院开发的DCC技术在泰国TPI公司工业应用

面向未来，紧紧围绕中国石化的发展战略，石科院将继续秉承和发扬“崇尚科学、求实创新”的创新型企业文化，建设以炼油为主、油化结合能源型研究开发中心，努力为中国石化的资本增值、可持续发展提供有效的技术支撑和技术服务。

北京三聚环保新材料股份有限公司

北京三聚环保新材料股份有限公司（以下简称“三聚环保”）是利用自主研发的环保新材料，为基础能源工业产品的清洁化、产品质量的提升及生产过程的清洁化提供产品、技术及综合解决方案的高新技术企业，三聚环保具备较强的自主创新能力和市场开拓能力。三聚环保产品广泛应用于石油炼制、石油化工、天然气及天然气化工、煤层气及煤化工、钢铁及污水处理等领域，解决上述行业产品清洁化及生产过程清洁化的问题。

地址：北京市海淀区人大北路33号大行基业大厦9层　邮编：100080　电话：010-82684990　传真：010-82685253
网址：www.sanju.cn　E-mail：sanju@sanju.cn　技术合作：technic@sanju.cn　人才招聘：office@sanju.cn

上海石油化工研究院

中国石油化工股份有限公司上海石油化工研究院（简称上海石化院）创建于1960年，是中国石化直属的从事石油化工科技开发的研究机构之一。上海石化院长期从事芳烃、丙烯、新能源化工、基本有机原料、功能高分子材料、精细化工及油田化学品等领域成套工艺技术、催化剂与新产品的研究开发和应用业务。设有基本有机原料催化剂国家工程研究中心、国家人事部博士后工作站、全国标准化委员会石油化学分技术委员会、中国石化有机原料科技情报中心站、中国石化有机原料标准化中心、上海市石油化工产品质量监督检验站、上海测试中心催化剂行业测试点等机构。

建院来，上海石化院开发了具有国际领先或先进水平的多系列石油化工成套技术及催化剂，其中大部分已成功应用于国内外大中型石化装置。甲苯歧化、乙苯脱氢、丙烯腈、精对苯二甲酸、异丙苯、裂解汽油加氢、醋酸乙烯等具有中国石化自主知识产权的成套技术保持了国际领先或先进水平。陆续开发了28万吨/年丙烯腈、180万吨/年甲苯歧化、50万吨/年苯乙烯、20万吨/年乙苯（气相）、30万吨/年异丙苯、6000吨/年乙醇脱水制乙烯、2000吨/年二甲醚、3万吨/年甲胺等60余项以催化剂为核心的成套技术工艺包。

建院至今，上海石化院取得科技奖励230余项，其中国家科技进步一等奖1项，国家发明二等奖2项，亿利达科技奖、何梁何利奖、聂荣臻发明奖各1项。

地址：上海市浦东北路1658号
邮编：201208
电话：+86 (21) 68462197
传真：+86 (21) 68462283
网址：http://www.sript.com.cn

歧化催化剂

海院工程中心
科研装备-透射电镜

团结、实干、开拓、严谨

中国石化抚顺石油化工研究院

中国石油化工股份有限公司抚顺石油化工研究院（以下简称“抚顺石化院”）是中国石油化工股份有限公司的直属科研单位，创建于1953年，是国内较早建立的石油研究机构。经过50多年的不断发展，现已成为以加氢催化、生物化工、环境保护技术以及材料产品开发为核心专业领域的综合性科研开发基地。

抚顺石化院位于辽宁省抚顺市望花区，占地21万平方米，拥有中小型炼油及化工试验装置200余套，其中具有当今世界先进水平的加氢试验装置50多套，有各类大型分析测试仪器200余台。

抚顺石化院主要从事加氢裂化催化剂及工艺技术开发、馏分油加氢精制催化剂及工艺技术开发、渣油加氢处理催化剂及工艺技术开发、石油蜡类及特种溶剂油产品加氢精制催化剂及工艺技术开发、半再生固定床催化重整催化剂及工艺技术开发、生物及化工技术开发、石化企业和油田废水、废气、废渣治理技术开发以及石油沥青、特种蜡产品生产技术开发。此外，在加氢催化基础研究和催化剂表征、加氢催化动力学及其过程模拟软件开发、原油评价、油品分析测试和石油蜡类产品标准化、科研装备开发等方面也具有雄厚的技术实力。

目前，抚顺石化院共取得科技成果340多项，获国家科技进步奖和发明奖20多项。炼油加氢技术是抚顺石化院的传统优势领域，其成果水平和开发能力均处于国际先进行列。

抚顺石化院贴近企业、贴近市场，积极开展各种技术服务、技术咨询、技术许可以及相关成套技术开发等业务，与各大中型石油化工企业建立了良好的合作关系。现在，抚顺石化院的技术成果已应用于全国24个省市自治区的企业，为企业创造了可观的经济效益。

抚顺石化院秉承“团结、实干、开拓、严谨”的“抚研”精神，努力建设具有一流人才、一流装备、一流管理、一流成果的世界一流研究院，为中国石化持续有效和谐发展提供更有力的技术支撑。

扬州罗克阀锁科技有限公司

Yangzhou Rock Valve Lock Techology Co.Ltd

机械联锁安全系统

Mechanical Interlock Safety System

企业简介

扬州罗克阀锁科技有限公司是中阀科技（纳斯达克上市企业，交易代码CVVT）的全资子公司，是一家倡导安全理念，制造工业锁具及控制系统，提供手动设备安全控制技术和解决方案的专业性公司；同时我们也是国内钥匙联锁与过程管理安全控制系统中集研发、制造和销售于一体的现代化综合性企业。

钥匙联锁与过程安全管理系统

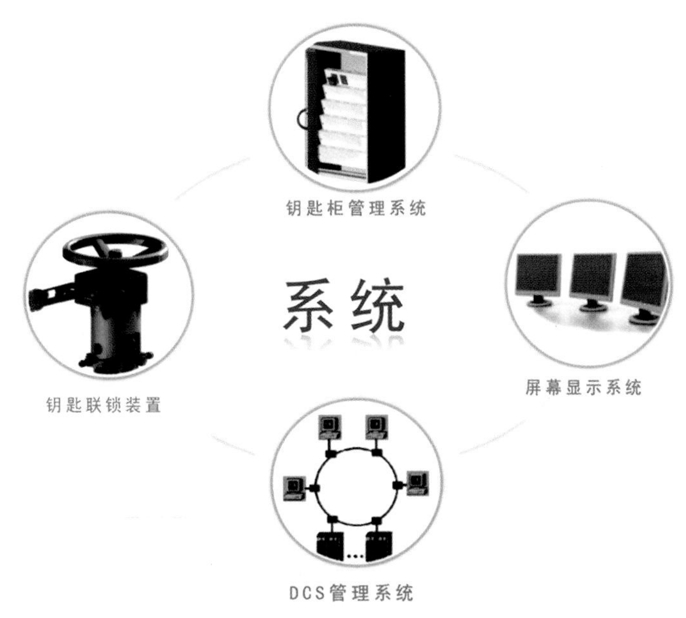

主要产品

- 联锁阀
- 机械联锁装置
- 钥匙联锁与过程管理安全控制系统
- 各类阀门锁具

诚招代理商

生产基地：江苏扬州市淮扬区江阳工业园金槐路
研发中心：上海市虹口区长春路158号虹叶花园3号楼4C室
手机：13764656186　电话：021-63069000
传真：021-56962110
网址：http://www.yz-lock.com
邮箱：mail@yz-lock.com

罗克阀锁——安全与效益的最佳选择！
Rock valve——the best choice for safety and efficiency.

为卓越的客户，提供"卓然"的服务。
我们坚信可以做到这一点，而且做的更好。

公司简介
Company Introduction:

上海卓然工程技术有限公司（简称 SZET）是一家以工业炉及大型装备模块化整体制造为主导，为国内外的石化和石油天然气等行业客户提供产品和服务的专业公司。

Shanghai Zuoran Engineering Technology Co., Ltd. (SZET) is a professional company which is dominantly engaged in Modularized manufacturing for industrial Furnaces and large equipments. SZET provide technical service for both domestic and international customers who are operating in particular petrochemical industry and the oil & gas industry, etc.

地址：上海市黄浦区广东路 689 号 1603 室　邮编：200001　电话：021-51159966　传真：021-51159977
E-mail:marketing@szet.com.cn　网址：www.szet.com.cn

多台中频感应电炉
Intermediate Frequency inductive electrical Furnaces

卓然价值观：Our Values

可持续性：卓然相信可持续性是全世界所有行业，社会和个人的共同责任。卓然在满足现今客户需求的同时，大力研发和推广节能环保新技术，从社会、经济和环保的角度和责任考虑不损害子孙后代的利益，为各方创造价值，进行可持续发展。

Sustainability: SZET believes that sustainability is a shared responsibility of business, governments, society and individuals throughout the world. To promote sustainable development, SZET envisions to meet the needs of our customers, dedicated in R&D for environmental and energy saving hi-tech, while conducting business in a socially, economically and environmental manner to the benefit of current and future generations thereby creating value for all stakeholders.

尊重社会公德与职业道德：近几年卓然得到了国内外客户的高度认可，是公司宝贵的财富。行业道德基于准确的判断，公平的处理以及客户的满意度。我们的核心经营理念是与客户建立长期的合作关系，以精湛的技术，“量体裁衣“为客户提供优质的产品和服务。

Compliance and Ethics: SZET’s reputation is highly regarded by both our domestic and international customers. It has evolved over the recent years and is among the company’s most valuable assets. Business ethics are based on sound judgment, fair dealings and customer satisfaction. Our emphasis on cultivating long-term partnership, sound engineering, delivering tailored goods and services lies at the core of our operating philosophy.

健康、安全、环境政策：卓然在此郑重承诺以安全高效的方式处理公司设施和项目，并完全遵守所有中国的健康，安全和环境法律法规要求，以及客户提出的 HSE 要求。

HSE policy: We, SZET declare that we firmly committed to operate our facilities and projects in a safe, efficient manner and in compliance with all local Health, Safety and Environmental laws, rules and regulations and those imposed by our customers.

公司使命：成为向国内外石化和石油天然气等行业客户提供工业炉及相关设备成套化制造和技术服务的领先者。

Our Mission: Be leading in providing equipment manufacturing and technical services for industrial furnaces and related products for domestic and international customers operating in particular petrochemical industry and the oil & gas industry, etc.

我们的目标是成为目标客户的首选合作伙伴。为实现这一目标，我们将利用我们的知识和经验为客户提供优质的产品和服务，满足客户的需求。通过我们的努力，得到客户的认可，成为其可靠的强有力的合作伙伴。

It is our aim to become the preferred partner for our target group of customers. We pursue this aim by leveraging our knowledge and experience to deliver and services that directly address the customer’s needs and specific requirements. By our hardworking we will succeed in gaining the recognition as a trustworthy and competent business partner.

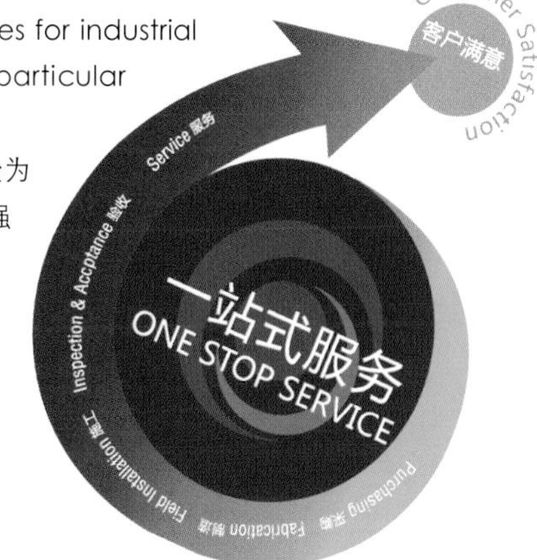

LET US PROVIDE OUR EXCELLENT SERVICES FOR YOUR EXCELLENCE

为卓越的客户 提供卓然的服务

上海大田——高品质控制阀制造专家
Shanghai Datian Manufacturing Expert for High-Quality Control Valve

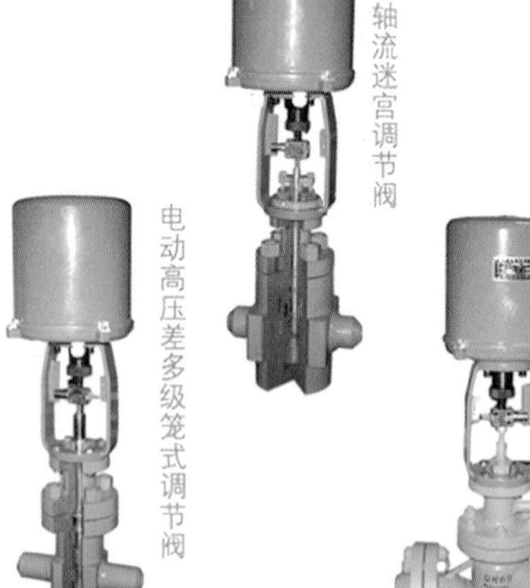

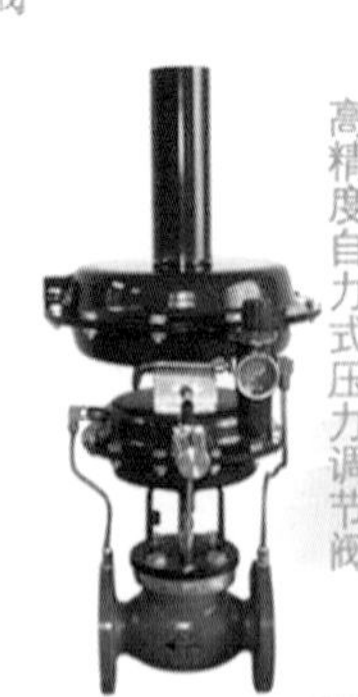

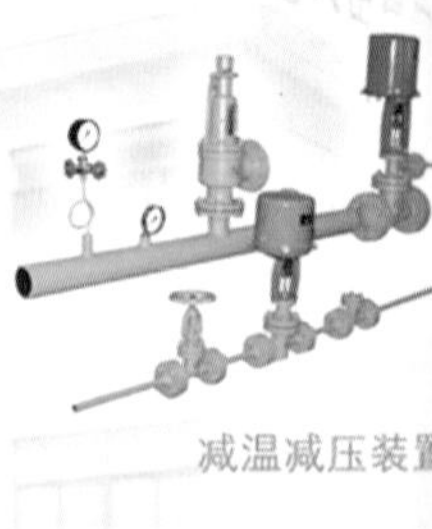

上海大田阀门管道工程有限公司
Shanghai Datian Valve Pipe Engineering Co., Ltd.

DNV 合同信用等级 TS2731091-2031
诚征全国各地代理商

地址▲上海市浦东新区周祝公路3223号
邮编▲201323
电话▲86-21-58108666（转分机）
传真▲86-21-58109777
网址▲http://www.dtjt.com
电邮▲business@dtjt.com

温州市东瓯微孔过滤有限公司

東甌微濾 DONOU

国家级高新技术企业 ISO9001认证企业 信用AAA级企业

上海东瓯微孔过滤研究所

www.chinadongou.com

高分子烧结精密微孔过滤技术发明人
享受国务院特殊津贴
宋显洪 教授

浙江省温州市东瓯微孔过滤有限公司是高科技企业，是已有近三十年历史的国内外较大的专业从事刚性高分子烧结微孔滤材与精密微孔过滤机系列的研究、生产与销售的公司。公司已获得近二十项发明与实用新型专利，公司产品已在国内外六千多家企业获得应用。产品既可大规模用于含超细固体少的液体澄清过滤，亦大规模用于含超细固体多的液固分离、洗涤、压干与自动化卸渣的液体滤饼过滤，是一种既节能又减排，既高效又长效，既密闭安全又低成本的自主创新的液固过滤技术。产品已广泛应用于化工、制药、冶金、食品及环境保护等十多个工业部门。

高新技术企业
证书

東甌微濾
DONOU
矢志成为行业领导者
Take an oath to become leader
in the sector

PGP系列微滤机

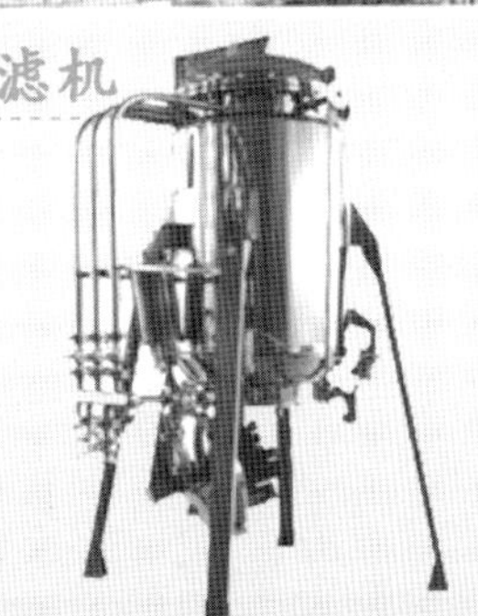

PGH系列过滤机

PGK系列微滤机

微孔滤材特点	过滤机特点	过滤对象
◎过滤精度为0.3μm，无穿漏，滤液澄清透明。 ◎气体反吹法卸干滤饼，气液反吹法再生，寿命3～5年。 ◎耐酸、碱、盐与大多数有机溶剂，耐温最高100℃。 ◎滤材结构：管式、板式、孔板式。	◎过滤面积从5～300m²。 ◎占地面积小，运动部件很少甚至无。 ◎操作简便或自动化，过滤密闭，无气味外逸。 ◎可将机内物料全部滤完,上下批次不混批。 ◎卸大量滤饼简便，一次可卸2m³干滤饼。 ◎过滤结构型号与规格很多。	◎液体原料，液体中间体，液体成品。 ◎各种超细粉体（金属或非金属超细粉体，超细固体催化剂，吸附剂，粉末活性炭，超细结晶等）。 ◎作离子交换、电渗析、超滤、纳滤、反渗透、精馏、蒸发、干燥、热交换等装置前精密预过滤。 ◎在现生产上仍用的但分离效率不高的自然沉降、离心机及以滤布或滤网为滤材的各种过滤机后作穿漏固体的回收。 ◎重金属废水、含氰废水、堆煤场废水等高效过滤。

地址：浙江省温州市杨府山涂田工业区南首
电话：0577-88130119 88130813 88130738
传真：0577-88138523
E-mail：chinadongou@sina.com
chinadongou@126.com

上海东瓯微孔过滤研究所
地 址：上海市长寿路396号7楼
电 话：021-62778862 13501990836
传 真：021-52520537
E-mail：xianhong@sh163.net

浙江天保利科技开发有限公司
公司经营理念：以技术为企业核心，以质量为企业生命，以顾客满意为企业宗旨。公司将以科学的管理、先进的技术，打造高品质、高科技的国际一流产品，真诚为顾客提供满意的全程服务。
浙江天保利科技开发有限公司是一家已有多年历史，专业开发和生产流量仪表、压力仪表、止回阀、以及流量调节阀等相关配套产品的科技型企业。公司拥有一支多年从事仪表研发、生产、经验丰富的技术队伍，注重技术的创新与进步，以科技为依托，以市场为导向，不断开发新产品以满足市场需求。现阶段，以光纤传感器为主导产品的研究、开发、生产、销售，产品已通过ISO 9001—2000认证，进一步巩固了公司整体实力与产品竞争力。
目前公司主要产品：
流量计系列：LGLT型和LGXT型智能电子流量计（工业用智能水表）、LXZT型智能磁电流量计、LDZT型智能电磁流量计、LDXT型单流束智能流量计。
阀门系列：TBL—H型止回阀、TBL—MT型磨轮式流量调节阀、TBL—TT型套筒式流量调节阀。
光纤传感器系列：光纤浓度计，密封杆式激光液位计。
产品具有计量准确、稳定性好、可靠性高、使用寿命长、维护方便等优点，广泛应用于石油、化工、冶金、纺织、食品、制药、造纸等行业，及环保、市政管理、水利建设等领域。
地址：浙江省温州市龙湾区灵昆镇上岩头
电话：0577-86087666
传真：0577-86082666
E-mail：tblkj@163.com
网址：www.tblkj.com
光纤浓度计
浓度：0.0%
介质：水中含油

炼油与石化工业技术进展

（2010）

洪定一　主编

中国石化出版社

内 容 提 要

本书以专题形式，按当前的热点问题分为综述、炼油工艺与产品、化工工艺与产品、催化剂（三剂）、装备技术、装置运行与管理、安全与环保、节能减排八个栏目。全书收录有代表性的文章近100篇，由中国石化、中国石油、中国海油等公司所属炼化企业、研究院所和国内其他石油化工相关企事业单位的200多位专家和工程技术人员撰写。这些文章具有紧密联系企业生产实际，涉及众多当前炼化行业所关注的热点、难点问题的特点，对炼化企业从事生产经营和管理，以及科学研究的技术人员和管理人员有重要的参考价值。

图书在版编目（CIP）数据

炼油与石化工业技术进展．2010 ／洪定一主编．—北京：
中国石化出版社，2010．3
ISBN 978－7－5114－0299－8

Ⅰ．①炼… Ⅱ．①洪… Ⅲ．①石油炼制－文集②石油
化学工业－技术革新－中国－文集 Ⅳ．①TE62－53
②F426．22－53

中国版本图书馆CIP数据核字（2010）第024960号

未经本社书面授权，本书任何部分不得被复制、抄袭，或者以任何形式或任何方式传播。版权所有，侵权必究。

中国石化出版社出版发行
地址：北京市东城区安定门外大街58号
邮编：100011　电话：(010)84271850
读者服务部电话：(010)84289974
http://www.sinopec-press.com
E-mail：press@sinopec.com.cn
北京科信印刷厂印刷
全国各地新华书店经销
*
889×1194毫米16开本39.75印张12彩页1109千字
2010年3月第1版　2010年3月第1次印刷
定价：130.00元

《炼油与石化工业技术进展》

编　委　会

技术顾问：

闵恩泽　中国科学院院士、中国工程院院士

李大东　中国工程院院士

汪燮卿　中国工程院院士

主　　编：

洪定一　中国化工学会秘书长、原中国石化股份公司科技开发部主任

编　　委：（排名不分先后）

周世民　中国石油炼油与化工分公司副总经理

胡　杰　中国石油炼油与化工分公司总工程师

王玉庆　中国石化科技开发部副主任

陈尧焕　中国石化炼油事业部副主任

项汉银　中国石化化工事业部副主任

李志国　中海石油油气总公司总工程师

李　宁　中海石油气电集团常务副总经理

龙　军　中国石化石油化工科学研究院院长

方向晨　中国石化抚顺石油化工研究院院长

顾松园　中国石化上海石油化工研究院院长

张海峰　中国石化安全工程研究院院长

胡徐腾　中国石油化工研究院副院长

赵　江　中国石化润滑油分公司副总经理

韩剑敏　中国石化海南炼化公司副总经理

王治卿　中国石化九江分公司总经理

梁永超　中国石化广州分公司副总工程师

朱喜龙　中国石油黑龙江石油公司党委书记

吴　青　中海石油惠州炼化公司总工程师

山红红　中国石油大学（华东）校长

王子康　中国石化出版社社长

编者的话

2009年，我国经济在国家“扩大内需、促进经济增长”举措的支撑下，抵御了国际金融危机对实体经济的冲击，并克服全球市场低迷的影响，实现全年GDP增长8%的目标；炼油与石化工业也取得了总体向好的业绩，全行业企稳回升，原油加工能力增加到4.9亿吨/年，加工量实现3.75亿吨，增长7.9%；乙烯产能达到1268.5吨/年，比上年增加270万吨/年，产量突破千万吨大关，首次达到1070万吨，增长8.3%。我国石化业的发展势头，为引领全球石化产业走出增长停滞的困境做出了重要贡献，全球炼油能力从上年的42.8亿吨/年增加到43.6亿吨/年，乙烯能力达到1.373亿吨/年，比上年增加了1064万吨/年。

2009年也是我国炼化产业集约化和装置大型化取得重要进展的一年，千万吨级炼厂数目从上年的12家增加到17家。其中，中国石化拥有国内最大的镇海炼化等11家，中国石油拥有5家，中海油拥有惠州炼油。同时，装置单线年加工能力与国际水平的接轨也迈出了一大步，我国已拥有1200万吨的常减压、420万吨的催化裂化、400万吨的高压加氢裂化、600万吨的加氢精制、230万吨的连续重整以及420万吨的延迟焦化。在炼油与石化工业技术开发方面，清洁汽油柴油生产技术、100万吨/年催化重整成套技术、15万立方米大型原油储罐、15万吨/年大型乙烯裂解炉等一批新技术已开发成功并投入工业运行；装置节能技术日臻成熟，为炼油和石化工业饯行“低碳经济”理念做出了实实在在的贡献，国内镇海炼化、茂名石化的大型炼厂燃动能耗下降到53千克标油/吨原油的亚洲先进水平；乙烯燃动能耗也进步明显，中国石化齐鲁石化乙烯燃动能耗下降到634.43千克标油/吨的先进水平，中国石化茂名石化100万吨/年乙烯装置能耗已低于600千克标油/吨大关，达到国内领先水平，同时，在IGCC、煤制氢、原油蒸馏减压深拔等配套技术产业化及应用方面也取得重要进展。

为了及时反映我国炼油与石化工业最新技术进展，集中展现我国炼油与石化行业近几年来的技术进步成果，进一步加快我国炼化技术可持续发展步伐，同时为炼化企业科技和管理人员提供一个技术与管理经验的交流平台，我社在去年成功出版发行《炼油与石化工业技术进展》(2009)一书的基础上，汇编出版了《炼油与石化工业技术进展》(2010)一书。

本书以专题形式，按当前的热点问题分为综述、炼油工艺与产品、化工工艺与产品、催化剂(三剂)、装备技术、装置运行与管理、安全与环保、节能减排等八个栏目。全书收录有代表性的文章近100篇，由中国石化、中国石油、中国海油等公司所属炼化企业、研究院所和国内其他石油化工相关企事业单位的200多位专家和工程技术人员撰写。这些文章具有紧密联系企业生产实际，涉及众多当前炼化行业所关注的热点、难点问题的特点，对炼化企业从事生产经营和管理，以及科学研究的技术人员和管理人员有重要的参考价值。

为了加强对本书编写组织工作的领导，提高本书收录论文的水平，我们邀请了闵恩泽、李大东、汪燮卿三位院士担任技术顾问，由中国化工学会秘书长、原中国石化股份公司科技开发部主任洪定一担任主编，中国石化、中国石油、中海石油等单位技术部门的有关负责人担任编委，同时特邀部分炼化企业和相关单位的技术负责人担任特邀编委。在此，谨向他们以及众多关心支持本书出版的各级领导和同志们表示衷心感谢！

按照本书的编制原则，我们将在2011年继续组织本书新版的编写出版工作。欢迎广大炼化企业、科研院所以及相关单位的科技人员、管理人员积极关注和支持，同时我们也会逐步扩大征稿范围，吸收更多炼油和化工企业的从业人员和相关大专院校专家、学者的优秀论文和科研成果，并注意适当引入国外先进技术和成果。我们真诚地期望，本书对推进我国炼油与石化工业行业的技术发展与交流能起到积极的作用。

来稿请与中国石化出版社《炼油与石化工业技术进展》编辑部联系
联系人：田曦
电　话：010－84289921
E-mail：tianxi@ sinopec. com

《炼油与石化工业技术进展》编辑部
二〇一〇年三月十六日

目　录

综　述

炼油工艺与产品

化工工艺与产品

催化剂

装备技术

装置运行与管理

安 全 与 环 保

节 能 减 排

综　述

炼油化工一体化：基本概念与工业实践

吴　青
（中海石油炼化与销售事业部惠州炼油分公司，广东　516086）

摘　要：本文以中国海洋石油总公司与合资公司——中海壳牌石化公司以及中海开氏石化公司之间开展炼化一体化的具体实践为例，剖析了炼油化工一体化的概念、技术特征、经济效益等，对如何达到炼化一体化最佳实践，总结了经验并提出了看法。

关键词：炼油　乙烯裂解　芳烃　炼油化工一体化　概念　技术特征　效益　实践

1　前言

在优质原油资源逐渐枯竭、原油价格逐年高涨、已处高油价时代且更多采用劣质、重质原油为原料的世界各国炼油企业，为了持续降低成本，提高资源利用率和企业综合竞争力、抵御市场风险，只有与乙烯、芳烃等行业更多地考虑一体化综合优化(即炼油化工一体化或炼化一体化)，企业才能够降低成本、提升效益、满足产品质量与环保排放等要求，这已成为全球炼化企业的共识。

中国炼油企业成本的90%～95%以上来自原油。为了降低成本，各企业均尽最大可能加工重质、劣质原料，因此化工原料来源不足是长期制约我国乙烯、芳烃生产增长的最重要因素之一。最近国家扩建或新建的千万吨级炼油项目大多考虑配套建设乙烯或芳烃，而民营企业直接建设芳烃装置的也已不少，国内化工原料短缺问题更加突出。

中海壳牌南海石化项目(CSPC)是迄今为止中国最大的中外合资项目，中方以中国海洋石油总公司下属的中海石油化工投资有限公司为代表持股50%；外方以壳牌(SHELL)南海私有有限公司为代表持股50%。中外双方于2000年12月成立中海壳牌石油化工有限责任公司(CSPC)管理此项目，并于2006年3月开始生产运营。中海壳牌南海石化采用世界上最先进的工艺技术及与国际接轨的管理模式进行设计、施工和运营，其生产装置具有世界级规模，包括以80万吨乙烯裂解为龙头的11套化工装置，年生产化工产品230多万吨；公用工程设施，包括：供水工程从风田水库至厂区两条供水管线；两条110kV的输变电线路；278MW发电能力的汽电联产装置；两座大型码头，其中一座是马鞭洲码头，距离厂区11km的孤岛式码头，可停靠6～15万吨级的原料运输船，通过船上的动力可以直接将原料卸入储罐；一座是液体化工品码头，距离厂区1200m，共设4个泊位，可停靠3万吨级、1.25万吨级的各类化工品运输船。其中2000吨级的重件码头主要是建设阶段为装卸设备、材料所建；另外，还有两条大型海底管线，鉴于马鞭洲码头是一座孤岛式码头，一条30″的海底管线可将原料直接卸入原料储罐。工厂处理合格的污水通过一条22公里长、30″的排污管线直接排放到大亚湾口，确保大亚湾的环境不受污染。

惠州炼油项目是中国海洋石油总公司投资建设的第一个大型炼厂，以集中加工海洋高酸重质原油为主，加工规模1200万吨/年，主要原料为渤海高酸重质原油，辅助原料为LNG等。惠州炼油项目厂址位于广东省惠州市大亚湾经济技术开发区，紧邻中海壳牌(CSPC)石化区，占地2.55平方公里，厂区分成三个功能区：澳霞大道北侧主厂区及火炬区，澳霞大道南侧成品油码头和成品油罐区，厂区东南侧约10公里大亚湾海域的马鞭洲原油码头和库区。惠州炼油项目主要产品为苯、对二甲苯、液化气、丙烯、乙烯料、汽油、航煤、柴油、硫磺、石油焦等15大类共1150多万吨石化产品。其生产目的是提供市场需要的高品质的成品油以及为下游化工企业提供生产原料。项目包括新建1200万吨/年常减压蒸馏装置、120万吨/年催化裂化(MIP)装置、30万吨/年气体分馏装置、16万吨/年烷基化装置、6万吨/年MTBE装置、400万吨/年高压加氢裂化装置、360万吨/年中压加氢裂化装置、200万吨/年汽柴油加氢装置、$2\times10^5Nm^3/h$制氢装置、200万吨/年催化重整装置、芳烃联合装置、420万吨/年延迟焦化装置、脱硫联合装置、6万吨/年硫回收装置、2×150t/h酸性水气提联合装置、1万吨/年废酸再生装置等16套主要生产装置，配套原油和成品油码头、储罐及公用工程设施等。

惠州炼油项目中的芳烃联合装置是一个中国海洋石油总公司(控股股东)与浙江开氏石化公司的合资项目——中海石油开氏石化公司，浙江开氏公司全权委托惠州炼油项目负责生产、销售等相关业务。

炼油化工一体化(或炼化一体化)的概念比较简单，但是如何实施以及如何才能真正取得效益、达到合作双赢的目的却是非常困难的，特别是在两家或多家不同投资主体、不同企业文化的公司之间开展炼化一体化工作时更加难以取得成功。中国海洋石油总公司惠州炼油项目与合作伙伴经过几年的不懈努力，克服了包括中外文化理念差异等在内的各种困难，取得了较好成果，建立了很有特色的炼化一体化合作双赢模式与机制，是新形势下炼油化工一体化的最佳工业实践样板之一。

2 炼化一体化的概念与实施目的

炼油化工一体化或炼化一体化(Oil & Chemical Integrated , OCI或Oil & Chemical Advantage, OCA)，简单直观地说就是炼油厂(企业)与乙烯、芳烃等化工厂(企业)之间如何进行或开展优化、整合等工作以达到降低成本、提高效益、整合资源等大大提高资产价值为目的项目。

OCA关注的焦点在于如何实现炼油厂和化工厂(主要包括乙烯与芳烃厂，下同)的资源整合后的增值问题。开展OCA项目，就是通过充分利用已有的炼油和化工生产的资源和供应链，达到其他方式所不能达到的效益最大值目的。因此，开展OCA项目的最大挑战是在充分发挥各自(炼油、化工)装置作用的同时从炼化一体化中获取最大增值效益。

2.1 通过炼油化工各自原料的优化选择，实现炼油化工产品物料价值利用最大化是OCA的最大核心内容

炼油企业的总成本中，原油成本一般占90%甚至95%以上，而化工(乙烯)总成本的70%~75%左右也来自原料。不同的原料决定了炼油与乙烯的生产成本与效益。所以，对于炼化企业而言，对于给定的原油原料，通过优化炼油产品的分布与结构，充分优化乙烯、芳烃的原料，达到乙烯原料轻质化、优质化，芳烃装置原料优质化，提高乙烯收率和高价值芳烃的产率，同时回收炼厂轻烃中的烯烃资源，以及乙烯、芳烃的副产物到炼厂升值利用，实现了炼油化工产品物料的价值利用最大化，是OCA的核心内容。此外，对于有多种原油选择时，也可以通过全部装置效益最大化来选择最合适的原油。图1是炼油-化工企业的部分物料互供示意图。

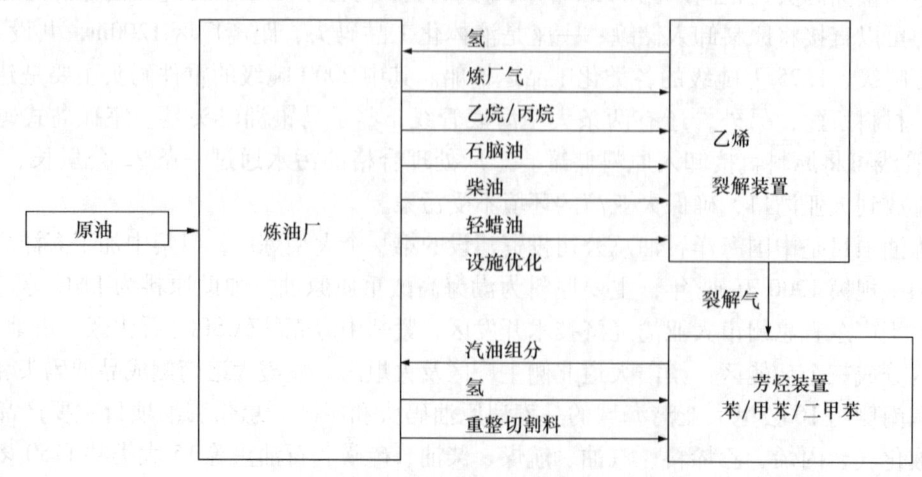

图1 炼油-化工一体化物料互供示意图

2.1.1　乙烯裂解原料的优化选择

适合乙烯裂解的原料包括乙烷以及富含乙烯的轻烃、液化气、重整的拔头油以及重整芳烃抽余油、石脑油、柴油、加氢裂化尾油等多种。根据理论研究与工业实践结果，主要可以从以下三个方面来考察乙烯裂解原料裂化性能的优劣：

①原料的碳氢比的高低：原料的碳氢比是表征原料裂解性能好坏的最重要的一个参数。一般地，原料的碳氢比越高，则表明这种原料的裂解性能越好，产氢也越多。

②链烷烃含量的高低：原料的链烷烃含量越高，特别是正构烷烃含量越高，则该原料的裂解性能越好，即烯烃收率越。例如在同样条件下，当原料中的链烷烃含量每增加 10%，裂解产物中的"三烯"(指乙烯、丙烯、丁二烯，下同)收率约增加 1.75%。

③BMCI 值的大小：原料的 BMCI 值越低，则该原料的裂解性能越好，乙烯和"三烯"的收率均越高。一般认为，如果 BMCI 值超过 13，则该原料不适合做乙烯裂解料。

对于乙烯裂解装置的综合经济效益而言，不能只关心乙烯或"三烯"收率，有时还需要关心其他高价值的产品如"三苯"(苯、甲苯、二甲苯)的收率。一般地，原料的 BMCI 值提高，虽然"三烯"收率降低，但"三苯"收率会增加。降低或增加的幅度，与原料的密度或则其中的芳烃或芳烃潜含量有关，具体数据可以通过试验获得，也可以通过目前的一些软件获取。表 1、表 2 为根据文献[1]报道的不同密度、链烷烃含量与"三烯"的以及"三苯"收率关系数据。

表 1　不同密度、链烷烃含量与"三烯"收率关系

链烷烃含量/%	55	65	75	55	65	75	55	65	75
相对密度	0.68								
BMCI	7	7	7	10	10	10	13	13	13
裂解温度：837℃	42.77	43.8	45.81	41.12	42.79	43.89	39.06	41.50	42.73
843℃	44.83	46.56	48.21	42.37	44.29	45.87	40.41	42.40	44.46
855℃	44.56	46.23	47.45	42.88	44.75	46.47	40.79	43.62	45.35
平均值	44.05	45.53	47.16	42.12	43.94	45.41	40.09	42.50	44.18
相对密度	0.71								
裂解温度：822℃	47.83	49.33	51.05	45.88	47.65	48.62	43.34	45.50	47.01
833℃	48.21	49.37	51.15	47.46	47.98	49.90	43.34	45.49	47.45
850℃	47.61	49.03	50.08	46.81	47.86	49.79	43.24	45.79	47.14
平均值	47.88	49.24	51.00	46.72	47.83	49.44	43.31	45.59	47.20
相对密度	0.73								
裂解温度：815℃	49.35	50.86	52.36	48.92	50.46	51.69	46.60	49.36	50.71
825℃	49.18	51.06	53.15	48.68	50.63	52.53	46.45	48.99	50.42
840℃	48.57	50.44	51.96	47.90	49.82	51.56	46.85	48.42	49.88
平均值	49.03	50.79	52.49	48.50	50.30	51.93	46.63	48.92	50.34

表2 不同密度、链烷烃含量与"三苯"收率关系

链烷烃含量/%	55	65	75	55	65	75	55	65	75
相对密度					0.68				
BMCI	7	7	7	10	10	10	13	13	13
裂解温度:837℃	10.78	10.47	10.14	11.26	11.26	11.26	12.67	12.38	12.09
843℃	10.51	10.41	10.21	11.42	11.22	10.95	12.06	11.87	11.61
855℃	10.82	10.61	10.44	11.64	11.32	11.15	11.97	12.02	12.13
相对密度					0.71				
裂解温度:822℃	10.30	10.01	9.72	11.01	10.73	10.44	11.73	11.44	11.15
833℃	10.49	10.34	10.27	11.22	11.01	10.88	12.11	11.97	11.83
850℃	11.25	11.08	10.90	11.97	11.79	11.62	12.68	12.51	12.33
相对密度					0.73				
裂解温度:815℃	9.09	8.81	8.52	9.84	9.55	9.26	10.58	10.29	10.00
825℃	10.06	9.77	9.48	10.35	10.51	10.67	10.63	11.05	10.63
840℃	10.70	10.41	10.12	11.30	10.96	10.65	11.83	11.50	11.18

2.1.2 芳烃联合装置的原料优化选择

不同性质的石脑油,其重整生成物中的芳烃产率不同,副产的氢气收率也不同。重整原料馏分的选取主要考虑以下几个主要方面:

(1)馏程

原料油的馏程是重整原料的一个非常重要的参数。能形成苯的组分为甲基环戊烷和环己烷,它们对应的沸点分别为71.8℃和80.7℃,因此,重整原料的ASTM初馏点通常为66~71℃。尽管正戊烷可以异构为异戊烷,但原料中的异戊烷在重整过程中却基本保持不变,因此炼油厂通常不考虑将戊烷包括在重整原料中。降低初馏点就降低了重整生成物的辛烷值,除非提高反应器的温度进行补偿。由于超过204℃的烃在重整过程中形成多环芳烃,多环芳烃与催化剂上的积炭有关,图2给出了原料油的终馏点与催化剂积炭的关系。研究表明,在最高ASTM终馏点204℃时,终馏点每增加0.6℃,催化剂的运转周期减少0.9%~1.3%。而如果最高ASTM终馏点是216℃,终馏点每增加0.6℃,运转周期的减少为2.1%~2.8%。在原料的终馏点为191~218℃,原料终馏点增加14℃,催化剂的寿命就减少35%。因此,一般将重整反应进料的终馏点控制远远低于204℃,以避免意外的高沸点物质的混入。

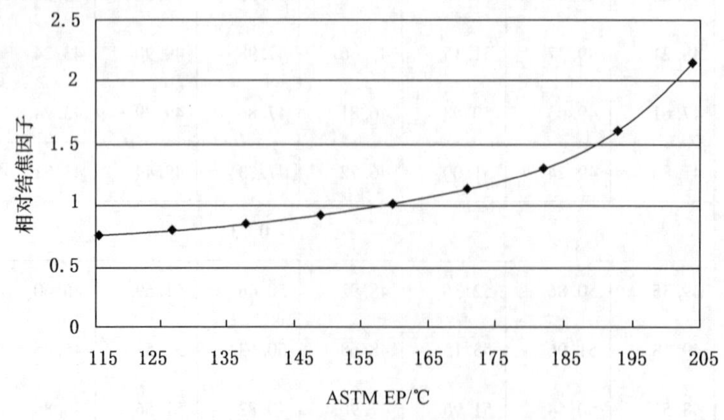

图2 重整原料的终馏点与催化剂相对积炭速率的关系

控制终馏点的另一个原因是重整产物的终馏点比原料的终馏点更高。重整产物比原料具有更低

的初馏点和更高的终馏点。

重整原料的馏程对 C_5^+ 液收也有较大的影响。原料 50% 沸点(简称 T50)与 C_5^+ 液收的关系如图 3 所示。由此可见，在低温区(<135℃)，随原料的 50% 沸点的增加，C_5^+ 的液收的增加幅度很大。但当超过 135℃后，曲线的上升变得平缓，超过 150℃，再增加 50% 沸点，C_5^+ 液收的增加幅度反而下降。

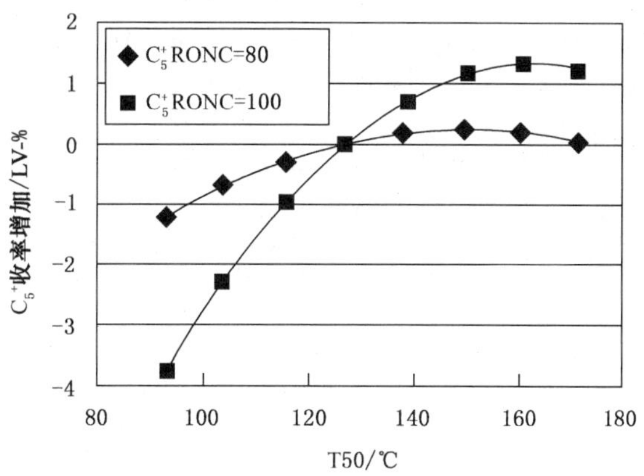

图 3　重整原料的 T50 与 C_5^+ 的液收的关系

(2)组成

重整进料中往往含有超过一百多种可以确定的组分，还有一些不可确定的组分以及微量杂质毒物。按元素组成分析，重整原料中主要含有碳和氢、少量的硫、氧、氮以及微量的氯、砷、铜、铅等元素。一般碳和氢的含量在 99% 以上，硫、氧、氮三种元素的总和通常不大于 0.5%。因此，重整原料中的基本组分是碳和氢两种元素。但碳和氢元素不是独立存在的，而是以碳氢化合物(烃)的形式存在于重整原料中。

一般重整预加氢进料中含有烷烃、环烷烃、芳烃和烯烃，但经过预加氢后，烯烃多达到了饱和，因此重整进料中一般不再含有烯烃。表 3 为包括渤海石脑油在内的几种国内外重整原料的按碳数分布的烃族组成数据。可以看出，不同原油石脑油的烃组成会有很大变化。

表 3　重整原料油烃组成

原料油		大庆直馏	胜利直馏	辽河直馏	惠州直馏	中原直馏	塔中直馏	大港直馏	新疆直馏	长庆直馏	加氢裂化重石脑油	伊朗直馏	阿曼直馏	沙轻直馏
馏程/℃		初馏点~160	65~180	初馏点~180	初馏点~170	65~145	初馏点~160	96~172	103~173	85~196	82~177	95~169	92~170	86~148
烷烃/%	C_3	0.05												
	C_4	1.43	0.01	0.1	0.6	0.10	0.51							
	C_5	6.33	0.64	1.4	1.8	1.21	6.50	0.03	0.11	1.60				0.42
	C_6	10.98	3.92	4.5	3.1	5.91	12.26	3.56	1.39	5.82	7.69	3.77	9.81	8.77
	C_7	14.60	9.06	6.1	4.8	13.97	12.48	11.00	7.69	8.57	12.19	13.20	17.28	16.81
	C_8	16.27	9.90	6.8	4.3	17.35	12.48	11.77	13.20	9.68	12.16	14.77	19.43	18.31
	C_9	13.19	12.10	7.1	3.9	9.87	10.27	10.47	17.28	10.90	10.12	13.48	16.44	17.65
	C_{10}	1.51	11.12	8.9	2.4	0.75	9.62	6.50	10.02	13.70	6.01	10.81	2.93	6.56
	C_{11}		1.85	3.22	1.0		2.50							
	Σ	64.36	48.60	38.1	21.9	49.16	65.62	43.33	42.69	50.27	48.17	56.03	65.89	68.52

续表

原料油		大庆直馏	胜利直馏	辽河直馏	惠州直馏	中原直馏	塔中直馏	大港直馏	新疆直馏	长庆直馏	加氢裂化重石脑油	伊朗直馏	阿曼直馏	沙轻直馏
环烷烃/%	C_5	1.24	0.14	0.3	0.6	0.21	0.30	0.01	0.03	0.40				0.09
	C_6	7.89	4.34	4.4	5.9	5.39	3.08	5.23	1.97	5.24	6.36	3.16		2.28
	C_7	12.48	8.78	10.5	14.7	9.50	5.33	13.50	5.89	11.71	13.75	7.65	3.44	4.25
	C_8	6.31	9.41	12.0	21.8	8.31	4.36	10.45	10.55	11.12	13.11	7.50	5.57	4.83
	C_9	5.96	9.39	11.8	18.7	4.99	4.85	8.72	18.66	7.95	10.56	8.47	3.90	4.07
	C_{10}	0.25	4.72	7.3	9.3	0.22	1.23	3.64	7.39	4.78	4.52	0.43	9.87	1.23
	C_{11}		0.33				0.05							
	Σ	34.13	37.11	46.3	71.0	28.62	19.20	41.55	44.49	41.20	48.30	27.21	22.78	16.75
芳烃/%	C_6	0.26	0.34	0.4	0.1	5.87	0.08	0.92	0.07	0.22	0.73	0.83	0.96	0.54
	C_7		3.91	1.7	0.4	8.87	1.77	4.11	1.46	2.02	0.88	4.00	1.86	3.35
	C_8	0.92	4.93	7.2	2.9	6.93	7.31	6.53	3.66	2.90	1.02	6.72	3.47	6.34
	C_9	0.32	3.90	4.9	3.2	0.55	5.08	3.56	1.63	3.39	0.90	5.21	5.04	4.50
	C_{10}		1.21	1.4	0.5		0.94							
	Σ	1.51	8.9	15.6	7.1	22.22	15.18	15.12	6.82	8.53	3.53	16.76	11.33	14.73

注：*胜利 VGO 加氢裂化重石脑油。

(3)芳构化指数

重整原料的组成与产品的收率和重整操作条件等密切相关。在早期，通常用芳构化指数或重整指数估算原料的好坏、重整产物的收率等。重整指数通常用($N+2A$)表示，N 表示环烷烃含量，A 表示芳烃含量。显然原料中环烷烃和芳烃的含量越高，重整生成油的芳烃产量越大，辛烷值越高。

我国几个原油重整原料的($N+2A$)值见表4。表4中列出的中海油的蓬莱19-3的石脑油，其($N+2A$)值为85.2，远远超过了其他直馏石脑油，是优质的重整原料。

表4　重整原料的($N+2A$)值

原　油	大　庆	胜　利	辽　河	惠　州	中　原	塔　中
实沸点范围/℃	初馏点~160	65~180	初馏点~180	初馏点~170	65~145	初馏点~160
$N+2A$/%(v)	34.6	51.1	71.9	85.2	68.0	46.1

芳烃潜含量是表征原料性质的另一指数。芳烃潜含量 $Ar\%$ 的涵义与重整指数($N+2A$)的涵义相近，其计算方法是把原料中 C_6 以上的环烷烃全部转化为芳烃，所能产生的芳烃量与原料中的芳烃量之和。

原料中芳烃潜含量只能说明生产芳烃的可能性，实际的芳烃转化率除取决于催化剂的性能和操作条件外，还取决于环烷烃的分子结构。各类环烷烃的转化率如表5所示。因此，对于生产芳烃来说，良好的重整原料不仅要求环烷烃含量高，而且其中的甲基环戊烷含量不要太高。环烷烃高的原料不仅在重整时可以得到较高的芳烃产率，而且可以采用较大的空速，减少催化剂的积炭，运转周期也较长。

重整指数和芳烃潜含量都是描述重整原料油质量的具体指标。我国一般用芳烃潜含量描述。

表5　各类环烷烃的转化率

环烷烃	C_5 环烷烃	C_6 环烷烃	C_7 环烷烃	C_8 环烷烃	C_9 环烷烃
转化率/%	0	93.16	98.09	98.70	99.63

对于惠州炼油来说，连续重整的原料，约25%来自常减压装置的直馏石脑油，75%来自蜡油

加氢裂化和煤柴油加氢裂化两套装置。焦化汽柴油加氢装置的重石脑油也可以作为重整的原料。重整原料的优化与选择，对于芳烃联合装置的效益、全厂加氢装置的氢气消耗等产生重大影响。

2.1.3　催化原料的优化

催化裂化装置的产品分布与产品性质，主要与原料、催化剂、操作条件有关。为了与乙烯、芳烃相关联，取得一体化优势，催化裂化原料的可裂化性对于液化气收率及其烯烃浓度、液体产品芳烃含量有很大影响。采用可裂化性指标管理催化原料，具有更加科学、预测效果更好等优点[2]。部分内容后面简述。

2.1.4　化工厂相关装置副产品的优化利用

化工厂(乙烯裂解装置、芳烃联合装置)的副产品，在炼油厂使用的话可以提升其价值，表6列出了部分化工厂副产品在炼油厂的升值利用。

表6　化工厂副产品的升值利用

序号	化工厂副产品名称	炼油厂升值利用的主要领域
1	氢气	加氢脱硫或加氢裂化等临氢工艺
2	丙烷	液化气
3	C_4	液化气／烷基化
4	C_5	汽油调和组分
5	C_6 残余液(苯萃取物)	重整原料
6	C_7 以上组分	汽油调和组分
7	裂解柴油	炼厂燃料／焦化原料
8	裂解焦油/ECR	炼厂自用燃料/燃料油
9	重芳烃	炼厂自用燃料/燃料油

2.2　炼油厂和化工厂有关装置的整合，是OCA工作的优化重点

炼油厂的催化裂化(或重油催化裂化)、加氢裂化、连续重整与化工厂的乙烯裂解装置、原料预处理装置之间的整合，是OCA工作的优化重点。例如，催化裂化装置与化工装置(乙烯、芳烃)之间的一体化[3]。这主要可以分成两类：

(1)催化裂化装置与乙烯装置一体化生产轻烯烃

如催化裂化装置的干气、液化气到乙烯装置回收乙烯、丙烯；液化气作为乙烯裂解原料进一步裂解生产乙烯、丙烯。

这种情况下，要求催化裂化装置采用分子筛特别是ZSM-5含量更高的催化剂，以及更加苛刻的操作条件(如高反应温度)。如果是非常紧密的真正意义上的一体化，催化裂化装置在配置上会发生变化如可能只有反应器、再生器、分馏塔，而气压机及后部系统会与乙烯厂有关设备、单元共用。此时如何保证炼油、乙烯这两套装置运行周期同步是设计与运行管理必须解决的问题。

(2)催化裂化装置与芳烃装置一体化生产芳烃

催化裂化装置按照化工型模式设计与运行时，高苛刻度下液化气收率高的同时其催化汽油(石脑油)中的芳烃也会很高；就算催化裂化装置正常模式操作，其催化汽油(石脑油)也可以用作芳烃装置的原料。其中核心中间装置包括连续重整(CCR)。分离芳烃包括芳烃抽提、PX分离等。如果催化汽油(石脑油)是直接混合到直馏重石脑油中作为CCR原料，则CCR的再生系统规模一般要大些，因为催化石脑油的生焦趋势大些。如果催化汽油(石脑油)是经过加氢、芳烃抽提后再与直馏重石脑油混合作为CCR原料的，则由于进料是非常好的重整料，所以与直接混合方式比，CCR本身规模可以减少约20%左右。

2.3　设施与人员等资源共享，是深入开展OCA的必然选择

储运设施、物流运输、公用工程、分析化验、公用设施(如办公楼、后勤服务、人员)等在内

的资源均在 OCA 范畴。由于这些设施或资源的共享，既可以大大减少一次性投资，也大大提高了资产利用率，减少了运营成本。

公用工程的共享包括电力供应和电网（即自有发电相比与公共电网联接）、锅炉产能、锅炉给水和蒸汽系统、燃料气/天然气等燃料供应、各种品质水的供应及其处理加工设施、污水处理和排放设施、风、N_2 等等。图 4 是公用工程设施共享的示意图。

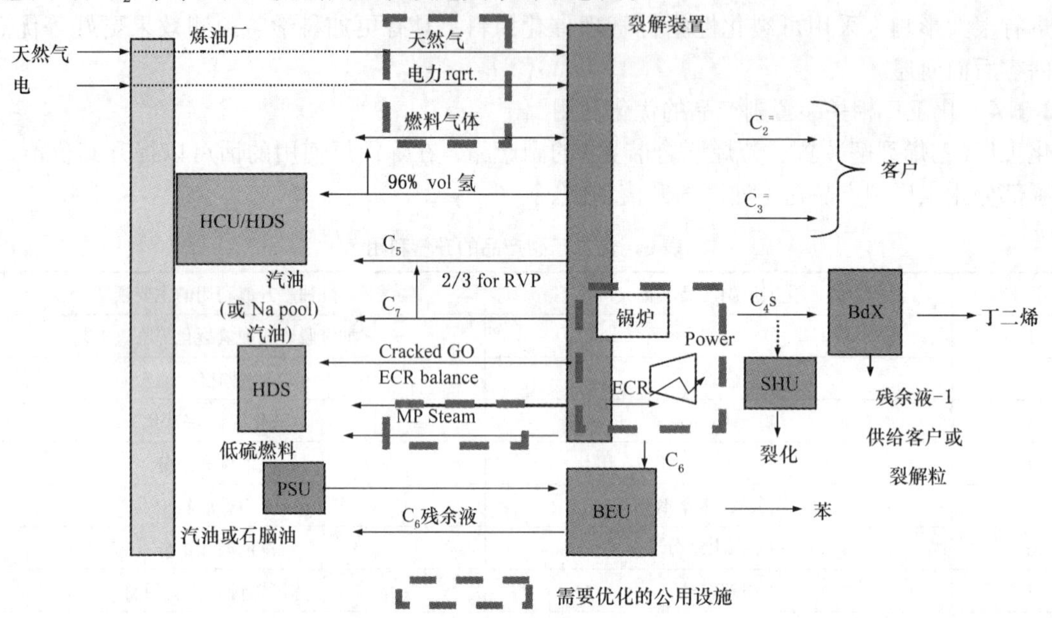

图 4　公用工程设施共享的示意图

储运设施以及物流运输方面包括共享码头设施以便输入原料和输出产品、减少储藏量需求以及减少成品罐的数量、减少船运成本等相关方面。

共享服务/共用设施方面包括安全/行政服务的联合、货物和服务采购的联合、办公区/实验室/培训设施的结合、消防队伍/医疗服务联合、公共设施的联合、维护和检修计划和执行的结合等多个方面。

2.4　温室气体排放控制，要求推行 OCA

制氢过程将排放大量的 CO_2；碳含量越高的烃类燃烧排放的 CO_2 也越高；实现油化一体化可以做到资源利用最大化、效率大大提高，对于 CO_2 减排，控制温室气体排放控制是非常有利的[4]。

2.5　OCA 的实施目的

开展 OCA 工作的动力，不外乎以下几个主要方面：

1)市场因素；

2)原料供应的安全性；

3)环境影响；

4)项目经济性。

根据中海油(CNOOC)与壳牌(Shell)的多次交流，认为开展 OCA 工作，不同的方面(基础设施/管理服务、后勤、优化和整合原料选择)所带来的价值是相当可观的。例如以 SHELL 的经验，基础设施/ 管理服务与后勤方面的一体化，可以分别带来每年 150 万和 250 万美元的价值。

又如，以加工中东重质原油为例，从原料互供、提升项目总体效益来看，油化一体化的优化配置可以按照如下主要设置考虑[3]：即 1500 万吨/年炼油，至少可以配置 100 万吨/年乙烯、110 万吨/年丙烯、150 万吨/年 PX 以及 50 万吨/年苯，而汽油的生产可以根据当地市场、价格等情况予以调整，最大限度生产高价值的石化与芳烃产品。这样的一体化项目的投资回收期可以不到 5 年就收回。

3 油化一体化的实施方法

如果是一个全新的项目，炼油、化工(乙烯、芳烃)能够做到同步规划、同步设计、同步建设以及同步投产当然是最好的选择，但是这样的机会非常少见。目前中国第一个这样的一体化项目即将在中国海洋石油总公司惠州炼油诞生：中国海油惠州炼油二期工程计划在大亚湾地区已经投产的炼油乙烯基础上，再建设一个1000万吨/年炼油——100万吨/年乙烯一体化工程，预计2014年左右投产。

大多数情况是同一个区域炼油与乙烯分别建设、投产，此时的油化一体化工作，其推动力首先往往是物料互供。同一个公司之间按照内部结算价格执行，不同公司之间参照市场价格结算。炼油与乙烯之间相互供什么物料？供多少？等等是按照各自的生产计划执行的。

根据中海壳牌(CSPC)与中海石油炼化公司(CNOOC)之间7年多开展OCA的经验来看，油化一体化的实施主要包括以下几个主要步骤：

1)成立专门小组。如领导小组与工作小组。其中领导小组应由双方高层参加。工作小组的组成人员至少应包括生产(工艺，计划，技术等)、技术经济、商务方面的人员，如果涉及资产、后勤等业务，还需增加相应业务人员。

2)定期或不定期的工作会议，研究一体化业务(主要包括具体的一体化实施项目的内容、条件、运作方式、利益分享原则等)。CSPC与CNOOC之间的会议制度，一般每两周召开工作小组会议，每月一次领导小组会议，每季度向管理层汇报一次进展与问题。

3)一体化项目的建设(具备硬件条件)。双方认可后按照分工情况分别投资建设一体化项目如管线、计量设施、罐、泵等等。

4)采用共同的LP模型软件，构建一体化模型。CSPC和CNOOC之间的一体化模型采用ASPEN公司提供的多厂多周期PIMS模型。

5)一体化项目的实施。主要是公司计划、商务、生产调度等部门之间，就已经确定的项目根据效益测算，开展具体的活动。

6)一体化项目的持续改进。

图5给出了CSPC与CNOOC之间开展油化一体化的主要工作流程。

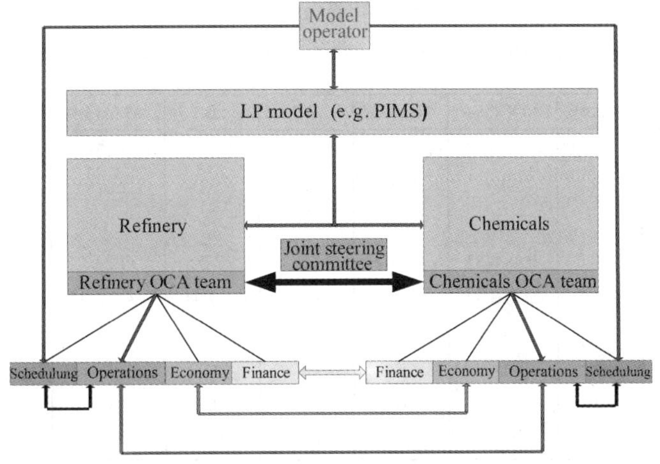

图5 油化一体化工作示意图

从图5可以看出，油化一体化的实施，实际上主要还是在于采用同一个LP模型，由双方的技术人员进行不断的优化，而不是谈判。在炼油、乙烯利润最大化的前提下，通过不断优化寻求整个项目(炼油+乙烯)的利润最大化。然后相比炼油与乙烯分开运作，衡量实施一体化后带来的利益差异，最后按照分享原则分成。

4 一体化项目的确定、建设与实施

一体化项目开始前，首先要做好炼油、乙烯与芳烃等相关的装置、设施、公用工程以及原料、中间产品以及终端产品等在内的全面摸底工作，在此基础上提出相关方案，开展预研究工作。例如，CSPC 和 CNOOC 一期炼厂之间的油化一体化项目(OCA)，其前期研究分别于 2002 年(OCI－1，主要由 SHELL 单独完成)、2004/2005 年(OCI－2)和 2007/2008 年(OCI－3)完成，期间识别出了大量潜在的合作方案。如 2004/2005 年双方完成了一体化项目的 7 个组合方案，其中效益最好的方案比完全没有一体化的方案毛利增加约 9 千万美元/年。研究过程中也意识到，合作的范围和方案主要取决于有关的市场价格、装置的技术约束条件和可操作性。图 6 为研究方案示例，表 7 是选择考虑。而表 8 则是某方案的对比研究结果。

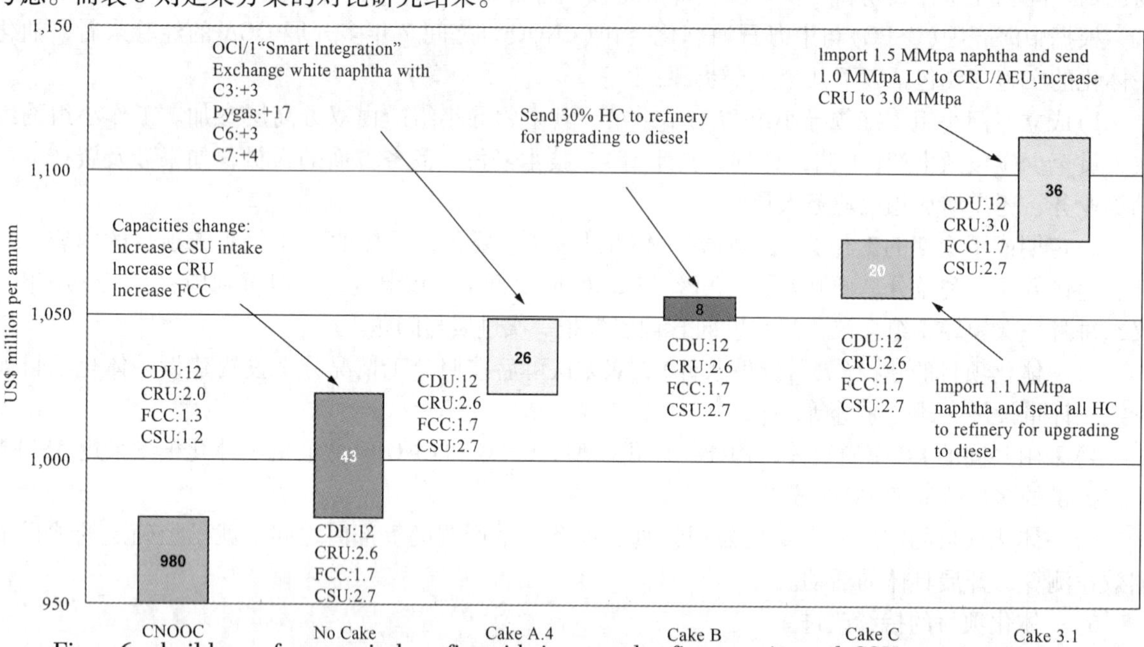

Figure6 build-up of economic benefits with increased refinery units and CSU margins (throughput is main effect)

Table 7 key cases selected by the team-margins vs. capex and risk exposure to import naphtha

Cake	Orginal	CNOOC case	No Cake	#B	#B.1	#2 (or 3.4)	#C	#3.1	#3.3
Intake Comples=ReftLOP[MMtpa]	11.7=9+2.7	13.2=12+12	14.7=12+2.7	14.7=12+2.7	14.7=12+2.7	14.7=12+2.7	15.8=12+2.7=1.1	16.2=12+2.7=1.5	16.2=12+2.7=1.5
Margin [US$ MM]	tbd	980	1023	1 057	1 031	1 018	1 077	1 113	tbd
Additional Capitd [US$ MM]	—	0	44.6	51.9	27	16	60.7	63.3	63.3
Feed LOP: LC/HC[MMtpa]	1.5/1.2	0.68/0.52	1.5/1.2	1.2/1.1	1.2/0.5	1.2/0	1.2/0	0.2/0	0.8/0
WN/CN/HW[MMtpa]	0/0/0	0.4/0.6/0.5	0/0/0	0.4/0/0	0.4/0.6/0	0.4/0.6/0.5	0.4/0/0	0.4/0.6/0	0.4/0/0
Upgrade to Diesel HC [MMtpa]	0	0	0	0.4	1	1.5	1.5	1.5	1.5
LC to CRU [MMtpa]	0	0	0	0	0	0	0	1	0.4
Import Naphtha [MMtpa]	0	0	0	0	0	0	1.1	1.5	1.5
Integration Ref/LOP	0%	56%	0%	15%	37%	56%	15%	37%	15%

方案预研究的目的是要通过各种方案研究，提出真正可以实质性应用的项目，也为了培养信心。例如 2007/2008 年开展的一体化研究(OCI－3)，其中物料互供的研究经过 9 轮讨论，双方一致达成了以下互供协议，见表 9。

表 9 是双方多次讨论、谈判后确定的首批互供物料表。

Table 8 Economic Benefits of "No Cake" and "Cake B" Series (Results of Model Calculations)

Contrib ution Margin	MM$/YR $1,021 "No Cake"		MM$/YR $1,056 "Cake B"		MM$/YR $1,031 "Cake B1"		MM$/YR $1,018 "Cake 2"	
Intakes	MT/D	MT/D	MT/D	MT/D	MT/D	MT/D	MT/D	MT/D
PENGLAI	34.29	232.98	34.29	232.98	34.29	232.98	34.29	232.98
QATAR-COND	7.73	63.00	7.73	63.00	7.73	63.00	7.73	63.00
OSO CONDENSATE	0.00	0.00	0.00	0.00	0.00	0.00	0.00	0.00
MeOH	0.06	0.51	0.06	0.51	0.06	0.51	0.05	0.37
IMPORT NAPHTHA	0.00	0.00	0.00	0.00	0.00	0.00	0.00	0.00
IMPORT NG	1.36	10.71	1.36	10.71	1.36	10.71	1.36	10.71
TOTAL INTAKES	43.45		43.45		43.45		43.43	
Outturns								
ULG93	4.55	38.79	5.68	47.72	5.34	44.75	4.42	36.65
ULG90	0.00	0.00	0.00	0.00	0.00	0.00	0.00	0.00
JET	3.18	25.03	3.18	25.03	3.17	24.99	3.17	24.98
GASOIL1	14.99	74.00	15.76	80.49	17.23	92.10	17.87	99.03
GASOIL2	0.00	0.00	0.00	0.00	0.00	0.00	0.00	0.00
FUEL	5.20	38.86	5.14	38.70	5.06	37.96	5.04	37.54
ASPH	0.00	0.00	0.00	0.00	0.00	0.00	0.00	0.00
COKE	2.85	15.51	2.85	15.50	2.84	15.42	2.83	15.39
LPG	1.18	13.20	1.36	15.38	1.23	13.90	1.21	13.73
NAPHTHA	1.20	11.54	0.00	0.00	0.00	0.00	0.38	3.76
SULFUR	0.10	0.00	0.10	0.00	0.10	0.00	0.09	0.00
LOW BTU GAS	0.00	0.00	0.00	0.00	0.00	0.00	0.00	0.00
BENZENE	0.82	5.86	0.89	6.32	0.76	5.43	0.75	5.37
XYLENE	3.55	26.04	3.60	26.39	2.74	20.11	2.71	19.90
SMR LOSS	0.34		0.34		0.37		0.36	
ETHYLENE	2.27		2.27		2.27		2.27	
PROPYLENE	1.38		1.40		1.38		1.33	
BUTADIENE	0.39		0.38		0.37		0.39	
BENZENE	0.52		0.51		0.59		0.60	
C7 PYGAS	0.94		0.00		0.00		0.00	
IC4= SALES	0.00		0.00		0.00		0.00	
TOTAL OUTTURNS	43.44		43.44		43.45		43.43	
Unit Rates								
CDU	34.29	232.98	34.29	232.98	34.29	232.98	34.29	232.98
COND SPLITTER	7.73	63.00	7.73	63.00	7.73	63.00	7.73	63.00
VFU	16.24	104.49	16.24	104.49	16.24	104.49	16.24	104.49
COKER	11.73	74.14	11.73	74.14	11.73	74.14	11.73	74.14
COKER HT	5.69	44.20	5.67	44.07	5.43	42.16	5.35	41.55
MHCU	10.27	27.80	10.19	27.80	10.19	27.80	9.87	27.80
CCU	4.93	34.71	4.93	34.71	4.92	34.70	3.50	24.01
HCU	11.45	77.85	11.44	77.84	11.42	77.66	11.41	77.61
CRU	7.33	62.34	7.49	63.71	5.73	48.19	5.67	47.64
ALKY	0.42	3.70	0.44	3.88	0.44	3.88	0.31	2.71
OP GAS	0.49		0.00		0.00		0.00	
OP NAPHTHA	4.07		5.15		6.83		6.39	
OP GASOIL	3.49		2.65		1.00		1.48	
MOGAS PROPERTIES								
OCTANE - RM/2	90.66		90.66		90.66		90.68	
RVP	8.50		8.39		8.39		8.40	
%AROM	30.92		37.62		37.45		40.69	
%OLEF	13.00		13.34		14.07		14.62	
%BZ	0.77		0.77		0.82		0.75	
SULF (μg/g)	256.39		204.60		217.70		247.39	
LPG PROPERTIES								
% C3	0.26		0.32		0.33		0.31	
%OLEF	0.29		0.25		0.27		0.28	

表9 CSPC 与 CNOOC 首批互供物料表

品种	可供总量/(万吨/年)	计划需求/(万吨/年)	去向	输送方式	边界条件	备注
氢气	1.26	1.26	新氢管网，CSPC 的 LOP 装置	连续	CSPC：2.7MPa 炼油：2.4MPa	最大量2t/h
乙烯裂解料	79.85	最小42	CSPC 石脑罐	连续	泵送0.6MPa165 m^3/h	
苯	35.86	35.86	CSPC 苯罐	连续	泵送0.5MPa50 m^3/h	
燃料油	25.03	25.03	CSPC 燃料油罐	间断	泵送1.3 MPa300 m^3/h	
液化气	58	11.2	液化气球罐	间断	泵送2.5 MPa274m^3/h	
C3	4.2	1.5	液化气球罐	间断	泵送2.8 MPa52 m^3/h	
C4	8.4	3.0	液化气球罐	间断	泵送1.5 MPa131.7 m^3/h	
C5	16.8	4.2	裂解汽油罐	间断	泵送0.8 MPa42 m^3/h	
重凝析油	84	42	中压加氢原料罐	间断或连续		
裂解汽油	31.5	31.5	裂解汽油罐	间断	泵送0.9 MPa105 m^3/h	

在表9基础上，双方通过各自的管理层以及工作程序，开始管道、计量、储运等的配套建设工作。而技术部门则继续定期协商，解决计量、产品检验与控制等标准统一、问题解决与争议协商机制建立等。计划与商务人员则在技术人员的配合下不断测算效益，以便确定互供数量、时间、分成等。表10为某阶段测算的效益结果。

表10 首批部分互供料的一体化效益

	供方	数量/(万吨/年)	单位效益/(元/吨)	总效益/万元
乙烯裂解料	CNOOC	42	100	4200
氢气	CSPC	1.26	5000	6300
苯	CNOOC	35.8	130	4654
LPG	CNOOC	11.2	380	4256
C_3、C_4	CSPC	4.48	250	1120
C_5	CSPC	4.2	173	726.6
燃料油	CNOOC	25.03	110	2753.3
重凝析油	CSPC	42	220	9240
总计				33249.9

油化一体化项目并非只是物料互供，如 CSPC 与 CNOOC 的一体化目前已经涉及码头、航道、污水排放、消防等多个方面，在此就不举例了。

5 油化一体化的成果与分享

对炼油项目和化工项目可能的设施共享、物料互供等进行优化从而实现油化一体化(OCI)，除了增强两项目抵御市场风险的能力外，双方获得潜在的经济效益是主要推动力。成果如何分享？需要有一个公正、双方认可的评价工具与办法。经过论证，双方一致同意采用 ASPEN 公司的 PIMS 软件作为油化一体化项目优化以及成果分享前确定效益数额的工具。具体采用 ASPEN 一个 MPIMS + 两个 PIMS - Base 的方式来建模。之所以如此，是因为：

①CNOOC 和 CSPC 在今后的油化一体化项目的运作中，应该有充分的灵活性，两家既可以共同运行模型，也可以各自独立运行模型，确保两家的共同利益和独立利益都得到保证；

②在模型维护上较为方便，双方职责明确；

③CNOOC 和 CSPC 可以利用独立的模型对仅与自身业务相关的部分进行单独的研究。

实际工作中，我们在炼油厂和乙烯厂分别采用单厂多周期的 PIMS 软件建立模型，然后再在中海石油炼化公司层面建立一个多厂多周期的 MPIMS 模型。这个 MPIMS 模型，主要涉及以下优化：

1)生产方案优化　考虑各自效益的炼油、乙烯生产优化方案基础上，制定以下计划达到综合效益最大化目标：

原料互供计划；原料、产品以及中间产品储存计划；公用工程的优化计划。

2)产品结构优化　考虑成品油配置计划约束条件下的产品结构优化方案。

3)最佳加工方案　通过快速分析与判断不同的加工方案，获得最佳加工方案。

4)决策优化。

根据炼油和化工项目的单元组成结构、具体工艺技术方案，建立有针对性的一体化和经济评价模型；根据评价模型(计划与优化工具)，动态识别和量化一体化方案的优势，使得炼油 - 化工整体效益最大化。比较如果分开运作，衡量实施一体化后的效益差异。这种差异，也就是油化一体化后的增值即一体化成果。图 7 为效益差异(OCA 增值)的示意图。

Valuation Principles

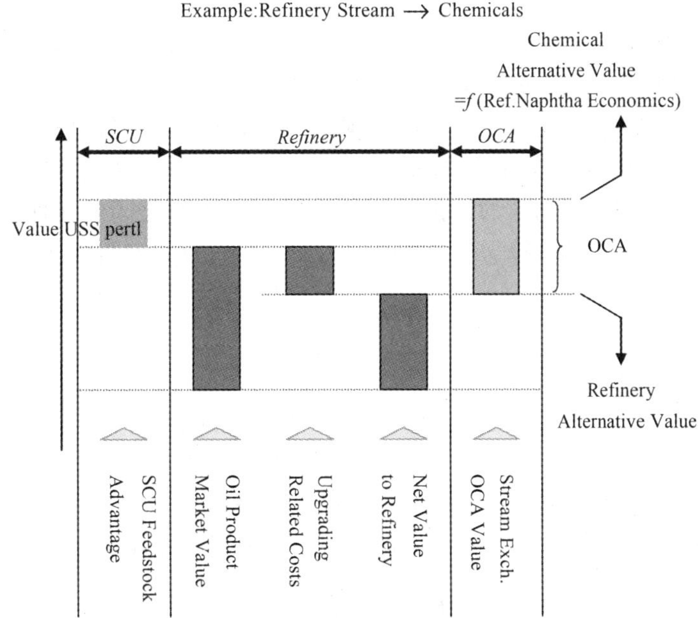

图 7　为效益差异(OCA 增值)的示意图

OCA 效益差异或增值的计算，必须采用双方认可的价格体系。这个价格体系，一定是基于市场的价格模型，可以采用通用的市场价格作为参考。例如，石脑油价格参考新加坡市场价格、苯参考华东地区上海的价格等等。

开展 OCA 研究是一项长期的工作，应该纳入联合小组以及各自计划统计与优化部门的日常工作。小组成员本身的经验也很重要，他们对市场变化与信息非常敏感，同时非常了解炼油厂和化工厂的约束条件与生产与技术状况，有足够的能力不断找寻新的和更多的炼化一体化机遇。

确立了 OCA 的成果，如何分享是十分重要的方面。制定成果分享原则要考虑许多方面，主要包括：

(1)实施 OCA 项目的费用分担

其中包括各自新增一定项目(双方增加的费用基本接近)、主要是在某一方增加较多设施(即双方实施同一个 OCA 项目某一方增加费用远大于另一方)几种情况。上述情况下，实施 OCA 项目的双方如何分担费用？是否要补偿增加费用较多的一方以免影响项目推进、实施的积极性？

根据 CSPC 与 CNOOC 之间长达近两年的多轮谈判，最后确定了各自先行承担、今后也不用 OCA 增值部分补偿投资的方法，简化了 OCA 程序与实施过程。

(2)OCA 项目物料互供的计量原则

经谈判，确立了物料供出方计量为准(采用精确计量如质量流量计等方法)、物料接受方计量为辅(采用普通计量手段)的方法，避免重复投资、增加额外投资。

(3)OCA 项目物料的品质管理原则

互供物料的质量，采用通用的化验分析方法。如果有异议，委托双方认可的第三方进行检验。CNOOC 与 CSPC 共同信任的第三方为 SGS。

(4)确定 OCA 项目交换物料的定价原则

前面已述，此处略。

(5)OCA 项目成果的分成原则

在双方还没有建立起充分的信任之前，成果分享可能只是分享节省的运费(如目前 CNOOC 的石脑油或苯去 CSPC 为 CSPC 原来采购这两种原料所节约的运费)或降低的生产成本(如 CSPC 富余的氢气到 CNOOC 为 CNOOC 降低了天然气法生产氢气的成本等)。只有双方建立了充分的信任，对于所建立的一体化模型高度认可，才可以真正意义上谈 OCA 增值(如不同品质石脑油到乙烯厂后的增值变化等)的分享。

(6)CNOOC 与 CSPC 本着实事求是、一步一个脚印，逐步建立信心、扩大成果的原则，在 OCA 开展的第一年主要就是物料互供、分享运费节约与部分产品生产成本降低所带来的效益，同时不断优化各自的和一体化的模型，优化生产，模拟一体化效益增值。之后签订较长周期(如四到五年以上)的一体化成果分享协议，真正意义上全面分享 OCA 成果。效益分成采用"五五分成"原则。

经双方谈判，达成了每一种物料的计价原则(公式)。各物料之间的具体互供时间、数量就由计划优化与生产调度部门根据其测算与生产需要进行。之后，双方定期就已经互供的数量、按照计价公式进行结算。

6 结论

油化一体化(OCA)是炼油-化工企业资源整合、抵御风险、提高资产利用率达到效益最大化的最佳手段。实施 OCA 的概念并不复杂，但真正实施 OCA 需要高层对 OCA 充分认识、高度支持，双方之间的联合小组采用统一的计划与优化工具不断优化各自和一体化的模型，建立一体化信心，按照认可的有关原则，实事求是、循序渐进，就一定能取得很好的效果。

参 考 文 献

[1] 洪定一．炼油与石化工业技术进展(2009)．北京：中国石化出版社出版，2009

[2] 施俊林，吴青．镇海石化，1997，8(3)：1~6

[3] Blasis Stamateris, Andy Allen, Hydrocarbon Asia, SEPT-OCT, 2008: 50~55

目前石油环烷酸的行业贡献

付玉娥
（中海油气开发利用公司，北京 100010）

摘 要：石油环烷酸的用途十分广泛，是精细化工原料之一。石油环烷酸近几年一直处于供不应求的状态。但是，由于受到环烷酸资源量的限制以及合成异辛酸同功能取代的威胁，近几年，石油环烷酸未来消费增长不明显，石油环烷酸的表观消费量一直维持在20000t左右。涂料工业的催干剂因合成异辛酸盐的出现，该领域对于石油环烷酸盐的用量有一定的影响，但是石油环烷酸盐目前及未来仍将是涂料催干剂的主选，未来该领域的用量会有部分增长；橡胶工业黏合剂领域的应用呈现快速增长的趋势，主要的应用包括子午线轮胎用黏合剂以及橡胶输送带领域；预计未来，该领域用量的年均增长率将达到15%；在不饱和树脂领域中，石油环烷酸的消费增长率约为5%左右；而在乳化油、石油产品添加剂、喷气燃料抗磨剂等领域，石油环烷酸的消费将以年均19%的速率递减。

关键词：石油环烷酸 异辛酸 市场 表观消费量

石油环烷酸又名环酸、环烷酸、萘酸，是一种带有五元或六元环的十分复杂的羧酸混合物，在原油中有1500多种不同的结构，相对分子质量变化很大，是一种较难挥发的黏稠液体。石油环烷酸大多分布在250～350℃的煤油、柴油及轻质润滑油馏分中，重质润滑油馏分中含量不多，而且提取较困难。目前，工业上主要从煤油、柴油及轻质润滑油馏分中提取石油环烷酸[1]。

石油环烷酸用途十分广泛，是精细化工原料之一。本文介绍了石油环烷酸的主要用途，国内市场供需情况以及未来发展态势。

1 石油环烷酸的用途

石油环烷酸的皂类能和多种金属盐类进行复分解反应，生成各种新的盐类。主要用于油料催干剂、石油防锈添加剂、有色金属矿冶浮选剂、化学催干剂、助剂、乳化剂、植物助长剂及防腐杀菌剂，还可作为汽油凝固剂等。石油环烷酸酯也是塑料和橡胶的增塑剂、皮革加工中的加脂剂[1]。

石油环烷酸的钠盐是廉价乳化剂、农业助长剂、纺织工业的去污剂；铅、锰、钴、钙等盐类是印刷油墨及涂料的干燥剂；铜盐、汞盐用作木材防腐剂及农药、杀菌剂；铝盐用于润滑脂及凝固汽油和照明弹。其镍、钴、钼盐可作为有机合成催化剂和催干剂，某些盐类还可作为特殊油品的添加剂，石油环烷酸的高碳数脂肪族酯类适于作精密机械油，用于电话机、钟表、计量器等方面。还可用于制取合成洗涤剂、杀虫剂、橡胶促进剂以及作为溶剂使用[2]。

石油环烷酸的有机衍生物实用价值不及石油环烷酸金属盐。石油环烷酸丁酯可在塑料工业中作增塑剂，具有良好的高热稳定性、抗拉强度和断裂伸长率，并可部分取代邻苯二甲酸二辛酯，邻苯二甲酸二丁酯，日本对此研究较多。石油环烷酸羟肟酸对金属氧化物有极好的螯和作用，在稀土矿及其他金属的浮选中富集效果优于其他类型的浮选剂。石油环烷酸咪唑啉常作为油田化工处理剂和用于炼油厂的常压、减压塔顶缓蚀剂。环烷胺和环烷基烷醇酰胺磺酸钠可作为阳离子表面活性剂和高效合成洗涤剂，美国已把它应用于日用化工香波、化妆品。

2 石油环烷酸的生产工艺简介

一般情况下，原油酸值大于0.5mgKOH/g为含酸原油。由于原油组成的复杂性，目前对于直接从原油中脱酸的报道还很少，大多数的脱酸工艺都是针对石油环烷酸分布较集中的柴油馏分及轻质润滑油开发的。

石油环烷酸的分离的方法主要有碱洗－电精制－硫酸中和法、萃取法和吸附法[3~5]。

2.1 碱洗－电精制－硫酸中和法

该方法的机理是：采用 NaOH 稀水溶液来中和馏分油中的石油环烷酸使其生成石油环烷酸钠，利用电场进行破乳，使石油环烷酸钠溶于剂相，对碱渣进行酸化处理回收石油环烷酸。该工艺流程简单、投资少，在国内外脱酸中广泛采用。但石油环烷酸钠是典型的阴离子表面活性剂，其乳化和增溶能力导致该工艺存在以下问题：油水乳化严重，不易分离；碱液用量大，不能再生；碱渣带油量大，柴油收率低，副产石油环烷酸中油含量高，设备腐蚀严重；污水 COD 值高，污染环境。为此人们对此工艺进行优化，如：改进混合器，降低油与碱液的混合强度；应用聚结器脱除精制柴油中的微量碱渣；在碱液中加入溶剂以消除乳化，如硫酸钠水溶液、低分子醇。

采用上述技术措施，虽然对直馏柴油碱洗－电精制－硫酸中和法间歇工艺有所改进，但仍需使用强碱、强酸并有废水排放。

2.2 萃取法

为了克服传统脱酸工艺的缺点，国内外做了大量的工作，其中氨法精制是人们研究的热点。

(1) 醇氨萃取：醇氨萃取采用含氨、低分子醇和水的复合溶剂脱除柴油中的石油环烷酸。低分子醇主要有甲醇、异丙醇及乙醇。溶剂中的氨与柴油中的石油环烷酸生成溶于溶剂的石油环烷酸铵，依靠密度差实现相分离；利用溶剂与石油环烷酸的沸点差异加热溶剂，石油环烷酸铵分解为石油环烷酸和氨。溶剂和氨蒸发回收，得到石油环烷酸产品。低分子醇主要起防乳化和破乳作用。醇氨萃取不用高压电场，不使用强酸、强碱，无“三废”排放，溶剂循环使用，可连续操作，可同时得到精制柴油和石油环烷酸。

(2) SW-1 氨萃取：醇氨萃取采用聚结过滤技术和溶剂部分循环再生方法来缩短相分离时间，减小剂油比，但溶剂用量大，溶剂再生能耗高。为解决上述问题，唐晓东、徐荣[6]用 SW-1 溶剂替代低分子醇作为新型破乳剂，提高溶剂相的密度，从而增大剂、油两相的密度差，利于相分离。SW-1 新型破乳剂具有易溶于水、不溶于油、用量少、可在溶剂中循环使用和不需再生等优点，与其他方法相比，可使操作费用大大降低。

2.3 吸附法

该方法是利用天然铝土矿、离子交换树脂、沸石、硅胶及贝壳吸附法等进行脱酸。这种方法分离石油环烷酸需建立吸附、脱附及溶剂回收装置，设备投资大，分离出的石油环烷酸酸值低。由于吸附过程本身条件所限，该法不能用于高黏度、高酸值、高密度的馏分油及稠油。

3 国内市场分析

3.1 国内供需概况

从表 1 可以看出，2007 年，我国石油环烷酸的产能为 19950t，产量达到了 19152t，表观消费量为 19304t，国内生产的石油环烷酸满足不了需求，很多企业采取直接进口石油环烷酸盐的方式，以填补不足。预计到 2010 年，国内表观消费量和产量基本维持其平衡状态，分别是 19346t 和 18953t，但是国内仍然呈现出供不应求的的局面。

表 1 2003～2007 年石油环烷酸供需情况及 2008～2010 年预测表 t

项目＼年份	2003	2004	2005	2006	2007	2008	2009	2010
表观消费量	21254	18288	19882	19843	19304	19600	19655	19646
产能	23950	18950	21950	21950	19950	19950	19950	19950

续表

项目＼年份	2003	2004	2005	2006	2007	2008	2009	2010
产量	21076	18003	19755	19755	19152	19551	19353	19253
进口石油环烷酸盐折算	281	342	323	365	420	483	555	638
出口量	103	57	196	277	268	261	253	245

3.2 国内消费分析

2007年我国消费石油环烷酸约19304t，其中涂料工业的催干剂占为43%，轮胎黏合剂占约20%，不饱和树脂促进剂约占6%，其他包括乳化油、油品添加剂、航空煤油抗磨剂等等，约占到31%。预计2010年我国石油环烷酸的市场需求量为19346t左右。石油环烷酸本身的应用有限，但是石油环烷酸盐的应用领域则十分的广泛。

我国石油环烷酸主要应用于三个领域：一是涂料工业的催干剂；二是轮胎黏合剂；三是不饱和树脂促进剂领域等。

石油环烷酸主要在柴油生产中分离出来，由于国内炼油企业纷纷配备柴油加氢装置，导致石油环烷酸的油源减少，国内的供应量呈现下降的趋势。但是由于石油环烷酸最主要的应用是石油环烷酸盐的应用，所以国内的用户企业考虑到了质量和数量双重因素，部分采取了直接进口石油环烷酸盐来弥补需求的不足，主要是橡胶领域。由于供应的逐年减少，预计到2010年，石油环烷酸的表观消费量将维持现状。涂料工业的催干剂由于替代品异辛酸盐的出现，该领域对于石油环烷酸盐的用量有一定的影响，但是石油环烷酸盐目前及未来仍将是涂料催干剂的主选，未来该领域的用量将会有部分增长；橡胶工业黏合剂领域的应用呈现快速的增长趋势，主要的应用包括子午线轮胎用黏合剂和橡胶输送带领域，输送带在矿山工业中有大量的应用，例如煤矿等；预计未来，橡胶工业领域的用量将以15%的年均增长率增长；不饱和树脂领域由于石油环烷酸盐的颜色，而使应用受到了影响，未来这个领域仍将以异辛酸占据主导市场，石油环烷酸的消费增长率约为5%左右，见表2。

表2　2003～2007年石油环烷酸消费及2008～2010年预测表　　t

消费领域＼年份	2003	2004	2005	2006	2007	2008	2009	2010	年均增长率
涂料工业催干剂	9100	7833	8562	8560	8300	8428	8356	8395	-1%
橡胶工业黏合剂	1531	2327	3133	3970	4566	5251	6238	7044	15%
不饱和树脂促进剂	1000	1104	1151	1210	1332	1352	1451	1521	5%
其他	9623	7024	7036	6103	5106	4569	3610	2686	-19%
合计	21254	18288	19882	19843	19304	19600	19655	19646	-1%

3.2.1 涂料工业催干剂领域

油漆油墨的催干剂主要用的是石油环烷酸的钴、锰、铅、锌、钙、铝、钡的盐。因各种盐的催干性能不同，故常几种盐复合使用，其中以钴盐使用效果最佳。石油环烷酸的锌盐用于绝缘漆中，催干性能比较缓和，不易起皱，使漆色线光滑美观。

目前，催干剂领域主要应用的两种产品是石油环烷酸盐和异辛酸盐。近年来，部分石油环烷酸盐类已经被带支链的脂肪酸（如异辛酸）取代，但这些脂肪酸用于高温（180℃附近）时，会挥发出异臭味，使操作人员无法承受。同时脂肪酸盐类受热时会有部分溶解于水，给其下游产品的应用带来诸多不便。这个领域，未来应用仍将以石油环烷酸盐为主，如果国内企业提高石油环烷酸盐的产量，这个领域的用量将有部分增长。

3.2.2 橡胶黏合剂领域

橡胶黏合剂领域主要是两种用途，一是做为子午线轮胎的黏合剂，另外一种是作为钢丝绳输送带的黏合剂。子午线轮胎中主要选用的是石油环烷酸钴。并且，在这个领域中主要选用固体的钴盐。而钢丝绳输送带领域中，由于固体钴盐价格较为昂贵，则主要以液体的石油环烷酸钴为主。钴盐在这个领域中主要是起到增强钢丝与橡胶制品的黏合力度的作用。

子午线轮胎由于其优越的性能，逐渐取代传统传统的斜交轮胎。目前，由于子午线轮胎的骨架材料基本采用全钢丝或者半钢丝，钢丝帘线与橡胶之间的黏合性则成为子午线轮胎使用性能的关键。从金属与橡胶的黏合机理上看，只要是含钴的盐，都能在不同程度上可以改善金属与橡胶的黏合性。从水溶性的无机钴盐，如氯化钴、硫酸钴，是最先采用的橡胶黏合剂。但由于其当经热老化后，黏合力急剧下降。随后，人们改用钴皂做橡胶黏合促进剂，钴皂类黏合促进剂较原先的无机钴盐相比，可提高金属-橡胶的黏合力，但其耐老化性能仍不很理想。常见的品种有：石油环烷酸钴、硬脂酸钴、癸酸钴、辛酸钴、松香酸钴、树脂酸钴、油酸钴，其中以石油环烷酸钴用的最广也最为普遍。世界上主要的固体钴皂类黏合促进剂的生产企业包括：英国铭坚公司生产的石油环烷酸钴Manobond CN-115、日本某公司生产的含钴10%的石油环烷酸钴。国内镇江金威集团有限责任公司可生产含钴10%的石油环烷酸钴RC-N10。Manobond硼酰化钴产品是一类含钴、硼的金属有机复合物，国外俗称钴硼络合物(Cobalt – boron Complex)，国内俗称硼酰化钴。在国际上被公认为代表橡胶黏合促进剂的新水平，是黏合技术的一个突破。

目前，石油环烷酸钴仍将是橡胶黏合促进剂选用的主要品种，短时间内，石油环烷酸钴的应用量仍将呈现15%以上的年增长率。未来，对产品质量要求的提高，更高品质的硼酰化钴将呈现较好的增长势头。

3.2.3 不饱和聚酯树脂领域

石油环烷酸钴促进剂是最常用及传统的不饱和聚酯树脂促进剂，它是一种良好的活化剂，促进能力强，在常温下就能使制品达到快速固化，但它的不足之处是本身有一定异味，制品颜色较深。国内主要应用于玻璃钢领域。由于石油环烷酸盐自身的颜色的限制，应用的领域包括管道、颜色较深的工艺品等等。目前石油环烷酸盐作为促进剂的主要替品就是异辛酸盐促进剂。异辛酸钴促进剂主要以异辛酸取代石油环烷酸进行生产，其制备过程基本与石油环烷酸钴一样，它与石油环烷酸钴促进剂相比，具有成分固定、透明度好、气味较淡、颜色较浅等优点，是石油环烷酸钴促进剂升级换代产品。目前全国几家大的树脂生产厂家基本都使用异辛酸钴自行配制促进剂。

石油环烷酸盐促进剂只能用于颜色较深的产品中，未来的应用前景受到限制，未来几年将维持5%左右的增长。

3.2.4 乳化油、石油产品添加剂、航空煤油抗磨剂等领域

在乳化油领域中的应用，主要是利用石油环烷酸钠，可作乳化剂或利用其乳化、胶溶的功能制取乳化油或切削液。可广泛用在金属加工厂及润滑油助剂厂等领域。

作为石油产品的添加剂，各种不同的石油环烷酸盐在油品中起着不同的作用，如：在喷气燃料的抗磨剂、可燃助剂、清洁剂、防腐剂等，沥青、柴油中亦均有应用。

加入量为航空煤油的0.003%的石油环烷酸，可改进喷气燃料的抗磨性、防黏性及抗腐蚀性。在汽油或柴油中加入石油环烷酸能使发动机保持清洁和抗积炭的作用。这里应说明的是石油环烷酸中的环烷基在非水介质中具有良好的分散性，对目前开发新型非水相介质分散剂具有积极的实际利用和基础研究意义。但目前国内在喷气燃料的抗磨剂领域的用量很少，年用量只有几十吨。

3.3 国内供应情况

3.3.1 国内生产分析

3.3.1.1 国内生产概况

目前我国生产石油环烷酸的厂家共有17家，全国产能合计21950t/a。预计2010年我国石油环烷酸的生产能力将为19950t/a。这里的企业统计中，剔出了粗酸企业和精酸企业的重复计算，主要以精酸企业为主，如表3所示。

表3　2003～2007年石油环烷酸国内生产概况及2008～2010年预测表　t/a

年份	2003	2004	2005	2006	2007	2008	2009	2010
产能	23950	18950	21950	21950	19950	19950	19950	19950
产量	21076	18003	19755	19755	19152	19551	19353	19252

3.3.1.2 生产厂家概况

石油环烷酸是石油中的天然有机羧酸。我国石油环烷酸含量高的原油主要分布于克拉玛依、辽河及胜利油田。2004年以前，国内大型生产石油环烷酸的炼厂主要包括，锦西炼化渤海集团公司(5000t/a)，中国石油天然气股份有限公司独山子石化分公司(2000t/a)，中国石油天然气克拉玛依石化，中国石化集团长岭炼油化工股份有限责任公司(3000t/a)，中国石油天然气股份有限公司乌鲁木齐石化总厂等几大中国石油、中国石化下属炼厂。随着炼厂规模的扩大，各大企业纷纷开始安装配备柴油加氢装置。目前可以生产石油环烷酸的炼厂仅有独山子石化分公司(由于这个公司只有部分柴油生产线配备有柴油加氢，所以还可以部分生产石油环烷酸，但是产量已经大规模减小)，长岭炼油化工，乌鲁木齐石化部分生产，直接的结果导致石油环烷酸的市场供不应求。表4所列是国内主要的精酸生产企业，为避免重复计算，未将直接供应精酸厂的粗酸生产企业列在表4中。

表4　2003～2007年石油环烷酸国内主要生产企业生产能力及2008～2010年预测表　t/a

序号	生产企业＼年份	2003	2004	2005	2006	2007	2008	2009	2010	年均增长率
1	安庆市时菱化工有限公司	0	0	3000	3000	3000	3000	3000	3000	0%
2	天津辉盛达石化技术有限公司	3000	3000	3000	3000	3000	3000	3000	3000	0%
3	中国石化集团武汉石油化工厂	2200	2200	2200	2200	2200	2200	2200	2200	0%
4	上海长风化工厂	2000	2000	2000	2000	2000	2000	2000	2000	0%
5	江西东川化工有限公司	2000	2000	2000	2000	2000	2000	2000	2000	0%
6	博罗县洲际广博精细化工有限公司	1400	1400	1400	1400	1400	1400	1400	1400	0%
7	九江华雄化工有限公司	1200	1200	1200	1200	1200	1200	1200	1200	0%
8	岳阳长炼兴长集团	1000	1000	1000	1000	1000	1000	1000	1000	0%
9	天津莱特化工有限公司	1000	1000	1000	1000	1000	1000	1000	1000	0%
10	淄博高环精细化工有限公司	650	650	650	650	650	650	650	650	0%
11	锦州伟达化工厂	500	500	500	500	500	500	500	500	0%
12	湖南省岳阳市青山油剂有限公司	500	500	500	500	500	500	500	500	0%
13	绥中县精细化工厂	500	500	500	500	500	500	500	500	0%
14	锦西炼化渤海集团公司	5000	0	0	0	0	0	0	0	—
15	锦州铁臣石油化工有限责任公司	1000	1000	1000	1000	1000	1000	1000	1000	0%
16	淄博兆凯化工有限公司	1000	1000	1000	1000	0	0	0	0	-100%
17	淄博中元化工有限公司	1000	1000	1000	1000	0	0	0	0	-100%
	总计	23950	18950	21950	21950	19950	19950	19950	19950	-2%

3.3.1.3　原料供应状况

粗石油环烷酸主要从油品蒸馏常二线、三线柴油馏分经碱液处理，萃取变成碱渣，经酸化、分离、水洗、脱水制得。然后粗石油环烷酸再精制为精酸。主要原料是原油。以下讨论原油的供应及市场情况。

原油供应及市场分析如表5所示。

表5　2003～2007年原油供需缺口及2008～2010年预测表　$\times 10^4$t/a

石油＼年份	2003	2004	2005	2006	2007	2008	2009	2010
产量(1)	16932	17405	18084	18368	18666	18800	19200	19500
表观消费量(2)	25231	29137	29986	32113	34600	34000	34500	35000
供需差(1)－(2)	－8299	－11732	－11902	－13745	－15934	－15200	－15300	－15500

3.3.2　进出口状况

我国石油环烷酸自20世纪80年代起就没有进口，出口量一直较小。2007年，石油环烷酸出口量为269t。预计未来几年，由于国内原料限制，国内产能的减小，出口量将呈现递减的趋势，见表6。

表6　2003～2007年石油环烷酸进出口及2008～2010年预测表　t

项目＼年份	2003	2004	2005	2006	2007	2008	2009	2010
进口	0	0	0	0	0	0	0	0
出口	103	57	196	277	269	261	253	245

3.4　异辛酸市场

从表7、表8可以看出，异辛酸的表观消费量在逐年增加，到2010年将达到15689t。其中，在涂料催干剂和聚酯促进剂以及其他一些领域，消费量增长迅速，在这些领域，异辛酸的应用将会影响到石油环烷酸的市场需求量。

表7　2003～2007年异辛酸消费量及2008～2010年预测表　t/a

项目＼年份	2003	2004	2005	2006	2007	2008	2009	2010
表观消费量	6200	7000	7800	8970	10316	11863	13642	15689

表8　2003～2007年异辛酸消费及2008～2010年预测表　t/a

消费领域＼年份	2003	2004	2005	2006	2007	2008	2009	2010
涂料催干剂	4500	5000	5500	6325	7274	8365	9620	11062
聚酯促进剂	1500	1650	1815	1997	2196	2416	2657	2923
其他	200	350	485	649	846	1082	1365	1703
合计	6200	7000	7800	8970	10316	11863	13642	15689

图1对异辛酸与石油环烷酸表观消费量进行了对比分析。如图所示，异辛酸的表观消费量呈现出快速的增长趋势，2010年为15689t，而石油环烷酸的消费量一直维持在每年20000t。因此，未来几年，市场对石油环烷酸的需求量仍将大于异辛酸，并占有绝对优势。

4　产品价格分析

首先，从供需平衡上看，石油环烷酸产量受限，供不应求，所以近几年来，石油环烷酸的价格一直呈现递增趋势，预计未来，石油环烷酸的价格仍将持续上涨。

其次，从原料价格上看，原油价格节节高升，原料价格的大幅上涨，必将带动石油环烷酸价格逐年递增，如表9所示。

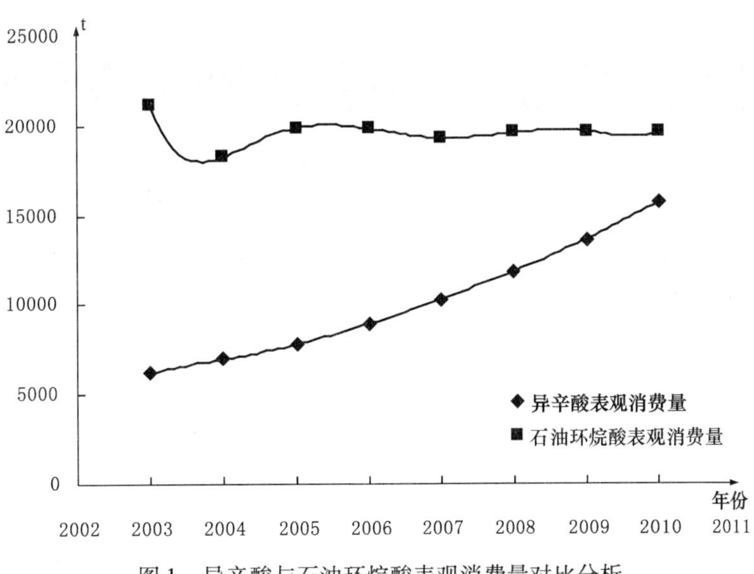

图1　异辛酸与石油环烷酸表观消费量对比分析

表9　2003~2007年国内市场价格及2008~2010年预测表　RMB/t

年份	2003	2004	2005	2006	2007	2008	2009	2010
市场平均价	7833	8167	8500	9000	9667	10000	10433	10667

5　结语

国内石油环烷酸的生产企业共有17家，产能达到21950t/a。由于国内石油环烷酸粗酸供应的限制，石油环烷酸近几年一直处于供应不足的状态。预计至2010年，石油环烷酸的表观消费量将维持在20000t左右，主要是受到产量的限制以及异丁酸的广泛应用。石油环烷酸的主要应用领域是油漆油墨催干剂、橡胶黏合剂以及不饱和聚酯树脂促进剂三个领域，消费比例可以占70%左右。未来，橡胶黏合剂领域将是发展最快的领域，预计消费增长率将维持在15%左右。

参考文献

[1]　杨克训．浅谈石油环烷酸[J]．日用化学工业，1998，4：59~60
[2]　任凭飞．我国环烷酸精制工艺及应用进展[J]．精细石油化工，2000，5：29~31
[3]　董吕平．浅析环烷酸及其精细化工产品的价值[J]．上海涂料，2006，44（3）：28~31
[4]　祝馨怡，田松柏．高酸原油的加工方法研究进展[J]．石油化工腐蚀及防护，2005，22(1)：7~10
[5]　吕效平，韩萍芳．重质高酸原油及其油品脱环烷酸工艺研究进展[J]．化工进展，1999，(4)：54~58
[6]　唐晓东，徐荣．润滑油氨精制的研究[J]．润滑油，1999，14(1)：17~19

汽油选择性加氢脱硫技术的国内外进展

钱伯章　朱建芳

摘　要：汽油选择性加氢脱硫是汽油脱硫的主要技术之一。本文评述了国内外汽油选择性加氢脱硫技术开发成果和应用进展。

关键词：汽油　脱硫　技术　应用

1　前言

典型炼油厂的汽油主要由轻直馏汽油、焦化轻汽油、烷基化油、重整生成油、FCC 汽油和 MT-BE(趋于减少)组成。汽油总组成中，含硫最高的是催化裂化(FCC)汽油，它占美国汽油总组成的 36%、西欧汽油总组成的 40%，在我国汽油中的比例更高达 78%。FCC 汽油占汽油总组成硫含量的 98%，为此，降低 FCC 装置汽油的硫含量是降低汽油总组成含硫量的关键之一。另外，焦化轻汽油降硫费用最高，因其高含硫和含烯烃，导致加氢处理时氢耗高和辛烷值损失大。大多将其送往焦化石脑油加氢处理装置，产品分馏成 C_5 物流和催化重整进料物流。另一利用方案是将 C_5 用作 FCC 进料。

汽油选择性加氢脱硫是汽油脱硫的主要技术之一。下面依次介绍国内外典型的工艺及其应用。

2　国外技术

2.1　UOP 公司 ISAL 工艺

UOP 和 Intevep(委内瑞拉石油公司技术支撑中心)开发的 ISAL HDS 工艺可将汽油含硫量降低到 25μg/g 以下而无辛烷值损失。该工艺采用双催化剂技术，虽然汽油中烯烃被饱和，但通过异构化和其他反应，又使辛烷值损失得以补偿。

处理含硫 2160μg/g、烯烃 27.6%的进料，一般加氢处理可使汽油含硫降达 25μg/g、烯烃减少到小于 1%，但辛烷值损失为 8.9 个单位。采用 ISAL 工艺，生产含硫 25μg/g(或小于 5μg/g)、烯烃小于 1%的汽油，辛烷值损失为 0～1.5 个单位。该工艺已在五套加氢装置上改造采用。

2.2　埃克森美孚公司第二代 SCANfining 工艺

埃克森美孚公司推出了解决辛烷值损失问题的二种加氢方案：OCTGAIN 和 SCANfining 工艺。每一种工艺都可处理 FCC 中间馏分汽油(ICN)和重汽油(HCN)。OCTGAIN 工艺使烯烃完全饱和，然后再回复辛烷值。但它经过苛刻条件的辛烷值回复步骤，损失了 C_5^+ 产率。SCANfining 工艺采用选择性加氢脱硫技术，使烯烃饱和度减小。优点是 C_5^+ 产率高，缺点是因烯烃部分饱和，辛烷值仍有一定损失。

埃克森美孚公司还推出了采用高选择性催化剂(RT－225)的第二代 SCANfining 工艺，可达到高的 HDS/烯烃饱和比。它不仅很容易地使含硫量降至 10μg/g，而且辛烷值损失为原工艺的 50%。其烯烃饱和度(48%)为原工艺(90%)的一半。试验表明，处理含硫 3340～808μg/g、烯烃 34.9%～20.7%的 FCC 汽油，产品含硫均可达到 10～20μg/g(HDS 99%～99.8%)，烯烃损失中等(34%～48%)，辛烷值损失为 1～1.5 个单位。该工艺已在四套以上装置应用。

2.3　IFP 的 Prime－G＋工艺

法国石油研究院(IFP)Axens 公司开发的 Prime－G＋工艺采用双催化剂对 FCC 重汽油(HCN)进

行选择性加氢脱硫。工艺条件缓和，烯烃加氢活性很低，不发生芳烃饱和及裂化反应，液收达100%，脱硫率大于98%，辛烷值损失少，氢耗低，可满足汽油总组成含硫量10μg/g要求。

进料为全馏程(40～220℃)FCC汽油，含硫2000μg/g，RON和MON分别为91和79，(RON+MON)/2为85。切割出重汽油进入Prime-G+装置。Prime-G+产品含硫30μg/g(用于汽油调合，可使汽油总组成含硫小于15μg/g)，RON和MON各为88.2和78.2，(R+M)/2为83.5，辛烷值损失为1.5个单位，HDS率为97.5%。该工艺现已在13套装置上应用。截至2008年，Prime-G+汽油脱硫技术，已技术转让140多套。

中国石油集团公司宣布，在其两座炼油厂的新建装置中采用法国Axens公司催化裂化汽油深度加氢脱硫技术。在其锦西石化联合企业和其天津大港石化联合企业78万吨/年装置采用Axens公司Prime-G+技术。两套装置投运后，使锦西石化联合企业汽油总组成的硫含量小于50μg/g，使大港石化联合企业汽油总组成的硫含量小于25μg/g。

2.4　CDTECH公司催化蒸馏工艺

CDTECH公司的CDHydro和CDHDS工艺将加氢脱硫反应与催化蒸馏技术组合在一座塔器中进行。该工艺采用二段法催化蒸馏使FCC汽油脱硫率可大于99.5%，而且产率高，辛烷值损失小。第一段为CDHydro脱己烷塔，塔顶产生低含二烯烃和硫醇的C_5/C_6物流。不需再用碱处理脱除硫醇。去除硫醇性硫可大于99%。第二段采用CDHDS过程从FCC C_7^+汽油去除高达99.5%的硫，而辛烷值损失很小。典型的炼厂要求汽油含硫从300μg/g减小到30μg/g，FCC汽油含硫减少90%，对于含烯烃约30%的FCC汽油，经催化蒸馏处理后，无产率损失，辛烷值损失小于1.0。

该催化蒸馏工艺正在推广应用之中，截至2007年2月统计，CDTECH公司已完成该工艺技术转让、基础工程和前期工程设计服务达11套装置。这些装置采用选择性加氢脱硫技术去除高含硫的FCC石脑油中硫，总处理能力达28.7万桶/天(1234万吨/年)。现已有18套FCC汽油脱硫装置采用催化蒸馏工艺，在北美、西欧和亚洲投运。

2.5　BP公司OATS工艺

BP公司开发了称为噻吩硫烯烃烷基化(OATS)的汽油脱硫技术，使用OATS工艺可使FCC汽油硫含量减小到10μg/g以下，同时耗氢量很低，并且不会显著降低汽油辛烷值。OATS工艺将噻吩型硫化物转化成沸点更高、容易从汽油馏分中分离的组分。该工艺通过使噻吩型硫化物与汽油馏分中的烯烃进行催化反应，生成沸点高于200℃的重组分。高沸点的含硫馏分很易通过分馏分离并加入到柴油馏分中，然后经传统的加氢处理去除硫。OATS进料的1%～4%被分离加入到柴油馏分中，其余的成为脱硫汽油。通过OATS工艺和其他精制过程，汽油中硫可被脱除99.5%，辛烷值损失仅为0～2个单位。采用OATS汽油脱硫工艺的第一套工业装置于2001年底在德国巴伐利亚的拜耳炼油厂投运，可生产65万吨/年低硫汽油，满足德国2003年含硫低于10μg/g的汽油规范。另外有两套装置也于2002年投运。该技术也于2003年在BP公司的七家炼油厂应用。

2.6　康菲石油公司催化裂化汽油吸附脱硫工艺

康菲石油公司开发的SZorb吸附法(SZorb SRT)汽油脱硫工艺与加氢处理不同，它选择性地去除硫化物而不是转化硫化物。可将高硫催化裂化(FCC)汽油转化为低硫汽油。

SZorb催化汽油脱硫技术近年在中国引进采用。国内首套120万吨/年SZorb催化汽油脱硫装置于2007年5月下旬在燕山石化公司建成，该装置投产后，生产硫含量低于10μg/g的低硫清洁汽油。镇海炼化公司150万吨/年催化汽油脱硫装置于2009年年底建成150万吨/年SZorb催化汽油吸附脱硫装置。高桥石化公司120万吨/年催化汽油吸附脱硫装置于2009年底投产。届时，使该公司同时拥有批量生产国Ⅳ汽油和国Ⅳ柴油能力，到上海参加2010年世博会的汽车都能加上高桥石化生产的高品质汽油和柴油。中国石化济南分公司也建设90万吨/年汽油吸附脱硫装置。广州石化也新建150万吨/年催化汽油吸附脱硫装置，于2010年2月建成。

由中国石油大学(华东)和辽宁方圆国家标准样品油有限公司共同开发的“汽油氧化吸附脱硫工

艺”小试研究成果在国内同类的汽油脱硫工艺中达到国内领先水平。这是该项目在通过国家洁净能源研究中心的验收时，业内专家对该项目的验收意见。该项目提出并研究的氧化－萃取－选择性吸附脱硫新工艺，具有工艺简单、操作条件缓和的优点，脱硫效果明显，脱硫的潜力大；通过利用开发的连续化示范装置对脱硫能力进行验证，可以把硫含量为900μg/g 的汽油脱至500μg/g 以下，将硫含量240μg/g 的汽油脱至50μg/g 以下，试验结果的重复性好、结果可靠，达到了项目的预期目标。据悉，随着国家对汽车排放标准要求的日益严格，对低硫汽油的需求快速增长，该项研究成果具有重要意义。

3　我国开发的工艺

3.1　抚顺石油化工研究院 OCT－M FCC 汽油选择性加氢脱硫技术

中国石化抚顺石油化工研究院开发的 OCT－M FCC 汽油选择性加氢脱硫技术通过技术鉴定。该技术根据 FCC 汽油轻馏分硫含量低、烯烃含量高或重馏分硫含量高、烯烃含量低的特点，将 FCC 汽油切割为轻、重两个馏分。轻馏分经脱硫醇，重馏分采用 FGH－20/FGH－11 组合催化剂和配套加氢工艺，然后调合。该技术可将高硫含量 FCC 汽油硫含量和烯烃含量分别由 1635μg/g 和 52.9%降低到 192μg/g 和 42.1%，RON 损失 1.7 个单位；中等硫含量的 FCC 汽油硫含量和烯烃含量分别由 806μg/g 和47.3%降低到97μg/g 和 39.0%，RON 损失 2.0 个单位。该技术将在中石化广州分公司 40 万吨/年加氢装置上应用。由抚顺石油化工研究院、广州分公司和洛阳石油化工工程公司共同承担的催化汽油选择性加氢脱硫技术(OCT－M)现通过中期评估。该技术在完成实验室开发后，2003 年 3 月在中国石化广州分公司 40 万吨/年催化裂化汽油选择性加氢脱硫装置上进行了工业应用以来，两次标定结果表明，催化裂化汽油经 OCT－M 技术处理后，产物硫含量、烯烃含量和辛烷值损失明显降低，达到了国家科技攻关项目的技术指标要求。目前该技术已申请中国专利 3 件。

山东海科化工集团有限公司 30 万吨/年催化裂化汽油加氢项目自 2009 年 9 月 27 日投料试车成功后，现已平稳运行，这表明海科化工已成为国内石化行业第二家、地方炼油企业首家汽油选择性加氢项目生产单位。该项目总投资额 4300 万元，选择了国内领先、成熟的 OCT－M 专利技术，选用国内先进的新型 FGH 系列催化剂，产出的汽油质量全部达到国Ⅲ标准，汽油中的硫含量大大降低，使企业在同行业中保持了领先地位。

3.2　OCT－MD 生产国Ⅳ清洁汽油成套技术开发及工业应用

由中国石化抚顺石油化工研究院和石家庄炼化分公司共同完成的 OCT－MD 生产国Ⅳ清洁汽油成套技术开发及工业应用项目，在北京通过中国石化科技开发部主持的技术鉴定。该技术达到了当前国际同类技术的先进水平，为我国石化企业生产符合《世界燃油规范》Ⅱ～Ⅲ类标准的清洁汽油提供了技术支撑。

OCT－MD 生产国Ⅳ标准汽油成套技术采用拥有自主知识产权的催化裂化(FCC)汽油全馏分无碱脱臭—分馏—重馏分选择性加氢脱硫—轻重馏分混合的工艺技术。该技术根据 FCC 汽油轻馏分中硫含量低、烯烃含量高和重馏分中硫含量高、烯烃含量低的特点，将催化裂化汽油切割为轻重两个馏分，达到了脱硫和减少辛烷值损失的双重效果。OCT－MD 技术在石家庄炼化分公司 60 万吨/年工业装置连续运转 3 个月生产“京标 C”汽油(硫含量$\leqslant 50\times10^{-6}$)的工业试验结果表明：采用适宜的切割温度，在一定重馏分加氢精制高分压力、体积空速等操作条件下，处理硫含量 513×10^{-6}～620×10^{-6}、烯烃 28.0%～33.8%(v)的 MIP(最大化多产异构烷烃 FCC 工艺)汽油，产品硫含量为 38×10^{-6}～50×10^{-6}，达到“京标 C”标准汽油硫含量要求。

OCT－MD 技术于 2000 年列入中国石化“十条龙”科技攻关项目，2002 年列入“十五”国家科技攻关项目。该项目已申请 14 件发明专利，其中 3 件已获授权。

OCT－MD 催化汽油选择性加氢脱硫技术，2009 年 9 月下旬采用该技术已成功生产出硫含量低于50μg/g的国Ⅳ标准清洁汽油，此举为我国生产符合《世界燃油规范》Ⅱ～Ⅲ类标准的清洁汽油提供了技术支持。为满足2009年底国Ⅲ质量汽油升级的需要，中石化多家炼厂新建FCC汽油脱硫处理装置。OCT－MD技术可将催化裂化汽油切割为轻、重两个馏分，达到脱硫和减少辛烷值损失的双重效果。OCT－MD催化汽油选择性加氢脱硫技术不仅具有脱硫率高、辛烷值损失小、氢耗低、投资小等特点，还兼备生产国Ⅲ汽油、国Ⅳ汽油的能力。2009年9月初，国内第一套采用OCT－MD技术新建的催化裂化(FCC)汽油加氢脱硫装置在中石化湛江东兴石化公司工业应用一次成功。OCT－MD选择性加氢脱硫技术今年还将在中石化武汉、金陵、安庆、镇海、胜利、西安等分公司进行应用，并逐步在全国20多家石油化工企业推广应用。

我国汽油中大约90%的硫化物来自催化裂化(FCC)汽油，同时FCC汽油占我国汽油调和比例80%左右，因此降低FCC汽油的硫含量是满足汽油标准的关键。

3.3　九江石化厂与抚顺石油化工研究院全馏分催化汽油选择性加氢脱硫工艺(FRS工艺)

为适应原油结构的调整和汽油产品质量升级的需要，九江石化厂依靠科技进步，继Ⅱ加氢装置在高空速下生产出欧Ⅳ标准柴油，实现加氢技术领域高端突破后，该厂与抚顺石油化工研究院共同对Ⅰ柴油加氢精制装置进行全馏分催化汽油选择性加氢脱硫工艺改造(简称FRS工艺)，硫含量降至200μg/g左右，辛烷值损失仅2个单位左右，填补了国内全馏分催化汽油选择性加氢脱硫工艺这一技术领域空白。

该厂在进行技术比选的基础上，联系抚顺石油化工研究院和温州华华集团，积极推进全馏分催化汽油选择性加氢脱硫项目的实施。经过近半个月的运行，目前九江石化Ⅰ加氢装置实现了预期目标，全馏分催化汽油经过选择性加氢，硫含量由800～900μg/g降至200μg/g左右，研究法辛烷值仍可达到90以上。此工艺不仅填补了国内技术空白，而且解决了九江石化生产高标号汽油的瓶颈，大大增加了企业的经济效益。

3.4　抚顺石油化工研究院汽油选择性加氢催化剂及工艺

由中国石化抚顺石油化工研究院发明创造的“汽油选择性加氢催化剂及工艺”，在第十届中国专利奖评选中获得中国专利优秀奖。该发明是一种用于催化裂化汽油等劣质原料生产高质量清洁汽油的催化剂及工艺方法。采用该催化剂及配套工艺，可以实现劣质的催化裂化等汽油原料的深度加氢脱硫和适宜的烯烃加氢饱和，在产品中保留适宜和适量的烯烃，进而实现在脱硫和脱烯烃的同时，使产品的辛烷值损失达到最少，获得硫含量、烯烃含量及辛烷值均符合高等级汽油产品要求的高质量清洁汽油。

工业应用结果表明，该催化剂具有良好的选择性和稳定性，同时该工艺的稳定运转周期也大大延长，克服了传统技术存在的脱硫、降烯烃和产品辛烷值损失大之间的矛盾，解决了以往催化剂及工艺的整体选择性差、催化剂选择性和稳定性差的问题。该催化剂及配套工艺已在广州、石家庄、洛阳、武汉、锦州、九江的6套FCC汽油加氢脱硫工业装置上实现工业化。该发明的催化剂及工艺为扭转我国催化裂化汽油产品质量不能满足市场需求和环保要求的状况提供了技术支撑，同时能够生产出符合未来清洁燃料标准要求的环保型石油产品，可提高车用发动机的功效，降低有害物质的排放，进而有效地保护生态环境，合理利用有限的石油资源。

3.5　中国石油开发催化汽油加氢脱硫专用催化剂

近年来，随着国际原油价格节节攀升，我国各大炼油厂加工的原油却越来越重、含硫量越来越高，加工原油重质化、劣质化趋势日益明显。同时，节能减排的要求也越来越高，燃料油欧Ⅲ标准已全面实施，北京则实施欧Ⅳ标准。一边是高含硫重劣质原油比重越来越高，一边是汽柴油质量不断提升，含硫量要求越来越苛刻，这对炼油加工过程提出了严峻挑战。

中国石油石油化工研究院开发了DSO催化汽油加氢脱硫成套技术，这是专门针对我国目前催化裂化汽油高硫高烯烃的特点开发的新技术。该技术具有辛烷值损失少、液收率高、汽油可满足欧Ⅳ标准等特点，可以为中国石油汽油质量升级换代提供技术支持。

2007 年 4 月，该技术决定在玉门炼化 15 万吨/年汽油加氢装置上进行工业试验，解决汽油质量升级问题。2008 年 5 月下旬，工业化试验方案通过审查；6 月，试验所需的 DSO 催化剂载体和主催化剂生产完成；7 月中旬，完成催化剂装填工作。8 月投入运行。

此次催化剂的成功装填是取得试验全面成功的关键一步，该技术实现了中国石油自主开发符合欧Ⅳ标准的低成本清洁汽油生产成套技术的突破。

3.6 中国石化石油化工科学研究院"催化裂化汽油选择性加氢脱硫技术 RS－DS"

由中国石化石油化工科学研究院、上海石化股份公司、中国石化工程建设公司共同承担的中国石化"十条龙"攻关项目"催化裂化汽油选择性加氢脱硫技术 RS－DS 的开发及工业应用试验"通过股份公司科技开发部组织的技术鉴定。

参 考 文 献

[1] 钱伯章. 世界石油石化发展现状与趋势. 北京：石油工业出版社，2009

国外重/渣油轻质化技术研究进展

韩晓辉　卢桂萍
（中国石油工程建设公司华东设计分公司吉林院，吉林　132022）

摘　要：随着世界范围内原油重质化、劣质化程度的加剧，对清洁燃料及化工原料需求的日益增加，使得重、渣油轻质化技术经历着重大的革新。本文回顾并展望了国内外重油和渣油轻质化技术的不同工艺，探讨了高效催化剂和新型反应器的开发趋势，为我国重、渣油轻质化技术发展起到一定借鉴作用。

关键词：重油　渣油　加氢转化　轻质化　催化剂

随着常规原油资源的日益枯竭，世界原油供应呈现出重质化、劣质化的发展趋势。原油硫含量日益增高，对燃料油尤其是中、高硫燃料油的需求日益减少，以及环保法规对产品质量的要求越来越严格，极大地促进了重、渣油轻质化技术的发展。因此，选择合适的加工手段，提高重/渣油的加工深度是炼厂提高轻油液收，增加经济效益的关键。

1　重/渣油组成

大量研究表明，重原油中含有不定型高分子量极性分子－沥青质，少量的金属卟啉也通过π－电子与沥青质分子相结合。世界大多数渣油和重油性质相似，都有低的H/C原子比(1.2～1.4)、高金属、高硫含量，详见表1所示。

表1　不同渣油组成和物理性质

Table 1　Different residue composition and physical properties

原油来源	比重度(°API)	镍＋钒/(μg/g)	硫/%	渣油残炭/%	渣油产量(占原油的体积/%)	
					常渣，343℃＋	减渣，565℃＋
Alaska, North Slope	14.9	71	1.8	9.2	51.5	21.4
Arabian, Safaniya	13.0	125	4.3	12.8	53.8	23.2
Canada, Athabasca	5.8	374	5.4	15.3	85.3	51.4
Canada, Cold Lake	6.8	333	5.0	15.1	83.7	44.8
California, Hondo	7.5	489	5.8	12.0	67.2	44.3
Iranian		197	2.6	9.9	46.7	
Kuwait, Export	15.0	75	4.1	11.0	45.9	21.8
Mexico, Maya	7.9	620	4.7	15.3	56.4	31.2
North Sea, Ekofisk	20.9	6	0.4	4.3	25.2	13.2
Venezuela, Bachaquero	9.4	509	3.0	14.1	70.2	38.0

2　国内外重、渣油加工工艺现状

从20世纪末开始，国内外重、渣油轻质化加工工艺迅速发展[1,2]。其中，高硫原油加工的关键是高硫渣油的加工。其方法主要有三类：脱炭、加氢和汽化。脱炭工艺主要有焦化、减黏裂化、溶剂脱沥青和FCC(RFCC)等；加氢工艺包括加氢裂化和加氢处理；汽化工艺则是指直接将渣油氧化燃烧，用于发电、制氢等。总体而言，以渣油为原料的各种转化工艺主要有两类[3]如表2所示。

表2 渣油转化工艺分类

Table 2 Classification of Residue Conversion Processing

非催化工艺	催化工艺
溶剂脱沥青 Solvent deasphalting	渣油催化裂化 Residue Fluid Catalytic Cracking(RFCC)
热加工 Thermal:	加氢工艺 Hydroprocessing:
汽化 Gasification	固定床加氢处理 Fixed Bed Hydrotreating
延迟焦化 Delayed Coking	固定床加氢裂化 Fixed Bed Hydrocracking
流化焦化 Fluid Coking	悬浮床加氢裂化 Slurry Hydrocracking
灵活焦化 Flexicoking	沸腾床加氢处理 Ebullated Bed Hydrotreating
减黏裂化 Visbreaking	沸腾床加氢裂化 Ebullated Bed Hydrocracking

2.1 脱炭工艺研究进展

2.1.1 溶剂脱沥青

溶剂脱沥青(SDA)是唯一的通过相对分子质量(密度)而不是通过沸点来分离的石油加工工艺，用于生产低污染物的脱沥青油(DAO)。能满足各种脱沥青油品质的要求，且由于DAO的Ni+V浓度低，通常被用作催化裂化和加氢裂化的原料。

2.1.2 热加工工艺

热加工是渣油脱炭的重要工艺也称为焦化，主要包括汽化、延迟焦化、流化焦化、灵活焦化和减黏裂化。

汽化工艺是指直接将高硫渣油氧化燃烧，用于发电和制氢等，渣油汽化在高温(>1000℃)下进行主要产品为合成气、炭黑和炭粉。延迟焦化工艺分焦化和除焦两部分[4]，其中焦化为连续式操作，除焦为间歇式操作。延迟焦化具有原料适应性强、技术成熟、投资低等特点，同时，可为乙烯工业提供优质原料，增产优质柴油，提高炼厂柴汽比。流化焦化和灵活焦化起源于催化裂化(FCC)技术，流化和灵活焦化技术是在渣油处理工艺中相对比较前沿的技术。流化焦化工艺系统由流化床反应器和燃烧器组成，焦炭在反应器与燃烧器之间循环传递热量。流化焦化比延迟焦化液收高，但焦炭收率比延迟焦化低。灵活焦化[5]是流化焦化的扩展形式，灵活焦化是把部分劣质焦炭汽化成合成气(CH_4、H_2、CO)，但是1000℃的高温还不足以燃烧掉所有焦炭。减黏裂化工艺大致分为延迟减黏、加热炉式减黏、加热炉-反应塔(上流式)减黏三种形式。国外开发了众多减黏裂化工艺，以及配合FCC、HRC等催化加工的组合工艺，组合工艺的发展使减黏裂化得到了充分的工业应用。在我国对残炭大于8%、金属质量浓度高于20μg/mL的劣质渣油直接进行催化裂化具有一定困难，需要进行预处理，石油化工科学研究院开发了催化裂化原料-渣油缓和热转化+溶剂脱沥青+催化裂化组合工艺[6]，得到高收率低金属含量的脱金属油。

2.1.3 催化裂化

催化裂化工艺是将重油馏分转化成高辛烷值汽油工艺。渣油催化裂化(RFCC)是传统催化裂化技术的延伸，RFCC工艺设计包括两段再生，混合物温度控制和催化剂冷却。催化剂在抑制金属和积炭方面也起到重要作用。用于渣油催化裂化(RFCC)的催化剂是酸性分子筛如：晶体铝矽酸盐分子筛(USY或稀土置换的HY)。渣油催化裂化(RFCC)工艺的主要局限性是需要保证高质量的进料(高H/C原子比和低金属含量)，来减少焦炭产生，减少催化剂活性损失。

2.2 加氢工艺研究进展

以渣油为原料的各种工艺按反应器类型分类，可分为固定床、移动床、沸腾床和悬浮床四种。与热加工相比加氢处理消耗大量的氢气，投资和操作成本较高，但能够得到高的液收和优质产品，过去一些年中加氢处理工艺得到了长足的发展，正不断的改进且趋于多样化，如加氢脱硫(HDS)、加氢脱氮(HDN)、加氢脱金属(HDM)和加氢裂化(HCR)。加氢处理工艺不仅产品选择性高而且能生产清洁燃料。然而，长远来看高反应活性仍是催化剂制备和反应工艺参数优化的核心问题。加氢工艺多样性的根源是催化剂的开发尤其是催化剂制备技术的开发，所以渣油加氢处理和催化剂开发要平行发展。

渣油加氢处理的催化剂[7]主要是 Co，Ni，W 和 Mo 负载的硫化物，它们有不同的孔道结构和活性金属。孔径是渣油加氢催化剂的主要特性，由于原料含有较大的沥青质分子和金属螯合物等，绝大部分塔底油和蒸馏渣油常规处理是在温度 350 ~ 450℃ 压力 5 ~ 15MPa 的滴流床反应器中进行。在此反应条件下，卟啉或螯合物中的金属（如 Ni、V 等）以金属硫化物（Ni_3S_2，V_2S_3 和 V_3S_4，晶体尺寸 2 ~ 30nm）形式沉积在催化剂表面。但这些沉积的过渡金属硫化物使催化剂中毒，阻碍反应分子的扩散最终堵塞催化剂孔道。

渣油加氢工艺是加氢处理和加氢裂化的组合，除加氢减黏裂化外，大多数加氢转化工艺需要催化剂，通常，高效的加氢工艺催化剂是由过渡金属硫化物负载在高表面积的载体上制得的。典型的催化剂组成是 3% ~ 15% 的ⅥB 族金属氧化物和 2% ~ 8% Ⅷ族金属氧化物。表 3 列出了世界主要渣油加氢工艺专利商及其工艺技术。

表 3　渣油加氢转化工艺

Table 3　Residue Hydroconversion Process

反应器类型	工艺技术	专利商
固定床反应器	①在线催化剂置换（OCR） ②UFR，上行走反应器	Chevron Lummus Global（CLG） 壳牌（Bunker flow） Axen（Swing reactor）
沸腾床反应器	①Hycon，Bunker Type Reactor ②Hyvahl，Swing Reactor Concept ③H – Oil ④T – Star ⑤LC – Fining	壳牌 IFP（Axen） Axen（HRI/IFP） Chevron ABB Lummus Amoco oil（BP）
悬浮床反应器	①Microcat – RC ②Veba combi – cracking ③Hydrocracking Distillation Hydrotreating（HDH） ④Cash，Chevron Activated Slurry Hydroprocessing ⑤EST，Eni Slurry Technology	Exxon Mobil Veba Oel Intevep Chevron Eni Technologies Snamprogetti Energy Research Laboratories，Canada

2.2.1　固定床加氢工艺

渣油固定床加氢 RDS/VRDS 技术通过加氢能有效脱除渣油中的金属、硫、氮及残炭等杂质，为催化裂化提供优质原料。由于渣油成分复杂，加氢反应类型众多，固定床加氢工艺一般采用“催化剂组合装填技术”。催化剂体系包括保护剂、加氢脱金属剂、加氢脱硫剂、加氢脱氮（残炭）剂等，通常渣油催化裂化（RFCC）反应在 480 ~ 540℃ 的流化床中进行，由于渣油转化的选择性和副产物少的特点，使得 RDS/VRDS 与 RFCC 组合工艺得到更广泛认同。RFCC 的局限性在于金属沉积，因为在脱氢过程中 Ni 和 V 的沉积使石蜡产量增加导致产生更多的焦炭，以致堵塞催化剂孔道直至失活。

2.2.2　移动床/沸腾床加氢工艺

使用移动床或者沸腾床有多种类型的反应器。沸腾床属于上流式反应器，床中催化剂不固定，原料从下部向上流过催化剂层，在进料的压力下催化剂始终保持膨胀或沸腾状态，运行中可以将催化剂在线置换（OCR），它可以处理大部分原料如 AR，VR 和其他含有高沥青质、高金属和高硫的重质原料。沸腾床具有加氢处理和加氢裂化双重功能，通常加大催化剂规格和反应器设计要考虑到进料组成，不仅要考虑催化作用、化学动力学、加氢动力学，还要考虑催化剂片层和床层的质量和热量传递问题[8]。

目前，国外沸腾床加氢裂化工艺有 H－Oil 和 LC－Fining 两种工艺[9]，其反应器示意图分别见图1、图2所示。

H－Oil 工艺沸腾床反应器示意图[10](见图1)，该专利技术属于 AXENS 公司，适用于高金属和高残炭的重减渣。H－Oil 工艺能在周转周期内保持稳定的产品质量，因其具有带流化催化剂操作的独特的搅拌反应器的特征，所以它可以处理放热反应、含固体的进料反应以及单级或两级的复杂操作。

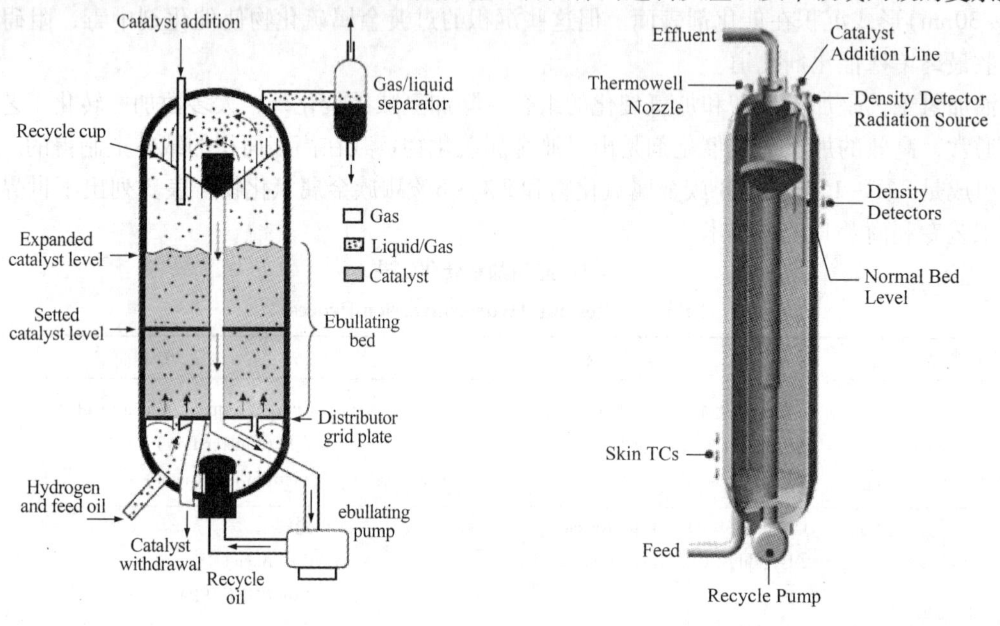

图1 H-Oil 工艺沸腾床反应器示意图　　图2 LC-Fining 沸腾床反应器示意图

T－Star 另一个沸腾床工艺，它是 H－Oil 的扩展。T－Star 装置能维持总转化率在 20%～60% 范围内，尤其是 HDS 转化率可达到 93%～99%。该装置可作为催化裂化预处理装置，也可作为减压瓦斯油加氢裂化反应器，H－Oil 催化剂可以用在 T－Star 工艺。

LC－Fining 沸腾床反应器[10](见图2)也可以用于常减压渣油的 HDS、HDM 和 HCR 操作，尤其适合于超重渣油、沥青和减渣加氢处理。该工艺总的优点是：投资低、操作成本低、更多轻产品。该工艺生产大范围高质量的馏分，重渣油可用作燃料油、合成原料，还可用作渣油催化裂化、减黏裂化或溶剂脱沥青的原料。截止到2006年底，全世界共建成19套渣油沸腾床加氢装置，采用 H－Oil技术的装置共10套，采用 LC－Fining 工艺的装置共9套。

2.2.3 悬浮床加氢工艺

悬浮床[11]加氢技术是将催化剂均匀分散到渣油中，在原料临氢热裂解的过程中抑制缩合反应，渣油在高空速下深度转化。渣油悬浮床加氢工艺的产品收率高、质量好，可以处理高金属含量的原料；少量的催化剂可以连续补充和排除，工厂投资少，操作周期长；渣油的单程转化率高，产品的汽柴比高。目前悬浮床加氢裂化技术的工业应用范围还相当有限，未见规模化工业装置建设的报道。代表性的技术有加拿大的 CANMET、德国的 VCC、日本的 SOC 等，这些技术先后在 10～25t/a 的工业示范装置上进行过放大试验。20 世纪 80 年代后期以来，由于环保要求的日益提高，各大石油公司竞相研究开发均相催化剂的渣油悬浮床加氢技术。从长远、可持续发展的角度来看，该技术用于提高劣质渣油转化是很有前景的。

加拿大 CANMET 的 HCR 工艺计划加氢裂化重油、AR 和 VR，该技术已被加拿大矿物质和能源研究中心(Canadian Research Center for Mineral and Energy Technology)通过加拿大 Montreal 炼厂进行研究，目的是在开发一种能裂化含有黏土矿物质成分的重沥青工艺，在高金属含量的原料中加入一种不能被重金属中毒的焦炭抑制剂。抑制添加剂由硫酸铁制备，煤和煤基催化剂与氢气和减渣或者沥青共同悬浮进入通过单级上形式反应器中，操作条件：反应器温度 440～460℃，压力 10～15MPa，进料中煤含量 30%～40%，反应产品被分离，煤的转化率完全取决于煤的特点，根据反应激烈程度，含有高沸点矿物质的沥青或减渣转化率可高达 70%，但是干的无灰基煤转化率高达 98%，该工艺的另一个优点是通过原料中加入环烷酸钼催化剂（$<10\mu g/g$）就能减少结焦量。

最近，Headwaters Technology Innovation Group（HTIG）提出一项基于加氢裂化技术的均相催化剂［$(HC)_3^{TM}$Technology］，已被开发用于当地重油或沥青升级改质[10]。

3　重/渣油轻质化技术的选择

重渣油轻质化的脱炭工艺包括：减黏裂化、热裂化、焦化、溶剂脱沥青和 FCC（RFCC）等；加氢工艺包括：HDM、HDS、HDN、固定床加氢裂化、移动床加氢、沸腾床加氢以及悬浮床加氢。显然任何一种方案都不是一劳永逸的，要因地制宜、优化全厂总流程、合理选择重/渣油升级改质技术路线。目前，可以选择减黏裂化＋渣油加氢脱硫、延迟焦化＋加氢精制＋FCC、渣油加氢处理＋催化裂化、焦化＋循环流化床、溶剂脱沥青（SDA）＋整体流化联合循环（IGCC）工艺等组合工艺。

在固定床和移动床工艺中沥青质是目标分子，它能使催化剂失活，在这点上，溶剂脱沥青将是一个重要工艺。基于这些考虑的一个建议性的的工艺框图见图 3，溶剂脱沥青＋整体汽化联合循环（IGCC）组合工艺[5]技术是一个新兴的渣油转化工艺，可用于发电，一旦沥青质从渣油中分离，脱沥青油（DAO）就很容易进行加氢处理。而重的沥青质或沥青可以通过热加工进行完全汽化转化为合成气（CH_4、H_2、CO）。根据燃料油的需求不同，通过使用 Fischer Tropsch 合成和异构化技术可以把合成气转化成煤油或汽油。

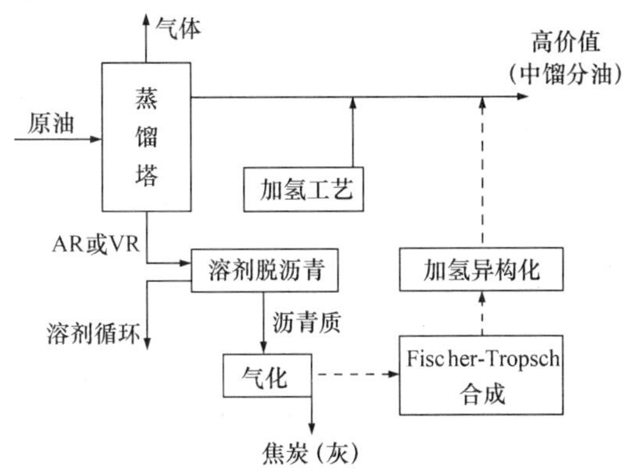

图 3　溶剂脱沥青（SDA）、热加工和加氢的组合工艺

4　展望与结论

渣油加工升级技术正得到全世界的重视，将低劣质、低 H/C 原子比或者高沸点的原油转化成高质量的车用燃料已成研究焦点。通过使用大量的酸性（分子筛）载体而不用传统的催化剂（负载的 $\gamma-Al_2O_3$）可以改善催化剂活性。酸性催化剂的增加可以提高轻产品的选择性，对整体收益有积极影响。早有研究表明，载体的特性决定催化剂的多孔性和表面积，然而，催化剂的性能可以通过改变载体的化学组成得到改善，用酸基活性位制得的混合氧化物载体提高了催化剂的裂化功能[12]。因此，就催化剂的开发来说，提高催化剂的活性和选择性[13～15]是研究重点。

总之，重金属、残炭和高硫是影响重油、渣油轻质化加工工艺路线选择的关键因素。根据原料杂质含量不同可以选择不同组合工艺：

低硫原料可以选择催化裂化与延迟焦化组合工艺；

中度含硫原料可以选择固定床渣油加氢与催化裂化组合工艺；

高硫、高金属重质原料可以考虑选择固定床加氢与重油催化裂化组合工艺。

加氢工艺仍是重油轻质化的重要手段，应开发高效催化剂，以适应重、劣质原料需要，继续加大固定床、移动床、沸腾床和悬浮床新型高效反应器的开发力度，继续开发渣油加氢与深度脱硫组合工艺是解决重油轻质化的途径和发展方向。

参 考 文 献

[1] Michele Breysse. Deep Desulfurization: Reactions, Catalysts and Technological Challenges [J]. Catalysis Today, 2003, 84 : 129 ~ 138

[2] Chunshan Song. An Overview of New Approaches to Deep Desufurization for Ultra – Clean Gasoline. diesel and jet fuel[J]. Catalysis Today, 2003, 86: 211 ~ 263

[3] 瞿国华. 21世纪中国炼油工业的重要发展方向 - 重质(超重质)原油加工[J]. 中外能源, 2007, 12(3): 54 ~ 62

[4] 安晓熙，田原宇，冯娜. 重油热加工技术的研究进展[J]. 化工文摘, 2008, 3: 55 ~ 57

[5] 张建忠. 重油加工技术的新进展及发展趋势[J]. 国际石油经济, 2005, 13(12): 44 ~ 48

[6] 徐富贵，宋昭峥，罗方敏等. 我国含硫渣油加工方法的探讨[J]. 现代化工, 2006, 26(10): 8 ~ 9

[7] A. Marafi, A. Hauser, A, Stanislaus. Deactivation Patterns of Mo/Al_2O_3, Ni – Mo/Al_2O_3 and Ni – MoP/ Al_2O_3 Catalysts in Atmospheric Residue Hydrodesulphurization[J]. Catalysis Today, 2007, 125: 192 ~ 202

[8] Ruiz R. S., Alonso F., Ancheyta J.. Pressure and Temperature Effects on the Hydrodynamic Characteristics of Ebullated – Bed Systems[J]. Catalysis Today, 2005, 109: 205 ~ 213

[9] Roberto, Galiasso, Tailleur. Effect of Recycling the Unconverted Residue on a Hydrocracking Catalyst Operating in an Ebullated Bed Reactor[J]. Fuel Processing Technology, 2007, 88: 779 ~ 785

[10] Mohan S. Rana, Jorge Ancheyta, J. A. I. Diaz, et a1. A Review of Recent Advances on Process Technologies for Upgrading of Heavy Oils and Residue [J]. Fuel Processing Technology, 2007, 86 : 1216 ~ 1231

[11] Shuyi Zhang, Dong Liu, Wenan Deng, et al. A Review of Slurry – Phase Hydrocracking Heavy Oil Technology[J]. Energy & Fuels, 2006, 21(6): 3057 ~ 3062

[12] Maity S. K., Ancheyta J., Rana M. S. Support Effects on Hydroprocessing of Maya Heavy Crude[J]. Energy & Fuels, 2005, 19: 343 ~ 347.

[13] 陈祖庇. 浅议重油催化裂化技术的进步[J]. 炼油技术与工程, 2007, 37(11): 1 ~ 4

[14] 钱伯章. 中国炼油技术的新进展[J]. 天然气与石油, 2006, 24(6): 50 ~ 55

[15] Maity S. K., Flores G. A, Ancheyta J. et al. Study of Accelerated Deactivation of Hydrotreating Catalysts by Vanadium Impregnation Method[J]. Catalysis Today, 2008, 130: 405 ~ 410

油砂沥青：资源、加工及惠炼的机遇

吴　青
（中国海油炼化与销售事业部惠州炼油分公司，广东惠州　516086）

摘　要：本文介绍了油砂沥青的国内外资源、开采与加工技术，并对惠炼今后掺炼油砂沥青合成原油的可行性做了技术经济方面的简单分析

关键词：油砂沥青　资源　开采与加工　腐蚀与防护　技术经济分析

近年来，国际原油价格持续走高，石油需求不断攀升和常规石油资源过度开采和消耗等问题引起世界的关注。随着世界经济对石油需求的不断增加，常规石油资源已不能满足石油需求的快速增长，人们纷纷把目光转向非常规石油资源。在这样的大背景下，非常规石油资源以其储量巨大、分布集中、开发技术日趋进步等特点成为世界石油市场的新宠。其中，储量最大并已实现经济开采的是加拿大阿尔伯达省的油砂资源。

目前油砂矿藏主要分布在沿环太平洋带和阿尔卑斯带的加拿大、美国、委内瑞拉和前苏联等地区。我国的油砂资源量也比较丰富，储量居世界第五。油砂显示区域比较多，分布也非常广泛，主要分布在新疆的准噶尔盆地西北缘、柴达木盆地柴西地区、四川盆地西龙门山前、青海、西藏、内蒙古、贵州等地。

1　油砂资源

所谓油砂，实质上是一种沥青、砂、富矿黏土和水的混合物，其中，沥青含量为10%～12%，砂和黏土等矿物占80%～85%，其余3%～5%是水。通过加氢或脱碳方法对油砂沥青进行改质后，可通过常规的原油加工生产出石油和石化产品。加拿大油砂资源量居全球第一，包括油砂储量在内的探明石油储量居世界第二。随着世界对能源需求的日益增长、油价的上升、油砂开发技术的进步以及成本的逐步下降，油砂资源的开发日益引起国际石油界的广泛关注。

1.1　加拿大油砂资源的开发潜力

（1）加拿大油砂资源在世界石油市场中的位置日益凸现

据美国《油气杂志》2005年底的最新统计，加拿大探明石油储量为1788亿桶，占世界总量的15%。其中，常规原油和凝析油探明储量为47亿桶，油砂（沥青油）探明储量为1741亿桶。95%的石油探明储量分布在阿尔伯达省的油砂资源中。阿尔伯达省的油砂资源分布面积达14.1万平方千米，主要集中在阿萨巴斯卡（Athabasca）、冷湖（Cold Lake）和皮斯河（Peace River）三个地区。其中，阿萨巴斯卡的油砂资源占总资源量的约80%，冷湖和皮斯河分别占12%和8%。阿尔伯达省的沥青油资源量为4000亿立方米（合2.5万亿桶），在目前的技术和经济条件下，最终可采资源量为500亿立方米（合3150亿桶），已经探明的沥青油储量为283亿立方米（合1780亿桶），目前已累计采出6亿立方米（合40亿桶）。若按日产量100万桶的速度进行开采，该省的油砂资源至少还可再开发500年。

（2）油砂油产量增长趋势看好，大面积油砂区有待开发

加拿大自1967年开发油砂以来，其油砂油（包括合成油和沥青油）产量逐年上升：1980年的日产量为13.8万桶，1990年增加到34.5万桶；20世纪90年代，随着技术的进步，产量进一步大幅提高，2000年其日产量已达到60.9万桶。据阿尔伯达省能源和公用事业委员会统计，截至2004年

底，油砂油的日产量已接近 100 万桶，其中露天开采法开采的占大约 2/3(60 万桶/日)，钻井法开采的占约 1/3(38 万桶/日)。据加拿大石油生产商协会(CAPP)预测，到 2015 年油砂油的日产量将超过 270 万桶。与常规原油项目相比，油砂项目的生产周期长达 30 ~ 40 年，几乎没有勘探风险，生产率不会下降。这正是油砂项目最重要的优势。

目前，阿尔伯达省的油砂合同大约有 2100 多个，约占地 3.5 万平方千米，但仍有将近 75% 的区域的油砂开发许可证有待发放。

1.2 中国油砂资源

在国土资源部新一轮的油砂资源评价中，通过对 106 个油砂矿进行资源量计算，我国油砂资源地质储量为 59.7 亿吨，可开采资源量 22.58 亿吨，位居世界第 5 位，其中 100m 内埋深的油砂油地质资源量为 18.56 亿吨，油砂油可开采资源量为 11.31 亿吨，100 ~ 500m 埋深预测油砂油地质资源量为 41.14 亿吨，油砂油可开采资源量为 11.27 亿吨。2006 年底，中国石油对油砂矿进行了排队和优选，预测出 5 个油砂矿分布有利区，分别为准噶尔盆地西北缘、松辽西斜坡、吉尔嘎朗图、四川厚坝、玉门石油沟。尤其是在准噶尔西北缘，通过地质调查及钻探，已初步查明，埋藏 100 米以浅的油砂资源量为 9881 万吨；100 ~ 300m 埋深范围内的油砂资源量为 1.5 亿吨以上，发现了大面积品质好的油砂，含油率高达 15%，油砂矿现场试验取得重大进展，油砂开采技术获得实质性突破。

2 油砂开采技术日益进步，供油成本逐渐下降

2.1 油砂开采技术的进步

油砂开采主要有两种方法，分别是露天开采法和钻井法。对于埋藏较浅(小于 75 米)的油砂采用露天开采，而对于埋深较大的油砂(大于 75m，大部分都大于 400m)采用钻井法。在钻井法开采技术中，又分为热采法和冷采法。目前热采法比较成熟的技术有循环注蒸汽(CSS)和蒸汽辅助重力驱(SAGD)技术。据阿尔伯达省能源和公用事业委员会估计，加拿大油砂中沥青油资源量的 20% 可以用露天开采法开采，80% 需要采用钻井法进行开采。大约开采两吨油砂能生产出一桶合成原油。

目前，钻井法开采油砂还处于初始阶段。阿尔伯达省用钻井法开采出来的油砂占约总产量的 1/3，其中大约 2/3 采用热采法，而 1/3 用冷采法。用钻井法开采，可就地提取沥青油，而不必将沙土和沥青油的混合物全部开采出来。该工艺可大量循环用水，具有较好的环保性。未来将主要采用钻井法开采油砂。多年来，油砂开发技术已经取得的重要进步如下：

1)利用卡车和铲车开采油砂，增加了开采的灵活性，同时降低了成本；

2)用水力运输管道系统代替了传送带系统，使油砂达到管输要求，并简化了把沥青和砂分离开来的萃取过程；

3)在萃取阶段，降低了加工的温度；

4)采用固化或合成残渣的技术，加快了大面积残渣池的治理，并在努力研究一种覆盖技术来处理残渣；

5)用钻井法开采油砂，实现了蒸汽辅助重力驱工艺热采方法的商业化，减少了蒸汽的耗用。

目前新出现的技术还包括：蒸汽萃取工艺技术(VAPEX)、Nexen/OPTI 公司 Long Lake 项目技术(通过汽化渣油或者沥青烯的过程产生合成气以减少对天然气的需求)、THAI/CAPRI(将一个垂直注入空气的井和一个水平井相结合，将空气注入油藏支持沥青的燃烧，从而减少沥青黏性，使沥青得以开采出来)。目前，混合热力/溶剂开采法正处于研发阶段，其中包括蒸汽辅助天然气驱(SAGP)、添加溶剂 - 蒸汽辅助重力驱(ES - SAGD)、低压溶剂 - 蒸汽辅助重力驱和锥形推进蒸汽溶剂 - 蒸汽辅助重力驱(TSS - SAGD)技术。新技术的研发目的主要是提高驱油效果，或用其他溶剂等替代品来代替天然气驱油，以提高项目的经济性。伴随着这些技术的商业化使用，将能在很大程度上提高油砂项目的经济性。

2.2 油砂开发和供油成本的下降

技术进步降低了油砂的开发成本。目前操作费已经从20世纪70年代的每桶15美元降到了9～9.75美元，预计未来的操作费还可进一步降到每桶6.75～7.5美元。

同时，作为衡量油砂开发经济潜力主要指标之一的供油成本也呈逐渐下降的趋势。供油成本是指与油砂生产相关的所有成本，包括操作费、基建费用、税收、矿区使用费等，但不包括外输运费和与保护环境相关的成本。1983年，合成原油的供油成本为30美元/桶，到2000年已降到了大约12美元/桶。利用钻井法开采油砂生产沥青的供油成本也从1983年的大约16.5美元/桶降到了2000年的约9.75美元/桶。

选用的技术不同和生产的产品不同(沥青油或合成原油)，供油成本也不同(见表1)。2003年，用钻井法采出的沥青油的供油成本为7.5～14.25美元/桶，其中利用冷采法采出的沥青油的供油成本比较低，为7.5～12美元/桶；用热力开采法时，为了降低沥青油的黏度需注入蒸汽，其供油成本为8.25～14.25美元/桶；利用露天开采法抽提沥青油的供油成本为9～12美元/桶；若进一步改质成合成原油，其供油成本则增至16.5～21美元/桶。

表1　不同生产方法的供油成本(2003年)　　单位：美元/桶

生产方法	产品类型	操作费	供油成本
钻井开采法			
冷采	沥青油	3～5.25	7.5～10.5
常温重油带砂冷采	沥青油	4.5～6.75	9～12
蒸汽吞吐法	沥青油	6～10.5	9.75～14.25
蒸汽辅助重力趋工艺	沥青油	6～10.5	8.25～12.75
露天开采法			
露天开采法/萃取	沥青油	4.5～7.5	9～12
露天开采法/萃取/改质	合成原油	9～13.5	16.5～21

随着技术的进步和开发经验的积累，预计露天开采－萃取－改质一体化项目的供油成本将会继续下降。同样，随着新技术的逐渐商业化，预计钻井法开采项目的供油成本也将会进一步降低。

油砂是传统石油资源的重要补充，在高位油价时开采和加工方显其经济效益。由于油砂资源和沥青油性质的特殊性，进行开采和利用必须如同天然气一样，上、中、下游统盘考虑。采矿和抽提必须紧凑安排，并放在一起进行。同时，改质不宜离抽提太远，合成油(SCO)并无统一的规格要求，只要后面的炼油厂能接受即可。随着科学技术的不断进步，油砂开采成本也不断下降，如1979年为25.81美元/桶，目前是20美元甚至10美元以下的成本。在高油价情况下，油砂和稠油、超稠油一样，颇显优势。

3　油砂沥青加工炼制的基本过程

油砂矿采集出来后，经过破碎、洗涤、分离、改质、精炼等工艺，生产出高质量的、满足社会需要的汽油、柴油、航空燃料以及其他的石油精炼产品。

采集油砂后，装载量达数百吨的巨型卡车把油砂运到粉碎系统，油砂被粉碎机粉碎到颗粒度为30～40cm左右，再传送到下一级滚筒粉碎系统，在这个系统中，没有利用价值的岩石先从油砂中分离出来，剩下的油砂再与40℃左右的热水充分混合、粉碎，得到颗粒度为5cm左右的浆状油砂。浆状油砂被泵送到下游的萃取分离装置，在输送的过程中，油砂在管道中进一步得到混合。在主分离器中，油砂被初步分离成粗沥青、水和沙子。

粗沥青被送入重力分离容器中，通入工业风，沥青随工业风鼓泡而出，形成飘在表面的泡沫沥青。沙砾、泥浆、水等残留物沉入容器底部，并被泵送到残渣处理系统。生成的泡沫沥青被送入稀释系统，在该系统中加入石脑油做稀释溶剂，得到较高纯度、黏度适中并便于管输的“沥青”。当这种稀释“沥青”被送到改质装置后，石脑油从“沥青”中被分离出来，并被送回到稀释系统循环利用，沥青则被送入到下一道工序生产合成原油。

稀释“沥青”被送到常压分离装置，稀释溶剂—石脑油被分离出来，送回到上游的稀释系统。常压塔底重油则被送到减压分离装置，有些工艺将常压塔底重油的一部分送到加氢裂化装置，从常压分离装置出来的另一个重要产品——石脑油，则被送到石脑油加氢装置去脱硫、脱氮等。在减压分离装置，一般得到石脑油、重瓦斯油和减压塔底重油。石脑油与常压石脑油一样，被送到石脑油加氢装置；重瓦斯油被送到重油加氢装置进行深加工；减压塔底重油则被送到焦化装置继续深加工。

在石脑油加氢装置，大部分石脑油中的硫被脱出后生产出适合炼油厂要求的石脑油；其他装置如重油加氢、蜡油加氢和馏分油加氢等产出符合炼油厂要求的馏分油。最后，经过一定的调和工艺，这些产品被调和为“合成原油”。这种“合成原油”与传统意义上的原油性质不同。“合成原油”在馏程上分为液化气、石脑油、中间馏分油和重瓦斯油，几乎不含渣油；而传统意义上的原油除了含渣油外，还含有一定数量硫、氮、氧和杂质。

油砂沥青加工技术可以参考图1的加工路线：

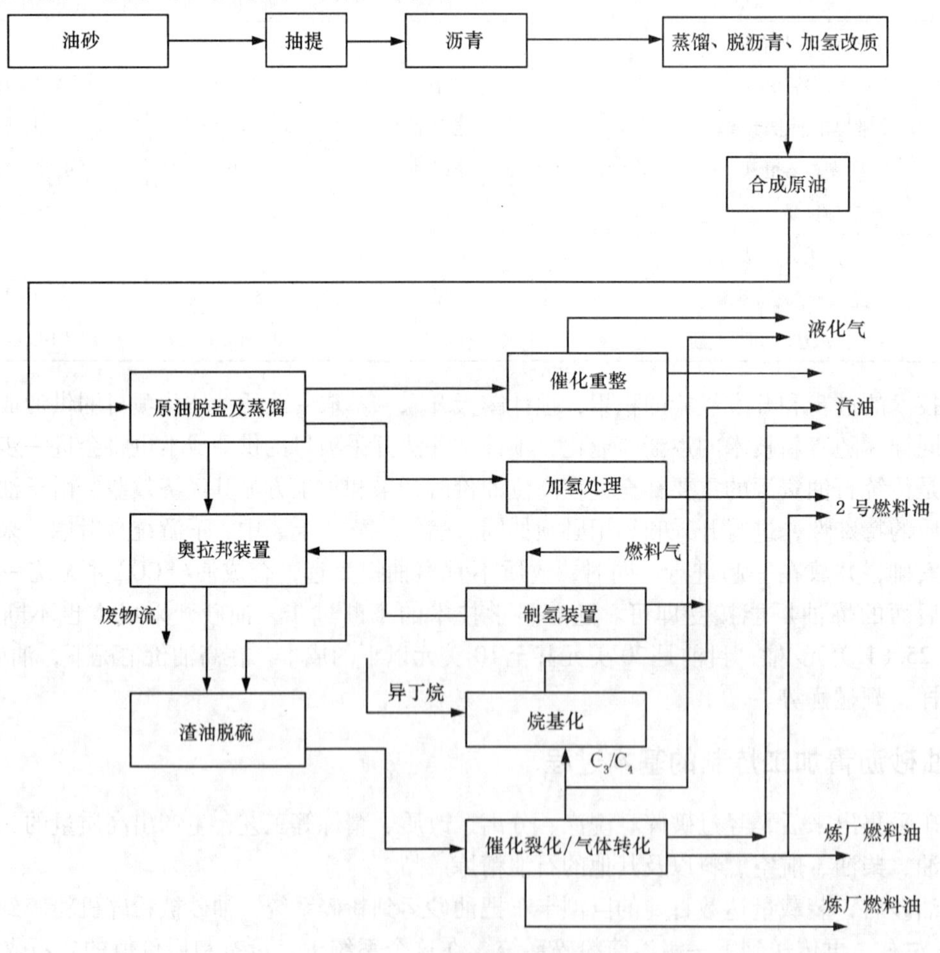

图1 油砂沥青加工工艺

奥拉邦过程可以克服常规过程的缺点，生产高液收优质合成油。当采用一般的加氢处理或加氢裂化过程时可以达到高产率下的生产优质产品，但是，催化剂不可改变地而且很快受到进料中金属和其他杂质的毒害。物理分离方法，在产率上表现出严重的局限性，因为沥青质及胶质并没有转化，只是从产品中排出。减压蒸馏可以生产可加工的塔顶物料，但产率可能不足50%。脱沥青技术的产率稍稍高一点，但是仍然达不到需要的目标。在这两种物理分离方法中，必须为大量的低质渣油或沥青寻找出路。

奥拉邦过程是加工过程的一个独特联合体，其重质进料以高产率被催化转化为沥青质和金属含量大大减少的产品。反应器与分离部分由气体及液体循环物料组成，如图 2 所示。

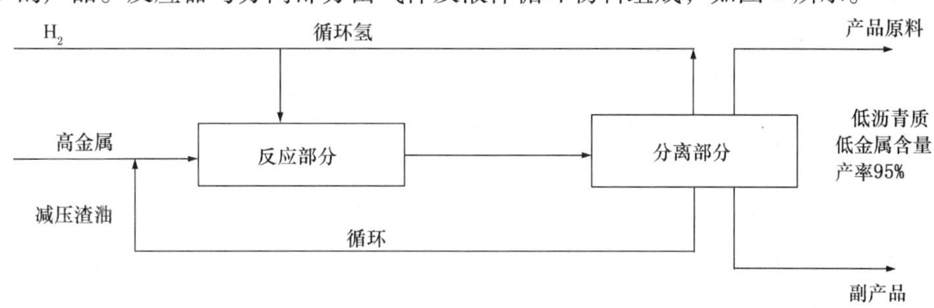

图 2　奥拉邦加工过程

反应部分：进料的最重组分被转化成低分子量、脱金属的物料。这种催化转化发生在中等氢分压及温度下。

分离部分：过程的分离包括几个组成部分，气体和液体循环物流返回到反应部分。含有低金属及低沥青的油料产品物流，离开过程送往储罐或进一步加工装置。有少量副产品流出，其中含有固体和少量未转化的烃类。

油砂加工工艺面临更为苛刻的环保法规，因此，必须开发出更高能效的加工工艺来降低环保排放，为社会供给更多的环境友好产品。合成原油产量的不断增长将部分替代日渐枯竭的原油资源，油砂加工技术未来面临的挑战包括如何提高柴油十六烷值、喷气燃料烟点和用作 FCC 原料的重瓦斯油(HGO)质量等等。

目前国际上油砂沥青改质的主要工艺技术如下所述。

3.1　混兑稀释剂工艺

加拿大的一些油砂公司采用掺混稀释剂(Diluent)的工艺，以减低油砂沥青的黏度，稀释剂一般为轻石脑油、凝析油或采用焦化工艺处理油砂沥青后得到的产品——合成油 SCO(Synthesis Crude Oil)。在通常情况下，油砂沥青: 稀释剂 =1: 0. 66(m^3)

混兑工艺的主要优点：

①由于只是混兑过程，油砂沥青处理装置仅为储罐，技术简单；

②工程建设投资和操作费用很少；

③管理费用较低。

混兑工艺的主要缺点：

①需要购买相当于油田产量 66% 的稀释剂，占用流动资金较多；同时，由于将高价值的稀释剂掺到油砂沥青中以低于原来的价格销售，经济上不是十分合理；

②由于加拿大稀释剂资源的有限性，所以有的油砂公司利用管线输送公司(Pipline Company)提供稀释剂作为载体，在油田将油砂沥青与稀释剂进行混合，利用管线进行输送。在管线终端将油砂沥青交给终端用户后将稀释剂回收利用，油田支付租用载体费用和载体损失费用。这种工艺需要购买油砂沥青的客户或油砂公司自己在终端建立蒸馏装置，将稀释剂分离后循环利用；但寻找能够满足上述条件的客户较难，所以油砂沥青的市场有限。

3.2　以蒸馏—焦化为主的传统工艺 1

此种工艺以焦化为主要“重油轻质化”手段。先利用蒸馏和焦化装置对油砂沥青进行加工，将焦化装置生产的油品与蒸馏装置的油品混合后作为主要产品出售，同时，生产副产品高硫石油焦。

传统工艺 1 的主要优点：

(1)不需要使用稀释剂；

(2)油品质量较混兑技术可能有所好转。

传统工艺 1 的主要缺点：

(1)Upgrader 需要建立在油田附近；

(2)高硫石油焦的销售价格较低，目前主要是难以销售，没有用户；

(3)工程建设投资和操作费用相对增加较多。

3.3 以蒸馏—渣油加氢—焦化为主的传统工艺 2

此种工艺是在传统工艺的基础上采用的技术，主要是将渣油加氢后作为焦化装置的进料以降低石油焦中的硫含量。加拿大的一些油公司采用的即为以蒸馏、渣油加氢、焦化、馏份油加氢为主的工艺路线。

传统工艺 2 的主要优点：

①不需要使用稀释剂，合成油的硫含量较低，产品质量较好。

②生产的低硫石油焦较容易销售。

传统工艺 2 的主要缺点：

①Upgrader 需要建立在油田附近；

②由于加氢装置数量较多、且装置操作压力较高，工程建设投资很高；

③由于采用全加氢流程，加工成本和管理费用均较高；

④销售加氢后的半成品，相对收益较差。

从目前的情况来看，无论是采用稀释剂工艺还是采用传统工艺处理油砂都存在不尽人意的地方，不是难以实现就是投资较高；如在现场对油砂沥青深加工则又面临远离市场和人工费用、操作费用、成品运输费用均较高的问题。目前，中国海洋石油公司已涉足加拿大油砂沥青领域，但同时，也将面临随之而来的技术路线选择问题——如何使用最经济的工艺，将油砂沥青升级成为能够满足管线输送的产品进行销售。

“油砂沥青加工技术”的研究项目已被总公司列为“十一五”重大专项研究课题，开发的 OSBP 组合技术已经取得很大技术突破，预计很快将投放于海油内部市场，为中海油炼化事业的发展提供技术保证。

4 惠炼的机遇

根据蓬莱 19－3 油田原油产油规划，其高峰期(2008～2014 年)总产量(包括外方产量)将在 8.3×10^6～$1.1\times10^6 m^3$ 之间，与惠州炼油的加工能力 $1.33\times10^6 m^3$ 比较，原油缺口在 2.3×10^6～$5\times10^6 m^3$之间。如果不考虑外方的份额 3.65×10^6～$4.85\times10^6 m^3$，缺口将相应增大到7.15×10^6～$8.3\times10^6 m^3$。综合考虑中海油其他海上油田供应重质原油的生产及运输条件，中海炼化宁波大谢石化原料需求、油气利用公司的沥青及燃料油生产对原料需要的情况下，需要从国外进口大量的原油，预计 2008 年需要进口 $1.5\times10^6 m^3$ 左右，2009～2014 年间，每年需进口的原油量在 4×10^6～$5\times10^6 m^3$ 左右。以后随着油田产量的递减，进口量将逐年增加。特别是惠炼二期 1000 万吨/年改扩建项目的启动并计划于 2010 年投产，进口原料的需求量会增长很快。

为了弥补蓬莱 19－3 原油资源的不足，需要从国际上选择蓬莱 19－3 原油的替代原油品种，以保证惠州炼油安、稳、长、满、优运行。根据国际石油资源和油价的变化情况，掺炼油砂沥青合成油也是惠炼发展的必然选择。合成原油典型性质见表 2。

合成油改质分为两个区：一次改质区和二次改质区。一次改质区使用的技术主要是焦化和加氢裂化，或这些技术联合使用。一次改质的其他装置有稀释油回收装置、减压装置等。二次改质为加氢处理装置，改质过程包括其他加工装置，如制氢装置、酸性物处理装置(胺处理、酸性水汽提和硫回收装置等)。

根据油砂沥青合成油的数据指标，结合蓬莱原油的性质，在惠州炼油项目(一期)掺炼中应重点考虑以下技术问题。

表2　合成原油典型性质

指　标	%(v)
C_4	1.5～2.5
石脑油，C_5～177℃	15～30
馏分油，177～343℃	35～50
瓦斯油，343～524℃	20～40
渣油，>524℃	不计
°API	32～38
S/%	<0.05
N/(μg/g)	1000

4.1　全厂性腐蚀问题

蓬莱原油掺炼油砂沥青合成油(按150万吨/年考虑)后，原料的硫含量约为0.57%，酸值大于3mgKOH/g，具有较强的高温环烷酸腐蚀性。在蒸馏装置(包括闪蒸塔、常压塔、减压塔、加热炉、转油线)温度大于220℃部位以及二次加工装置的进料段，发生严重的环烷酸腐蚀。混合原料密度大、黏度大、含盐量高具有很强的乳化性能，造成原油脱盐困难，难以达到深度脱盐要求，蒸馏装置塔顶低温部位存在严重腐蚀。混合原油具有较高的氮含量，氮元素在腐蚀方面主要表现为两个方面：一是在催化裂化过程中，原料中的部分氮元素转化为HCN，在分馏塔顶造成$HCN+H_2S+H_2O$腐蚀；二是在加氢过程中，加氢原料中的氮元素转化为氨，并进一步生成NH_4Cl和NH_4HS，这些盐类由于溶解度较小，易生成铵盐沉积，既造成管路及换热器堵塞，又造成垢下腐蚀。

混合原料油属高酸含硫原油，从两种原料油的馏分油分析数据表明：该油的环烷酸分布主要在柴油和蜡油馏分中，因此，温度为220～400℃的常减压、焦化、催化和加氢裂化等装置的设备和管线都将受环烷酸的腐蚀，所以在惠州炼油项目中要采取的防腐技术措施主要是以下几个方面：

1)常减压装置要控制低温$H_2S-HCl-H_2O$型腐蚀措施及在常压和减压炉进料线和中段回流注高温缓蚀剂减缓高温环烷酸腐蚀；

2)在催化分馏系统中，采用水洗的办法和注入多硫化物有机缓蚀剂控制催化装置吸收、稳定吸收系统的$H_2S-HCN-H_2O$型腐蚀；

3)焦化装置加入消泡剂，控制泡沫层高度，从焦炭塔到分馏塔的油汽管线，要避免焦粉夹带，减轻油气管线结焦和磨蚀；

4)加氢精制和加氢裂化装置的冷换设备及高压空冷器，通过提高流速，依据压降定期或不定期注水(可注酸性污水)拟制馏出物NH_4Cl和NH_4S垢下腐蚀、在装置低温区注入中和剂和缓蚀剂控制$H_2S-HCl-H_2O$型腐蚀；

5)重整芳烃装置在低温冷凝系统注工艺注剂控制腐蚀、芳烃抽提循环水加入乙醇胺控制有机酸腐蚀；

6)脱硫装置在乙醇胺系统注入复合缓蚀剂降低再生塔底重沸器腐蚀；

通过以上技术措施的实施，可以减缓由于油砂沥青合成油的掺炼所带来的全厂性腐蚀问题。

4.2　对相应加工装置的影响

原油性质的变化必然会对生产装置产生一定的影响，对惠州炼油项目的高压加氢装置、中压加氢装置、催化裂化装置、硫磺回收装置、酸性水汽提及废酸再生等装置产生一定的影响。

1)加氢装置要控制好原料质量，保证装置安全、平稳、长周期运行，特别是对进料硫、氮及重金属含量的控制，控制好装置进料的合理比例，保证装置进料处于最优化。进料组分对加氢催化剂性能影响很大，因此要结合催化剂性质，控制好装置操作条件，保证加氢裂化、加氢精制装置的经济效益。

2)由于合成油中重金属含量较高，对催化剂影响较大，易造成催化剂重金属中毒；过高的硫含量会污染催化裂化催化剂，影响催化裂化过程的进行，烧焦过程中还会生成大量的SO_x造成环境污染。由于合成油重瓦斯中芳烃含量较高，不宜做催化裂化原料，因此，当掺炼合成油时，要做好催化裂化原料分析，也可以考虑掺炼一定量的加氢尾油做催化原料，保证催化装置的优化运行。

3)油砂合成油含硫量较多，当加工1200万吨/年海洋原油时产生硫磺2.78万吨，如果掺炼150万吨/年油砂合成油时则生产硫磺5.98万吨。硫磺装置基本处于满负荷运转，装置操作难度加大。由于硫含量增加，酸性气量加大，一部分酸性气可以到废酸再生装置氧化生产硫酸；烷基化装置耗酸26.5吨/天，年耗酸量9275吨，而这些低浓度酸去废酸再生装置再生后生产的高浓度酸满足不了烷基化装置的需求，因此酸性气量的增加可以更好地满足废酸再生装置的生产。主要是控制好酸性气的混合比例及优化操作条件，保证硫磺回收装置、酸性水汽提装置及废酸再生装置平稳运行。

4)由于油砂合成油中直馏重整料组分很少，且直馏石脑油都经过加氢预处理，重石脑油都是加氢裂化组分，因此掺炼油砂沥青合成油对重整装置基本没有影响。

4.3 对全厂产品质量的影响

由于加工原料中S、N、金属等含量的提高，必将对全厂产品质量产生影响，主要影响汽油、柴油、3号喷气燃料、石油焦等产品的质量。

1)由于硫含量较高的催化裂化汽油是汽油的主要调合组分，而惠州炼油催化裂化汽油又不经过加氢脱硫，因此，如果解决了催化裂化汽油的低硫化问题，那么汽油的质量问题也就基本解决。由于掺炼后混合油的硫含量0.57%，那么估算催化裂化汽油中的硫含量大约为0.01%～0.05%。惠州炼油采用汽油无碱脱臭(Ⅱ)工艺，汽油脱硫醇部分的处理能力公称规模47.4万吨/年，最大可以达到72.24万吨/年。工艺要求催化汽油硫含量指标0.02%左右，因此精制后汽油质量要进行分析后才知道是否满足全厂汽油调和质量的要求。汽油调和其他组分包括外购的裂解汽油、MTBE、烷基化油及部分加氢轻石脑油，产品质量可满足欧Ⅲ汽油标准的要求。

2)柴油来自于高压加氢裂化、中压加氢裂化和加氢后焦化柴油的调和组分。由于合成油柴油馏分的倾点低，可生产优质低凝点柴油，但柴油十六烷值低则影响成品柴油质量。掺炼合成油的混合原料经过常减压、焦化装置处理后做为高压、中压加氢装置进料和加氢精制装置进料，根据惠州炼油加氢装置对原料的要求，加氢装置进料可以满足装置进料要求，柴油产品质量满足生产要求也可以考虑催化柴油完全作为燃料油调和组分，这样中压加氢装置生产的柴油产品更能满足质量要求，但是要控制好中压加氢装置的平稳操作，保护好催化剂。

3)喷气燃料来自于高压加氢裂化和中压加氢裂化，其产品硫含量很低，但需加入较多的抗氧剂、抗磨剂、抗静电剂来改善产品性能。

4)在焦化反应过程中，原料的密度和残炭是影响产品分布和产率的主要因素。随原料密度的增大，焦炭量明显增加，焦化重馏分油产率下降，汽油和气体略有增加。掺炼合成油后，由于硫、氮含量较高，根据焦化反应一般规律：硫比较平均地分配到气体、重馏分油和焦炭中，其中比例为30%、35%、30%；氮含量大部分富集到焦炭中。由于焦化汽、柴油去加氢精制，气体去脱硫装置，蜡油去高压加氢裂化装置，因此产品质量有技术保证。延迟焦化装置生产的石油焦硫含量增加，但可以保证产品满足合格品中2A、2B石油焦质量。

4.4 如果合成油杂质含量较高，可以考虑用二期装置直接掺炼加工

如果合成油组分比较重，杂质含量也比较高，可考虑可以考虑用二期装置直接掺炼加工砂沥青合成油。具体加工流程如下：

经过540万吨/年ARDS技术处理的重油可以直接作为480万吨/年RFCC装置的进料，ARDS装置生产的石脑油、柴油可以去加氢装置处理；RFCC装置生产的柴油去柴油加氢精制装置处理，汽油经过精制后可以直接作为调和组分。由于惠炼二期建设加工流程采用常压蒸馏+ARDS+催化裂化的加工路线，配以催化重整和汽、煤、柴油加氢精制装置，既适应高硫原油的加工，又达到生产高质量的汽、煤、柴油灯油品的目的。具体的合成油掺炼量、产品分布及总的物料平衡需要根据油砂沥青合成油的组分数据及性质参数得出。惠炼的装置配置已经达到加工油砂沥青合成油的条件，油砂沥青的加工也是惠炼的发展机遇。

5　在惠炼掺炼合成原油的技术经济分析

合理掺炼量、合理经济效益的分析要立足于装置的加工能力及可掺炼量来进行分析。根据惠州炼油装置的技术特点，考虑原料中主要影响因素硫的含量及分布情况估算，价格体系选择在布伦特原油50美元/桶下进行测算，得出的结论是：惠州炼油最大掺炼油砂沥青合成油为150万吨/年，油砂沥青合成油到岸价小于40美元时掺炼才有效益，见表3。

表3　掺炼150万吨/年油砂沥青合成油产品产量表

序　号	名　称	掺炼油砂沥青合成油(150万吨/年)
一	原料	数量/(万吨/年)
1	原油	1200.00
	PL19-3	1050.00
	油砂沥青合成油	150.00
2	乙烯来裂解汽油	31.50
3	甲醇	2.02
4	LNG	72.55
	合计	1306.07
二	产品	
1	液化气	56.37
2	丙烯	9.30
3	苯	35.14
4	对二甲苯(PX)	83.65
5	邻二甲苯(OX)	7.96
6	混合二甲苯	12.34
7	石脑油	77.90
8	汽油	128.31
	93#汽油	85.56
	97#汽油	42.75
9	航煤	214.15
10	柴油	353.58
	0#柴油	176.79
	-10#柴油	176.79
11	加氢尾油	36.06
12	硫磺	5.98
13	液氨	2.38
14	燃料油	27.84
15	焦炭	105.94
产品合计		1156.89

惠州炼油年掺炼油砂沥青合成油的量最多为150万吨。在布伦特原油50美元/桶价格体系下，要保证惠州炼油项目掺炼150万吨/年油砂沥青合成原油的效益(即加工100%的PL19－3原油下的效益)，油砂沥青到岸价最高不能高于40美元/桶(见表4)。

表4　油砂沥青到岸价40美元/桶时的加工效益

序　号	项 目 名 称	单　　位	布伦特50美元价格体系(到岸40美元/桶)
1	基本数据		
1.1	筹资额	万元	2243809
1.1.1	建设投资	万元	1945506
1.1.2	建设期利息	万元	124800
1.1.3	铺底流动资金	万元	173502
1.2	销售收入(含税)	万元	5094798
1.3	总成本费用(含税)	万元	3977684
1.4	流转税及附加	万元	614109
1.5	利润总额	万元	503004
1.6	利润总额	万元	1117114
1.7	所得税	万元	165991
1.8	吨油毛利	元/吨	982.21
1.9	吨油完全加工费	元/吨	463.98
1.10	吨油完全加工费	元/吨	300.68
1.11	吨油利润	元/吨	284.27

当油砂沥青到岸价格达到50美元/桶时，惠州炼油掺炼150万吨/年的效益比加工100%的PL19－3原油效益减少每年减少7.84亿元(见表5)。

表5　油砂沥青到岸价达到50美元/桶时效益情况

序　号	项 目 名 称	单　　位	布伦特50美元价格体系(到岸40美元/桶)
1	基本数据		
1.1	筹资额	万元	2248302
1.1.1	建设投资	万元	1945506
1.1.2	建设期利息	万元	125053
1.1.3	铺底流动资金	万元	177743
1.2	销售收入(含税)	万元	5094798
1.3	总成本费用(含税)	万元	4070871
1.4	流转税及附加	万元	599316
1.5	利润总额	万元	424612
1.6	利税总额	万元	1023927
1.7	所得税	万元	140122
1.8	吨油毛利	元/吨	916.62
1.9	吨油完全加工费	元/吨	464.51
1.10	吨油现金加工费	元/吨	300.68
1.11	吨油利润	元/吨	239.97

6 结论

1)惠州炼油(一期和二期)所加工的原油，为中质高硫原油，原油资源既有中海油自产原油，也需从中东等地进口。装置的配置可以掺炼较大数量的油砂沥青合成油，具有广阔的发展前景。

2)惠炼所采用的加工总流程，以生产汽、煤、柴油等油品为主，产品结构和质量满足目标市场的定位和需求。

3)惠炼加工方案中各生产装置的设计规模，在充分考虑现有工程技术能力和设备制造能力的基础上，基本采用单系列配置，生产规模实现了大型化；工艺技术选择先进、成熟、可靠的方案，提高了项目的工艺技术水平。这为加工重质油砂沥青合成油提供了有力的技术保障。

4)惠炼注重节水、节电和节能降耗，将建设成为一个技术先进型、资源节约型和环境友好型的炼油企业，不会因为加工重油而破坏生态环境。

5)油砂沥青的掺炼加工，可以保证惠炼2200万吨/年的原料需求，使惠炼朝着规模化、集约化的炼油基地顺利发展。

6)在惠炼掺炼油砂沥青合成油的技术来源可靠、先进，经济效益显著，社会和环保效益明显。

润滑油中的环境与资源问题

陈惠卿

（中国石化润滑油公司北京研发中心，北京邮编：100085）

摘　要：本文综述了环境与资源的概念及资源的开发利用对环境的影响，并对润滑油产品中涉及的环境问题、与润滑油相关的环保法规及由此带来的润滑油的主动和被动的变革进行了阐述。同时，润滑油是石油资源的一部分，属于稀有性资源，本文也论述了由于资源问题带来的润滑油的变化。

关键词：润滑油　环境　资源

1　资源、环境的概念及资源的开发利用对环境的影响

1.1 资源的概念

经济学家认为资源无外乎三种[1]：自然资源、资本资源、人力资源。一些学科对资源作狭义的定义，即仅指自然资源。关于自然资源的定义，大英百科全书的自然资源定义是："人类可以利用的自然生成物，以及形成这些成分的源泉的环境环境功能。"这个定义明确指出环境功能也是自然资源。1972 年联合国环境规划署指出："所谓自然资源，是指在一定的时间条件下，能够产生经济价值以提高人类当前和未来福利的自然环境因素的总称。"

自然资源又分为恒定性资源、不可更新资源、可更新资源。其中不可更新资源为：地壳中有固定储量的可得资源，由于它们不能在人类历史尺度上由自然过程再生（如铜），或由于它们再生的速度远远慢于被开采利用的速度（如石油和煤），它们是可能耗竭的。石油资源属于不可更新资源。

1.2　环境的概念[1]

环境是指与体系有关的周围客观事物的总和；对于环境学来说，中心事物是人类，环境是以人类为主体，与类密切相关的外部世界。

自然环境—地球环境、外围空间环境、宇宙环境、地理环境、地质环境、大气环境、水环境、土壤环境、生物环境、物理化学环境等。

社会环境是指人类的社会制度等上层建筑条件，包括社会的经济基础、城乡结构及同各种社会制度相适应的政治、经济、法律、宗教、艺术、哲学观念与机构。

生态环境是生物有机体周围的生存空间的生态条件的总和。生态环境由许多生态因于综合而成。

当前 5 大全球性环境问题是：温室气体排放引起的全球增暖、平流层臭氧耗损、淡水资源短缺、土地荒漠化、森林锐减和物种灭绝。在 1992 年巴西里约热内卢联合国人类环境会议上，与会国家专门签署了一项公约——"联合国生物多样性公约"。此公约与另一项早一个月在纽约签署的"联合国气候变化框架公约"是当前国际环境保护方面最重要的两项公约。

气候变化与全球变暖：地表平均温度已在过去 100 年来上升了约 0.5 ~ 0.7℃，其间 11 个最暖年中有 7 个发生在最近 10 年，极端天气事件的频率和强度都在增加。

温室气体增温的可能效应：温室气体增温及有关的气候变化必然会导致生物 - 自然过程和社会经济条件的改变。一种直接影响是海平面上升，海洋水体热膨胀和冰川融化的综合作用很可能在下一个百年内使全球平均海平面上升 20 ~ 100m。

1.3 环境与资源的关系[1]

1972年在斯德哥尔摩召开的“人类环境会议上”，提出了“只有一个地球”的口号，标志着人类对环境与资源问题的真正觉醒。

资源的开发利用对环境的影响。排放的“三废”进人自然界后经过两条途径危害人类：一条为陆生生物食物链，即土壤－农作物＋牲畜－人；另一条是水生生物食物链，即水－浮游生物－浮游动物＋鱼－人。由此可见，只要大气、水、土壤受到污染，均可通过食物链逐级传递，最后影响到人体健康。

虽然自然资源总有一个极限，但资源稀缺问题不单是这个自然极限造成的，人类的不合理利用、不适当的管理、人口增长过快、经济—社会结构的不适应、科学技术的欠缺等等因素，才是资源稀缺最主要的原因。

可持续发展是既能满足当代人的需要，而又不对后代人满足其需要的能力构成危害的发展。包括三重涵义：公平性、可持续性、和谐性(横向性)。

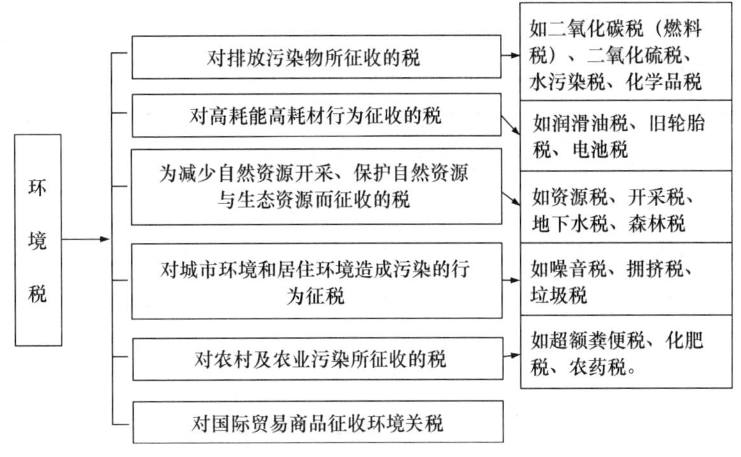

图1 资源税

在我国，资源税已成为环境税收体系的重要组成部分(如图1)。现行资源税的基本规范是1993年12月25日国务院发布的《中华人民共和国资源税暂行条例》和财政部发布的《中华人民共和国资源税暂行条例实施细则》。

我国目前的环境保护法体系如图2所示。

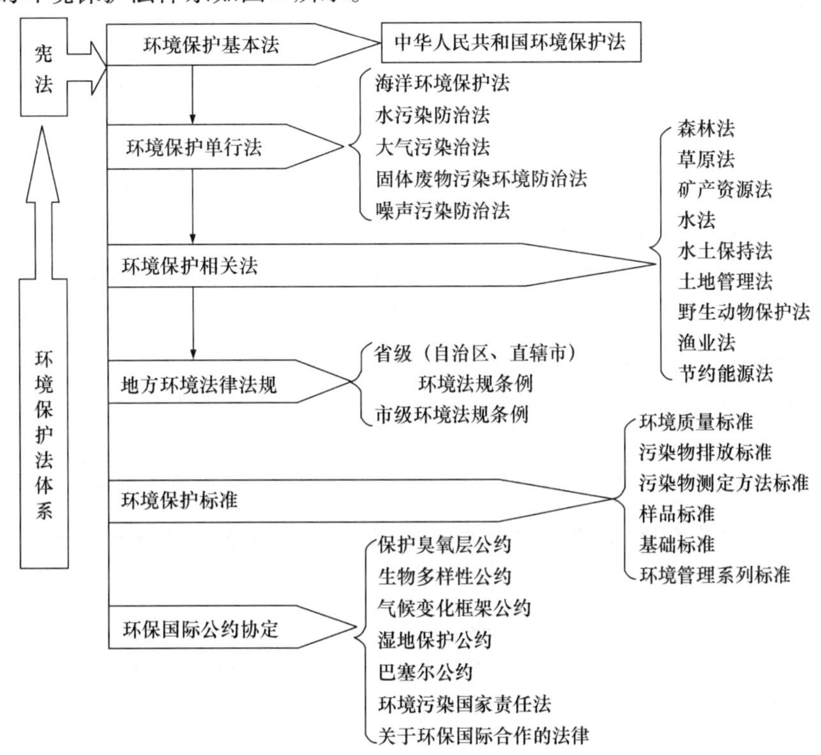

图2 我国的环境保护法体系

2 绿色润滑油的生态评价

在当前世界五大环境问题中，与润滑油相关性较大的有温室气体排放引起的全球增暖、平流层臭氧耗损、对生态环境造成危害等几方面。

2.1 绿色润滑油的概念

所谓绿色润滑油[2]是指润滑油必须满足机器工况要求，即其使用性能，且油及其耗损产物对生态环境不造成危害，或在一定程度上为环境所容许，即生态效应。生态效应包括：可生物降解性(Bio-degradability)、生物积聚性(Bio-accumulation)、毒性和生态毒性(Toxicity and Ecotoxicity)、耗损产物(Exhausted Emissions)、可再生性资源(Renewable Resource)。绿色润滑油又称为环境友好型润滑油(Environmentally Friendly)或环境容许型润滑油(Environmentally Acceptable)。

传统的润滑油大部分以矿物油为基础油，矿物油最大的缺点是生物降解性差，含多环芳烃等物质，这些润滑油排放到环境中，对环境(尤其是森林、水源、农田、矿山等)造成污染[3]，对地下水的污梁可达100年，并且对水生系统危害极大，水中含油10μg/g时可致海洋植物群死亡，为0.1μg/g时可降低小虾寿命20%。据统计，中国在1999年润滑油的消耗量为315万吨，其中至少有25万吨润滑油流入环境[4]。因此，制定出符合我国国情的绿色润滑油的使用法规及评价体系，对保护我国的生态环境将起到积极作用。

2.2 世界各国关于润滑油的使用和排放的法律法规及环保标志[5]

澳大利亚是制定法律限制使用矿物基润滑油的国家。例如，法规规定链锯油必须是可再生的绿色润油。

奥地利1992年禁止使用矿物油的链锯油。

1992年，在瑞士湖上超过7.5kW的舷外二冲程发动机禁止使用矿物油润滑油。

国际环境保护组织，对废油排放有一定要求，锌含量不大于0.01mg/L，油水解后无酚、无金属分解物、无非金属磷、氯及化合物析出等。

欧共体发布了有害物质指示(Dangerous Substances Directive)规定，它制定了一个评价对水环境有潜在危害的物质的标准。包括：水生物毒性评定、生物降解性评定、生物积聚性评定。

美国虽然没有法律去要求使用环境友好润滑油，但有2个对使用矿物润滑油有重要影响的规定，一个是美国的行政命令12873，另一个是湖水质量动议。

部分国家开始使用环保标志，比如德国环保标志使用“蓝色天使”(The Blue Angel)标志。蓝色天使，建立于1977年，共有91年品种，4200个产品，来自于800个润滑油制造商，要求基础油生物降解性不小于70%，添加剂要求无致癌物等，不含氯和亚硝酸盐，不含金属，最大允许使用7%的具有潜在可生物降解性的添加剂，在7%中，最多可添加2%不可生物降解的添加剂，但必须是低毒性的。

瑞典的SS15 54 34 + SP列表，建立于1999年，共有53个产品，来自于22个润滑油制造商，要求基础油具有高于60%的生物降解率，添加剂具备对水生系统的低毒性，不一定生物降解。

欧盟现在已经开始把润滑油加入其“欧盟生态标签”体系，允许制造商在某种润滑油和润滑脂的包装上使用“花形”标志，该标志表示其对环境污染最小。目前计划使用该标签的润滑油包括液压油、润滑脂、链条油、二冲程油等，未包括发动机油。

图3和表1为某些国家的环保标志[2]。

表1　某些国家的环保标志

国　　家	标　　志	国　　家	标　　志
美国	绿色十字/绿色封条	加拿大	枫叶
日本	经济合作组织标志（手臂怀抱地球仪）	澳大利亚	著名画家亨德華沙设计的标志
斯堪的纳维亚国家	白天鹅	波兰	叶子上的甲虫
德国	蓝色天使	匈牙利	绿树
欧共体	花开标志		

图3　某些国家环保标志图

2.3　环境友好润滑油的生态评价方法

润滑油是否属于绿色润滑油要进行生态评价，包括两个方面，即润滑油本身固有的生态毒性及其对环境的影响[2]。

生态毒性[2]是指润滑油在生态环境中对某些有机生物所造成的毒性影响。OECD（Organization for economic cooperation and development）制定了标准的试验方法。生态毒性可分为2组，一组是急性试验，评价指标是LC_{50}（半数致死浓度）及相应参数EC_{50}（半数有效浓度）。另一组是慢性实验，评价指标是无观测影响浓度（NOEC）。润滑油的生态毒性分级主要是根据急性实验结果。

润滑油的环境影响及其评价。润滑油对环境的影响体现在润滑油的生物降解性[2]。生物降解是指某种物质通过受到微生物的攻击而分子链断裂，变为小分子的过程。最常用的评价方法有OECD 301系列、CEC L－33－T93等，其中CEC方法最初用于评价二冲程舷外机油在水中的生物降解试验方法，后来推广为适用于非水溶性润滑油[2]，而OECD301系列方法主要用于水溶性润滑油。

润滑油的生态风险评价。生态毒性和生物降解性确定的是与环境相关的润滑油的内部物性，不包含与外界接触产生的影响。因为一种润滑油对水生有机体有毒性或生物降解性差，从本质上讲，不意味着它对环境造成不利影响。因此，为能准确评价一种润滑油是否是环境友好润滑油还必须进行生态风险评价。首先预测某种化学物质在环境中的浓度（PEC），然后预测该物质对水生有机体不造成危害的极限浓度（PNEC），如果PEC/PNEC小于1，则这种物质是环境友好的。

2.4　润滑油中基础油和添加剂的生态特性

润滑油的组成不外乎基础油和添加剂。润滑油的生物降解性主要由基础油的生物降解性决定。表2是常用润滑油基础油的生物降解性的对比数据。测试方法为CEC L－33－T82[6]。

表 2 常用润滑油基础油的生物降解性的对比数据

基础油	生物降解度/%
聚酯	80~100
二元酸双酯	60~100
多元醇酯	60~100
苯二甲酸二酯	(60~70)
聚烯烃	≤20
聚异丁烯	≤30
聚丙二醇	≤10
烷基苯	≤10
矿物油	20~60
植物油	70~100

由此看出，植物油和合成酯具有较好的生物降解性，而矿物油和合成烃油(有报道 PAO2 和 PAO4 降解好)则不易生物降解。

用于生物降解润滑油的添加剂也必须是可生物降解的和无毒的或至少不影响基础油的生物降解性。前面提到了德国“蓝色天使”对添加剂的生物降解性的要求。用于配制环保型润滑油的一些添加剂的生物降解性如表 3 所示[6]。

表 3 配制环保型润滑油的一些添加剂的生物降解性

添加剂类型	添加剂名称	水害级别	可生物降解率/%	试验方法
极压/抗磨剂	硫化脂肪类			
	10%S	0	>80	CECL-33-T&2
	18%S	0		
防腐剂(铜或黄色金属)	二烷基苯磺酸钙	1	60	CECL-33-T&2
	无灰磺酸盐	1	50	CECL-33-T&2
	琥珀酸衍生物	1	>80	CECL-33-T&2
	苯三唑	1	70	OECD302B
抗磨/防腐剂	部分酯化的丁二酸酯	—	>90	
	三羟甲基丙烷酯	—	>80	CECL-33-T&2
	磺酸钙	—	>60	
抗氧剂	BHT	1	28d 降解 17	MITI Ⅱ
			35d 降解 24	
	酚类 AO(二聚物)	1	未评价	未评价
	烷基化的二苯酚	1	9	MITI(OECD301D)

3 资源和环境对润滑油产品发展变化的影响和推动作用

润滑油产品按 ISO6743 分类分为 19 大类，其中某些油品比如：液压油、锯链油、舷外二冲程发动机油等因使用场合特殊，易排放到环境中，对这些类润滑油提出环境可接受型；温室效应，促使了排放法规的苛刻，石油资源的稀缺性和不可更新性，带来了汽车节能要求，排放法规和节能的要求又推动了发动机油的发展和规格等级的提高；对臭氧层的保护，带来了冷冻机油的变化。

表4　可生物降解润滑剂的发展历程[7]

年　份	发 展 状 况
1975年	合成酯舷外二冲程发动机油
1976~1979年	研究建立了生物降解性试验方法 CECL-33-T38
1985年	液压液及链锯润滑剂
1989年	德国链锯润滑剂“蓝色天使”规格
1990年	生物降解性润滑酯
1991年	德国发布脱模油、润滑酯及其他润滑剂“蓝色天使”规格
1992年	可生物降解发动机油及拖拉机传动液
1994/1995年	可生物降解液压液(DIN)德国工业标准颁布

3.1　液压油

ISO在1999年修订的ISO6743-4：1999《润滑剂、工业用油和相关产品(L类)的分类 第4部分：H组(液压系统)》中，增加了环境可接受液压液HETG、HEPG、HEES、HEPR四种产品。并且ISO在2002年发布了ISO 15380生物降解液压油的产品标准，包括HETG、HEPG、HEES、HEPR四个系列，每个系列包括22、32、46、68四个黏度级别。增加了生物降解性、毒性等指标。

德国森林开采所用的液压油80%为EAL(环境可接受润滑剂)。

3.2　链锯油

在森林开采过程中，大量使用链锯油，它是加到高速运动的链锯上，由锯屑吸附带走、直接进入环境。因此许久国家链锯油要求使用可生物降解的润滑油。生产此油品的有Fuchs和Bechem公司。

3.3　舷外二冲程发动机油

在德国与瑞士边界的Bodeness湖湖底发现很厚的碳氢化合物沉淀层，这主要是由于湖上行驶的舷外二冲程发动机中的润滑油在使用中溅入湖底，日积月累形成的沉淀层。因此7kW以上的外装马达的船政府禁止使用矿物油润滑油，因此发展了合成酯类舷外二冲程发动机油。

3.4　排放法规及节能要求推动了发动机油的升级换代

资料表明[8]，交通产生的大气污染是影响城市环境质量的主要污染源。包括一氧化碳、氮氧化物、颗粒物等有害物质。全欧洲，交通产生的一氧化碳、氮氧化物分别占总排放量的80%及60%左右。北京市机动车产生的一氧化碳、氮氧化物分别占总排放量的60%和54.7%。随着我国机动车拥有量增加，污染还在加剧。

因此，汽车工业进入“三E”时代。所谓“三E”是指Economy(节能)、Emission(环保排放)和E-volution(技术进步)。在当今油价高涨及环保压力不断增大的时代，“高功率、低消耗、低排放”已成为世界汽车发展的大趋势，环保及节能已成为汽车工业和内燃机油突飞猛进发展的推动力，见表5。同时，对车用燃料及车用润滑油的质量升级也提出了新的要求。

我国能源矛盾突出，能源利用率低，万元国内生产总值能耗为世界平均水平的3.3倍，主要用能产品单位能耗比发达国家高40%；能源生产和消费造成的环境污染，特别是大气污染比较严重。近年来，我国排放法规限制加速。

1999年颁布了《汽车污染物排放限值及测试方法》等4项汽车排放国家标准，相当于欧Ⅰ水平；2004年7月1日起全面实施欧Ⅱ 排放标准；2005年4月15日发布了“轻型汽车污染物排放限值及测量法(中国Ⅲ 、Ⅳ 阶段)”；2007年7月1日执行第Ⅲ 阶段标准；2010年7月1日执行第Ⅳ 阶段标准。

“三E”催逼车用润滑油业加快技术创新步伐 。以柴油机油为例，美国环保法规推动了柴机油的升级换代。

表 5　环保法规推动柴机油的升级换代情况

年份	环保要求的变化	发动机的改进及带来的油品工况的改变	柴油机油规格的升级
1991	NO_x 排放加严	柴油机设计改进	由 CD 发展为 CF－4
1994	尾气中颗粒含量加严	柴油机喷气压力加大，热负荷增强，加剧了对油品的氧化和烟灰污染	由 CF－4 升级为 CG－4
1998	NO_x 排放再次加严	燃油喷射压力更高，使用两段活塞，柴油机运行温度更高。	由 CG－4 升级为 CH－4
2002	NO_x 排放在 98 年指标上又加严一倍	柴油发动机采用 EGR(尾气再循环)技术，减少 NO_x 生成，但给润滑带来了不良影响，增加了烟灰和酸物质的污染	由 CH－4 升级为 CI－4

重负荷柴油发动机的排放要求如表 6。

表 6　重负荷柴油发动机的排放要求[9]

年　代	CH(烃类)	CO	NO_x(氮氧化物)	PM(颗粒物)
1985	1.9	37.1	10.6	0.6
1987	1.3	15.5	10.6	0.6
1988	1.3	15.5	6.0	0.6
1991	1.3	15.5	5.0	0.25
1994	1.3	15.5	5.0	0.10
1998	1.3	15.5	4.0	0.10
2002	1.3	15.5	2.0	0.10

在汽油机油方面，ILSAC GF－4 规格与 GF－3 相比，主要不同点在于前者改善了燃油经济性，特别是要求能够长期保持这种经济性；进一步降低了磷含量，且增加了硫含量的限制，可以减少油品对于催化剂和催化系统的毒化作用(由于排放法规的加严，汽油车使用了三元催化器，而磷、硫含量易使催化剂中毒)。

为了减少二氧化碳的排放，减少温室效应，欧共体汽车的节能标准趋势如表 7 所示。

表 7　欧共体汽车的节能标准趋势[10]

(欧洲汽车制造商协会制订)

gCO_2/km

1995 年的实际值	2000 年的实际值	2008 年
186	169	140

综上所述，汽油机油规格由于资源和环保的压力，更重视节能以及油品对排气后处理系统的影响；柴油机油规格由于柴油发动机也在向着更低排放方向发展，先进的柴油机带有高水平的 EGR，柴油机油更重视油品的烟炱的分散能力等，油品升级到 CI－4。

3.5　降低臭氧层的消耗促进了新型环保型冷冻机油的发展[11,12]

以往广泛使用的氯氟烃、氢氯氟烃制冷剂化学稳定性好，泄露到空气中不易在对流层分解，一旦通过大气环流进入到臭氧层所在的平流层时，在短波紫外线的照射下会争解出氯自由基，参与臭氧的消耗，对大气中的臭氧层产生破坏，目前正在被不含氯的氢氟烃替代。

1987 年在加拿大蒙特利尔会议上 24 个国家签署了《关于消耗臭氧层物质的蒙特利尔协定书》。1990 年的伦敦缔约国会议上提出了有闰淘汰氯氟烃的修正案后，我国加入了修正后的《议定书》。

1999 年我国政府批准了《中国逐步淘汰消耗臭氧层物质国家方案》，对各制冷行业规定了具体的淘汰目标：

工商制冷：2003 年停止使用 R11 或 R12 氯氟烃新罐装。

家电：要求分别在 1999 年 40%、2003 年 70%、2005 年 100% 的新生产的冰箱使用氢氟烃制冷剂。

汽车空调：2002 年停止新生产 R12 空调。

事实上，氢氟烃制冷剂如 R134a，温室效应大，但由于我国仅签署了《议定书》伦敦修正案，所以尚未对氢氟烃的淘汰作出承诺。

冷冻机油是制冷压缩机专用润滑油。是制冷系统中决定和影响制冷功能和效果的至关重要的组成部分。冷冻机油与制冷剂共存，要求二者有很好的相溶性。制冷剂的变化由此带来了冷冻机油的变化。

替代氯氟烃、氢氯氟烃的制冷剂及其冷冻机油如表 8 所示。

表 8　替代氯氟烃、氢氯氟烃的制冷剂及其冷冻机油

冷冻空调机器		替代制冷剂	冷冻机油
汽车空调		R134a	PAG
电冰箱	往复式	R134a	POE
旋转式	R134a	HAB	
低温机器		R404A/R507	POE，PVE
空调机	分体式空调	R410A	POE，PVE，HAB
	窗式空调	R407C	POE，PVE

注：PAG 为聚乙二醇，POE 为聚酯，HAB 为烷基苯，PVE 为聚乙烯醚

由于温室效应，一些国家研发了其他类型的制冷剂来替代氢氟类制冷剂。如二氧化碳制冷剂(R744)，氨制冷剂、烃类冷冻机油(如 R600a)，这些制冷剂要求使用相应的冷冻机油。

3.6　废润滑油再生[13,14]

废润滑油再生后是宝贵的资源和能源，可以一定程度上缓解我国由于石油类资源缺少导致在制造业实施可持续发展和人民生活水平进一步提高方面所产生的压力，从而使我国的生态恶化和资源超常规利用两大难题得到一定程度的缓解。

国内已有关注此方面的文献，如废润滑油再生资源产业化问题的研究、国内外废润滑油再生的工艺介绍等。

4　结语

1)可持续发展是既能满足当代人的需要，而又不对后代人满足其需要的能力构成危害的发展。但资源稀缺问题不单是这个自然极限造成的，人类的不合理利用、不适当的管理、人口增长过快、经济—社会结构的不适应、科学技术的欠缺等等因素，才是资源稀缺最主要的原因。

2)在当前世界五大环境问题中，与润滑油相关性较大的有温室气体排放引起的全球增暖、平流层臭氧耗损、对生态环境造成危害等几方面。国外已有绿色润滑剂的概念及评价手段，我国应制定一套适合自己评价方法及法律法规，建立适应我国的环保标志，引导人们去使用绿色润滑油。

3)由于对生态环境造成危害，推动了在某些场合使用环保型的液压油、链锯油、舷外二冲程发动机油等。为了减少温室效应以及减少环境污染，节能和排放法规推动了发动机的技术进步及发动机油的升级换代。为了防止臭氧层的破坏，要求使用不含氯的制冷剂，制冷剂的变化带来了冷冻机油的改变。

4)废润滑油具有污染性和资源性的双重特征，做好废油再生工作，对可持续发展有积极的意义。

参 考 文 献

[1] 杨礼河等．绿色润滑油的生态评价[J]．润滑与密封，2006，183(11)：190～193
[2] 王大璞等．绿色润滑油的发展概况[J] 摩擦学学报，1999，19(2)：181～186
[3] 余磊等．可生物降解汽油机油的试验性研究[J]．西安公路交通大学学报，2001，21(4)：81～85
[4] 孟书凤．环保型润滑剂的发展及应用 [J]．润滑油，2003，18(1)：11～166
[5] 张访谊等．生物降解润滑油的发展及应用[J]．润滑油，2001，16(2)：13～18
[6] 张访谊等．生物降解润滑油的发展及应用[J]．润滑油，2001，16(2)：13
[7] 王炜．城市交通系统可持续发展规划框架研究[J]．东南大学学报(自然科学版)，2001，13(3)：29
[8] 卢培刚．环保与内燃机油的发展[J]．润滑油，2004，19(3)：1
[9] 卢培刚．环保与内燃机油的发展[J]．润滑油，2004，19(3)：3
[10] 李雁秋等．新型环保冷冻机油的研制[J]．润滑油，2006，21(4)：5～9
[11] 冯心凭等．环保型制冷剂及其配套机油的开发现状与展望[J]．润滑油，2005，20(1)：8～11
[12] 刘先斌等．废润滑油再生资源产业化问题的研究[J]．资源科学，2006，28(2)：297～300
[13] 杨宏伟等．国内外废润滑油的再生[J]．润滑油，2006，21(6)：9～11

炼油工艺与产品

中海油400万吨/年加氢裂化装置技术分析

张树广　熊守文　赵晨曦
（中国海洋石油总公司惠州炼油分公司，惠州　516086）

摘　要： 中国海洋石油总公司惠州炼油分公司4Mt/a加氢裂化装置，为国内首套引进Shell Global Solutios工艺包的装置，该装置于2009年4月24日开汽一次成功，9月9日进行装置标定，完全达到设计标准，达到同类装置设计、生产的世界先进水平。

关键词： 加氢裂化　分析　原料　产品　催化剂

1　前言

中国海洋石油总公司惠州炼油分公司一期炼油项目，设计加工原油能力为12Mt/a，主要加工中海油在渤海开采的蓬莱19－3原油。其中蜡油加氢裂化装置为国内首套引进Shell Global Solutios工艺包的装置，催化剂采用Criterion Catalysts & Technologies的催化剂，处理能力4Mt/a，是目前国内单套处理能力最大的加氢裂化装置。装置设计加工减二线蜡油、减三线蜡油和焦化蜡油的混合原料（混合比例为49.08∶30.92∶20），年开工时数为8400h，水力学弹性为设计原料进料量的60%～110%。该装置主要由反应部分、分馏部分、吸收稳定部分、PSA部分和公用工程以及辅助系统等部分组成。其中反应部分可以分为原料预处理系统、原料升压系统、原料及氢气换热和加热系统、反应器系统、反应产物分离系统、循环氢压缩机系统和补充氢压缩机系统、注水系统。分馏部分包括硫化氢汽提塔系统、主分馏塔系统、柴油汽提塔和中段回流系统、航煤汽提塔和中段回流系统以及产品冷却系统等。吸收稳定部分主要由吸收脱吸塔系统、脱丁烷塔系统、石脑油分馏塔系统和重石脑油脱硫等系统组成。主要生产轻石脑油、重石脑油、航煤、柴油和加氢尾油等产品。

该装置由中国石化工程建设公司（SEI）进行详细设计，中石化第十建设公司施工建设，于2009年4月24日实现装置一次性开车成功，产品全部合格，并于2009年9月8日至9日进行了装置标定，从标定的结果看，达到了设计的要求。

2　蜡油加氢裂化装置的技术特点

该装置为国内首套引进Shell Global Solutios工艺包的装置，其主要技术特点有：

（1）在设计安全理念上，整套装置贯穿了专利商高级别的安全等级。

（2）催化剂、反应器内构件、反应注水混合器、热高压分离器入口分配器和主分馏塔入口分配器全部采用Shell Global Solutions的专利技术。采用单段一次通过流程，反应器设6个催化剂床层，保护催化剂、精制催化剂和裂化催化剂在同一反应器内的不同床层上。高压换热器、循环氢加热炉、反应器双系列布置，其他设备均为单系列布置。

（3）针对惠炼蜡油加氢裂化装置原料油酸值高、金属含量高、氮含量高的特点，专利商配置了级配保护催化剂。在选择管线材料和工艺条件上，尽量减少腐蚀，保证装置长周期运行。

（4）针对惠炼蜡油加氢裂化装置原料为环烷基、难裂化和产品性质要求高的特点，专利商使用的加氢裂化催化剂为新开发的低分子筛/无定型催化剂，活性高，选择性和稳定性好。

（5）针对原料油中硫含量较低的特点，装置未设置循环氢脱硫设施。

（6）针对产品尾油收率低的特点，专利商采用了一次通过流程，该装置的单程转化率达到88%。

(7)含硫污水在装置内的重复利用，体现了专利商超前的节能理念。换热器采用热负荷控制的原理，使操作更加精细化。

(8)为了减少设备大型化所带来的技术和经济风险，反应系统设置两个系列，大大地降低了反应器、换热器大型化带来的风险。

装置原则流程如图1所示。

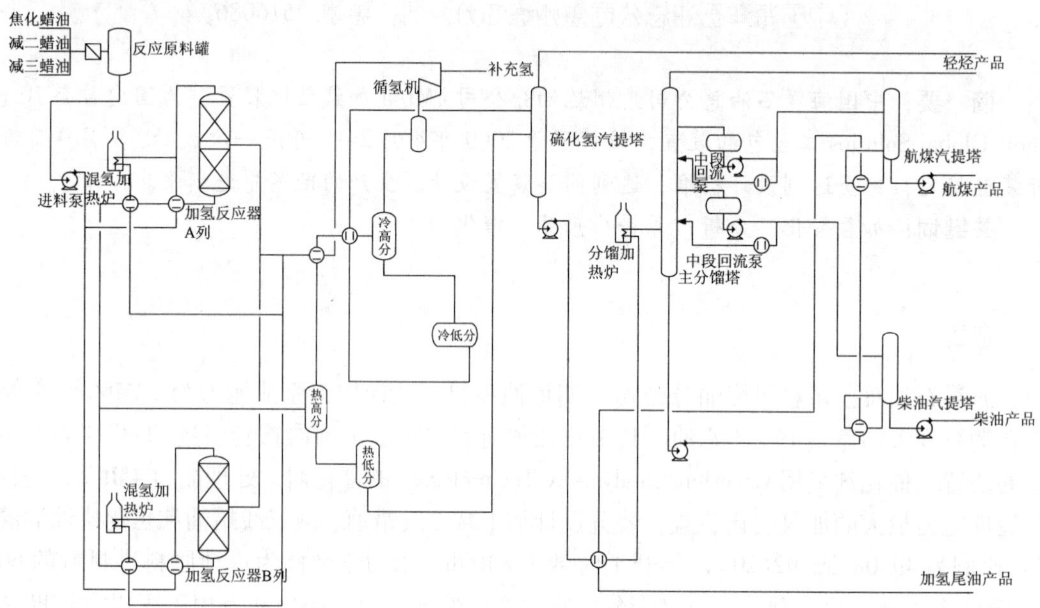

图1 加氢裂化原则流程图

3 生产情况概述

用标定期间的数据与设计数据进行对比分析

3.1 原料性质

本装置设计处理原料油为来自常减压装置的减二线蜡油、减三线蜡油和来自焦化装置的焦化蜡油，设计掺炼比例为：减二线：减三线：焦蜡＝49.08%：30.92%：20%，标定期间实际掺炼比例为：减二线：减三线：焦蜡＝49.2%：30.7%：20.1%，与设计掺炼比例吻合。原料性质及组成对比见表1。

表1 设计原料和标定原料性质对比表

原料	设计原料			标定原料			
	减二线蜡油	减三线蜡油	焦化蜡油	减二线蜡油	减三线蜡油	焦化蜡油	混合原料
比例/%	49.08	30.92	20	49.2	30.7	20.1	
密度/(g/cm^3)							
20/℃	≤0.920	≤0.940	≤0.915	0.9114	0.9185	0.9237	0.9169
70/℃	0.89	0.9055					
运动黏度/(mm^2/s)							
37.8/℃			20				
50/℃	44.74	257.3					
40/℃							51.56
100/℃	7.587	22.43	3.8				6.20

续表

原料	设计原料			标定原料			
	减二线蜡油	减三线蜡油	焦化蜡油	减二线蜡油	减三线蜡油	焦化蜡油	混合原料
凝点/℃	-12	12	35	5	25	26	20
酸值/(mgKOH/g)	4.77	4.23	<0.05	4.5	4.51	0.07	
残炭/%	≤0.10	≤0.5	≤0.20	0.01	0.09	0.05	0.01
硫/%	≤0.30	≤0.40	≤0.75	0.3204	0.3369	0.419	0.3473
氮/(μg/g)	≤2000	≤3400	≤7000	1113	2272	5561	2212
碱性氮/(μg/g)	689	—	1802	436.28	694	1906	720
折射率 n_D^{70}	1.4925	1.5015					
平均相对分子质量	309	446					
蜡含量/%	0.8	2.6					
金属分析/(μg/g)	≤3.0	≤3.0	≤3.0				
铁	<1	<1	<1	0.4	0.3	0.1	2
镍	0.04	0.43	0.1	0	0	0	0
铜	0.01	<0.01		<1	<1	<1	
钒	0.04	0.02	<0.1	0	0	0	0
铅	<0.01	<0.01		0.1	0.1	0.1	
钠	0.51	0.3					
钙	0.82	0.73					
镁	0.1	0.16					
结构族组成							
C_P/%	42.69	49.85					
C_N/%	38.64	32.54					
C_A/%	18.67	17.61					
R_A	0.69	0.97					
R_N	2.03	2.62					
特性因数	11.6	11.9					
相关指数	51.4	49.8					
饱和烃/%	64.6	62.1	24.8				
芳烃/%	35.4	37.9	56.6				
胶质/(μg/g)	0	0	18.5	93	490	560	380
沥青质/(μg/g)	≤200	≤200	≤1000	1000	4000	3000	1000
馏程/℃			ASTM D-1160				
IBP	372	459	362				
5%	375	461	367	333.2	399.6	320	336.8
10%	378	463	372	342.6	416.6	347.2	350.6
20%				354.8	429.6	363.4	364.6
30%	394	474	391				
40%				368.4	451.2	382.4	384
50%	409	486	415	377.6	457.6	392	396.8
60%				382.2	460.8	400.4	403.8
70%	427	508	446				
80%				396.4	484	415	424.2
90%	443	533	488	410.8	500.8	424.2	449.6
95%				424.2	516.2	439.8	475.2

从表1可以看出，原料的掺炼比例与设计吻合，二者性质的差异主要表现在：

(1)标定原料的密度小于设计原料。

(2)原料的残炭、酸值、氮含量和碱性氮含量都低于设计值。

(3)原料的胶质、沥青质含量高于设计值。

新氢组成见下表2。

表2 新氢组成

组 成	H_2/ %	Cl/%	$CO + CO_2$	合计/%
标定	99.09	0.26	0	99.35
设计	99.9	0.1	20μg/g	100

3.2 主要操作条件

3.2.1 反应部分操作条件

本次标定按照100%的负荷进行，操作条件尽可能向设计条件靠拢，反应部分操作条件见表3~表4。

表3 A系列反应器R101A主要工艺操作条件

项 目	设 计	标 定
精制催化剂体积空速/h^{-1}	1.29	1.29
裂化催化剂体积空速/h^{-1}	1.5	1.54
后精制催化剂体积空速/h^{-1}	10.3	10.32
反应器入口气油体积比	760~800	871.60
精制催化剂的平均反应温度/℃	410	386.33
裂化催化剂的平均反应温度/℃	407	386.90
催化剂入口温度/℃	390	359.10
催化剂出口温度/℃	415	394.30
反应器入口操作压力/MPa(g)	15.25	14.93
反应器出口操作压力/MPa(g)	14.9	14.48

表4 B系列反应器R101B主要工艺操作条件

项 目	设 计	标 定
精制催化剂体积空速/h^{-1}	1.29	1.29
裂化催化剂体积空速/h^{-1}	1.5	1.52
后精制催化剂体积空速/h^{-1}	10.3	10.32
反应器入口气油体积比	760~800	862.90
精制催化剂的平均反应温度/℃	410	385.80
裂化催化剂的平均反应温度/℃	407	387.18
催化剂入口温度/℃	390	359.80
催化剂出口温度/℃	415	394.40
反应器入口操作压力/MPa(g)	15.25	14.94
反应器出口操作压力/MPa(g)	14.9	14.51

3.2.2 分馏部分操作条件

分馏部分的操作条件除热低分油进料温度低于设计进料温度外，其他操作参数基本上与设计吻合，操作条件见表5。

表5 分馏部分主要操作条件

项 目	设 计	标 定
C201		
塔顶压力/MPa	0.93	0.8353
冷低分油进塔温度/℃	187.3	182.85
热低分油进塔温度/℃	281	265.8
塔顶温度/℃	164	150
C202		
塔顶压力/MPa	0.15	0.148
进料温度/℃	348	350.8
航煤抽出温度/℃	220	214.93
柴油抽出温度/℃	281	286.13
C301		
塔顶压力/MPa	0.85	0.8318
塔顶温度/℃	49	49.1
C302		
塔顶压力/MPa	1.09	0.97
塔顶温度/℃	70	61.83
C303		
塔顶压力/MPa	0.17	0.1499
塔顶温度/℃	73	76.39

3.3 产品质量

标定期间产品性质见表6。

表6 标定期间产品性质

产 品	轻石脑油		重石脑油		喷气燃料		柴 油		加氢尾油	
	设计	标定	设计	标定	设计	标定	设计	标定	设计	标定
馏程范围/℃	C_5～79	27.2～70.3	79～166	88.2～166.4	166～250	151～256	250～350	192～368.4	350+	220.8～477.2
液体标准密度/(kg/m^3)	636	644.6	752	749.77	≤830	806.3	≤840	827.7	825	839
硫含量/(μg/g)		<0.5	<0.5	0.1	<10	16～39	<50	10～33	<30	54～23
氮含量/(μg/g)		<0.5	<0.5	<0.5		7.71		1.37	<1	12.2
PNA值/%	95/4/1	87.82/12.09/0	37/53/10	41.12/55.68/3.2		29/63.1/7.9		42.7/52.2/7.1	89.2/8.7/2.1	
马达法辛烷值	66	79								

续表

产品	轻石脑油		重石脑油		喷气燃料		柴油		加氢尾油	
	设计	标定	设计	标定	设计	标定	设计	标定	设计	标定
闪点/℃					≥38	41~45	≥55	77		
烟点/mm					≥25	25.8~26.3				
冰点/℃					-54	< -60				
凝点/℃								-12		25
十六烷值							≥55	65		
水含量/(μg/g)							< 150	36		
BMCI值									≤10	13.01
蒸馏曲线										
D86									(TBP)	
IBP	15	27.2	64	88.2	161	151	172	192.6	205	220.8
10%	20	32.9	97	103.1	184	171	249	240.8	318	353
30%	30		109		192		269		370	
50%	33	43.1	123	118.8	200	197	283	296.4	396	406.2
70%	39		137		215		302		421	
90%	62	64.2	151	147.1	234	231	341	349.4	464	444.2
95%						241	≤360	359.8		460.8
FBP	77	70.3	171	166.4	254	256	367	367.4	523	477.2

3.4 物料平衡

设计与标定的物料平衡见表7。

表7 设计与标定的物料平衡

项目	物料	设计			标定		
		%	kg/h	t/d	%	kg/h	t/d
入方	减二线蜡油	49.08	233715	5609.16	49.16	232529.96	5580.7
	减三线蜡油	30.92	147238	3533.71	30.71	145275.08	3486.6
	焦化蜡油	20	95238	2285.71	20.13	95212.08	2285.1
	制氢氢气	3.09	14716.1	353.19	3.07	14545.21	349.1
	化学氢耗	2.9			2.68		304.1
	合计	103.09	490907.1	11781.77	103.07	487562.33	11701.5
出方	低分气	0.94	4475.2	107.4	0.71	3334.88	80.0
	干气	0.44	2107	50.57	0.27	1258.92	30.2
	液态烃	5.44	25919	622.06	3.57	16906.67	405.8
	轻石脑油	3.65	17378	417.07	6.88	32541.67	781
	重石脑油	≥20	112500	2700	22.96	108614.42	2606.7
	喷气燃料	≥25	120135	2883.24	28.91	136750.33	3282.0
	加氢尾油	≥12.5	64113	1538.72	11.93	56454.17	1354.9
	重污油				0.45	2136.71	51.3
	轻污油				0.02	98.00	2.4
	合计	101.96	485598.2	11654.36	103.07	487560.92	11701.5

3.5 装置能耗

设计与标定能耗见表8。

表8 装置能耗表

项目	设计		标定	
	单耗(吨/吨或度/吨)	能量单耗	单耗(吨/吨或度/吨)	能量单耗
水				
净化水	0.1575	1.4490	0.1084	0.9976
循环水	5.0537	0.5054	4.4792	0.4479
除盐水	0	0.0000	0.0000	0.0000
除氧水	0.0506	0.4659	0.0763	0.7018
凝结水	-0.0090	-0.0330	-0.0018	-0.0064
电	58.2015	15.1324	56.0762	14.5798
蒸汽				
0.45MPa	-0.0574	-3.7907	-0.0684	-4.5115
1.0MPa	0.0314	2.3860	0.0200	1.5197
3.5MPa	-0.2843	-25.0219	-0.2184	-19.2164
9.5MPa	0.2843	26.1593	0.2184	20.0898
燃料				
燃料气	0.0191	18.1844	0.0120	11.3713
风				
工业风	0	0.0000	0.0000	0.0000
仪表风	1.8690	0.0748	1.7816	0.0713
氮气				
0.8MPa	1.2600	0.1890	0.0358	0.0054
4.0MPa	0	0.0000	0.0000	0.0000
能耗合计(kgEO/t)		36.79		26.05

4 技术分析

4.1 安全性分析

Shell Global Solutios 的安全理念贯穿于整个工艺包的设计，因为其安全等级高，因此在高压控制阀门的设计上采用了双阀；在加热炉的设计上，采用了大火盆的自动点火型式，配有火焰检测仪，看火孔设计多层安全防护措施；4Mt/a 的年加工量，反应系统采用双系列设计，避免了反应器过大，设备加工难度大、运输难度大、施工难度大和配管方面存在的问题。高压进料泵和高压注水泵出口分支和总管上，采用不同型号的单向阀，降低了高压泵突停造成介质倒串的几率。

4.2 能耗分析

Shell Global Solutios 的节能理念贯穿于整个工艺包的设计，反应系统采用了炉后混油流程，充分利用反应产物带出的热量，分馏系统汽提塔和稳定塔多采用双再沸器设计，有效利用物流的热量；反应注水部分循环利用，再次起到降低能耗的作用，同时达到了减少污水排放的目的；反应系统选择稍低的操作压力，可降低装置的能耗，减少装置的泄漏。反应进料泵选择采用液力透平进行驱动，使装置的能耗进一步降低。标定期间，加热炉热效率较高，F101A、F101B、F201 分别为 92.95%、92.69%、91.33%，从表8看出，装置的标定能耗为 26.05kgEO/t，远低于设计能耗 36.79kgEO/t，通过这些数据可以看出，装置的能耗达到同类装置的世界最先进水平。

4.3 催化剂性能分析

通过表3和表4(反应器R101A/B主要工艺操作条件)可以看出，本批催化剂的初始反应温度较低，活性较高，通过表6(产品质量)和表7(产品产量)的对比分析可以看出，轻、重石脑油、航煤和柴油中都不含有烯烃，而且轻、重石脑油中的总芳含量低于设计值，说明本批催化剂选择性能好，有较强的烯烃、芳烃饱和能力，本批催化剂有较强的杂质脱除能力，脱硫、脱氮率较高，脱硫率93.15%，脱氮率99.91%。下表9中列出了本批催化剂的型号、组成、性质和装填量，主催化剂组成是以Al_2O_3为载体的W、Mo系列的催化剂。催化剂装填见表9。

表9 催化剂装填

装填位置	催化剂型号	催化剂组成	催化剂性质	质量/t
过滤器内	DN3551(1.6) SL	MoO_3 < 30%	精制剂	3.75
	Opti Trap (16mm)	SiO2 65% ~75%	保护剂	10.2
	Opti Trap (8mm)	Al_2O_3 68% ~82%	保护剂	9
R101一床层	Opti Trap (4.8mm)	Al_2O_3 68% ~82%	保护剂	7.2
	Opti Trap(3.2mm)	Al_2O_3 50% ~90%	保护剂	26
	Max Trap(2.5mm)	Al_2O_3 平衡量	保护剂	33.6
R101二床层	DN3551(2.5)	MoO_3 < 30%	精制剂	12.2
	DN3551(1.6)	MoO_3 < 30%	精制剂	123
R101三床层	DN3551(1.6)	MoO_3 < 30%	精制剂	78
	Z503(2.5)	WO_3 < 30%	精制剂	80
R101四床层	Z3723(2.5)	WO_3 20% ~30%	裂化剂	68
R101五床层	Z3723(2.5)	WO_3 20% ~30%	裂化剂	76
R101六床层	Z3723(2.5)	WO_3 20% ~30%	裂化剂	120
	DN3551(1.6)	MoO_3 < 30%	精制剂	40

4.4 关键设备性能分析

该装置的部分关键设备采用了SHELL的专利技术，如：反应器内构件、高压注水静态混合器和分馏塔入口分配器，从标定的效果看，所有塔、器使用效果较好，满足使用要求。分馏塔的设计采用全抽出型式，有效的降低了操作难度，保证了产品的合格率。反应器内构件技术，HD分配器-气液分配均匀，催化剂失活速度慢，径向温差小，延长了催化剂寿命和操作周期，保证了产品质量，利于装置安全运行；采用超平急冷分配器，高度低--仅三英尺左右，增加反应器体积利用率且急冷效果好，反应器体积得到了最大的利用，反应器体积小，制造费用、运输费用、吊装费用等都降低；内构件的连接型式将常规的螺栓方式改为楔子式，降低了安装和拆卸的施工难度，节约了检修时间；反应器入口过滤器的设计，有效地降低了反应器压降的问题。反应系统设置两个系列，大大地降低了反应器、换热器大型化带来的风险。GE Nuovo Pignone设计制造的$10^5Nm^3/h$的往复式氢气压缩机，在气阀、十字头螺栓和小头瓦反向角的设计和制造方面，还有待于进一步改进。

参 考 文 献

[1] 廖士纲，韩崇仁. 面向21世纪的加氢裂化技术. 炼油与设计，1999，29(5)

[2] 韩崇仁. 加氢裂化工艺与工程. 北京：中国石化出版社 2006

[3] 陈尧焕，李鹏. 中国石化加氢裂化装置运行分析. 炼油技术与工程. 2007，37(10)：1~4

[4] Michael Hu. New Catalyst Technologies for Increased Hydrocracker Margin. 14th Refinery Technology Meet, organised by Centre for High Technology & Mangalore Refinery & Petrochemicals Limited, 2007

[5] L. G Huve. New Catalyst Technologies Expand Hydrocracker's Flexibility and Contributions. EMEA 2004 Catalyst Technology Conference, 2004

碳四物料加氢后作为裂解原料的可行性研究

刘淑芝　何宗华　彭光辉　康秀红

（中国石化齐鲁分公司研究院，山东淄博　255400）

摘　要：在实验室考察了某碳四物料饱和加氢后作为裂解原料的可行性。结果表明，在温度60～80℃，压力2.0 MPa，氢烯摩尔比2.0～3.0，空速3.0 h^{-1}下，加氢后碳四中烯烃含量小于1%；模拟轻烃裂解炉，裂解乙烯收率达到34%，丙烯收率达到18%。经济效益估算表明，该物料加氢后作为裂解原料具有一定的经济效益。

关键词：碳四　加氢　裂解　乙烯

生产乙烯的裂解原料选择是一个重要的技术经济问题，乙烯原料成本约占乙烯生产总成本的60%～80%，因此合理选择原料对降低成本起着决定性作用，轻质化和优质化是乙烯原料发展的方向。

某公司一股约3万吨/年的抽余碳四物料，目前作为液化气销售，造成了资源浪费，在实验室加氢小试试验装置上，考察了该碳四物料的加氢性能，并选取了适宜的加氢工艺条件，使加氢后物料中烯烃含量小于1%；在模拟蒸汽裂解试验装置上，对加氢后物料进行了裂解性能评价，结果表明，该物料加氢后可作为优质的裂解原料。

1　试验部分

1.1　试验原料

试验原料为某碳四物料，组成见表1。由表1可见，原料总烯含量为38.14%。分析原料硫含量小于1mg/m^3。试验所用氢气为高纯氢（钢瓶装）。试验选用的催化剂为某一已工业化的市售饱和加氢催化剂。

表1　原料质量组成

组分	C_3	iC_4^0	nC_4^0	$tC_4^=$	$nC_4^=$	$iC_4^=$	$cC_4^=$	C_5^0
组成/%	0.46	13.05	48.11	8.61	29.13	0.22	0.18	0.23

1.2　试验装置

饱和加氢试验装置为常规加氢试验装置，反应器为固定床反应器，催化剂与ϕ4mm瓷环以体积比1:1混合后装填在反应器中段，反应器上下段用4mm瓷环填充。

模拟蒸汽裂解试验装置由进料系统、裂解炉系统、产品分离计量系统、计算机控制系统和产品分析系统五部分组成。该装置能够模拟各种工业裂解炉型，可针对石脑油，加氢尾油，轻烃等多种裂解原料进行模拟裂解评价。

2　结果与讨论

2.1　饱和加氢性能考察

由于烯烃的饱和加氢属于强放热反应，其热效应约－120kJ/mol[1]，考虑到原料总烯含量较高，反应放热会引起较大温升，试验采用循环方式，目的是稀释新鲜料中烯烃含量，以减缓放热，利于反应温度的控制。试验过程中选取循环比(循环量与新鲜物料质量比)为3.0。

2.1.1 反应温度对加氢性能的影响

在压力2.0 MPa、新鲜料液相体积空速3.0h^{-1}、氢烯比3.0mol/mol的条件下，考察了温度对产物烯烃含量的影响，结果见图1。

由图1可见，随着温度的升高，产物中烯烃含量呈明显下降趋势，其主要原因是饱和加氢反应属于强放热反应，反应平衡常数很大，温度对热力学影响较小，但对反应动力学的影响较大，即温度越高，反应速度越快；当温度升至一定值后，烯烃转化率达到或接近100%，继续升温已无太大意义。因此，推荐适宜温度为60~80℃。

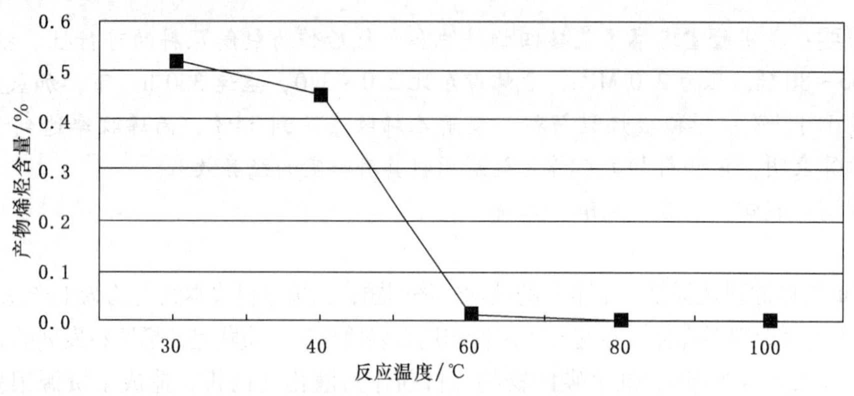

图1 反应温度对产物烯烃含量的影响

2.1.2 氢烯比对加氢性能的影响

在压力2.0 MPa、新鲜料液相体积空速3.0 h^{-1}、温度60℃的条件下，考察了氢烯比对产物烯烃含量的影响，结果见图2。

在压力、空速一定时，氢烯比增加，则催化剂表面上氢的浓度增大，有利于提高加氢反应速率。如图2所示，氢烯比由1.2L至2.0L时，产物中烯烃含量呈明显下降趋势，当氢烯比为2.0时，产物烯烃含量在0.2%以下，氢烯比继续增至3.0时，烯烃接近完全饱和；但氢烯比的增大也意味着催化剂实际接触时间的缩短，理论上，加氢效果会随着氢烯比增加而改善，到达一定值后，又随着氢烯比的加大而变差，试验中得到了同样的结果。另一方面，氢气起到热载体作用，大量的氢气可以提高反应体系的热容量，从而可减小因加氢反应放热引起的反应温度上升的幅度。综合考虑，推荐适宜氢烯比为2.0~3.0mol/mol。

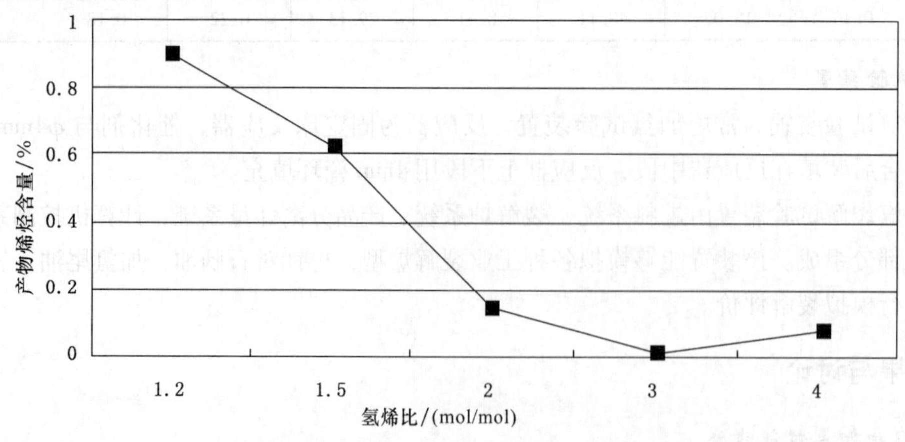

图2 氢烯比对产物烯烃含量的影响

2.1.3 反应压力对加氢性能的影响

在温度60℃、新鲜料液相体积空速3.0h^{-1}、氢烯比3.0mol/mol的条件下，考察了压力对产物中烯烃含量的影响，结果见图3。

由图3可见，压力并没有明显影响反应结果，这也表明此碳四物料在该催化剂上具有较大的加氢反应速率。若压力过低，难以保证碳四物料在反应温度下呈液相，同时对降低催化剂表面的积炭速度不利。因此，推荐适宜反应压力为2.0MPa。

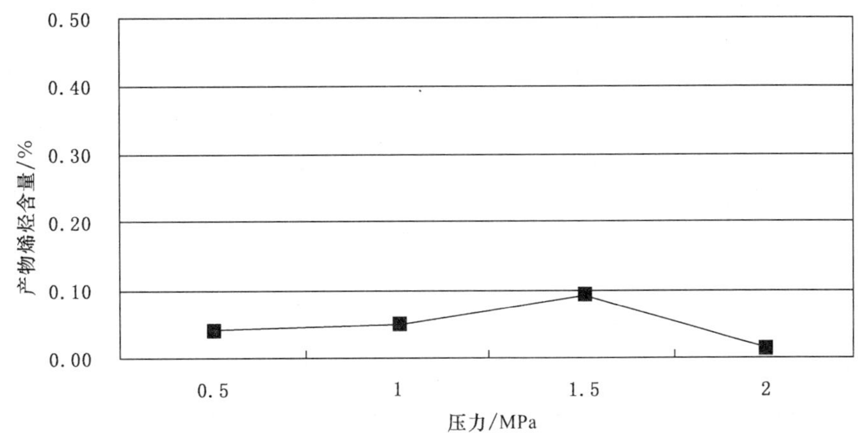

图3 反应压力对产物烯烃含量的影响

2.1.4 空速对加氢性能的影响

在温度60℃、压力2.0MPa、氢烯比3.0mol/mol的条件下，考察了新鲜料液相体积空速对产物中烯烃含量的影响，结果见图4。

空速的考察试验是在催化剂在线还原后进行的，即此时催化剂具有较高的初活性。由图4可知，新鲜料液相体积空速从2.0h^{-1}提至5.0h^{-1}时，均有较好的加氢效果，空速大于3.0时，产物中烯烃含量略有上升。试验中选取适宜空速为3.0h^{-1}。

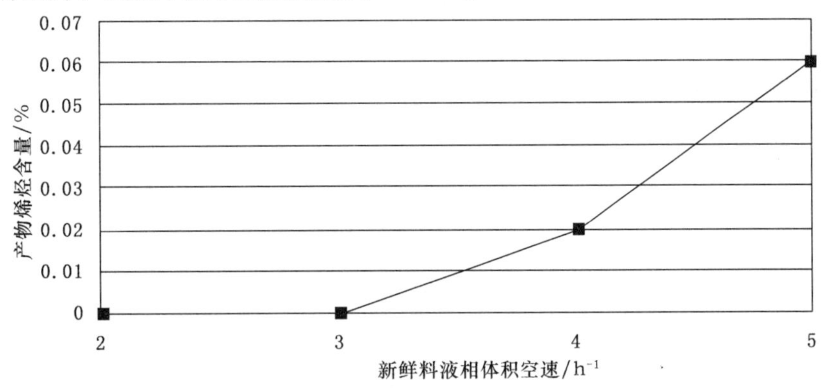

图4 空速对产物烯烃含量的影响

通过以上的工艺条件优选试验，确定了适宜的加氢工艺条件为：温度60~80℃，压力2.0 MPa，氢烯比2.0~3.0mol/mol，新鲜料液相体积空速3.0 h^{-1}。

2.2 加氢后物料裂解性能考察

对加氢后碳四的裂解性能进行了实验室模拟评价，裂解原料采自加氢试验装置产物罐，其总烯含量为0.92%；模拟轻烃裂解炉，在炉出口温度852℃、停留时间0.40s、稀释比0.40的条件下，考察了加氢后碳四的裂解性能，其产物分布见表2。由表2可见，乙烯单程收率34.64%、丙烯单程收率18.32%，该物料加氢后可作为优质的裂解原料。

表 2 加氢后物料的裂解产物分布

组　分	产　率/%	组　分	产　率/%
氢气	1.00	反丁烯	0.59
二氧化碳	0.05	正丁烯	1.35
一氧化碳	0.14	异丁烯	1.54
甲烷	19.96	顺丁烯	0.38
乙烷	4.42	异戊烷	0.00
乙烯	34.64	正戊烷	0.00
丙烷	0.48	丁二烯	2.66
环丙烷	0.01	甲基乙炔	0.58
丙烯	18.32	碳五	3.52
异丁烷	0.67	苯	3.25
正丁烷	4.32	甲苯	0.72
丙二烯	0.21	其他	0.77
乙炔	0.29	合计	99.87

3　结论

通过实验室系统研究，某碳四物料加氢后是良好的乙烯裂解原料。

1)某碳四物料在温度 60 ~ 80℃，压力 2.0 MPa，氢烯比 2.0 ~ 3.0mol/mol，新鲜料液相体积空速 $3.0h^{-1}$ 的条件下加氢，加氢后物料中烯烃含量小于 1%，可以作为裂解原料使用。

2)加氢后物料裂解试验结果表明，在一定的裂解条件下，乙烯单程收率大于 34%、丙烯单程收率大于 18%。

参 考 文 献

[1] 梁文杰. 石油化学. 东营：石油大学出版社，1996

[2] 孙景辉等. 蒸汽裂解原料的评价. 齐鲁石油化工，2001，29(2)：104 ~ 107

全液相加氢(IsoTherming™)技术浅析

张树广　吴　青
（中国海洋石油总公司惠州炼油分公司，惠州　516086）

摘　要：本文论述了全液相加氢(IsoTherming™)的技术特点，该技术与滴流床加氢相比，在装置的一次性投资、操作费用和操作难度等方面，都有不同程度的降低，有推广的价值。

关键词：全液相加氢(IsoTherming™)　滴流床　技术

1　前言

随着世界范围内对清洁燃料要求的不断提高，各国炼油厂在一直不断提高其加氢处理能力，在各种加氢处理工艺中，全液相加氢(IsoTherming™)技术逐渐成为一种成本效益技术，该技术是由美国工艺动力学公司开发，2003年4月在美国新墨西哥洲盖洛普工业公司炼油厂ULSD装置实现工业化，2007年杜邦公司买断此技术。该技术与常规滴流床加氢相比，在反应压力、反应温度、化学氢耗等方面没有根本区别，但在装置的一次性投资和操作费用等方面，都有所降低，反应器内物料的分布更加均匀，催化剂的结焦速度大大降低，催化剂的利用率更高。

2　全液相加氢(IsoTherming™)技术特点

2.1　技术特点

IsoTherming™技术的独有特点是不使用滴流床反应器，而采用液相填充反应器，液相反应器设计中的一项技术要求为，溶解在反应器进料中的氢的量应该高于反应所需氢的量，反应中使用的氢溶解在液体中，而不是作为气体进行循环。

在IsoTherming™技术中，产品液体进行再循环，以便溶解在混合原料(新鲜原料及产品液体)中的氢量远高于反应所需的氢量，再循环率通过中试装置，使用实际进料及反应工程模型进行测试来确定。

与常规滴流床反应器相比，液相填充反应器在设计及制造方面更加简单，在常规滴流床反应器中，气体及液体的最佳分布状态非常关键，与此相比，液相填充反应器中液体流量的分布并不是一个关键设计问题，在反应器设计中未考虑与多相流相关的其他问题，如压力降及流动状态。

在IsoTherming™技术中，催化剂是全湿的，而常规滴流床反应器中是充满大量气体，二者形成鲜明对比，在催化剂中以及催化剂周围存在液体，可以尽可能降低催化剂活性部位的热点，由于溶解于液体中氢的量远远超过反应中所需氢的量，催化剂活性部位即有氢的存在，这些因素可以将因结焦引起的催化剂活性下降问题降至最低程度。

IsoTherming™反应器的最大温升受到溶解于液体中氢的数量限制，没有超温的现象，而常规滴流床反应器气体循环流率高，超温现象存在，IsoTherming™反应器为本质安全型反应器。

2.2　流程对比分析

从图1和图2可以看出，与滴流床加氢相比，全液相加氢(IsoTherming™)“过剩”的氢气从反应器床层间排出，没有循环氢压缩机、热高压分离器、冷高压分离器、高压空冷，增加了热循环油泵。

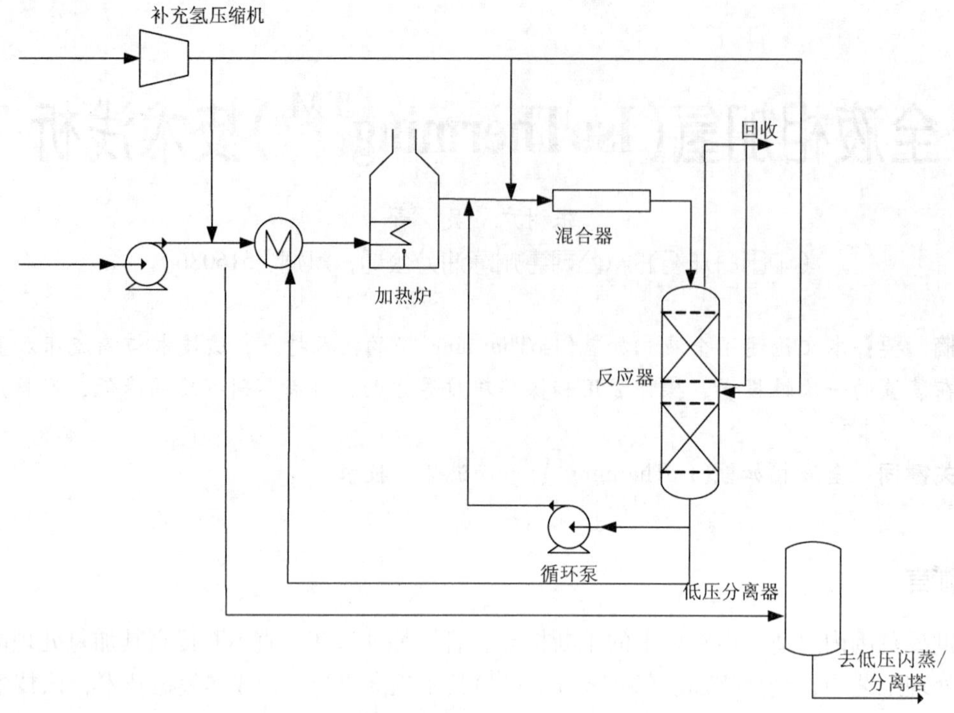

图1　全液相加氢（IsoTherming™）反应部分原则流程

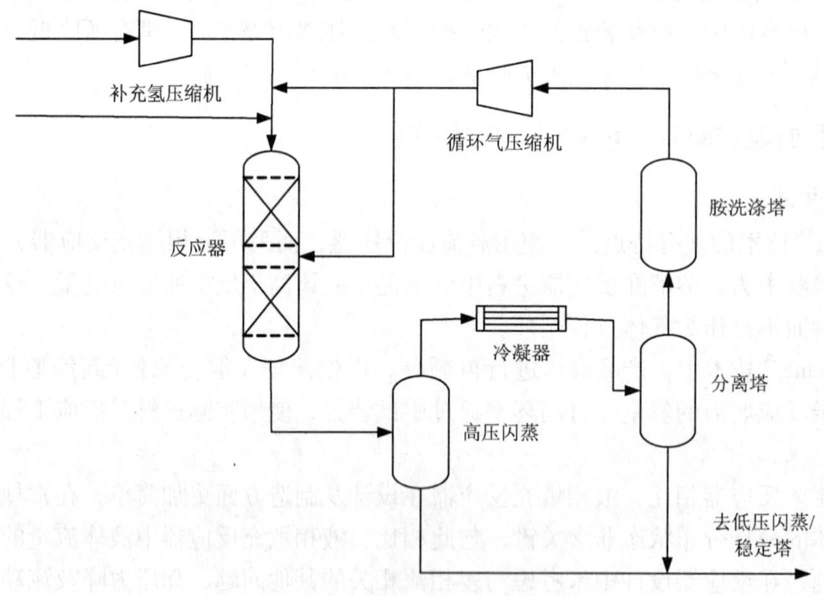

图2　滴流床加氢反应部分原则流程

2.3　投资

全液相加氢与常规滴流床加氢相比，设备方面的变化见表1。

表1　全液相加氢与常规滴流床加氢技术主要设备对比表

	全液相加氢	常规滴流床加氢
循环压缩机	无	有
热高压分离器	无	有
冷高压分离器	无	有
高压空冷	无	有

续表

	全液相加氢	常规滴流床加氢
热循环油泵	有	无
油气混合器	有	无
反应器	体积小	体积大
冷、热低压分离器	体积小	体积大

从上表可以看出，全液相加氢与常规滴流床加氢相比，减少了循环压缩机、热高压分离器、冷高压分离器、高压空冷等主要设备，增加了热循环油泵和油气混合器，因为反应“环境”的不同，催化剂装填量少，反应器和冷、热低压分离器体积变小，因此装置的一次性投资会降低。对于不同类型的装置，装置的一次性投资有不同程度的降低，汽油、柴油加氢处理装置降低20%左右，蜡油加氢处理装置和缓和加氢裂化装置降低30%左右。

2.4 运行成本

从图2看出，全液相加氢(IsoThermingTM)没有循环氢压缩机，减少了蒸汽用量，动力消耗降低，氢气损失降低；“过剩”的氢气从反应器床层间排出，氢油比降低，加热炉负荷降低，燃料消耗减少，操作费用降低；催化剂被充分润湿，催化剂空速提高，裂化程度降低，总液收提高；避免了气相负荷大，气液相分配不均带来的催化剂结焦问题，催化剂寿命延长。

2.5 应用业绩(表2)

表2 应用业绩

公司名称	地点	装置名称	规模/BPD	投产时间
Western Refining	Gallup, NM	ULSD Revamp	3800	2003.04
Western Refining	Gallup, NM	Kerosene Hydrotreater	5000	2006.04
Western Refining	Gallup, NM	Revamp ULSD Hydrotreater	5000	2006.05
Western Refinerry	Yorktown, VA	ULSD Hydrotreater	12000	2006.05
Holly Refining	Woods Cross	VGO Mild Hydrocracker	15000	2009.02
Holly Corporation	Artesia, NM	VGO Mild Hydrocracker	30000	2009.03
Frontier Refining	El Dorado, KS	Revamp VGO Hydrotreater	55000	2009.03

3 适用范围

全液相加氢(IsoThermingTM)适用于汽油、柴油、蜡油加氢处理装置，也适用于缓和加氢裂化装置，作为一种新的技术，技术特点明显，风险较低，有推广使用的价值。

参考文献

[1] 使用IsoThermingTM技术改造超低硫柴油加氢处理装置，NPRA年会，2004

减压深拔技术在Ⅰ套常减压装置的应用

闻德忠

（中国石化九江分公司，江西九江　332004）

摘　要：本文重点论述了减压深拔技术在九江分公司Ⅰ套常减压装置的实际应用情况，采用深拔技术后，减压渣油500℃馏出量为2mL，540℃馏出量为6mL，渣油收率同比下降2.21%，蜡油收率提高2.14%，深拔效果明显。分析了影响减压拔出率的因素，并结合实际生产情况，提出了进一步优化减压拔出率的措施。

关键词：常减压蒸馏装置　减压深拔　优化

1　前言

中国石化股份有限公司九江分公司Ⅰ套常减压装置于2008年3月建成投产，设计加工能力为5.0Mt/a，其蜡油全部进催化装置，渣油作为焦化装置原料，重油加工能力不足，又随着仪长管输原油进一步的劣质化、重质化，严重影响了全厂重油的平衡。因此采取减压深拔技术，提高高价值蜡油收率，降低渣油收率，对全厂生产平衡和经济效益有积极意义。

2　减压深拔设计技术

减压系统设计采取深拔技术，设计原油实沸点切割点按565℃考虑，主要设计深拔技术有：

1)通过炉管吸收一定热胀量，加热炉炉管逐级扩径(ϕ141-ϕ168-ϕ219-ϕ273)，降低炉管流速和压降；炉管适当注汽，增加炉管流速，减少常压重油在炉管中的停留时间以防止炉管结焦。

2)减顶采用高真空。塔顶采用高效抽空技术，控制塔顶压力为1.733kPa；塔内采用压降较低，传质效果较好的规整高效填料，合理采用压力式和重力式液体分布器，降低塔的压降，控制塔顶到蒸发层的压降在1.066kPa左右。

3)采用高效常底油入口气液分布器，提高气相分布质量，减少蒸发层的雾沫夹带。

4)提高汽提段的效果，汽提段设置6层固舌塔盘，塔底适当吹汽(微湿式操作)，提高拨出率，降低渣油轻组分含量。

5)采用灵活的过汽化油流程。过汽化油经泵抽出后可送入减压炉入口循环，以保证在需要时，减压塔最下一条侧线的质量能够满足下游装置的要求，也可直接与减三线油一起作蜡油或与渣油一起出装置。

6)减一线出柴油，在减一中下面设分馏段和内回流，保证减一线生产柴油组分达到柴油指标。

通过减压高真空、高炉温、低温降、低压降、微湿式及设置柴油分馏段等一系列深拔措施，装置具备提高减压深拔的技术条件。

3　减压深拔技术的实际应用

在装置生产稳定后，组织了大负荷生产标定，对减压深拔效果重点考察，数据见表1。

表1 主要操作参数(仪长管输原油)

项　目	数　据	项　目	数　据
进装置流量/(t/h)	640	减二线抽出温度/℃	328
换热终温/℃	305.3	减二线流量/(t/h)	58
常压炉出口温度/℃	363	减二中回流量/(t/h)	145
常压塔进料温度/℃	365	减三线抽出温度/℃	314
常压塔底吹汽量/(t/h)	6.1	减三线流量/(t/h)	125
常压塔塔顶压力/MPa	0.03	减三中回流量/(t/h)	238
减压炉进料量/(t/h)	505	减三线内回流量/(t/h)	61
减压炉出口分支温度/℃	395	减四线抽出温度/℃	368
减压炉总出口温度/℃	376	减四线流量/(t/h)	22
减压塔进料温度/℃	376	减压蜡油流量/(t/h)	205
减压塔底温度/℃	359	减压渣油流量/(t/h)	239
减压塔塔顶真空度/kPa	-99.35	减三线575℃馏出量/mL	85
减压塔汽化段真空度/kPa	-97.89	减四线575℃馏出量/mL	20.2
进料压力/kPa	-96.59	减四线残炭/%	11.55
减压塔底吹汽量/(t/h)	0	常底350℃馏出量/mL	3.33
减压塔塔顶温度/℃	60	减底500℃馏出量/mL	4.20
减一线抽出温度/℃	139	渣油初馏点/℃	427
减一线流量/(t/h)	55	蜡油收率/%	32.01
减一线内回流填料层温度/℃	135	渣油收率/%	37.33
减一线内回流量/(t/h)	33	轻油收率/%	30.31
减一中回流温度/℃	52	总拨/%	62.32
减一中回流量/(t/h)	68		

标定期间减压塔底没有吹汽，减压炉总出口温度376℃，分支平均温度395℃，减底500℃馏出量平均为4.2mL，蜡油收率32.01%，渣油收率37.33%，由于采用了先进的深拔技术，炉出口分支温度与进料温度相差19℃，汽化段以上塔压降1.46kPa，与分公司技术中心分析的原油评价实沸点蒸馏数据蜡油收率29.87%，渣油收率39.54%相比，渣油收率同比下降2.21%，高价值的蜡油收率提高了2.14%，深拔效果明显。为进一步考察深拔效果，在所有操作参数不变的情况下，将减压塔底吹汽量提至300kg/h，减压炉出口分支平均温度提到398℃，减压炉出口温度提至379℃，总拨出率为64.8%，减底500℃馏出量为2mL，540℃馏出量为6mL。根据仪长管输原油中不同原油品种的混合比例，用KBC合成原油的实沸点蒸馏曲线见图1。由图1可知，当常减压装置总拨出率为64.8%时，渣油的TBP切割点可达到550~560℃左右，实现了真正的减压深拔。

减压深拔后，切割温度提高，减压最后一个侧线减四线的重金属含量和残碳也随之上升，减压侧线蜡油的质量见表2。在操作上通过调节减三线内回流流量，减三线油的质量明显好于减四线油，减四线油的残炭较高，但因量小，混合后的蜡油质量合格，是高价值的催化裂化装置的优质原料。

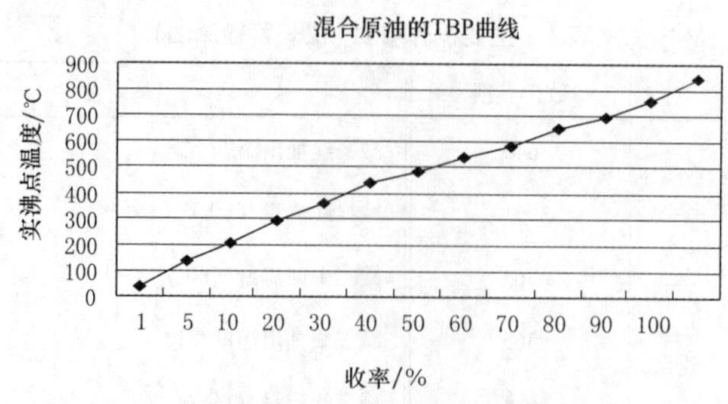

图1 原油实沸点蒸馏收率/切割点

表2 蜡油产品分析数据

项目	减二线	减三线	减四线	混合蜡油
馏程/℃				
HK	315	384	391	342
10%	370	456	524	391
50%	424	505		465
90%	496	545		548
KK	512	565		567
密度/(kg/m^3)	907	917	970	899
残炭/%	0.11	0.55	11.55	0.97
575℃馏出量/mL		85	20.27	83.5
镍含量/(mg/kg)				4
铁含量/(mg/kg)				21
钠含量/(mg/kg)				1
钙含量/(mg/kg)				5
钒含量/(mg/kg)				5

4 影响深拔效果的因素

影响蒸馏装置减压深拔的关键因素是减压塔进料段油气分压和温度，尽可能提高炉出口温度，使油品汽化率最大而又不发生裂解，是提高深拔效果的关键。

4.1 减顶真空度和汽化段压力

高真空度、低压降是提高总拔的重要手段。压力越低，在同一温度汽化率就越大，相应的拔出率就越高。而影响减顶真空度的因素主要是设计条件和操作情况，操作情况对真空度的影响主要包括：常压塔拿油不足；炉温过高造成油品裂解；塔顶水冷后温度过高；塔底液面过高造成渣油停留时间过长而发生裂解；回流量不足，塔顶温度过高；抽真空蒸汽压力不足；减压最低一条侧线拿油不足等。这些都会对减顶真空度造成影响进而影响到进料段压力。

4.2 炉温

炉温提高则油品的汽化率提高，炉温每提高1℃，其作用相当于烃分压降低0.09～0.13kPa，但温度的升高受到油品热稳定性的限制。转油线的温降对减压拔出率也有较大影响，加热炉等温汽化和转油线的低温降可以使油品在相同温度下获得更高的汽化率，从而提高拔出率。

5 进一步提高深拔的优化措施

在保证深拔技术得到应用的同时，针对影响深拔效果的因素，在生产实际中要不断优化操作参数，充分挖掘深拔潜力。

5.1 提高常压拔出率

在减压塔汽提段的气相负荷上限恒定的情况下，通过提高常压拨出率，减少常底350℃前馏分，可降低减压汽提段的气相负荷，进而提高减压拨出率。2008年4月装置350℃馏出量平均为3.25mL，而去年同期350℃馏出量为2.85mL(原2.5Mt/a装置)，常压拨出率有较大的提高余地。

在确保装置长周期安全运行和常三线柴油质量的前提下，可适当增大常压塔底吹汽量，降低油气分压，适当提高常压炉出口温度，提高汽化率。常压炉的出口温度现控制363℃，还没达到设计要求的368℃，常压炉出口炉温弹性较大。

5.2 提高减压炉出口温度

减压系统高炉温是深拔技术的要求，保持合适的高炉温是深拔的基础。但高炉温易导致炉管结焦，高温度的渣油易结焦和裂解，导致减压塔底及抽出管线结焦，同时塔底泵也易抽空。由于设计上采取了灵活的渣油流程，一路渣油经三级换热后降温至200℃左右，引至减压塔底釜(减底液面上方)作急冷油，并设流量控制，可适当降低塔底温度，避免塔底油高温结焦，也可解决减底泵高温抽空的问题，可使减压炉炉温根据需要进一步提高。

在装置开工初期，减压炉出口分支平均温度控制396℃左右，深拔效果也较好，设计温度为414℃，减压炉炉温有较大的操作弹性。

5.3 炉管注汽

通过炉管注汽，可提高油品在炉管的流速，炉管避开结焦区域，从而达到提高减压拨出率的目的，但过大的注汽量会造成高能耗和增加酸性水量。

5.4 调整合适的塔底吹汽量

塔底吹汽可达到降低汽化段烃分压的目的而提高拨出率，但吹汽量过大会增加塔顶抽真空负荷，增加装置能耗，因此控制适当的塔底吹汽量，减压塔采取微湿式操作，使能耗和拨出率效果最优。

5.5 优化减压塔操作

1)三顶瓦斯设计进轻烃回收系统，在实际操作中对减顶瓦斯气采取灵活的流程，视具体情况可将其改往减压炉燃烧，确保减顶气后路畅通，真空度稳定。

2)减一线柴油收率达8.32%，减压分馏段效果良好，较好的实现柴油、蜡油的清晰分割，也降低了减顶负荷。

3)优化减压塔的中段回流取热，其中减三线采取大量抽出操作，有利于降低汽化段负荷，参数显示减压真空度为-99.35kPa，汽化段以上塔压降为1.3 kPa，在采取注汽措施后未对真空度造成影响，确保了高真空低压降操作。

6 结论

1)装置通过优化调整操作，减压系统实现了高炉温、高真空度及全塔低压降操作，减压渣油切割点达到550℃左右，500℃馏出量为2mL，540℃馏出量为6mL，渣油收率同比下降2.21%，蜡油收率提高2.14%，深拔效果明显。

2)在实现减压深拔的同时，通过调整内回流量，控制减四线蜡油的残炭，使混合蜡油质量达到设计指标，满足催化裂化装置的原料要求。

3)常压炉、减压炉出口温度相比设计指标要求较低，在保证侧线产品质量合格的条件下装置仍有相当的深拔潜力。

参 考 文 献

[1] 王云强等．减压蒸馏深拔措施及效果．齐鲁石油化工，2004，32(3)

RIPP研发的汽柴油质量升级技术进展

龙　军
（中国石油化工股份有限公司石油化工科学研究院，北京　100083）

摘　要： 本文介绍了RIPP从我国生产汽柴油的装置构成和投资条件出发，结合汽柴油组成和排放关系的研究，研发的系列汽柴油质量升级技术。汽油质量升级技术主要包括降低汽油烯烃含量技术（GOR催化剂、MIP、CGP）、降低汽油硫含量的技术（RSDS、RIDOS、DOS催化剂、MS－011助剂、RVHT、RHT）、降低汽油苯含量的技术和提高辛烷值汽油组分技术（重整技术、烷基化技术、异构化技术）；柴油升级技术主要包括降低柴油硫含量的技术（RS－1000催化剂、RTS）、提高柴油十六烷值的技术（MHUG和RICH）、降低柴油芳烃含量的技术（SSHT和DDA－Ⅱ）和生产优质柴油技术（RMC）。依据上述技术及其组合，RIPP提出了通过自主技术创新生产清洁汽柴油的解决方案，为确定汽柴油质量升级技术路线的战略决策提供了重要依据。

关键词： 汽油　柴油　质量升级

1　前言

随着汽车保有量的增加，汽车尾气排放已经成为城市污染的主要来源，为此世界各国纷纷制定日益严格的汽车尾气排放标准，同时采取多种技术减少尾气排放，其中主要有[1]：一是机内净化，提高发动机的性能；二是机外净化，安装汽车尾气净化器；三是提高油品质量，特别是汽柴油质量，从20世纪90年代初美国实施新配方汽油以来，世界各国纷纷跟进，不断推动汽柴油质量升级的进程。然而，汽柴油质量升级需要巨额投资，据美国业内人士分析，美国炼油业投资160亿美元才满足美国环保局2006年提出的低硫汽油和超低硫柴油标准[2]。由于我国炼油厂生产汽柴油的装置构成与欧美国家明显不同，若按欧美国家模式生产清洁汽油，需斥数千亿巨资新建大量重整、烷基化装置。RIPP从我国炼厂生产汽柴油装置的实情出发，结合汽柴油组成和排放关系的研究，研发了系列汽柴油质量升级技术，不仅满足了我国汽柴油质量升级的实际需要，而且为我国未来汽柴油质量的进一步升级做好了技术储备。

2　汽柴油组成和排放关系研究

为了制订符合本国实际的汽柴油质量标准，欧美日等发达国家均开展了汽柴油组成和排放关系的研究[3]，如欧洲的EPEFE（European Program on Emission，Fuels and Engine Technologies）计划、美国的AQIRP（Auto/oil Air Quality Improvement Research Program）计划和日本的JCAP（Japan Clean Air program）计划。同样，国家科技部通过国家科技支撑计划资助了国内相关单位开展了这方面的研究。

在汽油组成和排放关系的研究方面，RIPP考察了国内典型汽油的馏程、烯烃、芳烃、抗爆性、硫含量、蒸汽压、苯含量等汽油特性。分别用中国石化上海高桥分公司、北京燕山分公司工业生产的汽油组分，调合出多个试验油样，进行了包括整车试验、发动机特性、发动机清净性等的多种试验；联合国内多家汽车公司，采用满足欧Ⅲ排放的飞度（广州本田）、塞纳（神龙）、奥迪A6（一汽大众）等多种车型，参照70/220/EEC（98/69/EC），进行了包括80000km行车试验在内的Ⅰ－Ⅵ型试验。通过研究表明，国内生产的汽油中烯烃体积含量在25%～35%可以满足国家第三阶段汽车排放标准要求，基于我国生产汽油的装置构成，调配的汽油可以满足欧Ⅲ排放法规的要求，这为制订符合我国国情的汽油标准提供了重要依据。目前，RIPP正在开展满足欧Ⅳ排放标准的汽油组成和整车排放关系研究，并已经取得重要的进展。

在柴油组成和排放关系的研究方面，RIPP联合国内相关单位重点考察柴油中不同硫含量、十六烷值、多环芳烃含量(二环，三环)对轻型柴油车排放污染物的影响。试验车分别进行了常温下冷启动后排气污染物排放试验(Ⅰ型试验)和污染控制装置耐久性试验(Ⅴ型试验)。目前整车耐久性试验已完成总试验里程11万公里。研究结果将为制定符合我国国情的柴油标准提供依据。

3 RIPP研发的汽油质量升级技术

我国汽油无铅化开始于1997年6月1日在北京市城区内禁止加油站销售含铅汽油，到2000年7月1日，全国加油站全面禁止销售无铅汽油。1999年12月份，国家质量技术监督局发布"车用无铅汽油"国家标准GB 17930—1999，提出了对汽油中硫含量、烯烃含量、苯含量、芳烃含量的限制要求，要求汽油中的硫质量分数不大于0.1%，苯、芳烃和烯烃的体积分数分别不大于2.5%、40%和35%。2000年7月1日首先在北京、上海和广州执行(注：硫含量比该标准稍严格(不大于0.08%)，2003年1月1日起在全国执行，并规定要求汽油中加入清净剂，不允许加入铅和铁，锰含量不得大于0.018g/L。2000年以来对GB 17930—1999标准进行了修订，主要要求降低硫含量和控制烯烃含量。从2005年7月1日起实施的标准已将硫含量指标修改为不大于500μg/g，能满足我国汽油发动机汽车执行第Ⅱ阶段(相当于欧Ⅱ)排放法规的要求。并规定锰含量(以甲基环戊二烯三羰基锰形式存在的总锰含量)不大于0.018 g/L。2006年我国又颁布了GB 17930—2006《车用汽油》国家标准，规定从2009年12月31日起车用汽油硫质量分数降低到0.015%以下，烯烃体积分数不大于30%，可加入的锰含量不大于0.016 g/L。另外，北京和上海通过地方标准的制定，率先执行了更为严格的汽油标准。

我国汽油组分构成催化裂化汽油占73.8%，催化重整汽油占16.4%，烷基化汽油占0.4%，MTBE占2%，其他组分占7.4%[4]，我国汽油池的这种构成，表明我国催化裂化汽油比例较高，高辛烷值汽油组分较小。催化裂化汽油是汽油硫含量和烯烃含量的最主要贡献者，要降低催化裂化汽油硫含量和烯烃含量，又不可避免使得催化裂化汽油辛烷值有所降低，因此我国汽油质量升级面临的主要挑战是降低汽油烯烃含量、汽油硫含量、苯含量和提高汽油辛烷值。

3.1 降低汽油烯烃含量的技术

RIPP从20世纪90年代后期开始研发降低催化裂化汽油烯烃含量的催化剂GOR系列和降低催化裂化汽油烯烃含量的MIP工艺和CGP技术。

1999年，RIPP开发了第一代降低催化裂化汽油烯烃含量催化剂GOR，先后在中国石化洛阳分公司、上海高桥分公司成功地进行了工业应用试验，应用第一代降烯烃催化剂，可使汽油烯烃体积分数降低8～12个百分点。随后，为满足多掺渣油和多产柴油的市场需求，RIPP于2001年开发了第二代降低催化裂化汽油烯烃催化剂GOR-Ⅱ，并在中国石化燕山分公司第三套重油催化裂化装置上进行了工业应用，结果表明，应用GOR-Ⅱ后，表观掺渣率提高，柴油产率上升，汽油烯烃含量与常规催化剂相比降低幅度超过10个百分点。另外，为进一步降低催化剂剂耗，RIPP研发了GOR-Ⅲ降烯烃催化剂，通过研制开发具有丰富中孔的新型基质材料ASP、高氢转移活性和优良水热稳定性的主活性组元和过渡金属元素改性的择形分子筛，使得GOR-Ⅲ催化剂降烯烃幅度在GOR-Ⅱ催化剂的基础上进一步提高，并且具有一定的芳构化功能，催化剂水热稳定性增强。工业应用结果表明，GOR-Ⅲ催化剂的汽油烯烃含量比GOR-Ⅱ催化剂低3.5个百分点以上；在平衡催化剂上镍钒含量及催化剂单耗相当的情况下，GOR-Ⅲ催化剂的活性提高3个单位左右[5]。

RIPP通过对催化裂化过程的裂化反应和氢转移反应深入分析和认识，提出了以烯烃为连结点，将烃类裂解成烯烃作为第一反应区，烯烃转化反应作为第二反应区。第一反应区的主要作用是生产烯烃；第二反应区的主要作用是使烯烃选择性地转化为异构烷烃或异构烷烃和芳烃，从而可以调节汽油组成，克服了传统的催化裂化工艺难以解决催化裂化汽油中烯烃含量过高问题，并原创性地开发了能够降低催化裂化汽油烯烃含量的、多产异构烷烃的流化催化裂化工艺(FCC process for maximizing iso - paraffins ，MIP)。在 MIP 与 FCC 工艺的重油产率相近的情况下，MIP 工艺的轻质油收率(汽油 + 柴油的产率）高于 FCC 工艺 1.4 个百分点，尤其柴油产率高出 2.67 个百分点，同时，MIP 工艺的干气和焦炭产率都低于 FCC 工艺。在 MIP 工艺的产物分布好于 FCC 工艺情况下，色谱法分析 MIP 工艺汽油的烯烃质量分数为 18.90 %，与 FCC 工艺汽油的烯烃质量分数为 40.18 % 比较，降低了 21.28 个百分点，减少的烯烃主要转化为异构烷烃，使异构烷烃增加了 15.2 个百分点。荧光法分析 MIP 工艺汽油的烯烃体积分数为 16.2 % ，与 FCC 工艺汽油的烯烃体积分数为 43.7 % 比较，降低了 27.5% 个百分点[6]。自从 2002 年 MIP 工业化以来，目前已经在国内 15 套装置工业应用。另外，配合 MIP 技术的全面推广，RIPP 还开发了与新工艺匹配的 RMI 专用裂化催化剂。

为了进一步降低汽油烯烃含量，生产满足欧Ⅲ标准汽油并增产丙烯，RIPP 开发了 CGP 技术，CGP 技术比 MIP 工艺第一反应区反应温度更高，反应时间更长，第二反应区反应温度略高，主要以增加反应时间来促进双分子反应。在双分子裂化反应和氢转移反应协同作用下，汽油中的烯烃转化为丙烯和异构烷烃，汽油中的烯烃大幅度地下降，同时汽油中的辛烷值保持不变或略有增加。CGP 工业试验结果表明[7]，与常规 FCC 相比，采用 CGP - 1 催化剂的 CGP 技术在生产烯烃体积分数小于 18% 的汽油组分的同时，丙烯产率达到 8% 以上。此外，汽油诱导期大幅提高，抗爆指数增加；总液体收率有所提高，干气产率下降，焦炭选择性良好。目前 RIPP 已经开发了 CGP - 2 催化剂，该催化剂在催化剂齐鲁分公司完成了工业试生产，并在中国石化沧州分公司 CGP 装置上成功进行了工业试验。结果表明：与前期使用的 CGP - 1Z 催化剂相比，总液收率增加 0.57 个百分点，丙烯产率增加 1.1 个百分点，较低的汽油烯烃含量，MON 增加 2 个单位，诱导期增加 450 min，汽油硫含量下降 30.32%[8,9]。CGP 技术目前已经在 20 套工业装置应用，产生了巨大的环保和经济效益。

3.2 降低汽油硫含量的技术

汽油中的硫 90% 以上来自催化裂化汽油，因此降低催化裂化汽油中的硫含量成为降低汽油硫含量的关键。要降低催化裂化汽油中的硫含量，采用的主要技术途径有：催化裂化原料加氢脱硫、催化裂化过程脱硫和催化裂化汽油脱硫。

催化裂化原料加氢脱硫 RIPP 在 20 世纪 90 年代初开始催化裂化原料加氢处理的研发，于 90 年代中期开发了成功工业应用第一代劣质蜡油加氢预处理技术以及配套的 RG - 1 保护剂和 RN - 2 加氢处理催化剂。近年来，RIPP 开发成功新型蜡油加氢处理催化剂 RN - 32V，与代表国外先进水平的同类催化剂相比，RN - 32V 的相对 HDS 活性高 5% ~ 10%，相对脱氮活性高 10% ~ 20%，并以该催化剂为基础开发了新一代劣质蜡油加氢预处理 RVHT 技术，并在中国石化所属公司的多套装置上得到应用，工业应用表明 RVHT 对不同蜡油原料具有较好的适应性，在平均反应温度 363 ~ 368℃，反应氢分压 5.1 ~ 6.4MPa，体积空速 1.0 ~ 1.85h^{-1}的较缓和条件下，精制蜡油产品的硫含量降低到 400 ~ 767μg/g，可稳定生产优质催化裂化装置进料。最近 RIPP 又结合我国炼油实际进行了掺渣油的蜡油加氢处理技术 DVHT 技术的开发工作，该技术目前已经具备工业应用条件[11]。

与此同时，RIPP 针对中东高硫原油及国内劣质原油研究开发的渣油加氢处理技术 RHT，该技术在压力 13.0MPa、体积空速 0.235h^{-1}条件下，采用优化的催化剂组合对中东高硫渣油加氢处理，脱硫率≥90%，脱金属率≥90%，催化剂寿命≥15 个月。RIPP 开发的 RHT 系列催化剂包括 RG - 10A 和 RG - 10B 保护剂、RDM - 2 脱金属剂、RMS - 1 脱金属脱硫剂、RSN - 1 脱硫脱氮剂，并于 2002 年首次在齐鲁 1.5Mt/a UFR/VRDS 渣油加氢装置的固定床反应器中进行了工业应用，结果表明该系列催化剂加氢活性和稳定性能都明显优于原来使用的催化剂(参比剂)，在相近反应条件下，脱硫率、脱金属率和脱残炭率比参比剂可分别提高 10 、16 和 21 个百分点以上[10]。目前 RHT 催化剂已经升级换代并且已经在中国石化海南分公司、茂名分公司、台湾中油公司得到应用。

催化裂化过程脱硫 RIPP 开发的降低催化汽油硫含量的重油催化剂考察结果表明，与对比剂相比，DOS 催化剂在没有金属污染的情况下，脱硫率可达 30% 左右；经 1500μg/g 钒和 1500μg/g 镍污染后，汽油硫含量仍可降低 20% 以上[12]。此外，RIPP 还开发了 FCC 降硫助剂 MS011，在荆门分公司Ⅱ套重油催化裂化装置上工业应用试验结果表明[13]，MS011 与裂化催化剂有较好的配伍性，MS011 对主催化剂性能以及对产品分布没有明显影响，总结标定时，当 MS011 助剂量占系统平衡催化剂藏量约 10.6% 时，汽油中硫质量分数由空白标定的 0.0854% 下降到 0.0540%，脱硫率达到 36.76%，表明该助剂具有较好的降低汽油硫含量的作用。

催化裂化汽油脱硫 RIPP 开发的选择性加氢脱硫（RSDS）技术是把催化裂化汽油在分馏塔中切割为轻馏分（LCN）和重馏分（HCN），轻馏分进入汽油脱硫醇装置进行碱抽提脱硫醇，重馏分进入加氢单元进行选择性加氢脱硫，然后抽提硫醇后的轻馏分和加氢后的重馏分再混合进入固定床氧化脱硫醇装置。RSDS 装置加氢反应部分采用 RIPP 开发的 RSDS－1 催化剂（主催化剂）。RSDS 技术在上海石化公司的工业标定结果表明[14]，在催化裂化汽油烯烃体积分数约 50% 的情况下，RSDS 汽油产品脱硫率为 79.7% 时，RON 损失 0.9 个单位；脱硫率为 91.8% 时，RON 损失 1.9 个单位。目前，RIPP 开发第二代的 RSDS 技术 RSDS－Ⅱ脱硫率更高，可达到 95% 以上，汽油 RON 辛烷值损失比 RSDS－1 少 1～2 个单位，上海石化 50 万吨/年 RSDS－Ⅱ的标定结果表明，以 FCC 汽油为原料（硫含量 460～470μg/g，烯烃 40.2%～40.8%），在 RSDS－Ⅱ产品硫含量小于 50μg/g，满足沪Ⅳ（欧Ⅳ）排放汽油标准的条件下，RON 损失 0.5～0.6，抗爆指数损失 0.2～0.3。RSDS－Ⅱ技术的汽油收率高，大于 99%，化学氢耗低，小于 0.2%。自开工以来，RSDS－Ⅱ产品硫含量小于 50μg/g，装置运行平稳，表明 RSDS－Ⅱ技术具有非常好的脱硫选择性和稳定性，在深度脱硫条件下，辛烷值损失小。

RIPP 开发了催化裂化汽油加氢脱硫降烯烃（RIDOS）技术是将催化裂化汽油馏分切割；轻馏分采用碱抽提精制脱除硫醇，重馏分进行加氢脱硫、脱氮、降烯烃和辛烷值恢复。重馏分加氢装置同普通的汽油加氢装置接近。反应器底产物经过高压分离器分离后，进入汽油稳定塔进行分馏，其中所含的 C_3～C_4 从中分离除去，以满足对产品蒸汽压的要求。精制汽油从稳定塔底部流出，与脱除硫醇后的轻馏分汽油按一定比例混合，即成为装置的目的产品。该技术于 2002 年在北京燕山分公司首次实现工业应用，结果表明，用 RIDOS 技术处理燕山催化汽油，产品烯烃低（烯烃体积含量 < 20%），并已达到无硫汽油水平（S 含量 < 10μg/g），抗爆指数损失只有 1.3 个单位，并且硫醇含量合格，可以直接进行油品调合[15]。

另外，在中国石化从美国康菲（COP）公司购买 S Zorb 临氢吸附脱硫技术后，RIPP 开展了 S Zorb 吸附剂工业制备技术的研发，成功地解决了吸附剂载体浆液输送困难、成型后吸附剂球型度不规整、活性组元分布不均及使用过程中易流失、制备过程中容易生成铝酸盐等问题，研制了专用设备，确定了工业制备流程。形成了具有自主知识产权的吸附剂制备技术。放大制备的吸附剂的评价结果表明，吸附剂具有较好的流化性能，抗磨损能力强，能满足工业运转的要求；中试评价试验表明，该技术制备的吸附剂与国外同类吸附剂相比，脱硫效果相当，且辛烷值的保留能力更好[16]。目前 RIPP 制备吸附剂已经在 2009 年 7 月 8 日至 10 月 28 日在燕山 S Zorb 装置进行工业试验，运转良好。

3.3 降低汽油中苯含量的技术

汽油中的苯 75%～80% 来自催化重整汽油，10%～15% 来自催化裂化汽油。因此，降低催化重整汽油和催化裂化汽油中的苯含量成为降低汽油中苯的关键。

降低催化重整汽油苯含量的方法有两种，第一种方法可采用预分馏方法，从重整进料中除去苯的前身物，防止或减少在重整装置中形成苯；第二种方法是从重整生成油中除去苯。RIPP 开发的苯抽提蒸馏技术，可用于从催化重整汽油中有效除去苯，生产几乎不含苯的清洁汽油[17]。

降低催化汽油苯含量的技术途径，一是催化过程降苯；二是催化汽油降苯。催化原料性质和FCC操作条件是影响催化汽油中苯含量的主要因素。一般而言，芳烃含量较高的催化原料，其生成的汽油苯含量较高，要降低催化汽油中的苯，必须寻找芳烃含量较低的原料，或对原料进行适当的加氢处理。改变催化操作条件，如接触时间短、剂/油比低以及反应器温度低都将降低催化汽油中苯含量。另外，在焦炭产率恒定时，使用提高辛烷值的催化剂可降低催化汽油中的苯含量，而使用提高辛烷值桶的催化剂使汽油中的苯含量增加。降低催化过程中氢转移反应速度也可减少催化汽油中的苯含量。

3.4 提高汽油辛烷值的技术

重整汽油的辛烷值高：半再生式重整的稳定汽油的研究法辛烷值一般可达到95以上，连续重整的稳定汽油的研究法辛烷值可达到100以上，而且催化重整汽油的辛烷值分布好。RIPP开发的半再生重整催化剂和连续再生重整催化剂已经达到国际先进水平，工业应用效果很好[18,19]。

C_5/C_6异构化油是汽油优良的汽油调合组分。RIPP于2000年开发出了第一代C_5/C_6异构化技术，采用负载贵金属的复合载体C_5/C_6异构化催化剂，并结合相关的工艺技术，形成了具有自主知识产权、完整配套的异构化技术(简称RISO异构化技术)，该技术于2001年2月在国内一套18万吨/年C_5/C_6异构化装置应用，工业运转结果表明，RIPP开发的异构化催化剂具有良好的活性、选择性和稳定性，产品的辛烷值、液体收率均超过了原设计指标，催化剂性能达到了国外同类催化剂的水平。到目前为止，RIPP开发的C_5/C_6异构化催化剂已在国内的三家炼厂投入使用。为了进一步提高催化剂的异构化活性、稳定性能和再生性能，RIPP开发出具有自主知识产权的第二代C_5/C_6异构化催化剂——固体超强酸异构化催化剂(GCS型异构化催化剂)并且成功地进行了工业放大试验，具有更好的工业应用前景[20]。

异丁烷与丁烯的烷基化反应生成的异构C_8烷烃(三甲基戊烷和二甲基己烷)，具有高辛烷值(RON 94 -96，MON 92 -94)和低的雷德蒸气压，且由饱和烃组成，不含芳烃、烯烃和硫，是理想的清洁汽油组分。目前工业上使用异丁烷与丁烯的烷基化反应的催化剂是液体浓硫酸或氢氟酸，硫酸法烷基化存在大量废酸排放，严重污染环境问题。氢氟酸是易挥发的剧毒化学品，一旦泄漏将给生产环境和周围生态造成严重危害，同时存在腐蚀生产设备等问题。因此，发展安全、环保的固体酸代替液体酸烷基化成为炼油界共同努力的方向。为此，RIPP经过多年开发，已经取得具有自主知识产权的固体酸烷基化工艺(SAAP)和催化剂(HSC -1)技术，并已在中国石化上海高桥分公司进行了固体酸烷基化侧线试验，试验表明在超临界反应条件下，固体酸烷基化催化剂经过近2000h的寿命试验，催化剂的活性、选择性和烷基化油收率保持稳定[21]。

间接烷基化是指碳四烯烃叠合、加氢得到异辛烷的过程。这样得到的异辛烷的组成和性质与异丁烷 -丁烯烷基化反应得到的烷基化油相似，是优异的汽油高辛烷值组分 。RIPP开发了由碳四烯烃在专用耐高温强酸树脂催化剂作用下叠合生成异辛烯、异辛烯在Ziegler -Natta型均相催化剂作用下加氢生成异辛烷两步反应过程组成的烷基化油生产新路线。采用这一技术，可将碳四烯烃转化为烷基化油，叠合过程的转化率 >90%，加氢反应的转化率 >95%，所获得的烷基化油RON 100[22]。

4 RIPP研发的柴油质量升级技术

我国2002年1月1日起已经执行新的柴油标准GB 252—2000，与GB 252—94相比，主要修改点有：将硫含量修订为不大于0.2%，并增加其测定方法；将十六烷值的注改为“除由环烷基油或者石蜡 -环烷基油生产的柴油、以及含有催化裂化组分的柴油(最小十六烷值限值为40)外，柴油的最小十六烷值限值为45。该标准的实施大大提高了我国柴油的质量。

我国2003年5月23日公布我国第一个车用柴油质量标准GB/T 19147—2003，该标参照欧洲车用柴油标准EN 590—1998制定，该标准规定柴油硫含量不大于500μg/g，10号、5号、0号、-10

号、-20号、-35号、-50号柴油的十六烷值分别不低于49、49、49、49、46、45、45，对柴油中的芳烃和多环芳烃未做限制，该标准要求2003年10月1日在全国执行。

2009年6月12日，我国正式公布车用柴油GB 19147—2009代替GB/T 19147—2003，与GB/T 19147—2003相比，该标准成为国家强制性的标准，规定柴油硫含量不大于350μg/g，并删除了原来的10号柴油技术要求，对柴油中的多环芳烃含量进行限制，要求柴油中芳烃的质量分数不大于11%，对柴油的黏度和密度限值作了适当的调整，并规定柴油中的生物柴油含量脂肪酸甲酯体积分数不得大于0.5%。该标准2010年1月1日将在全国执行。另外，北京市2008年1月1日实施相当于满足欧Ⅳ排放的DB 11/239—2007《车用柴油》标准。

从我国柴油池的构成看，优质的加氢柴油组分不高，劣质的催化裂化柴油比例偏高，使得我国柴油质量升级面临的主要挑战是降低柴油硫含量、提高柴油十六烷值[23]。

4.1 降低柴油中硫含量的技术

RIPP开发的RS-1000催化剂在柴油深度脱硫(S<350μg/g)，特别是柴油超深度脱硫(S<50μg/g)方面达到了国际先进水平。在生产低硫柴油(S<350μg/g)的条件下，RS-1000催化剂的脱硫活性是参比剂K7(代表国际先进水平催化剂)的1.06倍；在生产超低硫柴油(S<50μg/g)的条件下，RS-1000催化剂的脱硫活性是参比剂K7的1.98~2.59。RS-1000不但具有很高的深度脱硫活性，还表现出了很高的脱氮活性，其脱硫活性是RN-10B催化剂的1.90~2.02倍，脱氮活性是RN-10B催化剂的1.52~1.58倍。工业标定结果表明[24,25]：RS-1000催化剂具有非常高的超深度脱硫活性和稳定性，在适宜的工艺条件下可以将精制柴油的硫含量降低至50μg/g以下(脱硫率达到99.5%以上)，满足欧Ⅳ排放标准对硫含量的要求；在适宜原料和工艺条件下，可将精制柴油的硫含量降低至10μg/g以下，满足欧Ⅴ排放标准对无硫柴油燃料硫含量的要求。RS-1000自2005年首次工业化以来，目前已在15套装置上实现了成功的工业应用。

RIPP开发的RTS技术用于超深度加氢脱硫生产超低硫柴油，该技术采用RN系列催化剂，在比常规加氢脱硫技术空速高80%的情况下，可得到硫含量低于30μg/g的柴油产品。以馏程(228~371℃)的沙中直馏柴油为原料，RTS工艺与常规加氢脱硫工艺处理结果比较具有明显的优势。在相同的氢分压、平均反应温度和氢油体积比条件下，目标产品为超低硫柴油，在达到相同产品硫含量时，RTS工艺的空速为常规工艺的1.88倍，即催化剂体积装填量可以减少近一半；当采用相同催化剂体积，在空速相同时，比常规加氢脱硫工艺的平均反应温度要低37℃[26]。中试结果表明，以中东高硫直柴或掺炼少量催化柴油的混合柴油为原料，在氢分压3.2~6.4MPa、体积空速1.5~2.5h^{-1}的条件下，可生产出硫含量小于10μg/g的超低硫柴油，产品颜色接近水白。RTS技术具有很好的活性稳定性，可以满足工业装置长周期运转的需要[27]。

RIPP开发的非负载型Ni-Mo-W型加氢催化剂具有超高的加氢脱硫、脱氮活性，中试评价结果表明其加氢脱硫活性可达到工业负载型参比剂的5~7倍，加氢脱氮活性是负载型参比剂的近3倍，在较为缓和的加氢处理条件下，采用该催化剂可得到硫含量小于30μg/g的符合欧Ⅴ排放标准的清洁柴油[28]。

4.2 提高柴油十六烷值的加氢技术

MHUG工艺是RIPP针对劣质柴油改质开发出的一项中压加氢裂化技术。MHUG在中等压力条件、一次通过的流程下，通过加氢精制和加氢裂化两种催化剂的作用，将原料油中的多环芳烃部分饱和，继以选择性地开环裂化，得到芳烃含量低、十六烷值高、密度低的优质柴油，兼产部分高芳潜的石脑油和优质尾油，在合适的工艺条件下还可生产合格的3号喷气燃料。MHUG工艺在1992年到1993年进行了工业试验，1995年实现了大型工业装置的运转，1998年又实现了100%重油催柴加氢改质的工业应用。随后应企业提高柴油收率、改善十六烷值的要求，RIPP开发了相应的催化剂和配套工艺技术，并先后在中国石化洛阳分公司、中国石油锦州石化分公司和中国石化北京燕山分公司等10套柴油加氢装置上成功应用。目前，该技术可用于生产硫含量小于10μg/g、十六烷值为51以上的清洁柴油产品，且对各种原料构成均有良好的适应性，对于由焦化柴油、催化裂化柴油和轻蜡油按质量比4∶2∶1调合而成混合原料十六烷值的提高幅度达到20.6(从30.4提高到51.0)[29]。

RICH技术是RIPP开发的保持柴油收率前提下，提高柴油十六烷值、降低柴油密度的技术。该技术在中等压力下操作，采用单段单剂，一次通过的流程。所选用的主催化剂专门针对劣质柴油的硫、氮、芳烃特别是多环芳烃含量高的特点而设计开发。工业应用表明[30]，该技术在中压及不太苛刻的条件下，处理劣质催化柴油，在降低柴油密度、提高柴油十六烷值方面，效果明显，同时也表现优异的脱硫和脱氮性能，改质柴油密度降低0.035g/cm^3，十六烷值提高10个单位以上，脱硫和脱氮率均在99%以上。目前该技术已经4套工业应用装置。

4.3 降低柴油芳烃含量的技术

SSHT技术是单段加氢处理深度脱芳技术。该技术采用一种(也可以是两种)加氢性能强的非贵金属加氢精制催化剂，采用一个反应器(也可以是两个串联)以及一次通过流程。工业试验表明[31]，在反应器入口压力6.36MPa，以RN-10为催化剂，可以把重质催柴的硫含量从1400μg/g降低到0.6μg/g，十六烷值提高了13.3个单位，总芳烃质量分数从58.2%降低到23.2%，多环芳烃质量分数从35.3%降低到4.2%。生产的柴油硫和芳烃可满足欧Ⅲ和欧Ⅳ排放规格要求。

针对现有降低柴油芳烃含量的技术存在的一些不足，如脱芳率过低、投资过高、柴油收率过低，RIPP开发了一项低成本的降低柴油芳烃含量并大幅度改善其十六烷值的工艺技术DDA-Ⅱ，该技术采用非贵金属催化剂和两段集成的工艺流程，在适宜的工艺条件下，可将催化柴油的芳烃含量降低至25%以下，硫含量降低至10μg/g，十六烷值指数增加12.1~19.4个单位，产品的柴油收率不低于95%，以直馏柴油或直馏柴油与催化裂化柴油的混合油为原料，可生产满足欧Ⅳ排放标准的柴油产品[32]。

4.4 增产优质柴油技术

RIPP开发的中压加氢裂化技术RMC，在氢分压不高于10.0MPa下，可加工干点520~540℃的高硫减压馏分油或掺炼CGO的原料油，使原料油中>350℃馏分油转化率达到50%以上，中间馏分油选择性达到65%以上。能用于生产高芳潜的石脑油和优质乙烯裂解料[33]以及满足欧Ⅳ排放标准的低硫低芳烃柴油[34]。该技术已经在北京燕山分公司工业应用。

5 结语

RIPP从我国生产汽柴油的装置构成和投资条件出发，结合汽柴油组成和排放关系的研究，研发的系列汽柴油质量升级技术，不仅满足了我国汽柴油质量升级的实际需要，而且为我国未来汽柴油质量的进一步升级做好了技术储备。依据这些技术及其组合，RIPP提出了通过自主技术创新生产清洁汽柴油的解决方案，为确定汽柴油质量升级技术路线的战略决策提供了重要依据。

参 考 文 献

[1] 侯芙生. 采取有效技术对策降低汽车污染排放. 石油炼制与化工，1999，30(7)：1~5
[2] OGJ online，Oct. 30，2002
[3] 董红霞、刘泉山、徐小红. 国内外汽车油品排放项目研究概述. 车用发动机，2008(总176，增刊)：5~7
[4] 许明德，田辉平，毛安国. 第三代催化裂化汽油降烯烃催化剂GOR-Ⅲ的研究. 石油炼制与化工，2006，37(8)：1~5
[5] 许友好，张久顺，马建国，龙军，何鸣元. MIP工艺反应过程中裂化反应的可控性. 石油学报(石油加工)，2004，20(3)：1~6
[6] 邱中红、龙军、陆友保、田辉平. MIP-CGP工艺专用催化剂CGP-1的开发与应用. 石油炼制与化工，2006，37(5)：1~6
[7] 王涛. CGP-2催化剂的试生产及工业应用. 齐鲁石油化工，2007，35(3)：189~193

[8] 邱中红，龙军，田辉平，王鹏．CGP22 催化剂的开发及其在 MIP－CGP 装置中的应用．石油炼制与化工，2007，38(12)：1～5

[9] 胡文景，孙振光．渣油加氢处理（RHT）系列催化剂的工业生产和应用．石油炼制与化工，2005，36(7)：55～58

[10] 胡志海，聂红，石亚华、李大东．RIPP 催化原料加氢预处理技术的实践与发展．石油炼制与化工，2008，39(8)：5～9

[11] 许明德，朱玉霞，于善青．降低汽油硫含量的重油裂化催化剂的开发．石油炼制与化工，2008，39(2)：1～5

[12] 罗勇，杨勇刚，侯典国，张瑞弛．催化裂化汽油降硫助剂的工业应用．石油炼制与化工，2004，35(2)：14～17

[13] 朱渝，王一冠，陈巨星，王佩琳．催化裂化汽油选择性脱硫技术（RSDS）工业应用试验．石油炼制与化工，2005，36(12)：6～10

[14] 李大东，石亚华，杨清雨．生产低硫低烯烃汽油的 RIDOS 技术．中国工程科学，2004，6(4)：1～8

[15] 林晓峰，宋仕运，张守运，夏家兴．苯抽提蒸馏技术的工业应用，化工进展，2003，22(9)：925～928

[16] 徐柏福，张大庆，叶小舟，陈志祥．PRT－C/PRT－D 重整催化剂工业应用，石油炼制与化工，2008，39(8)：21～24

[17] 周明秋、陈国平、马爱增，PS－Ⅶ型连续重整催化剂的工业应用，石油炼制与化工，2008，39(4)：26～30

[18] 刘灵丽．我国炼油企业油品质量升级面临的问题和应对措施．当代石油石化，2008，16(1)：30～35

[19] 李明丰、聂红、高晓冬、石亚华、李大东．面向未来需求的加氢催化剂和技术新进展．2006 年加氢技术年会（西安），2006

[20] 何宗付、谢刚、刘学芬、高晓冬．RS－1000 催化剂在生产欧Ⅴ柴油中的应用．石油炼制与化工，2009，40(6)：29～33

[21] 聂红，石亚华，高晓东等．RIPP 生产清洁油品的加氢技术．加氢技术论文集，2004

[22] 张乐、龙湘云、陈若雷、李大东．高活性非负载型加氢催化剂的研究．石油炼制与化工，2008，39(8)：30～35

[23] 张毓莹、胡志海、辛靖、聂红．MHUG 技术生产满足欧Ⅴ排放标准柴油的研究．石油炼制与化工，2009，40(6)：1～7

[24] 曲哲、贾景山、赵振辉．RICH 劣质柴油深度加氢处理技术首例工业装置一年来的运行．炼油技术与工程，2003，33(7)：8～10

[25] Li Da－dong, Shi Yu－lin, Shi Ya－hua, Nie Hong, Gao Xiao－dong. SSHT PROCESS A LOW COST SOLUTION FOR LOW SULFUR AND LOW AROMATIC DIESEL. 17thWPC. Sep1－5, 2002, Rio De Jarero, Brazil

[26] 黄海涛．生产满足欧Ⅳ排放标准的柴油的 DAA－Ⅱ工艺．石油炼制与化工，2006，37(12)：8～11

[27] 王莉莉、朱玉旭、钱中坚、胡志海．RMC 技术加工中东高硫 VGO 的工业应用．石油炼制与化工，2007，38(4)：29～33

[28] 李毅，毛以朝，胡志海，聂红．第二代中压加氢裂化(RMC－Ⅱ)技术开发．石油化工技术经济，2008，24(3)：33～36

催化精馏技术在MTBE/炼油1－丁烯装置中的应用

唐旭东、李敬胜、周灼铭、刘力航
（中国石化股份有限公司广州分公司，广州 510726）

摘 要：本文论述了催化精馏技术在用炼厂高含硫碳四生产聚合单体装置中的首次运用。经过半年多的装置运行证实，该技术在工艺上可靠，异丁烯转化率能达到99.81%，其他指标均满足要求。装置运行平稳安全。该技术作为我公司自主开发的回收炼厂丁烯资源成套工业化技术之一是可行的，为盘活我公司 C_4 资源，将液化气价值提升到聚合单体水平，对我厂挖潜增效、提高整体效益具有重大意义。

关键词：催化蒸馏技术 异丁烯 工业应用

目前，国内外1-丁烯聚合单体的生产都是以蒸汽裂解装置的混合碳四为原料经深度抽提丁二烯，再将异丁烯深度转化为MTBE后，醚后碳四经精馏装置生产1-丁烯，其中运用了催化精馏技术。但是，国内外尚无催化蒸馏技术在利用炼厂高含硫碳四生产聚合单体装置中的运用的先例。两者最大的差异在于原料杂质含量尤其是各种形态硫的含量以及烯烃等组成。

我公司炼油区有一套于1993年5月建成投产的40kt/a MTBE装置，装置所需原料碳四中约90%来自两套气体分馏装置、约10%来自化工区丁二烯装置抽余碳四，原设计醚后碳四送往烷基化装置作为原料。目前烷基化装置已多年未开工，该馏分中用作液化气外卖，其中异丁烯含量达到2%以上。2008年我公司根据装置生产现状，结合现有抽余碳四和炼油13Mt/a改扩建完成后的气分碳四原料状况，开发出回收炼厂丁烯资源成套工业化技术，采用炼厂高含硫碳四为原料生产合格的聚合级1-丁烯产品，催化精馏技术就是其中之一。

本次改造采用催化精馏技术对原MTBE装置进行改造，形成了规模为54.4kt/a MTBE和18.2 kt/a1-丁烯的联合装置。既充分发挥了原MTBE装置的潜能、降低了MTBE产品的生产成本，又增加了聚合级1-丁烯产品，满足了LLDPE装置共聚单体的需要，其余碳四除作为烷基化装置的原料外，均用作液化气。为区别原化工区乙烯二聚法的1-丁烯装置，该装置暂且称为MTBE及炼油1-丁烯联合装置(简称MTBE/1-丁烯装置)。装置于2008年6月建成投产，7月中旬产出合格MTBE和1-丁烯产品。它利用了碳四资源，提高其综合利用率和企业的经济效益，并创造了良好的社会效益。实现了以炼油高硫的催化碳四为原料生产聚合级1-丁烯产品的技术突破，属国内外首创。以下就催化精馏技术在MTBE/1-丁烯联合装置中的应用情况进行总结。

1 催化精馏技术

由于异丁烯与1-丁烯的沸点非常接近(相差仅1℃)，分离十分困难，而在进1-丁烯装置前就必须脱除异丁烯到0.1%以下，催化精馏技术和二聚脱除异丁烯技术可做到这一点。与二聚脱除异丁烯技术相比，采用催化精馏技术可将醚化系统的三级反应三级分离减为二级反应一次分离，同时还利用了反应精馏塔中的醚化反应热，使能耗大幅度降低，设备也大为减少[1]。

将催化反应与精馏分离结合起来同时进行的反应技术称为催化精馏技术(Catalytic Distillation，简称CD)，属于化学工程合成分离耦合技术之一。它是化学工程的前沿技术，是在同一个塔中进行反应及分离的化工过程。CD技术最早由Bacchaus于1921年提出，20世纪70年代中期，Eastman-Kodak Chemicals公司首次实现了酯化和萃取精馏相结合的均相反应精馏过程工业化，20世纪

70 年代后期扩展到非均相体系。CD 技术合理地利用催化精馏技术，能使在催化剂活性中心上生成的反应产物及早移离，使平衡反应向生成目的产物方向移动；同时，反应热为精馏所用，可节省能耗，减少设备投资。为此，国内外在催化精馏领域已有很多的研究和创新，催化精馏技术已在石油化工领域内取得了长足的进步。

20 世纪 80 年代初，美国化学研究特许公司（CR&L 公司）首先将催化精馏应用于醚化过程。以乙烯装置产混合碳四、甲醇为原料，在酸性阳离子交换树脂的作用下，通过催化精馏技术生产甲基叔丁基醚（MTBE）成为国内外一项迅速发展并已成熟的技术。中国石化开发的催化精馏生产MTBE的系列技术应用在国内已建成 34 套装置，总生产能力达 800 kt/a，其中最大装置生产能力为 140 kt/a。除了合成 MTBE 的催化精馏技术实现了工业化生产之外，CR& L 公司开发了 MTBE 催化精馏裂解生产高纯度异丁烯的技术，并实现了工业化。

1.1 催化精馏塔

按反应和精馏的耦合方式不同，催化精馏塔分为两种结构形式：一种是反应和精馏同时进行，化学反应发生在塔板上或具有催化作用的填料层内；另一种是催化反应和精馏分离交替进行，催化精馏塔反应段和精馏段反应物先在反应段反应，产物再进入精馏段进行精馏，本装置采用的是前者。国内外研发了多种催化精馏塔结构闭，目前成功的有 CR&L 结构、IFP 结构、Chevron 结构和库拉列结构等。此外，国内外仍在努力开发框板式、填料隔栅式等催化精馏塔。

反应精馏塔中构件的传质性能是关键，无论是板式塔中的塔板还是填料塔中的填料，构件必须能使气液两相间进行有效的质量传递。反应物与催化剂的接触情况与相间的质量传递同样重要，反应相必须与催化剂有效接触，构件应能使反应相有效地进入催化剂，同时保持催化剂不被泄漏或磨损。在催化精馏中，采用的催化剂颗粒直径在 1 ~3 mm，尺寸再大的催化剂颗粒会导致内扩散因子的迅速降低。同时为了避免液泛的出现，催化剂颗粒要被封装在金属丝网或其他支撑体中。催化精馏技术的关键之一是催化反应段催化剂的装填。催化剂既要起催化作用，又要起传质表面作用，所以要求催化剂结构既要有较高的催化效率，又要有较好的分离效率。故催化剂在塔内的装填必须满足：a）反应段的催化剂床层具有足够的自由空间，为气液相的流动提供通道，以进行液相反应和气液传质；b）具有足够的催化表面积进行催化反应；c）允许催化剂颗粒自由膨胀和收缩，而不损伤催化剂。

1.2 催化剂装填技术

鉴于催化精馏过程中的催化剂起催化和传质作用，所以要求催化剂结构有较高的催化效率和较好的分离效率。因此，反应段催化剂床层的结构设计与安装至关重要。为了让催化反应和精馏分离达到最佳耦合，使整个催化精馏塔操作稳定，设计和选择反应段装填方式的原则是：a）为催化剂提供均匀的空间分布，防止溶胀时发生挤压破碎；b）为催化反应提供足够的表面积和停留时间；c）为汽液两相提供通畅的流动通道，保证有较高的传质效率。按以上原则，催化精馏塔装填料方式分为板式塔装填、填充式装填、悬浮式装填和催化剂散装四种。本装置采用的是填充式催化剂装

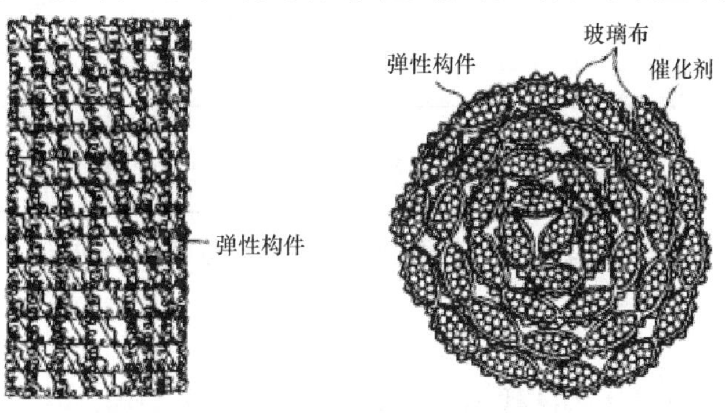

图 1　捆包式催化精馏填料

填料方式，这也是目前国内绝大部分 MTBE/1-丁烯装置催化精馏塔所采用的方式[2]。

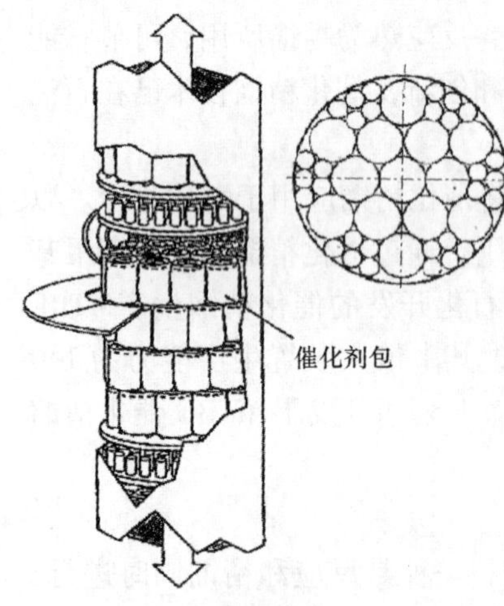

图2　反应精馏塔内部结构图

填充式催化剂装填料方式是将催化剂装入玻璃纤维制成的小袋中，用不锈钢波纹丝网覆盖，再卷成圆柱体，形成捆扎包(如图1)。这种结构装卸方便，而且其强度很高，催化剂结构的尺寸可大可小，在安装时相邻两层催化剂结构的波纹丝网走向错开，使气、液分布均匀。缺点是催化剂被一层玻璃布包着，催化精馏过程中催化剂包内传质阻力大，因此催化剂效率不能充分发挥。美国 Koch 公司研制出一种称为 Katamax 的新型催化剂填料方式，催化剂装入两片波纹网构成的夹层中，然后将其捆成砖状规则地装入塔中，经检验该催化剂填料方式的催化剂效率大于75%，且传质效果和精馏塔相当。1999 年，Sulzer 公司推出了 Katapak-S 型以及 Katapak-Sp 型催化剂填充方式。据称性能和指标均超过 Katamax，它是把催化剂颗粒放入两片金属波纹丝网的夹层中，集合形成横向通道使气液两相充分接触，催化剂完全润湿、催化反应效率极大提高，传质过程和常规的规整填料一样，且夹层可用各种材料制成，不仅适合腐蚀性产品的生产，且当催化剂活性降低时，可在塔内再生。当催化剂完全失活更换时，可再次将催化剂填充在网内[3]，如图 2 所示。

2　装置运用催化精馏技术得到聚合单体生产原料

2.1　装置原料及生产工艺

表1　装置原料组成一览表

组　分　名　称	炼厂碳四组成/%	抽余碳四组成/%
碳三	0.12	
异丁烷	31.80	2.72
正丁烷	12.18	9.87
丙二烯	0.00	0.01
1-丁烯	11.29	22.24
异丁烯	16.73	51.59
2-反丁烯	15.14	8.81
2-顺丁烯	10.78	4.01
甲基乙炔	0.00	0.01
1，3-丁二烯	0.20	0.74
碳五以上	1.75	
总硫/(mg/m^3)	200	1
用量/($\times 10^4 t/a$)	13.4	2.69
来源	气分装置	丁二烯抽提装置

MTBE 是利用甲醇和混合碳四馏分中的异丁烯，在磺酸阳离子树脂催化剂的存在下反应合成的。

其主反应方程式为：

$$CH_2 = C(CH_3)_2 + CH_3OH \longleftrightarrow \underset{(MTBE)}{CH_3OC(CH_3)_3}$$

副反应方程式为：

$$CH_2 = C(CH_3)_2 + H_2O \longleftrightarrow CH_3C(CH_3)_2OH$$

（叔丁醇，TBA）

$$CH_2 = C(CH_3)_2 + CH_2 = C(CH_3)_2 \longrightarrow (CH_3)_2C_6H_{10} + \Delta H$$

（异丁烯二聚物，DIB）

$$CH_3OH + CH_3OH \longrightarrow CH_3OCH_3 + H_2O$$

（二甲醚，SBA）

MTBE生产技术方面有意大利Snam列管反应技术、美国Arco筒式外循环反应技术、法国IFP膨胀床反应技术及美国CR&L催化蒸馏和沸点反应技术用于工业生产。技术发展的特点是缩短流程，减少投资和节省能耗。国内也有列管反应技术、筒式外循环反应技术、催化蒸馏技术和混相反应技术的开发应用。目前国内广泛采用的MTBE工艺技术主要有：筒式外循环工艺技术、混相床反应工艺技术和催化精馏工艺技术。广州分公司原MTBE装置采用的就是筒式外循环工艺技术，工艺用炼厂碳四作原料，进行一段反应，一次精馏，合成反应热用外循环冷却器取走，异丁烯转化率达90%～96%，反应后的醚后碳四作为烷基化装置的原料。MTBE产品作汽油添加剂。

具体地说，经原料预处理后的气分碳四和抽余碳四经罐区进入本装置的原料碳四罐（V-201），然后经原料碳四泵（P-201A/B）加压后与甲醇原料混合。来自甲醇罐区的甲醇经计量后进入本装置的甲醇原料罐（V-209），然后经甲醇进料泵（P-211A/B）加压后按一定比例与来自原料碳四泵的碳四混合。甲醇与碳四中的异丁烯摩尔比为1.02∶1，通过在线色谱仪和调节阀进行自动控制。混合的物料去净化器（R-201A/B），脱除掉金属离子和碱性化合物，然后经原料预热器（E-201）预热至50℃，再从反应器顶部进入反应器（R-202A/B）。原料预热器由低压蒸汽加热。进入反应器的物料通过反应器内的催化剂床层，大部分异丁烯与甲醇反应转化为MTBE，反应放出的热量通过外部循环冷却取走，通过控制适当的循环量，反应器出口温度控制在60℃±5℃。反应器共三段，采用外循环取热的方式，通过控制循环物料返回温度，使异丁烯与甲醇充分反应，并将反应热带走。

本工艺技术的主要特点是：a）工艺流程简单、可靠、副反应少，产品收率高；b）对各种碳四原料适应性强，弹性大、操作平稳，开停车容易；c）反应热未能有效利用，操作费用高，能耗大；d）反应系统操作压力高，催化剂使用效率低。

若需要联产聚合级1-丁烯，则必须对筒式外循环工艺进行改造，合成反应热也需要外循环取走。一段反应器内生成的MTBE，在一段反应之后，增设一台反应精馏塔，未反应的异丁烯在此进一步与甲醇反应（即催化精馏工艺），此工艺异丁烯的总转化率可达99%以上，醚后碳四可经超级精馏作为生产聚合级1-丁烯 的原料。利用反应与精馏的同步技术，使化学反应一直向生成MTBE的方向进行，达到异丁烯深度转化的目的。

具体而言，反应精馏塔由两段组成，下段为T-201B，上段为T-201A。反应器出来的物料在进料/产品换热器（E-205）中与反应精馏塔下段（T-201B）塔釜来的MTBE产品进行换热后，进入反应精馏塔下段的上部，经反应精馏后在塔釜得到纯度为98.3%的MTBE产品。产品从塔釜排出，经进料/产品换热器与精馏塔进料换热，再经MTBE产品冷却器（E-208）冷却至42℃后送到MTBE产品罐，由MTBE输送泵（P-208A/B）送出界区。反应精馏塔下段顶部物料进入反应精馏塔上段与甲醇反应，甲醇首先经进料泵送入保护反应器（R-203A/B），再进入反应精馏塔上段。反应后塔釜物料通过反应精馏塔中间泵送入反应精馏塔下段，做为反应塔下段回流物料。含甲醇约2.03%的碳四组分从塔顶馏出，由冷凝器冷凝后流入到回流罐，冷凝液由回流泵一部分打回流，一部分去碳四残液水洗塔。

工艺技术的主要特点是：a）异丁烯转化率高，一般在99%以上；b）反应热被充分利用；但是，反应精馏塔结构复杂，造价高，分上塔和下塔双塔串联操作，停车和催化剂的装卸比较麻烦。

水洗、甲醇回收部分则是利旧原设备。从醚化反应部分来的含甲醇2.03%左右的醚后碳四进入萃取塔（T-202）的底部，与从塔顶部来的洗涤水在塔内逆向流动，用水洗去其中的甲醇，塔顶得到含甲醇小于 50mg/kg 的醚后碳四，经剩余碳四罐除去夹带的水后，剩余碳四进入 1-丁烯精制单元。萃取塔含甲醇约 7.37% 的富醇水经甲醇回收塔（T-203）釜液换热器（E-211）和甲醇预热器（E-210）升温至 75℃进入甲醇回收塔的中部，由塔釜再沸器加热，以分离甲醇和水。塔顶回收的合格甲醇一部分回流，一部分冷却返回甲醇原料罐（V-209）循环使用。塔釜的水首先经甲醇回收塔釜液换热器和进料换热，再经水循环冷却器至 40℃后，由循环水泵加压，一部分作为萃取塔进料，进入萃取塔的上部；另一少部分定期排污送出界区。

2.2 装置运行调整情况

MTBE/1-丁烯装置于 2008 年 6 月 7 日中交，7 月 16 日 1-丁烯产品合格。1-丁烯单元由于没有进行水联运，塔、回流罐和管线内部的铁锈没有得到较好的清理，堵塞了屏蔽泵的过滤网，在开工初期每台屏蔽泵需要清理 5～7 次。

2.2.1 完善醚化单元醇烯比调节功能

甲醇进料量必须跟踪碳四进料的异丁烯量变化，但 DCS 组态的初始设计的醇烯比自动调节程序未能发挥作用，为了不影响开工进度，开工初期是采取手动跟踪调整甲醇进料量，但手动跟踪影响了下一单元的原料质量的稳定性，且耗费了操作人员的精力。为了解决此问题，我们重新设计了醇烯比自动调节程序，利用该型号 DCS 可以在线修改组态的特性，边生产边修改程序，最终实现了醇烯比的自动调节功能。

表 2 催化蒸馏塔、甲醇萃取塔和回收塔操作情况

项目		单位	设计值	实际值	项目		单位	设计值	实际值
T201	塔顶温度	℃		58	T202	塔顶压力	MPa		0.6
	进料温度	℃	70	67		塔底温度	℃		40
	塔底温度	℃		129		塔顶温度	℃		39
	塔底液面	%		55		萃取水温度	℃		38
	V-206 液面	%		51		进料量	t/h	11.34	14.06
	回流量	t/h	12.29	10.9		顶出口流量	t/h	11.17	14.05
	MTBE 产品	t/h	12.29	10.9		萃取水流量	t/h		4.8
T201A	塔顶压力	MPa	0.48	0.63	T203	界面	%		13
	全塔差压	kPa		0.057		塔底温度	℃		102
	塔底温度	℃	68.7	59		回流温度	℃		40
	一段床温	℃		58		塔底液位	%		67
	三段床温	℃		58		V-205 液位	%		61
	五段床温	℃		57		回流量	t/h		3.8
	七段床温	℃		5		塔顶压力	MPa		0.001
	九段床温	℃		57		进料温度	℃		47
	甲醇进料量	kg/h	157	150		塔顶温度	℃		61
	回流量	t/h	11.34	4.8	T201A	V-203 液面	%		55
	塔底液位	%		56		异厅烯转化率	%	93	96.4

2.2.2 催化蒸馏塔的操作调整

醚化单元开工后发现反应蒸馏塔上塔（T-201A）在设计回流量（11t/h）的工况下塔压差达到 120kPa，而正常值 <70kPa，塔顶碳四发现有 MTBE，最高值达到 4.41%，大大超过加氢单元的原料要求。据现场操作参数和操作记录分析，催化剂床层有堵塞现象，采取停塔进料、氮气吹扫等措

施缓解了塔压降高的问题，但在开工后仍旧发生了类似问题3次，后采取降低回流量至4t/h，塔顶碳四夹带MTBE问题得以解决。

经过不断的优化和调整，装置设备和仪表运转正常，1-丁烯产品合格率达到100%，MTBE产品的合格率也从75%提高到97.3%。1-丁烯的收率也从63%提高到75.93%。T-201A床层压降高问题共导致发生5次，但经过最近一次处理后已有60多天没有出现压差高的现象，说明床层堵塞问题得到了缓解。在9月中旬发现甲醇萃取塔出现堵塞现象，经过水冲洗出大量铁锈、油泥，甲醇萃取塔恢复正常操作。

醚化反应器的醇烯比控制在1.01，实际醇烯比为1.03，醇烯比调节是实时跟踪异丁烯含量和处理量变化的，使得异丁烯转化率达到较高的94.72%，高于设计值93%，是醚化单元异丁烯转化率>99%的保证。

R-202A/B的反应温度在64~67℃、异丁烯转化率和外循环量较高说明目前醚化催化剂活性较高。催化蒸馏塔（T-201A、T-201）操作较为平稳，但T-201A的回流量仅有4.8~4.9t/h，小于11.34t/h的设计值。其原因是开工后发现T-201A的回流量超过5.9t/h时，全塔差压达到120kPa（一般在70kPa以下），塔顶的碳四中有MTBE等重组分存在，不能满足选择性加氢和1-丁烯精制的要求。经过摸索，降低MTBE产品质量指标至含量≥96%、T-201A回流量控制在5t/h以下，能较长时间保证全塔差压和分离效果，而对异丁烯转化率不会造成影响。醚化单元整体的异丁烯转化率为99.81%，高于99%的设计值。

经过催化蒸馏单元后的碳四料组成见表3，其中 异丁烯含量由原来的15%降到了0.02%，满足了生产聚合单体的要求。

表3 催化蒸馏单元后的碳四料组成 %

分析项目	实测值
甲醇	2.63
碳3	0.28
异丁烷	56.14
正丁烯	18.87
异丁烯	0.02
正丁烷+顺丁烯	13.20
丁二烯	0.01
反丁烯	8.84
碳5	<0.01
TBA	<0.01
SBA	<0.01
MTBE	<0.01
DIB	<0.01
总计	99.99

2.3 存在问题

T-201A的回流量无法达到设计值11.34t/h，仅有4.8~4.9t/h。若提高回流量则塔压降升至120kPa，塔顶碳四带MTBE，分离效果不能满足要求。

究其原因，可能是催化剂在装填过程中有杂物不慎进入，部分堵塞反应塔，造成塔内气液流通不畅，导致塔压降升高，影响正常生产。目前的措施能保证塔的运行，得到合格产品。彻底解决的办法只能是有待失活后更换催化剂。

通过装置半年多的运行证实，我公司运用自主开发的回收炼厂丁烯资源成套工业化技术、采用炼厂高含硫碳四为原料生产出合格的聚合单体是成功的，本次改造利用了原MTBE装置，对其改造后增加1-丁烯 产品、不新征土地、不增加人员。炼厂碳四经过水洗后，碳四中碱含量得到降低，其pH值为10~11，减轻了碱对醚化催化剂的酸性活性中心的中和作用，(与改造前对比)催化剂活性保持较好。这样也解决了原MTBE装置催化剂易失活的问题。

MTBE/1-丁烯联合装置催化蒸馏技术运用在工艺上可靠，装置指标和产品质量达到设计要求，装置运转安全平稳，“三废”排放符合设计要求。该套装置的投产既可盘活我公司 C_4 资源，又将液化气价值提升到1-丁烯产品水平，减少了1-丁烯的采购、铁路运输和储存压力，并减少了检修费用，且将乙烯资源从原二聚法1-丁烯装置中置换出来，用来生产附加值更高的聚乙烯产品，对我厂挖潜增效、提高整体效益具有重大意义。

截止到2008年12月，装置共生产MTBE合格产品近30kt、1-丁烯合格产品近8kt，分别全部运用于我公司调合高辛烷值汽油和生产聚乙烯产品中。

3 结论

通过装置半年多的运行证实，MTBE/1-丁烯联合装置运用催化蒸馏技术在工艺上可靠，异丁烯转化率均能达到99.81%，高于设计值。催化蒸馏技术作为我公司自主开发的回收炼厂丁烯资源成套工业化技术之一是可行的，采用炼厂高含硫碳四为原料通过MTBE生产单元脱除异丁烯、从而生产出合格的聚合单体是成功的。

该套装置的投产既可盘活我公司 C_4 资源，又将液化气价值提升到1-丁烯产品水平，减少了1-丁烯的采购、铁路运输和储存压力，并减少了检修费用，且将乙烯资源从原二聚法1-丁烯装置中置换出来，用来生产附加值更高的聚乙烯产品，对我厂挖潜增效、提高整体效益具有重大意义。

参 考 文 献

[1] 杨双庆. 影响反应精馏塔操作因素的探讨. 化工科技，2003，11(3)：58~60

[2] 刘红茹，张吉瑞. 催化精馏塔内装填方式的研究. 北京服装学院学报(自然科学版). 2002，22(1)：10~14

[3] 臧铭. 分体式反应器技术在MTBE装置的应用. 扬子石油化工. 2006，21(2)：15~18

催化分馏塔结盐对策及机理探讨

朱向阳　谢晓东
中石化股份有限公司九江分公司催化车间　江西九江　332004

摘　要：本文着重对九江分公司Ⅰ催装置在掺炼外购蜡油后出现的分馏塔结盐情况进行分析，介绍了解决思路、过程，实际应用效果良好。

关键词：分馏塔　结盐　水洗　氯化铵

1　前言

催化裂化装置分馏塔结盐是一种常见现象，对生产危害较大，直接影响到汽油产品的质量和两器压力平衡。随着人们对分馏塔结盐机理认识的逐步深入，已经能及时解决分馏塔结盐给生产带来的不利影响。

中国石化股份有限公司九江分公司5.0Mt/a加工能力的Ⅰ常装置2007年底开始实施改造，改造期间催化二次加工原料不足，必须外购部分蜡油，主要为补充Ⅰ催化加工料，掺炼部分溶脱蜡油。在加工一段时间外购蜡油后，分馏塔操作开始出现波动(见表1)，并逐渐严重，直至柴油流量回零，粗汽油量大增，形成冲塔。因此，对催化分馏塔结盐状况进行分析，有助于实现装置安稳生产。

表1　掺炼外购蜡油后所引起的分馏塔操作的变化

项　　目	掺　炼　前			掺　炼　后		
	2008－01－29	2008－01－30	2008－01－31	2008－02－01	2008－02－02	2008－02－03
柴油收率/%	30.50	31.20	30.90	25.70	22.40	18.60
顶循环量/(t/h)	276	273	278	214	171	76
汽油干点/℃	190	189	191	198	205	234
分馏塔压降/kPa	25.2	24.6	25.8	27.2	30.8	36.3

2　结盐情况简述

分馏塔结盐后，主要出现以下这些现象：分馏塔压降明显上升；分馏塔柴油馏出口温度出现不同程度的波动，柴油外送量大幅波动，甚至回零；粗汽油量大幅度增加至65t/h(正常水平45t/h)；回炼油罐满；顶循环泵有抽空的现象，循环量下降；一中、柴油备用泵堵塞，盘不了车。

3　结盐原因分析

3.1　结盐现象的判断

在Ⅰ催一中、柴油备用泵盘车过程中发现泵轴承盘不动。将机泵解体后可发现泵体内结满不明晶状物，不明晶状物在常温能迅速溶解于水，经实验室分析为氯化胺盐，由此可以验证对分馏塔结盐的判断。结晶物组成见表2。

表 2 结晶物组成分析

NH_4Cl	$FeCl_3$	$FeCl_2$	$FeSO_4$	酸不溶物	总计
36.2	13.7	30.1	8.9	12	100.9

3.2 结盐原因分析

实验室对Ⅰ催原料、柴油、汽油、顶循环油的盐含量分析数据见表3，水洗后的分析数据见表4。

表 3 Ⅰ套催化分馏塔结盐分析数据

分析项目	时间	
	2008-02-01	2008-03-03
原料馏程/℃		
HK	248	245
10%	371	253
50%	477	451
575℃/mL	63	81
原料四组分/%		
饱和烃	41.02	46.82
芳烃	39.90	38.56
胶质+沥青质	19.09	14.62
原料盐分/(mg/L)	18.60	8.6

表 4 洗塔后的分析数据

分析项目	时间			
	2008-02-01	2008-02-02	2008-02-03	2008-03-03
水洗时油样盐分/(mg/L)				
柴油样 1	44.80		98.10	
柴油样 2	14.40		18.20	
汽油	31.00			
分馏塔压降/kPa	35		25	26
正常操作油盐分/(mg/L)				
Ⅰ催稳定汽油		14.20		2.8
Ⅰ催柴油		25.20		1.9

注：柴油样1为洗塔30min采的样；柴油样2为洗塔2h后采的样。可见洗塔2h基本可以洗净。

从表3、表4可看出：原料中的盐含量比正常高2倍多，达到18.6mg/L。而经验数据表明，催化原料盐含量低于5.00mg/L比较安全，基本不会造成分馏塔结盐，而催化原料盐含量高于6.00mg/L则风险较大。3月3日停炼外购蜡油后，原料中盐含量显著下降，分馏塔也未再出现结盐现象。因此，催化原料中盐含量过高是造成催化分馏塔结盐最主要的原因。

4 解决方案

4.1 分馏塔在线水洗

为了解决分馏塔因结盐带来的操作波动，在2月3日上午9:00至11:00对分馏塔冷回流注入部分新鲜水，同时降低反应负荷，以降低分馏塔内部气相负荷，有利于部分液态水尽可能流入20、22层塔盘，来洗涤分馏塔上部塔盘和柴油系统所结的盐，催化柴油改走不合格线，带走洗涤下来的盐份。当时分馏塔顶温由110℃降到95℃，顶回流返塔温度由80℃降到55℃，抽出口温度由145℃降到110℃，洗涤前回流量250t/h，洗涤后由于带水，顶循环泵暂时有抽空现象；柴油汽提塔液面高，柴油量明显增加，柴油采样肉眼观察浑浊、发黑；分馏塔压降趋于正常(25kPa)。

此次在线洗塔洗涤效果明显，唯一不足的是由于注水量控制的不太好，造成顶回流泵有抽空现象，但是这样却加快了盐的溶解速度，改善了洗涤效果，经过这次洗涤，分馏塔的操作参数正常，油样肉眼观察澄清，这次冷回流水洗的实践，充分的证明了出现所有问题的根源在于分馏塔上部结盐，而通过水洗这部分盐可以溶解。

4.2 重复多次在线洗塔

由于催化原料盐含量超标的情况短期无法得到改善，分馏塔结盐也将继续存在，结盐严重时引起的冲塔频率大约在2天1次。为防止冲塔影响产品质量，必须在结盐初期进行洗塔。分馏塔结盐的明显特征是分馏塔压降逐步增加，当增加到比正常高8kPa左右时，就要考虑洗塔。

4.3 在线洗塔需注意的几个问题

在线洗塔的时候，充分考虑水洗可能产生的后果，主要有以下几个方面：

1)粗汽油带水必然影响稳定的操作，要控制好粗汽油罐的界面，并加强稳定系统机泵的脱水；

2)由于装置机泵的封油为催柴，洗塔后催化柴油势必带水，影响机泵密封。因此，洗塔时应先引常减压或二催柴油做机泵封油，以免造成重油泵抽空，影响装置安全生产。

3)催化汽油、催化柴油改不合格线，防止不合格油品污染成品油罐；

4)洗塔期间需停稳定二级吸收，防止盐分在再吸收塔沉积析出，堵塞再吸收塔塔盘，影响干气质量；

5)根据多次洗塔的经验，认为每次洗塔水量控制在10t/h为宜。每次洗塔时间约2h。水量过大易造成顶循泵抽空，水量过小则不能将盐分全部溶解。

5 结盐机理探讨

5.1 结盐过程与机理

5.1.1 液态水的来源

催化主分馏塔进料为催化裂化装置反应产生的450℃左右、含约12%水蒸气的高温油气。Ⅰ催分馏塔顶回流从分馏塔28层抽出，温度为145℃左右，经换热和水冷后温度达到80℃左右返塔32层塔盘，上升气相中的部分水蒸气跟冷回流接触，会迅速降温至90℃左右，并以液态存在。

5.1.2 NH_4Cl的产生

在催化裂化反应中，原料中的有机氮化盐分解生成氨即NH_3；有机氯、无机氯分解生成HCl、NaCl、$CaCl_2$、$MgCl_2$等，这些化合物遇到水或结晶水能水解生成HCl。NH_3和HCl接触，化合为NH_4Cl。NH_4Cl的分解温度为337.8℃。只要低于这个温度，就会有NH_4Cl存在。

5.1.3 NH_4Cl的沉积

液相水和NH_4Cl颗粒接触而成为NH_4Cl水溶液。在下流过程中，随着温度的升高，水分不断被蒸发，NH_4Cl水溶液失水浓缩而成为一种黏性很强的半流体，与铁锈等固体粉末物一起沉积附着在塔盘处，严重时甚至能堵塞降液管，使回流中断。图1是结盐过程及水洗示意。

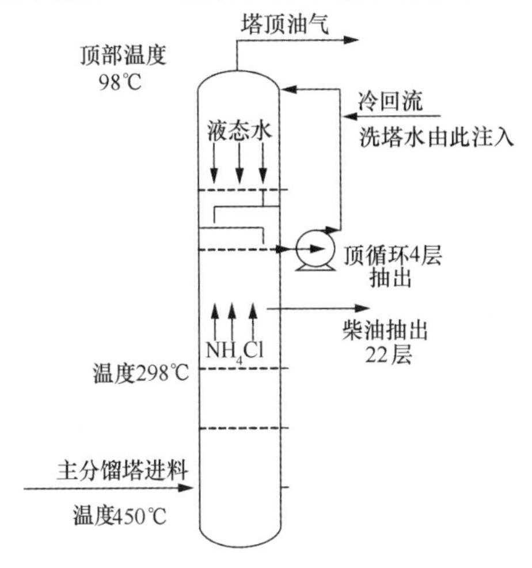

图1 结盐过程及水洗示意

5.2 盐平衡

由于催化原料中有机氮化盐是无法全部脱除，因此，催化主分馏塔的结盐不可避免的存在。氯化铵类盐在分馏塔中的分解、生成、溶解、沉积是一个动态的双向过程。在正常情况下，这些过程维持着动态的平衡，微量的盐会被马上分解掉，不会形成大量的积聚，不会影响到正常生产。只有原料中盐含量过高，打破了这种平衡，才会出现盐类不能及时被分解的情况，形成恶性循环，最终引起大量聚集，堵塞塔盘或降液管，引起主分馏塔操作波动。根据表3的分析，结合经验，一般认为催化原料的盐含量控制在8mg/L以下是安全的。

6 结论

(1)催化原料中盐含量超高是造成分馏塔结盐的最直接的因素。根据经验，催化原料的盐含量控制在8mg/L以下是安全的。

(2)通过分馏塔顶回流在线水洗是一种有效而简单易行的消除分馏塔结盐现象的手段。优点明显、操作简单、不影响正常生产，基本不产生费用。

(3)“盐平衡”在催化主分馏塔中是确实存在的，具体计算“盐平衡”的理论仍有待探讨。

惠州炼油延迟焦化加热炉在线清焦技术的应用

陈梓剑　王春花
（中海石油炼化与销售事业部惠州炼油分公司，广东惠州　516086）

摘　要：本文阐述了采用FW公司的在线清焦技术对惠州炼油延迟焦化加热炉进行了在线清焦，在此基础上针对操作难点提出了相应的对策。结果表明，变温变注水操作决定在线清焦的成败，初期慢速清焦有利于防止炉管堵塞，后期温差和温度升降速度可逐步提升，最高可达1000℃/h的温度变化梯度。切换过程为在线清焦过程中的重要环节，快速切换和控制好适当的弯头箱保护蒸汽量有利于防止炉管震动和炉膛正压。

关键词：延迟焦化　加热炉　在线清焦

随着国内市场对轻质燃料油需求量的增加及国内各炼油厂一次加工能力的提高，预计未来较长时间内，我国较多的渣油需要通过现有的焦化装置来处理，但是加热炉结焦仍然是制约焦化装置处理能力的一个瓶颈。在线清焦技术消除了制约加热炉长周期运行的瓶颈，提高了延迟焦化加热炉的处理能力，可有效地解决因炉管结焦需整体停车处理所带来的不必要损失，社会效益显著。

目前国内延迟焦化加热炉在线清焦技术还不成熟，成功率较低。惠州炼油延迟焦化装置先后在FW专家指导和自主操作下成功进行了两次在线清焦。因此本文在此基础上，对在线清焦过程中的难点进行探讨。

1　在线清焦原理

在线清焦方法有两种[1]，一种是恒温法，其原理是利用高速流动的水蒸气对焦垢层的冲刷作用及水蒸气在高温下与焦炭发生化学反应生成一氧化碳和氢气。该种方法仅可用于结焦时间较短的焦化炉，采用此种方法可有效的去除管内生成的软焦层。当管壁温度达到630℃约3个月之后时，管内焦层已经变硬，采用恒温法进行在线清焦的效果就不是很理想了，此时应当采用变温法。变温法的原理是利用炉管金属与管内焦垢层热膨胀系数的不同，通过快速升高及降低炉管温度，使得焦炭层与炉管剥离。

2　炉管结焦的判断与操作

通常情况下可以利用炉分支进料量、分支入口压力以及炉分支管壁温度来判断炉管是否结焦。由表1可以看出，加热炉2#、4#和5#炉管在相近的炉入口压力的条件下，炉进料量下降，炉出口温度下降，炉管壁温度升高，明显结焦。

表1　加热炉F101在线清焦前状况

	1#管程	2#管程	3#管程	4#管程	5#管程	6#管程
进料量/(t/h)	47.81	42.36	48.36	30.30	29.79	47.90
炉入口压力/MPa	1.915	1.986	1.994	2.004	1.982	1.947
炉入口注水量/(t/h)	801.32	905.97	801.56	1122	1122	796.21
炉出口温度/℃	506.19	504.28	504.33	493.44	482.67	504.86

续表

	1#管程	2#管程	3#管程	4#管程	5#管程	6#管程
第5根炉管管壁温度/℃	531.86	532.62	531.72	519.38	518.93	540.70
第5根炉管管壁温度/℃	516.37	532.66	511.76	521.64	501.04	546.48
第10根炉管管壁温度/℃	577.52	571.66	547.36	604.94	573.51	566.25
第10根炉管管壁温度/℃	566.63	596.52	562.77	608.91	623.09	570.74
第15根炉管管壁温度/℃	567.97	598.22	571.27	572.87	585.41	575.43
第15根炉管管壁温度/℃	585.66	573.40	593.83	586.72	560.33	589.59

3 在线清焦操作

3.1 在线清焦前的准备工作

在焦炭塔换塔4h后，加大消泡剂注入量。待清焦加热炉将联锁置于旁路，进料线吹扫中压蒸汽线和炉弯头箱保护蒸汽线脱水，脱水后弯头箱保护蒸汽打开。

3.2 在线清焦操作

待清焦炉管降低处理量，用在线清焦注水取代正常注水。然后将进料控制阀前手阀快速关闭，打开中压蒸汽注入阀扫线40分钟左右，同时增大注水量，其他各分支增大流量，保证炉处理量不变。扫线结束后炉出口升温到676℃开始进行变温变注水操作。操作结束后将炉管内介质切换回原料油，注水切回正常注水。整个过程如表2所示。

表2 在线清焦程序表

步骤	操　　作	持续时间	注水流量/(kg/h)	加热炉出口温度/℃
	正常运行		707（1）	496
1	变注水为清焦注水		926	496
2	降温降量，切换进料，提清焦注水	1h	3278	496－454
3	升温		3448	454－593
4	恒温	1h	5415	593
5	初步升温		7125	593－621
6	恒温	4h	7125	621
7	变温操作		7125	621－566－621
8	恒温	3～4 h	7125	621
9	重复7、8步，直至在线清焦完成。			
10	降温降量，切至进料		8000	621－454
11	正常运行	切换至焦化油	926	454
12		正常运行	707（1）	496

3.3 在线清焦效果

由表3可以看出，在总进料量不变，炉出口温度正常的情况下，2#、4#、5#和6#经过在线清焦后，炉管壁温度都降到577℃以下，在线清焦成功。

表3　在线清焦后 F－101 状态

	1#管程	2#管程	3#管程	4#管程	5#管程	6#管程
进料量/(t/h)	42.39	41.31	42.00	41.73	42.03	41.95
炉入口压力/MPa	1.820	1.840	1.888	1.828	1.877	1.854
炉入口注水量/(t/h)	858.5	874.1	853.6	873.5	864.9	860.2
炉出口温度/℃	507.3	507.9	507.1	507.2	506.7	501.7
第5根炉管管壁温度/℃	528.8	496.2	531.1	521	528.8	532.7
第5根炉管管壁温度/℃	517.9	505.2	507.2	524.5	512.9	537.9
第10根炉管管壁温度/℃	572.3	525.1	549.8	536.7	547.0	553.1
第10根炉管管壁温度/℃	566.3	518.9	564.2	536.8	577.6	560.9
第15根炉管管壁温度/℃	565.2	537.2	568.3	520.3	537.0	552.0
第15根炉管管壁温度/℃	584.0	531.69	587.1	553.4	534.9	555.7

4　在线清焦操作难点及对策

4.1　操作难点

4.1.1　清焦过程中炉管堵塞

在线清焦过程中，加热炉的温度和注水变化幅度大，容易造成炉管堵塞，造成在线清焦失败[2]。

4.1.2　清焦效果较差

在线清焦过程中，温度变化梯度直接关系清焦效果，如果温度变化梯度小，容易造成清焦效果差。在 FW 公司提供的最初版本的在线清焦程序中(见表2)，温度变化梯度较小，5#炉管采用此方法清焦后，加热炉5#炉管清焦效果较差，如表4所示炉管壁最大温降45℃，最高温度还有577℃。

表4　在线清焦后 F－101 管壁温度变化情况

项　　目	1#管程	2#管程	3#管程	4#管程	5#管程	6#管程
第5根炉管管壁温度变化/℃	3.06	36.42	0.62	－1.62	－9.87	8.00
第5根炉管管壁温度变化/℃	－1.53	27.46	4.56	－2.86	－11.86	8.58
第10根炉管管壁温度变化/℃	5.22	46.56	－2.44	68.24	16.51	13.15
第10根炉管管壁温度变化/℃	0.33	77.62	－1.43	72.11	45.49	9.84
第15根炉管管壁温度变化/℃	2.77	61.02	2.97	52.57	32.41	23.43
第15根炉管管壁温度变化/℃	1.66	41.71	6.73	33.32	20.43	33.89

注：6#炉管结焦不严重，清焦后效果不明显。

4.1.3　炉管剧烈震动

在加热炉待清焦炉管分油、并油过程中，炉出口压力会急剧升高后降低(如图1和图2所示)，很容易出现炉管剧烈震动，并且弯头法兰处冒烟，严重时容易造成油泄漏，引起火灾。

4.1.4　炉膛内负压突升为正压

在并油过程中，曾出现炉膛压力突然快速增高，氧含量迅速下降(如图3所示)，烟道挡板迅速打开的紧急情况，此种情况严重时容易造成炉火喷出炉子，引起事故。

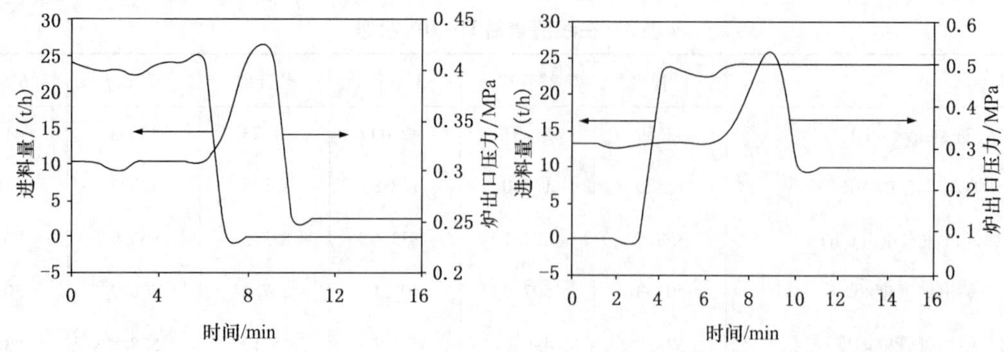

图1 清焦前切油时炉出口状况　　图2 清焦后并油时炉出口状况

4.2 处理措施

4.2.1 初期慢速清焦防止炉管堵塞

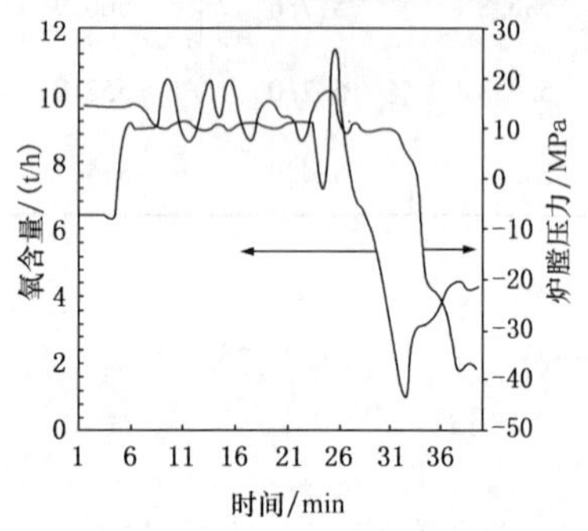

图3 并油时炉膛压力和氧含量变化

在清焦过程中，最开始清焦速度不能过快(如表2、表5)，要根据炉入口压力判断和选择合适的变温变注水幅度和速度，当炉入口压力上升，清焦介质流量波动时，要相应降低注水量，减小变温幅度，防止炉管堵塞。

4.2.2 采用更大的温度变化梯度

发现采用表**2**中的方法效果不佳，根据**FW**的建议采用更大的温度变化梯度(如表**5**)，**2**#、**4**#、**6**#炉管采用此方法清焦。如表**4**所示，对比**2**#、**4**#和**5**#的温降发现，清焦效果明显提高。

表5 改进后的在线清焦程序表

步骤	操　作	持续时间	注水流量/(kg/h)	加热炉出口温度/℃
	正常运行	—	707	500 - 508
1	变注水为清焦注水	1h	926	500 - 508
2	降温降量，切换进料，提清焦注水	—	3200	508 - 426
3	升温	—	3200	426 - 482
4	升温	6h	3200	482 - 676
5	初步除焦	2h	5000	676 - 593 - 621
6	第一阶段变温操作	$0.5h^{-1}h$	6400	621 - 482 - 621
7	第二阶段变温操作	$0.5h^{-1}h$	6400	621 - 426 - 621
8	第三阶段变温操作	$0.5h^{-1}h$	7400	621 - 676 - 426 - 676
9	重复第8步直至待清焦炉管壁温度与炉出口温度之间的温差记录值不再改变			
10	切至进料		926	426
11	正常运行		707	508

注：清焦中后期降温一般用时0.25h左右。

4.2.3 快速切换减小炉管振动

切换过程是在线清焦过程中一个重要控制因素，为了防止过程中出现上述情况，必须采用如下措施来避免事故发生：

1)分油时要根据炉出口压力适当调整中压蒸汽量，逐步增大，有利于减小炉管震动；

2)并油前要在保证炉出口温度不超的情况下尽量减小清焦注水量，减少并油时炉出口压力增大的幅度，减小炉管震动；

3)减小注水量的同时要注意防止清焦盘管入口压力降至转油线压力以下；这可能会使渣油进料回流至盘管，造成炉管迅速结焦；

4)切换时必须迅速，防止炉管结焦；

5)弯头箱保护蒸汽在切换时必须投用，防止因炉管震动造成的炉管弯头渗油引起火灾。

4.2.4 控制好保护蒸汽压力防止正压

切换时为了防止弯头箱处泄露着火，弯头箱保护蒸汽处于使用状态，由于弯头与炉体接缝处在制造过程中难免偏大，所以蒸汽会从此处渗入炉膛，造成正结束清焦的炉膛内氧含量降低，炉膛压力迅速增大，造成炉膛正压，加热炉烟道挡板迅速开启，强制通风失效，从而整个炉膛变成正压。在切换时要严密注意炉膛压力和烟道挡板的开度，当炉膛正压时要迅速手动关闭烟道挡板，开大所在炉膛的风道挡板和引风机的入口蝶阀，炉膛正压迅速降低，变成负压。迅速关小保护蒸汽，炉膛内氧含量能在较短时间内上升到正常值。

5. 结论

1)惠州炼油新建420万吨/年延迟焦化装置采用在线清焦技术，顺利完成对加热炉F-101第2#、4#、5#和6#炉管清焦过程，效果显著，清焦过程中其他各路炉管也同时实现了安全平稳在线生产，目前加热炉运行状况正常，开创了国内400万吨以上大型焦化装置在线清焦的先河，为装置安全长周期运行、装置“三年一修”提供技术保证，提高了装置的经济效益，为公司渣油平衡乃至整个公司所有的物料平衡提供了技术保证。

2)变温变注水操作决定在线清焦的成败，初期慢速清焦有利于防止炉管堵塞，后期温差和温度升降速度可逐步提升，最高可达1000℃/h的温度变化梯度。

3)切换过程为在线清焦过程中的重要环节，快速切换和控制好适当的弯头箱保护蒸汽量有利于防止炉管震动和炉膛正压。

参考文献

[1] 魏学军等．焦化加热炉在线清焦的设计与实践．石油化工设备技术．2008，29(2)；33~35

[2] Rick Wodnik Conoco，Phillips Gary C Hughes Consultant. Delayed Coking Advances. PTQ Q4，2005：1~6

5.0Mt/a 常减压装置节能改造

王绣程
（中国石化九江分公司，江西九江　332004）

摘　要：本文介绍了九江分公司Ⅰ套常减压装置节能改造的设计及运行情况。改造采用了减压深拔技术、窄点技术优化原油换热网络、热联合、低温热、低速电脱盐技术、压缩机回收轻烃送催化脱硫化氢等多项先进工艺技术及多种降低装置用能，并采用了多种先进的工艺设备。改造于2008年3月17日一次投产成功，运行情况表明该装置工艺流程设计先进合理，适应性强，操作弹性大，综合能耗低，装置轻收和总拔高。

关键词：常减压蒸馏　常压塔　减压塔　减压深拔　压缩机

1　前言

中国石化股份有限公司九江分公司有2套常减压蒸馏装置。其中，Ⅰ套常减压装置于1980年投产，设计能力为2.5Mt/a；Ⅱ套常减压装置于1995年投产，设计能力为1.5Mt/a。两常减压装置投产后，虽经技术改造，装置的总体技术水平与国内同类装置相比仍较低。一是装置能耗高，装置能耗为552.7MJ/t；二是装置存在严重的安全隐患。Ⅰ套常减压装置原设计加工鲁宁管输原油，初馏塔、常压塔、常压汽提塔等主体设备材质为A3R碳钢，现塔体腐蚀严重，无法修复，已属重点监控使用设备。减压塔壳体为16MnR+0Cr13复合板，也不能满足加工高硫高酸原油的要求。装置内的管线材质除部分渣油管线已更换为不锈钢材质外，其余均为碳钢(20#)材质。Ⅱ套常减压装置原设计加工海洋原油，主体设备、管线材质等级较低，也不能满足加工高硫高酸原油的要求。

2　改造基本情况

根据常减压装置存在的问题，按照“设备更新、隐患整改和结构调整有机结合起来”的目标，将现有Ⅰ套常减压装置就地改造为5.0Mt/a，停掉规模较小的Ⅱ套常减压，以消除安全隐患并达到降低能耗、降低生产成本，体现规模效益。Ⅰ套常减压装置节能改造，设备及管线按原油硫含量≤1.5%、酸值≤1.0mgKOH/g进行设防。

2006年9月可研批复，2007年5月开始现场预制，边生产边施工，2007年10月31日装置停工拆除进行全面改造，2008年3月17日装置一次投产成功。

2.1　设计原油

装置设计加工“仪长”管输原油，其混合比例为胜利原油：进口原油=1∶1(其中进口原油包括阿曼原油)。

2.2　主要产品及去向

装置设计生产主要产品有：初顶、常顶生产石脑油，直接去罐区；常一线生产灯油(200#溶剂油、航煤料)进电离器精制后去罐区；常二线生产轻柴油(军柴)进电离器精制后去罐区；常三线生产重柴油进电离器精制后去罐区或生产加氢料直接去Ⅱ套汽柴油加氢装置；减一线生产加氢料直接去Ⅱ套汽柴油加氢装置，也可以进常三线电离器生产重柴油；减二线、减三线、减四线生产蜡油热供Ⅰ套催化裂化和Ⅱ套催化裂化；减底渣油热供延迟焦化装置和溶剂脱沥青装置。

3 改造具体内容

本次设计为原装置改造，以适应加工高硫高酸原油，同时装置的加工量也有较大的增长，原有主体设备(塔类、加热炉)都不能利旧，可利旧的是部分冷换设备和部分容器。因此，工艺流程和换热网络都须重新考虑设计。

3.1 工艺流程选择

1)根据原油性质，产品方案，装置采取的工艺技术路线为初馏—常压蒸馏—减压蒸馏三级蒸馏路线。

2)工艺流程为原油换热—原油脱盐—脱后原油换热—初馏塔—初底油换热—常压炉—常压塔—减压炉—减压塔工艺流程。

3)考虑到装置的适应性，减压侧线增加过汽化油线(减四线)。

4)将原减顶不凝油气直接进加热炉作为燃料的流程改为送减顶不凝油气到装置内的不凝气压缩机，经压缩机送出装置。

5)常压过汽化油原来作为蜡油送出装置，本次改造把常压过汽化油(常四线)送到减压塔中回收部分柴油组分，这样还可减少减压炉的负荷。

6)减压深拔流程。为配合减压深拔，设计灵活的减压过汽化油流程，减压过汽化油可直接抽出与减三线油合并作为蜡油出装置，也可循环到减压炉前，与常底油一起进减压炉(可全部循环也可部分循环)，当下游装置对减三线质量要求高时，也可作为渣油。

3.2 换热流程改造

3.2.1 优化换热网络

运用LPEC开发的传热软件HENS，采用"窄点" 技术，对换热网络中的窄点温差、热量回收率、换热终温及设备投资等方面予以优化，经过综合比较确定出最经济网络窄点温差为21℃。综合各种因素，通过进行换热网络优化设计和分析，采用网络方案基本结构为2-2-2，即脱前原油2路、脱后原油2路和初底油2路。该网络原油进电脱盐温度135℃，进初馏塔温度250℃，换热终温为304℃(已考虑合适热损失、脱盐温降等)。

3.2.2 冷换设备的优化选型

在冷换设备的选型中，结合本装置占地小，平面布置困难等具体情况，对新选的换热器考虑了设备的大型化，即尽量选用壳径大的换热器，以减少换热器的设备台位数和占地。同时，为减少换热器面积，适当采用一些双弓板、波纹管，折流杆等具有强化传热措施的冷换设备。

3.3 电脱盐改造

装置现有2个ϕ3200×21716×16电脱盐罐，采用两级脱盐方式。经核算，以上电脱盐罐可最大满足3.0Mt/a处理能力的要求，并且现有两个电脱盐罐的设计压力低，罐体的使用年限已有26年，设备腐蚀严重，设备强度难满足扩能要求。因此将现有的2台电脱盐罐拆除，更换2台规格为ϕ4400×26000的电脱盐罐，设计压力2.5MPa。电脱盐采用低速交直流电脱盐专有技术，进料方式为侧下进、侧上出，与传统的低速电脱盐进料方式不同，具有技术先进、对原油性质变化适应性强、脱盐效率高、电耗低等优点。

3.4 塔类改造方案

3.4.1 初馏塔

装置现初馏塔塔径为ϕ2600，塔高27.9m，单溢流，内设6层泡帽、14层浮阀塔盘。主体材质为A3R。由于该塔自1980年投用以来，已使用26年，属超期使用，且塔的设计材质等级不高。因此，随着装置加工原油的性质变差，加工含硫含酸原油的增多，该塔塔壁减薄严重。因此，综合考虑，初馏塔按更新设计，所选塔径ϕ3400/ϕ3800×31107×(14+3)(20+3)/(16+3)，内设22层高性能塔盘。

3.4.2 常压塔

由于现常压塔塔体腐蚀严重，需报废更新，故该塔不考虑利旧。新设计常压塔按5.0Mt/a加工能力设计。由于实际生产方案有可能多变，综合考虑，选择塔径 ϕ5600×59145×(20+3)，内设55层高性能塔盘。

3.4.3 常压汽提塔

装置原油加工量到5.0Mt/a时，现塔径不够，需由 ϕ1200 扩为 ϕ2000，规格 ϕ2000×42935×10/(10+3)/(10+3)。常一线汽提塔设8层塔盘，以便满足航煤产品的质量要求。常二线、常三线汽提塔分别设4层塔盘，满足柴油对产品质量的要求。

3.4.4 减压塔

装置现有减压塔规格为：ϕ4200/ϕ6400×30560×16/19，壳体材质为16MnR+0Cr13，材质不能满足加工管输原油(按硫含量≤1.5%、酸值≤1.0%进行设防)的需要。经核算，原油减压塔塔径及塔高都不能满足加工5.0Mt/a处理量时的要求。因此需更换，减压塔选用规格为：ϕ5000/ϕ8000/ϕ5000×50672×(18+3)/(32+3)/(26+3)/(18+3)。

3.5 采用装置间热联合

常减压蒸馏装置的产品大部分为中间产品，需经下游装置进一步加工。为减少装置、单元间物流重复换热和冷却的负荷，减少操作费用，根据总流程安排，采用多装置、多单元间热联合技术，装置生产的蜡油及减压渣油在换热后直接热出料进入下游装置。为保证在下游装置短期停工时装置能正常生产，设备用冷却措施。

3.6 采取低温热回收技术

(1)对装置无法通过与冷流换热回收的低温位热量采用发生低压蒸汽自用。降低装置的冷公用工程消耗和装置能耗。

(2)初常顶油气与原油换热。

3.7 采取多种措施降低装置的水消耗

采用多种措施节约用水，主要措施有：较多采用空冷器，节约冷却用水；部分产品采用热出料，降低冷却负荷，节约冷却用水；电脱盐注水采用脱硫净化水，节约新鲜水用量，同时二级排水回注用作一级注水；塔顶注水采用脱硫净化水，节约新鲜水用量；“三注”系统配剂采用采用脱硫净化水，节约新鲜水用量；初常顶排水和减顶排水送酸性水装置进行处理后循环使用，从而节约脱盐水或新鲜水的用量；减顶循环水采用二次与热源换热，节约循环水的用量。

3.8 不凝气进催化装置以回收原油中的轻烃组分

装置改造后加工含硫原油，三顶气(初顶、常顶、减顶不凝气)不经脱硫进加热炉作燃料已不符合环保要求，同时随着装置加工量的增加，有必要增设轻烃回收措施，以回收原油中的轻烃组分。但由于九江分公司主要以加工管输油为主，轻烃量较其他主要加工中东原油的炼厂相比要少，因此不需单独上1套轻烃回收系统，轻烃的回收可与催化装置联合起来考虑，通过将三顶气送压缩机增压后送到催化装置气压机入口，将原油中的大部分轻烃组分回收回来。该方案流程简单、投资少、操作费用低，且对催化装置影响不大，比较适合九江分公司所加工原油的实际情况。

3.9 加热炉改造

原常减压炉为立管式方箱炉，炉体钢结构严重变形，主、副框架横梁严重腐蚀，炉体钢板也腐蚀穿孔，热效率低，热负荷不够，无法修复。只有更新才能彻底解决问题。

3.9.1 常压炉改造

常压炉设计热负荷为48.53MW(操作热负荷为32.46 MW)根据负荷和平面位置采用立式方箱炉，常压炉管系分4流程，炉管规格采用 ϕ219.1×8.18，炉管材质选用A213 T9，仅在辐射室出口处的9×4根炉管材质选用A213 T316。

3.9.2 减压炉改造

减压炉设计热负荷为34.4MW(操作热负荷为23.78MW)根据负荷和平面位置采用立式方箱炉。减压炉管系分8流程，对流炉管规格采用 ϕ127×7.01，辐射室根据扩径需要，炉管规格从 ϕ127 到 ϕ273 不等。同时考虑炉管吸收部分转油线的热涨量。减压炉对流室炉管材质选用 A213 T9，辐射室炉管材质选用 A213 T316L。为缓解介质在管内的汽化结焦，在辐射介质入口处注入蒸汽。

更新加热炉余热回收系统，2台加热炉共用1套余热回收系统，排烟温度172℃，炉设计热效率不低于90%。

3.10 机泵

装置改造后，由于原油加工量增加较多，需新增和更新部分机泵，更新的机泵采用效率较高的化工流程泵，如ZA、ZE、AY系列的油泵。新的机泵选用YB隔爆型系列电机。考虑到三顶不凝气中有硫化氢，压缩机采用往复式压缩机。

4 装置设计主要特点

4.1 采用减压深拔技术

九江分公司二次加工装置有1.0Mt/a焦化装置、500kt/a溶剂脱沥青装置，2套1.0Mt/a催化装置，结合全厂重油平衡，拟采用减压深拔技术。减压深拔按原油实沸点深拔至565℃考虑。在5.0Mt/a原油加工量时，根据总流程和实际生产过程可根据需要深拔或适当深拔。减压深拔将采用如下措施：

1)充分合理的利用平面占地，选用方箱炉，对称合理的布置炉管；选用炉管逐级扩径，降低炉管(出口几根)流速和压降，降低炉出口温度；炉管适当注汽，增加炉管流速，减少常压重油在炉管中的停留时间以防炉管结焦。

2)转油线吸收热涨量。减压深拔后，炉出口温度较高，炉管吸收转油线的热涨量不宜太多，采用转油线本身也吸收部分热涨量的方案。转油线的过渡段，采用逐级扩径布置技术，降低流速，防止震动，吸收部分转油线热涨量。

3)采用较低的操作压力。塔顶采用高效抽空技术，控制塔顶压力为13mmHg。塔内采用压降较低，传热传质效果好的规整高效填料。合理采用压力式和重力式液体分布器，降低塔的压降，控制塔顶到蒸发层的压降在8mmHg左右。

4)采用高效常底油入口气液分布器，提高气相分布质量，减少蒸发层的雾末夹带。

5)提高汽提段的效果。汽提段设置6层固舌塔盘，塔底适当吹汽(微湿式操作)，提高拔出率，降低渣油中轻组分含量。

6)采用灵活的过汽化油流程。过汽化油(减四线)由泵抽出后可送入减压炉入口循环，以保证在需要时，减压塔最下一条侧线的质量能够满足下游装置的要求，也可直接与减三线油一起到催化裂化装置或与渣油一起送出装置。

7)减一线出柴油。在减一中段下面，设分馏段，保证减一线生产柴油组分。

4.2 较高的轻油收率

初馏塔、常压塔采用高效塔盘，塔顶不凝气经压缩机回收，塔顶操作压力低，强化塔底汽提，提高常压拔出率。减一线设计生产柴油，通过将常四线油送至减三中回流管道，回收其中的柴油组分。

4.3 设计能耗低

通过采取如下节能措施，装置总体能耗达到相对较为先进的水平，设计能耗439.2MJ/t。

1)优化换热网络。保证了高的热回收率和低的冷热公用工程消耗。

2)装置之间实行热联合。部分产品经换热后直接去下游装置(催化、焦化、溶脱)，减少了冷却负荷及下游装置的加热(换热)负荷。

3）利用装置内“窄点”以下的低温热，自产0.3MPa蒸汽8.0t/h，供装置汽提蒸汽用。

4）采用大型化的冷换设备，有效地减少散热损失。同时尽可能选择低压降、高传热效率的冷换设备。

5）采用大型高效机泵，降低电能消耗。

6）尽量提高加热炉的设计热效率，降低燃料消耗。

7）设备及管道布置尽量紧凑合理，从而减少散热损失和压力损失。

8）强化设备及管道保温，以减少散热损失。

4.4 常压塔等分馏塔类采用高性能塔板

分馏塔作为常减压蒸馏单元的核心设备，塔内件综合性能的高低，直接影响到装置的建设投资和操作性能等。综合性能优良的塔板，不仅应该具有高的通量，同时又应该具有高的分离效率。而这两方面是由高效的塔盘、合理的降液管及鼓泡促进器等综合作用的结果。为此，常压塔等分馏塔均采用高性能塔内件，使装置具有较高操作性能和弹性，同时降低装置的建设投资。

5 装置运行情况

Ⅰ套常减压蒸馏装置于2008年3月17日一次开车成功。为了考察、检验新装置的生产负荷、设计能力以及采用的新工艺、新设备、新技术的效果，2008年4月9日至4月12对其进行了1次全面标定。

5.1 标定原油

标定原油为管输原油，性质见表1。

表1 原油性质

项目	设计值	标定值
密度(20℃)/(kg/m^3)	0.8826	0.9103
硫/%	1.5	0.784
酸值/(mgKOH/g)	1.0	1.16
实沸点蒸馏数据/%		
<80℃	3.24	2.6
80～100℃	4.91	3.8
100～120℃	6.44	4.9
120～140℃	8.31	6
140～160℃	10.09	7.1
160～180℃	11.18	8.2
180～200℃	14.12	10.5
200～220℃	16.53	12.3
220～240℃	19.17	14.1
240～260℃	22.09	16.7
260～280℃	25.33	19.8
280～300℃	28.65	23
300～320℃	33.07	25.5
320～340℃	35.67	28

续表

项　　目	设 计 值	标 定 值
340~360℃	38.97	30.3
360~400℃	45.28	35.5
400~420℃	48.14	41.2
420~440℃	50.81	45.9
440~460℃	53.68	50.3
460~480℃	56.81	54.7
480~500℃	60.32	59.1

5.2 装置物料平衡

装置物料平衡表见表2。

表2 装置物料平衡

名　　称	设 计 数 据			标 定 数 据		
	t/h	t/d	%	t/h	t/d	%
原油	595.2	14284.8	100	639.7	15352.8	100
气体+损失	2.4	57.6	0.40	1.6	38.4	0.25
石脑油	51	1224	8.57	45.5	1092	7.11
常一线油	43	1032	7.22	20.4	489.6	3.19
常二线油	56.3	1351.2	9.46	55	1320	8.60
常三线油	48.1	1154.4	8.08	46.5	1116	7.27
减顶油	1.9	45.6	0.32	0.7	16.8	0.11
减一线油	23.3	559.2	3.91	26.5	636	4.14
减二线油	86	2064	14.45	75.4	1809.6	11.79
减三线油	85	2040	14.28	104.8	2515.2	16.38
减四线油	20	480	3.36	24.5	588	3.83
减压渣油	178.2	4276.8	29.94	238.8	5731.2	37.33
轻收			37.25			30.31
总拔			69.34			62.31

5.3 操作条件

操作条件见表3。

表3 主要操作条件

项　　目	设计值	标定值	项　　目	设计值	标定值
原油和电脱盐			常一中返回温度/℃	156	152.7
原油进装置压力/MPa	2.0	1.99	常二中流量/(t/h)	132.2	157.1
原油进装置温度/℃	45	36.8	常二中抽出温度/℃	291	279.2
原油进装置流量/(t/h)	595.2	639.7	常二中返回温度/℃	211	201.1
一级注水量/(t/h)	42	39.7	常一线抽出温度/℃	195	183.8
电脱盐温度/℃	135	132	常二线抽出温度/℃	267	247.5

续表

项　目	设计值	标定值	项　目	设计值	标定值
初馏塔			常三线抽出温度/℃	319	314.0
初馏塔进料温度/℃	250	253.7	常四线抽出温度/℃	353	354.7
初馏塔顶压力/MPa	0.07	0.056	常底油抽出温度/℃	359	353.0
初馏塔顶温度/℃	137	112.4	减压系统		
初顶循流量/(t/h)	148.7	226.8	减压炉分支温度/℃	409	395.3
初顶循抽出温度/℃	150	129.2	减压炉总出口温度/℃	395	376.2
初顶循返回温度/℃	115	113.3	减压塔底温度/℃	360	358.8
初馏塔底部温度/℃	246	244.1	减压塔顶压力/kPa	-99.6	-99.35
常压炉			减压塔汽化段压力/kPa	-98.2	-97.89
原油一路换热温度/℃	302	292.8	减压塔顶温度/℃	75	60.2
原油二路换热温度/℃	306	315.6	减一线抽出温度/℃	141	138.7
原油换热终温/℃	304	305.3	减一中回流量/(t/h)	80.7	68
常压炉总出口温度/℃	363	363.1	减二线抽出温度/℃	247	237.8
常压塔			减二中回流温度/℃	152	143.8
常压塔进料温度/℃	368	365.1	减二中回流量/(t/h)	119.1	145
塔底温度/℃	359	351.5	减三线抽出温度/℃	323	313.8
塔底汽提蒸汽量/(t/h)	6.5	6.1	减三中回流温度/℃	228	220.7
常压塔顶压力/MPa	0.07	0.032	减三中回流量/(t/h)	241.6	238.5
常压塔顶温度/℃	117	105.2	减三线内回流量/(t/h)	65	60.5
常压塔冷回流量/(t/h)	29.3	19.3	减四线抽出温度/℃	373	368.5
常顶循流量/(t/h)	253.2	327.0	热蜡至催化温度/℃	160	150.7
常顶循抽出温度/℃	134	127.0	减渣至焦化温度/℃	172	174.7
常顶循返回温度/℃	99	103.6	塔底急冷油流量/(t/h)	24.1	14.7
常一中流量/(t/h)	134.2	139.4	塔底汽提蒸汽量/(t/h)	0.4	0.36
常一中抽出温度/℃	226	207.3	抽真空蒸汽流量/(t/h)	10	7.45

5.4 产品质量

产品质量见表4、表4(续)。

表4 标定期间侧线产品质量

项　目	初顶	常顶	常一线	常二线	常三线	减顶	减一线
HK/℃	38	53	170	208	250	91	257
10%/℃	61	90	184	231	290	146	285
50%/℃	109	123	191	247	315	190	315
90%/℃	149	145	207	270	350	215	353
KK/℃	170	174	219	288		262	
密度/(kg/m^3)	717	742.2	807.2	837.4	865.5	820.7	
硫含量/%	0.022	0.041	0.092	0.196	0.387	0.409	0.411
酸度/(mgKOH/100mL)			15.34	41.29	107.14		97.65
闪点/℃			54	85	124		132
凝固点/℃				< -20	10		0
350℃/mL					90		89

表4(续) 标定期间侧线产品质量

项　　目	常四线	常底油	减二线	减三线	减四线	减底渣油
HK/℃	220	320	320	400	405	442
10%/℃	260		375	455	540	
50%/℃	365		425	500		
90%/℃	428		498	545		
KK/℃	520		520	565		
密度/(kg/m^3)	917.4	958.3	912.6	923.5		
硫含量/%	0.587	1.391	0.559	0.671	1.176	1.339
残炭/%	0.07	9.66	0.12	0.54	11.72	16
350℃/mL		3.0				
500℃/mL						2.8
540℃/mL						6.0
575℃/mL					20	

5.5 装置能耗

装置能耗见表5。

表5 全装置能耗

项　　目	设计值		标定值	
单位	MJ/t	KBO/t	MJ/t	KBO/t
新鲜水	4.19	0.1	0.005	0.0001
循环水	12.14	0.29	12.98	0.31
除盐水	0.42	0.01	0.42	0.01
除氧水	5.86	0.14	3.35	0.08
电	56.52	1.37	58.62	1.4
1.0MPa 蒸汽	56.1	1.34	41.03	0.98
燃料油	378.1	9.03	26.38	0.63
燃料气	0	0	301.45	7.2
热输出	-74.94	-1.79	-48.15	-1.15
总能耗	438.4	10.49	396.1	9.46

6 结束语

1)装置于3月17日开车后，装置运行平稳，各项指标达到设计要求。从标定的加工量、产品收率、装置能耗、产品质量、操作条件等数据看，5.0Mt/a常减压蒸馏装置的设计和操作运行是成功的，多项指标达到国内先进水平。

2)标定期间装置稳定状态下的平均加工量639.7t/h，按照年开工8400h计算，装置能力为5.37Mt/a。由于受二次加工装置的限制，标定未做最大负荷标定。

3)标定期间，减一线按照生产柴油方案控制，装置轻收达到30.32%，总拔62.32%；2008年全年轻收28.84%，总拔64.36%；2007年全年轻收26.22%，总拔62.91%；改造后轻收和总拔均有较大幅度提高，说明各塔的塔体及塔内件设计合理。

4)标定期间装置综合能耗为9.46kgEo/t(包括电脱盐、电精制、轻烃回收和三注)，比设计(10.49kgEo/t)要低1.03个单位。2008年全年能耗9.83kgEo/t，与国内同类装置相比处于领先地位。

5)标定期间减压炉总出口温度为376℃，炉出口分支平均温度395℃，减压塔底吹0.3MPa蒸汽0.3~0.4t/h，减顶真空度保持在99.3kPa，减压塔塔底温度控制在360℃左右的操作条件下，分析减底500℃馏出量为2.8mL，540℃馏出量为6.5mL，达到深拔要求。

6)标定期间初顶、常顶不凝气进压缩机，减顶瓦斯进减压炉燃烧。采样分析减顶不凝气硫化氢含量高达15%以上，分析减压炉对流室烟气SO_2含量500μg/g，这将会对加热炉造成严重腐蚀。经过摸索，将减顶不凝气也改进压缩机，控制压缩机入口压力不高于0.03MPa，既不影响减顶真空度，又可以保证压缩机的平稳操作，同时可以降低加热炉烟气回收系统的排烟温度，提高加热炉的效率。在两炉全部烧高压瓦斯的情况下，测烟气回收系统的SO_2含量为15μg/g，露点腐蚀温度89℃。该项技术的应用解决了常减压装置减顶不凝气处理和后路的问题，减缓了加热炉的腐蚀，同时可以降低烟气排烟温度，提高加热炉效率。

SZ36－1侧线油制取特种油品的研究与工业开发

魏丽红　孙元碧

（中海沥青股份有限公司，山东滨州　256601）

摘　要：本文详细介绍了由SZ36－1侧线油制取特种润滑油基础油采取的工艺技术路线、生产原理，并且介绍了产品性质、应用领域及其作为特种润滑油基础油与石蜡基比较的优势所在。

关键词：SZ36－1侧线油；特种润滑油基础油；优势

1　前言

中海沥青股份有限公司(以下简称中沥公司)以加工渤海SZ36－1稠油为主，SZ36－1稠油属低硫环烷基原油，环烷基原油相对密度大，通常含有大量环状烃和较多芳烃，含少量蜡或不含蜡、凝固点低，由环烷基原油生产润滑油虽然黏温性质差，黏度指数低，但由于其独特的性能，使它在许多生产领域中具有特殊的应用优势，甚至有可能是唯一的选择。如用它生产低倾点电气绝缘油(变压器油、电器开关油等)、橡胶填充油和润滑脂的基础油等。更为重要的是，环烷基原油储量只占世界原油储量约2.2%，资源较为稀缺。近年来，环烷基原油产量又逐年下降，供应紧张，因此，中海沥青公司(以下简称中沥公司)在目前我国环烷基润滑油市场不断增长、国内生产供不应求的市场形势下，充分利用自我的资源优势，开展了SZ36－1侧线油制取特种润滑油基础油技术的研究与工业开发。虽然国内新疆克拉玛依、天津大港等地有环烷基原油资源，但对于SZ36－1原油是初次进行此方面的研究与工业化生产。

2　渤海SZ36－1原油及其侧线油性质(见表1、表2)

表1　SZ36－1原油的一般性质

项　目		数　据	项　目		数　据
密度/(kg/m^3)	20℃	965.0	元素分析/%	C	86.85
	50℃	946.5		H	11.69
含水量/%		痕迹		S	0.35
盐含量/(mgNaCl/L)		14.1		N	0.56
相对分子质量		499	H/C	原子比	1.60
闪点(开口)/℃		122	微量元素分析/(μg/g)	Fe	10.8
含蜡量(吸附法)/%		2.99		Cu	未检出
胶质/%		21.87		Ni	45.8
正庚烷沥青质/%		2.80		V	1.09
酸值/(mgKOH/g)		2.78		Pb	未检出
残炭(康氏法)/%		9.17		Na	6.29
凝点/℃		－13		Ca	92.7

续表

项　目		数　据	项　目	数　据
黏度/(mm^2/s)	40℃	1761.86	灰分/%	0.070
	100℃	51.44	机械杂质/%	0.032
			原油基属	低硫环烷基

表2　侧线油性质

项　目	常二线	减二线	减三线
密度(20℃)/(kg/m^3)	910.7	944.0	956.1
色度(ASTM)/号	1.5	2.7	3.6
含水/%	痕迹	痕迹	痕迹
运动黏度/(mm^2/s)			
V_{40}	11.5		
V_{100}		8.70	21.5
凝点/℃	< -20	-12	+2
闪点/℃	150	196	211
馏程(2% ~97%)/ ℃	294 ~360	350 ~430	391 ~482
残炭/%	0.01	0.02	0.04

3　工艺路线的选择

为了尽可能保持环烷基油品的特性，生产装置采用糠醛—脱氮—白土精制工艺技术。其中，糠醛精制部分采用的是成熟的单塔萃取抽提、三效五塔溶剂回收的工艺技术。生产原理：糠醛是一种选择性较强、溶解能力较低的溶剂，糠醛精制原理是根据其对润滑油馏分中理想组分(少环长侧链的烃类)和非理想组分(多环短侧链的芳烃和环烷烃、胶质、沥青质和含硫、含氧、含氮的化合物等)溶解度及选择性的不同，在一定条件下将非理想组分分离出去，从而达到改善油品性能的过程。脱氮工艺就是采用 WSQ -2 型脱氮剂，在一定的工艺条件下，对糠醛精制油进行液相络合脱氮，该脱氮技术具有脱氮率高而脱硫率低的特点，能够提高润滑油基础油的氧化安定性，而其他的理化性能没有明显的变化。白土补充精制原理是使油与白土在一定温度下充分混合，利用活性白土表面的吸附性能，通过加热、蒸发、过滤等工序，将润滑油中微量“氮渣”除去，并进一步脱除含氮化物及其胶质、沥青质、环烷酸皂、氮化物、不饱和烃、选择性溶剂、水分、机械杂质等非理想物质，从而改善油品的颜色，降低残炭，提高油品的抗氧化安定性和抗乳化度，以达到油品精制的目的。

4　产品性质

4.1　试验装置产品性质

渤海 SZ36-1 侧线油糠醛—白土精制研究试验分别是在某小型连续糠醛精制试验装置与其自制的白土小试装置上进行的，结果见表3。

表3　试验装置产品性质

项　目	常二线精制油	减二线精制油	减三线精制油
色度(ASTM)/号	<0.5	<1.0	<2.0
运动黏度 /(mm^2/s)			
V_{40}	7.25	21.89	96.22
V_{100}	2.04	3.73	8.10

续表

项　　目	常二线精制油	减二线精制油	减三线精制油
VI	60	11	14
闪点(闭)/℃	143	178	215
凝点/℃	< -50	-22	-8
酸值/(mgKOH/g)	0.002	0.26	0.70
密度(20℃)/(kg/m^3)	881.3	900.2	924.4
击穿电压/kV	61.2		
介质损耗因数(90℃)	0.00362		
n_D^{20}	1.4819	1.4938	1.5029
结构族组成/%			
C_A	5.1	9.8	6.9
C_P	44.3	45.5	38.2
C_N	49.4	44.7	54.9
旋转氧弹(150℃)/min	220	141	96

4.2 工业化装置产品性质

中沥公司30万吨/年糠醛—白土装置已于2007年6月建成投产，在试验数据的指导下，优化了工业化装置的剂油比、抽提塔顶、塔底温度，加热炉出口温度等操作参数，各侧线油主要操作参数、产品性质(为装置标定数据)以及质量指标如表4～表9。

常二线油主要操作参数：进料量35t/h，抽提塔顶温80℃，底温50℃，剂油比1.8，精制液、抽出液加热炉出口温度215℃ ±3℃。

表4　25#/45#变压器油基础油(常二线精制油)

检验项目			质量指标		检验结果
			25#	45#	
外观			透明，无悬浮物和机械杂质		透明，无悬浮物和机械杂质
色度/号		≤	0.5		0.1
密度(20℃)/(kg/m^3)		≤	895		879.9
运动黏度/(mm^2/s) ≯	40℃		13	11	10.5
	-10℃		200		163
	-30℃			1800	
倾点/℃		≤	-22		-40
凝点/℃		≤		-45	
闪点(闭口)/℃		≥	140	135	146
酸值/(mgKOH/g)		≤	0.03		0.02
水溶性酸或碱			无		无
水分/%		≤	痕迹		痕迹
旋转氧弹(150℃)/min		≥	180		195
击穿电压(交货时)/kV		≥	35		44.5
介质损耗因数(90℃)		≤	0.005		0.0004
苯胺点/℃			报告		82

表5 1#芳烃抽出油(常二线抽出油)

检验项目	质量指标	检验结果
密度(20℃)/(g/cm^3)	报告	952.3
运动黏度(100℃)/(mm^2/s)	2.0~6.0	4.03
凝点/℃	报告	<-20
闪点(开口)/℃	140	143
结构族组成/%		
C_A	—	27
C_N	报告	48
C_P	报告	25

减二线油主要操作参数：进料量35t/h，抽提塔顶温85℃，底温55℃，剂油比1.8，精制液、抽出液加热炉出口温度215℃±3℃。

表6 6#通用环烷基基础油(减二线精制油)

检验项目		质量指标	检验结果
色度/号	≤	1.5	1.3
密度(20℃)/(g/cm^3)	≤	0.93	0.9084
运动黏度(100℃)/(mm^2/s)		4.0~8.0	6.7
凝点/℃	≤	-2	-5
闪点(开口)/℃	≥	180	184
酸值/(mgKOH/g)		报告	0.41
水分		痕迹	痕迹
结构族组成/%			
C_A	≤	12	6
C_N	≥	40	48
C_P		报告	46

表7 2#芳烃抽出油(减二线抽出油)

检验项目		质量指标	检验结果
密度(20℃)/(g/cm^3)		报告	0.9872
运动黏度(100℃)/(mm^2/s)		6.0~14.0	10.5
凝点/℃		报告	-4
闪点(开口)/℃	≥	185	186
结构族组成/%			
C_A	≥	40	40
C_N		报告	30
C_P		报告	30

减三线油主要操作参数：进料量35t/h，抽提塔顶温88℃，底温57℃，剂油比1.8，精制液、抽出液加热炉出口温度215℃±3℃。

表 8 18#通用环烷基基础油(减三线精制油)

检验项目		质量指标	检验结果
色度/号	≤	2.0	2.0
密度(20℃)/(g/cm^3)	≤	0.96	0.9287
运动黏度(100℃)/(mm^2/s)		16.0~20.0	18.8
凝点/℃	≤	10	7
闪点(开口)/℃	≥	210	221
酸值/(mgKOH/g)		报告	0.62
水分		痕迹	痕迹
结构族组成/%			
C_A	≤	12	4
C_N	≥	40	52
C_P		报告	44

表 9 5#芳烃抽出油(减三线抽出油)

检验项目		质量指标	检验结果
密度(20℃)/(g/cm^3)		报告	1.0110
运动黏度(100℃)/(mm^2/s)		24.0~34.0	33.3
凝点/℃		报告	23
闪点(开口)/℃	≥	210	221
结构族组成/%			
C_A	≥	40	41
C_N		报告	39
C_P		报告	20

5 产品应用与优势

与石蜡基原油相比，由环烷基原油生产润滑油黏温性质差，黏度指数低，但由于其独特的性能，使它在许多生产领域中具有特殊的应用优势，甚至有可能是唯一的选择。如用它生产低倾点电气绝缘油(变压器油、电器开关油等)、橡胶填充油和润滑脂的基础油等。

5.1 电气绝缘油(以变压器油为例)与石蜡基比较优势

5.1.1 低倾(凝)点和优良的低温流动性

由于环烷基原油形成过程中漫长而久远的微生物作用，从而具有无蜡或少蜡的特征。由于凝点相当低而具有优良的低温流动性，因此适于国内各类地区，特别适于寒区、严寒区的电力设备使用。石蜡基油倾点高、在抗氧剂消耗以后易快速氧化生成大量的酸性化合物，而且酸性较强，对变压器油的电气性能、工作寿命有很大的影响。

5.1.2 低苯胺点和良好的溶解性

环烷基变压器油的烃组成中，有较多的环烷烃和适量的芳烃，即使是链烷烃也是支链化的异构烷烃，因此苯胺点较低并具有良好的溶解性。这一特性对于长周期运行的变压器来说十分重要。良好的溶解性使长时间运行过程中产生的油泥不会产生沉淀而处于溶解状态。这样会有利于变压器内部构件保持洁净而无沉积物，从而有利于传热、散热。

5.1.3 高密度和良好的传热介质特性

环烷基变压器油密度大，热容量大，传热性能好，具有良好的传热介质特性。

5.1.4 稳定的碳骨架、合理的烃类组合和良好的热稳定性、氧化安定性

环烷基原油在形成过程中受到微生物、水、氧等的各种作用，迫使一些性质不稳定而易于发生

化学变化的烃类发生转化或成为含杂原子烃类，从而形成结构稳定的烃类混合物。这种宝贵资源再通过后续精细加工，除去含氧、氮、硫等杂原子化合物及杂环芳烃、复杂的胶质组分，使环烷基变压器油具有相对较好的抗热老化性能，并在抗氧剂含量较低的条件下仍具有良好的抗氧化安定性。环烷基变压器油所具有的抗热老化、抗氧化特性与其烃类分子结构相关，因此也具有持久性，这对长周期运行的充油电气设备也是十分重要的。而石蜡基中碳与碳组成的长直链碳骨架，在低温下易产生蜡结晶，在高温下易氧化和裂解。

5.1.5 适度精制工艺保留适量芳烃使其具有较好的抗析气性能

环烷基油本身富含环烷烃，经过特殊的后续加工保留了适量芳烃，使环烷基变压器油具有更好的抗析气性能。

基于以上原因，因此尽管环烷基原油储量只占世界原油储量约2% ~3%，资源较为稀缺，而且分布不平衡，但是经过长期的实际使用，环烷基基础油被公认为是一种最佳的选择，也是最安全、最经济的选择。目前，全球变压器制造商，特别是ABB、阿尔斯通等大型跨国公司所生产的变压器，无一例外地采用以环烷基基础油生产的变压器油。

5.2 橡胶填充油与石蜡基比较优势

石蜡基橡胶油的分子结构是以直链烃为主，环烷基的分子结构是以环形饱和烃结构为主，它们与橡胶之间的亲和能力是基于相似相容原理，因此环烷基橡胶油相容性优于石蜡基，通常可适合各种橡胶，是目前世界公认的橡胶油的理想品种。由环烷基原油生产的橡胶填充油具有良好的低温性能、与橡胶有良好的相溶性、可以改善橡胶的弹性和韧性，延长使用寿命等特点。另外，极性物质含量低，极性物质主要是包含氮、硫、氧的杂环化合物，这些物质对橡胶的性能造成极大的影响，会导致橡胶制品的褪色、老化，在阳光照射下导致聚合物龟裂等。

5.3 润滑脂的基础油与石蜡基比较优势

用环烷基润滑油基础油制脂时，与石蜡基基础油相比，由于其 C_A、C_N 的含量较高，对稠化剂的溶解能力强，因此皂用量可大大减少，分油量可减少50%以上。另外，用环烷基基础油生产的锂基脂外观透明，具有良好的胶体性能、抗氧化安定性能、防腐防锈性能，使用寿命长等优点。

5.4 各侧线抽出油特点与应用

常二线与减二线抽出油由于其环烷基特性，附着力强，是制造油墨油的优质溶剂，根据其黏度不同，可分别用于报纸及大型广告印刷业。减三线抽出油具有密度大、黏度高、亲和性好、加工性能优良等特点，是橡胶工业良好的软化剂，因含有不饱和双键，与合成橡胶中丁苯橡胶(SBR)和丁橡胶(BR)有良好的相容性，所以在含不饱和键的橡胶中能均匀地分散，降低橡胶分子间的分子作用力，从而增加胶料的可塑性，使得橡胶制品回弹性好，耐磨性强，是橡胶、塑料制品的理想助剂，广泛用于橡胶、塑料行业，如用于轮胎制造等。

6 结论

以SZ36-1侧线油为原料，经过糠醛精制—液相络合脱氮—白土(或低温吸附剂)补充精制工艺加工后，可生产出25#变压器油、橡胶填充油和润滑脂基础油等特种润滑油基础油，并且由于SZ36－1环烷基原油的特性，使它在许多方面具有石蜡基产品不可比拟的应用优势，甚至有可能是唯一的选择。

参考文献

[1] 申宝武. 环烷基基础油浅谈. 石油商技，2006，6

渣油加氢-催化裂化双向组合 RICP 技术研究和工业应用

牛传峰　高永灿　戴立顺　李大东

（中国石化石油化工科学研究院，北京　100083）

摘　要：在分析传统渣油加氢－催化裂化组合工艺存在的不足的基础上，本文提出渣油加氢-催化裂化双向组合 RICP 技术，即催化裂化重循环油不再在催化裂化装置内自身循环，而是循环到渣油加氢装置作为渣油的稀释油，和渣油一起加氢后再作为催化裂化原料。RICP 技术利用重循环油促进了渣油加氢反应，同时催化裂化轻油收率增加，提高了石油利用率和炼厂经济效益。

关键词：渣油加氢　催化裂化　双向组合　重循环油

1　前言

石油是不可再生能源，我国进口原油正呈现迅猛增长趋势，对外依赖度已达 50%。与此同时，原油价格不断上升已成长期趋势，因此开发更有效的渣油深度转化工艺，最大限度地利用宝贵的石油资源，不仅具有更高的经济效益，对我国能源安全也有重要意义。

渣油加氢和催化裂化技术的联合是能将渣油深度转化并做到清洁生产的渣油深加工技术。传统的渣油加氢-催化裂化组合技术是一单向组合(见图 1)，渣油加氢尾油作为催化裂化原料，催化裂化重循环油(HCO)在催化裂化装置中自身循环。传统渣油加氢－催化裂化单向组合工艺流程见图 1。该工艺的不足之处为：①对催化裂化，由于重循环油含有大量多环芳烃，在催化裂化装置中自身循环导致轻油收率低，生焦量大，降低了 RFCC 装置的处理量及经济效益；②对渣油加氢装置，渣油加氢是扩散控制的反应，渣油黏度高将降低渣油的扩散和反应性能，增加催化剂结焦失活倾向，但如果采用大量直馏蜡油来作为稀释油，则面临和生产乙烯原料的加氢裂化装置争原料问题。综合以上因素，如果能将两套装置更有机地结合起来，以催化裂化重循环油作为渣油加氢进料稀释油将会有更大经济效益。

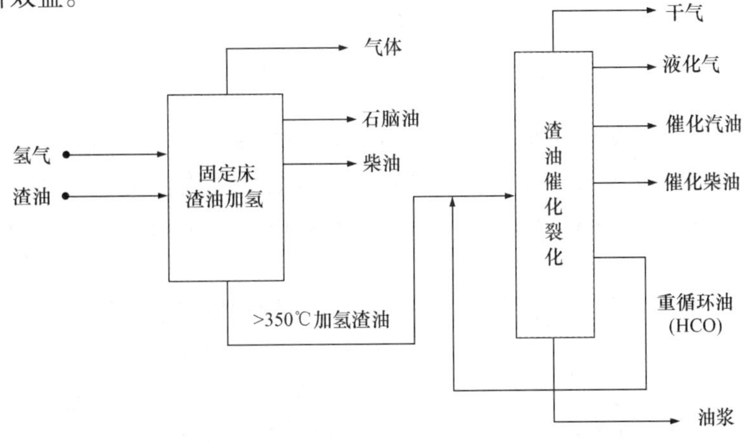

图 1　传统渣油加氢-催化裂化单向组合工艺流程

2　渣油加氢－催化裂化双向组合 RICP 技术的研发

2.1　RICP 技术构思

在深入分析渣油加氢和催化裂化反应过程化学以及传统的渣油加氢－重油催化裂化单向组合工艺不足之处的基础上，石油化工科学研究院创造性地提出渣油加氢－重油催化裂化双向组合 RICP 技术，即将 RFCC 装置原本自身回炼的重循环油(HCO)改为输送到渣油加氢装置作为渣油加氢进料稀释油，和渣油一起加氢处理后再共同回到 RFCC 装置进行转化。RICP 示意图见图 2。

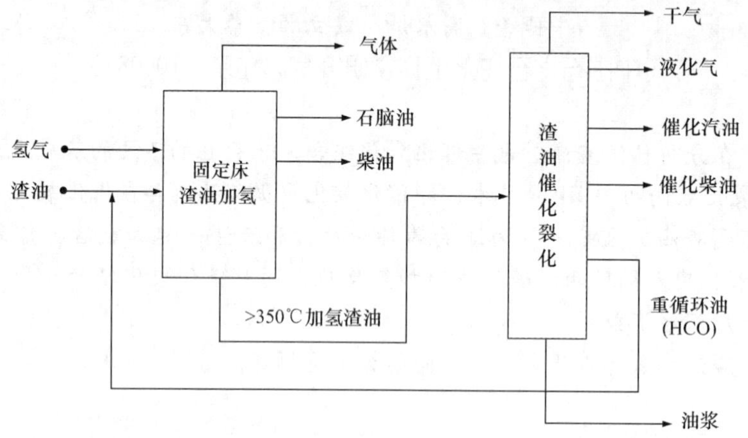

图 2　渣油加氢-催化裂化双向组合技术 RICP 流程

HCO 的主要成分为多环芳烃，具体结构主要为多环芳环上带短侧链，如图 3 分子式所示。如果要将回炼油在催化裂化过程中转化，将生成相当大量气体和焦炭，对催化裂化带来不利影响。

图 3　HCO 中多环芳烃代表性分子

这些多环芳烃分子在渣油加氢单元可发生加氢饱和反应，如图 4 反应式所示，其产物主要为部分饱和的芳烃。可以看出这些加氢产物中的双环芳环部分在催化裂化单元主要裂化为柴油馏分，单环芳环部分和饱和烃部分裂化后将主要进入汽油馏分，少部分进入液化气馏分。而焦炭收率将会降低。

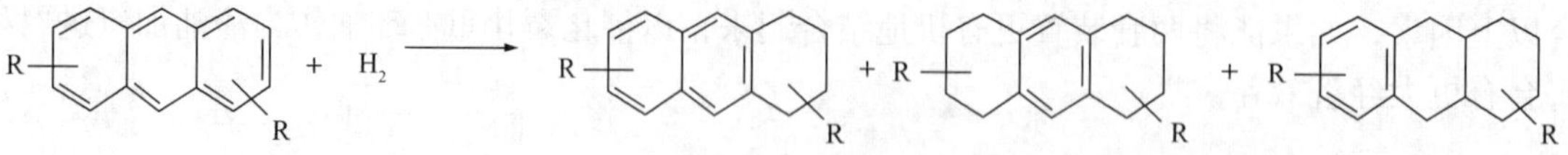

图 4　HCO 中多环芳烃加氢饱和反应

渣油加氢方面，渣油加氢是扩散控制的反应[1]。回炼油属于减压蜡油的馏分范围，黏度远小于渣油。渣油尤其是减压渣油中掺入回炼油后，黏度将大幅度降低，另外高芳香性的 HCO 有助于增加渣油体系特别是和沥青质的相容性，改善原料油的扩散性能，因此可促进渣油加氢反应。

在催化剂失活方面，与馏分油加氢装置相反的是，渣油加氢装置一般后部床层积炭严重，而且越到接近反应器出口积炭越多。这主要是因为胶质及油分加氢饱和速度快，而沥青质加氢饱和速度慢，并且容易断掉侧链只剩芳香度极高的芳核，因而在加氢过程中饱和度越来越高的油分中溶解度越来越小，最后非常容易沉积在催化剂上形成积炭。高芳香性 HCO 的掺入将可提高油分的芳香性，增加对沥青质的胶溶能力，减少沥青质在催化剂尤其是后部催化剂上的析出沉积，有效地降低加氢催化剂结焦，提高反应活性和稳定性。另外回炼油中多环芳烃的部分加氢产物是很强的供氢剂，可减少渣油热自由基缩合，抑制结焦前驱物的生成[2,3]。这些都可大大减少催化剂的积炭，降低失活速率，延长操作周期。

高芳香性 HCO 的掺入有助于增加了渣油体系特别是和沥青质的相容性，再加上黏度的降低，含重金属元素的沥青质能更容易扩散到达催化剂微孔深处，使金属在催化剂上的沉积能更加均匀。金属在催化剂颗粒中的分布的改善，可以避免或减轻孔口堵塞，使催化剂能容纳更多的金属，延缓催化剂的失活，并增加催化剂容金属量。

以催化裂化 HCO 代替直馏蜡油作为渣油加氢原料稀释油，可节省出直馏蜡油给加氢裂化装置加工，多产清洁馏分油和化工原料。

综上所述，采用 RICP 技术，将 HCO 引入到渣油加氢装置和渣油一起加氢后再作为催化裂化原料，将同时有利于渣油加氢和催化裂化装置。

2.2 RICP 试验验证

为验证以上理论分析，在 500mL 双管反应器中型加氢试验装置上，以沙特中质原油的减压渣油(以下简称沙中 VR)与取自某重油催化裂化工业装置的催化裂化 HCO 按不同比例混合的混合油为原料进行了渣油加氢中试试验。试验中氢分压为 14.2MPa。

沙中 VR 和催化裂化 HCO 性质见表 1。HCO 芳香性非常高，芳碳率达到 60% 以上。HCO 黏度也远低于减压渣油，掺入 HCO 显著降低渣油黏度。沙中 VR 黏度为 1479 mm^2/s，沙中 VR 与 HCO 按 90∶10、80∶20 和 65∶35 的混合油黏度分别降低为 626.9mm^2/s、320.1mm^2/s 和 128.2mm^2/s。黏度的降低带来表观反应速率的提高。掺入不同比例 HCO 的混合油表观反应速率常数见图 5。可见随着 HCO 掺入比例的提高，脱硫、脱金属反应速率常数也随之提高。

对反应后的渣油加氢催化剂进行了分析。脱硫催化剂上积炭沿催化剂床层位置变化情况见图 6。加工掺炼 HCO 的渣油原料的催化剂上的积炭显著低于加工未掺炼 HCO 的，而且越到后部，抑制作用越明显。催化剂上积炭的降低有助于提高催化剂活性，减缓催化剂失活。特别是后部催化剂一般都是高活性的催化剂，降低后部催化剂上的积炭可更好地提高催化剂整体性能。

表 1 中试试验加氢原料

原 料 油	沙 中 减 压 渣 油	HCO
S / %	5.1	1.27
Ni / (μg/g)	36.7	—
V / (μg/g)	112	—
C / %	83.47	88.83
H / %	10.12	8.93
残炭 / %	20.5	0.76
黏度(100℃)/ (mm^2/s)	1479	6.232
密度 / (g/cm^3)	1.0238	1.0212
芳碳率 / %	34.25	60.04
四组分 / %		
饱和分	11.6	27.8
芳香分	54.4	63.6
胶质	27.4	8.6
沥青质	6.6	<0.1

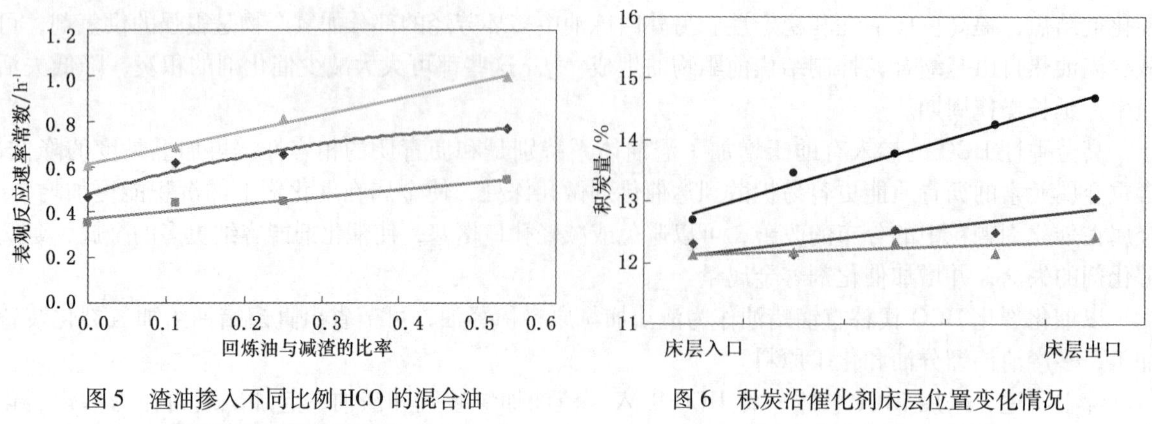

图5 渣油掺入不同比例 HCO 的混合油加氢表观反应速率常数

图6 积炭沿催化剂床层位置变化情况

采用电子探针测定了加氢后卸出的脱金属催化剂上 V 沿催化剂颗粒直径的分布，结果见图7，图5上部分为纯沙中 VR 为加氢原料的催化剂上 V 沿颗粒直径的分布，下部分为沙中 VR 掺 10% HCO 为原料的催化剂上 V 沿颗粒直径的分布。图中可看出，钒的分布都是靠近催化剂颗粒表面的地方浓度较高，而靠近颗粒中心的地方浓度较低，显示出渣油加氢脱金属反应为明显受扩散控制的反应。比较两者，可见掺入 HCO 后 V 沿催化剂颗粒直径的分布要均匀的多。掺入回炼油后，渣油黏度降低，而且高芳香性的回炼油也有助于沥青质离解为较小的结构，提高了含金属化合物的扩散系数，使其更容易进入催化剂微孔内部反应，因此金属的沉积更为均匀。金属沉积物在催化剂微孔中分布的均匀化可有助于催化剂容纳更多的金属，延长催化剂操作周期。

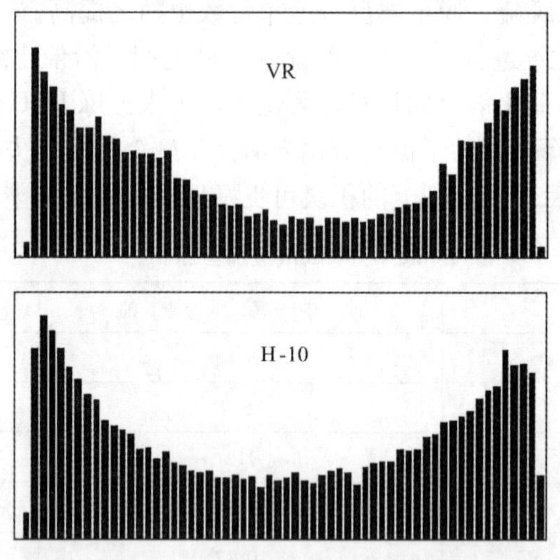

图7 V 沿催化剂颗粒直径的分布

表2列出了中试试验中 RICP 技术与传统单向组合技术的催化裂化试验结果，可见 RICP 技术中催化裂化总液收(汽油＋柴油＋液化气)收率高了3个百分点以上，焦炭产率下降超过0.5个百分点。

表2 中试试验 RICP 技术与传统单向组合技术的催化裂化产品分布比较

	单向组合	RICP
物料平衡/%		
$H_2 \sim C_2$	1.65	1.64
液化气	10.59	10.94

续表

	单向组合	RICP
C_5 + 汽油	43.01	46.05
柴油	15.28	15.01
重油	20.57	18.05
焦炭	8.90	8.31
总计	100.00	100.00
转化率/%	64.15	66.94
汽油 + 柴油/%	58.29	61.06
总液收/%	68.88	72.00

3 渣油加氢－催化裂化双向组合 RICP 技术工业应用

2006 年 5 月 9 日，Ⅱ套催化裂化装置的 HCO 引入到渣油加氢装置，渣油加氢－重油催化裂化双向组合 RICP 技术开始在中国石化齐鲁分公司胜利炼油厂 150 万吨/年渣油加氢装置和 80 万吨/年的Ⅱ套催化裂化装置进行工业应用。在工业运转中，Ⅱ套催化裂化的 HCO 输送到渣油加氢装置和渣油一起进行加氢，绝大部分加氢尾油作为Ⅱ套催化裂化装置原料，少量加氢尾油由其他催化裂化装置加工。

为考察 RICP 技术工业运转效果，对渣油加氢装置和催化裂化装置进行了标定，标定采用 RICP 技术与基准(单向组合)对比的方式进行。

单向组合方案：本方案为基准方案，减压渣油和焦化蜡油在渣油加氢装置中进行加氢处理，加氢尾油作为Ⅱ套催化裂化原料，Ⅱ套催化裂化 HCO 在催化裂化装置自身循环。

RICP 方案：除了与基准方案相同流量的减压渣油和焦化蜡油外，再加上Ⅱ套催化裂化来的 HCO 一起混合后作为渣油加氢进料，加氢尾油作为Ⅱ套催化裂化原料。Ⅱ套催化裂化装置 HCO 不再自身循环，而是循环到渣油加氢装置和渣油加氢原料一起加氢。

在两个方案中，Ⅱ套催化裂化装置加工不完的剩余的少量加氢尾油由其他催化裂化装置加工。

标定中渣油加氢装置操作条件分别见表 3。由于采用 RICP 技术时额外有催化裂化 HCO 掺入到渣油加氢原料中，因此进料量相应提高，以保持渣油加工量不变。表 4 列出了工业标定中的渣油加氢杂质脱出率。在同样反应温度并保持渣油加工量不变情况下，RICP 技术的脱残炭率比单向组合高 1 个百分点，脱硫率基本持平，脱金属率高约 3.5 个百分点。工业标定结果显示 RICP 技术有助于提高渣油加氢杂质脱除率。

表 3　工业标定渣油加氢装置工艺条件

标定方案	单向组合	RICP 方案
反应温度	基准	基准
总进料量/(t/h)	184	194
总进料中渣油量/(t/h)	150	150
总进料中稀释油量/(t/h)	34	44
焦化蜡油	34	34
回炼油	0	10

表4　工业标定RICP与单向组合渣油加氢杂质脱除率比较　%

标定方案	单向组合	RICP
脱残炭率	51.85	52.86
脱硫率	81.21	81.14
脱金属率	76.04	79.50

催化裂化装置操作条件见表5。可以看出在相同工艺条件下，与常规渣油加氢－催化裂化组合工艺比较，RICP技术在提高催化裂化单元掺渣比3.84个百分点基础上，仍能显著提高催化裂化加工能力。RICP技术催化裂化单元的产品分布明显改善，轻质油收率和总液体收率分别增加1.90和1.76个百分点，焦炭产率降低0.56个百分点。

表5　工业标定第二催化裂化主要工艺条件

项目	单向组合	RICP
蜡油量/(t/h)	28.24	25.35
渣油量/(t/h)	74.82	92.43
HCO自身回炼量/(t/h)	10.53	0.00
去渣油加氢HCO量/(t/h)	0.00	10.17
提升管总进料量/(t/h)	113.59	117.78
掺渣比/%	72.60	76.44*
反应温度/℃	基准	基准

注：*由于在RICP技术中有10.17 t/h的HCO去渣油加氢装置加氢后再回来作为催化裂化原料，因此在计算催化裂化掺渣比时渣油流量中扣除了这一部分。

对RICP技术在胜利炼油厂长周期运转情况进行了统计，见表6。图8为第二催化裂化装置混合进料的残炭值变化情况。图9为投用RICP技术前后第二催化裂化装置的总液收(液化气＋汽油＋柴油)和油浆产率变化趋势。由图可见，RICP技术投用前和投用后第二催化所加工的混合原料残炭相差不大，但RICP技术工业应用后催化装置总液收明显提高，从RICP技术投用前的平均81%左右提高到投用后的平均82.5%～84%，同时油浆产率显著降低，从RICP技术投用前的约6%降低到投用后的约3%～4.5%。长时期操作数据显示了RICP技术可有效提高高价值产品收率，降低低价值产品收率。

表6　工业标定RICP与单向组合技术产品分布比较　%

标定方案	单向组合	RICP	差值
干气	2.14	2.02	-0.12
液化气	13.53	13.40	-0.13
稳定汽油	39.13	40.72	1.60
柴油	32.97	33.28	0.30
油浆	3.54	2.45	-1.09
焦炭	8.66	8.09	-0.56

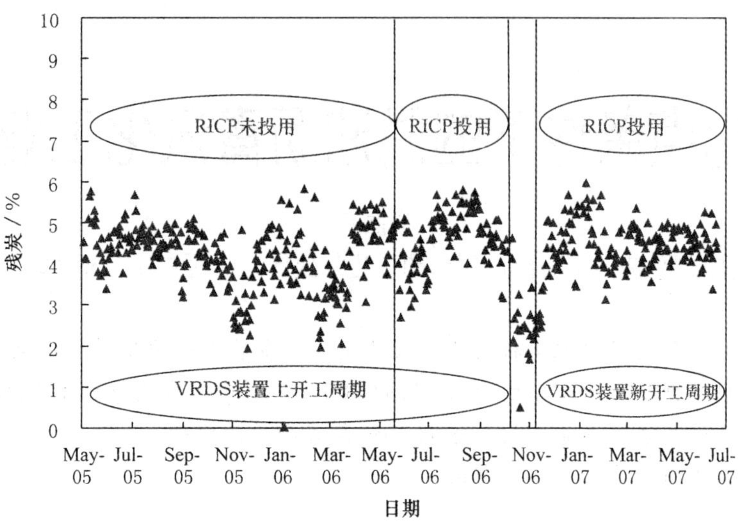

图8 第二催化裂化装置混合进料的残炭值变化趋势

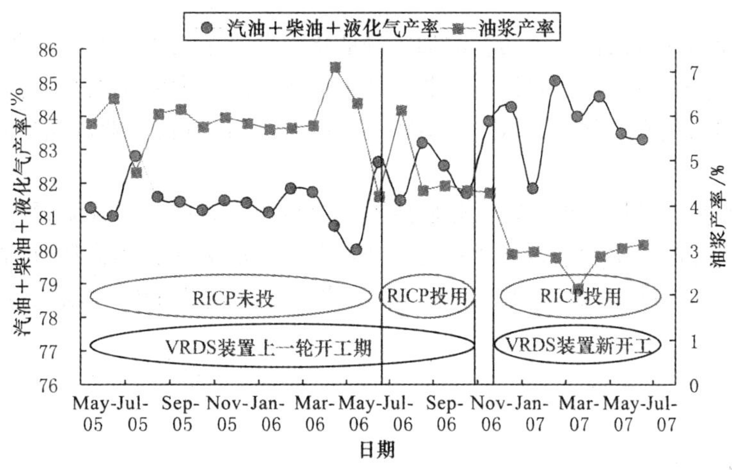

图9 投用RICP技术前后第二催化裂化装置的总液收和油浆产率变化趋势

4 结论

渣油加氢-催化裂化双向组合RICP技术一箭多雕地解决了渣油加氢和催化裂化存在的不足，提高了渣油转化为高价值产品的收率，提高了石油利用率和经济效益；同时RICP技术以催化裂化回炼油替代直馏蜡油用作渣油加氢装置进料的稀释油，直馏蜡油提供给加氢裂化装置生产更多的清洁油品和化工原料，从而优化了炼油厂的加工流程。

参 考 文 献

[1] 程之光．重油加工技术．北京：中国石化出版社，1994

[2] Carlson C S, et al. Ind Eng Chem, 1958, 50: 1067

[3] Fisher I P, et al. ACS DIV Pet Chem, 1982, 27: 838

高软化点条件下的脱油沥青汽化工业试验

徐燕平
（中国石油化工股份有限公司九江分公司，江西九江　332004）

摘　要：本文介绍了化肥原料由渣油改为脱油沥青后进一步劣质化的实验及工业试验情况。试验表明：脱沥青油收率由50%提高到60%，脱油沥青化点由70℃提高至100℃，装置运行正常。分析了脱沥青油收率达到70%装置面临的问题。

关键词：脱油沥青　劣质化　试验

1　前言

溶剂脱沥青—脱油沥青汽化—脱沥青油加氢进催化组合工艺是解决劣质重油加工的有效手段。该工艺采用混合 C_4 为抽提溶剂，从减压渣油中提取脱沥青油，为催化裂化装置提供优质的原料，劣质化的脱油沥青作为化肥汽化炉原料。从2004年开始，已在石化企业成功应用并取得较好的经济效益。

为进一步提高脱沥青油拨出率，降低化肥成本，提高经济效益，在脱沥青油收率50%基础上，继续开展提高脱沥青油的收率和沥青软化点的工业试验。试验表明：提高脱沥青油收率10个百分点和提高脱油沥青黏度20mm²/s(250℃)以上，脱沥青油收率达到60%、软化点达到100℃，装置运行正常。

2　实验研究

2.1　黏度-温度关系

通过对同种物料情况下黏度与温度的关系(见表1)的研究，在脱沥青油收率55%情况下，脱油沥青黏度在100mPa·s时的温度为248℃。

表1　实验用温度黏度对应数据

动力黏度/mPa·s	运动黏度/(mm²/s)	对应温度/℃	动力黏度/mPa·s	运动黏度/(mm²/s)	对应温度/℃
70	67.8	264	90	87.2	254
75	72.7	261	95	92	251
80	77.5	258	100	97	248
85	82.3	256			

2.2　结焦趋势研究

研究温度提高条件下沥青结焦的趋势，以确定合适的温度控制上限。

图1是在通氮气的情况下，先以20℃/min的升温速率将试验温度升至300℃，然后在此温度下保持120min，得到样品的试验曲线图。从图中可看到样品失重量为5.0%(99.3%～94.3%)。可见仅有少量的轻组分蒸发。

图2是在通氮气的情况下，先以20℃/min的升温速率将试温度升至360℃，然后在此温度下保持120min，得到样品的试验曲线图。从试验曲线图中可得到样品的失重量为21.9%(96.3%～74.4%)，可见在此温度下有部分试样开始不断蒸发或裂解。

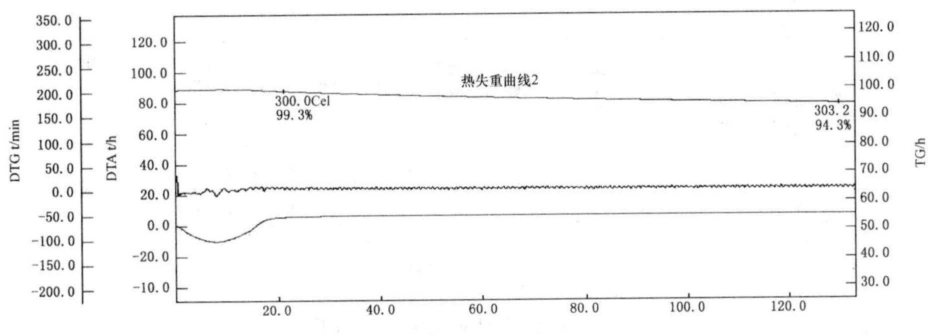

图1 脱油沥青在300℃下保持120min的热重/差热曲线图

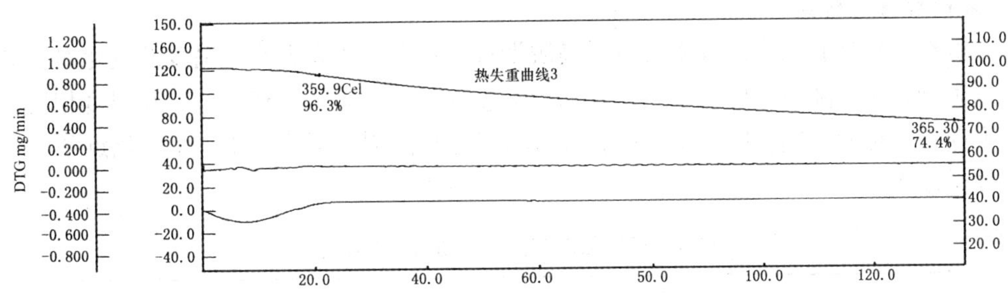

图2 脱油沥青在360℃下保持120min的热重/差热曲线图

研究表明：

①温度控制在300℃以下，结焦的可能性很小；

②随着温度的升高，结焦趋势增加，当温度达到360℃以上时，结焦趋势明显增加。

2.3 喷嘴雾化性能模拟实验

为了考察汽化原料黏度增加对汽化喷嘴雾化性能的影响，利用不同浓度的甘油-水混合液作为介质进行冷模实验。随雾化介质黏度的增加，雾化滴径逐渐增大，滴径分布逐渐变宽，雾化角也相应地逐渐增加。这三个变化趋势对汽化过程的影响主要都是负面的，会导致有效气成分下降，炭黑生成增加、耐火衬里烧蚀增加，设备运行周期缩短。运动黏度对平均滴径、滴径分布和雾化角影响的变化趋势分别见图3~图5。

采取掺烧部分干气，可以显著降低雾化滴径、降低雾化角，对滴径分布影响不大。因此，汽化装置使用脱油沥青后，掺烧干气不仅从原料充分合理利用角度有好处，而且将对汽化装置的长期运行有益。

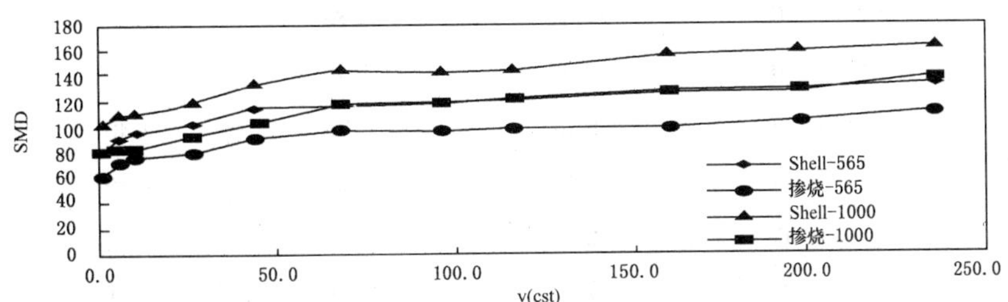

图3 运动黏度对雾化滴径的影响

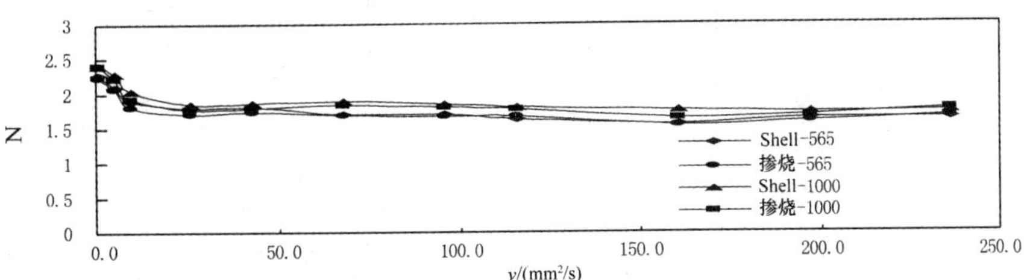

图4 运动黏度对滴径分布的影响

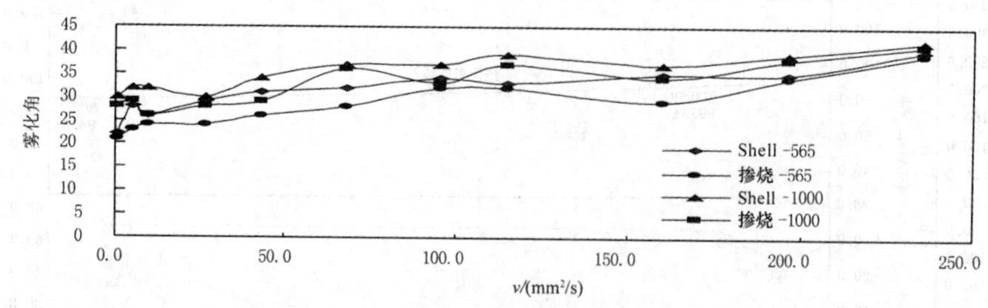

图 5 运动黏度对雾化角分布的影响

2.4 溶剂脱沥青研究

技术关键在于提高脱沥青油收率同时提高脱沥青软化点。研究表明，温度的变化对脱沥青油的收率及质量影响较大，随着温度的升高，脱沥青油收率降低，质量得到改善。和温度相比，溶剂比的变化对脱沥青过程的影响程度要小一些，综合考虑体积溶剂比可为6:1。高软化点条件下，脱沥青工艺条件见表2。

表 2 高软化点条件下脱沥青工艺条件

原 料		管输减渣			
操作压力/MPa		4.0			
溶剂比，V/V		6/1			
停留时间/min		30			
抽提塔顶/底温度/℃		130/115			
沉降塔顶/底温度/℃		133/133			
密度（20℃）/（g/cm³）		0.9414	0.9651	1.050	1.043
黏度（100℃）/（mm²/s）		75.06	271.61		
黏度（80℃）/（mm²/s）		195.08	844.40		
残炭/%		5.1	12.5	32.9	29.3
灰分/%			0.014	0.107	0.087
软化点（环球法）/℃				101.6	82.1
元素分析/%	C	86.16	85.88	85.79	85.81
	H	12.17	11.40	9.63	9.87
	S	1.10	1.50	2.40	2.21
	N	0.48	0.80	1.10	1.07
	Fe	0.5	1.0	36.2	32.2
	Ni	7.5	17.0	91.1	83.7
金属分析/（μg/g）	Ca	<0.1	0.2	144	127
	V	0.3	1.0	9.2	8.4
	Na	0.4	0.5	11.2	9.6
	Al	0.2	0.3	11.5	10.0
组成分析/%	饱和分	31.1	14.0		
	芳香分	46.5	45.1		
	胶质	22.4	40.8		
	沥青质	<0.05	0.1		

3 试验方案

3.1 控制指标

为了进一步降低化肥生产成本，化肥原料进一步劣质化，溶脱装置有必要对脱油沥青进行提黏，提黏试验以“利用现有设备，不做大动改”为原则。确定以脱沥青油收率由当前运行的50%提高到60%，脱油沥青软化点由70℃提高至100℃为主控指标进行工业试验，考察化肥原料进一步劣质化后装置能否平稳正常运行。化肥装置试验工艺运行条件见表3。

表3 试验工艺运行条件

项　目	进料温度/℃	进料黏度/(mm^2/s)	炉膛温度/℃	O_2/料比/(m^3/kg)	蒸汽/料比/(kg/kg)	出口甲烷/%(v)
控制值	252	92	1300	0.735	0.355	0.4

3.2 试验步骤

3.2.1 降温提高黏度运行实验

(1)根据化肥需要溶脱装置稳定控制处理量和质量，送往化肥沥青黏度控制在60mm^2/s左右，并维持稳定。

(2)根据实验温度-黏度曲线，逐渐减少化肥装置原料加热器蒸汽量，降低高压原料泵入口温度，分步多次将黏度提高到70mm^2/s，75mm^2/s，80mm^2/s，85mm^2/s，90mm^2/s，温度分别控制在260℃、259℃、257℃、255℃、252℃，每一条件下维持运行24h以上，以便观察判断系统的变化。

(3)增加氧气量调整汽化炉温度，保持出口气甲烷、炭黑浓度基本不变。

3.2.2 接力泵输送实验

接力泵设计黏度30~130mm^2/s，设计运行温度260℃，因在运行中暴露出自燃点下移形成安全隐患以及现场原料缓冲罐放空管有较多轻组分放出等问题，不得不采取降温操作等措施来缓解上述问题。现运行温度为205~215℃，运动黏度为320 mm^2/s。降温后带来的新问题是运行参数较大偏离设计参数。如果进一步提高黏度，将会使运行条件更大地偏离设计条件。因此有必要进行增黏运行实验。

根据接力泵温度-黏度数据(表4)，溶脱装置在沥青黏度稳定在55~60 mm^2/s的基础上逐渐降低到化肥沥青温度，由210℃降到190℃，降温提黏分多步进行，每次降温2℃，运行4h以上。

表4 接力泵实验温度-黏度数据

设定温度/℃	对应动力黏度/mPa·s	运动黏度/(mm^2/s)
190	685	664
200	448	434
210	330	320
220	231	224
230	165	160
240	123	233
250	96	119
265	69	67

3.2.3 提高脱沥青油收率试验

逐步提高溶脱装置脱沥青油拔出率至56%、58%、60%(注：以满足黏度条件为前提，可根据油种不同适当变化)，每步稳定运行24h以上，每8h分析一次沥青指标，每4h分析一次黏度，保证黏度指标符合试验要求，最终黏度控制在≯92 mm^2/s(250℃)条件下运行。

4 工业试验

4.1 脱沥青油收率

试验期间，溶脱装置脱沥青油收率变化见图6，其收率最高达到65%。

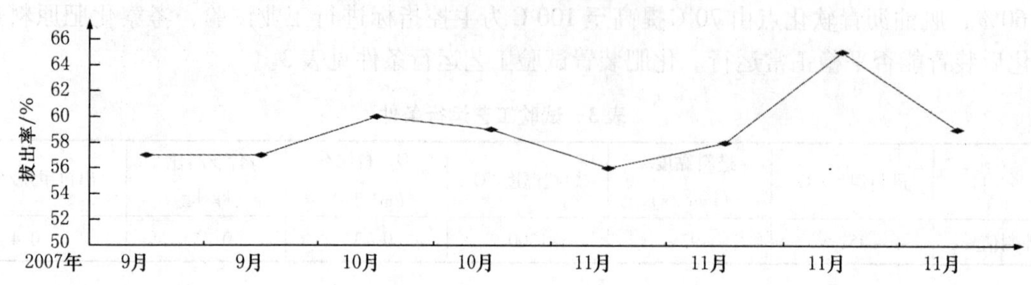

图6 溶脱装置脱沥青油收率变化

4.2 脱油沥青黏度

试验期间，脱油沥青黏度变化见图7。其黏度最高达到92mm^2/s，此时软化点为100℃。

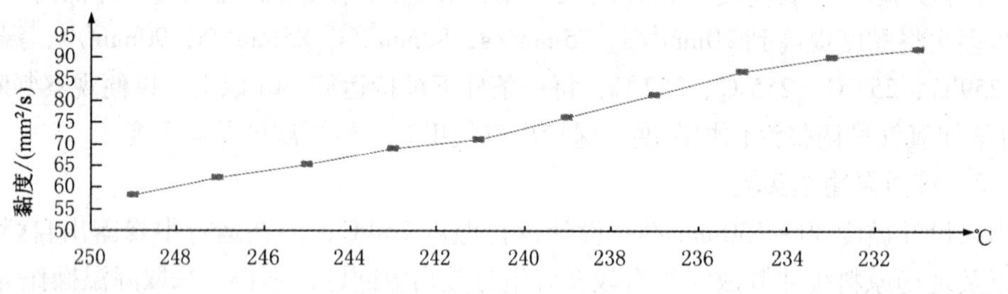

图7 脱油沥青黏度变化

4.3 汽化装置氧气消耗

汽化装置氧气消耗对比见图8。从图可以看出，脱油沥青取代渣油作为化肥原料及进一步劣质化后，氧气消耗没有明显变化，这也表明物耗不会因原料改变发生大的变化。

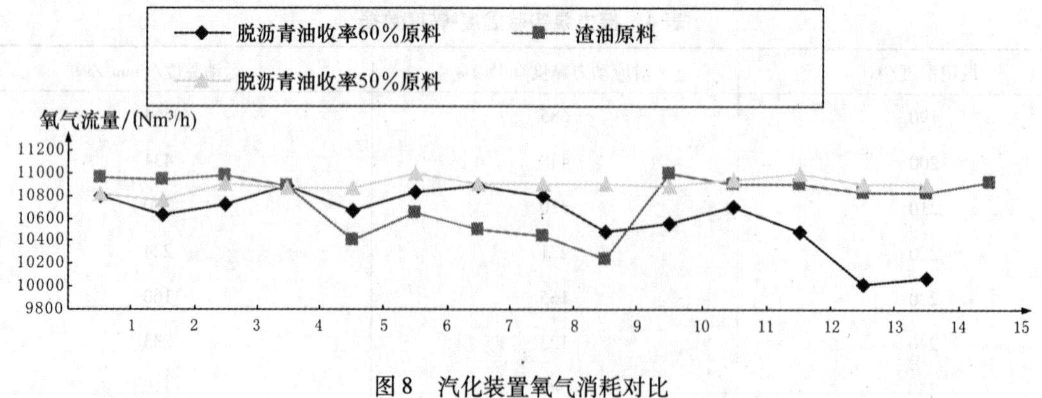

图8 汽化装置氧气消耗对比

4.4 汽化炉炉温

汽化炉炉温对比见图9。从图中可以看出，汽化炉操作温度随着原料劣质化呈上升趋势，但原料改变前后变化较小，仍在原正常控制范围1100~1300℃之间，这与氧气用量的变化不大呈对应关系。

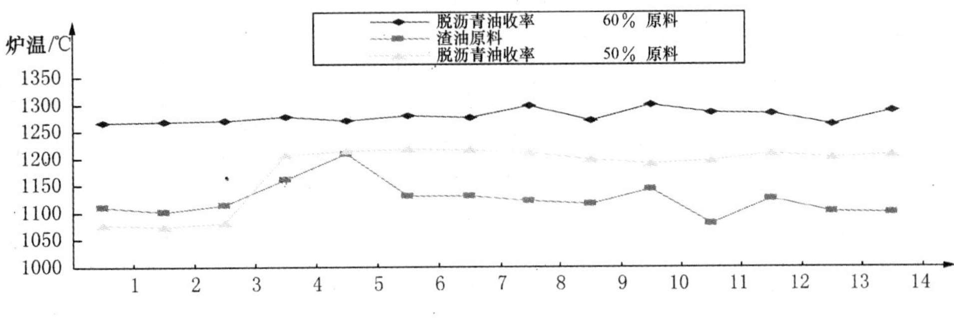

图9 汽化炉炉温对比

4.5 汽化炉产气量

汽化炉产气量对比见图10。从图中可以看出，原料劣质化与渣油原料相当。

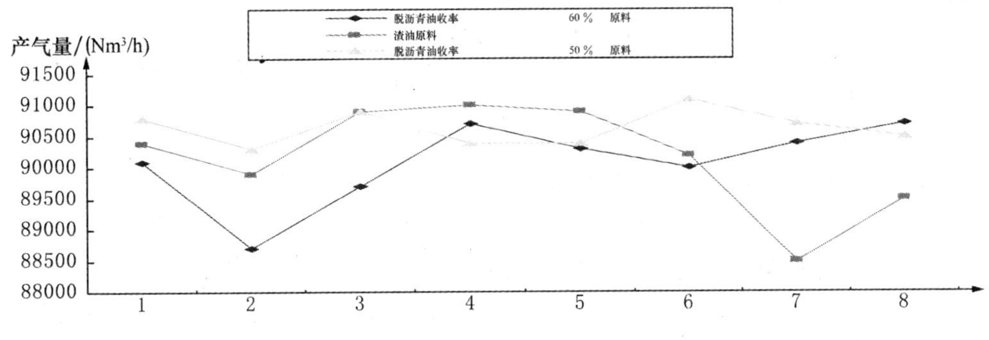

图10 汽化炉产气量对比

4.6 原料气组成

原料气组成对比见表5。从表可以看出，有效气体($CO + H_2$)成分变化也不大，原料改变前后均在95%(v)左右，从另一角度证明原料劣质化后烧嘴仍具有很好的性能，同时也表明原料劣质化对有效气体成分影响较小。在汽化炉温度控制和以前大致相同情况下，粗原料气中甲烷和碳黑含量未因原料变差而有大的改变，甲烷含量仍在0.4%(v)以下，碳浆浓度仍在0.3%~0.7%。

4.7 高压渣油泵

试验期间汽化装置除高压渣油泵出口压力随沥青黏度增加而上升外，各点温度(正常值为≯环境温度+40℃)、振动(正常值为≯20 μm)等参数稳定，两台泵的电流值变化情况均在正常控制范围内。

表5 原料气组成对比

原　料	CO	H_2	CH_4	CO_2	S
脱沥青油收率60%原料	49.13	45.45	0.10	4.29	1.03
	48.20	46.45	0.12	4.18	1.06
	48.53	46.47	0.11	3.85	1.05
	48.50	46.03	0.23	4.17	1.07
	48.84	46.38	0.13	3.69	0.95
	49.01	46.18	0.13	3.72	0.97
	49.23	46.07	0.18	3.63	0.23

续表

原　　料	CO	H_2	CH_4	CO_2	S
渣油原料	48.42	47.20	0.20	3.34	0.24
	48.13	47.65	0.28	3.16	0.24
	45.28	50.38	0.23	3.4	0.71
脱沥青油收率50%原料	47.06	49.09	0.14	3.72	0.98
	45.03	50.66	0.17	3.17	0.96
	45.55	50.01	0.18	3.44	0.82
	46.02	50.69	0.14	3.01	0.74
	47.26	48.79	0.16	2.95	0.84

5　深度试验面临的问题

在脱沥青油收率60%、软化点100℃的基础上，进一步开展脱油沥青软化点达到120℃、脱沥青油收率70%的深度试验，主要面临的问题：

1)沥青软化点达到120℃，温度控制在现有设计温度254℃时，黏度在100mm^2/s以上，超过现有高压给料泵设计黏度100mm^2/s的上限和设计运行温度。

2)沥青软化点达到120℃时，脱沥青油深度将达到70%以上，按化肥原料需要量30t/h计算，溶脱装置的加工量将到达100t/h，这将远远超过溶脱装置62t/h的设计能力。

3)原料劣质化后，汽化系统出现的工艺问题较使用渣油为原料时增加，主要表现在汽化关键设备烧嘴使用周期缩短。

6　结论

1)化肥汽化炉进料从脱沥青油收率50%增加到60%、黏度由小于指标70mm^2/s(250℃)提高到92mm^2/s(250℃)后，装置运行正常，原料气组成、氧气消耗、炉温、产气量等均没有明显变化。进一步深度试验，系统风险加大，关键控制值超出设计范围，不利于装置的长周期生产。

2)开展了汽化烧嘴攻关，改进的汽化烧嘴已在装置上连续运行180天以上，有利于原料的劣质化及化肥装置长周期运行。

3)溶脱装置脱沥青油深拔，化肥原料进一步劣质化，有利于提高企业整体经济效益。

大型焦炭塔的设计、制造与安装

梁文彬
（中海炼化有限公司惠州分公司，广东惠州　516086）

摘　要： 本文介绍了目前国内最大直径达 ϕ9800 的焦炭塔的设计、制造与安装所采用的技术。设计上主要采用了低S、P含量的钢板，采用了整体锻造的过渡段，采用了背带式保温以及特殊结构的急冷油四通。在制造过程中采用了合理的焊接工艺，选用了合适的焊接材料，制定了合理的热处理工艺。在安装中采用了合理的吊装方案。上述措施确保了国内最大焦炭塔一次制造安装成功。

关键词： 焦炭塔　整体制造　过渡段　背带式保温　吊装

1　前言

延迟焦化是以渣油或类似渣油的各种重质油、污油等为原料，通过加热炉快速加热到一定的温度后进入焦炭塔，在塔内适宜的温度、压力条件下发生裂解、缩合反应，生成气体、汽油、柴油、蜡油、循环油组分和焦炭的工艺过程。焦炭塔是延迟焦化装置的核心设备之一，焦炭塔工作环境的的特点是操作温度高，最高可达到500℃，操作温度变化频繁，每一个操作周期都要由常温变化到最高操作温度，再由最高温度冷却到常温，并且生焦周期越短，温度变化速度越快；焦炭塔不仅是一个反应器而且还是一个装焦炭的容器，操作不当会导致泡沫溢出，造成后部管道、设备结焦。随着装置向大型化方向的发展，对于焦炭塔的设计制造等提出了更为苛刻的要求。

惠州炼油420万吨/年延迟焦化装置采用两炉四塔工艺，使用国外专利公司的工艺包，焦炭塔的最高工作温度达到490℃，加工的原料为高酸重质渣油。焦炭塔由工艺包专利商进行机械设计，由中国石化工程公司(SEI)详细设计，焦炭塔的直径为 ϕ9800mm，主体材质采用14Cr1MoR，塔顶至泡沫层以下200mm部分材质为：14Cr1MoR＋410S，焦炭塔的主要设计参数见表1。

表1　焦炭塔的主要设计参数

序　号	项　　目	参　　数
1	直径/mm	ϕ9800
2	高度/mm	33600
3	设计壁厚/mm	44/40/36/34/30＋3/38＋3
4	公称容积/m^3	2152
5	材质	14Cr1MoR＋410S(上)/14Cr1MoR(下)
6	操作介质	渣油、油气、焦炭、水、蒸汽
7	设计压力/MPa	0.414
8	操作压力/MPa	0.15
9	设计温度/℃	490
10	操作温度/℃	460
11	金属质量/kg	380000
12	数量/台	4

2 焦炭塔的设计特点

2.1 通过优化材料的选择提高设备的使用寿命

焦炭塔的操作温度约490℃左右，操作压力约0.15MPa(表)。周期性操作使焦炭塔反复处于骤冷骤热的操作条件下，易于出现塔体腐蚀、变形和鼓包，甚至焊缝开裂、塔体倾斜等情况。上述情况的出现与焦炭塔的材质有很大关系，碳钢制造的焦炭塔，发生鼓包处塔径可增大200~250mm。使用Cr-Mo钢制造的焦炭塔，产生鼓包、径向增大量就比较小。通常铬钼钢焦炭塔最早产生穿透裂纹的时间为12年，碳钢焦炭塔一般为7年。用铬钼钢，耐热强度更高，抗腐蚀性好，尽管制造也有一定难度，需要热处理等，但性能好、整体价格与碳钢相差不大。目前国内新制造的焦炭塔材质主要是15CRMoR与14Cr1MoR，国际上11/4Cr-1/2Mo(相当于14Cr1MoR)制造的焦炭塔增加很快。因为14Cr1MoR钢和15CrMoR钢相比，许用应力高，对缺口敏感性小，耐热性更好。从材料组织上来讲，15CrMoR钢主要是珠光体组织而14Cr1MoR钢主要是贝氏体组织，后者钢板1/2厚度处的冲击值更高且稳定。目前国内钢厂能批量生产14Cr1MoR钢板，性能符合设计要求。考虑到焦炭塔上部暴露在含硫的腐蚀性环境中，腐蚀比较严重，因此上段采用14Cr1MoR+410S复合钢板，该复合钢板国内制造厂也可以提供，并能够提供相应的焊接工艺。

影响焦炭塔寿命的主要因素是钢板的冲击韧性，要提高冲击韧性就必须要提高钢材的冲击值，Cr-Mo钢中影响冲击值的因素主要有以下几个方面：

化学成分：不同化学成分的材料对缺口敏感性尤其是0℃冲击韧性的影响是不同的。在各种元素中，P、S的影响最大，其次是Si、Sb、As、Sn等。

晶粒度：细而均匀的晶粒意味着单位体积内的晶粒多，受冲击后裂纹沿晶间扩展的阻力大，材料吸收冲击能的能力较强。这里特别要防止大型锻件里常见的混晶，它会使材料整体抗冲击的能力大大降低。

组织：不同热处理状态下的析出组织(如不同百分比组合的奥氏体、珠光体、马氏体包括位错、层错，孪晶等亚组织)及不同纯净度且杂质不同分布的材料对冲击的影响有着截然不同的结果。

热处理状态：由于时间-冷速-温度比较而言，温度起的作用最大。选择合理的热处理温度，控制热处理温度偏差，对提高冲击韧性来说是至关重要的。

提高材料冲击韧性的措施一般为：采用细晶粒钢加正火处理，其冲击韧性将大大提高；提高焊后热处理温度；降低S、P等杂质的含量等。由于14Cr1MoR是贝氏体组织冲击韧性更好，因此建议新焦炭塔采用该材质。表2对焦炭塔基层钢板成分的要求。

表2 钢板成分要求 %

钢 号	成分	C	Cr	Mo	Mn	Si	P	S	Sn	Ni	As	Sb	Cu	H
14Cr1MoR	熔炼分析	≤0.15	1.0~1.5	0.45~0.65	0.4~0.65	0.5~0.8	≤0.010	≤0.005	≤0.010	≤0.25	≤0.010	≤0.0025	≤0.20	≤3μg/g
	产品分析	≤0.15	0.94~1.56	0.40~0.70	0.35~0.73	0.44~0.86	≤0.010	≤0.005	≤0.010	≤0.25	≤0.010	≤0.0025	≤0.20	≤3μg/g

回火脆化敏感系数要求：X系数≤15μg/g。J系数≤180。

钢板应以正火加回火状态交货，钢板的金相组织基本应为贝氏体。对钢板的力学性能要求见表3。

表3 钢板的力学性能要求

钢种	室温拉伸强度 σ_b/MPa	室温屈服强度 σ_{02}/MPa	室温延伸率 δ_5/%	室温断面收缩率/%(v)	475℃高温屈服强度 σ_{02}/MP	室温夏比(V形缺口)冲击功/J	-20℃夏比(V形缺口)冲击功/J	室温弯曲试验
14Cr1MoR	515~690	≥310	≥18	≥45	185.5	≥80(3个试样平均值) ≥60(其中一个试样最低值)	≥54(3个试样平均值) ≥47(其中一个试样最低值)	弯曲180°无裂纹 $D=2.0a$

专利商工艺包中要求的钢板化学成分除满足上表2中的要求外，同时要求磷含量P≤0.008%，而目前国内制造厂无法满足该项指标要求。基于节约投资的角度出发，鉴于国内多年的使用经验同时征求专家意见，经过设计院SEI认可，将磷含量指标降到P≤0.010%，实现了板材国产化，大大降低了设备的造价。

2.2 采用锻焊结构的过渡段

焦炭塔设计的难点之一是过渡段的设计，该部位最容易出现裂纹。过渡段既需要足够的强度来支撑设计负荷条件下的壳体，同时还要求其径向有较好的柔韧性，以避免热应力的影响。因为焦炭塔是一个承受热和机械循环的压力容器，循环操作将在塔裙中产生比较高的应力。焦炭塔疲劳开裂的激发和扩散是由焦化过程热循环操作特性导致的。在美国石油学会(API)调查的焦炭塔中，有约1/2的塔在靠近裙座-壳体连接处的过渡段发生开裂，因此壳体和裙座之间的连接细节是非常重要的，好的塔裙设计能够大大延长设备使用寿命。

筒体与裙座的连接方式有如下四种：(1)对接型式，结构简单，易产生应力集中和裂纹；(2)搭接型式，结构简单，易产生应力集中和裂纹，裂纹扩展后将会造成塔体下沉的严重后果；(3)堆焊型，应力集中系数较小，产生裂纹的可能性小，但制造较复杂，焊接工作量较大。裙座开槽孔(即膨胀缝)，有利于应力释放，防止焊缝开裂。但槽孔处易开裂；(4)整体型，采用整体锻件，应力集中系数最小，但制造难度大，成本高。整体型的疲劳寿命最长。

惠炼项目焦碳塔的过渡段采用整体锻焊结构代替了国内以前采用的堆焊结构(结构图见图1)，该结构更能抵疲劳裂纹的产生。

2.3 塔顶油气出口采用了特殊设计的四通与急冷油喷嘴。

以前焦炭塔塔顶大油气线易发生结焦造成塔顶油气线堵塞，影响装置的正常操作，甚至造成装置被迫停工；停工检修时油气管线清焦也相当困难。为此焦炭塔采用了新的四通结构(见图2)，四

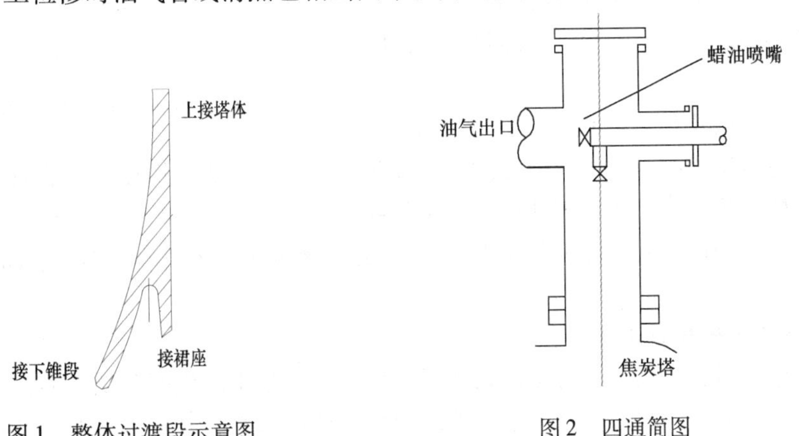

图1 整体过渡段示意图　　图2 四通简图

通内部设置了蜡油冷却雾化喷嘴，该结构便于检修，在塔口结焦的情况下，可以将上部法兰拆开，采用机械或水力清焦。蜡油喷嘴采用了特殊设计的SC型喷嘴，喷嘴选用了321材质，本体耐冲刷

耐腐蚀，并能进行良好的雾化，保证对焦炭塔顶油气进行有效洗涤，从而减少焦粉携带，均匀降低油气温度，减少油气在油气管线内的结焦。

2.4 设计了特殊结构的进料短节

塔底盖采用全自动底盖机－双闸板平板密封闸阀。采用全自动底盖机后，塔底进料由原来的中间进料改为侧进料。侧进料会造成塔底加热不均匀，所引起的变形会促使进料口应力集中产生裂纹，塔体产生鼓胀及其他缺陷，在放水时容易造成焦炭颗粒与水一起流出而堵塞管道，使操作的可靠性下降。考虑到上述情况，采用了如图3所示的进料口设计，接管采用了整体锻造结构，可以有效降低连结处应力分布、避免疲劳开裂；中间的十字板可以减少焦块的携带。

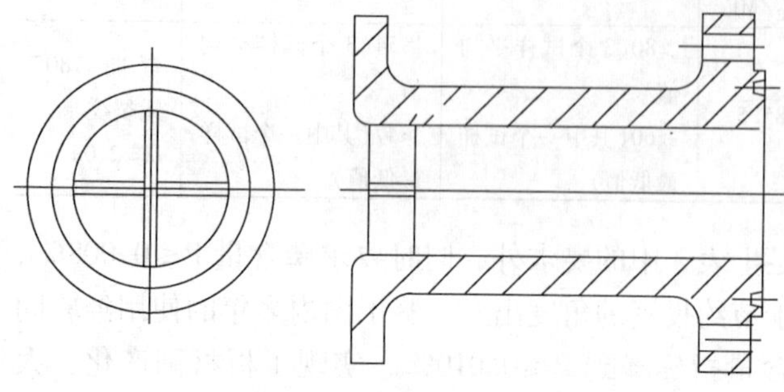

图3 焦炭塔进料接管简图

2.5 外保温采用背带式保温结构

焦炭塔保温结构和保温效果的优劣对焦化装置的液体收率影响很大，焦炭塔内介质温度每降低5.6℃，液体的收率将下降1.1%，而且保温效果好，还将缩短焦炭塔的预热时间，降低装置的能耗。保温质量的优劣对减少局部应力及塔壁腐蚀也有着极其重要的作用。当塔体表面某些部位缺少保温或保温破损，长期裸露，特别在雨、雪环境下，会造成塔内外温差陡增，热应力增大，是塔体变形、焊缝开裂的潜在隐患。一些炼厂焦炭塔接管，支腿加强焊缝开裂就是与保温不善、内应力过大有着很大关系。在焦炭塔塔顶部位，已经发生过多起因保温不善而引起塔内壁接管的加速腐蚀，直至局部渗透、泄漏的事故。

本次焦炭塔外保温采用专利技术“大型铬钼钢塔器背带式保温结构”。保温层厚度为200mm，内部40mm为陶瓷纤维，140mm为复合硅酸盐板材，外部20mm为复合硅酸盐涂料，此涂料层由不锈钢丝网加固，外部为玻璃布+防水层，保温层外部增加了外背带，由外背带固定外保护层，由于内、外背带分开，避免了保温内外温度不一致，上下膨胀不一致而导致保护层损坏。

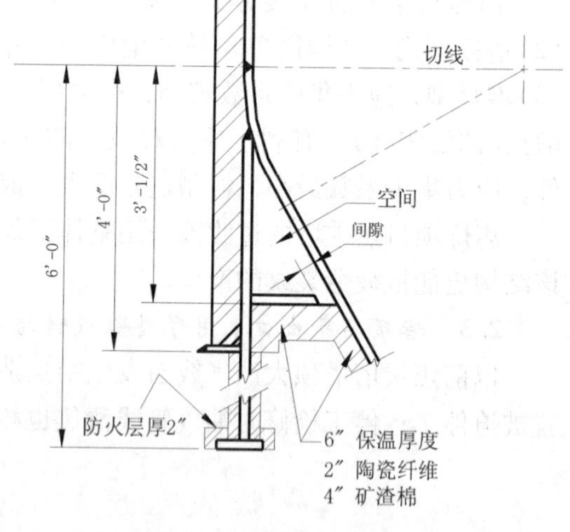

图4 焦炭塔裙座热盒和保温简图

裙座上部和焦炭塔锥体之间设计有热盒，见图4。此热盒能使裙座与锥体连接部位的焊缝处的热量损失减少，当焦炭塔操作时，能有效减少该处的温度梯度，减少该处的热应力，防止该处焊缝产生裂纹。

实践表明这种结构保温的实际使用效果良好，实际测量焦炭塔外保温保护层的表面温度仅有40℃左右。

2.6 焦炭塔焊接结构的改进

由于塔体焊缝加强高度在焦炭塔操作条件下是引起应力集中产生疲劳裂纹的根源，同时也是筒体段鼓凸变形的一个因素，因此要求塔壁内外的焊缝应全部磨平，其焊缝余高应为0。不等厚壁板相焊时，应打磨成1:10斜坡。这样能减少由热循环引起的峰值应力。对接焊缝采用X形坡口以减小变形和应力。上封头上的开孔连接处取消补强圈，采取整体补强设计。

2.7 优化安装设计

因为水力除焦时，高压水对筒壁冲击造成塔体振动，引起底座垫铁外移、螺栓松动，严重时造成焦炭塔歪斜、晃动。在安装时要求斜铁（二斜一正）找正后，斜铁之间及斜铁与底座环之间都焊死焊牢，地脚螺栓上螺母下增加了防松碟簧。

3 制造

该焦炭塔为目前国内最大的焦炭塔，在国际上也属于比较大型的塔器，设备的直径大、重量大、材质结构特殊，而器壁厚度相对于直径、重量又偏薄，设备容易变形，因此设备制造的难度相当大。目前焦炭塔制造主要有两种方式。一种是制造厂整体制造，分段炉内热处理，整体运输、吊装。另一种是制造车间内卷板，现场分片组焊，分段吊装组焊，整体采用内燃法热处理。考虑到现场施工场地狭窄，当地多风，环境潮湿，不利于 Cr－Mo 钢的现场焊接，并且由于该延迟焦化装置单系列为目前世界最大，因此设备的基础及框架的设计方案迟迟不好确定，实际留给基础框架施工的时间比较短暂，这将影响分段制造的周期，也将严重影响装置的交工周期。考虑到上述因素采用了制造厂整体制造、整体运输、整体吊装的方案。

3.1 制造的总体情况

焦炭塔共分四段滚段成型。上椭圆封头及接管单独组成一段，中间分两段，过渡段为一段。上段在车间内制造，焊接采用手工电弧焊。筒体段在制造厂内每 2 节立式组焊成一小段，纵缝采用焊条电弧焊焊接，焊后清根。环缝采用横位自动埋弧焊焊接。每段的下端 500mm 处组焊矩形框外加加固圈，内部采用米字型支撑，用于设备的翻转、运输到码头厂房进行组对，卧式组对环缝采用焊条电弧焊焊接。

3.2 封头的成型

封头采用 600℃ 的温压成型，要求热成形和热加工过程不能替代正火处理，但允许从热成形温度冷却到 260℃，再加热到正火温度，进行正火处理，并应带正火＋回火验证板。焦炭塔的下部带翻边锥段，先组焊成段再热压翻边。成型的复合板封头内表面进行酸洗钝化处理。

3.3 锥形封头上过渡段的锻件制造

锥形封头过渡段的直径 ϕ9800，截面 225×680，重量达到 40t，对于如此重的 Cr－Mo 钢锻件的制造难度比较大。首先要锻制四个钢坯，然后折弯成圆弧，四个圆弧焊接后再上车床车制成型。制造过程主要分为以下几个阶段：

精炼：将进行钢水炉外精炼，精炼过程中要求浇注系统干燥清洁，防止晶界偏析，减少夹杂物，以细化晶粒稳定组织，控制精炼温度 1560～1660℃，并控制氢含量小于 2μg/g 以及其他 S、P、Sn、As、Sb 的含量。

锻造：始锻温度为 1200℃，终锻温度为 850℃。锻粗比≥2，拔长比≥4，长度方向各留 50mm 的余量，厚度方向 20～25mm，控制成型尺寸、扭曲度（≯20）、晶粒度等，并对表面进行粗加工。

压弯、切割：首先进行 UT 定位，确定内部缺陷位置从而确定弯制的方向。压弯时应采用热压，加热温度在 930～960℃，终压温度 850℃，用约 1/4 弧长的模具进行压制，控制扭曲变形，切割时留 20mm 带头连体余量。热压后进行 920℃±10℃ 正火加 680℃±10℃ 的回火处理，控制升降温速度。

组对焊接：按 15°双 U 型对称坡口进行加工，并做 MT、PT 检查；采用手工电弧焊组对成形并加固，焊接采用窄间隙手工焊，焊接应采用焊前预热，层间温度控制在 200～250℃，焊后消氢处理。

热处理：锻造后进行正火加回火处理，920℃±10℃，6h 空冷（风冷），焊后进行 690℃±14℃，5～6h的消应力热处理。

机加工：首先进行粗加工，内外车白出圆后，进行超声、射线检查无缺陷。再采用大型立车进行整体精加工，设计专用的支撑、吊运胎具，便于进行加工、翻转、吊运并防止变形。

检测：UT、MT 及 PT 检测，几何尺寸的检查，保证内外质量。

3.4 焊接工艺

Cr－Mo 钢焊接过程中易出现下列焊接问题：焊接热影响区硬化、再热裂纹、焊接冷裂纹、回火脆性等。本焦炭塔焊接主要解决两个方面的问题，一是防止裂纹的产生，二是避免回火脆性。金属的回火脆性主要与金属本身的化学成分及回火参数选择有关，所以在材料冶炼中，就要控制材料的化学成分，严格控制引起脆性的元素(S、P、As、Sb 等杂质)。

结合制造厂的实际经验，纵、环缝采用埋弧自动焊(SAW)施焊，裙座和锥形封头过渡段之间环缝采用钨极氩弧焊(GTAW)打底，焊条电弧焊盖面的焊接方法，接管环缝采用钨极氩弧焊打底，接管和壳体角焊缝采用焊条电弧焊。对于复合板的焊接：纵、环缝基层采用埋弧自动焊施焊，过渡层、复层采用焊条电弧焊，设备开口接管耐蚀层采取带极堆焊的方法。复合板的焊接遵循下列顺序进行焊接：先焊接基层(包括复合板侧基层)→无损检测→过渡层焊接→复层焊接。

焊接工艺要求：焊前预热 250℃ 以上，层温在 300℃ 左右；焊接时应选择合适的焊接线能量，线能量太大对防止冷裂有好处，但是太大的线能量会引起过热区的脆化，影响接头的使用性能。埋弧焊线能量取 $J=25\sim35$kJ/cm，焊条电弧焊 $J=15\sim25$kJ/cm 可得到满意的焊接接头；焊后 690℃ ±14℃，5～6h 消应力退火；选用低氢型焊材，控制扩散氢含量。在制造焊接的前期，由于开始预热温度与时间不足，造成开始焊接时产生焊道内产生部分微裂纹，后设计了专用的焊前预热措施，在保证焊前温度的情况下，保证了一次焊接的合格率。焊接工艺见表 4。

表 4　焊接工艺表

焊接方法	焊材	电流/A	电压/V	焊速/(cm/min)	线能量/(kJ/cm)
手工电弧焊	R307CL	100～130	22～26	8～20	15～25
埋弧焊	H08CrMoC + SJ110	450～550	28～34	45～60	25～35

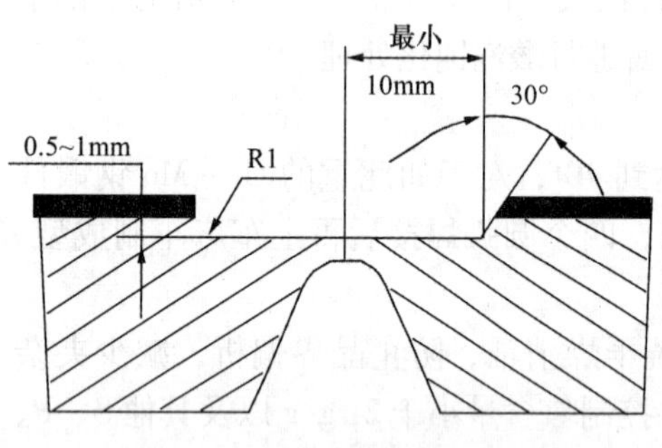

图 5　复合板焊接的坡口形式

对于复合板的焊接，在进行坡口加工时，应将复层面端离基层坡口边缘 10mm 刨去复层，以免在焊接基层时烧损复层，复合板的焊接坡口应符合下图 5 中的坡口形式。基层焊完后，基层焊缝表面必须磨平，清扫干净，并经无损检测合格后方才能进行过渡层和复层的焊接。在焊接过渡层与复层时，宜采取直线运条、窄焊道的方法进行焊接。

制造厂在制造过程中应用了“大型塔器设备制造埋弧焊自动横焊焊接工法”，使用该工法后不仅保证了交货期，而且制造质量优良。实践证明，该工法可操作性强、易掌握、投入成本相对较低、安全性好、效率高、质量易保证。在简化工序、保证施工过程安全的前提下，大量采用横向埋弧自动焊技术，不仅可以减少对优秀焊工的依赖，减少焊工投入，降低劳动强度，而且可以更好地保证焊接质量，成功地解决了大型塔器设备的环缝焊接问题。

3.5 焊条的选择

焊接材料应选用同母材化学成分相近的材料(复层除外)并严格控制焊材中的 S、P 等杂质含量，手工电弧焊选用哈焊所的 R307CL 焊条，埋弧自动焊选用 H08CrMoC 焊丝，SJ110 焊剂，过渡层及复合层焊接选用 ENiCrFe－3 焊条。手工电弧焊焊条熔敷金属的化学成分如下表 5，焊条的力学性能见表 6。

表5 焊条的化学成分 %

牌号		C	Mn	Si	P	S	Cr	Mo	Cu	Ni	As	Sb	Sn	X/(μg/g)
R307CL	标准值	≤0.10	≤0.90	≤0.60	≤0.010	≤0.010	1.0~1.50	0.4~0.65	≤0.2	≤0.20	≤0.010	≤0.005	≤0.010	≤12
	实测值	0.056	0.52	0.18	0.009	0.0017	1.16	0.52	0.08	0.013	0.0011	0.001	0.001	10.01

表6 焊条力学性能试验结果(经 PWHT 690℃，6h)牌号

牌号		拉伸试验				冲击试验	
		抗拉强度/MPa	屈服强度/MPa	延伸率/%	断面收缩率/%	温度/℃	冲击功/J
R307CL	标准值	415~585	≥240	≥22	≥45	-30	≥54
						+10	≥80
	实测值	575	498	25	75	-30	110，126，134
						+10	195，204，198

筒体的环焊缝采用埋弧自动焊，自动焊熔敷金属的化学成分见表7，机械性能见表8。

表7 埋弧自动焊熔敷金属的化学成分牌号

牌号		C	Mn	Si	P	S	Cr	Mo	Cu	Ni	As	Sb	Sn	Xppm	供应商
H08CrMOC+SJ110	实测值	0.0068	0.82	0.26	0.0087	0.0034	1.5	0.50	0.09						哈焊所

表8 自动焊熔敷金属力学性能试验结果(经 PWHT 690℃×6h)牌号

牌号		拉伸试验				冲击试验		供应商
		抗拉强度/MPa	屈服强度/MPa	延伸率/%	断面收缩率/%	温度/℃	冲击功/J	
H08CrMoC+SJ110	实测值	523.5	440	22	72	-30	122，100，60	哈焊所

3.6 热处理

目前大型塔器的热处理主要分为两种，一是设备制造完成后，采用内燃法进行整体热处理；另外一种方法是进行分段炉内热处理，然后对组对焊缝进行电加热热处理。由于本塔已经采用制造厂制造，制造厂有装备良好的热处理炉，因此采用了第2种方案。

热处理炉的规格：12000(长)×12000(宽)×13000(高)，将四段焦炭塔分别入炉进行热处理。对三条分段环缝采用电加热片的方式进行局部热处理。局部热处理的要求：电加热片的宽度≥450mm，保温的宽度≥2000mm，保温的厚度≥140mm，要求采用内外保温。热处理工艺见表9。

表9 焦炭塔热处理工艺

热处理方式	试板热处理状态	焊后热处理工艺要求						
炉内整体热处理	同炉热处理	起始温度/℃	升温速度/(℃/h)	保温温度/℃	保温时间/min	降温速度/(℃/h)	冷却方式与时间	终结温度/℃
		常温	100~120	690±14	240	100~155	保温缓冷	常温

热处理的说明：

(1)400℃以下自由升降温度。

(2)焊件升温或降温期间，加热区或降温区内任意长度5000mm内的温差不大于120℃。

(3)焊件保温期间，加热区内最高与最低温度之差不大于60℃。

(4)焊件出炉时工件温度不能高于400℃，出炉后应在静止的空气中冷却。

(5)热处理后必须进行硬度检测，要求焊接接头的硬度值不得高于225HB，要求母材、热影响区及焊缝全部要检查。

3.7 检验

焊接过程中对所有的焊接坡口和接头表面均进行100%的PT、MT检测，消除近表面微观裂纹缺陷。对于焊接完成的焊缝进行严格的外观质量检查，焊缝表面熔渣、飞溅等清理干净，不能有气孔、裂纹、咬边、焊瘤等缺陷存在，并一定将焊缝打磨平齐，焊缝的余高为零。所有焊缝按照要求在热处理前进行100%的RT检测，对所有接头进行100%的UT检测，对不合格的部位必须返修，并制定了严格的返修工艺。

4 运输与吊装

运输，由于目前焦化焦炭塔的直径较大，塔壁厚较薄，在运输与安装过程中容易造成塔壁的变形。为避免变形运输与施工单位进行了详细的核算，采用了前后两个大型鞍座，路上运输使用大型液压板车运输，滚装到船上后进行海路运输，考虑到海水的腐蚀，设备内充氮气进行保护，设备到港口后再采用滚装卸船，然后用液压平板车运输到现场。

吊装，根据施工组织设计和现场实际，采用吊车滑移法完成焦炭塔吊装。利用一台1350t履带吊做主吊，一台350t履带吊抬尾完成吊装。

吊耳及机索具设置。主吊设置：主吊耳根据SH/T 3515—2003标准选用2个2000kN级管式吊耳，材质为15CrMoR。在吊耳与平衡梁之间使用无接头绳圈一对，在吊钩与平衡梁之间使用无接头绳圈一对。平衡梁1000t/10.5m一根。尾吊设置：抬尾吊耳采用额定载荷100t板孔式吊耳2个，材质为16MnR，吊耳孔中心距地脚环下平面950mm处0°与180°方位，左右各一个对称布置，通过卸扣和无接头绳圈与抬尾吊车吊钩连接。为了防止设备尾部在吊装时受力变形，影响设备就位，因此在设备出厂前由制造厂对设备尾部进行了加固。

5 结束语

直径ϕ9800焦炭塔目前为国内最大的焦炭塔，设计、制造与安装的难度相对比较大，通过吸取国内外的经验教训、优化设计、改进结构，严格控制钢板的化学成分与焊接材料的化学成分，确保了设备的设计质量。在制造上严格控制制造工艺和焊接工艺参数，严格执行制造过程的工艺要求，加强了各个环节的质量控制、检验及验收，使制造质量能够得到良好的保证。上述措施确保了焦炭塔的一次制造成功并安全顺利地投入了运行。

参 考 文 献

[1] 辛冬梅. 焦炭塔制造质量的影响因素及控制措施[J]. 齐鲁石油化工，2005，33(1)：39~41

[2] API1996 API Coke Drum Survey(Finn Report). Houston：Capstone Engineering Services Inc，1998

[3] API Publication 938. An Experimental Study of Causes and Repair of Cracking of 1/4Cr-1/2Mo Steel Equipment，1996

[4] 俞松柏. 15CrMoR钢锻焊锥过渡段焦炭塔的制造[J]. 压力容器，2002，19(10)：38~42

生物降解型润滑脂综述

刘亚春　吴宝杰
（中国石化润滑油天津分公司，天津）

摘　要：随着人类环境保护意识的日益加强，可生物降解性润滑脂的研究与应用也越来越受到关注。文中综述了基础油和稠化剂、添加剂等润滑脂成分对生物降解性的影响，简述了生物降解性试验方法，并概括了国内外生物降解性润滑脂的工业化应用情况。

关键词：生物降解　润滑脂　环保

随着社会的发展和科技的进步，人类的环境保护意识日益提高，由润滑剂所导致的环境污染问题已引起广泛关注。从20世纪80年代后期开始，多国政府加强了对润滑剂的使用管理，提高了对润滑剂的环保要求。主要体现在要求泄漏到土壤、湖泊中的润滑剂在自然界的食物链中可被微生物消化代谢分解为二氧化碳和水，即要求润滑剂具有在一定条件下可分解成为无害物质的"生物降解"特性。最初，欧美一些润滑剂厂家开发了汽艇用2冲程发动机油、链锯油等开放式用途的生物降解性润滑剂，90年代以后扩展到润滑脂等用于比较封闭式的润滑剂。在此，就环保型润滑脂可生物降解性进行简要叙述。

1　润滑脂组成对生物降解性的影响

润滑脂主要由基础油、稠化剂、添加剂三部分组成，所以润滑脂的组成不仅对润滑等使用性能起决定性作用，对生物降解性也有至关重要的影响。

1.1　基础油和稠化剂

润滑脂80%以上为基础油组分，基础油无疑是润滑脂影响环境或生态的决定性因素，研究基础油对环境的影响显得尤为重要。根据Stempfel的报告可知，基础油与润滑脂的生物降解性相互关联，以生物降解性优良的合成酯类油、植物油脂为基础油的润滑脂，其生物降解性高。但是，合成酯类油因其原料——脂肪酸的种类、侧链数量等不同也有生物降解性下降的。已有报告称聚乙二醇相对分子质量在500左右显示出80%以上的生物降解性，分子量在500以上的，其生物降解性显著下降；也有报告指出高黏度PAO（聚α烯烃合成油）生物降解性低，而低黏度的PAO（2～4mm^2/s，100℃）则显示出80%以上的生物降解性。国外在基础油方面已进行大量的研究工作。用CEC－L－33－T所测得的生物降解性如表1所示，表中同时列出了一些物理性能[1]。

表1　常用基础油性能比较

性　质	矿物油	植物油	合成酯	聚乙二醇
生物降解性/%	10～40	70～100	10～100	10～90
黏度指数	90～100	100～250	120～220	100～200
倾点/℃	－54～－15	－20～10	－60～－20	－40～20
与矿物油相溶性		好	好	不溶
氧化稳定性	好	一般	好	差
相对价格比	1	2～3	5～20	2～4

从表1数据可以得知，植物油的生物降解性最好，可达70%以上；某些合成酯（多元醇酯和双酯）的生物降解性也很好，且植物油与合成酯均具有较好的黏温特性[2]。合成酯突出的优点是具有

较好的热稳定性及低温流动性能、生物降解性和低毒性，但是价格相对较高。与合成酯相比，植物油成本较低、来源丰富，是可再生性资源。植物油的主要成分是脂肪酸三甘油酯，不同植物油因其脂肪酸成分的不同而具有不同的理化性质，不饱和脂肪酸含量越高，其低温流动性越好，但氧化稳定性越差。表2中列出了几种植物油的物理化学性质及润滑性能[3]。

表2　植物油物理化学性质及润滑性能

植物油种类	黏度		黏度指数	油酸/%	亚油酸/%	亚麻酸/%	P_B/N	WSD/mm
	40℃	100℃						
棉籽油	24	—	—	22~35	10~52	痕量	692	0.68
玉米油	30	6	162	26~40	40~55	<1	685	0.60
橄榄油	34	6	207	20~26	14~20	51~54	492	0.54
蓖麻油	232	17	72	2~3	3~5	痕量	785	0.58
菜籽油	35	8	210	59~60	19~20	7~8	628	0.53
豆油	27.5	6	75	22~31	49~55	6~11	588	0.72
葵花油	28	7	188	14~35	30~75	<9.1	540	0.64

综上所述，生物降解性润滑脂的基础油，植物油脂中多使用菜籽油，合成油中多使用酯类油。各种基础油与稠化剂组合制得的润滑脂的生物降解性如表3所示。润滑脂的生物降解性依赖于基础油，但稠化剂也有较大影响，现一般使用金属皂等常用稠化剂。表3中数据显示合成酯基础油的芳香族聚脲脂生物降解性稍低，这也进一步表明单凭基础油预测生物降解性不能一概而论，还要考虑稠化剂对生物降解性的影响。植物油脂中的菜籽油、蓖麻油很久以来就作为金属加工液的油性剂使用了。在北美市场上也有大豆油、葵花油等在使用，与菜籽油相比性能相当，但用量并不大。最近美国市场上已出现转基因大豆油制成的可生物降解性润滑剂使用在铁路轮轨的润滑上。

表3　各种基础油、稠化剂组合的生物降解性

油的种类	稠化剂	生物降解性(14天)%*
菜籽油	Li(12OH)St	100
	Ca(12OH)St	87
合成酯类油	Li-Comp	99
	Li(12OH)St	86
	Li皂	82
	芳香族聚脲	58
矿油	Li(12OH)St	53
	Li皂	27
聚乙二醇	Li(12OH)St	13
PAO	Li(12OH)St	17
	芳香族聚脲	7
	Li皂	4
烷基二苯醚	脂肪族聚脲	0

注：*选定了菜籽油—Li(12OH)St润滑脂为标准样品，其生物降解性为100%时的相对数值以植物油为基础油的锂皂、钙皂润滑脂的性能如表4所示。添加剂选择了SP系、ZnDTP等抗磨剂，聚合物以及石墨等固体润滑剂。工作锥入度为NLGI No.1~2等级，锂皂脂滴点是180~190℃，钙基脂在150℃以下与矿油基础油润滑脂性能水平相当。表4数据显示，润滑脂B的生物降解性较低，分析是由于植物油脂中的蓖麻油分子结构中有氢氧基，阻碍了生物降解性。植物油脂基础油的生物降解性润滑脂多是菜籽油与钙皂的组合。这主要是考虑精制度高的菜籽油容易得到，且生产钙基脂时温度稍低可以防止基础油的氧化变质。

表4 植物基础油润滑脂性能

油 脂 名 称	A	B	C	D	E
组成 基础油 稠化剂 主要添加剂	菜籽油 Ca(12OH)St SP，聚合物	菜籽+蓖麻油 Li(12OH)St S，SP	菜籽油 Ca(12OH)St SP，ZnDTP	菜籽油 Li/Ca(12OH)St 聚合物	菜籽油+酯类油 Ca(12OH)St 石墨
外观	浅黄色 黏稠状	褐色 黏稠状	黄色 黏稠状	—	黑色 黏稠状
工作锥入度	276	263	264	280	325
滴点/℃	150	189	129	180	140
氧化安定性/kPa 80℃ 99℃	 27 —	 47 —	 70 —	 — 400	 — —
极压性能(四球法)	3089	3089	1569	1569	1961
生物降解性 CEC法/%	98	85	—	—	90

酯类油为基础油的锂基脂、聚脲脂的性能如表5所示。工作锥入度为NLGI No. 2等级，滴点是稠化剂为复合锂的F和聚脲的H超过了260℃。H与其他酯类油相比，生物降解性稍低。类似这种以酯类油为基础油的润滑脂，基础油的成分、性能对生物降解性、热氧化安定性等性能起决定性作用，故其选定至关重要。

表5 合成酯类基础油润滑脂性能

油 脂 名 称	F	G	H	I	J
组成 基础油 稠化剂 主要添加剂	PET系 复合Li SP	TMP系 Li(12OH)St SP，S	TMP系 脂肪族聚脲 SP，ZnDTP	聚全酯 Li(12OH)St —	合成酯类油 Li/Ca(12OH)St —
外观	浅褐色 黏稠物	褐色 黏稠物	褐色 黏稠物	绿褐色 黏稠物	—
工作锥入度	288	272	279	282	280
滴点 ℃	>260	190	273	194	193
氧化安定性/kPa 80℃ 99℃	 25 19	 33 —	 15 59	 80 —	 25 —
极压性能(四球法)	4903	3089	1236	3089	2452
润滑寿命 (125℃)/h	>4000	570	580	—	—
生物降解性 (CEC法)/%	99	60 *	87	—	—

1.2 添加剂

根据使用工况条件的要求，可生物降解润滑剂也需要加入添加剂才能满足润滑部位的使用要求。由于基础油种类的不同，可生物降解润滑剂与通用型矿物油润滑剂的物理化学性质不尽相同，二者在添加剂的感受性上有较大差异，基础油与添加剂的相互作用机制也有所不同[3]。由此可见，可生物降解润滑剂对添加剂的要求更为严格，除必须改善润滑剂的性能外，还必须符合生态要求，这就要考察添加剂对润滑剂生物降解性的影响。资料显示，SP系、磺酸系及ZnDTP有抑制细菌增加的效果，也就是有抑制或者降低生物降解的倾向。依据细菌数测定简易试验法确认的添加剂生物降解性的结果如表6所示。

表 6　添加剂的生物降解性

试 样 名	评价	状　态
胺系抗氧剂	良好	全面出现菌群(106)，滴下试样的部分也有细菌繁殖了。
苯酚系抗氧剂	良好	全面出现菌群(106)，滴下试样的部分也有细菌繁殖了。
SP 系极压剂	稍差	整体菌群少(105)，滴下试样的部分没有生成菌群。
磺酸系防锈剂	稍差	整体菌群少(105)，滴下试样的部分没有生成菌群。
ZnDTP	差	整体菌群非常少(104)，滴下试样的部分及其周边没有生成菌群。
试验方法:	将细菌数简易试验仪浸渍在细菌数达 106 的工厂废水、腐败的油剂里，在试验仪上滴下少量试验试样，观察 25℃ ×24h 后的状态，进行评价。	

2　润滑剂生物降解性测定方法

润滑剂的生物降解是指润滑剂在微生物作用下被分解为二氧化碳和水的生化反应过程。评定润滑剂可生物降解性的方法，国外报导较多。按试验后测定方式的不同可分为三种方法，分别为测定试验物质剩余量、测定微生物消耗的氧气量或产生的二氧化碳量。国际上认可的试验方法有根据 CEC(Coordinating European Council)L－33－A－93，OECD(Organization for Economic Cooperation and Developement)试验方针的 6 种试验方法、ASTM D5864 等。

以上几种方法中，应用比较早的是欧洲联合体于 1982 年建立的 ECE L－33－82 的试验方法(1993 年正式确定为 ECE L－33－93)并得到欧洲广泛承认。该法是一个相对生物降解试验，其试验程序是：在试验瓶中装入润滑剂、营养液和活性污泥细菌，振动分散均匀，在 25℃ 下放置 21 天，然后用 CCl4 抽提，抽提物用红外吸光度光度法测定碳氢化合物(CH_3 键)的残余量，与参比油比较得出降解率。此种方法操作复杂，再现性较差，已有被逐步取代的趋势。

OECD 法主要测定物质转化消耗的 O_2 量或产生的 CO、CO_2 的量，OECD 共有 6 个方法，也已在国际上应用多年，如日本环境协会认可的润滑剂就要求符合 OECD 301 B，C，F 的任意一个。

1995 年美国材料实验协会提出的 ASTM D5864《润滑剂或其组分依靠水生需氧生物降解评定方法》。该法在可控的水生有氧条件下，润滑剂或其组分完全暴露在微生物环境中被降解产生 CO_2 和 H_2O，其中 CO_2 通过 $Ba(OH)_2$ 溶液来收集并用滴定法测量之。该测量值与试验物质中所有的碳被转化成 CO_2 的理论值相比较，其生物降解度是用试验试验测得的 CO_2 与理论上的 CO_2 产物的百分率表示。本试验方法是一种直接的检测润滑剂被生物降解后生成 CO_2 的可控测试方法，试验期限 28 天。本方法设备简单，其可操作性和测试结果的重现性均较好，已在润滑剂行业广泛使用。现日本环境协会认可的润滑剂已要求符合 OECD 301 B，C，F 的任意一个，或者根据 ASTM D 5864，28 天后的生物降解性显示 60% 以上。现已有 17 个品牌的润滑脂被日本环境协会认定为“在环境中易分解的润滑脂”。

3　生物降解润滑脂工业化应用

环保型润滑脂除具有生物降解性能外，还要具备通用润滑脂的一般性能，以很好满足使用部位的润滑要求。合成酯类油基础油在超过矿油基础油润滑脂温度范围的领域也可以满足使用，而植物油脂基础油不论稠化剂的种类，还是使用温度范围均比矿物基础油润滑脂窄得多。部分生物降解性润滑脂的使用温度范围如表 7 所示。

迄今为止，国外已有很多生物降解性优良的润滑脂工业化应用的报告。例如以植物油脂为基础油、使用喹啉系抗氧剂提高氧化安定性、轴承寿命的轴承润滑脂，已在割草机等农耕机械上得到良好应用；北美市场上已成功推出使用在铁道铁轨分流器的垫板与铁轨的豆油基础油润滑剂，用以替代矿油润滑脂，有效降低了对环境的污染；低温流动性优良、化雪时经得住洒水的润滑脂等也已替换为可生物降解润滑脂。国外某润滑剂公司也在开展应用在建设机械方面生物降解性润滑剂的标准化工作。中国石化润滑油公司开发的生物降解润滑脂成功使用在北京地铁轮轨上，为首都环保事业做出了贡献。

表7 部分生物降解性润滑脂的使用温度范围

基础油	稠化剂	低温领域	高温领域	
			常用	最高
植物油	Li(12OH)St	-20	80	100
	Ca(12OH)St	-20	80	100
合成酯类油	Li(12OH)St	-30	100	130
	复合 Li	-30	130	150
矿油	Li(12OH)St	-20	100	130

4 结束语

保护环境已成为全世界的共识，生物降解性润滑剂的应用必将日益广泛。因基础油、稠化剂、添加剂对润滑脂的生物降解性起决定性作用，所以要研制出可生物降解型润滑脂就要选择合适的基础油、稠化剂和添加剂。

对于润滑剂生物降解率测定方法，国际上认可的试验方法有根据 CEC(Coordinating European Council) L-33-A-93，OECD(Organization for Economic Cooperation and Developement)试验方针的多种试验方法、ASTM D5864 等，国内可多应用这些方法对润滑剂的生物降解性进行检测和考察。

国外已有很多生物降解性优良的润滑脂工业化应用，国内也应该积极开展此领域的工作，以适应环境保护的要求并取得一定进展。

参考文献

[1] In Sik Rhee. NLGI Spokesman, 1996, 60(5): 28~35

[2] 李芬芳，董俊修."绿色"润滑剂——21 世纪润滑剂的发展趋势. 合成润滑材料，1997(4): 18~22

[3] 高军，陈波水等. 可生物降解润滑剂的发展概况 2008. 化学工业与工程技术，2008，29(3)

[4] 叶斌，陶德华. 环境友好润滑剂的特点及发展. 润滑与密封 2002 年第 5 期: 73~76、

[5] 王德岩，徐连芸、常明华. 绿色润滑剂的过去、现在和将来. 润滑油. 2005 年 8 年第 20 卷第 4 期: 6~10

[6] 杜宣利. 植物油绿色环保润滑剂. 中国油脂. 2006，31(7)

[7] 朱立业，陈立功. 绿色润滑油的应用. 合成润滑材料. 2008，35: 12~14

[8] 刘怀远，王五一. 生物降解润滑脂的研制及存在的有关问题. 合成润滑材料，2002，29(3): 17~20

[9] Lou. A. T. Honary. Field Test Results of Soybean-Based Rail Flange Greases Using High Rail and Way Side Application Methods NLGI Spokesman, 2000

高标号汽油防腐蚀技术的开发及工业应用

陶志平
（中国石化石油化工科学研究院，北京 100083）

摘　要：通过对不同牌号汽油的腐蚀、微生物在油品及组分中生长和代谢分析，得到导致高标号汽油产生悬浮颗粒物的主要原因是微生物，重整汽油馏分和MTBE组分利于微生物生长、繁殖和代谢，代谢产物一方面增加高标号汽油对碳钢材料的腐蚀性，使碳钢材料的腐蚀速率增加；另一方面生成大量表面活性物质，这些物质与腐蚀生产的铁锈及细菌尸体结合形成悬浮物，从而导致过滤器堵塞。进一步开发出防锈添加剂和缓蚀(抑菌剂，通过工业应用，防锈添加剂PRT－01使汽油的液相腐蚀评级(NACE方法)从C(E级，提高到B＋以上，达到国际同类添加剂的水平；RT－01缓蚀(抑菌剂既能有效地防止罐底水对油罐材料的腐蚀，又能有效抑制微生物的繁殖，在高标号汽油加油站应用后，解决了堵塞过滤器问题。

关键词：汽油　粉末状沉积物　微生物

1　前言

中国汽油无铅化后，在南方地区高标号汽油出现粉末状沉淀物，导致汽油用户反映：使用高标号号汽油后汽车动力不足、启动比较困难、燃油滤清器出现堵塞和烧坏汽车燃油泵等情况，同时加油站反应高标号汽油含有许多铁锈粉末状的杂质，经常堵塞加油机滤清器，造成加油机不能正常工作。这些情况严重影响到石油公司的正常经营和汽油用户使用。

汽油中出现这种情况是国内汽油使用过程中第一次出现，汽油中出现堵塞过滤器的情况，文献中有少量的报道[1,2]指出，主要是因20世纪70年代末到80年代初汽油无铅化和高标号化后，到汽油中产生沉积物，堵塞过滤器、管道、阀门等，其原因是微生物繁殖和生长导致的。

为此，首先对南方地区高标号中出现粉末状沉淀物的情况进行了调查并进行了部分试验工作，查清了沉积物主要成分是氧化铁，其占沉积物质量的70%左右。其次，我们对南方地区油库、加油站的油样，分析油样中沉积物量和沉积物颗粒度分布，同时对罐底水样和氧化铁沉积物进行细菌分离和鉴别出8种好氧微生物：分别为氧化亚铁硫杆菌(Thiobacillus ferrooxidans)；氧化硫硫杆菌(Thiobacillus thiooxidans)；青霉属(Penicillium)；链霉菌属(Streptomyces)；诺卡氏菌属(Nocadia)；芽孢杆菌属(Bacillus)；假单孢菌属(Pseudomonas)；枝孢霉属(Cladosporium)。然后，研究了微生物在油品中的生长规律及代谢产物分析，以及对储运材料腐蚀的试验工作。得到沉积物产生并度堵塞过滤器等的原因：水的存在是高标号汽油腐蚀和产生粉末状沉积物悬浮的基本条件，微生物的存在，加重汽油对储存材料的腐蚀；同时，因微生物的代谢产生表面活性物质，导致氧化铁颗粒悬浮在汽油中不易沉降，从而出现汽油中粉末状沉积物随油泵抽出，堵塞过滤等事件。进一步开发了解决汽油微生物腐蚀的防锈添加剂和缓蚀-抑菌液，在南方地区工业应用，成功解决了这一问题。

2　堵塞物产生的原因研究

在南方地区销售的90号和97号汽油中，97号汽油中出现堵塞过滤器的问题严重，而90号汽油这一问题不明显。通过对90号和97号汽油加油站油罐罐底样品观察，90号汽油中的悬浮物，可以在10min内基本沉降到底部，油品变的清澈透明；而97号汽油中悬浮物，一个多小时也不能完全沉降到底部，油品浑浊。最后计量底部的沉积物量，也是97号汽油多于90号汽油。不同牌号汽油对金属腐蚀程度不同，这是导致油罐底部的沉积物量的不同原因，这也是导致不同牌号汽油堵塞的过滤器的情况不同的原因。油品中的沉积物浮沉降速度的不同，是导致其堵塞加油枪过滤器和影响汽车油泵的主要原因。

为此，本文研究不同油品对储运材料的腐蚀性不同；考察微生物在不同油品中生长和分析代谢产物以及对材料腐蚀的促进作用；进一步考察代谢产物对油水界面张力变化，从而证明腐蚀产物悬浮在汽油中，不易沉降到底部的主要原因。

2.1 实验部分

2.1.1 实验材料及样品

实验所用材料为A3钢，其化学组成如表1所示。腐蚀挂片尺寸为20mm×30mm×3mm。实验前，将腐蚀挂片和工作电极用水砂纸打磨至1000#，然后用蒸馏水冲洗，紫外消毒，最后放在真空干燥器内，备用。

表1 A3钢的化学组成 %

C	Mn	Si	S	P	Fe
0.19	0.38	0.29	≤0.050	≤0.045	Balance

试验样品：90号汽油、97号汽油、93号汽油、重整汽油、抽苯汽油、烷基化油等不同油品。

2.1.2 腐蚀微生物

实验所用的腐蚀微生物细菌：氧化亚铁硫杆菌(Thiobacillus ferrooxidans)，氧化硫硫杆菌(Thiobacillus thiooxidans)，青霉属(Penicillium)，链霉菌属(Streptomyces)，诺卡氏菌属(Nocadia)，芽孢杆菌属(Bacillus)，假单孢菌属(Pseudomonas)，枝孢霉属(Cladosporium)，共8种微生物。这些细菌均为在过滤器堵塞的储油罐中已经分离出的细菌，经过提纯和鉴别得到。将在4℃冰箱中保存的并二次活化，然后接入到配置好的培养基中，在30℃的恒温培养箱中连续培养。

2.1.3 实验体系

培养腐蚀微生物所用培养基组成为：硫酸氨(分析纯)0.2g/L，磷酸二氢钾(分析纯)3.5g/L，硫酸镁(分析纯)0.5g/L，氯化钙(分析纯)0.25g/L，$FeSO_4 \cdot 7H_2O$ 0.01g/L。实验中所用的玻璃仪器都经高温高压和紫外消毒，确保实验中无杂菌干扰。

2.1.4 试验方法

分别取不同油样，加入100mL培养液，接入菌种，放入A3钢片，在30℃温度下，测定细菌的生长并分析水中的Fe离子含量。

2.1.5 代谢产物的分析

2.1.5.1 实验材料

$Na_2HPO_4 \cdot 12H_2O$，KH_2PO_4，$MgSO_4 \cdot 7H_2O$，$FeSO_4 \cdot 7H_2O$，$NaNO_3$，$CaCl_2$，酵母膏，菌种(假单孢菌属，革兰氏阴性)。

油品：90、93和97号汽油。

2.1.5.2 实验仪器

灭菌锅，硅胶板，发酵罐，高速离心机，真空泵，pH计，气相色谱仪。

发酵培养方法：按比例配培养基，高温灭菌，接种发酵(8种混菌)，加入不同的油品，在30℃恒温水浴中进行发酵8天。发酵结束后，用微孔滤膜进行油水分离，水相离心后进行代谢产物分析。

2.1.6 表面张力测试

2.1.6.1 实验材料

$Na_2HPO_4 \cdot 12H_2O$，KH_2PO_4，$MgSO_4 \cdot 7H_2O$，$FeSO_4 \cdot 7H_2O$，$NaNO_3$，$CaCl_2$，酵母膏，菌种

(假单孢菌属，革兰氏阴性)。

2.1.6.2 *发酵培养方法*

按比例配培养基，高温灭菌，接种发酵(8 种混菌)，加入不同的油品，在 30℃恒温水浴中进行发酵 8 天。

2.2 结果与讨论

2.2.1 微生物在不同油品中生长规律

在 30℃恒温条件下，进行微生物的生长试验，通过显微计数法，考察微生物的生长情况，图 1～图 6 是不同油品种的微生物生长曲线。

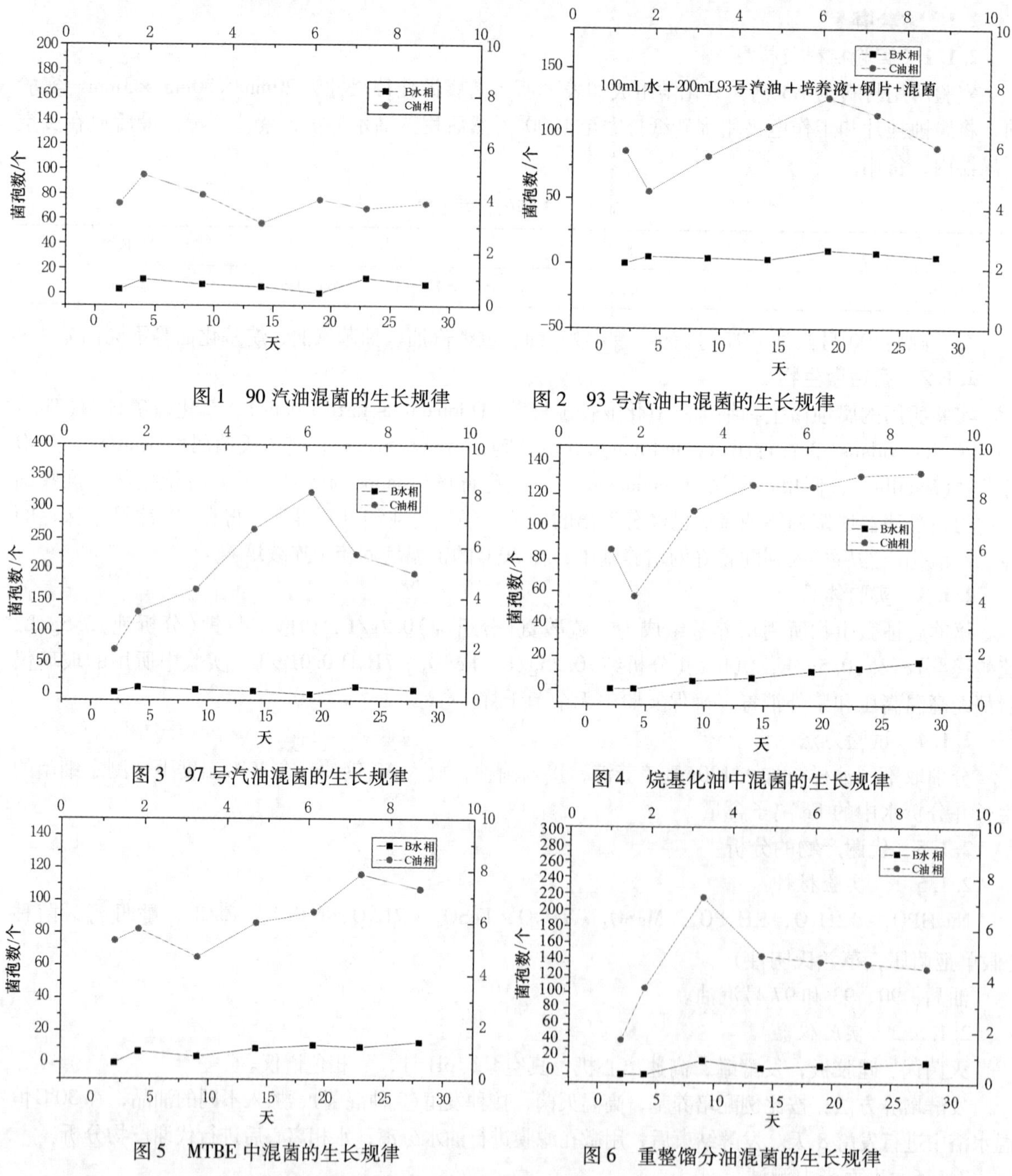

图 1 90 汽油混菌的生长规律

图 2 93 号汽油中混菌的生长规律

图 3 97 号汽油混菌的生长规律

图 4 烷基化油中混菌的生长规律

图 5 MTBE 中混菌的生长规律

图 6 重整馏分油混菌的生长规律

从图 1 到图 6 可以看到，微生物菌落在 97 号汽油中的生长优于 93 号和 90 号，汽油组分 MTBE、烷基化和重整馏分中，微生物菌落也可以较好的生长，并好于 90 号汽油。

2.2.2 水相和油相中铁离子变化

检测样品的油中及水相中的 Fe^{2+} 离子含量。试验结果见表2。

表2 Fe^{2+} 含量分析结果 mg/L

样品 \ Fe含量 \ 天数	9天		29天	
	油相	水相	油相	水相
90#汽油	<2.0	452	3.9	865
93#汽油	<2.0	587	<2.0	1080
97#汽油	<2.0	690	<2.0	1210
烷基化	2.2	542	<2.0	785
MTBE	<2.0	710	2.8	1420
重整汽油	<2.0	620	<2.0	1157

从可以看出：在不同油品中，混菌10多天可以达到482~790mg/L，1个月后超过了1000mg/L。腐蚀程度是：97#汽油>93#汽油>90#汽油。汽油组分MTBE、烷基化和重整馏分，MTBE和重整馏分与97号汽油相当，烷基化与90号汽油一致。这一结果说明了高标号汽油容易产生粉末沉积物。

2.2.3 微生物代谢产物分析

2.2.3.1 总酸测定

取连续发酵8天的发酵液，过滤去油，离心除菌后测定。测定方法：取离心后发酵液20mL，加2滴甲基红-亚甲基兰指示剂，用 $C(NaOH)=0.0209$ mol/L 标准溶液滴定，同时以发酵前溶液为空白进行空白滴定。试验结果：

97号汽油+8种混菌发酵液总酸=0.03268mol/L

93号汽油+8种混菌发酵液总酸=0.02774mol/L

90号汽油+8种混菌发酵液总酸=0.01892mol/L

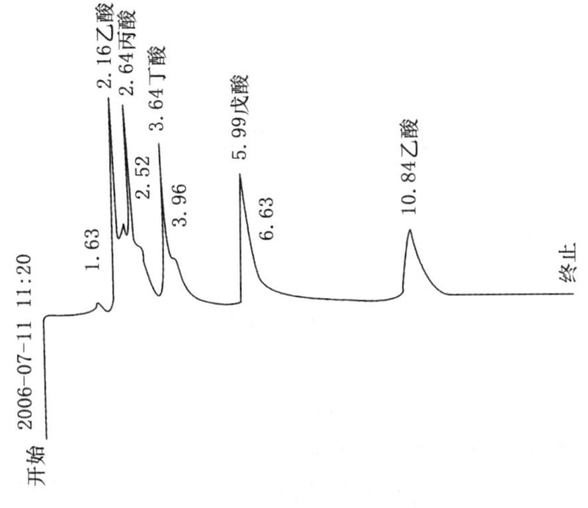

图7 有机酸标准样品色谱

2.2.3.2 小分子有机酸的分析

小分子有机酸的分离提取方法：取发酵液300mL，经0.45μm滤膜过滤去油体，水相经高速离心(8000~10000r/min)除菌后，置于蒸馏瓶中，用10mL磷酸酸化，在接收瓶中放入少量蒸馏水并使冷凝管浸入其中，加热蒸馏，蒸馏至剩下少量溶液时，稍冷，加入20mL蒸馏水，继续蒸馏(蒸出液中含有短链有机酸，残液中含有长链有机酸)，馏出液用5% NaOH中和至pH=8，冷冻干燥浓缩至5mL后，将试样转入10mL容量瓶中，用盐酸酸化至pH为3，定容。物质的气相色谱分析结果是：

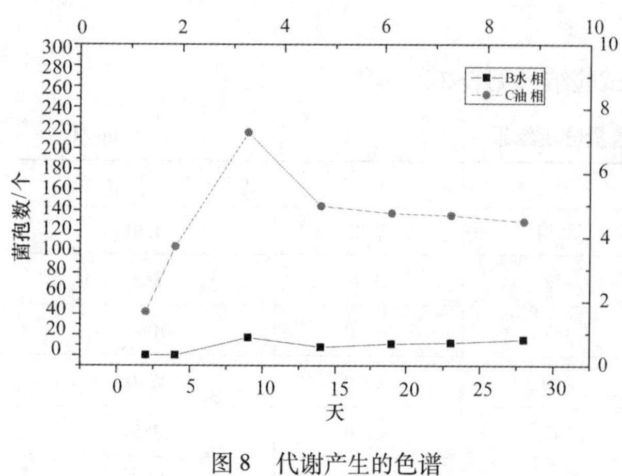

图8　代谢产生的色谱

2.2.3.3　糖脂类表面活性剂分析

取200ml发酵液进行抽提，加入等体积的氯仿/甲醇($V:V=2:1$)溶剂，提取2次，水洗，60℃减压蒸干得到的干品(未经过氯仿洗涤)进行分析。

样品组分分析按照Hasegawa · J薄板层析法对样品进行水解液糖类的分析。

抽提样品中糖脂类成分分析方法

1)样品水解过程：取半干燥样品10mg，用无水乙醇脱水，放入安培管中，加入0.5NH_4Cl1mL，将样品浸泡，安培管用火焰封口，放入120℃烘箱中水解15min。关掉烘箱待温度降下来取出水解好的样品备用。

2)硅胶板的制备：以每克微晶纤维素+4mL蒸馏水的比例，混合均匀。每块15cm×20cm玻璃板上加15mL混合液涂平、风干、即可使用。

3)糖的标样制备：选用半乳糖(Glactose)，葡萄糖(Glucose)，干露糖(monnose)，阿拉伯糖(Arabinose)、木糖(xilose)、核糖(Ribose)、鼠李糖(Rhumnose)。每种糖的浓度为1%(用蒸馏水配制)。每种糖溶液取10mL混合均匀备用。

4)展层剂的配制乙酸乙酯: 吡啶: 冰乙酸: 水=8mL: 5mL: 1mL: 1.5mL

5)显色剂的配制邻苯二甲酸: 苯胺溶液: 饱和正丁醇=0.8g +0.5mL+ 25mL

6)点样：将备好的微晶纤维束板的下方留有2cm处点样，糖的标样点10μL，样品点15μL，风干。

7)跑层析及显色：将点好样品的硅胶板放入装有展层剂的层析缸中，放置在室温中跑板，大约展层5h至硅胶板的尽头，取出风干。用喷雾器将显色剂均匀喷洒在硅胶板上，置于70℃烘箱中显色。

试验结果：

97#-8H，93#-8H和90#-8H样品糖脂层析结果见图9。

显色结果：半乳糖、葡萄糖、甘露糖、鼠李糖为褐色、浅褐色。

阿拉伯糖、木糖、核糖呈红色或粉红色。

分析结果：

*Rf*值的计算公式：样品糖层析显色点距离除以硅胶板展层剂尽头的距离。

根据图9标样糖和样品糖的显色位置是一致的。

半乳糖层析显色点为37mm；葡萄糖层析显色点为52mm；甘露糖层析显色点为70mm；阿拉伯糖层析显色点为89mm；木糖层析显色点为108mm；核糖层析显色点为121mm；鼠李糖层析显色点为142mm；硅胶板展层剂的距离为193mm。

糖的硅胶板层析鉴定见表3。

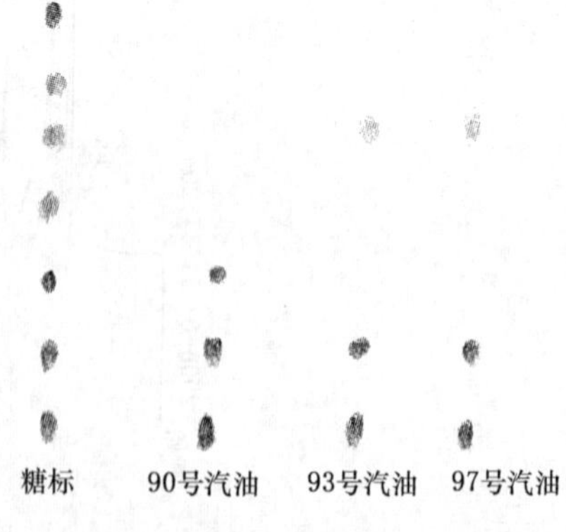

图9　糖的标样及样品糖脂类的层析结果

表3 糖的硅胶板层析鉴定结果

糖 样	显色剂	97#-8H	93#-8H	90#-8H	Rf值
半乳糖(Glactose)	+	+	+	+	0.192
葡萄糖(Glucose)	+	+	+	+	0.270
甘露糖(monnose)	+	-	-	-	0.363
阿拉伯糖(Arabinose)	+	-	-	-	0.461
木糖(Xilose)	+	+	+	-	0.560
核糖(Ribose)		-	-	-	0.627
鼠李糖(Rhumnose)	+	-	-	-	0.736

97#-8H：样品中含有半乳糖、葡萄糖和少量的木糖。

93#-8H：样品中含有半乳糖、少量的鼠李糖和微量葡萄糖。

90#-8H：样品中含有半乳糖、甘露糖和微量葡萄糖。

2.2.4 代谢产物对表面张力变化的分析

腐蚀的产物悬浮在汽油中不易沉降，主要原因可能是油水界面张力变化，这一变化来源主要是代谢产物，为此我们首先测定90号汽油、97号汽油、93号汽油与水的界面张力，进一步测定细微生物代谢产物后的水相与90号汽油、97号汽油、93号汽油的界面张力。

取连续发酵8d的90号汽油、97号汽油、93号汽油的发酵液养。分别加入90号汽油、97号汽油、93号汽油，测定油-水界面的张力变化。表4列入前后变化数据。

表4 油水界面张力数据

项目 \ 油品牌号	90号		93号		97号	
	前(17.6℃)	后(26.4℃)	前	后	前	后
表面张力 σ/(Nm/m)	3.124	2.124	3.234	1.245	3.312	0.457

从表4数据可以看到，由于代谢产生的表面活性物质，导致油水界面与原水比有较大的变化，特别是97号汽油，变得油与水更加润湿，从而导致粉末沉积物悬浮不易沉降。

2.3 小结

1)汽油对材料的腐蚀性依次为：97号汽油>93号汽油>90号汽油。

2)微生物在汽油中生长和繁殖规律是：97号汽油>93号汽油>90号汽油，其中混菌优于单菌。

3)水的存在是高标号汽油腐蚀产生粉末状颗粒悬浮物的基本条件，微生物繁殖代谢，加重汽油对储运材料的腐蚀，导致腐蚀沉淀物增多，混菌比单一细菌导致的腐蚀发生更加严重。在油、水两相界面处菌体浓度最大，对储运材料的腐蚀最为严重。同时，因微生物代谢产物改变了油水界面的张力，从而导致粉末状沉淀物悬浮在汽油中不易沉降。

3 高标号汽油缓蚀-抑菌剂的开发

为解决解决油品及微生物引起的腐蚀，分两方面：①开发出液相汽油防锈剂PRT-01，解决汽油的腐蚀性，减少在运输过程中对槽车和管线产生腐蚀；②开发FT-01水溶性缓蚀-抑菌剂，油罐、管线等底部的明水和微生物腐蚀问题。

3.1 试验样品和方法

3.1.1 试验样品

实验所用材料为A3钢。腐蚀挂片尺寸为20mm×100mm×2mm。

试验样品为：90号汽油、97号汽油、90号汽油+15% MTBE、93号汽油、重整汽油、抽苯汽油、烷基化油等不同油品；防锈剂：PRT-系列编号；缓蚀-抑菌剂：RT-系列编号。

3.1.2 试验方法

微生物存在条件下添加缓蚀-抑菌剂的腐蚀试验：500mL 干净的三角瓶：培养液 100mL + 单菌和混菌(以上 8 种微生物) + 90#油、90#汽油(+15% MTBE)、97#汽油等各种组分汽油(200mL) + A3 钢片，在水相中分别加入不同配方的缓蚀-抑菌剂，在 30℃温度下进行微生物的腐蚀抑菌试验，观察外观钢片腐蚀情况，测水中的 Fe^{2+} 含量。

液相腐蚀：NACE Standard TM - 01 - 72 GB/T11143；试验温度：38℃ ±1℃；放入标准钢棒，加油样 300mL 润湿 30min，加蒸馏水 30ml 试验时间：3.5h。

油品性质：按 GB 17930 分析。

3.2 试验结果

3.2.1 缓蚀-抑菌剂

我们选择开发的缓蚀-抑菌剂，进行微生物存在条件下空白和添加添加剂的对比试验，从而选定添加剂。

3.2.1.1 微生物存在条件下不加剂的腐蚀试验

试验的体系是：不同组分汽油油样 200mL + 培养液 100mL + A3 钢片 + 接入铁细菌或混菌

在 30℃恒温条件下，进行微生物的腐蚀试验。观察钢片的腐蚀情况并检测样油相及水相的 Fe^{2+} 含量，试验结果见表 5。

表 5 Fe^{2+} 含量分析结果 mg/L

样品 \ Fe 含量 \ 天数	11 天		25 天		40 天	
	油相	水相	油相	水相	油相	水相
90#铁细菌 + 水 + 培养液 + 钢片	<2.0	563	3.9	609	<2.0	590
90#混菌 + 水 + 培养液 + 钢片	2.1	691	<2.0	1215	<2.0	1522
90#(MTBE)铁细菌 + 培养液 + 钢片	2.8	423	<2.0	557	<2.0	751
90#(MTBE)混 + 培养液 + 钢片	<2.0	687	<2.0	992	<2.0	1386
97#铁细菌 + 水 + 培养液 + 钢片	<2.0	483	<2.0	379	<2.0	673
97#混菌 + 水 + 培养液 + 钢片	<2.0	662	<2.0	1093	<2.0	1522

从表 5 可以看出：油品中含 8 种混菌比单个铁细菌腐蚀严重，试验 10 天后 Fe^{2+} 含量为 482 ~ 790mg/L,1 个月左右 Fe^{2+} 含量超过 1000mg/L。对钢片腐蚀严重程度：97#汽油 > 90#汽油(+15% MTBE) > 90#汽油，混菌 > 铁细菌菌。

3.2.1.2 微生物存在条件下添加缓蚀-抑菌剂腐蚀试验

试验的体系是：不同组分汽油油样 200mL + 培养液 100mL + A3 钢片 + 接入 Fe 菌种或混菌 + 不同配方的缓蚀-抑菌剂。

在 30℃恒温条件下，观察钢片的腐蚀情况和检测样品中油相、水相的 Fe^{2+} 含量。试验结果见表 6。

表 6 添加不同缓蚀-抑菌剂试验的 Fe^{2+} 含量分析结果 mg/L

样品 \ Fe 含量 \ 天数	11 天		25 天		40 天	
	油相	水相	油相	水相	油相	水相
FT - 01 - 90 铁细菌	<2.0	175.2	<2.0	145.8	<2.0	126.6
FT - 01 - 90 混菌	<2.0	97.3	<2.0	84.3	<2.0	149.0
FT - 01 - 90 + 15% MTBE 铁细菌	2.7	155.8	3.6	98.7	<2.0	145.4

续表

Fe含量 天数 样品	11天		25天		40天	
	油相	水相	油相	水相	油相	水相
FT-T-01-90+15% MTBE 混菌	<2.0	130.0	<2.0	124.9	<2.0	99.3
FT-01-97 铁细菌	<2.0	176.8	<2.0	188.4	<2.0	179.2
FT-01-97 混菌	<2.0	99.2	<2.0	112.1	<2.0	131.8
FT-08-97 混菌	<2.0	353.6	<2.0	239.8	<2.0	178.8
FT-10-97 混菌	<2.0	340.0	<2.0	241.3	<2.0	223.9
FT-16-97 混菌	<2.0	394.4	<2.0	394.1	<2.0	210.8

从表6中可以看出：加入缓蚀-抑菌剂，大大缓解了对钢片的腐蚀，钢片几乎无锈，铁离子含量只有200mg/L左右。从外观观察看，添加FT-01和FT-10这两种剂后抑菌效果最好，外观观察两相钢片及界面都亮白无锈，水相清澈，底部无锈粉末生成。图10和图11是加缓蚀-抑菌剂(FT-01)和未加缓蚀-抑菌剂试验的钢片照片，更加清晰的说明加入缓蚀-抑菌剂的效果。

试验结果表明：加入FT-01抑菌剂，既能很好的抑制罐底水对钢片的腐蚀，又能抑制微生物的生长及微生物对钢片的腐蚀，减少铁锈粉末的生成，达到比较满意的效果。

3.2.2 液相防锈剂

防锈剂分为油溶性防锈剂和水溶性防锈剂两大类。水溶性防锈剂主要是早期开发的，现国际上基本采用油溶性防锈剂，所以我们主要开发油溶性防锈剂。基于油溶性防锈剂的特点，采用添加剂协同作用原理，我们选择了石油磺酸型、羧酸及羧酸盐和脂类等防锈添加剂组分，配置了一系列样品，进行评价和筛选。

表7是以茂名石化97号汽油为原料，配制的7种防锈添加剂的评价结果。

表7 防锈添加剂的评价结果

试验结果 序号	97号汽油		
	2.5μg/g	5μg/g	10μg/g
PRT-01	A	A	A
PRT-02	D	C	B
PRT-03	—	D	C
PRT-04	—	D	B
PRT-05	—	—	E
PRT-06	—	C	B^{++}
PRT-07	B	A	A

注："—"为未试验。

表7数据可以看到，PRT-01、PRT-06和PRT-07三个配方的效果比较好，尤其是01配方，添加2.5μg/g，腐蚀评级达到A级，所以初步选定01、06和07号三个配方。

为考察添加剂对不同汽油的感受性，我们从北京的加油站取97号汽油，评定液相腐蚀为E级。然后，选定PRT-01、PRT-06和PRT-07三个配方，按2.5μg/g和5μg/g加入油中。表8是试验的结果。

表8　添加剂感受性评价结果

序号＼试验结果	97号汽油(北京加油站), E级	
	2.5μg/g	5μg/g
PRT-01	A	A
PRT-06	B⁺	B⁺⁺
PRT-07	B⁺	A

表8的结果可以看到，3个配方加入2.5μg/g均可达到B+，但01配方效果更好，这与表7的评价结果基本一致。

从经济性及效果，选定PRT-01防锈添加剂，加入的浓度只有2.5μg/g左右。

3.3　小结

通过以上试验，我们可以得出：

1）开发的高标号汽油缓蚀-抑菌剂，具有较好的防锈效果，其中FT -01、效果最好，同时抑制了微生物在油品中的生长，减少了罐底部大量铁锈沉渣的生成。

2）PRT-01防锈添加剂，具有加量少的和有较好的防锈效果。

推荐这两个添加剂进入工业应用试验，试验如图10所示。

图(a)　未加缓蚀-杀菌液的钢片锈蚀情况

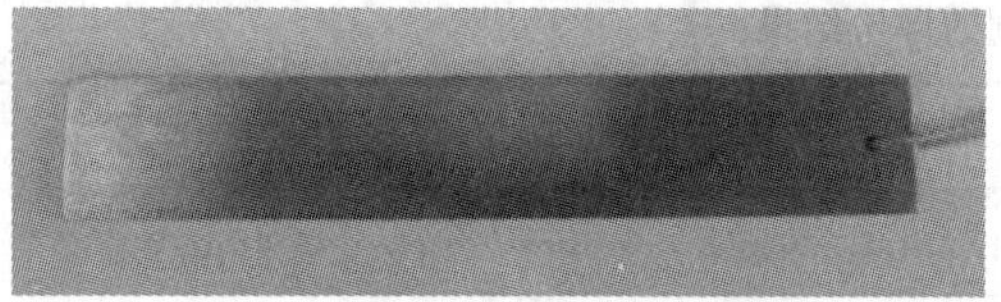

图(b)　加缓蚀-杀菌液(FT-01)的钢片亮白无锈

图10　钢片锈蚀试验

4　防腐蚀技术的工业应用试验

我们开发的缓蚀-抑菌剂和液相汽油防锈剂，在实验室获得稳定和良好效果后，分别在广州分公司和深圳石油公司工业应用试验，取得与试验室一致结果。

4.1　缓蚀-抑菌剂应用

4.1.1　加油站的试验

我们选择用户反应问题比较多以及更换滤芯频繁的5个加油站进行试验，其中三个添加添加剂，其他2个不加添加剂，以作为对比，考察添加剂的应用效果。

4.1.2　加油站试验方案

油罐罐底注入液体缓蚀-抑菌液FT-01，每月注入1000mL。

4.1.3　试验评价

定期取出加油机滤芯，计量过滤出的固体物的重量。

4.2 试验结果

4.2.1 添加缓蚀-抑菌液添加剂试验结果

表9是添加添加剂的加油站过滤固体物含量的情况。

表9 添加添加剂试验结果

加油机过滤器纸滤芯沉渣物情况	滤芯平均增重/g	油罐底部油样观察情况	每天平均销量/L
①加剂前，在加油量40000L更换纸滤芯，沉渣物约占过滤器容量的三分之一。 ②加剂后的第二个月，加油量在80000L更换的纸滤芯，沉渣物约占过滤器容量的三分之一。 ③加剂后在2005年3月起，加油量在160000～170000L更换纸滤芯，沉渣物约占过滤器容量的1/4	80 （加油量180000～210000L）	有少量沉渣粉末	25000

从表9可以看到，开始也是约加油40000L更换滤芯，逐步提高到可以加油180000～210000L，滤芯滤出物约80g，过滤出沉渣量也只有原1/2的量，而加油量提高了4～5倍。这说明缓蚀-抑菌剂对沉渣粉末有很好的抑制作用，试验效果很显著。

4.2.2 空白对比油站试验结果

表10是空白油站试验的情况。

表10 空白油站的试验结果

加油机过滤器纸滤芯沉渣物情况	滤芯平均增重/g	每天平均销量/L	油罐底部油样观察情况
①纸滤芯在加油量40000L时，沉渣物约占过滤器容量的三分之一。 ②纸滤芯在加油量90000～110000L时有很多沉渣粉末，沉渣物约占过滤器容量的二分之一。 ③罐底的沉渣粉末很多	295 （加油量80000～110000L）	21000	有少量沉渣粉末

表10可以看到，加油站不添加添加剂，加油枪加油100000L左右，滤芯可滤出约300g的沉积物，这个是加油站添加添加剂量的4倍多。表11是综合结果比较。

表11 试验结果比较数据

序号		原一个滤芯加油量/L	现加一个滤芯油量/L	过滤沉渣量/g	沉渣物约占过滤器容量
缓蚀-抑菌液(FT－01)的试验	清罐	～40000	～200000	84	1/4
	未清罐	～40000	～180000	90	1/4
空白			～110000	295	1/2

从表11可以看到，清罐与不清罐添加缓蚀-抑菌液(FT－01)效果基本一致。

图11、图12和图13是加油站油枪过滤器滤芯的图片。图11是添加缓蚀-抑菌液(FT－01)的更换出的滤芯，可以看到滤芯很干净。图12和图13为未加添加剂的加油站过滤器滤芯和芯桶，可以看到，有大量的铁锈沉渣，完全堵塞了滤芯。

试验结果表明，采用缓缓蚀-抑菌技术，完全解决了加油站高标号汽油中沉渣问题。

4.2.3 添加防锈添加剂试验结果

在炼油厂罐区油罐中添加8～10μg/g的PFT－01防锈剂到97号汽油中，进行罐内循环4h(打循环时必须经喷嘴)。试验结果见表12。

表 12　97 号汽油加入防锈剂的效果

时　间	罐　号	加入量/ (μg/g)	腐蚀程度/级	
			空白	加剂后
2004 - 11 - 16	中 4	8	C	B^{++}
2005 - 1 - 10	中 9	8	B	B^{+}
2005 - 2 - 28	中 9	8	A	
2005 - 3 - 30	中 9	8	A	
2005 - 4 - 26	中 4	8	B^{++}	
2005 - 5 - 27	中 4	8	B^{++}	
2005 - 7 - 19	中 4	8	A	
2005 - 8 - 17	中 4	8	A	
2005 - 11 - 23	中 13	8	B^{++}	
2006 - 1 - 16	中 4	8	B^{++}	
2006 - 2 - 8	中 9	8	C 级	A

由表 12 可知，经过 14 个月的工业试验，出厂的 97# 汽油中加入 8 ~ 10μg/gPRT - 01 防锈剂，腐蚀结果由加剂前的锈蚀 C 级提高到加剂后的 B^{++}和 A 级，防锈效果明显。

4.3　小结

1）采用缓蚀-抑菌技术，效果十分显著，更换加油枪滤芯加油量从原 40000L 提高到 200000L 以上，并且滤芯滤不到原 1/2。完全达到正常使用水平。

2）开发的 PRT - 01 防锈剂有较好的防锈效果，并具有加量少的优点。

图 11　加缓蚀-抑菌液(FT - 01) 滤芯

图 12　未加添加剂滤芯

5　结论

1）高标号汽油颗粒悬浮物产生的原因：高标号汽油液相强腐蚀性和微生物易在高标号汽油中生长、繁殖和代谢，代谢产物进一步加重高标号汽油对材料的腐蚀性；同时，微生物繁殖代谢生成尸体和大量表面活性物质，这些物质与铁锈颗粒物结合，悬浮在汽油中不易沉降，从而堵塞过滤器。喷气燃料产生头悬浮物原因：微生物在喷气燃料繁殖代谢生成大量表面活性物质，这些物质与铁锈和细菌尸体结合，产生悬浮物。

图 13　未加添加剂加油枪滤芯的芯桶

2）针对高标号汽油研制的防锈添加剂效果良好，可以使汽油的液相腐蚀评级（NACE 方法）从 C ~ E 级，提高到 B^+ 以上，达到国际同类添加剂的水平。开发的缓蚀（抑菌剂既能有效地防止罐底水对油罐材料的腐蚀，又能有效抑制微生物的繁殖。两种添加剂进行了成功工业应用，解决了汽油悬浮物堵塞过滤器问题。

参 考 文 献

[1] Watkinson, R. Pet. Rev. May 1989(43). 240 ~ 242

[2] E. C. Hill. 5th International Conference on Stability and Handling of Liquid Fuels. Rotterdam, Netherlands, 1994, (7): 173 ~ 181

[3] 陶志平，张戟．微生物在含氧高标号汽油中繁殖及其产生沉积物的研究．化学与生物工程，2004，21(5)：34 ~ 36

[4] 陶志平，梁馨，刘建华，汪燮卿．油-水体系中枝孢霉菌对 A3 钢腐蚀行为的影响．石油学报（石油加工），2006，22(4)：98 ~ 102

[5] Tao zhiping Zhang ji, Wang xieqing. Bacterial contamination of high octane grade oxygenated gasoline, 10th International Conference on Stability, Handling and Use of Liquid Fuels, 2007(10): 7 ~ 11

[6] 李丽，张利平，张元亮．石油烃类化合物降解菌的研究概况．微生物学通报，2001，28(5)：89 ~ 92

[7] Barnett, S. M., S. K. Velankar, and C. W. Hauston.. Mechanism of hydrocarbon uptake by microorganisms. Biotechnol. Bioeng. 1974, 16: 863-865.

[8] Atlas, R. M. Petroleum Microbiology. New York: Macmillan Publishing Company, 1984

[9] Watkinson, R. J. Developements in Biodegradation Of Hydrocarbons – 1. London: Applied Science Publishers Ltd., 1978

[10] 彭裕生，季华生，梁春秀．微生物提高石油采收率的矿产研究．北京：石油工业出版社．1997

[11] 刘宏芳，许立铭，郑家□，SRB 生物膜与碳钢腐蚀的关系．中国腐蚀与防护学报，2000，20(1)：41 ~ 46

[12] 吴建华，刘光州，于辉，钱建华．海洋微生物腐蚀的电化学研究方法．腐蚀与防护学报，1999，20(5)：231 ~ 239

油气润滑油的研制与应用

金承华　陈美名　曹毅　宗明

（中国石化润滑油重庆分公司，重庆　400039）

摘　要：本文简要论述了油气润滑的原理及特点，开展了油气润滑油的研制与应用。现场使用结果表明，研制的油气润滑油具有较好的适应性能，满足了油气润滑系统的使用要求。

关键词：油气润滑　原理　油气润滑油　研制　应用

1　前言

当前机械工业产品朝着高速、重载、高效、节能、自动化程度高和使用寿命长的方向发展，单相流体冷却润滑技术已经远远不能适应机械工业发展的要求，通过实践及不断探索，人们终于找到了一种新型、高效的冷却润滑技术，这就是气液两相流体冷却润滑技术，它包括油雾润滑和油气润滑两种形式，其中油气润滑方式得到了较快的发展和广泛应用，尤其是在冶金工业领域。

1.1　油气润滑的基本原理

简单地说，将单独供送的润滑剂和压缩空气进行混合并形成紊流状的油气混合流后再供送到润滑点，这个过程就是油气润滑。

在油气管中油的流速远远小于压缩空气流速，而从油气管中出来的油和压缩空气也是分离的，因此润滑油并没有被雾化——这是油气润滑与油雾润滑的重大区别。表1是油气润滑与油雾润滑的主要特点比较。

表1　油气润滑和油雾润滑比较

比较项目	油雾润滑	油气润滑
流体形式	一般型气液两相流体	典型气液两相流体
气压	0.04～0.06 bar	2～10 bar
气流速	2～5 m/s	50～80 m/s
润滑剂流速	2～5 m/s	2～5 cm/s
对润滑剂黏度的适应性	仅仅适应于较低黏度的润滑剂	适应于几乎任何黏度的油品
对润滑剂的利用率	约60%或更低	100%被利用
耗油量	是油气润滑的10～12倍	是油雾润滑的1/10～1/12
用于轴承时轴承座内的正压	≤0.02bar 不足以阻止外界脏物、水或有化学危害性流体侵入轴承座	0.3～0.8 bar 可防止外界脏物、水或有化学危害性流体侵入轴承座
系统监控性能	弱	所有动作元件和流体均能实现监控
轴承使用寿命	适中	是使用油雾润滑的2～4倍
环保	有20%～50%润滑剂通过排气进入外界空气中成为可吸入油雾	油不被雾化，也不和空气真正融合，对人体健康无害，也不污染环境

注：1bar＝100kPa。

从表中油气润滑和油雾润滑的主要特点比较可以看出，油气润滑具有更好的效果，这也是油气润滑方式较快发展和广泛应用的原因。

1.2 油气润滑的优点

从油气润滑的原理及其应用可知，采用油气润滑具有明显的优点：

1)润滑剂的消耗量非常小。

2)润滑效能高：气液两相油膜大大提高了油膜的承载能力，减小了摩擦损失，提高了润滑效能；润滑剂能不断的更新，对摩擦副表面起到更好的防护作用；压缩空气是天然冷却剂，可对润滑部位起冷却效果，大幅提高传动件的寿命。

3)排出的气体不含油，不污染环境，减少对操作人员的危害。

4)适用于处于高速或低速、重载、高温及受水或其他有化学危害性流体侵蚀的传动件运行的恶劣工况。

5)在轴承腔内形成了正压，可以有效阻止污染性物质比如水、尘土的进入，延长设备使用寿命。

6)适用的润滑剂范围广泛，油气润滑几乎不受油的黏度的限制。

对于油气润滑系统所使用的润滑剂而言，使用中容易出现高温沉积、结焦、清洗困难、部件损耗大等问题，对相应的油品也提出了较高的要求。针对国内钢铁企业油气润滑系统工况特点，开展了油气润滑油的研制，利用不同基础油的特点，根据不同的使用工况，开发了不同质量等级的油气润滑油产品，在冶金行业得到广泛的应用，取得了较好的使用效果。

2 油气润滑油的研制

2.1 技术指标的制定

根据油气润滑系统的特点及使用要求，制定了油气润滑油系列产品技术指标，根据不同的工况要求确定了 OA－2 和 OA－3 油气润滑油。具体技术指标要求见表2。

表2 油气润滑油技术指标

项目		技术指标		试验方法
		OA－2	OA－3	
黏度级别(按 GB/T 3141)		100～680		—
运动黏度(40℃)/(mm^2/s)		相应黏度级别要求		GB/T 265
黏度指数	不低于	95	170	GB/T 2541
倾点/℃	不高于	－12	－25	GB/T 3535
闪点(开口)/℃	不低于	220		GB/T 3536
机械杂质/%	不大于	0.01		GB/T 511
水分/%	不大于	痕迹		GB/T 260
腐蚀试验(T_2Cu，100℃，3h)/级	不大于	1		GB/T 5096
泡沫特性/(mL/mL)				GB/T 12579
24℃	不大于	75/0		
93.5℃	不大于	75/0		
后24℃	不大于	75/0		
液相锈蚀试验 A 法		无锈		GB/T 11143
承载能力(四球机法)				GB/T 3142
烧结负荷 P_D/N	不小于	1960		
氧化腐蚀试验(180℃，24h，250mL/min 空气)				SH/T 0450
40℃运动黏度变化率/%		报告		
酸值变化值/(mgKOH/g)		报告		

2.2 基础油的筛选

油气润滑油的使用环境常处于高温、高速/极低速、重载等苛刻工况，油气润滑主要关注产品的热稳定性能、结焦性能、润滑性能，研制中分别采用矿物油和特种结构的合成油作为基础油，对其使用性能进行比较，结果见表3。

表3 基础油的性能比较

基础油类型			合成油 A	矿物油	合成油 B
使用性能	低温流动性	优	差	优	
	化学安定性	良~优	差	良	
	热稳定性	中	良	良	
	结焦倾向	低	中	低	
	润滑性	优	良	良	
	黏温性能	优异	差	中	

从上表中可以看出：合成油 A、合成油 B 低温性能优异，黏温性能、润滑性能非常理想，尤其是结焦倾向低，是油气润滑油理想的基础油组分，因此选择此两种合成油研制 OA－3 油气润滑油。针对某些设备使用温度不太高，工况不太苛刻，从产品成本考虑，选用精制矿物油研制 OA－2 油气润滑油。

2.3 添加剂的考察

2.3.1 抗氧剂选择

对油气润滑系统而言，所使用的油品要求较高的氧化温度，以避免周围环境辐射热的影响。根据 OA－3 合成基础油的特点选择了合适的抗氧剂进行考察，结果见下表。

表4 OA－3 油气润滑油抗氧剂的选择

类　别			组 成/%	分解温度/℃
混合基础油	混合基础油	混合基础油	100	—
抗氧剂 A	—	—	1	210
—	抗氧剂 B	—	1	235
—	—	抗氧剂 C	1	190

从表4 可以看出，同等加量下抗氧剂 B 的效果优于抗氧剂 A 和抗氧剂 C，可以大幅度提高热分解温度，确保实际使用中的性能稳定。通过考察，选择了抗氧剂 B 作为 OA－3 油气润滑油的抗氧剂组分。

对抗氧剂的筛选一般原则是添加量小，协同作用强。由于矿物型基础油的缺陷，对抗氧剂的选择非常重要。经过考察，采用酚类抗氧剂与胺型抗氧剂复合并添加辅助抗氧剂效果较好。试验设计了一组 $L_9(33)$正交试验，并以旋转氧弹作为筛选方式进行考察，试验结果见表5。

表5 OA－2 油气润滑油抗氧剂的选择

试验编号	酚型抗氧剂－1	胺型抗氧剂－2	辅助抗氧剂	RBOT/min
1	A1	B1	C1	369
2	A1	B2	C2	417
3	A1	B3	C3	429
4	A2	B1	C2	417

续表

试验编号	酚型抗氧剂 - 1	胺型抗氧剂 - 2	辅助抗氧剂	RBOT/min
5	A2	B2	C3	452
6	A2	B3	C1	386
7	A3	B1	C3	441
8	A3	B2	C1	394
9	A3	B3	C2	344
Ⅰ	1215	1227	1149	
Ⅱ	1255	1263	1178	T = 3649
Ⅲ	1179	1159	1322	
Ⅰ/3	405	409	383	
Ⅱ/3	418.33	421	392.67	平均值 = 405.4
Ⅲ/3	393	386.33	440.67	
极差	25.33	34.67	57.67	—

从表5结果看，在考察范围内，抗氧剂1和抗氧剂2对油品的氧化影响相当，辅助抗氧剂对油品的氧化性能影响最大，极差达到57.67min，随着辅助抗氧剂加量的增加，油品的氧化安定性增强。综合考察结果，酚型抗氧剂 - 1、胺型抗氧剂 - 2、辅助抗氧剂的最佳添加量为A2、B2、C3，并确定为配方考察的复合抗氧剂组分和加剂量。

2.3.2 极压抗磨剂的选择

在油气润滑系统中，油品的润滑性是一个重要的方面。当压缩空气携带极少量的润滑油进入润滑部位而发挥作用时，这些润滑油以极其稀薄的方式润滑、保护摩擦面，因此，需合理选用极压抗磨剂，综合考虑添加剂的润滑性能、承载性能和腐蚀性。

2.4 综合性能评价

根据确定的油气润滑油系列产品配方，对其性能按照技术指标要求进行了评价。

2.4.1 理化性能评价

按照技术指标要求对研制油OA - 3和OA - 2油气润滑油进行评价，选择典型使用的黏度牌号(VG 320)进行评价，结果分别见表6。

表6 OA - 3油气润滑油理化性能评价

检测项目	OA - 3 技术指标	OA - 3(320)	OA - 2 技术指标	OA - 2(320)	参比油	试验方法
40℃运动黏度/(mm^2/s)	288 ~ 352	297.3	288 ~ 352	311.5	291.3	GB/T 265
黏度指数	≮170	191	≮95	96	84	GB/T 2541
倾点/℃	≯ - 25	- 34	≯ - 12	- 16	- 15	GB/T 3535
闪点(开口)/℃	≮220	260	≮220	275	258	GB/T 3536
机械杂质/%	≯0.01	无	≯0.01	无	—	GB/T 511
水分/%	≯痕迹	痕迹	≯痕迹	痕迹	—	GB/T 260
液相锈蚀试验 A 法	无锈	无锈	≯痕迹	无锈	无锈	GB/T 11143
腐蚀试验(T_2Cu, 100℃, 3h)/级	≯1	1b	≯1	1b	1b	GB/T 5096
泡沫特性/(mL/mL)						GB/T 12579
24℃	≯75/0	10/0	≯75/0	0/0	10/0	
93.5℃	≯75/0	15/0	≯75/0	10/0	5/0	
后24℃	≯75/0	10/0	≯75/0	0/0	10/0	
承载能力 (四球机法，常温，1500r/min) 烧结负荷 P_D/N	≮1960	3090	≮1960	3090	3090	GB/T 3142

从表中可以看出，研制的 OA－3 和 OA－2 油气润滑油理化性能满足技术指标要求；OA－2 油气润滑油黏温性能优于参比油，其余性能与参比油相当。

2.4.2　高温氧化腐蚀性能评价

为了保证研制产品的高温适应性，采用合成油高温氧化腐蚀试验评价油气润滑油的高温稳定性，即在一定温度(180℃)和空气流(250mL/min)条件下，加有金属片的研制油经过一段时间后，评价其运动黏度、酸值的变化及金属片腐蚀等。研制油的评价结果见表 7。

表 7　研制油品高温氧化腐蚀评价

评价项目	OA－3(320)	OA－2(320)	参比油	试验方法
氧化腐蚀试验				SH/T 0450
40℃运动黏度变化率/%	－0.55	+9.34	+8.34	
酸值变化/(mgKOH/g)	0.05	－0.49	－3.72	
金属腐蚀				
钢片/(mg/cm^2)	0.00	0.00	0.00	
铜片/(mg/cm^2)	0.00	0.00	0.00	
氧化管外观	管壁清净	管壁较清净	管壁较清净	

从表 7 可以看出，研制的 OA－3 油气润滑油经过氧化后，氧化管壁较为干净，油品未发现沉淀生成，氧化前后运动黏度变化较小，金属片未见有腐蚀现象，表明研制油品的热氧化安定性较好。研制的 OA－2 油气润滑油的酸值变化较参比油好，残炭较小，金属氧化腐蚀性能与参比油相当。

2.4.3　高温结焦性能评价

高温结焦性能是油气润滑油的关键使用性能，对于油气润滑系统的正常运行具有重要的作用。在现有的润滑油试验方法中，还没有一种快速、有效的方法对此进行评价。

评价高温结焦性能的方法就是要模拟油气润滑油的现场使用工况：高温金属、薄油膜、大量空气接触，使油品连续在高温金属表面流过，一段时间后评价残留附着物的形成和分布及其结焦量的大小。根据这些要求，研制中采用航空润滑油热氧化安定性测定法——斜板结焦法评价油品结焦性能。

试验中将一定量(60g)的润滑油以 1 mL/min 的速度泵送滴加到一定温度的倾斜金属板面，余油流回油杯，循环一定时间后测定板面结焦量。

OA－3 油气润滑油斜板结焦试验条件：金属板温度 250℃，油滴落板面速度 1mL/min，试验时间 6h，试验后清洗试片，评价结焦量大小。

表 8　OA－3 油气润滑油斜板结焦试验结果

试验温度 / 油品	230℃		250℃		280℃	
	结焦/%	结焦量/mg	结焦/%	结焦量/mg	结焦/%	结焦量/mg
OA－3 油气润滑油(320)	10.0	10.0	14.4	10.0	21.0	19.0

图 1 是研制的 OA－3 油气润滑油斜板结焦试验的斜板外观。

由图 1 可以看出，研制的 OA－3 油气润滑油在 230℃和 250℃时，其结焦量均很小，板面外观干净，没有成块的结焦物，但在 280℃的温度下具有明显的结焦，表明 280℃为 OA－3 油气润滑油的使用温度极限。在 250℃以下使用时研制的 OA－3 油气润滑油具有较好的稳定性，不易形成结焦物。

由于使用工况的差异，在 OA－2 油气润滑油斜板结焦试验评价中，试验条件为：金属板温度 180℃，油滴落板面速度 1mL/min，试验时间 6h，试验后清洗试片，评价结焦量大小。图 2 是 OA－2 油气润滑油与参比油及其原使用普通矿物油产品的试验结果对比。

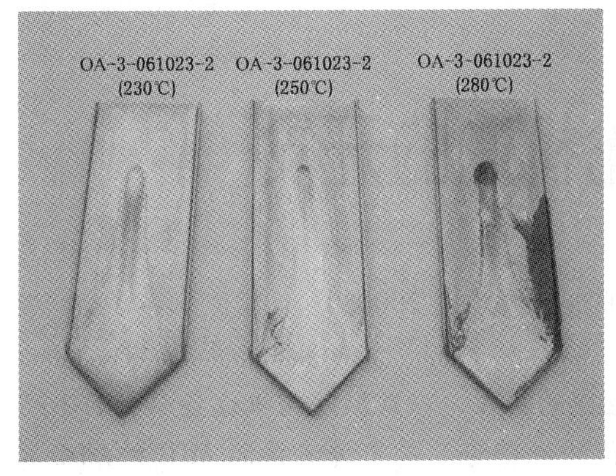

图1 OA－3油气润滑油斜板结焦试验金属片

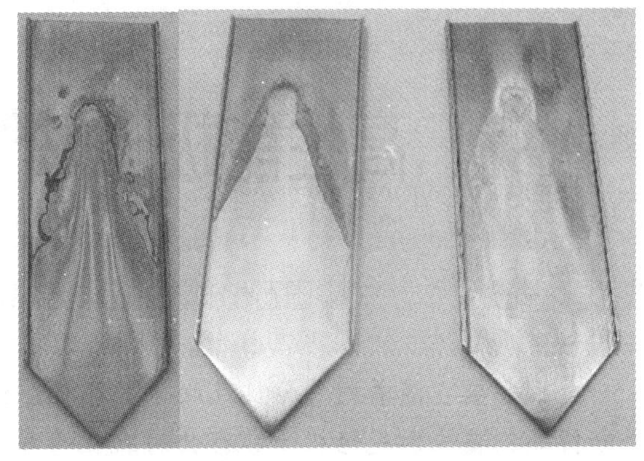

图2 OA－2油气润滑油斜板结焦试验金属片
*图中左为普通矿物油产品，中间为参比油，
右为研制油 OA－2 油气润滑油

从试验结果看，研制油 OA－2 油气润滑油的高温结焦性能与参比油相当，在金属片上无明显的沉积物(参比油有明显可见的沉积物存在)，优于普通矿物油产品，表明研制的 OA－2 油气润滑油的高温结焦性能较好。

3 油气润滑油的工业应用与技术认可

经过油气润滑油系列产品的实验室研制及评价、工业试生产和质量检验，能够提供满足质量指标要求的产品。通过在20余家企业的应用和推广，使用效果良好。研制的油气润滑油系列产品获得了德国莱伯斯的技术认可，同时还写入了中冶赛迪技术工程股份有限公司配套材料技术认可书。

4 结论

1)通过对基础油和添加剂体系的研究，研制出 OA－2、OA－3 系列油气润滑油系列产品，研制油具有优良的高温氧化安定性和抗高温结焦性能，满足了冶金行业油气润滑系统苛刻工况的使用要求。

2)研制的油气润滑油系列产品经国内多家钢厂使用验证，完全满足其油气润滑系统的使用要求，获得了广泛应用，创造了较好的经济效益和社会效益。

3)研制的油气润滑油系列产品获得了莱伯斯的技术认可，并写入中冶赛迪工程技术股份有限公司配套材料技术认可书。

高性能极压燃气轮机油的开发

益梅蓉
（中国石化润滑油公司上海研发中心，上海　200080）

摘　要：随着燃气轮机及联合循环机组使用范围的扩大，以及燃气轮机设备参数的不断提高，要求燃气轮机油具有长的氧化寿命以及低油泥趋势。本文讲述按照 MHI 的规格开发了一种高性能极压燃气轮机油并和进口油进行了性能对比。

关键词：燃气轮机极压燃气轮机油氧化安定性

燃气轮机是节约和清洁能源的新一代动力装置，随着材料、加工工艺等技术的进步，燃气轮机的热效率得到很大提高，尤其是联合循环机组的热效率已达到 50% 以上，比超超临界蒸汽轮机的热效率高，因此燃气轮机联合循环电厂的建造今后将会有很大发展。

先进的燃气轮机进气温度达到 1400℃多，轴承环境温度达到 250℃以上，特别是在控制系统和轴承润滑采用同一种油品的机组中，润滑油还要经受高压的考验，因此应用于燃气轮机透平油的运行环境是非常苛刻的，很容易造成油品的氧化，产生油泥漆膜。高性能的燃气轮机油可以有效延长油品的换油周期减少维护费用，符合节能要求，是今后透平油市场的主要发展趋势。

1　研制标准

对于极压燃气轮油，国际电力公司都制定了严格的标准，著名的有 GE GEK101941 和 MHI 的 MS04 – MA – CL003。其中 MHI 的规格对于油品氧化衰变中油泥的产生有更严格的要求，而在燃气轮机中特别是重负荷燃气轮机，更关注的是高温氧化中油泥析出，产生漆膜，而导致设备故障问题，因此燃气轮机油中具有优良的高温氧化安定性和低的油泥析出是关键，由此选择 MHI 的规格作为开发的标准，对于氧化的要求见表 1。

表 1　三菱重工燃气轮机油 MS04 – MA – CL003 规格中对氧化的要求

项　　目		MS04 – MA – CL003	试验方法
氧化安定性			
1000h 后酸值/(mgKOH/g)	不大于	0.4	ASTM D943
酸值达 2.0mgKOH/g 时间/h	不小于	4000	ASTM D4310
旋转氧弹(150℃)/min	不小于	700	ASTM D2272
改进旋转氧弹/%	不小于	85	ASTM D2272
Dry TOST 试验（120℃），50% 氧弹值时			
油泥/(mg/kg)	不大于	100	MHI 方法
寿命/h	不小于	700	
FZG 试验，失效级	不小于	9	ASTM D5182

2　试验条件

开发此油品的关键试验是 Dry TOST 试验，试验条件见表 2。

表 2 Dry TOST 试验条件

项目	试验条件	项目	试验条件
用油量	360mL	氧气流量	3.0L±0.1L
试验温度	120℃±0.2℃	催化剂	铜和钢丝圈

试验后测定油品旋转氧弹下降至原来的 50% 的时间及此时通过 1μm 滤膜过滤的油泥量，要求时间不小于 700h，油泥不大于 100mg/kg。

3 产品开发

3.1 基础油确定

加氢基础油通俗地说是一种比较纯净的基础油，基本不含芳烃，具有优良的对抗氧剂的感受性以及良好的空气释放性等，这符合现代透平油的性能要求，因此确定极压燃气轮机油的基础油为加氢基础油。基础油性能见表 3。

表 3 基础油性能

项目	API Ⅱ-4	API Ⅱ-6
(40℃)运动黏度/(mm^2/s)	22.11	34.02
黏度指数	109	109
闪点(开口)/℃	218	234
倾点/℃	-18	-18
硫/%	0.006	0.0001
总酸值/(mgKOH/g)	0	0.004
蒸发损失/%	15.8	8.7
旋转氧弹(150℃，加 0.8% T501)/min	333	340

3.2 抗氧剂筛选

本产品的开发关键是对于抗氧剂的筛选，抗氧剂的组成应既具有长的氧化寿命，衰减速度慢，并且在衰减过程中产生油泥要少。

油品的氧化是自由基链式反应(见图 1)，分为链的引发，链的增长、支链反应和链的终止四个阶段，其中链的引发需要一定的温度，金属催化剂；一旦链引发后进入链的增长阶段就是一个循环自增长阶段，速度很快直到链终止；支链反应是在高温下(高于 120℃发生)的氧化反应，它更加快了第二阶段的氧化速度。

链的引发：$RH \xrightarrow[\text{光、催化剂}]{\text{温度}} R\cdot$(烷基自由基)

链的增长：$R\cdot + O_2 \longrightarrow ROO\cdot$(过氧自由基)

$ROO\cdot + RH \longrightarrow R\cdot + ROOH$(氢过氧化物)

链的支化：$ROOH \longrightarrow RO\cdot + \cdot OH$(烷氧基和羟基)

$RO\cdot + RH \longrightarrow ROH + R\cdot$

$\cdot OH + RH \longrightarrow H_2O + R\cdot$

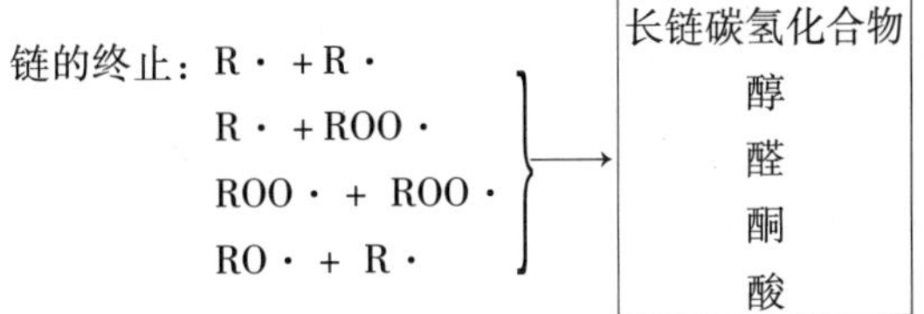

图 1 基础油自由基氧化机理

为了防止油品的氧化，必须加入抗氧剂，针对氧化的条件和三个阶段的不同氧化机理，抗氧剂的种类分为：自由基终止剂，氢过氧化物分解剂和金属钝化剂。其中自由基终止剂包括酚型和胺型抗氧剂如：T501、长链酚型，二苯胺、N－苯基－α－萘胺(PAN)等；氢过氧化物分解剂多为含硫、磷型抗氧剂，最著名的是ZDDP类抗氧剂、；金属钝化剂如苯三唑等。抗氧剂的复合使用可以产生协和作用，大大提高抗氧效果。

从燃气轮机油的应用环境来看，油品氧化的三个阶段都能发生。由于使用温度高使得分解温度低的酚型抗氧剂的使用受到了限制，因此在透平油中特别是燃气轮机油中具有高温抗氧性的胺型抗氧剂得到广泛应用，使用胺型抗氧剂也能够大大延长油品的抗氧化寿命，满足市场对于长寿命透平油的需求。

胺型抗氧剂在68.5℃时开始发生抗氧作用，在低温(<120℃)和高温(≥120℃)按照不同的抗氧化机理产生抗氧效果[1]，因此胺型抗氧剂在高温条件下比酚型抗氧剂更有效。选择胺型抗氧剂需注意的是有些胺型抗氧剂，如N－苯基－α－萘胺(PAN)对于提高氧弹值有很大的效果，但这种抗氧剂氧化后容易产生油泥[2,3]，如果使用烷基化的PAN可大大改善油泥生成。

根据抗氧剂的抗氧机理以及透平油开发经验，选择了两个透平油抗氧剂组合并复合防锈剂进行了Dry－TOST试验，结果见表4。

表4　Dry TOST试验结果

项目	1#		2#	
API Ⅱ ISO VG32 基础油	√		√	
PACKAGE 1/%	0.43		—	
PACKAGE 2/%	—		0.43	
Dry TOST 试验 700h				
旋转氧弹保持率/%	38.2	—	39.9	—
油泥/(mg/kg)	53	65	47	44

从表4结果可见两个组合的油泥控制比较好，但旋转氧弹保持率达不到要求，也就是说在氧化过程中抗氧剂的消耗速度过快。

针对旋转氧弹保持率低的问题，在PACKAGE 2的基础上增加在高温时抗氧化作用较强的抗氧剂的量，并且选择既具有极压抗磨性能又有一定抗氧作用的极压抗磨剂，以满足油品的极压性能，再进行Dry-TOST试验，结果见表5、图2和图3。

表5　调整配方Dry TOST试验结果

项　目	14JHJ
API Ⅱ ISO VG32 基础油	√
EP/%	0.03
PACKAGE2/%	0.43
AO/%	0.05＋
旋转氧弹/min	1333
Dry TOST 试验 500h	
旋转氧弹/min	920
氧弹保持率/%	69
油泥/(mg/kg)	32
Dry TOST 试验 900h	
旋转氧弹/min	691
氧弹保持率/%	52
油泥/(mg/kg)	45

续表

项　　目	14JHJ
Dry TOST 试验 1000h	
旋转氧弹/min	573
氧弹保持率/%	43
油泥/(mg/kg)	79

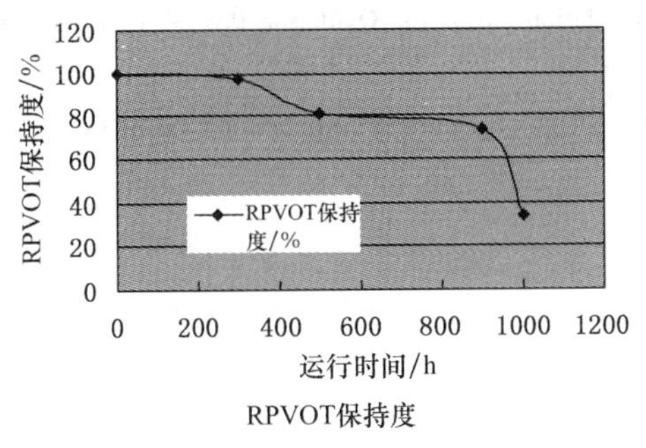

图 2　11[#]样 Dry TOST 试验旋转氧弹保持率

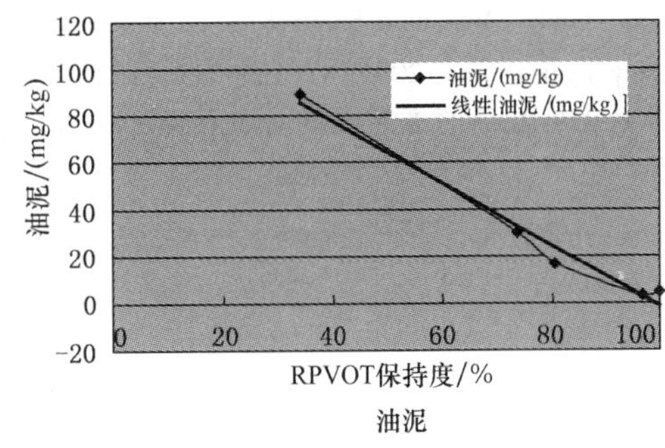

图 3　11[#]样 Dry TOST 试验油泥生成情况

对上述配方进行了其他性能分析，结果表明可以满足 MHIMS04－MA－CL003 的要求，并获得 MHI 的技术认可。表 6 显示了产品的主要性能数据以及和同样获得 MHI 认可的进口油品的比较。

表 6　开发的极压燃气轮机油性能数据及和进口油的比较

项　　目	CL003 规格要求	实测结果	进口油
运动黏度/(mm²/s)			
(40℃)	28.8～35.2	31.92	30.12
(100℃)	≮5.0	5.471	5.57
黏度指数	≮95	107	112
氧化安定性			
1000h 后酸值/(mgKOH/g)	≯0.4	0.2	—
酸值达 2.0mgKOH/g 时间/h	≮4000	>10000	>10000
旋转氧弹(150℃)/min	≮700	1333	1602
改进旋转氧弹/%	≮85%	97	—
Dry TOST 试验（120℃），50% 氧弹值时			
油泥/(mg/kg)	≯100	80	83.4
寿命/h	≮700	950	994
空气释放值(50℃)/min	≯4	1.8	5.2
抗乳化(到 3ml 乳化层)54℃/min	≯30	5	14
FZG 试验，失效级	≮9	>12	—

表 6 的数据表明，开发的产品不仅满足了 MHI 的要求，而且和同类进口油性能相当。

4　结论

1)长寿命低油泥透平油是今后透平油发展方向，在国际电力公司的透平油规格中，三菱重工 MS04－MA－CL003 规格对燃气轮机油的抗氧化性和油泥做了严格规定。

2)加氢基础油具有对抗氧剂感受性好等特性，可以满足调制长寿命透平油的要求。

3)传统酚型抗氧剂分解温度低，不适合应用于需在高温下运行的燃气轮机油中，胺型抗氧剂在高低温下都有抗氧效果，是调制此类油品的良好选择。

4)采用精选的胺型抗氧剂、金属钝化剂、防锈剂和极压抗磨剂调制的极压燃气轮机油具有优异的抗氧化性能、低的油泥趋势和优良的极压抗磨性，满足三菱重工的规格要求，获得了技术认可。

5)开发的产品性能和同类进口油相当。

参 考 文 献

[1] 王丽娟，刘维民，润滑油抗氧剂的作用机理，润滑油，1998(2)：55~58

[2] Yano Akihiko, Watanabe Shintaro, et al. Study on Sludge Formulation during the Oxidation Process of Turbine Oil. Tribology Transactions, 2004, 47(1)：111~122

[3] Prasad R S, Ryan H T. Formation of Deposits from Lubricants in High Temperature Application. 2008 SAE International

汽油机油(高温)泡沫特性的影响因素考察

隋秀华　朱和菊　李万英

（中国石化润滑油分公司北京研发中心，北京　100085）

摘要：根据世界各国汽油机油规格对泡沫特性要求现状，探讨汽油机油高温发泡原因及有效对策。本文对汽油机油(高温)泡沫特性的影响因素(基础油、黏度指数改进剂、功能复合添加剂和抗泡剂类型)进行考察，得出有一定指导意义的结论。

主题词：汽油机油　高温泡沫特性　影响因素

1　世界各国汽油机油规格对泡沫特性的要求现状

发动机油在使用过程中，由于发动机高速运转，会受到强烈搅拌或振动，产生大量的气泡或泡沫(在机油内部或表面聚集起来的气泡，从体积上考虑，其中空气是主要组成部分)，会破坏摩擦副之间的润滑油油膜，从而造成其润滑性能下降、冷却效果变差、更容易氧化变质等后果，影响发动机正常的运转和使用寿命。因此，无论是美国石油协会(API)，还是欧洲汽车制造商协会(ACEA)，还是日本汽车标准组织，还是中国国家标准化组织，还是各大汽车公司如通用、大众、丰田等，都对发动机油提出了较严格的泡沫特性(即起泡性/消泡性)要求(见表1[1~3])。

此外，随着发动机设计小型化及高速公路的普及，发动机的操作温度比以往提高，机油处在更高的使用温度下，而在高温下，机件对润滑和冷却的要求更高，从而对机油夹带泡沫问题更敏感。目前各国相关标准化组织对高档汽油机油都提出了高温泡沫特性要求，而且级别越高，要求越严格(见表1)。

表1　各汽油机油规格对泡沫特性的要求

泡沫倾向性/稳定性/(mL/mL)	中国国家标准及美国石油协会标准(API)			欧洲汽车制造商协会标准(ACEA)	试验方法
	SH	SJ	SL/SM	A/B－07系列及C－07系列	
24℃	不大于10/0	不大于10/0	不大于10/0	不大于10/0	GB/T 12579 (ASTM D 892)
93.5℃	不大于50/0	不大于50/0	不大于50/0	不大于50/0	
后24℃	不大于10/0	不大于10/0	不大于10/0	不大于10/0	
150℃	报告	不大于200/50	不大于100/0	不大于100/0	SH/T 0722 (ASTM D 6082)

可见，汽油机油具有良好的高温泡沫特性是其综合性能(尤其是润滑及抗氧化抗磨损性能)正常发挥的根本保证，汽油机油高温泡沫特性在全世界受到普遍关注。因此，本课题就高档汽油机油的泡沫特性(尤其是高温在150℃条件下的)影响因素展开考察。

2　机油高温发泡原因

发动机油发泡的原因很多，其中机油内溶解的空气和微量水是造成其在高温下发泡的重要因素。在高温下，机油中的水分受热后转变为气泡释放，水的沸点为100℃，在150℃的高温下会激烈沸腾，产生大量的水气泡，直接增大了机油的发泡性，这也是高档油品对水分的控制严格的一方面原因。

3 机油高温泡沫的有效对策

为了抑制油品发泡，一般有：物理抗泡法、机械抗泡法、化学抗泡法等三种方法[4]。目前，在发动机润滑油产品上广泛采用化学抗泡法，即添加抗泡剂的消泡、抑泡方法。抗泡剂一般不溶解于油中，而是以高度分散的胶体粒子状态存在于油中，分散的抗泡剂粒子吸附在泡膜上，然后侵入泡膜成为其一部分，其余部分是润滑油膜时，由于气泡膜两部分表面张力不同，因而受力不均匀而破裂，达到消泡的目的[5]。抗泡剂必须是在不溶状态下才具有优良的抗泡效果。在高温下，一些抗泡剂的溶解性能增加，从而导致抗泡剂抗泡效果变差，甚至起了相反的作用。因此，要达到高温抗泡目的，必须选择合适有效的抗泡剂。

4 汽油机油高温泡沫特性的影响因素考察

4.1 考察内容及方法

根据高档汽油机油配方组成特点，考察其主要组成成分基础油，加入黏度指数改进剂后稠化油及稠化油加入功能复合添加剂及 0.3% 降凝剂后的前成品油 SM 级汽油机油的(重点关注 GB/T 12579 方法的 93.5℃及 SH/T 0722 方法的 150℃ 二温度下)泡沫特性。

然后，就常用的几种抗泡剂进行对比，考察不同抗泡剂对高档前成品油 SL 及 SM 级汽油机油的作用效果，并将优选的抗泡剂考察结果在生产上进行验证。最后得出考察结论。

试验室机油调合条件：需要加抗泡剂时，在机油温度达到 60℃ ±1℃后加入抗泡剂；抗泡剂加入后，成品油搅拌 30 分钟，搅拌电压(150 ~200V，以 200V 为主，搅拌及加热仪器为湖南津市市石油化工仪器有限公司的 JSQ0901 搅拌器)。

中等温度下泡沫特性的检测仪器为 Koehler - K43093，分析方法为 GB/T 12579(ASTM D892)，即先对检测样品进行加热处理(或搅拌)，在不同的油温条件下，向试验油中吹恒定流速(94mL/min)的干燥空气 5min，停止通气瞬间立即记录泡沫体积(mL)，切断气源稳定 10min 后再次记录泡沫体积(mL)，试验结果为两次泡沫体积的比值。

150℃条件下泡沫特性的检测仪器为 Koehler - K43049，分析方法为 SH/T 0722(ASTM D6082)，即检测样品经加热处理后在 150℃油温条件下，以 200mL/min 的流速用金属扩散头向试验油中通干燥空气，通气 5min，停止通气瞬间记录静态泡沫体积(mL)，切断气源稳定 1min 后再次记录泡沫体积(mL)，试验结果为两次泡沫体积的比值。

4.2 考察的结果

4.2.1 几种高档汽油机油常用基础油的泡沫特性

对几种高档汽油机油常用基础油的泡沫特性进行检测，分析结果如表 2 所示。从表 2 可以看出相同工艺或相同生产厂生产基础油的泡沫特性(尤其是高温条件下)相当，93.5 及 150℃的抗泡检测结果都在 60/0 (mL/mL)以下，但相同工艺或生产厂的不同黏度级别的基础油的泡沫特性变化没有规律性。所检测的两个批次油公三类加氢油 YU - 6 低温泡沫特性结果较差，且两个批次样品检测结果变化较大。

表 2 几种高档汽油机油常用基础油的泡沫特性检测结果

温度	检测结果/(mL/mL)									
	油公 YU－4	油公 YU－6 (200601)	油公 YU－6 (200608)	双龙 S－4	双龙 S－8	高桥 Ⅱ－4	高桥Ⅱ－6	高桥Ⅱ－8	抚顺 150SN	燕山 500SN
24℃	20/0	190/0	130/0	20/0	20/0	30/0	20/0	110/0	70/0	140/0
93.5℃	20/0	30/0	20/0	20/0	20/0	20/0	40/0	20/0	20/0	30/0
后 24℃	10/0	100/0	120/0	20/0	20/0	30/0	40/0	30/0	70/0	40/0
150℃	40/0	20/0	50/0	20/0	40/0	30/0	20/0	30/0	60/0	50/0

4.2.2 基础油加入黏度指数改进剂后稠化油的泡沫特性

鉴于韩国油公公司生产的Ⅲ类基础油在全世界高档汽油机油的广泛应用，以及加氢异构脱蜡工艺在世界Ⅱ/Ⅲ类基础油生产上的广泛采用，结合基础油抗泡性能的考察结果，对油公公司的加氢异构脱蜡Ⅲ类基础油 YU－6(两个批次样品的泡沫特性稍差，文献中也有加氢异构脱蜡基础油调制油品起泡性比较大的报道，但不包括 150℃的起泡性数据[6]，因此对泡沫特性稍差批次的加氢异构脱蜡基础油 YU－6 进行考察)加入不同类型的黏度指数改进剂后几种稠化油的泡沫特性进行考察，检测结果如表 3 所示。

从表 3 的检测数据可以发现，加入黏度指数改进剂后稠化油的泡沫特性差别较大，YU－6 加入黏度指数改进剂 A 和 B 后的稠化油 1 和 2 的检测结果都变差。加入 OCP 型黏度指数改进剂 C、D 后稠化油 3 和 4 的泡沫性尤其是 24℃和后 24℃泡沫性得到明显改善，加入这两种 OCP 型黏度指数改进剂后稠化油的 150℃泡沫性结果差别较大，稠化油 3 的 150℃泡沫性恶化，而稠化油 4 的 150℃泡沫性得到明显改善，在稠化油 4 的基础上在加入少量另一基础油的稠化油 5 的各项泡沫性最好。

表 3 几种稠化油的泡沫特性检测结果

温度	检测结果/(mL/mL)					
	YU－6	稠化油 1 (PMA 型，A)	稠化油 2 (HSB 型，B)	稠化油 3 (OCP 型，C)	稠化油 4 (OCP 型，D)	稠化油 5 (稠化油 4 加入另一基础油)
24℃	130/0	150/0	210/0	60/0	80/0	50/0
93.5℃	20/0	40/0	40/0	40/0	40/0	30/0
后 24℃	120/0	130/0	150/0	60/0	80/0	50/0
150℃	50/0	60/0	60/0	70/0	30/0	30/0

4.2.3 稠化油加入功能复合添加剂后的泡沫性

稠化油 5 加入 0.3%[占配方总组成(质量分数)，内加]降凝剂，后分别加入汽油机油复合添加剂 P_1、P_2、P_3 和 P_4 和调制成品油 SM 及 SL 10W－30，对其进行泡沫性分析，结果如表 4 所示。可以看出，功能复合添加剂在一定程度上可以改善基础油及稠化油的 24℃、93.5℃和后 24℃泡沫性，但对 150℃泡沫性普遍有负面影响，复合功能添加剂不同，对 150℃泡沫性影响差别较大。

表 4 稠化油 5 加入 0.3% 降凝剂后加入四种功能复合添加剂泡沫性

温度	检测结果(mL/mL)				
	稠化油 5	加入 P_1	加入 P_2	加入 P_3	加入 P_4
24℃	50/0	10/0	0/0	0/0	0/0
93.5℃	30/0	20/0	0/0	10/0	10/0
后 24℃	50/0	10/0	0/0	0/0	0/0
150℃	30/0	190/0	60/0	50/0	40/0

4.2.4 几种抗泡剂对汽油机油泡沫性的作用效果对比

润滑油公司比较早的内燃机油配方中用到抗泡剂以硅油 T901(对抗氧剂、增黏剂、防锈剂、清净分散剂等有良好配伍性)为主，故对 T901 的抗泡效果进行考察；润滑油公司以往汽油机油高温抗泡考察得出硅型抗泡剂 C1 是比较有效的抗泡剂结论，对其也进行考察；文献中报道抗泡剂复合应用效果要优于硅型及非硅型抗泡剂单独使用的抗泡、消泡效果[5,7]，复合抗泡剂 F_2 是有效的内燃机油抗泡剂。因此确定对以上三种抗泡剂在当前有代表性的三种配方产品上的应用效果进行考察，三种抗泡剂的考察结果分别见表 5、表 6 和表 7。

表 5　T901(稀释)对三种高档汽油机油泡沫性的作用效果

T901 稀剂(煤油稀释 10 倍)加入量/(μg/g)		0	20	50	100	200
试验条件		检测结果/(mL/mL)				
SL 5W－20	24℃	0/0	0/0	0/0	0/0	0/0
	93.5℃	20/0	30/0	20/0	20/0	30/0
	后 24℃	0/0	0/0	0/0	0/0	0/0
	150℃	60/0	80/0	90/0	90/0	110/0
SL 5W－30	24℃	0/0		0/0		
	93.5℃	20/0		20/0		
	后 24℃	0/0		0/0		
	150℃	70/0		80/0		
SM 10W－30	24℃	0/0	0/0		0/0	0/0
	93.5℃	0/0	0/0		0/0	10/0
	后 24℃	0/0	0/0		0/0	0/0
	150℃	60/0	70/0		60/0	80/0

表 6　硅型抗泡剂 C_1 对两种高档汽油机油泡沫性的作用效果

C_1 加入量/(μg/g)		0	50	100	200	400
试验条件		检测结果/(mL/mL)				
SL5W－20	24℃	0/0	0/0		0/0	
	93.5℃	20/0	10/0		10/0	
	后 24℃	0/0	0/0		0/0	
	150℃	60/0	50/0		60/0	
SM 10W－30	24℃	0/0	0/0	0/0	0/0	0/0
	93.5℃	0/0	0/0	0/0	0/0	0/0
	后 24℃	0/0	0/0	0/0	0/0	0/0
	150℃	60/0	50/0	60/0	60/0	60/0

表 7　复合抗泡剂 F_2 对三种高档汽油机油泡沫性的作用效果

复合抗泡剂 F_2 加入量/(μg/g)		0	50	100	200	400	600
试验条件		检测结果/(mL/mL)					
SL 5W－20	24℃	0/0	0/0		0/0	0/0	
	93.5℃	20/0	10/0		10/0	10/0	
	后 24℃	0/0	0/0		0/0	0/0	
	150℃	60/0	60/0		60/0	50/0	

续表

复合抗泡剂 F_2 加入量/(μg/g)		0	50	100	200	400	600
		检测结果/(mL/mL)					
SM 10W-30	24℃	0/0	0/0	0/0	0/0	0/0	0/0
	93.5℃	0/0	0/0	10/0	0/0	0/0	0/0
	后24℃	0/0	0/0	0/0	0/0	0/0	0/0
	150℃	60/0	60/0	60/0	40/0	30/0	40/0
SM 5W-30	24℃	0/0	—	—	—	0/0	—
	93.5℃	20/0				10/0	
	后24℃	0/0				0/0	
	150℃	60/0				40/0	

对于SL级别汽油机油产品，加入不同比例三种抗泡剂后分析结果表明，加入T901后，93.5℃泡沫性结果变化不大，但150℃高温泡沫性结果明显变差，加入量越大，泡沫性越差。硅型抗泡剂 C_1 和复合抗泡剂 F_2 加入后，93.5℃泡沫性结果一般可从20/0降到10/0，但150℃泡沫性结果基本没有得到改善。无论是生产数据还是实验室数据都表明，可以不用加任何的抗泡剂就能满足规格要求，尤其不应该加入T901，不但不会起到积极的作用，反而可能会使高温泡沫性变差。

对于SM级别汽油机油产品，主要对生产上曾出现过高温150℃不合格的SM 10W-30进行了考察。考察结果表明：加入T901后，93.5℃/150℃泡沫性不但没有得到改善，还有可能恶化，比例越高，恶化的倾向越大。硅型抗泡剂 C_2 加入后150℃泡沫性基本没有得到改善。复合抗泡剂 F_2 加入后的分析结果表明泡沫性得到明显改善，尤其比例大于200PPM以后改进明显，应用到SM 10W-30及其他等级汽油机油的生产上(实际生产调合产品的分析数据比实验室调合产品的分析数据稍差，所以实验室的结果应用到生产上得留有一定富余量才能保证实际生产产品的质量)以后完全解决了高温抗泡不合格的问题。复合抗泡剂 F_2 在SM 5W-30汽油机油产品上应用效果与SM 10W-30一致。

5 结论

根据当前世界各国汽油机油规格对泡沫特性(尤其是对150℃泡沫性)要求现状，简要分析了机油高温发泡原因及有效对策，后针对地考察了不同基础油的泡沫性、黏度指数改进剂类型和复合功能添加剂对泡沫性的影响、三种抗泡剂对汽油机油泡沫性的作用效果，得出结论如下。

1)相同工艺或相同生产厂生产的基础油的泡沫特性(尤其是高温条件下)相当，相同工艺或相同生产厂生产的不同黏度级别的基础油的泡沫特性变化没有规律性。

2)黏度指数改进剂类型不同，加入到同一基础油中后得到的稠化油泡沫性差别较大，同一类型但不同厂家的黏度指数改进剂加入到同一基础油中得到稠化油150℃泡沫性差别较大；另一种基础油的加入也对稠化油的各项抗泡性起正面作用。由此得出结论为：选择高档汽油机油黏度指数改进剂时还要考虑其对泡沫特性的影响；合适的基础油配比会改善体系的泡沫特性。

3)稠化油加入功能复合添加剂后中等温度条件下的泡沫性改善比较明显，但对高温150℃泡沫性有不同程度负面影响，这主要来自于不同功能复合添加剂中不同功能单剂复配技术的影响。

4)三种抗泡剂加入后的汽油机油150℃泡沫性分析结果表明，硅型抗泡剂对150℃泡沫性没有正面作用，加入量越大，可能负面作用越大。而复合抗泡剂 F_2 加入量在200~600μg/g对汽油机油150℃泡沫性有明显的正面作用。

参 考 文 献

[1] ASTM D4485-07. Standard Specification for Performance of Engine Oil, ASTM Committee D02, 2007: 2~8

[2] Service Fill Oils for Gasoline Engines. ACEA European Oil Sequences, 2007: 7~10

[3] GB 11121—2006
[4] 曹云芳. 410复合抗泡剂的研制与应用. 润滑油，1997，12(4)：43～45
[5] 丁大一. 内燃机油抗泡性能问题的解决. 润滑油，2001，16(6)：17～22
[6] 纪春怡，安彦杰. 加氢异构脱蜡基础油抗泡性能考察. 黑龙江石油化工，2001，12(2)：10～12
[7] 王开毓. 抗泡剂的复合应用研究. 石油炼制与化工，1994，25(6)：15～18

油雾润滑技术在石化行业中的应用

何振歧

（中海炼化惠州炼油分公司，广东惠州　516086）

摘　要： 油雾润滑进入中国已经有近10年的历史。在石化行业，对油雾润滑不管是理论研究还是实际运用，和国外相比，都还有很大的差距。本文结合油雾润滑在中海炼化惠州炼油分公司(下称惠州炼油)的使用，对油雾润滑在石化行业的实际应用进行了大胆的探索和拓展，在多个方面实现了突破。为以后油雾润滑技术在国内石化行业的使用，起到了很好的抛砖引玉的效果。在当前环保、节能、长周期运行的大环境下，随着业内对此项技术不断的了解和深入，相信这项技术和产品必将在石化行业被广泛使用，在技术和经济效益上给我们带来巨大的回报。

关键词： 油池润滑　油雾润滑　技术先进　石化行业　应用

1　油雾润滑的简单介绍

相对于传统的油池润滑，油雾润滑是一种全新的润滑技术，在国外已经有了半个多世纪的使用历史。API标准中，从第7版开始，就正式引入油雾润滑。在石化行业内的用户，包括埃克森/美浮(Exxon/Mobil)、德士古/飞利浦(Texaco/Philip)、壳牌(Shell)、雪佛龙(Chevron)石油公司、英国石油公司(BP)等众多国际知名石化企业。20世纪90年代，油雾润滑进入中国，经过近10年的发展，在石油化工行业被越来越多的采用，用户包括北京燕山石化、上海高桥石化、齐鲁石化、青岛大炼油、惠州炼油、广西石化钦州炼油厂等。

油雾润滑是利用压缩风的能量，将液态的润滑油雾化成1~3μm的小颗粒，悬浮在压缩风中形成一种混合体(油雾)，在自身的压力能下，经过传输管线，输送到各个需要润滑的部位提供润滑的一种新的润滑方式和技术。世界上做油雾润滑技术和产品的厂家有不少，由于石化行业自身的特点，真正能在石化行业中使用的，却是凤毛麟角。

油雾润滑系统一般包含有一个油雾主机、油雾输送主管、被润滑设备处的下落管、油雾分配器、油雾喷嘴、油雾供应Tubing管、油雾排放收集总成、油雾排放Tubing管、残油收集箱、卡套接头等，特殊情况下还会包含有吹扫型油雾排放注入总成、吹扫型油位观察总成。

油雾自主机产生，在自身压力能下，经过油雾输送主管，下落管，油雾分配器，经过油雾喷嘴，顺着油雾供应Tubing管，进入轴承箱，流经轴承的滚动体，提供润滑。剩余的残雾(其浓度已经大大降低)从轴承箱底部的排放口进入排放收集总成，然后由油雾排放Tubing管排放到收集箱，最后由其弯管排放到环境中去(参见图1)。

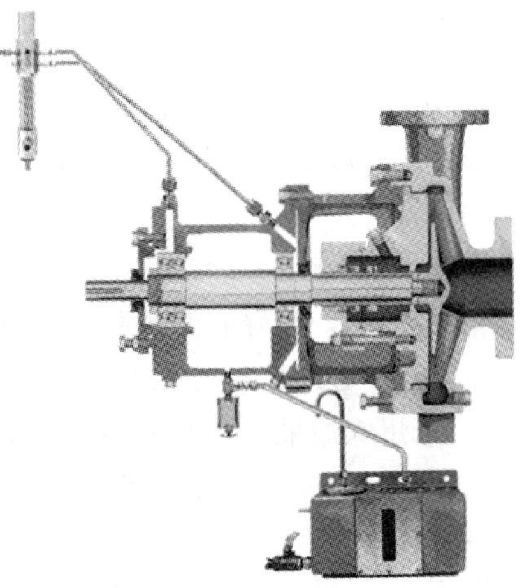

图1　油零润滑系统

在国外的石化行业，油雾润滑已经被当成了非强制性润滑场合的标准选择。在判断是否能采用油雾润滑时，他们采用SFK轴承提出的一条标准：$K<10^9$。这里$K=DNL$，D为轴承内孔尺寸(mm)，N为转速(r/min)，

L为负荷(P)。如果上个不等式成立，则油雾润滑是可行的。

2 油雾润滑的技术先进性

与传统的油池润滑相比，油雾润滑有很大的技术优势：

1)通过配备不一样的喷嘴，对各个润滑点的润滑量可以准确控制，既保证足够的润滑需求，又能避免不必要的浪费。与传统的油池润滑方式相比，最少可以节省40%的润滑油消耗。

2)给各个润滑点的润滑剂始终是清洁的、全新的，不存在着润滑剂被污染的问题。传统的油池润滑方式下，在没有更换油池里的润滑油之前，润滑剂始终存在着磨损颗粒对润滑影响的问题。

3)由于油雾在轴承箱里形成微小的正压，能有效防止外来的污染物进入轴承箱，同时完全制止了由于温度变化造成的呼吸效应，在轴承箱内形成了一个良好的完全封闭的润滑环境。

4)由于轴承箱里没有液态的润滑油，所以搅拌所产生的热量就消除了。

5)油雾润滑时形成的油膜，比油池润滑时形成的油膜的强度和稳定性更高，极大的改善了润滑效果，保证了轴承的运行温度更低。

6)由于润滑性能的改善，从而极大的提高了设备长周期无故障工作时间，减少了轴承以及机械密封的损坏和备件库存。

7)由于油雾润滑和传统的油池润滑在机理上的不同，油雾润滑时可以取消轴承箱的冷却水，同时，油雾润滑可以使用黏度更高的润滑油。在国外，油雾润滑已经有使用150#黏度的润滑油的先例。

8)润滑性能的改善，还反映在电机功率消耗的降低上。

9)油雾润滑是一个集中的润滑系统，包括的润滑点多，覆盖的面积广，系统状态通过 MODBUS 和中控室通讯，对降低人工成本，提高设备管理方面，无疑提供了一种有效的解决方案。

3 油雾润滑在惠州炼油的应用

惠州1200万吨炼油项目是中海油在国内建设的第一套大型炼油项目，其单套加工规模在国内石化行业是最大的，代表了国内炼化行业的高水平。惠州炼油在进行总体设计时，对全厂范围内的非强制性润滑机泵均考虑采用油雾润滑，这在国内尚属首例。在16套生产装置中，除了制氢、重整装置机泵分散且数量不多而没有采用油雾润滑外，剩下的14套装置都采用了油雾润滑。由于是全局考虑，我们对油雾润滑的方案进行了多次优化，最后决定采用9台中央油雾站(主机)，负责14套装置的机泵润滑。油雾润滑在惠州炼油的应用，突破了国内目前使用的诸多局限性。

3.1 机泵订货时即要求按照油雾润滑配置

由于在总体设计时既考虑到了油雾润滑，所以在进行机泵的采购时，润滑这一项，就选择了油雾润滑。这样，机泵生厂商在进行制造时，就根据 API610 标准有关油雾润滑的规定，预留了油雾润滑的接口。和对现有装置进行油雾润滑改造相比，这样做不仅可以免去由于接口不一致而需要做转换接头，更重要的是，这样做可以最好的优化油雾在轴承箱里的流动，保证油雾可以完全流经轴承的滚动体，更好的保证轴承的润滑。

3.2 国外进口机泵多

惠州炼油采用油雾润滑的机泵中包含众多的进口泵，如 Flowserve(Italy)、Flowserve(Japan)、RUHR(German)、Niigata Worthington 等。目前在石化行业，不少厂家在做油雾润滑时，往往将进口泵都排除在外，原因是这些泵都是关键泵。实际上，正因为进口泵往往都是很关键的泵，其长周期稳定运行更值得我们重视，所以将这些泵排除在油雾润滑之外是没有道理的。我们在采购时同样要求厂家按照油雾润滑来供货，到现场后，也按照油雾润滑进行安装使用。

3.3 单机功率大

一般来说，泵的功率越大，在选用油雾润滑时，对油雾的质量要求也越高。由于惠州炼油装置处理量大，单机功率超过500kW的泵很多，超过1000kW的也有不少。目前已经采用油雾润滑的双支撑泵单机最大功率为1250kW，悬臂泵的单机最大功率为560kW，这在国内也是最大的。

3.4 轴承种类多

在惠州炼油，使用油雾润滑的轴承形式多种多样，包含球轴承、圆柱滚子轴承、圆锥推力轴承、滑动轴承。目前在国内的用户中，一般普遍应用的是球轴承和圆柱滚子轴承。

3.5 一台油雾主机覆盖的装置数量多

在目前的国内用户中，一般是一个装置使用一台或是2台主机。在惠州炼油，我们根据装置的实际布置，将有条件的相邻装置，使用同一台油雾主机，这样可以大幅度降低预算。惠州炼油各装置主机情况详见表1。

表1 各装置主机情况

序号	装置代号	装置名称	油雾主机数量	油雾最远输送距离/m
1	101	常减压	1	123
2	102	催化裂化	1	97
3	103、104、105	气分、烷基化、MTBE	1	123
4	106	高压加氢	1	77
5	107、108	中压加氢裂化、汽柴油加氢	1	194
6	111	PX	2	189
7	112	延迟焦化	1	133
8	113、114、115、116	脱硫、硫磺、酸性水汽提、废酸回收	1	259

3.6 单台油雾主机输送的距离长

油雾在管线中传输时，由于流动，油雾中的小颗粒相互碰撞聚集成较大的粒子，最后凝结成液态的油而顺着管线底部返回主机油箱中，从而会造成油雾质量的下降，所以油雾的传输距离就成了在设计时不得不考虑的一个重要的因素。在应用中，油雾能有效达到的最大距离对降低投资减少占地面积至关重要。这与油雾主机产生的油雾原始微粒大小，管线流程的布置，管中油雾流速的控制都息息相关。只有做到了主机产生的原始微粒最小，对管线流程合理布局，并严格控制油雾在管线中的流速，才能最大限度的减少油雾质量的降低，从而保证主机覆盖更大范围。惠州炼油各个油雾主机油雾的最远传输距离详见上表最后一列。

3.7 油雾润滑总管材质采用304不锈钢，坡度为1:50，跨龙门设置有油液返回设施

4 使用总结

惠州炼油自从2009年3月全面运行以来，9套油雾润滑系统运行良好，所有采用油雾润滑的机泵运转正常。

众所周知，新装置开车进行水冲洗、水联运、油运过程中，工艺流程泵的运行状态不好，容易出现轴承烧损等抱轴事故，我们这方面事故很少，大面积采用油雾润滑是关键因素之一；2009年8月2日惠州气温为37℃，地表温度高达40℃以上，惠州炼油使用油雾润滑的机泵特别是热油泵轴承润滑安然无恙；由于操作和检修的便利，所以，操作和检修工人对油雾润滑认可度很高。因末采用废油雾回收装置，尽管排出的油雾量不大，但仍对环境造成压力。

综上所述，虽然在油雾润滑应用的很多方面，我们都是国内石化行业第一个“吃螃蟹”的，但是实践证明，我们的探索和拓展是在理论支持下的大胆突破，是有安全和技术保障的。这对国内其他企业抛开顾虑、采用新的技术，起到了很好的借鉴作用。与国外的石化行业相比，我们仍需开拓进取，继续探索油雾润滑在更多设备上的应用，如电机、冷却塔风机、鼓风机、透平等。

溶剂脱沥青装置脱油沥青提黏技术方案的选择

罗勤高

(中国石化九江分公司，江西九江 332004)

摘 要： 通过对管输减压渣油混合碳四溶剂脱沥青试验的研究，提出脱沥青油进行深拔的技术方案，选择利用两段脱沥青抽提流程工艺中10%左右的胶质由原来调和脱油沥青的黏度改为直接作为脱沥青油组分。通过优化操作，管输减压渣油脱沥青油收率就可到60%，且脱沥青油质量稳定。

关键词： 溶剂脱沥青 技术 方案

1 前言

为提高九江分公司的重油处理能力和轻质油收率，优化化肥原料路线，降低化肥生产成本，达到提高经济效益和改善产品质量的目的，九江分公司将天津分公司闲置的 60×10^4 t/a 溶剂脱沥青装置利旧改造为 50×10^4 t/a 的溶剂脱沥青装置。

该装置以减压渣油(或掺入催化油浆)为原料，以MTBE装置未反 C_4 为抽提溶剂，采用超临界回收溶剂的工艺，年处理减压渣油 50×10^4 t/a。溶剂脱沥青装置是目前重油加工，特别是高硫重油加工的一种重要手段。其产品脱油沥青(以下简称DOA)作化肥装置气化制氨原料、脱沥青油(以下简称DAO)作催化裂化装置原料，形成“溶剂脱沥青—沥青制氨—催化裂化”组合工艺。该组合工艺列入了2003年中国石化“十条龙”攻关项目。

2 装置主要特点

(1)该装置主要吸收引进美国UOP公司开发的Demex法脱沥青工艺进行设计。

(2)利旧天津分公司溶剂脱沥青装置主体设备(塔器、容器、换热器、机泵)及部分仪表，装置的电气设备，建、构筑物及系统配套设施重新建设。

(3)装置设计采用二段脱沥青抽提流程，但只出两种产品，脱沥青油作为催化进料，脱油沥青作为化肥原料。

(4)抽提部分的流程设计采取以塔内抽提方案为主，但保留塔外抽提流程。

(5)采用以混合碳四作溶剂的脱沥青工艺。

(6)高压溶剂回收采用超临界回收工艺，回收85%左右的溶剂，低压溶剂回收则采用一塔流程代替传统的蒸发、汽提、洗涤三塔流程。

3 化肥装置原料脱油沥青提黏实验方案

为了进一步降低化肥生产成本，化肥原料进一步劣质化，溶脱装置有必要对脱油沥青进行提黏，提黏试验以“利用现有设备，不做大动改”为原则。确定试验以黏度≯100 mm²/s(254℃时，高压进料泵设计黏度)为主控指标，兼顾脱沥青油收率≯60%，在取得运行经验基础上，继续提高脱油收率或提高黏度或软化点到120 ℃。

根据实验温度－黏度曲线，逐渐减少原料加热器蒸汽量，降低高压原料泵入口温度，分步多次将黏度提高到70mm²/s，75mm²/s，80mm²/s，85mm²/s，90 mm²/s，从表1可看出，温度分别控制在260℃，259℃，257℃，255℃，252℃，每一条件下维持运行24h以上，以便观察判断系统的变化；每8h分析一次脱油沥青指标，每4 h分析一次黏度，保证黏度指标符合试验要求。

表1 实验用温度黏度对应数据

动力黏度/cP	运动黏度/(mm^2/s)	对应温度/℃
70	67.8	264
75	72.7	261
80	77.5	258
85	82.3	256
90	87.2	254
95	92	251
100	97	248

将DAO拔出率逐步提高至56%、58%、60%，保证黏度指标符合试验要求，最终黏度控制在≯100 mm^2/s(250℃)范围内，如在此条件下运行稳定，则保持在此条件下运行一段时间。

4 溶剂脱沥青装置生产工艺简介

装置工艺流程图见图1所示。

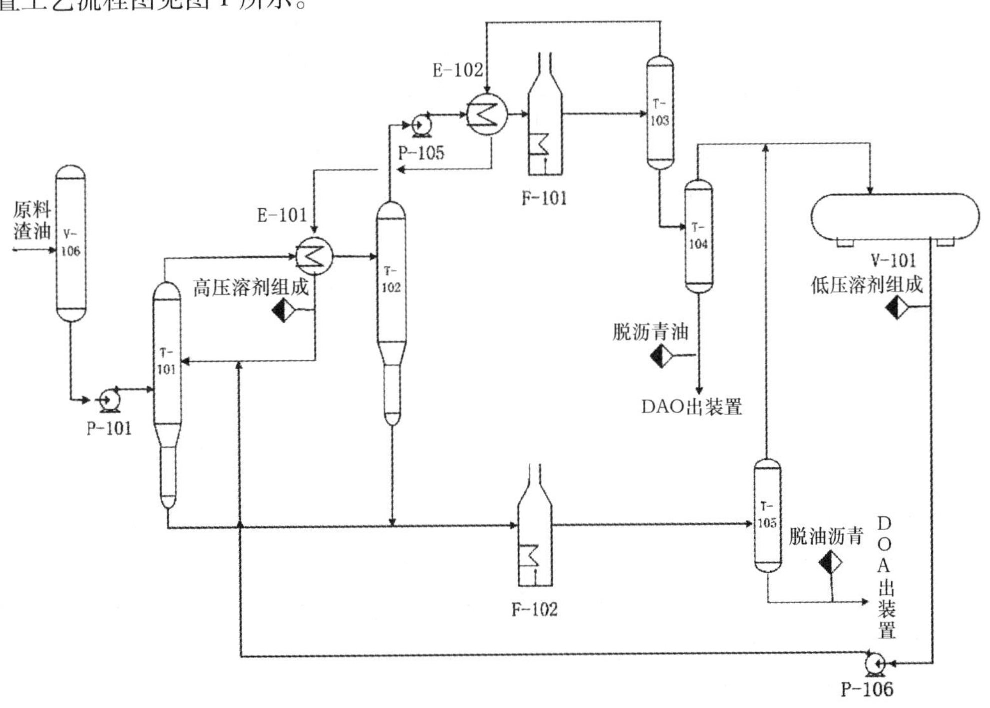

图1 溶剂脱沥青装置工艺流程图

减压渣油与脱沥青油换热后进入原料缓冲罐。渣油与预稀释溶剂进入静态混合器混合后直接进入抽提塔。从抽提塔顶部出来的抽提物经换热进入沉降塔，在沉降塔内做进一步的沉降分离，沉降塔顶部抽出脱沥青油溶液，增压后经脱沥青油加热炉加热升温到临界温度以上进入超临界塔中部。

从超临界塔顶部出来的超临界溶剂经换热器回收热量，然后进入高压空冷器冷却至所需温度再循环使用。含有少量溶剂的脱沥青油从超临界塔底部进入脱沥青油汽提塔进行汽提，塔底的脱沥青油由脱沥青油泵抽出，送至产品罐。

从沉降塔底部出来的胶质溶液经过胶质溶液泵增压后，一路直接进入抽提塔上部，用以控制脱沥青油的质量和收率；一路直接与抽提塔底部出料混合。

抽提塔底的脱油沥青溶液经加热炉加热后进入沥青汽提塔。经汽提后，塔底脱油沥青经增压或自压送至产品罐。

5 影响 DAO 拔出率的因素分析

5.1 温度对脱沥青的影响

在溶剂脱沥青过程中，调节抽提温度是控制产品收率和质量的一个最常用、最有效的手段。在通常的溶剂脱沥青条件下，随操作温度的升高，溶剂对渣油组分的溶解度降低，脱沥青油的收率也随之降低，但脱沥青油的质量得以改善，见图2。表2列出了原料油在不同温度下脱沥青油、胶质和脱油沥青的收率及性质变化情况。

表2 管输减渣不同操作温度下 DAO、胶质、收率及性质

项目		管输减渣	不同温度下 DAO 收率及性质			不同温度下胶质收率及性质			不同温度下沥青质收率及性质		
			试验一	试验二	试验三	试验一	试验二	试验三	试验一	试验二	试验三
溶剂比 V/V			6/1	6/1	6/1	6/1	6/1	6/1	6/1	6/1	6/1
抽提塔顶/底温度/℃			135/120	130/115	110/95	135/120	130/115	110/95	135/120	130/115	110/95
沉降塔顶/底温度/℃			138/138	133/133	120/120	138/138	133/133	120/120	138/138	133/133	120/120
收率/%			38.9	49.0	58.0	13.4	8.5	8.8	47.7	42.5	33.2
残炭/%		17.6	4.2	5.1	6.9	7.1	12.5	17.5	32.0	32.9	35.3
金属分析/(μg/g)	Fe	20.0	0.3	0.5	0.6	0.7	1.0	1.2	31.5	36.2	47.3
	Ni	48.0	5.4	7.5	11.7	11.1	17.0	38.8	85.2	91.1	100.0
	Ca	68.5	<0.1	<0.1	<0.1	0.1	0.2	0.2	132	144	179
	V	4.6	0.2	0.3	0.6	0.6	1.0	3.4	9.8	9.2	10.3
	Na	5.1	0.2	0.4	0.4	0.3	0.5	0.5	9.8	11.2	13.5
	Al	5.1	0.1	0.2	0.2	0.2	0.3	0.3	10.2	11.5	13.8
组成分析/%	饱和分	16.6	35.2	31.1	26.6	20.8	14.0	7.6			
	芳香分	36.6	44.2	46.5	45.7	51.8	45.1	39.1			
	胶 质	43.4	20.6	22.4	27.7	27.3	40.8	53.2			
	沥青质	3.4	<0.05	<0.05	<0.05	0.1	0.1	0.1			
脱残炭率/%			90.7	85.8	77.3						
脱 Ni 率/%			95.6	92.3	85.9						
脱 V 率/%			98.3	96.8	92.4						

从表2数据可以看到，脱沥青油的收率随着抽提温度的升高而降低，但脱残炭率、脱镍率和脱钒率提高，脱沥青油的质量得到改善。

随着操作温度由低向高变化，胶质性质得以改善。胶质中含有少量的庚烷沥青质，表明一段溶剂脱沥青难以完全脱除渣油中的沥青质，进行两段沉降有利于改善脱沥青油的质量。随操作温度由高向低变化，脱油沥青收率和性质表现为：收率减少、软化点升高、残炭和金属含量增加。

5.2 溶剂比对脱沥青的影响

溶剂比的大小是决定溶剂脱沥青过程经济性的重要因素，一般选用4~8:1(V/V)，见图3。表3列出了管输减渣在其他操作条件(温度、压力和停留时间等)相同的情况下，改变溶剂比对脱沥青过程的影响。

表3　管输减渣不同溶剂比下 DAO、胶质、收率及性质

项目		管输减渣	不同温度下 DAO 收率及性质			不同温度下胶质收率及性质			不同温度下沥青质收率及性质		
			试验一	试验二	试验三	试验一	试验二	试验三	试验一	试验二	试验三
溶剂比 V/V			4/1	6/1	8/1	4/1	6/1	8/1	4/1	6/1	8/1
抽提塔顶/底温度/℃			130/115	130/115	130/115	130/115	130/115	130/115	130/115	130/115	130/115
沉降塔顶/底温度/℃			133/133	133/133	133/133	133/133	133/133	133/133	133/133	133/133	133/133
收率/%			42.0	49.0	50.0	12.3	8.5	9.6	45.7	42.5	40.4
残炭/%		17.6	4.9	5.1	5.3	9.8	12.5	16.6	30.9	32.9	34.5
金属分析/(μg/g)	Fe	20.0	0.4	0.5	0.5	1.3	1.0	1.2	34.7	36.2	39.8
	Ni	48.0	7.2	7.5	7.1	18.1	17.0	29.2	82.6	91.1	94.9
	Ca	68.5	<0.1	<0.1	<0.1	0.2	0.2	0.3	137	144	157
	V	4.6	0.3	0.3	0.3	1.1	1.0	2.3	8.4	9.2	9.8
	Na	5.1	0.3	0.4	0.4	0.4	0.5	0.5	9.8	11.2	12.3
	Al	5.1	0.2	0.2	0.2	0.2	0.3	0.3	10.1	11.5	12.3
组成分析/%	饱和分	16.6	32.0	31.1	29.7	13.4	14.0	9.9			
	芳香分	36.6	45.6	46.5	47.1	50.8	45.1	46.9			
	胶质	43.4	22.4	22.4	23.2	35.7	40.8	43.1			
	沥青质	3.4	<0.05	<0.05	<0.05	0.1	0.1	0.1			
脱残炭率/%			88.3	85.8	84.9						
脱 Ni 率/%			93.7	92.3	92.6						
脱 V 率/%			97.3	96.8	96.7						

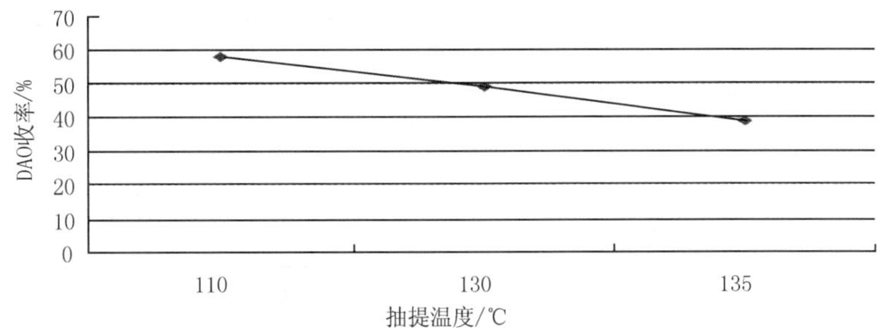

图2　溶济脱沥青 DAO 收率与抽提温度的关系

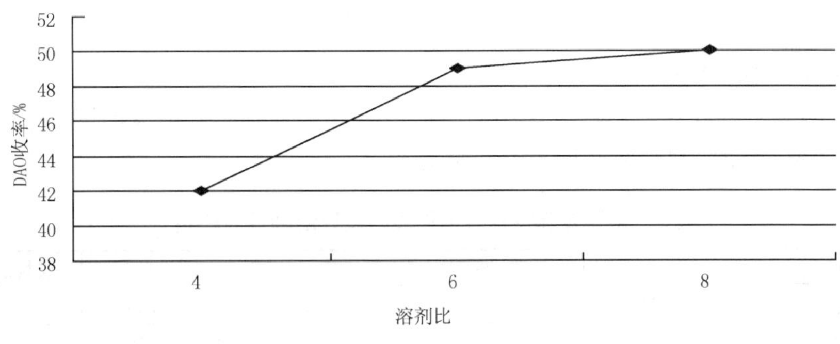

图3　溶济脱沥青 DAO 收率与溶剂比的关系

结果表明：体积溶剂比为4:1时，管输减渣脱沥青油收率分别比溶剂比6:1时减少7个百分点，而脱沥青油的性质变化不大；当溶剂比改为8:1时，管输减渣的脱沥青油收率与溶剂比6:1时相比变化不大，脱沥青油的性质也变化很小。由于溶剂比提高，脱沥青过程的能耗增加，因此综合考虑脱沥青油的收率、质量及经济性，对管输减渣比较合理的溶剂比为6:1。

5.3 胶质对脱沥青的影响

针对九江分公司的实际需要和原天津分公司溶剂脱沥青装置的特点，九江分公司溶剂脱沥青装置设计采用两段脱沥青工艺流程，但可以把胶质和沥青合并回收，省去胶质加热炉和汽提塔等胶质回收系统，从而简化工艺流程，节省投资。两段溶剂脱沥青工艺的优点是调节余地大、原料油适应性强、有利于保证脱沥青油的质量。

根据九江分公司溶剂脱沥青装置的特点，针对九江分公司对化肥原料进一步劣质化进行的提黏试验，可以考虑利用两段脱沥青抽提流程工艺中10%左右的胶质由原来调和脱油沥青的黏度改为直接作为脱沥青油组分，这样操作上不要做大的变动，管输减压渣油脱沥青油收率就可从50%左右提高到60%左右，且脱沥青油质量优于通过调整操作参数提高DAO拔出率的质量。

表4 不同温度下胶质对脱沥青油收率及性质的影响

项目		原料	DAO(收率38.9%)		胶质(收率13.4%)		DAO+胶质(收率52.3%)	
试验一	饱和分/%	16.6	35.2	82.49%	20.8	16.79%	31.51	99.28%
	芳香分/%	36.6	44.2	46.98%	51.8	18.97%	46.15	65.95%
	胶　质/%	43.4	20.6	18.46%	27.3	8.43%	22.31	26.89%
	沥青质/%	3.4	<0.05	—	0.1	0.39%	0.025	0.39%
项目		原料	DAO(收率49.0%)		胶质(收率8.5%)		DAO+胶质(收率57.5%)	
试验二	饱和分/%	16.6	31.1	91.80%	14.0	7.17%	28.57	98.97%
	芳香分/%	36.6	46.5	62.25%	45.1	10.47%	46.29	72.72%
	胶　质/%	43.4	22.4	25.29%	40.8	7.99%	25.12	33.28%
	沥青质/%	3.4	<0.05	—	0.1	0.25%	0.015	0.25%
项目		原料	DAO(收率58.0%)		胶质(收率8.8%)		DAO+胶质(收率66.8.%)	
试验三	饱和分/%	16.6	26.6	92.94%	7.6	4.03%	24.10	96.97%
	芳香分/%	36.6	45.7	72.42%	39.1	9.40%	44.83	81.82%
	胶　质/%	43.4	27.7	37.02%	53.2	10.79%	31.06	47.81%
	沥青质/%	3.4	<0.05	—	0.1	0.26%	0.013	0.26%

从表4中试验二抽提温度130℃，DAO+胶质(收率57.5%)和试验三抽提温度115℃，DAO(收率58.0%)比较可以看出，试验二DAO+胶质中饱和份98.97%，芳香份72.74%分别大于试验三，在收率相等的情况下，抽提温度130℃时的DAO+胶质的质量好于抽提温度115℃时的DAO质量。

5.4 溶剂性质对脱沥青的影响

溶脱装置自2004年6月开工以来所使用的溶剂为气分装置脱丙烷塔底的混合C_4以及MTBE装置后的未反应C_4，各周期溶剂组成及抽提参数见表5。

表5 装置实际使用溶剂性质与设计溶剂性质一览

项目		C_2、C_3/%(V)	正丁烷/%(V)	异丁烷/%(V)	丁烯/%(V)	戊烷以上组分/%(V)
溶剂组成(设计值)		0.46	13.47	28.21	57.27	0.59
第一周期	高压溶剂	3.42	18.75	35.00	35.50	7.33
	低压溶剂	2.83	18.86	35.41	39.31	3.49
第二周期	高压溶剂	5.10	20.89	34.25	39.38	
	低压溶剂	5.48	20.28	31.93	41.87	
第三周期	高压溶剂	0.58	13.38	50.37	34.39	0.28
	低压溶剂	2.35	11.70	55.28	30.53	0.14

表6 不同开工周期溶脱主要参数一览

项目		第一周期		第二周期		第三周期		设计值
抽提温度/℃		128	134	121	117	107	117	125
沉降温度/℃		142	143	132	131	131	131	133
抽提压力/MPa		4.04	4.04	4.04	4.05	4.05	4.06	4.2
溶剂比		2.2	2.6	2.8	3.1	2.5	2.6	3.5
原料四组分	饱和烃/%	18.37	17.35	19.16	—	14.21	13.28	16.6
	芳香烃/%	41.82	41.76	36.52	—	40.57	43.12	36.6
	胶质+沥青质/%	39.82	40.89	44.32	—	45.22	43.6	46.8
DAO	残炭/%	6.5	5.9	5.92	—	5.92	6.19	5.1
	饱和烃/%	29.22	31.25	—	—	28.65	39.54	31.1
	芳香烃/%	41.91	42.11	—	—	45.78	49.54	46.5
	胶质+沥青质/%	28.87	26.64	—	—	25.57	15.1	22.4
DOA250℃旋转黏度/10^{-3}Pa·s		59.7	57.5	56.3	58.2	55.3	51.9	71.45(260℃)
DAO拔出率/%		56	55	50	58	58	49	49

表7 不同溶剂对脱沥青油收率及性质的影响

项目	第一周期 DAO拔出率56%		第二周期 DAO拔出率50%		第三周期 DAO拔出率58%		设计值 DAO拔出率49%	
	原料	DAO组成	原料	DAO组成	原料	DAO组成	原料	DAO组成
饱和烃/%	18.37	89.08	19.16	—	14.21	—	16.6	91.8
芳香烃/%	41.82	56.12	36.52	—	40.57	65.45	36.6	62.25
胶质+沥青质/%	39.82	40.60	44.32	—	45.22	32.80	46.8	23.45

从表5~表7可以看出，溶脱装置第一周期所使用的高、低压溶剂C_5以上物质的含量较高，抽提温度远远高于设计值，溶剂比控制较低，但DAO收率明显高于设计值，DAO中胶质和沥青质含量较高，残炭偏高。溶脱装置第二周期所使用的高、低压溶剂C_5以上组分几乎没有，但溶剂≤C_3组分的含量较高，溶剂的选择性提高，溶剂的溶解能力降低，要想得到较高的拔出率，必须要应适当控低抽提温度或增加溶剂比，才能够将DAO的拔出率提高。溶脱装置第三周期所使用的高、低压溶剂异丁烷含量明显增加，在相同的条件下，其密度要比正丁烷小的多，其选择性提高，溶解能力下降，抽提温度降低10℃，才能保持与第二周期相同的拔出率。不同溶剂、抽提温度和溶剂比的组合，DAO的拔出率可以比较高，但DAO中的胶质+沥青质含量明显提高，DAO残炭上升，DAO的产品质量变差，同时由于DAO拔出率过高，抽提塔容易混相，抽提塔的界面无法控制。

6 结论

1)利用两段脱沥青抽提流程工艺中10%左右的胶质由原来调和脱油沥青的黏度改为直接作为脱沥青油组分，这样操作上不要做大的变动，管输减压渣油脱沥青油收率就可从50%左右提高到60%左右，且脱沥青油质量优于通过调整操作参数提高DAO拔出率的质量。

2)温度的变化对脱沥青油的收率及质量影响较大，操作温度的高低直接影响到溶剂中各组分的密度，尤其对异丁烷的影响更大，温度降低，溶剂的密度增加，其溶解能力明显增强，溶剂的选择性变差，有利于提高DAO拔出率。随着温度的升高，脱沥青油收率下降，脱残炭率、脱Ni率和脱V率提高，质量得到改善。和温度相比，溶剂比的变化对脱沥青过程的影响程度要小一些。

3)九江分公司溶剂脱沥青装置生产目的是为了最大限度地获得用于催化裂化装置原料的DAO和对化肥原料进一步劣质化。如果需要进一步提高DAO的拔出率，可以采用混合C_4溶剂及更重的戊烷、凝析油戊烷馏分脱沥青。在目前生产条件下，可以采用含戊烷的混合碳四作溶剂，以提高DAO拔出率和脱油沥青的黏度。

关于使用矩阵评估法对二催化安全生产问题的探讨

龚望欣　贾振东　张启敏
（中国石化北京燕山分公司，北京　102503）

摘　要：北京燕山分公司炼油厂二催化在 1998 年改造后是国内第一套大庆全减压渣油催化裂化，是当时国内掺渣水平最高的催化裂化装置，在国内首次使用了富氧再生和 VQS 旋风分离器，具备了高风险的典型特征。二催化从 1998 年以来的连续五个开工周期都不超过 17 个月，因此使用矩阵分析法对二催化进行风险分析有很好的现实意义。通过风险分析，发现了二催化跑催化剂是高风险事件，因设备腐蚀发生泄漏是中度高风险事件，气压机事故停机、烟机事故停机、泵故障、停电事故是中等风险，增压机事故停机、外取热滑阀波动、主风机事故停机、反再系统泄漏和晃电事故，以及其他未提及事件是低风险事故。通过实施风险矩阵分析，对二催化各项生产风险会有更高的认识，对生产具有良好的指导意义。

关键词：二催化　风险评估　矩阵法　生产安全

1　前言

催化裂化是在热和催化剂的作用下使重质油发生裂化反应，转变为裂化气、汽油和柴油等的过程。原料采用原油蒸馏（或其他石油炼制过程）所得的重质馏分油，或重质馏分油中混入少量渣油，经溶剂脱沥青后的脱沥青渣油，或全部用常压渣油或减压渣油。在反应过程中由于不挥发的类碳物质沉积在催化剂上，缩合为焦炭，使催化剂活性下降，然后用空气进行烧焦，以恢复催化活性，并提供裂化反应所需热量。因为催化裂化本身是流化床，又是化学反应，在整个装置中有主风机、气压机、烟机和增压机等一系列大机组。加工的原料也很差，是炼油厂消化重油的重要生产装置，所以催化裂化一直是炼厂中高风险、高事故的生产装置，如果能对催化裂化装置进行生产预评估将会有重要意义。

2　问题的提出

北京燕山分公司二催化原设计为掺炼 25% 的大庆减压渣油、80 万吨/年重油催化裂化装置。该装置于 1989 年将提升管出口弹射分离器改为三叶式快分，将沉降器三组两级布埃尔旋分器改为三组 YDF 单级旋分器，并应用提升管 KH－2 高效雾化进料喷嘴等技术，使掺渣比达到约 35%。随着掺渣比的提高，沉降器旋分器吊架支梁及集气室内结焦状况越来越严重，威胁装置长周期安全运行。1997 年 5 月和 1998 年 3 月该装置因沉降器结焦，焦块分别堵塞待生斜管和沉降器汽提段隔栅造成紧急停工。为此，二催化于 1998 年进行 VRFCC 改造时，采用了国内首创的带“三臂旋流头快分－外部封闭罩－四层环形预汽提挡板－承插式气体导向管”结构的提升管出口 VQS 快速分离系统。该装置自 1998 年 11 月 1 日投产以来，日加工量从 2200～2700t、掺渣比从 40%～87%，VQS 快速分离系统运行正常，保证了装置满负荷高掺渣比长周期安全运行，解决了沉降器严重结焦的问题。1998 年改造后，该装置在第一周期平稳运行 18 个月后停工检修，但自第二周期开始就出现“分馏塔顶循环回流波动”问题，分馏塔的运行成为制约装置长周期运行的关键，主要表现在装置运行一年左右，分馏塔顶循环回流流量波动，分馏塔无法正常操作，操作弹性变小，并影响到产品质量，威胁装置正常安全生产，导致非计划停工。1998 年二催化改造以后的装置运行情况如下：

从表 1 可以看出，二催化不但生产波动较多，而且二催化的长周期运转也是一项相当艰巨的任务，因此，使用矩阵法对二催化进行风险预测有着重要的实际意义。

表 1　装置近几年运行情况

周期	开工时间	运行时间	停工原因
21	1998. 11 ~ 2000. 3	17 个月	正常检修
22	2000. 5 ~ 2001. 3	10 个月	顶回流波动
23	2001. 3 ~ 2002. 5	14 个月	正常检修
24	2002. 6 ~ 2003. 10	16 个月	检修、波动
25	2003. 10 ~ 2004. 9	11 个月	顶回流波动
26	2004. 9 ~ 至今	26 个月	运行正常

3　评估方法的选择

矩阵图法就是从多维问题的事件中，找出成对的因素，排列成矩阵图，然后根据矩阵图来分析问题，确定关键点的方法，它是一种通过多因素综合思考，探索问题的好方法。在复杂的质量问题中，往往存在许多成对的质量因素，将这些成对因素找出来，分别排列成行和列，其交点就是其相互关联的程度，在此基础上再找出存在的问题及问题的形态，从而找到解决问题的思路。

一般在矩阵图中 A 为某一个因素群，a1、a2、a3、a4、…是属于 A 这个因素群的具体因素，将它们排列成行；B 为另一个因素群，b1、b2、b3、b4、…为属于 B 这个因素群的具体因素，将它们排列成列；行和列的交点表示 A 和 B 各因素之间的关系，按照交点上行和列因素是否相关联及其关联程度的大小，可以探索问题的所在和问题的形态，也可以从中得到解决问题的启示等。

在生产管理中所使用的矩阵图，其成对因素往往是要着重分析的生产问题的两个侧面，如生产过程中出现了不合格时，着重需要分析不合格的现象和不合格的原因之间的关系，为此，需要把所有缺陷形式和造成这些缺陷的原因都罗列出来，逐一分析具体现象与具体原因之间的关系，这些具体现象和具体原因分别构成矩阵图中的行元素和列元素[1]。

矩阵图的最大优点在于，寻找对应元素的交点很方便，而且不会遗漏，显示对应元素的关系也很清楚。矩阵图法还具有如下特点：①可用于分析成对的影响因素；②因素之间的关系清晰明了，便于确定重点；③便于与系统图结合使用。

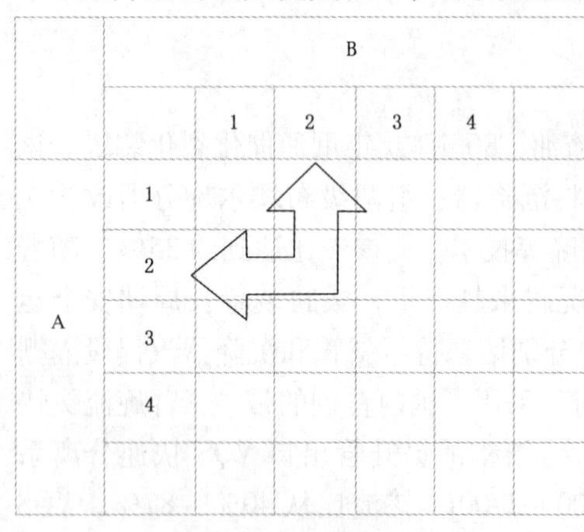

图 1　L 形矩阵图的示意图

矩阵图法在应用上的一个重要特征，就是把应该分析的对象表示在适当的矩阵图上。因此，可以把若干种矩阵图进行分类，表示出他们的形状，按对象选择并灵活运用适当的矩阵图形。最常见的矩阵就是 L 形矩阵图(图 1)。它是把一对现象用以矩阵的行和列排列的二元表的形式来表达的一种矩阵图，它适用于若干目的与手段的对应关系，或若干结果和原因之间的关系。

由于安全生产项目的风险是由风险影响和风险发生概率两方面共同决定的。因此，本文在有关风险矩阵方法研究成果的基础上，研究如何将原始安全生产矩阵加以改造后引入风险项目的风险评估，构建了用于风险项目风险评估的风险矩阵，设计了利用风险矩阵进行风险评估的基本流程(见图2)。

风险矩阵是在项目管理过程中识别项目风险重要性的一种结构性方法，并能够对项目风险的潜在影响进行评估，是一种操作简便且定性分析与定量分析相结合的方法。因此，本文选用L形矩阵作为矩阵分析的模型。

4 评估矩阵的建立

二催化在安全威胁方面是一种对整个炼厂及二催化设备构成潜在破坏的可能性因素或者事件。无论对于多么安全的自控系统，安全威胁是客观存在的事物，它是风险评估的重要因素之一。在安全威胁评估过程中,应根据设备或资产所处的环境条件和设备或资产以前遭受威胁损害的情况对每一项资产进行危害识别。一个设备或者一项资产可能面临着多个威胁，同样一个威胁可能会对不同的设备和资产造成影响。在评估模块中，要列出各种不同的威胁，识别完威胁后就要对威胁发生的可能性进行评估也就是对威胁进行赋值。威胁发生的可能性会受到多方面因素的影响。实际评估过程中可使用下面三方面的资料来综合考虑威胁发生的可能性[2]：①通过过去的安全事件报告或记录，统计各种发生过的危害和其发生频率；②在评估体实际环境中，通过DCS系统获取的危害发生数据的统计和分析，各种记录中危害发生的数据的统计和分析；③过去一年或两年来同类石化企业发布的对于整个行业安全危害发生频率的统计数据均值。本矩阵中列出了危害的5个等级的描述，这里可根据威胁发生的可能性和这些描述来对威胁进行赋值。在本矩阵中按事故损失≥500万元、500万元>损失≥200万元、200万元>损失≥100万元、100万元>损失≥30万元和损失<30万元分为A、B、C、D和E五个等级。事故发生的可能性也按几乎不发生、偶尔发生、2~5次/年、5次/年以上和经常发生来分为五个等级。具体矩阵图见图3。

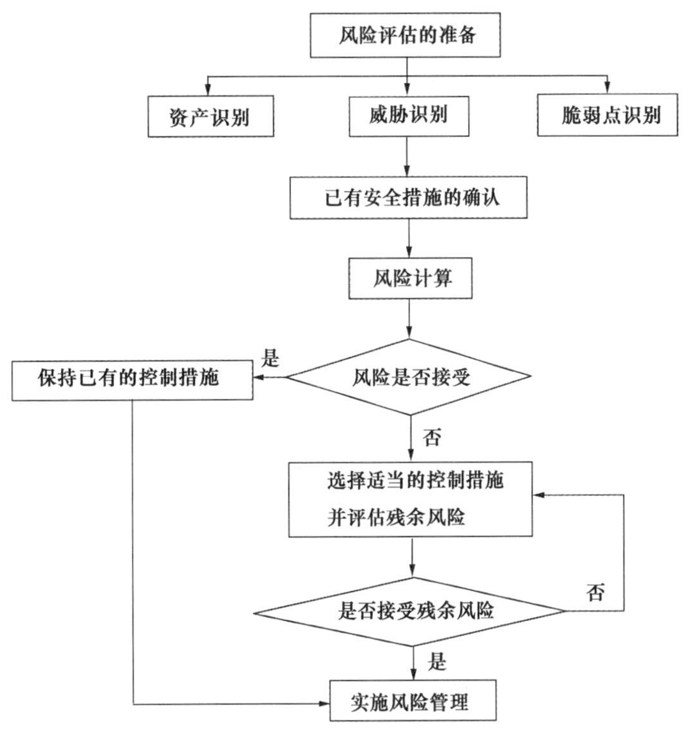

图2 风险评估的基本流程

在此L形矩阵的风险评估结果中红的代表高风险，黄色代表中度高风险，绿色代表中等风险，无色代表低风险。

5 评估矩阵的内容

本矩阵在考虑威胁发生的可能性主要通过过去的安全事件报告或记录，统计各种发生过的威胁和其发生频率，本矩阵统计了二催化第二十五周期所有生产波动，并在评估体实际环境中通过DCS系统获取的了其他的统计和分析。表2中＊＊＊＊＊＊为催化剂筛分在近几天的细粉数量上表现为峰值，表2中记录了开工之后反再系统的所有主要生产波动。

		逐渐增加的可能性 →				
级别	事故结果	几乎不发生 (1)	偶尔发生 (2)	2 次/年 ~ 5 次/年 (3)	5 次/年以上 (4)	经常发生 (5)
A	损失≥500 万元					
B	500 万元 > 损失≥200 万元					
C	200 万元 > 损失≥100 万元					
D	100 万元 > 损失≥30 万元					
E	损失 < 30 万元					

图 3　二催化风险矩阵图

表 2　二催化第二十五周期的催化剂筛分和生产波动情况

日　　期	再生剂筛分				发生的生产波动
	<39.5μm	<29.4μm	<25.4μm	<21.9μm	
	11 月 19 日 装置开工进料				
2003.11.24	10.5	1.8	0.4	0.2	
11.25	10.4	3.4	1	0.4	
11.26	10	2	0.6	0.3	
	11 月 27 日 由于泵 221/1 与泵 221/3 同时泄漏，造成反应降低掺渣				
11.27	9.9	3.5	1.4	0.6	
11.28	11	3.6	1.3	0.6	
12.01	12.4	4.8	2.4	1.3	
12.02	13.9	5.6	2.9	1.5	******
12.04	12.6	3.6	1.4	0.7	
12.05	15.5	8.3	5.5	3.2	******
	12 月 06 日 气压机因仪表问题自保停车，7 日开机正常				
12.08	8.6	2.7	0.9	0.3	
	12 月 10 日 烟机试机正常，晚 9 点并网				
12.11	12.1	4	1.4	0.6	
12.15	13.7	5.1	2.1	0.9	
	12 月 18 日 烟机因入口法兰漏，停机，19 日正常开启				
12.22	15.6	5.1	1.6	0.6	******
12.24	13.3	4.6	1.7	0.8	
2004.01.05	13.2	4.5	1.7	0.8	
	1 月 07 日 因主风量够，富氧切除				
	1 月 13 日 烟机因仪表信号干扰停机				
1.19	15.3	4.9	1.9	0.9	
	1 月 19 日 烟机并网，发电量 4300kW				
1.25	16.8	5.5	2.2	1.0	******
	1 月 26 日 烟机因 36" 阀液压站油压低，烟机跳闸 1 月 26 日 烟机并网，发电量 3200kW				
1.29	18.1	6.8	2.6	1.1	******

续表

日　期	再生剂筛分				发生的生产波动
	<39.5μm	<29.4μm	<25.4μm	<21.9μm	
2.02	17.4	6.0	2.3	1.1	
	2月03日 烟机因8#阀动作滞后，降负荷至3100kW·h。				
2.04	16.7	6.7	3.2	1.6	* * * * * *
2.05	16.7	5.4	2.2	1.0	
	2月4日至3月9日期间使用稀土助剂，每天加入40kg加25天后再每班加稀土剂4kg。（稀土助剂筛分0～40μm的质量分数小于15%）				
2.09	17.3	5.3	1.9	0.9	
	2月11日 烟机因8#阀仪表信号滞后，降负荷至3100kW·h。				
2.17	15.4	5.3	2.0	0.8	
2.23	17	6.5	2.8	1.3	
	2月27日 气压机因联轴箱振动，5:30生产调整降量，停机，晚上12:30开启。				
3.01	17.5	6.1	2.3	1	
	3月04日 烟机停机，处理36寸液压站及10寸阀；3月5日烟机并网发电。				
3.08	18.6	6.9	2.9	1.3	* * * * * *
3.09	19.4	7.8	3.1	1.4	
3.15	21.4	8.4	3.9	1.3	
	3月15日 因低电压，增压机停机一次，15:30停，16:20开启，前部降量。				
3.22	22.6	9.2	4.5	1.7	* * * * * *
3.29	22.1	8.7	4.3	1.6	
4.05	23.5	9.6	4.8	1.8	
4.12	22.2	8.5	4	1.4	
4.19	22.3	9.4	4.8	1.7	
4.26	22.1	9.3	4.5	1.5	
	4月28日至6月2日使用抑焦剂，前五天480kg/d，五天后240kg/d。 4月29日 烟机因液压站问题停机，处理。 4月30日 烟机提速、并网，发电量3200kW·h。				
5.02	24	10.4	5.1	1.7	* * * * * *
5.05	19.8	7.6	3.2	1.5	
5.07	23.5	9.7	4.7	1.6	
5.10	23.3	10.2	5.3	1.9	
5.17	25.5	10.2	4.9	1.7	
	5月19日 外取热滑阀波动一次，及时调整，后恢复。				
5.24	26	11	5.4	1.8	* * * * * *
	5月29日 烟机因液压站问题停机，处理更换36寸液压站泵出口及蓄能器压力开关。 5月31日 烟机11:30并网发电，负荷4200～4300kW·h。				
5.31	25.8	11	5.5	1.9	* * * * * *
6.01	25.5	10.5	5.1	1.7	
6.02	26.8	12.1	6.4	2.5	
6.07	24.9	10.7	5.0	1.4	
6.14	22.7	9.7	4.9	1.8	

通过二催化第二十五周期的开工记录数据可得：

1）二催化油浆固体含量一直为7g/L左右，那么每天从反应器跑损0.8吨左右，如果开工300天，那么催化剂跑损损失就是552万元，因此催化剂跑损列为A5。

2）二催化在本周期内停气压机2次，每次停气压机的时候包括二催化放火炬和干气提浓乙烯装置降量损失为200万元 > 损失≥100万元，气压机事故停机列为C3。

3）二催化在本周期内停烟机9次，每次停烟机损失 < 30万元，但是发生次数大于5次，烟机停机列为E5。

4）二催化在本周期内停增压机1次，每次停增压机损失 < 30万元，只发生了1次，停增压机列为E2。

5）二催化在本周期内外取热滑阀波动只发生过1次，损失 < 30万元，只发生了1次，外取热滑阀波动E2。

6）二催化在本周期内泵故障同时发生的时候只有1次，但是泵故障的次数肯定超过5次，泵故障列为E5。

另外，根据二催化第25周期之前的2年以及第25周期开工后到现在的安全威胁发生频率的统计数据均值来分类，设备因腐蚀发生泄漏列为B3，主风机事故停机列为D2，反再系统泄漏列为D2，停电事故列为B2，晃电事故列为D3。

6 评估矩阵评估的结果

根据L型矩阵的特点，分析取得评估结果如表3所示。

表3 风险矩阵分析结果

	高风险	中度高风险	中等风险	低风险
催化剂跑损	A5			
气压机事故停机			C3	
烟机事故停机			E5	
增压机事故停机				E2
外取热滑阀波动				E2
泵故障			E5	
设备因腐蚀发生泄漏		B3		
主风机事故停机				D2
反再系统泄漏				D2
停电事故列为			B2	
晃电事故列为				D3

从表3的矩阵分析结果可以看出，跑催化剂是高风险事件，因设备腐蚀发生泄漏是中度高风险事件，气压机事故停机、烟机事故停机、泵故障、停电事故是中等风险，增压机事故停机、外取热滑阀波动、主风机事故停机、反再系统泄漏和晃电事故是低风险事故。

7 针对评估矩阵分析结果所采取的措施

从评估矩阵可以看出，跑催化剂是二催化首要应该处理的高风险事件。针对跑催化剂问题，二催化把油浆回炼量提高到30t/h；新增了一路油浆上返塔，增大了油浆返塔量，提高油浆的洗涤效果和催化剂的回收水平；优化了油浆上返塔分配形式(由一路改为三路)，改善分馏塔下部对催化剂的洗涤效果。通过采取该措施，油浆固体含量由7.0g/L左右降低到4.5g/L，由于催化剂跑损带来的年损失由552万元降低到300万元，风险等级由A5降到B5，从风险矩阵来看还是属于高风险事件，因此，必须更换旋风分离器才能消灭该高风险事件，而且跑催化剂也是唯一的高风险事件，从投资角度来看，是必须摆在第一位的事件。

设备因腐蚀发生泄漏是中度高风险事件。随着原料硫含量的提高，后部系统设备的腐蚀问题已成为制约装置长周期运行的重要因素。

气压机事故停机、烟机事故停机、泵故障、停电事故是中等风险。气压机最近几次事故主要是由于联轴器损坏，震动值上升停机；或者是润滑油路系统出现不明原因而停机，在二催化的几个大机组中气压机故障率最高，应该引起重视。烟机停机主要是由于润滑油站和8寸阀、10寸阀和20寸阀故障引起停机，因此，该部分已经达到了该更换维修的水平。泵故障本身是较为普通的生产问题，但是由于发生频次高，已经有出现较大事故的苗头，2003年11月27日由于泵221/1与泵221/3同时泄露，造成了反应降量；2006年6月中旬油浆泵209/2和209/1均出现出口阀关不上的问题，险些造成停工事故，这些事件的发生，在矩阵的表现上是由于问题频发而达到了量的积累，出现了两台泵同时故障的结果，因此，二催化必须重视机泵的日常管理，对于二催化来说，机泵故障已经上升到中等风险事件。2006年10月11日15:35二催化装置发生了停电，17:00才开始恢复操作，由于车间岗位练兵得当，妥善处理了事故，但是由于停电时间较长和对下游装置的影响较大，二催化要进一步加强岗位练兵，提高抗事故能力。

增压机事故停机、外取热滑阀波动、主风机事故停机、反再系统泄漏和晃电事故，以及其他没有提及的事故都属于低风险事故。这些事故的处理主要是通过加强岗位练兵和细心岗位操作、加强岗位巡检等正常工作手段来克服。

8 结论

通过对二催化装置进行矩阵评估管理，安全管理思路更加清晰，安全管理水平有所提高，并取得了一定的经济效益。二催化风险事件分布表见表4。

表4 二催化风险事件分布表

项 目	2002年6月~2004年9月	2004年9月~2006年11月
高风险事件	1次	1次
中度高风险事件	3次	1次
中等风险事件	7次	4次
低风险事件	10次	8次
长周期运转时间	16个月和11个月	至少26个月

(1)生产波动明显减少

通过矩阵分析，二催化的各项风险程度都有所降低，虽然高风险事件还是1次，但是2004年9月前是顶循环波动并使顶循环泵抽空，生产周期都不超过16个月，2004年9月以后二催化生产周期至少26个月，目前还存在的油浆固体含量高是只有通过检修更换旋风分离器才能够克服的高风险事件。因此，即使都是高风险事件，二催化避免一次检修的效益也在1800万元以上。

(2)水、气体污染超标次数和面积减少

二催化装置每年的超标气体和污水排放都会对周围环境造成严重的污染，尤其是停工期间要产生大量的污水，实施风险矩阵管理，二催化的含硫和含氰污水均大幅度减少，节约了正常生产和停工期间使用的除盐水，节约了排污费。

使用矩阵作为风险评估是一项已经验证的有效评估手段，矩阵评估效果的好坏和使用者的实际经验有很大关系，因此，使用矩阵评估法还需要使用者继续付出不懈的努力。

参 考 文 献

[1] 陈光，匡兴华. 信息系统安全风险评估研究[C]. 第十九次全国计算机安全学术交流会论文集，2004
[2] 孙强，陈伟，王东红. 安全管理——全球最佳实务与实施指南[M]. 北京：清华大学出版社，2004

焦化石脑油加氢精制技术

Rasmus G. Egeberg，Rasmus Breivik
（托普索公司炼油技术部，北京）

摘　要：焦化石脑油的烯烃含量高、含硅杂质，对其加氢精制处理需要专门的催化剂和工艺技术。托普索专有的硅保护剂、高选择性二烯烃饱和催化剂、高加氢脱硫/脱氮活性的催化剂、催化剂高效级配方案、三反应器流程设计、以及独特的床层间换热流程设计，使得托普索公司成为焦化石脑油加氢精制技术和催化剂的主要供应商。

关键词：焦化石脑油　加氢　催化剂　工艺

1　前言

焦化石脑油的性质与直馏石脑油相差甚远，硫含量是直馏石脑油的 10～20 倍，并且烯烃、氮含量、硅含量也远高于直馏石脑油。焦化石脑油作为重整原料时，不能通过单纯增加加氢精制的反应温度来增强催化剂的脱氮活性，因为高温下烯烃与硫化氢结合使得精制产物的硫含量增加。焦化石脑油的硅杂质来源于延迟焦化装置的消泡剂－硅油，当硅沉积在加氢精制催化剂上时，催化剂的加氢脱氮活性会急剧降低，需要更多的加氢精制催化剂才能满足脱氮要求，即重整预加氢反应的空速需要更低。焦化石脑油加氢精制技术需要考虑的另一个重点是反应温度控制，因为焦化石脑油中的烯烃饱和导致温度升高。当烯烃饱和反应不受控时，会在催化剂床层顶部生成大量焦炭，导致装置过早停车。

近年来，托普索公司开发了焦化石脑油加氢精制新技术，以应对上述挑战。对于新建焦化石脑油加氢装置，通常要使用 3 个反应器的工艺流程。在第一个反应器，主要进行二烯烃的低温饱和反应。在第二个反应器，装填托普索专有的硅保护剂来脱除焦化石脑油的硅杂质，同时大部分烯烃得以饱和，也会发生加氢脱硫反应，相对来说加氢脱氮反应发生的很少。在第三个反应器装填高加氢脱硫、高加氢脱氮活性的催化剂，以确保精制产品的硫、氮含量满足工艺要求。即便有时使用两个反应器，也要发生上述三个步骤的反应过程。

2　受控脱除二烯烃

焦化石脑油中的二烯烃，特别是共轭二烯烃，与空气接触时，极易生成胶质。而且共轭二烯烃在常规加氢精制反应条件下极易聚合，导致顶部催化剂板结、床层压降增加。因此，当二烯烃含量较高时，需要前置二烯烃加氢反应器，在较低温度(160～220℃)和高空速下进行加氢反应。

二烯烃饱和反应也有利于焦化石脑油的稳定贮存，能够代替常规的氮密封贮存。

由于二烯烃饱和反应是强放热反应，需要使用选择性加氢催化剂，仅饱和二烯烃，单烯烃不加氢饱和，以控制反应温度。托普索公司选取含有 1，3－己二烯的模型原料，考察了二烯烃饱和成单烯烃的选择性与二烯烃转化率、反应压力的关系，见图 1。

从图 1(a)可知，转化率越高、选择性越差，这是因为己二烯饱和成己烯、己烯饱和成己烷是顺序反应。

从图 1(b)可知，在己二烯完全转化的前提下，生成己烯的选择性随着压力的增加而降低，所测试的两个不同活性的催化剂，其选择性与压力的变化曲线不一致。这也就说明，即便二烯烃饱和

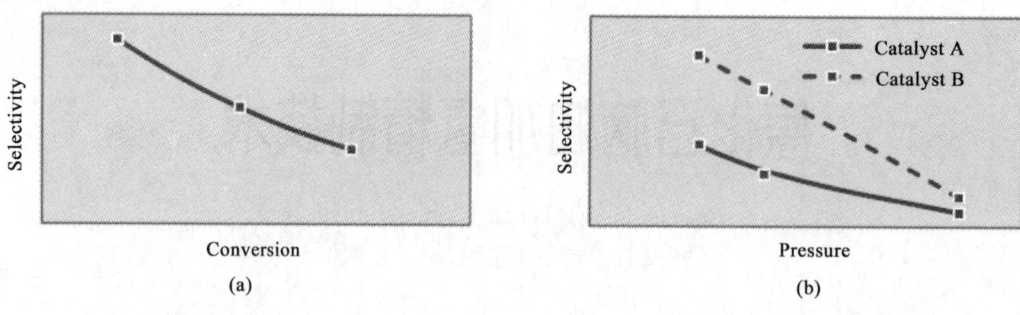

图1　二烯烃饱和反应的选择性与转化率(a)、反应压力(b)的关系

反应速率很快，仍然有许多可以调控的因素来控制反应，确保二烯烃完全饱和并且具有高生成单烯烃的反应选择性。

通过优化催化剂选择和操作条件，能够有效控制二烯烃饱和反应器的温度，使得装置的操作周期最大化。

3　脱硅

延迟焦化装置的消泡剂-硅油，通常是聚二甲基硅氧烷化合物，在延迟焦化高温反应过程中，发生降解反应，主要生产环状硅氧烷，见图2。

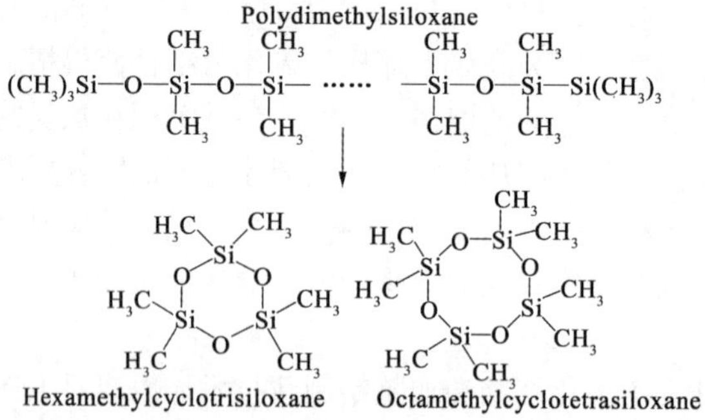

Polydimethylsiloxane

$(CH_3)_3Si—O—Si(CH_3)_2—O—Si(CH_3)_2— \cdots\cdots —Si(CH_3)_2—O—Si(CH_3)_2—Si(CH_3)_3$

↓

Hexamethylcyclotrisiloxane　Octamethylcyclotetrasiloxane

图2　硅油和典型的降解产物

借助硅敏感气相色谱来测试导致催化剂失活的环状硅氧烷数量，通过 NMR 来分析失活机理。环状硅氧烷在催化剂表面快速沉积，类似于积炭，不会与 Al 元素形成化学键，催化剂失活是由于在表面沉积覆盖了反应活性位。硅沉积导致的失活是不可逆的，不能够再生。

硅沉积是扩散控制反应，在直径大于 1/20in(1in = 2. 54cm)的催化剂沉积时，壳层沉积量大(如在 1/16in 柱形催化剂)，但对于直径为 1/20in 的催化剂，沉积是均匀的(如 1/20in 三叶草形催化剂)见图3。

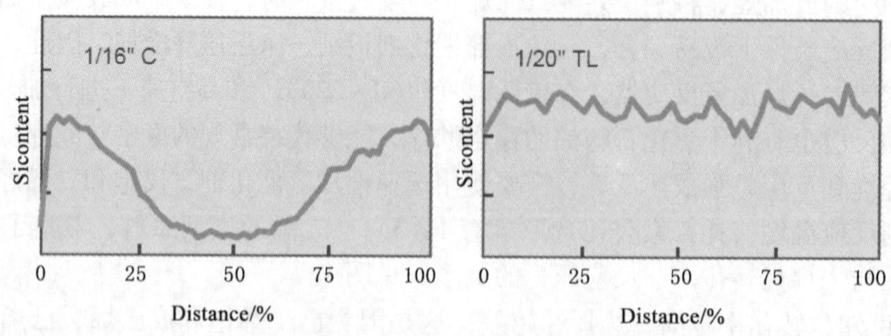

图3　不同尺寸/形状催化剂的硅分布

硅在加氢催化剂上的沉积与反应压力无关，温度影响沉积量，见图4。硅沉积受催化剂负载金

属量的影响，金属负载量越高，最大硅沉积量越少，即耐硅沉积性能更差。

硅沉积对催化剂加氢脱硫、加氢脱氮活性的影响，见图5。可以看出，硅沉积对加氢脱氮的影响更大，在20%沉积量时，加氢脱氮活性减少90%，加氢脱硫活性降低30%。因此，托普索公司建议用加氢脱氮活性来间接表明催化剂的硅沉积程度。

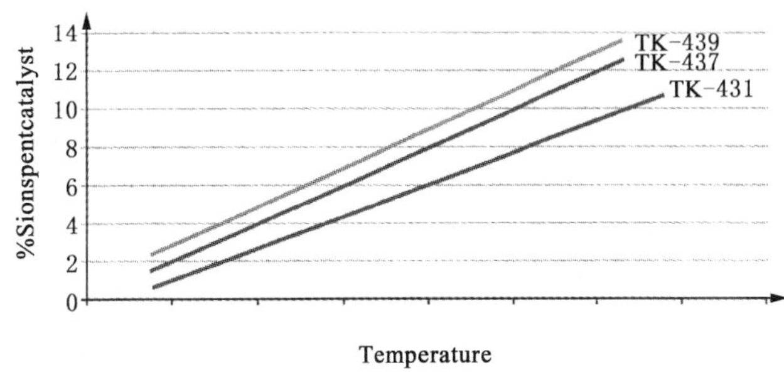

图4 脱硅－温度的关系

通过对各种影响因素的详细分析，托普索公司认为优异的焦化石脑油加氢精制催化剂应该具有以下性质：高表面积/单位反应器体积；中等程度Ni-Mo金属负载量；粒径小(1/20in)；高活性表面的载体氧化铝(载体表面酸量越多，硅胶沉积量越大)。

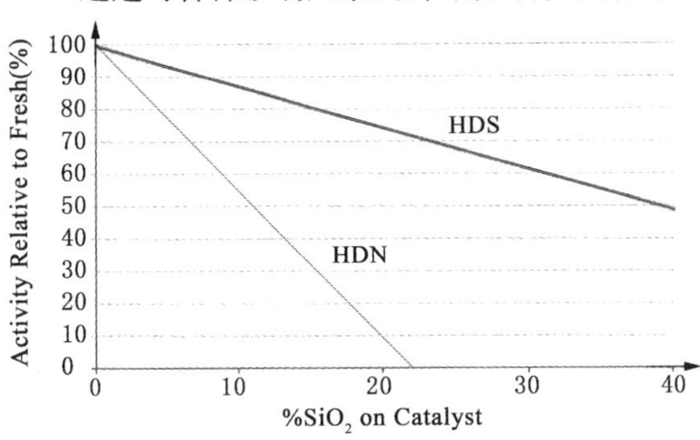

图5 硅沉积对加氢脱硫/脱氮的影响

托普索专门开发了3种催化剂用于含硅焦化石脑油加氢精制。

TK－431：NiMo型焦化石脑油加氢精制主催化剂，优化的金属负载使得其具有高加氢脱硫、脱氮活性，与其他公司催化剂相比较，TK－431具有高堆积密度和大比表面积，这就保证了高表面积/单位反应器体积($239m^2/mL$，其他催化剂在207左右)，这就使得其具有强耐硅沉积性能，既使石脑油中硅含量高达10μg/g，也不会影响操作周期。

TK－437：表面积/单位反应器体积为$242m^2/mL$，且金属含量低，这就使得其硅胶最大沉积量变大，即耐硅性能更强，其加氢脱硫活性也相应降低，通常作为TK－431的保护剂。

TK－439：不含金属，表面积/单位反应器体积为248 m^2/mL，硅胶沉积量最大，作为保护剂。

通常脱硅反应器的设置流程有以下两种方式，见图6。

旁路/脱硅反应器的设置流程适用于焦化石脑油掺炼较少的工况，因为当脱硅催化剂更换原料走旁路时，焦化石脑油中的烯烃饱和放热会增加加氢脱硫反应器的温度，这就限制了焦化石脑油的掺炼量。

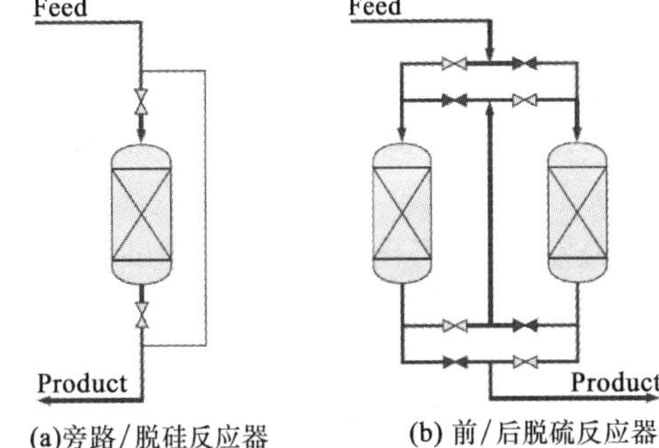

(a)旁路/脱硅反应器 (b) 前/后脱硫反应器

图6 脱硅反应器的设置流程

前/后脱硅反应器的设置流程，当前脱硅保护反应器硅饱和进行催化剂置换时，仍然可以满负荷运行，且焦化石脑油掺炼量可以很高，因为脱硅反应器允许高温升。通常焦化石脑油的掺炼比例由产品回流量来控制。另外，该设置还可以最大程度利用前脱硅反应器中的催化剂，因为后脱硅反应器能够吸收流出的硅杂质。

4 床层间换热

由于焦化石脑油含有大量烯烃，烯烃加氢饱和反应释放的热量使得催化剂温度升高，通常工业装置可见100℃的温升，温度升高会导致烯烃与硫化氢重组生成硫醇，产品的硫含量超标。为了解决温升问题，通常要将加氢催化剂分成2个床层装填，床层间用液体或者气体进行淬冷降温。

托普索公司巧妙地利用不同反应的热量要求，将原料与脱硅反应器(大部分烯烃在此饱和)的高温产物进行换热，即能够加热原料(减弱甚至熄灭原料加热炉)、又能够降低进行加氢脱硫反应的物料温度，使得工艺系统的能量效率大大提高。

5 级配装填

焦化石脑油的高烯烃含量会导致结焦严重，为避免催化剂床层顶部板结造成压降升高，需要高性能的催化剂级配装填方案，涉及以下4个方面：催化剂活性级配、热量传递、床层空隙、烯烃饱和与温度的关系。过去的催化剂级配装填仅仅考虑活性级配，即从顶部的惰性保护剂逐渐增强加氢活性，这对于高烯烃含量的原料是不够的，因为烯烃饱和反应的活化能使非常低的，即使低活性催化剂也会快速催化烯烃饱和反应，导致催化剂顶部床层出现热点温度。因此，除了活性级配，必须要考虑反应器设计、工艺气流速以提供足够的轴向换热效果，避免热点温度出现。当然，由于烯烃含量高，即使考虑了活性级配和轴向换热，在催化剂顶部床层，仍然会有少部分焦炭生成，另外原料油也可能带入过滤不掉的固体，这就需要顶部催化剂具有很高的空隙率，提供足够大的空间给固体物质，而且还要通过空隙级配来控制固体在床层的截留空间，催化剂顶部床层具有很高空隙，仅截留大颗粒固体，随着空隙逐渐减小，颗粒较小的固体被截留。

6 加氢脱硫/加氢脱氮

当前炼厂对重整预加氢催化剂的要求是：满足掺炼二次加工汽油(催化汽油、焦化汽油)；在高空速、低氢分压、低氢油比下进行操作。托普索的TK-527、TK-559BRIMTM催化剂就可以满足这些要求。

在某工业装置，催化剂TK-527，原料是85%直馏石脑油+15%催化汽油，其硫含量是800μg/g，氮含量是6μg/g，反应器入口总压2.8MPa，氢分压1MPa，空速3.2h-1，氢油比90Nm^3/m^3，产品的硫含量<0.3μg/g，氮含量<0.2μg/g。

在某工业装置，催化剂TK-559BRIMTM，原料是90%直馏石脑油+10%催化汽油或者减黏裂化汽油，硫含量是2000μg/g，氮含量是4.5μg/g，反应器入口总压1.8MPa，氢分压0.7MPa，空速2.4h-1，氢油比90Nm^3/m^3，产品的硫含量<0.1μg/g，氮含量<0.1μg/g。

为了满足产品硫含量要求，必须要注意控制反应温度，因为温度高，烷烃脱氢生成烯烃会与硫化氢反应得到硫醇。在工业生产中，为了抵制催化剂失活造成的处理能力下降，需要提高反应温度，如果产品硫含量不符合要求，装置就会停车。因此，有必要研究烯烃和硫化氢的反应情况。

选取1-己烯作为原料中烯烃的模型化合物，H_2/H_2S混合气作为处理气。反应产物含有3种硫醇：1-己硫醇、2-己硫醇、3-己硫醇，这就说明烯烃和H_2S的反应既有自由基加成，也有亲电加成。选取环己烯作为模型物时，也生成硫醇。从下图可以看出，低温时烯烃与硫化氢的反应是动力学限制反应，而在高温时，是平衡控制反应。

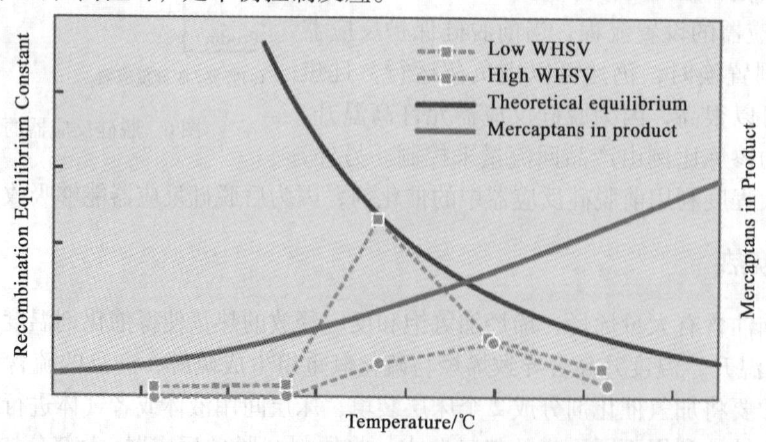

通过以上研究，就可以知道在工业装置中，重新生成的硫醇量是多少，以及如何避免生成硫醇。

常压釜生产锂钙基润滑脂影响因素分析

刘金池
（中国石化润滑油公司，北京　100085）

摘　要：本文重点分析了影响常压釜生产锂钙基润滑脂性能的因素，结果表明皂化条件、最高炼制温度、急冷温度、急冷速度、倒釜温度、游离酸碱等工艺条件对锂钙基润滑脂的产品性能有明显影响，尤其对锂钙基润滑脂的皂分影响最为明显，通过工艺摸索和不断完善，确定了各种工艺控制条件，产品性能稳定，锂钙混合皂基润滑脂的优越性得到充分体现。

1　前言

为了提高润滑脂的使用性能，弥补单皂基润滑脂某些性能上的不足，混合皂基润滑脂应运而生，目前锂钙基润滑脂由于具备锂基润滑脂良好的机械安定性、胶体安定性和较高的滴点，同时具有钙基润滑脂优良的抗水性和抗磨性，特别适用于高温、潮湿的集中供脂润滑，因而被钢铁企业广泛使用，且使用效果良好，但由于锂－钙基润滑脂不是简单的机械混合物，生产工艺比较复杂且影响因素比较多，生产中经常出现质量波动，特别是成品皂分波动较大，导致低温流动性很不稳定，曾成为困扰润滑脂生产稳定的一道难题。

本文根据锂钙基润滑脂的皂结构组成、生产工艺特点、生产过程中现象变化进行总结分析，确定影响锂钙基润滑脂性能的各个因素，并逐一摸索解决。

2　锂钙基润滑脂的结构

锂钙基润滑脂从结晶学角度讲，不是简单的机械混合物，而是具有一种混晶结构的锂基润滑脂。

当12－羟基硬脂酸与氢氧化锂进行皂化反应制备12－羟基硬脂酸锂皂时，在水相中的Li^{+}、R—COO—和R—COOLi形成分子族共存，继续升温脱水后形成了〔R—COOLi〕分子族分散在基础油中，当升温超过锂皂的熔点后，锂皂以单分子和离子混合状态存在，并且各微粒可以自由移动，再次冷却后即形成定向排列的晶体纤维结构。

钙皂形成过程中，当温度达到钙皂的熔点后，形成了游离分子〔R—COOCa^{2+} OOC—R〕。Ca被π共轭负离子紧紧包在中间，再冷却时很难形成结晶，所以很难成脂，必须加入胶凝剂，如甘油、水游离脂肪酸或金属皂，通过范德华力形成分子晶体，因此钙基润滑脂的滴点较低和抗剪切安定性较差。若选用锂皂作胶凝剂，通过锂皂的极化作用，使钙皂结构重排形成离子体，使得锂－钙基润滑脂的高温性能及纤维结构与锂基润滑脂相同，因此推论锂－钙基润滑脂不是锂－钙皂的简单机械混合，而是钙皂分子进入锂皂纤维内部，并且部分钙离子取代了锂离子，形成了以锂皂晶体为骨干、钙离子填补空位的混晶，同时，晶体的棱、台、角等极性基团外露部分均被钙皂占据，防止了水分子的进一步侵入。

由于锂－钙皂的混晶结构，皂纤维变得不太整齐，但仍保持锂皂的纤维形状和大小(比钙皂大得多)，因此锂－钙混合皂基润滑脂既具有锂基润滑脂的高熔点和搞机械剪切安定性，又具有钙基润滑脂的良好抗水性和较安定性，锂钙基润滑脂稠化剂纤维结构见图1。

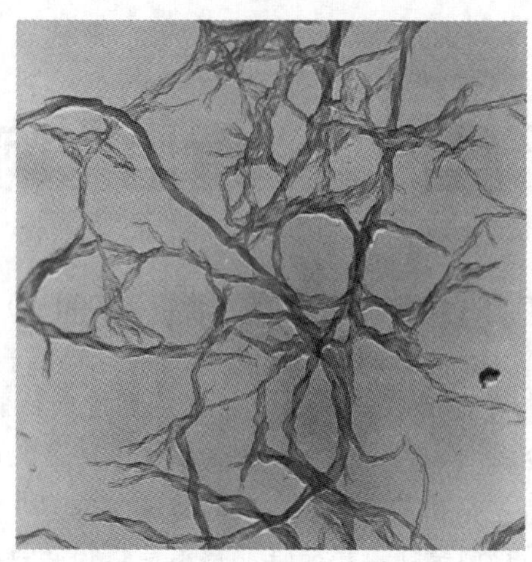

图1 锂钙基润滑脂稠化剂纤维结构图

3 影响因素分析

3.1 皂化条件的影响

润滑脂生产的一个关键环节就是皂化，皂化效果的好坏直接影响润滑脂的产品质量，表1列出了皂化条件对产品质量的影响。

表1 各种皂化条件对产品质量的影响

皂化条件	1	2	3
导热油温度/℃	150~160	250~260	260~270
皂化	不补水	补水2h	补水2h
皂化温度/℃	95~105	105~115	105~115
皂化效果	不好	好	不好
成品皂分	高	低	高
-10℃表观黏度（低温流动性）	大	小	大

上表可以看出导热油温度、皂化温度及补水对润滑脂皂化效果及产品质量有重要影响，第2种皂化条件最佳，经分析认为：第1种皂化条件由于导热油温度比较低，皂化时不利于锂钙皂的相互结合，从而形成的结构不稳定，导致成品皂份高低温流动性差；第3种皂化条件由于导热油温度比较高，在补水皂化过程中补加的水不能进入反应物料内部就被蒸发掉，水在反应过程中的中介作用不能充分发挥，也不利于锂钙皂的相互结合，从而与第1种皂化条件出现相同的结果。

3.2 最高炼制温度的影响

由于钙皂的熔点明显低于锂皂，随着钙皂比例的不断上升，混合皂熔点明显降低，当锂钙皂比例控制在3:1以内时，混合皂熔点和纯锂皂熔点相差不明显，最高炼制温度控制在210~220℃，都能获得机械安定性和胶体安定性较好的润滑脂，实验发现在最高炼制温度低于200℃时，锂钙混合皂基润滑脂的稠度明显下降，未经剪切均化处理的润滑脂显得油皂松散，剪切均化处理后稠度变化不明显，有明显的米粒状颗粒，机械安定性明显变差，电镜观察皂纤维明显变短且松散。

3.3 皂化结束后游离酸碱的影响

润滑脂在生产过程中，皂化结束后游离酸碱是衡量皂化反应是否完全的一个重要指标，因而皂化结束后的游离酸碱也直接影响着产品质量，通过多次试验发现，皂化结束后呈酸性，成脂软；呈中性至微碱性成脂效果好，产品性能好；游离碱≥0.06%（NaOH），用硬脂酸调整脂变软，低温流动性差。

3.4 急冷后温度的影响

大部分润滑脂在炼制过程中，当温度超过某一温度时就发生相变，由伪凝胶状变为凝胶状，此时用一定量的基础油快速加入(简称急冷)，使其再次由凝胶状变为伪凝胶状来达到润滑脂的某些性能，这一特性已在润滑脂生产中被广泛采用，且使润滑脂的产品性能得到明显改善，特别是对锂基润滑脂使其优良性能得到充分发挥和提高，锂钙基润滑脂由于有钙皂的加入使其相变温度不同于单纯的锂基润滑脂，因而其急冷特性也与单纯得锂基润滑脂有所区别，试验发现单纯的锂基润滑脂相变温度为190～192℃，锂钙基润滑脂相变温度为185～190℃，锂钙基润滑脂当急冷后温度为175～180℃时成脂变软，急冷后温度为185～190℃时成脂效果好，成品皂份低。

3.5 急冷速度的影响

通常锂基脂急冷速度越快，皂纤维越短，脂的性能越好，稠化能力越强。锂钙基润滑脂则不同，急冷速度过快，难以形成结晶，而只能靠范德华力形成团状分子族或较大的皂颗粒，使皂的稠化能力降低。从表2可以看出急冷速度对成脂有重要影响。

表2 急冷速度与稠化能力关系

急冷速度	皂含量/%	60次工作锥度/(1/10mm)	急冷时间/min
快	9.46	300	2
中	8.45	287	3.5
快	9.34	305	3

3.6 倒釜温度的影响

锂钙基润滑脂在急冷后锂皂和钙皂有一个相互组合(相交融)的过程，即皂纤维的生成和伸长的过程，而这一过程的实现需要有一个相对稳定的组成，在这一过程中不能加入基础油，通过多次试验，这一温度范围为185～190℃，因而倒釜温度最好控之在150℃以下，高于160℃脂容易软且机械安定性差。

3.7 添加剂的影响

添加剂是润滑脂的一个重要组成部分，虽然比例较小，但其重要作用不容忽视，性能优良的润滑脂都是通过加入多种添加剂来实现的，因而添加剂对改善润滑脂的性能是至关重要的，同时由于几乎所有添加剂都是高分子聚合物，对润滑脂的感受性、相容性及酸碱度有不同的适应性，且添加剂之间的配伍性也各不相同，经过多次试验锂钙基润滑脂所用添加剂适于在中性至微酸性，80℃以下并且按照一定的顺序加入。

4 结论

1)皂化过程中在105～115补水皂化1.5～2.0h;

2)皂化结束后游离酸碱控制在中性～0.06%(NaOH);

3)最高炼制温度控制在210～220℃;

4)急冷后温度控制在185～190℃并恒温10～30min;

5)倒釜温度控制在150～160℃;

6)添加剂在80℃以下中性～微酸性条件下按一定顺序加入。

总之，锂钙基润滑脂在皂纤维生成和伸长阶段形成的纤维越均匀，脂的胶体安定性和机械安定性越好，在生产过程中应严格加以控制。

化工工艺与产品

芳烃联合装置首次开工方案的优化与工业实践

侯章贵　秦会远　王天宇　杨纪　贺胜如
（中海炼化惠州炼油分公司运行三部，广东惠州　516086）

摘　要： 本文主要介绍了惠炼芳烃联合装置首次开工情况，探讨了优化开工物料、各单元试车流程、装置热联合中的热量平衡，以及合理安排产品出装置等方案，更好的实现了装置的开工效益。

关键词： 芳烃联合装置　对二甲苯　投料试车　优化

1　前言

芳烃联合装置是中海石油惠州炼油项目主要生产装置之一，以上游200万吨/年连续重整装置脱戊烷塔底重整生成油为原料，生产目的产品对二甲苯，同时副产邻二甲苯、苯、混合 C_8 芳烃、重芳烃、非芳烃(抽余油)、含氢气体和燃料气。

联合装置由二甲苯分馏、苯-甲苯分离及歧化(简称歧化)、吸附分离、二甲苯异构化(简称异构化)和抽提蒸馏五个工艺单元以及中间罐区和配套公用工程部分组成。其中抽提蒸馏单元采用北京石油化工科学研究院(RIPP)开发的环丁砜抽提蒸馏工艺(SED)技术和工艺包，其余单元均采用法国AXENS公司的专利技术和工艺包。歧化单元采用AXENS公司和Exxon Mobil公司联合开发的Tranplus工艺和EM-1000型催化剂；吸附分离单元采用AXENS公司的Eluxyl吸附分离工艺和SPX3000型吸附剂；异构化单元采用AXENS公司和Exxon Mobil公司联合开发的乙苯脱烷基型Xy-Max工艺和EM-4500型催化剂。

芳烃联合装置设计公称能力为 84×10^4 tPX/a。五个工艺单元的公称规模分别为：5.72×10^6t/a二甲苯分馏单元、1.98×10^6t/a歧化单元、3.81×10^6t/a吸附分离单元、2.97×10^6t/a异构化单元、7.8×10^5t/a抽提蒸馏单元。PX产品规模为单系列世界最大已开车装置，其余单元设计能力均为世界级规模。

芳烃联合装置于2007年开工建设，2009年4月24日实现高标准中交，4月29日进重整生成油开始油运，5月8日生产出优级苯产品、5月22日生产出异构级混合二甲苯产品、6月1日生产出优级邻二甲苯(OX)产品、6月12日生产出优级对二甲苯(PX)产品、6月14日异构化单元投料试车成功，实现全装置一次开车成功。

2　各单元投料试车

2.1　投料试车原则

尽量减少外购原料油(混合二甲苯和重整生成油)、合理安排开工程序缩短开工时间、合理利用现有流程、尽量减少不合格产品外排。

2.2　投料试车思路

二甲苯分馏单元、歧化单元、异构化单元主要采用重整生成油油运；吸附分离单元采用外购混合二甲苯油运；抽提蒸馏单元冲洗、吹扫、氮气置换和抽真空实验后引溶剂建立循环；在吸附分离单元开工循环的过程中，二甲苯分馏单元、歧化单元、抽提蒸馏单元开工至正常，并生产混合二甲苯、邻二甲苯和苯等芳烃产品；吸附分离单元调整正常后，异构化单元反应系统投料，二甲苯分馏单元的混合二甲苯引入吸附分离单元，生产出 PX 产品。

2.3 投料试车介绍

2.3.1 抽提蒸馏单元投料试车

重整装置 4 月 26 日投料试车成功后，向储罐系统送 2 天的重整生成油备用，同时抽提蒸馏单元进溶剂开始溶剂冷油运和热油运。4 月 29 日二甲苯分馏单元重整油塔进油冷油运和热油运，5 月 2 日塔顶馏分合格后进入抽提原料罐，5 月 4 日抽提蒸馏单元引原料油，5 月 5 日抽提蒸馏单元生产出合格的混合芳烃产品，同时生产出合格的抽余油产品。

抽提蒸馏单元试车成功后，装置具备了生产不含苯的重整生成油以用于调和高标号汽油的能力，符合惠炼总体试车目标。

2.3.2 二甲苯分馏单元投料试车

4 月 29 日二甲苯分馏单元重整油塔进油冷油运和热油运，以实现尽早开抽提蒸馏单元的目标。在重整油塔分离合格后，5 月 3 日二甲苯分馏单元其他各塔也引 C_8^+ 芳烃垫塔油运。冷油运和热油运持续了一周，5 月 3 日二甲苯再蒸馏塔调整出合格的二甲苯馏分，5 月 10 日二甲苯塔调整出合格的二甲苯馏分，5 月 13 日在塔操作参数基本稳定后开始将混合二甲苯供吸附分离单元进行短循环使用。5 月 20 日二甲苯分馏单元生产出合格的混合二甲苯用于销售，6 月 1 日 OX 产品调整合格切产品。

为尽量减少混合二甲苯的采购量，并结合当时的市场情况和试车安排，我们将原计划采购 5000 吨的混合二甲苯减少为 1400 吨，通过二甲苯分馏单元的高效投料试车安排，提前 10 天将自产的混合二甲苯用于吸附分离单元试车，最大限度的保证了惠炼总体试车进度要求。

2.3.3 歧化单元投料试车

在抽提单元 5 月 5 日生产出合格的混合芳烃产品后，5 月 6 日混合芳烃引入苯塔和甲苯塔开始冷热油运，5 月 10 日苯和甲苯产品调整合格，分别进苯产品罐和甲苯罐。5 月 18 日在歧化稳定塔热油运稳定后，建立了进料缓冲罐→稳定塔→白土塔→苯塔→甲苯塔→进料缓冲罐循环流程，循环热油运并为歧化反应投料作准备。5 月 20 日在重芳烃塔热油运稳定后，同时建立了二甲苯再蒸馏塔底→重芳烃塔→回流罐→进料缓冲罐 C_9^+ 芳烃循环；以及甲苯塔底→重整开工冷却器→重整油储罐、甲苯塔顶、苯塔侧线苯→歧化进料罐、重芳烃塔顶/底→重整油储罐的置换流程，5 月 23 日重芳烃塔顶 C_9 芳烃合格后进碳九罐，为歧化反应系统投料备料。

歧化反应系统方面，5 月 19 日歧化循环氢压缩机启动，开始氢气循环。5 月 21 日反应炉点炉升温进行催化剂的干燥与还原。5 月 22 日反应炉的出口温度提高到 315℃，恒温 4h 后用补充氢进行置换，去除催化剂中的水含量。5 月 24 日 9：00 在反应温度从 330℃升至 380℃后反应系统开始注硫，9：50 反应投料(175t/h，385℃)，15：50 精馏系统调整正常，苯切到产品罐，甲苯塔塔底改至二甲苯塔塔。歧化单元一次投料试车成功。

为减少系统物料置换时间，在歧化单元油运时，我们用抽提混合芳烃产品代替重整生成油对苯塔、甲苯塔、稳定塔垫塔油运，大大减少了置换重组分时间，苯和甲苯产品提前 3 天产出，并有效保证了提前 10 天生产出混合二甲苯产品。

2.3.4 吸附分离单元投料试车

吸附分离单元在吸附塔酸洗基本完成后，于 5 月 7 日引外购混合二甲苯进异构化进料罐，精馏系统开始垫料开工。由于外购混合二甲苯量仅够各塔垫塔和单塔油运，配合二甲苯分馏单元热联合系统的升温。5 月 13 日二甲苯分馏单元混合二甲苯合格后，通过引入自产混合二甲苯补料，吸附单元开始热油运。5 月 15 日建立了解吸剂(D)→抽余液(R)，进料(F)→抽出液(E)的吸附塔旁路循环，进行管线冲洗。5 月 16 日建立了 F→R，D→E，BW→E 的循环油运，并继续进行管线冲洗。5 月 20 日建立二甲苯制备循环流程，开始二甲苯制备；5 月 25 日吸附塔底封头开始充液，5 月 28 日，吸附塔充液完毕，开始吸附塔内件和床层管线冷冲洗。5 月 30 日，吸附塔开始升温，31 日升温到100℃，开始吸附塔内件和床层管线热冲洗。6月3日 完成吸附塔内件和床层管线热冲洗，吸附塔升温至120℃。经过透平流量计交叉检验和SCS系统调试，6月8日，进料和解吸剂切入吸附塔，以60%进料负荷启动SCS系统。6月12日22：00 PX调整合格后进PX检查罐，吸附分离单元投料试车成功。

在吸附单元精馏系统二甲苯油运和制备方面，我们克服了外购混合二甲苯不足的情况，细致安排油运和热联合协同升温工作，吸附系统能单独升温则不联运，在确保二甲苯分馏单元调整出合格混合二甲苯产品前维持吸附和二甲苯分馏单元稳定运行。同时根据实际操作情况，重新安排结合异构化单元的吸附精馏系统二甲苯的白土精制流程，确保了二甲苯制备提前完成。

在吸附塔充液和升温程序方面，我们通过深入研究专利商方案，并与AXENS现场总代表充分沟通，修改了其“吸附塔分开充液”方案，实施了吸附塔封头同时充液，床层单独充液的既确保吸附剂安全又节省1天时间的方案；修改了“先启动循环泵再进行升温”方案，在循环泵检修的同时，吸附塔实现稳步升温，节省了3天时间，得到了专利商的肯定。

2.3.5 异构化单元投料试车

5月9日二甲苯分馏单元向异构化脱庚烷塔进油，异构化单元开始油运。5月11日点炉升温建立脱庚烷塔循环。5月13日 脱庚烷塔与二甲苯塔建立异构化和二甲苯分馏单元循环，然后配合二甲苯分馏单元进行二甲苯生产，配合吸附单元进行二甲苯制备。

6月6日异构化反应系统引氢。6月8日异构化循环氢压缩机氢气试机。6月12日建立了异构化进料罐→异构化反应旁路→异构化脱庚烷塔→二甲苯再蒸馏塔的循环退吸附分离单元贫PX的二甲苯物料流程。6月13日启动异构化循环氢压缩机，同时开始异构化反应系统升温，催化剂开始干燥与还原，6月14日9：00反应系统升温到380℃后，开始注硫，14：58异构化反应投料，投料后各参数稳定，二甲苯分馏单元和吸附分离单元维持稳定运行。异构化单元投料试车一次成功。

通过建立异构化进料罐→异构化反应旁路→异构化脱庚烷塔→二甲苯再蒸馏塔的循环退吸附分离单元贫PX的二甲苯物料流程，有力的提高了吸附进料中的PX含量，使PX较快的调整合格。在PX产品调整合格后，部分异构化原料经外送产品线送到混合二甲苯产品罐，实现了异构化单元不开车出PX产品的。

3 投料试车优化探讨

3.1 选择合适的开工物料

一般来说，芳烃联合装置试车采用轻重整生成油（包含苯甲苯馏分）作为开工物料。专利商提供的试车方案即是轻重整生成油进各单元的试车方案。由于油运、分离、置换等开工程序较为繁琐，用专利商开工方案完成芳烃联合装置投料试车一般需要3个月时间。

3.1.1 轻重整生成油的使用

根据装置物料特性并通过OTS（Operation Training Simulation）系统模拟负荷测算，结合尽量提前生产不含苯重整生成油的公司总体试车方案，我们选择了二甲苯分馏单元重整油塔选用轻重整生成油油运开工，合格后既给抽提单元提供原料，又给二甲苯分馏单元其他精馏塔提供重重整生成油（C_8^+ 芳烃馏分）用于油运和开工。

在苯产品、混合二甲苯产品合格后，同时根据甲苯罐和碳九罐罐位，适时选择连续进轻重整生成油生产和歧化单元投料，实现了已开装置的稳定生产，达到了公司总体试车要求的不含苯重整生成油生产的节点要求，并提前生产出混合二甲苯产品，取得了很好的效益。

3.1.2 重重整生成油的使用

重重整生成油来自于重整油塔分馏合格的塔底组分，我们将其用于正常生产时是 C_8^+ 芳烃的单元，避免了用轻重整生成油需要的前期调整操作困难和后期置换困难。例如重重整生成油给二甲苯塔、二甲苯再蒸馏塔、邻二甲苯塔、歧化单元重芳烃塔、异构化单元脱庚烷塔等油运和开工。

重重整生成油的使用，大大节省了开工时间。

3.1.3 混合二甲苯的使用

吸附分离单元各精馏塔正常生产的组分为 C_8 芳烃和解吸剂，因此若采用重重整生成油进行油运，则油运后需要约 16 天的时间进行置换。另外由于死角处的重组分和烯烃若不能置换干净，则可能污染解吸剂，而且还可能通过解吸剂使吸附剂中毒，潜在风险较大。

经过多次讨论，我们选择了外购混合二甲苯作为吸附分离单元的开工物料。但由于外购混合二甲苯量较少，仅够各塔垫塔和单塔油运，配合二甲苯分馏单元热联合系统的升温，因此我们通过细致安排油运和热联合协同升温工作，吸附系统能单独升温则不联运，在确保二甲苯分馏单元调整出合格混合二甲苯产品前维持吸附和二甲苯分馏单元稳定运行。同时根据实际操作情况，重新安排结合异构化单元的吸附精馏系统二甲苯的白土精制流程，确保了二甲苯制备提前完成。

3.1.4 环丁砜溶剂的使用

抽提蒸馏单元开工物料一般选用抽提原料(苯甲苯馏分)用于冷热油运，然后退油，再进环丁砜溶剂以保证溶剂不被污染。或者通过溶剂系统的化学清洗保证洁净后再进环丁砜溶剂。

我们通过严控工程建设各环节，并在冲洗、吹扫、氮气置换、真空试验各阶段层层把关，确保系统洁净的情况下，直接进环丁砜溶剂进行油运，节省了开工物料约 1500 吨，并有效的缩短了投料试车衔接时间(即在重整油塔合格后立即投料试车，调整产品合格)。

3.1.5 苯甲苯混合芳烃的使用

根据装置物料特性并通过 OTS 模拟负荷测算，我们选择了苯甲苯混合芳烃用于歧化单元苯塔、甲苯塔和稳定塔开工，大大节省了甲苯和苯产品调整合格时间，使歧化单元投料时间同比提前 2 天，有力的配合了全面消化轻重整生成油，生产混合二甲苯和邻二甲苯产品。

3.2 各单元试车流程优化

在装置开工物料合理选择的同时，各单元试车流程的优化也就相应建立。

为达到公司总体试车目标中生产不含苯重整生成油的节点，我们通过先开二甲苯分馏单元重整生成油塔和抽提蒸馏单元，实现了生产不含苯重整生成油目标。同时生产出的重重整生成油用于二甲苯分馏单元其他精馏塔、脱庚烷塔、重芳烃塔等单元油运；抽提单元的开车成功也为歧化苯塔、甲苯塔备足了油运用的苯和甲苯。

二甲苯分馏单元调整混合二甲苯产品合格后，立即向吸附分离单元供料，用于热油运和二甲苯制备；二甲苯制备完成后，歧化单元正好具备了投料试车条件，投料后开始连续生产混合二甲苯、苯、邻二甲苯、抽余油、重芳烃等产品，在试车物料和进程安排上做到了无缝对接，最大化连续生产混合二甲苯等高附加值产品。

吸附分离调整 PX 合格后，因进度超过预期，异构化单元暂不具备投料条件，我们合理利用长循环附加流程，采用了在异构化不投料情况下生产 PX 产品的创新方法，开创了国内 PX 生产的先例，既生产了高附加值产品，又锻炼了队伍。

3.3 装置热联合中的热量平衡优化

芳烃联合装置精馏塔多，能耗高，为降低能耗，设置了众多的热联合流程。其中最重要的是二甲苯分馏单元和吸附分离单元之间的热联合。开工过程中，两个单元要同步升温，以减少不同步造成对换热器投用和塔升温的影响。在升温前，吸附分离单元建立稳定 C_8 芳烃单塔冷油循环，二甲苯再蒸馏塔/二甲苯塔底已经建立稳定循环，热联合系统同步升温；在二甲苯再蒸馏塔/二甲苯塔升温时，使用中压蒸汽对重整油塔进行加热，尽量在二甲苯再蒸馏塔/二甲苯塔塔压出现较大波动前将重整油塔达到正常工艺操作参数，这样可以减少升温期间波动对热联合系统波动；用于调节二甲苯再蒸馏塔/二甲苯塔塔压的控制器要置于手动状态，阀位输出设定为 5%，随着二甲苯再蒸馏塔/二甲苯塔塔压上升逐渐增加开度，稳定后再投自动；同时严格控制升温速率，以不大于 20℃/h 的速率升温。在二甲苯再蒸馏塔/二甲苯塔升温的同时，吸附单元抽出液塔和抽余液塔也就逐步建立单塔全回流循环。

在联合升温中根据两个二甲苯塔升温、脱水、建立回流情况，结合吸附单元两台塔试车进度，通过调配重整生成油塔的3.5MPa 蒸汽用量，合理安排二甲苯塔塔顶气相加热介质的分配，实现了二甲苯塔升温到调整二甲苯产品合格与吸附分离单元建立热回流稳定、具备接收热二甲苯条件的无缝衔接。

3.4 产品流程优化

对芳烃联合装置众多液态产品来说，对二甲苯、邻二甲苯、混合二甲苯往往属于附加值较高的产品，而抽余油、重芳烃则属于低于成本价的产品，苯的市场价格波动较大，目前属于低于成本价的产品。

在公司总体试车方案中，由于连续重整装置需要生产氢气以配合各加氢装置开工，芳烃联合装置则因为工程进度落后不得不延后开工，因此大量重整生成油的出路便成了一个大问题。为此，通过合理安排重整油塔和抽提蒸馏单元开工，重整生成油成为合格的高辛烷值的汽油调和组分。对于抽余油，原设计产品线路为轻石脑油，作为乙烯裂解原料。通过认真研究全厂汽油组分，我们认为虽然抽余油辛烷值较低，但硫含量低，也是很好的汽油调和组分。为此我们增加抽余油到汽油调和线流程，使很大一部分抽余油调和到汽油中，提高了装置效益。

对于开工过程中大量生产的混合二甲苯产品，我们充分利用了吸附分离循环混合二甲苯冷却器流程，使之顺利出装置。

对于邻二甲苯产品，由于市场原因一度不能生产，我们先是将转到混合二甲苯产品线，作为混合二甲苯销售。在异构化单元开车后，我们充分利用异构化单元能力，使之作为异构化原料转化为对二甲苯，既解决了销售问题，也提高了 PX 产量。

对于对二甲苯产品的生产，就像2.2章所说的，一旦吸附分离单元调整合格，我们就生产对二甲苯产品，而不等待异构化单元开车。这也已成为我们正常生产中尽早调整出产品的有效手段之一。

4 结论

芳烃联合装置工艺单元多，流程复杂，试车周期长，具有在不同工况下不断优化空间。依据工程进度情况，通过选择合适的开工物料，合理安排各单元试车流程，做好装置热联合中的热量平衡，合理安排产品出装置，芳烃联合装置提前3天生产出抽余油产品，提前10天产出混合二甲苯产品，提前18天产出对二甲苯产品，同时少消耗开工重整生成油1500吨，少采购混合二甲苯3600吨，极大的提高了装置的开车经济效益和社会效益，同时歧化单元苯甲苯分馏部分独立开工、二甲苯分馏单元独立开工、吸附塔充液程序、吸附塔升温程序、异构化单元投料前生产 PX 产品等创新的操作法和方案可在以后的装置开停车中推广应用。

参 考 文 献

[1] Axens. Aromatic Complex Operating Instructions.

[2] 侯章贵，孙广宇. 芳烃联合生产工艺中歧化装置的调优. 精细石油化工进展，2007，8(5)

苯乙烯储存技术开发与应用

管秀君　王申军　潘青

（中国石化齐鲁分公司研究院，山东淄博　255400）

摘　要：本文重点讲述采用复涂方式，在苯乙烯储罐内壁喷涂阻聚涂层，防止凝结单体在储罐内的聚合。通过控制阻聚剂的释放速度，可达到长期阻聚的效果。该技术在工业储罐中实施一年来，涂层完好无损，储罐中苯乙烯产品各项质量指标满足使用要求，涂层对产品质量无不利影响。

关键词：苯乙烯储存　阻聚涂层

苯乙烯是一种用途广泛的聚合单体，在储存过程中，储罐中部分单体会发生汽化，在罐的顶部凝结。由于这些凝结物中几乎不含阻聚剂，很快发生聚合，某厂苯乙烯储罐就经常出现这种聚合现象，聚合物象“钟乳石”一样挂在罐顶，内壁聚合物成层状，严重影响了产品质量，每年检修时都要人工清理多日、再喷砂处理，工作量大，操作费用高，给生产带来了很大的危害性。苯乙烯储存过程中的阻聚技术成为行业内普遍关注的焦点。

在国内外文献和市场调研的基础上[1,2]，本文采用在储罐内壁喷涂阻聚涂层的方法，防止凝结单体在储罐内壁聚合。涂层中添加一定量的阻聚剂，通过不同方法，控制阻聚剂的释放速度，从而达到长期阻聚的效果，从根本上解决了苯乙烯储存过程中的罐壁聚合问题。

1　试验部分

1.1　涂层材料的制备与考察

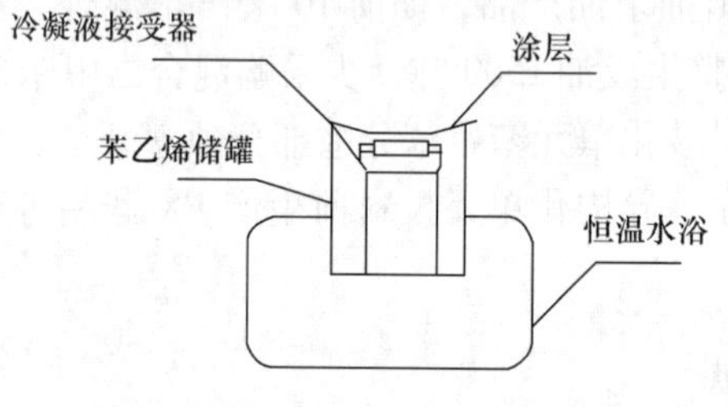

图1　涂层材料阻聚性能考察试验装置示意图

在5L的储罐顶盖上，先用砂纸进行打磨，达到要求后，按一定配比和涂刷方式刷上涂层漆，放置固化、干透，然后在罐中装有一定体积的苯乙烯单体，顶部固定一小量杯，将罐内苯乙烯加热至一定温度，定期收集凝结物，并检查顶盖的涂层变化情况，分析凝结物中阻聚剂含量，考察确定阻聚剂从特种涂层中释放的能力。试验装置示意见图1。

1.2　涂层性能表征

1）涂层厚度测试：采用HCC－24型电脑涂层测量仪测试。

2)附着力测试：采用GB 1720—79标准，使用的仪器是QFZ－Ⅱ型涂层附着力试验仪。涂层的附着力分为7个等级，1级附着力最佳，2级附着力次之。依次类推，7级附着力最差。

3）苯乙烯中阻聚剂的测定：收集的苯乙烯凝液中阻聚剂含量的测定采用某厂企业标准，适用范围为0～100mg/L。

2　试验结果与讨论

2.1　不同涂层材料选择

作为内涂层材料，首先应具有较好的附着力，在苯乙烯中浸泡不易脱落。表1列出了在马口铁样片中进行涂刷的试验情况。从表1可以看出，对于苯乙烯物料，环氧漆、玻璃鳞片漆、环氧磷酸锌都有较好的附着力，能够达到使用要求。上述涂料中，玻璃鳞片漆市场价格较高，其次是环氧磷酸锌漆。对于苯乙烯体系来讲，环氧漆的附着力最强，价格也较便宜。

表1　不同涂层材料的附着力考察

试验编号	涂层材料	附着力
1－1JHJ	水性无机富锌	4级
	水性无机富锌(含阻聚剂)	7级
2－2JHJ	环氧漆	2级
	环氧漆(含阻聚剂)	6级
3－3JHJ	玻璃鳞片漆	3级
	玻璃鳞片漆(含阻聚剂)	5级
4－4JHJ	环氧磷酸锌	3级
	环氧磷酸锌漆(含阻聚剂)	6级

但是，将含有阻聚剂的涂料直接涂刷在处理过的涂片表面上，涂层附着力都明显下降，甚至有不同程度的脱落。最典型的就是水性无机涂料，添加阻聚剂的涂料尚未达到表干时，即已经开始脱落，附着力是最差的7级。

因此，应选择采用复涂方法进行涂刷，含阻聚剂的涂料不能作为底漆使用，否则会严重影响涂层的附着力，缩短涂料使用寿命。

2.2　涂层在苯乙烯中的附着力变化

在5升的储罐顶盖上，按一定配比和涂刷方式刷上涂层漆，涂层情况见表2，其中9JHJ、29JHJ以玻璃鳞片漆为材料，30JHJ、31JHJ采用环氧漆。

表2　罐顶涂层情况

试验编号	涂　　层	附着力
9JHJ	底漆：环氧富锌漆 中间漆：玻璃鳞片漆 中间漆：玻璃鳞片漆(含阻聚剂) 面漆：玻璃鳞片漆	3级
29JHJ	底漆：环氧富锌漆 中间漆：玻璃鳞片漆 中间漆：玻璃鳞片漆(含阻聚剂) 面漆：玻璃鳞片漆	3级
30JHJ	底漆：环氧漆 中间漆：环氧漆(含阻聚剂) 面漆：环氧漆	2级
31JHJ	底漆：环氧漆 中间漆：环氧漆(含阻聚剂) 面漆：环氧漆	2级

罐顶刷上涂层后，按照图1所示装置进行试验，苯乙烯加热温度40℃，经过三个月的考察试验后，29JHJ、30JHJ、31JHJ涂片的附着力变化如表3所示。

表3 在苯乙烯中涂层附着力变化

试验编号	起始附着力	三个月后附着力
29JHJ	3级	6级
30JHJ	2级	2级
31JHJ	2级	2级

由此可见，玻璃鳞片漆(29JHJ)长时间接触苯乙烯后，涂层附着力下降比较明显，说明该漆对苯乙烯的适应力较差。另外，由于玻璃鳞片涂料价格高，涂刷同样面积用量大，所以试验选择环氧漆作为苯乙烯储罐的涂层原料，采用复涂方式进行涂刷或喷涂。

2.3 涂层中阻聚剂释放量随时间的变化

按照试验所确定的涂层原料和方式涂刷涂片，考察了该涂片附着力为1~2级。同时为了确定涂层的阻聚持续时间，考察了涂层中阻聚剂的释放量变化，结果见图2。

由图2可见，起始阶段阻聚剂释放较快，随着时间的延长，阻聚剂释放趋于缓和。文献资料介绍[3]，阻聚剂浓度为1~2mg/L即可有效地防止苯乙烯聚合物的生成。涂层在168天后仍有明显的阻聚剂释放，表明涂层仍有阻聚性能。同时也可以看出前半月阻聚剂释放约占总加入量的15%，以后释放速度明显减慢，前两月释放约18%，以后每月以1%~2%的速度释放，168天后释放约21%，按此估算，涂片阻聚性能可持续4年以上。

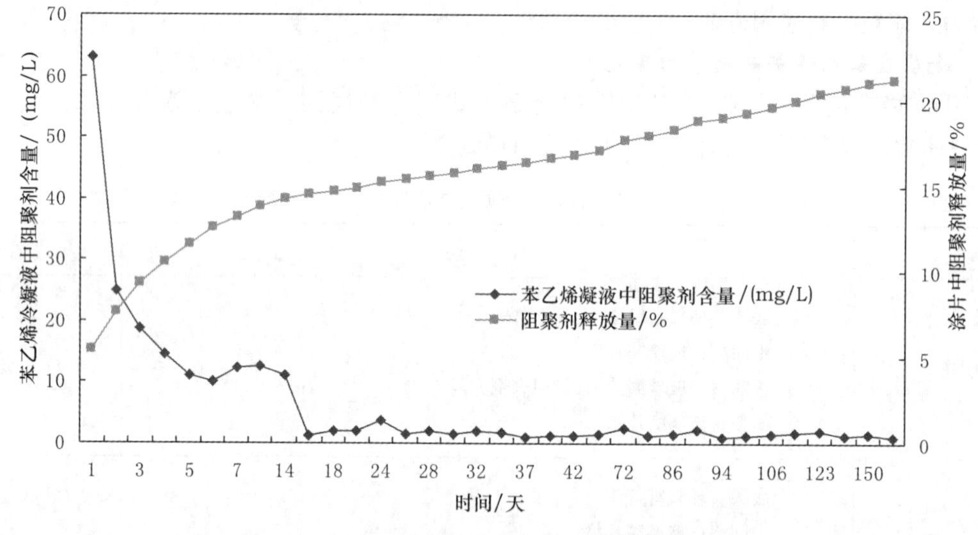

图2 苯乙烯冷凝液中阻聚剂含量随时间的变化

3 工业应用试验

将该技术在某厂2000m^{3}的苯乙烯储罐上进行了工业应用。该储罐已使用一年时间，罐内苯乙烯中的聚合物已明显增加(详见图3)，影响了产品质量。

按照前期试验室研究确定的工艺条件，在罐体除聚、罐内壁喷砂等处理后，对其进行了工业涂刷试验。经测试，涂层附着力优良，表面电阻率$1\times10^7\Omega\cdot cm$，基本达到规定要求，无起皮、脱落现象发生。

储罐正式投入使用后，进行了一年的跟踪试验。分析表明储罐中苯乙烯产品的阻聚剂和聚合物含量与进料时基本无变化，各项质量指标满足使用要求，涂层对产品质量无不利影响。同时，涂层完好无损，也未发现明显的聚合物。这说明涂层能保证产品质量，并发挥了良好的阻聚作用。详见图4~图7，其中对比图5和图7是储罐涂刷前的情况。该储罐在涂刷前使用约1年时间。

图 3　涂刷前使用一年的储罐罐顶支架处聚合物情况

图 4　涂刷后使用一年的储罐内壁上半部情况

图 5　涂刷前使用一年的储罐内壁上半部情况

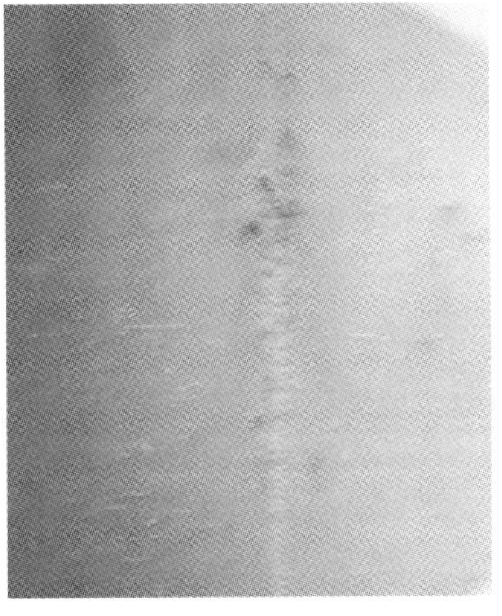

图 6　涂刷后使用一年的储罐顶部情况

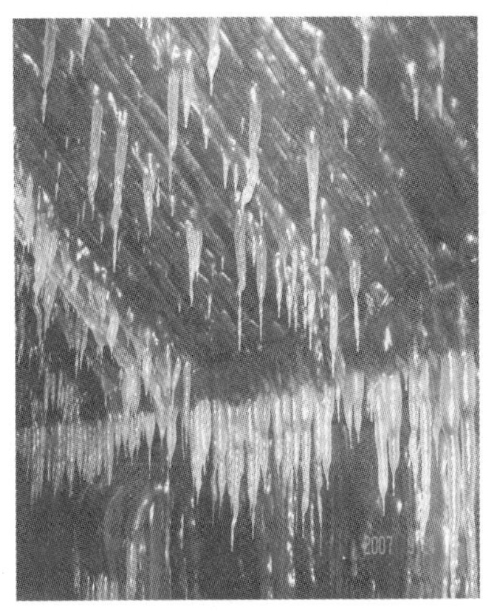

图 7　涂刷前使用一年的储罐顶部情况

从图4、图6可以明显看出，储罐内壁涂层无起皮、脱落现象发生，也未发现明显的聚合物，表明涂层完好，并发挥了阻聚作用。近一年的使用情况表明，涂层内的阻聚剂能够达到缓慢释放的效果。

4 结论

1)在苯乙烯储罐内涂阻聚涂层的储存工艺是可行的，操作方便，阻聚效果明显，易于实施。

2)工业应用试验结果表明，以环氧漆为材料，采用复涂的涂刷方式，储罐投用近一年内壁无聚合物产生，可有效延长储罐清罐周期。

3)储罐内壁涂层表面电阻率 $1\times10^{7}\Omega\cdot cm$，导电性能良好，保证了储罐的安全。

4)储罐投入使用后，储罐内涂层完好，无起皮、脱落现象发生，对苯乙烯产品质量无不利影响。

参 考 文 献

[1] John K, Ward. Method for preventing polymers formation in styrene storage[P]. US：4 161 554

[2] 蔡丰. 氧在防止苯乙烯单体自聚中的作用[J]. 广东化工，1999，(6)：30~32

[3] 王相梅等. 苯乙烯储存过程中聚合原因分析及对策[J]. 齐鲁石油化工，2003，31(2)：110~112

β 晶成核剂增韧聚丙烯研究

倪　杰
（中国石化九江分公司，江西九江　332004）

摘　要：本文主要讲述开发的两种β晶型成核剂 PA－01 和 PA－03，并研究了其对均聚聚丙烯(PP)材料力学性能的影响，结果表明添加成核剂后，PP 晶型由α晶型转变为β晶型，材料韧性大幅提高，加入质量分数为 0.1% 左右的成核剂使 PP 悬臂梁冲击强度提高了近 3 倍多，而刚性基本不下降。加工条件对β晶成核剂 PA－01 和 PA－03 的成核效率影响很大，尤其是加工过程中的冷却速率。对于两种成核剂而言，高冷却速率有利于β晶聚丙烯的生成。

关键词：聚丙烯　抗冲　β晶型成核剂

1　前言

聚丙烯(PP)是五大通用塑料中发展最快的一种，具有较好的耐热性、耐化学药品性和耐应力开裂性，加工性能优良，机械性能如屈服强度、抗张强度和弹性模量等均较高，刚性和耐磨性也很优异，且具有较好的电绝缘性能，但是 PP 的脆性较大，缺口冲击强度低，特别是低温抗冲性能较差。因此，PP 的增韧改性一直是国内外塑料改性研究的热点之一。

对 PP 以提高其抗冲击强度为目的的改性大多用共混的方法，将 PP 和两种或两种以上的其他聚合物以机械共混的方法进行混合，得到一种宏观上均匀的聚合物共混物，其抗冲击性能有一定的提高。但是一方面这种混合达不到真正均匀的状态，因而共混物的冲击强度提高不显著。另一方面，由于增加了共混工艺，使抗冲 PP 的生产成本大大提高。目前在均聚聚丙烯中加入β晶成核剂增韧改性更容易实现，而且成本低、工艺简单、增韧效果显著，是 PP 增韧改性的研究热点。

2　聚丙烯增韧技术发展现状

PP 材料在低温或高应变速率下，由于吸收的冲击能量来不及及时传递而导致材料破坏，使其应用受到一定的限制。为优化 PP 性能，进一步扩大其应用范围，国内外都进行了大量的 PP 增强增韧研究开发工作。目前，PP 的增韧改性方法主要有两大类，即物理改性法和化学改性法。

2.1　化学改性

对于 PP 的化学增韧改性，简单地说，就是利用化学反应在 PP 主链中引入具有高弹性链段，以增加 PP 的韧性。改性方法一般包括共聚改性、交联改性、接枝改性及茂金属催化剂合成间规 PP、无规 PP 或无规－等规立体嵌段 PP 等等。

2.2　物理改性

物理增韧改性 PP 的主要方法有共混增韧、无机刚性粒子增韧和β晶型成核剂增韧 3 种方法。

作为一种典型的结晶高聚物，PP 在熔融冷却过程中会形成较大的球晶。球晶之间往往有比较明显的界面。当材料发生行变时，由外力引发的裂纹很容易沿着这些界面扩展，使材料产生脆性断裂。而添加合适的成核剂则可以使 PP 晶粒细化，减少内部缺陷，使冲击性能得以提高。

对 PP 的结晶行为研究表明，PP 的晶体形态有α、β、γ、δ和拟六方态 5 种。其中α型和β型最为常见、最主要的的晶型。α晶型为单斜晶系，商品化的 PP 中主要含有α晶型，而β晶型则属于六方晶系，商品化的*PP*中含量极少。研究表明，在α型晶体结构中，主要形式为径向层和轴向层曾较为复杂的交叉孔状排列；而在β型晶体结构中，这种交叉孔状结构较少，主要存在形式简单的层状形态，这种形态对冲击具有缓解作用。电镜观察也发现，β型球晶尺寸小于α型球晶。正是这种晶相结构区别，使β晶型PP冲击强度高，热变形温度高，可适用于工程塑料的应用领域。研究表明，β型PP的室温冲击强度为α型PP的3.5倍。正是β型PP具有独特的增韧效果，近年来已受到众多研究者的青睐，将其用于制备汽车用蓄电池槽和热水管等。

添加β晶型成核剂是目前公认的得到高含量β晶型PP的最佳方法。常用的β晶型成核剂有喹吖啶酮红染料、庚二酸/硬脂酸钙复合物、低熔点的金属粉末(锡粉、锡铅合金粉)、超微氧化钇等。张景云等将加入β晶型成核剂后的PP试样与同一商品牌号的α晶型PP作了对比，发现β晶型试样比普通α晶型PP缺口冲击强度提高1~2倍。窦强等对扬子石化公司产均聚PP F401和共聚PP J340进行了成核改性研究，发现添加0.5%的β晶型成核剂使二者悬臂梁缺口冲击强度提高4倍以上。广角X射线衍射分析表明成核改性PP的晶型由α型转变为β型。窦强等利用β晶型成核剂改性PP，生产出的蓄电池外壳专用料ZK-1240D经新疆某大型蓄电池厂使用，生产多种规格铅蓄电池，反映该专用料综合性能优异，耐低温冲击性能尤佳。成核改性方法还可以与共混改性综合使用，以达到增韧并降低成本的目的。窦强等研究了β晶型成核剂在PP/POE、PP/BR、PP/LLDPE 3种共混物中的应用效果，结果表明，在增韧PP体系中应用β晶型成核剂，可以减少增韧剂用量，提高抗冲击性能，改善加工性能。

对于PP增韧改性的方法，化学改性法适合于规模生产，但工艺变化大，调节参数造成过渡料多，对批量小，小规模生产，产品性能要求多变的市场就不太适合。共混改性法和无机刚性粒子改性法简单易行，但质量不稳定，产量较小。而β成核剂改性聚丙烯的方法介于两者之间，少量的β晶成核剂就可以明显提高聚丙烯基础树脂的冲击性能，同时保持了树脂的高流动性和刚性，另外成核剂的加入可以改善PP的光泽和热性能等。因此，β晶成核剂来改善PP有着广阔的应用前景。

3 试验结果与讨论

3.1 β晶型成核剂的开发与筛选

华东理工大学根据多年的成核剂开发经验，设计合成了2种羧酸金属盐类β晶成核剂PA-01和PA-03。其结构式为：$MOOCC_nH_mCOO$。

其中M为过渡金属，n和m分别为碳原子数和氢原子数。

3.2 成核剂的表征

3.2.1 熔点测定结果

通过显微熔点仪测PA-01和PA-03的熔点都大于300℃。

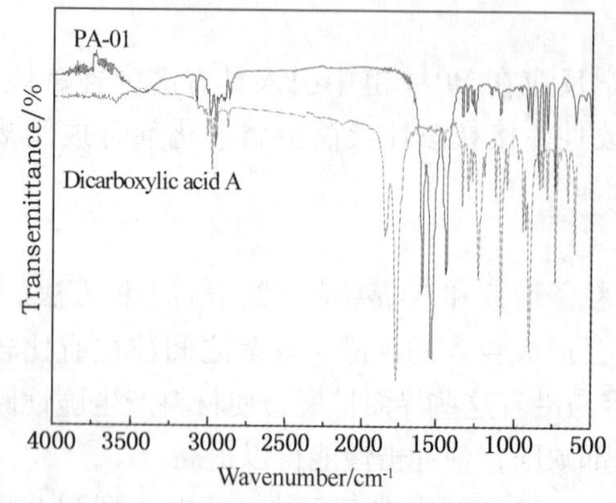

图1 PA-01的红外光谱

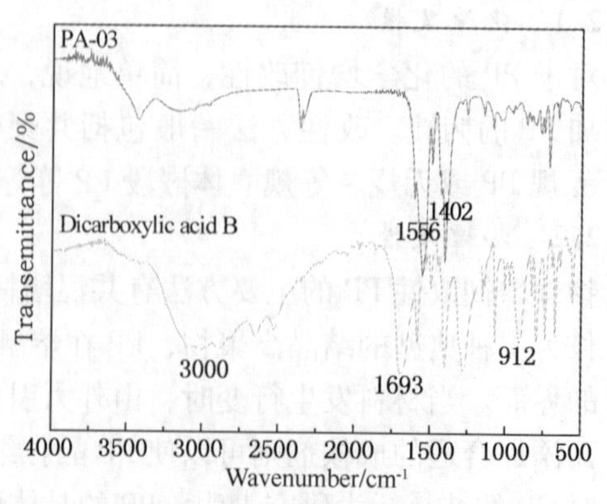

图2 PA-03的红外光谱

3.2.2 红外光谱分析

在羧酸的红外光谱中与 COOH 相关的振动吸收峰有：

①O—H 伸缩振动 3000 ~ 3300 cm^{-1}；

②C ═O 伸缩振动 1695 ~ 1700 cm^{-1}；

③O—H 平面振动和 C—O 伸缩振动的藕合峰 1430、1280 ~ 1300 cm^{-1}；

④O—H 非平面变角振动 920 ~ 940 cm^{-1}

从图 1 和图 2 中可以看到，在 1500 ~ 1650 cm^{-1}，和 1400 ~ 1480 cm^{-1} 两个区域出现几个强峰。它们分别归属于按基不对称伸缩振动 v_{as}(COO—)和对称伸缩振动 v_s(COO—)。这说明在反应过程中形成离子化的共振结构。

3.2.3 元素分析

PA-01 试验：C 43.91% H 3.21%；理论：C 44.03% H 3.28%；误差：C 0.1% H 0.07%；

PA-03 试验：C 39.10% H 2.45%；理论：C 38.83% H 2.42%；误差：C 0.7% H 1.2%。

从 2 种成核剂元素分析的结果可以看出，其试验和理论的误差都比较小，符合所设计的结构。

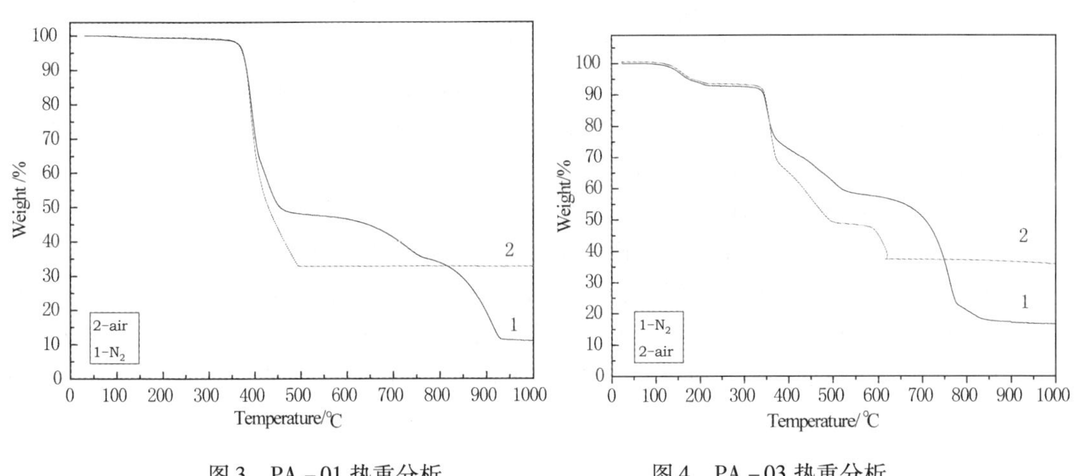

图 3 PA-01 热重分析　　图 4 PA-03 热重分析

3.2.4 热重分析

从图 3 可以看出，在氮气氛围下，失重 1%、5%、50% 分别为 308℃、375℃、455℃，在空气氛围下，失重 1%、5%、50% 分别为 334℃、374℃、430℃如果把失重 5% 作为分解温度，则 PA-01 的在氮气和空气中的分解温度分别为 375℃和 374℃。

从图 4 可以看出，无论是氮气氛围还是空气氛围，从 100℃到 200℃有失重，失重约为 7%，失重率恰好与失去一分子的结晶水的比率相当，所以可以推断，PA-03 带有一分子的结晶水，这个结果在红外光谱和元素分析中也得到了验证。失去结晶水 PA-03 在 300℃仍然没有分解。

热重分析的结果说明，PA-01 和 PA-03 在 300℃以下都基本没有分解，而工业加工注塑的温度一般都在 300℃以下，也就是说所合成的成核剂 PA-01 和我 PA-03 在加工过程中具有良好热稳定性。

4 成核剂 PA-01 和 PA-03 的成核效应研究

考察成核剂 PA-01 和 PA-03 对聚丙烯力学性能、结晶性能、以及 β 晶形含量的影响，同时考察成核剂添加浓度对力学性能的影响。

4.1 成核剂 PA-01 和 PA-03 对聚丙烯力学性能的影响

有效的 β 晶型成核剂能够诱导高含量的 β 晶型聚丙烯产生，从而大幅提高聚丙烯的冲击强度。所以本文考察了两种成核剂 PA-01 和 PA-03 对聚丙烯力学性能的影响。

样品制备：均据聚丙烯牌号：T30S 粉料；成核剂 PA－01 和 PA－03 为实验室合成。将聚丙烯、抗氧剂和成核剂等添加剂在高速混合机中混合 5min，然后进行挤出造粒、制作标准样条和性能测试。拉伸性能按 ASTM D－638 测试，弯曲性能按 ASTM D790 测试，冲击性能按ASTM D256 测试。

从表 1 可以看出，添加 0.2% 成核剂 PA－01 和 PA－03 的聚丙烯冲击强度提高 3 倍左右，拉伸强度略有下降，但下降幅度不大；PA－01 成核聚丙烯的弯曲模量并没有下降，但 PA－03 成核聚丙烯的弯曲模量下降幅度大约在 10% 左右。所以可以看出，成核剂 PA－01 和 PA－03 能有效提高聚丙烯的冲击强度，而刚性下降幅度不大。

表 1　PA－01 和 PA－03 成核聚丙烯的力学性能

样　　品	冲击强度/(J/m^{-1})	提高幅度/%	拉伸强度/MPa	提高幅度/%	弯曲模量/MPa	提高幅度/%
iPP	32.7		33.06		1300.7	
iPP/PA－01	145.6	345	31.27	－5.4	1330.8	2.3
iPP/PA－03	141.1	333	30.7	－7.1	1163.3	－10.6

4.2　成核剂 PA－01 和 PA－03 的添加浓度对聚丙烯力学性能的影响

在实际的工业应用中，成核剂的添加浓度极大的影响聚丙烯的力学性能，对产品的成本也有一定的影响，所以考察成核剂的浓度对聚丙烯力学性能的影响是十分必要的。

4.2.1　成核剂 PA－01 和 PA－03 的添加浓度对聚丙烯冲击强度的影响

从图 5 可以看出，PA－01 和 PA－03 成核聚丙烯的抗冲击强度都随着成核剂的添加浓度的增加呈先增大再减小的趋势，且在添加浓度较小时冲击强度增长较快，表明 PA－01 和 PA－03 成核效率较高。添加 0.08% 的 PA－01 时聚丙烯的冲击强度达最大值，而 PA－03 在浓度为 0.1% ～ 0.2% 时聚丙烯冲击强度达最大值，所以 PA－01 较佳的添加浓度为 0.08%，PA－03 较佳的添加浓度为 0.1%。

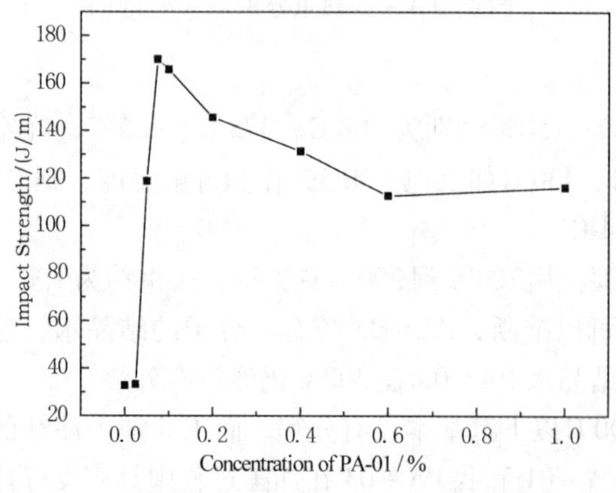

(a)不同浓度 PA－01 成核聚丙烯的冲击强度

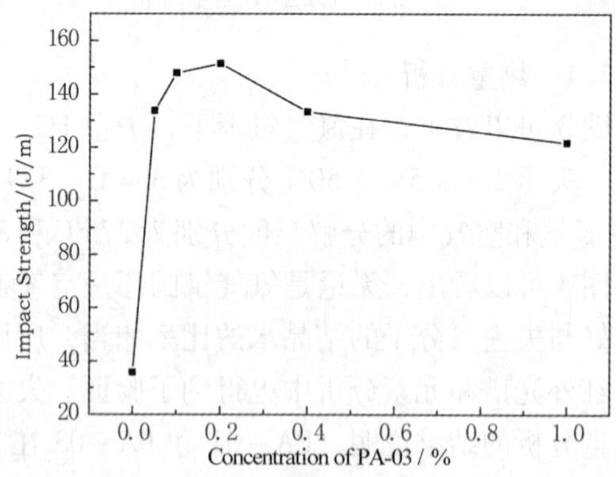

(b)不同浓度 PA－03 成核聚丙烯的冲击强度

图 5　成核剂 PA－01 和 PA－03 对聚丙烯冲击强度的影响

4.2.2　成核剂 PA－01 和 PA－03 的添加浓度对聚丙烯拉伸强度和弯曲模量的影响

从图 6 和图 7 可以看出，随着成核剂浓度的增加，聚丙烯的拉伸强度和弯曲模量都呈先减小后增加的趋势，且在添加浓度较低时降低较快，但降低幅度不大。令人注意的是随着 PA－03 浓度的增加聚丙烯的拉伸强度超过了纯聚丙烯，而随着 PA－01 浓度的增加聚丙烯的弯曲模量超过了纯聚丙烯，所以可以通过调节成核剂 PA－01 和 PA－03 的添加比例来获得韧性和刚性较均衡的材料。

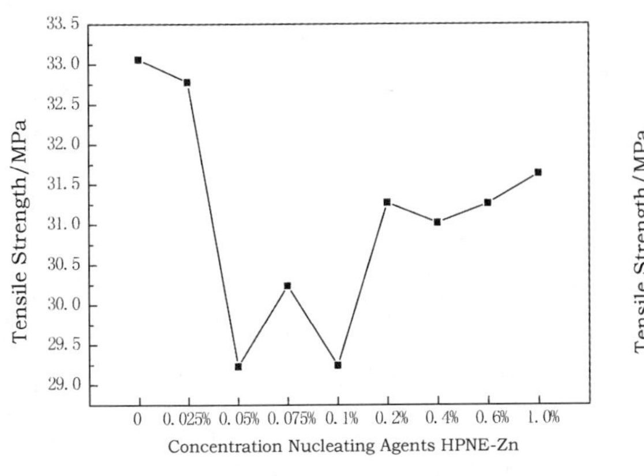

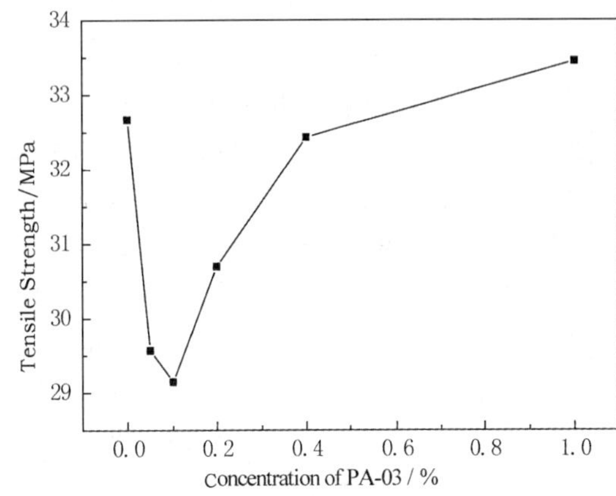

(a)不同浓度 PA－01 成核聚丙烯的拉伸强度　　(b)不同浓度 PA－03 成核聚丙烯的拉伸强度

图 6　成核剂 PA－01 和 PA－03 对聚丙烯拉伸强度的影响

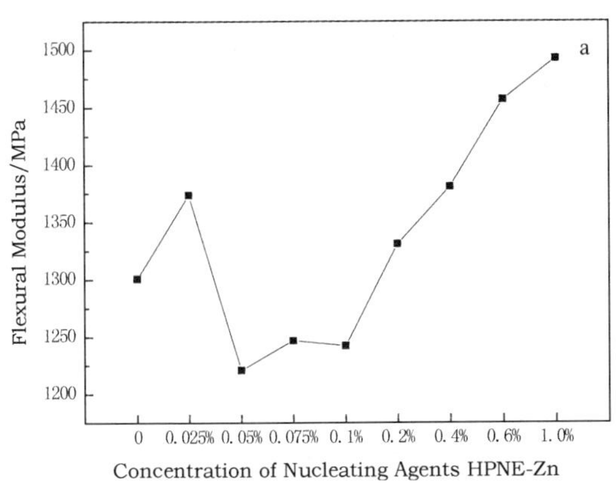

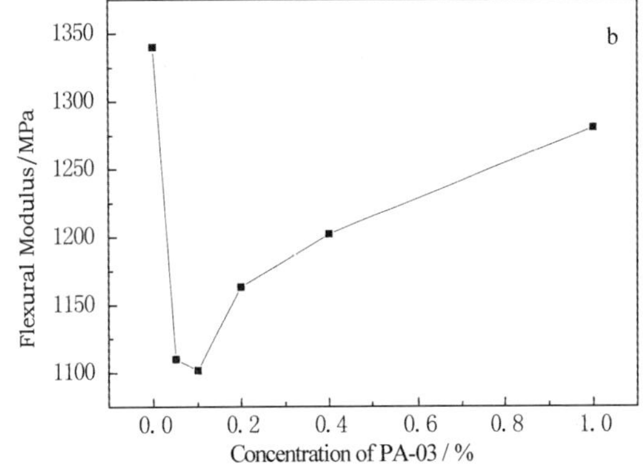

(a)不同浓度 PA－01 成核聚丙烯的弯曲模量　　(b)不同浓度 PA－03 成核聚丙烯的弯曲模量

图 7　成核剂 PA－01 和 PA－03 对聚丙烯拉伸强度的影响

4.3　成核剂 PA－01 和 PA－03 对聚丙烯结晶性能的影响

成核剂的加入可以影响聚丙烯的结晶温度以及结晶速率，进而影响聚丙烯的加工性能和加工效率。聚丙烯的结晶温度越高、结晶速率越快；聚丙烯的加工性能越好、加工效率越高。所以研究成核剂 PA－01 和 PA－03 对聚丙烯结晶性能的影响是十分必要的。

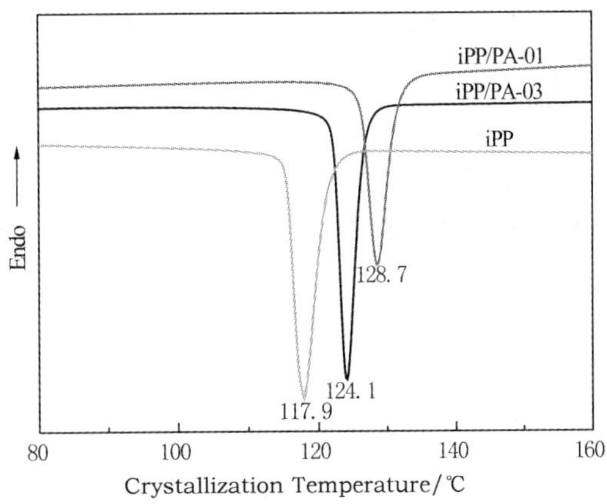

图 8　PA－01 和 PA－03(添加含量为聚丙烯的 0.1%)成核聚丙烯的结晶温度

从图 8 可以看出，成核剂 PA－01 和 PA－03 的加入都提高了聚丙烯的结晶温度，其中添加 0.1% 的 PA－03 可以使聚丙烯的结晶温度提高 6.2℃，而同样添加浓度的 PA－01 可以提高 10.8℃。所以结晶温度角度来说成核剂 PA－01 优于 PA－03，但是我们注意到 PA－03 成核的聚丙烯结晶峰分布较窄，说明 PA－03 成核聚丙烯结晶速率较高。所以成核剂 PA－01 和 PA－03 能够改善聚丙烯的加工性能，改善聚丙烯的加工效率。

4.4 成核剂 PA－01 和 PA－03 对聚丙烯 β 晶型含量的影响

从力学性能的结果可以看出，成核剂 PA－01 和 PA－03 能够有效的提高聚丙烯的冲击性能，同时使刚性下降幅度不大，这说明了所开发的两种成核剂是有效的 β 晶型成核剂。有效的 β 晶成核剂能够诱导高含量的 β 晶型，而考察 β 晶型的含量目前主要有两种方法。一种方法为差示扫描量热分析法(DSC)，另一种方法为广角 X 射线衍射法(WAXS)。DSC 方法比较直观而 WAXS 方法精度较高，所以我们使用两种方法分别对 PA－01 和 PA－03 成核聚丙烯的 β 晶含量进行了表征。

4.4.1 应用 DSC 方法研究成核剂 PA－01 和 PA－03 的成核效率

从图 9 可以看出，空白聚丙烯的熔融曲线只在 163℃左右有一个熔融峰，而添加 PA－01 和 PA－03后，熔融曲线在 150℃左右出现了一个熔融峰。研究已经证明 α 晶型的特征熔融峰在 160℃左右，而 β 晶型的特征熔融峰在 150℃左右，所以可以确认添加了成核剂 PA－01 和 PA－03 后聚丙烯产生了 β 晶型，而且 β 晶型的相对焓值都较高，说明产生的 β 晶较多。所以可以说成核剂 PA－01 和 PA－03 是有效的聚丙烯 β 晶型成核剂。

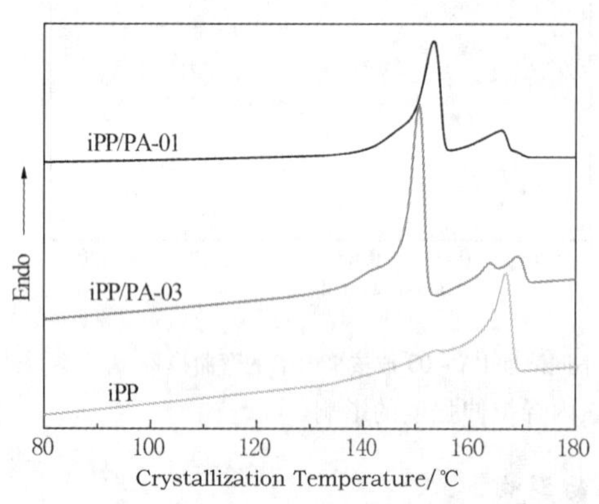

图 9 聚丙烯和 PA－01 和 PA－03 成核聚丙烯等温结晶后 DSC 熔融曲线

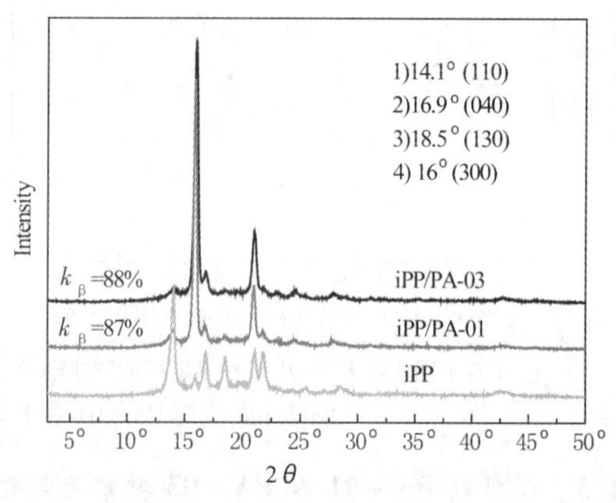

图 10 聚丙烯和 PA－01 和 PA－03 成核聚丙烯等温结晶后 WAXS 图

4.4.2 应用 WAXS 方法研究成核剂 PA－01 和 PA－03 的成核效率

β 晶成核剂可以诱导 β 晶型聚丙烯，由于聚丙烯的不同晶型物理性质的差异，所以通过广角 X 射线衍射(WAXS)的方法来测定不同晶型的相对含量。依据 Turner－Jones 提出的公式，根据 X 射线衍射峰的高度，可以计算表征 β 晶相对含量的 k_β

$$k_\beta = I_{\beta1} / [I_{\beta1} + (I_{\alpha1} + I_{\alpha2} + I_{\alpha3})] \tag{1}$$

在 WXRD 谱图中，α 晶型的三个特征衍射峰分别为 $2\theta = 14.1(110)$，$2\theta = 16.9(040)$，$2\theta = 18.5(130)$；β 晶的特征衍射峰为 $2\theta = 16(300)$。由公式(1)计算得到添加 0.1% 的 PA－01 和 PA－03的 k_β 分别为 87% 和 88%。

从图 10 可以看出 PA－01 和 PA－03 可以诱导聚丙烯产生高含量的 β 晶型，证明 PA－01 和 PA－03是高效的 β 晶型成核剂。

4.5 成核剂 PA－01 和 PA－03 对聚丙烯球晶形态的影响

β 晶型成核剂通过提供成核地址促进聚丙烯的结晶，并且由于其特殊的化学结构和晶型结构诱导聚丙烯产生 β 晶型，所以成核剂的加入必然对球晶形态产生显著的影响。研究成核剂对球晶形态的影响有助于我们更好的理解成核剂的作用机理。研究球晶形态较好的方法为偏光显微镜，所以我们应用配有热台的偏光显微镜研究了成核剂 PA－01 和 PA－03 对聚丙烯球晶形态的影响。

(a)

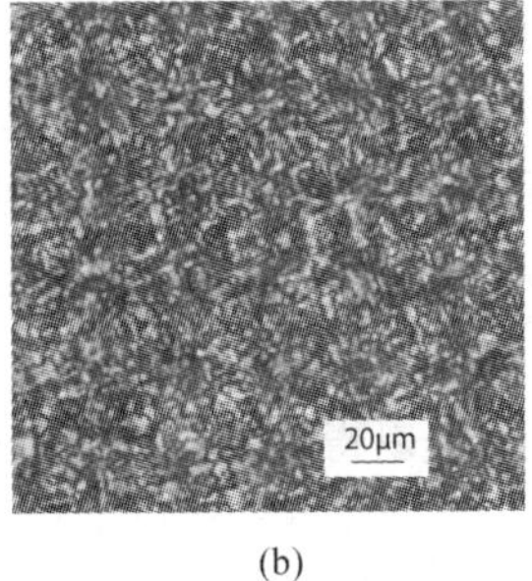

(b)

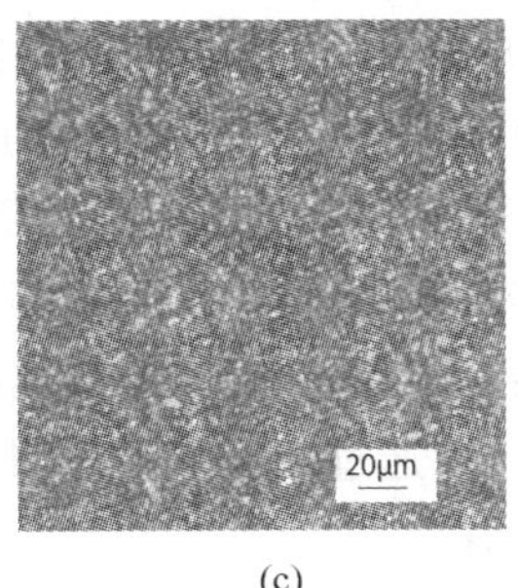

(c)

图 11　聚丙烯和 PA－01 和 PA－03 成核聚丙烯等温结晶后的偏光照片

图 11 中照片(a)为空白聚丙烯 140℃等温结晶 60min 后的偏光照片，照片(b)和(c)为添加 0.1%的 PA－03 和 PA－01 在 140℃等温结晶 15min 后的偏光照片。从图中可以看出，添加 PA－01 和 PA－03 后球晶尺寸明显变小，球晶更加细密均匀，而且没有明显的球晶界面。说明了这两种 PA－01和 PA－03 确实起到了成核剂的作用。

4.6　加工条件对成核剂 PA－01 和 PA－03 成核效率的影响

研究证明，聚丙烯β晶型是热力学不稳定的晶型，其产生的条件不同于α晶型。一般地，β晶型生长较快的温度区间为 100～140℃，而在高于 140℃和低于 100℃的温度范围内，α晶型生长较快。由于β晶型独特的特征和生长规律，使得它对加工条件比较敏感，加工条件对聚丙烯β晶型的含量以及完善程度有很大的影响。所以研究加工条件对聚丙烯β晶型的影响是十分重要的。加工条件包括螺杆剪切、注塑压力、注射速度、冷却速度以及冷却时间等，其中冷却速度对β晶成核剂成核效率的影响比较显著。所以我们利用 DSC 研究了冷却速率对β晶型成核剂成核效率的影响。

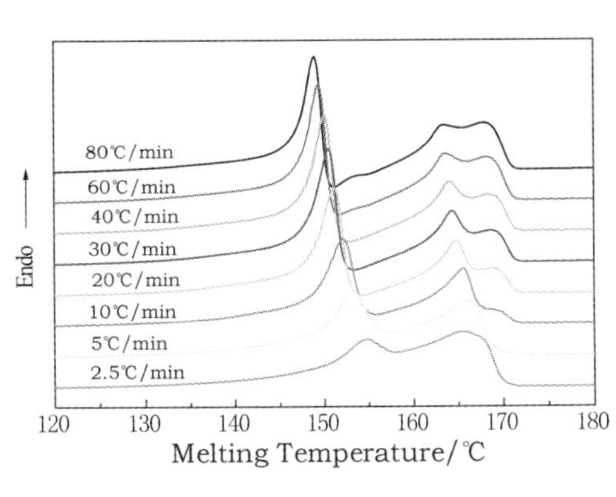

图 12　不同冷却速率结晶后的 PA－01 成核聚丙烯的 DSC 熔融曲线

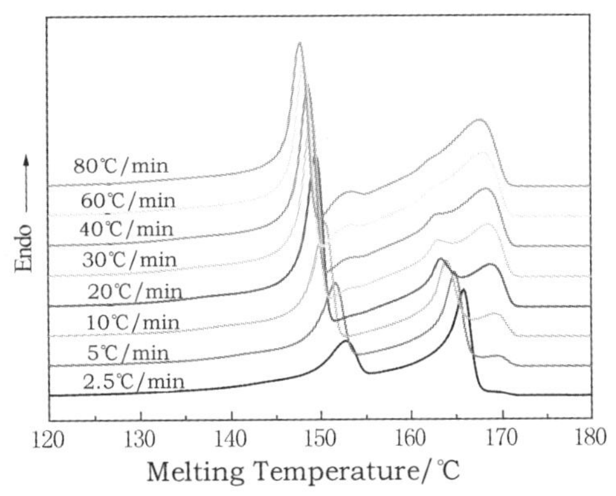

图 13　不同冷却速率结晶后的 PA－03 成核聚丙烯的 DSC 熔融曲线

图 12 和图 13 分别为添加 0.1%的 PA－01 和 PA－03 聚丙烯在不同冷却速率下结晶后熔融 DSC 曲线。从图中可以看出，随着冷却速率的升高，β晶含量也逐渐增加，尤其 PA－01 表现更为明显，在低冷却速率时产生的β晶含量很少。因此在加工过程中应控制模具的温度保持较高的冷却速率以便获得高含量的β晶型聚丙烯，提高材料的冲击性能。

5　结论

1)设计合成了两种β晶成核剂 PA－01 和 PA－03，通过熔点测试可以看出两种β晶成核剂的熔点都高于 300℃，通过红外光谱分析初步确定所生成的化合物的结构与所设计的结果一致，通过元素分析进一步确定了所合成的化合物的结构，通过热重分析确定两种成核剂的稳定性，其分解温度都在 300℃以上，说明这两种成核剂在加工过程中具有良好的稳定性。

2)PA－01 和 PA－03 都是比较有效的聚丙烯 β 晶型成核剂，能够大幅提高聚丙烯的抗冲击强度，同时拉伸强度和弯曲模量下降很小。

3)PA－01 和 PA－03 的添加浓度对聚丙烯的力学性能影响很大，其影响规律相似，冲击强度随着成核剂添加浓度的增加呈先增加后降低的趋势，而拉伸强度和弯曲模量随着成核剂浓度的增加呈先降低后增加的趋势。PA－01 和 PA－03 都在较低的添加浓度就可以得到较优的力学性能，从冲击强度而言，PA－01 较佳的添加浓度为 0.080%～0.1%，而 PA－03 较佳的添加浓度为 0.1%～0.2%。另外可以通过调控成核剂的含量可以得到力学性能均衡的材料，冲击强度提高 2～3 倍，而刚性基本不下降。

4)DSC 和 WAXS 的结果证明 PA－01 和 PA－03 的 β 晶成核效率较高，诱导的 β 晶含量高达 90%，是高效的聚丙烯 β 晶型成核剂。

5)加工条件对 β 晶成核剂 PA－01 和 PA－03 的成核效率影响很大，尤其是加工过程中的冷却速率。对于两种成核剂而言，高冷却速率有利于 β 晶聚丙烯的生成，所以实际加工过程中应控制模具温度以便获得力学性能较优的材料。

国内烟膜及专用料市场分析

梁　洁

（中国石化广州分公司　广州）

摘　要：概述了卷烟行业近年的发展趋势和烟膜的种类和控制指标，对烟膜及其专用料的生产现状和市场进行了综述，分析和预测了烟膜及其专用料的需求。

关键词：聚丙烯　香烟包装膜　市场分析　综述

双向拉伸聚丙烯（BOPP）烟膜属于高档的BOPP薄膜。与普通包装膜相比，BOPP烟膜具有热封温度低、阻隔性好、透明度高和具有贴体包装效果等优势。我国于20世纪90年代初开始引进和研究其生产技术并于90年代中期取得了突破性的进展。近年来，随着我国烟草包装技术的飞速发展，BOPP烟膜已成为香烟外包装的热点，在香烟外包装上占有重要的地位。

BOPP烟膜在整个BOPP薄膜市场中所占份额比较小，2006年只占BOPP薄膜产量的5%的比例[1]在整个卷烟包装辅料中所占比例也不大。虽然近年国内卷烟产量逐年上涨，但BOPP烟膜的消费量保持稳定。考虑到中国在卷烟行业的特殊地位和卷烟产量在世界占有较大的比重，国内烟膜市场应有一定的发展空间。

1　国内卷烟行业的发展趋势

作为卷烟包装辅料，烟膜的应用和发展与卷烟行业息息相关，据有关部门统计，中国现阶段常年吸烟人口约为3.5亿，卷烟年产量约高达1.9万亿支，卷烟产量及消费量均约占全球的1/3，是世界上最大的卷烟消费市场[2]。由此推算，中国烟膜的用量无疑也是全世界最大的。

从国内烟草发展情况分析，目前卷烟行业有着以下特征：

1.1　生产总量稳步上升

近年来，国内卷烟总产量维持小规模的升幅，基本上以每年2%～5%的速度稳步增长，2001年到2005年卷烟总产量从3371万箱到3852万箱，累计增长幅度达14%。2008年卷烟总产量为4411.8万箱，较2005年增长了14.53%[3]。

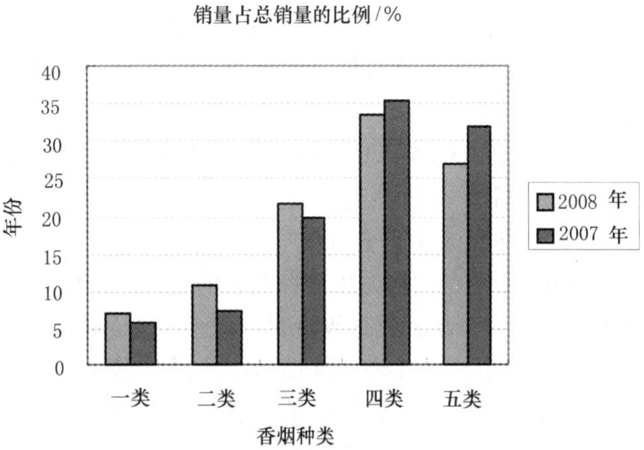

1.2　卷烟产品结构不断调整。

各产品的权重比例随着产品结构的改变而不断变化，一、二、三类烟所占的百分比均有一定的上升，而四、五类烟则逐渐压缩，显示出卷烟产品结构不断向上做出调整。2008年一、二、三类卷烟销量比重同比分别上升1.3、3.5、1.8个百分点，四、五类卷烟销量比重同比分别下降1.8、4.8个百分点[3]，详见图1。

销量占总销量的比例/%

图1　2007～2008年产品销售结构图

1.3　软、硬盒比例不断改变。

香烟软、硬盒包装比例近几年来变化的幅度不是非常大，软硬盒的比例在2002年约为

5.5/4.5，到2005年软硬盒的比例约为4.5/5.5，但是在数量上，硬盒的增长率超过20%[2]。据预测，到2009年，软包香烟的市场占有率会缩减到30%，香烟硬包将是世界烟草的主要包装方式。预计几年内中国烟草的硬包装市场份额也会增长到60%～70%，这种向硬包发展的倾向，还缘于硬包香烟包装机的快速发展。由于硬包香烟包装机的包装速度比软包香烟包装机快得多，因此对大型卷烟厂更具吸引力[4]。

1.4 品牌整合精简及生产厂家重组

依照做大做强的发展思路，品牌整合精简及生产厂家重组不断深化。卷烟生产牌号由2002年的1000多个减少到2007年的170个左右。卷烟的合并重组是近些年来卷烟行业的重大举措之一，对国内卷烟行业的格局有着深远的影响。2005年卷烟厂为49家，2007年减少到31家[5]。国家局的目标是在二三年内将卷烟企业压缩到10家左右，塑造10多个大品牌[6]。大品牌的集中，意味着统一计划生产，统一选购辅料，这对卷烟包装生产企业将是一次严峻的挑战。

2 烟膜产品及市场概述

目前市场上除常用的普通膜、收缩膜、半收缩膜、微收缩膜的各规格产品外，还出现了多种差异化个性产品，有高光亮、高透明型、耐磨花型、防水雾型、彩印防伪型、复合彩印无纸盒条包等品种规格烟用薄膜。

2.1 烟膜分类[7]

2.1.1 普通烟膜

具有优异的爽滑特性、较低的收缩率和良好的阻隔性，适于高、低速烟包机，一般用在软盒包装上。

2.1.2 低收缩烟膜

具有优异的爽滑特性、较高的收缩率和良好的阻隔性，适用于高、低速烟包机，用在软、硬盒包装上。

2.1.3 高收缩烟膜

A、抗皱通用型烟膜：具有良好的爽滑特性，很高的收缩率(有贴体包装效果)，良好的抗油墨性能和很好的挺度，适用于中、低速烟包机，用在硬盒包装上。

B、高光泽收缩烟膜：具有良好的爽滑特性，很高的收缩率(有贴体包装效果)，良好的抗油墨性能，良好的光泽度和很好的挺度，适用于高、低速烟包机，用在高档硬盒包装上。

C、防伪印刷烟膜：具有良好的爽滑特性、很高的收缩率(有贴体包装效果)，良好的抗油墨性、较好的表面张力和很好的挺度，适用于高、中、低速烟包机，用于需要防伪的硬盒小包、条包上。

D、耐磨花烟膜：具有良好的爽滑性，很高的收缩率(有贴体包装效果)，良好的抗油墨性能和极少的析出物，表面具有较高的硬度，适用于高、中、低速烟包机，用在高档硬盒小包、条包上。

2.2 烟膜主要质量指标

BOPP烟膜的生产是由多种原料的混合－挤出－流延－纵向拉伸－横向拉伸－切边－电晕处理－收卷－熟化－分切－成品包装的一个连续高速的流程。

拉伸工艺及原材料对薄膜性能均产生的不同影响，诸如收缩率、收缩平衡性、包装的后收缩性，以及薄膜表面、芯层电荷迁移性、烟膜刚性、高温爽滑性、光学性能(包括光泽度、雾度)、防红抗皱、耐磨花性、防雾性等，只有优化各工序的工艺参数(如拉伸模数、温度曲线以及收卷、分切技术等)，才能不断提高产品的适应性和产品的档次[8]。

烟膜的结构一般有A/B/C结构和A/B/A结构。A/B/C为单面处理结构，外表层A中有低热封温度的PP(无规共聚PP)、高性能爽滑剂；芯层B成分有均聚PP、防粘连剂、抗静电剂等添加剂；内表层C成分有低热封温度PP、爽滑剂。A/B/A结构的两边结构相同[7]。

2.2.1 厚度

烟膜厚度是生产、检验和使用过程中的一项比较关键的指标。厚的烟膜挺度高，包出来的烟包外观轮廓鲜明，但成本也较高。国内烟膜的厚度一般在 20 ~ 22μm 范围，欧洲烟膜的标准厚度是 16 ~ 18μm[9]。

2.2.2 力学性能

1）拉伸强度：拉伸强度主要体现在薄膜耐撕裂程度上。薄膜的一次撕裂强度较高，而二次撕裂强度较低。对于烟膜，国内普遍要求纵向达到 $140N/mm^2$ 以上，横向达到 $220N/mm^2$ 以上[9]。

2）断裂伸长率：断裂伸长率主要体现了薄膜的僵脆性。薄膜断裂伸长率越低，僵脆性越好，在上机时越容易切割，一般烟膜要求纵向在 200% 以下，横向在 80% 以下[9]。

3）弹性模量：弹性模量，又称杨氏模量。它是决定薄膜挺度的重要因素，一般薄膜的横向模量数值比纵向大得多，高收缩烟膜的弹性模量比普通烟膜高。一般烟膜要求弹性模量在 2000 N/mm^2 以上[9]。

4）热封性能：热封性能主要包括热封强度和热封温度范围，它反映烟膜的热粘合牢固性。良好的热封强度可保证烟包对烟味的屏蔽保护。卷烟业要求 BOPP 烟膜必须具有高的热封强度和较宽的热封范围。一般烟膜要求热封强度在 2.0 N/15mm 以上，对于低温热封膜的热封强度一般要求大于 1.5N/15mm[10]。

5）光学性能：光泽度和雾度是烟膜光学性能的两个重要定量指标。雾度值越低，薄膜的透明度越高，较低的雾度可显示烟包的商标图案的清晰鲜艳；较高的光泽度将给烟包带来亮丽的视觉效果。低雾度、高光泽度可使烟包外观显得更为高档。但是薄膜的光学性能会随着库存时间的延长而降低。

6）抗静电性能：烟膜的抗静电性能是其在香烟包装过程中保证包装机顺利运行的基本条件之一。抗静电剂的选择及比例对薄膜的雾度影响较大。

7）挺度：挺度是表示烟膜挺性的定量指标，与弹性模量、厚度的三次方成正比关系。烟膜挺度较高时，有利于减少烟膜上机运行故障。烟膜越厚挺度越高。

8）薄膜的热收缩率：热收缩率反映烟膜的尺寸热稳定性。适当的热收缩率可提高包装效果。对于硬盒香烟，要求 BOPP 烟膜的热收缩率较大，约 7% ~11%，以达到平整、紧凑、鲜亮的外观效果；对于软盒香烟，热收缩率要求相对较小，约 3% ~6%[9]。

9)摩擦系数：摩擦系数是量度 BOPP 烟膜滑动特性的指标。在卷烟包装过程中，薄膜外表层对金属面的摩擦系数特别是高温条件下的热摩擦系数都必须较低。一般 50℃ 热滑动摩擦系数控制在 0.30 ~0.42 比较理想；薄膜内表层与烟包盒纸的摩擦系数较高[7]。

2.3 烟膜生产现状

2001 年，我国 BOPP 烟膜产量为 6 万吨，数量上基本满足国内需求，但是部分国产烟膜质量不尽人意，特别是不适应小包装的高速包装要求。随着 BOPP 烟膜需求量的增大，2005 年烟膜总需求达 8.0 ~8.5 万吨，其中国产原料约 7.5 ~8.0 万吨，进口料约 0.5 ~1.0 万吨[7]。目前江苏中达新材料集团有限公司的 BOPP 烟膜的产销量均居全国第一，其前身为南京中达制膜集团。国内烟膜主要生产厂还有昆明昆岭薄膜工业公司、湛江包装材料公司、佛山塑料集团东方分公司、贵州西众塑胶股份有限公司、湖北省云梦富豪实业有限公司、杭宝集团等，详见表 1。随着烟草企业防伪包装与打假的需求不断增长，BOPP 防伪收缩膜应运而生，如江苏中达新材料集团有限公司研制出 BOPP 彩印定位防伪型烟用包装膜。BOPP 防伪收缩膜具有不易伪造、防伪图文清晰易辨、便于识别、成本低廉、光泽透明、保鲜防潮、增强包装外观美感等特点，在烟草包装行业前景广阔。在卷烟行业，如果在收缩膜用量中，仅 20% 中高档卷烟采用 BOPP 激光全息防伪收缩膜进行包装，其需求量就在 3000 吨以上。

表1　国内烟膜主要生产厂家

企　业	专利技术	产量/(t·a)
江苏中达新材料集团股份有限公司	德国布鲁克纳	15000
佛山塑料集团股份有限公司东方分公司	日本三菱重工 德国布鲁克纳	10000
湛江包装材料有限公司	德国布鲁克纳	10000
云南红塔塑胶有限公司	法国 DMT 德国布鲁克纳	9000
昆明昆岭薄膜工业公司	德国布鲁克纳	<10000
浙江杭宝集团有限公司	法国 DMT	7000
贵州西众塑胶股份有限公司	日本三菱重工	<6000
湖北省云梦富豪实业有限公司	德国布鲁克纳	<10000

近几年烟草行业重组对 BOPP 烟膜需求的影响在 2007 年有了集中体现，主要表现在以下几个方面[11]：

（1）BOPP 烟膜质量标准提升，烟膜通用性要求增强

卷烟企业重组前，各企业均根据各自的情况制定自己的烟膜标准，对烟膜质量的要求也参差不齐，烟膜总体质量要求不高，卷烟企业重组后，同一集团内逐步统一了各自的标准，在其标准的制定和修改中均选用了较高的要求，这从整体上提高了烟膜的质量。

此外，从 2007 年开始各重组后的骨干企业开始采用统一的标准采购 BOPP 烟膜，而各卷烟企业的卷包设备又存在一定差异，因此对烟膜的质量水平和通用性提出了更高的要求，要求同一种烟膜产品在质量提升的基础上，要能适应不同型号的软包或硬包设备。

（2）卷烟企业降低成本的需求对烟膜结构的影响

各卷烟企业重组后，均在不同程度上提出了降低成本的要求，降低烟膜成本也是其目标之一，但烟膜经过前几年的价格调整以及其所用原材料价格的大幅上涨，再寻求通过烟膜降价来降低卷烟包装成本的空间已经很小，因此有两种方式就成为降低成本的必然之选，一是通过对包装设备的调整和改造，使用普通膜代替微收缩或收缩膜或者使用微收缩代替收缩膜，从而降低其使用成本，也使得烟膜产品中低成本产品用量提升；二是通过使用减薄的烟膜产品，降低卷烟包装的单耗，从而达到降低卷烟包装成本的效果，这一方式在云南省内的卷烟企业中得到了较好的验证，通过使用减薄产品，其包装单耗标准从 1.5kg/箱降为了 1.4kg/箱。

这两种降低成本方式均对今后烟膜品种结构的调整起到了重要的影响。

（3）弱化了对功能型烟膜的需求

前几年由于各卷烟企业为扩大市场份额，不断推出新产品，在这一过程中也诞生了其对不同功能型烟膜的需求，一些具备印刷、防伪等功能的烟膜产品频频被使用，并有逐步扩大使用量的趋势。但随着烟草企业的重组，一百个品牌的确定以及培育十多个重点品牌的方针明确，新的品牌或同一品牌新的型号产品不易被批准，因此，对功能型烟膜产品的需求明显下降，同时对于原来的品牌，卷烟企业为了维护其品牌的一直形象，也不愿对包装进行大范围更改，使得对功能型烟膜的需求明显小于以前。

（4）卷烟产量增加，BOPP 烟膜用量未增

虽然国内卷烟生产量逐年上涨，但 BOPP 烟膜的实际使用量并未发生相应增加，2007 年 BOPP 烟膜使用量在 6.5 万吨以内，其中普通膜约占 55%，收缩膜约占 40%，微收缩膜约占 5%。造成烟膜用量未随卷烟产量增加而增加的主要原因是：一是卷烟企业重组后均各自提出了降耗指标，降耗指标的完成减少了烟膜的用量，二是卷烟企业淘汰了一批消耗大的老式包装设备，降低了烟膜的损耗。

随着未来 2 年国内烟草企业新一轮重组的开始，以及原料价格的进一步调整，国内各烟膜生产

企业均将面临新的挑战。2008 年虽然遭遇金融危机，但卷烟的产销量仍保持稳定的增长，因此，大的烟膜生产企业均没见有降量生产的需要。

2.4 烟膜的发展趋势

近年包装工业的持续增长，使国内 BOPP 需求呈快速增长的态势。在卷烟包装上，要求烟膜需要具备高水蒸气阻隔性、高光泽度和低雾度、良好的挺度、包装平整度、良好的抗静电性能和优异的热封性能。但是随着卷烟包装设备的发展、对外包装效果和功能性的进一步提高、以及满足国际对绿色环保的要求，因此对 BOPP 烟膜提出了更高的要求[12]：

1）更高的光学性能：更高透明度(低雾度)、更高光泽是市场对 BOPP 烟膜永恒的要求，以配合烟标展示出良好的外观设计，尤其是深色烟标，对烟膜的光学性能更高。

2）耐磨性：要求烟膜具有高耐磨性，主要出自于两方面的考虑：一是在高速包装过程中，薄膜表面与机器的快速接触及摩擦会在产品表面形成擦伤；二是在产品运输过程中，薄膜表面/薄膜表面、薄膜表面/包装箱会在薄膜形成擦花。尤其是后者形成的较为严重的擦伤会对烟条外观有着较大的影响。

3）高速运行性：卷烟包装机的速度不断提升，为配合高速包装，对产品相关的各项物理性能指标也提出更高的要求。

4）环保薄膜：考虑绿色环保的因素，市场上对烟膜的厚度要求更薄，目前常用的产品通常是 20 ~ 22 微米，烟膜的薄型化将是以后的发展方向。

5）功能性：烟膜除需具备原有的阻隔水蒸气、透明度及高速包装等特性外，在功能上将赋予更高的要求，如防伪功能、防水雾等等。

3 烟膜生产专用树脂及市场概述

3.1 烟膜专用树脂

由于用聚丙烯均聚物共挤而成的 BOPP 薄膜不能热封，因此现在常用聚丙烯均聚物作芯层，共聚物作表层，共挤生产 BOPP 烟膜。烟膜生产用树脂也分为共聚和均聚聚丙烯树脂两大类。

3.1.1 共聚树脂

一般烟膜的表层(即热封层)共聚树脂为无规共聚聚丙烯树脂，主要是二元共聚、三元共聚和 α - 烯烃共聚物。对于热封层树脂，最重要的性能是起始热封温度(SIT)，其次是热黏性。

对于丙烯、乙烯二元乙丙共聚物，它的起始热封温度会随着乙烯含量的增加而降低。通常乙烯含量为 5% 左右，MFR 为 5.0 ~ 7.0，熔点为 130 ~ 135℃，热封温度(SIT)为 125 ~ 130℃[12]。二元共聚物热封温度高、热封范围窄，比较适合于中、低速烟膜。常用的牌号有日本窒素的 XF7511。

丙烯、乙烯、丁烯三元无规共聚物是目前最常用的热封层树脂。其中，乙烯与丁烯的总含量为 10% 左右，熔体流动速率为 5.0 ~ 7.0，熔点为 120 ~ 125℃，热封温度为 115 ~ 120℃，热封强度高[12]。三元共聚物和低温混合物特别适合速度高于 400 包/min 的烟膜。主要牌号有 INEOS Polyolefins 的 KS309，CHISSO XF7563，窒素的 XF7563，Montell 的 EP5C37F、EP3C37F 等。

α - 烯烃共聚物具有极低起始热封温度，范围为 70 ~ 90℃，适合香烟的高速包装。

3.1.2 均聚树脂

用于烟膜芯层的均聚树脂，是决定薄膜机械性能的主要因素。它是由丙烯单体聚合生成的部分结晶聚合物。其主要控制指标是熔体流动速率和等规度。熔体流动速率 MFR 的范围一般为 2.0 ~ 3.0g/10min，要求波动性较小，熔体流动平稳；BOPP 烟膜用专用树脂的等规度要控制在合适的范围，若等规度过大，则 BOPP 烟膜横向拉伸过程中破膜的次数会增加，成膜率降低；若 PP 等规度过小，则无规物的比例增加，烟膜的挺度达不到要求。因此其等规度一般控制在 95% 左右。与此同时，对其均聚树脂的灰分和强度也有很高的要求。

3.2 国外BOPP烟膜用专用树脂生产现状

国外的BOPP专用树脂的主要生产厂商和牌号见表2。

表2 国外主要BOPP专用树脂生产厂商和牌号[13]

公司名称	牌号	MFR/(g/10min)	聚合类型
ExxonMobil	4352F1	2.9	均聚
	4152F2	2.0	均聚
	4352F2	3.0	均聚
Basell	HP520H	2.0	均聚
	HP520J	3.0	均聚
	Adstif HA722J	3.5	均聚
	Adsyl 5C37F	5.5	共聚
TPC	FS2011E2	2.2	均聚
	FS3011E3	2.8	均聚
INEOS Polyolefins	100—GD02	2.0	均聚
	KS309	5.0	无规共聚
	KS409	5.0	无规共聚
日本窒素	5083A	2.5	均聚
	XF7563	6.0	无规共聚
	XF7511(有添加剂)	6.0	共聚

ExxonMobil化学公司除了生产BOPP薄膜外，也是生产PP的厂家，有均聚物及共聚物生产，牌号很多，均聚物有PP4152F2、4352F1、PP4352F2等，其中PP4152F2比4352F1具有更高的透明性，详见表3。

表3 PP4152F2和PP4352F1的部分性能指标[13]

项 目	烟 膜		测试标准
	4152F2	4352F1	
MFR/(g/10min)	2.0	3.0	ISO 1133
熔点/℃	160	160	DSC
维卡软化点/℃	158	158.0	ISO 306/A50
屈服强度/MPa	35.0	34.0	ISO 527-2/1B/50
IZOD冲击强度/(kJ/m^2)	3.9	3.7	ISO 180/4A
硬度，肖氏D级	69	70	ASTM D2240，ISO 868
光泽度(60°，22.0μm)	155	155	ASTM D22457
透光率(22.0μm)/%	0.40	0.30	ASTM D1003

Basell公司提供的BOPP树脂有许多牌号，适用于不同的要求，用于热封膜共挤层(烟膜的表层)的共聚聚丙烯，为Adsyl系列，有十几个牌号，其中Adsyl3系列的SIT为113℃，Adsyl5系列的SIT为105℃，Adsyl6系列的SIT为95℃，Adsyl7系列具有极低的热封起始温度(LSIT)为77℃。高刚性聚丙烯Adstif系列，是高结晶PP，作为烟膜的芯层，增加了薄膜的模量，提高了对氧及水蒸气的阻隔性能。

新加坡聚烯烃私营有限公司(TPC)，采用日本住友技术，生产的BOPP专用树脂牌号FS2011、FS3011系列，加工性能好，工艺容易控制，能够满足不同设备和薄膜品种的生产要求，在中国的BOPP薄膜生产中占有较多的市场份额。

INEOS Polyolefins公司生产均聚和无规共聚BOPP树脂，用作烟膜生产的有均聚的100-GD02

和无规共聚的 KS309 和 KS409 系列。

3.3 国内 BOPP 烟膜专用树脂供需状况

近年国内各石化企业也相继开发了一些均聚 BOPP 专用树脂用于烟用包装膜，主要生产单位有扬子石化、齐鲁石化、上海石化、燕山石化、茂名石化、洛阳石化等。一些生产厂家及牌号如表 4 所示。

表 4 国内 BOPP 均聚聚丙烯专用树脂厂家及牌号[7]

厂家	牌号	厂家	牌号
上海石化	F280	燕山石化	F1002
齐鲁石化	T36F	扬子石化	F1002B
茂名石化	T36F	洛阳石化	JF300
广州石化	F400M	武汉石化	T36F

2002 年国内烟膜年用 BOPP 均聚料约 5 万多吨，国内大型石化企业的均聚 BOPP 专用料已经用于烟膜芯层的加工，如燕山石化的 F1002、齐鲁的 T36F 等。国内烟膜年用 BOPP 共聚料约 4000 吨，主要使用比利时索尔维公司、日本窒素、三井公司的产品，这些共聚料中二元共聚物应在 60% 以上。到 2004 年，烟膜专用料用量约 6 万吨，进口料主要采用新加坡 TPC 3011E3，日本出光 F300P，巴塞尔 HP521 等[14]。2006 年生产普通光膜用的进口料主要有 TPC 公司的 FS2011E2 和 FS3011E3，韩国石油的 H225W 和 H230W，韩国现代的 H2210，加拿大 MONTELL 公司的 KF6100、S38F 和 S38FA，台湾的 2020 等；用作热封膜的进口料主要有索尔维公司的二元共聚物 KS409、KS400 和 KS413，窒素公司的二元共聚物 XF7511 等[15]。

目前，佛塑东方分公司烟膜使用的是进口料 FS3011E3，湛江包装材料有限公司使用的是进口和国产料。云南红塔塑胶有限公司的均聚烟膜芯层用料用的多为国产料，主要有燕山石化、广州石化和茂名石化等的产品；共聚表层料多用进口料，主要是日本料。虽然国内生产 BOPP 薄膜使用国产均聚专用树脂的比例在逐渐增加，但仍有相当数量的共聚和均聚专用树脂从国外进口。这是因为 BOPP 烟膜专用树脂除了普通 BOPP 树脂所要求的力学性能、灰分和加工性能外，对光泽度和透明性有更高的要求，加入的功能助剂或母料对此也会有影响。

4 烟膜生产用功能母料[7]

为了保证 BOPP 薄膜生产的顺利，并使产品性能满足要求，BOPP 生产过程中，还需添加不同种类的助剂，赋予 BOPP 薄膜不同的功能。该类助剂通常都制成易于储运和使用的母料。BOPP 烟膜生产常用的母料有抗黏连母料、爽滑母料、抗静电母料、增挺母料等。

4.1 抗黏连母料

抗黏连母料有效组分为 5% ~10% 的二氧化硅，它可以增加薄膜表面粗糙度，防止薄膜黏连而难以分开，造成薄膜报废。抗黏连母料一般被加入到 BOPP 薄膜的表层，其加入量随薄膜厚度的减薄而增加，并使薄膜的雾度增加，光泽度下降。几种常用的抗黏连母料见表 5。

表 5 几种常用的抗黏连母料

生产商	牌号	有效成分含量/%	载体	加入量/%
Suchulman	ABPP05	5	均聚物	1 ~3
Schulman	ABPP05 SC	5	共聚物	1 ~3
Constab	AB6019 PP	5	共聚物	1 ~3
Constab	AB6019 CPP	5	共聚物	1 ~3

4.2 抗静电母料

抗静电母料是利用聚丙烯作载体，以抗静电剂(一种表面活性剂)为有效成分，添加防老化等各种加工助剂加工而成。抗静电母料一般加到薄膜芯层。较高的薄膜存放温度会促进抗静电剂的迁移，而较高的薄膜结晶度会阻碍抗静电剂的迁移。常用的抗静电母料有 Schulman 的 ASPA2446，加入量为 1.5% ~2.5%，以及 Constab 的 AT4063 等。

4.3 爽滑母料

爽滑母料中的爽滑剂(一种表面活性剂)有油酸酰胺、芥酸酰胺、硅酮等。爽滑母料的加入，能够使 BOPP 薄膜的摩擦系数由 0.8 降低到 0.2 ~0.5，达到润滑效果。爽滑母料一般添加到薄膜芯层。较高的薄膜存放温度会促进爽滑剂的迁移，而较高的薄膜结晶度会阻碍爽滑剂的迁移，而且爽滑剂对薄膜的电晕及光学性能产生负面作用。表 6 是几种常用的爽滑母料。

表 6 几种常用的爽滑母料

生产商	牌　号	有效成分含量/%	载　体	加入量/%
Schulman	SPER6	芥酸酰胺	6	1.0 ~2.0
Schulman	KER5	高分子量酰胺	5	2.5 ~5.0
Constab	GL503	芥酸酰胺	6	1.0 ~3.0

4.4 增挺母料

目前，在生产热收缩 BOPP 薄膜过程中，一般要加入增挺剂以提高薄膜的弹性模量，改善薄膜的热收缩性、透明性和光泽度等，同时可以降低加工温度，提高 PP 的延展成膜性，主要用于生产高档香烟包装薄膜。现有的增挺母粒主要含有以 C_5 或 C_9 石油树脂为主的氢化石油树脂。增挺母粒主要添加到 BOPP 薄膜的芯层，添加量控制好，过高的含量容易造成薄膜发黏。

国内的增挺母料有 PP－N10806 和 FIS100、FIS200 产品。FIS200 是以均聚聚丙烯为基材，大比例混入特种碳氢化合物，并添加少量所需助剂，采用专门设备和技术制取的 BOPP 薄膜多功能改性母料。适用于 BOPP 各类收缩烟膜生产，一般加入量为 10% ~30%。PP－N10806 是聚丙烯薄膜的高分子树脂改性母粒，含有 50% 的无色氢化石油树脂，适用于生产 BOPP 高刚性高档烟膜。它可明显提高产品薄膜的透明度、光泽、气密性、挺度及收缩率。PP－N 10806 母料添加量为薄膜原料总重的 10% ~45%，其技术指标见表 7。

表 7 挺母料技术指标

指　标	测试方法	单位	PP－N10806
熔融指数(190℃，2.16kg)	ASTM D1238	g/10min	10.5 ~11.5
密度	ADTM D1505	g/cm³	0.95 ~0.96
熔点	DSC	℃	156
拉伸模量	ASTM D638	N/mm²	1350
屈摩强度	ASTM D633	N/mm²	22
色泽	—	—	无色透明
堆积密度	—	g/cm³	0.53

国外增挺母料牌号有 Schulman 的 OPR6240，加入量为 15% ~20%；Constab 的 MA0923，加入量为 10% ~14%。

综上所述，国内在 BOPP 用助剂及母粒方面，虽然也研制和开发了一些产品，但品种、性能和数量等方面都远远落后于国外发达国家，每年需进口大量的抗静电剂、增刚剂(母粒)，爽滑剂等产品，因此国产化 BOPP 用助剂需进一步研究开发。

5 结语

1）近年，尽管国内卷烟产量逐年上涨，但 BOPP 烟膜的需求并没有水涨船高。这主要是因卷烟企业重组后为降低了卷烟包装的单耗改善了包装设备的技术，要求生产高质量的烟膜，通过减薄的烟膜产品降低卷烟包装成本，从而限制了烟膜的总需求量的提高。

2）卷烟企业降低成本的另一途径是用普通膜代替微收缩膜或收缩膜或者使用微收缩膜代替收缩膜。全球的金融危机已影响到各行各业，具体表现在2008年，国内对中低档烟的需求增加，高档烟的需求降低，可以预测，作为中低档烟包装用的普通膜的需求增加了，而高档烟用的微收缩膜或收缩膜的需求会降低。

3）国产BOPP烟膜均聚专用料的使用比例在逐渐增加，但是共聚料多从国外进口。

4)国内厂家应加大在生产和开发BOPP烟膜表层专用料的投入，根据各自的装置特点，比照国外产品，开发和生产出二元共聚和无规共聚烟膜专用料。

5）专用料厂家应加强与烟膜厂家的联系，旨在提高国产专用料的质量和广泛的适用性，寻找提高诸如光泽度和透明性等性能的最佳工艺及掌握加入不同的功能助剂或母料对专用料的影响。

参 考 文 献

[1] 舒朝霞等．石化市场年度分析报告·2007. 中国石化咨询公司

[2] BOPP膜在盒烟包装中应用发展综述．http：//www. chemhello. com/Consult/Html/3772. html

[3] 2008年1~12月份行业经济运行情况．http：//news. tobaccochina. com/news/China/data/20092/2009211132535_344880. shtml

[4] 国内烟包印刷设计工艺应用及发展续．http：//www. keyin. cn/plus/view.

[5] 中国卷烟名牌巡礼——品牌格局篇．http：//www. tobaccochina. com/news/analysis/wu/20084/200842575923_299150. shtml

[6] 中国高档卷烟纸产量疯狂扩张．http：//www. cmwin. com/CBPResource/StageHtmlPage/A278/A2782007621102156750. htm

[7] 穆亚君，柴焕敏等．BOPP烟膜现状．广东塑料，2005，131(6)：36~40

[8] BOPP烟用包装薄膜的应用．http：//www. ppack. net/technology/7/53654. html

[9] 赵燕，周先进．BOPP烟膜检测项目以及质量控制指标．中国包装，2005，24(4)：82~83

[10] 郭思嘉．BOPP烟膜质量检测指标与试验方法介绍．http：//www. foodqs. com/news/spsb03/200941191630432. htm

[11] 李晓华．我国烟草行业2007年发展情况和对BOPP烟膜的需求．http：//www. ppack. cn

[12] 吴增青．烟用包装BOPP薄膜的现状及发展趋势．塑料包装，2006，16(5)

[13] 王亚辉，汤明等．烟用BOPP薄膜国内外发展概况．塑料包装，2003，13(3)

[14] BOPP专业园林系列(二)．http：//info. 315. com. cn

氢转移指数法在三催化的应用

龚望欣　贯振东　马剑峰

（中石化北京燕山分公司炼油二厂，北京　102503）

摘　要：北京燕山分公司炼油厂三催化从2001年开始了降烯烃技术的攻关，降烯烃带来的最直接问题就是剂耗高、生焦增加，同时液化气中的丙烯收率也会受到一定影响。这和汽油烯烃的分析方法误差大有很大关系，误差大还会影响对降烯烃能力的判断。通过对氢转移指数的研究发现，使用氢转移指数控制烯烃至少能使催化剂单耗降低0.15kg催化剂/t原料，能耗至少降低0.10kgEO/t原料，也是唯一能够通过操作提高液化气丙烯的手段。同时，也是一项判断技术降烯烃能力的有效理论基础，在实际生产中具有较好的应用价值。

关键词：催化裂化　氢转移指数　操作法　应用

1　前言

北京燕山分公司炼油厂2.0 Mt/a重油催化裂化装置(简称三催化)由中石化北京设计院设计，于1998年6月23日建成投产，加工原料为常减压馏分油掺炼约60%的大庆减压渣油。三催化装置反再系统为高低并列式，再生器采用并列式两段再生技术，一再设计有外取热器；提升管反应器为内提升管式，反应沉降器设计有高效汽提段；三催化装置的能量回收系统设有烟道高温取热炉、再生器外取热器、余热锅炉、油浆蒸汽发生器、烟机发电等主要设施。

由于北京市汽油标准的不断升级换代，三催化从2001年就开始了降烯烃技术的攻关，这期间经历了工艺参数的调整、使用GOR－DQ和GOR－Ⅱ催化剂、MIP技术的改造等等，使三催化的汽油烯烃从最初的67%(v)降至最低的17%(v)。然而降烯烃带来的最直接问题就是剂耗高、生焦增加，同时液化气中的丙烯收率也会受到一定影响。这和汽油烯烃的分析方法误差大有很大关系，误差大还会影响对降烯烃能力的判断。在2005年的MIP改造后，三催化汽油烯烃最低可以降至29%(v)，但当时的最低催化剂单耗也在1.2kg/t，生焦也明显升高，更令MIP技术处于被动局面的是北京市当初拟定的汽油烯烃18%(v)，芳烃42%(v)的标准无法实施，最后只能实施汽油烯烃25%(v)，芳烃35%(v)的标准，同时，对使用MIP技术降低汽油烯烃的途径是否可行也提出了较大置疑。

三催化2007年的MIP改造后，三催化汽油烯烃最低达到了17%(v)。通过氢转移指数可以较好的证明三催化汽油烯烃完全可以控制在18%(v)以下，为三催化降烯烃能力提供了较好的理论依据。同时，通过使用氢转移指数作为汽油烯烃的调节手段至少能使催化剂单耗降低0.15kg催化剂/t原料，能耗至少降低0.10kgEO/t原料，也是唯一能够通过操作提高液化气丙烯的手段。

2　“氢转移指数法”操作法

2.1　氢转移指数法创建的环境

“氢转移指数法”即应用氢转移指数(液化气中的异丁烷/异丁烯)的数据和汽油烯烃数据的线性关系，找出最合理的氢转移指数控制数据，以达到汽油调和要求的汽油烯烃控制范围。

为满足京标B对汽油烯烃的要求，三催化装置于2005年3月16日~4月16日进行了MIP－CGP技术改造，并从2005年5月11日开始使用CGP－1YS专用催化剂。使用专用剂后汽油烯烃含量比改造前下降10%~15%(v)，可控制在29%~34%(v)之间。

2007年3月19日至4月26日又针对上一周期MIP改造情况进行了完善。改造情况如下：①提升管第一反应器出口分布器更新。②待生循环斜管抽出口引出位置由汽提段中上部移位到汽提段下部，标高由52.7m降低至43.5m，斜管的直径维持$\Phi_{内}$700mm不做改动。③根据反应再生部分的热平衡计算，在第一再生器增上一套外取热设施。相应做出的修改主要包括：增加外取热器(Φ2600mm)及其相应配套设备，增加3台550m^3/h循环热水泵。④第一再生器和第二再生器旋风分离器更新。⑤2#主风机的电机由9000kW更换成12000kW。⑥在混合烟道的高温取热炉后新增一组中压蒸汽过热器E－703，将D－701汽包产的饱和蒸汽改进E－703用高温烟气进行过热产生中压蒸汽。改造后汽油烯烃最低降至17.1%(v)，完全能够满足北京市对清洁汽油的生产需要，但是同时也产生了降烯烃能力过剩的问题，如果汽油烯烃降的过低，会使装置的焦炭产率上升、能耗升高、催化剂消耗增加、液化气丙烯降低，因此，采取有效的烯烃控制手段非常必要。

2.2 实施氢转移指数操作法的意义

汽油烯烃的控制一直是催化操作的难点，调度每个月都要对三催化进行10次以上的生产调整，而且汽油烯烃的控制更是制约着催化剂单耗和生焦的主要因素。如果能够较好的控制汽油烯烃，催化剂单耗至少能降低0.15kg催化剂/t原料；能耗至少能降低0.10kgEO/t原料；也是唯一能够通过操作提高液化气丙烯的手段。

汽油烯烃分析方法的分析误差就是8%，平时的烯烃数据又是来源于技术服务中心和检验中心两个单位的近红外法和荧光法两种分析方法。自从第九作业部的几套装置开工后，三催化的原料更是频繁变化，导致汽油烯烃的控制难上加难，曾经一度出现过汽油烯烃时而16%～17%(v)，时而22%～24%(v)，这就带来三个问题：

①烯烃越低，生焦越高，焦炭是影响能耗的最大因素(表1)；

②烯烃越低，需要的催化剂活性越高，因此催化剂消耗也越大(表2)；

③汽油烯烃和丙烯分子量最接近，如果汽油烯烃控制过低，那么液化气中的丙烯收率必然要下降。

表1 三催化2006年和2007年物料平衡统计数据

项目	2006年累计		2007年累计	
	数量	收率/%	数量	收率/%
原料残炭/%	6.8		4.7	
原料500℃馏出/%	19		55	
原料密度/(kg/m^3)	924		910	
平均日加工量/(t/d)	5209		5575	
轻油收率/%		57.39		55.9
液体收率/%		78.2		77.88
原料油加工总量/t	1901485		1828441	
掺渣量/t	1175358	61.81	962510	52.64
汽油	740522	38.94	751613	41.11
柴油	353995	18.62	278392	15.23
烧焦	190316	10.01	178559	9.77
油浆	129969	6.84	130430	7.13
污油	－3216	－0.17	－8110	－0.44
液态烃	395725	20.81	401853	21.98
气体	92121	4.84	93854	5.13
损失	2026	0.11	1850	0.10

表2 三催化2005年的催化剂消耗情况时间(2005年)

时间(2005年)	1月	2月	3月	4月	5月	6月
催化剂消耗/t	120.31	190	121	40	195.76	259.82
加工量/t	135786	172492	91094	76339	175359	170447
单耗/(kg/t)	0.886	1.1015	1.3283	0.524	1.1163	1.5243
时间(2005年)	7月	8月	9月	10月	11月	12月
催化剂消耗/t	263.999	298	202.6	216	207	204.334
加工量/t	172935	170158	167788	168967	165306	167780
单耗/(kg/t)	1.53	1.75	1.21	1.28	1.25	1.22

2.3 氢转移指数操作法在控制烯烃精准度上的应用

经过对大量分析数据的摸索，得出“氢转移指数”控制在2.1至2.6之间时烯烃能够控制在26%~31%(v)之间，可以很好的完成生产管理部要求的三催化汽油烯烃含量不大于31%(v)的调合指标。

技术人员完全可以将“氢转移指数”控制2.3作为调整的努力方向，用“氢转移指数”作为调控汽油烯烃的“眼睛”，而且液化气的分析数据多，更能时时反映汽油烯烃的变化状况，液化气每天有三组分析数据，是应用色谱进行分析，即使采样时漏进样品中空气也不会影响液化气中异丁烷和异丁烯的比值，这样三催化调整汽油烯烃时也就大大降低了来自较大偏差分析数据的干扰，使烯烃能够实现精确控制。

图1 2006年9月至2008年9月的近红外法汽油烯烃

2.4 氢转移指数操作法在排除烯烃分析误差上的应用

三催化的汽油烯烃分析数据近几年来一直存在着周六、周日烯烃数据普遍高于平时的情况，尽管经过生产管理部的多次协调和对样，这种分析误差却一直没有消除。

主要原因是周六、周日对精制汽油进行烯烃分析的部门是检验中心，检验中心采用的是荧光指示剂吸附法；其他时间对精制汽油行烯烃分析的是技术服务中心，技术服务中心周一采用他们采用

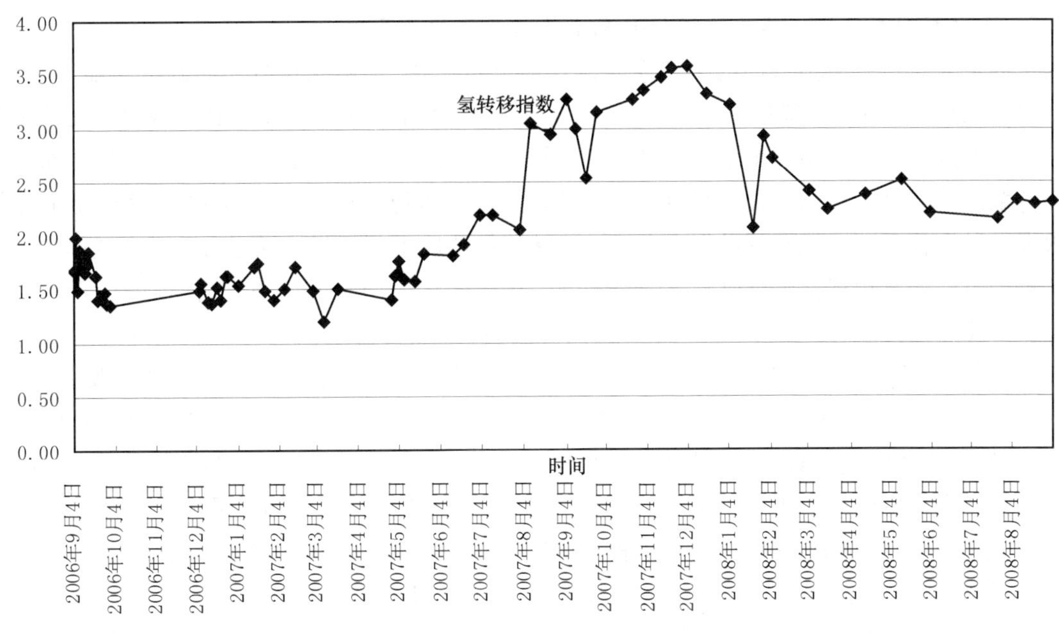

图2 2006 年 9 月至 2008 年 9 月的对应汽油烯烃的氢转移指数

的是荧光法，周二至周五采用的是近红外光谱法。

荧光指示剂吸附法是根据汽油各组分极性的差异而在硅胶柱上的吸附能力相应不同的特点，在强极性溶剂的推顶下，样品在硅胶柱中经过反复的吸附、脱附过程，最终完全分离成饱和烃、烯烃和芳烃三段。利用荧光指示剂也和样品一起按选择性分离的特点，在紫外灯下显示出各组分的界面，并以此计算出各组分的体积百分含量。不同规格的硅胶、吸附柱内径、荧光指示剂等对汽油的烯烃分析结果均有影响。此种分析的结果误差较大，分析所得数据较慢，但是却是质量仲裁的指定方法。

汽油是由烃类化合物组成的，近红外光谱包含了烃类化合物和和芳烃等基团信息，不同结构的烃类化合物含量变化都会导致近红外光谱的变化，尽管这种变化非常细微，但通过化学计量学方法对光谱数据的处理，便能得到样品组成、含量的信息。因此，根据汽油样品的近红外光谱和标准方法测定的基础数据，采用化学计量学方法建立分析模型，然后通过未知样品的测定光谱和建立的分析模型快速预测组成或性质。近红外光谱分析法就是根据上述原理，对同一个样品进行多次测试，然后用所建立的数学模型对所获得的近红外光谱信息进行处理，获得汽油烯烃组成的预测结果。此种分析误差较小。

由于分析方法的不同，造成精制汽油的烯烃在周六、周日会突然升高，另外，由于烯烃分析方法标准上也明确注明该分析方法的误差在 8% 以内均为合理数据。

在 2008 年 3 月 28 日汽油烯烃出现 36.1% 和 4 月 19 日汽油烯烃出现 39% (v) 时，三催化也没有进行强烈的调整手段对汽油烯烃进行抑制，因为氢转移指数显示汽油烯烃仍然在控制之内，3 月 28 日的汽油烯烃加样显示为 32% (v)，4 月 21 日的汽油烯烃数据为 31% (v)，而 31% (v) 是汽油出厂调整的最佳卡边数据。

汽油烯烃的分析往往需要多半天的时间，无论哪天需要加样都需要分析人员进行晚间加班工作，即使同一天有了两组分析数据也难以把握数据的准确性和调整方向，“氢转移指数法”不但很好的解决了分析方面的难题，更是提升各方面经济指标的亮点。从图 1 中可以清楚的看出自 2008 年 1 月底开始采用氢转移指数法后，汽油烯烃趋势稳定，完全能够控制在烯烃含量 28% (v) 的合理水平上。

2.5 氢转移指数法可以作为验证 MIP 技术降烯烃能力的基础

为了满足北京市对清洁汽油的生产需要，三催化自 2001 年初就开始了降低汽油烯烃的公关，使汽油烯烃从 67%(v)一直降低至 17.1%(v)，但是在 2005 年 MIP 第一次改造完成时，无论采取何种手段，汽油烯烃一直降不到预期的 18%(v)以下，而只能达到 29%(v)，此时也产生了很多 MIP 工艺降低烯烃路线可行性的怀疑。在摸索汽油烯烃是否能达到 18%(v)的条件以往完全是靠分析得到的数据，没有什么理论依据可以作为支持，氢转移指数成了判定降烯烃能力的最直观体现。

从不同时期的氢转移指数可以看出(见图 4)，在三催化采用 GOR－Ⅱ 催化剂进行降烯烃阶段(曲线为 2004 年 8 月 2 日至 2004 年 9 月 1 日)，氢转移指数可稳定在 1.40，汽油烯烃最低可降至 34%(v)；通过 MIP 改造后，MIP 工艺本身也表现出一定的降烯烃能力，第一次 MIP 改造后(曲线为 2005 年 7 月 29 日至 2005 年 11 月 27 日)的氢转移指数要略高于使用仅使用 GOR－Ⅱ催化剂的 FCC 阶段(MIP 改造前使用 GOR－Ⅱ阶段选用的曲线为 2005 年 1 月 31 日至 2005 年 2 月 17 日)，该阶段汽油烯烃含量最低达到 29%(v)，氢转移指数可稳定在 1.50；MIP 改造Ⅱ阶段(曲线为 2007 年 4 月 29 日至 8 月 28 日)的氢转移指数有了较大幅度的提升，尤其是从 2007 年 6 月 19 日开始，氢转移指数一直处于上升状态，取得了良好的降烯烃效果。从 MIP 改造Ⅱ阶段来看，该阶段已经实现降烯烃技术的实质性改善，氢转移指数由 1.46 左右上升至 3.00 左右，最高值达到 3.60。

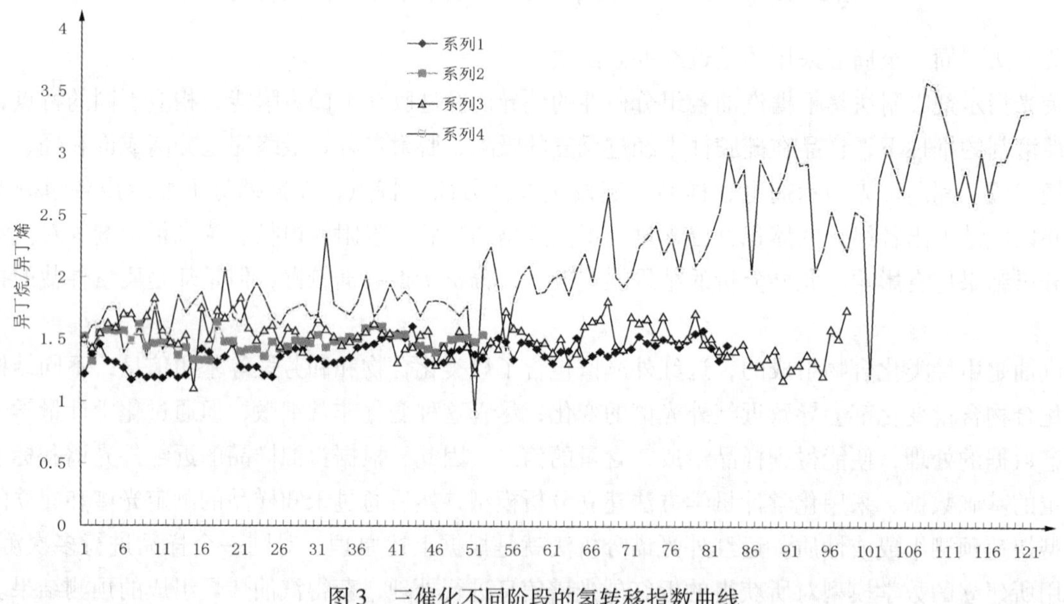

图 3 三催化不同阶段的氢转移指数曲线

通过图 3 的分析数据，燕化公司完全可以满足北京市政府更高的汽油质量要求，三催化的汽油烯烃完全具备降低至 18%(v)以下的能力，MIP 技术在三催化取得了成功的应用。

3 氢转移指数在提高经济效益上的突出贡献

通过对 2008 年累计至 7 月的能耗(表 3)、焦炭产率(表 4)和剂耗的对比，可以发现 2008 年的数据都明显优于往年，其中 2007 年的焦炭产率是 9.77%(表 1)，2008 年在原料残炭相近的水平上生焦只有 7.76%；在 2005 年年平均催化剂消耗达 1.20kg/t 的情况下(2006 年和 2007 年剂耗更高)，2008 年累计至 7 月份的剂耗只有 0.71kg/t。

表 3 三催化能耗完成情况总表

	2001 年	2002 年	2003 年	2004 年	2005 年	2006 年	2007 年	2008 年
能耗/(kgEO/t)	89.76	81.91	76.18	72.17	71.63	65.82	60.39	49.27

表4 2008年累计至7月份的焦炭产率和物料平衡情况

项目	本月		本季		本年累计	
	数量	收率/%	数量	收率/%	数量	收率/%
开工天数	31		31		213	
日均加工量	3589		3589		5356	
轻油收率	58.41		58.41		61.17	
液体收率	80.43		80.43		80.95	
原料油加工总量	111252		111252		1140870	
掺渣量	47678	42.86	47678	42.86	453087	39.71
汽油	51035	45.87	51035	45.87	494723	43.36
柴油	13949	12.54	13949	12.54	203113	17.80
烧焦	8687	7.81	8687	7.81	88505	7.76
油浆	7977	7.17	7977	7.17	76441	6.70
污油	-956	-0.86	-956	-0.86	-2519	-0.22
液态烃	24493	22.02	24493	22.02	225814	19.79
气体	5958	5.36	5958	5.36	53720	4.71
损失	109	0.098	109	0.098	1073	0.094

因此，按最保守的推断也可以得出，通过氢转移指数法较好的控制汽油烯烃，催化剂单耗至少能降低0.15kg催化剂/t原料；能耗至少能降低0.10kgEO/t原料；也是唯一能够通过操作提高液化气丙烯的手段。氢转移指数法在生产清洁汽油的催化裂化装置上有着广阔的应用空间。

催化剂

柴油超深度加氢脱硫催化剂 RS－1000 的研制开发及工业应用

龙湘云　高晓冬　刘学芬　王哲　聂红　石亚华　李大东
（中国石化石油化工科学研究院，100083）

摘　要： 本文介绍了柴油超深度加氢脱硫催化剂 RS－1000 的研制开发、反应性能及工业应用情况。研究结果表明，RS－1000 催化剂具有优异的超深度加氢脱硫活性，同时具有优良的活性稳定性和对各种原料油的适应性。RS－1000 已在多套装置上工业应用，在工业装置可以稳定生产出硫低于 50μg/g 和 10μg/g 的超低硫柴油产品。

关键词： 柴油　超深度加氢脱硫　RS－1000　催化剂　研制开发　工业应用

1　前言

近年来，由于环保法规对于车用柴油中硫含量等杂质的限制日趋严格，超低硫化甚至无硫化已经成为车用柴油规格发展的必然趋势。美国环保局（EPA）已于 2006 年开始实行硫含量不大于 15μg/g 的新柴油标准，欧洲于 2005 年实行了柴油硫含量小于 50μg/g 的欧Ⅳ柴油标准，2009 年开始实施硫含量小于 10μg/g 的欧Ⅴ柴油标准（见表 1）。在国内，随着排放标准与国际排放标准的加速趋近，炼厂柴油产品质量升级的压力不断加大。目前，我国已实施的城市柴油标准要求硫含量小于 500μg/g，将于 2011 年实行的国Ⅲ排放指标要求柴油硫含量小于 350μg/g。北京地区自 2005 年率先要求柴油产品质量达到国Ⅲ排放标准之后，2008 年又率先实行了国Ⅳ排放标准，同时开始实行的北京地方车用柴油标准（京标Ⅳ）要求柴油硫含量小于 50μg/g。随着国内外排放标准的加速趋近，超低硫柴油（S＜50μg/g）的生产已成为国内炼厂需要面对的实际问题。

表 1　近年来欧洲车用柴油硫含量指标的变化

实施时间/年	1998	2000	2005	2009
汽车排放标准	欧Ⅱ	欧Ⅲ	欧Ⅳ	欧Ⅴ
硫含量/（μg/g）（不大于）	500	350	50	10
十六烷值	49	51	51	51
十六烷指数	46	46	46	46
多环芳烃/%（v）		11	11	11

对于炼厂来说，采用高性能加氢脱硫催化剂是生产低硫和超低硫柴油的最有效也是最经济的手段。为此国外许多大公司都在致力于开发活性更高的加氢脱硫催化剂，以适应柴油超深度脱硫的需要。当前，著名催化剂专利商 Albemarle 公司基于Ⅱ类活性中心概念开发的 STARS 系列催化剂以及 Criterion 催化剂公司开发的 ASCENT 和 CENTERA 系列催化剂，代表了柴油深度脱硫和超深度脱硫方面的世界先进水平。

针对为国内炼厂生产超低硫柴油提供技术支撑和提高我国炼油技术国际竞争力的需要，石油化工科院研究院开发了柴油超深度加氢脱硫催化剂 RS－1000。该催化剂脱硫、脱氮活性高，稳定性好，可在常规加氢精制条件下生产 S＜50μg/g 甚至 S＜10μg/g 的超低硫柴油(ULSD)。该催化剂的开发成功，使我国在柴油超深度加氢脱硫催化剂方面达到了该领域的世界先进水平。

2 RS－1000 催化剂的研制开发

2.1 催化剂的设计

目前已经形成共识的是，要将柴油中硫含量降低至 50μg/g 甚至 10μg/g 以下，关键是要脱除柴油中所含的 4，6－二甲基二苯并噻吩(4，6－DMDBT)类稠环位阻硫化物。由于其分子结构中与硫原子相邻甲基的位阻作用，这类硫化物的反应活性很低，在常规的加氢脱硫催化剂上通常很难脱除。从 4，6－DMDBT 的脱硫反应机理来看，其脱硫反应一般包括两条反应途径：即硫直接从分子中脱除的直接脱硫途径(DDS)和先芳环预加氢饱和再脱除硫的预加氢途径(HYD)，如图 1 所示，其中后者是主导反应途径。因此，要促进 4，6－DMDBT 类稠环位阻硫化物的有效脱除，提高加氢催化剂的加氢性能至关重要，而要提高催化剂的加氢活性，就需要设法增加加氢活性中心的数目和提高活性中心的本征活性。

此外，油品中的含氮化合物对于加氢脱硫催化剂的活性有重要影响。图 2 给出了 NiW/Al_2O_3 催化剂上 4，6－DMDBT 脱硫活性随反应原料中含氮化合物含量的变化关系，显示含氮化合物显著抑制了催化剂的脱硫活性。这是因为油品中的含氮化合物与含硫化合物在催化剂活性中心上存在竞争吸附，并且其吸附强度超过含硫化合物，从而使得加氢催化剂的脱硫活性受到强烈抑制。因此，要充分发挥催化剂的脱硫性能，催化剂必须有较强的抗氮化物抑制性能，或者说，要有良好的脱氮性能，能够将吸附的氮物种迅速转化，以减弱其对脱硫反应的抑制。

那么，如何才能提高催化剂的活性，并减弱氮化物的抑制效应呢？Topsφe 等人的研究表明[1]，加氢催化剂中有两类活性相，其中Ⅰ类活性相与载体的作用较强，硫化度较低，Ⅱ类活性相与载体的相互作用较弱，硫化度较高，其加氢和氢解活性均高于Ⅰ类活性相。因此，要提高催化剂的活性，应当设法减弱载体与金属的相互作用，改善活性金属的分散和硫化性能，使催化剂最大限度地生成高加氢活性的Ⅱ类活性中心，从而实现活性金属的高效利用。此外，文献研究表明[2，3]，催化剂上的 Brönsted 酸中心参与了脱氮反应并促进了 C－N 键的断裂，是影响催化剂脱氮活性的重要因素，因此催化剂如果具有适宜浓度和强度的 B 酸中心，将有助于提高催化剂对氮化物的转化能力，达到减轻含氮化合物对催化剂脱硫活性抑制作用的目的。

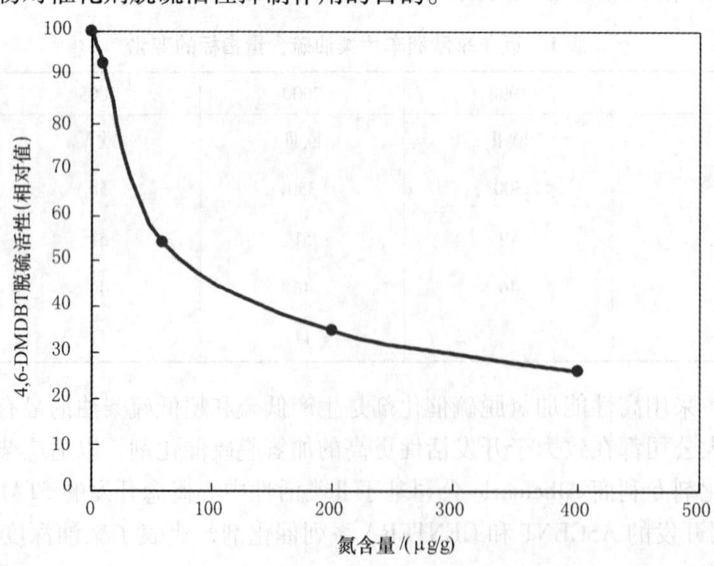

图 1 4，6－DMDBT 的加氢脱硫反应途径

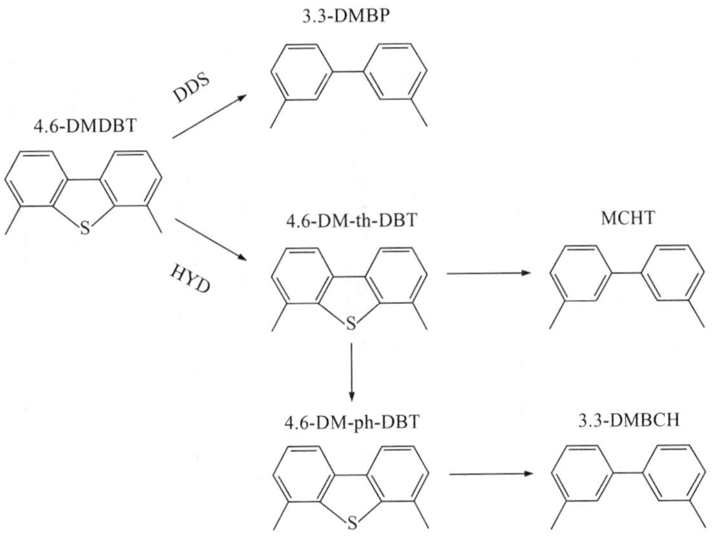

3.3-DMBP
DDS
4.6-DMDBT
4.6-DM-th-DBT
MCHT
HYD
4.6-DM-ph-DBT
3.3-DMBCH

图 2 含氮化合物对 NiW/Al_2O_3 催化剂上 4，6 - DMDBT 脱硫活性的影响

2.2 技术途径

根据上述思路，对活性金属、载体、制备技术等影响催化剂活性的因素进行全面优化，从多条技术途径开展了研究，以最大限度地提高催化剂的活性。

2.2.1 采用高加氢活性的 NiMoW 金属体系

在现有商业加氢催化剂所普遍使用的 CoMo、NiMo、NiW 等金属体系中，以 NiW 体系的加氢性能最好。为了进一步提高催化剂的加氢性能，在 NiW 体系中引入适量的 Mo 金属组分。对含有 NiW 金属体系和 MoNiW 金属体系的硫化态催化剂进行了 X 射线光电子能谱(XPS)分析，对谱图解迭处理后得到了硫化态 W 物种(W - S)和硫化态 Ni 物种(Ni - S)的分散度，结果如表 2 所示。以 NiW 催化剂上硫化态金属 W、Ni 物种的分散度为 100，则引入 Mo 后相应硫化态金属物种的分散度均可提高 20%。显然，Mo 的引入促进了 W、Ni 金属的分散，而硫化态金属物种分散度的提高意味着有可能生成更多的活性中心。

表 2 加入 Mo 对硫化态催化剂上 W、Ni 物种分散度的影响

催 化 剂	分散度(相对值)	
	W - S 物种	Ni - S 物种
NiW	100	100
MoNiW	120	120

对分别含有 CoMo、NiMo、NiW 和 NiMoW 活性金属体系的催化剂进行了模型化合物加氢反应测试，结果如图 3 所示。图 3 结果表明，NiMoW 三组元金属体系比传统的 CoMo、NiMo 和 NiW 体系具有更高的甲苯加氢活性和 4，6 - DMDBT 加氢脱硫活性。

2.2.2 采用经过表面改性的氧化铝载体

对氧化铝载体表面性质进行了改性，目的是调节金属 - 载体之间的相互作用强度，促进活性金属的还原和硫化，降低由于金属 - 载体之间的强相互作用而生成无活性或低活性物种的可能性。采用氧化铝载体和改性氧化铝载体制备的 NiW 催化剂的程序升温氢还原谱图(H_2 - TPR)如图 4 所示，由 XPS 方法得到的 W 金属的硫化度由表 3 给出。

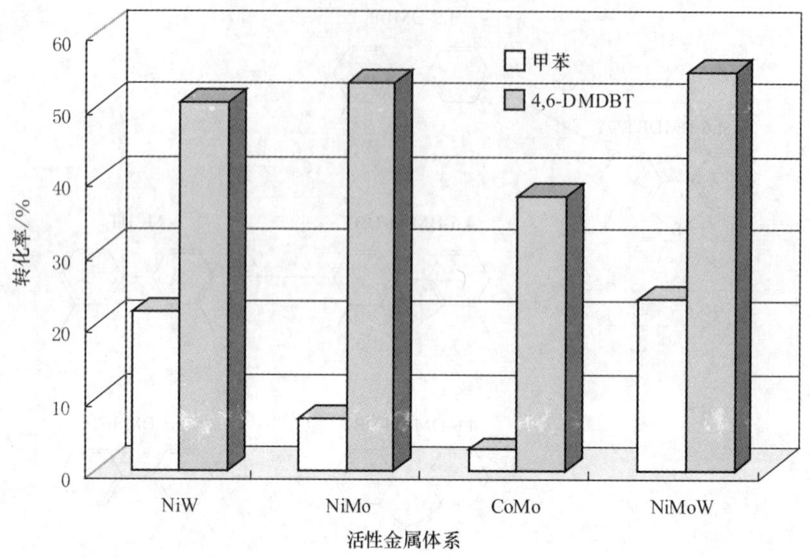

图 3　采用不同活性金属体系的催化剂的甲苯加氢活性和 4，6－DMDBT 脱硫活性。
（反应温度：甲苯加氢反应为 360℃，4，6－DMDBT 脱硫反应为 280℃）

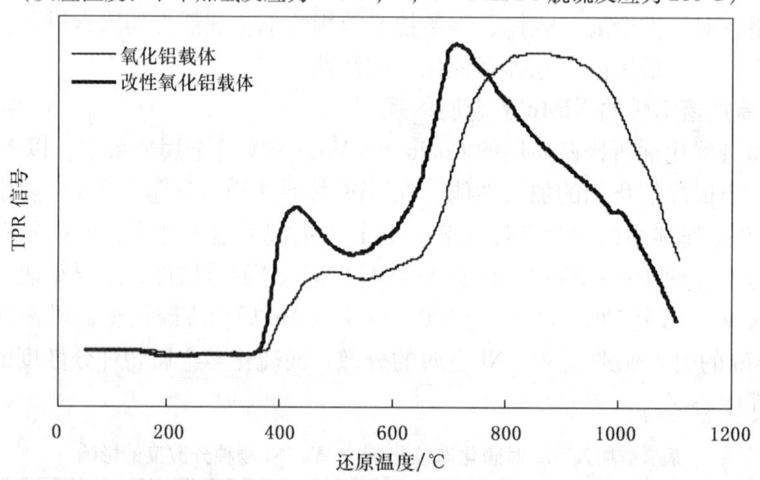

图 4　氧化铝载体和改性氧化铝载体负载的 NiW 催化剂的 H_2－TPR 谱图

表 3　载体改性对 NiW 催化剂中 W 金属硫化度的影响

催化剂	W 金属硫化度/%
NiW/氧化铝	58.4
NiW/改性氧化铝	70.8

由图 4 可见，氧化铝载体经过改性后，所担载活性金属的还原温度明显降低，显示载体改性后金属－载体之间的相互作用有所减弱。表 3 结果表明，载体改性后 W 金属硫化度较改性前提高了 12.4%，硫化性质得到明显改善，因而有利于生成更多的活性中心。可见，改性氧化铝载体的采用达到了改善了金属组分还原和硫化性能的目的。

2.2.3 采用专有的催化剂络合制备技术

络合制备技术是近年来发展较快的一种加氢催化剂新制备技术。同传统制备技术相比，络合技术可以更有效地提高催化剂的活性。在新催化剂的研制中，采用了石油化工科学研究院开发的专有催化剂络合制备技术，使金属镍与络合剂结合形成稳定的络合结构。这种络合结构使金属离子不直接与载体表面接触，从而减弱了二者之间的相互作用强度，同时提高了金属离子的稳定性，降低了制备过程和硫化过程中金属聚集的可能性，因而有利于金属保持高分散度。此外，络合改变了镍金属的起始硫化温度[4]，使 W、Mo、Ni 金属的硫化进程可以更好地匹配，从而更有利于金属选择性地生成Ni－W－S和 Ni－Mo－S 活性相结构。

在小型柴油加氢装置上比较了分别采用络合技术和传统技术制备的催化剂的加氢脱硫活性，反应结果如表4 所示。反应原料油硫含量 1.1%，氮含量 100μg/g，密度 0.8398g/cm^3。反应条件为：反应温度 330℃，氢分压 3.2MPa，体积空速 2.0h^{-1}。从表 4 可以看出，络合制备技术有效地提升了催化剂的脱硫性能。

表 4　制备技术对 NiMoW 催化剂加氢脱硫活性的影响

制备方法	产品硫含量/(μg/g)	相对脱硫活性/%
传统方法	269	100
络合方法	166	140

2.2.4　调变催化剂的表面酸性

对催化剂表面酸性进行了调变，引入了适量的 Brönsted 酸中心。图 5 为酸性调变前后 NiMoW 催化剂的吡啶吸附红外光谱。由图 5 可见，催化剂表面酸性经过调变后，Brönsted 酸中心数量明显增多。

表 5 为酸性调变前后 NiMoW 催化剂的吡啶加氢脱氮活性比较。同调变前相比，催化剂的加氢脱氮相对活性提高了 21%。可见，适量 Brönsted 酸中心的引入增强了催化剂的 C－N 键断裂能力，提高了其加氢脱氮性能。脱氮功能的提高使得含氮化合物在加氢活性中心上可以更有效地转化，进一步降低催化剂加氢活性中心所接触的反应物流中氮化物的浓度，减弱含氮化合物与含硫化合物在加氢活性中心上的竞争吸附，最终减轻了含氮化合物对脱硫反应的抑制程度。

通过对上述技术手段的组合应用和大量相关实验研究，最终实现了增加活性中心数量和减弱含氮物种抑制效应的目的，成功研制出了高活性的柴油超深度加氢脱硫催化剂 RS－1000。

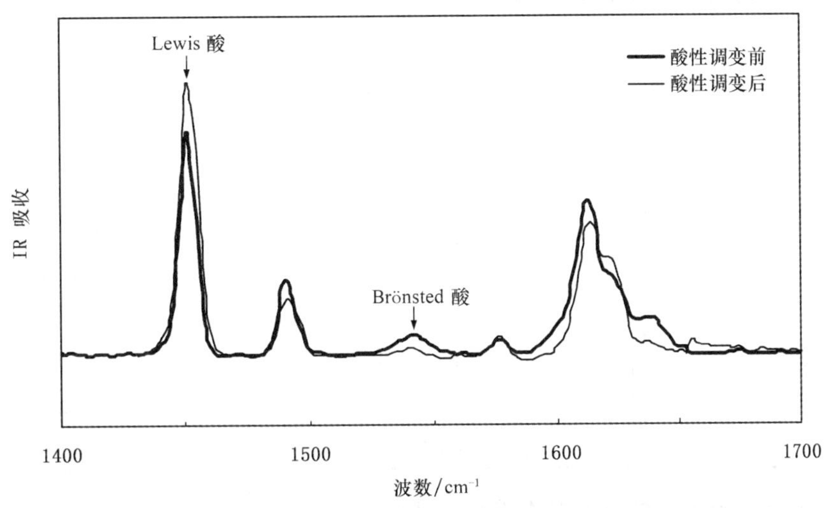

图 5　酸性调变前后 NiMoW 催化剂的吡啶吸附红外谱图

表 5　酸性调变前后 NiMoW 催化剂的吡啶加氢脱氮活性

	吡啶加氢脱氮相对活性/%
酸性调变前	100
酸性调变后	121

注：反应原料为 10w% 吡啶/正己烷溶液，反应温度 360℃，氢分压 4.2MPa

2.3 RS－1000 催化剂的物化性质

RS－1000 催化剂外观形貌如图 6 所示，物化性能指标如表 6 所示。

图 6 RS－1000 柴油超深度加氢脱硫催化剂

表 6 RS－1000 催化剂的物化性质

项 目	指 标	项 目	指 标
金属体系	Ni－Mo－W	比表面/(m^2/g)	≮130
孔容/(mL/g)	≮0.20	径向压碎强度/(N/mm)	≮20
形状	蝶形		

3 RS－1000 催化剂的活性测试

3.1 原料油

催化剂活性考察试验采用了一种中东直馏柴油原料和一种国内二次加工柴油原料，其性质列于表 7。

表 7 催化剂评价原料油性质

原料油	中东直柴	焦化汽柴油/催柴
密度(20℃)/(g/cm^3)	0.8458	0.8646
硫/%	1.2	0.73
氮/(μg/g)	104	1044
溴价/(gBr/100g)	1.1	20.9
馏程(ASTM D86)/℃	216～371	99～355

3.2 RS－1000 与国内柴油加氢精制催化剂的比较

RN－10 和 RN－10B 是石油化工科学研究院分别于上世纪九十年代末期和本世纪初研制开发的馏分油加氢精制催化剂。表 8 是 RS－1000 与 RN－10 催化剂以中东直柴为原料进行对比试验的结果。

由表 8 可知，在生产 S<50μg/g 柴油条件下，RS－1000 催化剂的相对脱硫活性是 RN－10 催化剂的 2.62～2.93 倍，其相对脱氮活性是后者的 1.35～1.46 倍。

表8 RS－1000与RN－10催化剂的对比评价结果

原　料	中东直柴		原　料	中东直柴	
工艺条件			氮含量/(μg/g)		
氢分压/MPa	3.2	6.4	RN－10	7	1
反应温度/℃	基准	基准－20	RS－1000	2	0.2
产品性质			相对脱硫活性/%		
密度(20℃)/(g/cm^3)			RN－10	100	100
RN－10	0.8303	0.8277	RS－1000	262	293
RS－1000	0.8277	0.8266	相对脱氮活性/%		
硫含量/(μg/g)			RN－10	100	100
RN－10	101	195	RS－1000	146	135
RS－1000	24	40			

表9是RS－1000与RN－10B催化剂以表7中高氮含量的国内二次加工柴油馏分(焦化汽柴油+催柴)为原料进行对比试验的结果。

表9 RS－1000与RN－10B催化剂的对比评价结果

原　料	焦化汽柴油/催柴	原　料	焦化汽柴油/催柴
工艺条件		相对脱硫活性/%	
氢分压/MPa	6.4	RN－10B	100
反应温度/℃	基准	RS－1000	190
产品性质		相对脱氮活性/%	
硫含量/(μg/g)		RN－10B	100
RN－10B	135	RS－1000	152
RS－1000	53		
氮含量/(μg/g)			
RN－10B	31		
RS－1000	5		

由表9可以看出，对于劣质柴油的加氢精制，采用RS－1000小幅调整工艺参数即可生产50μg/g硫的柴油，其相对脱硫活性、相对脱氮活性分别是RN－10B催化剂的1.90倍和1.52倍。

上述试验结果表明，RS－1000催化剂无论在加氢脱硫性能方面还是加氢脱氮性能方面，均比RN－10和RN－10B催化剂有了显著的提高。

4　对各种柴油原料的超深度加氢脱硫试验

RS－1000催化剂对各种柴油原料均具有良好的超深度加氢脱硫活性，以下是RS－1000催化剂对各种柴油原料包括中东高硫直馏柴油、国内二次加工柴油以及混合原料的加氢脱硫效果。

4.1　中东高硫直馏柴油

以中东直柴(性质见表7)为原料进行了超深度加氢脱硫试验，试验结果见表10。

由表10中的数据可以看出，对于中东直馏柴油，在氢分压为3.2MPa、体积空速2.0h^{-1}、基准平均反应温度的条件下，柴油产品硫含量小于30μg/g，脱硫率达到99.8%；在氢分压4.8MPa的条件下，可以得到硫含量小于10μg/g的超低硫柴油产品。同时，所有产品的多环芳烃含量均远小于11%，精制柴油产品性质分别满足欧Ⅳ和欧Ⅴ排放标准要求。

表10 中东高硫直柴超深度加氢脱硫试验结果

原　料	中东直柴	
柴油硫含量目标/(μg/g)	S<50	S<10
工艺条件		
氢分压/MPa	3.2	4.8
平均反应温度/℃	基准	基准
体积空速/h^{-1}	2.0	2.0
产品性质		
密度(20℃)/(g/cm^3)	0.8277	0.8198
硫含量/(μg/g)	24	7
氮含量/(μg/g)	2	<1
十六烷指数(ASTM D4737)	61.6	62.5
多环芳烃/%	6.9	3.0
馏程(ASTM D-86)/℃	199~369	185~369
脱硫率/%	99.8	99.9

4.2 催化柴油

对于催化柴油原料而言，要求催化剂在具有高脱硫活性的同时，还要有高脱氮性能。RS-1000催化剂对催化柴油原料的超深度加氢脱硫试验结果见表11。

由表11结果可知，在空速为1.25h^{-1}、氢分压为6.4MPa和基准反应温度下对催化柴油进行加氢精制，精制柴油硫含量可低于10μg/g，满足欧Ⅴ排放标准对柴油硫含量的要求。

表11 催化柴油超深度加氢脱硫试验结果

原　料	催化柴油	
工艺条件		
氢分压/MPa		6.4
平均反应温度/℃		基准
体积空速/h^{-1}		1.25
产品性质	原料	精制柴油
密度(20℃)/(g/cm^3)	0.8919	0.8503
硫含量/(μg/g)	7600	9
氮含量/(μg/g)	583	0.9
多环芳烃/%	36.6	10.4
馏程(ASTM D-86)/℃		
初馏点	173	177
10%	211	202
50%	268	250
90%	345	331
终馏点	375	372
脱硫率/%		99.9
脱氮率/%		99.8

4.3 混合柴油

对两种混合柴油原料进行了超深度加氢脱硫试验。这两种混合原料分别是直柴与催柴的混合油和高硫直柴、催柴与焦柴的混合油，原料性质见表12，试验结果见表13。

对于含45%催柴的直柴/催柴混合油，在体积空速2.0h^{-1}时，柴油产品硫含量小于50μg/g，十六烷指数 51.9，多环芳烃 5.9%，各项主要指标均满足欧Ⅳ排放标准。

对于硫含量高达 1.9% 的高硫直柴/催柴/焦柴混合油，采用 RS－1000 催化剂进行加氢精制，在体积空速 2.0h^{-1}的条件下，精制柴油硫含量小于 50μg/g，十六烷指数 55.7，多环芳烃 3.8%，均满足欧Ⅳ排放标准。

表 12　混合柴油原料性质

原料组成	直柴/催柴	直柴/催柴/焦柴
组分比例/%	55/45	46/40/14
密度(20℃)/(g/cm^3)	0.8594	0.8572
硫含量/%	0.73	1.90
氮含量/(μg/g)	226	334
色度(ASTM D1500)	5.4	5.6
溴价/(gBr/100g)	3.6	16.9
多环芳烃/%	23.7	14.4
十六烷指数(ASTM D4737)	47.4	47.5
馏程(ASTM D－86)/℃		
初馏点	207	185
10%	242	222
50%	281	293
90%	342	354
终馏点	366	374

表 13　混合柴油原料超深度加氢脱硫试验结果

原料	直柴/催柴	直柴/催柴/焦柴
工艺条件		
氢分压/MPa	4.8	6.4
平均反应温度/℃	基准＋10	基准＋20
体积空速/h^{-1}	2.0	2.0
产品性质		
密度(20℃)/(g/cm^3)	0.8407	0.8290
硫含量/(μg/g)	48	46
氮含量/(μg/g)	2.1	<1
多环芳烃/%	5.9	3.8
十六烷指数(ASTM D4737)	51.9	55.7
溴价/(gBr/100g)	—	
馏程(ASTM D－86)/℃		
初馏点	198	180
10%	230	210
50%	274	279
90%	335	346
终馏点	361	371

5　RS－1000 催化剂的工业应用

5.1　在荆门分公司的首次工业应用

2005 年 4 月，RS－1000 催化剂首次在中石化荆门分公司 100 万吨/年柴油加氢装置工业应用，开车一次成功。开工至今，该装置已连续满负荷运转 4 年 7 个月，这期间催化剂未进行过再生。正常生产以焦化汽柴油和催化柴油的混合油为原料，控制精制柴油硫含量小于350μg/g，满足欧Ⅲ排放标准的硫含量指标要求，产品质量稳定。在装置运转3个月和370天后，以正常生产原料(焦化汽柴油与催柴的混合油)按照精制柴油硫含量小于50μg/g(满足欧Ⅳ排放标准)的目标进行了两次标定，结果见表14。工业标定结果表明，RS－1000具有高的超深度脱硫活性和稳定性，在适宜工艺条件下可以将精制柴油硫含量降低至50μg/g以下(脱硫率达到99.5%以上)，满足欧Ⅳ排放标准对柴油硫含量的要求。

表14 RS－1000在荆门分公司生产超低硫柴油(硫小于50μg/g)的标定结果

标定时间	2005年7月26日		2006年4月30日	
催化剂运转时间	三个月		一年后	
体积空速/h^{-1}	1.42		1.43	
反应器入口氢分压/MPa	6.17		6.0	
反应器入口温度/℃	315		320	
床层加权平均温度/℃	361		366	
油品性质	原料	精制柴油	原料	精制柴油
密度(20℃)/(g/cm^3)	0.8546	0.8562	0.8507	0.8586
硫含量/(μg/g)	6960	33	7130	31
氮含量/(μg/g)	1942	37	1734	68
溴价/(gBr/100g)	35.13	0.64	38.31	0.65
色度(D1500)	8.0	1.0	5.5	1.0
脱硫率/%		99.5		99.6
脱氮率/%		98.1		96.1

5.2 在广州分公司生产超低硫柴油(S<10μg/g)的长周期运转试验

RS－1000催化剂于2006年7月在中石化广州分公司200万吨/年柴油加氢装置上应用。在运转400天后，2007年9月1日起在该装置上进行了三个月的生产满足欧Ⅳ排放标准清洁柴油的长周期生产试验。原料采用10%催柴/90%直柴混合柴油，硫含量在0.45%～1.34%之间。试验期间原料硫含量和产品硫含量的变化如图7所示，典型运转数据见表15。在体积空速1.7～2.0h^{-1}、平均床层温度350～370℃的缓和加氢情况下，实际产品硫含量一直控制在10μg/g以下，达到了欧Ⅴ排放标准对柴油硫含量的指标要求。RS－1000催化剂表现出了优异的柴油超深度加氢脱硫性能和稳定生产超低硫柴油(S<10μg/g)的能力。

表15 RS－1000在广州分公司生产超低硫柴油(硫小于10μg/g)的典型运转数据

原　料	10%催柴/90%直柴			
体积空速/h^{-1}	1.9		2.0	
氢分压/MPa	6.2		6.2	
平均反应温度/℃	368		360	
油品性质	原料	精制柴油	原料	精制柴油
密度(20℃)/(g/cm^3)	0.8456	0.8292	0.8436	0.8261
十六烷值	51.9	57.3	56.2	61.3
硫含量/(μg/g)	7380	1.5	10300	6.3
氮含量/(μg/g)	138	0.9	118	1.3
脱硫率/%		99.98		99.94
脱氮率/%		99.35		98.90
柴油收率/%		98.3		98.2

5.3 在其他炼厂的工业应用

包括上述两套柴油加氢装置在内，迄今RS－1000催化剂已在国内多家炼厂共计15套工业装置

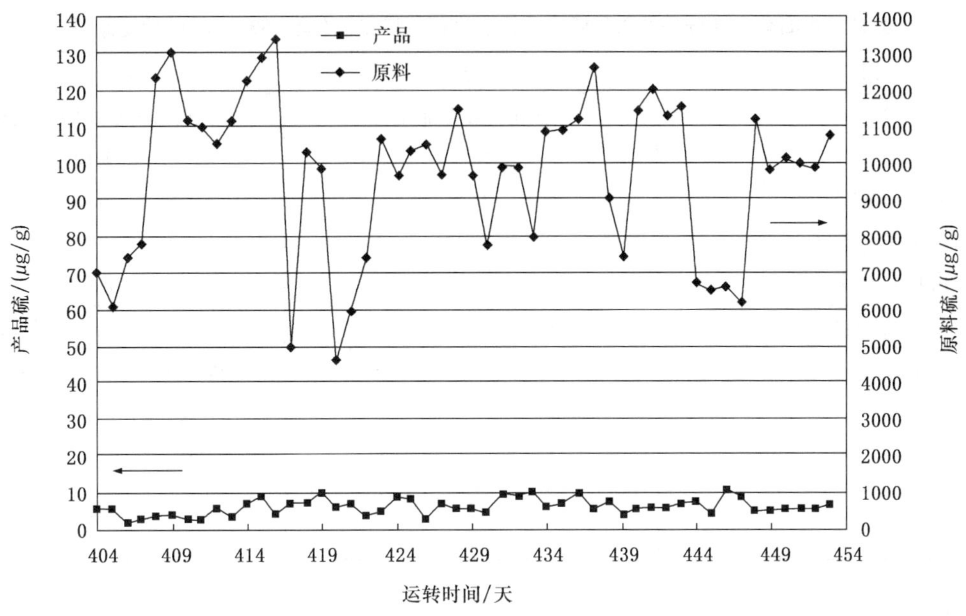

图7 试验期间原料和产品中硫含量的变化情况

上进行了应用，如表16所示。其中，RS-1000在中国石化九江分公司、中国石化高桥分公司生产超低硫柴油(S<50μg/g)的标定数据见表17。

RS-1000在中国石化荆门分公司、广州分公司等多家炼厂加工各种柴油原料的工业应用结果表明，该催化剂具有很高的脱硫、脱氮活性以及良好的活性稳定性，完全可满足在较缓和的操作条件下生产满足欧Ⅳ排放标准的清洁柴油的要求。广州分公司生产超低硫柴油的工业试验表明，RS-1000具备在适宜的条件下稳定长周期生产硫含量小于10μg/g、满足欧Ⅴ排放标准的超低硫柴油的能力，从而为国内炼厂当前和未来实现柴油质量升级、适应环保要求提供了有力的技术支撑。

随着我国清洁燃料发展战略的逐步推进，对于低硫和超低硫清洁柴油的需求将持续快速增长，RS-1000优异的性能将使之得到越来越广泛的应用。

表16 采用RS-1000催化剂的柴油加氢装置

序号	应用厂家	规模/(10^4t/a)	原料类型	应用时间
1	中国石化荆门分公司	100	焦化汽柴油+催柴	2005.4
2	中国石化九江分公司	120	焦化汽柴油+催柴	2006.3
3	中国石化高桥分公司	100	焦化汽柴油+催柴+直柴	2006.3
4	中国石化镇海分公司	300	催柴+直柴	2006.4
5	山东东明石化集团	60	焦化汽柴油+催柴	2006.5
6	中国石化广州分公司	200	直柴+催柴	2006.7
7	中国石化海南分公司	200	直柴+催柴	2006.8
8	中国石化广州分公司	120	直柴+催柴+焦柴	2007.2
9	中国石油克拉玛依石化分公司	90	焦化汽柴油	2007.5
10	中国石化洛阳分公司	100	催柴	2008.6
11	中国石化武汉分公司	160	催柴+直柴	2008.10
12	中国石化燕山分公司	60	直柴+催柴	2008.12
13	宁夏宝塔石化集团公司	25	催柴	2009.10
14	中国石化青岛分公司	60	直柴+焦柴+催柴	2009.11
15	中国石化青岛分公司	100	焦化汽柴油+直柴	2009.12

表 17 中石化九江分公司和高桥分公司生产超低硫柴油(硫 <50μg/g)的标定结果

应用厂家	九江分公司		高桥分公司	
原料	焦化汽柴油/催柴		焦化汽柴油/催柴/直柴	
体积空速/h^{-1}	1.51		1.62	
反应器入口氢分压/MPa	6.0		6.0	
反应器入口温度/℃	310		317	
床层加权平均温度/℃	348		356.1	
油品性质	原料	精制柴油	原料	精制柴油
密度(20℃)/(g/cm^3)	0.8724	0.8644	0.8752	0.8690
硫含量/(μg/g)	6060	40	5304	25
氮含量/(μg/g)	1258	50	763	11
脱硫率/%		99.3		99.5
脱氮率/%		96.0		98.6

6 结论

1)柴油超深度加氢脱硫催化剂 RS-1000 具有很高的脱硫、脱氮活性。

2)对不同原料油进行的适应性试验表明，RS-1000 催化剂对于各种原料油均表现出了良好的脱硫、脱氮活性和芳烃加氢性能。无论是对硫含量较高的中东直馏柴油，还是对硫、氮含量均较高的二次加工柴油及其混合油，使用 RS-1000 催化剂进行加氢精制，均可生产出超低硫的优质柴油。

3)工业应用结果表明，采用RS-1000 催化剂不但可以满足炼厂生产 S<350μg/g 和 S<50μg/g 的清洁柴油产品的需要，还可以满足炼厂长周期稳定生产 S<10μg/g 的超低硫柴油产品的需要。

参 考 文 献

[1] Topsφe H, Clausen B S, Massoth F E. Hydrotreating Catalysis. Berlin: Springer-Vertag, 1996. 3

[2] Nelson N, Levy R B. The organic chemistry of hydrodenitrogenation. J Catal. 1979, 58(3)

[3] Ledoux M J, Puges P E, Maire G. The HDN reaction mechanisms of cyclic amines on MoO_3/Al_2O_3 catalyst under normal H_2 pressure. J Catal. 1982, 76(2)[4] Coulier L, De Beer V H J, Van Veen J A R. Correlation between hydrodesulfurization activity and order of Ni and Mo sulfidation in Planar Silica-Supported NiMo Catalysts: The Influence of Chelating Agents. J Catal. 2001, 197(1)

降低汽油硫含量 CGP－2 催化剂的开发和工业应用

邱中红，田辉平，龙军，陆友保
（中国石化石油化工科学研究院，北京　100083）

摘　要： 阐述了降低催化裂化汽油硫含量 MIP 工艺专用催化剂 CGP－2 的研究开发与工业应用结果。CGP－2 催化剂具备良好的水热稳定性和焦炭选择性，可以适应 MIP－CGP 技术第二反应区的需求。基质中添加的 L 酸碱对组分，可作为对硫化物有选择性吸附和催化转化作用的活性中心。中石化沧州分公司的工业试验结果表明：与 CGP－1Z 催化剂相比，CGP－2 催化剂的汽油硫含量降低了 30.32%，丙烯产率达到 8.94%。沧州分公司 MIP－CGP 装置生产的汽油，可以满足2005 年 7 月全国实施的新汽油标准。

关键词： 催化裂化　催化剂　汽油　氢转移　烯烃　硫含量　丙烯

1　前言

随着我国石油需求量的不断增长，中东高硫原油的加工比例逐年增加，在催化裂化过程中，原油硫中的 5% ~10% 会转移到汽油产品中，因此，在 FCC 装置掺炼中东油，会使再生器中硫化物的排放增加，还会导致汽油硫含量升高。

鉴于降低 FCC 汽油硫含量的问题日益突出，中石化石油化工科学研究院(简称石科院)先后开发了固体降硫助剂 MS011 和 LGSA，在基本不改变产品分布的前提下，可使催化汽油中的硫含量降低 15% ~40%。

2005 年，石科院、沧州分公司、催化剂分公司共同承担了“降低汽油硫含量 MIP 工艺专用催化剂 CGP－2”课题，期望在石科院开发的 MIP－CGP 技术平台上[1~3]，开发出可进一步降低汽油硫含量的 CGP－2 催化剂。

中石化沧州分公司主要是加工胜利原油和进口低凝含硫中间基原油，生产的催化汽油硫含量相对较高，一般在 800μg/g 左右或更高。2004 年 5 月，沧州分公司采用了 MIP－CGP 技术，该技术可以满足日益严格的环保法规需求，生产出满足欧Ⅲ标准的汽油组分，同时多产丙烯。多年来的工业应用结果表明：MIP－CGP 技术很好地协调了裂化与氢转移反应之间的关系，其产品分布具有总液收高，丙烯产率高，干气产率低，焦炭选择性好以及汽油质量高的特点。本文介绍了降低汽油硫含量催化剂 CGP－2 的研究思路，催化剂表征、评价及工业应用结果。

2　CGP－2 催化剂的研究开发思路

通过对 FCC 过程中含硫化化物的反应机理研究，我们认识到汽油中噻吩类硫化物裂化为 H_2S 的前提是：发生氢转移反应，使噻吩类硫化物的噻吩环饱和为四氢噻吩。从促进氢转移反应的角度看，MIP－CGP 技术可以很好地满足这一要求，其第二反应区较低的反应温度，较长停留时间等特征，适合于降低汽油烯烃、硫含量所需的氢转移反应。由于，MIP－CGP 技术本身具备一定的降硫效果，因此，要求新开发的 CGP－2 催化剂在原 CGP－1 催化剂的基础上，进一步降低汽油硫含量 20% 以上。

为了同时达到降硫、降烯烃的目的，CGP－2 催化剂应同时具备较高的氢转移活性和丰富的硫化物吸附中心：其一，对汽油馏分中小分子噻吩类硫化物的可逆化学吸附，可以增加其参与氢转移反应的几率，从而进一步裂化为 H_2S；其二，对较大分子的噻吩类、苯并噻吩类硫化物的不可逆化学吸附可以促进其脱氢、缩合，并最终沉积在催化剂表面；其三，基质的吸附作用可以抑制大分子硫化物的烷基侧链的裂化，使硫化物停留在较重的裂化产物中。

因此，在开发 CGP－2 催化剂时，需要研制出对汽油中噻吩类硫化物具有吸附作用的稳定组分，并将其固定在基质上，达到将硫化物转移到焦炭和干气中去的目的；同时加强分子筛的选择性氢转移活性，使催化剂具有良好的焦炭选择性。

鉴于 MIP－CGP 技术较高的反应苛刻度，还要求 CGP－2 催化剂的基质对分子筛提供良好的保护作用，尤其对于第二反应区，较高的氢转移活性意味着良好的目的产品选择性。即基质的主要作用在于：提供适度的酸性和适宜的孔结构，使得经过第一反应区后已局部生焦的催化剂，不至于在第二反应区中因焦炭的进一步堆积而阻塞孔道，从而影响活性中心作用的发挥。

3 结果与讨论

3.1 催化裂化汽油质量的影响因素之一——对噻吩类硫化物具有吸附作用的活性组分

采用分子模拟技术对 FCC 过程中硫化物的反应机理进行研究，结果表明：由于某些微酸性的金属化合物可以提供“L 酸碱对”结构，对汽油沸程内具有孤对电子的噻吩类硫化物具有较强的吸附作用，从而达到降低汽油硫含量的效果。L 酸碱对中的 L 酸中心(即金属原子)具有缺电子性，而 L 碱中心(即氧原子)可提供电子，两者共同作用的结果会弱化噻吩的 CJHJ－S 键、CJHJ－C 键，并使部分 CJHJ－S 键发生断裂。

在 L 酸碱对的制备过程中，由于稳定物相结构的形成需要较高的温度和较长的焙烧时间，因此，有些金属化合物形成的 L 酸碱对结构很不稳定，一些非稳态元素在高温下会发生迁移，当迁移量增加到一定程度时，会在水热再生过程中对分子筛的酸性中心产生破坏作用，使分子筛原有的裂化、氢转移活性下降，而且催化原料中很高的重金属含量会加剧这种破坏作用。因此，希望找到某种稳定的、富含 L 酸碱对的金属化合物，并将其固定在基质中，达到既可以进一步降低汽油硫含量，又不影响催化剂反应性能的目的。

本节考察了几种不同类型、不同含量的 L 酸碱对对催化裂化汽油质量的影响。首先制备了三种不同组成的富含 L 酸碱对的化合物 a～c，并将其引入催化剂 CGP－2(中 1)～CGP－2(中 3)中，各组分加入比例相同。其中，a 的结构最不稳定，L 酸碱对浓度最高；b 的结构稳定性较好，L 酸碱对浓度较高；c 的结构最稳定，L 酸碱对浓度较低。表 1 是含有不同类型 L 酸碱对的催化剂重油微反装置评价结果，对比剂－1 选用的是工业降烯烃催化剂。

表 1 的研究结果表明：与工业降烯烃催化剂相比，加入 L 酸碱对后的 CGP－2 催化剂的水热稳定性有所提高，有较强的重油裂化能力和较好的焦炭选择性，并且具有明显的降硫效果，汽油烯烃含量也略有下降。比较而言，CGP－2(中 3)的重油裂化能力最好、焦炭产率最低，但是汽油硫含量却最高；CGP－2(中 1)的重油裂化能力较差、焦炭产率最高，汽油硫含量却最低；CGP－2(中 2)的上述几项指标居中，与降烯烃催化剂相比，在保证降低汽油硫含量效果的同时，汽油烯烃也略有下降。故选择 b 类 L 酸碱对作为对硫化物有选择吸附和催化转化作用的组分。

表 1 含有不同类型 L 酸碱对的催化剂的重油微反装置评价结果

催化剂	CGP－2(中 1)	CGP－2(中 2)	CGP－2(中 3)	对比剂－1
添加的 L 酸碱对类型	a	b	c	
轻油微反活性(800℃/8h)	72	74	75	68
产品质量分布/ %				
液化气	10.4	11	10.9	10.2
焦炭	2.3	1.9	1.9	2

续表

催化剂	CGP－2(中1)	CGP－2(中2)	CGP－2(中3)	对比剂－1
汽油	55.1	55.9	56.7	47.3
柴油	19.8	18.6	19.3	14.9
重油	12.4	12.6	11.2	25.6
转化率/%	67.8	68.8	69.5	59.5
汽油质量族组成/%				
烯烃	18.62	17.97	17.44	19.6
正构烷烃	3.73	3.87	4.00	3.66
异构烷烃	38.98	39.28	39.57	38.42
环烷烃	9.37	9.21	9.13	9.26
芳烃	29.12	29.58	29.76	29.01
RON	85.8	85.8	86.0	85.5
MON	81.7	81.5	81.6	81.8
汽油硫含量/(μg/g)	386.1	414.8	498.1	772.5

其后考察了CGP－2催化剂中b类L酸碱对的含量对降硫、降烯烃的影响，表2是以不同含量L酸碱对制备的催化剂固定流化床(FFB)装置评价结果。

表2　不同含量L酸碱对制备的催化剂的FFB装置评价结果

催化剂	CGP－2(中4)	CGP－2(中5)	CGP－2(中6)	对比剂－1
b类L酸碱对相对含量	低	中	高	
轻油微反活性(800℃/8h)	71	72	67	73
产品质量分布/%				
干气	1.9	1.8	1.6	1.9
液化气	14.2	14.8	14.0	14.4
焦炭	6.4	6.3	6.2	6.9
汽油	46.3	45.8	44.9	46.8
柴油	19.0	19.8	20.3	18.7
重油	12.2	11.5	13.0	11.3
转化率/%	68.8	68.7	66.7	70.0
总液收/%	79.5	80.4	79.2	79.9
汽油质量族组成/%				
正构烷烃	3.31	3.35	3.19	3.61
异构烷烃	36.28	37.23	35.08	37.47
烯烃	17.24	16.01	18.97	19.43
环烷烃	6.7	7.06	7.02	7.92
芳烃	36.38	36.24	35.65	31.53
RON	89	88.4	88.4	89.5
MON	81.8	81.7	81.9	82.0
汽油硫含量/(μg/g)	898.9	857.9	872.2	1135.8

表2的结果表明，当催化剂中的b类L酸碱对含量较高时，汽油中的硫含量不仅没有进一步减少，反而有所增加，这是由于在L酸碱对制备过程中，总有少量非稳态元素存在，且L酸碱对含

量越高，非稳态元素也越高，迁移到分子筛上的几率就越大，从而使催化剂的裂化活性下降。

与对比剂-1相比，较低L酸碱对含量的CGP-2(中4)催化剂的转化率有所下降，但同时也有了一定的降硫效果；在转化率相当的情况下，中等L酸碱对含量的CGP-2(中5)催化剂的降硫、降烯烃效果更加明显，且焦炭选择性较好，总液收最高。因此，选择中等加入量的b类L酸碱对作为下一步研究的基础。

3.2 催化裂化汽油质量的影响因素之二——分子筛的改性研究

由于降硫活性组分——L酸碱对的加入，会对分子筛的酸性中心产生一定的破坏作用，使分子筛原有的活性下降，而且催化原料中很高的重金属含量会加剧这种破坏作用。因此，要达到降硫、降烯烃的目的，应对分子筛进行改性，增加其酸量，提高分子筛的裂化、氢转移活性，同时进一步增强分子筛的抗重金属污染能力。为此，需要对原CGP-1Z催化剂的分子筛M-1进行改性，得到分子筛M-2，分子筛改性前后制备的催化剂、对比催化剂的酸性比较结果列入表3，重油微反装置评价结果列入表4，其中对比剂-2选用的是沧州分公司MIP装置专用催化剂CGP-1Z。

表3 CGP-2催化剂与对比剂-2的酸性比较

催化剂	250℃①/(μmol/g)		450℃①/(μmol/g)		总酸量②/
	L酸	B酸	L酸	B酸	$mL\cdot g^{-1}$
对比剂-2	14.8	13.7	11.3	10.2	28.4
CGP-2(中7)	16.4	15.9	11.4	10.2	28.4
CGP-2(中8)	22.3	18.1	14.3	10.1	29.4

注：①Pyridine FT—IR：红外光谱分析结果；②NH_3-TPD：NH_3吸附TPD分析结果。

表4 催化剂的重油微反评价结果

催化剂	对比剂-2	CGP-2(中7，分子筛M-1)	CGP-2(中8，分子筛M-2)
是否添加L酸碱对	否	是	是
产品质量分布/%			
干气	2.3	2.2	2.0
液化气	19.2	19.7	19.4
汽油	38.7	39.6	40.3
柴油	20.2	19.8	20.3
重油	16	15.2	14.5
焦炭	3.6	3.5	3.5
转化率/%	63.8	65.0	65.2
汽油质量族组成/%			
烯烃	27.4	27.8	26.5
汽油硫含量/(μg/g)	652.6	320.3	311.8

与对比剂-2相比，CGP-2催化剂的L酸、B酸及总酸量均有不同程度的增加，并且具有更强的重油裂化性能，汽油中的硫含量大幅度下降，含M-1分子筛的CGP-2(中7)催化剂的汽油烯烃含量略有上升，而含M-2分子筛的CGP-2(中8)催化剂的汽油烯烃含量、硫含量则进一步下降。

3.3 催化裂化汽油质量的影响因素之三——CEM-2基质的研究

CEM-2基质的主要作用在于：选取稳定的L酸碱对的引入方式，以提供适度的酸性和适宜的孔结构，良好的容炭性能减少了第一反应区生成的积炭对分子筛和脱硫活性组分L酸碱对的污染，使其特点在第二反应区得到充分发挥，使得CGP－2催化剂既延续了CGP－1系列催化剂的良好产品分布的特点，又具备进一步降低汽油硫含量的功能。

本节主要考察了不同的基质制备方式对催化剂酸性和孔结构的影响。以FFB评价装置对催化剂进行挂炭，含有CEM－2基质的CGP－2催化剂和对比剂－1积炭前后的酸性下降幅度列入表5，结果表明，由工业原料反应生成焦炭后，CGP－2催化剂表现出良好的容炭性能：由于CGP－2有着更高的重油裂化性能，因此，其上的炭含量略高，即使如此，更多的B酸、L酸中心得以保留，无论是弱酸还是强酸，其酸性下降幅度均低于对比剂－1，尤其是强酸部分的酸性保留水平更高，强L酸的损失仅为5%，而对比剂－1的酸量则下降了60%，强B酸的损失为42%，对比剂－1的酸量则下降了77%。

表5 CGP－2催化剂与对比剂－1积炭前后的酸性下降幅度

催化剂	酸性下降幅度/%				积炭含量/%
	250℃①/(μmol/g)		450℃①/(μmol/g)		
	L酸	B酸	L酸	B酸	
含CEM－2基质的CGP－2催化剂	4	46	5	42	1.5
对比剂－1	7	50	60	77	1.2

换言之，有效的L酸碱对引入及CEM－2基质制备方式，使积炭后的CGP－2催化剂的酸量损失较小，更多的强L酸、B酸中心得以保留，即分子筛和L酸碱对受到了良好保护，特别适合于MIP－CGP第二反应区的氢转移、裂化等反应，达到降低汽油烯烃、硫含量同时多产丙烯的目的，反之，酸性中心的大量损失则无法实现这一工艺目标。

对积炭前后的CGP－2催化剂及对比剂－1分别进行孔结构分析，通过比较催化剂积炭前后孔体积的差值可以判断积炭对孔体积的影响，表6列出了两种催化剂积炭前后不同孔径范围的孔体积下降幅度。

表6 催化剂积炭前后不同孔径范围的孔体积下降幅度

催化剂	积炭含量/%	孔体积下降幅度/%				
		<2nm	2～4nm	4～10nm	10～35nm	>35nm
含CEM－2基质的CGP－2催化剂	1.5	7.9	25.7	9.1	10.0	3.7
对比剂－1	1.2	12.0	18.7	12.5	21.0	18.1

由表6可知，虽然CGP－2催化剂的炭含量略高，但是积炭后，其孔体积的减少主要集中在2～4nm的范围内，而对于分子筛微孔(<2nm)来说，其比例减少仅为7.9%，其他较大孔范围的孔体积下降幅度均低于对比剂－1。表明具有适宜孔结构的CGP－2催化剂，可以进行积炭位置的选择，很好地保护了分子筛的微孔及基质大孔，提高了各功能组分的利用率，优化了CGP－2催化剂的产品选择性。

3.4 催化裂化汽油质量的影响因素之四——CGP－2催化剂的抗重金属污染研究

由于国内FCC装置平衡剂上的重金属Ni、V含量普遍较高，因此在CGP－2催化剂的设计中特别强调了抗重金属污染能力。为此，采用Micheal法对CGP－2(中9)、CGP－2(中10)和沧州MIP装置现用催化剂CGP－1Z进行了浸渍污染，污染的重金属为1500μg/g镍和1500μg/g钒，相当于工业平衡剂上镍和钒的沉积量分别达到4500μg/g。污染后的催化剂经800℃、100%水蒸气老化8小时后，在固定流化床(FFB)装置上进行评价，污染催化剂的评价结果见表7。

表 7　污染催化剂的 FFB 装置评价结果

催化剂	对比剂－2	CGP－2(中 9)	CGP－2(中 10)
反应条件	反应温度/500℃，空速/20h^{-1}		
剂油比	4		
产品质量分布/%			
干气	1.6	1.9	2.1
液化气	20.2	23.2	22.0
汽油	39.4	37.5	39.0
柴油	16.8	16.4	16.5
重油	17.1	15.8	15.1
焦炭	4.9	5.2	5.3
转化率/%	66.1	67.8	68.4
丙烯产率/%	6.80	7.92	7.33
总液收/%	77.0	77.1	77.5
汽油质量族组成/ %			
正构烷烃	3.55	3.48	3.44
异构烷烃	28.54	26.89	27.99
烯烃	31.07	28.62	26.54
环烷烃	8.1	8.03	8.22
芳烃	28.51	32.7	33.62
RON	90.7	91.0	90.8
MON	82.0	82.5	82.1
汽油硫含量/(μg/g)	520.5	459.8	509.3

表 7 中 CGP－2(中 9)与 CGP－2(中 10)催化剂的差别主要是 L 酸碱对加入量的微调，可以分别满足更低的汽油烯烃或汽油硫含量的需求。结果表明，采用 CEM－2 新基质的 CGP－2 催化剂较对比剂 CGP－1Z 具有更好的产品分布：对比剂－2 的转化率为 66.1 %，丙烯产率 6.80%，总液收 77.0%，而 CGP－2(中 9)分别是 67.8%，7.92% 和 77.1%，CGP－2(中 10)是 68.4%，7.33% 和 77.5%，即丙烯产率与总液收都有了不同程度的提高；在汽油性质方面，CGP－2(中 9)催化剂的烯烃质量分数是 28.62%，硫含量 459.8μg/g，CGP－2(中 10)的烯烃质量分数是 26.54%，硫含量 509.3μg/g，均低于对比剂－2 的 31.07%，520.5μg/g。

也就是说，在相同的反应条件下，污染老化后的 CGP－2 催化剂的重油转化能力高于现有的 CGP－1Z 催化剂，焦炭选择性与之相当，丙烯产率有所提高，汽油烯烃和硫含量进一步下降。

4　CGP－2 催化剂的工业生产与应用

2005 年 7 月，CGP－2 催化剂在催化剂齐鲁分公司进行了首次工业生产，同年 8 月，CGP－2 催化剂开始在沧州分公司的 MIP－CGP 装置应用。为了减少标定对工业装置的影响，采用自然补剂方式进行 CGP－2 催化剂置换。为了考察 CGP－2 催化剂的应用效果，在 CGP－2 催化剂占系统藏量 50% 时，进行中间标定；在 CGP－2 催化剂占系统藏量 70% 时，进行总结标定。

表 8 是沧州分公司 MIP－CGP 工业装置标定时平衡剂的主要性质，表 9～表 12 列出了主要的试验结果。

表 8 沧州 MIP－CGP 装置平衡剂性质

项　　目	空白标定	CGP－2 中间标定	CGP－2 总结标定
堆积密度/(kg/m^3)	0.8	0.81	0.82
孔体积/(mL/g)	0.28	0.2	0.2
比表面积/(m^2/g)	103	99	107
催化剂活性/MA	62	59	60
金属含量/(μg/g)			
Fe	3590	4900	3500
Ni	7600	12000	8800
V	4290	5900	5300
Sb	1640	2500	—
Na	2090	—	1600

由表 8 平衡剂性质可知：与空白标定相比，由于 CGP－2 催化剂的单耗较低，使得中间标定，总结标定时的平衡剂活性偏低，金属含量明显偏高，虽然在中期标定后，提高了催化剂补充量，平衡剂活性有所提高，但是仍然低于空白标定期间催化剂的补充量。上述特征表明 CGP－2 催化剂的物性显著改善，但是，带来的不利影响是：两次标定时，催化剂的活性低于空白标定时的催化剂活性 2－3 个单位，不利于氢转移反应的发生，对降低催化汽油硫和烯烃含量也有一定影响，说明中间标定与总结标定时的平衡剂状况较空白标定时差。

表 9 沧州 MIP－CGP 装置原料油性质和产品分布

原料油性质	空白标定	CGP－2 中间标定	CGP－2 总结标定
密度(20℃)/(kg/m^3)	931.7	926.5	931.4
残炭/%	2.56	2.35	3.69
硫含量/(μg/g)	6800	6700	6700
产品质量分布/%			
干气	3.53	3.42	3.21
液化气	19.44	19.25	20.35
汽油	35.11	32.17	32.70
柴油	27.52	30.94	29.59
油浆	5.61	5.04	4.54
焦炭	8.62	8.83	9.51
损失	0.17	0.35	0.10
合计	100.00	100.00	100.00
总液收/%	82.07	82.36	82.64
丙烯产率/%	7.78	7.85	8.94

表 9 是标定原料油性质和产品分布，总结标定时原料油残炭增加了 1.13 个单位，如果按 1 个单位残炭生焦 0.8 个单位计，将导致焦炭产率增加 0.9 个单位。与空白标定相比，总结标定的总液收(液化气＋汽油＋柴油)增加了 0.57 个百分点，丙烯产率增加了 1.16 个百分点，而干气产率却是下降的。

表 10　沧州 MIP－CGP 装置稳定汽油性质

项　目	空白标定	CGP－2 中间标定	CGP－2 总结标定
密度(20℃)/(kg/m³)	734.0	721.1	727.3
馏程/℃			
初馏点	32	38	31
50%	80	79	80
干点	175	176	175
MON / RON	79/93.5	81/93.1	81/93
硫含量/(μg/g)	840	610	580
蒸气压/ kPa	74	71	72
诱导期/ min	300	491	750
汽油体积族组成/%			
芳烃	20.6	18.7	21.8
烯烃	33.7	37.4	33.9

表 10 是三次标定时的稳定汽油性质。从表 10 可以看出，与空白标定结果相比，使用 CGP－2 催化剂时，汽油性质得到了进一步改善：汽油硫含量由 840μg/g 分别降到了 610μg/g 和 580μg/g，MON 增加了 2 个单位，诱导期从 300min 增加到 491min 和 750min。

表 11　沧州 MIP－CGP 装置汽油硫含量变化

采 样 时 间	原料硫含量/(μg/g)	稳定汽油硫含量/(μg/g)	汽油硫含量/原料硫含量（硫传递系数）
空白标定值	6800	840	0.124
中间标定值	6700	610	0.091
总结标定值	6700	580	0.086
中间比空白标定值下降/%			－26.61
总结比空白标定值下降/%			－30.32

表 12　沧州 MIP－CGP 装置轻柴油性质

项　目	空白标定	CGP－2 中间标定	CGP－2 总结标定
密度(20℃)/(kg/m³)	926.6	921.2	936.7
馏程/℃			
初馏点	161	126	154
50%	264	265	258
95%	342	355	360
凝点/ ℃	－25	－15	－18
硫含量/(μg/g)	7920	4600	5300

表 11 是汽油硫含量的变化情况，与空白标定相比，CGP－2 催化剂可以降低汽油硫含量 30.32%。由表 12 的柴油性质可以看出，在原料硫含量相当的前提下，CGP－2 催化剂还同时降低了柴油的硫含量。

以上结果表明，针对沧州分公司开发的 CGP－2 催化剂，在降低汽油烯烃含量和高丙烯选择性的 CGP－1Z 催化剂基础上，增加了降硫功能，同时延续了 CGP－1Z 催化剂良好的产品分布和汽油性质特点，使得沧州 MIP－CGP 装置生产的汽油，可直接满足 2005 年 7 月 1 日全国实施的新汽油标准。

5 结论

CGP－2 催化剂中添加的 L 酸碱对，可以作为汽油硫化物的选择吸附中心；有效的引入方式使积炭后催化剂的总酸量损失较小，催化剂表面积炭位置的控制，很好地保护了分子筛的微孔及基质大孔；通过对分子筛的改性，加强了其选择性氢转移活性，从而使 CGP－2 催化剂具备了较好的焦炭选择性和更高的水热稳定性，适合于 MIP－CGP 技术第二反应区的裂化和氢转移等反应，在降低催化裂化汽油烯烃、硫含量的同时，有着很高的总液收和丙烯产率，同时，CGP－2 催化剂还具有很强的重油裂化和抗重金属污染能力。

中石化沧州分公司 MIP－CGP 装置的工业应用结果表明，与前期使用的 CGP－1Z 催化剂相比，CGP－2 催化剂的丙烯产率增加了 1.16 个百分点，达到 8.94%，总液体收率增加 0.57 个百分点，MON 增加 2 个单位，诱导期增加 450min，汽油硫含量下降了 30.32%。

降低汽油硫含量的 CGP－2 催化剂，是在我院开发的具有降低汽油烯烃含量和较高丙烯选择性的 CGP－1 系列催化剂基础上，增加了降硫功能，同时延续了良好的产品分布和汽油性质的特点，使得沧州分公司 MIP－CGP 装置生产的汽油，可以满足我国的新汽油标准。

参考文献

[1] 龙军．RIPP 炼油技术创新的实践与思考。石油学报，2005，21(3)：29～33

[2] 许友好，张久顺，马建国等．生产清洁汽油组分并增产丙烯的催化裂化工艺．石油炼制与化工，2004，35(9)：1～4

[3] 邱中红，龙军，陆友保等．MIP－CGP 工艺专用催化剂 CGP－1 的开发与应用．石油炼制与化工，2006，37(5)：1～6

SE/SF 级汽油机油复合添加剂的开发、生产和应用

武志强　贾秋莲　王立华　周红英

（中国石化石油化工科学研究院，北京　100083）

摘　要：本文介绍了 SE/SF 汽油机油复合添加剂的开发过程，包括实验室配方开发、发动机台架评定、复合添加剂工业试生产和用工业试生产复合添加剂调配的 SE 15W－40 级汽油机油行车试验。以 MVI 基础油为基础油，用所研制复合添加剂以 4.2% 和 4.5% 的加剂量，调配的 SE 15W－40 和 SF 15W－40 评定油的理化性能分析和发动机台架评定结果表明，油品达到 GB 11121—2006 的要求。复合添加剂工业试生产和油品行车试验结果良好。

关键词：内燃机油　汽油机油　添加剂　复合添加剂

1　前言

SE、SF 级汽油机油是中档汽油机油的主导产品，不仅应用于微型车和中低档汽油车，而且大量应用于四冲程摩托车。随着汽车下乡，摩托车由以使用二冲程发动机为主，向以使用四冲程发动机为主转变，SE、SF 级汽油机油的用量在不断增长。开发低成本的 SE/SF 汽油机油复合添加剂(简称复合剂)具有较好的市场应用前景，可大大降低生产成本。

国内现有的通过发动机试验的 SE、SF 级汽油机油复合剂配方加剂量较高，且多数适用于 HVI 基础油。国外公司利用经验推测的方法推荐中档内燃机油复合剂配方，这些复合剂多数没有进行相关的发动机试验评定，少数进行过发动机试验评定的复合剂也只适用于 HVI 基础油。

近年来，国内生产润滑油基础油的炼厂原油性质变化较大，使生产的基础油性能出现波动，性能较差的 MVI 基础油占一定比例，而这些基础油往往用于调配中低档内燃机油。如果不对复合剂的适应性进行考察，不尽快开发适应这种性质基础油的中档内燃机油复合剂配方，中档内燃机油的质量就很难保证，就会出现质量下降。因此，开发适用于 MVI 基础油的低成本复合剂配方对保证润滑油产品质量有积极意义。

由于国内调配内燃机油复合剂所用的单剂品种越来越多，质量也有较大提高。本研究将利用国产添加剂，开发经济的具有自主知识产权的 SE/SF 汽油机油复合剂。

复合剂的开发目标是，将研制的复合剂按规定的量加入添加有黏度指数改进剂和降凝剂调配的 15W－40 级稠化基础油中，使油品的性能满足 SE 15W－40 和 SF 15W－40 汽油机油的要求，并进行工业试生产和行车试验等研究工作。

2　试验方法及量的说明

2.1　试验方法

2.1.1　标准试验方法

本报告所使用的部分标准试验方法见表 1。

表1 标准试验方法

项　目	试验方法	项　目	试验方法
100℃、40℃运动黏度	GB/T 265	黏度指数	GB/T1995 或 GB/T 2541
低温动力黏度	GB/T 6538	低温泵送温度	GB/T 9171
倾点	GB/T 3535	闪点(开口)	GB/T 3536
蒸发损失(Noack 法)	SH/T 0059	蒸发损失(模拟蒸馏法)	SH/T 0558
机械杂质	GB/T 511	密度	GB/T 1884
残炭	GB/T 268	中和值	GB/T 7304
硫含量	GB/T 387	氮含量	GB/T 9170
碱氮含量	SH/T 0162	苯胺点	GB/T 262
氧化安定性	SH/T 0193		

2.1.2 其他试验方法

2.1.2.1 *成焦板试验方法*

设备：25B－19 型；时间：间歇成焦板试验为 1h，连续成焦板试验为 6h。

2.1.2.2 *PDSC 氧化试验*

设备：TA5000 分析仪；温度：210℃，升温速率：50℃/min。

2.1.2.3 *薄层氧化试验*

设备：旋转氧弹试验仪，Koehler 公司产品；试验方法：ASTM D4742。

2.1.2.4 *高温油泥分散试验*

试验方法：自制试验方法。分散指数越高说明油品的分散性好。

2.1.2.5 *四球抗磨试验*

磨斑直径($d_{60'}^{40}$)试验方法为 SH/T 0189；最大无咔咬负荷(P_B)试验方法为 GB/T 3142。

2.2 *有关量的说明*

文中提到的各元素、基础油组分、油品组分、复合剂组分，及复合剂加剂量的百分比，在无特殊说明时，均指的是质量分数。

3 研制路线及参比油

由于 SE/SF 级油复合剂调配的油品须通过 SH/T 0783 方法的ⅢD 发动机试验和 SH/T 0672 方法的 VD 发动机试验。因此选择利用加氢基础油开发并已通过上述两发动机试验的 SF 10W－30 级汽油机油(以下简称“JM－SF”)作为参比油。以 JM－SF 所用复合剂(加剂量 4.7%)为基础，通过 JM－SF与实际性能要求的对比，通过 JM－SF 用基础油与要研制复合剂所用基础油性能的对比等，寻找配方调整方向。

首先以调配 SE 汽油机油为复合剂开发目标，再通过提高加剂量补足性能差距，使之达到 SF 汽油机油的要求。

另选一个通过ⅢD(SH/T0513 法)和 VD(SH/T 0514 法)发动机试验的 SE 级油(简称 SE 参比)作为参比油。

后文在进行复合剂比较时，复合剂性能(包括：清净性、分散性、抗氧性、抗磨性等)是指在相同复合剂加剂量条件下的性能。

3.1 *SE 级油和 SF 级油的差别及与参比油比较*

以 JM－SF 为参比油研制以 SE 级油为目标的复合剂，需了解 JM－SF 性能与 SE 级油要求的差别。SE 和 SF 级油的主要质量指标差别及 JM－SF 发动机试验结果见表 2。

表 2　SE 和 SF 级汽油机油的质量指标差别及 JM－SF 发动机试验结果

项　目	质量指标			SE 较 SF 级油	JM－SF[1] 结果	JM－SF 较 SE 指标
	关系	SE	SF			
程序ⅢD 发动机试验						
黏度增长(64h)/ %	不大于	－	375	抗氧性要求低	224	富余约 1/3
(40h)/ %	不大于	375				
发动机平均评分(64h)						
发动机油泥	不小于	9.2	9.4	分散性要求稍低	9.42	稍富余
活塞裙部漆膜	不小于	9.1	9.2	清净性要求稍低	9.23	无富余
油环台沉积物	不小不	4.0	4.8	要求稍低	5.85	富余
环黏结		无	无	—	无	—
挺杆黏结		无	无	—	无	—
擦伤和磨损(64h)						
凸轮或挺杆擦伤		无	无	—	无	—
凸轮和挺杆磨损/mm						
平均值	不大于	0.102	0.102	—	0.020	富余
最大值	不大于	0.254	0.203	抗磨性要求稍低	0.030	富余
程序ⅤD 发动机试验						
发动机油泥平均评分	不小于	9.2	9.4	分散性要求稍低	9.42	稍富余
活塞裙部漆膜平均评分	不小于	6.4	6.7	清净性要求低	8.76	富余
发动机漆膜平均评分	不小于	6.3	6.6	清净性要求低	8.61	富余
机油滤网堵塞/ %	不大于	10	7.5	分散性要求低	7	富余
油环堵塞/ %		无	无	—	无	—
压缩环黏结		无	无	—	无	—
凸轮磨损/ mm						
平均值	不大于	报告	0.025	抗磨性要求低	0.022	富余
最大值	不大于	报告	0.064		0.046	富余

由表 2 看到，在抗氧性上 SE 级油较 SF 级油要求低将近 1/3；在清净性、分散性和抗磨性的要求上也不同程度上低于 SF 级油。从 JM－SF 的发动机试验结果看，JM－SF 相对于 SE 级油质量指标抗氧化性能富余较多；抗磨性富余较多；清净性和分散性富余不多。

3.2　研制复合剂调配的目标油与 JM－SF 油品级别及基础油比较

3.2.1　研制复合剂调配的目标油与 JM－SF 油品级别

研制复合剂调配的 SE 15W－40 油(简称研制油)与 JM－SF 比较见表 3。

表 3　研制目标油与 JM－SF 油品级别及基础油比较

油　品	研制油	JM－SF
质量级	SE	SF
黏度级	15W－40	10W－30
用基础油	MVI	HVI 加氢

由表3看到，研制油黏度级是15W－40，JM－SF是10W－30级，研制油较JM－SF黏度高。对研制复合剂抗磨性的要求应略低于JM－SF所用复合剂。

另外，由于15W－40用基础油较10W－30用基础油所使用的重质基础油多，一般来说，重质基础油较轻质基础油的氧化安定性差。因此，应注意基础油性质不同而带来的对研制复合剂抗氧化性要求高的问题。

3.2.2 研制复合剂与JM－SF用复合剂所适用基础油比较

研制油使用的基础油是MVI基础油，而JM－SF使用的是加氢HVI基础油，两基础油质量存在差别。研制复合剂用基础油与JM－SF用基础油的性能比较见表4。

表4 研制用基础油与JM－SF用基础油比较

项目		研制用基础油		JM－SF用基础油[1]
		MVI150	MVI500	加氢6JHJ
40℃运动黏度/（mm^2/s）		31.21	98.03	37.11
100℃运动黏度/（mm^2/s）		5.087	9.943	6.21
黏度指数		85	75	115
密度(20℃)/（kg/m^3）		872.8	893.8	—
倾点/℃		－9	－12	－12
闪点(开口)/℃		221	262	238
硫含量/%		0.12	0.23	<0.001
总氮含量/（μg/g）		4.6	61	2.5
碱氮含量/（μg/g）		<0.5	45	1.1
组分/%	饱和烃	89	89.6	100
	芳烃	11	9.8	—
	胶质	—	0.6	—
	总环烷烃	—	—	66.4
低温动力黏度/mPa·s				
－10℃		—	5500	—
－15℃		1470	—	1420
－20℃		2700	—	2350
氧化安定性/min		270	187	352

由表4看出，研制复合剂所用基础油的氧化安定性大大低于JM－SF所用基础油。研制复合剂时应重点考虑。

表4所示MVI150的黏度指数为85，硫含量大于0.1%，属于Ⅰ类油；MVI500的黏度指数为75，低于Ⅰ类油的标准，质量较差。JM－SF的黏度指数为115，远大于研制用基础油，硫含量小于0.001%，属于Ⅱ＋类油。

从“轿车发动机油和柴油机油API基础油互换准则”[2]看，研制用基础油与JM－SF用基础油的性能差别所带来的对复合剂性能要求不同。“轿车发动机油和柴油机油API基础油互换准则”规定了内燃机油基础油替换的规则，它基于不同种类基础油的实际发动机试验数据，反映了不同类别基础油在发动机油中的性能。此准则虽然声明只适用于SG以上级别的汽油机油，但它反映出的规律可供较低档次的汽油机油参考。SG、SH和SJ汽油机油的API基础油互换规则见表5。

表 5　API 汽油机油基础油互换规则[2]

原基础油	替换基础油		
	Ⅰ类	Ⅱ类	Ⅲ类
Ⅰ类	ⅢE、ⅤE	ⅢE	≤30%，不用； >30 并≤50%，不做 VE 和 L-38； >50%，不做 L-38
Ⅱ类	ⅢE、ⅤE	ⅢE VE（替换基础油饱和烃低于原基础油）	≤30%，不用； >30 并≤50%，不做 VE 和 L-38； >50%，不做 L-38
Ⅲ类	全部	全部	全部

表 5 中ⅢE 试验的测试性能与评定 SE、SF 汽油机油的ⅢD 试验的测试性能相近；ⅤE 试验的测试性能与评定 SE、SF 汽油机油的ⅤD 试验的测试性能相近。

由表 5 可以看到，用Ⅰ类基础油替换Ⅱ类基础油要重新进行ⅤE 发动机试验，反之则不用；用Ⅱ类基础油替换Ⅱ类基础油时，如果替换基础油的饱和烃含量不低于原基础油，则不用进行ⅤE 的评定。这说明利用Ⅰ类基础油调配的油品更难通过ⅤE 分散性发动机试验。相对应，对于 SE、SF 汽油机油利用Ⅰ类基础油调配的油品更难通过ⅤD 分散性发动机试验。

3.3　研制复合剂较 JM-SF 复合剂在性能要求上的差别

研制复合剂较 JM-SF 复合剂在性能要求上的差别总结如表 6。

表 6　研制复合剂较 JM-SF 复合剂在性能要求上的差别①

	JM-SF 较 SF 指标	SF 指标较 SE 指标	研制油基础油 较 JM-SF 基础油	JM-SF 复合剂较 研制复合剂的要求
分散性能	○	+	- -	-
清净性能	○②	+	-	○
抗氧化性能	○	+ +	- -	○
抗磨性能	+ +	+	+	+ + + +

注：① 表中"+"代表性能好或要求高；"-"代表性能差或要求低；"○"代表性能适合或要求相当。

② 程序ⅢD 发动机试验结果显示，活塞裙部漆膜评分无富余。

由表 6 看到，在分散性上，JM-SF 较 SF 汽油机油的质量指标基本无富余；SF 较 SE 汽油机油的分散性要求稍高；但研制剂所用基础油较差，对复合剂的分散性要求高。对于用研制复合剂调配 SE 级油，相对于调配 SF 级油的 JM-SF 复合剂，研制复合剂分散性总的要求应相当或略高。

在清净性能上，JM-SF 较 SF 级汽油机油的质量指标无富余；SF 较 SE 汽油机油的清净性要求稍高。但研制油基础油清净性能较差，相对于 JM-SF 复合剂，研制复合剂清净性总的要求应是相当。

在抗氧化性能上，JM-SF 较 SF 级汽油机油的质量指标几乎无富余；SF 较 SE 汽油机油的抗氧性要求高三分之一左右；但研制剂所用基础油氧化安定性较 JM-SF 用基础油差，对复合剂的抗氧性要求提高。JM-SF 复合剂本身应用于加氢基础油和 MVI 基础油混调的基础油需增加 0.1% 的抗氧补强剂[3]，也说明 MVI 基础油对油品的抗氧性能有不好的影响。相对于 JM-SF 复合剂，研制复合剂抗氧性总的要求应是相当。

在抗磨性能上，JM-SF 较 SF 级汽油机油的质量指标富余较多；SF 较 SE 汽油机油的抗磨性要求也高；研制剂所应用的油品黏度级高于 JM-SF。因此，相对于 JM-SF 复合剂，研制复合剂抗磨性总的要求是低。由于内燃机油中最主要的抗磨剂 ZDDP 同时是主要的抗氧剂，不应单独因为可以降低抗磨性而减少 ZDDP 的用量。

因此，对于调配研制油，研制复合剂在 JM－SF 复合剂的基础上，可以少量降低抗磨性；清净性、分散剂性和抗氧性则应不低于原水平。

由上面的比较可以看出，由于研制油所用的基础油性能差，使得原调配 SF 级油的 JM－SF 复合剂在此基础油中，只能调配 SE 级油。要降低调油成本，要降低加剂量，完成开发任务，就要提高复合剂的各项性能，需要选择新型高效的添加剂，并且发现更加适宜的添加剂组合。

4 试验内容、结果及讨论

4.1 评价复合剂用稠化基础油的调配

所用基础油为 MVI 基础油，以价格较低的 T613B 作为黏度指数改进剂，T803 作为降凝剂。以 100℃运动黏度为 14.5 mm^2/s 左右，－15℃低温动力黏度在 3300mPa · s 左右为目标，调配了 SE 15W－40 级稠化基础油，油品组成及主要高低温性能结果见表 7。

表 7 稠化基础油的调配

项 目		SE 15W－40 稠化基础油
组成（质量分数）/ %	MVI150	66.4
	MVI500	22.1
	T613B	11.2
	T803	0.30
100℃运动黏度/（mm^2/s）		13.9
－15℃低温动力黏度/mPa · s		2920
低温泵送温度/ ℃		不高于－20
倾点/ ℃		－27

复合剂加入稠化基础油后，油品的 100℃运动黏度将增加 0.4mm^2/s 左右，低温动力黏度将增加 400mPa · s 左右。由表 7 看到，调配的 15W－40 稠化基础油高低温黏度应能够满足要求。

4.2 复合剂配方研制

复合剂配方研制过程中的试验是通过将复合添加剂按比例加入到 15W－40 稠化基础油中，调配成为试验油，通过对试验油的对比来评价复合剂的性质。

4.2.1 分散性添加剂的选择

由前面的分析可知，研制的复合剂在分散性上相对于 JM－SF 复合剂，分散性总的要求应相当或略高。要进一步降低成本和加剂量，必须选择新型的分散剂或其组合。目前国内可以得到的内燃机油用分散剂以聚异丁烯丁二酰亚胺为主，其类型和主要性质见表 8。

表 8 国内主要聚异丁烯丁二酰亚胺分散剂类型及其性能

类 型		分散性能	清净性能	主要应用
低分子	低氮含量	* *	* * * *	柴油机油
	高氮含量	* * * *	* * * *	汽油机油，部分柴油机油
	多功能	* *	* * * *	汽油机油，柴油机油
高分子	低氮含量	* * * *	* * * *	高档内燃机油
	高氮含量	* * * *	* * * *	高档内燃机油

根据表 8 所列不同类型分散剂性能的情况，结合成本等因素选择两种分散剂和一组分散剂组合进行了考察。不同分散剂或组合对油品分散性能的影响见表 9。

表 9 不同分散剂的影响

项 目	分散剂 1	分散剂 2	组合分散剂	参比油	
				JM－SF	SE 参比
油泥分散指数	83	80	82	79	75
PDSC 诱导期/ min	17	14	17	21	16

分散指数反映油品对油泥的分散能力，分散指数越高说明油品的分散能力越强。由表 9 中的数据可以看出，两种分散剂及一组分散剂组合分散能力均好于或相当于参比油。相比之下，分散剂 2 的性能稍差，分散剂 1 和组合分散剂的性能相当，且较分散剂 2 有更好的抗氧化性能。根据性能和成本平衡的原则，选择组合分散剂作为 SE 级汽油机油复合剂的分散剂，并平衡加剂量。

4.2.2 复合抗氧剂的选择

由前面的分析可知，相对于 JM－SF 复合剂，研制复合剂抗氧性总的要求应是相当。在更低的加剂量要求下，需进一步提高单位加剂量的抗氧化性能。需选择更高效的抗氧化添加剂和更高效的抗氧剂组合。

ZDDP 是目前内燃机油中不可替代的的抗氧抗磨剂，是内燃机油抗氧抗磨的最主要添加剂。因此选择 ZDDP 为主要抗氧抗磨剂，并辅以高效的辅助抗氧剂，以提高抗氧效率，降低加剂量。选择了三种辅助抗氧剂(AO1、AO2 和 AO3)与 ZDDP 复合使用，考察结果见表 10。

表 10 抗氧添加剂的考察

油 品		抗氧剂(质量分数)/ %				PDSC 诱导期/ min	薄层氧化诱导期/ min
		ZDDP	AO1	AO2	AO3		
试验油	O－1	√	0.05	A		20	65
	O－2	√		A	0.05	17	116
	O－3	√		A		15	81
	O－4	√		A－0.05	0.05	17	86
	O－5	√		A－0.05		14	75
参比油	JM－SF					21	95
	SE 参比					16	84

由表 10 看到，通过 ZDDP 与辅助抗氧剂 AO1、AO2 和 AO3 的复合，研制油的抗氧化性能能够满足较 JM－SF 低 1/3 的要求。但不同的复合有不同的特点，需结合油品的其他性能、低成本的要求和复合剂稳定性等要求综合考虑。

4.2.3 复合剂配方的确定

根据前面的分析，调整了原 JM－SF 复合剂配方中无灰分散剂的类型和用量，提高了分散剂的分散效率；适当调整了复合剂中清净剂的比例；采用了新的辅助抗氧剂组合，不仅使复合剂能满足油品的氧化安定性的要求，而且更易生产且复合剂更稳定。研制复合剂(含 2.38 % 的稀释用基础油)基本组成见表 11，加剂量为 4.2 %。用研制复合剂和 15W－40 稠化基础油调配成的 SE 15W－40 评定油的模拟试验结果见表 12。

表 11　研制复合剂的组成

添加剂	类型
分散剂	丁二酰亚胺无灰分散剂
清净剂	高碱值磺酸钙、高碱值硫化烷基酚钙
抗氧抗磨剂	ZDDP、辅助抗氧剂
稀释油	HVI 150

表 12　SE 15W－40 评定油的模拟试验结果

油品	SE 15W－40 评定油	参比油	
		SE 参比	JM－SF
配方描述	研制复合剂	—	—
复合剂量/ %	4.2	—	4.7
薄层氧化诱导期/min	94	74	95
PDSC 诱导期/min	16	16	21
油泥分散指数	78	75	79
四球试验 P_B/kg	100	85	100
四球试验 $d_{60'}^{40}$/mm	0.47	0.48	0.45
清净性评分	65	—	—

由表 12 看到，SE 15W－40 评定油在模拟性能上与参比油相当。在此基础上，进行了发动机试验。

用研制的复合剂调配的 SE 15W－40 级评定油的理化性能见表 13，发动机试验结果见表 14。

表 13　SE 15W－40 评定油的理化性能

项目	结果	质量指标	试验方法
运动黏度(100℃)/ (mm^2/s)	14.37	12.5～<16.3	GB/T 265
－15℃低温动力黏度/mPa·s	3350	不大于 3500	GB/T 6538
边界泵送温度/ ℃	不高于－20	不高于－20	GB/T 9171
倾点/ ℃	－27	不高于－23	GB/T 3535
水分/ %(v)	痕迹	不大于痕迹	GB/T 260
泡沫性(泡沫倾向/泡沫稳定性)/(mL/mL)			
24℃	0/0	不大于 25/0	GB/T 12579
93℃	10/0	不大于 150/0	
后 24℃	0/0	不大于 25/0	
机械杂质/ %	无	不大于 0.01	GB/T 511
闪点(开口)/ ℃	221	不低于 215	GB/T 3536
碱值/ (mgKOH/g)	4.45	报告	SH/T 0521
硫酸盐灰分(质量分数)/ %	0.612	报告	GB/T 2433
硫/ %	0.35	报告	GB/T 17476
磷/ %	0.08	报告	GB/T 17476
氮/ %	0.0402	报告	SH/T 0704

表14 SE 15W－40 评定油的发动机试验结果

项　　目	结　果	质量指标	试验方法
L－38 发动机试验			
轴瓦失重/ mg	9.8	不大于40	SH/T 0265
剪切安定性			
100℃运动黏度/ (mm^2/s)	13.98	12.5～<16.3	SH/T 0265 GB/T 265
程序ⅡD 发动机试验			
发动机锈蚀平均评分	8.7	不小于8.5	SH/T 0512
挺杆黏结数	无	—	
程序ⅢD 发动机试验			
黏度增长(40℃, 64h)/ %	28.30	不大于375	SH/T 0783
发动机平均评分(64h)			
发动机油泥	9.49	不小于9.2	
活塞裙部漆膜	9.20	不小于9.1	
油环台沉积物	4.19	不小于4.0	
环黏结	无	—	
挺杆黏结	无	—	
擦伤和磨损(64h)			
凸轮或挺杆擦伤	无	—	
凸轮和挺杆磨损/ mm			
平均值	0.061	不大于0.102	
最大值	0.092	不大于0.254	
程序ⅤD 发动机试验			
发动机油泥平均评分	9.31	不小于9.2	SH/T 0672
活塞裙部漆膜平均评分	6.68	不小于6.4	
发动机漆膜平均评分	7.67	不小于6.3	
机油滤网堵塞/ %	5	不大于10.0	
油环堵塞/ %	2	不大于10.0	
压缩环黏结	无	—	
凸轮磨损/ mm (平均值)	0.019	报告	
最大值	0.023	报告	

由表13和表14看出，用研制复合剂调配的SE 15W－40 评定油满足了质量指标要求。研制复合剂可以在MVI基础油中以4.2%的加剂量调配SE 15W－40 级油品。

5 用SE级汽油机油复合剂调配SF级汽油机油

表14发动机试验结果显示，在4.2%加剂量下，油品的性能有一定的富余，有可能在复合剂加剂量增加不多的情况下，使所调配油品满足SF级汽油机油的要求。

5.1 调配SF级汽油机油所用加剂量的选择

SE 15W－40 评定油发动机试验结果中未达到SF级油要求的项目和结果见表15。表中较粗下划线数据是未达到SF级汽油机油要求的评定结果，较细下划线数据是恰能满足SF级汽油机油要求的结果。

表 15　发动机试验结果分析

项　　目	试验结果	SF 质量指标	试验方法
程序ⅢD 发动机试验			SH/T 0783
黏度增长(40℃，64h)/%	164	不大于 375	
发动机平均评分(64h)			
活塞裙部漆膜	9.2	不小于 9.2	
油环台沉积物	4.29	不小于 4.8	
程序ⅤD 发动机试验			SH/T 0672
发动机油泥平均评分	9.31	不小于 9.4	
活塞裙部漆膜平均评分	6.68	不小于 6.7	

由表 15 看出，用 4.2% 研制复合剂调配的油品仅在ⅢD 发动机试验油环台沉积物评分、VD 试验油泥评分和 VD 试验活塞裙部漆膜评分上没有达到 SF 级油的要求，且差距不大；ⅢD 试验油品黏度增长虽已达 SF 级油的要求，但富余不多。

综合以上结果分析，只要适当提高油品的清净分散性，即可满足 SF 级油的要求。因此，选择了 4.4% 和 4.5% 两个复合剂加剂量进行考察，结果见表 16。

表 16　复合剂加剂量考察结果

油　　品	SF-4	SF-5	SE 评定油
复合剂量/%	4.4	4.5	4.2
薄层氧化诱导期/min	92	95	94
PDSC 诱导期/min	18	19	16
油泥斑点分散指数	83	83	83/78
清净性评分	68	70	65

由表 16 看出，复合剂量增加到 4.4% 和 4.5% 时，油品清净性评分较 SE 评定油高，油品清净性有所提高。抗氧性和分散性较 SE 评定油相当或略好，有可能通过发动机试验对 SF 级油的要求。最终选择了 4.5% 的加剂量作为用研制复合剂调配 SF 级汽油机油的加剂量。

5.2　SF 15W-40 级评定油评定结果

以 4.5% 研制的复合剂与所确定的稠化基础油调配的 SF 15W-40 评定油的理化性能见表 17，发动机试验结果见表 18。

表 17　SF 15W-40 级评定油理化性能

项　　目	结　　果	质量指标	试验方法
运动黏度(100℃)/(mm^2/s)	14.29	12.5～<16.3	GB/T 265
-15℃低温动力黏度/mPa·s	3200	不大于 3500	GB/T 6538
边界泵送温度/℃	不高-20	不高-20	GB/T 9171
倾点/℃	-30	不高于-23	GB/T 3535
水分/%(v)	痕迹	不大于痕迹	GB/T 260
泡沫性(泡沫倾向/泡沫稳定性)/(mL/mL)			
24℃	痕迹/0	不大于 25/0	GB/T 12579
93℃	10/0	不大于 150/0	
后 24℃	痕迹/0	不大于 25/0	
机械杂质/%	无	不大于 0.01	GB/T 511
闪点(开口)/℃	218	不低于 215	GB/T 3536
碱值/(mgKOH/g)	5.05	报告	SH/T 0251
硫酸盐灰分/%	0.647	报告	GB/T 2433
硫/%	0.37	报告	GB/T 17476
磷/%	0.09	报告	GB/T 17476
氮/%	0.0418	报告	SH/T 0704

表 18　SF 15W－40 级评定油发动机试验结果

项　　目	结　　果	质量指标	试验方法
L－38 发动机试验①			
轴瓦失重/ mg	9. 8	不大于 40	SH/T 0265
剪切安定性			
100℃运动黏度/ (mm^2/s)	13. 98	12. 5－<16. 3	SH/T 0265 GB/T 265
程序ⅡD 发动机试验①			
发动机锈蚀平均评分	8. 7	不小于 8. 5	SH/T 0512
挺杆黏结数	无	—	
程序ⅢD 发动机试验			
黏度增长(40℃，64h)/ %	335. 9	不大于 375	SH/T 0783
发动机平均评分(64h)			
发动机油泥	9. 35	不小于 9. 2	
活塞裙部漆膜	9. 25	不小于 9. 2	
油环台沉积物	4. 82	不小于 4. 8	
环黏结	无	—	
挺杆黏结	无	—	
擦伤和磨损(64h)			
凸轮或挺杆擦伤	无	—	
凸轮和挺杆磨损/ mm			
平均值	0. 017	不大于 0. 102	
最大值	0. 034	不大于 0. 203	
程序ⅤD 发动机试验			
发动机油泥平均评分	9. 42	不小于 9. 4	SH/T 0672
活塞裙部漆膜平均评分	7. 51	不小于 6. 7	
发动机漆膜平均评分	7. 83	不小于 6. 6	
机油滤网堵塞/ %	4. 0	不大于 7. 5	
油环堵塞/ %	3. 0	不大于 10. 0	
压缩环黏结	无	—	
凸轮磨损/mm　　平均值	0. 009	不大于 0. 025	
最大值	0. 022	不大于 0. 064	

注：① 4. 2 % 加剂量的试验结果。

表 17 和表 18 的结果显示，SF 15W－40 评定油满足了 SF 15W－40 级汽油机油的质量要求。以 4. 5% 的加剂量用于 MVI 基础油中，可以调配 SF 级汽油机油。

6　研制复合剂的质量指标

研制复合剂的质量指标见表 19。

表 19　研制的汽油机油复合剂质量指标

项　　目		质量指标	试验方法
运动黏度(100℃)/ (mm^2/s)		报告	GB/T265
闪点(开口)/ ℃	不低于	170	GB/T3536
密度(20℃)/ (kg/m^3)		980～1050	GB/T2540①、ASTM D 4052
水分/ % (v)	不大于	0. 18	GB/T260
色度(稀释)/ 号	不大于	5. 5	GB/T6540

续表

项　　目		质量指标	试验方法
碱值/(mgKOH/g)	不小于	88	SH/T 0251
机械杂质/ %	不大于	0.10	GB/T511
钙含量/%	不小于	2.6	GB/T17476、SH/T 0228、SH/T 0270、SH/T 0309、SH/T 0631、ASTM D4951①、SH/T 0309
锌含量/%	不小于	1.97	GB/T17476、SH/T 0226、SH/T 0228、SH/T 0309、SH/T 0631、ASTM D4951①
磷含量/%	不小于	1.7	GB/T17476、SH/T 0296、SH/T 0631、SH/T 0749、ASTM D4951①
氮含量/ %	不小于	0.75	GB/T9170、SH/T 0656①、SH/T 0704

注：① 为仲裁试验方法。

7　研制复合剂工业试生产

研制复合剂在上海海润添加剂有限公司进行了工业试生产，三批试生产复合剂检测结果见表20。

表20　工业试生产复合剂的质量检测结果

项　　目	质量指标	实 测 数 据			试验方法
		TK114－06/014－1	TK114－06/019－1	TK114－06/020－1	
运动黏度(100℃)/(mm^2/s)	报告	142.0	132.2	123.6	GB/T 265
闪点(开口)/ ℃	不低于170	200	204	202	GB/T 3536
密度(20℃)/(kg/m^3)	980～1050	1009.2	1009.9	1009.2	ASTM D4052
水分/%(v)	不大于0.18	0.04	0.06	0.06	GB/T 260
色度(稀释)/ 号	不大于5.5	<4.5	<4.5	<4.5	GB/T 6540
碱值/ (mgKOH/g)	不小于88	97.8	101	98.4	SH/T 0251
机械杂质(质量分数)/ %	不大于0.10	无	无	0.02	GB/T 511
钙含量/ %	不小于2.6	2.89	2.98	2.98	ASTM D4951
锌含量/ %	不小于1.97	2.17	2.23	2.18	ASTM D4951
磷含量/ %	不小于1.7	1.86	1.94	1.9	ASTM D4951
氮含量/ %	不小于0.75	0.94	0.92	0.93	SH/T 0656

由表20看到，生产的三批复合剂达到了质量指标要求。

8　复合剂稳定性考察

为考察研制复合剂的稳定性，采用不同批次单剂、不同加剂次序调配了4个复合剂产品，分别在室温放置和低温储存的条件下进行考察，试验过程及试验结果见表21。

表21 复合剂稳定性考察结果

阶段	1	2	3	4
开始时间	2005-7-22	2005-8-09	2005-09-28	2006-9-29
条件	室温，不避光，试管保存	-25℃，冰箱，避光，试管保存	室温，不避光、试管保存	室温，不避光、试管保存
天数	18	50	32	366
结果	均匀透明，无变浑浊，无沉淀、无变色			

由表21看到，经过一年多的不避光室温和低温储存，复合剂产品保持稳定，没有出现混浊、沉淀和变色。

9 行车试验

利用工业试生产的复合剂调配的SE 15W-40汽油机油进行了行车试验。参比油为用国外公司SE汽油机油复合剂(加剂量为4.6%)调配的SE 15W-40汽油机油。

8000公里的行车试验表明，石油化工科学研究院新研制的SE级汽油机油配方，在抗氧化性能、清净分散性能、润滑性能、抗磨性能等方面，优于或相当于进口添加剂配方的SE级汽油机油。

10 复合剂性能及经济性分析

研制复合剂的性能及经济性分析见表22。

表22 研制复合剂性能及经济性分析

		研制复合添加剂	国外复合剂A	评价
适用基础油		MVI	HVI	基础油成本优势
行车试验		优于或相当于国外复合剂	—	研制复合剂调配的油品性能好
复合剂原料		全部国产添加剂单剂	进口	带动国内添加剂发展
加剂量/%	SE级油	4.2	4.6	复配技术先进
	SF级油	4.5	不低于4.82	
调油用添加剂成本		复合剂的原材料成本+2000元储运和生产费用作为研制复合剂售价，吨油用复合剂成本较国外复合剂低125元以上		经济效益明显

由表22看到，研制的汽油机油复合剂复配技术先进，性能优良，能够适应较低质量的基础油，可以大大降低油品调合成本，应用于生产可以产生较好的经济效益。

同时，配方中使用了具有自主知识产权的单剂，全部原料立足国内，可以带动国内添加剂单剂的生产。

11 结论

1)利用国产添加剂单剂成功研制出了适合于使用MVI基础油的SE、SF汽油机油复合剂。该剂以4.2%的加剂量调配的SE 15W-40汽油机油和以4.5%的加剂量调配的SF 15W-40汽油机油满足了GB 11121—2006对SE 15W-40和SF 15W-40汽油机油的要求。

2)工业试生产和行车试验结果表明，研制复合剂易于生产、性能稳定，用此复合剂调配的油品性能优良。

3)研制的SE/SF级汽油机油复合剂不仅是可以应用于MVI基础油的复合剂，而且加剂量是目前所见最低。

4)研制的复合剂配方中较以前配方使用了新的抗氧剂组合，使复合剂的抗氧性更高效，使复合剂更稳定；同时配方中清净分散剂的类型、比例和用量均根据要求和基础油的具体情况进行了优化，使其更有效，成本更低。

5)配方中大量使用了具有自主知识产权的已工业化单剂，全部单剂来源于国内，可以带动国内添加剂行业的发展。

6)研制的复合剂经济性好，易于生产和使用，应用于生产将会带来较大的经济效益。

参 考 文 献

[1] Merican Chemistry Council Product Approval Code of Practice Appendixe

[2] 石油化工科学研究院. 荆门加氢基础油生产内燃机油的研究

[3] 石油化工科学研究院. 荆门加氢基础油生产 10W－30SF 汽油机油经济配方的研究

Ziegler - Natta 催化剂中内给电子体化合物的研究进展

王月娜

（中国石化催化剂抚顺分公司，抚顺　113122）

摘　要：给电子体在 Ziegler - Natta 催化剂中对提高聚丙烯的立构规整性具有非常重要的作用。近年来，给电子体的研究一直是 Ziegler - Natta 催化剂的研究热点。文中综述了近年来在内给电子体方面的研发进展，并对该领域的发展进行了展望。

关键词：给电子体　Ziegler - Natta 催化剂　聚丙烯

自 Ziegler - Natta 催化剂(Z - N 催化剂)被发现并用于丙烯聚合工业以来，给电子体方面的研究一直是 Z - N 催化剂研究的热点[1-3]。所谓给电子体化合物，是指一些含氧、硫、氮、硅等的有机化合物，统称 Lewis 碱。Lewis 碱在高效载体催化剂中对 $MgCl_2$ 的活化，尤其是对催化剂的立体选择性起着关键的作用。通常给电子体可按其加入时刻的不同分为内给电子化合物和外给电子化合物两大类。一种是作为添加剂在催化剂制备过程中加入，以配合物的形式存在于催化剂中的，为内给电子体化合物(internal donor)；另一种是在聚合过程中加入聚合体系的，为外给电子体化合物(external donor)。一般说来，给电子体化合物作为负载型高效聚丙烯催化剂中不可缺少的第三组分，可以明显地提高催化剂的稳定性和聚丙烯的立构规整性，简化工艺流程，割除冗长的后处理工艺。

内给电子体是人们最早意识到会提高 $MgCl_2$ 负载型催化剂的立构规整性的物质，它相对于外给电子体来说，发挥了最核心的作用。从过去 20 多年的研究来看，内给电子体的发展历程为：①芳香单酯，如苯甲酸乙酯(EB)；②芳香二酯，如邻苯二甲酸酯；③二醚。这几种内给电子体对应着几代 Z - N 催化剂。由于这些内给电子体都对应着某一类物质，故研究者往往会考察其同系物用作内给电子体的结果，而这些结果基本相同，因此内给电子体的选择通常是根据制备的难易、成本，以及是否会对聚合过程产生负面影响为原则。很多研究者还报道了其他种类的内给电子体，如胺类、烷氧硅烷、琥珀酸酯等。内给电子体化合物的研究进展如下：

1　芳香族单酯类

在催化剂研究的初期，丙烯催化聚合活性很低，所得聚合物立构规整性不高，人们开始尝试在制备催化剂时加入一些化合物来加以调整，早先发现的 Z - N 丙烯聚合催化剂内给电子体是单酯类化合物，如苯甲酸甲酯、苯甲酸乙酯(EB)等，其中应用最为普遍的是苯甲酸乙酯。当采用苯基三乙氧基硅烷(PES)为外给电子体[4]时，每克催化剂每小时可产生 24 ~ 60 kg 聚丙烯，聚合物的等规度为 91% 左右。聚丙烯的等规度没有明显提高，但催化剂活性有所提高。对于符合通式 R_1COOR_2 的单酯类羧酸酯在以苯基烷氧基硅烷为外给电子体的催化体系 $TiCl_4 \cdot MgCl_2 \cdot Al(C_2H_5)_3 \cdot (C_6H_5)_nSi(OR)_{4-n}$ 中考察其对丙烯的定向配位作用发现，适当增大 R_1 基团，可以提高丙烯的定向配位作用，而 R_2 基团的增大则影响到酯与 $MgCl_2$ 载体的镁离子配位，使双齿配位的“锚固作用”受到阻碍，反而使等规度下降；同时还指出使用对甲基苯甲酸甲酯、对甲基苯甲酸乙酯、对甲氧基苯甲酸乙酯为给电子体效果更好。

2 双酯类给电子体

2.1 芳香族双酯类给电子体

芳香族双酯类化合物是目前聚丙烯工业催化体系中被广泛采用的内给电子体，通常为邻苯二甲酸二正丁酯(DNBP)和邻苯二甲酸二异丁酯(DIBP)。芳香双酯类作为内给电子体必须添加外给电子体才能达到较好的效果，目前工业上广泛应用的外给电子体为烷氧基硅烷类化合物。徐君庭等[5]分别用DNBP、邻苯二甲酸二异辛酯(BEHP)、癸二酸二异辛酯(BEHS)和EB作内给电子体化合物，选用二苯基二甲氧基硅烷(DDS)作外给电子体，研究表明BEHS作内给电子体时的催化剂的活性较低，EB为内给电子体在没有外给电子体存在时活性较高，这表明EB与DDS匹配效果不是很好；而以DNBP和BEHP为内给电子体化合物的催化剂，未加DDS时活性较高，加入DDS后活性下降不大，说明芳香双酯化合物作内给电子体与外给电子体DDS有较好的匹配效果。用常见的芳香族二酯类化合物作Z－N催化剂的内给电子体时，催化剂的活性较低，而且所得聚合物的相对分子质量分布也较窄，不利于聚合物牌号的开发。

2.2 脂肪族双酯类给电子体

作为内给电子体使用的脂肪族双酯类化合物可分为丙二酸酯类，戊二酸酯类和琥珀酸酯类。

丙二酸酯作为内给电子体所制得催化剂的活性和聚合物的等规度都不太令人满意。莫里尼等[6]报道了采用二环戊基二甲氧基硅烷为外给电子体、取代的丙二酸酯为内给电子体时的丙烯聚合研究。发现2位上取代基含杂原子的丙二酸酯类化合物为内给电子体的催化剂，其活性和聚合物的等规度明显高于不含杂原子的丙二酸酯类化合物为内给电子体的催化剂；而且含杂原子基团的体积越大，聚合物的等规度越高。尤其当取代基为烯丙基时，烯丙基的支化度较低，不能产生较好的空间效应，催化剂的活性偏低，聚合物的等规度较低。这可能是因为随着杂原子基团体积增大，给电子能力增强，与载体的络合物更加稳定。

用戊二酸酯作为内给电子体，催化剂的活性和聚合物的等规度都不尽如人意。Morini[7]等对于β－取代戊二酸酯类给电子体化合物进行了深入的研究，发现β位取代基团为正丙基、异丙基、异丁基和甲基作内给电子体时，制备的催化剂活性和聚合物的等规度明显高于未取代或α取代的戊二酸酯类内给电子体，而且β位上为双取代基团的催化剂其活性和聚合物的等规度高于β位上单取代基团的戊二酸酯化合物。

Basell公司1999年推出采用琥珀酸盐为内给电子体的新一代Z－N催化剂体系，并已实现了工业化[8]。莫里尼等[9]开发了系列琥珀酸酯为Z－N催化剂的内给电子体，该类内给电子体改进了催化剂控制分子量分布、等规度和低聚物含量的能力，通过改进分子量分布，可大大改进均聚体和多相共聚体聚丙烯的性质。特别是，采用琥珀酸酯类化合物作内给电子体的催化剂组分，即使聚合时不加入外给电子体，也能使聚合物的等规度达96%。采用含琥珀酸酯类给电子体的催化剂，可得到等规度高、相对分子质量分布宽的聚丙烯。莫里尼[7]等合成了一系列β取代琥珀酸酯，用二环戊基二甲氧基硅烷作外给电子体，与α取代和未取代的琥珀酸酯进行对比，发现β取代的琥珀酸酯与α取代和未取代的琥珀酸酯相比，前者催化剂的活性和聚合物的等规度等性能明显优于后者，而且β取代琥珀酸酯作为内给电子体，催化剂的活性和聚合物的等规度明显高于丙二酸酯和戊二酸酯类化合物。

3 氰基酯类给电子体

莫里尼等[9]采用氰基酯类化合物为内给电子体，对丙烯聚合进行了研究。研究结果表明，该类给电子体作为催化剂组分用于烯烃聚合时，催化剂对氢调的敏感性较好，并且能产生较宽相对分子质量分布的聚合物。双取代氰基酯为丙烯聚合催化剂的内给电子体时，催化剂的活性和立体选择性较高；单取代氰基酯中，当取代基为支化度较高的叔丁基时，更容易产生空间效应，提高催化剂的立体选择性。因此，同样可以得出取代基团越多，供电子能力越强，空间效应越强的结论。同时，高支化度的取代基能提高聚合物的等规度。

4 二醚类内给电子体

1，3－二醚类化合物内给电子体是由Basell公司开发的。以1，3－二醚类化合物为内给电子体的丙烯聚合催化剂具有高活性、高氢调敏感性及窄相对分子质量分布等特点，并且在聚合过程中不加入外给电子体时仍可以得到高等规度的聚丙烯[10]。在较高温度和较高压力下，用该类催化剂可使丙烯抗冲共聚物中的均聚聚丙烯基体具有较高的等规度，提高了结晶度。即使熔体流动指数很高时，聚丙烯的刚性也很好，非常适合用作洗衣机内桶专用料。这是以前催化剂所未能达到的。用这类催化剂得到的产品相对分子质量分布窄，适用于纺黏和熔喷纤维。但这类催化剂可能存在的一个较大的缺点是所得PP分子链的缺陷较多，不利于生产高性能聚合物。二醚化合物结构较为复杂，合成比较困难，李甲辉等[11]综述了二醚化合物的合成方法。由于合成工艺成本高，因此限制了该给电子体的推广应用。

5 二酮类内给电子体

蒙特尔公司[12]研究了二酮类化合物作为内给电子体的Z－N催化剂，在此催化剂体系中，与金属配位的只能是羰基的氧原子，但由于碳氧双键的作用使得氧原子上的电荷密度降低，从而削弱了内给电子体的给电子作用，使得催化剂的活性较低。

6 二胺类内给电子体

Burfield等[13]报道了以单胺类化合物三乙胺为内给电子体的Z－N丙烯聚合催化剂，丙烯聚合实验结果表明，催化剂的活性不高，但在动力学观点的基础上，通过实验解释了单胺类化合物对催化剂活性的影响。Morini等[14]采用二胺类化合物为Z－N催化剂的内给电子体时，发现催化剂的活性普遍偏低，这可能是由于二胺分子中与催化剂体系内金属配位的氮原子电负性较弱、周围电子云密度偏低的原因。取代基的供电能力较差，因而催化剂的活性较低。但还可以看出，取代基由苯基替换甲基后明显改善了取代基的供电子能力，相对提高了催化剂的活性。

7 二醇酯类内给电子体

1，3－二醇酯类化合物是由中国石油化工股份有限公司北京化工研究院开发的一类新型的丙烯聚合Z－N催化剂的内给电子体[15]等。高明智等[16]提出一种具有特殊结构的芳香族双酯类内给电子体，发现取代基团的推拉电子性能对催化剂的活性产生显著的影响，将具有推电子效应的基团引入苯环可增强给电子基团的给电子能力，从而提高催化剂的活性。该类给电子体用于丙烯聚合时，具有较高的催化活性，较好的立体定向性，同时可通过改变取代基的种类与位置，得到不同氢调敏感性的催化剂，所得聚合产物具有较宽的相对分子质量分布，有利于聚合物牌号的开发。目前该类催化剂已进行了初步的工业应用试验，效果良好，正处在工业化过程阶段。

8 磷酸酯类内给电子体

聚丙烯产品的性能除取决于其等规度和分子量外，聚丙烯的分子量分布对其性能也起决定作用。中国科学院长春应用化学研究所[17]将磷酸酯类化合物作为内给电子体用于制备高效聚丙烯均聚、共聚催化剂，所得到的催化剂可生产宽分子量分布($M_w/M_n \geq 6.9$)的聚丙烯均聚或共聚产物。

9 聚合物类内给电子体

张巧风等人[18]采用聚丙二醇二苯甲酸酯(PPGDB)为内给电子体制备了一种新的丙烯聚合催化

剂 $MgCl_2$/PPGDB/$TiCl_4$。该催化剂用于丙烯聚合时，除了具有与以邻苯二甲酸二异丁酯为给电子体的催化剂相当的活性和立体定向性外，所得产物的分子量分布较宽($M_w/M_n>8.0$)。通过采用红外光谱研究催化剂中 PPGDB 与 $MgCl_2$ 的作用机制，可知 PPGDB 中的酯官能团和醚官能团可同时与 $MgCl_2$ 配位。这种双官能团的配位作用使得聚合物有较宽的分子量分布。

10 酮醚、酮酯、醚酯结合类化合物给电子体

许多研究者将多个官能团引入到一个化合物分子中，如酮－醚结合、酮－酯结合、醚－酯结合，目的是想优势利用不同官能团的特点。Basell 公司研制的酮酯化合物[19]活性高、分子量分布宽；以该公司开发的 γ－丁内酯和醚结合的化合物制备的催化剂用于烯烃特别是丙烯聚合时，显示出高的聚合物收率和高的等规指数[20]。中国石化石油化工科学研究院申请了一种酮基和醚基结合的化合物专利[21]，与 DIBP 复配使用可得到宽分子量分布的聚合物。中国科学院长春应用化学研究所合成的聚醚二芳香酯[22]，其相应催化剂的活性不高，但可得到分子量分布较宽的产品。中国石油开发的二元醚酯[23]分子结构中含有 2 个醚键及羰基、酯基。其催化剂不仅活性高，所得聚合物还具有高立构规整度和高熔融指数的特点。

近年来，在 Z－N 催化剂的制备过程中，利用已有的给电子体化合物进行复配，取得了许多成果，如 Montell 公司[24]将邻苯二甲酸酯与异丙基异戊基二甲氧基丙烷复配，使制备的催化剂具有更高的定向能力，可得到相对分子质量分布宽的聚合物。Basell 公司[25]将琥珀酸酯和邻苯二甲酸酯复配也得到了相对分子质量分布宽的聚合物。Union Carbide 公司[26]将氯苯和二乙氧基苯复配，使制备的催化剂具有更高的活性。罗志强等人[27]对 $TiCl_4$/$MgCl_2$/1，3－二醇酯(LLX)/邻苯二甲酸酯(DBP)复配内给电子体催化剂的丙烯聚合行为进行了研究，发现采用 $TiCl_4$/$MgCl_2$/LLX /DBP 复配内给电子体催化剂，初始聚合速率快且衰减慢、活性高、氢调敏感性好。与 $TiCl_4$/$MgCl_2$/DBP 催化剂制备的聚丙烯相比，其相对分子质量分布变宽、熔点降低、熔融焓减小、分子链的规整度下降。

11 结 语

目前给电子体的研发已经从单纯追求提高催化剂的活性与等规度，逐渐转到追求提高所得聚合物的力学性能、加工性能等方面的同时，兼顾活性与等规度。今后 Z－N 催化剂的主要发展方向仍然是开发新型给电子体，研究开发多官能团组合的化合物和给电子体复配使用也将会成为未来给电子体的研发趋势。

参 考 文 献

[1] Kitano K，Sugawara M，Matsuura M. Polyolefin：Changing Supply－Demand Framework and New Technology. Macromol. Symp.，2003，201(1).

[2] Moore E G. Polypropylene Handbook. Munich：Carl Hanser Verlag，1996，168.

[3] Galli P. The breakthrough in catalysis and processes for olefin polymerization：innovative structures and a strategy in the materials area for the twenty－first century. Prog. Polym. Sci.，1994，19(6)

[4] Kioka M，Kashiwwa N. Role of Electron Donor in Propylene Polymerization Using Magnesium Chloride－Supported Titanium Tetrachloride Catalyst. JMol Cam1，1993，82(1)

[5] 徐君庭，封麟先，杨士林. 丙烯聚合高效负载型 Ziegler－Nataa 催化剂. 内给电子化合物的作用. 石油化工，1998，27(3)

[6] 莫里尼 G，巴尔邦廷 G，查德维 g J 等(希蒙特公司). 关于烯烃聚合的组分和催化剂. 中国，CN 98801094.，1999

[7] 莫里尼 G，巴尔邦廷 G，查德维 g J 等(希蒙特公司). 用于烯烃聚合的催化剂组分和催化剂. 中国，CN 00801123.0，2001

[8] 巴塞尔公司. 巴塞尔开发新型齐格勒－纳塔催化剂. 工业催化，2002，10(5)

[9] 莫里尼 G，古勒维奇 Y V，巴尔邦廷 G(希蒙特公司). 用于烯烃聚合的组分和催化剂. 中国，CN 98801606.0，2000

[10] 徐君庭，封苍先，王森辉等. 无外给电子化合物的新型聚丙烯催化剂的研究聚合结果. 浙江大学学报(自然科学版)，1998，32(3)

[11] 李甲辉，高占先. 二醚化合物在Z-N催化剂中的应用及其合成研究. 辽宁化工，2002，31(9)

[12] 莫里尼 G，阿尔比扎蒂 E，詹尼尼 U 等. 用于烯烃聚合反应的组分和催化剂. 中国，CN 1105671，1995

[13] Burfield D R. Tair P J T. Z-N Catalysis Effect of Electron Donors on the Course of Polymerization. Polymer, 1974, 15 (2)

[14] 莫里尼 G，索达马格利亚 R，巴卢齐 G 等(希蒙特公司). 烯烃聚合催化组分及催化剂. 中国，CN 93119343.5，1994

[15] 刘海涛，高明智，杜宏斌等. 用于烯烃聚合的催化剂组分及其催化剂. 中国，CN 03124255.3，2001

[16] 高明智，刘海涛，李昌秀等. 用于烯烃聚合反应的催化剂组分及其催化剂. 中国，CN 03109781.2，2003

[17] 中国科学院长春应用化学研究所. 磷酸酯类化合物的应用. 中国，CN 1974612A，2007

[18] 张巧风等. 以聚丙二醇二苯甲酸酯为给电子体的丙烯聚合催化剂. 催化学报，2007，28(1)

[19] 古列维奇 Y V，巴尔邦廷 G，莫里尼 G，等. 用于烯烃聚合的组分和催化剂。中国，CN 1942488，2007.

[20] 古列维奇 Y V，巴尔邦廷 G，克尔德 R，等. 用于烯烃聚合的催化剂组分和催化剂。中国，CN 1968974，2007

[21] 徐东炘，荣峻峰，费建奇，等. 一种烯烃聚合固体催化剂组分及制备方法与应用。中国，CN 101153062，2008.

[22] 张学全，陈斌，张巧风，等. 聚醚二芳香酯类化合物的应用. 中国，CN 1986576，2007.

[23] 付义，郎笑梅，赵成才，等. 烯烃聚合催化剂组分及其制备方法. 中国，CN 101215344，2008.

[24] Montell Technology Company. Solid Catalyst Component for Polymerizing Olefin, Catalyst for Polymerizing Olefin and Method for Producing Polyolefin. Jpn Kokai Tokkyo Koho, JP 2001139621, 2001

[25] Basell Technology Company. Catalyst Components for Polymerization of olefins. PCT Int Appl, WO 0230998, 2002

[26] Union Carbide Chemical Plastic. Novel Electron Donor Containing Compositions. EP PatAppl, EP 922712, 1999

[27] 罗志强等. 复配内给电子体催化剂催化丙烯聚合. 石油化工，2007，36(3)

加氢脱硫催化剂活性相的表征方法研究

徐广通　郑爱国　袁蕙　孙淑玲　卢立军　张进　方胜良
（中国石化石油化工科学研究院，北京　100083）

摘　要：针对柴油加氢脱硫催化剂活性相的表征方法展开研究。建立了利用透射电子显微镜(TEM)、原位探针红外以及原位硫化热重分析技术研究加氢脱硫催化剂活性的方法。

通过 TEM 直接观察到加氢催化剂活性相的分布和活性相的特征，包括活性相的分散度、活性相的数目、活性相的类型以及活性相的几何参数。确定了 TEM 采集的催化剂条纹堆垛信息与催化剂活性之间的关联。采用 CO 探针原位红外光谱表征的方法，将位于 2179cm^{-1}的 CO 吸附特征峰作为该催化剂加氢脱硫活性的指示。采用原位硫化热重分析方法，从硫化曲线的峰形、峰宽和硫化增重量可以获得相应催化剂活性相生成方面的信息。

关键词：加氢催化剂　透射电子显微镜　原位红外光谱　原位热重分析

1　前言

环保法的日益严格对车用燃料的规格提出了越来越严格的要求，欧洲柴油标准[1]主要质量指标近十余年的演变，显示出对柴油中残存硫含量要求的趋势。车用燃料的低硫直至无硫化已经成为车用燃料发展的必然趋势。我国柴油产品的主要调和组分是直馏柴油和二次加工柴油，调和前这些组分的加氢脱硫是降低柴油中硫含量的关键[2]。进一步提高柴油加氢脱硫催化剂的活性成为石油炼制中最活跃的课题之一。

提高加氢脱硫催化剂活性的手段很多，如提高催化剂的本征活性和活性中心数量，优化活性组分的匹配等。加强对加氢脱硫催化剂活性相的认识有助于把握催化剂制备条件对催化活性的影响。开展加氢脱硫催化剂活性相的表征研究，认识催化剂活性相结构与其催化活性和制备工艺的关系，对加快研发高活性的加氢脱硫催化剂具有重要的意义。

Co(Ni) Mo(W)/Al_2O_3 类加氢脱硫催化剂化学组成的非均匀性及催化过程的复杂性，使得催化剂的表征非常困难。在该类催化剂的研发、工业化过程中逐步形成了众多的有关活性相结构的理论模型。其中 Topsφe 等人提出的 Co - Mo - S 相模型及 Daage 和 Chianelli 提出的“Rim - Edge”模型[3~7]是近年来研究较为深入，也广为接受的两个理论模型，可以较好的解释该类催化剂中助剂原子的作用，并能够说明不同活性结构对反应活性及选择性的影响等问题。

在过去的十几年中，一系列先进的分析技术如 Möss，XPS、EXAFS、TEM、探针分子化学吸附的红外光谱分析等被用于硫化态加氢催化剂活性相的研究。Kasztelan S. 等[8]详细报道了 TEM 在表征加氢脱硫催化剂中的特点。左东华等[9]在用 TEM 研究 NiW/ Al_2O_3 催化剂活性相时发现随助剂含量上升，晶片堆叠层数上升，晶粒长度下降。S. Eijsbouts 等[10]发现 CoMo 催化剂的加氢脱硫活性与 MoS_2 的分散度成比例关系，高的催化活性对应于高的分散度。在计算分散度时采用了一种半定量的方法，利用一些假设模型计算出边角位的可接触 Mo 原子数作为分散度的计算依据，所得到的关联关系是明确的。

利用探针分子吸附的原位红外光谱表征是从原子和分子水平研究催化剂和阐明反应中心及反应机理的重要手段之一。根据 CO 与催化剂上金属活性中心的吸附行为和活性中心周围电子环境的不同导致的红外光谱特征的变化(包括谱带位置、数目、强度等)，可区别不同类型的活性中心，据此可推测催化剂的活性中心的类型和催化反应机理[11~16]。

热分析用于催化剂和催化作用的研究已有近六十年的历史。热重法在测定催化剂还原度方面有很多相关报道，比如 Cu - Ni/白土催化剂还原过程的考察、用还原 TG 曲线确定 Ni - W/Al_2O_3 表面 $NiWO_4$ 化合物的还原温度，并由还原失重确定 $NiWO_4$ 生成量、测定工业粒度氨合成催化剂还原度、考察助剂对 $NiCo_2O_4$ 尖晶石催化剂氧活性的影响[17~20]等。但是由于 H_2S 气体的剧毒性及强腐蚀性，在 H_2S 氛围下考查加氢脱硫催化剂的硫化特性的文献报道还比较少。

热重分析可以表征催化剂在程序升温过程中的质量变化。通过在热重分析仪上对加氢脱硫催化剂进行原位硫化的实验方法，考察催化剂硫化过程的难易程度以及硫化过程中的质量变化情况，可以为认识加氢脱硫催化剂在硫化过程中的实际上硫情况提供直接的实验数据。

针对开发新一代超深度加氢脱硫催化剂的需要和实验条件，本研究以透射电子显微镜为主，结合探针分子吸附红外光谱、原位热重等表征手段对多个系列加氢脱硫催化剂活性相的表征方法进行较系统的研究。

2 实验部分

2.1 实验仪器

FEI 公司 TECNAI G2 F20 S - TWIN 透射电子显微镜；Bruker 公司 EQUINOX 55 型傅立叶变换红外光谱仪；杜邦仪器公司 TA 951 型热重分析仪；Agilent 公司 6890 气相色谱仪。

2.2 样品为石油化工科学研究院自制的系列 CoMo/$\gamma - Al_2O_3$ 催化剂。

2.3 催化剂的 TEM 表征

在催化剂样品的不同区域进行图片采集，每个样品拍摄 10 ~ 20 张照片，统计计算得到可观察 MoS_2 片晶的数量、片晶的平均堆垛层数以及片晶的平均长度。

2.4 催化剂的 CO 吸附与红外测量

样品压成 ϕ14mm 的自承片，放入石英池内；高纯氢高温还原，高真空下净化至室温得还原态催化剂，通入 CO 后脱附，测量光谱。

2.5 原位热重分析

在高纯氮氛围下，将催化剂以一定的程序方式升温、降温、硫化。H_2 和 H_2S 流量控制及硫化升温速率参照微反硫化条件拟定。

2.6 催化剂的脱硫活性评价

将0.15g 催化剂与1g 石英砂均匀混合装填在高压加氢微反装置中，在一定温度、压力硫化3h。反应原料按照一定条件进料，反应后进行产物分析。

3 结果与讨论

3.1 TEM 表征获取的加氢催化剂活性相信息

图1 为典型的加氢催化剂的 TEM 图象，可以辨析 Mo(W)S_2 片晶层状结构的几何尺寸以及各种特征晶簇的分布情况。

MoS_2 片晶的平均长度 $\overline{L}$ 由式(1)得到，平均堆叠层数 $\overline{N}$ 根据式(2)计算得到，MoS_2 片晶的平均个数 $\overline{D}$ 由公式 3 得到[8]。

$$\overline{L} = \frac{\sum l_i}{n} \tag{1}$$

其中，l_i 为第 i 个晶粒的长度，n 为统计区域内的晶粒总数。

$$\overline{N} = \frac{\sum n_i N_i}{n} \tag{2}$$

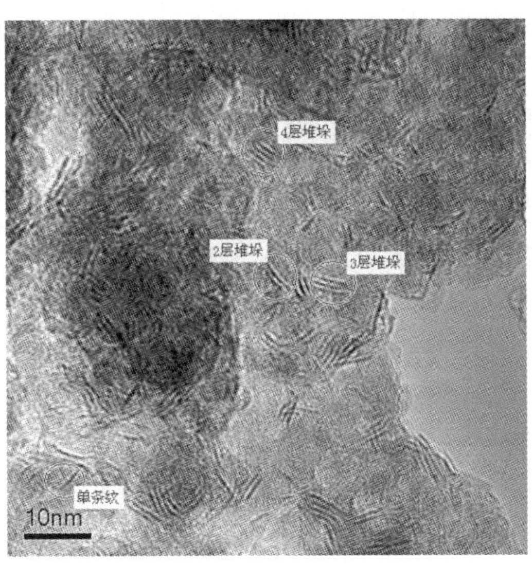

图1 加氢催化剂的典型TEM图

其中，N_i 为第 i 个晶粒的层数，n_i 是层数为 N_i 的晶粒数，n 为统计区域内的晶粒总数。

$$\overline{D} = \frac{n}{S} \times 1000 \tag{3}$$

其中，n 为统计区域内的晶粒总数，S 为统计区域的面积。

3.2 助剂改性处理的催化剂活性相的TEM研究

通过添加少量的第三组分对催化剂进行改性处理，改变载体的酸性或电子云状态，达到改变活性相的类型和分布，提高催化剂性能的目的。对主剂为Mo，助剂为Ni，制备工艺参数、活性组元摩尔含量相同但改性助剂B含量不同(助剂含量分别为0、0.2% ±0.05%、0.7% ±0.05%)的三个催化剂NiMoA、NiMoAB1和NiMoAB3进行TEM表征，并对其活性相类型、分布以及催化剂催化活性进行分析讨论。

以4，6－二甲基二苯并噻吩(4，6－DMDBT)为模型化合物对该系列催化剂进行微反活性评价，结果如表1所示。

表1 助剂量不同的催化剂脱硫活性和产物选择性

催化剂	4，6－DMDBT转化率/%	S_{HYD}/%	S_{DDS}/%
NiMoA	92	87.2	11.3
NiMoAB1	95.0	90.7	9.3
NiMoAB3	97.3	94	6

注：表中 S_{HYD} 代表加氢饱和脱硫转化率；S_{DDS} 代表直接氢解脱硫转化率。

从表1中数据可以看出加入改性助剂后催化剂的加氢饱和脱硫(HYD)活性明显提高，催化剂的加氢脱硫(HDS)总活性有明显的改进，4，6－DMDBT的转化率从92%增加到97.3%。

对这三个催化剂进行TEM表征部分TEM图片如下所示。

采集适量的TEM图片，按前述方法对各催化剂的活性相条纹特征进行统计分析，MoS_2 片晶的长度及层数分布统计数据如表2、表3所示。

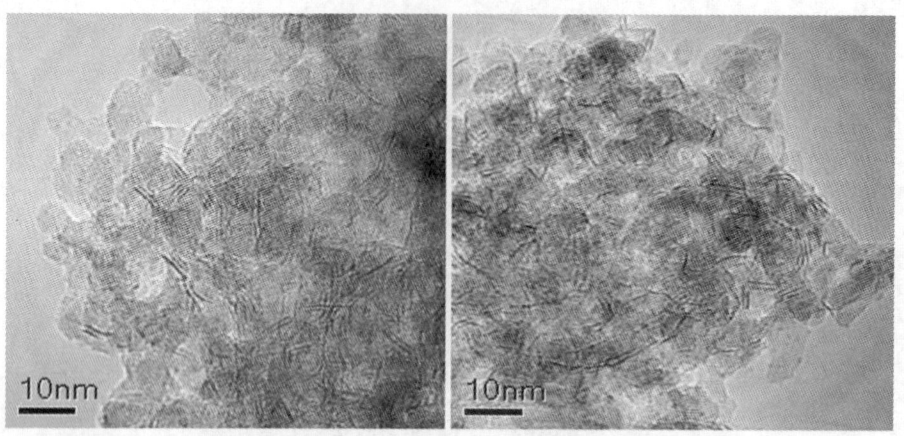

图2 NiMoA 的 TEM 图

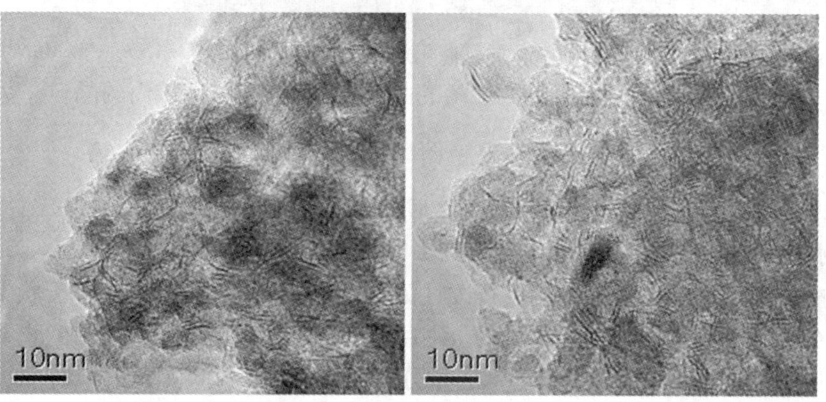

图3 NiMoAB1 的 TEM 图

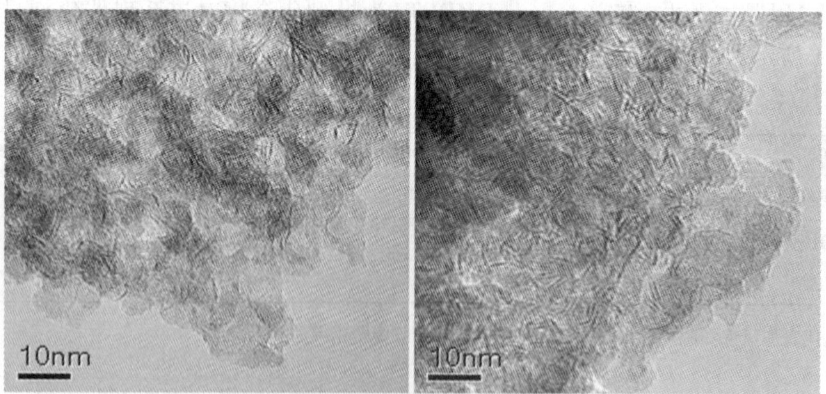

图4 NiMoAB3 的 TEM 图

表2 MoS_2 片晶的层数分布统计数据

层数	NiMoA 分布/%	NiMoAB1 分布/%	NiMoAB3 分布/%
1	58.44	50.51	38
2	23.38	27.27	33
3	14.94	18.69	23
4	3.25	3.54	6

表3 MoS_2 片晶的长度分布统计数据

长度/nm	NiMoA 分布/%	NiMoAB1 分布/%	NiMoAB3 分布/%
~2.5	5.84	7.07	10
~3.5	20.13	25.25	28
~4.5	31.82	30.81	35
~5.5	28.57	19.70	18
~6.5	11.04	6.06	6
~7.5	3.25	4.04	3
>7.5		7.07	

从表2可以看出，这三个催化剂总体上条纹分布以1~3层为主，且以单层条纹比例最大，4层以上条纹堆垛比例很小，说明NiMo活性组元在$\gamma-Al_2O_3$载体上生长的NiMoS活性相不容易聚集，分散情况比较好。比较三个催化剂的层数分布变化情况，可以看出，随着改性助剂的加入，单层条纹百分比明显下降，从不加助剂的58%下降到38%。2、3层条纹比例明显上升，分别增加了9~10个百分点。而4层以上的条纹变化不大，仍然保持比较少的比例。

条纹特征的变化情况体现了改性处理过程对活性相分布的影响，改性处理使NiMoS Ⅰ类相减少，而NiMoS Ⅱ类相数量增加。NiMoS Ⅱ类相的加氢饱和脱硫活性比Ⅰ类相要高，而体现直接脱硫活性的是NiMoS Ⅰ类相。TEM表征结果很好地解释了表1所列的该系列催化剂微反活性评价的结果。

表3列出的是催化剂活性相MoS_2片晶长度分布情况。从表中数据可以看出，改性助剂的加入对MoS_2片晶长度分布也有较大影响，随着助剂的加入，长度小于4.5 nm的短条纹比例明显增加，从57.79%增加到73%。而4.5~5.5nm范围内的较长条纹比例，不加助剂的NiMoA比加助剂的NiMoAB1、NiMoAB3高近10个百分点，说明助剂的加入使得催化剂短条纹的数目增加，而长条纹的数量减少。按Co(Ni)-Mo-S相理论模型，边角位的可接触Mo原子数量是影响催化剂活性的关键因素，而MoS_2片晶的长度(正六边形对角线长度)又决定了活性相可提供的活性位的数目。按正六边形模型，定量计算片晶长度和活性位数目之间的关系，其结论是片晶长度的增加会导致棱边位和角位的Mo原子数百分比大幅度下降，从而降低了活性金属的利用率。这和本研究的结果也是相符的，短条纹比例高的催化剂HDS活性更高，长条纹比例高则活性低，活性组元相同的三个催化剂其条纹长度和HDS活性之间存在反向变化的规律。

3.3 金属负载量不同的催化剂CO吸附及脱硫活性的研究

图5为不同金属负载量的$Co-Mo/Al_2O_3$还原态催化剂F3~F20原位CO吸附的红外光谱图。CO在过渡金属上的吸附方式分成线式吸附和桥式吸附，其C-O伸缩振动频率分别位于>2000 cm^{-1}和<2000cm^{-1}[11]。由谱图可知，CO吸附在还原态催化剂表面时，有线式和桥式吸附，以线式吸附为主。柴油中的含硫物质主要是二苯并噻吩类化合物，脱硫反应主要有HYD和DDS两条路径。微反活性评价数据表明，催化剂的HYD、DDS和总脱硫活性的次序均为F20 > F15 > F10 > F5(见图6).

对F3、F5、F7和F10而言，其谱图形状相似，说明活性中心类型基本相同，主特征峰均位于2100 cm^{-1}，归属为Co改性的$Al_2O_3-Mo-CO$吸附态，谱图吸收强度的增高说明随Mo含量的增高催化剂活性中心数目增加，对应的催化活性也增加。随F15和F20中的活性金属负载量的进一步增加，Mo的氧化物结构从单层高分散态逐渐变为多层相，此时活性金属更容易被硫化形成活性相，提高催化活性。多层金属的相互作用导致CO吸附的主特征峰从2100cm^{-1}(F3~F10)红移到2067cm^{-1}(F15、F20)。在F20中，由于活性金属的堆垛使载体对活性金属的作用大大减弱，F20

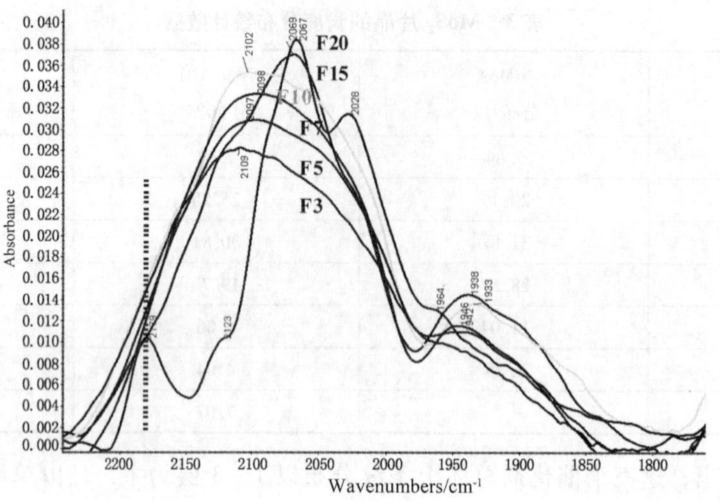

图5 不同负载量的 Co-Mo/Al_2O_3 催化剂的 CO 吸附特征红外谱图

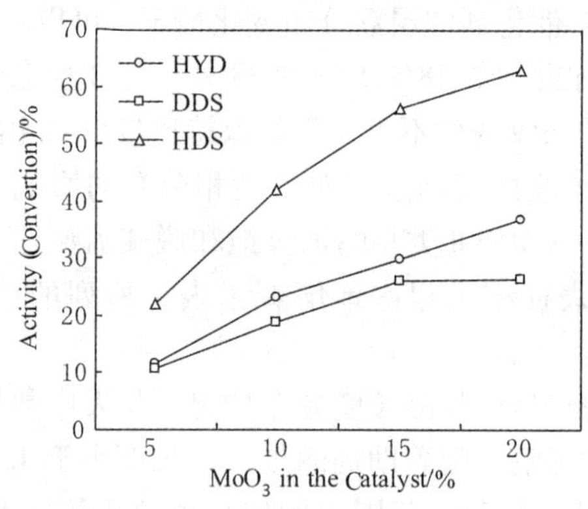

图6 不同负载量的 Co-Mo/Al_2O_3 催化剂的的活性数据

比其他催化剂多一个特征峰，位于 2179cm^{-1}，归属于 Mo-CO 吸附态[11~16]，该类活性中心的出现明显增加了催化剂的 HYD 活性，说明该活性中心硫化形成的活性相 HYD 的催化活性明显提高。

3.4 制备方法不同的催化剂及高活性工业剂 CO 吸附及其与脱硫活性的关系

对组成相同制备方法不同的 Co-Mo/Al_2O_3 催化剂 D51 和 D52 及高活性工业剂 G 进行 CO 原位红外表征，图 7 给出其还原态 CO 吸附的特征红外谱图。图 8 为微反活性数据。对比红外谱图特征，可见 D52 位于 2179cm^{-1}处的特征峰的强度远大于 D51，G 与 D52 差不多；而位于 2070cm^{-1}处的特征峰的强度小于 D51。这反映了负载量相同而制备方法不同的两种催化剂活性中心类型的分布发生变化，即在 D52 中与载体作用较弱的呈堆垛状的活性中心数目明显增加，而与载体直接接触的活性中心数目减少。表现在活性上，2179cm^{-1}处的活性中心的增加对应高 HYD 活性的增加，可以推测 D52 与 G 的 HYD 活性几乎相同。这与图 2.53 中微反评价结果一致。从硫化过程看，由于堆垛的存在使得载体与活性组分的相互作用减弱，D52 及 G 较 D51 在硫化过程中更易形成 Co-Mo-S活性相。

3.5 原位热重硫化曲线及信息解析

图 9 为催化剂 D51 的原位热重硫化曲线，该曲线给出了催化剂硫化过程中样品质量随硫化温度变化的信息，通过分析可以得出催化剂上硫量和上硫难易程度等信息。图中 H1 代表起始注硫时的吸附增重率，曲线最终趋于平直时的增重率 H_2 为硫化增重率，拐点温度为硫化终温 A。硫化终温高说明催化剂硫化困难，硫化增重率大说明催化剂在硫化过程中上硫量大。

为描述催化剂在原位热重硫化过程中的增重率与催化剂加氢脱硫活性之间的关系，在硫化模型中假设催化剂前驱物以 CoO 和 MoO_3 形态存在，硫化最终生成物为 MoS_2 和 Co_9S_8。这样通过金属上

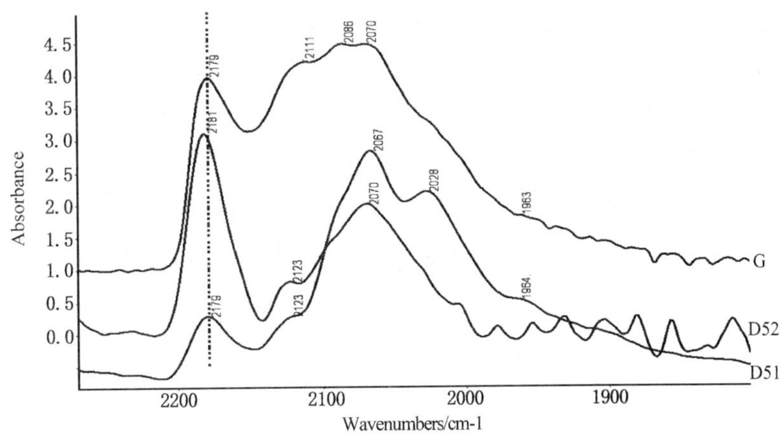

图7 不同制备方法的 Co－Mo/Al_2O_3 催化剂和工业催化剂 G 的 CO 吸附特征红外谱图

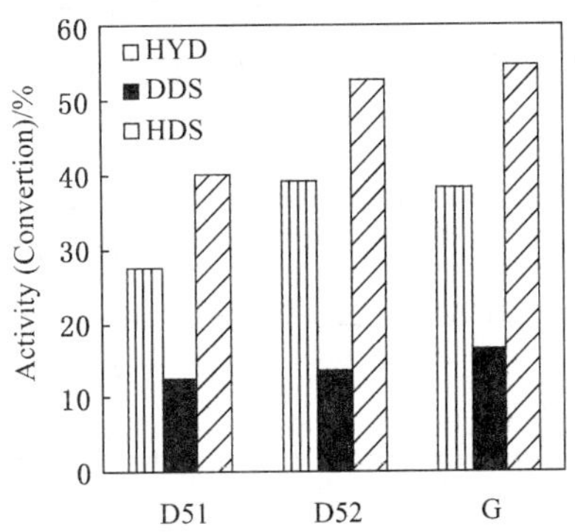

图8 不同制备方法的 Co－Mo/Al_2O_3 催化剂和工业催化剂 G 的活性数据

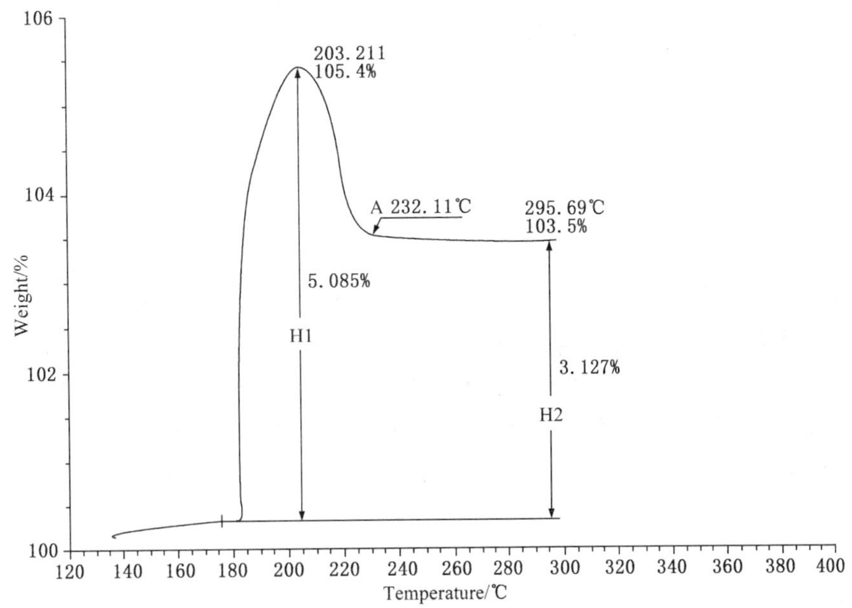

图9 催化剂 D51 的原位热重硫化曲线

载量的信息就可以求算出理论上硫量，将硫化曲线上的最终增重率作为催化剂在原位热重硫化过程的实际上硫量，催化剂的相对硫化度为实际硫化增重率占理论计算增重率的百分数(相对硫化度＝实际硫化增重率/理论增重率×100%)。通过比较催化剂的相对硫化度可以获取催化剂上硫量的信息。

3.6 金属载量相同常规工艺制备的催化剂热重行为研究

相同载体、相同活性金属组分制备的催化剂，因制备过程中的活化温度不同导致载体与活性组元之间的相互作用程度不一样。选择载量相同活化温度不同的系列氧化态的 CoMo/γ－Al_2O_3 催化剂，对其原位热重行为进行研究。该系列催化剂的制备采用常规工艺，催化剂活化温度以及在 270℃ ±30℃、4.0MPa ±0.2MPa 条件下的 4，6－DMDBT 微反活性评价数据如表 4 所示。

表 4 常规浸渍－焙烧工艺制备的系列催化剂活化温度及微反活性

催化剂	活化温度/℃	4，6－DMDBT 转化率/%
D11	T1	34.79
D41	T3	38.15
D51	T4	39.75
D61	T5	40.26

对该系列催化剂进行原位热重分析，硫化阶段的热重曲线如图 10。

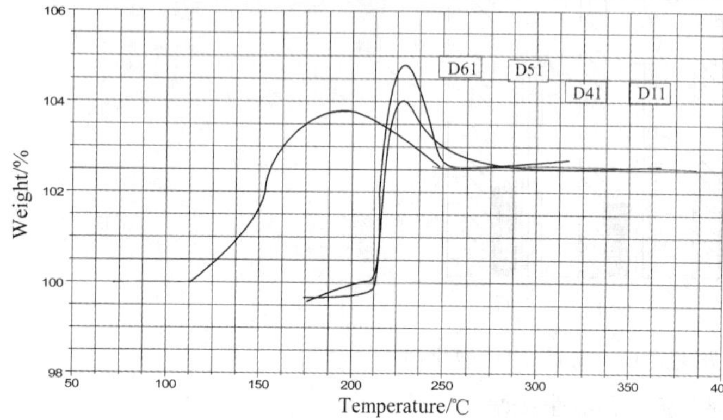

图 10 常规工艺制备的系列催化剂原位的 TG 硫化曲线

由图 10 可以看出，该系列催化剂的热重曲线都呈单峰，在到达重量峰值之前，峰型陡直，这个快速增重过程主要是催化剂吸附 H_2、H_2S 的过程。在吸附饱和之后是催化剂的硫化增重与脱附失重的竞争过程，最后曲线趋于平直的阶段是几个过程达到平衡的阶段。可以认为，从开始通入 H_2S 到曲线趋于平直的整个过程的增重比例是反映催化剂在原位热重过程中的实际上硫情况的参数，把这个参数定义为催化剂的热重硫化增重量。

比较催化剂的热重硫化增重量可看出，活化温度不同的几个催化剂的实际上硫量存在差异，上硫量由大到小的顺序为：D61 > D51 > D41 > D11，活性相差较大的 D11 催化剂，其上硫量也与另外三个剂相差较大。比较该系列催化剂 TG 曲线的峰型还可以看出，活性较好的 D41、D51、D61 催化剂的峰型要比 D11 锐，曲线到达平直阶段的起始温度均低于 210℃ ±10℃，而 D11 则到 240℃ ±10℃才趋于平衡，这说明活性好的催化剂的实际硫化温度较低，更容易硫化。

按最终硫化产物为 MoS_2 和 Co_9S_8 计算的该系列催化剂理论增重率为 2.8%。相对硫化度的计算结果显示 4 个催化剂在热重原位硫化过程中的相对硫化度分别为 86.4、101.2、104.2、108.3，将相对硫化度与催化剂在 270℃ ±30℃、4.0MPa ±0.2MPa 条件下的 4，6－DMDBT 微反活性评价数据进行关联可得图 11。从图可看出，该系列催化剂的相对硫化度与 HDS 总活性之间存在良好的正相关性。

4 结论

通过 TEM 观察了加氢催化剂活性相的分布和活性相的特征，确定了 TEM 采集的催化剂条纹堆垛信息与催化剂活性之间的关联。单层条纹比例低而 2、3 层条纹比例高，短条纹比例高的催化剂具有更高比例的Ⅱ类活性相，因此具备更高的反应活性。对于活性金属体系不同的催化剂，不能简单地把 TEM 表征所得的Ⅰ、Ⅱ类活性相分布信息作为判断催化剂催化活性的依据，同时应充分考虑不同体系中活性相本征活性的差别。原位探针红外研究加氢脱硫催化剂活性的实验表明位于 2179cm^{-1}的特征峰的出现和增强预示 Co－Mo/Al_2O_3 催化剂加氢脱硫活性的明显增高，可以将 CO

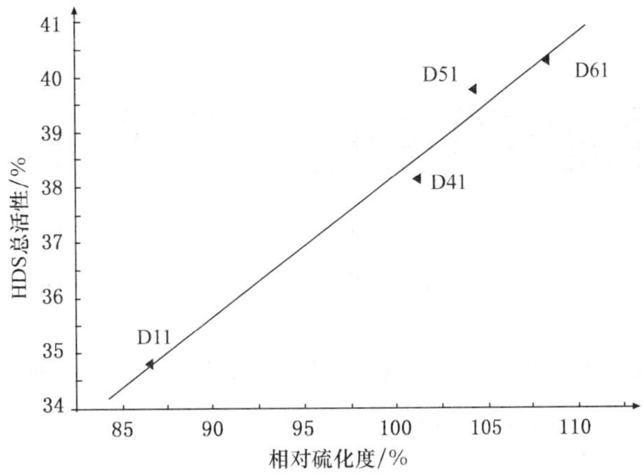

图11 常规工艺制备的系列催化剂的原位 TG 硫化相对硫化度与 HDS 活性关联图

吸附红外光谱技术作为观察该反应中心的有效工具。随活性金属负载量的增加，CO 吸附量随之增加，反映活性中心数目增加，且当负载量达到一定程度时由于活性金属的堆垛出现新的活性中心；金属负载量相同而制备工艺不同的催化剂活性中心类型的分布有较大的差异，反映其催化反应途径和催化活性有较大的差异。采用原位硫化热重分析方法得到催化剂的硫化曲线，从硫化曲线的峰形、峰宽和硫化增重量可以获得催化剂活性相生成的信息。金属载量相同、活化温度不同的系列常规工艺制备的催化剂，其原位硫化 TG 曲线呈单峰，峰形窄。硫化增重量、相对硫化度与催化剂 HDS 总活性具有较好的线性正相关性。金属载量相同、活化温度不同的新工艺制备的催化剂，除220℃ ±30℃活化温度制备的催化剂之外，在其他活化温度下制备的催化剂 TG 曲线均呈双峰。HDS 总活性与相对硫化度之间存在正相关关系，但线性相对较差。

参 考 文 献

[1] 李大东 主编．加氢处理工艺与过程．北京：中国石化出版社，2004

[2] 李大东，蒋福康．清洁燃料生产的新进展．中国工程科学．2003，5（3）：6～14

[3] Gaage M，Chianelli R R．J Catal，1994，149～414

[4] Topsφe N－Y and Topsφe H．J Catal，1983，84：386

[5] Topsφe H，Clausen B S，Candia R，Wivel C and Mφrup S．J Catal，1981，68：433

[6] Wivel C，Candia R，Clausen B S，Mφrup S and Topsφe H．J Catal，1981，68：453

[7] Wivel C，Clausen B S，Candia R，Mφrup S and Topsφe H．J Catal，1984，87：497

[8] Payen E.，Hubaut R.，Kasztelan S.，Poulet O. and Grimblot J．J Catal，1994，147(1)：123

[9] 左东华．硫化态 NiW 体系催化剂加氢脱硫活性相的研究（学位论文）

[10] S. Eijsbouts and J. J. L. Heinerman，H. J. W. Elzerman，Appl Catal，1993，105：53～82

[11] 辛勤，梁长海．石油化工，2001，30（3）：246～253

[12] 刘学涌，王晓川，黄奕刚等．光谱学与光谱分析，2006，26（2）：251～254

[13] 徐润，魏伟，董庆年等．光谱学与光谱分析，2003，23（6）：1093～1096

[14] 郭文珪，徐翠兰，周业慎等．光谱学与光谱分析，1985，5（4）：31～36

[15] 张平，王乐夫，徐建昌．光谱学与光谱分析，2003，23（1）：46～48

[16] 胡皆汉，纪涛，宋永哲等．光谱学与光谱分析，1985，5（1）：7～10

[17] 刘金香．催化学报，1984，5（2）：190～194

[18] 罗锡辉等．催化学报，1993，14（5）：361～366

[19] 陈震宙．福州大学学报(自然科学版)，1993，21(3)：100～103

超临界流体再生失活钯碳催化剂技术

张晓昕　宗保宁
（中国石化石油化工科学研究院，北京　100083）

摘　要：在详细分析苯甲酸加氢过程中Pd/C催化剂失活原因的基础上，研究了利用超临界流体再生失活Pd/C催化剂的过程，考察了萃取温度、萃取压力、共溶剂种类对Pd/C催化剂再生效果的影响。研究结果表明，超临界CO_2萃取可以有效去除Pd/C催化剂表面吸附的有机杂质，恢复Pd/C催化剂的活性。利用超临界CO_2萃取再生失活Pd/C催化剂的最佳工艺条件：萃取温度333～353 K，萃取压力15～25 MPa，萃取时间大于8 h，CO_2流量(1g催化剂、常温、常压)20 mL/h，以甲苯和二氯甲烷混合物为共溶剂效果更佳。工业试验结果表明，在催化剂处理量320 kg、萃取温度353 K、萃取压力20 MPa、萃取时间12 h、超临界CO_2流量1.5 t/h、无共溶剂的条件下，失活Pd/C催化剂的活性可达到新鲜Pd/C催化剂活性的80%以上。再生剂成功应用于苯甲酸加氢装置，有效降低了催化剂消耗。

关键词：苯甲酸加氢　钯碳催化剂　失活　超临界CO_2再生

1　概述

Pd/C作为优异的加氢催化剂，广泛应用于石油加工、制药、精细化工等行业[1~3]。目前石化工业中Pd用量较大的单元过程是苯甲酸加氢制备环己烷羧酸(简称CCA)反应过程，该过程是甲苯法制备己内酰胺工艺的关键步骤[4]，使用负载量(质量分数)为5%的Pd/C催化剂。工业上苯甲酸加氢反应在4个串联的反应釜中进行，反应时原料中的苯甲醛、苯甲醇等有机杂质会吸附在Pd/C催化剂上，而且由于Pd/C催化剂表面Pd脱落、烧结等因素的影响，Pd/C催化剂的活性会逐渐降低。通常该系统中平衡催化剂活性仅是新鲜催化剂的20%[5,6]。为了维持正常生产，必须连续补加新鲜催化剂，同时对失活的Pd/C催化剂通过板框压滤系统间歇卸出后重新制备。现有的Pd回收技术包括：焚烧碳、强酸溶解氧化钯、分离提纯、制备Pd络合物、并浸渍在碳载体上，再氢气还原。Pd/C催化剂频繁烧碳回收，不仅使生产1t己内酰胺的Pd/C催化剂成本高达600～900元，而且还带来严重的环境污染。因此，Pd/C催化剂的中毒及其回收损耗严重影响了企业的正常生产。对价格昂贵的Pd催化剂进行再生，对提高生产效率和经济效益具有重要的意义。

催化剂失活主要有下列因素造成：中毒，积炭或者烧结[7]。而对于以苯甲酸为代表的含羰基有机化合物的加氢反应，研究发现，造成Pd/C催化剂失活的主要原因还包括：①脱羧基副反应产生的CO会吸附在Pd金属的表面，引起催化剂的中毒；②原料中的苯甲醛、苯甲醇等有机杂质吸附在Pd/C催化剂上覆盖了催化活性中心。针对CO的吸附中毒，研究开发了促进CO转化为甲烷的甲烷化催化剂，有效消除了CO对催化剂的中毒[8]。如何消除由于有机物吸附造成的催化剂失活呢？在苯甲酸加氢过程中，Pd/C催化剂在反应器中的停留时间约为10h，每天卸出的催化剂中钯晶粒并未长大到失去活性的程度。因此，如能开发一种有效再生方法将卸出的催化剂进行再生，使因有机大分子覆盖活性中心导致催化剂下降的活性部分恢复，将会节省繁琐的钯回收过程引起的部分费用。研究发现，超临界CO_2萃取可以有效清除失活催化剂表面的有机物质[9~16]。而在食品行业和废水处理中，超临界流体萃取被广泛应用于清除活性炭表面的有机物[17~19]。超临界CO_2对吸附态的液相有机物分子的可溶解性与其对活性炭固体的不溶解性构成了该技术方法的基础。同时，有机物分子在超临界溶剂中可以快速扩散和减压(或变温)易于分离和富集，提供了该技术应用的可能性。本工作在分析 Pd/C 催化剂失活原因的基础上，针对由于吸附有机杂质而使催化剂失活开发了超临界再生技术，并完成了工业应用[20~22]。

2 试验部分

2.1 催化剂试样与原料

失活 Pd/C 催化剂：取自苯甲酸加氢工业装置；苯甲酸：质量分数 99%，取自甲苯氧化装置；氢气：体积分数 99.99%，北京夏天气体厂；CO_2：体积分数大于 99.5%，北京凌云建材化工有限公司，符合 GB 10621—1989《食品添加剂 液体二氧化碳》。

2.2 催化剂活性评价

Pd/C 催化剂的活性(Z_0)用单位时间内 Pd/C 催化剂的吸氢速率表征。测定 Z_0 的方法：取 2g Pd/C 催化剂(干基)装入高压釜中，再加入 200 g 苯甲酸，用高纯氮气置换 3 ~4 次，充高纯氮气至 2.0 MPa 时开始加热，至 150 ℃时再用氢气置换 3 ~4 次，充氢气至 11.0 MPa，启动电机使高压釜摆动并开始计时；当釜内压力降至 9.0 MPa 时(压降为 Δp)，立即记录反应时间(Δt)和反应温度，并迅速充氢气至 11.0 MPa。按照上述步骤重复操作 7 次，并记录每次反应的时间。氢气的消耗速率 $\gamma = \Delta p/\Delta t$。以时间 t 为横坐标，氢气消耗速率 γ 为纵坐标作图，曲线与纵坐标的交点即为氢气的初始消耗速率 γ_0，催化剂的活性 $Z_0 = \gamma_0/4$。

2.3 催化剂再生

超临界 CO_2 萃取再生 Pd/C 催化剂的试验装置见图 1。该试验装置为广州美晨集团公司设计制造，具有较好的可控性和可调节性。萃取器和分离器容积均为 500 mL。试验时将粉碎后的失活 Pd/C 催化剂装入萃取器。在萃取过程中，CO_2 经过加压、升温成为超临界状态后，进入萃取器进行萃取。溶解在超临界 CO_2 中的有机物质经降压、变温后，由于溶解度降低而解析出来，在分离器中与 CO_2 分离，并在分离器底部聚集。分离后的气态 CO_2 经冷凝器冷凝成液态，进入 CO_2 循环罐储存，液态 CO_2 从循环罐流出，通过泵头带有冷却装置的 CO_2 循环泵升压，经加热器升温完成一个循环。为了提高萃取效率，在萃取期间，向萃取器中泵入一定量的甲苯或二氯甲烷等有机溶剂作为共溶剂。

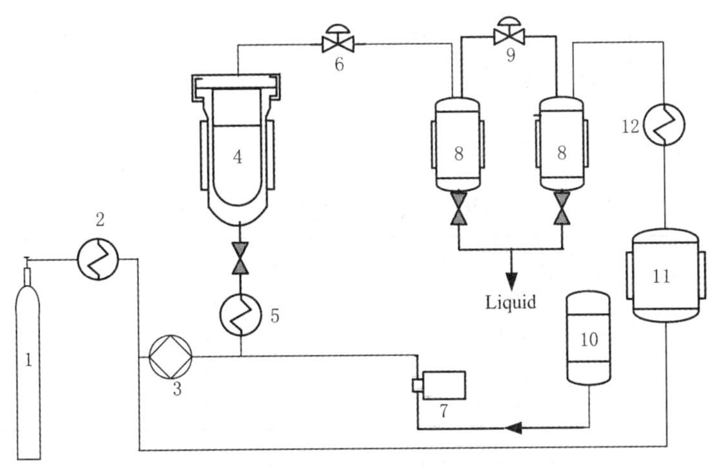

图 1 超临界 CO_2 萃取试验流程图

1—CO_2 瓶；2—冷却器；3—带冷却头泵；4—换热器；5—加热器；6—压力调节阀；7—共溶剂泵 pump；8—分离器；9—背压阀；10—共溶剂罐；11—CO_2 储罐；12—冷却器

2.4 催化剂表征

采用 Micromeritics 公司的 ASAP2400 静态氮自动吸附仪利用低温氮静态容量吸附法测定催化剂样品 BET 表面积、孔容。采用美国 FEI 公司 TECNAI F20 型透射电子显微镜测定再生前后 Pd/C 催化剂试样的 Pd 晶粒分布，加速电压为 200 kV，最小束斑大小为 1nm。采用 Malvern 仪器公司的 Mastersizer E 型激光粒度仪测定再生前后 Pd/C 催化剂的平均粒径。

3 Pd/C 催化剂失活原因考察

3.1 原料苯甲酸中杂质的影响

表 1 苯甲酸中杂质对 Pd/C 催化剂活性的影响

苯甲酸杂质类型	杂质含量/%	催化剂	Z_0
苯甲醛	0.19	新鲜 Pd/C	0.35
	0.5	新鲜 Pd/C	0
	0.12	循环 Pd/C	0.06
苯甲醇	0.26	新鲜 Pd/C	0.22
	0.5	新鲜 Pd/C	0
	0.26	循环 Pd/C	0.03
苯乙酸	0.5	新鲜 Pd/C	0.84
甲酸	0.5	新鲜 Pd/C	0.34
联苯	0.5	新鲜 Pd/C	0.86
苯甲酸酯	0.5	新鲜 Pd/C	0.44
邻苯二甲酸	0.5	新鲜 Pd/C	0.54
对比实验	0	新鲜 Pd/C	1.0
对比实验	0	循环 Pd/C	0.25

通过对苯甲酸加氢体系进行详细剖析发现，苯甲酸中的某些物质极大影响 Pd/C 催化剂活性，这些物质通常是甲苯氧化制备苯甲酸时的副产物，尤其是：甲苯氧化轻副产物如苯甲醛、苯甲醇以及重副产物联苯等对 Pd/C 活性影响很大。苯甲酸中不同副产物对 Pd/C 催化剂活性的具体影响如表 1 所示。表中列出的都是甲苯氧化副产物，由表可见，少量存在都会引起 Pd/C 活性的下降。例如，当苯甲醇或苯甲醛含量达到 0.5% 时，就会使活性为 1.0 的新鲜催化剂完全失去活性，其他杂质如联苯、甲酸等对 Pd/C 的活性有不同程度的影响。为保证 Pd/C 活性的稳定，要严格控制原料苯甲酸杂质的含量。

3.2 CO 的影响

表 2 CO 对 Pd/C 催化剂活性的影响

编号	CO 含量/(μg/g)	反应压力/MPa	Z_0
1	200	1.05	0.55
2	400	1.05	0.30
3	200	10.0	0.08
4	400	10.0	0.00

试验表明，CO 影响 Pd/C 活性，使 Pd/C 加氢催化剂活性不可逆地降低，其原因是溶液中的 CO 代替 H_2，强烈地吸附(化学吸附)在 Pd 的活性中心，从而导致了催化剂活性的降低。系统中的 CO 和 CO_2 是由于 CCA 和苯甲酸发生脱羧反应而生成的，CO 对 Pd/C 催化剂活性的影响与压力和浓度有关，CO 对 Pd/C 催化剂活性的影响如表 2 所示。由表可见，CO 含量越高，活性降低越多。这种不可逆吸附的 CO 可以通过甲烷化而部分消除。

4 超临界 CO_2 再生失活 Pd/C 催化剂研究

4.1 操作条件对失活 Pd/C 催化剂再生效果的影响

4.1.1 萃取温度的影响

再生 Pd/C 催化剂的活性随萃取温度的变化见图 2。由图 2 可看出，当萃取压力一定时，在 313 ~ 333 K 范围内，再生 Pd/C 催化剂的活性随萃取温度的升高而增加；当萃取温度超过 333 K 后，随萃取温度的升高，再生 Pd/C 催化剂的活性增加趋势变缓；当萃取温度超过 353 K 后，随萃取温度的升高，再生 Pd/C 催化剂的活性略有下降。再生 Pd/C 催化剂的活性随萃取温度的变化，是由于温度与压力的耦合作用造成的。一方面，萃取温度升高，超临界 CO_2 的密度减小，吸附物在其中的溶解度减小；另一方面，萃取温度升高，也会增大吸附物在超临界流体中的饱和蒸气压，提高了吸附物在超临界 CO_2 中的溶解度。实验结果表明，最佳的萃取温度为 333 ~ 353 K。

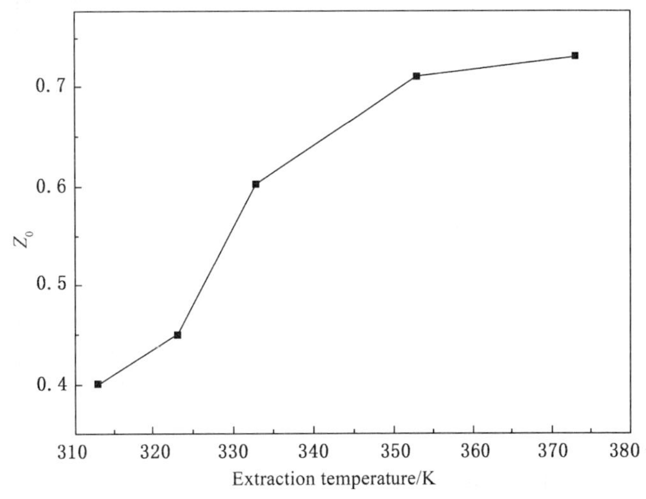

图 2　萃取温度对再生 Pd/C 催化剂活性的影响

4.1.2 萃取压力的影响

再生 Pd/C 催化剂的活性随萃取压力的变化见图 3。由图 3 可看出，当萃取温度一定时，在 10 ~ 15 MPa 范围内，再生 Pd/C 催化剂的活性随萃取压力的升高而增加；萃取压力超过 15 MPa 后，随萃取压力的升高，再生 Pd/C 催化剂活性的增加趋势变缓。这主要是因为萃取压力升高，超临界 CO_2 的密度增加，吸附物在超临界 CO_2 中的溶解度增大。按照 P－R 状态方程 23，在 5 ~ 25 MPa 内，超临界 CO_2 的密度随压力的变化幅度最大。综合考虑操作成本和效率，最佳操作压力为 15 ~ 25 MPa。

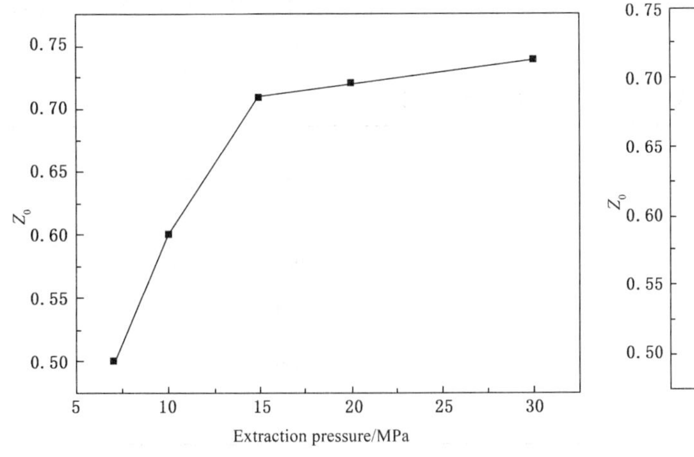

图 3　萃取压力对再生 Pd/C 催化剂活性的影响

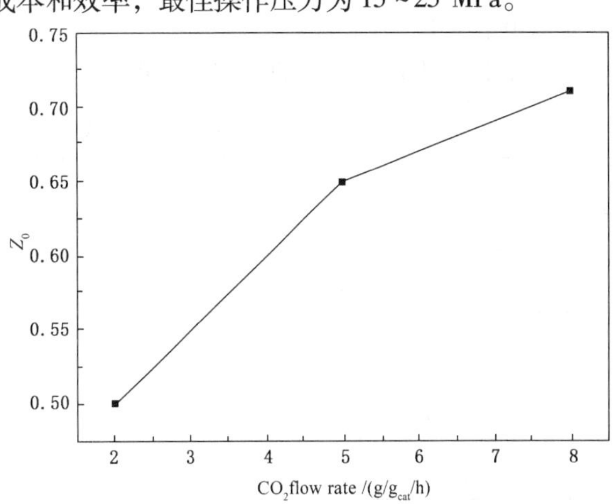

图 4　CO_2 流量对再生 Pd/C 催化剂活性的影响

4.1.3　CO_2 流量的影响

在萃取压力 15 MPa、萃取温度 333 K 下，考察了 CO_2 流量对 Pd/C 催化剂再生效果的影响。试验结果表明，CO_2 流量越大，再生效果越好，尤其在 CO_2 流量较小的情况下，增大 CO_2 流量对 Pd/C催化剂再生效果的影响非常显著。综合再生效果和能耗，选择最佳 CO_2 流量(1 g 催化剂、常温、常压)为 20mL/h。

4.1.4　萃取时间的影响

在萃取压力 15 MPa、萃取温度 333K 下，考察了萃取时间对 Pd/C 催化剂再生效果的影响。试验结果表明，萃取时间越长，再生效果越好。

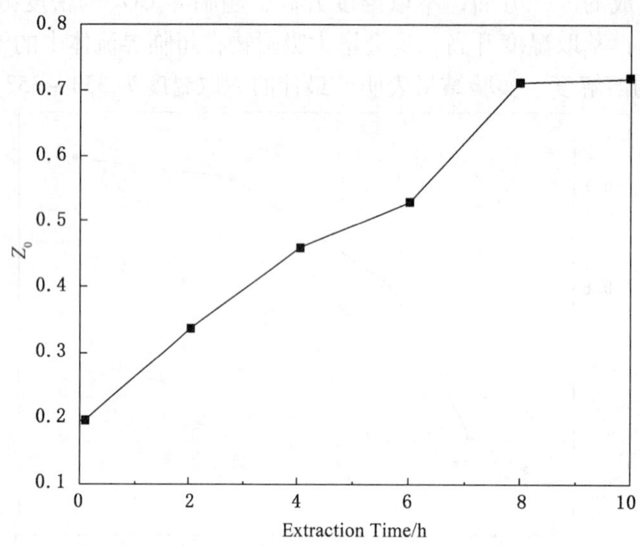

图 5　萃取时间对再生 Pd/C 催化剂活性的影响

4.1.5　共溶剂的影响

对于超临界流体的基础研究表明，混合超临界流体具有特殊的性质，溶解性能更好。以乙醇、甲苯、二氯乙烷等为共溶剂，考察了加入共溶剂对 Pd/C 催化剂再生效果的影响，试验结果见表 3。由表 3 可见，不同的共溶剂对再生 Pd/C 催化剂活性的影响不同。醇类共溶剂不利于 Pd/C 催化剂活性的恢复；单独以甲苯或二氯甲烷为共溶剂时，Pd/C 催化剂的再生效果不显著；使用甲苯和二氯甲烷混合物为共溶剂时，Pd/C 催化剂的再生效果明显。利用气相色谱分析分离釜底萃取物的成分发现，萃取物中包含 50 多种有机物质，见表 4。其中近 90% 为苯甲酸加氢产物环己烷羧酸，其余为苯甲醇、4 - 甲基联苯、2，2 - 二甲基联苯、苯甲酸苄酯、4 - 环己基环己烷羧酸等杂质。混合溶剂可能对这些有机杂质的溶解性能更好。

表 3　共溶剂对再生 Pd/C 催化剂活性的影响

共　溶　剂	Z_0
无	0.66
乙醇	0.60
甲苯	0.70
二氯甲烷	0.67
二氯甲烷 + 甲苯	0.76

表 4 萃取物组成

有 机 物	质量组成/%
环己酮	0.011
甲基环己烷羧酸	0.122
联二环己烷	0.451
2-甲基-顺-联二环己烷	0.393
十二氢-1H-芴	0.291
苯甲醛	0.021
1-(环己基甲基)-环己烷	0.009
4, 4-二甲基-联二环己烷	0.245
二甲苯戊醇	0.100
环己烷羧酸	0.188
4-甲基联苯	0.045
苯甲酸苄酯	0.210
除苯甲酸和 CCA 外其他有机杂质	1.376

4.2 催化剂再生前后性质对比

4.2.1 催化剂物化结构分析

失活 Pd/C 催化剂再生前后物化性质的变化见表 5。由表 5 可见，超临界 CO_2 萃取再生可有效恢复 Pd/C 催化剂的孔结构等性质，与热 NaOH、溶剂洗涤方法相比，超临界流体再生方法对 Pd/C 催化剂的再生效果最佳，可使 Pd/C 催化剂的活性由 0.19 提高到 0.72。

表 5 再生前后 **Pd/C** 催化剂的物理结构

催化剂	$S_{BET}/(m^2/g)$	$V_{pore}a/(cm^3/g)$	d_{pore}/nm	Z_0
新鲜	995	0.605(0.409)	1.82	1.00
失活	373	0.230(0.148)	2.03	0.19
超临界 CO_2 再生	724	0.521(0.350)	1.87	0.72
热 NaOH 处理	560	0.350(0.190)	2.00	0.40
甲苯洗涤	612	0.371(0.230)	1.90	0.59

4.2.2 再生前后催化剂的粒径分布

超临界 CO_2 萃取再生在比较高的压力下进行，高压有可能造成催化剂的粉碎，因此测定了再生前后 Pd/C 催化剂粒径的变化，见图 6。结果表明，新鲜 Pd/C 催化剂的平均粒径为 37.9μm，而再生后 Pd/C 催化剂的粒径为 35.6μm，略有降低，而其中大部分细颗粒是由于反应过程中的剧烈搅拌所致。超临界 CO_2 萃取再生过程中的高压并未造成 Pd/C 催化剂颗粒的粉碎。

4.2.3 再生前后催化剂中 **Pd** 的粒径分布

在 Pd/C 催化剂中，Pd 高度分散到活性炭载体上，这部分 Pd 一般为微晶态，粒径小于 1nm，在 X 射线衍射表征中呈无定型散射，不产生衍射峰。新鲜和失活 Pd/C 催化剂的透射电镜表征结果表明，Pd/C 催化剂上 Pd 的粒径基本在几纳米到几十纳米之间。从每个试样的测量结果中取大约 200 个数据进行统计，结果见图 7，由图可见，再生前后 Pd/C 催化剂试样中 Pd 的粒径基本一致，分布在 5~20nm 间的晶粒居多，没有发现 Pd 晶粒长大的现象。说明超临界 CO_2 萃取再生后并未造成催化剂表面 Pd 晶粒的明显长大。

5 工业试验结果

为考察 CO_2 循环情况以及掌握工程放大规律，在 24 升超临界装置上进行了中试试验，重点考

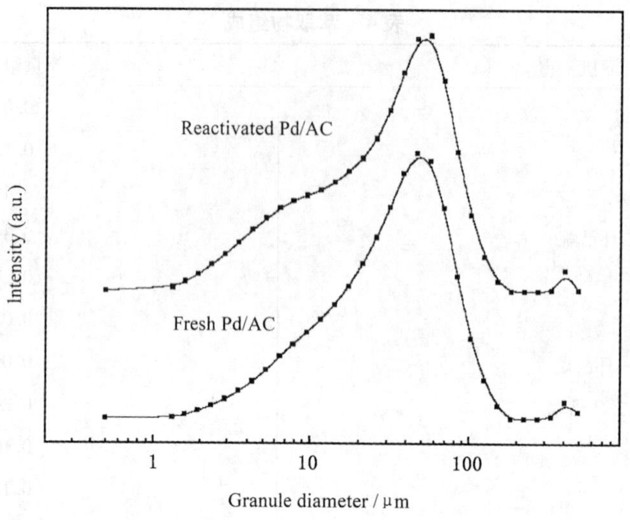

图6 再生前后 Pd/C 催化剂粒度对比

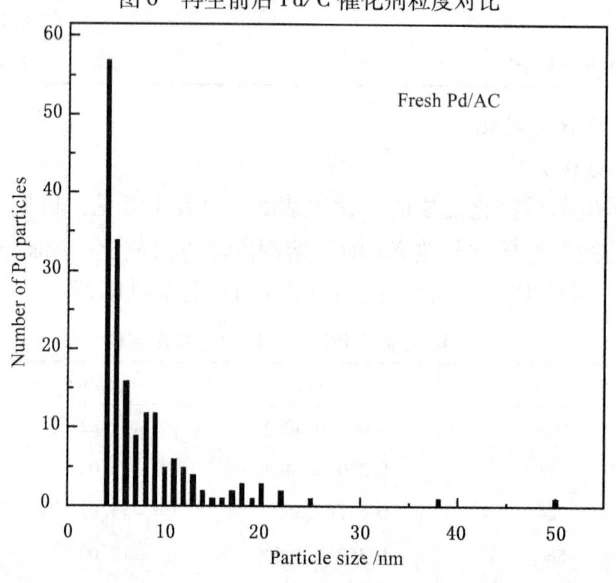

图7 再生前后 Pd 粒度对比

察了分离温度和压力，CO_2 循环流量等条件对再生效果的影响，试验结果为工业试验装置的设计以及经济分析提供了基础数据。

在上述小试和中试的基础上，设计建设了 500L×2 两釜并联、单釜处理能力为 400kg/d 的超临界流体再生失活 Pd/C 工业装置，其流程如图 8 所示。整个装置由主萃取系统和 4 个辅助系统组成。主萃取系统包括：高压柱塞泵，加热热交换器，2 个高压萃取釜，2 个高压解析釜，制冷热交换器，二氧化碳储罐，深冷热交换器，以及高压阀门，高压管线，指示仪表、电控系统、超压保护系统等。4 个辅助系统包括：制冷系统，加热系统，二氧化碳补充系统，共溶剂输送系统等。

考虑到增加共溶剂甲苯可能带来的操作环境污染，工业实施过程主要采取了使用单独超临界 CO_2 为超临界流体的方案。工业操作条件为：催化剂处理量 320kg、萃取温度 353K、萃取压力 20MPa、CO_2 流量 1500 kg/h、萃取时间 12h。表 6 列出了该装置一年运行期的典型数据。表中数据显示，苯甲酸加氢装置卸出的失活 Pd/C 催化剂(活性为 0.14)经过 12 小时超临界流体萃取处理后，活性有了较大幅度的提高，年平均活性为 0.88(同期新鲜催化剂活性为 1.0)，考虑到在苯甲酸加氢反应过程强烈搅拌下 Pd/C 催化剂中 Pd 会不可避免出现脱落，在不考虑 Pd 流失的情况下，催化剂活性恢复达 80% 以上。

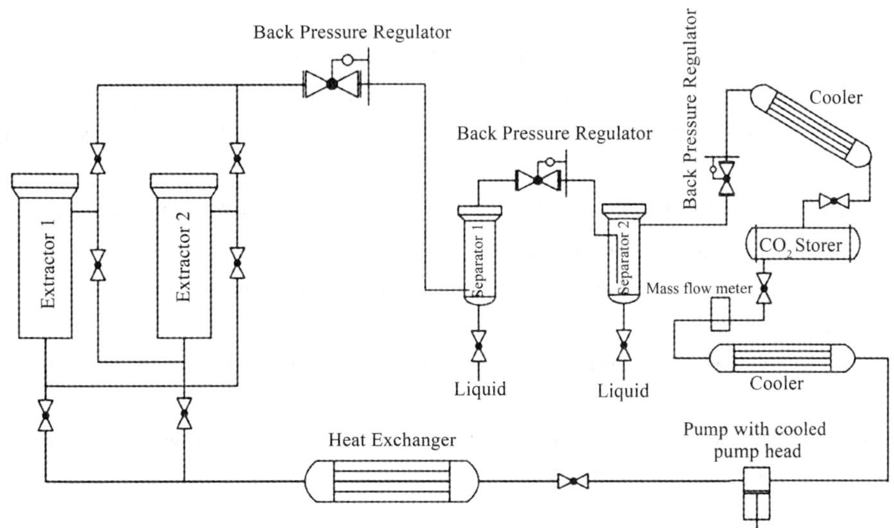

图 8 超临界流体萃取再生 Pd/C 催化剂工业装置流程图

表 6 超临界流体再生装置运行结果

试验批次	失活催化剂处理量/kg	萃取时间/h	Z_0
1	410	11	0.89
2	303	10	0.98
3	408	11	1.02
4	413	10	0.84
5	441	12	0.75
6	384	10	0.98
7	320	9	0.83
8	419	10	0.91
9	323	10	0.91
10	411	12	0.99
11	366	10	1.02
12	345	10	0.95
年平均值	366	10.2	0.88

6 结论

超临界 CO_2 萃取可以用于苯甲酸加氢用失活 Pd/C 催化剂的再生，较佳的再生条件为：萃取温度 60 ~ 80℃，萃取压力 15 ~ 25 MPa，萃取时间 8 h，CO_2 流量(1 g 催化剂、常温、常压)20 mL/h。建成了 500L × 2 的超临界 CO_2 再生失活 Pd/C 催化剂工业生产装置。工业装置运行结果证明，系统的压力和温度控制良好，可以实现稳定的自动控制，系统升压、降压过程控制平稳。失活 Pd/C 催化剂经超临界 CO_2 萃取再生后，活性恢复率达到 80% 以上。

参 考 文 献

[1] Blaser HU, Indolese A, Schnyder A, Steiner H, Studer M. Supported palladium catalysts for fine chemical synthesis. J Mol Catal A. 2001, 173: 3 ~ 18.

[2] Toebes ML, van Dillen JA, de Jong KP. Synthesis of supported palladium catalysts. J Mol Catal A. 2001, 173: 75

~98.

[3] Grove DE. 5% Pd/C - precise but vague. Platinum Metals Rev, 2002, 46: 1

[4] Weissermel H, Arpe HJ. Industrial organic chemistry, 3rd ed. Weinheim: VCH, 1997: 256~257

[5] Konyukhov VY, Kul'kova NV, Temkin MI. Kinetics of the hydrogenation of benzoic acid. Kinet Catal. 1980, 21: 496~500

[6] Konyukhov VY, Genkina IM, Perazich DI, Kul'kova NV, Temkin MI. Kinetics of the hydrogenation of molten benzoic acid on a palladium catalyst. Kinet Catal. 1984; 25: 482~487

[7] Jackson SD. Processes occurring during deactivation and regeneration of metal and metal oxide catalysts. Chem Eng J. 2006; 120: 119~125

[8] Zong BN, Zhang XX, Qiao MH. Integration of methanation into hydrogenation process of benzoic acid. AIChE J. 2009, 55: 192~197

[9] Tiltscher H, Wolf H, Schelchshorn J. A mild and effective method for the reactivation or maintenance of the activity of heterogeneous catalysts. Angew Chem Int Ed. 1981; 20, 892~894

[10] Subramaniam B, McCoy BJ. Catalyst activity maintenance or decay: a model for formation and desorption of coke. Ind Eng Chem Res. 1994; 33: 504~508

[11] Niu FH, Kolb G, Hofmann H. Deactivation kinetics and modelling of coke removal under supercritical conditions for the example of ethylbenzene disproportionation. Chem Eng Technol. 1995, 18: 278~283

[12] Clark MC, Subramaniam B. Extended alkylate production activity during fixed - bed supercritical 1 - butene/isobutene alkylation on solid acid catalysts using carbon dioxide as a diluent. Ind Eng Chem Res. 1998; 37: 1243~1250

[13] Thompson DN, Ginosar DM, Burch KC, Zalewski DJ. Extended catalyst longevity via supercritical isobutene regeneration of a partially deactivated USY alkylation catalyst. Ind Eng Chem Res. 2005; 44: 4534~4542

[14] Trabelsi F, Stüber F, Abaroudi K, Larrayoz MA, Recasens F, Sueiras JE. Coking and ex situ catalyst reactivation using supercritical CO_2: a preliminary study. Ind Eng Chem Res. 2000; 39: 3666~3670

[15] Dabek L, Swiatkowski A, Dziaduszek J. Studies on the utilisation of spent palladium - activated carbon (Pd/AC) catalysts. Adsorp Sci Technol. 2002; 20: 683~689

[16] Dabek L, Swiatkowski A, Dziaduszek J. Application of supercritical fluid extraction to regenerate spent Pd - active carbon catalyst. Environ Prog. 2007; 26: 360~364

[17] Grajek H. Regeneration of adsorbents by the use of liquid, subcritical and supercritical carbon dioxide. Adsorp Sci Technol. 2000; 18: 347~371

[18] Savage PE, Gopalan S, Mizan TI, Martino CJ, Brock EE. Reactions at supercritical conditions: applications and fundamentals. AIChE J. 1995; 41: 1723~1778

[19] Grunwaldt JD, Wandeler R, Baiker A. Supercritical fluids in catalysis: opportunities of in situ spectroscopic studies and monitoring phase behavior. Catal Rev. 2003; 45: 1~96.

[20] Wan HD, Zhang XX, Zong BN. Preparation, deactivation and regeneration of Pd/C catalyst in hydrogenation of benzoic acid. Chem Ind Eng Prog. (in Chinese) 2004; 23: 188~191

[21] Zhang XX, Zong BN, Meng XK, Mu XH, Min EZ. Regeneration of deactivated Pd/C catalyst by supercritical CO2 extraction. Petrochem Technol. (in Chinese) 2006; 35: 161~164

[22] Zhang XX, Zong BN, Qiao MH. Reactivation of spent Pd/AC catalyst by supercritical CO2 fluid extraction. AIChE J. 2009; 55: 2382~2387

[23] Peng DY, Robinson DB. A new two - con*stant* equation of state. Ind Eng Chem Fundam. 1976; 15: 59~64

重整 PRT－C/D 催化剂的器外再生

周洪波
（中国石化九江分公司，江西九江　332004）

摘　要： 本文介绍了九江分公司重整催化剂 PRT－C/D 首次器外再生及开工过程，催化剂再生后活性恢复好，稳定汽油辛烷值（RON）同比提高近 3 个单位。

主题词： 重整催化剂　PRT－C/D　器外再生　活性

1　前言

九江分公司半再生催化重整装置 1990 年 8 月投产，原设计加工能力为由 150 kt/a，2002 年 3 月扩能为 300 kt/a。该装置重整催化剂 2007 年 6 月份更换为由石油化工科学研究院研制、长岭催化剂厂生产的 PRT－C/D 催化剂。2009 年 6 月份重整装置停工，更新预加氢换热器及更换型号为 FH－40C 的预加氢催化剂，利用本次停工的机会对重整催化剂进行器外再生。器外再生委托江苏科创石化公司对 PRT－C/PRT－D 催化剂进行。

2　催化剂再生

重整装置重整催化剂卸剂后立即送至再生公司进行再生，PRT－C/PRT－D 待生剂及烧焦后的分析结果如表 1、2 所示。从表 1 可以看出，催化剂烧焦前催化剂上的氯含量较高，可能是由于重整系统太干或注氯偏高导致。从表 2 可以看出，催化剂烧焦后氯损失小于 60%，残炭含量低于 0.1%，达到了再生剂指标要求。

表 1　重整催化剂再生前（待生剂）分析结果　　%

样品名称	Cl	C	S
一反 PRT－C	1.79	6.60	0.037
二反 PRT－C	1.75	10.1	0.032
三反 PRT－D	1.72	8.59	0.052
四反 PRT－D	1.72	11.6	0.048

表 2　重整催化剂器外再生后分析结果　　%

样品名称	Cl	C	S
一反 PRT－C	0.97	0.077	0.042
二反 PRT－C	0.90	0.063	0.037
三反 PRT－D	0.87	0.063	0.058
四反 PRT－D	0.77	0.073	0.053

3　催化剂装填

催化剂再生后运回到厂后立刻进行装剂，装填数据见表 3。

表3 PRT－C/PRT－D 重整催化剂首次再生后各反装填数据汇总

反应器			一反	二反	三反	四反	总计
催化剂牌号			PRT－C	PRT－C	PRT－D	PRT－D	
反应器内径/mm			1600	1600	1800	2200	
反应器(切线)高/mm			3292	5092	4873	5476	
径向反应器中心管截面积/m^2			0.0847	0.0847	0.2272	0.2272	
径向反应器扇形筒截面积/m^2			0.012	0.012	0.012	0.012	
径向反应器扇形筒个数			21	21	24	29	
反应器有效截面积/m^2			1.673	1.673	2.028	3.224	
催化剂	上表面到法兰高度/床层高度/(mm/mm)		2230/1620	3520/2130	2610/2830	2150/4080	
密封催化剂	高度/mm		400	400	490	590	
	重量/kg		444	451	699	1352	2946
	体积/m^3		0.67	0.67	0.99	1.90	4.23
有效催化剂	高度/mm		1220	1730	2340	3490	
	体积/m^3		2.04	2.89	4.95	11.25	21.13
	重量/kg		1356	1949	3351	8008	14664
总催化剂	重量/kg		1800	2400	4050	9360	17610
各反催化剂的装填密度/(kg/m^3)			664.1	673.5	705.7	711.6	
各反有效装填比例/%			9.25	13.29	22.85	54.61	100
反应器下部瓷球	$\phi 5$	上表面到法兰高度/净高/(mm/mm)	3850/150 (175kg)	5650/160 (200kg)	5440/ (450kg)	6230/360 (875kg)	
	$\phi 12$	上表面到法兰高度/净高/(mm/mm)			(200kg)		
	$\phi 18$	上表面到法兰高度/净高/(mm/mm)			(275kg)		
反应器底部到法兰高度/mm			4000	5810	5840	6590	

注：二、三、四反分别含有2007年装填剩余的PRT－C、PRT－D、PRT－D还原态新剂360kg、140kg、1120kg。

4 装置开工

4.1 系统气密、烧烃及催化剂干燥

待重整催化剂装填完，四个反应器安装头盖后，重整系统进行气密。气密条件见表4，充压速率0.15 MPa/h，重整气密压力以V201压力表压力为准，气密标准以肥皂水检查各密封点不冒泡并符合压降要求，恒压期每小时记录一次压降数据，符合要求装置气密结束。

表4 系统气密条件

气密部位	重整(V201)	
气密阶段/MPa	0.6	1.5
气密介质	N_2	
压降/(MPa/h)	≯0.01	≯0.01
气密(恒压)时间/h	2	1

气密合格后，卸压置换，并分析系统中的氧含量，O_2% 小于 0.5%（v）。若不合格继续用氮气置换，直到合格。

两阶段气密结束、并分析合格后，系统充氮气并点炉升温进行催化剂的干燥。因要考虑到热载体脱水，因此重整升温速率控制在 15 ℃/h 左右。为防止系统停工时烃类置换不彻底，氧化更新前必须进行烧烃，防止氧化更新补空气时催化剂床层出现超温损坏催化剂。当重整催化剂床层温度达到 400℃，开增压机向重整系统适量补风，补风 3 min 后一反和三反相继出现较大温升，一反捕捉到最大温升 58℃，三反 27℃。说明装置停工置换时，系统中还有未彻底置换的烃类。通过控制供风量，系统氢气 + 烃缓慢烧完，在 400℃无温升后，维持补风量在 200m^3/h 左右，各反入口缓慢向 440℃升温。待重整各反入口温度达 440℃后进行恒温，出口均没有温升出现，缓慢提高补风量。烧烃过程各反温升曲线见图 1。400℃恒温补氧前重整高分 V201 低点脱水未见明水，补氧出现温升后每小时大约有 1L 水脱出。当重整各反入口升温至 500℃，恒温干燥 2 h。烧烃过程中一边补风，并在高分连续排放，置换二氧化碳，每小时分析一次氢气、烃、氧和二氧化碳浓度。二氧化碳含量控制在在 4 ~ 8%（v）左右。烧烃、干燥结束，重整各反向 420℃降温，重整系统补风及氮气置换。

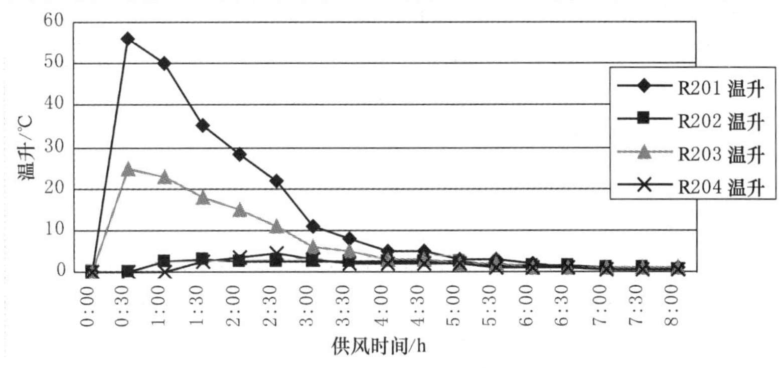

图 1 系统烧烃各反应器温升曲线

4.2 催化剂氯化更新

当重整系统分析氧含量大于 13%（v），没有二氧化碳时，说明系统已经置换干净，具备氯化条件，此时系统介质为氮气及氧气。各反入口控制在 420 ℃恒温，开始注氯，注氯量按照各反催化剂烧焦后的残氯量补氯到 1.5% 计算。氯化条件见表 5，催化剂计算注氯量如表 6 所示，每小时按照注氯量的四分之一控制，氯分四次四小时注完。注氯同时各反入口向 500 ℃升温。注氯完毕，各反入口向 515℃升温并恒温 4 h。恒温 4 h 后催化剂氯化更新结束，各反向 400 ℃降温。重整停压缩机，系统卸压，系统开始用氮气置换。

表 5 催化剂氯化更新控制条件

阶段	介 质	反应器入口温度/℃	升温速度/（℃/h）	V201 压力/MPa	气剂比（V）	气中氧/%（v）	气中水/（μg/g）	时间/h
氯化	N_2 + 空气	420 ~ 500	30 ~ 40	0.5	≮800	>13	只记录不控制	4
氧化更新	N_2 + 空气	510 ~ 520	20 ~ 30	0.5	≮800	>13	只记录不控制	4

表 6 催化剂氯化量

反 应 器	一反	二反	三反	四反	合 计
催化剂类型	PRT – C	PRT – C	PRT – D	PRT – D	
催化剂装量/kg	1800	2400	4050	9360	17610
烧焦后残氯量/%（对催化剂）	0.97	0.90	0.87	0.77	

续表

反　应　器	一反	二反	三反	四反	合 计
氯化量/%（对催化剂）	0.6	0.6	0.7	0.7	/
元素氯需用量/kg	10.8	14.4	28.35	65.52	119.07
纯度99%的四氯化/kg	11.83	15.77	31.06	71.77	130.43
碳需用量/L	7.42	9.89	19.47	45.00	81.78
瓶/500mL	16	20	41	92	169

4.3　催化剂还原及硫化

重整系统氮气置换合格，引PSA氢气置换，并投用分子筛罐V204A一起置换，置换合格氢气纯度达95%（v），此时系统介质为氢气及少量氮气。重整各反入口温度向480℃升温，并恒温2h，进行催化剂的还原，还原条件见表7。催化剂还原过程中用露点仪在分之筛罐V204A出口检测到气中水在10～15μg/g。催化剂还原后各反入口温度向420℃降温，并切除V204A，一、二反按照催化剂重量的0.10%，三、四反按照催化剂重量的0.15%注入二甲基二硫，分两次注入，注硫后15min各反均检测到硫穿透，表明催化剂硫化结束。催化剂注硫按照表8数据进行控制。

表7　催化剂还原操作条件

温度范围℃	升降温速度/(℃/h)	升恒温时间/h	分子筛出口气中水/(μg/g)	四反出口气中水/(μg/g)
起始上升480℃	40～50		<30	只记录不控制
480		2	<30	只记录不控制
480降至420	20～30		<30	只记录不控制

表8　催化剂硫化量

反　应　器	一反	二反	三反	四反	合 计
催化剂类型	PRT－C	PRT－C	PRT－D	PRT－D	
催化剂装量/kg	1800	2400	4050	9360	17610
硫化量/%（对催化剂）	0.10	0.10	0.15	0.15	
元素硫需用量/kg	1.8	2.4	6.1	14.0	24.3
纯度99%的二甲基/kg	2.67	3.56	9.01	20.83	36.07
二硫醚需用量/L	2.51	3.35	8.48	19.60	33.94
瓶/500mL	5	7	17	40	69

注：计算硫化剂用量时二甲基二硫醚密度1.0627 kg/L，二甲基二硫相对分子质量94。

4.4　进油调整

催化剂硫化结束，预处理T102底精制油置换分析合格后，预处理继续吃精制油与重整联动，重整按照23.5t/h进料控制，同时各反入口向450℃升温。

联动产氢且系统压力达1.2MPa时，重整向预加氢串氢，并投用分子筛罐V204A。重整联动进油后一段、二段分别按照6μg/g注氯，各反入口温度稳定在450℃，各反的温度及温降分别为449/45℃、450/31℃、450/15℃、450/13℃，总温降为113℃，温降分布正常。反应温度调整原则主要为当重整循环气中H_2O浓度<200μg/g时，一、二段注氯量均按2.5μg/g注入；当H_2O<100μg/g时，按1.5μg/g注氯，此时可将重整各反入口温度提至480 ℃；当H_2S<1μg/g，H_2O<50μg/g时，重整各反可根据产品要求调整到正常生产的反应温度。催化剂再生后初期的反应及操作情况如表9所示。

表9 PRT－C/D重整催化剂首次再生后初期反应情况

日　期		6月28日	6月29日	6月30日	7月2日	8月17日
时　间		9:00	9:00	9:00	15:00	9:00
重整进料量	t/h	27	28	30	30	32
一段混氢流量	Nm^3/h	26500	25100	26000	25000	28300
二段混氢流量	Nm^3/h	13970	13800	14500	18000	21100
一反入口温度/温降	℃/℃	478/72	478/75	480/74	482/79	485/80
二反入口温度/温降	℃/℃	478/39	478/41	480/43	482/45	485/45
三反入口温度/温降	℃/℃	480/21	478/22	482/23	485/23	489/19
四反入口温度/温降	℃/℃	480/12	478/12	482/11	485/11	489/9
总温降	℃	144	150	151	158	153
高分压力	MPa	1.27	1.22	1.29	1.27	1.26
循环氢纯度	%	89.4	86.0	82.9	89.8	88.09
一段注氯	μg/g	6	2	1	1	0.7
二段注氯	μg/g	6	4	3	1.5	1.0
稳定汽油辛烷值	RONC	89.0	89.2	90.2	92.2	97.0

5 催化剂再生效果

在装置进油后经过几天的调整，循环氢中水稳定在20μg/g以下，注氯量按照1～1.5μg/g控制，各反温度控制在正常操作范围。7月2日四个反应器温度分布分别为：482/79℃、482/45℃、485/23℃、485/11℃，总温降达158℃，数据显示反应温降分布正常。8月初开始各反反应温度分别控制为：485℃、485℃、489℃、489℃。水氯平衡经过一段时间的调整，催化剂活性达到了最佳的水平，8月17日对重整原料及重整稳定汽油采样分析，数据见表10，稳定汽油辛烷值达到97的较高水平，根据表中数据计算重整转化率达135，而再生前的5月18日重整转化率为122。稳定汽油芳烃含量由再生前的60.76%提高到现在的65.80%，芳含增加为芳烃装置提供了优质的原料。表11为再生前后稳定汽油辛烷值对比，稳定汽油辛烷值再生前平均为94.15，再生后达到96.73，催化剂再生后稳定汽油处理量比再生前的29t/h高10%，辛烷值增加近2.5个单位，表明再生后催化剂活性恢复好，反应转化率高。

表10 催化剂再生后重整反应分析数据(转化率均未考虑物料损失)

序　号	样品名称	正构烷烃/%	异构烷烃/%	烯烃/%	环烷烃/%	芳烃/%	转化率/%
5月18日(再生前)	原料油	18.57	29.18	0	44.1	8.15	
	稳定汽油	11.39	24.74	0.92	2.19	60.76	122
8月17日(再生后)	原料油	19.19	29.57	0	42.85	8.39	
	稳定汽油	21.82	10.03	0.77	1.58	65.80	135

表11 催化剂再生前稳定汽油辛烷值

	日期时间	辛烷值(研究法)
再生前	2009－4－6	94.7
	2009－5－4	94.7
	2009－5－18	93.2
	2009－6－1	94
	平均值	94.15

续表

	日期时间	辛烷值（研究法）
再生后	2009－8－17	97
	2009－8－28	96.9
	2009－9－7	96.3
	2009－9－21	96.7
	平均值	96.73

6 结论

重整催化剂再生后，经过一段时间的操作调整，水氯平衡达到了最佳水平，稳定汽油平均辛烷值达到96.7的较高水平，反应转化率超过130%，为芳烃装置提供优质原料。在催化剂再生前后反应温度相同、处理量增加10%的条件下，再生后稳定汽油辛烷值（RON）比再生前平均辛烷值的94.15高2.5个单位。本次催化剂再生后活性恢复较高，达到了预期的再生效果。

高选择性低积炭半再生重整催化剂的研发

张大庆　陈志祥

（中国石化石油化工科学研究院，北京　100083）

摘　要： 本文主要阐述引入第三金属组元、改进制备技术制备的 PRT－C/PRT－D 铂铼重整催化剂较双金属催化剂选择性明显改善，积炭速率大幅降低；催化剂再生性能良好。PRT－C/PRT－D 催化剂适用于加工不同性质的重整原料。

关键词： 寿命　选择性　积炭速率　辛烷值　芳产

1　前言

随着汽车工业的快速发展及石油化学工业对芳烃需求的增长，特别是国家环境保护法规的日益严格，催化重整作为生产高辛烷值汽油调和组分及芳烃的重要炼油工艺，在我国炼油、化工工业中发挥着越来越重要的作用。

半再生式重整由于装置投资小，操作费用低，适于不同的生产规模等特点，仍占用重要地位。催化剂是重整技术的核心。近二十年来，半再生式重整催化剂的研究和应用得到了充分的发展，已到达相当高的水平。在现有的固定床重整反应条件下，单纯依靠改善催化剂性能以提高重整转化效率的潜力十分有限。人们把注意力转向利用热力学因素来提高重整效率，即选择有利于热力学平衡的操作工况，如低压，高温和低氢油比。在我国，半再生重整的发展出现如下趋势：①出现结合半再生式重整和连续再生式重整优点的组合床工艺。操作压力较低，一般低于 1.0MPa。②现有固定床重整扩能改造，为节省投资而保留反应器，氢气循环压缩机等关键设备，改造后的装置在高空速，低氢油比下运转。③新汽油标准的普遍实行，使得对高辛烷值汽油调和组分的需求增加。④重整原料来源的多样化和劣质化。我国原油结构中，进口油，主要是中东原油的比重日益增加，中东原油环烷烃含量较低，是较贫的重整原料。另一方面，为补充直馏石脑油的不足，许多重整装置掺炼焦化汽油等二次加工油，而且掺炼的比例越来越大。这些变化趋势反过来又要求催化剂抗积炭能力增强，稳定性提高。另一方面，为保证高苛刻度下重整装置的生产效益，要求催化剂选择性好。因此开发出稳定性、选择性更好的催化剂是实现半再生重整技术进步，提高重整效益的关键。

自从 1968 年 Pt－Re/Al_2O_3 催化剂问世以来[1,2]，国内外半再生重整催化剂虽然不断更新换代，但催化剂载体仍然以氧化铝为主，金属组元主要以 Pt－Re 为主。目前，国际上除美国 UOP 公司推出的用于两段重整工艺前段反应器的 R－72 是非铼催化剂外，工业化的半再生重整催化剂均为铂铼型。铂铼催化剂因其稳定性良好而具有无可替代的优势。但由于铼组元的强氢解性，铂铼催化剂的选择性稍差。改进铂铼催化剂的选择性，进一步提高其催化稳定性是开发新的半再生重整催化剂的重要方向。

重整催化剂的创新主要源自活性金属配比优化和助催化组元的引入。引入的助剂包括金属组元和非金属组元，其目的在于调变催化剂酸性和金属活性中心的电子性质和表面性质，以进一步改善催化剂的活性、选择性和稳定性[3]。

稀土是重要的金属催化剂的助剂。稀土氧化物对许多化学反应具有催化[4]或助催化作用[5~8]。本文研究了稀土组元钇对铂铼重整催化剂的影响以及铂－铼－钇催化剂的性能及应用。

2　高选择性低积炭半再生重整催化剂的研发

催化剂配方和制备方法是决定催化剂性能的主要因素。本研究对铂铼重整催化剂助催化组元的作用及多组元催化剂的制备方法进行了考察。

2.1　催化剂研制

2.1.1　新组元作用

通过大量的实验研究，我们发现了一些稀土组元能够改善铂铼催化剂活性、选择性和稳定性[9,10]。在实验室用氧化铝载体制备引入第三金属组元钇(Y)的催化剂 Cat－1，并与不引入第三组元，其他组成相同的对比催化剂 Cat－2(组成见表1)进行中型装置的对比催速评价试验，试验结果见表2。试验结果表明，第三组元钇的引入使铂铼催化剂活性、选择性得以提高。

表1　催化剂组成

催化剂编号	w(Pt) /%	w(Re)/%	第三金属
Cat－1	0.21	0.46	Y
Cat－2	0.21	0.46	无
PRT－C	0.25	0.26	Y
PR－C	0.25	0.26	无
PRT－D	0.21	0.46	Y
PR－D	0.21	0.46	无

表2　Pt－Re－Y 催化剂及其对比催化剂的催速评价结果

评价阶段	Cat－1		Cat－2	
	液收/%	芳产/%	液收/%	芳产/%
催老	78.6	60.8	78.7	59.7
恢复	84.8	49.4	84.8	47.3

2.1.2　浸渍制备技术的改进

多组元催化剂的浸渍制备通常有三种方法：方法1先将载体浸渍第三组元，焙烧后再浸渍铂铼，过滤。方法2是多组元过饱和共浸渍，过滤。方法3是多组元饱和浸渍。

实验考察了铂－铼－钇三金属催化剂制备过程中各种浸渍制备方法投料配方与催化剂活性组元及助剂组元实际上量的关系，结果见表3。

表3数据表明，方法1制备催化剂，第三组元Y有很大的流失。由于增加了一道浸渍－干燥－焙烧工序，若应用于工业生产，将增加大量能耗。方法2制备催化剂，各组元的预期上量更是明显低于投料量(对于双金属催化剂，金属组元上量接近预期值)。在工业生产上无法实际应用，因此，不是合适的催化剂浸渍方法。方法3能保证各有效组元足量引入到载体。但我们发现，多组元饱和浸渍法不能保证金属组元在载体上的均匀分布，容易形成“蛋壳型”或“蛋黄型”催化剂。以上结果表明，在多金属浸渍体系中，由于金属组元间竞争吸附关系的改变，适用于双金属催化剂的常用浸渍方法存在缺陷，难以满足生产要求。

针对以上浸渍方法的缺陷，我们提出强化载体与金属组元的接触，通过改进传质过程来提高浸渍吸附效率。发明了三金属组元重整催化剂新的专利浸渍方法－方法4。

在 EPM－810Q 型电子探针分析仪上测定了方法3和改进的新方法4制备的催化剂金属组元的剖面分布。结果见图1～图2。由图1～图2可看出，饱和浸渍法－方法3制备的催化剂铂，Y组元不能均匀分布。而专利方法－方法4制备的催化剂各组元都能够均匀分布。

表3和图1～图2的数据表明，新方法避免了以上各种方法的缺陷。避免了方法1工序复杂，第三组元流失的问题；解决了方法2金属组元上量不足的问题；避免了方法3制备的催化剂金属组元分布不均的问题。

用催速评价方法对比考察了表3中方法1和方法4制备的催化剂的性能，结果见表4。表中结果显示，两种方法制备的催化剂反应数据非常接近，说明新方法制备的催化剂性能与传统的分步浸渍法制备的催化剂性能相当。

通过引入钇组元和改进制备方法，生产了等铼铂比和高铼铂比多金属催化剂PRT－C和PRT－D。催化剂组成列于表1。

表3 不同方法制备催化剂投料量与实际上量的关系

制备方法		Pt	Re	Y
方法1	投料量/%	0.22	0.56	0.8
	实际上量/%	0.21	0.46	0.47
方法2	投料量/%	0.22	0.56	0.8
	实际上量/%	0.17	0.30	0.15
方法3	投料量/%	0.22	0.56	
	实际上量/%	0.21	0.46	
方法4	投料量/%	0.215	0.48	0.5
	实际上量/%	0.21	0.47	0.47
方法5	投料量/%	0.215	0.48	0.5
	实际上量/%	0.21	0.46	0.47

表4 不同方法制备的催化剂中型装置评价结果

评价阶段	方法4		方法1	
	液收/%	芳产/%	液收/%	芳产/%
初活	77.5	55.7	77.7	54.2
催老	78.3	60.6	78.3	60.2
恢复	79.7	52.3	79.9	52.3

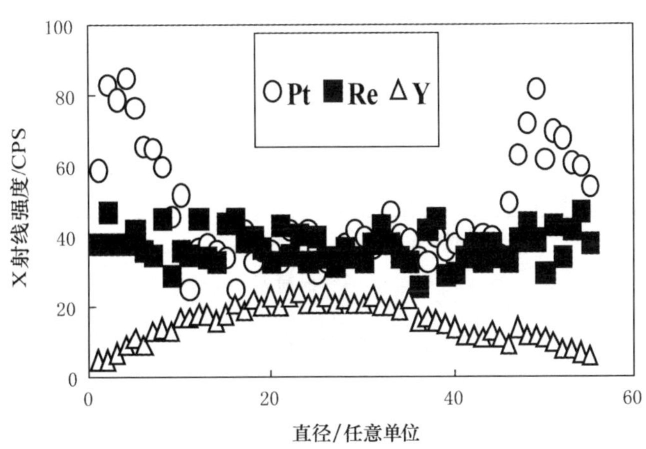

图1 方法3制备的催化剂金属组元在载体径向的分布

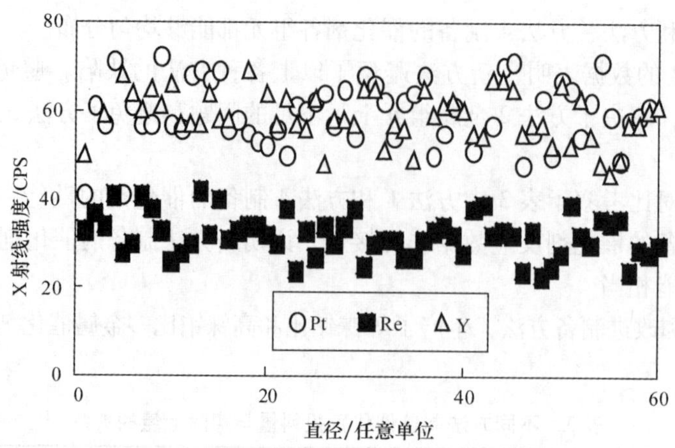

图 2　方法 4 制备的催化剂金属组元在载体径向的分布

2.2　催化剂性能

2.2.1　催化剂寿命试验

半再生重整催化剂的运转周期较长。实验室条件下的寿命试验结果可以较好地反应催化剂在工业运转条件下的性能。

PR－C 和 PR－D 催化剂是 1990 年代末期具有国际先进水平的铂铼双金属重整催化剂。用工业生产的 PRT－C、PRT－D 催化剂分别与对应的 PR－C、PR－D 催化剂(组成见表 1)对比进行寿命评价试验。

每一组寿命试验用相同的反应原料，在相同的反应条件下进行。以液体产品辛烷值、收率和反应后催化剂积炭量等评判催化剂性能。PRT－C 与 PR－C 寿命试验的结果见图 3、图 4 及表 5。PRT－D 与 PR－D 寿命试验的结果见图 5～图 7 及表 6。图 3、图 4 显示的结果表明，PRT－C 催化剂的选择性和活性稳定性明显优于对比剂 PR－C。图 5，图 6 和图 7 数据显示，PRT－D 催化剂的选择性和活性稳定性优于对比剂 PR－D。表 5 的积炭数据显示，PRT－C、PRT－D 催化剂的积炭速率分别较对比催化剂低 18% 和 20% 。

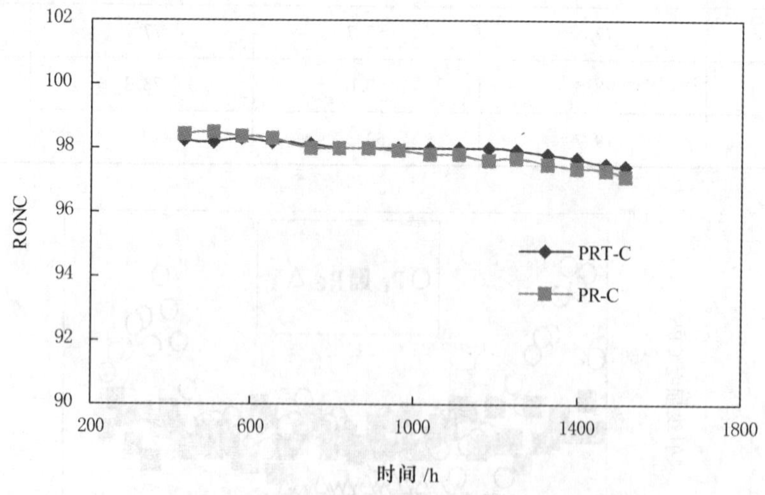

图 3　PRT－C 与 PR－C 催化剂寿命试验辛烷值比较

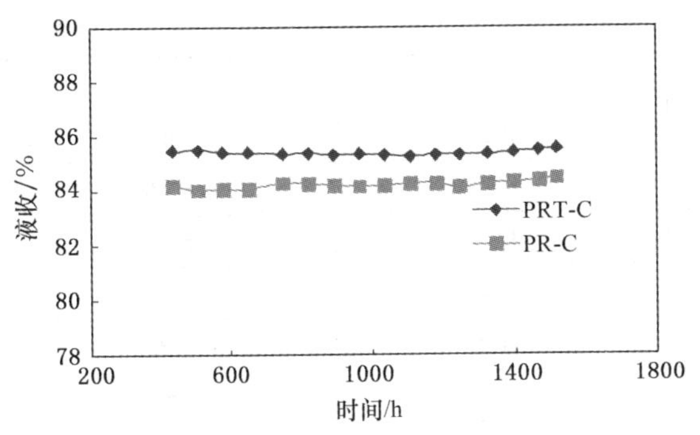

图4 PRT－C与PR－C催化剂寿命试验液收比较

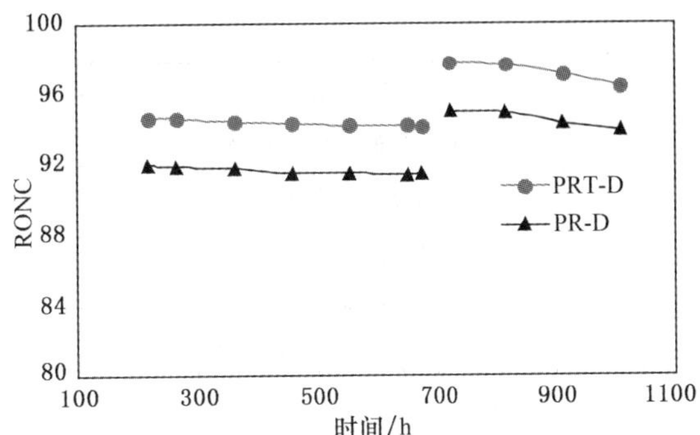

图5 PRT－D与PR－D催化剂寿命试验辛烷值比较

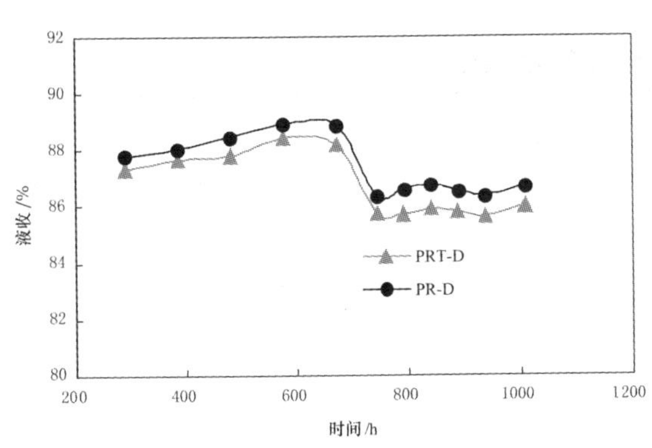

图6 PRT－D与PR－D催化剂寿命试验液收比较

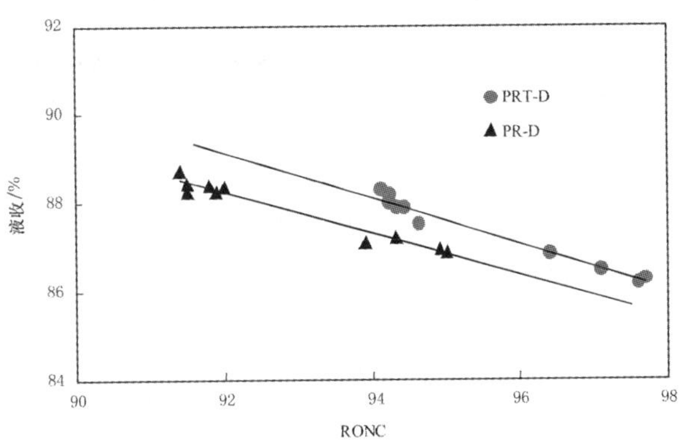

图7 PRT－D和PR－D催化剂寿命试验液收与辛烷值的关系

表5 PRT－C、PRT－D及对比催化剂寿命试验积炭数据

催化剂	w（积炭）/%	相对积炭量/%
PR－C	6.2	基准
PRT－C	5.1	↓18
PR－D	10.3	基准
PRT－D	8.21	↓20

2.2.2 原料适应性

催化重整原料来源越来越呈现出多样化和劣质化趋势。催化剂对原料的适应性是衡量其性能的重要方面。

在中型试验装置上采用性质差异较大的三类重整原料油：直馏石脑油、24%直馏与76%焦化混合石脑油和焦化汽油进行评价试验。试验条件及主要结果分别见表6～表8。

表6 直馏石脑油试验的主要结果

催化剂		PRT－D	
试验条件	反应器入口温度/℃	490	505
	加权平均床层温度/℃	472.4	484.2
	反应压力/MPa	1.2	1.2
	重量空速/h^{-1}	2.5	2.5
	气油体积比	1200	1200

续表

催化剂		PRT－D	
试验结果	高分油辛烷值 RONC	90.5	96.9
	高分油收率/%	91.38	87.69
	高分油芳含/%	53.74	61.32
	芳烃产率/%	49.1	53.8
	重整转化率/%	121.6	133.2
	辛烷值收率/%	82.7	85.0
	循环气氢纯度/%	87.52	84.83

原料 P/N/A 质量组成：57.51/34.30/8.05%

表7 直馏－焦化混合原料试验的主要结果

催化剂		PRT－D
试验条件	反应器入口温度/℃	505
	加权平均床层温度/℃	491.1
	反应压力/MPa	1.4
	重量空速/h^{-1}	1.8
	气油体积比	1200
试验结果	高分油辛烷值 RONC	94.7
	高分油收率/%	86.64
	高分油芳含/%	57.36
	芳烃产率/%	49.7
	重整转化率/%	145.3
	辛烷值收率/%	82.0

原料 P/N/A 质量组成：64.07/24.70/11.23%。

表8 焦化汽油试验的主要结果

试验条件	反应器入口温度/℃	492	502
	加权平均床层温度/℃	483.1	491.1
	反应压力/MPa	1.2	1.2
	体积空速/h^{-1}	1.1	1.5
	气油体积比	1200	1200
试验结果	高分油辛烷值 RONC	95.6	95.6
	高分油收率/%	84.66	85.61
	高分油芳含/%	57.52	57.01
	芳烃产率/%	48.7	48.8
	重整转化率/%	170.1	170.5
	辛烷值收率/%	80.9	81.8
	循环气氢纯度/%	79.60	81.30

原料 P/N/A 质量组成：69.71/22.99/7.30%。

表6的数据显示，对于芳烃潜含量较高的直馏原料，采用 PRT－D 催化剂，在较高的反应空速下，汽油产物辛烷值 RON 达到 90.5 时，WABT 为 472℃；达到较高辛烷值 RON 96.9 时，WABT

为484℃，仍在正常的反应温度范围。不同温度下的反应结果表明催化剂提温效果好。

混合原料中，直馏汽油23.3%，焦化汽油占76.7%，芳潜较低。表8所列PRT－C/PRT－D催化剂混合原料重整试验中，在重量空速1.8h^{-1}，反应温度WABT 491℃，并不十分苛刻的条件下，汽油产物辛烷值RON接近95。

焦化汽油是劣质的重整原料。表9所列PRT－C/PRT－D催化剂焦化汽油重整试验中，在低空速下(体积空速1.1h^{-1})，生产RON 95以上的高辛烷值产物，所需的反应温度WABT仅483℃；在体积空速1.5h^{-1}时，生产RON 95以上的高辛烷值产物，反应温度WABT为491℃，属于正常反应温度范围。

以上试验结果显示，PRT－C/PRT－D或PRT－D催化剂用于一般直馏石脑油的重整，在较缓和条件下，维持较大处理量，可以满足生产高辛烷值汽油调合组分的需要；对于掺炼大比例焦化汽油或全部加工焦化汽油的装置，采用PRT－C/PRT－D催化剂，适当提高反应温度或降低处理量，可以满足生产高辛烷值汽油组分的需要。

2.2.3 再生性能

在实验室对PRT－C、PRT－D积炭催化剂进行再生，包括烧焦、氯化更新和还原硫化。再生前后催化剂的物化数据见表9，再生前后催化剂的中型评价数据见表10和表11。从表9数据看，再生后的PRT－C、PRT－D催化剂积炭含量很低，氯含量恢复到正常值；比表面积下降幅度小，保持在正常的水平，孔体积基本不发生变化，表明催化剂载体的水热稳定性良好。表10、表11的数据表明，PRT－C、PRT－D再生催化剂与新鲜催化剂相比，催化性能非常接近，表明催化剂实验室再生后，性能恢复到新鲜剂的水平。

表9 再生前后PRT－C、PRT－D催化剂组成及主要物化性质

催化剂	w（氯）/%	w（积炭）/%	比表面积/(m^2/g)	孔体积/(mL/g)
PRT－C新鲜	1.29	/	192	0.54
PRT－C积炭	1.12	4.4	/	/
PRT－C再生	1.36	0.04	183	0.54
PRT－D新鲜	1.32	/	192	0.54
PRT－D积炭	1.13	5.6	/	/
PRT－D再生	1.35	0.04	190	0.54

表10 再生前后PRT－C催化剂催速评价结果

催化剂	PRT－C新鲜		PRT－C再生	
评价阶段	液收/%	芳产/%	液收/%	芳产/%
1	82.80	67.7	83.47	66.6
2	83.80	65.2	83.88	65.8
3	83.97	65.1	84.17	65.2
4	84.07	64.8	84.54	64.3
5	84.35	64.3	84.77	63.7
平均	83.80	65.4	84.10	65.1

表11　再生前后 PRT－D 催化剂催速评价结果

催化剂	PRT－D 新鲜		PRT－D 再生	
评价阶段	液收/%	芳产/%	液收/%	芳产/%
1	81.84	67.4	81.35	67.3
2	82.92	66.9	82.37	66.5
3	83.53	65.7	83.05	66.4
4	84.26	64.9	83.60	65.6
5	84.87	64.6	84.34	65.6
平均	83.50	65.9	82.90	66.2

2.2.4　活性金属的热稳定性

重整反应总体上表现为吸热反应，但一些副反应是放热反应，因此，催化剂使用过程中存在超温的可能性；另外，在催化剂烧焦过程中也会出现局部床层超温现象。在高温下，催化剂的金属组元可能出现聚集现象，致使活性下降。重整催化剂金属组元的热稳定性在一定程度上反映催化剂的活性稳定性。铂是重整催化剂最主要的活性组元，铂组元的热稳定性与催化剂的活性稳定性相关性最强。

稀土氧化物具有非常好的热稳定性。稀土改性的氧化铝热稳定性也得以提高[11]．稀土对贵金属催化剂铂金属的稳定作用是值得研究的课题。我们研究了稀土钇对铂铼重整催化剂铂金属的热稳定性的影响。将铂铼双金属催化剂 PR－D 和相同铂铼组成铂－铼－钇三金属催化剂 PRT－D 在相同条件下进行高温处理，用透射电镜测定热处理前后两组催化剂的平均铂晶粒直径。结果如表12。

表12　高温处理前后催化剂金属晶粒直径

催化剂	处理前 PR－D	处理前 PRT－D	处理后 PR－D	处理后 PRT－D
金属晶粒直径/nm	<1	<1	4	<1

从表中数据看，高温处理前，两种催化剂铂晶粒均小于 1 nm。经高温处理后，三金属催化剂 PRT－D的铂晶粒仍小于1 nm，而双金属催化剂 PR－D 的铂晶粒长大到4nm。由于正常分散的铂催化剂铂晶粒通常小于1nm[12]，以上测定结果表明加入第三组元的 PRT－D 催化剂经高温处理后仍保持良好的分散状态，而铂铼双金属催化剂高温处理后出现金属聚集。PRT－D 催化剂铂金属的热稳定性明显优于双金属催化剂。

3　工业应用

PRT－C 和 PRT－D 催化剂用于两段装填工艺，分别在半再生重整装置 A 和 B 上进行工业应用试验。

装置 A 分别在第一运转周期初期、中期和末期进行了标定。由于装置生产苯，抽出苯后重组分辛烷值大幅提高，对于生产汽油调和组分，不需要高反应苛刻度；同时由于反应加热炉负荷的限制，实际生产多在大处理量低苛刻度下运行。第一周期初期标定标 1 与末期标定标 3 都是在较低苛刻度下进行。标 2 是为了取得高苛刻度下的反应数据，于第一周期中期短时间降量提温操作，在加热炉负荷接近极限的情况下进行的标定。主要标定结果见表 13、表 14。

表13　装置 A 各标定条件下反应操作条件

项　目	单 位	标 1	标 2	标 3
运转天数	天	94	403	694
空速	h^{-1}	2.35	1.90	2.35
WAIT	℃	489	504	494.6

续表

项　目	单 位	标 1	标 2	标 3
WABT	℃	475.0	489.5	481.8
氢油比	φ/φ	1003	1160	1032
高分压力	MPa	1.15	1.20	1.20

表 14　装置 A 反应效果

项　目	标 1	标 2	标 3
重整进料芳潜/%	34.59	38.57	39.85
稳定汽油辛烷值 RONC	87.6	97.0	89.2
稳定汽油芳烃含量/%	56.09	68.30	55.24
稳定汽油收率/%	89.66	86.59	90.80
芳烃产率/%	50.3	59.2	49.8
芳烃转化率/%	145.4	153.3	124.9

从初期标定标 1 的反应条件及结果看，在较贫原料和低苛刻度下，芳烃转化率高，稳定汽油收率高，表明催化剂活性、选择性优异。

标 2 的结果表明，经过长时间运转后，在正常重整反应温度下能得到高辛烷值高芳烃含量的稳定汽油，并仍维持较高收率。催化剂表现出较高的活性、选择性和稳定性。

周期末的标定数据表明经过 600 天的运转，催化剂的活性损失较少，催化剂稳定性好；稳定汽油收率始终保持在较高水平，催化剂选择性高。

装置 B 工业应用试验包括第一周期标定，再生及第二周期初期标定。主要数据见表 15 至表 17。

标 1 考察催化剂的初期性能，标 2 考察催化剂的末期性能，标 3 考察催化剂再生后的性能。

标 1 数据表明，在 PRT－C/PRT－D 催化剂的运转初期，可以在较低的反应温度下得到较高产率的芳烃和氢气，催化剂具有良好的活性和选择性。

标 2 结果表明 PRT－C/PRT－D 催化剂经过 6900 多小时运转后催化剂活性损失小，仍然具有较高的活性和选择性。

标 3 是在催化剂再生后进行的。数据显示，再生后催化剂的反应性能与第一周期新鲜剂的水平相当，表明 PRT－C、PRT－D 催化剂具有良好的再生性能。

从表 17 数据可以看出，经过一个运转周期，催化剂加权平均积炭量仅为 5.99%，催化剂积炭速率低。经过再生，催化剂比表面积和孔体积降低值很小，表明催化剂载体水热稳定性好。

表 15　标定试验重整反应操作条件

项　目	单　位	标 1	标 2	标 3
运转天数	天	89	288	372
空速(重)	h^{-1}	1.91	1.91	1.88
WAIT	℃	482.8	499.4	490.8
WABT	℃	469.6	486.9	476.6
一/二段氢油比	φ/φ	845/1390	844/1388	807/1328
高分压力	MPa	1.20	1.20	1.20

表 16 标定试验重整反应效果

项 目	标 1	标 2	标 3
重整进料芳潜/%	44.69	48.07	49.08
脱戊烷油收率/%	86.4	84.0	84.7
脱戊烷油辛烷值 RONC	95.7	98.7	98.8
脱戊烷油芳烃含量/%	67.47	69.58	72.84
芳烃产率/%	58.3	58.4	61.7
芳烃转化率/%	130.4	121.6	125.7
循环氢纯度/%	90.07	88.16	88.42
纯氢产率/%	2.76	2.87	2.90

表 17 催化剂分析数据

项 目		一反	二反	三反	四反
新鲜剂	比表面积/(m^2/g)	202		203	
	孔体积/(mL/g)	0.49		0.49	
积炭剂	积炭/%	2.12	5.55	5.71	7.06
	氯/%	1.30	1.27	1.23	1.07
再生剂	比表面积/(m^2/g)	196	195	195	197
	孔体积/(mL/g)	0.48	0.49	0.47	0.48

4 结论

1)通过引入第三组元钇和改进浸渍方法，开发的 PRT 系列重整催化剂较铂铼双金属重整催化剂的性能有较大提高。实验室寿命试验结果表明，与同类型 PR - C、PR - D 催化剂相比，新开发的 PRT - C、PRT - D 催化剂的产物液收更高，积炭更低。工业应用结果表明，PRT - C/PRT - D 用于两段装填工艺，催化剂活性高，选择性好，积炭速率低。

2)PRT - C、PRT - D 催化剂再生后性能恢复到新鲜剂水平，催化剂再生性能良好。

3)PRT - C、PRT - D 催化剂用于不同性质的原料的重整，都可以在正常反应条件下得到高辛烷值汽油产品，催化剂对原料的适应性良好。

参 考 文 献

[1] Kluksdahl Harris E. Reforming a Sulfur-Free Naphtha with a Platinum-Rhenium Catalyst. US Pat Appl, US 3415737, 1968

[2] Bolivar. C, Charcosset. H, Frety. R, Primet. M, Tournayan. L, Betizeau. C, Leclercq. G and Maurel. R. Platinum - rhenium/alumina catalysts: I. Investigation of reduction by hydrogen. Journal of catalysis, 1975, 39: 249 ~ 259

[3] Zang Gaoshan, Zhang Daqing, Chen Zhixiang, Wang Jiaxin. Development of Low Coke - make Semi - Regenerative Reforming Catalyst. Sinopec International Technical Conference on Refinery Catalyst. Beijing, 2008

[4] Michael P. R.. Catalytic properties of Rare Earth oxides, Catal. Rev., 16(1), 1997: 111

[5] 朱光中，李国平等. 影响铂铼催化剂性能的某些因素. 燃料学报，17(1)，1989

[6] 刘良坦，李康，李凤仪. 铕和钇对铂重整催化剂反应性能和表面性质的影响. 石油学报(石油加工)，1992，8(1)：26 ~ 31

[7] 朱光中，石秋杰，李凤仪. PtY/Al_2O_3 催化剂活性中心初探. 高等化学学报，1990，11：1301 ~ 1303

[8] Imperial Chemical Industries Plc (London, GB), Catalyst supports and hydrocarbon conversion processes employing

catalysts based on these supports . USA, USP 4526885, 1985

[9] Zhang Daqing, Cui Long, The influence of yttrium and ytterbium on the catalytic performance of Pt – Re reforming catalysts, Petroleum Processing and Petrochimicals [J] (English), 4, 2002

[10] 张大庆 . 高苛刻度下铂铼重整催化剂反应性能的评价 . 石化技术与应用, 21(2), 2003

[11] Imperial Chemical Industries PLC (London, GB), Catalyst supports and hydrocarbon conversion processes employing catalysts based on these supports . USA, USP4581126, 1986

[12] SINFELT JOHN H. Bimetallic catalysts[M]. New York: John Wiley & Sons Inc. , 1983

新一代增产丙烯催化裂解催化剂的开发

刘宇键　龙军　田辉平　罗一斌　周岩

（中国石化石油化工科学研究院，北京　100083）

摘　要：本技术属石油炼制技术中的特种催化裂化催化剂，目的是以重油为原料，通过催化裂解过程多产化工原料特别是丙烯。针对由连续和并行反应组成的催化裂解反应网络，在分子炼油水平上取得研究进展：

①优化丙烯生成的催化反应动力学（Optimized Catalysis Kinetics，简称 OCK），开发出 OCK 催化剂制备技术，强化基质大孔的重油转化能力，提高活性中心可利用性和可接近性，促进裂解反应深化；②专门研制出高结晶度、高活性稳定性的新一代 ZSP 择形分子筛 ZSP-3，促进丙烯生成；③首次在工业裂化催化剂上引入 β 分子筛，能够增加丙烯前驱体，进一步促进丙烯生成。基于上述创新，开发出新一代 DCC 工艺专用催化剂 DMMC-1，与目前综合性能最好的 MMC-2 相比，具有大孔结构、高比表面、高平衡活性等特点。自 2006 年 7 月至 2007 年 6 月，已为安庆分公司 65 万吨/年 DCC 装置生产 700 吨 DMMC-1，工业运转情况正常。标定结果表明，DMMC-1 重油裂化能力强，总液收由 83.92% 增加至 84.56%，LPG 由 34.60% 增加至 38.90%，丙烯收率由 15.37% 增加至 17.80%，提高 2.43 个百分点，丙烯浓度由 44.91% 增加至 45.91%，焦炭由 7.61% 降至 7.05%，汽油烯烃含量由 42.3%（v）下降至 37.5%（v），新增利润 5219.318 万元/年。DMMC-1 具有技术创新性，工业应用经济效益显著，推广前景广阔，达到国际先进水平，使工业上已经处于领先地位的 DCC 技术得到进一步提升和发展。

主题词：石油化工　丙烯　催化裂解催化剂　催化反应动力学

1　前言

新一代增产丙烯催化裂解催化剂的开发工作，是在国内国际市场对丙烯需求持续增加并由此引发全球化技术竞争，中国石化 DCC 技术面临严峻挑战的形势下提出来的。

目前以重油为原料多产化工原料特别是丙烯的技术中，DCC 技术继续保持国际领先地位。尽管国外竞争对手如 Intercat 公司、Grace Davison 公司、沙特阿拉伯 King Fahd 石油矿业大学（KFUPM）、日本石油公司（The Japan Cooperation Center for Petroleum）、沙特阿美石油公司（Saudi Aramco）声称开发了相应技术，但仅见实验规模数据和宣传资料，尚未出现与 DCC 丙烯产率相当的工业应用报道。由于技术先进，DCC 从 1990 年诞生至今已在国内外多家公司得到工业应用，发展形势十分迅速，见表 1。

表 1　DCC 技术工业应用及发展形势一览

装置所在地	装置规模/（t/a）	开工时间
中国济南	60000	Nov. 1990
中国济南	150000	Jun. 1994
中国安庆	650000	Mar, 1995
中国大庆	120000	May, 1995
IRPC（TPI），Thailand	1000000	May, 1997

续表

装置所在地	装置规模/(t/a)	开工时间
中国荆门	800000	Sept. 1998
中国沈阳	500000	Oct. 1998
中国锦州	300000	Sept. 1999
中国大庆蓝星	500000	Oct. 2006
Aramco, Saudi Arabia	4500000	May, 2009
Nizhnekamsk, Russia	1000000	设计中
中国岳阳	1000000	建设中
Reliance, India	10000000	设计中

DCC技术广阔的市场前景引起炼油行业的高度重视，国外公司如Grace Davison、BASF(Engelhard)等在该领域的跟进速度快，类似的技术更新层出不穷，开发直接适用于DCC装置的催化剂成为技术竞争的重点和热点。针对这一形势，中石化DCC技术为了继续保持领先，已经到了非开展进一步技术创新不可的地步。本课题就是在这一迫切要求下，集中在催化剂技术上进行创新，主要目标是追求更高丙烯收率和提高重油裂化能力。

中国石油化工股份有限公司为此专门制定了106090合同，主要技术经济指标包括，开发新一代DCC工艺专用催化剂，在安庆分公司65万吨/年DCC装置上进行工业应用，与之前的装置生产情况做对比(即提升管加床层的反应器模式，反应温度544℃，采用加氢焦化蜡油和直馏减压蜡油混合原料，催化剂为同样由中石化开发、目前综合性能最好的MMC-2，在只进行催化剂更新换代的情况下，丙烯产率比现有水平增加1.0~1.5个百分点，总液收不下降，汽油中的烯烃下降。

2 催化剂技术创新主要内容

中国石油化工股份有限公司石油化工科学研究院(简称RIPP)最近在催化剂制备技术和催化材料两个领域取得创新突破，针对由连续和并行反应组成的催化裂解反应网络，在分子炼油水平上取得研究进展：

1)优化丙烯生成的催化反应动力学(Optimized Catalysis Kinetics，简称OCK)，开发出OCK催化剂制备技术，强化基质大孔的重油转化能力，提高活性中心可利用性和可接近性，促进裂解反应深化；

2)专门研制出高结晶度、高活性稳定性的新一代ZSP择形分子筛ZSP-3，促进丙烯生成；

3)首次在工业裂化催化剂上引入β分子筛，能够增加丙烯前驱体，进一步促进丙烯生成。

以实现上述创新成果的应用为技术思路，开发出了新一代DCC工艺专用催化剂DMMC-1。

3 技术创新取得的效果

3.1 微反评价结果

原料：大港直馏轻柴油，馏程239~351℃。

装置简介：固定床反应器，催化剂装量5g，进油量1.56g±0.02g，剂油比3.2，反应温度520℃，进油时间70s，质量空速$16h^{-1}$。

在相同的水热老化条件下比较裂解活性指数DMA，DMMC-1表现出高于MMC-2的微反活性，这有利于催化剂在工业装置上循环运转时维持较高的平衡活性和原料转化率，见表2。

表2 DMMC-1与MMC-2的微反性能比较

	MMC-2	DMMC-1
催化剂老化方式	水热老化	水热老化
DMA	基准	+3

3.2 FFB 评价结果

原料：选用上海加氢尾油和安庆分公司 DCC 工业装置进料，两种原料的性质见表 3。

表 3 FFB 实验室评价所用的原料性质

	上海加氢尾油	安庆 DCC 原料
密度(20℃)/(g/cm^3)	0.8345	0.9055
残炭/%	<0.05	0.14
H/C/(mol/mol)	2.011	
折光指数 n_D^{70}	1.4417	1.4832
碱性氮/(μg/g)	7.1	—
C/%	85.58	86.42
H/%	14.34	12.48
N/(μg/g)	1.3	0.18
S/(μg/g)	10	0.35
饱和烃/%	97.8	69.4
芳烃/%	1.1	23.5
胶质/%	1.1	6.9
沥青质		0.2
初馏点/℃	231	254
90%	—	528
95% 馏出点/℃	481	—

装置简介：小型固定流化床反应器(FFB)，催化剂 800℃/17h 老化，反应温度 560℃，C/O = 10，空速 4h^{-1}，进水量 25.40%。

由于上海加氢尾油是建立 FFB 催化裂解评价方法的基准油，故首先以上海加氢尾油为原料进行评价考察。表 4 的 FFB 评价结果显示，经过相同条件下水热老化，DMMC - 1 转化率比 MMC - 2 高，这与微反评价结果一致。从产品分布看，DMMC - 1 重油裂化能力强，液化气收率高，这一部分来自汽油组分的深度裂解，另一部分来自重油裂化的贡献。DMMC - 1 丙烯收率高，三烯收率之和(乙烯，丙烯，丁烯)高，丙烯选择性也高于 MMC - 2。此外，DMMC - 1 的焦炭收率有所下降。可见，DMMC - 1 的产物分布比 MMC - 2 有明显改善。

表 5 的 FFB 评价结果显示，采用相同条件的金属污染(V500μg/g，Ni1000μg/g)老化处理催化剂后，DMMC - 1 同样表现出液化气收率高，重油裂化能力强，汽油深度裂解能力强，丙烯收率提高，三烯收率之和增加，丙烯选择性提高，焦炭收率有所下降。可见，在有金属污染的情况下 DMMC - 1 产物分布得到改善，显示出较好的抗金属污染性能。

表 4 上海加氢尾油为原料，新鲜剂相同条件下水热老化后 FFB 评价结果

催 化 剂	MMC - 2	DMMC - 1
老化方式	水热老化	水热老化
干气	3.86	4.03
C_5 汽油	43.34	40.13

续表

催　化　剂	MMC－2	DMMC－1
液化气	43.67	48.33
柴油	6.29	5.5
重油	1.55	1.03
焦炭	1.28	0.97
转化率	92.14	93.46
乙烯	3.06	3.29
丙烯	19.26	21.57
丁烯	15.64	17.96
乙烯＋丙烯＋丁烯	37.96	42.82
异丁烯	6.45	7.33
丙烯选择性	0.209	0.231

表5　上海加氢尾油为原料，新鲜剂相同条件下金属污染老化后FFB评价结果

催　化　剂	MMC－2	DMMC－1
老化方式	金属污染老化	金属污染老化
干气	4.46	4.77
液化气	41.84	43.38
C_5 汽油	43.49	42.3
柴油	6.14	6.11
重油	1.83	1.28
焦炭	2.24	2.16
转化率	92.03	92.62
乙烯	3.14	3.48
丙烯	17.16	18.38
丁烯	13.09	13.68
乙烯＋丙烯＋丁烯	33.39	35.54
异丁烯	5.36	5.63
丙烯选择性	0.186	0.198

考虑到上海加氢尾油的组成和性质与安庆分公司的实际DCC原料存在一定差异，使用安庆DCC原料时DMMC－1裂解性能是否具有上述改善效果，值得进一步关注。表6是以安庆DCC原料为进料的FFB评价结果，DMMC－1与MMC－2相比仍体现出裂解活性高，产物分布得到改善的特点，丙烯收率提高2.2个百分点，丙烯选择性提高。进一步分析汽油产物中的烃组成，见表7，DMMC－1所对应的汽油中烯烃含量与MMC－2相比有所下降。

以上的催化剂实验室性能考察结果表明，DMMC－1在不同评价方案中均表现出优于MMC－2的综合催化性能，创新思路在实验室研发阶段取得成效。

表 6　安庆 DCC 原料，新鲜剂相同条件下水热老化后 FFB 评价结果

催　化　剂	MMC－2	DMMC－1
干气	6.87	7.23
液化气	39.30	40.53
C_5 汽油	28.42	27.16
柴油	11.32	11.36
重油	6.99	6.91
焦炭	7.10	6.81
转化率/%	81.69	81.72
乙烯产率	3.92	4.36
丙烯产率	15.94	18.19
丁烯产率	10.55	10.99
乙烯＋丙烯＋丁烯	30.41	33.54
异丁烯	4.32	4.57
丙烯选择性	0.195	0.222

表 7　安庆 DCC 原料，新鲜剂相同条件下水热老化后 FFB 评价汽油组成

催　化　剂	MMC－2	DMMC－1
正构烷烃/%	5.15	5.04
异构烷烃/%	7.15	7.05
烯烃/%	26.91	24.68
环烷烃/%	4.25	3.78
芳烃/%	55.99	58.96

3.3　安庆工业应用标定结果

安庆分公司催化裂解装置自 2006 年 7 月 22 日开始试用 RIPP 研制、催化剂齐鲁分公司生产的 DMMC－1 催化剂，至 2007 年 6 月已为安庆分公司 65 万吨/年 DCC 装置生产 700 吨 DMMC－1，工业运转情况正常。为考察新一代催化裂解催化剂 DMMC－1 的性能，安庆分公司与 RIPP 技术人员分别于 2006 年 7 月 17 日进行了空白标定，11 月 10 日对 DMMC－1 催化剂进行了总结标定，两次标定的原料性质和操作条件基本相当，物料平衡数据见表 8，汽油性质见表 9。

表 8　DMMC－1 在安庆分公司 DCC 装置工业应用标定物料平衡

项　　目	MMC－2	DMMC－1
物料平衡/%		
干气	7.71	7.89
液态烃	34.60	38.90
碳五＋汽油	29.90	26.09
柴油	19.42	19.57
油浆	0.25	0.00
焦炭	7.61	7.05
损失	0.51	0.49
合计	100.00	100.00

续表

项　目	MMC－2	DMMC－1
低碳烯烃/%		
乙烯	2.69	3.11
丙烯	15.37	17.80
丁烯	12.60	13.01

表9　DMMC－1在安庆分公司DCC装置工业应用标定汽油性质

催　化　剂	MMC－2	DMMC－1
密度/(g/cm^3)	0.7458	0.7453
HK/℃	38	40
50%/℃	85	85
KK/℃	192	191
诱导期/min	303	320
总硫/(μg/g)	707	535
荧光法烯烃/%(v)	43.7	39.2
MON	83.8	84
RON	97.8	98

工业应用结果与实验室的评价数据一致，新一代催化剂DMMC－1体现出裂解活性高，产物分布得到改善的特点，与MMC－2相比，丙烯产率增加2.43个百分点，丙烯选择性提高，总液收增0.64个百分点，汽油烯烃降低4.5%(v)，全部达到合同的要求。此外，焦炭减少0.56个百分点。

日常统计结果表明，安庆分公司DCC装置应用DMMC－1催化剂后每吨原料新增利润80.2972元，财务统计显示新增利润5219.318万元/年，具有很好的经济效益和社会效益，创新工作在工业生产上取得成效。

4　创新工作说明

催化裂解反应是由一系列连续和并行反应组成的网络化反应体系，裂解催化剂在整个反应体系中仅仅是作为影响和改变催化反应动力学的因素而引入的，根据反应动力学定义，这种对动力学的影响和改变只能体现在两方面：①催化裂解反应速率的改变和优化，即是否存在新的降低分子扩散能垒和反应能垒的方式并能够实施；②催化裂解反应机理或者说反应历程的改变、优化和延展，即是否存在最理想的多步骤反应路径并通过优化催化剂技术实现或接近实现这一反应动力学路径。

在今天，催化裂解的酸中心催化理论得到普遍适用，工业催化材料的本征催化活性均来自酸性中心，(中采取进一步降低反应能垒的方式目前还难以取得突破，因此，通过优化活性中心可接近性来降低分子扩散能垒，通过优化反应路径来改善产物的分布，是实现优化催化反应动力学(Optimized Catalysis Kinetics，简称OCK)的可供选择的手段。

根据上述指导思想，RIPP主要在催化剂制备技术的开发和催化材料的研制和使用这两个领域取得创新，内容简述如下。

4.1　催化剂制备技术创新

4.1.1　DCC技术的分子炼油观念要求催化剂制备技术创新

DCC可以加工各种重油，原料包括蜡油、加氢处理蜡油、脱沥青油、润滑油脱蜡蜡膏、焦化蜡油、常压渣油、加氢处理润滑油抽出油等等。DCC反应中烃分子裂解过程及其与催化剂活性中心协同作用见图1。原料大分子在孔径由大到小逐级递减的催化剂结构组元中依次与不同类型的活性组元发生相互作用，原料大分子本身也随之体现出以连续正碳离子流为特征的烃分子由大到小的演变过程。这些烃分子的裂解演变过程与其经历的裂解反应场所的空间结构和活性类型应保持顺序对应关系，即：①催化剂上的活性中心不仅对原料烃分子具有好的可接近性；②这些不同活性中心的可接近性还要按一定规律呈现有序变化，逐步提高中间分子的裂解深度。

裂解过程涉及的原料和中间产物的烃分子大小列于表10。可以看出，作为裂解原料的烃分子动力学直径平均约为5.0～7.0nm，属于裂解过程中间产物的烃分子平均约为1.0～1.5nm。一般认为，适宜发生某烃分子裂解反应的催化剂孔径尺寸约为该烃分子动力学直径的2～10倍，由此可换算出适宜裂解原料反应的催化剂最可几孔径应为10～70nm，适宜中间产物反应的催化剂最可几孔径应为2～15nm，提供这些孔径大小的孔结构主要取决于催化剂制备技术。

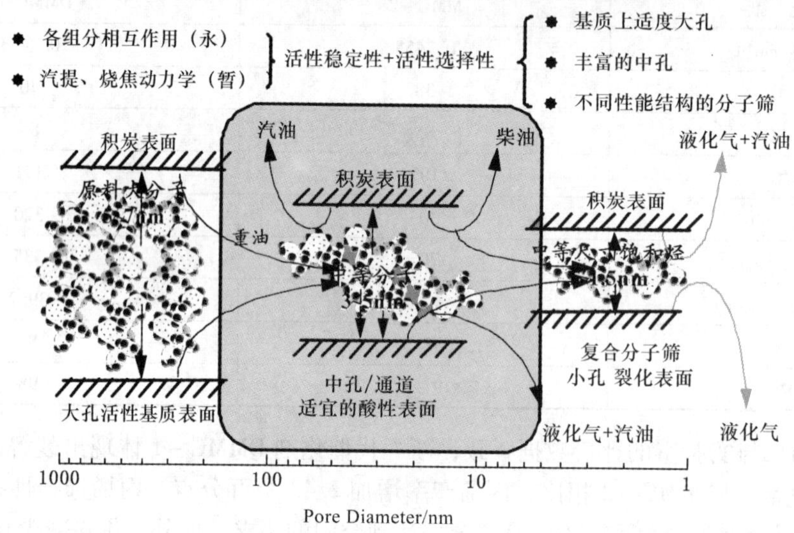

图1 DCC反应中烃分子裂解过程及其与催化剂活性中心协同作用

为此，催化剂制备技术的开发工作主要围绕提高原料大分子裂化性能和中间分子对活性中心的可接近性来进行，目的在于优化大分子和中间分子的催化裂解反应动力学，故简称为OCK催化剂制备技术。

表10 裂解原料和中间产物烃分子动力学直径

烃组成	平均碳数	平均动力学直径/nm
裂解中间产物		
轻汽油	6	0.4～0.5
重汽油	12	0.8～1.0
轻AGO	10～20	1.0～1.5
轻柴油	10～25	<2.0
裂解原料		
VGO	15～30	<2.5
AR	>35	>2.5
VR	>40	~5.0（2.5～15）
胶质	>40	>5.0
沥青质	>50	>5.0～10

4.1.2 OCK技术特点一：适宜大分子裂化的大孔结构

大孔结构设计目标：增加10～70nm甚至更大孔径的催化剂孔结构，提高重油裂化能力；改善汽提扩散效果，避免目标产物衍化，减少生焦。

研发大孔结构催化剂是一项具有挑战性的难题，尽管单纯实现催化剂大孔结构并不难，但是大孔的引入会影响催化剂的抗磨损性能。OCK 技术通过操纵结构组元和活性组元成为具有较大尺度的胶粒集团(常规技术催化剂胶粒的平均粒子大小 APS＝3～6nm，OCK 技术催化剂胶粒 APS＝50～80nm)，构建出催化剂的大孔结构，通过强化胶粒集团间的相互作用来补偿大孔结构对催化剂抗磨损性能的不利影响。

采用水滴法和静态低温氮吸附容量法(BET 法)对 MMC－2 和 DMMC－1 作孔结构表征，表 11 的新鲜剂数据显示，两种表征方法均显示 DMMC－1 具有明显高于 MMC－2 的孔体积，并表现出很好的抗磨损性能。

表 11 新鲜剂物化性质比较

新 鲜 剂	MMC－2	DMMC－1
Al/%	基准	相当
V_{H_2O}/(mL/g)	基准	+21%
V_{BET}/(mL/g)	基准	+13%

催化剂老化后结果见表 12，DMMC－1 的总孔体积、微孔体积、基质孔体积、比表面保留程度均好于 MMC－2。

表 12 新鲜剂水热老化后物化性质比较

800/17h 老化	MMC－2	DMMC－1
S_{BET}/(m^2/g)	基准	+19%
S_Z/(m^2/g)	基准	+111%
S_M/(m^2/g)	基准	相当
V_{micro}/(mL/g)	基准	+100%
V_{BET}/(mL/g)	基准	+13%

由于催化剂孔体积只是对孔结构总体容量的统计，是否出现大孔结构还需分析孔分布结果，催化剂老化前后 BET 孔分布见图 2。

从 BET 吸附曲线看，老化前后 DMMC－1 孔径在 10～100nm 范围内的孔的体积均大于 MMC－2，证明了 OCK 技术在 10～100nm 范围内提供了更多的孔结构。

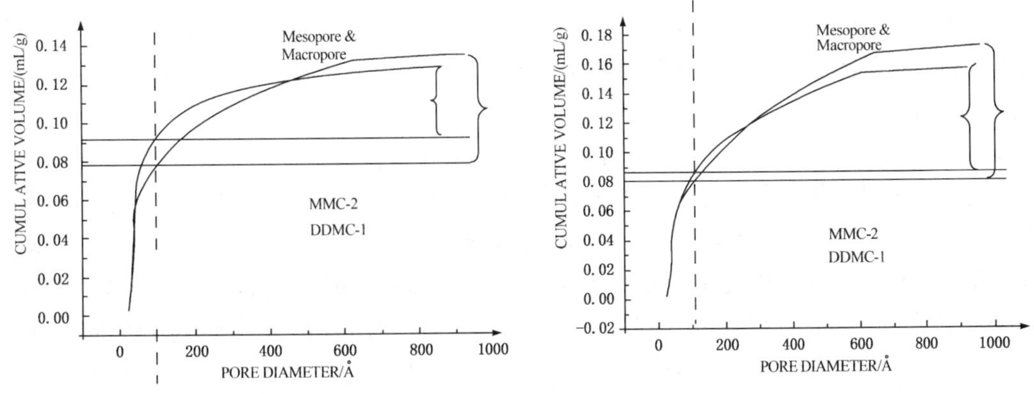

图 2 催化剂老化前后 BET 孔分布

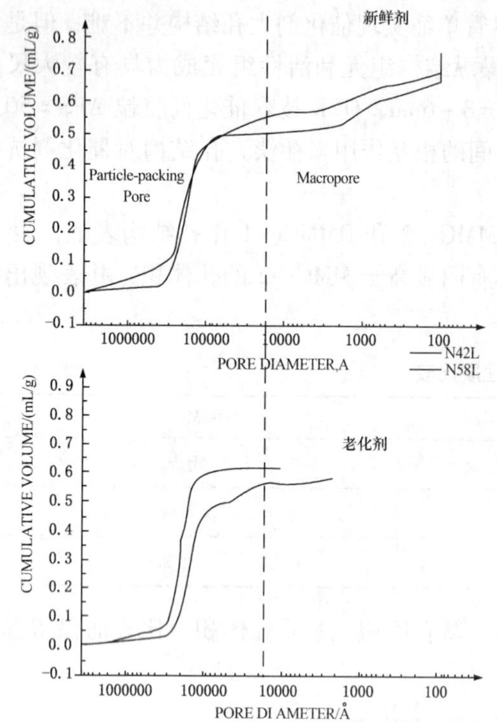

压汞法考察新鲜剂孔结构	
MMC－2	$(\int Vd(D) = 0.7302\ mL/g$ $(\int_{9104}^{3.1E6} Vd(D) = 0.5619\ mL/g$ $(\int_{101}^{9104} Vd(D) = 0.1683\ mL/g$
DMMC－1	$(\int Vd(D) = 0.6964\ mL/g$ $(\int_{9069}^{3.1E6} Vd(D) = 0.5108\ mL/g$ $(\int_{101}^{9069} Vd(D) = 0.1856\ mL/g$
压汞法考察新鲜剂水热失活后孔结构	
MMC－2	$(\int Vd(D) = 0.7989\ mL/g$ $(\int_{9080}^{3.1E6} Vd(D) = 0.5592\ mL/g$ $(\int_{101}^{9080} Vd(D) = 0.2397\ mL/g$
DMMC－1	$(\int Vd(D) = 0.8857\ mL/g$ $(\int_{9071}^{3.1E6} Vd(D) = 0.6204\ mL/g$ $(\int_{101}^{9071} Vd(D) = 0.2653\ mL/g$

图3　催化剂老化前后的压汞法孔体积计算

采用压汞法测定催化剂在更宽孔径范围内的孔结构，图3所示的定量计算表明，不论是新鲜剂还是老化剂，DMMC－1在10～1000nm孔径范围内的孔体积总量大于MMC－2，证明了OCK技术在10～1000nm范围内提供了更多的孔结构。

通过上述孔结构分析，可见OCK技术制备的成胶粒子为几何形状较大的复合胶粒集团，所制备的新剂具有明显的大孔结构(孔径10～1000nm)，并表现出很好的抗磨损性能。

4.1.3　OCK技术特点二：分子筛高度暴露的催化剂表面

催化剂表面高度暴露的分子筛，有利于强化分子筛的规则裂化特征，抑制无定形材料上的裂化，降低产物在分子筛晶体内的二级扩散，减少过裂化，提高目标产品，减少副产品。

图4的电镜照片可见两种不同表面结构的对比，OCK技术赋予了DMMC－1催化剂不同于常规催化剂MMC－2的提高活性组元可接近性的催化剂表面结构。尽管DMMC－1这一结构有利于消除催化反应过程的扩散阻力，但技术难点在于，该表面结构的形成是通过提高催化剂制备环境的苛刻程度来实现的，制备环境苛刻度过高辉对破坏作为活性组元的分子筛的晶体结构，而且表面开放的结构会使分子筛易于失活。

OCK技术采取了一系列解决办法，分析、梳理催化剂制备过程不同胶体化学反应所对应的反应条件苛刻度，实现优化有序成胶，减少分子筛处于苛刻环境中的时间，并在成胶过程中引入保护分子筛结构的试剂，避免让分子筛长时间直接接触苛刻环境。采用X射线粉末衍射法(XRD)研究OCK技术是否对活性组元造成破坏，表13结果显示新鲜剂DMMC－1结晶度比MMC－2略好，表明采用OCK技术分子筛晶体结构未见破坏。表14老化后催化剂XRD结果显示，DMMC－1具有明显优于MMC－2的分子筛结晶保留度，与BET结果一致且更为直观地证实了OCK技术通过强化各组元相互作用，提高催化剂活性组元结构稳定性。

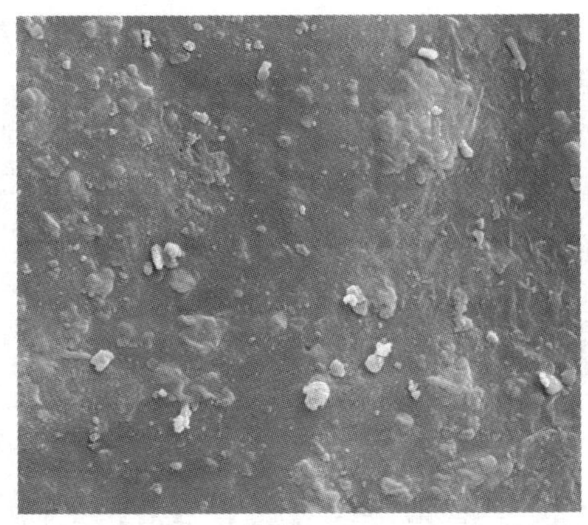
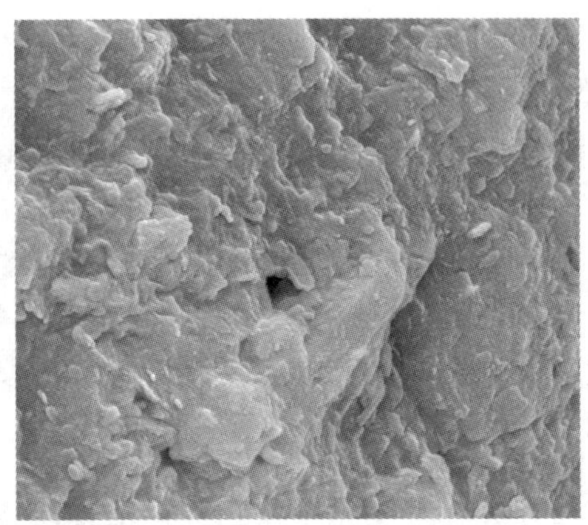

图4 催化剂外形结构比较

表13 新鲜剂分子筛晶体结构比较

新鲜剂	ACR/%
DMMC-1	+4%
MMC-2	基准

表14 新鲜剂水热老化后分子筛晶体结构比较

800℃/17h	ACR/%
DMMC-1	+17%
MMC-2	基准

4.1.4 OCK技术特点三：优化催化剂成形效果

DCC操作条件苛刻程度与蒸汽裂解相比大大缓和，体现一定的技术进步优势，但相比FCC其操作环境苛刻度又有所提高，见表15，因此对催化剂成形提出了比常规FCC催化剂更高的要求。

表15 DCC与常规FCC操作参数比较

项　　目	FCC	DCC
接触反应模式	基准	较复杂
反应温度	基准	+0~50℃
剂油比	基准	1.5~2倍
停留时间	基准	长
反应压力	基准	低
稀释蒸汽	基准	多

催化剂成型的优劣决定着各组分的空间分布情况，在很大程度上影响着活性组元与结构组元、不同活性组元之间的协同性。成型好的催化剂，活性稳定性和结构稳定定性会得到改善，还可以改善催化剂使用过程的流化效果。对催化剂生产商而言，好的成型技术会提高催化剂收率，增强企业市场竞争能力。

常规技术生产的MMC-2催化剂SEM照片见图5，成形不规则，有面包圈、窝头、花生，并附有黏连的小碎屑，粒度分布也不很均匀，细碎的颗粒很多。成形效果的改善，这不仅对于国内催化行业是重大挑战，在世界范围内也是难以解决的重大问题。

催化剂成形技术的创新思路有多种选择，可以完全改变现有成形原理和工艺，或是提高成型设备控制精度，但这都需要极大的技术总量、设备投资和加工成本，而通过改进成胶工艺过程另谋出路，是RIPP选取的切实可行的突破方向。

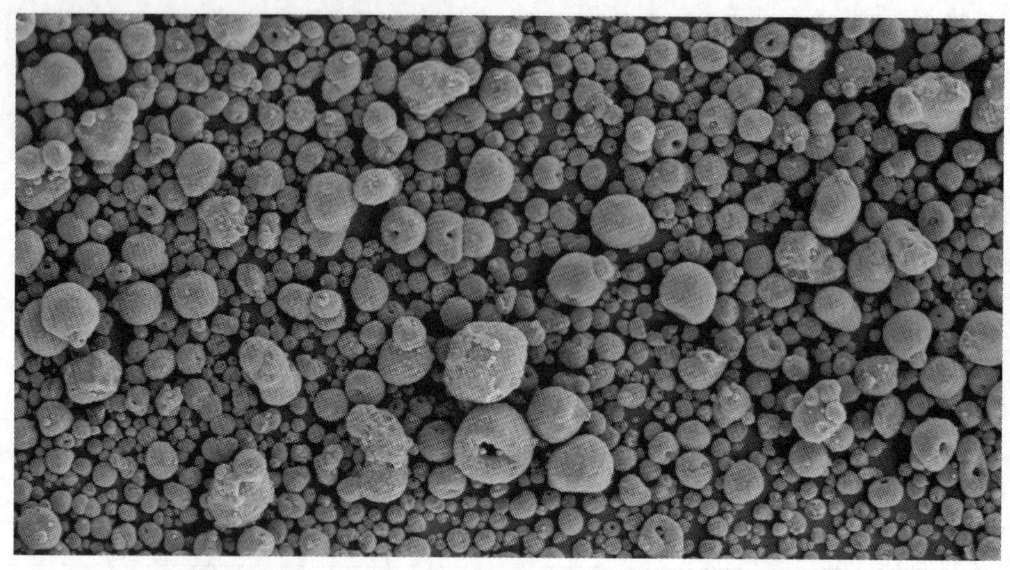

图 5　MMC－2 催化剂外形结构

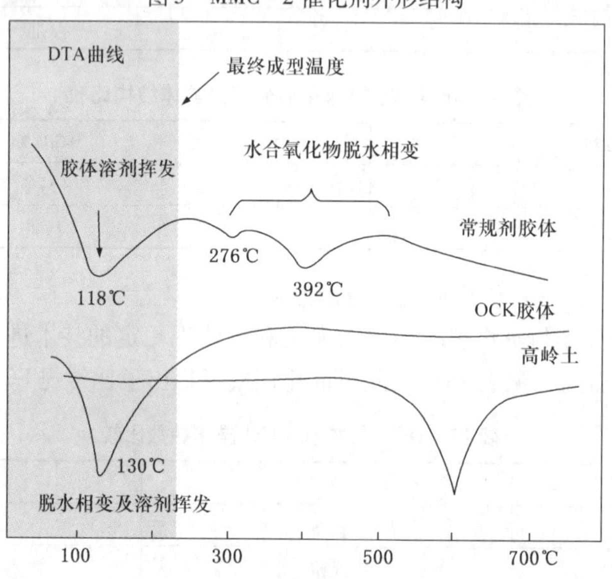

图 6　常规催化剂胶体和 OCK 胶体 DTA 曲线

图 6 是两种不同催化剂胶体差热分析(DTA)性质，常规胶体固化过程需要接近 400℃高温干燥条件才能完成，而目前喷雾干燥设备的出口温度一般低于 220℃，这种差别造成喷雾设备中的催化剂微球产生变形、破碎和发生相互黏连。OCK 技术克服了这一问题，根据现有喷雾成型装置条件，通过引入适合较低温度固化的热敏骨架组元，提高催化剂成型的温度敏感性，为仍需高温固化转相的胶体物质提供初期的成型支撑，避免业已成型的微球发生变形和相互黏连，图 6 显示 OCK 胶体固化干燥温度比常规胶体低，约为 130℃，处于喷雾干燥设备的出口温度变化范围内，图 7 是 OCK 技术生产的 DMMC－1 催化剂 SEM 照片，与图 5 相比，催化剂成形效果得到改善。

4.1.5　小结

采用 OCK 技术的 DMMC－1 具有孔径范围在 10～1000nm 的大孔结构，保证原料的充分转化。

催化剂表面高度暴露的结构提高了分子筛可接近性，保证副反应得到抑制。

催化剂成型效果得到改善，保证装置长稳运行。

4.2　催化材料创新

根据图 1 所示的裂解反应过程与催化材料的关系，OCK 技术通过提高原料大分子和中间分子裂化性能，保证了初期的催化裂解反应得到优化，进一步的深度裂解反应则需要由分子筛来完成，

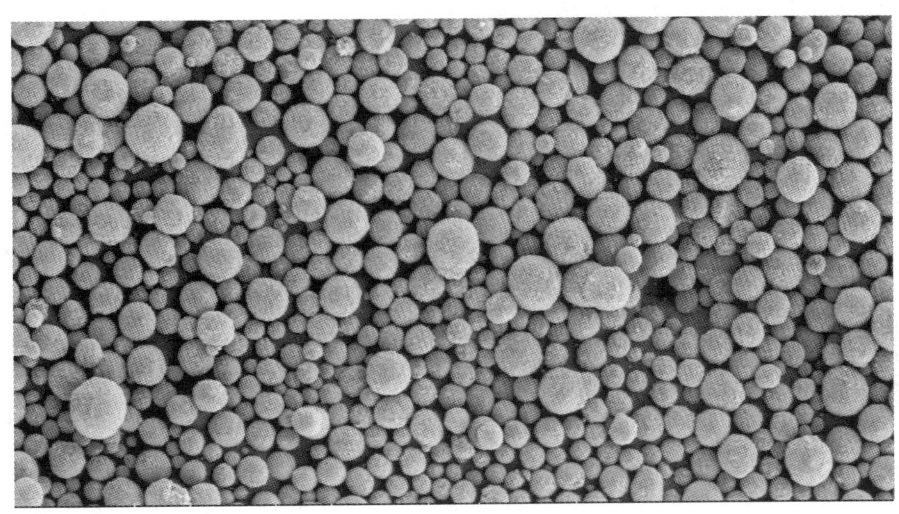

图7 DMMC－1 催化剂外形结构

为此 RIPP 开展了一系列作为主要裂解活性组元的分子筛材料的创新研究工作。

4.2.1 传统 DCC 催化剂分子筛体系

常规 DCC 催化剂采用具有 FAU 结构的 Y 形分子筛和具有 MFI 结构的则形分子筛，复合成二元体系作为实现深度裂解反应的主要活性组元。Y 形分子筛具有三维十二元环孔道，孔径大小为 0.74nm×0.74nm，MFI 分子筛具有三维十元环孔道，有两种孔道结构，孔径分别为 0.53nm×0.56nm 和 0.52nm×0.55nm，其中 MFI 是进行深度裂解、生成丙烯的直接活性组元，反应过程见

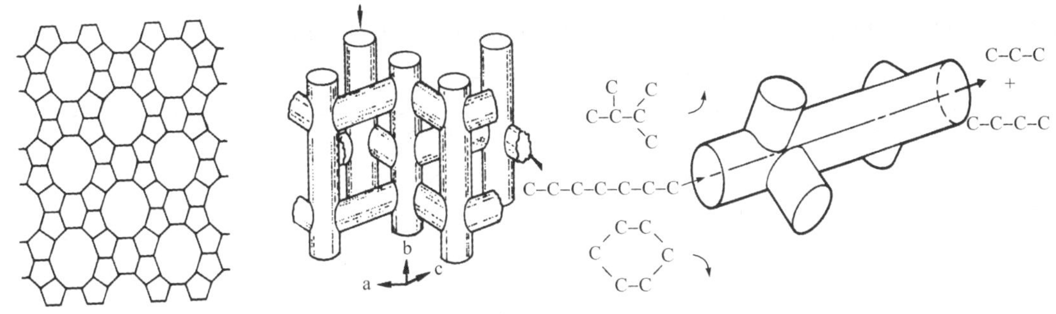

图8 MFI 分子筛孔道结构及烃分子选择性裂解机理

图8。由图8 可见，MFI 分子筛将中分子烃类转化为丙烯，可以认为这些烃类是丙烯前驱体，这些前驱体直接影响着丙烯的生成。为此开展了纯烃反应以确认丙烯前驱体的种类和性质。表16 的结果显示，$C_5^=$～$C_8^=$具有较高的丙烯选择性，是适于在 MFI 上裂化生成丙烯的前驱物。

表16 烯烃在 MFI 分子筛上裂化产品分布，反应温度 510℃

	产品选择性/%			
原料	$C_2^=$	$C_3^=$	$C_4^=$	$C_5^=$
戊烯	31.7	38.3	11.9	
己烯	7.5	83.4	7.9	0.7
庚烯	0.9	47.3	47.7	0.9
辛烯		27.5	44.4	28.0

可见，在裂解反应过程中，促进 $C_5^=$～$C_8^=$中间产物的生成，会通过提高 MFI 分子筛丙烯选择性的方式来多产丙烯。由于 Y 形分子筛硅铝比较低(一般仅为 5 左右)，难以形成酸强度高的裂解活性中心而多产 $C_5^=$～$C_8^=$，而且 Y 形分子筛在所有工业分子筛材料中具有最大的空腔体积与骨架体积比(即骨架密度最低)，这一结构有利于发生双分子反应而不利于生成 $C_5^=$～$C_8^=$，说明 Y 形分

子筛对生成丙烯前驱物还存在一定限制。

4.2.2 催化材料创新特点一：在二元活性组分体系中引入β分子筛

针对以上复合分子筛存在的限制，RIPP 提出寻找新组元、突破二元活性组分体系原则，这一新组元的孔道大小应略低于Y形分子筛，强酸量则应比Y形分子筛大。从以下几种分子筛的比较中，β分子筛具有符合该原则的孔道结构和酸性质。

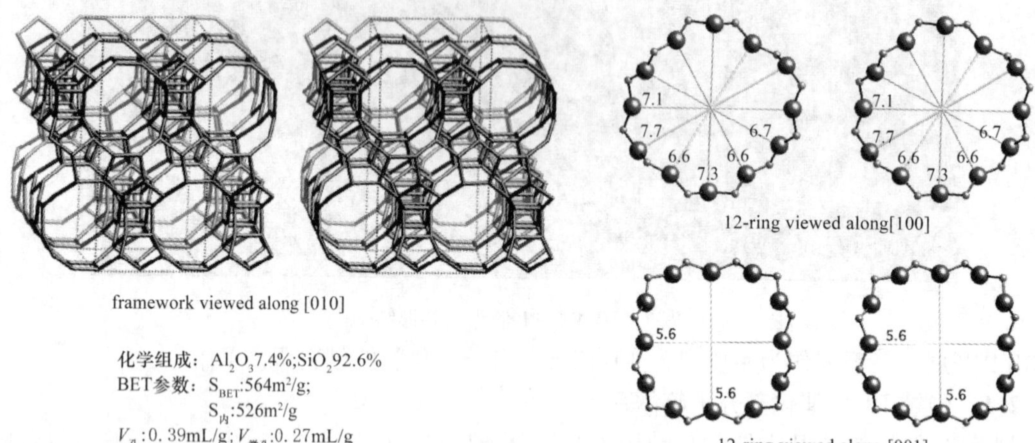

图9　构造模型模拟粉末衍射β沸石的堆垛层错结构及[001]晶面和[100]晶面的孔道孔径

Y形分子筛：三维十二元环孔道，孔径0.74nm×0.74nm；

β分子筛：十二元环孔道，孔径0.66nm×0.67nm；

MFI分子筛：三维十元环孔道，孔径0.53nm×0.56nm，0.52nm×0.55nm。

表17　三种分子筛的表面酸性质

分子筛	第一脱附峰		第二脱附峰		第三脱附峰	
	峰温/℃	酸密度/(μmol/g)	峰温/℃	酸密度/(μmol/g)	峰温/℃	酸密度/(μmol/g)
Y形分子筛	175	114.72	263	331.25		
β分子筛	153	87.76	206	194.85	304	109.19
MFI分子筛	165	81.95	218	109.58	334	128.67

为此开展了一系列有关β分子筛作为多产丙烯前驱物活性组元的研究。

β分子筛是美国Mobil公司于1967年首次合成的一种新型分子筛[1]。它是一种大孔三维结构的高硅沸石，具有十二圆环骨架结构，硅铝比为20~300。1988年，国外采用构造模型模拟粉末衍射确定了β沸石的堆垛层错结构[2,3]，结构示意见图9。β沸石中平行于[001]晶面的孔道孔径为0.56nm×0.56nm，与[100]晶面平行的孔道孔径为0.66nm×0.67nm。β沸石被广泛研究应用于烷基化、加氢裂化、重整、醚化、酯化等催化过程，尽管在催化裂化领域已经形成很多专利，但到目前为止仍未见有工业应用报道。

表18　Y形分子筛和β分子筛分子筛轻油微反汽油产物中烯烃分布

汽油中烯烃含量/%	Y形分子筛	β分子筛
$C_5^=$	7.09	22.16
$C_6^=$	3.86	11.3
$C_7^=$	1.19	3.90
$C_8^=$	1.03	2.66
$C_9^=$	0.57	1.08
$C_{10}^=$	0.28	0.45

通过在β分子筛中引入磷和过渡金属元素，在保留β分子筛优异水热稳定性特色的基础上，适当增强脱氢活性功能，使其具有将汽油馏分分子选择性地转化为 $C_5 \sim C_8$ 烯烃的功能。表18轻油微反数据表明，β分子筛的汽油烯烃含量高于Y形分子筛，尤其是低碳数烯烃如 $C_5^=$、$C_6^=$ 和 $C_7^=$，证实β分子筛具有多产 $C_5^= \sim C_8^=$ 烯烃的性能。

表19重油评价结果表明，与未改性β分子筛相比，在ZSM-5中添加改性的β分子筛后，用于裂化重油(VGO)时可获得更多的液化气收率和丙烯产率。

表19 添加改性β分子筛的活性材料对重油(VGO)的裂化

	对比	添加改性β
转化率/%	63.65	63.70
物料平衡/%		
干气	1.35	1.72
液化气	23.08	26.67
汽油	36.06	31.36
柴油	7.31	7.58
重油	29.04	28.72
焦炭	3.16	3.95
合计	100.00	100.00
丙烯/%	7.01	9.75
$C_3^=$ 转化率/%	11.01	15.30

以上述研究工作为基础，RIPP首次在DCC催化剂中引入β分子筛，通过解决β分子筛合成成本高的问题，确定了原料来源和工业可行的合成路线，解决了β分子筛改性活化的问题，成功实现了β分子筛的工业应用。

4.2.3 催化材料创新特点二：实现ZSP分子筛升级

为了开发新一代DCC工艺专用催化剂，RIPP专门进行了核心组元MFI的研制工作，实现了ZSP系列MFI分子筛的换代升级。

MFI分子筛具有特殊孔道结构，其中由十元环形成的二维长直孔孔径在0.5~0.6nm范围内，是汽油馏分烃分子($C_{13} \sim C_5$)择形裂化的场所，具有促进低碳烯烃生成的作用。通过在MFI分子筛上引入P和过渡金属，研制了ZSP系列分子筛，增强活性中心的深度裂解活性和适当的选择性脱氢活性，达到提高丙烯浓度的目的。ZSP具有高硅铝比和适宜酸中心的特点，能够适度控制晶内催化反应，避免已生成的丙烯发生衍化而减少目标产物收率。

表20 ZSP系列分子筛BET分析结果

	比表面/(m^2/g)	孔体积/(mL/g)
ZSP-2	345	0.198
ZSP-3	378	0.199

表21 ZSP系列分子筛轻油微活评价结果

	800℃/4h	800℃/17h
ZSP-2	39	38
ZSP-3	41	40

表 22 ZSP 系列分子筛轻油微活评价产品分布

分子筛	ZSP - 2	ZSP - 3
水热失活条件	800℃/4h	800℃/4h
转化率/%	45.35	45.45
物料平衡/%		
干气	1.55	1.51
液化气	17.96	19.18
汽油	25.84	24.76
柴油	54.65	54.55
合计	100.00	100.00
丙烯	5.29	5.37
丙烯选择性/%	11.66	11.82

在开发研制 ZSP - 2 基础上，通过优化合成方法中的晶化反应步骤和过程，进一步降低晶化反应环境的苛刻度，研发出新一代改性 MFI 分子筛 ZSP - 3，表 20 和表 21 数据显示，与 ZSP - 2 相比，ZSP - 3 比表面保留度和活性稳定性均有所提高。表 22 数据表明，在相同水热失活条件下，ZSP - 3 轻油微反 LPG 收率和丙烯收率增加，丙烯选择性提高。

4.2.4 小结

首次在 DCC 催化剂中引入 β 分子筛，通过增产中间产品 $C_5^= \sim C_8^=$ 来作为丙烯前身物，促进 ZSP - 3 多产丙烯。

采用晶体结构好，活性稳定性高的最新升级的 MFI 分子筛 ZSP - 3，提高丙烯选择性。

5 新型催化剂 DMMC - 1 工业生产

以上述研究为基础，自 2006 年 7 月至 2007 年 6 月，已为安庆分公司 65 万吨/年 DCC 装置生产 700 吨 DMMC - 1。DMMC - 1 催化剂工业生产的产品质量数据见表 23，产品质量一次合格，与同期生产的常规催化剂 MMC - 2 相比特点明显，孔体积大，比表面增加，满足出厂条件，全部发往安庆分公司。

表 23 常规 MMC - 2 与 DMMC - 1 成品物化性能数据

项　目	单　位	MMC - 2	DMMC - 1
孔体积	mL/g	基准	25%
比表面	m^2/g	基准	24%
微活指数(800℃/17h)	%	基准	3%
磨损指数	$\%/h^{-1}$	基准	相当

6 结　论

1)针对 DCC 原料日益变重和不断增长的丙烯需求，在催化剂技术和催化材料两个领域实现创新，开发了 OCK 催化剂制备技术，首次引入 β 分子筛并采用晶体结构好、活性稳定性高的 ZSP - 3 分子筛，研制出具有高重油转化能力和高丙烯产率的新一代 DCC 催化剂。

2)基于上述创新，开发出新一代 DCC 工艺专用催化剂 DMMC - 1，与目前综合性能最好的 MMC - 2 相比，DMMC - 1 具有大孔结构，比表面增加，平衡活性高，成形效果好的特点，实验室评价表明，DMMC - 1 丙烯收率增加 2.2 个百分点，丙烯选择性提高 10%，重油裂化能力提高，焦炭选择性得到改善，汽油烯烃含量下降，取得较好的产品分布和产品质量。

自2006年7月至2007年6月，已为安庆分公司65万吨/年DCC装置生产700吨DMMC－1，工业运转情况正常。标定结果表明，DMMC－1重油裂化能力强，总液收由83.92%增加至84.56%，LPG由34.60%增加至38.90%，丙烯收率由15.37%增加至17.80%，提高2.43个百分点，丙烯浓度由44.91%增加至45.91%，焦炭由7.61%降至7.05%，汽油烯烃含量由42.3%(*v*)下降至37.5%(*v*)，新增利润5219.318万元/年。

3)DCC催化剂属于中国石化创新性技术，近十几年来一直处于世界领先地位，此次新型DCC工艺专用催化剂DMMC－1的生产，表明中国石化在该优势领域的科技创新开发工作实现了自我超越并进入新的发展阶段，显示了中国石化领跑先进炼油项目的决心和强大的科研开发实力，对遏制国外催化剂公司产品的渗透，提升中国石化在国际市场中的竞争力，具有现实意义。

参 考 文 献

[1] R. Ballmoos, J. B. Higgings, M. MJ. Treacy, etal. Proceedings of the 9th International Zeolite Conference, 1992

[2] J. Perez－Pariente, J. Sanz, V. Fornes, etal. J. Catal, 1990, 124(1): 217

S－Zorb 再生烟气处理催化剂开发

刘爱华　刘剑利　陶卫东
（中国石化齐鲁分公司研究院，山东淄博　255400）

摘　要： 中国石化集团公司已在燕山分公司建成国内首套120万吨/年S－Zorb汽油吸附脱硫装置，今后拟在系统内12家分公司推广此项技术，但S－Zorb再生烟气的处理成为制约该技术推广的瓶颈。本研究通过低温耐氧高活性加氢催化剂的开发，可使S－Zorb再生烟气直接引入硫磺装置尾气加氢单元，不需要新建装置，而且回收了硫资源，保护了环境。

1　前言

随着我国环保法规的日益严格，对车用汽油的质量要求不断提高。美国飞利浦公司开发的S－Zorb汽油吸附脱硫专利技术，可生产硫含量低于10μg/g的低硫清洁汽油。中石化集团公司已买断该技术，并在燕山分公司建成国内首套120万吨/年S－Zorb汽油脱硫装置，今后拟在系统内12家分公司推广此项技术，以提高中石化系统出厂汽油的质量。

S－Zorb技术是基于吸附作用原理，通过采用流化床反应器，使用其专门的吸附剂脱除汽油中的硫，从而达到对汽油进行脱硫的目的。与加氢脱硫技术相比，该技术不仅产品中硫含量低，而且具有辛烷值损失小、能耗少、操作费用低的优点。S－Zorb技术中吸附剂吸附饱和后需焙烧再生，再生烟气中含有较高含量的二氧化硫，在国外通常采用碱液吸收方法除去二氧化硫，但由于燕山分公司无碱渣处理设施，使得烟气的处理成为难题。此外，废碱液处理也会产生污染，同时也浪费了硫资源。国内大多数炼油厂均配套硫磺回收装置，选择烟气进入硫磺回收装置是较好的处理方式，既不会造成污染，同时也能够变废为宝。但是烟气进入Claus单元还是尾气加氢单元是值得选择的，如果进入Claus单元可能会降低整个硫回收装置的处理量，造成装置波动；如果进入尾气加氢单元，由于烟气中二氧化硫和氧含量较高，一般催化剂容易发生二氧化硫穿透，很难达到装置要求，同时由于烟气温度较低(160℃左右)，达不到尾气加氢单元的温度要求，需增设加热器，使得装置能耗升高。

齐鲁分公司研究院长期从事硫磺回收及尾气加氢催化剂的研制及工艺研究，所开发的低温尾气加氢催化剂在反应温度220～240℃的条件下具有良好的加氢和水解活性。因此，通过技术改进，开发低温、耐氧、高活性的尾气加氢催化剂，可以使得烟气在不增设加热器的情况下进入尾气加氢单元。

本研究借鉴低温Claus尾气加氢催化剂开发经验，通过提高催化剂的活性，开发的催化剂具有低温活性好、二氧化硫加氢能力及耐硫酸盐化能力强、易于硫化、不易反硫化的特点。该催化剂在反应温度240℃、氧含量0.2%(*v*)、二氧化硫1.2%(*v*)的情况下，加氢反应器出口使用常规色谱仪检测不到非硫化氢的含硫化合物(常规色谱检测最低极限为100mg/m^3)，活性稳定性考察结果表明，催化剂具有良好的活性稳定性。

2　低温耐氧高活性Claus尾气加氢催化剂的开发思路

2.1　S－Zorb再生烟气的组成及特点

表1给出了S－Zorb再生烟气的组成设计值及常规Claus尾气的组成。

表1 S－Zorb 再生烟气设计值及常规 Claus 尾气的组成

项 目		S－Zorb 再生烟气	常规 Claus 尾气
出 S－Zorb 装置温度/℃		205	—
进硫磺装置温度/℃		160	≥280
气体组成 %(v)	H_2O	3.12	3～30
	O_2	0.2	≤0.05
	N_2	89.33	余量
	CO_2	1.9	—
	SO_2	5.41	$S+COS+SO_2\leq0.5$
	CO	0.04	—

从表1中数据可以看出，S－Zorb 再生烟气与常规的 Claus 尾气组成有所不同，S－Zorb 再生烟气具有以下几个特点：①进硫磺回收装置温度较低，160℃；②氧含量较高，正常情况下体积含量为0.2%，非正常情况下可能会更高；③二氧化硫体积含量高达5.41%，是常规 Claus 尾气二氧化硫含量的10倍以上。

燕山分公司 S－Zorb 汽油脱硫装置开工后，再生烟气进1.2万吨/年硫回收装置制硫单元，实际操作情况为：

①再生烟气气量波动较大，瞬时波动范围300～700Nm^3/h，导致 H_2S、SO_2 比例失调，酸气燃烧炉配风难以调整，克劳斯反应无法正常进行。②再生烟气中 SO_2 含量不稳定，瞬时波动范围0.5%～3.0%；③烟气温度低，进制硫装置前只有140℃左右，需进行预热。新上电加热炉，装置能耗较高。④由于烟气中 SO_2 含量较高，必须降低燃烧炉 H_2S 的燃烧量，对燃烧炉蒸汽发生器进行堵管处理，共计堵管68根。⑤燃烧量降低，导致燃烧热减少，装置处理量降低三分之一。⑥烟气中氧含量较高，且大幅波动，波动范围0.02%～3.0%。

2.2 催化剂开发思路

根据表1中 S－Zorb 再生烟气的特点及与常规 Claus 尾气的不同之处，开发的低温耐氧高活性尾气加氢催化剂与普通的 Claus 尾气加氢催化剂相比较应具有以下特点：

(1)低温活性好

由于 S－Zorb 再生烟气温度较低，进硫磺装置的烟气只有160℃，与原硫磺回收装置 Claus 尾气混合后，会导致加氢反应器入口温度降低，以燕山分公司1.2万吨/年硫磺回收装置为例，原 Claus 尾气加氢反应器入口温度为280℃，气量约4000Nm^3/h；S－Zorb 再生烟气进硫回收装置的温度为160℃，气量约300～700Nm^3/h。两者混合后，Claus 尾气加氢反应器入口温度会降至240～260℃。而常规 Claus 尾气加氢催化剂的使用温度要求280～320℃，如使用常规 Claus 尾气加氢催化剂，S－Zorb 再生烟气进尾气加氢反应器前须增设加热或换热装置，如使用低温 Claus 尾气加氢催化剂，不需要增设加热或换热装置，混合后可直接进 Claus 尾气加氢反应器，减少了装置投资。因此，配套 S－Zorb 烟气的处理，开发低温型 Claus 尾气加氢催化剂是十分必要的。

(2)耐硫酸盐化能力强

由于 S－Zorb 再生烟气二氧化硫体积含量高达5.41%，常规 Claus 尾气中二氧化硫含量小于0.5%，燕山分公司按实际比例 S－Zorb 再生烟气与常规 Claus 尾气混合后，混合尾气的二氧化硫含量仍高达1.1%，超出常规 Claus 尾气的一倍以上。较高浓度的二氧化硫如不能全部加氢，会导致加氢催化剂反硫化，而且载体氧化铝发生硫酸盐化，最终导致催化剂二氧化硫穿透而失活。因此，适合S－Zorb 再生烟气加氢的催化剂应具备不易反硫化及耐硫酸盐化的特点。

(3)加氢活性高

由于 S－Zorb 再生烟气二氧化硫含量高，如催化剂活性低，不能满足高二氧化硫加氢的要求，催化剂床层很容易发生二氧化硫穿透现象。因此，适合 S－Zorb 再生烟气加氢的催化剂应该较常规催化剂具有更高的加氢活性。

(4)具有良好的脱氧活性

S-Zorb 再生烟气氧含量较高，加氢催化剂的活化状态为硫化态，氧会导致催化剂由硫化态变为氧化态而失去活性，但在硫化氢存在的状态下，催化剂又会由氧化态变为硫化态，床层上部催化剂脱氧要经过一个如此反复的过程，因此，适合 S-Zorb 再生烟气加氢的催化剂应具有良好的脱氧活性。

3 催化剂活性评价

催化剂活性评价在 10mL 微型反应装置上进行。催化剂装填量为 10mL。采用日本岛津 GC—2014 气相色谱仪在线分析反应器入口及出口气体中 H_2S、SO_2、CS_2 的含量。

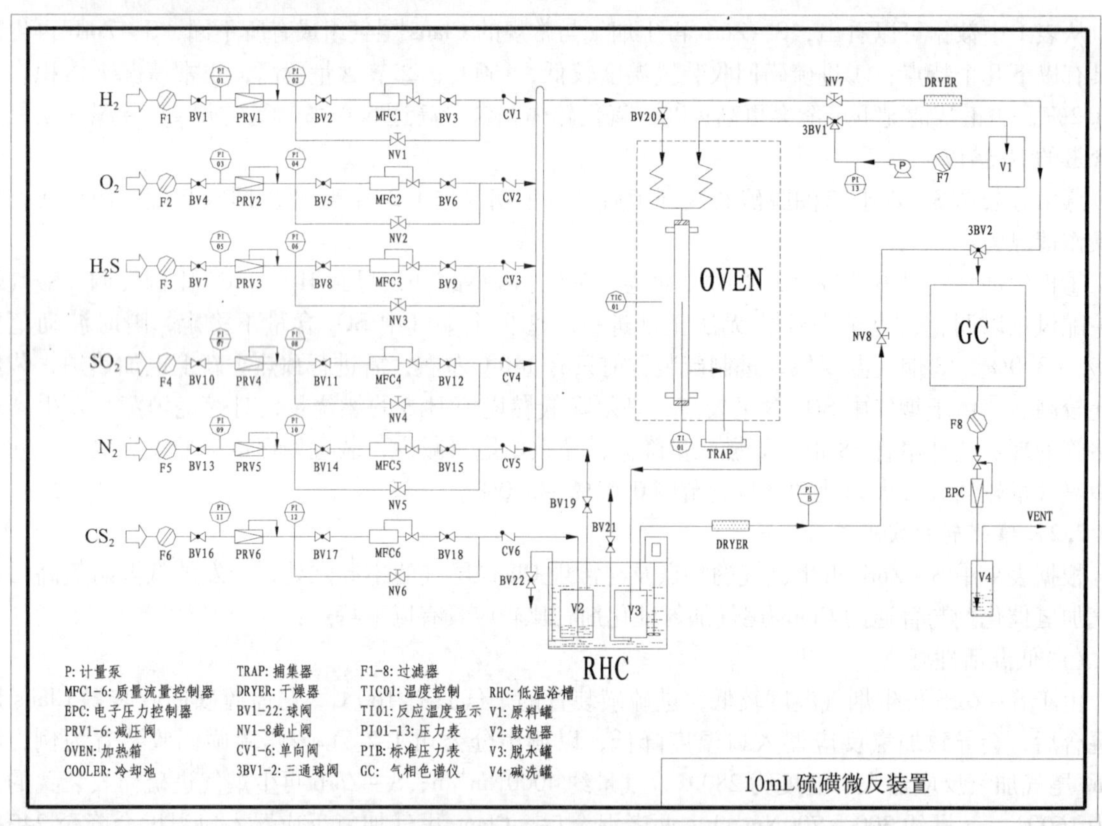

图1 10mL 催化剂活性评价装置示意

试验装置经试密合格后，对催化剂进行常规干法预硫化。硫化条件为体积空速 $1250h^{-1}$，硫化气为氢气加 2%(v)的硫化氢，240℃恒温硫化 3h，切换为反应气体。反应气体积组成为 $SO_2$1.2%、$CS_2$0.6%、$H_2$10%、水 30%、$O_2$0.2%，其余为氮气。

(1)根据下式计算催化剂的 SO_2 加氢转化活性：

$$\eta_{SO_2} = \frac{M_0 - M_1}{M_0} \times 100\%$$

式中 M_0、M_1——反应器入口及出口处 SO_2 的体积浓度。

(2)根据下式计算催化剂的水解率：

$$\eta_{CS_2} = \frac{C_0 - C_1}{C_0} \times 100\%$$

式中 C_0、C_1——反应器入口及出口处 CS_2 的体积浓度。

3.1 反应空速对催化剂 SO_2 加氢活性的影响

在常压、反应温度240℃、260℃的条件下，反应空速对低温高活性尾气加氢催化剂 SO_2 加氢活性的影响结果见图2。

从图2结果可以看出，随反应空速加大，SO_2 加氢转化率降低。在反应温度240℃、空速1500h^{-1}，反应温度260℃、空速1750h^{-1}的反应条件下 SO_2 加氢转化率达到100%。低温高活性尾气加氢催化剂 SO_2 加氢转化反应最佳空速范围为1000～1500h^{-1}。

3.2 反应空速对催化剂 CS_2 水解活性的影响

在常压、反应温度240℃和260℃的条件下，反应空速对催化剂 CS_2 水解活性的影响结果见图3。

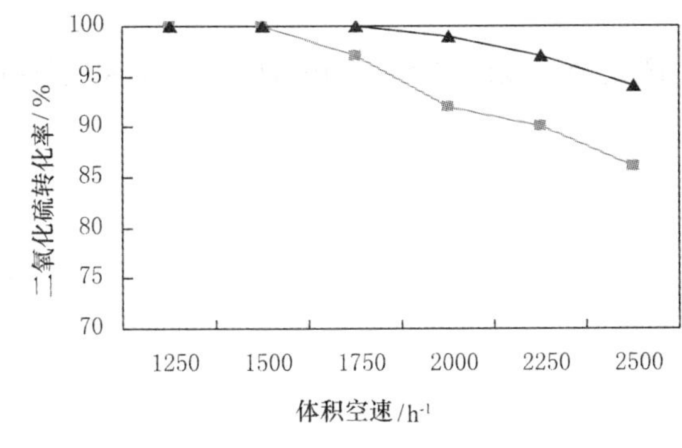

图2 反应空速对催化剂 SO_2 加氢活性的影响

▲－260℃；■－240℃

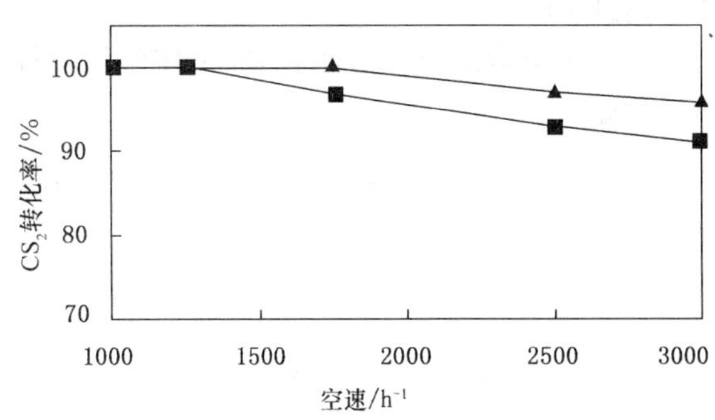

图3 反应空速对催化剂 CS_2 水解活性的影响

▲－260℃；■－240℃

从图3结果可见，在常压、反应温度为240℃和260℃的条件下，随反应空速的增大，CS_2 水解率降低，基本上呈线性关系。在反应温度240℃、空速1250h^{-1}和反应温度260℃、空速1750h^{-1}的条件下，CS_2 水解率均达100%。

3.3 催化剂稳定性试验

在10mL微型评价装置上，进行了催化剂的 SO_2 加氢活性及 CS_2 水解活性的1000h稳定性试验。使用常规色谱仪加氢后尾气中检测不到 SO_2 和 CS_2 等非硫化氢的含硫化合物，在反应温度240℃的低温反应条件下，SO_2 加氢转化率和 CS_2 水解率均达到100%。

为了精确考察加氢催化剂的加氢深度，采用湖北化工研究所研制开发的HC－3型微量硫分析仪跟踪分析了催化剂200h活性稳定性试验期间，加氢后尾气的非硫化氢含硫化合物的含量，结果见表2。

表2 微量形态硫测定结果

运转时间/h	加氢后尾气非硫化氢的含硫化合物/(mg/m^3)		
	SO_2	CS_2	总硫
100	≤0.1	1.0	1.0
200	≤0.1	≤0.1	≤0.1
300	0.3	0.5	0.8
400	36.2	≤0.1	36.2
500	≤0.1	≤0.1	≤0.1
600	11.3	2.0	13.3
700	15.6	0.3	15.9
800	1.3	0.9	2.2
900	0.2	≤0.1	0.2
1000	≤0.1	0.7	0.7

从表2数据可以看出，反应器出口非硫化氢的含硫化合物含量较低，小于36.2mg/m^3。说明在反应入口温度240℃时，反应进料中的CS_2几乎全部水解为H_2S，SO_2几乎全部加氢转化为H_2S。可以看出，低温耐氧高活性的Claus尾气加氢催化剂具有良好的加氢活性，在反应温度240℃，入口原料气二氧化硫含量1.2%的情况下，加氢转化深度高，催化剂活性稳定性好。因此，开发的低温耐氧高活性的Claus尾气加氢催化剂完全可以满足S－Zorb烟气进Claus尾气加氢单元的要求。

4 结论

1)实验室评价结果表明：在反应温度240℃，入口原料气二氧化硫含量1.2%的情况下，加氢转化率达到100%。

2)开发的低温耐氧高活性的Claus尾气加氢催化剂完全可以满足S－Zorb烟气进Claus尾气加氢单元的要求。

新型天然气蒸汽转化催化剂 Z420 工业应用

种道文　王昊　程玉春　姜建波

（中国石化齐鲁分公司研究院，山东淄博　255400）

摘　要：本文重点介绍了中国石化齐鲁分公司研究院开发的新型天然气蒸汽转化上段催化剂 Z420 的性能以及在河南濮阳县化肥厂制氨合成气装置上的工业应用情况。应用结果表明：Z420/Z413W 组合催化剂具有良好的还原性能，低水碳比转化的适应性和抗结碳性能。

关键词：天然气　蒸汽转化　工业应用

1　前言

氢气作为现代炼油和石油化工领域中一种重要的基础原料，随着各类油品加工深度的提高，需求量日益增加。国外一些大公司如美国的凯洛格公司、布朗公司，英国的 ICI 公司及丹麦的托普索公司等为应对全球性能源危机，相继推出了以节能降耗为特点的制氢新工艺、新流程，同时也研发出了与其相配套的性能优良的转化催化剂。国内一些研究单位紧密跟踪国外先进技术，也相继研发出一批用于新型转化工艺的转化催化剂，并在各类装置上进行了应用。

由于这些新工艺中的一段转化炉通常要在水碳比为 2.75～3.20 的工艺条件下满负荷长期运行，因此对催化剂的抗积炭性能提出了更高要求。据此，中国石化齐鲁分公司研究院研发了一种具有较宽原料适用范围和较宽水碳比操作灵活性，抗积炭性能好，转化活性高且稳定，既可用于炼厂制氢工艺，也可用于制氨、制甲醇合成气工艺的新型天然气蒸汽转化制氢催化剂 Z420。

新型天然气蒸汽转化制氢催化剂 Z420 选择在河南濮阳县化肥厂制氨合成气的转化装置进行工业试验，到目前为止催化剂已运行一年多时间，整炉使用情况良好。

2　装置简况

2.1　工艺流程

河南濮阳县化肥厂制氨合成气装置的生产工艺流程，转化所用原料气组成及转化炉工艺参数分别示于图 1、表 1 和表 2。

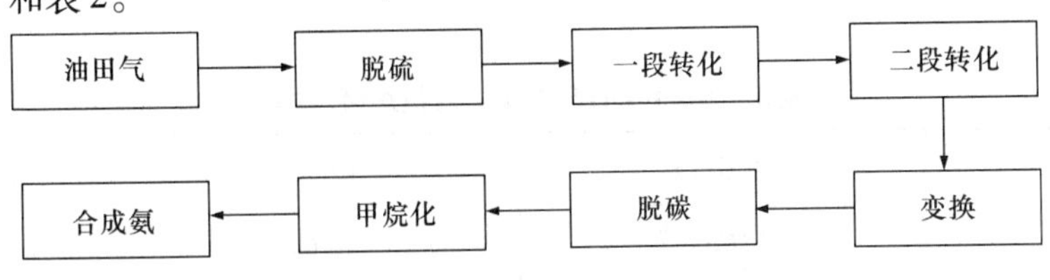

图 1　濮阳县化肥厂制氨工艺流程

油田气经分离罐（脱油、脱水）分离后进入原料气压缩机压缩至 2.5MPa、104℃，进入一段炉对流段加热到 300℃左右，再进入氧化锌脱硫反应器，使天然气中的硫含量脱至 0.5μg/g 以下。脱硫后的天然气与过热蒸汽按水碳比 3.5 混合后，经一段炉对流段预热至 500℃左右送入一段转化炉顶部的两根集气管，然后再分别进入各反应管进行反应。从一段炉出口出来的温度为 800～820℃，压力为 2.2 MPa 的转化气，进入二段转化炉。经过预热的工艺空气和水蒸气混合，也由二段炉的顶部进入。二段炉的空气加入量按合成氨所需的 H_2/N_2 加入。从二段炉出来温度为920℃左右的转化气进入废热锅炉进行换热，产生2.5MPa的饱和蒸汽供装置本身或外供使用。从废锅出来的转化气温度降至330℃后依次进入中温变换→低温变换→脱碳→甲烷化→氨合成系统。

表1　濮阳化肥厂进厂油田气典型组成

组成	CH_4	C_2H_6	C_3H_8	C_4H_{10}	C_5H_{12}	C_6H_{14}	CO_2	S/(μg/g)	Σ
含量%(v)	96.53	1.69	0.93	0.19	0.08	0.03	0.55	1	100
Σ碳数/%	96.53	3.38	2.79	0.76	0.4	0.18	104.0		

表2　一段转化炉工艺参数

装置名称	河南濮阳县化肥厂	
	设计值	实际值
炉型	顶烧方箱炉	
转化管规格/mm	$\phi127\times13\times11900$	
炉管数量(根数×排)	18×2=36	
转化进口温度/℃	500	500
转化出口温度/℃	820	720~760
转化进口压力/MPa	2.5	2.4~2.0
转化管出口压/MPa	2.3	2.2~1.8
水碳比	3.5	2.8~3.5
催化剂装量/m^3	3.2	3.2
碳空速/h^{-1}	780	780~950
转化出口甲烷%/v	10.0	<10
入炉原料气总硫/(μg/g)	<0.5	0.1~0.2

2.2　转化催化剂

Z420作上段，与下段Z413W组合，按1:1的质量比(上/下单管总装量90kg)装填。整炉装填结果列于表3。

表3　Z420/Z413W催化剂整炉装填数据

催化剂	重量/kg	体积/m^3	装填密度/(kg/L)
Z420	1620	1.60	1.013
Z413W	1620	1.60	1.013

2.3　催化剂装填前后床层阻力降情况

空管平均阻力降=0.02MPa；半床层平均阻力降=0.05MPa；全床层平均阻力降=0.08MPa，各炉管之间的偏差在±3%范围，符合工厂要求。

3 工业应用情况

3.1 转化开工及催化剂还原情况

由于濮阳县化肥厂无氮、氢气来源，故一段炉采用空气升温，水蒸气－天然气作还原介质的开工方案。整个转化工序的开工方案按工厂现行方案执行，本次无特殊要求。

一段炉的蒸汽量约3t/h，入口升至>450℃，出口在720℃左右，缓慢导入约200m^3/h的天然气。待炉内温度稳定后，再将天然气量按200～300m^3/h，逐渐提至800m^3/h左右，水碳比控制在5.5～6.5，转化出口温度≥720℃，催化剂进入还原操作阶段。

Z420/Z413W催化剂是以CH_4-H_2O的混合气作为还原介质，主要依靠CH_4-H_2O转化反应生成的微量H_2逐渐对催化剂进行还原的，所以要求催化剂要具有良好的还原性能。由于催化剂在还原时(初始阶段)，同时也伴随着强吸热的转化反应，故与之相应，转化管壁温(颜色)也将随之发生变化。因此，在考察Z420/Z413W催化剂的工业还原性能方面，本文主要根据转化管外壁温度(颜色)沿管长的轴向分布变化及转化出口气体组成中CH4的变化来观察、评估Z420/Z413W催化剂的还原进程和催化剂的还原性能。从炉管颜色和分析数据判断，配入天然气2h之后，催化剂已经充分还原，出口气体中CH_4含量已经满足正常生产的要求。

3.2 低水碳比运行考察

鉴于Z420催化剂是针对低水碳比转化制氢工艺研发的，而濮阳化县肥厂属传统型转化工艺，为考察Z420催化剂低水碳比条件下的运行情况，采用在维持正常生产的条件下只改变转化的水碳比，即只降进一段转化炉的蒸汽加入量，其他工艺参数基本不变或做一些微调，高变炉适当加大蒸汽的补入量以保证变换反应不受影响，稳定运行3天。运行期间仔细观察转化炉管的管壁颜色(温度)变化、床层压力变化及转化炉出口气体组成变化，并据此对整炉催化剂的性能作出综合评估。试验于2008年7月7日8:00始，至7月10日8:00结束。

3.2.1 运行条件

(1)正常运行的工艺条件

出口压力：1.8～2.0MPa；出口温度：720～745℃；水碳比：2.9～3.5；转化出口CH_4：≤10%。

(2)低水碳比运行条件

本试验只降水碳比，因受转化炉管及加热系统的限制，转化出口温度稳定在760℃左右。

出口压力：1.9MPa；出口温度：760℃；水碳比：2.75。

(3)试验时的入炉天然气组成(见表4)

表4 试验时进转化炉的天然气组成

组成	CH_4	C_2H_6	C_3H_8	C_4H_{10}	C_5H_{12}	C_6H_{14}	CO_2	N_2	Σ
含量%(*v*)	89.11	8.26	0.12	0.01	0	0	1.92	0.58	100
Σ碳数%	89.11	16.52	0.36	0.04					106.03

3.2.2 运行结果

本试验所得数据结果列于表5，相关计算分别由下列3式获取。

(1)水碳比计算

$$水碳比 = 水蒸气体积流量/(天然气体积流量 \times \sum C\%)$$

(2)转化率计算

$$转化率\% = CO + CO_2/(CH_4 + CO + CO_2) \times 100$$

(3)转化出口平衡温距计算(ΔT,℃)

$$K_P = PCO \cdot PH_2^3 / P_{CH_4} \cdot P_{H_2O} \times (P/100 + W)^2 \qquad \Delta T = T_{实测} - T_{计算}$$

表5　Z420 催化剂 72 小时低水碳比运行数据

日期（年－月－日）	天然气量/(m^3/h)	蒸汽量/(m^3/h)	H_2O/C	出口压力/MPa	出口温度/℃	转化出口气体组成/%				转化率/%	平衡温距/℃
						CH_4	CO	CO_2	H_2		
变条件前	2710	9900	3.50	1.9	755	9.8	9.4	13.0	67.8	69.56	4
2008－7－7　11:00	2800	8200	2.76	1.9	760	13.05	10.00	10.43	66.52	61.02	4.2
2008－7－8　9:00	2850	8400	2.78	1.9	760	13.19	10.07	10.59	66.15	61.03	2
2008－7－9　16:00	2850	8300	2.75	1.9	760	13.02	10.13	10.31	66.54	61.09	4.9
2008－7－10　9:00	2800	8100	2.73	1.9	755	13.18	10.05	10.70	66.07	61.15	1.8
转入正常后	2700	9850	3.45	1.9	752	9.9	9.1	13.0	68.0	69.06	3

表5中的结果表明，在出口压力＝1.9MPa、出口温度＝760℃、平均水碳比＝2.76满负荷生产条件下，跟踪观察整炉炉管颜色和压差的变化：①各炉管之间的颜色基本相同，无热斑、热带，热管等异常炉管出现；②转化炉前、后压力稳定，压差正常；③转化出口平衡温距的计算结果表明，Z420/Z413W催化剂在低水碳比条件和正常条件下运行，二者的平衡温距相近，基本保持不变，显示出良好的转化活性和活性稳定性。这说明在工业运行条件下，转化的水碳比在适当的范围内调整（或波动）对催化剂本身活性的正常发挥无影响，有影响的只是出口气体组成发生了变化，如当转化的水碳比降低后，转化气中的甲烷含量会随之升高，转化率降低。一旦水碳比恢复到正常操作值后，转化气中的甲烷含量则随之降低，转化率回复至原来水平。

4　整炉运行情况

到目前为止，整炉Z420/Z413W催化剂在水碳比2.8～3.5的制氨条件下已满负荷稳定运行一年多。运行期间定期跟踪观察了整炉炉管的管壁温度变化，整炉管壁颜色均匀，无任何异常，催化剂运行正常。整炉催化剂运行的数据列于表6。

表6　一段转化炉运行数据

日期（年－月）	天然气量/(m^3/h)	蒸汽量/(m^3/h)	H_2O/C	出口压力/MPa	出口温度/℃	转化出口气体组成/%				转化率/%	平衡温距/℃
						CH_4	CO	CO_2	H_2		
2008－4	2600	9500	3.48	1.95	755	9.5	9.3	12.9	68.3	70.0	2.1
2008－5	2700	9900	3.50	1.95	760	9.2	9.0	12.8	69.0	70.3	5
2008－6	2850	9700	3.50	1.90	755	9.8	9.4	13.0	67.8	69.6	4
2008－07－07　11:00	2800	8200	2.76	1.90	760	13.1	10.0	10.4	66.5	60.9	4.2
2008－07－08　9:00	2850	8400	2.78	1.90	760	13.2	10.1	10.6	66.1	61.1	2
2008－07－09　16:00	2850	8300	2.75	1.90	760	13.0	10.1	10.3	66.6	61.1	4.9
2008－07－10　9:00	2800	8100	2.73	1.90	755	13.2	10.1	10.7	66.0	61.2	1.8
转入正常后	2700	9850	3.45	1.90	752	9.9	9.1	13.0	68.0	69.06	3
7	2700	9850	3.50	1.90	755	9.4	9.2	13.1	68.3	69.06	4
8	2950	9900	3.17	1.95	750	9.5	9.2	12.9	68.4	69.9	/
9	2850	9800	3.25	1.90	750	9.7	9.2	13.0	68.1	69.6	/
10	2900	9900	3.22	1.95	750	9.9	9.1	13.0	68.0	69.1	/
11	2700	9900	3.50	1.90	750	9.2	9.0	12.8	69.0	70.3	/
12	2650	9600	3.45	1.90	750	9.2	9.2	12.9	68.7	70.6	/

5 结论

1)在无氢条件下，采用天然气 + 水蒸气为还原介质的还原开工条件，Z420/Z413W 催化剂有着令人满意的还原性能；在低水碳比条件下运行 72 小时综合性能满足生产要求，具有良好的低水碳比转化的适应性。在水碳比、空速比制氢工艺苛刻的后续高负荷生产运行过程中，全炉炉管外观颜色均匀，无异常管出现，催化剂床层压差稳定，转化出口的残余甲烷含量小于厂方内控指标。

2)Z420/Z413W 组合催化剂已经在濮阳县化肥厂稳定使用一年多，可以认为 Z420/Z413W 组合催化剂的转化活性、抗碳性和使用寿命满足传统制氢、制氨转化装置的要求，而且也能满足低水碳比转化制氢、制氨合成气工艺的要求。

QSH－02 裂解汽油一段加氢催化剂工业应用

王昊　种道文　余汉涛　姜建波

（中国石化齐鲁分公司研究院，山东淄博　255400）

摘　要： 一段裂解汽油选择加氢催化剂 QSH－02 在中石化齐鲁分公司烯烃厂三加氢装置进行了五年的工业应用，结果表明 QSH－02 具有加氢活性高、活性稳定性好等特点，在入口温度比国内同类催化剂 A 低 5～10℃的条件下，表现出了优良的低温活性及活性稳定性。

关键词： 裂解汽油　选择加氢　催化剂　贵金属　工业应用

1　前言

在烃类蒸汽裂解生产烯烃的过程中，同时副产裂解汽油。裂解汽油中含有不同程度的不饱和及易氧化的烃类，如二烯烃及烷烯基芳烃等。这些化合物容易发生聚合反应生成胶质，使裂解汽油不能直接使用。工业上通常先将裂解汽油中小于 C_5、高于 C_9 的馏分切除后，对中间馏分(C_6～C_8)采用两段加氢的方法进行加工处理。一段选择性加氢主要是除掉双烯烃及烷烯基芳烃，再经二段加氢，除去单烯烃及 S、N、O 等有机化合物后，作为芳烃抽提的原料。

中国石化齐鲁分公司研究院进行了裂解汽油一段加氢催化剂的开发，采用独特的催化剂浸渍工艺，可使活性组分钯在催化剂表面形成厚度适宜、分布均匀的钯层，有利于提高催化剂的稳定性。

2004 年 10 月，QSH－02 催化剂开始在中石化齐鲁分公司烯烃厂第三加氢装置(三加氢)工业应用，至 2009 年已稳定使用五年。期间于 2004 年 11 月 29 日至 12 月 3 日进行了装置的第一次标定，重点考察了空速的影响；2005 年 11 月 24 日至 12 月 1 日进行了装置的第二次标定，重点考察了入口温度的影响。工业应用和两次标定结果表明，QSH－02 催化剂具有很好的活性和活性稳定性，低温活性良好，完全达到设计要求。与烯烃厂二加氢使用同类国产催化剂 A 时的同期工业运转数据相比，在入口温度比 A 低 5～10℃的条件下，活性仍优于 A。

2　催化剂的工业应用

2.1　工业装置

烯烃厂裂解汽油三加氢是配合齐鲁 720kt/a 乙烯技术改造工程而建设的，由原齐鲁设计院设计。其工艺流程简述如下：裂解装置产生的裂解汽油经预分馏系统脱除 C_5^-、C_9^+馏分后，C_6～C_8 馏分沉降脱水，进入一段反应器进料缓冲罐，再经泵加压到约 3.0MPa，和一反内循环物料相混合直接进入一段反应器顶部，进料温度通过内循环物料换热来控制。来自裂解车间的氢气也进入一反顶部，和裂解汽油混合，一起通过催化剂床层。反应后的物料经反应器下部的筒体，使气液分离，液体除部分循环外，其余进入二反进行加氢脱硫反应。一段加氢反应器主要工艺参数见表 1。

表 1　一段加氢主要工艺参数

项　目	入口温度(初期－末期)/℃	出口温度(初期－末期)/℃	压力/MPa	进料量/(m^3/h)	内循环量/(m^3/h)	进氢量/(m^3/h)	加氢产物	
							溴价/(gBr/100g)	双烯值/(gI/100g)
设计值	40～109	56～128	2.7	17	50	1390	≤20	<2

2.2 催化剂装填

2004 年 10 月 6 日，进行了催化剂装填。催化剂按设计体积装填，催化剂床层高度 3900mm，装填体积 8.85m^3，重量 7.083 吨，实际装填密度 0.80kg/L。

2.3 催化剂还原

2004 年 10 月 8 日 17：00 开始通入氢气循环升温还原，在催化剂全床层温度达到 120℃以上时保持 8 小时，然后降温，等待进料。

2.4 催化剂运行情况

2.4.1 装置投料开工

烯烃厂三加氢装置于 2004 年 10 月 10 日 6：00 开始投料，保持入口温度 50℃，进油量约为 18m^3/h，体积空速为 2.0h^{-1}左右，内循环量 45～55 m^3/h，压力保持在 2.65MPa。床层很快出现温升并不断增加，表明反应开始进行，9:00 以后温升稳定在 20～30℃，10:00 和 16:00 连续取样分析，裂解汽油的双烯值分别由 14.58 gI/100g 油和 14.70gI/100g 油，下降为 1.05gI/100g 油和 1.06gI/100g 油，完全达到设计要求。

2.4.2 第一次标定

从 2004 年 11 月 29 日 14:00 至 12 月 3 日 4:00，对裂解汽油一段加氢装置进行了第一次标定，重点考察了空速的影响，标定时间共 90 小时。在入口温度 50℃，反应压力 2.65MPa，新鲜油液空速 2.0h^{-1}(设计负荷)、2.4h^{-1}(120% 设计负荷)时的运转结果见表 2。标定结果表明，即使在 120% 设计负荷的条件下，产品的双烯值也仅为 1.06gI/100g 油，远低于设计的 2gI/100g 油。另外，与原料相比，产品芳烃没有损失，且略有增加，表明催化剂选择性良好。

根据第一次标定结果，12 月中旬开始将入口温度降为 45℃，产品的双烯值在 1.0gI/100g 油左右。2005 年 1 月初将入口温度降为 42℃，产品的双烯值在 1.0～1.2gI/100g 油之间，仍满足设计要求。

表 2 第一次标定的的运行结果

项 目	条件一		条件二	
空速/h^{-1}	2.0(设计负荷)		2.4(120% 设计负荷)	
进料量/(m^3/h)	17.86		21.4	
内循环量/(m^3/h)	53.7		64.3	
入口温度/℃	50.0		50.0	
床层温升/℃	31.6		34.3	
入口双烯/(gI/100g)	17.78		18.24	
出口双烯/(gI/100g)	0.76		1.06	
入口溴价/(gBr/100g)	31.06		33.54	
出口溴价/(gBr/100)	11.02		12.34	
双烯转化率/%	95.73		94.19	
族组成/%	原料	产品	原料	产品
正构烷烃	2.17	2.27	1.52	2.39
异构烷烃	2.44	3.75	3.24	1.01
烯烃	6.26	1.90	9.56	1.62
环烷烃	1.55	3.41	1.35	5.13
芳烃	87.58	88.67	90.69	91.05

2.4.3 第二次标定

催化剂使用 1 年多后，从 2005 年 11 月 24 日至 12 月 1 日，对裂解汽油一段加氢装置进行了第二次标定，重点考察了入口温度的影响。在反应压力2.65MPa，新鲜油液空速2.1～2.2h^{-1}(105%～110%设计负荷)的条件下，考察入口温度45℃、42℃、40℃时的运转结果分别见表3。标定结果表明，即使在工业运行近14个月，将入口温度降为40℃后，产品的双烯值也仅为1.0gI/100g油左右，芳烃无损失，完全满足反应要求。

第二次标定后，为更好地节能降耗，减少副反应发生，延长再生周期，将入口温度保持在38～40℃操作。

表3 第二次标定的的运行结果

项　目	条件一		条件二		条件三	
入口温度/℃	45.0		42.0		40.0	
空速/h^{-1}	2.14		2.21		2.11	
进料量/(m^3/h)	18.9		19.6		18.7	
内循环量/(m^3/h)	58.8		59.0		58.9	
床层温升/℃	28.0		27.6		25.3	
入口双烯/(gI/100g)	17.75		14.57		14.01	
出口双烯/(gI/100g)	1.21		0.90		0.90	
入口溴价/(gBr/100g)	29.74		30.46		31.03	
出口溴价/(gBr/100)	15.03		14.26		18.41	
双烯转化率/%	93.18		93.82		93.58	
族组成/%	原料	产品	原料	产品	原料	产品
正构烷烃	1.33	1.47	1.32	1.69	1.34	1.17
异构烷烃	2.39	2.05	3.45	1.53	3.14	1.69
烯烃	3.35	2.24	2.54	1.83	2.09	1.85
环烷烃	2.96	3.25	3.26	4.43	2.95	2.66
芳烃	89.97	90.99	89.43	90.52	90.48	92.58

2.4.4 催化剂总体运行结果

表4是QSH－02催化剂运行3年多的数据汇总。由表4数据可以看出，催化剂的性能相当稳定，入口温度始终保持在较低的水平，产品的双烯值在1.0gI/100g油左右，活性未见下降，芳烃没有损失。特别是工业运行14个月后进行了第二次标定，将入口温度降为40℃，12月23日，又将入口温度降为38℃，节能降耗的效果更加明显，而活性仍完全满足装置要求。

表4 QSH－02裂解汽油一段加氢催化剂工业运转数据汇总表(一)

时　间	进油量/(m^3/h)	体积空速(新鲜进料)/h^{-1}	内循环量/(m^3/h)	入口温度/℃	床层温升/℃	原料双烯值/(gI/100g)	原料溴价/(gBr/100g)	产品双烯值/(gI/100g)	产品溴价/(gBr/100g)	双烯加氢率(对新鲜进料)/%	备注
2004－10－12	18.7	2.11	49.5	50.0	28.4	14.19	23.82	0.91	8.84	93.59	
2005－01－10	16.7	1.89	51.0	42.0	28.3	16.89	30.64	1.04	12.79	93.87	
2005－05－12	18.5	2.09	54.6	42.0	34.7	16.20	33.65	1.13	14.02	93.02	
2005－10－11	19.2	2.17	59.0	45.0	28.1	18.28	31.81	0.99	14.48	94.58	

续表

时　间	进油量/(m^3/h)	体积空速（新鲜进料）/h^{-1}	内循环量/(m^3/h)	入口温度/℃	床层温升/℃	原料双烯值/(gI/100g)	原料溴价/(gBr/100g)	产品双烯值/(gI/100g)	产品溴价/(gBr/100g)	双烯加氢率（对新鲜进料）/%	备注
2006-01-10	18.9	2.13	58.0	37.0	26.1	18.83	32.98	1.20	16.09	93.63	
2006-04-12	16.6	1.87	55.0	39.5	25.0	17.15	31.51	0.83	14.50	95.18	4.12－4.20检修，催化剂未再生
2006-05-11	15.8	1.79	50.3	40.8	27.3	17.20	30.79	0.79	12.57	95.39	
2006-10-10	17.2	1.95	54.1	44.0	26.4	13.58	30.37	1.14	15.90	91.58	
2007-01-12	17.7	2.00	52.5	45.0	24.3	17.71	32.62	0.92	17.54	94.81	
2007-04-10	17.8	2.01	55.9	45.0	20.0	16.65	30.99	1.02	17.67	93.87	4.22－4.30检修，催化剂未再生
2007-05-11	15.3	1.73	50.1	45.0	19.6	17.59	32.72	1.11	18.11	93.69	
2007-10-12	16.6	1.88	52.1	45.0	40.4	20.21	35.23	1.28	18.42	93.67	

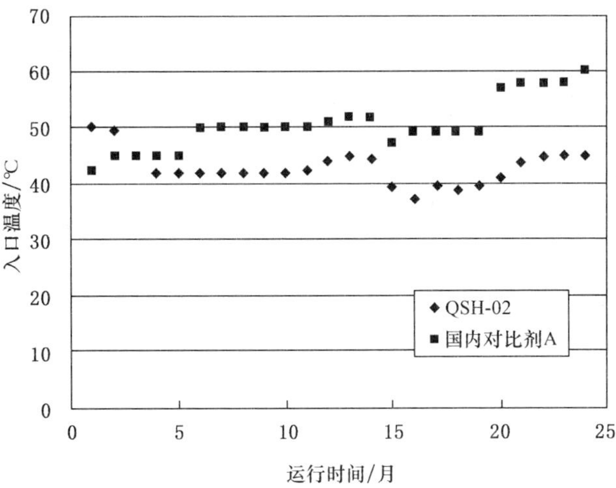

图1　入口温度随运行时间的变化

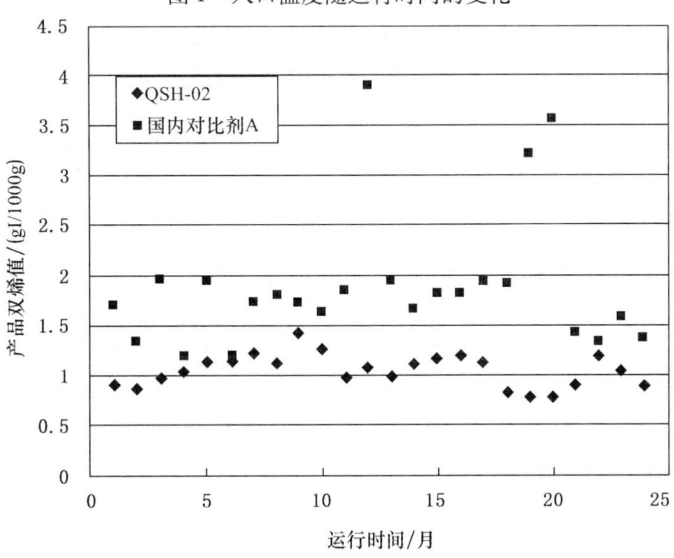

图2　产品双烯值随运行时间的变化

图 1、图 2 是烯烃厂二加氢使用国产催化剂 A 时与 QSH－02 催化剂同期工业运转数据的比较，二加氢与三加氢装置规模一致，可以看出，国产催化剂 A 的活性下降较快，为满足产品双烯值小于 2. 0gI/100g 油的要求，出口温度很快由 42. 5℃逐步提高到 52℃，而产品双烯值仍远高于 QSH－02 催化剂。即使运转到 328 日、468 日两次再生后，入口温度仍需在 50℃以上才能满足要求，活性仍不如未经再生的 QSH－02 催化剂。

2006 年 4 月 12 日到 20 日，装置进行停车检修，由于 QSH－02 催化剂运行情况良好，厂方没有按惯例对其进行高温蒸汽－空气烧碳再生，检修完毕后直接进料开工。

2006 年 9 月 12 日对一段加氢的原料和产品进行了取样分析，运行条件及分析

结果见表 5。可以看出，在入口温度 45℃和设计空速 2. 0h^{-1}的条件下，其双烯转化率仍高达 95. 66%；从族组成分析结果看，产品的芳烃总量比原料略有增加，与两次标定的分析数据一致。

表 5　2006 年 9 月 12 日取样分析

项　　目	操作条件及试验结果	
进料量/(m^3/h)	17. 70(空速 2. 0h^{-1})	
内循环量/(m^3/h)	53. 1	
入口温度/℃	45	
床层温升/℃	24. 5	
入口双烯/(gI/100g)	16. 13	
出口双烯/(gI/100g)	0. 70	
入口溴价/(gBr/100g)	29. 43	
出口溴价/(gBr/100g)	17. 55	
双烯转化率/%	95. 66	
族组成/%	原料	产品
正构烷烃	1. 40	1. 88
异构烷烃	2. 08	2. 40
烯烃	3. 96	1. 47
环烷烃	1. 88	2. 73
芳烃	90. 68	91. 52

从 2007 年 8 月末开始，为增加芳烃产量，厂方逐步提高了脱碳九塔塔釜的温度，以提高裂解汽油中碳九的含量。这时原料的双烯值较前期明显提高，催化剂活性仍完全满足装置要求，出口双烯值一直保持在 2. 0gI/100g 油以下，图 3 是烯烃厂裂解汽油三加氢使用 QSH－02 催化剂的数据。

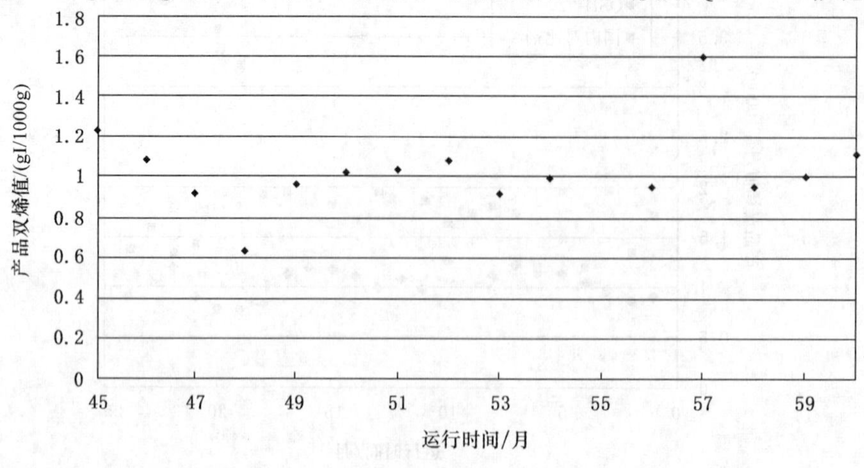

图 3　齐鲁裂解汽油第三加氢装置一段反应器 45～60 个月分析数据

从2004年至今，QSH－02催化剂已稳定运行5年多，催化剂表现出很高的活性、活性稳定性和选择性，运行结果良好。

3 结论

1)5年的工业应用结果表明，研制的裂解汽油一段加氢催化剂QSH－02具有很好的活性和活性稳定性，完全达到设计要求。

2)在入口温度比国内同类催化剂A低5～10℃的条件下，QSH－02催化剂表现出了优异的低温活性，保证了生产的正常运行，同时为增加企业经济效益发挥了明显作用。

LSH－02 低温硫磺尾气加氢催化剂及工业应用

刘爱华　刘剑利　陶卫东

（中国石化齐鲁分公司研究院，山东淄博　255400）

摘　要：本文主要阐述通过新型载体的开发、制备工艺及活性祖分的优化，开发了一种在较低的温度下加氢和水解活性良好的 LSH－02 硫磺尾气加氢催化剂。工业应用结果表明：LSH－02 催化剂在加氢反应器入口温度 220℃的条件下，加氢尾气中残余非硫化氢的含硫化合物很低，活性和稳定性良好，与常规尾气加氢催化剂相比操作温度可降低 60℃以上。

主题词：Claus 尾气　低温加氢催化剂　开发　工业应用

1　前言

在传统的 Claus + SCOT 工艺中，SCOT 单元使用的加氢催化剂通常以 $\gamma-Al_2O_3$ 为载体，以 Co、Mo 为活性组分，催化剂使用温度较高，为了使尾气中非硫化氢的含硫化合物全部能转化为硫化氢，加氢反应器的入口温度一般控制在 280℃以上。目前，较大规模的工业装置为保证加氢反应器入口温度，均设置在线加热炉或气气换热器；而加氢后的气体温度较高，反应器后还要设置废热锅炉，经换热冷却后方可进入急冷塔。为简化加氢段再热操作，减小下游冷却器热负荷，节能降耗，国内外正在致力于开发低温加氢催化剂，并由此推动新的工艺设计改进。

本研究通过新型载体的开发、制备工艺及活性组分的优化，开发了一种在较低的温度下加氢和水解活性良好的 LSH－02 硫磺尾气加氢催化剂。工业应用结果表明：LSH－02 催化剂具有良好的低温活性，在反应器入口温度 220℃的工况下，加氢后尾气中使用常规色谱仪检测不到非硫化氢的含硫化合物，使用微量硫分析仪检测加氢后尾气中非硫化氢的含硫化合物小于 $40mg/m^3$，与使用常规加氢催化剂相比，入口温度降低 60℃以上。由于该装置 Claus 尾气与焚烧炉烟气换热，焚烧炉温度由原来的 800℃左右降至 700℃左右，焚烧炉瓦斯的消耗量由原来的 $340\sim460Nm^3/h$ 降至 $260\sim350Nm^3/h$，平均每小时节约瓦斯 $100Nm^3/h$ 左右，满足工业装置使用要求。

该催化剂开发成功以后，可使新建硫磺回收装置简化工艺流程，加氢反应器前不需设置在线加热炉或气气换热器，可直接采用装置自产的中压蒸汽加热或采用电加热；现有装置应用该催化剂可减少瓦斯、天然气等燃料气的用量；加氢反应器之后也不需设置废热锅炉，加氢尾气可直接进入急冷塔。据文献[1]报道 Claus 尾气加氢反应温度每下降 40℃，每年每立方米催化剂能耗费用减少 3500 欧元，装置投资减少 18%，还可延长催化剂的使用寿命。

2　LSH－02 低温 Claus 尾气加氢催化剂的开发思路

在 Claus 尾气加氢反应器内，发生的主要反应如下：

$$SO_2 + 2H_2S = 3S + 2H_2O + 233.3kJ/mol \quad (1)$$

$$SO_2 + 3H_2 = 2H_2S + H_2O + 214kJ/mol \quad (2)$$

$$S_8 + 8H_2 = 8H_2S + 336.0kJ/mol \quad (3)$$

$$CS_2 + 4H_2 = 2H_2S + CH_4 + 232kJ/mol \quad (4)$$

$$COS + H_2O = H_2S + CO_2 - 35.53.0kJ/mol \quad (5)$$

$$CS_2 + 2H_2O = 2H_2S + CO_2 - 67.2kJ/mol \quad (6)$$

其中，(1)是可逆制硫反应，(2)、(3)、(4)是不可逆加氢反应，(5)、(6)是不可逆的水解反应。由于加氢催化剂载体一般为氧化铝或氧化钛，因此，SO_2 在加氢反应器内既可加氢生成 H_2S，又可与 H_2S 发生 Claus 反应生成元素硫。在较低的温度下，制硫反应速率大于加氢反应[2]，一旦有 H_2S 存在便迅速转化为元素硫，元素硫进一步加氢生成 H_2S。随反应温度的升高，反应(1)的速率明显减小，反应向左移动，反应(2)的速率明显增大。CS_2 既可氢解生成 H_2S，又可水解生成 H_2S。在氢气存在条件下，CS_2 氢解速率大于水解速率。

根据以上反应原理，开发低温尾气加氢催化剂的关键，是开发低温水解性能良好的催化剂载体，优选在低温条件下易于还原的活性组分、活性组分匹配方式、负载方式及催化剂制备工艺。

3 催化剂的活性评价

3.1 催化剂活性评价装置

催化剂实验室活性评价在 10mL 微型反应装置上进行。催化剂装填量为 10mL。采用日本岛津 GC—2014 气相色谱仪在线分析反应器入口及出口气体中 H_2S、SO_2、CS_2 的含量。

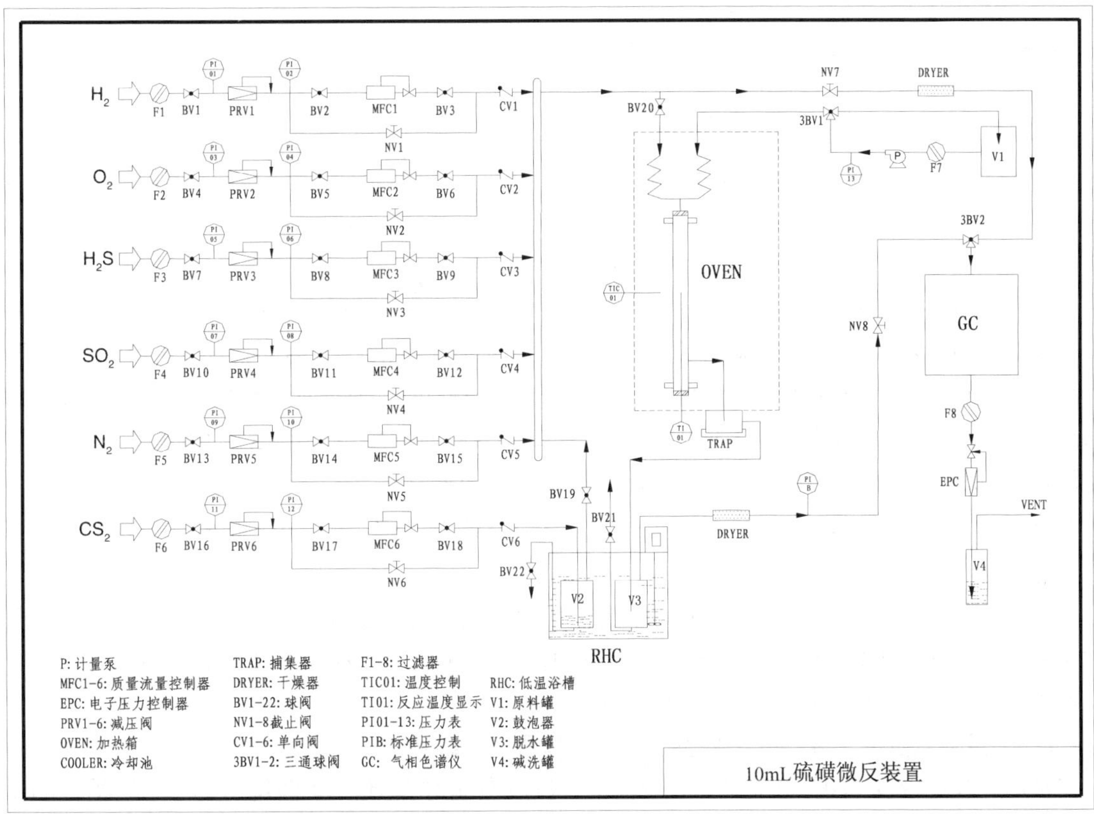

图 1 10ml 催化剂活性评价装置示意图

试验装置经试密合格后，对催化剂进行常规干法预硫化。硫化条件为体积空速 $1250h^{-1}$，硫化气为氢气加 2%(v)的硫化氢，240℃恒温硫化 3h，切换为反应气体。反应气体积组成为 $SO_2$0.6%、$CS_2$0.5%、$H_2$8%、水 30%，其余为氮气。

(1)根据下式计算催化剂的 SO_2 加氢转化活性：

$$\eta_{SO_2} = \frac{M_0 - M_1}{M_0} \times 100\%$$

其中 M_0、M_1 分别代表反应器入口及出口处 SO_2 的体积浓度。

(2)根据下式计算催化剂的水解率：

$$\eta_{CS_2}=\frac{C_0-C_1}{C_0}\times 100\%$$

其中 C_0、C_1 分别为反应器入口及出口处 CS_2 的体积浓度。

3.2 LSH－02 催化剂的活性评价

在实验室评价装置上，考察了反应温度、反应空速对 LSH－02 低温尾气加氢催化剂 SO_2 加氢和 CS_2 水解活性的影响。

3.2.1 LSH－02 催化剂与参比催化剂的对比评价

在常压、反应空速为 $1750h^{-1}$、气体组成相同的条件下，分别考察了反应温度对 LSH－02 和工业装置应用效果较佳的 LS－951T 催化剂加氢与水解活性的影响，结果见表 1。

表 1 不同反应温度下 LSH－02 和 LS－951T 催化剂的活性对比

项 目	反应温度/℃	LSH－02	LS－951T
SO_2 加氢转化率/%	200	82.0	38.6
	220	100	57.2
	240	100	98.0
	260	100	100
CS_2 水解率/%	200	81.6	20.9
	220	100	80.6
	240	100	98.5
	260	100	100

由表 1 可见，在较低的反应温度下，LSH－02 加氢和水解活性均明显优于 LS－951T 催化剂。随着反应温度的升高，二者之间的活性差距缩小。在反应温度 220℃时，LSH－02 的加氢和水解活性均达 100%；而在反应温度 260℃时，LS－951T 的加氢和水解活性才能达到 100%。

3.2.2 反应空速对 LSH－02 催化剂 SO_2 加氢活性的影响

在常压、反应温度 220℃、240℃的条件下，反应空速对 LSH－02 催化剂 SO_2 加氢活性的影响结果见图 2。

由图 2 可见，随反应空速加大，SO_2 加氢转化率降低，在空速 $1500h^{-1}$、反应温度 220℃和空速 $1750h^{-1}$、反应温度 240℃的条件下，二氧化硫的加氢转化率均能达到 100%。LSH－02 催化剂 SO_2 加氢转化适宜的反应空速范围为 1000～$1750h^{-1}$。

3.2.3 反应空速对 LSH－02 催化剂 CS_2 水解活性的影响

在常压、反应温度 220℃和 240℃的条件下，反应空速对 LSH－02 催化剂 CS_2 水解活性的影响结果见图 3。

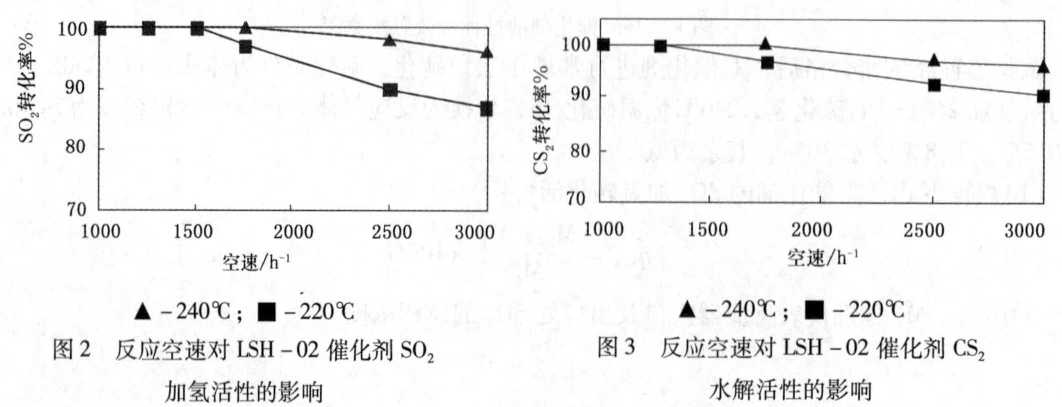

图 2 反应空速对 LSH－02 催化剂 SO_2 加氢活性的影响

图 3 反应空速对 LSH－02 催化剂 CS_2 水解活性的影响

由图3可见，在常压、反应温度为220℃和240℃的条件下，随反应空速的加大，CS_2水解率均降低。在空速$1250h^{-1}$、反应温度220℃和空速$1750h^{-1}$、反应温度240℃的条件下，二硫化碳的加氢水解率均能达到100%。LSH－02催化剂CS_2水解适宜的空速范围为$1000\sim1750h^{-1}$。

4 LSH－02低温Claus尾气加氢催化剂的工业应用

LSH－02低温Claus尾气加氢催化剂于2008年10月装填于中石化齐鲁分公司胜利炼油厂8万吨/年硫磺回收装置上，该装置尾气处理单元采用中国石化齐鲁分公司开发的具有自主知识产权的SSR硫回收工艺，Claus尾气与产生中压蒸汽之后的焚烧炉烟气换热，其换热流程见图4。

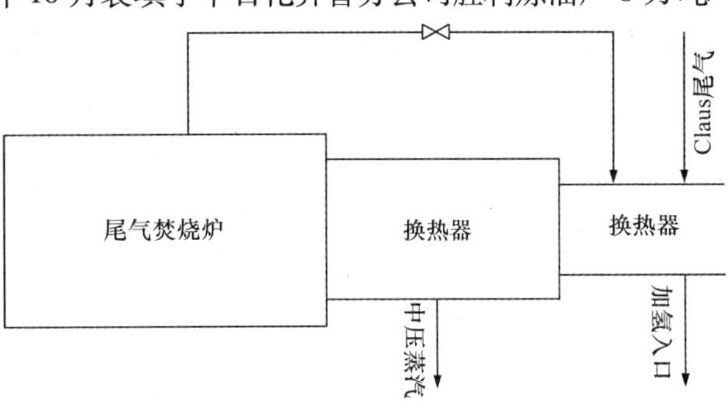

图4 8万吨/年硫回收装置Claus尾气换热流程示意

加氢反应器Claus尾气的入口温度靠焚烧炉温度来调整，焚烧炉首先要保证产生中压蒸汽所需要的温度，在使用常规Claus尾气加氢催化剂时，依靠跨线阀门的开度调节加氢反应器入口温度。催化剂经装填、干燥、硫化于2008年11月14日开工正常，转入正常生产。2009年3月对LSH－02催化剂进行了工业应用效果标定。表2给出了更换催化剂前后装置运行参数的变化情况。

表2 更换催化剂前后装置运行参数的变化

时间		焚烧炉瓦斯量/(m^3/h)	焚烧炉炉膛温度/℃	尾气R201入口温度/℃	R201床层温度/℃	急冷水pH值
换剂前	2008－06－13	338	790	290	315	8.1
	14	408	822	291	330	8.1
	15	377	830	291	325	8.2
	16	386	842	292	325	8.1
	17	360	840	300	330	8.1
	18	369	837	299	320	8.2
	19	340	843	292	327	8.1
	20	418	813	298	338	8.1
	21	365	792	302	330	8.2
	22	385	771	297	339	8.1
	平均值	372	796	295	328	8.1
换剂后	2008－12－08	300	682	235	246	8.1
	9	266	716	233	256	8.1
	10	253	720	235	247	8.1
	11	277	679	232	255	8.0
	12	264	683	232	256	8.1
	13	277	723	237	260	8.2
	14	260	718	230	258	8.2
	15	287	712	233	257	8.1
	16	290	740	240	258	8.0
	17	284	719	236	261	8.1
	平均值	277	703	234	256	8.1

更换 LSH－02 低温加氢催化剂之后，跨线阀门一直处于关闭状态，加氢反应器的入口温度一直维持在 230～240℃之间。从表 2 数据可以看出，换剂前后加氢反应器入口温度平均下降 61℃，加氢反应器床层温度下降 72℃；焚烧炉炉膛温度由 800℃左右降至 700℃左右，平均降低 93℃；焚烧炉瓦斯的消耗量由原来的 340～460Nm^3/h 降至 260－350Nm^3/h，平均每小时节约瓦斯 100Nm^3/h 左右。

表 3 给出了 2009 年 3 月催化剂标定时装置运行各项参数，表 4 给出了加氢反应器出入口气体组成(色谱常规测定数据)，表 5 给出了使用微量硫分析仪检测出的加氢反应器出口非硫化氢的含硫化合物的量。

表 3　装置运行参数

时间		焚烧炉瓦斯量/(m^3/h)	焚烧炉炉膛温度/℃	尾气 R201 入口温度/℃	R201 床层温度/℃	急冷水 pH 值
2009－03－05	9：00	320	685	250	275	8.1
	14：00	315	691	250	261	8.1
2009－03－06	9：00	324	652	238	270	8.0
	14：00	327	656	239	257	8.1
2009－03－07	9：00	354	644	229	257	8.0
	14：00	321	638	230	263	8.1
2009－03－08	9：00	360	649	230	257	8.1
	14：00	280	632	230	246	8.1
2009－03－09	9：00	275	618	220	280	8.1
	14：00	266	628	221	284	8.0
2009－03－10	9：00	277	619	223	246	8.1
	14：00	260	605	222	248	8.1

表 4　加氢反应器出入口气体组成　　%(v)

时间			H_2S	SO_2	COS	CO_2	H_2
2009－03－05	9：00	入口	0.99	0.27	0.03	2.92	5.01
		出口	1.61	0	0	3.33	4.02
	14：00	入口	1.07	0.18	0.03	2.96	3.59
		出口	1.50	0	0	3.08	3.02
2009－03－06	9：00	入口	0.65	0.49	0.02	2.26	5.20
		出口	1.35	0	0	2.73	3.07
	14：00	入口	1.30	0.25	0.02	2.86	4.09
		出口	1.78	0	0	3.00	3.20
2009－03－07	9：00	入口	0.83	0.33	0.03	3.56	4.72
		出口	1.48	0	0	3.93	3.50
	14：00	入口	0.75	0.52	0.03	3.02	5.01
		出口	1.45	0	0	3.29	3.50
2009－03－08	9：00	入口	1.00	0.48	0.04	3.60	4.52
		出口	1.78	0	0	3.90	3.41
	14：00	入口	0.76	0.46	0.04	2.98	4.88
		出口	1.56	0	0	3.08	3.35

续表

时间			H_2S	SO_2	COS	CO_2	H_2
2009-03-09	9：00	入口	0.68	0.93	0.04	2.99	4.45
		出口	1.78	0	0	3.02	2.22
	14：00	入口	0.53	0.67	0.03	2.90	4.35
		出口	1.38	0	0	3.01	2.98
2009-03-10	9：00	入口	0.53	0.28	0.04	3.32	3.98
		出口	1.27	0	0	3.40	3.02
	14：00	入口	0.76	0.35	0.04	2.88	4.68
		出口	1.39	0	0	3.02	3.51

表5 加氢反应器出口微量非硫化氢的含硫化合物检测结果

时间		SO_2/(mg/m^3)	COS/(mg/m^3)	非硫化氢总硫/(mg/m^3)
2009-03-05	9：00	≤0.1	≤0.1	≤0.1
	14：00	9	16	25
2009-03-06	9：00	≤0.1	10	10
	14：00	10	16	26
2009-03-07	9：00	8	26	34
	14：00	≤0.1	20	20
2009-03-08	9：00	≤0.1	≤0.1	≤0.1
	14：00	≤0.1	10	10
2009-03-09	9：00	≤0.1	≤0.1	≤0.1
	14：00	≤0.1	4	4
2009-03-10	9：00	≤0.1	≤0.1	≤0.1
	14：00	≤0.1	8	8

LSH-02催化剂共计标定6天，每天上午9点、下午14点进行采样，加氢反应器入口温度从220~250℃。从表3装置运行数据可以看出，加氢反应器入口温度由250℃降低至220℃，焚烧炉的温度由690℃降低至605℃，瓦斯的流量有降低的趋势，但与反应器温度的降低不成比例，主要原因是焚烧炉产生中压蒸汽的量有波动，瓦斯的组成也有波动；急冷水的pH值没有降低，因此二氧化硫的穿透量已低至可忽略不计的程度。从表4数据可以看出，使用常规色谱仪加氢反应器出口检测不到非硫化氢的含硫化合物，加氢后硫化氢的含量较入口有较大幅度的提高。从表5数据可以看出，使用微量硫分析仪分析加氢反应器出口非硫化氢的含硫化合物较低，特别是在加氢反应器入口温度220℃的工况下，加氢反应器出口非硫化氢的含硫化合物小于10mg/m^3。加氢反应器入口温度230~250℃加氢反应器出口时有微量二氧化硫出现，可能与装置波动有关，也可能与采样袋多次使用已经被污染有关，但已经小到可以被忽略不计的程度。

5 结论

1）通过新型载体的开发、制备工艺及活性组分的优化，开发了一种在较低的温度下加氢和水解活性良好的LSH-02硫磺尾气加氢催化剂。

2）实验室催化剂活性评价结果表明：在反应温度220℃以上、反应空速800~1750h^{-1}范围内，LSH-02催化剂具有良好的加氢活性及有机硫水解活性，特别是表现出良好的低温加氢和水解活性。

3)工业装置应用结果表明：使用 LSH－02 低温加氢催化剂 Claus 尾气加氢反应器入口温度可降至 220℃，较常规催化剂降低 60℃以上，节能降耗效果显著。

4)LSH－02 低温加氢催化剂开发成功后，新建装置可优化工艺流程，加氢反应器前不需设置在线加热炉或气气换热器，可直接采用装置自产的中压蒸汽加热或采用电加热；加氢反应器之后也不需设置废热锅炉，加氢尾气可直接进入急冷塔。节约装置投资。

参 考 文 献

[1] Setphen N. Massie CEW. Catalysts for Lower Temperature Tail Gas Unit Operation. Brimstone Sulfur Recovery Symposium. 2005：13～16

[2] Sang Cheol Paik，Jong Shink Chung. Selective hydrog enation of SO_2 toelemental sulfur over transition metal sulfides supported on Al_2O_3[j]. Appl Catal B，1996，8：267～279

[3] 雷家珩，方伟等. 现代化工，2007，27(6)：39～42

[4] 魏昭彬，辛勤等. 物理化学学报，1994，10(10)：931～935

[5] 魏昭彬，辛勤等. 物理化学学报，1992，8(2)：261～265

[6] 邓存，段连运等. 分子催化，1992，6(1)：15～22

[7] Jae Bin Chung，Zhi Dong Ziang，Jong Shik Chung. Renoval of sulfur fumcs by metal sulfide sorbents [J]. Environ Sci Technol. 2002，36：3025～3029

[8] Afanasiev P. On the interpretation of temperature programened reduction patterns of transition metals sulphides[J]. Appl catal A，2006，303：110～115

[9] 方伟. 新型低温 Claus 尾气加氢催化剂的研究. 武汉理工大学硕士学位论文，2007

EM－1000 甲苯歧化催化剂在国内的首次工业应用

杨　纪

（中海石油惠州炼油分公司运行三部，广东惠州　516086）

摘　要： 介绍了中海炼化惠州炼油公司芳烃联合装置歧化单元所采用 Exxon Mobil 的 EM－1000 甲苯歧化催化剂的技术指标、反应性能、首次装填、预处理、投料试车及装置的运行情况，通过对 E－1000 催化剂的标定，表明 EM－1000 具有氢油比低、转化率高、选择性好的特点，工况适应能力强，能处理 C_{10}＋A 含量高的原料，有效提高了装置的经济效益。

关键词： 催化剂　甲苯歧化　预处理　标定　工业应用

1　前言

芳烃联合装置以 200 万吨/年催化重整装置脱戊烷塔底油为原料，生产对二甲苯，同时副产苯、邻二甲苯、混合二甲苯、轻烃组分、燃料气、重芳烃。联合装置包括二甲苯分馏、苯、甲苯分离及歧化、吸附分离、二甲苯异构化、芳烃抽提和公用工程等六个部分。整套芳烃装置设计生产能力：对二甲苯 84.12 万吨/年，苯 35.3 万吨/年，混合二甲苯 12.4 万吨/年，邻二甲苯 8.0 万吨/年，其中歧化单元设计处理能力为 198 万吨/年（以 8400h/a），采用的是 Exxon Mobil 的 Transplus 技术，在 EM－1000 催化剂作用下将甲苯、C_9 及部分 C10 芳烃转化为二甲苯的平衡混合物和苯，在 2009 年 5 月 24 日 EM－1000 催化剂一次投料成功，从运行情况来看，催化剂性能稳定，对物料的适应能力强，产生了较好的经济效益。

2　EM－1000 催化剂的技术指标

2.1　催化剂的物化指标

EM－1000 歧化催化剂是一种基于沸石的载铂催化剂，酸性功能强，具有高空速、低氢油比、高转化率的特点，具有很强的工况适应能力，并可处理 C_{10}＋A 含量高的原料；同时 EM－1000 催化剂物理强度大，床层压降小，操作周期长，操作费用低。

2.2　工艺操作条件（见表 1、表 2）

表 1　EM－1000 催化剂的操作控制指标

项　　目	控制指标	备注
反应温度/℃	400～470	反应器入口
反应压力/MPa	2.06～2.75	反应器入口
空速（WHSV）/h^{-1}	2.0～3.0	
氢烃比（H/HC）/（mol/mol）	2.0～3.0	
循环氢纯度/％（v）	70.0～80.0	
C7A/C9A 比例	48/52	

2.3 工业保证值

表2 EM－1000催化剂的性能保证值

项 目	保证值	期望值
Tol/C_9 + A 总转化率/%	45	47
B + C8A 芳烃选择性/%	86.5	89.2
催化剂寿命(第一周期)/月	24	30

3 EM－1000歧化催化剂的首次工业应用

3.1 催化剂装填

歧化反应采用的是轴向反应器，直径5.3m，封头是半球型；在催化剂装填前对歧化反应系统进行了烘气处理，去除系统内的游离水和油脂，烘气结束后，检查反应器的内件(收集器、分配器)，确认内部热电偶安装完好。

装填前根据EM－1000操作指南编写了详细的催化剂装填方案，装填时EXXON MOBIL专家现场监督、指导，并对装填过程中的每个过程都进行了确认，催化剂的装填工作十分顺利。

EM－1000催化剂系统包括上下两个催化剂床层，由上层床(EM－1000T)和下层床(EM－1000B)构成，在TransPlus反应器中，上层床与下层床的装填比例为90/10，催化剂实际装填重量90.00t，上层装EM－1000T催化剂80.92t，装填密度为494kg/m^3，下层装EM－1000B催化剂床催化剂9.08t，装填密度为540kg/m^3，催化剂的顶部与底部分别装填各种不同规格的瓷球，反应器瓷球及催化剂的装填量见表1。

表3 歧化反应器瓷球及催化剂装填量

装填物	规格	装填高度/mm	重量/kg	密度/(kg/m^3)
顶部瓷球	φ25	168	5000	
	φ6	148	7500	
催化剂	EM－1000T	762	80920	494
	EM－1000B	7415	9080	540
底部瓷球	φ6	152	6750	
	φ19	677	39500	

3.2 预处理

EM－1000甲苯歧化催化剂含贵金属含铂，而催化剂成品中铂是氧化态的，使用前需在氢气的作用下将氧化铂还原为金属状态铂才具有活性。而催化剂在制备、运输、装填过程中会吸附水份，在催化剂还原时如有水含量高将会影响铂的分布及催化剂性能，因此在催化剂还原前必须进行干燥。

3.2.1 催化剂干燥还原

在催化剂装填后对歧化反应进行氮气气密、置换，在确认系统氧含量低于0.50%(*v*)后，系统氮气泄压后用氢气充压，在0.5MPa、1.0MPa下进行氢气气密，在氢纯度在70%(*v*)时启动循环氢压缩机，反应系统以不大于50℃/h的速率进行升温，反应器入口温度到达150℃、260℃时，分别恒温2h、4h进行脱水干燥，除去系统中的水份，在反应器出口水含量小于200ppm时干燥结束。以不大于50℃/h的最大速度继续将催化剂床温度从260°C提高到315℃，在315℃下恒温至少4h进行催化剂还原，还原时可以提高排放量，增加补充氢流量，尽可能维持较高的氢纯度，直至循环气中的水含量低于200μg/g。

3.2.2 预硫化

催化剂在投料前进行预硫化主要是屏蔽催化剂表面的高活性金属位，以降低催化剂的初始活性，以减少芳烃的饱和。催化剂还原时循环氢纯度较高，在进行预硫化前需用氮气进行稀释，通过调整氮气量与补充氢流量，控制循环氢纯度在60～70%（v），并以不大于50℃/h的速率将反应器入口温度提高至380℃，反应系统同时升压至2.10MPa，使催化剂床层在380℃的温度下保持恒温。在反应器入口以向循环气内注入DMDS，监测反应器出口H_2S含量，直到H_2S穿透催化剂床层即反应器出口H_2S浓度不低于100μg/g。

3.3 首次投料

EM－1000催化剂于2009年5月24日9：48开始投料开车，采用甲苯与C9A混合投料，投料时反应器入口温度设定在380℃，反应器入口压力设定在2.40MPa，循环H_2体积浓度65%，进料流量170t/h（设计流量的70%）。

3.3.1 歧化反应进料和补充氢组成

表4 反应进料与补充氢组成 %

组　分	甲苯	C_9/C_{10}	组　分	补充氢
非芳烃	0.13	0.15	氢气	72.83
苯	0.41	0.05	氧气	4.33
甲苯	97.21	0.00	氮气	18.22
乙基苯	0.09	0.00	一氧化碳	0.00
对二甲苯	0.05	0.04	二氧化碳	0.00
间二甲苯	0.07	0.06	硫化氢	0.00
邻二甲苯	0.13	1.39	甲烷	1.13
异丙苯	0.03	1.16	乙烷	1.45
正丙苯	0.08	3.65	乙烯	0.00
1，3，5－三甲苯	0.17	7.57	丙烷	1.11
邻乙基甲苯	0.11	5.48	丙烯	0.00
1，2，4－三甲苯	0.64	31.15	异丁烷	0.38
1，2，3－三甲苯	0.15	8.48	正丁烷	0.17
茚满	0.05	2.59	反丁烯	0.00
环丁砜	0.00	0.00	正丁烯	0.00
对二乙基苯	0.00	0.00	异丁烯	0.00
碳八加芳烃	0.34	1.49	顺丁烯	0.01
碳九加芳烃	1.68	79.94	1，3－丁二烯	0.00
碳十加芳烃	0.24	18.37	C_5^+	0.36
合 计	100.00	100.00	合 计	100.00

3.3.2 反应器温差变化

在投料前，反应器的入口温度为380℃，在反应器出口测量出H_2S穿透后立即投料，但继续注硫。投料后5分钟内入口温度下降到359.2℃，出口温度升高至388.7℃，此时温差为29.5℃，由于反应加热炉进出口温差小，反应器进出口温差随着反应器内热量的带出略有波动，进出口最大温差为54.6℃，后由于随后反应器的入口温度逐渐上升至380℃的设定值，出口温度缓慢下降，反应器进出进出口的温差在35℃左右（如图1），并逐渐减少注硫量，在温差低于32℃时停止注硫。

3.3.3 反应器氢纯度变化

投料前系统的循环H_2纯度在65%，没有达到要求的70%，投料后因发生加氢裂解等副反应，

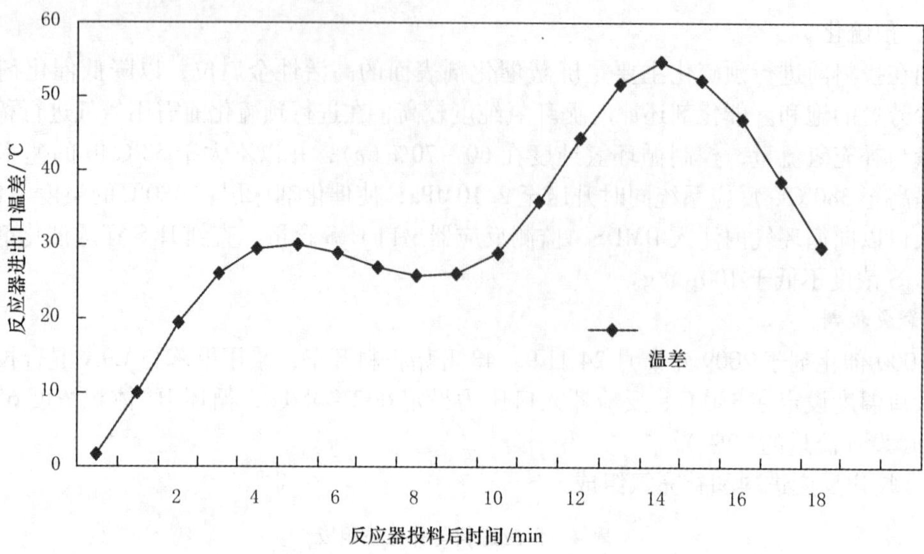

图 1　歧化反应器投料时进出口温差

消耗大量的氢，循环 H_2 纯度急速下降，H_2 纯度最低下降到 58.3%（在线），由于补充 H_2 流量增加，循环氢纯度很快稳定在 70% 左右，如图 2。

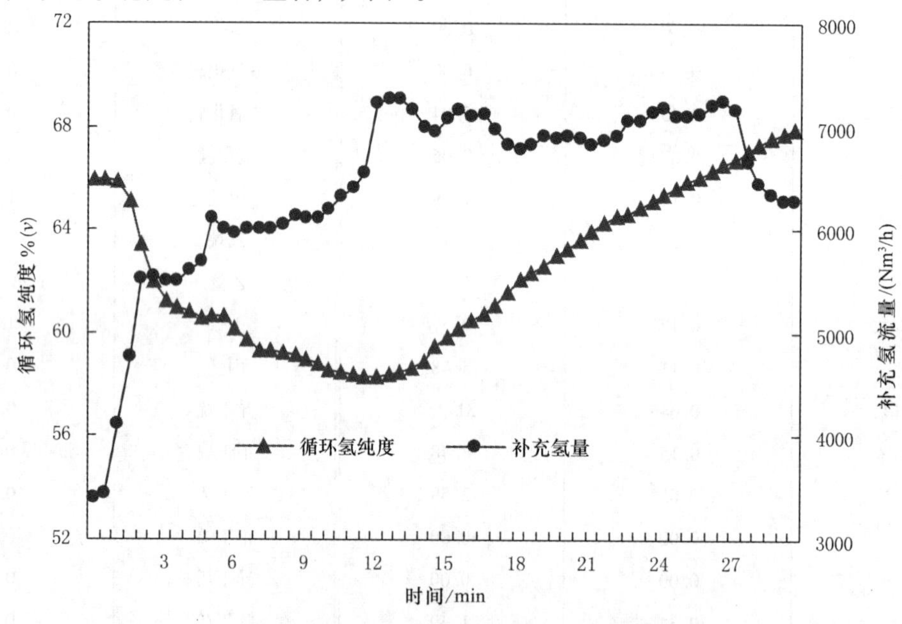

图 2　歧化反应器投料时循环的氢纯度与补充氢流量变化

3.3.4　EM－1000 催化剂首次投料反应结果

在系统投料后，由于甲苯物料中 C8A 含量偏高，在一定程度上影响了甲苯与 C_9 的总转化率，反应结果见表 5。

表 5　EM－1000 催化剂首次投料反应结果

项　　目	5 月 27 日	5 月 28 日	5 月 29 日
反应进料/(t/h)	174.4	175	176
反应器入口温度/℃	389.3	391	391
反应器温差/℃	26.4	29.0	28.0
反应器入口压力/MPa	2.03	2.13	2.07
空 速(WHSV)/h^{-1}	1.94	1.95	1.95

续表

项　　目	5月27日	5月28日	5月29日
甲苯中C8A含量/%	4.81	7.44	5.19
循环氢氢纯度/%(v)	63.8	68.2	67.6
氢油比/(mol/mol)	2.22	2.20	2.18
C_7+C_9/C_{10}总转化率/%	44.7	45.5	45.9

从上表可以看出，甲苯中的C8A芳烃含量较高，一定程度上影响了C_7、C_9/C_{10}总转化率，但是仍然可以达到45%以上的水平，对EM－1000的应用前景充满了期待。

4　EM－1000歧化催化剂的工业标定

在EM－1000催化剂平稳运行了3个月后，中海炼化惠州炼油分公司与法国AXENS公司、EXXON MOBIL公司联合对EM－1000催化剂进行工业标定。

4.1　标定条件

歧化单元标定物料及工艺控制指标见表6。

表6　歧化单元标定物料及工艺控制指标

项　　目	组　　分	单　　位	要求指标
补充氢	纯度	%(v)	>75
	C_5^+	%(v)	<0.5
	烯烃	%(v)	<0.1
	一氧化碳	μg/g	<10
	任何形态的卤素	μg/g	<10
	H_2S	μg/g	<10
循环氢气	纯度	%(v)	70~80
	水	μg/g	<50
反应进料	C_9^+芳烃	%	<60
	非芳烃	%	<1.0
	218°C+化合物	%	<0.30
	任何形态的硫	μg/g	< 10
	氧化剂	μg/g	<2
	溶解氧	μg/g	<1
	任何形态的卤素	μg/g	<1
	除N_2以外任何形态的氮	μg/g	<1
	溴指数	mgBr/100g	<20
工艺条件	反应进料量	t/h	235
	氢烃分子比	mol/mol	2~3
	反应器入口温度	℃	400~430
	反应器入口压力	MPa	2.40~2.60

4.2　标定情况

在标定前中间罐区储存了足够量的甲苯、$C_9A/C_{10}+A$，歧化反应进料和高分底液及汽提塔底液每8h采样一次，装置运行条件、反应进料、高分底液的组成、反应转化率和选择性数据见表7。

表7　运行条件、反应进料和高分底液的组成分布及反应结果

项　目		2009年8月			
		27日	28日	29日	平均
运行条件	进料负荷/(t/h)	235.39	235.22	233.79	234.80
	重量空速/h^{-1}	2.62	2.61	2.60	2.61
	氢烃分子比/(mol/mol)	2.17	2.16	2.14	2.16
	反应器入口压力/MPa	2.53	2.53	2.52	2.53
	反应器入口温度/℃	419.9	420.0	419.9	419.93
	反应器出口温度/℃	437.0	436.9	436.8	436.90
	温差 ΔT/℃	17.1	16.9	16.9	16.97
反应进料组成	NA/%	0.01	0.02	0.03	0.02
	B/%	0.06	0.02	0.14	0.07
	T/%	47.18	47.52	46.93	47.21
	EB/%	0.03	0.04	0.03	0.03
	X/%	0.65	0.77	0.64	0.69
	C_9A(含IND)/%	41.58	41.85	42.56	42.00
	C_{10}A/%	10.48	9.77	9.66	9.97
	IND/%	1.35	0.92	0.81	1.03
	Total/%	100.00	100.00	100.00	100.00
高分底液组成	X/B/(mol/mol)	3.47	3.45	3.51	3.48
	NA/%	1.59	1.66	1.53	1.59
	B/%	7.42	7.43	7.32	7.39
	T/%	29.65	29.66	29.47	29.59
	EB/%	1.21	1.23	1.20	1.21
	X/%	34.95	34.86	34.92	34.91
	C_9A(含IND)/%	18.70	18.73	18.80	18.74
	C_{10}+A/%	6.48	6.41	6.75	6.55
	IND/%	0.09	0.09	0.063	0.08
	Total/%	100.00	99.99	100.00	100.00
反应结果	总转化率/%	46.4	46.4	46.5	46.4
	C_8A选择性/%	74.6	73.9	74.6	74.4
	总选择性/%	89.71	89.29	89.66	89.55
	苯纯度/%	99.98	99.97	99.98	99.98

4.3 标定结果

在WHSV为2.61h^{-1}、反应温度为420℃、反应器入口压力2.53MPa和氢烃比2.16的条件下，经过72h的标定，苯纯度在99.95%以上，平均C_7/C_9+A总转化率大于46%，C_8A的选择性在74%以上，总选择性大于89.0%，技术指标达到了催化剂技术协议书规定的要求。

标定结果表明，EM-1000甲苯歧化与烷基转移催化剂具有较高的转化率和选择性，能处理C_{10}^{+}含量高的重芳烃原料，反应产物中二甲苯含量高，提高了C_{10}A的利用率，经济效益明显。

5 结论

1)EM-1000甲苯歧化与烷基转移催化剂自投料以来，操作运行稳定，总选择性和产品选择性

等技术指标都达到了设计值，表明其工业应用是成功的；

2)EM－1000 催化剂具有高空速，低氢油比的特点，降低了装置的能耗；

3)苯产品质量非常稳定，纯度在 99.90% 以上，避免了非芳对歧化苯产品质量的影响；

4)EM－1000 催化剂具有处理高 $C_{10}A$ 含量原料的特点，反应进料的 $C_{10}A$ 可达 10% 以上，提高了重芳烃的利用率，提高了装置的整体效益。

加氢脱硫催化剂载体的研究进展

李春晓　任靖　李梁善
（中国石化催化剂抚顺分公司，辽宁抚顺　113122）

摘　要：本文总结了近年来加氢脱硫催化剂载体的研究进展，重点介绍了复合氧化物载体，介孔分子筛载体，活性炭载体，酸性载体，碱性载体及其他载体，并展望了今后的研究工作。

关键词：加氢脱硫　载体

绿色环保是当今倍受关注的一个名词，代表着人们对环境的日益重视，而全球汽车尾气中排放的硫化物等有害物质会对环境造成严重的污染。因此，为了达到绿色环保的目的，世界各国对汽油中硫和烯烃的含量提出了越来越严格的限制。中国拟在 2010 年开始对轻型车实施国家第四阶段排放标准(简称国Ⅳ标准)，对汽油硫含量提出了更严格的要求，这一标准进一步促进了加氢脱硫技术的发展。在众多相关的脱硫降烯烃技术中，加氢脱硫是一项实用性很强的脱硫技术[1]。在加氢脱硫过程中，催化剂是加氢工艺的关键，催化剂的酸性一方面可促进 C—S 键的断裂使硫脱除，另一方面又可促进烯烃骨架异构化而实现烯烃饱和。而烯烃的过度饱和，则会导致汽油的辛烷值下降。因此，有必要限制烯烃的饱和度，开发具有高的加氢脱硫/加氢选择性的加氢脱硫催化剂。加氢脱硫催化剂载体用来担载并均匀分散活性组分，提供反应场所并起着骨架支撑作用，是催化剂的重要组成部分。长期以来国内外的研究者们在加氢脱硫催化剂载体的开发研制方面投入了大量的心血，并且也取得了可喜的成绩。为了解加氢脱硫催化剂载体的应用研究现状，本文对加氢脱硫催化剂的各类载体进行了综述。

1　复合氧化物载体

TiO_2 作为一种新型载体，具有酸度较强、同时具有 B 酸和 L 酸两种酸位以及 Ti^{4+} 可还原等优点。但它的比表面、孔容相对较小，酸量较低，机械强度差，对于高压及大分子反应不利。Al_2O_3 具有较大的比表面及较好的强度，将 TiO_2 与 Al_2O_3 混合作为载体使用，可充分发挥各自的优势。复合载体可以通过共沉淀法[2]、浸渍法[3]、嫁接法[4]、混胶法[5]或吸附法[6]来制备，通常情况下 TiO_2 的量在 10% 以上。这种复合载体具有较高的芳香物加氢、二苯并噻吩和烷基的转化性能[7,8]。刘百军等[9]研究用 $TiO_2-Al_2O_3$ 负载 NiMo，其加氢脱硫活性比纯 Al_2O_3 载体制备的催化剂提高了 20%。周亚松等[10]采用溶胶-凝胶法，结合 CO_2 超临界干燥法制备得到比表面积达 554 m^2/g TiO_2-SiO_2 复合载体。研究指出，不同硅质量分数对该载体酸性能影响较大，通过复合可有效调控载体的酸性，脱除不同类型的硫化合物。

ZrO_2 具有 P 型半导体性质，可以与活性组分产生较强的相互作用，从而影响催化剂的吸附、氧化还原性能，同时它还具有酸性和碱性吸附位，以及较高的热力学稳定性；然而由于其比表面积小、价格昂贵，所以应用受到了限制[11]，$ZrO_2-Al_2O_3$ 复合载体则可以将 ZrO_2 的优良性能与 Al_2O_3 的高比表面结合在一起。程新孙，罗来涛等[12]通过等体积浸渍法制备了一系列不同 Zr 含量的 $ZrO_2-Al_2O_3$ 复合载体及 $Pd/ZrO_2-Al_2O_3$ 催化剂。实验结果表明：$ZrO_2-Al_2O_3$ 载体中的 Zr 含量对 Pd 基催化剂的 HDS 性能有较大影响，适量的 Zr 可增大 Pd/Al_2O_3 催化剂的分散度及 H_2 吸附量与酸量，减弱活性组分与载体的相互作用，使活性中心和噻吩吸附位增多以及活化能降低，从而有利于 Pd 基催化剂 HDS 反应活性的提高，当 $w(\mathrm{Zr})$ 为 9% 时 $Pd/ZrO_2-Al_2O_3$ 催化剂的活性最好。

李丽娜等[13]采用了改进的溶胶－凝胶法制备 TiO_2-ZrO_2 复合载体，通过共浸渍法制备负载型 MoP/TiO_2-ZrO_2 催化剂，在连续固定床反应器上对催化剂进行活性评价。实验结果表明，TiO_2-ZrO_2 复合载体比 $TiO_2-Al_2O_3$ 复合载体的活性要提高 11.0 个百分点；当 $n(\mathrm{Ti})/n(\mathrm{Zr})$ 为 2、负载 20% Mo 时，MoP/TiO_2-ZrO_2 催化剂的脱硫率可达 99.34%。

2 介孔分子筛载体

介孔材料不仅具有高比表面积，而且孔径较大，对深度加氢脱硫中难脱除的芳香大分子硫化物的脱除具有一定的优势。贺丹等[14]以 MCM－41 为载体，负载磷和钨，制备了高比表面积的 WP 和 WP/MCM－41，考察了催化剂对噻吩的加氢脱硫性能。结果表明，采用超声波振荡法制得的 WP 催化剂无论是比表面积、孔容，还是对噻吩加氢脱硫活性明显高于采用常规搅拌制得的 WP 催化剂。

李翔等[15]用偏硅酸钠和正硅酸乙酯作硅源制备了 MCM－41，并进行了碱金属离子交换改性。结果表明，在碱金属离子交换改性的 MCM－41 担载制备的 Co－Mo 催化剂中，除形成 $CoAl_2O_4$ 物种外，碱金属的引入还促进了 Co_3O_4 物种的形成，从而使 Co－Mo/MCM－41(K) 和 Co－Mo/MCM－41(Na) 的加氢脱硫活性更低。

任靖等[16]在水热条件下合成了包覆型 MCM－41－HY 复合分子筛，表征结果表明，MCM－41－HY 复合分子筛和 MCM－41 与 H 型 Y 沸石(HY)的机械混合物明显不同，在复合分子筛 MCM－41－HY中，中孔相 MCM－41 附晶生长在 HY 沸石上，将 HY 包覆起来。并考察了该材料担载 NiMo 催化剂的加氢脱硫活性。结果表明，MCM－41－HY 复合分子筛与 MCM－41 和 HY 的机械混合物担载 NiMo 催化剂的加氢脱硫(HDS)活性相当，但 MCM－41－HY 复合分子筛担载 NiMo 催化剂的裂化活性较低。

任靖等[17]以 SBA－15 为载体，担载 Ni－Mo 制备了加氢脱硫催化剂。加氢脱硫实验结果表明，催化剂表现出较高的加氢脱硫活性，其中 Ni/Mo 原子比为 0.25 时，催化剂的加氢脱硫活性最高。温钦武等[18]以介孔分子筛 SBA－15 为载体，负载 Co、Mo。实验结果表明，负载金属后的 SBA－15 分子筛仍然具有高度有序的二维六方介孔结构，金属颗粒高度分散。当 MoO_3 负载量增加到 25% 时，分散度会有所降低。含 5% CoO 和 25% MoO_3 的 Co－Mo/SBA－15 催化剂具有最高的加氢脱硫活性，脱硫率可达 97.75。

吴新民等[19]采用溶胶－凝胶晶化法，在常温条件下一步合成了纳米硅铝分子筛，合成出的分子筛具有类似 MCM－41 六方结构和双介孔特性。在合成的纳米介孔硅铝分子筛上负载 30%（质量分数）的活性组分磷化钨(WP)，与同负载量的常规载体催化剂相比，加氢脱硫率提高了 12%。

3 活性炭载体

以活性炭作为载体的催化剂与传统氧化铝相比，则具有金属与载体相互作用较弱，抗结焦性能好，金属组分分散好且易转化为硫化态活性相等特点。但由于其机械性能较差，主要用作固定床催化剂的载体。商红岩等人[20]发现，在不同温度下处理的 Co－Mo/AC(活性炭)催化剂，其活性组分高度分散在活性炭表面，XRD 未检测到明显的 Mo 和 Co 物种。在 Co－Mo/AC 催化剂中，表面物种的还原温度低于 $Co-Mo/\gamma-Al_2O_3$ 的还原温度，同时得出，$n(\mathrm{Co})/n(\mathrm{Mo})=0.7$ 的 Co－Mo/AC 的活性高于 $Co-Mo/\gamma-Al_2O_3$ 的活性，而其他，Co/Mo 比的 Co－Mo/AC 的活性低于 $Co-Mo/\gamma-Al_2O_3$ 的活性。Farag 等[21]也研究发现，与 $Co-Mo/Al_2O_3$ 相比，Co－Mo/C 显示出对 DBT 和 4，6－DMDBT 更高的 HDS 活性。若原料中引入 10% 的萘，则发现在 Co－Mo/C 和 $Co-Mo/Al_2O_3$ 上对 DBT 直接脱硫途径具有类似的影响；然而，DBT 直接脱硫途径却受到反应产物的硫化氢的强烈抑制，尤其是对以活性炭载体的催化剂，抑制更严重；但是，对 DBT 加氢饱和后再脱硫的途径影响则较小。

4 酸性载体

大量研究表明，引入酸性分子筛的加氢处理载体可促进表面缔合物的生成，从而在催化剂制备过程中的还原阶段可形成细分散状态的金属，使催化剂具有较高的活性。并且，在催化剂中加入分子筛后，可以使精制过程中的反应温度下降约20℃。徐景峰等[22]人分别采用$\gamma-Al_2O_3$、SiO_2、无定型硅铝粉($SiO_2-Al_2O_3$)、Y形分子筛(HY)、加入硅和磷的磷铝分子筛(SiBAPO-5)为载体，用浸渍方法制备出不同载体的负载型氮化镍钨催化剂，并考察了加氢脱硫性能。结果表明，脱硫活性的高低与催化剂表面酸量大小呈对应关系，即表面酸量大的催化剂脱硫活性高，表面酸量小的活性低。催化剂表面酸量大，除了直接氢解脱硫和加氢脱硫外，异构化和裂解程度加强，利于深度脱硫，因而脱硫活性高。但一些研究及计算结果表明[23,24]，酸与活性组分之间可能存在协同作用，并且酸能够直接参与到反应中。Okamoto等[25]发现，负载在酸性较强的CaY分子筛上Co催化剂对噻吩的加氢脱硫活性要高于用酸性较弱的NaY分子筛为载体的催化剂。

5 碱性载体

相对于酸性载体来说，对碱性载体的研究较少。但碱性载体也有其独特的特点，如它们与酸性的MoO_3间相互作用较强，有利于活性组分的分散和稳定。另外还可有效抑制结焦。碱性载体还可以促进MoS_2分散，增加棱角位面积(有利于助剂Co(Ni)的分散)。这都使碱性载体在实际应用中展现出一定的前景。Klicpera和Zdrazil[26]发现在制备有助剂或无助剂的CoMo/MgO催化剂时，Co和Mo有很好的协同作用，并且当引入3%~4%的Co时，可获得最好的加氢脱硫效果。但是，由于MgO对水敏感，易与CoO和NiO形成固体溶液，影响到其使用。

6 其他载体

CNT是一类新型纳米材料[27]。典型CNT是由sp^2-C组成的类石墨平面，并按一定方式组合而成纳米级的管状结构。CNT能够作为加氢脱硫催化剂的优良载体和促进剂。和$Mo-Co/\gamma-Al_2O_3$催化剂或Mo-Co/AC催化剂相比，Mo-Co/CNT催化剂对噻吩加氢脱硫反应具有较高的活性。CNT的载体作用表现在两个方面：一方面它可以使活性组分Mo-Co良好分散，有利于活性组分在较低温度下还原活化，产生比较多的活性物种(Mo^{4+})；另一方面它还可以吸附、活化以及存储氢，有利于在催化剂上营造高浓度的吸附氢表面氛围，提高催化剂的表面加氢反应速率。

为了满足柴油深度加氢脱硫的要求，天然黏土及层柱黏土(PILC)也引起了人们的广泛关注。这些载体具有较大的比表面积、较好的耐温以及机械稳定性、具有酸性和元素可插入层间特性，例如Ti、Al、Cr、Zr等可以插入到内层结构中[28]。DelosReyes等[29]报道了以改性PILC为载体制备的Mo催化剂的加氢脱硫活性高低顺序为：$MoS_2/Zr-PILC > MoS_2/Al-PILC \approx MoS_2/Al_2O_3$。Tsiao等[30]用多种有机物改性黏土和凝胶经水热结晶合成出一系列具有开放网络结构的有机黏土介孔复合材料。结果发现Co-Mo/复合材料的催化剂活性与焙烧后的残留介孔体积有关。通过重复焙烧，减小的介孔体积可以恢复，这也说明反应过程中在黏土的孔结构中形成的积炭速率要比传统的铝土中快。现有人将黏土合成的介孔材料在加氢脱硫反应中用作预催化剂使用，研究结果表明是可行的[31]。

7 展望

1)载体材料的共同缺点是易烧结，目前只有少量文献报道，温度越高，载体越易烧结。但是只是一个趋势，并且也只是针对个别的载体研究。所以，建立载体稳定性与温度函数关系是载体材料的研究方向。

2)催化剂的脱硫评价采用模型化合物多为噻吩的同系物，当用原油评价时表现的活性并不高，开发具有较高加氢脱硫活性的催化剂是一研究方向。目前，大多采用色谱与气质联用等方法测定硫含量，所以根据不同的硫含量及硫形态建立不同的分析方法是也必要的。

3)可以通过 XRD、TEM 以及 SEM 等进行表征，并对比测定催化剂稳定性，从而找出稳定性好、使用寿命长的载体。相信在不久的将来，通过化工、化学、材料等多学科多技术的合作，必将有大量新型催化剂载体投入使用，并将把脱硫加氢技术提高到一个新的水平。

参 考 文 献

[1] 赵乐平，胡永康，庞宏．FCC 汽油加氢脱硫/降烯烃新技术的开发．工业催化，2004，12 (4)

[2] M. P. Borque, A. López - Agudo, E. Olguín, M. Vrinat, L. Cedeno, J. Ramirez. Catalytic activities of Co(Ni) Mo/TiO_2 - Al_2O_3 catalysts in gas oil and thiophene HDS and pyridine HDN: effect of the TiO2 - Al2O3 composition. Appl. Catal. A, 1999, 180(1 - 2)

[3] J. Ramirez, R. L. Ruit, L. Cedeo, V. Harle, M. Vrinat. M. Breysse. Titania - alumina mixed oxides as supports for molybdenum hydrotreating catalysts. Appl. Catal. A , 1993, 93(2)

[4] 桂琳琳，朱永法，唐有祺．MoO_3 负载在新型 $TiO_2/\gamma - Al_2O_3$ 载体上的表面状态与性质．物理化学学报，1990，6(4)

[5] 李伟，戴文新，关乃佳，陶克毅，沈炳龙．以大孔容 TiO_2 和大孔容 Al_2O_3 为混合载体的加氢脱氮催化剂的研究．燃料化学学报，2000，28(4)

[6] 邓存，段连运，汪传宝．气相吸附法制备复合载体 $TiO_2/\gamma - Al_2O_3$ 以及 TiO_2 在 $\gamma - Al_2O_3$ 表面的分散状态．分子催化，1992，6(1)

[7] K. Segawa, M. Katsuta, F. Kameda. TiO2 - coated on Al2O3 support prepared by the CVD method for HDS catalysts. Catal. Today, 1996, 29

[8] E. Lecrenay, K. Sakanishi, T. Nagamatsu, I. Mochida, T. Suzuka. Hydrodesulfurization activity of CoMo and NiMo supported on Al2O3 - TiO2 for some model compounds and gas oils. Appl. Catal. B, 1998, 18

[9] 刘百军，郑宇印，孟庆民．$TiO_2 - Al_2O_3$ 复合氧化物负载 Ni-Mo 加氢脱硫催化剂的研究．分子催化，2004，18(6)

[10] 周亚松，范小虎．纳米 $TiO_2 - SiO_2$ 复合氧化物的制备与性质．高等学校化学学报，2003，24(7)

[11] Quashning V, Deutsch J, Druska P, et al. Properties of Modified Zirconia used as Friedel - Crafts - Acylation Catalysts. J Catal, 1998, 177(2)

[12] 程新孙，罗来涛，鲁勋．$Pd/ZrO_2 - Al_2O_3$ 催化剂加氢脱硫性能的研究．环境科学研究，2008，21(1)

[13] 李丽娜，王海彦，魏民，施岩．$MoP/TiO_2 - ZrO_2$ 加氢脱硫催化剂的研制．石油炼制与化工，2008，39(2)

[14] 贺丹，杨运泉，周恩深，王威燕，童刚生．WP/MCM - 41 催化剂的制备及其加氢脱硫性能．分子催化，2009，23(1)

[15] 李翔，王安杰，张生，鲁墨弘，胡永康．Na^+、K^+离子交换对 Co - Mo/MCM - 41 加氢脱硫催化剂的影响．石油学报(石油加工)，2006，22(5)

[16] 任靖，王安杰，李翔，曹光伟，鲁墨弘，胡永康．MCM - 41 - HY 复合分子筛的合成及其在深度加氢脱硫中的应用．高等学校化学学报，2006，27(12)

[17] 任靖，曹光伟，王安杰，胡永康．以 SBA - 15 为载体担载 Ni - Mo 制备深度加氢脱硫催化剂．石油学报(石油加工)，2008，24(5)

[18] 温钦武，沈健，李会鹏，赵昕，李春晶．介孔分子筛催化剂 Co - Mo/SBA - 15 的制备及其加氢脱硫性能．石油学报(石油加工)，2009，25(1)

[19] 吴新民，吴杰，龚良发．纳米介孔硅铝分子筛的合成及其加氢脱硫性能．石油学报(石油加工)，2007，23(1)

[20] 商红岩，刘晨光，徐永强，赵瑞玉．活性炭负载的 Co - Mo 催化剂的加氢脱硫性能 I．活性炭载体与 $\gamma - Al_2O_3$ 的对比．催化学报，2004，25(5)

[21] H. Farag, I. Mochida, K. Sakanishi. Fundamental comparison studies on hydrodesulfurization of dibenzothiophenes

over CoMo – based carbon and alumina catalyst. Appl. Catal. A, 2000：194 ~ 195

[22] 徐景峰，周志军，王洪学，孙桂大．二苯并噻吩在不同载体负载的氮化镍钨催化剂上的加氢脱硫性能．石油炼制与化工，2004，35(11)

[23] Vissenberg M J, de Bont P W, Gruijters W, et al. Zeolite Y – Supported Cobalt Sulfide Hydrotreating Catalysts：III. Prevention of Protolysis and the Effect of Protons on the HDS Activity. J Catal, 2000, 189(1)

[24] Okamoto Y, Ochiai K, Kawano M, et al. Effects of Support on the Activity of Co – Mo Sulfide Model Catalysts. Appl Catal, A, 2002, 226

[25] Schacht P, Hernandez G, Cedeno L, et al. Hydrodesulfurization Activity of CoMo Catalysts Supported on Stabilized TiO2. Energy Fuels, 2003, 17(1)

[26] T. Klicpera, M. Zdrazil. Preparation of high – activity MgO – supported Co – Mo and Ni – Mo sulfide hydrodesulfurization catalysts. Catal., 2002, 206

[27] 董昆明，武小满，林国栋．碳纳米管负载/促进的 Mo – Co 加氢脱硫催化剂．催化学报，2006，26(7)

[28] Gil A, Gandia L M, Vicente M A. Recent Advances in the Systhesis and Catalytic Application of Pillared Clay. Catal Rev Sci Eng, 2000, 42(1 ~ 2)

[29] Delos Reyes J A, Colin J A, Vάzquez A, et al. Pillar Effects in MoS_2 Catalysts Supported on Al and Zr Pillared Clays in a Hydrotreatment Reaction. A Preliminary Study. Appl Surf Sci, 2005, 240(1 ~ 4)

[30] Tsiao C J, Carrado K A, Botto R E. Investigation of the Microporous Structure of Clays and Pillared Clays by 129Xe NMR. Microporous Mesoporous Mater, 1998, 21(1 ~ 3)

[31] 任杰，廖文俊．有机黏土合成的介孔材料．高分子材料科学与工程，2005，21(1)

TK BRIM™ 加氢精制催化剂

Lars Skyum　Per Zeuthen　Barry Cooper
（托普索公司炼油催化剂部，北京）

摘　要：本文将阐述通过改善分散性能而开发的新一代 BRIM™系列催化剂和上一代催化剂的加氢活性差异，以及催化剂高活性给炼厂加氢装置带来的益处。

关键词：BRIM™催化剂　加氢精制

1　前言

目前世界上许多国家的汽柴油质量标准要求硫含量越来越低，炼油厂对高活性加氢精制催化剂的需求变得更迫切。欧洲炼油企业从 2009 年起要提供硫含量小于 10μg/g 的汽柴油，美国炼油企业已经提供硫含量小于 15μg/g 的柴油和硫含量小于 30μg/g 的汽油。

托普索公司的 BRIM™系列催化剂完全能满足市场对高且稳定活性催化剂的需求，特别是在蜡油加氢精制(FCC 原料预处理)、加氢裂化预处理和超低硫柴油市场，有 3 万吨 BRIM™系列催化剂装填在 200 多套装置。

2　BRIM™技术

2003 年基于 BRIM™催化剂制备技术所开发的 2 种 BRIM™蜡油加氢精制催化剂开始工业应用，随后又有 3 种催化剂应用于超低硫柴油和加氢裂化预处理，见表 1。

表 1　第一代 BRIM™系列催化剂

催　化　剂	组　成	制备机理	应　用	工业化	业绩
TK－558 BRIM™	$CoMo/Al_2O_3$	优化直接脱硫活性位	蜡油加氢精制	2003 年	36
TK－559 BRIM™	$NiMo/Al_2O_3$	优化组合直接脱硫－BRIM 加氢活性位	蜡油加氢精制	2003 年	38
TK－576 BRIM™	$CoMo/Al_2O_3$	优化直接脱硫活性位	超低硫柴油*	2004 年	98
TK－575 BRIM™	$NiMo/Al_2O_3$	优化 BRIM 加氢活性位	超低硫柴油*	2006 年	21
TK－605 BRIM™	$NiMo/Al_2O_3$	优化 BRIM 加氢活性位	加氢裂化预处理	2006 年	15

注：＊超低硫柴油装置有 90% 生产硫含量小于 10μg/g 的欧Ⅴ标准柴油，另外 10% 的装置生产硫含量小于 50μg/g 的欧Ⅳ标准柴油。

在 20 世纪 80 年代，托普索公司发现直接脱硫反应活性位位于 CoMoS 板状结构的边角位，而且 CoMoS 有 2 种板状结构，CoMoS Ⅱ类活性相要比Ⅰ类活性相具有更高的催化活性。在 2000 年，托普索的研发人员通过基础研究发现加氢活性位位于 CoMoS 板状结构顶部、靠近边缘的高电子密度硫原子，托普索公司称之为“BRIM 位”。通过该基础理论研究，托普索公司发明了 BRIM™催化剂制备技术，既能够增强 BRIM 位和 CoMoS Ⅱ类活性相的活性，又能够控制这 2 种活性位的数量分布。对于催化剂的不同应用场合，BRIM 位和 CoMoS Ⅱ类活性相的数量分布存在一个最佳值，下文将对此进行阐述。

2.1　超低硫柴油

在超低硫柴油生产过程，脱除 95%～98% 硫化物相对容易，但具有空间位阻的二苯并噻吩类含硫化合物的反应活性非常低，其脱硫反应有2种反应路径，直接脱硫和先加氢饱和其中一个芳环再脱硫，后者的反应速率要比前者快。氮化物特别是碱性氮化物抑制先加氢饱和其中一个芳环再脱硫的反应，为实现催化剂遵循该反应路径进行快速反应，氮化物要在催化剂床层上部进行脱除。理解超低硫柴油反应动力学关键在于此。最佳的加氢反应器催化剂系统取决于能否脱除这些氮化物以实现先加氢再脱硫。

脱除氮化物的最佳催化剂要具有高加氢活性，因为氮化物脱除反应必须要先加氢使含氮杂环进行饱和。这也就是说，先加氢再脱硫这一快速反应路径要求加氢反应器的催化剂系统要在上部床层使用高加氢活性的催化剂脱除氮化物，底部床层使用高加氢活性的催化剂脱除具有空间位阻的二苯并噻吩类含硫化合物。即：超低硫柴油生产要想通过先加氢再脱硫这一快速反应路径，最佳催化剂是具有最高加氢活性的催化剂。托普索TK－575 BRIM™催化剂就是这种类型的催化剂。

但是在许多情况下，氮化物是不可能有效脱除的，比如加氢装置在中低压下进行操作(脱除氮化物的加氢反应是可逆的，氢分压对该反应平衡影响显著)、或者原料中氮化物含量很高(裂化原料)、或者2者皆有。在此情况下，就要求使用具有最高直接脱硫活性的催化剂。托普索TK－576 BRIM™催化剂就是这种类型的催化剂。

总之，只要是以加氢脱硫为首要目的，既可以选择具有最高加氢活性的NiMo催化剂、也可以选择具有最高直接脱硫活性的CoMo催化剂。依靠BRIM™催化剂制备技术，托普索能够增强这2类催化剂的活性(同以前开发的催化剂相比较)。

2.2 蜡油加氢精制(FCC原料预处理)

蜡油精制能够脱氮和芳烃饱和以改善FCC装置的性能，但蜡油精制的目的主要是脱除硫化物以生产低硫催化汽油。与超低硫柴油不同，蜡油加氢精制很少利用先加氢再脱硫的反应路径，一是因为脱硫转化率较低、具有空间位阻的二苯并噻吩类含硫化合物没有必要进行脱硫反应，二是因为蜡油的氮含量要比柴油高。

因此，蜡油加氢精制催化剂要求直接脱硫反应活性高，托普索TK－558 BRIM™催化剂就是这种类型的催化剂。当蜡油加氢精制反应器的氢分压大于80～90 bar (1150～1270 psi)时，如果炼油企业想利用“高氢分压有利于芳烃饱和、加氢脱氮”的特点并想脱除更多的氮化物(与CoMo催化剂相比较)，可以选用高加氢活性的NiMo催化剂，但在这样的氢分压下，先加氢再脱硫的反应活性还是不能足够高，为了满足精制反应的脱硫要求，催化剂还必须具有较高的直接脱硫反应活性，托普索TK－559 BRIM™催化剂就是这种类型的催化剂。

2.3 加氢裂化预处理

加氢裂化预处理需要尽可能地脱除氮化物，而氮化物脱除主要通过先加氢再脱氮这一反应路径，这就要求催化剂要具有强加氢活性。托普索TK－605 BRIM™催化剂就是这种类型的催化剂。

2.4 稳定性

直接脱硫反应活性高的CoMo催化剂(TK－576 BRIM™、TK－558 BRIM™)失活速率低，见表2。蜡油加氢精制催化剂活性比较，实验选取了三种催化剂，CoMo催化剂的加氢活性最低，CoNiMo催化剂的加氢活性较高，NiMo催化剂的加氢活性最高，这三种催化剂分别装填在工业装置的侧线中试反应器内，实验结果表明，NiMo催化剂的失活最高、CoNiMo催化剂居中、CoMo催化剂的失活速率最低，即失活速率随BRIM加氢活性位的增多而加快。

表2 蜡油加氢精制催化剂活性比较

	CoMo	CoNiMo	NiMo
初期活性	100	101	73
末期活性	79	70	46
活性损失/%	21	31	36

以上三种催化剂的失活速率差异有以下两种解释。第一种解释是失活主要是由积炭导致的，由于积炭前身物具有高电子云密度，BRIM 位与这类化合物的结合更强。第二种解释与加氢反应的化学平衡有关，并不是真正意义上的失活，在装置运行过程中，要提高操作温度以补偿催化剂失活，但温度升高会使加氢反应受热力学平衡限制。比如，超低硫柴油装置的初期操作条件有利于反应速率高的加氢反应，那么具有高加氢活性的 NiMo 催化剂将好于 CoMo 催化剂，但如果原料和操作条件处于边界，在过了几周或几个月后，直接脱硫反应为主。对于含有大量 BRIM 位和少量直接脱硫活性位的催化剂，其活性将会急剧下降(受操作温度升高影响显著)。对于含有大量直接脱硫活性位的催化剂，其活性下降缓慢(操作温度升高影响小)。

工业运行经验表明，基于强加氢活性 NiMo 催化剂设计的超低硫柴油装置，当催化剂床层温度超过 380℃时，直接脱硫反应起主要作用，意味着这类装置不能在 380℃以上操作；基于强直接脱硫活性 CoMo 催化剂(TK－576 BRIM™、TK－558 BRIM™)设计的装置，即使温度高达 420℃，催化剂活性还是很稳定，这就表明如果没有反应器的机械限制和不考虑收率损失，装置的操作范围将增大。

TK－559 BRIM™ NiMo 催化剂也具有高直接脱硫活性，在蜡油加氢精制装置表现出非常好的稳定性。

TK－576 BRIM™ CoMo 催化剂具有强直接脱硫活性，在欧洲某超低硫柴油装置的操作条件和原料性质见表 3。该装置自 2006 年开车，一直生产硫含量小于 10μg/g 的欧Ⅴ柴油。图 1 是原料、产品的硫含量与运行时间的曲线图，图 2 是重均平均床层温度 WABT 与运行时间的曲线图，斜率表征出失活速率很低，为 0.7℃/月。

表 3 操作条件和原料性质

项目	数值
操作条件	
加工量/(桶/天)	31，100
LHSV/h^{-1}	1.15
氢分压/bar	41
氢油比/(Nm^3/m^3)	190
原料性质	
原料种类	直馏柴油 + 减黏裂化柴油
相对密度	0.844
硫含量/%	0.6~0.8
馏程(ASTM D—86)/℃	
10%	229
30%	250
50%	267
70%	291
90%	324
FBP	347
产品硫含量/(μg/g)	<10

注：1bar = 100kPa。

3 新一代 BRIM™催化剂

在 BRIM™催化剂工业化 5 年过后，托普索通过改善催化剂制备技术研制出新一代 BRIM™催化剂。

催化剂制备方法的改善主要是通过增强活性金属在载体表面的分散性能。对于给定的金属负载量，分散性能越好，活性中心越多，催化剂活性也越高。如果催化剂活性一致，那么分散性能好的

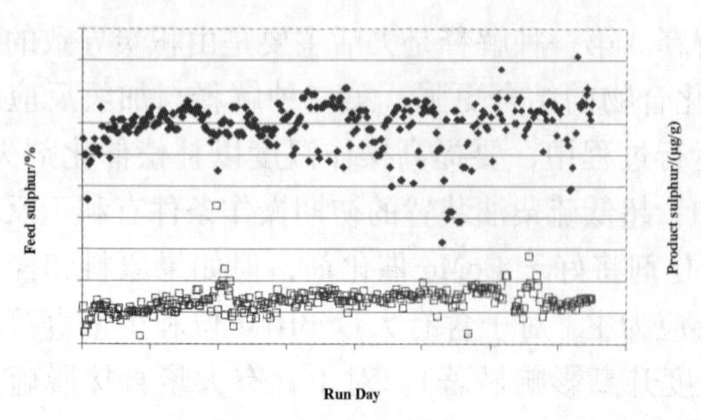

图1 硫含量-运行时间

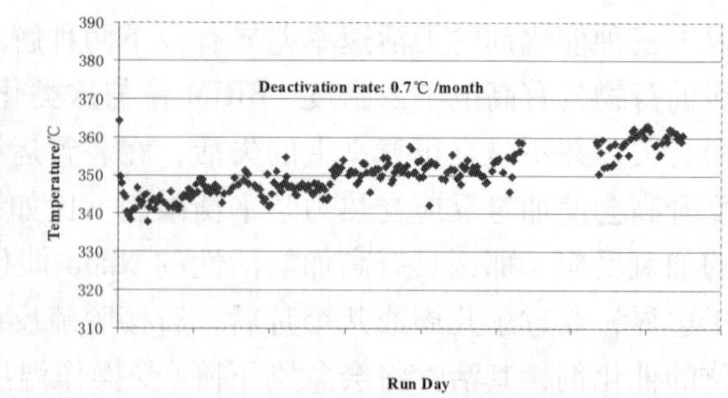

图2 NWABT-运行时间

催化剂具有金属负载量少的优点，人们不必担心金属上量少而导致催化剂稳定性变差，因为单位体积的活性位数量没有发生变化，即积炭前身物/活性位的数量比没有发生变化，催化剂的失活速率不受到影响。

只有在金属完好分散的前提下，增加金属负载量才能够提高催化剂活性。因此提高金属的分散性能，具有众多益处。

托普索新一代 BRIM™催化剂除了金属的分散性能得到改善外，还采用了更高孔隙率的载体，但催化剂强度没有减弱。这就使得该催化剂具有更小的堆比、相同或更高的活性。最先工业化的新一代 BRIM™催化剂是蜡油加氢精制催化剂，分别是 TK-560 BRIM™、TK-562 BRIM™、TK-561 BRIM™(NiMo)。超低硫柴油加氢精制催化剂 TK-578 BRIM™(CoMo)、加氢裂化预处理催化剂 TK-607BRIM™(NiMo)也即将工业化。

3.1 应用于蜡油加氢精制的新一代 BRIM™催化剂

表4是新一代催化剂和第一代催化剂的活性比较。

表4 催化剂活性比较

催化剂	加氢脱硫相对体积活性	加氢脱氮相对体积活性	堆比	金属
TK-558 BRIM™(第一代)	100	100	BASE	CoMo
TK-560 BRIM™(新一代)	100	100	BASE-11%	CoMo
TK-562 BRIM™(新一代)	110	110	BASE-6%	CoMo
TK-559 BRIM™(第一代)	100	100	BASE	NiMo
TK-561 BRIM™(新一代)	100	100	BASE-3%	NiMo

TK-560 BRIM™、TK-561 BRIM™催化剂与第一代催化剂具有相同的活性，但堆比小，降低催化剂成本。TK-562 BRIM™催化剂比上一代催化剂活性提高了10%，堆比也减小，稳定性保持不变。除了加氢脱硫活性得到改善外，加氢脱氮、芳烃饱和能力也得到提高，精制后的 FCC 原料更加理想，FCC 装置的汽油收率和质量都将得到提高。新一代催化剂的装填、活化、再生等与上一代催化剂一致。

通常 NiMo 蜡油加氢精制催化剂的加氢脱氮活性被认为比 CoMo 催化剂高，而 CoMo 蜡油加氢精制催化剂的加氢脱硫活性高。如果 FCC 装置为了避免原料中的氮化物特别是碱性氮化物影响汽油的收率和质量，那么需要选择高加氢脱氮活性的蜡油加氢精制催化剂。

蜡油加氢装置选择 NiMo(TK-561 BRIM™)还是 CoMo(TK-560 BRIM™、TK-562 BRIM™)催化剂，取决于装置压力、原料氮含量、操作温度和期望的产品性能。

在中低压蜡油加氢精制装置，要选择 CoMo 催化剂，由于是使用 BRIM 技术制备的催化剂，该 CoMo 催化剂还具有高加氢脱氮活性。在很多中低压装置，TK-560 BRIM™、TK-562 BRIM™ CoMo 催化剂的加氢脱氮活性与 TK-561 BRIM™ NiMo 催化剂的一致或者更高。

在高压蜡油加氢精制装置，并且精制的主要目的是消除氮化物对 FCC 装置的影响，要选择 TK－561 BRIM™ NiMo催化剂，因为在此条件下，它的加氢脱氮活性更高。

3.2 应用于超低硫柴油的新一代 BRIM™催化剂

正在准备工业化应用的超低硫柴油加氢精制催化剂 TK－578 BRIM™(CoMo)与第一代 TK－576 BRIM™(CoMo)催化剂一样，适合中低压操作，具有高活性、低氢耗、强稳定性的特点。TK－578 BRIM™(CoMo)比第一代 TK－576 BRIM™活性高出 20%、堆比减小 2%。

表 5 是这两种催化剂在中试装置的活性对比，原料是 75% 直馏柴油 +25% 催化柴油。

表 5 TK－578 BRIM™与 TK－576 BRIM™活性比较

	TK－576 BRIM™		TK－578 BRIM™	
$LHSV/h^{-1}$	2.5	1.5	2.5	1.5
氢分压/bar	30	30	30	30
WABT	Base 1	Base 2	Base 1	Base 2
产品硫含量/(μg/g)	211	27	164	15

测试结果表明，在相同操作条件下，无论是生产超低硫还是低硫柴油，产物的硫含量都小于 TK－576 BRIM™的，这见证了 TK－578 BRIM™催化剂具有更高直接脱硫活性。

TK－578 BRIM™与 TK－576 BRIM™活性差异与操作条件、原料性质有关系，但总体来讲，两者间的活性差异在 4~7℃。

在中低压操作处理二次加工柴油含量高的原料时，直接脱硫是主要反应，TK－578 BRIM™是最佳选择。

为测试 TK－578 BRIM™的稳定性，采用 2 种直馏柴油原料(性质见表 6)进行了 5 周试验。试验结果见图 2，在前四周，进行原料Ⅰ试验，先生产硫含量小于 35μg/g 柴油再生产小于 10μg/g 柴油。在最后一周，进行原料Ⅱ试验，生产超低硫柴油。从图 3 的试验结果看，在该中试装置，催化剂没有失活。

表 6 原料性质

	原料Ⅰ	原料Ⅱ
比重	0.842	0.855
硫含量/%	0.468	1.274
氮含量/(μg/g)	61	171
芳烃含量/%		
单环	16.1	15.5
双环	7.6	9.9
多环	1.1	2.1
馏程(ASTM D－86)/℃		
10%	227	269
30%	253	290
50%	275	308
70%	302	332
90%	340	365

3.3 应用于加氢裂化预处理的新一代 BRIM™催化剂

正在准备工业化应用的 TK－607 BRIM™(NiMo)比第一代 TK－605 BRIM™(NiMo)活性高出

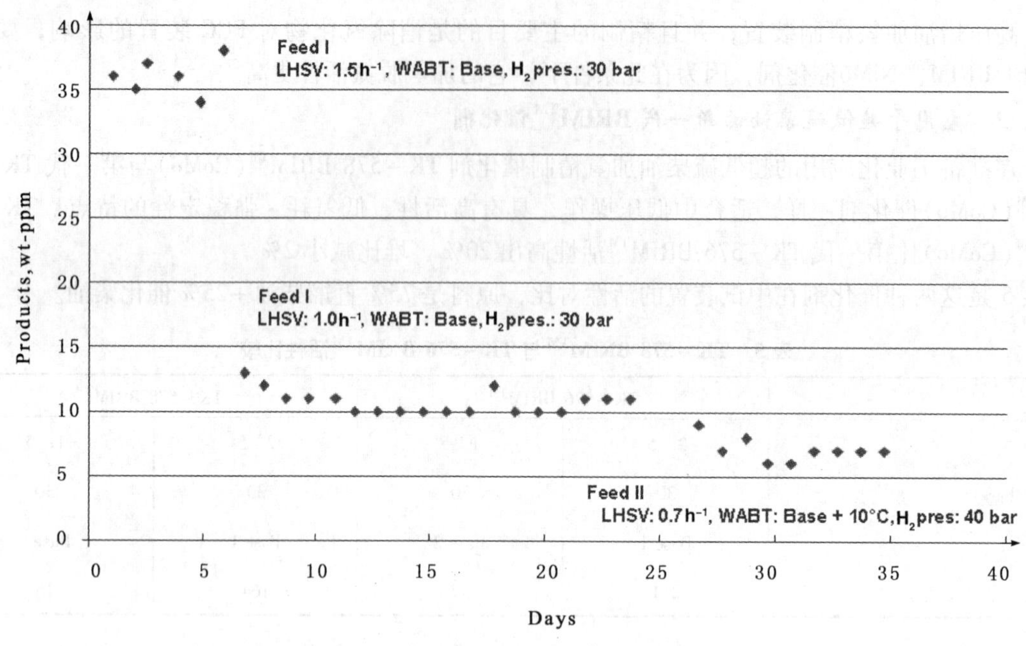

图3 TK－578 BRIM™稳定性测试

10%、堆比减小9%。表7是两种催化剂的中试试验比较结果。

表7 活性比较

原料		
类型	直馏蜡油	
相对密度	0．903	
硫含量/%	1．33	
氮含量/(μg/g)	1097	
馏程(ASTM－D1160)/℃		
5%	328	
50%	446	
95%	562	
操作条件		
氢分压/bar	100	
LHSV/h⁻¹	1．0	
WABT	BASE	
	TK－607 BRIM™	TK－605 BRIM™
产品氮含量/(μg/g)	20	15

3．4 新一代BRIM™催化剂－装置经济性分析

新一代BRIM™催化剂能够显著提高装置操作的经济性。

对于蜡油加氢装置，可以使用TK－560 BRIM™或TK－561™，与第一代BRIM™催化剂具有相同的活性和稳定性，但低堆比、低装填密度能够降低催化剂采购成本。也可以使用TK－562 BRIM™催化剂，比第一代BRIM™催化剂的活性高，可以增加装置的处理量，或者保持相同处理量而获得更长操作周期、或者加工更重原料。

对于2．4所述欧洲某柴油装置，目前正在运行的催化剂是TK－576 BRIM™，如果置换为活性

更高的 TK－578 BRIM™，在加工量保持不变时，可以延长装置的操作周期、或者加工更重的原料。而该装置目前的操作周期已经是5年，故该炼厂更希望能够提高加工能力，但加工量增加、空速增加会导致催化剂失活加快，为了保持目前的5年操作周期，操作初期的催化剂重均平均床层温度WABT应该降低2℃，表8是对催化剂更换前后装置经济性比较，可以看出催化剂更换后，装置处量能力增加7%，每年会带来363万美元的效益。

表8　催化剂更换－经济效益对比

	TK－576 BRIM™	TK－578 BRIM™
加工量/(桶/天)	31，100	33，300
LHSV/h^{-1}	1．15	1．23
初始 WABT/℃	BASE	BASE－2
增产的超低硫柴油/(桶/年)①	—	726，000
效益增加/(百万美元/年)②	—	3．63

注：①每年操作330天；

②每桶超低硫柴油的利润是5美元。

装备技术

风电设备与风电设备润滑剂

王　平
（中国石化润滑油分公司，北京　100085）

摘　要：介绍了风机的分类。以“有齿轮箱型”风机为例，进一步介绍了风机的结构组成并详细叙述了其与润滑剂的关系。结合风机运动系统，如叶轮、传动系统、偏航系统和液压系统，对实际所需润滑剂，包括齿轮箱油、轴承润滑脂和液压油进行了论述。提出并介绍了这些润滑剂的基本性能要求、模拟性能要求和特殊要求。

关键词：风机　结构　润滑剂　性能

1　前言

迄今为止，温室气体的自由排放、气候变暖趋势的进一步加剧，随着2008年金融风暴席卷全球，已经迫使人类不得不加速绿色能源的开发和利用。由此大大推进了世界范围内发展风力发电的热潮。

利用风能进行发电，为人类提供电力需要，具有可再生性和无污染性的显著特点。一台单机容量1.0MW的风电机与等容量的火电机相比，每年可减少CO_2排放2000t、SO_2排放10t和NO_2排放6t。全球的风能约有2.74×10^9MW，其中可供利用的风能有2×10^7MW，这比地球上可供开发利用的水能总量还要大十倍。我国于20世纪80年代对全国风能资源进行了全面的调查，以十米高度层为准，风速在3m/s以上，我国的陆上风能资源总储量达到32.26亿千瓦，其中可供利用的风能资源储量就达2.53亿千瓦；而近海可利用的风能资源达到7.5亿千瓦。因此，我国可供开发利用的风能资源总量将达到约10亿千瓦。要将如此巨大的风能资源变成人类可利用的电能需要应用风力发电设备，由此风电机便应运而生。

随着风电机技术的发展，风电机类型逐渐从小型化向大型化发展。在风电机发展的过程中也同时对风电机各系统运动部位的润滑提出了不同的要求。本文就风电机的基本构成和风电机润滑剂进行阐述。

2　风力发电机分类与基本构成

2.1　能量的转换形式

地球上的风能资源如水力资源一样，是不能直接被人类所应用的，需要进行某种能量形式的转换，才能获得利用。从自然风能到供人类使用的电能，中间是需要经过机械能的转换来实现的。其中从自然风能转换成机械能是依靠风力机来实现的，而从机械能转换成电能是需要发电机来实现的。这一能量转换过程可以简单地用图1进行表示。

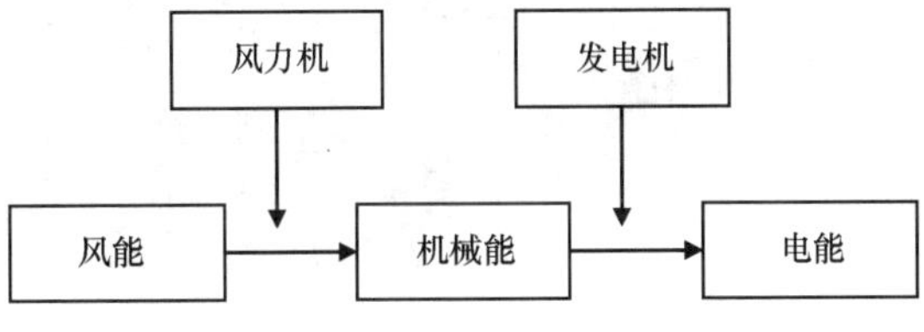

图1　风力发电的能量转换和实现形式

2.2　风机的分类

通常风机的分类有多种方式。但从能量的转换、实现过程以及考虑到润滑剂的作用角度来看，可以侧重三种分类方式，一是按风机的额定功率来划分；二是按风机功率传递的机械连接方式来划分；三是按能量传递的方向，即风机主轴与地面相对位置来划分。

2.2.1 风机的额定功率分类

按额定功率进行分类的风机分为四种类型，即微型机、小型机、中型机和大型机。各种机型的功率和应用场合如表1所示。

表1 风机的额定功率类型

类　型	额定功率/kW	应用场合
微型机	10 kW以下	独立运行
小型机	10～100 kW	独立运行
中型机	100～600 kW	独立运行
	600～1000 kW	并网发电
大型机(MW级风机)	1000 kW以上	并网发电

2.2.2 风机功率传递方式分类

按风机功率传递方式分类，则是考虑机械连接方式的不同，分为“有齿轮箱型风机”和“直驱型风机”。

有齿轮箱型风机的桨叶接收风力后，通过齿轮箱，将风能转换成机械能，首先传递到齿轮箱，带动齿轮箱的齿轮转动，并通过齿轮的增速作用，经过万能弹性联轴节将机械能传递到发电机的传动轴，带动发电机传动轴有规律的恒速转动，进而使发电机发电。

直驱型风机，不采用齿轮箱传递能量。其桨叶接收风力后，将风能转换成的机械能表现为发电机的驱动轴转动能，直接传递到发电机的传动轴，来驱动发电机发电。

2.2.3 按风机主轴与地面相对位置分类

实现“风能——机械能——电能”的转换。其中是需要通过风机主轴(转动轴)来实现的。依据风机主轴的旋转方向，可以将风机分为“水平轴式风机”和“垂直轴式风机”。

水平轴式风机的转动轴与地面平行，叶轮围绕水平轴旋转。当工作时，叶轮的旋转平面与风向垂直。通常为了使叶轮上的叶片时时接收到最大的风力，叶轮需要随着风向的变化来调整位置(变桨)。

垂直轴式风机的转动轴与地面垂直，叶轮围绕垂直轴旋转。当工作时，叶轮的旋转面与风向平行。由于风机的主轴与地面始终保持垂直，所以无论风向如何变化，叶轮上的叶片都始终是处于最大的受风方向，叶轮是不需要随风向改变而调整方向的。

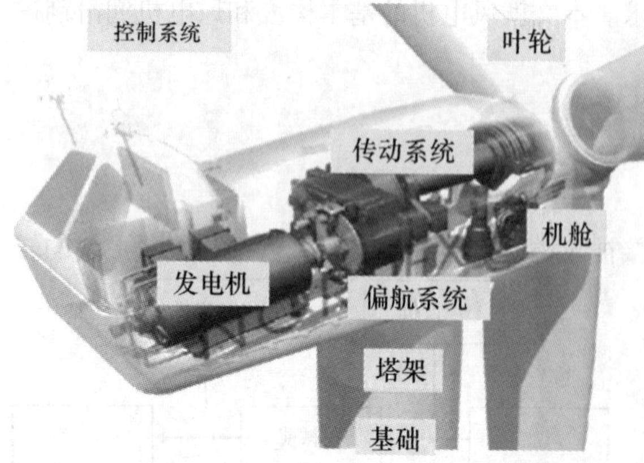

图2 典型的“有齿轮箱型风机”基本结构

2.3 风机的基本构成

如前所述，在水平轴式风机中，包括“有齿轮箱型风机”和“直驱型风机”；在垂直轴式风机中，只包括“直驱型风机”的。直驱型风机结构上相对简单，因此本文介绍的风机基本构成将以“有齿轮箱型风机”为例，进行介绍。典型的“有齿轮箱型风机”的基本结构如图2所示。

2.3.1 叶轮

叶轮也称作风轮，是风力机区别于其他机械的主要特征，是捕获风能的关键设备。包括叶片和轮毂两个部件。叶片是通过齿轮与齿轮间的紧密接触，被安装在轮毂上的，轮毂是叶片的枢纽，也是叶片根部与主轴的连接件。所有从叶片传来的力，都通过轮毂传递到传动系统。同时轮毂又是控制叶片桨距的所在。变桨轴承是安装在每个叶片的根部与轮毂的连接部位。当风机叶片需要变桨时，变桨轴承在电机的驱动下转动，从而实现变桨。因此，当叶片发生变桨，即叶片作俯仰转动时，也就产生了因变桨轴承的转动而引起的摩擦。解决好存在于叶轮轮毂里的这一处摩擦，通常采用涂抹润滑脂润滑方式来解决。

2.3.2 传动系统

传动系统是叶轮与发电机的连接纽带。一般由低速轴、高速轴、齿轮箱、耦合器和制动器(刹车装置)组成，齿轮箱是其关键部件。齿轮箱可以将风电机转子上的较低转速、较高转矩，转换为用于发电机上的较高转速、较低转矩。风电机上的齿轮箱，通常简单的平行轴设计，并在转子及发电机转速之间具有单一的齿轮比。因此通过齿轮箱，叶轮的低转速，一般在20~50转/分，通过齿轮箱的增速作用，使高速轴的转速达到1000~1500转/分，从而使发电机以接近额定的转速旋转，达到发电的目的。由此，在齿轮箱中也产生了一组“齿轮—齿轮”间的摩擦，为解决这一组“齿轮—齿轮”间的摩擦，通常采用润滑油润滑方式来解决。

2.3.3 偏航系统

偏航系统是使风轮的扫掠面始终与风向垂直，以最大限度地提升叶轮对风能的捕获能力，并同时减少叶轮的载荷。偏航方向和角度是由调速机构转动风力机来实现的，调速机构包含着一套偏航轴承，并被安装在塔架和座舱的连接部位。因此要实现风力机转动并稳定在一个位置上，必须通过连接塔架和调向机构之间的偏航轴承来实现。风力机常年处在野外环境，需要经受冬天严寒低温和夏季炎热高温的考验，作为安装在塔架和座舱的连接部位的偏航轴承必须在如此变化幅度极大地的温度区间的极限状态下转动自如，也就产生了因偏航轴承的转动而引起的摩擦。解决好这一处转动摩擦，通常采用涂抹润滑脂润滑方式来解决。

2.3.4 液压系统

液压系统是为变矩机构和制动系统提供液压来源，用于调节叶片桨矩、阻尼、停机、刹车等状态。实现液压系统的正常工作，需要液压工作液来完成，这种风力机中液压系统所用的液压工作液也是液压油的一种。一般制动系统的液压源为独立的液压系统。

2.3.5 制动系统

风力机中的制动系统是用于当风能超过规定量值时，为使风轮恢复在规定转速下转动，而使叶轮减速，以及当风力机需要检修时进行制动，停止运转的系统。

2.3.6 发电机

发电机的作用是将叶轮的机械能转化为电能。通常被称为感应电机或异步发电机。

2.3.7 控制与安全系统

控制系统包括控制和监测两部分。监测部分将采集到的数据传送到控制器，控制器以此为依据完成对风力机的偏航控制、功率控制、开停机控制等控制功能。

2.3.8 机舱

风力机的机舱承担容纳所有的机械部件，包括齿轮箱、发电机，并承受静负载和动负载的作用。

2.3.9 塔架

塔架承载着机舱及转子。通常中大型风电机的塔架为管柱型结构，这种管柱型的塔架也被称作塔筒，其内部还是动力电缆、控制电缆、通讯电缆和人员进出的通道。

2.3.10 基础

陆上风力机基础为钢筋混凝土结构，承载风力机的整体重量。基础周围设置有预防雷击的接地系统。

3 风力发电设备润滑剂技术性能要求

风力发电作为新兴的能源利用领域，得到了国际电工委员会的高度重视。早在1994年该委员会就率先提出并经过随后数年的逐渐完善，至今已经形成了风力发电机系统的系列标准——IEC

61400系列标准。此标准从风机的使用特点和环境因素考虑入手，对风机的安全、噪声的测量、动力功能，以及发电系统和避雷装置等方面提出了一系列严格的规范要求。但却没有对风机所涉及使用的润滑剂提出规范标准。这一方面也主要是考虑到风机所处的世界各地的环境状况差异明显所致，使得润滑剂难以用一种规格加以准确的描述；另一方面也由此给润滑剂研究制造提供了新技术带来的新挑战和新的应用领域。

3.1 风机齿轮箱润滑油

如前所述，风机齿轮箱是风机传动系统的重要组成部件，自然风力作用下的叶轮所做的低速运转是不足以驱动通过齿轮箱齿轮副的增速作用，驱动发电机发电。一般有齿轮箱的水平轴风力发电机采用两种齿轮传动形式，即平行轴齿轮传动和行星齿轮传动。

依据齿轮箱的设计要求，一般齿轮箱的使用寿命应该达到20年。因此，对于齿轮箱的齿轮副及转动轴的材质具有一定的要求。这些材质不但需要有足够的机械强度，而且必须能抵抗低温冷脆性、冷热温差可能引起的齿轮副尺寸稳定性方面的问题。为了解决这些问题，齿轮和轴一般都采用合金钢制造。外齿一般含CrMnMoNi合金、内齿圈和轴类零件推荐采用含CrNiMo合金。轴的材料采用碳钢和合金钢，40、45、50、Cr、Mo、MnCr、Ni。因此在风机齿轮油的配方中需要包含适应环境状况需求和平衡材质特点的润滑成分。表2列出了风机齿轮油的基本性能要求，表3列出风机齿轮油的特殊性能要求。

油品的早期氧化和抗磨性能的早期失效，均会造成齿轮副、轴承的腐蚀和异常磨损。要求齿轮箱油必须保证风机运转周期内安全稳定运行。抗氧化试验和轴承磨损试验，以及抗微点蚀试验就是为保证齿轮箱正常工作而设定的齿轮油可能存在的损伤齿轮及轴承的模拟试验方法。

氧化安定性试验是为了测量齿轮箱油在工作环境温度下可能存在的油品黏度增长的最大趋势；烘箱氧化试验室在烘箱热环境下，模拟齿轮箱油与材质之间可能相互作用后，油品在材料表面的沉积和材料表面的变化状况，从而判断在实际工作环境温度下，齿轮箱油和齿轮、齿轮轴承之间在齿轮箱疲劳周期中可能存在的相互作用的结果。

轴承磨损试验和抗微点蚀试验是在模拟试验试验条件下，分别考察齿轮箱油对轴承磨损的防护能力和对齿轮产生异常疲劳的保护能力。从而模拟评价齿轮箱油与齿轮及轴承的适应性能。

齿轮箱试验是采用实际风机齿轮箱，在试验台上遵循给定的模拟试验程序进行的试验。包括空载试验和载荷试验两种。试验评价齿轮损伤程度，如轮齿折断、齿面疲劳、胶合和轴承磨损状况，从而评价出齿轮箱油的质量。齿轮箱的负载与风机额定功率成正比。风机的额定功率越大，则齿轮箱的负载也越大，因此也就要求与之相匹配的齿轮箱油的质量也就越高。

表2 风机齿轮油基本性能要求

项目＼基础油类型	典型数据		试验方法
	矿油型	合成油型	
运动黏度(40℃)/(mm^2/s)	288～352	288～352	GB/T 265
黏度指数	95～100	120～130	GB/T 1995
倾点/℃	-12～-20	-25～-30	GB/T 3535
铜片腐蚀(100℃，3h)/级	1	1	GB/T 5096
液相锈蚀 蒸馏水 合成海水	 无锈 无锈	 无锈 无锈	GB/T 11143
抗乳化性(82℃) 油中水/% 乳化层/mL 总分离水/mL	 1.4 0.2 80.0	 2.0 0.2 81	GB/T 8022

续表

项目 \ 基础油类型	典型数据		试验方法
	矿油型	合成油型	
四球机试验 综合磨损指数/N 烧结负荷 P_D/N 磨斑直径 d/mm	 500 ~ 580 3000 ~ 4000 0.30 ~ 0.35	 500 ~ 725 2450 ~ 4900 0.32 ~ 0.35	 GB/T 3142 SH/T 0189
Timken *OK* 值/N	250 ~ 290	289 ~ 299	GB/T 1144

表 3 风机齿轮油特殊性能要求

项目	试验方法
抗氧化试验 氧化安定性(100℃运动黏度增长率) 烘箱氧化	 SH/T 0123 OEM 方法
轴承磨损试验(FE-8)	DIN51819-3
抗微点蚀试验	FVA-54 Ⅱ FZG 微点蚀试验方法
齿轮箱试验	OEM 方法

3.2 叶轮及偏航轴承润滑脂

如何保障风机在完整运转周期内的正常转动和偏航，叶片和偏航轴承的持续有效的稳定润滑起关键作用。表 4 列出风机润滑脂的基本性能要求。

表 4 风机轴承润滑脂基本性能

项目	基础数据	测定方法
延长工作锥入度(100 000 次)/0.1mm 差值	 +20 ~ +40	GB/T 269
滴点/℃	160 ~ 330	GB/T 3498
钢网分油量(100℃, 24h)/%	1.0 ~ 4.7	SH/T 0324
水淋流失量(79℃, 1h)/%	3.0 ~ 7.5	SH/T 0109
防腐蚀性(52℃, 48h)	合格	GB/T 5018
氧化安定性(99℃, 758kPa, 100h) 压力降/kPa	 19 ~ 86	SH/T 0325
抗磨性能(四球机法) P_B/N P_D/N 磨痕直径(392N, 60min)/mm	 490 ~ 1872 1961 ~ 3090 0.39 ~ 0.60	GB/T 3142 SH/T 0189

作为风机轴承润滑脂，除了应具备表 4 所列的常规性能外，还需要具有良好的高低温性能。由于世界风电场的地理位置特点，从海上风电场到陆上风电场、从炎炎的热带到冰封千里的北国。因此有良好的高低温性能对风机轴承润滑脂而言，就显得尤其重要。在耐高温性能上需要合理调配皂结构性能，在耐低温性能上需要合理调配基础油的低温性能，从而使风机轴承润滑脂拥有优化的高低温性能。

3.3 液压液

风机使用的液压液与用于其他工业液压装备液压液的作用功能没有不同，也是作为风机中的液压系统液体静压力的传递介质。由于风机的液压系统一般采用比例伺服闭环控制系统伺服控制，如在风机叶片变桨控制中采用的液压直线驱动装置、直线式电液伺服比例液压缸和回转型液压比例伺服驱动马达。因此所采用的液压油的基本性能要求除了需要满足最新国家标准 GB 11118.1 或国际标准 ISO 11158 中 HM 液压油或 HV 液压油的基本性能要求外，还需要具有良好的清洁度和长使用寿命的要求。而油品黏度可以依据实际风机液压系统的设计规范要求进行选择。

4 结论

1)风力机作为风能利用的重要机械，根据不同区域风力资源的特点，已经逐步形成系列化。随着风机制造技术的不断进步，超大型机将随之问世，不断丰富风机家族。

2)风机齿轮箱油除需要具备工业齿轮油常规指标外，还需要具有抗氧化性能、通过轴承磨损试验和抗微点蚀试验评定。并通过 OEM 厂家的实际齿轮箱规定程序的评价。

3)风机润滑脂在风机上的润滑点较多，包括叶片轴承的润滑、主轴承的润滑、发电机轴承的润滑、偏航轴承和偏航齿轮的润滑。当采用同一种润滑脂润滑时，需要满足各自运动部位摩擦状况的要求；但由于齿轮和轴承的运动方式不同，引起的摩擦行为不同，因此对所采用润滑脂的性能上也有差异。因而在一般情况下，轴承和齿轮这两个不同运动部位采用不同的润滑脂作为润滑介质。

4)风机轴承润滑脂在满足常规技术质量指标下，除需要考虑脂的稠度外，还需要同时考虑选择合适黏度的基础油，以及基础油的低温性能和高温性能的平衡。

5)液压油作为风力机的液压系统液压工作液，需要满足规格要求，在液压循环系统中循环使用时需要到达相应清洁度要求。为了满足不同风电场环境的需要，选择液压油时需要考虑液压油的低温性能。

6)风机的发展，包括了“有齿轮箱型风机”和“无齿轮箱形风机”。随着“无齿轮箱型”的直驱永磁式风力机技术的进一步发展和不断进步，其优越性将不断得到展现。在“无齿轮箱型风机”中润滑脂作为润滑剂将起重要作用。

参 考 文 献

[1] 张龙华. 风电设备润滑油脂的研究与应用[A]. 2009 大连润滑油技术经济论坛论文专集[C]. 润滑油，2009：253～264

二甲醚发动机的润滑与密封

耿志勇　朱和菊
（中国石化润滑油公司北京研发中心，北京　100085）

摘　要：本文重点介绍了二甲醚发动机的应用现状、润滑与密封及排放特性。

关键词：二甲醚　应用　润滑　密封　排放

1　前言

随着世界能源危机的日益严峻和全球经济危机的蔓延，汽车工业面临着严峻的挑战，节能和减排成为了汽车行业永恒的主题。柴油机以热效率高，油耗和碳氢排放低越来越受到重视，但 NO_x 和 PM 的排放难题及控制 NO_x 和微粒排放的对立与矛盾，给柴油机车的应用推广带来了很大的挑战和压力，寻找汽油和柴油合适替代清洁燃料成为人们关注的焦点。二甲醚具有十六烷值高、无 C—C 键分子结构且含氧量高等物化特性，能实现发动机充分燃烧、显著降低噪声和 NO_x 和 PM 的排放[1~6]，且可由天然气、煤及生物质合成，可以改善我国的能源结构，近年来日益受到人们的重视。但是，作为一种新型的燃料，二甲醚发动机仍然存在许多技术问题需要解决，如燃料系统的可靠性问题、发动机的润滑供油系统中易出现气阻且存在润滑及泄漏问题等。

本文综合二甲醚在压燃式发动机的应用现状，从二甲醚的物化性质、应用现状，二甲醚发动机的润滑与密封等几方面展开论述。

2　二甲醚的物化性质

二甲醚又称甲醚，简称 DME，分子式 $CH_3—O—CH_3$，是最简单的醚类化合物，在常压下是一种无色气体，具有轻微醚香味。常温下 DME 具有惰性，不易自动氧化，无腐蚀、无致癌性，但在辐射或加热条件下可分解成甲烷、乙烷、甲醛等。二甲醚、柴油、LPG 和 CNG 的基本物化特性比较见表 1。

二甲醚的十六烷值比柴油高，很适于用作压燃式发动机的燃料；二甲醚沸点低，喷入气缸后可立即汽化，能够快速形成良好的混合气，同甲醇和乙醇燃料汽车相比，不存在冷启动问题；二甲醚分子式中无 C—C 键分子结构，氧的重量百分比达 34.8%，有利于减少燃烧生成的烟度和微粒，为发动机实现无烟排放提供了基础；二甲醚的汽化潜热大，为柴油的 1.64 倍，由于蒸发吸热可降低缸内最高燃烧温度，有利于抑制 NO_x 的生成，改善 NO_x 排放。

表 1　二甲醚、柴油、LPG 和 CNG 的基本物化特性数据比较

物化性质	DME	柴油	LPG	CNG
化学式	CH3－O－CH3	C x H y	C3H8，C4H10	CH4
相对分子质量	46.07	190～220	44～56	16.04
液态密度/(kg/m^3)	667	820～880	501	445
沸点/℃	－24.9	175～360	－42	－162
十六烷值	55～60	40～55	<10	<10
自燃温度/℃	235	250	470	650
低位发热量(气态)/(MJ/kg)	28.9	42.5	46.4	50

续表

物化性质	DME	柴油	LPG	CNG
汽化潜热/(kJ/kg)	467.7	250~300	426	510
理论空燃比/(kg/kg)	9	14.6	15.3	17.3
动力黏度(20℃)/μPa·s	0.15	2~4	0.15	—
蒸汽压(20℃)/MPa	0.51	<0.001	0.84	—
爆炸极限/%	3.4~17	0.6~6.5	2.1~9.4	4.7~15

二甲醚的黏度很低，约为柴油的1/20，易汽化，很难形成润滑油膜，润滑性能很差，容易造成油泵柱塞等精密偶件的磨损、泄漏及卡死；二甲醚的低热值只有柴油的64.7%，理论空燃比低，液体密度只有柴油密度的78%，为了达到原柴油机动力性，以体积计二甲醚供给量约是柴油的1.9倍；二甲醚常温常压下为气态，蒸发压力为0.5MPa，随着温度的升高，其蒸发压力也增大，在发动机高温环境下，易出现气阻现象，要求柴油机的燃油供给系统需要重新设计。

3 二甲醚在发动机上的应用现状

二甲醚的十六烷值高，很适于用作压燃式发动机的燃料，尤其是纯烧二甲醚可以获得相当优良的综合性能。由于二甲醚发动机的技术如燃油喷射和供给系统尚不太成熟，还要建设二甲醚加气站，目前，二甲醚车用燃料仅为2%。二甲醚在汽车上应用的主渠道是压燃式发动机的燃料，在压燃式发动机上的应用，有纯二甲醚/柴油双燃料压燃式和二甲醚缸内直喷压燃式两种。

3.1 柴油掺烧二甲醚在柴油机上的应用

对于二甲醚与柴油混合燃料发动机燃烧性能，国内研究较多。武汉理工大学、上海交通大学、西安交通大学、吉林大学等各自开展了柴油掺烧二甲醚在柴油机上的性能及其排放研究。研究表明柴油掺烧二甲醚能获得和柴油机几乎相同的动力，且NO_x和HC排放均有一定程度的下降。吉林大学在一台四缸柴油机上进行了二甲醚(DME)与柴油混合燃烧试验。在燃料供给系统中附加二甲醚燃料预混合供给系统，二甲醚通过混合器与空气预混合后随空气进入气缸，柴油由原燃油系统供给。研究结果表明：柴油与二甲醚混合燃烧时，随着二甲醚量的增加，燃烧始点提前，二甲醚早燃现象明显，导致发动机工作粗暴，燃烧性能恶化；在二甲醚中加入30%以上的着火抑制剂(LPG)，可以有效推迟着火时间，控制燃烧始点。

3.2 二甲醚直接作为燃料在柴油机的应用

二甲醚的十六烷值高，很适于用作压燃式发动机的燃料，尤其是纯烧二甲醚可以获得相当优良的综合性能。1995年在底特律举行的SAE年会上，丹麦技术大学、Haldor TopsoeA/S公司、NAVISTAR公司、AVL公司和AMOCO公司联合研究结果表明，燃用二甲醚燃料的发动机，NO_x的排放大幅度降低。同时，控制NO_x和微粒排放的对立与矛盾不再存在，碳烟的排放为零，微粒排放仅来自润滑油。除上述特性外，发动机燃烧噪声可降低10dB左右。此后欧美和日韩等发达国家相继开展了二甲醚燃料发动机与汽车的开发。例如欧洲的VOLVO汽车公司研制出了燃用二甲醚燃料的大客车样车用于试车与示范。日本NKK公司和交通公害研究所分别研制了燃用二甲醚燃料的卡车样车。五十铃汽车公司研制了二甲醚燃料城市客车样车，计划小规模推广。

近年来我国一些高校和科研机构也开展了二甲醚燃料发动机研究。例如上海交通大学对二甲醚燃料的喷射过程，包括二甲醚燃料的泵端、嘴端油管压力和针阀升程、音速、闪点沸腾物化现象和燃烧过程进行了较深入的研究，提出一种低压喷射二甲醚预混合燃烧的新方式。吉林大学的实验研究结果表明：增压技术有利于改善燃烧，降低排放和能量的消耗；废气再循环技术可以有效地降低NO排放；进气增压和适度的废气再循环率相结合，可以同时降低排放和改善能量消耗率，有利于达到超低排放的要求。天津大学用火焰直接成像法研究了二甲醚的着火燃烧过程，结果表明：二甲醚的着火滞燃期和燃烧持续期都比柴油的短。2005年末，大连柴油机分公司、西安交通大学和一汽无锡油泵油嘴研究所成功研制出我国第一台二甲醚发动机，随后上海交大和上柴也成功研制了二甲醚发动机并进行了行车实验。2006年底，上海申沃客车有限公司对二甲醚样车进行了10000km的行车实验，车辆性能和排放均达到了预期效果。

4 二甲醚发动机的润滑与密封

4.1 二甲醚发动机的润滑

由于二甲醚燃油系统精密偶件靠燃料润滑，而偶件间间隙极小，不足以形成流体润滑，故精密偶件间的润滑方式主要为边界润滑方式，二甲醚是无极性的短分子、黏度小、易汽化，很难形成润滑油膜，润滑效果很差，容易造成油泵柱塞和喷油器针阀等精密偶件的磨损、泄漏及卡死。研究表明，应用纯二甲醚在发动机上运行数小时后，柱塞偶件由于泄漏严重而无法泵油，发动机自动熄火。目前国内外常用的解决办法就是添加燃料添加剂，燃料添加剂能改善二甲醚的润滑性、抗磨和抗腐蚀性能，但对二甲醚的黏度增加作用不明显。为了防止二甲醚的泄漏，还需要发动机的供油环节具有较好的密封性能。

同柴油相比，二甲醚黏度低，硫含量几乎为零，无重组分，对润滑油膜具有很强的清洗作用且燃烧产生的微量酸性物质(甲酯甲酸、甲酸等)对发动机零件有腐蚀性，对活塞及汽缸造成腐蚀磨损。同CNG和LPG相比，二甲醚发动机的温度低，氧化和硝化程度相对缓和。目前，为了满足二甲醚发动机的润滑、密封和使用耐久性要求，二甲醚的发动机所用的发动机油，普通的柴油机油或LPG、CNG发动机润滑油性能要求应有所不同。二甲醚发动机油应具有：理想的灰分、良好的活塞沉积物控制能力、良好抗磨损、擦伤和防腐蚀能力和优良的抗氧化、硝化能力。

4.2 二甲醚发动机的密封

二甲醚的沸点为-24.9℃，在常温下为气态，作为车用燃料，需加压使其成为液体，且二甲醚黏度很低，直接在发动机上燃用会引起精密偶件的磨损，这就要求汽车燃油供给系统及油箱须具有较好的保压、密封性能。研究发现，常用燃油供给系统中的橡胶密封件在长期与二甲醚接触后会发生溶胀老化，力学性能也随之变差而失效，最终导致二甲醚的泄漏。

由于二甲醚的爆炸低限为3.7%，存在安全隐患，因此必须选择合适的密封材料。目前对橡胶材料耐受DME的性能没有达成统一的认识。就目前所知，聚四氟乙烯(Teflon)对DME是惰性的，但是它的刚性和蠕变性使它不适合用作DME的密封材料。Sorenson[7]认为三元乙丙胶(EPDM)和全氟弹性体可以耐受DME的侵蚀；Hashimoto等[8]则认为EPDM完全不能使用，丁基橡胶对DME的耐受性能最好，丁腈橡胶(NBR)、硅橡胶(SIR)勉强可以使用。周龙宝等研究表明极性橡胶(氟硅橡胶)耐含植物油二甲醚燃料的性能优异，二甲醚汽车燃料供给系统较为理想的密封材料[9]。因此，要使DME作为柴油机代用燃料得以广泛使用，必须对发动机中密封件对DME的耐受能力做广泛的研究。

5 二甲醚发动机的排放

二甲醚十六烷值高，很适合作柴油机的燃料。尤其它能使柴油机通常难降低的碳烟微粒及NO_x排放降低，碳烟微粒排放几乎为零与柴油相比，降低的幅度也大。对柴油机而言，降低NO_x及PM的一些措施是矛盾的，往往需要采取折中的措施而对二甲醚这一矛盾不存在，采用较低的喷油压力，既可以降低NO_x，也可以使PM排放很低。

二甲醚的汽化热高，滞燃期短，预混合的燃烧量少，缸内温度水平及最高燃烧温度低，这皆不利于NO_x的生成。虽然二甲醚含氧，但是根据化学动力学特征，二甲醚释放出自由氧的机遇是很少的，二甲醚含的氧对NO_x生成的影响是微不足道的。二甲醚能够迅速汽化，与空气混合且较均匀，二甲醚含氧且能以较稀混合气着火，燃烧较完善，CO及HC较低。二甲醚能在气缸内温度达到燃油热裂解所需的高温前与空气迅速混合，投入燃烧，且又无C—C键，所以在燃烧时，PM的排放几乎是零。

6 结论

1)由于二甲醚黏度低、易汽化，密封和润滑效果差，作为发动机的燃料，二甲醚需加入一定的燃料添加剂以改善其润滑效果。

2)同柴油、LPG 和 CNG 相比，二甲醚具有自己的特点。为了保证二甲醚发动机的润滑性能，需选用二甲醚专用发动机油。

3)由于目前对橡胶材料耐 DME 的性能没有达成统一的认识，要使 DME 作为柴油机代用燃料得以广泛使用，必须对发动机中密封件对 DME 的耐受能力做广泛的研究。

参 考 文 献

[1] Mitsuharu Oguma , Shinichi Goto. Engine performance and emission characteristics of DME diesel engine with inline injection pump developed for DME[C], SAE Paper 200420121863 , 2004

[2] 李君，朱昌吉，马光兴等. 柴油机燃用二甲醚排放特性的研究[J]. 燃烧科学与技术，2003，9(3)：257~260

[3] Li J un. An experimental study on DME spray characteristics and evaporation processes in a high pressure chamber [C], SAE Paper 200120123635, 2001

[4] 张俊军，乔信起，管斌等. 柴油机燃用二甲醚复合燃烧试验[J]. 农业机械学报，2008，39(6)：13~16，45

[5] 吴君华，黄震，乔信起等. 车用二甲醚发动机的外特性和排放试验[J]. 农业机械学报，2007，38 (6)：184~186

[6] 杨涛. 二甲醚与柴油混合燃烧的试验研究[D]. 长春：吉林大学，2006

[7] Sorenson S C. Dimethyl ether in diesel engines - Pro - gress and perspectives[J]. Journal of Engineering for Gas Turbines and Power, 2001, 123(7): 652~658.

[8] Hashimoto K, Matsuzawa M, Harasawa N, et al. Dimethylether(DME) and its seal materials[J]. TheSociety of Rubber Industry, 2005, 78(3): 111~118

[9] 李跟宝，周龙保，柳泉冰，等. 二甲醚发动机中燃料与橡胶密封件的相容性研究[J]. 西安交通大学学报，2005. 39(3)：317~320

炼化企业干式气柜密封油闪点变化趋势及影响因素浅析

王海燕　张百军　郑庆伟

（中国石化济南分公司，山东济南　250101）

干式气柜自20世纪80年代引入我国，广泛应用于储存炼钢厂焦炉煤气和高炉煤气，后引申用于民用燃气的存储。1989年，济南炼油厂（现中国石油化工股份有限公司济南分公司，简称济南炼化）首先使用干式气柜收集储存石油废气（包括常减压装置不凝气、催化装置干气、焦化装置干气等）。后逐步在石化行业推广，先后有数十家炼厂建成投用。在安全生产及环境保护方面发挥了重要作用。

稀油密封型干式气柜由钢制正多边形外壳、活塞、密封机构、底板、柜顶、密封油循环系统、进出口燃气管道、安全放散管、外部电梯、内部吊笼等组成。活塞随燃气的进入与排出在壳体内上升或下降，靠支撑在活塞边缘的密封机构进行密封。其中的密封油借助于自动控制系统始终保持一定的液位，形成油封，使燃气不会逸出，在柜体内壁经常保持一层0.5mm的油膜以达到润滑目的，保证活塞的灵活运行。

目前气柜密封油一般是矿物型产品，具有适宜的黏度、优良的防腐蚀性、分水性等特点，对气柜的润滑、密封、防腐蚀起到了很好的作用。但是，由于炼厂的储气组成中，C_3以上组分含量较高，这些组分与矿物型密封油同根同源，在一定条件下极易互溶，从而造成密封油质量下降，主要表现为闪点的降低。众所周知，闪点是油品安全性的重要指标，直接影响安全生产与气柜长周期运行。这一问题普遍存在于国内各炼化企业干式气柜的密封油。作者通过对济南炼化气柜密封油几年来闪点变化的跟踪分析，找出了影响密封油性质变化的外在因素，提出合理的改进方法，将该危险因素降至最低，以确保气柜的安全长周期运行。

1　济南炼化气柜密封油闪点变化趋势

作为炼厂重要的设备之一，干式气柜的安全运行一直以来都很受重视，济南炼化对于该密封油的检测规定是每周进行一次闪点分析。2006～2008年闪点变化趋势见图1。

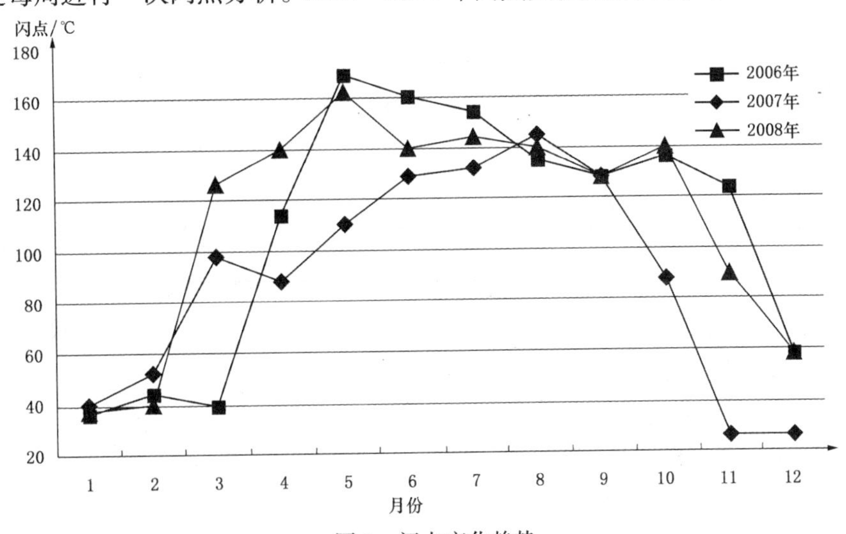

图1　闪点变化趋势

从图1可以看出，密封油闪点有明显随季节变化的规律。在储气组成相对稳定的情况下，每年11月至次年3～4月期间，密封油闪点会降至很低水平——低于60℃的密封油使用极限。使整个气柜处于极度危险状态。而在较为温暖的夏秋季节，密封油闪点能够恢复且能维持较高水平。

2 环境温度对密封油闪点的影响分析

鉴于密封油闪点对于气候变化的明显趋势，选择代表气候变化的最基本元素—气温来进行分析。各闪点数据采样检测时间均为早上8:30，考虑油品稳定期限，采用济南地区各分析日的最低气温进行数据分析。各数据点对应的当日最低气温见表1。闪点受气温影响趋势见图2、图3、图4。

表1 不同日期最低气温*与密封油闪点

日　期	闪点/℃	最低气温/℃	日　期	闪点/℃	最低气温/℃	日　期	闪点/℃	最低气温/℃
2006-01-03	36	-4.7	2007-01-02	40	-8.5	2008-01-01	37	-8.8
2006-01-24	44	-1.4	2007-01-30	52	-4.5	2008-02-05	40	-3.6
2006-02-07	39	-3.8	2007-02-27	40	3.6	2008-02-26	98	0.3
2006-04-18	114	13	2007-03-27	98	10	2008-03-18	126	4.6
2006-05-09	169	16.8	2007-04-24	88	9.1	2008-04-08	140	14.9
2006-06-06	160	23.8	2007-05-22	110	19.3	2008-04-29	146	18.4
2006-06-27	184	24.7	2007-06-26	129	25.9	2008-05-20	162	21.7
2006-07-25	120	20.8	2007-07-24	132	21.7	2008-06-10	140	21.9
2006-08-15	135	21.8	2007-08-21	145	24.3	2008-06-24	150	21
2006-09-13	128	16	2007-09-25	128	18.7	2008-07-08	144	21.6
2006-10-10	136	20.6	2007-10-24	88	6.6	2008-07-29	150	22.7
2006-11-14	124	4.2	2007-11-28	26	-1.9	2008-08-26	140	12.8
2006-12-05	64	-2.9	2007-12-25	26	-2.2	2008-09-30	128	10.8
2006-12-26	58	0.3	—	—	—	2008-10-21	140	17.2
—	—	—	—	—	—	2008-12-02	90	5.9
—	—	—	—	—	—	2008-12-30	58	-7.8

注：*各最低气温历史数据由济南市气象局提供。

从图2～图4可以看出，在最低环境温度高于5℃以上时，密封油闪点均能保持在60℃以上。但当环境温度低于0℃，闪点会有较大下降，甚至低于28℃，使充满整个密封油品循环回路及油水分离箱内的数十吨密封油成为重大危险源。

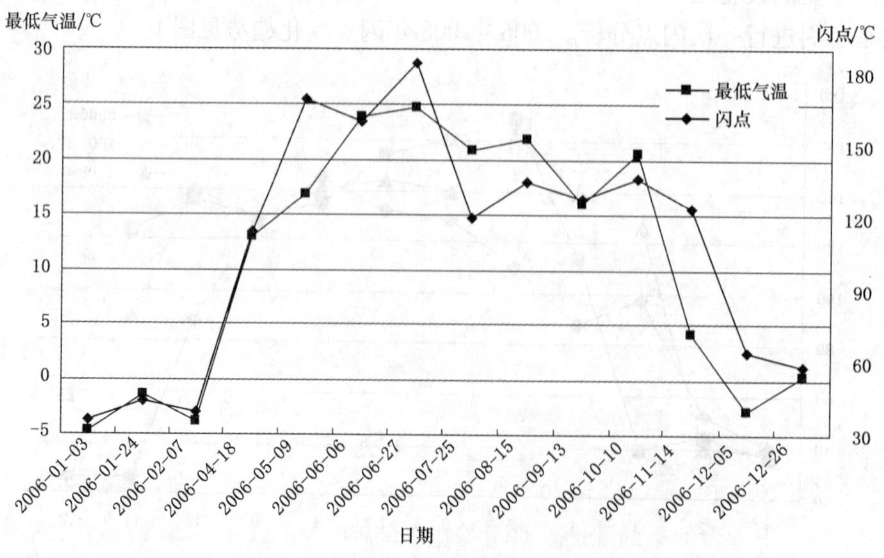

图2 2006密封油闪点与最低气温关系

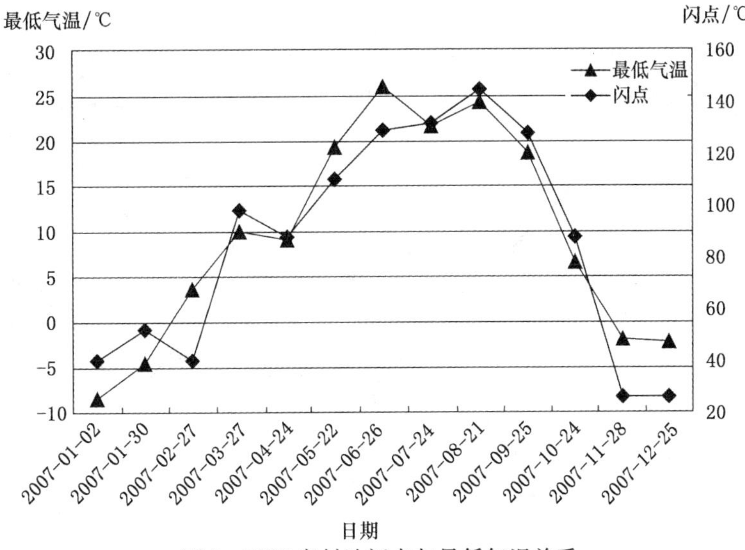

图3 2007 密封油闪点与最低气温关系

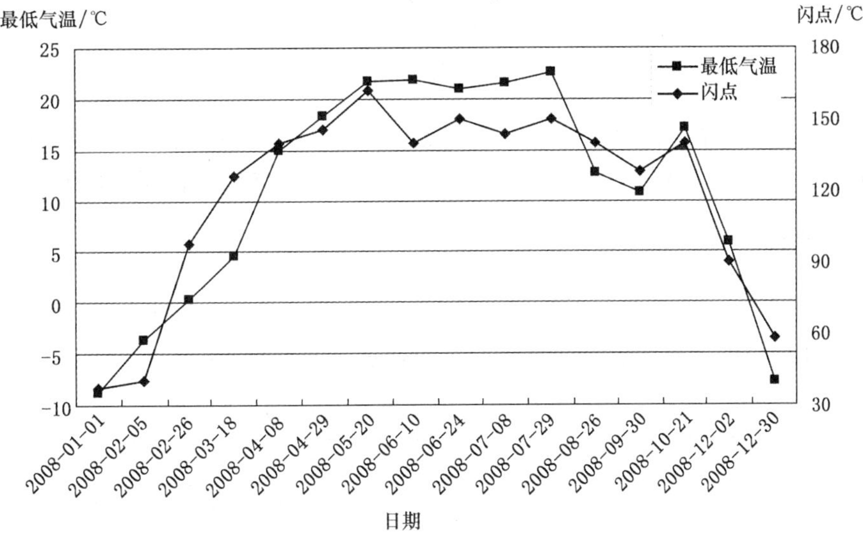

图4 2008 密封油闪点与最低气温关系

3 循环密封油温度与闪点的关系

密封油在整个气柜中，除了充盈于管路内的一部分外，不论活塞油沟、还是油水分离器中的密封油都是直接暴露于大气中，所以，油温基本等同于环境温度。一般情况下，每年的 11 月至次年 2~3 月，为了保持油品的流动，减小循环泵阻力，一般会对柜底油槽内的密封油进行加温处理，使得密封油温度保持到不低于 3℃。在此情况下，泵启动次数一般为 72 次/24h 左右。冬季加温后密封油油温、最低气温与闪点的关系趋势见图 5。

从图 5 可以看出，在较低的气温下，通过加热使密封油温度保持在 15℃以上时，密封油闪点能够保持在 60℃以上；若油温低于 15℃，密封油闪点则很难达到 60℃；当油温仅为 3.1℃时，闪点甚至低于 28℃，密封油成为重大危险源。因此，当最低气温低于 5℃时，要对密封油进行加热保温，使油温保持在 15℃以上，这样才能确保其闪点不低于 60℃，以尽可能消除安全生产隐患。

4 实施效果

2009 年 10 月底，随着气温的降低，济南炼化为确保气柜的安全运行，开启了气柜底部油槽伴热系统，依据前述分析方案，油温保持在 15℃左右。密封油闪点与油温关系见表 3。

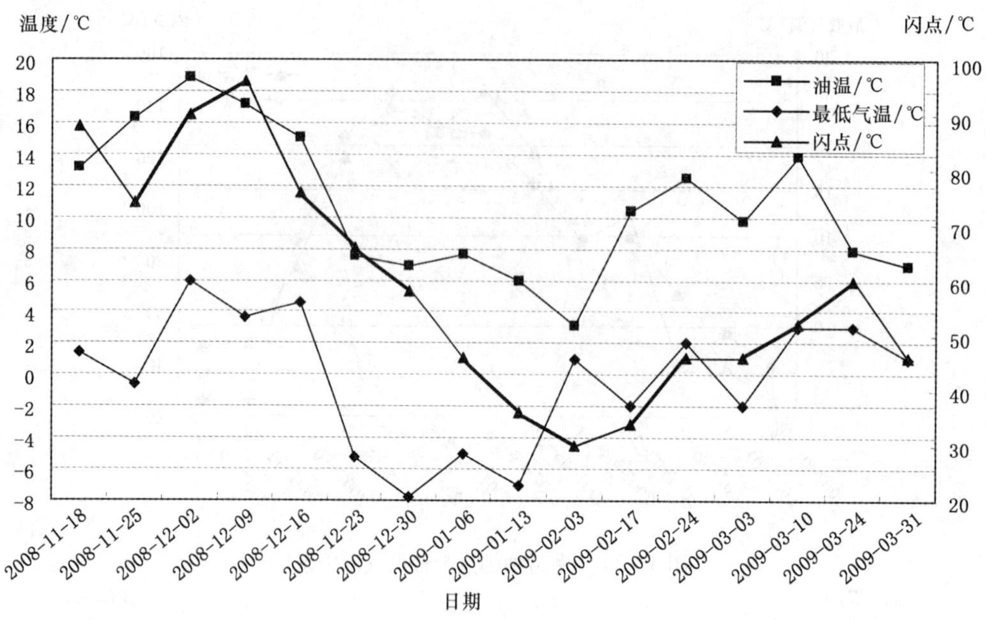

图5　油温、最低气温与闪点

可以看出，在密封油温度在16℃以上时，闪点可保持在100℃以上。但油温仅降低1.8℃，闪点却下降30℃以上，所以，保持油温在15~20℃是即安全有效又经济合算的方案。

5　讨论及建议

1)济南炼化2×10^4 m^{3}干式气柜内所储气体包括各生产装置产生的低压瓦斯气，其组成中C_4及C_4以上组分含量约3%左右。C_4以上各组分典型组成及沸点常数见表2。

表2　瓦斯气中C_4及C_4以上各组分含量及沸点常数

名　称			丁烷	异丁烷	正异丁烯	反丁烯	顺丁烯	异戊烷	正戊烷
分析日期	2009-04-08	含量/%(v)	0.8	1.02	0.64	0.35	0.16	0.41	0.21
	2009-05-19		0.45	1.01	0.44	0.26	0.18	0.24	0.10
沸点/℃			-0.5	-11.7	-6.9	0.9	3.7	29.9	36.1

表3　密封油闪点与油温关系

日　期	闪点/℃	油温/℃
2009-10-27	112	19.3
2009-11-10	100	17.4
2009-11-24	110	16.1
2009-12-08	78	14.3

济南炼化气柜恒压为4410Pa。根据真实气体状态方程的推算可以得出，瓦斯气中上述各组分分压很小，它们的实际液化临界温度低于其常压下的沸点。所以在气温高于5℃以上时，C_4组分甚至大部分C_5组分也能保持气态。但随着季节的变化，当气温低于某组分的液化临界温度时，该组分便会凝结于密封油中，使得密封油闪点下降。

2)除了C_4及C_4以上组分由于凝结而进入密封油外，气柜储气中的各种组分，包括在气柜实际储存条件下不会发生液化的C_3及其以下组分，在密封油中都存在溶解平衡过程。在恒定压力的系统中，密封油温度决定了各气相组分在其中的溶解度的大小。实验表明，在12℃的环境中将闪点为20℃的密封油静止放置70h后，闪点可恢复至48℃；而将油温升至50℃，5h闪点即可达到60℃，15h后闪点则达88℃。同时接触面积和接触时间也会影响溶解速度，因此，适当增加密封油黏度，尽量减少泵启动次数，从而延长密封油沉降时间，降低单位油品与瓦斯接触时间，也有利于维持或恢复密封油闪点。

3）由于各地气候变化不可控制，因此密封油闪点变化也呈现不同特点。其中以北方地区密封油闪点随季节变化较为明显。据介绍[1]，新疆及北京地区炼厂气柜密封油闪点会降至20℃以下，严重威胁安全生产。有些厂家不得不采用柜外闪蒸或者高温伴热的方式来临时性提高密封油闪点。这些措施有一定效果，但从实际生产考虑，耗能量太大，增加生产成本，而且油品的长时间受热或者温度过高都会加速氧化变质。

4）气柜密封油的安全使用闪点极限推荐为不低于60℃。从前面分析可以看出，密封油的低闪点时段主要集中于冬春两季。在较为干燥的长江以北广大地区，这个时期干燥少雨，静电危害较大。低闪点的密封油成为炼厂地区的重大危险源，严重威胁安全生产。因此，当气柜所在地区最低气温低于5℃时，可通过对密封油适当加热——不宜过高，油温达15~20℃即可，以达到有效防止密封油闪点的快速下降，确保安全生产的目的。

6 结论

1）气柜密封油闪点关系到安全生产。在瓦斯组成相对稳定的条件下，密封油闪点变化表现出与气温变化相关联的趋势。

2）当最低气温低于5℃时，可采取灵活加热方式，使密封油温度保持在15~20℃，以确保其闪点维持安全水平。

参 考 文 献

[1] 祖建民．干式煤气柜的润滑与密封．钢铁工业设备液压与润滑论文集（1988－2001）：287

纤维膜脱硫技术在汽油精制装置中的应用

权亚文　王建林
（陕西延长石油有限责任公司榆林炼油厂，陕西榆林　718500）

摘　要：陕西延长石油(集团)有限责任公司榆林炼油厂联合二车间催化旧汽油脱硫醇装置由于加工量小，不能满足生产，于2007年新建一套汽油脱硫醇装置，处理量为45t/h，该装置引进美国Merichem公司金属纤维膜接触器脱硫技术。本文针对该装置开工后运行过程中出现的脱后汽油质量不合格，碱液循环周期短等问题及解决方法作出了总结分析，对脱硫新技术的认识和应用，有一定的借鉴意义。

关键词：纤维膜　汽油　脱硫醇

1　前言

陕西延长石油(集团)有限责任公司榆林炼油厂有催化裂化装置两套，年加工能力分别为0.6Mt/a、0.12Mt/a，年产催化汽油33.6万吨。原有一套采用固定床反应器的汽油脱硫醇装置，设计处理能力为14t/h，实际进料达到30t/h，每年按8000小时的有效运行时间计算，最大处理量为24万吨，仍有9.6万吨催化汽油无法进脱硫醇装置进行脱硫处理，远不能满足该厂催化汽油的处理要求。2007年初新建一套汽油脱硫醇装置，其脱硫工艺采用美国Merichem公司金属纤维膜接触器脱硫技术，设计处理能力为0.36 Mt/a，该装置于2007年6月建成，调试正常后投入运行，装置的流程简图如图1所示。该装置在投入运行初期，虽有个别技术指标不能满足设计值的要求，但总体运行情况良好，汽油脱后含硫量不大于10μg/g。然而该装置运行5个月后，运行情况变差，出现了碱液循环周期变短，催化剂消耗量变大等问题，针对这一问题，我们组织相关技术人员进行技术研讨，针对其操作条件逐项排除问题，最终调试正常。

2　装置特点及脱硫原理

2.1　工艺流程说明

含硫催化汽油从催化稳定塔底出来冷却到40℃后，进入汽油精制装置。含硫汽油首先经两台并列的汽油过滤器滤除固体微粒杂质后，进入空气分布器与压缩空气混合，然后进入纤维膜接触器顶部。在顶部汽油与循环碱液一并顺流进入纤维膜接触器，在此进行传质及氧化反应。反应完成后汽油和碱液顺着纤维膜进入相分离器，在相分离器中精制汽油通过聚结器除去携带的微碱滴，然后从相分离器的顶部出来直接出装置。下部的碱液从相分离器底出来由碱液循环泵抽送，经碱液循环过滤器，除去固体微粒杂质后再回到接触器顶部循环使用。纤维膜汽油脱硫醇装置流程如图1所示。

汽油精制氧化用空气自空压站来，压力为1.0MPa，经两台精细过滤器除去油、尘后，再进入空气分布器与汽油相混。当相分离器的界位降低或碱液浓度降低时，则需补充新鲜碱液或更换碱液，新鲜碱液自常压装置间断补入，进入碱液循环泵入口升压，经过滤器除去固体杂质后进入碱液循环系统重复使用。

2.2　脱硫原理

该装置的脱硫技术采用美国Merichem公司的金属纤维膜脱硫技术，金属纤维膜接触器的结构

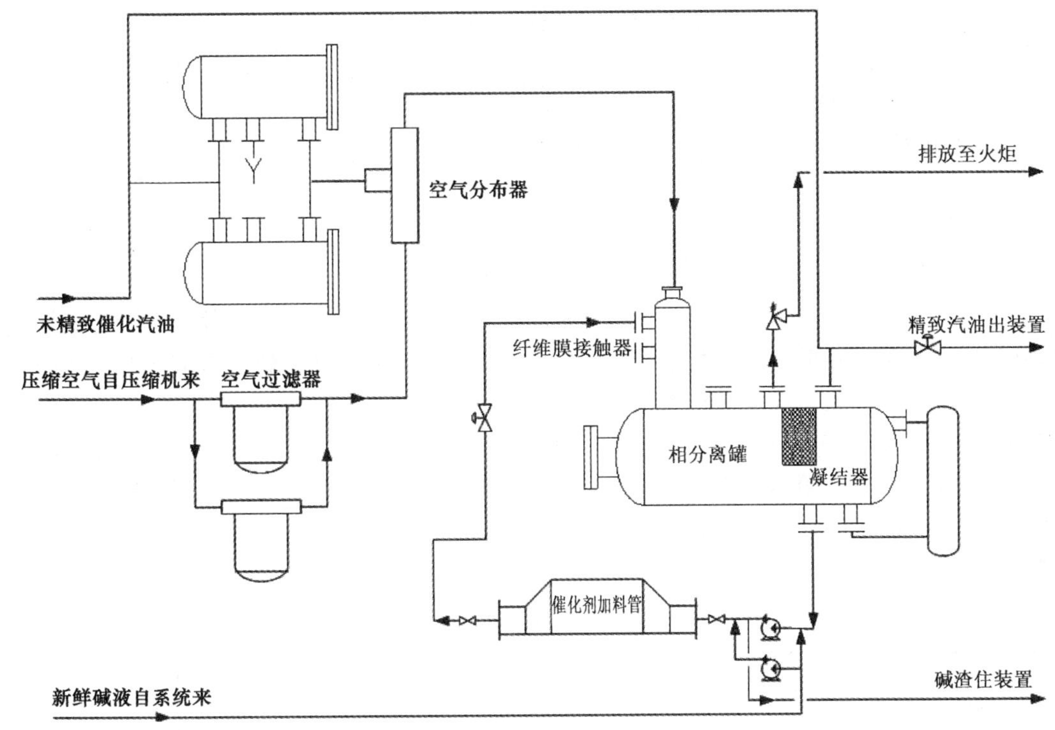

图1 纤维膜汽油脱硫醇装置流程图

简图如图2所示。

采用碱液洗涤和抽提石油制品中酸性杂质是石油加工企业通常采用的工艺手段，其传质过程的速率 M 由下列三项因素决定：

$$M = K \times A \times \Delta C$$

式中 K——两相之间特定的传质系数；

A——两相接触的有效面积；

ΔC——两相间浓度差推动力。

如图2所示，金属纤维膜接触器的圆桶型结构的内部装有数量超多的金属纤维丝，当未精制汽油和碱液从接触器顶部流入时，由于毛细作用和表面张力的不同，碱液首先在金属纤维丝的表面形成很薄的液膜，使碱相的表面得以极大的扩展。油碱两相间流动时的摩擦力会将碱液拉扯的非常薄，反应是在流动中两相间的平面膜上接触和完成的，金属纤维丝为两相反应提供了最大的接触面积，由于油碱两相在金属丝表面不断流动，金属丝上的碱液也得以不断更新，使酸碱液能始终保持较高的浓度推动力(ΔC)。

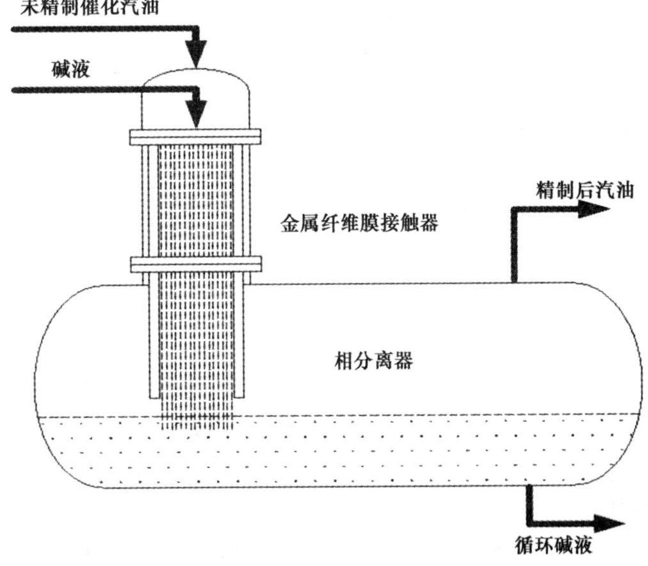

图2 纤维膜接触器基本原理示意简图

这样一来，由于最大限度地扩大了反应两相的接触面积 A，而且能使两相始终保持较高的浓度推动力，从而使其传质速率大大加快，极大的提高了脱硫效果。

3 运行情况简介

2007年6月该装置投入运行后，前5个月主要操作指标执行情况如表1所示。

表1 前五个月部分指标执行情况

项 目	设计值	执行情况
相分离罐压力/MPa	0.6~0.8	0.5
汽油进料温度/℃	40~50	40
循环碱液浓度/%	14.3	15
碱液循环量/(m^3/h)	12.6	16
通风量/(Nm^3/h)	11.97	15

由表1可以看出，前5个月的部分执行指标与设计值有一定的偏差，总体情况较为良好，仍能达到很好的脱硫效果。在前5个月的运行过程中每两天加0.5kg钴钛氰硫酸盐催化剂，在保证脱硫效果良好的前提下，换碱一次能运行15天左右。

运行5个月后到2008年4月这期间装置运行情况恶化(见表2)，按原来的操作周期及操作手段常导致汽油脱后博士实验不合格，碱液颜色发红。为保证脱硫效果，只有缩短换碱周期、增加催化剂的添加量。换碱周期缩短到7天左右，如此不仅增加了操作工的工作强度和运行成本，而且也给废碱处理带来了压力。

表2 后5个月部分指标执行情况

项 目	设计值	执行情况
相分离罐压力/MPa	0.6~0.8	0.7
汽油进料温度/℃	40~50	45
循环碱液浓度/%	14.3	15
碱液循环量/(m^3/h)	12.6	19
通风量/(Nm^3/h)	11.97	25

4 技术分析

含硫醇汽油与循环碱液在金属纤维膜接触器内进行的反应主要有：硫醇与碱液在中和反应以及碱液的再生两部分。其反应方程式如下：

$$RSH + NaOH \rightleftharpoons NaSR + H_2O \quad ①$$

$$2NaSR + 1/2O_2 + H_2O \xrightarrow{催化剂} RSSR + 2NaOH \quad ②$$

从反应式①可以看出，起脱硫作用的主要反应为碱与硫醇的中和反应，但这是一个可逆反应，因此，反应②的进行程度也起到重要作用，只有不断的将硫醇纳转化为二硫化物来降低反应①生成的硫醇纳的浓度才能促使可逆反应①向右进行，并且反应②的进行好坏直接关系到碱液的再生问题。

对照操作规程并做了技术分析后，我们从以下几方面对影响脱硫效果的原因进行了分析。

4.1 循环碱液的浓度

从相分离罐底被分离出来的碱液经过泵的抽送被打到碱液过滤器，去除其中的杂质后再被送到纤维膜接触器顶以循环使用。循环碱液要不断化验检测碱浓度，只有保证了碱的浓度才能保证反应式①的顺利进行。在开工初期，发现碱液浓度降低幅度大，每班降低2%，每两天更换一次，每次更换4t，查找原因发现汽油带水、压缩空气过滤罐不能正常运行导致压缩空气带水，经过与空气压缩机厂家及时联系处理过滤罐，同时调整操作消除汽油带水后，碱液浓度急剧下降的现象消除。

4.2 催化剂浓度

催化剂的浓度也是一项重要指标，该装置的设计催化剂控制浓度为≮200μg/g，只有保证催化剂的浓度才能保证反应②的顺利进行，催化剂在开工初期填装后在以后运行中由于反应失活，废碱液及汽油的黏代作用，其浓度会不断降低，从而影响碱液再生，所以每天要补充一定量的催化剂，以保证其浓度在规定范围内。在运行前期该指标控制较好，在运行效果变差的后几个月，该指标的日添加量已经超过了其0.22kg/d的规定，所添加的钴钛氰硫酸盐为美国Merichem公司所提供。

4.3 汽油进装置温度

汽油在进装置前，必须经过换热，使其温度控制在40～50℃范围内，较高温度能加速分子运动，从而提升分子的碰撞几率，对反应式②来讲，其可以促使反应不断生成稳定的二硫化物，这样一来易于反应式①向右进行，对脱硫反应有利，但会影响空气溶解效果；过低也会产生不利影响，过低的汽油温度会影响碱液与汽油分离，发生结晶沉淀。根据运行经验总结发现汽油温度不宜低于35℃。对运行期间的报表数据查看发现，汽油温度的变化不大，不会对脱硫效果造成大的影响，如图3所示。

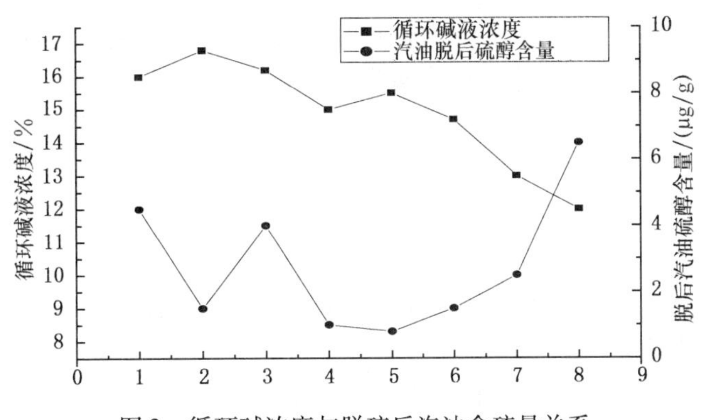

图3 循环碱浓度与脱硫后汽油含硫量关系

4.4 空气的注入量

从前面的反应式②可以看出，空气注入量是一个非常重要的参数，它的主要作用是在催化剂的作用下，将RSH与NaOH反应生成的产物氧化为二硫化物，同时使碱液得到再生循环。

反应①式中RSH与NaOH反应是一个可逆反应，没有反应式②的进行，其必将会达到一个平衡，从而终止脱硫反应的进行，所以必须保证空气的注入量。在装置运行效果变差后我们也尝试各种方式摸索解决，如提高风压，冬天为通风管线加拌热，让汽油倒流来冲洗通风喷嘴。以保证通风量。调整界位，调整碱循环量，切换过滤器(汽油，碱，空气)以保证前后压差正常。在将空气的注入量调整增大之后(达到25m^3/h)，但脱硫效果仍然没有变好，反而有变差的趋势。空气注入量与汽油脱后含硫关系如图4所示。

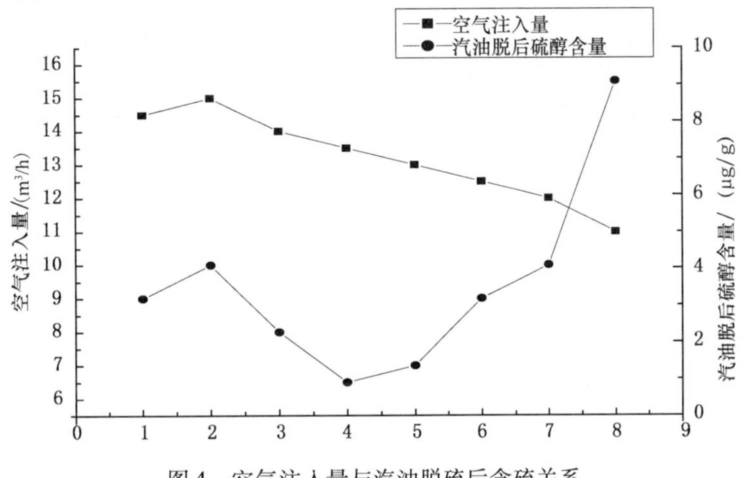

图4 空气注入量与汽油脱硫后含硫关系

通过图4可以发现，汽油的最好脱硫效果在空气注入量13.5m^3/h左右，为了验证这一结果，本文将反应式①与式②相加发现，氧化空气量与RSH有这样的反应关系式：

$$2RSH + 1/2O_2 \longrightarrow RSSR + H_2O \quad ③$$

再通过对未精制汽油中 RSH 的化验分析，对照上式计算发现确实有这样的关系存在。空气量降低会影响碱液再生不利反应。但是为什么空气量提升不利反应，经过分析认为，过量的空气会在金属纤维膜接触器中形成气穴，影响碱液与烃的接触，从而影响脱硫反应的进行。另外，过量的空气会增加下游罐区的烃损失，还可能会与罐区挥发性油气形成爆炸性气体，产生危险。

4.5 碱的补充方式

碱液的补充方式可以分为按周期定时补充和间断少量稀溶液补充。在运行初期，我们一直采用按周期定时补充的方式。该方式下运行时，其系统的碱液浓度按运行时间呈下降趋势，在我们发现碱液浓度急剧下降时判断为汽油带水以及空气含水量大所致，在经过调整后其浓度急剧下降得到了解决，但是运行状况未改善。经过分析发现，反应式②需要消耗水。虽然在①式中生成了水，但是在废碱的排出以及汽油出装置时都会带走一部分水，所以，考虑对装置的碱补充方式改为间断补充5%左右的稀碱液。一方面是对系统中实际含碱量的一种补充，另一方面是对系统中水的补充。在调整了碱的补充方式后，经过一段时间的调整操作，解决了运行效果差的情况，脱硫效果恢复正常。

5 结束语

纤维膜接触器脱硫技术作为一种新型的脱硫技术，运行的规律还有待进一步总结分析，就其运行将近一年的经验总结发现：

1)循环碱液的量以及其流速都要严格按照设计值控制，以满足脱硫反应的需要同时要保证其由于流速过快引起沉降分离问题的产生。

2)反应器温度的控制适宜控制在 35~45℃之间，过低或者过高都会产生不利影响，总体而言在适宜温度范围内，适当提升反映环境温度有利脱硫反应的进行。

3)催化剂的浓度要靠每日不断补充来维持，但是若发现其浓度急剧下降则应从其他方面分析解决。

4)空气的注入量过低会影响碱液的再生，从而影响脱硫效果；过高会对烃与碱液接触产生影响还可能对罐区造成爆炸危险，所以要根据其空气量与硫醇的关系进行计算分析得出其最佳操作范围。

参 考 文 献

[1] 黄毅，李新建. 酞菁钴磺酸铵催化剂在液膜脱硫装置中的应用[J]，广东化工. 2007，34(8)：20~22

[2] Merichem 公司纤维膜接触器技术手册，2001

[3] Jeffrey W Balko，David Podratz，et al. Grace Davison FCCcatalytic technologies for managing new regulations. 2000NPRA Annual Meeting，2001

涡流温度分离技术在天然气行业的应用

吕青楠　张王宗
（中国石油管道兰州输气分公司 甘肃 兰州 730070）

摘　要：涡流管又叫朗格－希尔茨效应管，是一种结构简单而且能将压缩气体分为冷热两股温度不同气体的能量分离机械装置，具有结构简单、温度变化范围大、无运动部件、免维护、使用寿命长、适应环境能力强、稳定可靠、节能、安全、环保等优点。本文着重研究涡流效应在天然气输配行业的加热效果及推广应用价值，通过对涡流特性分析，涡流温度分离结构的改进，天然气输配系统运行特征分析，来得出涡流加热的优越性。虽然涡流技术已经在我国的很多工业领域得到广泛的应用，但到目前为止，我国在天然气领域的涡流技术应用依然处于起步阶段，由于其独特的优势，决定了涡流技术将在天然气行业有广泛的应用前景。

关键词：涡流管　朗格－希尔茨效应　焦汤效应　自适应　外部能源　能量转移　涡流先导燃气加热器

1　简介及引言

1.1　涡流现象简史

涡流现象是在1928年的一个相当偶然的发现，是法国物理学家乔治·朗格（Georges J. Ranque）在做物理实验时察觉这一奇怪的现象，在没有任何可移动零部件的简单装置里面，同时出现了不同温度的冷、热空气，因此他开始着手研究、开发这种颇具商业应用前景的装置，然而，他因研究没有获得实质性进展而沉寂了。到了1945年德国物理学家鲁道夫·希尔茨（Rudolf Hilsch）对这一现象进行了进一步研究和对涡流管进一步改进，取得了相当好的成果，并于1947年发表了他的研究与改进成果的技术论文，因此，涡流现象从此广泛传播开来。后来人们为纪念这两位发现并研究涡流现象的科学先驱，就将涡流效应称作朗格－希尔茨效应[1]，同时将产生这种现象的装置涡流管叫朗格－希尔茨效应管[1]。

1.2　涡流管应用及发展

涡流管自从诞生之日起，就因为它独特的优点得到了广泛的应用，然而，囿于自身的局限性，它的应用领域还是受到了限制，因为，人们对它的了解依然是有限的，缺少更深刻、更具体的定量分析，所以涡流管的应用更多的局限于小功率、小规模的制冷领域，而对涡流管的制热效应的应用则很少有涉及，因篇幅有限，在此不作过多涡流制冷领域的应用阐述。

1.3　涡流温度分离技术在天然行业的应用前景

涡流管既然同时具有冷、热效应，我们能否将涡流效应应用于天然气行业普遍存在的消除因汤焦效应[2]而产生的局部冻堵现象，这个课题就成为我们天然气输配行业十分有意义的实践和应用探索。下面，我们就涡流原理及天然气行业的应用问题作进一步说明。

2　涡流管的结构及基本原理

传统的双流涡流管由喷嘴、涡流室、冷端管、热端管、冷端孔板和调节阀组成，如图1所示。高压气体从喷嘴处进入，经喷嘴内膨胀加速后，以很高的速度沿切线方向进入涡流室，如图2

所示。气流在涡流室内形成高速涡旋，其转速可高达1.0×10^6RPM，经过涡流变换后产生温度的分离。处于中心部位的回流气流温度较低，由冷端孔板流出，形成冷气流；而处于外层部位的气流温度较高，从热端经调节阀流出，形成热气流，这一现象即被称为“涡流效应”[8]。调节装在热端的针形调节阀可用于调节冷热流比例，从而得到最佳制冷或制热效应。

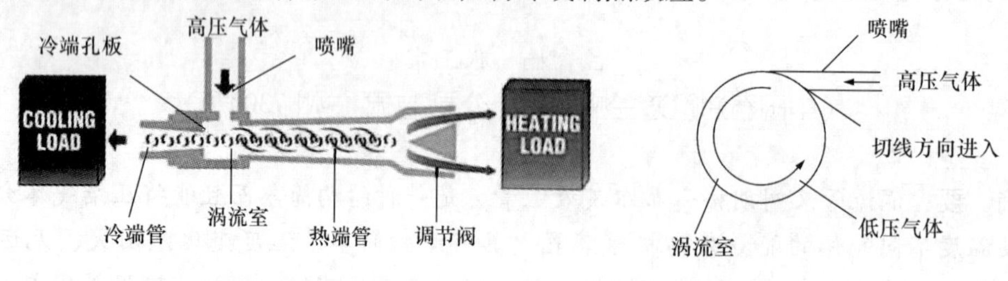

图1　涡流管基本结构图　　　　图2　涡流气体走向示意图

由于涡流特殊的气动特征，就形成了明显的中间冷、外层热的能量(温度)分离现象[2]，这样，涡流管热端管道就泄出低压的高温气流，而且涡流管的外壁温度被热气流加温变得很高，同时，冷端则泻出相当低温的气流。

在普通的绝热膨胀过程中，压缩气体原始温度 T_0 和膨胀后最终温度 T_{TJ}关系如下：

①$T_{TJ}=T_0-\Delta T_{TJ}$(其中 ΔT_{TJ}是汤焦效应降低的温度)

在涡流效应中，压缩气体经过涡流过程以后，最终温度分为冷(T_L)、热(T_H)两个部分温度，其中，ΔT_{VT}是涡流管的涡流效应的增温，其温度变化关系如下：

②$T_L=T_0-\Delta T_{TJ}-\Delta T_{VT}$

③$T_H=T_0-\Delta T_{TJ}+\Delta T_{VT}$

从上述三个温度平衡式中可以看出，绝热膨胀过程中，只产生了一种降温效应($T_{TJ}<T_0$)，而涡流效应过程中，同时出现汤焦效应和涡流效应($T_L<T_0$，$T_H>T_0$)，而且产生了明显的能量分离现象[4]。在需要消除天然气汤焦效应的工艺要求下，我们必须使 ΔT_{VT}发挥最好(最大限度地减少ΔT_{TJ}在系统温度变化中的权重)[4]，因此，就必须对传统的涡流管的结构作相应的改进以达到制热效应的最大化。

3　涡流管热结构及加热方式的改进

如以上涡流管特定的结构决定了其明显而有效的制冷和加热功能，但在一般情况下，涡流发生器的流道特征、涡流发生器的内腔几何特征、热管的长度、直径、涡流管内腔壁的处理方式、涡流管冷热端几何尺寸的比例等因素决定了涡流管能量分离的效率[8]。在天然气应用上，如何将涡流管的制热效应发挥到最大化，是我们着重考虑的问题。首先，加热方式上，我们不能采用涡流管产生的的高温天然气来直接加热消除因汤焦效应而产生的冻堵问题，因为，涡流管的处理功率有限，而且产生的热气量占总处理气量的份额(热效比)有限，因此直接加热大量因汤焦效应而产生的低温天然气是不可能的，因此我们只能考虑间接加热，也就是利用涡流管的制热管的外壁热量来进行有效的热交换，这样达到加热效果。不但如此，我们还要解决涡流管的热端产生的热气走向问题，因为天然气行业是不允许有任何气体泄露的，我们不能因为加热而泄放炽热的天然气。其次，涡流管通常是减压状态下工作的，因此汤焦效应和涡流效应叠加的结果是制冷量大于制热量，也就是其热效相当有限，我们如何来通过改善涡流管的几何特征来提高涡流管的热效以满足我们的加热需要。最后一个问题就是，涡流管是一个减压能量分离装置，我们如何解决减压过程中的汤焦效应而造成的涡流管本身的减压冻堵问题[3]。为此涡流管的结构因天然气加热的特殊性必须作如下两个阶段的改进。

3.1　双流涡流管向单流涡流管的演化使涡流管热管壁的温度比原来的管壁温度更高

因为传统意义上的双流涡流管运行时很大一部分热量散发是通过热端的涡流热气散发(如图

3)，我们对热端进行减小热气散失的处理(局部封堵[5])，可以将原来散失的大部分热量转移到热端管的管壁[5]。这样，由于涡流效应过程的连续累积和强化，势必造成涡流管热管管壁温度的大幅度上升，这与传统的双流涡流管相比，涡流管热端管壁的温度大大提高，从而给我们需要的壁式热交换提供更有效的可能性[6]，改造过后的单流涡流管原理图与结构示意图如图4。

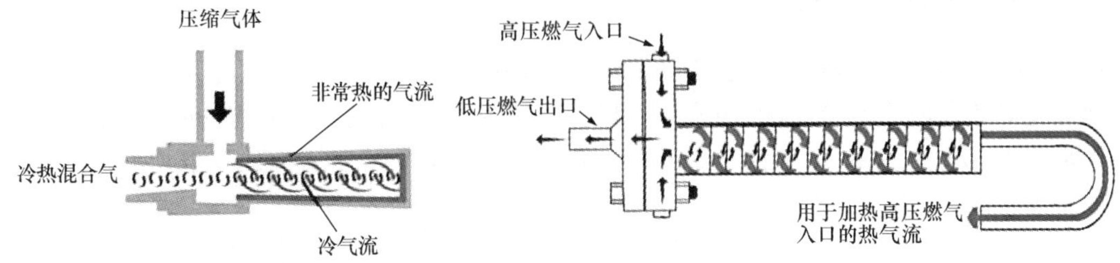

图3 全封堵涡流热量分布示意图　　图4 局部封堵涡流热量分布示意图

3.2 解决涡流管本身的减压冻堵问题是涡流管能否连续正常工作的关键

因为天然气是多种烃类、水分和其他部分杂质组成的混合物，因此，在输配过程中的剧烈减压时，部分物质因为露点很高，容易因冷凝造成液化和固化，这样势必造成涡流装置本身在工作时产生严重的冻堵。为了解决这个问题，我们从涡流管热端取出部分涡流热气来加热涡流管这个容易冻堵的减压口(涡流管本身的涡流气入口)。这样通过以上两个程序的改造，传统意义上的双流涡流管就变成了自热型单流涡流管。改造过后的自热单流涡流管原理图与结构示意图如图5。

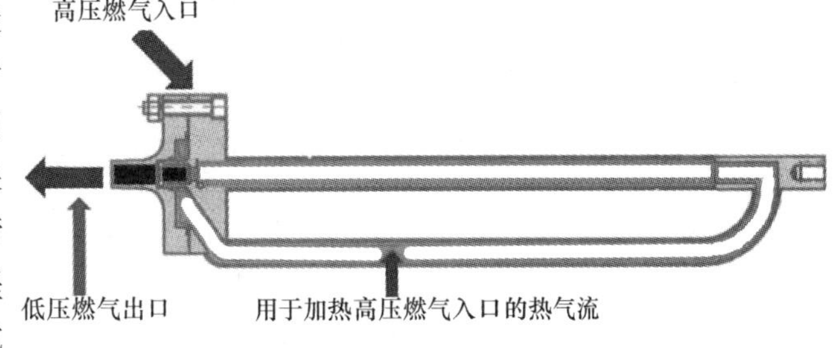

图5 单流无冻堵涡流管结构原理图

4 涡流先导燃气加热器(VPGH)的形成

在天然气输配过程中，因减压膨胀吸热(汤焦效应)而造成主输配干线冻堵的情况并不多见，因为主管线管径很大，而且天然气输配主管线中调压阀开度一般都很大，在调压阀打开瞬间虽然出现剧烈的温降过程，但因为巨大的压差和强烈的气流冲击，因此主干线虽然有温降现象但不至于产生严重的冻堵现象。但是，对于先导气的情况就有所不同，由于上、下游压差很大，加之先导阀的引压管管径较小，先导气的气流量也很小，因此，只要汤焦效应条件存在，就极容易出现冻堵现象，这样就容易造成调压过程处于严重的失控状态。所以，传统的办法使用外界能源对先导气进行加热[7]，如安装电加热棒、缠绕电伴热带。在此，本文则采用涡流先导燃气加热器。如上文所述，在解决了涡流制热效率、加热方式和涡流管本身冻堵问题以后，我们就可以将这样的涡流管进行进一步改进成可以直接给先导气加热的设备—涡流先导燃气加热器(Vortex Pilot Gas Heater)，简称VPGH[5]。改造后，VPGH的加热原理和结构示意图如图6和图7。

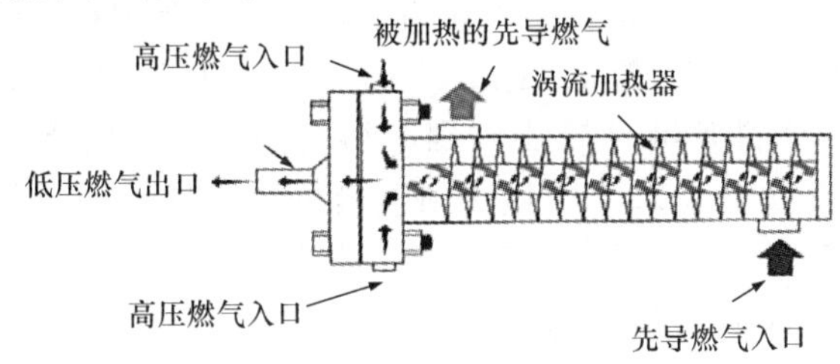

图6 VPGH加热原理示意图

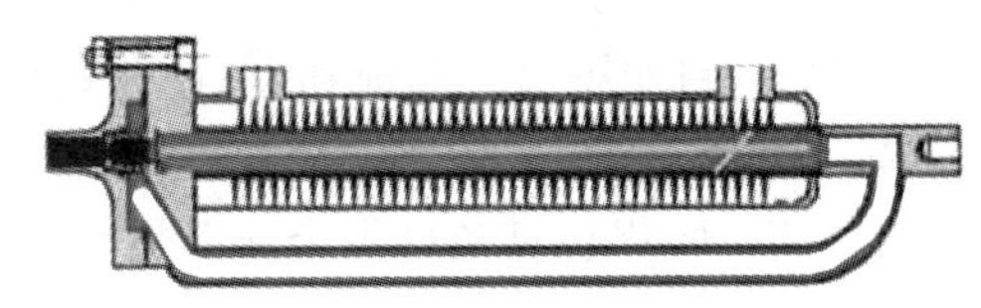

图7 VPGH加热结构示意图

VPGH 按加热通道的数量可分为单通道涡流先导燃气加热器(VPGH - SP)，和双通道涡流先导燃气加热器(VPGH - DP)，下面我们以使用最广泛的双通道涡流先导燃气加热器(VPGH - DP)为例来说明涡流先导燃气加热系统。

5 先导气加热系统简介

5.1 原有的天然气调压站的先导式调压阀加热系统

在涡流先导燃气加热器(VPGH)没有诞生以前，传统的先导阀指挥器的加热是采用介入外界能源加热，加热方式多为使用电伴热带(如图8)、电加热棒(如图9)或者电加热带和加热棒同时加热的方式。

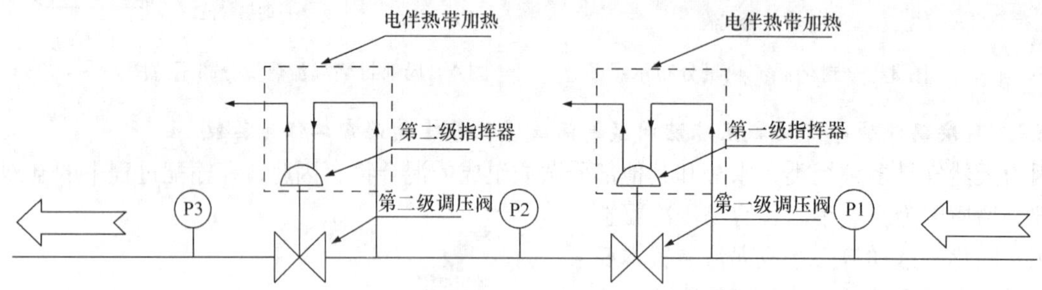

图8 电加热带加热先导燃气示意图

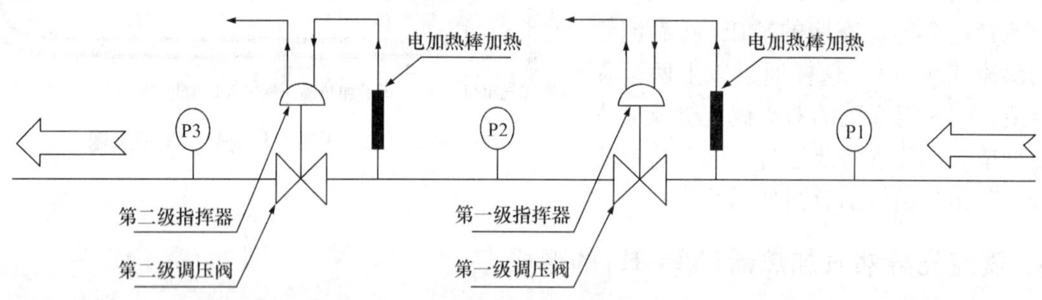

图9 电加热棒加热先导燃气示意图

传统的电加热虽然有效地解决了先导式调压阀的指挥器减压冻堵问题，但有缺点局限性。

电加热设备(电加热带、电加热棒)需要外接电源，不节能，而且加热过程中存在故障隐患，需要维修、维护，且这些隐患不易发现，从而增加了工作人员的工作量。此外，电加热设备的工作功率恒定，不会因为调压阀上下游压力波动而自动调整加热功率以适应先导阀指挥器的汤焦冻堵情况[7]。

5.2 涡流先导燃气加热系统(带有 VPGH 的先导燃气加热系统)

安装有涡流先导加热器的加热系统接线原理图如图10。

在这个系统接线图中，涡流回路的上、下游压力差是 VPGH 热量的来源。首先，VPGH 将本来经由调压阀的部分天然气压力差势能分离、转化成热能、冷能，也就是将本来在调压阀中转化的能量进行分流、转化、分离，在这个转化与分离能量过程中，冷的能量只是很小的一部分，即与管道本身的冷量相比，这只是一小部分冷能，这部分冷的能量直接泄放到下游管道，而热的能量在 VPGH 中累积，再使用先导气流将其在 VPGH 中交换出来，这样就达到了给先导天然气加热的目的。在这个能量的分离、转化、交换过程中，整个先导气加热系统没有使用任何外部能源，而且这种能源的分离、转化、交换过程全部都是在系统内部进行的的物理过程，没有任何化学反应、没有任何移动零部件的物理过程，整个系统的能量守恒，经过加热的先导气经由先导阀指挥器以后直接由引压管泄放到下游管道，这样，下游主干线的天然气温度不会因少量的涡流出口的低温天然气而大大降低下游系统的天然气温度，不会影响主干线天然气的温度。其次，如上图所示，调压阀上、

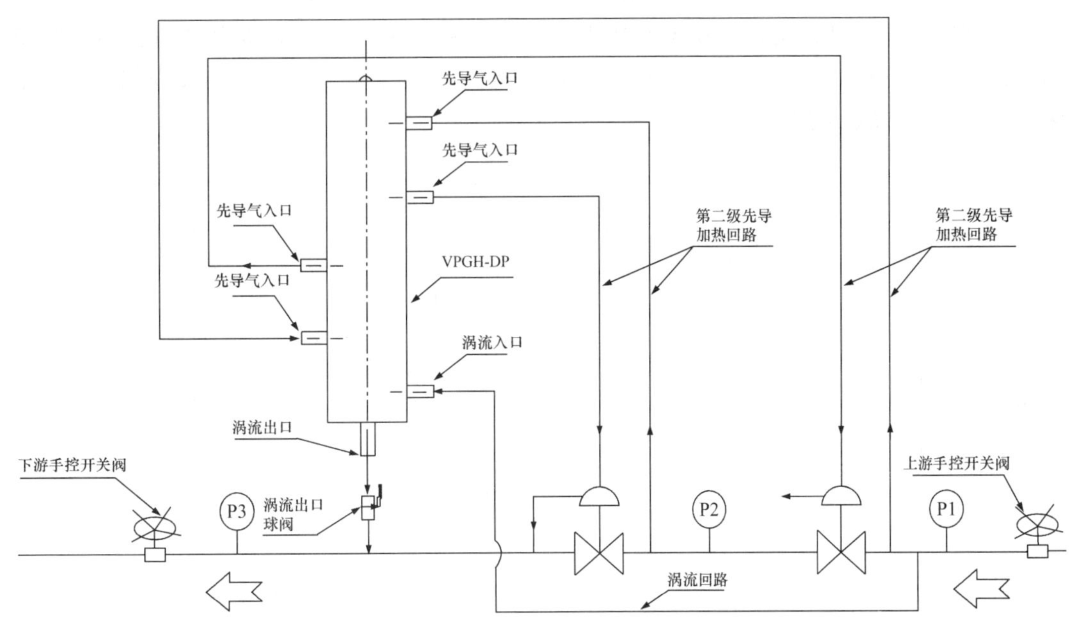

图10 带有涡流先导加热器的加热系统接线原理图(不含过压保护)

下游的压力如P1与P2之间的压力差发生改变时，第一级先导阀指挥器内的汤焦效应将会改变，相应的，VPGH也因P1与P2之间的压力差发生改变，这样VPGH的热效应将发生改变，这也就意味着VPGH的加热情况会自适应[5]跟踪先导阀的汤焦效应的状况。这也就是说VPGH的加热状态是动态跟踪汤焦效应的加热状态。对于第二级调压阀(P2与P3之间)，原理也是一样的。需要指出的是，虽然持续不断的涡流热量在涡流设备的外壁累积，使涡流设备的外壁温度不断升高，但这种温升是由限度的，而且不可能超越天然气行业所要求的安全防爆极限温度(EXP Ⅳ所要求的130℃以上)。因为，VPGH的热效应是一种动态效应(热量的产生与交换是同步的、动态过程)，也就是说VPGH的温度升高的同时，强烈而高效的热交换将同时进行，所以，VPGH涡流装置中热量累积而达到的温度无法超越安全防爆极限温度。再一个原因就是，在静态条件下(一部分先导式自立调压阀指挥器在上下游压力不波动的情况下，先导气是静止不流动的，例如DRESSER公司的MOONEY先导阀)，涡流热量会随涡流气的流出而直接散发到下游，涡流结构的管壁温度也不会超过EXP Ⅳ所要求的极限温度，因为VPGH是利用单流涡流管来产热的，一部分热量会因先导气的静止状态而泄放到下游。因此，无论在先导气是流动的或者静止的状态下，VPGH的存在，其内部涡流部分不会产生危及天然气行业所要求的安全防爆极限温度的高温。

上面的加热过程是针对常通状态下的先导阀指挥器而言，一些品牌的先导式调压阀的指挥器，在上下游压力无论是波动或者恒定状态下，其压力比较部分都是导通的状态(这种情况占到目前情况的90%以上)，也就是说，先导气气流一直存在，任何时候先导阀指挥器都不会关断先导气流。然而，还有一类先导阀(如DRESSER公司的MOONEY先导阀)则不是这种情况，这类先导阀指挥器则是在上下游压力有波动时导通，这种情况下，在上下游压力恒定时这种先导阀指挥器则处于静止关闭状态，这时VPGH的热能则在其内部累积并传导到涡流气，这时的涡流气温度就相应提高，而当压力出现波动也就是指挥器开始出现打开而出现汤焦效应时，VPGH立即释放热量来加热指挥器，这充分体现了VPGH及时动态加热的优势。

一般情况下，在连续运行的调压站中，标准的VPGH加热系统不需要安装过压保护回路，因为在先导阀打开的情况下，对于下游有任何微小的压力波动，先导阀会自动调整开度来控制下游压力，使下游主干道的压力趋于平稳状态，但在间断运行的调压站中，就有可能需要加装压力保护回路，因为，在安装了VPGH以后，其涡流回路的存在就相当于调压撬上加了一个直接跨越两级调压阀的旁路，在这种情况下，如果操作人员在间断运行时出现误操作，仅仅关断下游截断阀而没有关断上游的截断阀，而且也没有关断 VPGH 涡流出口球阀，那么上游的压力将通过涡流回路直接传输到下游，那样容易导致下游主干道压力上升。因此，在这种特殊情况下需要在涡流回路上加装压力保护装置，其接线示意图如图 11。

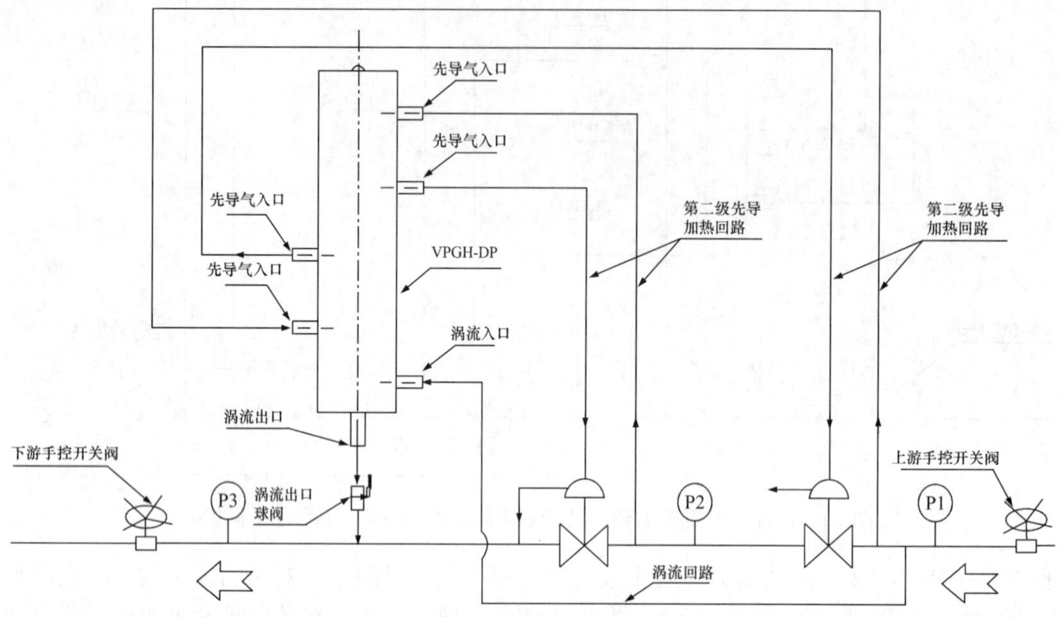

图 11 带有涡流先导加热器的加热系统接线原理图(含过压保护)

在带有压力保护回路的 VPGH 加热调压系统(如上图 11)中，如果下游压力因涡流回路的未关闭(涡流出口球阀)而出现下游压力升高时，控制回路的控制阀(例如 FISHER627M)就会自动关闭，这样，就保证了在调压系统在停止运行时，下游压力不因涡流回路而出现过压状态。

以上就是带有 VPGH 加热调压系统的原理及系统接线的全部情况简介，在这个系统中，VPGH 加热的介入，没有改变原系统运行的特性。

5.3 VPGH 安装注意事项

VPGH 在安装过程中容易出现以下问题，因此针对这些问题，我们要注意以下几点：

1)VPGH 产热情况是否良好取决于涡流回路的安排，这里要注意的是涡流入口的管道的管径、长度与涡流气的采集点，如果天然气含有太多杂质的话，还要考虑是否采用燃气过滤器的问题，虽然这种情况并不常见。

2)VPGH 下游涡流气出口管道的长度、管径需要合理安排，同时考虑到调压站运行情况考虑是否加装球阀来保证 VPGH 运行/关闭状态的切换。

3)先导气加热回路管道的管径、长度决定换热效果和热量丧失的情况，因此需要合理安排。

4)VPGH 在系统中的相关管道连接件情况将影响其运行效率。

5)考虑到 VPGH 加热系统的季节性变化，因季节温度情况的不同，可以适当手动调节 VPGH 涡流出口球阀的开度。

6 结论

综合以上简介和 VPGH 本身的特性，我们可以得出带有 VPGH 加热系统带有十分明显的优越性，对天然气管道调压站进行 VPGH 加热改造能真正体现安全、环保、节能等优越性，因而 VPGH 的推广应用十分必要。

正是基于以上原因，本文认为 VPGH 是天然气输配系统中调压设备先导气加热环节的十分优秀的附属加热设备，它必将在这个领域中发挥十分重要的作用。但应当注意，在安装 VPGH 时需要调压设备专业工程师配合指导安装，以免影响调压设备的正常运行。

参 考 文 献

[1] Method for Energy Separation and Utilization in a Vortex Tube Which Operates with Pressure not Exceeding Atmospheric Pressure. US Patent Issued on October 8, 1996 Tunkel, Lev Krasovitski, Boris

[2] Device and method for conversion of continuous medium flow energy Institute for New Energy Database Guide Page January 25, 2003 Charies N J etc—Starmford. CT. US

[3] Vortex tube system and method for processing natural gas United States Patent Aug. 23, 2005 Donald V. Nicol, Mark J. Lane

[4] Vortex Tube Separator May Solve Energy Limitations. World Oil Aug. 23, 2007 Lancelot A Fekete.

[5] VORTEX PILOT GAS HEATER(US Patent 6082116 Dr. Lev Tunkel 、Krasovitski Boris)

[6] Method of Heat Transfer Enhancement in a Vortex Tube (US Patent 5911740 Dr. Lev Tunkel)

[7] Vortex Pilot Gas Heater(WO/2000/003186 by Lev Tunkel)

[8] 张王宗，李保华 涡流制冷方式在工业领域的应用. 洁净与空调技术，2006，(3)：51 ~53

[9] 李玮，刘衍平 涡流管原理及其在天然气行业的应用. 燃气设备采购，2007，(1)：23 ~27

基于 MESH 网的 FOXBORO DCS 在惠州炼油的应用

马建东　孙庆革　张福仁
（中国海油惠州炼油分公司　广东惠州　516086）

摘　要： 惠州炼油全厂 DCS 采用 FOXBORO IA'S8.3。网络采用 FOXBORO DCS 特有的 MESH 网。全厂 DCS 采用一个网络，实现集中操作、集中管理。本文着重从介绍 MESH 网的应用及 MESH 网上的节点，并对 DCS 项目实施过重中需要考虑的若干重要问题进行简要介绍，供读者参考。

关键词： 拓扑结构　MESH 网　DCS　FDS　OPC

1　概述

惠州炼油全厂 DCS 采用 FOXBORO IA'S 8.3。DCS 整体网络采用倒转树结构的 MESH 网。根据全厂总平面的布置，设置了 12 个现场机柜室（FAR）及 7 个现场控制室（FCR）。各工艺装置或辅助单元的 DCS 控制站，按相关区域安装在各现场机柜室及现场控制室。惠州炼油项目实施过程中充分考虑了网络拓扑结构的设计，同时也充分考虑了项目的标准化实施。

2　网络拓扑结构选择：

MESH 网络结构设计非常灵活，它有四种基本网络拓扑结构，分别为线性连接、环形连接、星形连接、倒生树结构。这四种结构的交换机连接分别如下：

2.1　线性连接

线性系统适合于小型系统，且只有 2 个交换机，如图 1 所示。

2.2　环形连接

环形适用于中小系统；适合 3 到 7 个交换机规模的网络；交换机数量最多 7 个，如图 2 所示。

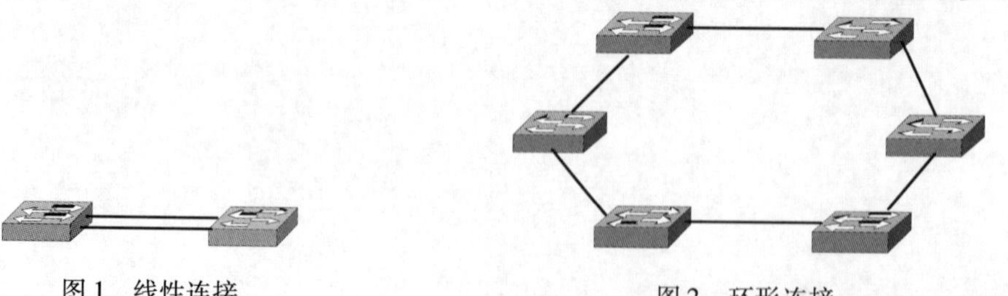

图 1　线性连接　　　　图 2　环形连接

2.3　星型连接

星型系统最大可以 166 个边界交换机；适合大型控制系统应用，如图 3 所示。

2.4　倒转树结构

MESH 网倒转树结构最多可达 250 个交换机；包含根交换机最多可以四层；每个交换机和上层交换都有 2 个连接；倒生树结构适合大型控制系统应用，如图 4 所示。

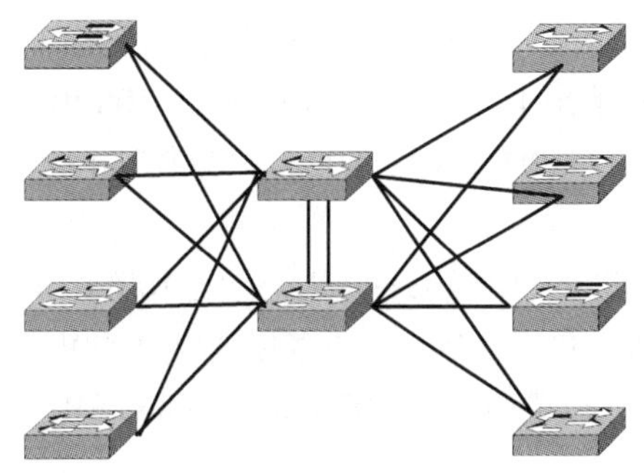

图3 星形连接

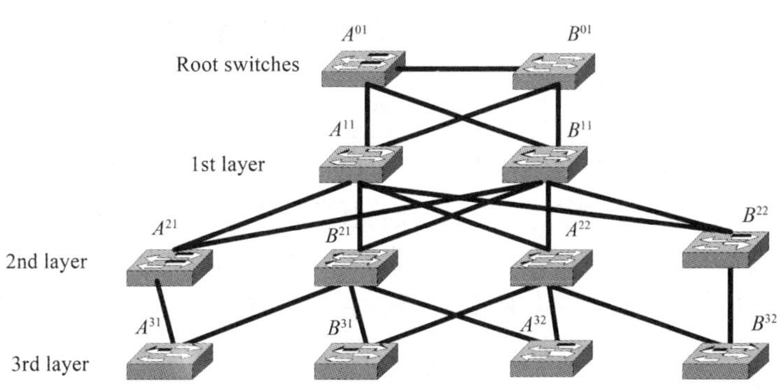

图4 倒转树结构

2.5 惠州炼油 DCS 网络结构介绍

惠州炼油 DCS 网络结构见图 5。

惠州炼油 DCS 系统网络拓扑结构设计充分考虑了 MESH 网自身要求，也充分考虑了工厂各 DCS 机房物理布置。惠州炼油 DCS 一共配置 58 个交换机；其中 14 个核心交换机，42 个边界交换机；2 个根交换机；每个 FAR 配置一对交换机；每个运行部配置一对用于连接操作站的交换机；每个运行部配置一对核心交换机，用于连接 CCR 与 FAR；全厂一共配置 91 个 FCP270 控制站；79 个 WP 操作站；21 个 AW 工程师站；6 个 OPC 服务器；9 个历史站。

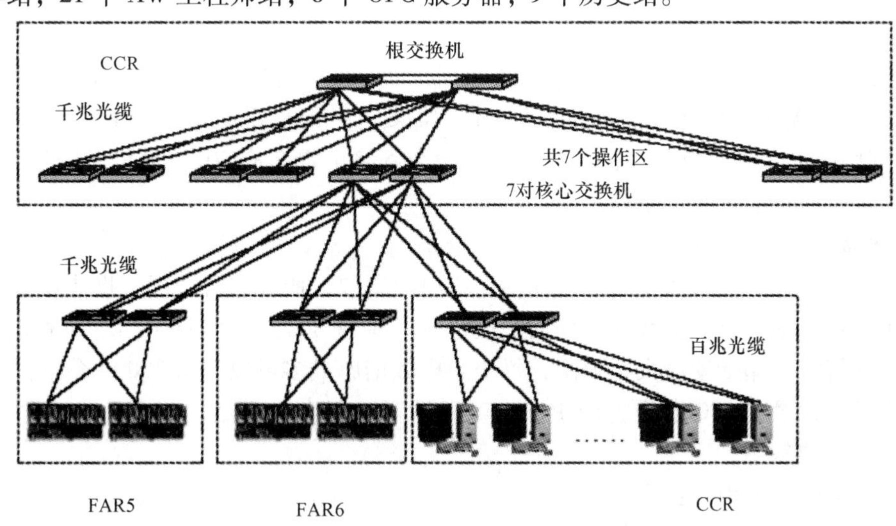

图5 DCS 网络结构示意图

2.6 MESH 网技术参数

1）MESH 控制网上含交换机最多可挂 1920 个 I/A 站。网络上最多可有 250 个交换机；

2）任意两个站之间最多 7 个交换机；

3)支持快速以太网(100Mbps)，与上层交换机连接可用千兆以太网(1000Mbps)；

4)模块式上传至高速主干网采用1Gb的1000Base—T、1000Base—SX和1000Base—LX标准；

5)网络协议：快速生成树协议(802.1W)，802.3，802.3ad标准；

6)通讯距离：

a)五类双绞线：100Base—TX or 1000Base—T；最大100m；b)多模光缆100Base—FX；最大2km；c)多模光缆1000Base—SX；最大275m；d)多模光缆1000Base—LX/LH；最大2km；e)单模光缆1000Base—LX；最大10km；f)单模光缆1000Base—ZX；SMF最大80km。

3 网络上节点介绍

FCP270、AW、WP、OPCSERVER、历史站、智能设备管理站都可直接挂到MESH网上，都称为I/A节点。各节点详细介绍如下

3.1 控制站FCP270

Foxboro DCS系统控制器FCP270采用容错结构设计；它与冗余系统有所差异。冗余用于通讯总线/连接。当一个连接失败时，第二个冗余连接将接管。当主连接在使用时，冗余连接只定期试验。容错用于需要“热备”的处理器，主/备控制器并行工作，并互相比较，当比较发现不同时，进行自诊断，判断哪个控制器有问题，并由没有问题的控制器控制；这意味着在备用模块中，每个扫描过程值都被更新，以确保在主处理器失效时无扰动切换。

FCP270主要技术参数如下：

控制器采用容错设计；DIN导轨安装；最多支持128个200系列FBM，其中64个为慢速扫描；环境温度0~60℃；卡件采用全密封设计，耐腐蚀；冗余100MB光缆连接，每个FCP270与MESH网有2个连接；每对冗余的FCP270计1个I/A节点；最多可组态4000个BLOCK；每秒可扫描10000个BLOCK。

3.2 工程师站AW

本项目在中心控制室内设置两台工程师站，用于系统管理和组态修改。每台工程师站配备相应的操作台，工程师站硬盘应按1:1冗余配置，并构成镜像硬盘。每个现场机柜室和现场控制室均分别设置现场工程师站，配置与中心控制室内工程师站相同，用于相关装置的系统管理和组态维护及修改。

在I/A系统里，一个网络必须定义一个CSA主机。CSA主机用来管理compound：block。惠炼CSA服务器程序安装在AWSR01服务器上。为了系统管理需要，一般需要定义一个或几个SYSTEM MONITOR，用来监视网络上节点及其设备的工作状态；一个网络上最多有30个SYSTEM MONITOR，每个SYSTEM MONITOR最多监视64个节点；

3.3 历史站

历史站负责所有相关装置历史数据的存储；历史数据包含所有趋势数据、操作员记录、报警记录、系统报警信息。本项目历史数据扫描周期最快3s，最慢30s，并在DELTA>量程的0.1%时进行存储；过程数值的存储受硬盘大小限制；每个历史数据库最多可以记录30000个过程点；每个历史数据库最多可以记录40000条报警历史；本项目设置了9个历史站；其中2个包含全厂历史数据，作为各历史站的备用；

操作员记录包含以下内容：

更改回路的工作状态和参数，如手动/自动、本地/远程设定、更改P、I、D参数值、更改输出值等；更改使用环境，如从操作员环境进入到工程师环境；进入软件组态环境，如进入到控制组态，绘图环境；操作所在的操作站名；操作所进行的时间。

3.4 OPC服务器

通过OPC Server软件，OPC Client可以读取I/A系统中的实时数据。OPC Server支持OPC DA

2.04 标准。OPC Server 直接作为 Mesh 网上的节点。OPC SERVER 通过第三网卡与工厂网相连；OPC SERVER 与工厂网之间加防火墙。本项目一共配置 6 个 OPC SERVER，即每个运行部配置一个 OPC SERVER。

3.5 智能设备管理站

智能设备管理站作为 I/A 节点直接连到 MESH 网上。它由两大部分组成，如图 6 智能设备管理系统所示。

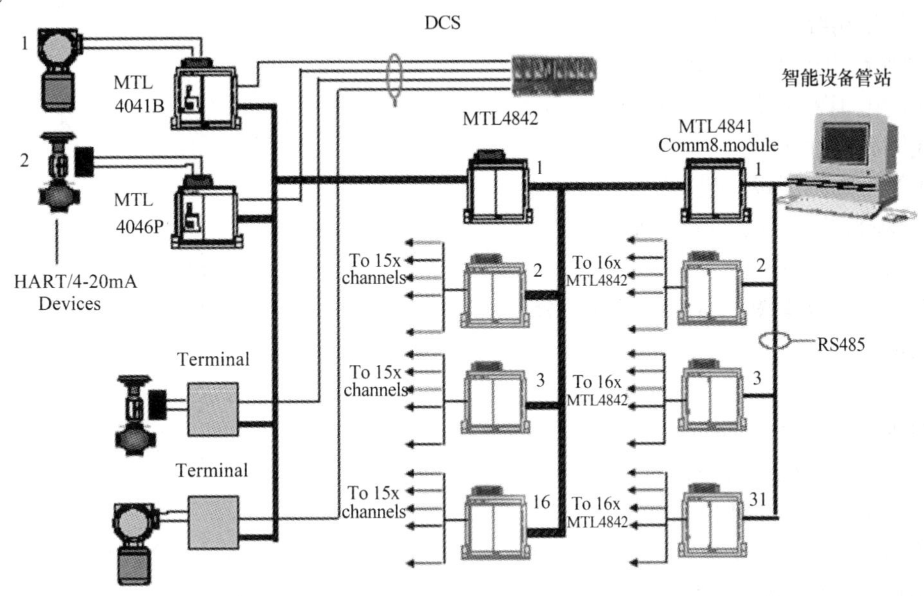

图 6 智能设备管理系统

第一部分：智能设备管理站可以通过 MESH 网直接与现场智能(HART)仪表通讯；现场智能仪表通过带 hart 通讯功能的 DCS 卡件通讯到 DCS 控制器，然后再与智能设备管理站互相通讯。

第二部分：HART 信号采集系统包括信号分离底板，接口模块，通讯模块，模块底板组成。智能设备管理站通过 MODBUS RS485 通讯与现场智能设备 HART 通讯；MODBUS RS485 通讯接口为 MTL4841，每个 RS485 可以连接 31 个 MTL4841，每个 MTL4841 可以连接 16 个 MTL4842，每个 MTL4842 可以连接 16 台现场智能设备；MODBUS 通讯波特率可以设置为 1.2，9.6，19.2，38.4k 等。

4 标准化项目实施

标准化项目实施主要包含硬件集成标准化、人机界面设计标准化和 DCS 功能实现标准化。在项目实施前期，对项目实施中软件和硬件集成作出详细规定，以达到 DCS 项目顺利实施，减少项目实施过程中系统供应商、集成商、设计院、最终用户之间的争议；此项工作在项目结束后开始展开，到开工会时由供应商、集成商、设计院、最终用户进行第一次审查，在项目集成开始前完成审批，此详细规定文档称 FDS(功能描述设计文件)。项目实施的标准化非常重要，它是项目实施成功与否的关键。

4.1 标准化集成的主要优点

1） 可以使不同设计人员设计的风格统一；

2） 便于集成，各类机柜都按相应标准集成；

3） 可以在设计资料未到的情况下先行集成部分内容，加快系统集成速度；

4） 便于流水作业，提高效率；

5） 便于设计界面分工；

6） 可以使人机界面基本统一；

7) 可以使DCS组态实现标准化、便于项目验收及今后的维护。

4.2 硬件集成标准化

1)全厂CCS、SIS、DCS采用统一机柜;
2)DCS卡件柜采用统一柜内设计;
3)DCS网络机柜采用统一柜内设计;
4)安全栅柜采用统一柜内设计;
5)端子柜采用统一柜内设计;
6) 大功率继电器柜采用统一柜内设计;
7)交流配电柜采用统一柜内设计;
8)接线回路标准化
9)采用统一的图纸设计模板
10)规定项目参与各方的分工界面。

4.3 人机界面标准化

1)规定总貌、流程图、列表等流程图分类;
2)背景色:
3)各类图符;
4)各种线条样式及颜色;
5)各类文本的颜色及大小;
6)各种数据显示的小数位数;
7)各类单位字符定义。

4.4 DCS功能设计标准化

1)COMPOUND/BLOCK命名规定
2)常用组态功能块选择;
3)功能块常用默认参数定义;
4)功能块扫描周期定义
5)操作权限划分;
6)报警分组划分;
7)历史数据存储及调用;
8)第三方设备通讯采用统一方式。

5 控制系统测试与维护

惠州炼油项目DCS网络结构复杂，节点多。由于各装置进度不同，网络连接是先局部，后整体。在整体联网后我们进行了完整的试验。主要试验有交换机断电试验、网络冗余切换试验、控制器冗余切换试验、卡件冗余切换试验、控制器负荷测试等等。在测试期间也发现并处理了一些问题，例如交换机组态错误，引起网络不能正常切换；例如个别控制器负荷偏大，进行了相应调整。

另外，精心的维护为DCS系统正常运行提供了良好的保障。维护主要内容检查系统报警和自诊断信息；检查各类电源、卡件、交换指示灯；检查外围设备运行状态；及时做好备份；经常升级病毒库；及时处理故障设备等。

6 结束语

本文简要地从DCS网络拓扑结构选择选择、控制系统的软硬件约束条件、网络上节点的选择与分布、网络上各节点的配置、项目的标准化实施、系统测试与维护等几个角度出发，阐述了惠州炼油DCS的应用。惠州炼油项目DCS自开工以来总体性能平稳，可以说惠州炼油项目是目前FOXBORO MESH网应用最成功的案例，值得大家借鉴。

国产钢板建造低温丙烯球罐的研究与应用

闸明科
（中海石油惠州炼油分公司，广东惠州 516086）

摘 要： 惠州 1200 万吨/年炼油项目设计建造的设计温度为 –48℃、设计压力为 2.177 MPa 的 2000m^3 丙烯球罐，采用了宝钢新研制生产的 –50℃ 低焊接裂纹敏感性钢 B610CF – L2 高强度钢板，选择配套锻件 08MnNiCrMoVD 及焊接材料，掌握了大型低温丙烯球罐的设计、制造和安装的成套技术，从而使国内首次实现了用国产钢板建造 2000m^3 大型低温丙烯球罐。本文重点介绍宝钢 B610CF – L2 钢板的性能，焊接试验结果，为今后 2000m^3 及其以上大型低温丙烯球罐的国产化提供应用范例。

关键词： 丙烯球罐 国产化 B610CF – L2 工程应用

1 前言

中海石油惠州 1200 万吨/年炼油项目，新建两台 2000m^3 低温丙烯球罐，设计单位是中国石化工程建设公司，建造单位是中国石油天然气第一建设公司，原设计球壳材质采用日本 JFE—HITEN610U2L 钢板，锻件材质采用国产 08MnNiCrMoVD，焊接材料选用日本 LB—62L 焊条。经询价国外低温高强钢材料厂商资源紧张、交货期无法满足惠州炼油项目工程总体进度要求。鉴于此，业主单位同设计、建造、国内板材供应及业内技术支持单位共同探讨、论证板材国产化的可行性，最终确定采用宝山钢铁股份有限公司研制的抗拉强度 610MPa 级、最低服役温度 –50℃ 的低焊接裂纹敏感性 B610CF—L2（07MnNiMoVDR）调质钢板，该钢板 2006 年 6 月已通过全国锅炉压力容器标准化技术委员会的技术评审，经专家论证可以用于设计建造温度 –50℃ 的乙烯及丙烯低温球罐。惠州炼油项目两台 2000m^3 低温丙烯球罐的研发、建造进展顺利，既保证了工期，又为国家节约了大量外汇。球罐自 2009 年 4 月投入使用以来安全运行状况良好。本文重点介绍 2000m^3 低温丙烯球罐国产化材料的试验研究与应用。

2 国内丙烯球罐用钢的现状及发展趋势

2007 年前，国内大型炼油、乙烯项目等建造的乙烯、丙烯球罐主要采用进口材料，如日本 JFE – HITEN610U2L。2005 年，茂名石化 100 万吨/年丙烯改扩建工程中设计温度 –45℃，设计压力 1.75MPa 的 2000m^3 乙烯球罐，在国外公司因钢材供应不及时而无能力按期交货的情况下，经论证由合肥通用机械研究院负责采用新开发的抗拉强度 530MPa、 –50℃ 低温球罐用 15MnNiNbDR 正火钢进行了国产化研制，首次实现了设计温度 –45℃、设计压力 1.75MPa 的 2000m^3 丙烯球罐国产化[2]。

考虑到正火型 –50℃ 低温球罐用 15MnNiNbDR 钢因其强度较低，仅能满足设计温度 –45 ~ –50℃、设计压力 1.60 ~ 1.90 MPa 的 2000m^3 丙烯球罐建造的需求。随着我国石化工业的迅速发展，为满足设计温度 –45 ~ –50℃、设计压力 1.60 ~ 2.20 MPa 的 2000m^3 以上丙烯球罐产品的急需，以及国外低温高强钢材料厂商资源紧张、交货期无法保证等情况。2006 年宝山钢铁股份有限公司在 5 米厚板生产线上成功开发 3 个系列低焊接裂纹敏感性 B610CF 高强度调质钢，并通过全国锅炉压力容器标准化技术委员会的技术评审，其中的 B610CF – L2 满足设计要求，经专家论证可用于设计温度 –50℃ 的乙烯及丙烯球罐。但截至2007年7月，B610CF－L2仍没有工业化应用的业绩。

3 B610CF－L2钢板化学成分和力学性能

3.1 化学成分

宝山钢铁股份有限公司生产的B610CF－L2调质钢板，其化学成分(成品分析)见表1。

表1 B610CF－L2钢板的化学成分 %

C	Mn	Si	S	P	Ni	Cr＋Mo	V	P_{cm}
0.09	1.45	0.22	0.003	0.008	0.34	0.38	0.041	0.20

注：B＜0.00030%，Pcm＝C＋Si/30＋Mn/20＋Cu/20＋Ni/60＋Cr/20＋Mo/15＋V/10＋5B(%)。

3.2 调质态钢板的力学性能试验

3.2.1 拉伸试验

对46mm厚B610CF－L2钢板在T/4处取纵向和横向试样，试验结果见表2。

表2 46mm厚B610CF－L2调质钢板拉伸试验结果

取样方向	下屈服强度 *ReL*/MPa	抗拉强度 *Rm*/MPa	断后伸长率 *A*/%	断面收缩率 *Z*/%
横向	605，595，600 (600)	685，675，680 (680)	22.5，23.0，24.0 (23.0)	78.5，78.5，79.0 (78.5)
纵向	605，605，600 (605)	685，685，675 (680)	22.5，25.0，20.0 (22.5)	79.5，79.5，79.5 (78.5)

注：括号中数据是根据GB/T 228—2002和GB/T 8170—1987《数据修约规则》进行修约的。

从表2可以看出，所有下屈服强度在595～605MPa范围内，所有抗拉强度在675～685MPa范围内，断后伸长率在20.0%～25.0%范围内，纵向取样比横向取样屈服强度低5MPa左右不同方向取样的下屈服强度和抗拉强度的富裕量较大。

3.2.2 冷弯试验

46mm厚B610CF－L2钢板单面加工到25mm厚制成冷弯试样，试样宽度为2*a*，弯轴直径为3*a*。试样冷弯全部合格。

3.2.3 系列温度冲击试验

对46mm厚钢板*T*/4处横向取样，系列温度冲击试验结果见表3。由表3数据可看出，冲击功在－50℃单值均在197J以上。

表3 46mm厚B610CF－L2调质钢板系列温度冲击试验结果

取样部位	取样方向	试验温度/℃	A_{KV}/J	晶状断面率/%
T/4	横向	20	277，265，290 (277)	0 0 0 (0)
		0	270，285，271 (275)	0 0 0 (0)
		－20	278，265，273 (272)	0 0 0 (0)
		－40	255，244，236 (245)	0 0 0 (0)
		－50	231，204，197 (211)	19 27 30 (25)
		－60	117，173，166 (152)	68 51 54 (58)
		－80	33，31，22 (29)	95 95 98 (96)
		－100	13，14，7 (11)	100 100 100 (100)

表4 46mm 厚 B610CF－L2 钢板的韧性特征值

板厚/mm	取样部位	$_{V}T_{E}$/℃	$_{V}T_{S}$/℃	A_{KV}(－50℃)/J
46	T/4（横向）	－71	－68	211

将表3中钢板不同厚度位置取样的冲击吸收功数据整理成 A_{KV}－温度 T 曲线，可计算出其韧脆性转变温度，见表4。由表3、表4可知，46mm 厚 B610CF－L2 钢板具有良好的低温韧性和低的韧脆转变温度。

3.2.4 钢板不同部位金相组织检验

金相组织的检验结果，钢板的组织主要为贝氏体＋少量铁素体，其形态随着板厚方向的部位不同有所变化，随着板厚方向的增加贝氏体的形态逐渐增大。

4 消除应力热处理后钢板的力学性能

壳体厚度超过38mm 大型球罐制造安装过程中大多需要进行焊后应力消除热处理(简称 SR 处理)，以降低焊接残余应力，防止 H_2S 应力腐蚀开裂。由于球罐的热处理工艺为580℃±15℃，保温为2h，因此实际热处理过程中球罐的最高温度可能为595℃，最低温度可能为565℃，而相应的保温时间可能为5h 和2h，所以对钢板还进行了595℃×5h 和565℃×2h 的热处理。根据球罐标准的技术要求，应进行575℃下应力消除热处理温度，为此进行不同温度下的消除应力热处理试验。试板的升温、保温和冷却过程按照 GB 12337—1998《钢制球形储罐》的规定执行，400℃以上升、降温速度均控制在50℃/h[1]。

不同消除应力热处理后的钢板进行拉伸试验，试样横向取样。试验结果见表5。结果表明，在给定的温度下，钢板的下屈服强度和抗拉强度没有变化，伸长率没有的变化，即该应力消除热处理对钢板的力学性能没有影响。

表5 不同消除应力热处理温度后的拉伸试验结果

模拟焊后热处理制度	取样部位	下屈服强度 *ReL*/MPa	抗拉强度 *Rm*/MPa	断后伸长率 *A*/%	断面收缩率 *Z*/%
565℃×2h	T/4	610，585（600）	695，685（680）	23.5，26.0（25.0）	76.5，77.5（77.0）
575℃×3h	T/4	610，605，595（605）	690，690，680（685）	23.0，21.5，22.5（22.5）	78.5，78.0，79.0（78.5）
595℃×5h	T/4	610，585（600）	695，685（680）	23.5，26.0（25.0）	76.5，77.5（77.0）

经过不同应力消除热处理的钢板取样进行－40℃、－50℃和－60℃温度下的冲击试验，试样横向取样。试验结果见表6。说明不同模拟焊后热处理后，钢板的冲击韧性无明显变化。

表6 钢板不同模拟热处理后的冲击试验结果

模拟焊后热处理制度	取样部位	取样方向	试验温度/℃	A_{KV}/J
供货态	横向	T/4	－40	270，249，247（255）
			－50	250，247，274（257）
			－60	254，251，198（234）
565℃×2h	横向	T/4	－40	213，273，256（247）
			－50	175，214，179（189）
			－60	271，169，264（235）

续表

模拟焊后热处理制度	取样部位	取样方向	试验温度/℃	A_{KV}/J
575℃ ×3h	横向	T/4	-40	264, 258, 238 (253)
			-50	240, 199, 188 (209)
			-60	153, 147, 180 (160)
595℃ ×5h	横向	T/4	-40	215, 257, 268 (247)
			-50	246, 190, 196 (211)
			-60	164, 203, 190 (186)

5 焊接接头力学性能

钢板的焊接工艺为：焊条直径 ϕ4.0mm，牌号 LB—65L，焊条焊前经 400℃ ×1h 的烘干处理，焊接预热温度为 100℃，焊接线能量为 30 ~ 35kJ/cm，焊后立即进行 250℃ ×0.5h 的消氢处理，然后进行 575℃ ×3h、565℃ ×2h 和 595℃ ×5h 的应力消除热处理。对上述焊接工艺焊接的焊接接头进行各项力学性能试验。

按 JB 4708—2000《钢制压力容器焊接工艺评定》的要求对焊后热处理的焊接接头进行拉伸与冷弯试验。采用全厚度带肩板形拉伸试样(试样尺寸为 46mm ×25mm ×250mm)进行拉伸试验。冷弯试验采用全厚度侧弯试样，试样宽度为 46mm，试样厚度为 10mm，侧弯试样为 4 件，按照 JB 4708—2000 和 GB/T 232—1999《金属弯曲试验方法》进行。其拉伸、冷弯试验结果见表 7。

表 7　B610CF - L2 调质钢板焊接接头拉伸和冷弯试验结果

模拟焊后热处理制度	Rm/MPa	断后伸长率/%(50mm 标距)	断裂位置	弯轴直径/mm	支座间距/mm	弯曲角	侧弯
575℃ ×3h	680, 680	40.5, 40.0	焊缝	40	61	180°	全部合格
565℃ ×2h	670, 675	46.0, 45.0	焊缝	40	61	180°	全部合格
595℃ ×5h	670, 660	46.5, 44.5	焊缝	40	61	180°	全部合格

系列温度冲击试验按照 GB/T 229—1994《金属夏比冲击试验方法》进行，焊后热处理态的焊接试板的焊缝中心和热影响区分别进行系列温度冲击试验，565℃ ×2h、575℃ ×3h 和 595℃ ×5h 热处理的试验结果见表 8。

表 8　B610CF - L2 调质钢板焊接接头不同温度热处理冲击试验结果

模拟焊后热处理制度	试验温度/℃	焊缝中心 A_{KV}/J	热影响区 A_{KV}/J
565℃ ×2h	-40	136, 134, 134 (135)	182, 187, 190 (186)
	-50	126, 73, 72 (90)	125, 178, 162 (155)
	-60	89, 72, 99 (87)	37, 145, 119 (100)
575℃ ×3h	-40	147, 154, 142 (148)	187, 171, 128 (162)
	-50	141, 146, 139 (142)	161, 151, 140 (151)
	-60	82, 52, 104 (79)	79, 60, 32 (57)

续表

模拟焊后热处理制度	试验温度/℃	焊缝中心 A_{KV}/J	热影响区 A_{KV}/J
595℃ ×5h	-40	137, 143, 108 (129)	164, 158, 91 (138)
	-50	124, 80, 43 (82)	162, 76, 163 (134)
	-60	45, 85, 42 (57)	162, 143, 192 (166)

对采用线能量为30.0~35.0 kJ/cm施焊的焊后SR状态(575℃ ×3h热处理)焊接试板的1/4板厚处，分别进行了焊接接头不同部位的金相组织检验。焊缝金属的组织为先共析铁素体+索氏体，焊接熔合区的组织为贝氏体，焊接热影响区的组织为贝氏体。

6 球罐的设计、制造与安装

丙烯球罐的设计参数为：设计压力 -2.177MPa；设计温度 -50 ~ -48℃；储存介质：丙烯；直径：ϕ15700mm；球壳材质：宝钢B610CF-L2；球壳厚度：46mm；支柱数量：10个；球壳分带：混合式三带；热处理条件：(580℃ ±15℃) ×2h[3]。

为了确保球罐的建造各环节的质量控制，炼油项目聘请合肥通用机械研究院作为技术支持单位，全过程监督钢板、锻件的生产及检验，保证钢板、锻件出厂检验的各项性能指标符合相关标准和订货技术协议的要求。同时也对球片制造和现场组装过程中原材料复验、焊接工艺评定、压制、焊接、无损检测、整体热处理等环节进行了现场质量监督和技术指导。无损检测方面，为了提高γ射线检测灵敏度，要求丙烯球罐的射线检测胶片采用T2胶片；对接焊缝比例为20%的超声复验提高到100%；为加强对再热裂纹的检查，增加整体热处理后、水压试验前球罐内壁20%的荧光磁粉检测。球罐采取整体热处理。选择了通过锅容标委评审CF系列钢制球形压力容器的热处理企业。本次球罐整体热处理设备采用德国EK91000L-R型燃烧器，系统配备微机接口，执行DCS-HY型集散控制系统，上位机执行热处理加热工艺管理控制，下位机为实时控制，并对罐体各控温点进行实时监测，并自动优化油气比，自动修正热功率系数，有效地克服了热滞后，热惰性，大大提高了控温精度，实现温差控制在±15℃以内。

7 运行情况

两台丙烯球罐自2009年4月投入使用以来，设备运行状况良好。

8 结论

宝钢产B610CF-L2调质钢板及其焊接接头力学性能优良，能够满足-50℃用丙烯球罐的设计要求，该钢板与08MnNiCrMoVD锻件和LB-65L焊条配套使用能够满足建造大型低温丙烯球罐的需求。通过惠州炼油项目2000m³低温丙烯球罐工业化应用和球罐实际运行状况考核，证明B610CF-L2钢板能够满足-50℃用大型丙烯球罐的建造和服役要求。

参 考 文 献

[1] GB 12337—1998 钢制球形储罐
[2] 张汉谦，刘孝荣，陆匠心. 石化关键装备用金属材料的开发和应用进展
[3] 中国石化工程建设公司. 惠州炼油项目B610CF-L2钢制2000m³丙烯球罐制造安装技术条件。

当前固液分离技术的问题与一种新型液固过滤技术

宋显洪　宋志黎

（上海东瓯微孔过滤技术研究所，上海　200060）

摘　要：本文简要分析了目前工业生产上广泛使用的几种液固分离技术如重力沉降、循环过滤、多级过滤、真空过滤及错流过滤等在节能减排上的不足，叙述了亚刚性高分子精密微孔过滤技术的突出性能与特点，介绍了该技术在化工等生产上的成功应用。

关键词：亚刚性精密微孔过滤　滤饼过滤　澄清过滤

在各类工业生产，尤其在化工、冶金、制药与食品等规模较大的工业生产，液固分离是一类非常重要又广泛使用的单元操作，这些操作技术的性能优劣直接影响最终产品的质量、收率、成本、劳动生产率，也关系到节能、减排、劳动保护及企业所处地域的自然环境。

1　当前我国工业生产上的固液分离技术的概况

自工业革命后二百多年来，世界工业生产上出现品种繁多，性能各异的固液分离技术与装置，国外有的，我国基本上都有。对于容易过滤的物料，即固体颗粒大于10μm，颗粒是刚性，不易变形，无黏性，现有的大多数分离技术与装置基本都可使用；但对于难过滤物料，即固体颗粒小于10μm，颗粒非刚性，易变形，黏性比较大，现有的大多数分离技术与装置均难以有效解决，基本上都收率较低，能耗与物耗高，劳动强度大，劳动保护差，环境污染严重。

随着不可再生的资源与能源日渐枯竭，随着新材料工业的发展，工业加工技术不断提高，小于10μm 的微米与亚微米级的难滤物料愈来愈多，即使大于10μm 的易滤物料中，往往也含有一定比例的小于10μm 的微粒。工业生产上已有的分离技术与装置难以解决大量出现的难滤物料的高效分离与回收问题，以致在许多工业部门，落后的液固分离装置已成为高能耗与高物耗的主要因素之一，成为许多江河湖泊受污染的主要来源。

目前，工业生产上液固分离技术与装置中，真正既节能又减排的很少，即使有，其应用范围也很窄，能广泛应用的更少。大多既不节能亦不减排。有一些先进的液固分离技术，减排性能很突出，但能耗与成本很高，成为减排不节能，成本又很高的技术。

工业生产上的已有的液固分离技术与装备种类繁多，性能各异，从节能与减排的要求对这些技术进行评判，发现现在已被较广泛应用的以下几种技术应引起重视，不能再盲目选用。

1.1　重力沉降分离

这是最古老，最原始，也是最简易的分离技术。尽管重力沉降技术中已进行相当多改进，如絮凝，斜板(或斜管)，浓密机等等，其核心原理仍是重力沉降，虽简单易行，但小于1μm 的微粒几乎无法分离，即使1 ~5μm 的微粒也很难高效分离。分离效率低是这一古老原始技术的致命弱点，如用于处理量不多的液体，选用沉降桶也许是可供选用的方案，因为成本低；但如用于处理规模很大的液体，建筑大型的占地面积大的沉淀池，其建筑的投资成本并不低，再由于分离效率差，该回收没有回收，不该排放都排放，肯定会大量增加环保成本。因此今后新建的工业企业，重力沉降一般不宜大量选用。

1.2　循环过滤

目前绝大部份的液固过滤装置都是选用经纬编制的滤布与滤网。如用于过滤大于10μm 的微粒，分离效率很高，但用于小于 10μm 的微粒，分离效果很差，穿漏很严重，只能依靠循环过滤，反复循环，有的甚至长达 2h 以上，才能使滤液澄清，才达到工艺要求。过滤起动后，如进行 1 ~ 2min 循环，对许多物料是可允许的，这可防止过滤机的滤液出口的管道内可能存在的残留的微粒对滤液的污染，但长达 2h 的循环，这会显著浪费能耗。如一大型企业，每小时平均滤液量为 900m^3，过滤压差为 0.2MPa，每天不得已要累计循环 6h，则每年要浪费电量达 12 万度。如果全国有一万家这类企业，每天都作无效循环 6h 的过滤，全国就多耗 12 亿度电。

1.3 多级过滤

“多级过滤”一直用于对产品的质量极为严格的药品、饮料、微电子等产品的生产。逐级增加精度的“多级过滤”就是增加多道严密防线，可高效防止个别微粒漏网而影响最终产品质量。现在国内许多企业把这一方法推广到含固量很多的料浆的液固滤饼过滤。先把物料中粗的与次粗的逐级过滤出去，剩下很少量极细的微粒，最后用一级精度很高的滤材进行分离。许多人都以为这方法既保证滤液质量与澄明度，又可以用最少的过滤面积处理含固量很多的大体积的料浆，几乎这样的处理很巧妙。但如用滤饼过滤的理论进行分析，这样的处理方法往往适得其反，不仅不会减少过滤面积，反增大过滤面积，增大能耗。现用一事例说明该方法不可取。某一粉体，其“平均体积粒径”为 1.5μm，如只用一次过滤，其平均滤速为 0.4m/h，如改为二级过滤，第一级将料液中固体过滤了 99%，剩下 1% 另由过滤精度更高的第二级进行过滤，但第二级所过滤的剩余粉体其“平均体积粒径”已减至 0.3μm，变得非常细，虽然要过滤固体重量只有 1%，但其平均滤速降到只有 0.026m/h，而要过滤的液体量却与第一级的几乎一样。要完成第二级的过滤任务，所需的过滤面积比不分级的一次过滤要大 15.4 倍，能耗与物耗大幅增大。这样的多级过滤完全得不偿失。

1.4 真空过滤

真空过滤是工业生产上应用很普遍的过滤方法，尤其连续式过滤，采用加压过滤很少，绝大多数连续式过滤为真空过滤，因为真空连续过滤机的结构最简单。对大于 10μm 的易滤物料，如果不考虑敞口的真空过滤对环境的污染与环境对被过滤的固体产品的污染，绝大多数人喜欢真空连续过滤。但很少有人考虑，真空过滤的能耗比加压过滤大得多。加压过滤只需一项能耗，即液固分离，滤饼洗涤与压干，而真空过滤除了液固分离，滤饼洗涤与压干这一项外还需另外二项。一项是将盛滤液的真空容器从大气状态抽空至真空过滤所需的真空度时所耗的能耗，另一项是将与滤液等体积的真空容器内的空气抽吸并压缩至稍大于大气压并排到大气中所需的能耗。抽真空时气体压缩比较大，如果真空过滤时的真空度为 0.007MPa(相当于 51mmHg)，其压缩比要达 15，这样大的压缩比所消耗的功率必然较大。一般第一项能耗只占真空过滤总能耗的 1/4 左右，另二项能耗约占 3/4。如果全国的真空过滤的每年能耗为 10 亿度电，其中只有 2.5 亿度为有效能耗，另外 7.5 亿度电为无效能耗。真空过滤比加压过滤的能耗大得多的事实应该引起有关人员重视。

1.5 错流过滤

错流过滤目前在国内外的应用已愈来愈多。该方法原来大量用于无固体颗粒的超滤，纳滤与反渗透等均相分离。现在许多人将其扩大到固体颗粒非常细的非均相物料的增稠过滤。极细颗粒组成的滤饼层的比阻非常大，进行滤饼过滤时，其过滤的平均滤速非常慢。如要提高滤速，唯一的办法是过滤时应无滤饼层，于是均相分离时防止浓差极化的错流方法被借用到过滤极细微粒的非均相过滤。错流方法是在滤材表面产生高速料浆流动，能及时将已形成的滤饼层冲刷掉，减少了滤饼层厚度，也就减少了过滤阻力，增加了滤速，因而减少了能耗，但料浆的高速流动又明显增加能耗。由于料浆中固体颗粒有一定浓度，两滤材之间的空隙不可能非常小，这就导致料浆高速流动的能耗相当高。特举一例：一台过滤面积为 50m^2 的陶瓷膜管式过滤器，每小时过滤滤液量为 50m^3，过滤压差为 0.1MPa，其过滤本身能耗只有 1.7kW。由于采用错流过滤，其保持错流的循环能耗却非常大。该 50m^2 的陶瓷膜管式过滤器可有二种结构方案。一种方案为：膜管内径为 4mm，膜管长为 1m，总管数为 3979 根，料浆在管内高速流动的能耗为 37kW，每年电耗达 29 万 kW。另一方案：膜管内径为2mm，膜管长为0.5m，总管数为7958根，料浆高速循环的电耗达40kW，每年电耗达32万kW。这两方案的错流过滤的循环电耗超出过滤本身电耗20倍以上。陶瓷膜是一种过滤效率极高的最新型过滤技术，其减排效果极为优越，但用错流方法其能耗实在太大，是典型的减排不节能的技术。

2　高效长效的亚刚性高分子精密微孔过滤技术的特点

为了解决小于10μm的微米与亚微米级超细微粒的液固过滤，作者于四十三年前开始进行这一难题的技术开发，推广应用也已三十多年。现在该技术的硬件与软件已比较成熟，综合性能相当突出，应用领域相当广泛，经济效益与社会效益相当明显。国外至今还没有我们这类硬件与软件这么完整，应用已很普遍的技术，因此该技术完全是自主创新的新型液固过滤技术。

2.1　突出性能

这是三高，一低，二方便(高过滤精度，高过滤效率，高寿命；低成本，卸除干滤饼方便，滤材再生方便)的技术。

2.1.1　高过滤精度与高过滤效率

对于一般溶液类液体，可100%滤住的最小颗粒径为0.3μm；对于不同粒度的混合粉体，如其“个数d10”为45～200nm，(即按颗粒个数计数，有10%颗粒的粒径不超过45～200nm)，“体积d10”为0.6～1μm(即按重量或体积计，有10%的颗粒小于0.6～1μm)，这些超细混合粉体也可100%滤住。对绝大多数物料，一次过滤就可使滤液清彻透明，不需循环过滤。

2.1.2　过滤机与滤材的寿命长

只要温度不超过100℃，在其他任何条件下，滤材的寿命都超过2～6年(一般滤布的寿命不超过3个月)，有的已超过十年；过滤机的寿命更长，钢制过滤机都可用十五年，不锈钢的都超过30年。

2.1.3　低成本

由于寿命长，性价比相当高，占地面积小，动力消耗省(过滤压差不超过0.2～0.25MPa)，操作又较简单，无繁重体力劳动，能耗、物耗、人工费及维护费低，因而总成本相当低。

2.1.4　操作简便

滤材为亚刚性，抗拉强度不低，对于管式滤材，可用0.6MPa的压缩气体进行冲击式反吹，可将较干的滤饼从亚刚性过滤管外表面快速吹脱，又可将堵在微孔管的毛细孔内的堵塞微粒强制反吹出来，达到高效，快速与简便地卸除干滤饼与再生目的。对于其他大多数过滤装置，遇到难滤的超细微粒，都无法解决高效快速卸除干滤饼与高效再生这两大难题。

2.2　其他特点

1）既可用于含固量多的需得到较干滤饼的高效精密滤饼过滤，也可用于含固量很少的，但处理量很大的液体精密澄清过滤。

2)除了98%以上的浓硫酸与40%的浓硝酸等强氧化剂，可耐各种不超过100℃的有机酸、无机酸、各种碱与盐等液体，温度不超过90℃的绝大多数有机溶剂。

3)所有精密微孔过滤机均是密闭过滤，气味不外逸，外来尘埃不污染过滤物料；

4)对于含固量多的精密滤饼过滤，均可在机内进行密闭高效洗涤，洗涤液消耗很省，又可在机内进行滤饼压干，使含水率相当低。所有滤饼过滤机均配有气动的大直径排干滤饼的底盖。用气缸打开底盖后，采用0.6MPa压缩空气可将大体积干滤饼快速自动卸下。这些过滤机均可机械化与自动化操作，不需繁重体力劳动。

3　亚刚性高分子精密微孔过滤技术在化工等生产上的应用

国外至今除了少量生产本技术中个别滤材(如微孔PE)，其应用也仅少量用于仪表上的气体过滤或用于复印机等油墨过滤、笔尖过滤等局部领域外，没有我们这么大规模用于很难滤的工业生产上的液固过滤领域。经过四十多年不停的开发，三十年的推广应用，现在本技术的硬件与软件日趋成熟，已在化工、制药、食品、冶金、矿山及环保等领域获得推广。凡是严格按照本技术特点进行售前试验，计算，选型，制造，安装与操作的企业都能获得明显经济效益，社会效益与环境效益。许多成功应用的企业甚至把本技术装置作为秘密武器保护起来，防止同行推广。

本技术的过滤精度与过滤效率比目前广泛使用的传统的过滤技术，具有明显减排降耗效果。所用的能耗只用于过滤分离本身能耗，没有循环过滤，多级过滤，真空过滤与错流过滤等过滤方法所必需的外加多余能耗。能耗相当低，具有明显节能效果。因此本技术完全适应国内节能减排要求，可明显提高产品质量，收率，减低成本，减低能耗与物耗，改善环境。

从 1973 年开始，当本技术还处于研发阶段，就开始在化工，冶金，制药与环保领域进行试用，均取得明显效果。从 1978 年开始，，根据市场需要，逐渐扩大试用规模，根据试用后暴露的问题进一步对滤材与微孔过滤机的结构进行开发。直至三十年后的今天，这种向深度与广度的不断研发与生产上不断推广均在同步进行之中，目的使这一我们自主创新的新的过滤技术具有更旺盛的生命力，使其能在我国工业生产上能广泛应用，为提高工业产品质量，收率，劳动生产率，减少成本，减少能耗与物耗，改善环境，改善劳动生产安全等等方面发挥更大贡献。

现在本技术已在全国(包括台湾地区)许多化工，制药，冶金，食品，机械，电子，纺织，矿山等工业部门及废水处理等领域进行大量应用，主要用在传统过滤装置难以高效过滤，达不到生产上的高要求，一些最新的膜过滤技术虽可高效过滤，但操作成本太高，或投资费太大，企业难以承受。遇到这些情况，本技术是最佳选择，既高效，操作成本与投资费又较低；既符合我国当前国情，又符合当前国策。

典型的应用有以下几类：

3.1 粉末活性炭与脱色液的精密过滤

这是推广应用最多，亮度最亮的应用领域。长期以来，国内外都认为粉末活性炭过滤是难解决的难题。普遍遇到的是漏炭严重，返工多，损失大。国外采用三级串联过滤，成本高，操作麻烦，国内几乎都采用循环过滤，能耗高，产品质量不稳定，滤液中极易有穿漏的炭微粒，以致不得不返工，不然出口产品会经常退货。本技术可保证粉末活性炭微粒全部截留，一次过滤就达到要求。已开发出几种机构，专门用来过滤粉末活性炭，每批过滤可将过滤机内料液全部滤完，没有剩料遗留到下一批，因此不会发生上下批物料的混批弊病。在过滤机内还可对炭滤饼进行洗涤，提高产品收率，最后排出的是干滤饼。不管料液是有机溶剂或是盐酸等强腐蚀酸，本技术均可适用。全国至少已有两千多台在精细化工与制药等企业成功应用。

3.2 粉末催化剂

无论催化剂制造或是催化剂的应用(粉末催化剂与反应液的分离)都已应用本技术。在石油、化肥及精细化工催化剂的制造工艺中，用于过滤超细单体，如过滤氢氧化铁与氢氧化铝等单体，过滤硫酸铝溶液；在精细化工生产上，过滤钯炭，铜镍，氧化锰，氧化铜，氧化锌等，例如从苯胺与甲醇溶液中过滤铜镍催化剂，从甲苯溶液中过滤氧化铜等。钯炭与铜镍等催化剂，如一次使用后仍有强的活性，不能接触空气(不然容易燃烧)。本技术有特殊过滤机，不仅可密闭过滤、洗涤与压干，最后可在密闭条件下将钯炭等易燃催化剂排到下一批反应釜中或压到专门的密闭的储缸内。

3.3 超细粉体的精密过滤

超细粉体的特点是颗粒粒度很细，需要精度与效率高的可形成干滤饼的过滤技术。传统以滤布或滤网为滤材的过滤机，由于精度与效率低，损失大，难以满足要求；各种无机或有机膜过滤装置，又不能形成滤饼，难以有效使用；本技术由于过滤精度与过滤效率很高，对大部分超细粉体可形成滤饼(除了 90% 以上为纳米级的粉体难以形成滤饼)，因此近二十年来，已有不少无机或有机超细粉体用本技术中的几种过滤机进行过滤。最近五年，又专门开发了几种新型结构用于超细粉体的过滤，洗涤与压干，使其应用范围更大。已成功应用的有氢氧化钽，氢氧化铌，氢氧化亚镍，氢氧化钴，碳酸钴，碳酸镍，草酸镍，钛酸钾晶须，氢氧化钛，氢氧化锆，超细玻璃粉，超细银粉，超细铜粉等。

3.4 化工等生产上的原料液的精密过滤

原料液不干净，含悬浮杂质多，立即影响其参与反应的化工产品的质量，收率与能耗。长期以来，国内许多企业不重视原料液的过滤，除非是出口产品或有特殊要求的产品，一般生产上对外购的液体原料或固体溶解的原料液，有的不过滤，有的只作简单的低精度与低效率的过滤。随着国内外对产品质量的呼声愈来愈高，高精度，高效率的原料液过滤已成为不可避免的重要措施。本技术由于具有高精度，高效率，高寿命与低成本等特色，已在原料液的过滤上大显身手。如作为原料的水，作为原料的各种无机酸(如硫酸、盐酸与磷酸等)与各种有机酸(如乙酸、柠檬酸与草酸等)，纯碱溶液，苛性碱溶液，各种盐溶液(如制硫酸钡的原料盐氯化钡与硫酸钠等)，各种醇，酮，酯等有机溶剂，氨溶液及各种有机胺溶液等原料液的精密过滤。目前本技术在国内原料液的精密过滤方面，应用规模最广的是氯碱生产上盐水过滤，尤其是二次盐水的过滤。过滤量都达 50 ~ 100m^3/h，有的超过 150m^3/h。当原液的SS 为10NTU，一次过滤就可将浊度降至1NTU 以下，大部分保持0.5NTU左右。将工业纯碱溶解后通过本技术可使之成为高澄清度的原料液。当纯碱浓度高达40%时，黏度较高，过滤相当困难。工业级纯碱中固体杂质微粒非常细，“个数 d50”小于 0.17μm，一般溶解后的浊度为20NTU 左右，但经本技术过滤，都可使其浊度低于0.5NTU。

3.5 中间液的精密过滤

如果化工反应工艺步骤多，不少中间的反应液会产生细悬浮物，如不及时过滤，就会使整个反应链的效率下降，又影响最终产品的质量与收率，能耗上升，有的还可能发生安全事故。本技术已用于不少生产上的中间液过滤，典型应用有化肥生产上的铜氨液，脱炭液与脱硫液的精密循环过滤，由于本技术的过滤精度与过滤效率高，过滤操作起动后，很短时间内，可使整个循环液的固体杂质的去除率超过95%，使系统的生产能力获得明显改善。

本技术用于中间体液过滤的最大应用规模是人造丝生产与玻璃纸生产上的硫酸凝固酸浴的精密过滤，过滤酸浴中的单体硫与不溶性硫化物。酸浴的酸度很高，黏度较大，固体微粒又很细，过滤难度非常高。原来国内外基本都是石英砂层过滤，每天会产生大量含硫磺的酸性废水排到江湖中去。国内一些企业曾试用其他一些过滤方法都一一以失败告终，1980 年改用本技术，经过一年的小试，中试与大生产试验，终于成功，仅五年时间，就在全国几十家大中型厂全部推广，每一个厂的循环过滤量都在 100 ~ 300m^3/h。改用本技术，不仅终端产品质量大幅提高，还消除了大量酸性含硫废水对环境污染。另一个处理量大又难度大的中间体液过滤是晴纶生产上的硫氰酸钠凝固液的过滤。我国腈纶生产工艺技术是从外国引进。国外的专利技术是采用不锈钢垫片管过滤，垫片管的孔隙为80μm，为了提高过滤精度，必须用硅藻土在过滤管外进行预涂(循环相当时间使管外表面形成几毫米厚的硅藻土层作为过滤滤材)，这是一种耗时耗材又耗能，又易造成环境污染(含硫氰酸钠的硅藻土是一种毒性很大的固体废物，无法处理，只能埋在土中)。1978 年，本技术完全成功取代了外国技术。不仅滤液澄清透明，完全取消了硅藻土，整个操作，既简单又高效率，完全消除有毒固体废物对环境的严重污染。这项应用的经济效益与环境效益非常显著。

3.6 成品液的精密过滤

本技术已大量用于出厂前的成品液的精密过滤。早在 1978 年，上海一家大型液体葡萄糖出口企业用本技术对葡萄糖液进行精密过滤，使过滤后的糖液如水晶般透明，从此该厂的出口糖液一直成为外贸免检产品。后来该技术陆续推广到其他外贸产品，如果糖，甜菊糖，山梨醇，双氰胺，柠檬酸，J 酸等，现在已推广到许多液体产品的终端过滤，如聚合氯化铝，硫酸镍，乳酸，氟硅酸等；已用于许多植物油的精过滤，如玉米油，菜籽油，葵花籽油；又用于磷酸与磷酸盐的成品液过滤。在这些磷酸等液体过滤中，往往要过滤 $BaSO_4$，$Fe(OH)_3$，$Al(OH)_3$，As_2S_3 等极细微粒，过滤难度非常高，由于本技术具有突出性能，这些难度均一一予以解决。

3.7 生物发酵液与酶处理液的精密过滤

本技术曾于20世纪90年代初成功用于毒性很大的柔红霉素发酵液的密闭过滤与密闭洗涤，最后可排出较干的发酵液滤渣，该项目已连续应用多年，后又成功用于盐霉素发酵液增稠过滤，也连续应用三年多，其他发酵液，如葡萄糖酸钙发酵液等，都连续应用多年。这些发酵液过滤的主要特色是滤液非常清，用气体反吹法卸滤饼非常方便。

发酵液的过滤性能不稳定，每天都会变化，过滤难度非常大，目前还未开发出过滤面积超过100米^2，每次能方便卸出2米^{3}以上干滤渣，价格又不能太高，操作又非常方便的发酵液精密过滤机，因此，二十多年来，在发酵液的精密过滤方面还无重大进展，但在发酵滤液再除蛋白质的复滤上已用得相当成功，如阿维菌素发酵滤液的去蛋白质的复滤上，已用了十多年，至今还在继续。

在酶反应液的精密过滤上已有不少成功应用，如已成功用于生产丙烯酰胺的酶反应液，生产低聚糖的酶反应液，生产苯丙胺酸的酶反应液等。

3.8 天然药药汁的精密过滤

天然药汁(从动物，植物浸出的汁液)中含有蛋白质，淀粉，果胶，叶绿素等大分子物质，可用超滤等膜技术去除，也可用天然的絮凝剂彻底絮凝，然后作精密微孔过滤。本技术既可用于药汁的超滤前的精密预过滤，保护超滤膜不易被堵塞，延长使用寿命，也可用于药汁絮凝后的精密过滤。已成功应用的有银杏提取液，大蒜提取液，紫杉醇提取液，海蛇提取液，黄芪提取液，复方脑心舒口服液等。

3.9 食用油的精密过滤

已成功用于植物油的毛油过滤，精制油过滤与油脂脱腊过滤，如菜籽油，茶油，玉米油，葵花籽油等。尤其脱腊过滤，难度相当高，腊的晶粒非常细小，又很黏，腊滤饼的阻力非常大。为了腊能回收，一般过滤中不宜加助滤剂，过滤速度非常慢，需要大面积的过滤机方能应付生产。本技术一般采用直立管式过滤，单位体积的过滤机内可以安装相当大的过滤面积，在较小的占地面积条件下能有相当大的处理量。虽然腊滤饼很黏，用其他过滤方法，卸滤饼很困难，但本技术采用简易的气体反吹法卸滤饼，可以在很短时间内，很方便地从机内向外卸除腊滤饼，因此，本技术是油脂脱腊的较理想技术。

3.10 煤气脱硫后的单体硫的精密过滤与循环脱硫液的除尘精密过滤

焦化厂或煤气厂的气体脱硫后的脱硫液中产生的单体硫应及时去除。传统的方法是采用滤布为过滤介质的真空转鼓过滤或其他过滤装置，过滤精度与过滤效率低，细的硫磺滤不住，影响循环液的脱硫效果。二十世纪九十年代，国内企业一度广泛选用国外进口的微孔膜过滤，虽然过滤精度与过滤效率很高，但膜的机械性能很差，堵塞后难再生，易损坏，以致投资费与操作成本高，最后大部分都无法使用。本技术不仅过滤精度与过滤效率高，又容易再生，机械强度好，不易损坏，投资费不高，操作成本相当低。本技术又一最大特色是不怕脱硫液中含有煤焦油，不会由于煤焦油存在使之堵塞很快无法继续过滤。已在国内一些年产60万～100万吨的焦化厂与一些城市煤气厂应用。

在气体脱硫工艺中，本技术还成功应用于循环脱硫液去除烟尘的精密过滤。烟尘的微粒细，造成滤材极易被堵塞或滤不住。国外普遍采用助滤剂预涂过滤。不仅操作麻烦，成本高，能耗又很大。本技术由于精度高，效率高，又不怕被堵塞，易再生，是过滤液体中极细烟尘的理想装置，也是确保脱硫效率确保硫磺质量的重要措施。

3.11 作其他化工均相净化装置的精密预过滤

如果液体中含有一定数量的悬浮物，就会对各种化工均相净化装置(如传统的精馏，蒸发，结晶，萃取，吸收，吸附及较新的离子交换，电渗析，超滤，纳滤，反渗透等)的净化效率、净化速度、装置寿命及产品质量产生负面作用。而国内以前往往不重视预过滤，即使有，也只是简单过滤，以致造成相当大损失。本技术在国内许多工业部门大量用作精密预过滤，都取得非常显著的经济效益，不仅用于上述均相净化装置，甚至还用于热交换之前作预过滤，防止换热面上结垢，保持导热系数不下降。

3.12 作效率不高的非均相分离装置后的高效复滤装置

许多企业已使用一些精度不高的传统非均相分离装置，如自然沉降槽，浓密机，板框，真空转鼓等。要改造这些设备，投资费很大，有时生产任务又不允许。为了节能减排需要，可在上述装置后增加高效精密复滤装置以高效回收穿漏的细微粒。早在三十年前，本技术已用于一大型化工厂回收穿漏的对硝基苯酚钠。后又成功用于回收穿漏的五氧化二矾，硫酸锰，五氧化二锰，现在又用于回收季戊四醇等，这方面应用实例很多。

3.13 水处理方面的精密过滤

生产用水的精密过滤：来自河、湖及井等水源，往往浊度较高，有的还含有许多有害的可溶性杂质。需先经一定的化学处理(如絮凝等)与其他物理处理(如吸附等)，最后采用本技术就可制取高澄清度的生产用水。本技术还用于蒸汽冷凝水的循环过滤与冷却水的循环过滤。由于各地或各厂的条件不同，原水水质情况比较复杂。采用单一装置很难能达到目的，一般需要几种装置组合。不管如何配置，高精度与高效率的精密微孔过滤都是不可缺少的，甚至是关键一步操作。本技术成功用于生产用水的精密过滤已有许多实例。

3.13.1 重金属废水的精密过滤

从1978年开始，已大量用于电镀厂，线路板与金属加工厂等企业的重金属废水的精密过滤，如含铜、镍、铬、锌、铅、镉等废水的处理，既有含重金属微粒，重金属氧化物的中性废水，也有含重金属离子的酸性废水；后者需先作化学处理，使之形成重金属氢氧化物，通过本技术一次过滤，就可使废水达到排放标准。二十一世纪开始后，废水处理强调回用，尽量做到零排放。将本技术与反渗透等相结合，可将重金属与废水全部回用，已有非常成功的实例。

3.13.2 非金属元素废水

已用于含氟、硫等非金属元素废水的处理。先通过化学处理，使之形成不溶性化合物，通过本技术，精密过滤不溶性微粒，废水就可排放或回用。

3.13.3 其他化工废水

已成功用于乳胶漆废水与颜料废水。这些废水先通过化学絮凝或电化学絮凝，然后采用本技术精密过滤，过滤后的废水都可作为中性水回用。

3.13.4 堆煤场废水

大型堆煤场会产生大量废水，尤其发电厂的堆煤场，在雨水或其他水等的冲刷下，每天都会产生黑色废水。其中基本是极细的煤粉。处理这些废水，国内基本采用絮凝沉降等传统方法，占地面积大，处理成本高，处理后的水中仍会有不少细悬浮物。国外往往采用助滤剂预涂的过滤法，不仅成本高，而且操作麻烦，能耗也相当大。本技术由于高精度，高效率，高寿命，低成本，卸渣与再生很方便，不需要絮凝与助滤剂助滤。只开启离心泵，单一过滤，就可将废水浊度从300~500NTU降至5NTU以下，一台每小时平均滤速为90m^3/h的大型过滤机在台湾一大型发电厂连续应用近五年，滤材至今未更换。该过滤机操作全部自控。

3.13.5 煤矿矿井废水的精密过滤

煤矿矿井水中除了细煤粉外，还有大量泥土与腐植酸等，传统方法是采用砂滤与沉降等技术，分离效率很低。处理后的水由于水质不稳定往往难以回用。本技术曾成功用于国内几个大型煤矿矿井水的精密过滤。进水浊度为60NTU，过滤后就低于1NTU，水均可回用。曾连续应用五年多。

4 刚性高分子精密微孔过滤技术成功应用的条件

刚性高分子精密微孔过滤技术是我们自己完全自主创新的，国内广大企业科技人员不仅不熟悉，甚至对该技术名称都陌生。该技术的性能特点同传统的过滤技术及最新的膜技术都有很大差别。不了解这些差别，照传统技术套用本技术是当前推广中发现的普遍现象，以致使用中往往产生不少不应发生的弊病；国内不少人不相信本技术具有特殊的其他过滤技术难以达到的功能；另外已成功应用的企业普遍对外保密。这些都阻碍了本技术的推广。几十年无数事例证明，本技术如能用得好，肯定能发挥出其固有的“三高一低二方便”的特色。从开始初步推广到如今大规模推广，正反经验表明，要达到成功应用，必须正确按本技术的软件要求进行试验，计算，设计，操作与维护，必须按本技术硬件要求进行滤材与过滤机的制造，进行辅助装置的选型与采购，进行过滤工程的安装等。

具体要求是:

4.1 对被过滤物料进行系统的过滤性能参数的测定：如属于液体滤饼过滤，必须测定滤饼的平均比阻随过滤压差变化的规律；属于液体澄清过滤必须测定其平均滤速随压差与时间变化的规律。还要进行滤材的最佳毛细孔径的测定与计算；

4.2 根据用户的要求，由以上测得的参数与变化规律，计算所需过滤面积与平均滤饼层的厚度，然后进行过滤机机构型号与规格的选型。如现有的型号与规格不符合要求，必须进行另外专门设计；

4.3 在用户对微孔过滤机的型号与规格认可的基础上进行辅助装置的型号与规格的选型，尤其对一些物料有特殊性能的过滤，必须选择特殊要求的辅助装置；

4.4 由微孔过滤机制造企业的技术人员，或由用户的技术人员，或者两者合作对生产现场的过滤工程进行工程设计；

4.5 按设计要求，进行微孔过滤机与微孔滤材的制造，最后严格验收；还要对辅助装置进行采购与验收；

4.6 按设计要求进行过滤工程的安装与验收；

4.7 按设计计算要求，依照本技术的技术特点，制订正确的过滤机的操作规程与维护保养规程。

凡是严格按以上要求执行每一步的工作，没有一个企业应用不成功。三十多年来，也有相当多的企业应用不成功；有的一开始就失败；有的前期成功，后期失败；有的虽然还坚持使用，但没有达到预期的理想要求，都是偏离上述七点要求造成的。作者认为特别要注意几点:

(1)选型前未作任何系统试验，或只作一点简单试验，或虽作了不少试验，但找不出其变化规律，得不到正确的设计参数。没有以上这些试验为基础，就轻率进行结构型号与规格的选择。有的甚至很不科学地将其他物料的应用数据毫无科学根据地借用到自己的选型中。这样的前期工作就为以后失败或不成功打下基础。

(2)滤材与过滤机的制造企业是伪劣产品制造厂。

(3)没有严格选择辅助装置的型号与规格。

(4)没有进行生产现场的过滤工程设计。现场的安装极不合理。

(5)没有按本技术的规律制订正确的操作规程与维护规程。

只要具备这五条某一条或几条，最后的结局必然是不成功或是失败的。

5 后语

本技术是我国土生土长的新型过滤技术，已具备比较完整的硬件与软件，已积累了大量经验与教训。从开始研发至今已有四十三年了，由于具有高精度，高效率，高寿命，低成本，又密闭安全，简便，实用，愈来愈显示出具有巨大的生命力，已在工业生产上取得明显经济效益，社会效益与环境效益。为了使这一新技术能在工业生产更快更顺利地发挥作用，真正为我国的节能减排作出重要贡献，从2008年开始，我们不单只对客户供应微孔过滤机单机，一些安装应用的文件与售后服务，对处理规模较大的客户，我们还可提供全方位服务。从过滤物料性能测试，计算，设计开始，除了所需微孔过滤机单机的制造，还可提供全部过滤工程系统所有辅助装置与全自控的所有装置的造型、制造与采购，提供生产现场安装支架与所有管线。总之，可对客户提供交钥匙工程。我们可以在自己企业预先仿照生产现场条件进行安装与初步调试。初步运行满足要求后，将整个系统所有装置用大型运输车辆运到现场，在最短时间将工程安装完毕，尽快投入正常使用。

参 考 文 献

[1] 宋显洪．过滤机用多孔聚乙烯烧结管的性能研究[J]．化工机械，1984，(4)：3～11

[2] 宋显洪．化工生产上的液体精密过滤与最新过滤技术[J]．化工装备技术，2003，24(3)：8～12

[3] 宋显洪．高分子微孔过滤管与精密过滤机[J]．上海化工，1989，(6)：5～10

[4] 宋显洪．重金属氢氧化物的过滤方法的研究[J]．水处理技术，1987，13(1)：25～28

固定床技术－净化富含 H_2S、Hg 的天然气

Elizabeth F. Rhodes　Paul J. Openshaw　Peter J. H. Carnell
（庄信万丰催化剂公司 Johnsom Matthey Catalysts）

摘　要： 固定床技术被认为是最经济的净化工艺，烃损失和所需操作人员最少。按照传统方法，原料气被分割为不同的烃馏分，各馏分分别加工，这就需要安装大量的反应器。更有效的解决方案是密相气体一到终端就进行处理，但这种方案也会产生问题：固定床是否会结垢；为避免相分离，压降是否可保持足够低；因冷凝而润湿是否会导致什么问题。本文用试验证明了固定床技术用于密相气体处理的耐久性，中心地区输送系统的最终工艺设计已投入运行 10 年以上。

关键词： 固定床技术　净化　含 H_2S、Hg 天然气

1　前言

在中心地区输送系统（CATS）的北海终端，采用固定床技术处理密相天然气的有效性和经济性已经得到了验证。

中心地区输送系统（CATS）是英国石油公司、英国天然气集团公司、Amerada Hess 公司、美国康菲石油公司、阿吉普公司和菲纳石油公司组成的合资公司，由英国石油公司运营。终端接收来自几个油田含硫较低的富气，但所含的少量 H_2S 和 Hg 且必须脱除。

2　中央地堑开发

中心地区输送系统是英国北海地区中央地堑开发的一部分[1]。此项目最初设想是，将 Everest 和 Lomond 油田的天然气输送至英国东北的蒂赛德 1725MW 的联合循环电厂。然而，中心地区输送系统的业主决定建造一个大系统，足以满足其他未开发油田未来业务的需要，目前天然气的输送能力超过 1.6 bcfd。

中心地区输送系统的业务需求非常大，到 1997 年，七个油田已签订下大部分输送协议，中心地区输送系统业主正在寻求扩大系统的方案。北海中心地区输送系统及终端的位置如图 1 所示。

图 1　中心地区输送系统终端

中心地区输送系统管道始于靠近北海中心英国石油公司经营的 Everest 油田的立管平台，将天然气输送到约 250 英里外的英国东北海岸 Seal Sands 的中心地区输送系统处理终端。终端向下游处理装置输送 600MMscfd 的天然气。在处理装置将清除天然气凝液，处理过的天然气送至 Transco 国家输送系统。

管道从立管平台到蒂赛德附近的 Coatham Sands，穿过海底 254 英里。内径 36 英寸的管道由最小壁厚 1 英寸的高强度钢制成。

管道内涂有一层环氧树脂膜，可减小摩擦、最大化输送能力并延长使用寿命。管线材质允许输送酸性气（H_2S 150μg/g、CO_2 25%）。沿管道有 6 个间隔分布的海底连接点，这样客户可在任一连接点或立管平台与中心地区输送系统连接。连接可在天然气正在流动的情况下进行，这说明中心地

区输送系统可在向新客户供气的同时，为现有客户提供不间断服务。

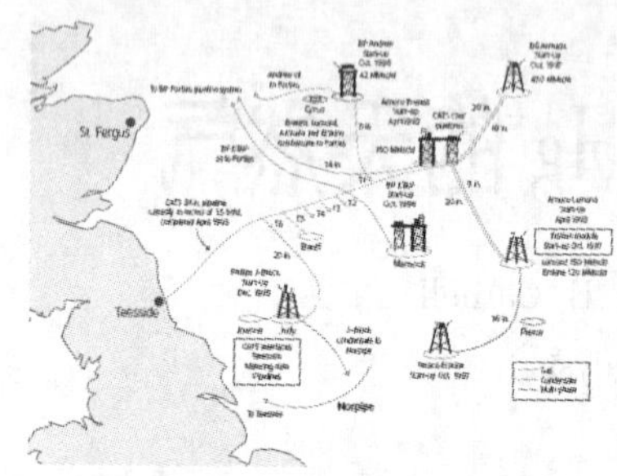

图2 中心地区输送系统管道

目前，管道从 Lomond(1993 年)、Everest(1993 年)、Andrew(1996 年)、J-Block(1997 年)、Armada(1997 年)、Erskine(1998 年)和 ETAP(1998 年)输送气体。管道系统如图 2 所示，蒂赛德是主要的工业中心，是英国最大的港口之一，但中心地区输送系统终端位于靠近称为“具特殊科学价值地点”(SSSI)。因此，为避免破坏生态系统，在项目实施阶段都要备加小心。

为给电厂和下游处理装置供气，项目第一阶段需要进行管道、清管器接收器、段塞流捕集器、过滤器和计量设备的施工。下一阶段是提供工艺装置，生产符合国家输送系统(NTS)技术规格的天然气，并可回收天然气凝液。接收的天然气含有少量 CO_2 和 H_2S，但只需将 H_2S 降至符合国家输送系统要求。按照传统方法，密相气体通过闪蒸冷却，分离天然气凝液，各料流将分别脱除 H_2S。

3 密相操作

建造的管道工作压力应足够高，保证在所有温度条件下始终保持单相。这称为“密相操作”，即使烃类液体压力保持在高于其临界凝析压力。气体进入管道的压力约为 2600 psi，终端接收压力大于 1600 psi。纯天然气的压力-温度图相对简单，带有易于识别的超临界点。混合气体，尤其是烃，压力温度关系非常复杂，它们所表现出的最有趣现象就是反凝析[2]，这种情况下，在给定温度下降低压力首先可能导致液体排放，然后这部分液体气化。图 3 显示中心地区输送系统终端一种天然气成分预期的压力-温度曲线。

因为海底温度约为 4℃，这部分气体到达终端的温度和压力接近相临界值，可能发生结露。所以，如果这部分气体也接触微孔材料，则可能会发生毛细管凝结，可能在高于预计温度的条件下观察到这种效应。

英国石油公司对处理密相接收的天然气非常感兴趣，与庄信万丰催化剂公司进行了探讨，了解其 $\mathrm{PURASPEC}_{\mathrm{JM}}^{\mathrm{TM}}$固定床技术是否适用。

处理密相气体会产生两个主要问题：

(1)气体或液体是否符合动力学规律？

(2)会形成毛细管凝液风险吗？

固定床处理过早形成液体会产生严重后果，因为这会导致溢流和窜流。而且，可能在循环中越过相包线，高分子量成分会积聚并使床层结垢，阻止其运行。

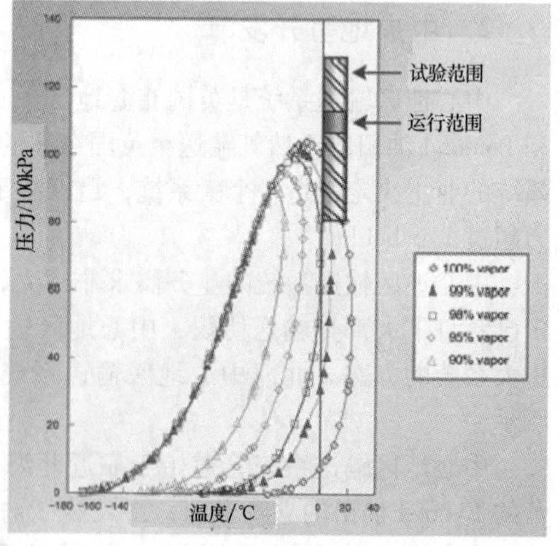

图3 压力温度图

4 试验

图 3 给出了刚好使气体处于气/液相时(即密相)的成分和条件。任何压力下降都可能导致发生反凝析，因此，试验反应器制造时带加热和冷却气体装置，并在低压下操作。而且，因为进料中 H_2S 含量低，为能模拟将来设计的工作条件，按气体 H_2S 峰值选择装置。

由于原料气在高压和低温时的性能不确定性，合资公司在现场安装了一台小型侧线反应器。它将在第一阶段建造的装置上运行，早于中心地区输送系统主体工程为现有客户供气。建造的装置在第Ⅱ分类区允许无人操作。假定供气成分如表 1 所示。设计的反应器可采用 1.5L 的吸附剂，布置在六个床层，可接收高达 20 m^3/h 的气体。我们用几个月的时间完成表 2 所示的试验。可用来模拟正常和故障运行条件，各种条件下始终可完全脱除气体中的 H_2S。特别需要注意的情况是，运行试验 5 到 7 时发生了冷凝，运行试验 8 可能会有结垢问题。脱除 H_2S 的反应会产生水，但运行试验 3 没有形成水合物的迹象。

表 1 基本工况设计气体成分

成 分	%	成 分	%
C_1	84.03	C_2	7.55
C_3	3.24	C_4^+	2.15
N_2	1.01	CO_2	1.91
H_2S	7μg/g	密度	147.72 kg/m^3
黏度	0.02×10^{-3}Pa·s	压力	109.5bar(绝对压力)
温度	3.4℃		

因此，可得出结论，固定床吸附剂可提供脱除密相天然气中 H_2S 的实用方法。这项技术可提供安全环保的工艺，涉及操作人员最少，使得该工艺更具吸引力。

表 2 侧线反应器试验

试验	压力/bar(绝对压力)	温度(平均)/℃	H_2S/(μg/g)
1	125	13	35
2	125	7	30
3	125	0.5	30
4	125	0	11
5	96	0	10
6	88	0	10
7	82	0	10
8	125～0	7 至 15 间波动	35

5 脱汞

来自油田的低硫天然气可能含汞，通常含量很低，比如说 50ng/m^3，以元素形态存在。天然气中低含量汞非常难检测，经常只有在处理大量气体后才能确认它的存在。这是因为大多数汞被截留在钢管上，只有系统达到平衡时才能在终端发现。有些建议用于脱除 H_2S 的吸附剂对脱汞也有效，这为 $PURASPEC_{JM}$脱汞工艺提供了依据[3]。气体中的汞含量即使非常低，也可在脱除 H_2S 的反应器中进行脱除，要证实这一点很简单。有趣的是，此项工作还提供了测量气体中汞含量的简便方法。这样，如果测量了吸附剂中硫和汞的总量，因为气体中 H_2S 的浓度易于测量，然后，简单地导出一个比值就可得到汞浓度。

6 装料和卸料

前面介绍的试验工作证明固定床技术可用于脱除汞和硫化氢。然而，当装置的最大产能达到 1.7 bscfd 时，反应器尺寸以及是否容易装料和卸料就会存在问题。通常，大反应器要用 1m^3 的容器和起重机装料，但是，当设计的床层寿命仅为几个月时，就不愿使用起重机和小容器。

ICI(英国化学工业公司，现庄信万丰催化剂公司)已使用抽吸技术在荷兰的装置上装料和卸料 $PURASPEC_{JM}$吸附剂，从而确定此程序是否能用于中心地区输送系统终端上。还有，要求无需进入容器就可完成装料和卸料，这就意味着必须在顶部入口完成所有操作。装料必须维持顶面适当水平，入口气体分布器设计必须确保无流化。

在建议的反应器设计顶部模型进行试验，装卸20t散货集装箱。这导致最终设计采用内置气动装卸系统。另一个要注意的问题是，废料要送到符合环保要求的地方回收。英国石油和英国化学工业公司的代表访问和审核了大型冶炼厂现场，验证了运送散货集装箱进行回收的路线。

7 气体处理装置

密相气体从中心地区输送系统管道进入终端，并通过接收装置。这些装置于1993年3月试车(OGJ，1993年6月7日，第37页)，提供从海上接收清管器的设备，并去除进气中的任何液体或颗粒进气通过段塞流捕集器。进气经过段塞流捕集器时，通过重力去除气体中的任何液体。进入下游加工前，气体经过聚结/分离过滤器过滤，清除所有细小颗粒物质并夹带的液滴。段塞流捕集器和入口过滤器收集的所有液体可能会通过泵输送至未加工的天然气凝液计量系统。接收装置建在处理装置前，可输送气体至下游处理装置。随着更多的油田加入中心地区输送系统管道，必须增加更多的装置(OGJ，1996年2月12日，第22页)，扩建包括气体处理和两条加工生产线。

1期在1997年5月试车，2期与1期几乎一样，于1998年2月开始运转，图4为完整的中心地区输送系统工艺流程图。来自接收装置的气体然后进入气体处理部分，分成两股气流。根据进气中的H_2S含量，一部分气体通过两台前/后的布置大型固定床反应器。反应器中装有脱除气体中H_2S和汞的PURASPEC$^{TM}_{JM}$吸附剂。其余部分的气体绕过这些主要处理容器，流经装有PURASPEC$^{TM}_{JM}$吸附剂的两台并联反应器，脱除气体中的汞。然后这两股气流混合，达到各种重新输送料流的H_2S技术规格。

加工前所有物流的天然气烃含量都一样。通过入口H_2S、输出H_2S和输出流量设定值来控制旁路，并相应地调整旁路流量。处理后的气体通过滤尘器，根据气体的烃露点，可送入低露点装置或三个重新输送点。

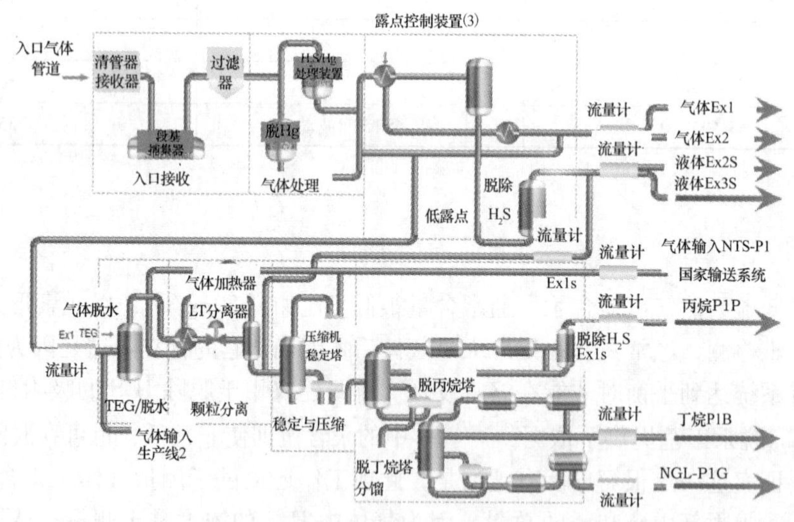

图4 中心地区输送系统工艺流程图

通过与来自露点分离器的冷气体进行热交换，露点装置将气体冷却至0℃。然后气体经过焦耳-汤姆逊(JT)阀，通过减压93巴(绝对压力)进一步冷却。气相和液相在露点分离器分离，温度至少为-5℃的残余气体先与进料换热，后与加热器换热，避免在下游设备中出现冷凝。这部分装置至今还在运行。

然后密相气体流向重新输送点Ex1、Ex2和Ex3。Ex1供给中心地区输送系统加工装置；Ex2和Ex3通过第三方供给下游加工。Ex1工艺包括两条相同的加工生产线，每一条都可处理气体，达到国家输送系统(NTS)的技术规格。中心地区输送系统装置气体使用三甘醇接触器通过指形冷冻器再生工艺进行干燥。然后干燥的气体流过换热器，通过接触冷气体将天然气冷却至-12℃。然后天然气通过JT阀，压力和温度分别降至60 bar和-29℃。

2期也装有透平膨胀机，与可3.5MW电功率的发电机连接，供终端使用。产生的气体和液体料流送到低温分离器，在那里与透平膨胀机入口分离器的液体混合。然后气体通过与原料气换热和燃油加热器进行加热，以达到最低输出温度技术规格，并与稳定塔塔顶气体混合后再进行计量和输入国家输送系统。

计量包括气相色谱分析，确定气体成分，然后确保符合国家输送系统技术规格。在计量装置的上游有一台注入氮气的装置，可控制热值和沃泊(Wobbe)指数。

8 液化石油气分馏

来自低温分离器的液体通过液位控制阀，闪蒸到24bar(绝对压力)，进到稳定塔顶部塔盘。闪蒸气与顶部塔盘出来的蒸气结合，送到稳定塔塔顶压缩机，压缩后与残余气体混合进行输出计量。闪蒸的液体进料在塔中分馏，使用热油加热的再沸器脱除乙烷和较轻的气体。稳定的液体供给液化石油气分馏装置，回收C_3、C_4和C_5^+，通过管道输出到当地用户。

装置的传统设计是使用热油加热器和空气冷却器。在终端低进料速度下，液体产量极低，这种情况下，通过将丙烷和丁烷再循环回稳定塔，可能会提高塔盘进料。装置设计包括分馏模式，允许脱丙烷塔或脱丁烷塔单独运行。

无法实现液体输出的期间，稳定塔温度可升至189℃，导致塔底液体产品达到C_5^+料流技术规格，尽管合成气富含烃类，也可达到国家输送系统的输出技术规格。

9 操作经验

中心地区输送系统终端是在联盟合伙契约条件下起草建造的，体现了主要合作方的Crine原则(Crine=新时代降低成本计划，英国海上运营商维护和推个的计划)。

这就确保不仅对施工阶段，还有对实现运营目标的高水平承诺。此工艺拓展了庄信万丰催化剂公司/中心地区输送系统的关系，该关系是基于运营效果，而不是所使用的产品数量。

装置在预算内按时完成，早期运行基本上很顺利，加入新油田没有什么困难。固定床气体处理装置已经证明，可提供脱除H_2S和汞的低压降的简单方法。

气动装卸系统最初由于吸附剂破碎出现问题，这就导致要进一步优化输送管道的空气速度和几何结构。

10 未来展望

中心地区输送系统1于1997年10月投入使用，同样的装置，中心地区输送系统2于1998年10月成功试车。这样终端正常可处理1.3 bscfd的气体。接下来，剩下两个油田接入管道并成功试车，中心地区输送系统将输送和处理约1.7 bscfd的北海天然气。

将来，还有空间安装另外两台处理装置，计划已经批准，并增加一条与现有中心地区输送系统管道平行的短管道，这样该处可处理3.4 bscfd的天然气。

参 考 文 献

[1] Craig, KM., “The CATS/Central Graben Development Project,” GP A and SONG Conference, Wilton, U. K., 1993.

[2] Phase Equilibrium in Mixtures, Vol. 9, King, International Series of Monographs in Chemical Engineering.

[3] Carnell, P. H., Openshaw, P., and Woodward, C, “A Fresh Approach to Mercury Removal from Natural Gas and NGLs,” Poster Display, LNG 12 Perth, Australia, 1998.

[4] Macon, K, and England, “CATS in CRINE,” CRINE Conference - Learning to Survive, London, 1996.

压力管道阀门在石化电力行业中的应用

张明　陈立龙　朱杭钱
（杭州华惠阀门有限公司，浙江杭州　311122）

摘　要：本文分析了石油、化工和电力行业阀门的特点，介绍了压力管道元件——阀门的选型、分类以及应用实例，提出了该类阀门设计、制造和验收的有关要求。展望石油、化工和电力行业阀门的发展前景。

关键词：压力管道元件　阀门　选用

1　前言

在石油、化工和电力行业中离不开大量的管道、容器和阀门，它们承担着储存、输送和截流等各项艰巨的任务，其中压力管道元件——阀门作为流体管路的控制装置，其最基本的接通或切断功能越来越多地被管路系统广泛的应用，除此之外，利用它还可以改变管路中的介质流动方向，调节介质的压力、流量以及保护管路系统的安全运行等，所以压力管道元件——阀门在石化电力行业中的装置、管路中受到广泛运用并发挥着重要的作用。

2　石化电力行业特点

石化电力行业的各类原料众多、介质物理和化学性质千差万别、压力和温度范围跨度大以及安全环保经济性要求高等特点，特别是油田中的金属材料抗硫化物应力腐蚀开裂敏感，所以其压力管道元件——阀门应满足介质材料的抗硫要求，温度压力及其变化的要求，生产过程中的质量控制要求以及不同标准规范要求。其中，电力中的工况参数由600WM超临界机组的过热参数571℃/25.4MPa和再热参数569℃/4.16MPa，为了更高的经济效益和环保效果，发展趋势为1000WM超超临界机组的过热参数605℃/26.42MPa和再热参数603℃/4.89MPa。石化中的各种烃类（C、H）化合物工艺介质，腐蚀严重，气液两相繁多。所以随着石化电力行业工艺技术的不断发展，高技术含量、高参数、耐强腐蚀、高寿命的压力管道元件——阀门越来越普及。

3　压力管道阀门的分类

根据压力管道元件——阀门在石油、化工和电力行业中的结构、用途和工况，可将压力管道阀门分为以下三类。

3.1　石化行业用阀门

用于石油、化工行业的产品有GB/T 12234—2007石油、天然气工业用螺柱连接阀盖的钢制闸阀；GB/T 12235—2007石油、石化及相关工业用钢制截止阀和升降式止回阀；GB/T 12236—2008石油、化工及相关工业用的钢制旋启式止回阀；GB/T 12237—2007石油、石化及相关工业用的钢制球阀；GB/T 20173—2006石油、天然气工业 管道输送系统 管道阀门。

国外规范的产品有ISO 10434石油、石化及相关工业螺栓连接阀盖的钢制闸阀；ISO 15671石油和天然气工业用 *DN*≤100的钢制闸阀、截止阀和止回阀；API 6A石油、天然气井口装置用阀；API 6D石油、天然气长输管线用阀；API 600石油和天然气工业用阀盖螺柱连接的钢制闸阀；BS 1873石油、石化及相关工业用法兰端和对焊端钢制截止阀和截止止回阀。

3.2 电力行业用阀门

用于电力行业的产品有 DL/T 531—2005 电站高温高压截止阀、闸阀；GB/T 10868—2005 电站减温减压阀；GB/T 10869—2008 电站调节阀；JB/T 9624—1999 电站安全阀；JB/T 3595—2002 电站阀门一般要求。

3.3 特殊工况用阀门

专用于电站、石油天然气及化工用高温高压管道、剧毒管道、低温管道和城镇燃气管道的阀门；

4 石化电力阀门的设计制造和验收

4.1 设计

由于石化电力行业的性质和特点，介质、温度和压力与一般的通用阀门差别较大，所以设计过程中常选择具有抗硫性能的对硫化物应力腐蚀开裂敏感的材料作为阀门的承压件。碳钢锻件常采用 A105，碳钢铸件常采用 WCB 和 WCC。通过较低的含碳量和相应的焊后热处理，确保承压件硬度小于 HRC22，以满足 NACE MR0175《在含硫化氢原油和气体产品中的材料选用》标准中防止湿硫化氢应力腐蚀开裂的规定。对承受不同压力温度的壳体壁厚流道通径和受力件的刚度和强度通过强度理论设计计算来保证。如：密封副的设计确保了高强度、耐腐蚀耐擦伤耐磨损和耐冲刷，密封面材料常用 Setllite Alloy 6(Co－Cr－W 合金)和 Setllite Alloy 21(Co－Cr－Mo－Ni 合金)。借助于结构的设计提高了阀的流量系数，减少流量损失，实现开闭迅速、省力、密封性好和便于检修，延长各种工况的运行寿命。

4.2 制造

产品质量和设计质量均离不开制造质量，石化电力阀门利用先进的检验工具和手段对承压件的材料进行质量控制和保证，通过化学成分和力学性能对材料进行进一步的确认。对承压件的制造方法主要采用锻造和铸造，锻造晶粒组织较均匀，不存在气孔、疏松、大尺寸圆形夹杂、柱状组织等缺陷，而且金属致密，综合机械性能较好，应力集中区域材料呈流线型，抗高温蠕变、疲劳能力较高。而对于大尺寸宜采用铸件，为保证铸件质量和成品率，常从冶炼、铸造工艺和焊补等方面进行控制，并按有关标准和工艺要求进行必要的热处理。

4.3 验收

石化电力阀门的验收主要在检验和试验过程中，检验的主要项目有：材质检验(化学成分、力学性能、热处理)；外观及尺寸检查；传动装置的检查；必要的无损检测。试验的主要项目有：壳体压力试验、密封试验、自动类和控制类阀门的调整试验。常用的压力试验标准有 ISO 5208：2008《工业用阀门 金属阀门的压力试验》，API 598：2004《阀门的检查和试验》，GB/T 13927—2008《工业阀门 压力试验》。JB/T 9092—1999《阀门的检验与试验》

5 石化电力阀门参数

5.1 压力

常用设计压力为 0.1～42.0MPa；

公称压力有 *PN*16、*PN*25、*PN*40、*PN*63、*PN*100、*PN*160、*PN*250、*PN*320、*PN*420；

压力等级有 *CL*150、*CL*300、*CL*400、*CL*600、*CL*900、*CL*1500、*CL*2500。

5.2 温度

常用设计温度为－196～850℃。

5.3 尺寸

通常表示尺寸的有公称尺寸 *DN*：小尺寸有＜*DN*40、中尺寸有 *DN*50～300、大尺寸有 *DN*350～1200、特大尺寸有≥*DN*1400。

公称管径 *NPS*：小尺寸有 < *NPS* 1－1/2、中尺寸有 *NPS* 2～12、大尺寸有 NPS 14～48、特大尺寸有≥*NPS* 56。

6 石化电力阀门选用

2006 年 10 月，国家质量监督检验检疫总局颁布了 TSG 特种设备安全技术规范——压力管道元件制造许可规则 1，该规则将阀门纳入了制造许可，从此压力管道元件阀门或者安全附件进入了依法管理的轨道。

阀门的选择一般应考虑以下因素：①性价比；②使用介质的物理、化学性能和状态以确定阀门的材料；③明确阀门的用途和使用环境以确定阀门的形式，参见表 1；④确定所遵循的标准规范；⑤通过介质的流量确定其公称尺寸；⑥确定控制方法——手动、电动、气动、液动或其他。

表 1 石化电力阀门的选用

使用＼阀门	闸阀	截止阀	球阀	蝶阀	止回阀	旋塞阀	安全阀	减温减压阀	调节阀	疏水阀
性价比高	★	★	★	▲	★	▲	★	★	★	▲
腐蚀性介质	□	▲	▲	▲	▲	▲	▲	□	□	○
高温介质	★	▲	□	□	▲	□	▲	▲	□	▲
高压	★	★	▲	□	▲	▲	▲	▲	▲	□
高压差	★	□	★	□	▲	★	▲	□	★	▲
低压差	★	▲	▲	▲	□	★	□	▲	★	○
密封性好	★	▲	★	□	▲	★	▲	□	□	▲
泄漏少	▲	▲	★	▲	▲	★	▲	▲	▲	▲
低温工况	★	▲	▲	▲	▲	▲	▲	○	▲	○
开启迅速	▲	▲	★	★	★	★	★	▲	▲	★
开闭	★	▲	★	▲	▲	★	▲	□	□	▲
节流	□	★	▲	★	□	▲	□	▲	▲	○
调节	□	□	★	★	□	▲	□	▲	★	□
磨损	▲	□	★	▲	▲	▲	□	▲	▲	□
短结构长度	▲	▲	□	★	★	□	□	□	□	▲
轻型结构	▲	▲	▲	★	★	▲	□	□	▲	▲
缩口的通道	▲	□	★	▲	▲	★	▲	▲	▲	□
低噪音	★	□	★	▲	▲	★	□	□	□	▲
有气穴汽化	★	□	★	▲	□	★	□	□	★	□
操作力小	▲	▲	★	▲	★	★	★	▲	▲	★

注：★表示推荐选用；▲表示可以选用；□建议不选用；○禁止选用。

7 石化电力阀门前景

随着现代工业的飞速发展，我国对石油、电力产品的需求量将越来越大。在大型石油炼化装置和大功率发电机组的改造和建设中，石化电力阀门的前景非常乐观。主要体现在符合美国石油学会 API 6A 标准的石油、天然气井口装置用单闸板或双闸板阀、有导流孔或无导流孔的锻钢平行式闸阀、泥浆阀、角式节流阀、油田专用平行式调节阀、油田专用直通式止回阀、注水/聚合物专用平行式闸阀、卡箍式平行闸阀、先导式安全阀和止回阀。API 6D 标准的石油、天然气长输管线用单闸板或双闸板阀、有导流孔或无导流孔的平板闸阀；锻钢或铸钢三体式、上装式或全焊接式固定球球阀；油密封或压力平衡式旋塞阀；旋启式或蝶式止回阀、通球止回阀；清管阀等。用于大型火电机组的闸阀、截止阀、止回阀、蝶阀、大口径安全阀、主蒸汽隔离阀、球阀、隔膜阀、减温减压阀和控制阀等，特别是高温高压调节阀，其结构设计应根据它的流量特性和工况控制要求来确定，可以是单座，也可以是双座、套筒和迷宫式结构。所以，作为特种设备的压力管道元件——阀门不管在发展、前景和科技含量上对石化和电力行业的应用将有巨大的贡献。

参 考 文 献

[1]TSG D2001—2006. 压力管道元件制造许可规则

装置运行与管理

荆门分公司催化汽油加氢脱硫及芳构化（Hydro-GAP）装置开工运行总结

高则刚

（中国石化荆门分公司，湖北荆门　440002）

摘　要：本文介绍了国内首套催化汽油加氢脱硫及芳构化装置开工运行的主要内容：试运准备、装置试运、首次开工、装置标定、分析总结消缺改造等，表明催化汽油加氢脱硫及芳构化工艺在国内首次应用的成功。

1　概述

中国石化荆门分公司12万吨/年催化汽油加氢脱硫及芳构化装置由洛阳石化工程公司设计，利用原有的10万吨/年汽油加氢装置改造而成。装置主要包括预分馏、预加氢、Hydro-GAP、吸收稳定等部分。采用洛阳石化工程公司开发的催化汽油加氢脱硫及芳构化工艺技术(Hydro-GAP)。工艺路线：将来自催化裂化分馏塔的粗汽油切割成轻、重馏分，切割点的选择应根据催化汽油的性质和加氢产品的要求而定。重馏分首先通过预加氢脱除二烯烃、胶质等易生焦物质，然后进入加氢脱硫及芳构化反应器，生成油与轻馏份混合，经过吸收稳定、碱抽提－氧化脱硫醇处理，最后作为汽油产品出装置。

装置于2008年7月15日开始改造，27日进行中交。经装置吹扫贯通、催化剂装填、气密、干燥、硫化、初活稳定8月13日开始切换催化原料，实现开工进油一次成功。

2　试运准备

为了配合催化汽油加氢脱硫及芳构化装置的开工，车间成立了开工领导小组，具体负责装置各项生产准备工作：

1)在边生产边改造、人员紧、调配难得不利条件下，按培训计划，完成了对开工人员的系统培训任务。

2)完成了技术资料的编辑、审核及出版，包括《催化汽油加氢装置操作规程》、《催化汽油加氢装置实习培训资料》、《催化汽油加氢装置流程图册》。

3)完成了800吨硫化、初活稳定油。

4)按生产准备与工程建设同步的要求，组织人员及早进入现场，熟悉设备、流程，并积极配合设计和施工单位严把设备收关，并查找设计和施工中暴露的问题，使设备及工艺更满足操作要求，提高开工的可靠性。

3　试运工作

3.1　催化剂装填

根据催化汽油脱硫及芳构化工艺要求增加了一台芳构化反应器反721，装填LHA芳构化催化剂。原反701做预加氢反应器，装填LPH-3加氢催化剂。为缩短停工改造时间，车间组织人员提前装填了反721催化剂，7月24日装填了反701催化剂。其硫化流分析数据见表1。

3.2 催化剂干燥

7月31日反应系统氮气置换、气密合格。20：00开机702/1，点炉701升温。8月1日7：00反721床层达到150℃，恒温2h。2日16：00反721达到300℃恒温，反701温度最高达到130℃，温度无法达到设计要求，经过与洛阳院协商，11：00催化剂干燥结束，反应系统降温。

3.3 催化剂预硫化

3.3.1 催化剂硫化条件

高分压力：2.3MPa；硫化油：直馏煤油；循环氢量：5600Nm^3/h；循环氢纯度：≮85%；进油量：9.5t/h；硫化剂：DMDS。

表1 汽油芳构化装置硫化油分析数据

罐 号	706/3	706/4	罐 号	706/3	706/4
馏程/℃			残留/%	1.0	1.0
HK	151.0	148.0	损失/%	1.0	1.0
10%	175.0	172.0	密度/(kg/m^3)	805.8	802.5
20%	182.0	179.0	硫含量/%	0.1	0.1
50%	198.0	193.0	闪点/℃	40.0	43.0
90%	224.0	220.5	碱性氮/(mg/kg)	10.2	11.2
KK	245.0	240.5	总氮/(mg/kg)	21.0	18.0
全馏/%	98.0	98.0			

3.3.2 硫化过程

8月5日引氢气置换反应系统，进行2.5MPa气密。8月6日11：00启动机702/1，点炉701，反应系统升温、升压。17：00开泵701进油。19：30高、低分见油，低分油外甩至611JHJ进行系统置换。22：00改为闭路循环。22：20反721入口温度160℃，开始注硫化剂。7日2：30温度达到190℃，恒温，等待硫化剂穿过反721催化剂床层。18：30反721温度升至230℃。8日4：30反721入口温度开始向300℃升温。18：30反721入口升至300℃，恒温。8日18：50，9日11：30，10日4：40泵701三次抽空，停注硫，气中H_2S含量，反应器温度波动较大，改带山上罐循环。11日22：00反721硫化结束，330℃恒温，等待反701温度上升，由于换热系统与设计相差较大，反701硫化温度最高230℃，无法进行260℃硫化。12日经过与洛阳院协商，9：30反701硫化结束，停注硫，系统开始降温。

3.3.3 催化剂上硫量(见表2)

表2 催化剂上硫量

催化剂名称	LPH-3	LHA	合计
催化剂装填重量/t	4.0	14.72	
硫化剂实际用量			5000
硫化催化剂实际生成水			1240

3.4 初活稳定

12日10：30反721入口300℃恒温，引容706/3，带罐循环，进行催化剂初活稳定。塔702进油，调整操作。切割轻汽油送催化。

3.5 切换原料

稳定结束后，13日7：00开始切换部分催化原料，切换比例为35%～40%进行切换。14日8：00切换成100%催化原料。

4 装置标定

根据荆门分公司安排，为了考察催化剂及工艺技术工业应用情况，装置物料平衡及能耗情况，产品质量情况。于2008年9月22日8：00～9月24日15：00(55h)对装置进行标定。

4.1 标定物料平衡(见表3)

表3 装置物料平衡表

序号	物料名称	收率/%		数量		
		设计	实际	kg/h	t/d	10^4t/a
(一)	入方					
1	催化汽油	100	100.00	18008.33	432.20	14.41
2	新氢	2.3	0.97	175.00	4.20	0.14
3	汽提氢气	0.16	0.25	44.90	1.08	0.04
	合计	102.46	101.22	18228.23	437.48	14.59
(二)	出方					
1	混合汽油	93.96	97.29	17519.47	420.47	14.02
	轻汽油	34.6	43.34	7804.69	187.31	6.24
	精制汽油	59.39	53.95	9714.78	233.15	7.77
2	低分气	0.31	0.25	45.00	1.08	0.04
3	汽提塔顶气	5.05	2.41	434.60	10.43	0.35
4	废氢	3.14	1.16	208.33	5.00	0.17
5	损失		0.12	20.83	0.50	0.02
	合计	102.46	101.22	18228.23	437.48	14.59

4.2 标定工艺条件及操作参数(见表4)

表4 标定期间操作参数

项目		时间	22日 9:00	22日 13:00	24日 11:00	24日 13:00
反应系统	进料量		17	17	19.9	16
	反应进料/(t/h)		9.5	9.5	9.5	7.0
	循环氢/(Nm^3/h)		8241	6654	6341	6351
	新氢/(Nm^3/h)		2669	1991	2303	2456
	氢油比		609	486	411	574
	空速/h^{-1}	反701	2.13	2.13	2.14	1.57
		反721	0.62	0.62	0.63	0.46
	反701	入口温度/℃	181	185	186	181
		出口温度/℃	174	179	178	176
		上床层上部温度/℃	182	185	185	181
		上床层下部温度/℃	186	191	191	184
		下床层上部温度/℃	177	182	181	178
		下床层中部温度/℃	179	182	182	177
		下床层下部温度/℃	181	183	184	178
		压差/MPa	0.01	0.01	0.01	0.01
	炉701	入口温度/℃	295	296	297	293
		出口温度/℃	338	338	342	343
	反721	第一床层入口/℃	337	337	341	340
		第一床层出口/℃	392	398	398	399
		第一床层温升/℃	55	61	57	59
		第二床层入口/℃	354	356	353	353
		第二床层出口/℃	396	397	391	392
		第二床层温升/℃	42	41	38	39
		第三床层入口/℃	385	383	383	384
		第三床层出口/℃	392	389	390	392
		第三床层温升/℃	7	6	7	8
		出口/℃	375	374	375	372
		总温升/℃	104	108	102	106
		压差/MPa	0.01	0.01	0.01	0.01
	高分容701压力/MPa		2.81	2.81	2.8	2.8
	低分容702压力/MPa		0.6	0.6	0.6	0.6
分馏系统	塔701	塔顶温度/℃	64	67	62	61.8
		进料温度/℃	84	85	58	60
		塔底温度/℃	91	91	70	69
		容707压力/MPa	0.27	0.27	0.27	0.27
	塔702	塔顶温度/℃	69	69	69	69
		进料温度/℃	88	89	85	88
		塔底温度/℃	136	137	136	134
		容704压力/MPa	0.084	0.091	0.04	0.04

4.3 能耗(见表5)

表5 装置物料消耗表

名称	设计值		能耗折算系数	标定		比较
	单耗	能耗		单耗	能耗	
新鲜水/(t/t)	0		0.17	0.08	0.01	-0.16
循环水/(t/t)	5.61	0.56	0.1	6.22	0.62	0.52
除盐水/(t/t)	0.03	0.07	2.3	0	0	0
电/(kW/t)	23.98	6.23	0.26	35.46	9.22	8.96
1.0MPa 蒸汽/(t/t)	0.21	15.96	76	0.11	8.32	-7.64
燃料气/(kg/t)	4.73	4.49	950	2.59	2.46	-2.04
合计/(kg 标油/t)		27.32			20.63	-6.69

4.4 标定结果

(1)混合汽油产品硫含量达到设计要求，满足国Ⅲ标准。

从表10中9月22日标定数据可以看出，催化稳定汽油(原料)硫含量在0.084%、0.096%时，加氢脱硫率为90%~92%，装置产品混合汽油硫含量为118mg/kg，124 mg/kg，硫含量满足国Ⅲ标准，达到设计要求。

(2)混合汽油产品辛烷值未能达到设计要求。

从表10标定数据看：产品辛烷值RON降低1.8~2.4个单位，MON降低0.8个单位。$\Delta(R+M)/2$降低1.3个单位。在空速为$0.5h^{-1}$时，产品辛烷值*RON*降低1.4个单位，*MON*降低0.1个单位。$\Delta(R+M)/2$降低0.75个单位，未达到设计要求。

(3)装置能耗达到设计要求。

本次标定，装置能耗为20.63kgEO/t，比设计值27.32kgEO/t低6.69个单位，达到设计要求。

5 分析总结及消缺

根据实际生产情况总结了如下几点。

5.1 干燥过程

因反701进料无加热炉，温度只能靠反721换热，反721温度升至300℃，反701温度无法达到干燥要求，实际只有130℃，反701干燥不彻底。

5.2 硫化过程

1)换热温度与设计相差较大，反701硫化温度未达到预期要求的260℃，只达到230℃，硫化不够充分。

2)在硫化过程中，反721催化剂酸性较强，在高温300℃以上发生部分裂化反应，生成轻组分较多，在闭路循环条件下，轻组分带入原料缓冲罐，原料泵三次抽空，硫化中断3次。对催化剂硫化效果有一定的影响(见表6)。

表6 温度影响 ℃

馏程	HK	10%	50%	90%	KK	全馏
低分油	43	108	184	216	258	97
硫化油	151	175	198	224	245	98

车间对操作进行适当调整：①流程做出调整，投用汽提塔701吹氢，带山上的罐容706/3进行大循环，将轻组分拔除，走611JHJ线出装置。②降低缓冲罐容709温度，从而降低原料泵入口温度(从110℃降至75℃)，减少硫化油的气化量。原料泵运行正常。

3)硫化过程实际注入硫化剂5000kg，理论用量3007kg，超出理论值1993 kg，主要是原料泵3

次抽空，中断注硫后，系统恢复期间，氢气带走 H2S，使气中 H2S 下降。另外，带容 706 循环，硫损失也较大。

4)硫化过程实际脱水 1240kg，理论脱水量 943.6kg，超出理论值，分析可能为反 701 未干燥彻底，带出的部分水。

5.3 塔 701、702 操作(见表 7)

表 7 塔 701、702 操作设计值与实际值

项目		设计值	实际值		
			最大	最小	平均
塔 701	塔顶温度/℃	73	106	66	83.4
	进料温度/℃	125	110	100	105.2
	塔底温度/℃	107	109	97	102.5
	回流罐压力 MPa	0.25	0.25	0.25	0.25
塔 702	塔顶温度/℃	77	62.9	60	61.5
	进料温度/℃	107	107	99.1	101.2
	塔底温度/℃	126	134	101	120.7
	回流罐压力/MPa	0.08	0.098	0.07	0.1

实际操作值与设计值偏差较大，对反应系统影响较大。

1)塔 701 进料温度受进料量的影响，不稳定。塔顶温度不稳，回流无法正常建立。

2)塔 702 操作波动较大，原料量控制塔液面，因流程较长，无法精确控制，波动大。影响塔的分离效果，轻、重汽油馏程不稳定，直接影响反应系统正常操作及产品质量。

3)塔 701、702 利旧使用，两塔本身设计压力较低(0.3MPa)，塔提压操作空间有限。

4)原料油由原来的两套催化混合进料改为二催稳定汽油，性质与设计偏差较大，影响塔 702 的操作。

5)塔 702 顶压力不易控制，无法达到设计要求，建议增加吹氢，提高压力。

5.4 反应系统

1)反 701 前无加热炉，入口温度靠反 721 换热及旁路调节，现旁路全开，温度 165℃，超过初期设计值(160℃)，无法调节。

2)反 721 入口 335℃(设计初期 355℃)，第一床层温升就达到 60℃以上(设计 30℃)，超出设计值较多。为反应较强，适当降低反应入口温度。

3)反应器入口氢分压低于设计值(3.0MPa)，主要因为在用润滑油加氢废氢后，循环氢纯度太低(60%~70%)，现改为用重整氢，纯度 85%~90%，有所提高，设计新氢纯度 >90%，实际润加氢废氢纯度 80% 左右，其次，装置开工初期，系统压降小，反应压力低，氢分压低。调整方法，加大外排。

5.5 产品质量

目前，装置混合汽油硫含量 150~200μg/g，能达到设计要求，产品辛烷值损失较大(1~2 个单位)，反应温度目前维持在 330~350℃，还未达到设计条件。

5.6 建议消缺

1)炉 701：实际生产中炉 701 出入口温差 40℃左右，较设计的 50℃减少了 10℃左右，所需瓦斯量减少，炉 701 为利旧使用，控制阀、火嘴偏大，火苗无法烧出火盆，控制阀阀位一直在 5% 以下，炉出口温度不易控制，直接影响反应入口温度及整个反应床层温度的分布。

建议：①瓦斯控制阀、孔板重新选型，更换；②火嘴更新。

2)反 701 入口温度：因反 701 入口温度一直 180℃以上，超过设计值 160℃，反 701 入口温度由换 701、703 换热控制，换 701、703 旁路全开也无法降低入口温度，旁路管线管径小。

建议：将主线部分截流，主线上加阀。

3)塔701：生产初期，反应温度低，反应部分产生的轻组分较少，塔701顶回流量很少，泵出口开度很小，泵密封憋漏，只有间断打回流，塔顶温度无法正常控制。

建议：①泵722出口加回容707管线；②借塔702回流，泵702出口增加去塔701回流线。

4)塔702：塔顶轻组分较少，塔顶回流罐容704压力0.05~0.12MPa之间波动，无法控制。

建议：容704增加补压线(氢气线)。

5)容702、容704、707气体无计量，装置物料无法平衡。

建议：气路增设2块孔板。

5.7 消缺后的效果

装置于2009年3月14日8:00~3月16日16:00(56h)进行标定。标定期间作了国Ⅲ、国Ⅳ两个标准。

5.7.1 物料平衡(见表8、表9)

表8 装置物料平衡表(国Ⅲ标准)

序号	物料名称	收率/%	数量		
			kg/h	t/d	10^4t/a
(一)	入方				
1	催化汽油	100.00	16900.00	405.60	13.52
2	新氢	1.68	284.20	6.82	0.23
3	汽提氢气	0.08	13.24	0.32	0.01
	合计	101.76	17197	412.74	13.76
(二)	出方				
1	混合汽油	95.44	16130	387.12	12.90
2	低分气	0.20	34.31	0.82	0.03
3	汽提塔顶气	3.74	632.68	15.18	0.51
4	废氢	2.24	377.83	9.07	0.30
5	损失	0.13	22.00	0.53	0.02
	合计	101.76	17197	412.72	13.76

表9 装置物料平衡表(国Ⅳ标准)

序号	物料名称	收率/%	数量		
			kg/h	t/d	10^4t/a
(一)	入方				
1	催化汽油	100.00	7891	189.38	6.31
2	新氢	3.17	250	6.00	0.20
3	汽提氢气	0.16	13	0.31	0.01
	合计	103.33	8154	195.70	6.52
(二)	出方				
1	混合汽油	94.15	7429	178.30	5.94
2	低分气	0.27	21	0.50	0.02
3	汽提塔顶气	3.19	252	6.05	0.20
4	废氢	5.47	432	10.37	0.35
5	损失	0.25	20	0.48	0.02
	合计	103.33	8154	195.70	6.52

5.7.2 标定工艺条件及操作参数(见表10)

表10 标定期间操作参数

项目		时间	14日 10:00	14日 16:00	15日 10:00	15日 16:00	16日 10:00	16日 16:00
反应系统	进料量		13.11	12.66	11.79	12.74	11.17	8.43
	反应进料/(t/h)		8.82	8.71	8.86	8.73	5.0	5.0
	循环氢/(Nm^3/h)		8621.8	8203.8	9013.0	9195.7	9737.7	10755.4
	新氢/(Nm^3/h)		2729.2	2657.4	2587.2	2663.9	2738.8	3000
	氢油比		601	580.2	626.6	648.8	1203.6	1322.9
	空速/h^{-1}	反701	2.02	1.99	2.03	2.0	1.14	1.15
		反721	0.86	0.85	0.87	0.86	0.49	0.49
	反701	入口温度/℃	161.4	168.2	162.7	165	158.2	167.6
		出口温度/℃	161.9	167.8	164.7	165	163.7	167.3
		上床层上部温度/℃	162.2	168.3	163.6	165.2	165.1	166.7
		上床层下部温度/℃	162.6	168.1	163.4	165.1	164.5	165.4
		下床层上部温度/℃	170.2	167.1	170.1	175.2	175.4	170.5
		下床层中部温度/℃	172.1	179.9	175.3	178.1	176.5	181.3
		下床层下部温度/℃	171.2	166.5	172	173.5	173.8	172.4
		压差/MPa	0.05	0.05	0.05	0.05	0.05	0.05
	炉701	入口温度/℃	281.3	286.3	296.3	302.5	307.2	316.5
		出口温度/℃	395.4	396.3	396.8	396.4	397.6	399.1
	反721	第一床层入口/℃	390.3	390.0	391.0	390.8	388.2	390.8
		第一床层出口/℃	395.7	399.4	393.7	395.7	393.5	400.2
		第一床层温升/℃	5.39	9.4	2.7	4.9	5.3	9.4
		第二床层入口/℃	366.0	361.1	360.5	363.1	360	361.4
		第二床层出口/℃	370.8	393.8	396.9	400.8	393.1	392.4
		第二床层温升/℃	4.8	32.7	36.4	37.7	33.1	31
		第三床层入口/℃	375.5	380.5	392.4	394.8	384.7	390.3
		第三床层出口/℃	399.1	408.4	409.0	410.4	399.1	412.4
		第三床层温升/℃	23.6	27.9	16.6	15.6	14.4	22.1
		出口/℃	373.1	385.2	403.8	405.2	391.7	390.9
		总温升/℃	33.74	70	55.7	58.2	52.8	62.5
		加权平均床层温度/℃	381.83	388.55	391.33	393.50	386.32	391.62
		压差/MPa	0.01	0.01	0.01	0.01	0.01	0.01
	高分容701压力/MPa		1.71	1.73	1.77	1.74	1.74	2.00
	低分容702压力/MPa		0.44	0.41	0.37	0.43	0.38	0.38
分馏系统	塔701	塔顶温度/℃	32.8	34.0	32.5	37.1	30.8	34.0
		进料温度/℃	114.9	113.7	111.8	107.8	97.7	112.3
		塔底温度/℃	106.9	107.4	109.7	105.7	95.2	92.2
		容707压力/MPa	0.26	0.26	0.26	0.26	0.26	0.26
	塔702	塔顶温度/℃	69.2	68.2	67.8	68.0	62.6	60.5
		进料温度/℃	93.6	94.1	90.4	93.1	92.5	101.6
		塔底温度/℃	132.3	128.7	130.6	130.4	132.5	130.4
		容704压力/MPa	0.1	0.1	0.1	0.1	0.1	0.11

5.7.3 能耗(见表11)

表11 装置物料消耗表

序号	名称	单位	设计值		能耗折算系数	标定				与设计比较	
						国Ⅲ标准		国Ⅳ标准		国Ⅲ标准	国Ⅳ标准
			单耗	能耗		单耗	能耗	单耗	能耗		
1	新鲜水	t/t	0	0	0.17	0.08	0.01	0.08	0.01	0.01	0.01
2	循环水	t/t	5.61	0.56	0.1	7.57	0.76	13.31	1.33	0.20	0.77
3	除盐水	t/t	0.03	0.07	2.3	0.00	0.00	0.00	0.00	-0.07	-0.07
4	电	kW/t	23.98	6.23	0.26	25.09	6.52	54.63	14.20	0.29	7.97
5	1.0MPa蒸汽	t/t	0.21	15.96	76	0.12	9.09	0.13	9.63	-6.87	-6.33
6	燃料气	kg/t	4.73	4.49	950	2.60	2.47	6.46	6.14	-2.02	1.65
	合计	kgEO/t		27.86			18.86		31.32	-9.00	3.46

5.7.4 标定结果

1)混合汽油产品硫含量达到设计要求，满足国Ⅲ标准。从表11中标定数据可以看出，催化稳定汽油(原料)硫含量在0.0626%~0.092%时，加氢脱硫率为80.51%~85.71%，装置产品混合汽油硫含量(碱洗后)为117~147 mg/kg，硫含量满足国Ⅲ标准，达到设计要求。

2)混合汽油产品辛烷值损失能达到设计要求。从表11标定数据看：产品辛烷值损失14日至16日逐渐减少，RON由-1~0.7个单位，MON由0~0.5个单位。在空速为0.5h^{-1}时，产品辛烷值RON增加了0.7个单位，达到设计要求。

3)装置能耗达到设计要求。本次标定，装置能耗在两种工况下进行。国Ⅲ标准工况下，能耗为18.86kgEO/t，比设计值28.16kgEO/t低9.0个单位，达到设计要求。国Ⅳ标准工况下，能耗为31.32kgEO/t，比设计值28.16kgEO/t高3.46个单位。

6 结论

荆门分公司12万吨/年催化汽油加氢脱硫及芳构化装置的开工及运行是成功的，通过消缺后，解决了装置存在的问题，从第二次标定情况，可以看出，催化汽油加氢脱硫及芳构化工艺技术可以在降低催化汽油的硫含量的同时，汽油的辛烷值不损失，甚至还有所提高，能满足汽油质量升级的要求。

先进过程控制技术在常减压装置的应用

覃　水　王绣程

（中国石化九江分公司，江西九江　332004）

摘　要： 本文介绍了先进过程控制技术(Advanced Process Control 简称 APC)以及在九江分公司Ⅰ套常减压蒸馏装置的实施和应用情况。通过在常减压装置原油换热网路、初馏塔、常压塔、减压塔、加热炉进料和热效率投用 Aspen 公司的先进过程控制技术，实现了装置的平稳操作和产品质量的卡边操作，提高装置的抗干扰能力，增加高附加值产品的收率，降低成本，节能降耗，达到装置利润的最大化。

关键词： 常减压装置　先进过程控制　平稳操作　收率　节能降耗　利润

1　前言

中国石化股份有限公司九江分公司Ⅰ套常减压蒸馏装置于2008年3月建成投产，设计加工能力为5.0Mt/a。装置采用初馏塔-常压塔-减压塔-电精制及轻烃回收(压缩机)工艺流程，主要产品为重整原料(石脑油)、灯油(200#溶剂油、航煤料)、轻柴(军柴)、重柴油(加氢原料)、减压蜡油和减压渣油，原则流程图见图1。

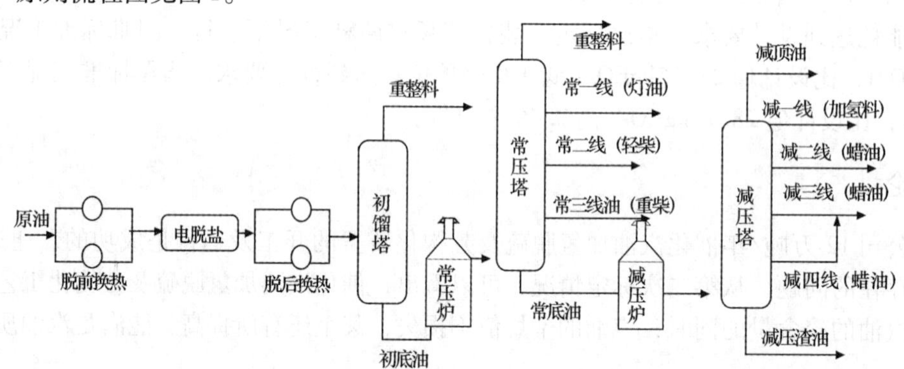

图1　Ⅰ套常减压装置工艺原则流程

2　先进过程控制技术与常规 PID 控制技术的对比

2.1　常规 PID 控制技术

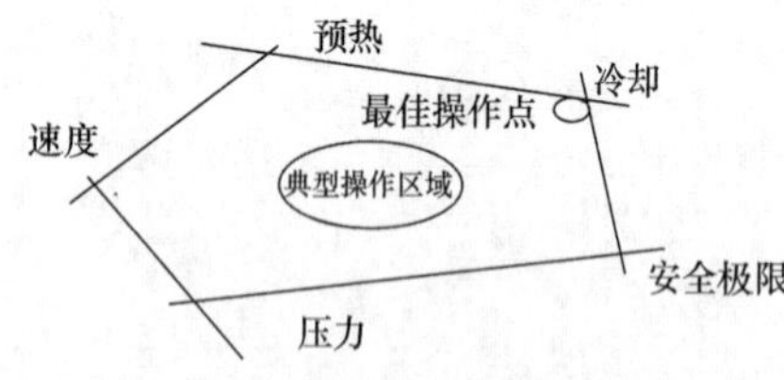

图2　常规 PID 控制器操作示意

目前，炼油装置控制技术多采用比例－积分－微分控制规律(即常规 PID 控制器)，以单回路或串级控制为主要调节手段，在被控参数产生偏差后进行调节。由于装置变量之间总是存在相互作用，因此当装置状况或者生产方案变化时，操作人员需要同时调节多个控制回路，并确保各调节量相互匹配，才能将装置的操作点控制在某一范围内。其操作示意图见图2。

2.2　先进过程控制技术

先进过程控制技术，是基于现代控制理论的发展和微型计算机技术进入到工业控制领域的应用而逐步发展成熟的，以整个生产装置(或装置单元)为对象，根据各变量间的模型关系，利用先进控制方法对装置实施协调统一的控制，普遍采用的是模型预测控制技术，即“模型预测、反馈校正、滚动优化”的控制算法，根据模型对将来的预测，决定走当前一步。其工作原理见图3。

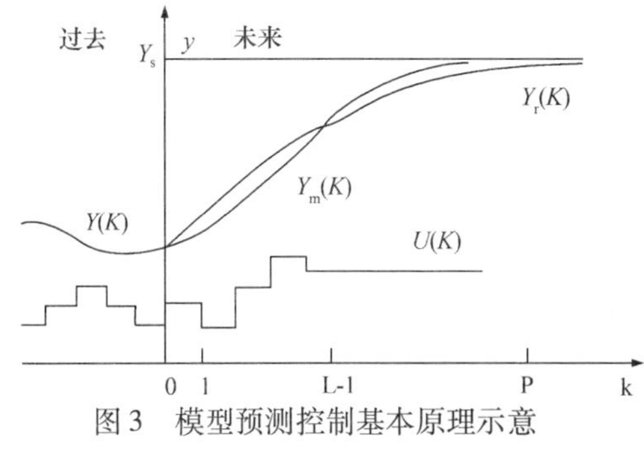

图3 模型预测控制基本原理示意

其中 $U(K)$ 表示阀位开度；Y_s 为目标值；$Y_r(K)$ 为模型预算值；$Y_m(K)$ 为实际计算值。当 $K=0$ 时，给定目标值 Y_s 发生变化，根据建立的模型预算，$Y_r(K)$ 将不断开大才能接近目标值 Y_s，同时模型还会对比 $Y_r(K)$ 与 $Y_m(K)$，来决定当前 $U(K)$ 的变化；当 $K=L^{-1}$ 时，模型计算出 $K=P$ 时，$Y_r(K)$ 与 $Y_m(K)$ 都无限接近于 Y_s，此时阀位 $U(K)$ 将保持不变。

2.3 先进过程控制技术的优势

从图3可以看出，操作人员的典型操作区域位于所有这些约束变量构成的区域的中间，这使得操作工可以有较充足的时间来处理外界干扰对装置的影响。但从装置优化的角度来看，装置的最佳操作点应该是在几个约束变量的交点处。也就是说典型的操作区域并不一定是最佳操作点，尽管DCS的应用，使得比例控制、均匀控制等高级控制手段得以实现，但也难以解决操作变量之间的经济优化问题，可靠性和适应性较差。

先进控制技术则可以借助计算机的高效性能来实现复杂数据处理与传输、模型辨识、控制规律的计算、控制性能的监控、整体系统的监视(包括统计计算、各种图形显示)。它将整个生产装置或者某个工艺单元作为一个整体研究对象，首先通过现场测试，量化描述各变量之间的相互关系，建立过程多变量控制器模型。利用该模型可以预测装置的变化，提前调节多个相关的操作变量，因而可提高装置运行的平稳性。利用成本因子，计算优化控制方案，使装置处于最优操作点附近运行，从而最大限度地提高目的产品产率、降低成本，增加经济效益(见图4和表1)，优势主要表现为以下几个方面：

1)模型预测。先进过程控制技术可以根据对现场的模拟测试，将所有的影响因素考虑进来，建立模型。当工艺操作条件发生变化，控制器将根据先前模型进行计算，然后做出相应的调整；

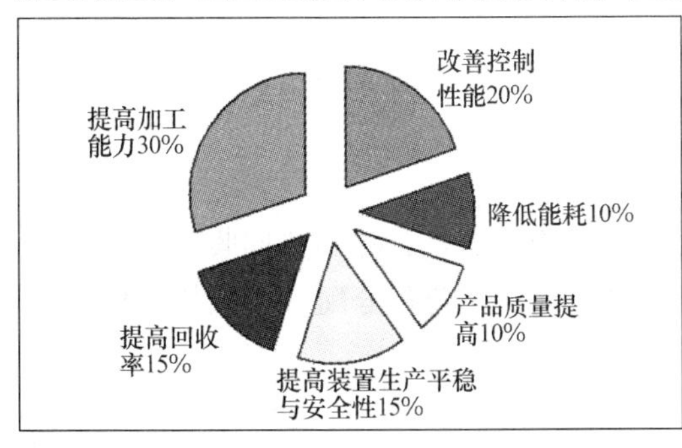

图4 实施APC效益来源图

2)滚动优化。在预测控制中优化不是一次离线进行，而是反复在线进行的。优化的滚动实施能顾及由于模型失配、时变、干扰等引起的不确定性并及时进行弥补，使控制保持实际上的最优；

3)反馈校正。预测控制在通过优化确定了一系列未来的控制作用后，为了防止模型失配或环境干扰引起控制对理想状态的偏离，预测控制通常不是把这些控制作用逐一全部实施，而只是实现本时刻的控制作用。然后比较下一时刻检测对象的实际输出，并利用这一实时信息对基于模型的预测进行修正，然后再重新进行计算优化。

表1 炼油厂实施APC效益估算表

生 产 装 置	APC效益/(美元/桶)	进料最大化	产品质量控制	利润最大化	操作稳定性	收率改进
常减压装置	0.05~0.10	√	√	√	√	
烷基化	0.05~0.10	√	√			
加氢裂解	0.15~0.30	√	√	√		√
渣油加氢裂解	0.15~0.30	√	√	√	√	√

续表

生 产 装 置	APC 效益/(美元/桶)	进料最大化	产品质量控制	利润最大化	操作稳定性	收率改进
催化裂化	0.23~0.30	√	√	√		√
焦化	0.10~0.35	√	√	√	√	√
催化重整	0.10~0.30	√	√			√
芳烃	0.10~0.30	√	√	√	√	√
MTBE	0.15~0.30	√	√	√	√	√
汽油调和	0.05~0.15		√			√

注：图4 和表1 数据均来自：William M. Canney，“The Future of APC Promises More Benefits and Sustained Values，” Oil and Gas Journal，April 21，2003。

3 先进过程控制技术应用

3.1 实施过程

为进一步优化生产，降低装置成本，提高高附加值产品的收率，实现装置利润最大化。1JHJ常减压装置 APC 项目于 2008 年 5 月 12 日启动，采用的是 AspenTech DMC Plus2004 软件。历经半年的建模与测试，10 月开始试投用，11 月底全部投入工业运行阶段。

3.2 实施控制方案

根据装置生产管理、质量要求和仪表控制的实际现状，常减压先进控制应用项目的实施范围包括：原油换热网络、初馏塔、常压炉、常压塔、减压炉、减压塔和烟气回收系统。

3.2.1 原油换热与初馏塔控制器

主要控制目标：①稳定初馏塔塔底液位。②降低初馏塔进料电脱盐前后各支路换热终温的偏差。③满足初馏塔进料流量的下限约束。

3.2.2 炉效率先进控制器

主要控制目标：①常减压炉空气过剩系数控制在最佳范围内，提高常减压炉的全炉热效率。

3.2.3 常压炉支路平衡先进控制器

主要控制目标：①稳定控制好常压炉各支路流量的平衡，降低常压炉各支路出口的温差。②装置自动调整处理量。

3.2.4 常压塔先进控制器

主要控制目标：①提高常压塔顶循和一中循环取热量，减少冷回流量，提高热回收率；②常顶石脑油卡馏程 90% 上限控制；③常三线重柴油卡 350℃ 馏出量控制；④合理分配中段取热比例，尽可能降低塔顶冷回流量，提高抗干扰能力。

3.2.5 减压炉先进控制器

主要控制目标：①稳定控制减压炉各支路流量的平衡，降低减压炉各支路出口的温差。

3.2.6 减压部分先进控制器

主要控制目标：①平稳控制减三线液位和减三线抽出流量；②控制好减一线产品质量(350℃馏出量)，稳定减压塔顶部操作。

3.2.7 软仪表

根据先进控制器方案的设计，常减压先进控制系统的实施中，必须建立以下质量指标的软仪表(在线工艺计算)：初顶油 90% 点；常顶油 90% 馏出点；常一线灯油 10% 馏出点；常三线重柴油350℃馏出量；减一线重柴油 350℃馏出量。

3.3 投用效果

3.3.1 投用先进过程控制前后 CV 对比(见图5)

软仪表操作画面

软仪表描述	软仪表值	化验值	采样年份	采样月份	采样日份	采样小时	采样分钟	确认按钮
初顶油90%馏出点 PTOP90P	180	176	2008	10	22	10	10	ACK1 60
常顶油90%馏出点 ATOP90P	160	158	2008	10	22	12	20	ACK2 60
常一线10%馏出点 ASID10P	150	148	2008	10	22	16	30	ACK3 60
常三线350℃馏出点 ASEL350	360	358	2008	10	22	20	40	ACK4 60
减一线350℃馏出点 BSEL350	370	368	2008	10	22	0	50	ACK5 60

图5 常减压装置先进控制系统质量指标软仪表操作画面

表2 常减压装置先进控制关键CV投用前后情况对比表

位号	描述	DMC投用前		DMC投用后		投用前后对比	
		平均值	方差	平均值	方差	平均值之差	方差降幅/%
AIC1201. PV	常压炉烟气氧含量	3.89	0.519	3.22	0.374	0.67	28%
AIC1301PV	减压炉烟气氧含量	3.99	0.796	3.22	0.35	0.77	56%
PIC1202PV	常压炉炉膛负压	-52.96	13.63	-41.14	6.407	-11.82	53%
PIC1305PV	减压炉炉膛负压	-58.18	17.05	-40.9	6.651	-18.18	60%
TI1232A. PV	常二线抽出板温度	257.12	3.09	258.96	1.87	-1.84	39%
TI1234A. PV	常三线抽出板温度	320.23	1.58	319.32	1.08	0.9	31%
DTI1302C. PV	F1002三路出口与混合后温差	-0.912	1.004	-0.247	0.628	-0.665	37%
DTI1302E. PV	F1002五路出口与混合后温差	-0.464	1.546	0.633	0.621	1.097	60%
DTI1302H. PV	F1002八路出口与混合后温差	-0.292	1.312	0.152	0.603	0.444	54%
DTI1201A. PV	F1001一路出口与混合后温差	0.417	0.601	0.913	0.383	-0.495	36%
DTI1201D. PV	F1001四路出口与混合后温差	1.305	0.844	0.907	0.39	0.398	54%
LIC1105. PV	初馏塔底液位	59.3	7.701	60.28	1.146	-0.98	85%

注：各个变量平均值为APC投用前或后一个月的平均值。

从表2可以看出：①先进控制投用后，各被控指标CV的波动有明显减小，其中初馏塔底液位波动方差降低85%、常压炉炉膛负压53%、减压炉炉膛负压60%等。②先进控制投用后，和常减压炉能耗直接相关的各被控变量(如常减压炉的各支路的温度偏差及氧含量)波动明显减小，其中减压炉烟气氧含量波动方差降低56%、常压炉烟气氧含量波动方差降低28%、常压炉四路出口与混合后温差波动方差降低54%、减压炉五路出口与混合后温差波动方差降低达到60%。常减压炉烟气氧含量降低幅度分别达到0.6和0.7。③先进控制投用后，用来表征产品质量的各被控变量(如常压塔各侧线抽出温度)波动明显减小。其中，常三线抽出板温度波动方差降低31%、常二线抽出板温度波动方差降低39%。

3.3.2 APC控制器投用先后操作平稳对比

1)炉效率APC投用前后CV(被控变量)曲线对比见图6、图7。

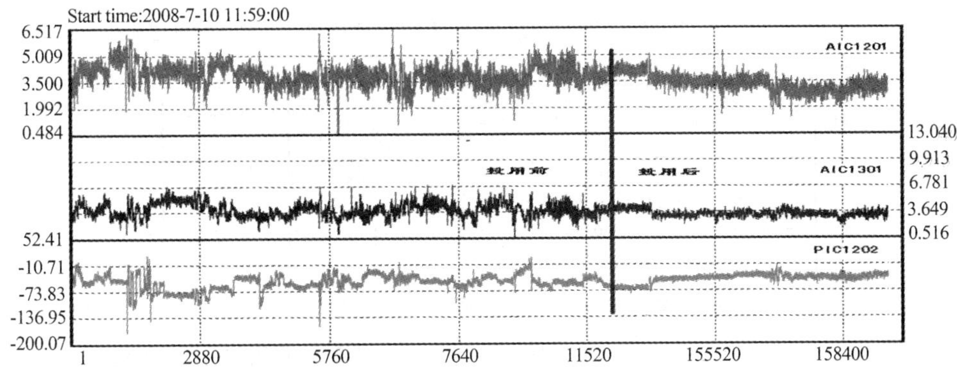

图6 CV1(AIC1201)、CV3(AIC1301)、CV2(PIC1202)投用前后对比曲线

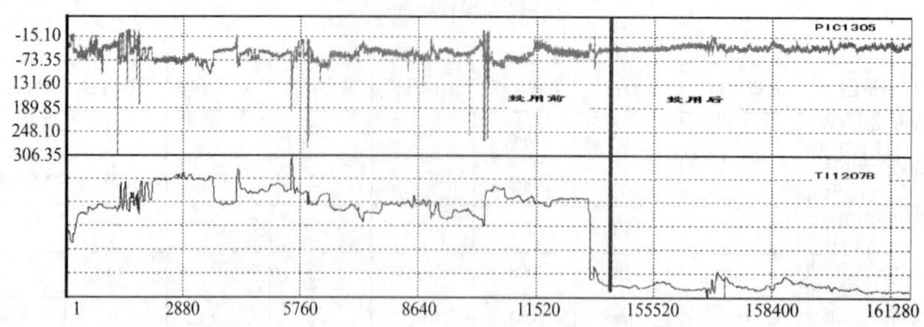

图 7　CV4(PIC1305)、CV5(TI1207B) 投用前后对比曲线

2)减压部分 APC 投用前后 CV(被控变量)曲线对比见图 8。

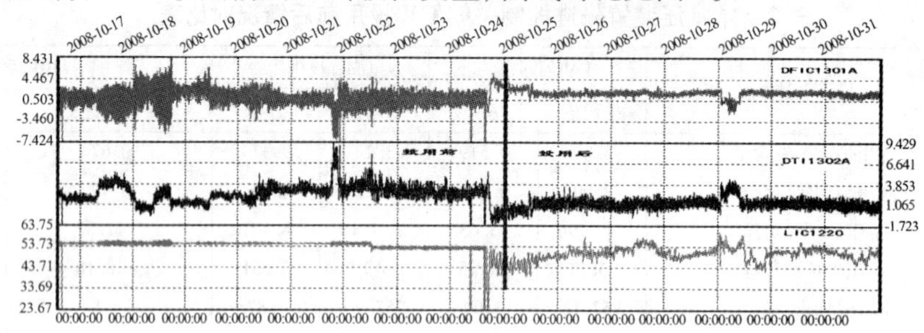

图 8　CV10(DFIC1201A)、CV2(DTI1302A)、CV1(LIC1220) 投用前后对比曲线

3)常压塔 APC 投用前后 CV(被控变量)曲线对比见图 9 ~ 图 11。

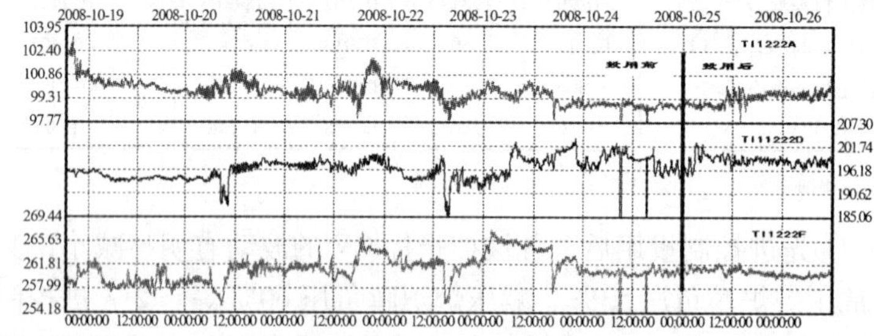

图 9　CV1(TI1222A)、CV5(TI1222D)、CV10(TI1222F) 投用前后对比曲线

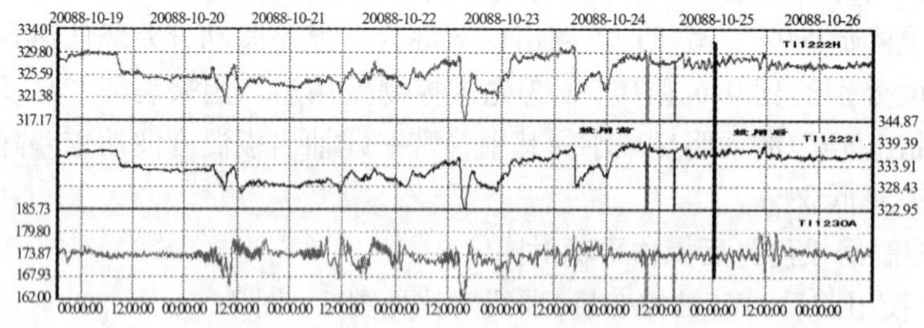

图 10　CV13(TI1222H)、CV15(TI1222I)、CV4(TI1230A) 投用前后对比曲线

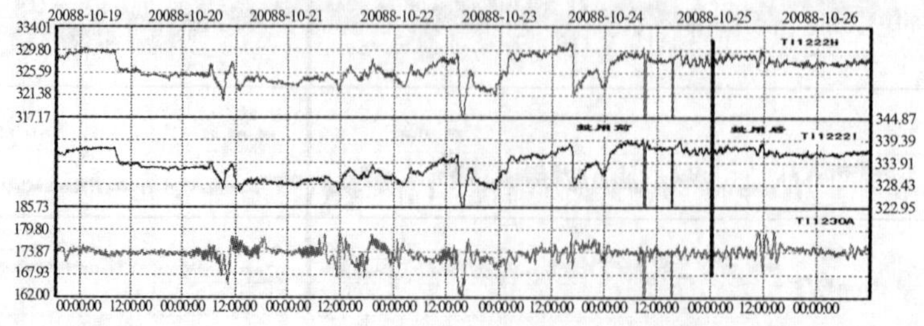

图 11　CV9(TI1232A)、CV12(TI1234A)、CV17(TI1235) 投用前后对比曲线

从以上几个图可以看出，APC借助计算机的高效性能，通过模型不断进行计算和预测，校正与优化，并作出相应的调整，频率一般60s左右，降低了劳动强度，便于管理，同时有效降低了人为的操作误差的影响，使得装置的操作更加趋于平稳，装置的能耗也得到一定程度的降低，这是操作人员无法比拟的优势。同时，APC的卡边操作，使得装置在最佳操作点附件平稳运行，可以提高高附加值产品的收率，降低能耗。

3.3.3 APC投用前后加热炉热效率对比(见表**3**)

表3 APC投用加热炉热效率对比

月 份	6月	7月	8月	9月	10月	11月	12月	1月	2月
F1001/%	90.54	90.81	90.38	90.51	91.7	91.84	90.87	91.18	91.36
F1002/%	90.68	90.9	90.39	90.2	91.62	91.85	90.89	90.99	91.22

从图12可以看出，10月份开始投用APC之后，加热炉的热效率有个明显的提高，F1001最高的达到了91.84%，与投用前的最高(90.8%)上升了1.04%，F1002最高达到91.89%，与投用前的最高(90.9%)上升0.99%。这说明了投用APC之后，加热炉的控制更加接近了最佳操作点，氧含量控制在3.5%附近，负压控制在-35kPa左右，加热炉的操作更加平稳，从而提高了加热炉的热效率，有效地降低了装置的能耗。此外，APC投用前，F1001平均热效率为90.56%，F1002平均热效率90.54%，投用后，F1001平均热效率为91.39%，F1002平均热效率91.31%，分别增加0.83%和增加0.77%。随着APC的投用时间增加，操作点越来越接近最佳控制点，加热炉操作更加平稳，热效率还会增加。

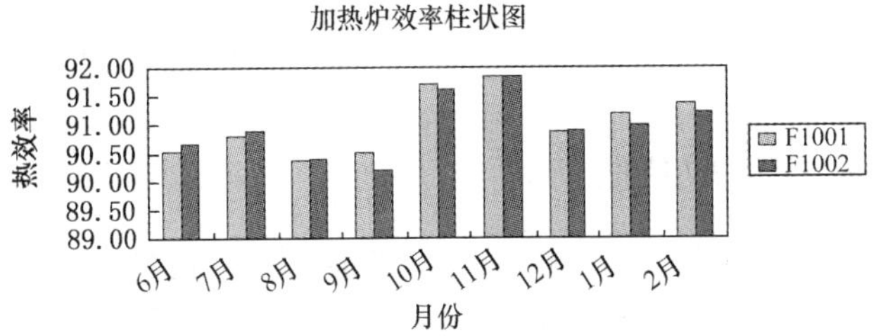

图12 加热炉热效率

3.3.4 APC投用之后馏出口合格率对比(见表**4**)

表4 APC投用先后馏出口合格率对比

月 份	6月	7月	8月	9月	10月	11月	12月	1月	2月
合格率/%	98.89	98.69	99.28	98.4	99.04	99.26	99.64	98.57	99.21

将馏出口合格率制成柱状图，如图13所示，从图中可以看出，投用APC之后，除1月份生产特殊油品(军柴)之外，馏出口合格率都较以前提高，说明APC投用之后的产品质量的卡边操作，使得馏出口合格率上升，油品质量得到提高，使得装置的利润最大化。

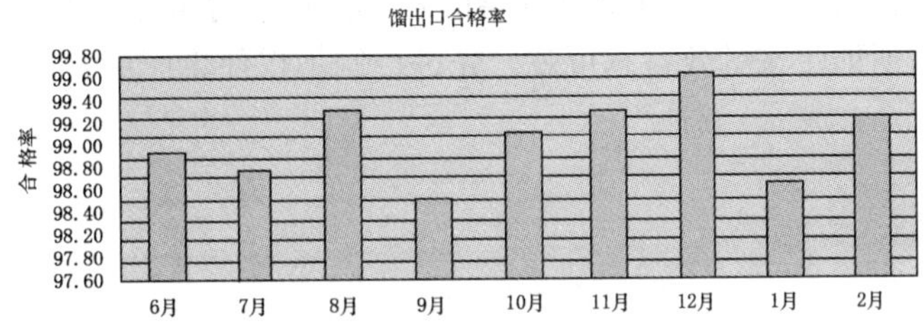

图13 馏出口合格率柱状图

3.3.5 APC投用先后轻质油收率对比(见表**5**)

表5 APC投用先后装置轻收对比

月份	5月	6月	7月	8月	9月	10月	11月	12月	1月	2月
轻收/%	33.31	32.82	33.88	33.35	34.56	35.47	34.74	35.54	34.65	34.83

2008 年 5 月至 9 月原油平均相对密度为 892.9kg/m^3，2008 年 10 月至 2009 年 2 月原油平均相对密度为 909.1kg/m^3，从表 5 可以看出，投用 APC 之后，即使的在原油性质变重的情况下，装置的轻收依然有了明显的提升，投用前(9 月份以前)平均轻收为 33.59%，投用后(10 月份以后)平均收率为 35.04%，增加了 1.46%，使得装置的效益进一步增大，见图 14。

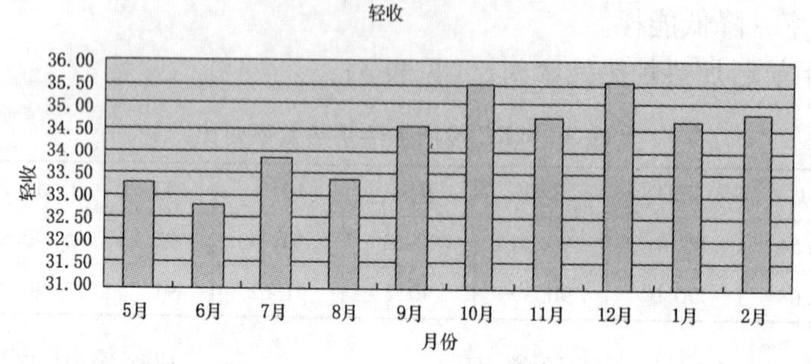

图 14　1JHJ 常减压装置轻收柱状图

4　效益估算

九江分公司常减压装置先进控制系统投用后，进一步提高了装置操作的平稳率，提高了装置运行经济效益。在控制器投用之后，一直持续稳定运行，投用率一直保持在 95% 以上。控制器投用后，在节能降耗、提高产品质量及提高处理量方面都发挥了最大的作用。随着操作人员的熟练程度增加，装置进一步的挖潜，以及 APC 控制点越来越接近最佳控制点，装置效益还会增大。

另外，通过稳定操作、抑制扰动，降低了操作人员的劳动强度，确保装置的长周期安、稳、长、满、优运行，可提高设备的使用寿命，降低设备的维修费用，其经济效益也是相当可观的。

5　总结

通过先进控制应用，使常减压装置，从传统的单回路操作提升为多变量的系统操作，增强了装置的抗干扰能力，提高了装置生产的平稳性，系统投用率达到了 95% 以上，极大地减轻了操作工的操作负荷，解决了部分常规控制存在的问题，重要生产参数自动维持在工艺和设备的许可范围内，使生产更安全更可靠更稳定。同时，由于控制水平的提高，实现了主要生产指标和质量指标的卡边控制，提高了目的产品收率，增加了装置效益。

1)九江常减压装置先进控制的实施，使得装置操作更加平稳，降低了操作人员的劳动强度，操作人员的主要精力从控制操作平稳，质量合格转移到装置的挖潜与节能降耗等优化操作上来。

2)各产品质量控制精度得到提高，在此基础上实现了卡边操作，提高了高附加值产品的收率。

3)多变量的控制思想使操作人员对错综复杂的各种影响关系都有一定的了解，而且了解越深刻，使用多变量控制器所能带来的效益越可观。先进控制不仅使生产更安全、更稳定，达到了优化高效的目的。

国内首套千万吨级加工高酸原油的常减压装置技术特点

夏长平　谢海峰

（中海石油惠州炼油分公司，广东惠州　516086）

摘　要：本文介绍了国内单系列规模最大、纯加工高酸重质原油的中海油惠州炼油1200万吨/年常减压装置，分析了高酸原油加工过程中的主要问题，阐述了该装置在设备选材、助剂技术管理方面的技术特点，分析了设备选材和助剂管理对腐蚀控制和下游装置平稳运行的重要影响。通过对装置实际运行情况的分析对比，突出了该装置在减压深拔和节能降耗上的先进性，同时针对运行中暴露的技术问题指明了改造方向。

关键词：高酸原油　选材　工艺防腐　高真空　深拔

1　装置概况

中海石油炼化有限责任公司惠州炼油分公司是中海油总公司独资兴建的第一个大型下游项目，其常减压装置采用电脱盐→闪蒸塔→常压塔→减压塔的工艺路线，设计加工渤海2号高酸重质原油，属低硫环烷中间基原油，年加工能力1200万吨，是目前国内单套加工能力最大的新装置，自2009年3月首次投产成功以来，截至12月已连续平稳生产九个月，累计加工原油733.3万吨，其中12月加工104.2万吨。渤海2号原油的轻质油馏分收率较低，<200℃馏分为7.17%，<350℃馏分收率为28.60%，其主要性质见表1。

表1　渤海2号原油的主要性质

20℃密度/(g/cm^3)	酸值/(mgKOH/g)	°API	25℃黏度/(mm^2/s)	凝点/℃	硫含量/%	盐含量/(mgNaCl/L)	胶质/%	沥青质/%
0.9190	3.57	21.9	277.4	-30	0.28	228	17.1	0.8

2　高酸原油加工过程中的主要问题

1)密度大、胶质和沥青含量高、黏度大、酸值高，导致电脱盐油水界面不清，脱盐脱水困难，致使设备低温$H_2S-HCl-H_2O$型腐蚀加剧。

2)部分高酸原油的钙、钠含量高，油溶性的环烷酸盐具有表面活性，会导致原油乳化，造成电脱盐电导率上升，严重影响脱盐效果。

3)带来220~420℃高温环烷酸型设备腐蚀，其中232~288℃和350~400℃为两个腐蚀高峰，由于馏分油酸值分配不均衡，给防腐选材和助剂防腐带来困难。

4)此类原油大都属于低硫环烷中间基，高温下结焦倾向大，通过提高加热炉出口温度提高减压拔出率存在风险。

5)高酸原油中有机氯化物含量高，即使电脱盐脱后含盐达标，在加热炉高温下分解进入三顶系统的氯离子含量仍很高，解决低温部位腐蚀问题困难。

3 装置技术特点

3.1 材料等级高

考虑到下游蜡油高压加氢裂化、煤柴油加氢裂化、催化裂化等装置对原料中金属离子含量的苛刻要求，同时保证本装置“四年一修”的长周期运行目标，通过对渤海2号原油各馏分油的腐蚀实验确定了“加工渤海高酸原油设备选材导则”，主要选材应用有：

1)工艺管道介质温度小于220℃时，选用碳钢材质；

2)工艺管道介质温度大于等于220℃小于288℃时，选用1Cr5Mo、0Cr19Ni10Ti、0Cr17Ni14Mo2材质(本装置316L材料一律要求Mo含量大于2.5)；

3)工艺管道介质温度大于等于288℃时，选用0Cr17Ni14Mo2奥氏体不锈钢材质；

4)工艺管道介质的温度大于等于220℃且流速大于等于30m/s时，选用0Cr17Ni14Mo2奥氏体不锈钢材质；

5)对大口径超过*DN*400管道且介质温度大于等于288℃时，采用碳钢+0Cr17Ni14Mo2不锈钢复合板卷制钢管；

6)常压炉、减压炉低速转油线选用碳钢+0Cr19Ni13Mo3不锈钢复合板卷制钢管；

7)常压塔壳体上部16MnR+Monel，其余部位16MnR+316L；塔盘：上部5层双相钢，中部12层0Cr13，其余316L；

8)减压塔壳体16MnR+316L，内件填料：上部2段316L、其余3段317L；

9)常压炉、减压炉原料油炉管A312 TP316L；

10)常顶油气-原油换热器管束TA1材；

11)减顶水冷器管束双相钢；

12)减渣-闪底油换热器管束316L，壳体16MnR内衬316L。

从以上可以看出，该装置在高、低温易腐蚀部位的材料选取远高于国内同装置材料应用。

3.2 工艺助剂防腐技术管理先进

装置在设计前期进行了大量的电脱盐脱盐技术选择及破乳剂、脱盐剂筛选专题研究等，在设计中完善了工艺防腐助剂系统和腐蚀监控系统的配置，并引入了先进的防腐管理理念，采用了助剂防腐专业化管理服务，由专业公司在工艺过程处理上提供业主从产品研发、生产、监控、现场服务等总包服务，装置共有各类工艺助剂8种，注入点32处。

3.2.1 电脱盐脱盐效果良好

开工几个月来的电脱盐效果见表2所示，可以看出，除了刚开工时因探索优化电脱盐操作条件而脱后含盐超标外，其他月份均达标。国内大多电脱盐设为2级，规模1000万吨/年同类装置电脱盐总容积一般小于1300m^3，惠炼常减压装置设3级电脱盐，第一级A罐646m^3，第二级、第三级B、C罐各1268.6m^3，原油在电脱盐罐内总停留时间约2h，为降低原油乳化程度、提高脱盐效果提供了设备保证。实际生产中，经第二级电脱盐后原油含盐一般在4.5~6 mg/L之间，说明在加工高酸原油选取3级电脱盐技术路线是合适的。

3.2.2 低温、高温易腐蚀部位腐蚀速率受控

装置在防腐监控方面共安装了15个电感探针、2个电阻探针。常压塔顶、减压塔顶切水线安装有在线pH计，在常压塔、减压塔等设备内安装了腐蚀挂片22个，有350多个活动保温套式的定点测厚点。装置的常顶、减顶切水铁离子监测结果和各侧线的金属含量分析如表3、表4所示。

表 2　电脱盐效果

月　份	脱盐合格率分析			脱前含盐量/(mgNaCl/L)			脱后含盐量/(mgNaCl/L)		
	总样个数	合格样个数	合格率/%	最高	最低	平均	最高	最低	平均
5	18	2	11.11	120.5	12	38.8	9.4	2.64	4.93
6	22	21	95.45	33	4.95	17.7	3.4	1.65	2.77
7	21	20	95.24	135.3	9.07	33.1	4.46	2.18	2.95
8	20	19	95	117.2	9.9	30.0	4.62	1.65	2.65
9	25	24	96	28.1	6.27	13.2	3.3	1.65	2.61
10	20	19	95	115.5	6.6	27.0	3.63	1.32	2.35
11	21	17	80.95	50.3	8.3	21.7	4.95	1.48	2.98

表 3　常顶、减顶切水铁离子含量

月　份	塔顶 Fe 离子分析			常顶 Fe 离子含量/(mg/L)			减顶 Fe 离子含量/(mg/L)		
	总样个数	合格样个数	合格率/%	最高	最低	平均	最高	最低	平均
5	36	29	80.56	1	0.15	0.44	4.2	0.3	1.12
6	43	39	90.70	1	0.05	0.56	1.8	0.5	0.87
7	46	44	95.65	1	0.1	0.59	1.4	0.7	0.89
8	42	42	100.00	1	0.1	0.45	1	0.4	0.68
9	50	47	94.00	1	0.1	0.46	1.3	0.3	0.77
10	40	40	100.00	0.9	0.2	0.36	1	0.35	0.69
11	41	40	97.56	1	0.2	0.49	1.2	0.2	0.58
累计	298	281	94.30	1	0.05	0.48	4.20	0.20	0.80

从表 3 的跟踪监测看，常顶、减顶切水中铁离子的含量均控制在 1mg/L 以下，说明低温部位的腐蚀控制得当。

表 4　装置侧线产品的金属含量

项　目	酸值/(mgKOH/g)	2009－11－15		2009－11－27		腐蚀探针速率/(mm/a)
		Fe/(μg/g)	Ni/(μg/g)	Fe/(μg/g)	Ni/(μg/g)	
常二线	2.88	0.26	0.02	0.32	0.16	0.03
常三线	3.52	0.62	0.1	0.21	0.11	0.05
减二线	7.46	0.88	0.12	0.01	0.11	0.02
减三线	5.48	0.35	0.11	0.31	0.1	0.05
减四线	3.25	6.52	29.11	1.26	42.1	0.03
减渣	1.58	9.2	45.56	7.77	52.32	0.01
原油	3.86	3.26	32.36	3.36	23.97	

从表 4 的化学分析和腐蚀探针数据看，整个高温部位的腐蚀控制效果理想。侧线铁＋镍离子含量均小于 1.0μg/g，腐蚀探针读数均小于考核指标 0.2mm/a，腐蚀速率受控。各侧线产品中的金属含量不但事关常减压装置本身的长周期运行，还对下游装置的平稳运行起到举足轻重的作用。惠州炼油的蜡油加氢裂化装置年处理量 400 万吨，以减二、减三和焦化蜡油为原料，是惠州炼油的核心装置，其原料中的铁以有机的(环烷酸铁等)和无机的(铁颗粒、FeS 等)形式存在，铁对蜡油加氢裂化装置的催化剂毒害主要表现是增加反应器压力降。铁的来源分原有铁(来自原油)和过程铁(设备腐蚀产生)。截至目前的 8 个多月运行中，并列的两个反应器 A 列和 B 列第一床层压降分别为 0.0439MPa、0.0454MPa，对比表 5 中的经验数据可以看出，惠州炼油蜡油加氢裂化装置在四年内不会发生因催化剂积铁结块而停工撇头的事故。因此，惠州炼油常减压装置高温部位合适的选材、良好的工艺防腐效果，是保证整个惠州炼油长周期运行的必要条件。

表 5 原料油铁含量对催化剂运转周期的影响

序 号	铁离子/(μg/g)	允许压降/MPa	床层初期压降/MPa	床层末期压降/MPa	运转周期/d
1	0.16~0.97	0.429	0.04	0.12	1619
2	2.0~3.5		0.06	0.396	289
3	2.7~3.8	0.448	0.06	0.383	170
4	3.2~8.87		0.08	0.26	130
5	4.99~8.9	0.34	0.12	0.39	69
6	6.19~9		0.15	0.394	10

3.3 减压塔真空高、压降低

高真空、低压降，从而降低进料段压力是减压操作的重要手段，惠州炼油常减压装置减压负荷大，减压拔出率关乎全装置的能耗高低、全厂的物料平衡。实际生产中，该装置减压塔顶压力最低值为0.55kPa，一般约1kPa(设计1.6kPa)，减压塔进料段压力一般约2.4kPa，全塔压降1.4kPa(设计值1.6kPa)。在表6所示的统计调查中，减压塔顶压力平均值4.2kPa，全塔压降3.5kPa，最好值为镇海3JHJ装置塔顶压力2kPa，压降1kPa。

此外，惠州炼油减压渣油中<500℃和<530℃的馏分含量分别为1.3%、6.5%，按纯炼渤海2号原油时渣油实际收率29%、相对密度0.9859查该原油实沸点蒸馏曲线，切割点在573℃(高于565℃)，可见减压塔实现了深拔。

表 6 中石化调研的7套蒸馏装置减压塔顶压力和全塔压降统计

装置名称	减压塔顶压力(绝)/kPa	减压塔进料段压力(绝)/kPa	减压塔压降/kPa	渣油500℃前含量/%	渣油530℃前含量/%
燕山3#	7.3	13.3	6.0	6	
高桥3#	4.7	7.3	2.6		
镇海1#	4.8	6.4	1.6	6	13.5
镇海3#	2.0	3.0	1.0	4	10
茂名4#	5.6	8.2	2.6	4.4	
金陵3#	1.8	10.8	9	5.5	
长岭2#	3.5	4.9	1.4	3	5
平均值	4.2	7.7	3.5	4.8	9.5
惠州炼油	1.0	2.4	1.4	1.3	6.5

3.4 装置能耗低

惠州炼油常减压装置设计规模1200万吨/年，是目前国内最大的单系列在运行装置，装置的大型化不是简单的能力放大问题，而是通过大型化获得规模经济效益，主要是在能耗方面表现出了显著的优越性。从表7的汇总数据中可以看到，2005年中石化大型化常减压装置11套(能力在500万吨/年以上)平均能耗10.91kgEO/t，最好值为镇海3JHJ装置8.69 kgEO/t，2005年中石化23套常减压装置换热终温平均284℃，最好值长岭1JHJ装置为312℃，惠州炼油常减压装置能耗设计值为8.719kgEO/t，2009年9月标定期间的平均能耗值为8.57 kgEO/t，装置换热终温正常值超过300℃，其中最好值为315℃，说明该装置换热网络设计合理，达到了节能降耗的目的。

3.5 产品分离效果好

惠州常减压装置的各产品中，常顶石脑油做重整预加氢原料；常一线煤油、常二线、常三线、减一线混合柴油做煤柴油加氢装置进料；减二、部分减三做蜡油加氢装置进料；部分减三和减四做催化裂化装置进料；减压渣油供焦化装置进料。各侧线间的分割精度影响全厂物料平衡，直接影响全厂的效益。常压侧线之间的分割精度和减一、减二线的馏程如表8、表9所示。可以看出，本装置常一线与塔顶石脑油脱空非常好，常一线、常二线、常三线为混合原料，设计上不需要脱空分离，常渣350℃前含量约为7%，说明该装置常压塔汽液负荷正常、分馏效果好；减二线油中350℃前含量约在7%，小于10%，说明减压塔内减一、二线的分馏精度好，满足产品分割要求。

表7　2004年、2005年中石化57套常减压装置部分运行数据汇总

项　目	2004年		2005年	
	集团	股份	集团	股份
常渣350℃前含量/%	9.8	9.2	10.3	9.7
减渣500℃前含量/%	7.1	6.7	7.6	7.2
常压炉排烟温度/℃	201	201	192	191
常压炉热效率/%	87.76	87.97	88.12	88.19
减压炉排烟温度/℃	199	201	186	186
减压炉热效率/%	83.52	85.63	88.05	88.05
能耗/(kgEO/t)	11.48	11.46	10.66	10.85

表8　常压侧线之间的分割精度

馏　分　名　称	分割精度/℃		
	常一线-石脑油	常二线—常一线	常三线—常二线
标定数据1	31.6	-30.1	-25.4
标定数据2	17	-17.4	-12.8
标定数据3	37.8	-33.6	-27.6
平均	28.8	-27.0	-21.9

注：分割精度=重馏分的5%点-相邻轻馏分的95%点，“-”表示重叠。

表9　惠州炼油减一线、减二线的典型馏程

项　目	HK	5%	10%	20%	90%	95%	KK
减一线℃	263	280	292	306	351	359	370
减二线℃	279	345	358	375	436	349	459

4　存在的技术问题和改造方向

(1)加热炉排烟温度大于170℃

惠州炼油常减压装置排烟温度185℃，高于中石化控制要求(<170℃)，目前加热炉效率约为89%，热效率偏低。原因是空气预热器热管换热面积不够，将在下次停工检修期间对其进行改造，如果排烟温度能降低到125℃(露点温度120℃)，加热炉热效率可以提高到93%，每年可节约燃料费用1500万左右。

(2)减四线残炭、金属离子含量高

该装置减四线实际是减压塔过汽化油，设计院、塔内件供应商在设计中对减四线油的质量没有提出明确要求，实际生产中，减四线残炭一般在9%~12%之间，铁+镍含量超过40μg/g，造成MIP催化裂化装置无法大量掺炼减四线油。其原因主要是减压塔双切向式进料分布器雾沫夹带严重，过汽化油(减四线)中携带有5%~7%的减渣，可通过改造进料分布器结构降低雾沫夹带量，改善过汽化油质量以满足催化裂化原料要求，也可把现有过汽化油改作全厂燃料油，多余部分进入渣油做焦化原料。

(3)两顶氯离子含量随炉温改变波动大，带来防腐滞后问题

高酸原油中有机氯含量高，渤海2号原油中氯含量约6μg/g，在电脱盐脱后含盐控制小于3μg/g的情况下，常压塔、减压塔顶切水氯离子含量随着常、减压炉出口温度上升而大幅增加，减压炉总

出口温度从345℃提高到365℃时，减顶切水中氯离子含量从30μg/g增加到95μg/g，监测显示切水中铁离子含量上升，表明对减顶冷却系统管线、设备带来盐酸腐蚀，被迫加大中和缓蚀剂以控制腐蚀，其效果滞后并浪费大量助剂，改造方向是用切水pH计输出值来控制中和缓蚀剂加入量。

(4)常三线和常二中在同一层塔盘抽出，存在常二中泵抽空问题

为降低常压塔塔高，设计中常三线和常二中在同一层塔盘抽出，常二中为降液槽两侧抽出，常三线为降液槽底部中间位置抽出，当为提高常三线柴油干点，在加大常三线抽出流量时，有时会造成常二中泵抽空，严重时会导致常压塔冲塔，改造方向是把常二中和常三线改为上、下层塔盘分别抽出。

(5)填料腐蚀影响减压塔四年一修长周期运行

根据《316不锈钢的估计腐蚀速率表》查得316耐蚀材料在高酸(酸值大于4 mgKOH/g)、高温(大于315℃)介质下有约5mpy的腐蚀率，即0.0625mm/a，四年累计腐蚀0.25 mm。设计中填料的厚度为0.2mm，可以预测，在加工高酸原油时，减压塔填料腐蚀问题将成为“四年一修”长周期运行的瓶颈，改造方向是减压塔内件首选按空塔喷淋技术设计，尽可能减少塔内填料数量。

5 结论

作为国内首套千万吨级加工高酸重质原油的常减压装置，其技术特点鲜明：

1)装置在高、低温易腐蚀部位的工艺管道、设备选材等级远高于国内同装置。

2)先进的工艺助剂防腐系统设计、完善的腐蚀监控系统和良好的防腐KPI数据，加之采取助剂防腐专业化管理服务的模式，构成了装置完整的防腐监控体系。

3)装置能耗低、产品分离精度高，减压实现了深拔操作。

参 考 文 献

[1] 《2006年7月中国石化常减压蒸馏装置调研组调研报告》

[2] 《常减压蒸馏》中国石化、中国石油常减压蒸馏科技情报站25期，第五届年会特刊

[3] 韩崇仁主编. 加氢裂化工艺与工程[M]. 北京：中国石化出版社

重整装置预加氢单元压降增加原因分析及对策

秦小虎
（中国石化九江分公司，江西九江　332004）

摘　要： 本文介绍了九江分公司催化重整装置预加氢单元的现状，浅析了存在的问题和相应的处理措施，并对今后的整改方案提出了对策。

关键词： 重整装置　预加氢　压降　分析

1　前言

2002 年，中国石化股份有限公司九江分公司对催化重整装置进行了扩能改造，其加工能力由 150kt/a 提高到 300kt/a。主要的动改项目有：更换 1 台大的重整循环氢压缩机（$57000Nm^3/h$）；新建 1 台四合一加热炉（热负荷为 25720kW）；将原来的第三、第四反应器改作为第一、第二反应器，新配置了第三、第四反应器；新建了大的重整高分（$48.708m^3$）；3 个塔（原料油预分馏塔、蒸发脱水塔、稳定塔）换用了格里奇高效塔盘；相关的冷换设备、机泵、管线根据计算结果，也进行了相应的改造。预加氢使用的催化剂是 RS－1 型催化剂，预加氢部分仍使用原 $6000Nm^3/h$ 增压机（实际能力已下降到 $4000Nm^3/h$），所需的氢气由重整循环氢压缩机提供，原重整立式换热器（重整进料与重整反应生成物换热器）被利旧为预加氢进料与反应生产物换热器，操作压力不得超过 1.9MPa。

重整反应器全部换成径向反应器后，其床层压降较改造前下降 0.2MPa。目前，有 1 套溶剂油（芳烃抽余油）加氢装置，重整产氢，供原料油预加氢和溶剂油加氢一次并联通过使用后，再供下游的柴油加氢精制装置使用。由于用氢流程的安排、预加氢增压机能力、原料杂质、系统的含铁物质等方面的原因，重整原料油预加氢反应系统尚存在压降上升较快，影响重整装置长期稳定运行的问题。从 2002 年以来，预加氢反应器的压降平均每半年上升至（0.4～0.48）MPa，频繁的压降上升迫使重整装置必须停下预处理单元，进行反应器床层压降的消除。2006 年 8 月对反应器进行了一次“撇头、反吹”，但运行一个月后系统压降就上升至 2006 年 8 月的水平。2006 年 9 月，再次停工将预加氢催化剂卸出进行器外再生，但运行 3 个月后，系统压降再次上升，不得不再次停工处理，2006 年 12 月在反应器床层顶部装填不同型号、规格的级配剂。

因此，要对重整原料油预加氢反应系统压降的成因进行分析，以便采取有效处理措施，保证装置安稳生产。

2　催化重整装置用氢流程及氢气分配情况

2.1　催化重整装置用氢流程

催化重整高分的氢气经重整循环氢压缩机压缩，在循环氢压缩机的出口设置了 1 个压力控制回路，该压控阀后的氢气分两路，其压力为 1.50～1.55MPa，分别循环到重整系统的第一、第三反应器的入口，供重整反应系统使用；该压力控制阀前分两路（并联），其压力为 1.70～1.75MPa，分别供重整原料油预加氢和溶剂油加氢一次通过使用后，再外送到汽柴油加氢精制装置使用。用氢流程见图 1。

之所以采用上述氢气流程，一方面是由于预加氢的新氢增压机已使用多年，其排量已标牌的 $6000Nm^3/h$ 下降到 $5000Nm^3/h$，满足不了重整原料油加氢、溶剂油加氢并联工艺流程的用氢需求；

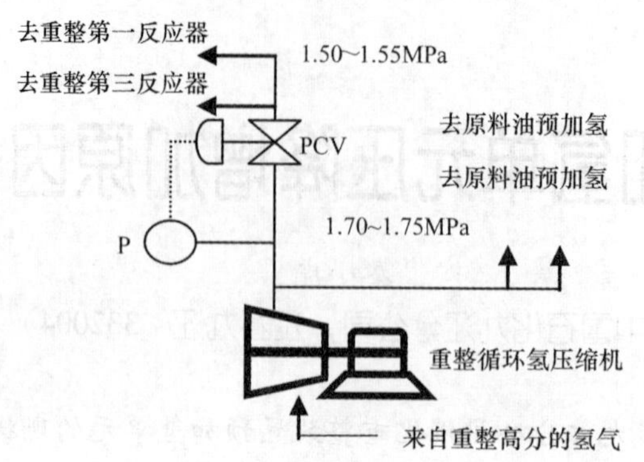

图1 催化重整装置用氢流程

另一方面是因为在两台预加氢新氢增压机同时运行的情况下，氢气管线震动剧烈，不利于设备和装置的安全运转。

2.2 催化重整装置氢气分配情况

在原料油预加氢单元和溶剂油加氢单元采用氢气并联流程的条件下，重整反应系统、原料油预加氢反应系统和溶剂油加氢反应系统氢气分配的情况，见表1。

表1 2004年催化重整装置氢气分配情况

项目	数据
重整装置进料/(t/h)	32.40
重整氢产率/%	5.60
重整反应系统的氢流率/(t/h)	1.81
重整反应系统的气油体积比(一、二反/三、四反)	550/1100
溶剂油加氢进料/(t/h)	5.60
溶剂油加氢的氢气流率/(t/h)	0.77
溶剂油加氢的氢油体积比	327
重整原料油预加氢进料/(t/h)	32.4
重整原料油预加氢氢气流率/(t/h)	
重整原料油预加氢氢油体积比	100

由表1可见，在这种氢气分配状况下，重整反应系统的气油体积比一、二反为600，三、四反为1200；在确保重整反应系统气油体积比(一、二反为600，三、四反为1200)的情况下，原料油预加氢的氢油体积比为100，溶剂油加氢的氢油体积比为327。

3 预加氢单元现状

3.1 原料油主要性质

重整原料油的硫含量为150~250μg/g，氮含量0.5~1.0μg/g，氯含量3~7μg/g 。2004年1~4月重整原料油的主要组成见表2。

表2 重整原料的族组成 %

时间	烷烃	环烷烃	芳烃	芳烃潜含量
2004-01	66.1	25.7	8.2	32.2
2004-02	65.3	27.6	7.1	33.0
2004-03	64.4	27.4	8.2	33.9
2004-04	63.0	28.1	8.9	35.3

从表2中可看出，重整装置原料中的烷烃含量高达63%以上，环烷烃含量较低为25.7%～28.1%，芳烃含量为7.1%～8.9%，芳烃潜含量只有32%～35%(与焦化石脑油类似)，属于质量较差的原料油。原料油的硫、氮含量并不高。

预加氢原料油氯含量分析的统计结果为3～7μg/g(平均值为5μg/g)，氯含量相对较高。直馏石脑油馏分经预加氢生成的HCl，一方面HCl遇到氨(NH_3)会生成铵盐(NH_4Cl)堵塞管线和设备，另一方面HCl在装置冷换系统的相变区处，遇有湿气或少量的明水生成稀盐酸，造成设备的腐蚀。

3.2 原料油预加氢反应系统操作压力

在通常情况下，重整原料油预加氢反应系统的压力一般都在2.0MPa以上。本装置因用氢流程和相关设备(新氢增压机、立式换热器)条件所限，预加氢反应器的入口压力只有1.70～1.75MPa(高分压力为～1.3 MPa)，远低于同类装置预加氢反应系统的操作压力，其预加氢精制催化剂的生焦积炭速度，必然要高于同类装置。

3.3 预加氢反应系统的氢纯度

重整氢、原料油预加氢和溶剂油加氢单元外排氢的分析结果见表3。

表3 重整氢、原料油预加氢和溶剂油加氢单元外排氢的分析结果 %(v)

项 目	H_2	C_1	C_2	C_3	C_4	C_5
重整氢	86.0	5.4	3.6	2.77	1.56	0.61
重整预加氢外排氢	89.95	4.3	3.7	1.70	0.30	0.05
溶剂油加氢外排氢	91.01	4.97	2.53	1.06	0.35	0.09

从表3可见，重整氢的氢纯度为86.0%(v)，即重整预加氢反应器入口的氢纯度为86.0%(v)；由于低分子C_3～C_5低分子烃在富含芳烃(重整生成油)和富含链烷烃(重整原料油)中溶解度的差异，重整原料油预加氢外排氢气的氢纯度为89.95%(v)，比重整氢的氢纯度86.0%(v)要高近4个百分点；与重整原料油相比，溶剂油(芳烃抽余油)相对较轻，基本是链烷烃，溶剂油加氢外排氢气的氢纯度更高一些，为91.01%(v)，均属正常现象。

3.4 预加氢反应系统的氢油体积比

一般，重整原料油预加氢反应系统反应器入口的氢油体积比为100～130；由于原料油预加氢单元和溶剂油加氢单元采用氢气并联流程，在增压机本不开的情况下，装置原料油预加氢单元反应器入口的气油体积比仅为100，处于较低条件下操作，这也是一个影响预加氢催化剂生焦积炭的因素。

在上述情况下，重整原料油预加氢单元反应系统的压力降由开工初期的0.26MPa，在运转半年以后，就逐渐上述到0.48MPa，不仅影响了预加氢的处理量，并且引起重整系统压力上升，致使重整反应深度降低、产氢减少，预加氢催化剂床层压降大已成为限制重整装置稳定运行的瓶颈。

4 原料油预加氢反应系统的压降分布

原料油预加氢反应系统的工艺原则流程见图2。为了搞清楚预加氢反应系统压降的分布，对预加氢反应反应系统压降的分布进行了检测测试结果见表4。

表4 预加氢反应系统压力测试的结果

设备名称	E105(管层)	R101	R102	E105(壳层)	E106	E107
入口压力/MPa	1.621	1.618	1.338	1.288	1.287	1.197
出口压力/ MPa	1.619	1.338	1.288	1.287	1.197	1.138
压降 ΔP/ MPa	0.002	0.280	0.050	0.001	0.090	0.059
$\Delta P/\Sigma\Delta P$/%	0.40	58.3	10.40	0.20	18.75	12.29

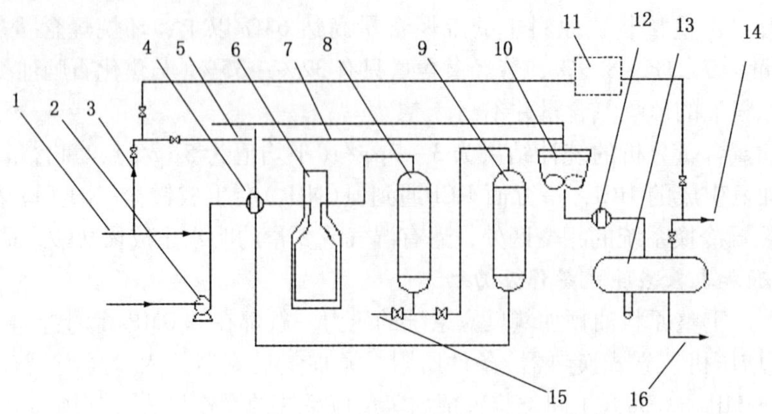

图2 预加氢反应系统工艺原则流程

1—重整氢；2—预加氢进料泵(P104)；3—预加氢反飞动线；4—预加氢进料换热器(E105)；
5—预加氢反飞动线；6—预加氢加热炉(F101)；8—预加氢反应器(R101)；
9—高温脱氯反应器(R102)；10—预加氢反应物空冷器(E106)；11—溶剂油加氢单元；
12—预加氢反应物后冷器(E107)；13—预加氢气液分离罐(V102)；
14—预加氢外排氢气；15—氮气线；16—预加氢精制油

从表4可看出，在预加氢反应系统总压降上升到0.48MPa的情况下，预加氢反应器的压降已高达0.28MPa，占预加氢反应系统总压降的58.3%；其次是空冷器E106的压降(0.090 MPa)，占预加氢反应系统总压降的18.75%。水冷器E107的压降(0.059 MPa)，占预加氢反应系统总压降的12.29%。

5 撇头样品的分析结果

通过对撇出催化剂上的垢样(垢样按撇头过程分3次采集)进行分析，结果见表5。

表5 催化剂顶部垢样的分析结果

项　　目	顶部	中部	撇头结束
Surface Area/(m^2/g)	145	152	157
Pore Volume	0.33	0.34	0.37
Average Pore size/ A	91.5	90.3	94.2
Al_2O_3/%	69.45	70.67	72.77
As_2O_3/%	0.15	0.13	0.03
CaO/%	0.03	0.02	0.02
CoO/%	0.07	0.07	0.07
Cr_2O_3/%	0.04	0.04	0.05
Fe_2O_3/%	0.27	0.16	0.06
K_2O/%	0.77	0.00	0.85
MgO/%	1.05	1.14	1.14
MnO_2/%	0.07	0.08	0.01
MoO_3/%	1.10	0.27	0.21
Na_2O/%	0.02	0.02	0.03
NiO/%	2.02	1.97	2.07
P_2O_5/%	0.49	0.21	0.14
SO_4/%	3.09	1.87	2.51
SiO_2/%	5.08	5.79	1.98
WO_3/%	16.28	17.55	18.05
合计/%	99.98	99.99	99.99

从表5可看出，含有氧化铁、氧化镁、氧化磷等。原料与系统中所携带的杂质在预加氢系统的条件下生成的物质引起反应器压降上升、减少催化剂活性点，引起催化剂孔口堵塞 、催化剂表面积减少，附着在催化剂活性点上与催化剂熔融在一起。

6 原料油预加氢单元反应系统压降的处理

对于九江分公司来说，催化重整装置既是生产三苯(BTX)和溶剂油的重要手段，也是汽油加氢、柴油加氢装置的氢气源。若重整装置停工，对预加氢催化剂进行再生，所需要的时间较长，势必将造成汽油调合出厂的困难，影响芳烃装置的运行，减少三苯的产量，更重要的是加氢装置没有足够的氢源而影响加氢装置的正常运行，进而影响九江分公司的汽油、柴油调合出厂，这一切都会直接影响原油加工量和经济效益。如果利用精制油直接进重整单元，即可以停预加氢单元，对预加氢反应器顶部催化剂床层进行“撇头”处理后，再用氮气对其进行反吹扫。这样，只需在进行撇头前储备足够量的精制油，就能保证在预加氢催化剂撇头期间维持重整单元生产运行，不至于影响后续的芳烃抽提与加氢精制装置的生产。为此，在重整装置维持运转的情况下，将原料油预加氢单元短期停工，对预精制反应器进行了催化剂“撇头”处理，对反应器由下向上进行氮气吹扫，并用热水对空气冷却器(E－106)、水冷器(E－107)进行了冲洗处理等有助于消除反应系统压降措施的尝试。这是以前常用的手段，但解决问题的效果不是很好。

6.1 原料油预加氢反应器顶部催化剂床层的“撇头”处理

2004年4月重整单元换进储备的精制油进料，继续维持生产。在预分馏单元停止进料后，启动预加氢循环氢压缩机C101，在340℃的条件下，对预加氢反应器催化剂床层进行热氢气提脱油4小时，将预加氢加热炉熄火，用氢气循环使预加氢反应器催化剂床层降温至50℃以下，停循环压缩机(C－101)后，将预加氢反应系统卸压。卸压后，将反应器顶部头盖人孔打开，从反应器出口引入氮气保护，使预精制反应器保持微正压，防止反应器内硫化铁自燃。在取出反应器顶部的积垢蓝时，在积垢蓝框的底部，可以看到有厚度达20～30mm黑色致密的积垢物。在氮气作业环境下，由人工取出的“撇头”物(瓷球、催化剂)中，都夹杂有黑色致密的垢块，直至催化剂床层比较疏松后，终止“撇头”，此次“撇头”取出$\phi5$瓷球1.8t、RS－1催化剂0.2t。

6.2 预加氢反应器的氮气吹扫处理

预加氢反应器顶部催化剂床层撇头完成后，用氮气瓶从反应器出口管线充入氮憋压，然后快速打开阀门，利用氮气瞬间卸压的冲击力，使板结的催化剂床层松动，吹扫携带出垢物粉尘；采用这种类似于爆破吹扫的方式，分3个阶段共对催化剂床层进行了9次反向吹扫，吹扫效果见表6。

表6 预加氢反应器反向吹扫的现象

阶段	充氮压力/MPa	次数	现象
第一阶段	0.5	1	黑色粉尘量较少
		2	黑色粉尘量较少
		3	黑色粉尘量较少，持续时间短
第二阶段	1.0	1	黑色粉尘量较多，持续时间较长
		2	黑色粉尘量较多，持续时间较长
		3	黑色粉尘量较少
第三阶段	1.2	1	黑色粉尘量特多，持续时间长
		2	粉尘量多，持续时间长，夹杂少量催化剂
		3	黑色灰尘少量

从表6可看出：第一阶段在氮气压力为0.5MPa时，反吹携带出的黑色粉尘量较少，效果不明显。第二阶段在氮气压力为1.0MPa时，随着氮气压力提高，反吹出的黑色粉尘量较多，且持续时间较长，效果比较明显。第三阶段在氮气压力为1.5MPa的条件下，由于氮气压力的进一步提高，

第1次反吹携带出的黑色粉尘量特别多，且持续时间长，效果十分明显；第2次反吹时，携带出的黑色粉尘量度，并夹杂有少量催化剂；在第3次反吹时，黑色粉尘量已明显减少。

撇头与反吹结束后，将反应器催化剂床层扒平后，补充了相应数量的催化剂，重新放置好积垢篮框，装入新的 $\phi5$ 瓷球800kg；然后将反应器顶部的分配盘和人孔头盖复位。

6.3 预加氢空冷器(E106)和后冷器(E107)的热水冲洗

循环氢中硫化氢和氨反应的化学反应式、循环氢中氯化氢和氨反应的化学反应式如下[1]：

NH_3(气相)+H_2S(气相)$\longleftrightarrow$$NH_4HS$(固相)

NH_3(气相)+HCl(气相)$\longleftrightarrow$$NH_4Cl$(固相)

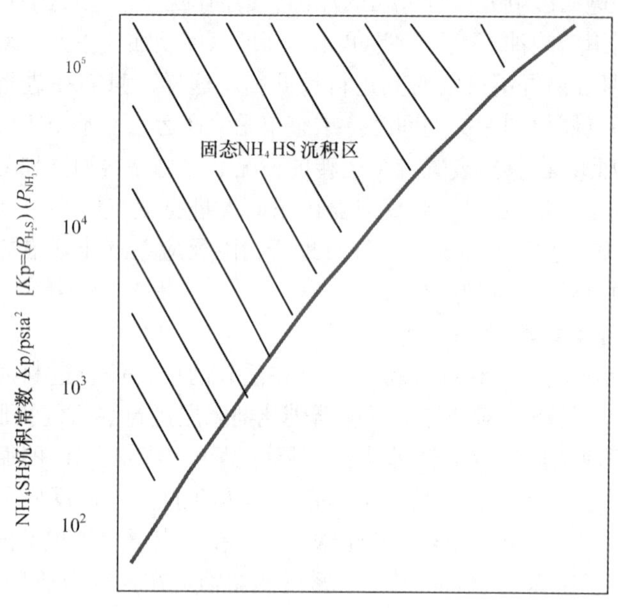

图3 固态NH_4HS沉积与温度、H_2S和NH_3分压的关系图[1]

固态NH_4HS沉积与温度、NH_3和H_2S分压的关系见图3，固态NH_4Cl沉积与温度、NH_3和HCl分压的关系见图4。

由图3和图4可见，铵盐在低温区易沉积结垢，尤其是氯化铵(NH_4Cl)，在低温区140～200℉(60.0～93.3℃)沉积的平衡常数 $Kp=(P_{HCl})(P_{NH_3})$ 极小，易结晶析出积垢。氯化铵(NH_4Cl)具有易溶于水的性质，在反应器催化剂床层撇头、反吹的同时用热水对空冷器E106和水冷器E107进行了冲洗，以消除这部分的压降[2]。

拆开空冷器E106的入口法兰，将热水从E106入口注入，从预加氢气液分离器的脱水包处脱水，使沉积在空冷器和水冷却器内的胺盐溶解去除，以消除铵盐结晶堵塞介质流通面积而引起的压降。

7 在反应器顶部装填级配剂

级配材料又称为保护剂，与传统的球形材料比较，都给出更有用的空隙体积。防止颗粒物堵塞催化剂孔道和表面，或因为催化剂受到Na，As，Si等污染金属的毒害，而快速失去活性。为了可以更好地捕获进料中的颗粒、机械杂质、FeS、Si等物质，控制床层差压的上升速度，使装置不会出现频繁撇头情况。在床层顶部依次装填ART AT535、ART 720X、ART GSK－9 、ART GSK－19四种保护剂。这些保护剂有较大的空隙率，提供容纳污染物的空间，使差压最小。720X上的活性金属有低的HDS活性，可以为下游的催化剂提供一些活性保护。ART AT535是一种2.5mm的Ni-Mo催化剂，除具有高活性和高稳定性，还提供良好的脱硫作用和芳烃饱和能力，对硅具有高亲和性。

实践证明，装填级配剂后预加氢反应器床层压降上升较慢，经过18个月的运行，床层压降由0.6MPa上升至1.3MPa，在2008年5月进行了一次撇头。级配剂在床层顶部的装填对延长装置的运行周期(是未装填前的3倍)起了积极的作用。

8 反应器“撇头”、氮气反吹、装填级配剂与空冷热水冲洗的效果

在完成反应器催化剂“撇头”、氮气吹扫、装填级配剂和空冷器热水冲洗等处理后，将拆卸的设备、管线安装复位，经吹扫、置换、气密合格后，由重整单元向预加氢单元串氢，将预加氢单元

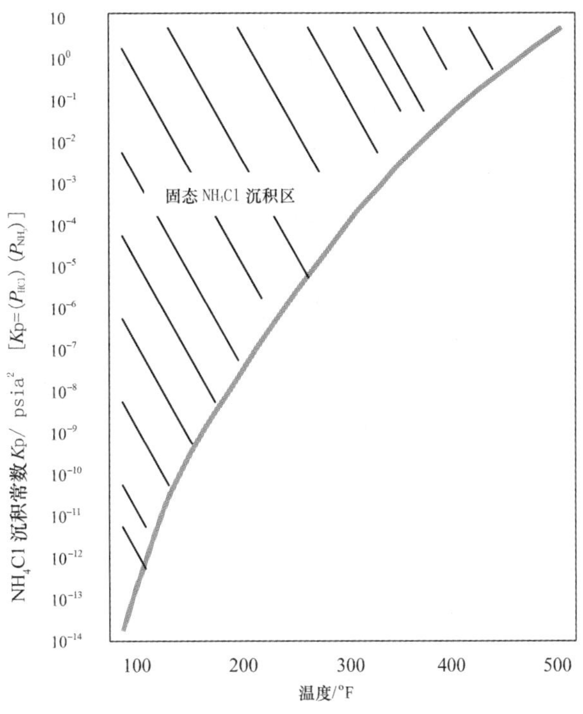

图4　固态 NH_4Cl 沉积与温度、NH_3 和 HCl 分压的关系[1]

重新开工运转恢复向重整单元正常供精制油后，对预加氢反应系统的压降进行了检测。处理后预加氢系统压降的检测结果，见表7。

表7　处理后预加氢反应系统压降的分布　　MPa

设备名称	R101	R102	E106	E107
入口压力/MPa	1.405	1.385	1.335	1.265
出口压力/MPa	1.385	1.336	1.265	1.205
ΔP/MPa	0.02	0.049	0.07	0.06
$\Delta P/\Sigma\Delta P$/%	10	25	35	30

比较表6和表4可看出，预加氢反应系统处理前后总压降和压降分布的变化情况。经反应器催化剂“撇头”、氮气吹扫、装填级配剂和空冷器热水冲洗处理后，其系统总压降由0.48MPa降至0.2MPa，压降降低了0.26MPa，下降了54.1%。其中预精制反应器R101的压降由0.28MPa降至0.02MPa，由处理前占总压降的58.3%降至10%，表明R101在正常情况下其固有压降比较小，预加氢反应器的“撇头”和氮气吹扫、装填级配剂的效果是明显的；处理前后高温气相脱氯反应器R102的压力相近(~1.33MPa)，压降为0.049~0.05MPa(变化不大)。空冷器E106的压降由0.09MPa降至0.07MPa(减少了0.02MPa)，证明空冷器E106的确有“积垢”存在，对其用热水冲洗处理也是有效的；热水冲洗前后水冷器E107的压降基本没有变化，~0.06MPa的压降应属于其使用工况下的设备固有压降。

综上所述，预加氢反应系统产生压降的原因，主要是由于预精制反应器R101顶部沉积物积垢所致，其次为空冷器E106的胺盐沉积。

9　预加氢反应系统压降成因的分析

从预加氢反应系统压降处理后的效果来看，说明处理措施是有效的。

9.1 预加氢反应器积垢的成因

预加氢反应器顶部催化剂“撇头”和多次氮气吹扫的实践表明，预加氢反应器内的确有致密的沉积物结垢存在，并且是导致其压降的主要原因。首先，原料与系统中所携带的杂质在预加氢系统的条件下生成的物质引起反应器压降上升、减少催化剂活性点，引起催化剂孔口堵塞 、催化剂表面积减少，附着在催化剂活性点上与催化剂熔融在一起。其次，由于预加氢加热炉等上游设备多年没有进行爆破吹扫，根据其他炼厂加氢装置反应器出现过类似情况，估计这些沉积物应该是预加氢反应器上游的设备加热炉炉管腐蚀的脱落物(金属离子)，这也可以从撇出的催化剂垢样分析中看出。再次，由于重整车间供氢流程和设备的问题，预加氢单元反应系统处于气油体积比 100 和高分压力 1.2 ~ 1.3MPa 的条件下操作运转，其气油体积比 100 处于较低的水平，操作压力也远低于同类装置。尽管预加氢单元反应器的温度条件相对缓和，但反应器顶部的沉积物(金属硫化物)有加速生焦积炭的负面影响；反应器顶部的沉积物积垢和生焦积炭，都会导致反应器压降的快速增长。

9.2 空冷器 E106 结垢的原因

如前面所述，尽管本装置原料油(直馏石脑油)的硫含量为 150 ~ 250μg/g，氮含量只有 1μg/g，但其氯含量分析的统计结果为 3 ~ 7μg/g(平均值为 5μg/g)，实属较高。此外，预加氢单元使用重整氢，并且采用的是重整氢一次通过的流程，重整氢含 HCl 也是难以避免的。在此就氯化铵(NH_4Cl)的沉积加以分析。

由图 4 可见，NH_4Cl 在 140 ~ 200 ℉(60.0 ~ 93.3℃)低温条件下的沉积常数[$Kp = (P_{HCl})(P_{NH3})$]为 $10^{-10} \sim 10^{-8}Kp$, psia^2；预加氢单元空气冷却器 E106 的入口温度为 120 ~ 130℃(248 ~ 266 ℉)，出口温度为 60 ~ 70℃(140 ~ 158 ℉)。只要反应物料中百万分之一(μg/g)数量级的 HCl 和 NH_3，在 1.3MPa 的操作压力下：

$$[Kp = (P_{HCl})(P_{NH_3})] = (13 \times 14.3 \times 1 \times 10^{-6}) \times (13 \times 14.3 \times 1 \times 10^{-6})$$

$$= 34558.81 \times 10^{-12} = 3.4588 \times 10^{-8} (Kp,\ psia^2)$$ [3]

故在长期的生产运转过程中，在空冷器 E106 低于 93℃的低温区，就会出现 NH_4Cl 的沉积，并导致其压降会有所增加。

10 对预加氢单元整改的对策

鉴于目前预加氢单元的现状和存在的问题，对其整改方案提出以下对策。

1)在反应器入口增设级配剂罐，将全部的级配剂均放入保护罐中，待该罐差压升高后，将它短路切出系统，而油气直接去主反应器，装置不停工。用 1 ~ 2d 完成保护罐的换剂后，再将保护罐切回原系统。

2)重视开工前预加氢反应器上游设备的吹扫，对预加氢反应器上游的设备应进行爆破吹扫，有助于消除预加氢反应器压降快速增长的隐患。

3)增加重整产氢的气相脱氯措施，降低重整氢中氯的含量，减少预加氢后冷器处的铵盐结晶，有利于压降的下降。

4)鉴于预加氢单元的操作压力(高分 1.2 ~ 1.3MPa)远低于同类装置压力的问题，建议购置 1 台新的增压机，并对预加氢系统进行升压改造，以提高预加氢单元的操作压力。

11 结束语

1)在储备一定量精制油的情况下，维持重整单元和溶剂加氢单元的生产运行，将预加氢单元停工，对反应器进行“撇头”、氮气吹扫和对空冷器 E106 进行热水冲洗、增加级配剂的装填等措施，对于消除预加氢反应系统压降是有效的。

2)建议购置一套增压机，进行预加氢系统升压改造，以提高预加氢单元的操作压力和提高气油体积比。

3)为了装置能够长满优运行，建议在反应器入口增设级配剂罐，将全部的级配剂均放入保护罐中，待该罐差压升高后，将它短路切出系统，而油气直接去主反应器，装置不停工。

参 考 文 献

[1] 李大东. 加氢处理工艺与工程. 北京：中国石化出版社，2004
[2] 韩崇仁. 加氢裂化工艺与工程. 北京：中国石化出版社，2001
[3] 中国石油抚顺石化分公司/中国石油催化重整科技情报站催化重整. 北京：中国石化出版社，2004

重整装置 chlorsorb 再生氯吸附技术优化运行探索

李江山　纪传佳　王芙庆

（中海炼化有限责任公司惠州炼油分公司，广东惠州　516086）

摘　要： 惠州炼油200万吨/年连续重整装置Chlorsorb氯吸附系统运行初期，分离料斗氯腐蚀严重，料腿堵塞导致催化剂循环不畅，再生器出现催化剂偏烧现象。为此再生系统手动冷停车，打开分离料斗底部封头清理了腐蚀产物，并对催化剂料腿作通球实验。本文对影响chlorsorb系统运行的因素进行了分析，采取了优化操作措施：①分离料斗底部大法兰增加蒸汽伴热线，定期检测伴热线出口温度；②提高分离料斗吸附区的入口温度，减少设备低温氯腐蚀，定期检测分离料斗吸附区出口气体的氯含量。最后建议增加吸附区旁路和高温脱氯罐的技术改造，解决运转后期催化剂氯吸附效果不好的问题。经过优化操作后，chlorsorb系统氯吸附效果较好，再生排放气氯含量远低于控制指标，设备氯腐蚀得到了有效控制。

关键词： 重整装置　chlorsorb　氯吸附　探索　技术改造

1　前言

中海炼化惠州炼油分公司200万吨/年连续重整装置采用UOP公司的第三代催化剂再生工艺CycleMax，再生系统采用chlorsorb催化剂氯吸附技术代替原来的碱洗来处理再生尾气。2009年4月26日重整装置投料试车一次成功，2009年5月8日再生系统开始进行催化剂白烧，chlorsorb氯吸附系统正式投入使用。Chlorsorb系统在运行初期出现了一系列问题，运行三部技术人员及时采取措施进行处理。通过研究和分析影响chlorsorb系统运行的各种因素，摸索出最佳的操作条件，同时提出了技术改造建议，实现了chlorsorb氯吸附系统的高效、平稳地运行。

2　Chlorsorb氯吸附技术工艺原理和流程说明

2.1　Chlorsorb氯吸附技术工艺原理

重整催化剂是以铂为主的金属功能和氯为主的酸性功能的双功能催化剂，在重整反应和再生过程中，其酸性组分Cl^-会部分流失，造成再生系统低温区设备的氯腐蚀。同时再生气往大气排放时会形成酸雨，对环境造成严重影响。

氯吸附反应是放热反应，降低吸附区入口温度能提高催化剂的氯吸附效果。Chlorsorb氯吸附技术主要是利用了低温催化剂比高温催化剂能够吸附更多的氯化物这一原理，使再生尾气中的氯化物从高温烧焦区的催化剂中释放出来，并在吸附区由低温催化剂重新吸附。通过Chlorsorb氯吸附技术将再生尾气中的氯重新吸收，既能回收部分氯，减小四氯乙烯的补入量，又能减少排至大气的氯化物的量，对环境保护和减少设备腐蚀具有重要的意义。

2.2　Chlorsorb氯吸附技术流程说明

来自分离料斗D303分离区的待生催化剂用一小股来自除尘风机K304的气体进行预热。这股气体经催化剂向上流动，与其余淘析气体混合送至粉尘收集器。再生放空气自再生器顶部排出，在放空气冷却器E304与空气换热后进入分离料斗下部的吸附区，与催化剂逆流接触，气体经过吸附区对再生气的氯离子进行吸收后排至大气。催化剂靠重力由10根料腿流向再生器。Chlorsorb氯吸附的流程详见图1。

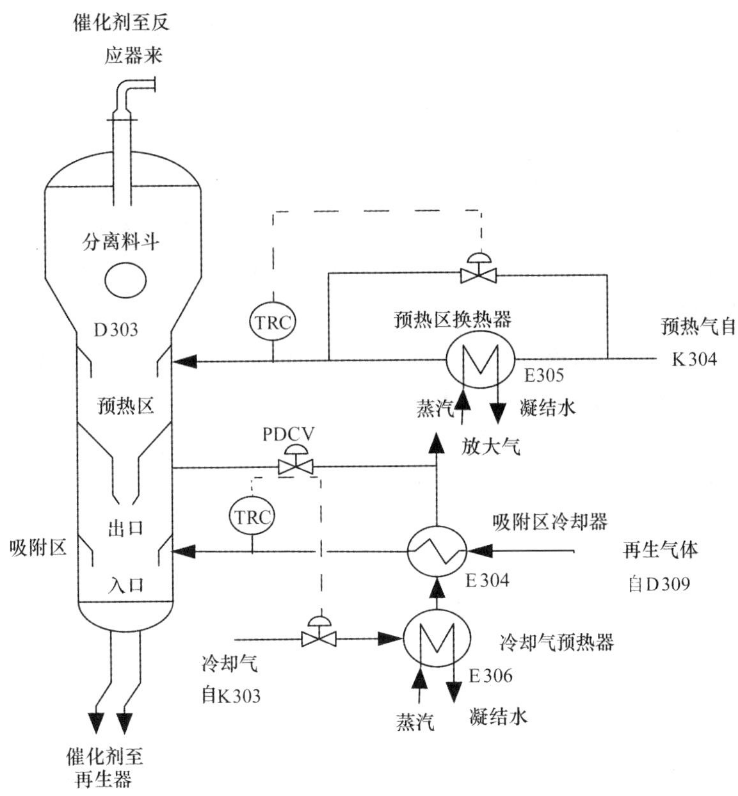

图1 Chlorsorb 氯吸附流程示意图

3 Chlorsorb 氯吸附系统运行初期出现的问题

3.1 部分催化剂料腿堵塞，催化剂烧焦发生“偏烧”现象

2009 年 5 月下旬开始，再生系统催化剂烧焦出现了不正常的偏烧现象。再生器烧焦区顶部同一层的热电偶温度相差较大。图 2 为 5 月 25 日发生了催化剂偏烧现象的 DCS 截图。

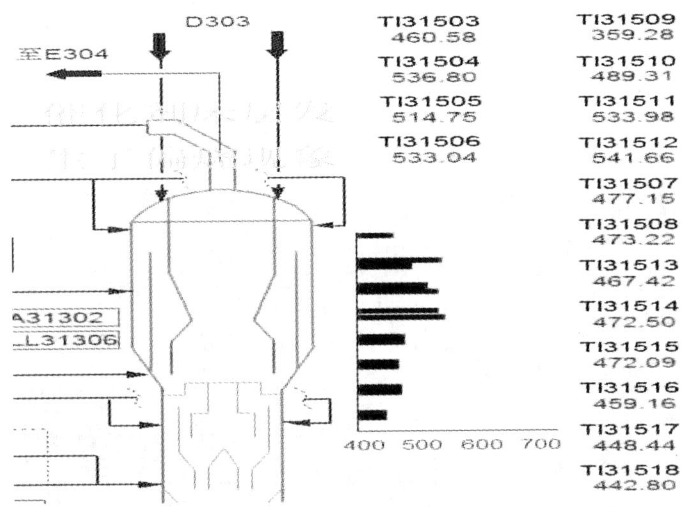

图2 产生偏烧现象的烧焦区床层截图

由图 2 可以看出，同一床层的两个热电偶 TI31503 和 TI31509 温度最大相差 101.3℃，TI31505 和 TI31511 最低也相差 19.23℃，而正常烧焦时同一床层的两个热电偶相差应在 1～5℃。发生催化剂床层偏烧的主要原因是部分催化剂料腿进料口发生了堵塞，当催化剂循环时，床层堵塞那一侧的

热电偶由于没有含碳催化剂流动，温度会低于同一床层另外一个热电偶的温度。操作人员对现场10根催化剂料腿进行敲击，发现有4根料腿出现半空现象。用红外测温仪测量，这4根料腿的温度都比其他6根温度高，说明这4根料腿进料口有被堵塞现象，管内无催化剂无法形成密封效果，再生器内的气体向上串至堵塞的催化剂料腿。

由于催化剂烧焦发生了偏烧现象，给再生系统的稳定操作带来了很大的困难。当10根催化剂料腿进料口发生严重的堵塞甚至全部堵死时，床层温度TI30503—TI30506可能会出现相同的温度。此时由于没有出现峰温，再生系统不得不经常手动进行热停车。由于催化剂料腿的堵塞越来越严重，2009年7月开始每班对分离料斗底部10根催化剂料腿进行敲击1次。当敲击催化剂料腿时，大量含碳催化剂进入再生器会造成床层温度的波动，对再生器内网和催化剂的性能可能造成不利的影响。

3.2 催化剂料腿堵塞的原因和处理过程

由于催化剂的积炭含有烃类物质，再生系统烧焦会产生大量的水分。在整个再生循环气体中，水含量高达10%，一旦遇到局部低温即刻有水析出，产生HCl环境对分离料斗的金属材料腐蚀。由于催化剂中含有部分催化剂粉尘，在水的环境下，催化剂粉尘和腐蚀产物揉结成块，聚集于分离料斗底部，造成催化剂输送管堵塞。

运行三部技术人员经过精心的准备，2009年9月1日再生单元进行手动冷停车处理分离料斗腐蚀和催化剂料腿堵塞问题。9月1日2:05时再生白烧改黑烧，再生注氯改重整注氯。9月2日8:00时进行冷停车。9月2日14:00时分离料斗完成催化剂的卸剂，共卸69桶。9月2日20：00时分离料斗底部封头打开后，发现底部封头腐蚀较为严重，图3为分离料斗发生点腐蚀情况，图4为分离料斗底部封头内结块情况。

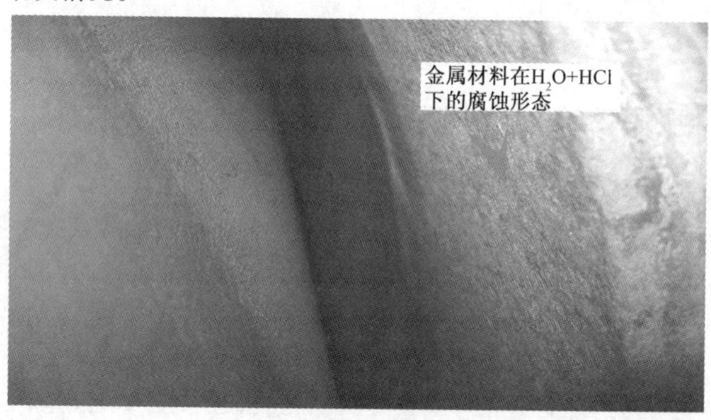

图3 分离料斗点腐蚀情况

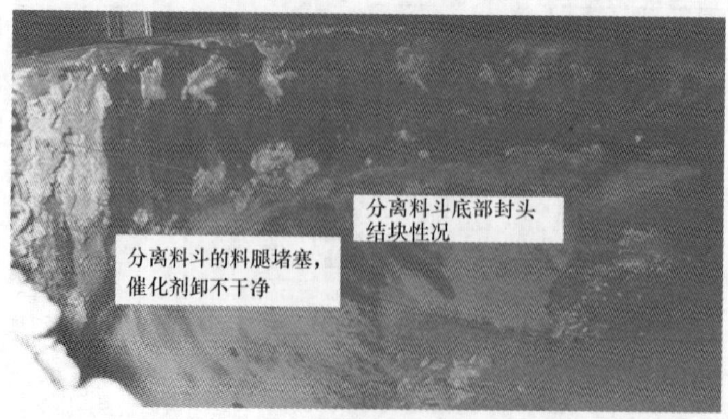

图4 分离料斗底部封头结块情况

由图3可以看出，分离料斗底部封头虽然涂抹了一层巴氏合金，但仍产生严重的氯腐蚀。经化验，腐蚀产物含有Fe^{3+}、Fe^{2+}、Cr^{2+}、Mn^{2+}、Cl^-等离子。由于催化剂料腿堵塞，运行三部用铁丝清通了10根催化剂料腿，并对所有催化剂料腿都作了通球试验。腐蚀产物经过蒸汽吹扫和人工清理干净，9月3日5:00时封头完成复位。9月3日15:30时完成分离料斗催化剂装填。9月3日16:00时再生系统完成气密后开始按开工方案进行升温，9月4日20:00时再生器烧焦区入口温度升至477℃，再生系统开始进行催化剂黑烧。9月7日再生系统由黑烧改白烧，再生系统恢复正常。

4 Chlorsorb氯吸附系统的优化运行过程

Chlorsorb氯吸附技术如果操作不好，就会存在两个方面的问题：①设备腐蚀问题，由于再生气体中含有氯化氢，若系统和管线的温度低于露点温度时就会产生设备腐蚀；②再生排放气氯含量超标问题。如果催化剂氯吸附效果不好，排放的再生气体将达不到排放标准。优化运行的过程主要是保证氯吸附效果和解决设备氯腐蚀的问题。运行三部经过摸索确定了最佳的操作条件。下面介绍运行三部优化Chlorsorb氯吸附系统的几项措施：

4.1 分离料斗底部大法兰增加蒸汽伴热线，定期检测伴热线出口温度

由于Chlorsorb氯吸附技术是首次引进，缺少相关的应用经验。施工阶段分离料斗底部大法兰并没有加蒸汽伴热和保温。图5为没有蒸汽伴热和保温的分离料斗底部大法兰。

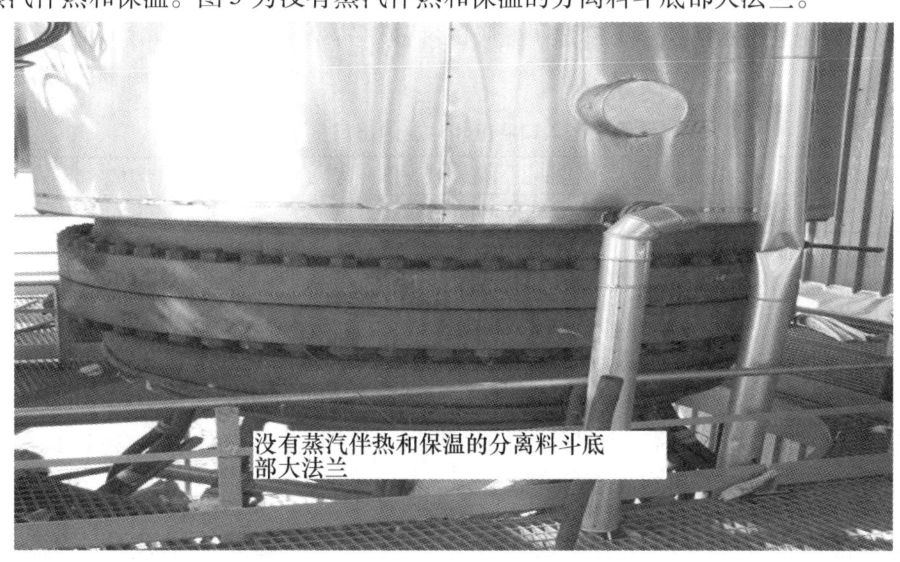

图5 没有蒸汽伴热和保温的分离料斗底部大法兰

分离料斗底部大法兰面积大，同时位于100m高的平台，受环境的影响也比较大。用红外测温仪测量，该法兰表面温度只有61℃，远低于UOP公司推荐的控制在138℃的要求，容易产生低温氯腐蚀。为此，运行三部制定了分离料斗底部法兰增加蒸汽伴热和保温的方案，并交维保单位和防腐单位施工。9月4日维保单位完成了蒸汽伴热线的配管工作，9月5日防腐单位完成了保温工作。图6为增加了蒸汽伴热线和保温的分离料斗底部大法兰。

9月5日分离料斗底部的蒸汽伴热系统投用后，为了保证伴热的效果，要求每个班组在巡检时对分离料斗伴热蒸汽线的出口温度进行测量和记录，通过定期测量能及时判断蒸汽伴热的效果，发现异常及时处理。

4.2 逐步提高氯吸附区的入口温度，减少设备氯腐蚀，定期检测氯吸附区出口气体的氯含量

为了保证chlorsorb氯吸附效果和减少设备的氯腐蚀，必须控制合适的氯吸附区入口温度。UOP公司推荐的吸附区入口温度为138℃，虽然在0.25MPa下水蒸气的饱和温度是125℃，但由于影响因数不确定，实际在138℃已经有水析出，造成设备的氯腐蚀。同时分离料斗材质采用普通碳钢，为了保护设备，吸附区出入口温度报警值设定在200℃，超过220℃时再生系统会自动冷停车。由于氯吸附是放热反应，氯吸附出口温度会比入口温度高10~15℃，所以吸附区入口温度一般控制

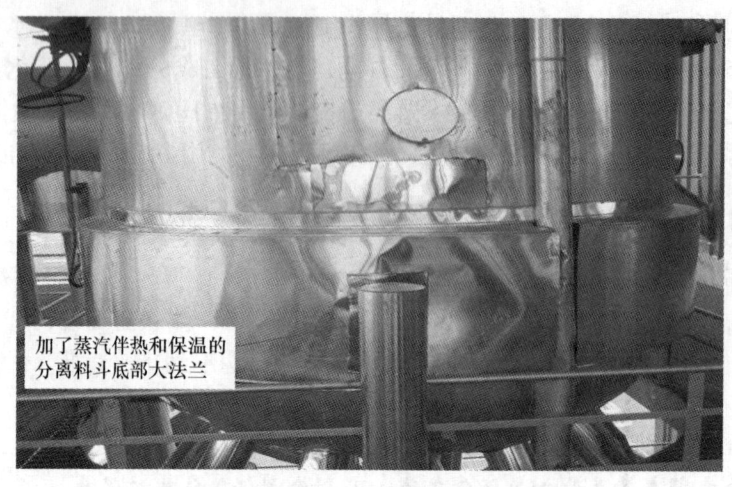

图6　加了蒸汽伴热的分离料斗底部大法兰

不超175℃。运行三部从9月份开始逐渐提高吸附区的入口温度，同时定期对氯吸附区出口气体的氯含量进行检测，经过不断的摸索，确定了氯吸附区最佳的入口温度。表1为吸附区入口温度和对应的出口气体氯含量。

表1　吸附区入口温度和对应的出口气体氯含量

吸附区入口温度/℃	138	145	150	155	160	165	170	175
吸附区出口气体氯含量/(μg/g)	0	0	1	2	4	26	30	37

由表1可以看出，提高吸附区入口温度吸附区氯吸附效果逐渐变差。当吸附区入口温度从160℃试验到165℃时吸附区出口气体氯含量由4μg/g升至26μg/g，同时由于催化剂处于使用初期，氯吸附效果较好，吸附区出口气体氯含量最高仅为37μg/g，低于《环境空气质量标准》氯含量控制75μg/g的要求。为了减少设备的氯腐蚀，同时降低四氯乙烯的消耗量，从10月份开始把吸附区的入口温度控制在160℃。从调整后三个月的运行效果看，吸附区出口气体的氯含量稳定在2~4μg/g，chlorsorb氯吸附区的设备没有再出现腐蚀现象。

5　建议增加chlorsorb吸附区旁路和再生气高温脱氯罐的技术改造，解决运转后期催化剂氯吸附效果不好的问题

惠炼重整装置采用的CycleMax Chlorsorb再生工艺，与传统的CycleMax再生工艺相比，在干燥区和烧焦区没有设置气体排放，重整催化剂受高温和高水的负面影响更大，随着装置运转时间的延长催化剂比表面积下降更快。催化剂的比表面积决定了催化剂的持氯能力，当催化剂的比表面积下降至一定水平，催化剂的持氯能力将受到严重的影响，而氯吸附区出口的气体也会达不到环保部门要求的排放指标。由于催化剂氯吸附系统很容易出现设备的氯腐蚀，特别装置运行到后期设备氯腐蚀更加严重。截至2009年12月底国内已经有三套相同的chlorsorb装置吸附区入口冷却器出现了腐蚀穿孔而停工处理。为此建议吸附区进行技术改造，增加旁路和高温脱氯罐，在装置运转后期和设备出现故障时，chlorsorb系统可切至旁路运行，保证装置的正常生产。图7为增加的吸附区旁路和高温脱氯罐的示意图。

再生烧焦循环气体，具有高温、高水、高流量和高CO_2的特点，需要开发适合再生气体组成的脱氯剂，该高温脱氯剂必须满足以下要求：①必须具有防粉化结块；②不能对重整催化剂产生危害和影响；③具有氯容高的优点；④脱氯剂应有较高的强度和磨耗率。2006年8月，西北化工研究院成功研发出T412Q脱氯剂，该脱氯剂在洛阳石化IFP连续重整装置上得到成功的工业运用。再生气中的HCl在满足小于1000μg/g时，脱氯后的气体能达到小于0.5μg/g，同时氯容高达30%。

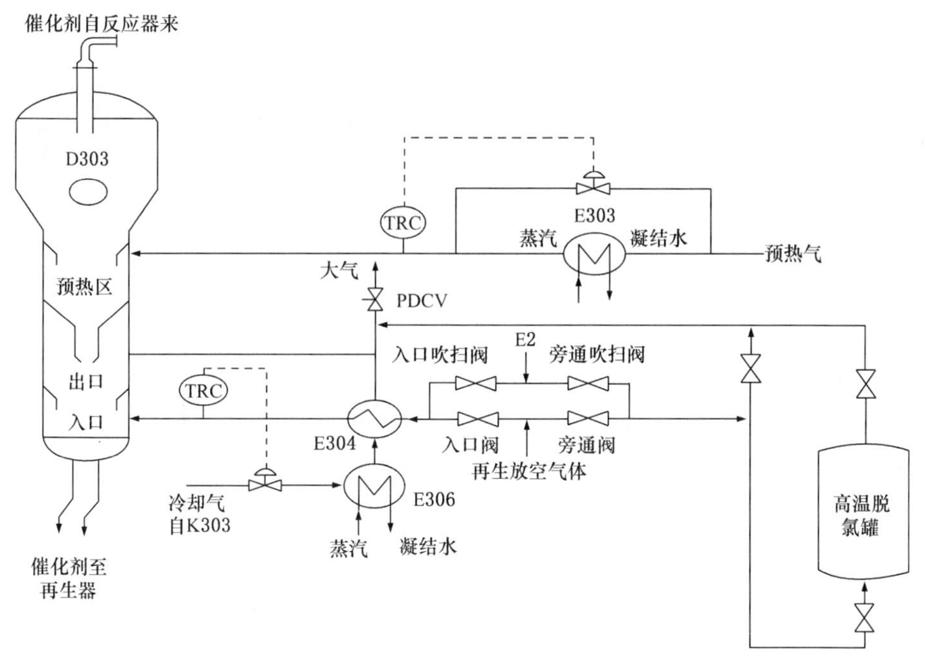

图7 增加吸附区旁路和高温脱氯罐的流程示意图

6 效益估算

原来的碱洗工艺操作不稳，碱洗塔经常由于差压高或液位低而热停车。同时碱液的 pH 值控制不稳定也造成设备腐蚀严重，定期要对碱洗系统进行维修，再生尾气经常走旁路，未经处理直接排放至大气，对环境造成污染。碱洗系统产生的大量废碱液需要处理，大大增加了操作费用。Chlorsorb 技术在连续重整装置再生系统的成功运用，不仅解决了催化剂再生系统设备腐蚀而经常停工的问题，保证了装置的长周期运行，同时解决了再生排放气中 HCl 含量高形成酸雨对环境造成的影响。

停用碱洗系统后，每月节约除盐水 6000t，碱液 40t，电量 90000kW/h，每年减少操作费用约 190.76 万元。同时由于设备氯腐蚀情况减少，每年可减少检修费用 80 万元。

Chlorsob 氯吸附工艺的氯回收率高，再生补氯量大大减少，平均补氯量在 14.60t/a，比设计的补氯量 25.55t/a 减少 10.95t/a，每年可减少四氯乙烯消耗费用约 27.38 万元。

据此计算，Chlorsorb 氯吸附新技术的成功应用，每年可增效 298.14 万元，具有较大的经济效益。

7 结论

1）Chlorsorb 氯吸附系统要保证蒸汽伴热和保温的效果，控制系统的温度能减少设备的氯腐蚀。

2）在保证氯吸附出口气体氯含量不超标的情况下尽量提高吸附区入口温度。

3）Chlorsorb 技术在重整装置再生系统的成功运用，具有较好的经济效益和环保效益。

4）建议增加 chlorsorb 吸附区旁路和再生气高温脱氯罐的技术改造，解决运转后期催化剂氯吸附效果不好的问题。

参 考 文 献

[1] 汤杰国，邢卫东，李生运．固态脱氯技术在重整催化剂再生系统的开发运用．工业催化，2008，16(3)：33～35

[2] 纪传佳．Chlorsorb 技术在连续重整催化剂再生系统的应用[J]．广州化工，2009，37(6)：202～203

制氢装置转化炉上集合管焊缝开裂分析与对策

张绍良　黄梓友　郑明光　孙亮　闻明科　郭志军

（中国海油惠州炼油分公司，广东 惠州 516086）

摘　要：某炼油厂 $2\times10^5 Nm^3/h$ 制氢装置转化炉 347H 材质的上集合管主管与支管连接焊缝，在使用 5 个月内相继发生 3 次开裂，经对焊缝裂纹进行失效分析，确认内壁起裂的应力腐蚀裂纹是导致泄漏的主要原因。烘炉过程中的停炉，使上集合管处的蒸汽易于结露，存在 Cl^- 等腐蚀物的聚集倾向，形成了环境。该焊缝处因结构复杂、高空作业和现场稳定化处理难以保证质量，使焊缝抗应力腐蚀能力下降，促进了开裂的进程。由此，提出了相应的操作对策和集合管结构、制造的改进措施。

关键词：转化炉　集合管　应力腐蚀开裂　失效分析　制氢装置

1　概述

随着世界范围的对清洁燃料要求和消耗量的增加，炼厂加氢装置的越来越多，导致氢气需要量也越来越多，采用的制氢方法均为烃类 + 水蒸气转化法造气，利用的原料主要有天然气、炼厂气、石脑油等轻质烃类。这些烃类在高温、高压和催化条件下在转换炉中与 H_2O 蒸汽发生反应，生成 H_2 和 CO，CO 在变换炉中再与 H_2O 蒸汽反应，生成 H_2 和 CO_2。转化炉是制氢装置中转化反应的反应器，为装置的核心设备。该反应器被设计成加热炉的形式，反应介质通过炉管内的催化剂床层进行反应，上集合管的作用就是将反应介质均匀的分布到各个炉管中。某炼油厂 $2\times10^5 Nm^3/h$ 制氢装置Ⅱ系列自 2009 年 3 月 31 日开工至 10 月 25 日，先后出现 3 次转化炉上集合管三通（主管与支管连接处）焊缝开裂，造成装置非计划停车事件，成为制氢装置连续生产重大安全隐患，为此，对开裂的焊接接头进行了失效分析，从结构、材料、焊接及热处理、工艺等方面探讨了集合管的开裂原因，并提出了相应的操作对策和集合管结构、制造的改进措施。

2　上集合管设计操作条件

操作介质为天然气 + 水蒸气、含少量 $H_2 + CO + CO_2$，设计压力 5.0MPa、操作压力 3.0MPa，设计温度 630℃、操作温度 620℃，主管规格 $\phi558.8\times22.2$，支管规格 $\phi273.1\times12.7$，材质 ASTM 312 TP347H。

上集合管主管含 6 个三通，5 个短节、2 个管帽，共 12 道焊缝及主管三通与支管焊缝为现场组焊，焊材规格为 E347 - 16/ER347，进行 900℃ ×4h 的稳定化热处理，经 RT 和 PT 检测合格，其中主管在地面施工，支管在制造厂制作并整体热处理（固溶 + 稳定化处理）。

3　开裂部位及现场处理

3 次开裂部位为不同的集合管支管与主管三通连接焊接接头，开裂部位均在管子外表面向上处，具体位置如图 1 所示。2009 年 5 月 9 日、9 月 25 日和 F20110 月 25 日集合管从东到西数第 3、2 和 4 根支管与主管三通连接焊缝及热影响区纵向开裂，外表面看焊缝处裂纹分别长约 200mm、1500mm 和 130mm，且延伸至热影响区，见图 2 和图 3。由于焊缝裂纹已延伸至热影响区，打磨间隙过大，所以决定对该焊缝及热影响区处管线切除，更换同材质管子约 500mm，同时也对其他 2

根未开裂的支管进行了相同的更换。焊后未进行热处理，焊缝经 MRT 及 PT 检查，未发现缺陷。

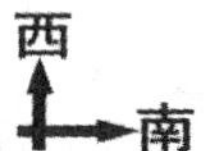

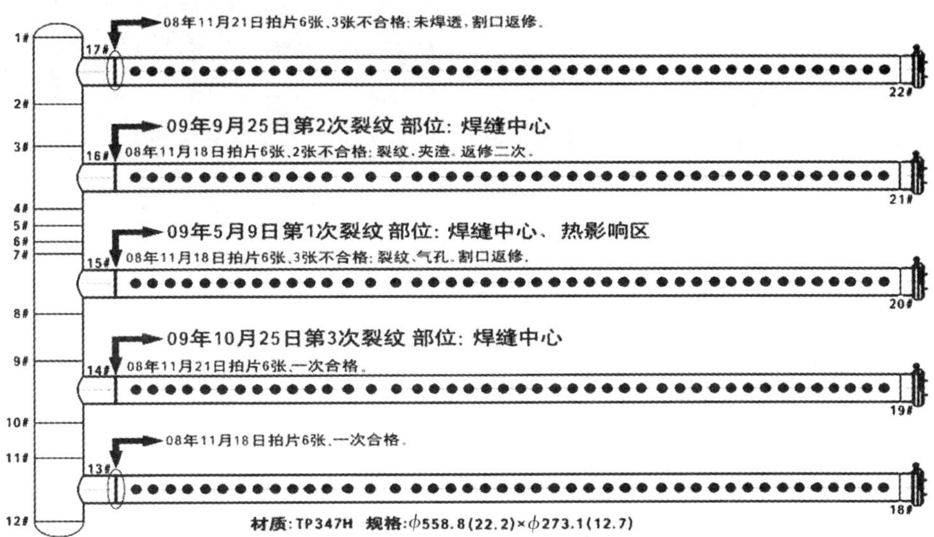

图 1 集合管开裂部位

4 检验分析

4.1 外观检查

取前 2 次开裂部位送检样进行检验分析，可见转化炉集合管裂纹沿焊缝纵向分布，见图 4。穿透管壁厚，集合管焊缝表面质量较差，存在凹凸不平，焊疤和返修现象。管内外表面无明显全面腐蚀，见图 5。

图 2 第一次开裂裂纹宏观形貌图

图 3 第二次开裂裂纹宏观形貌

4.2 理化检验

4.2.1 化学成分和力学性能

对管子母材和焊缝金属进行化学成分分析和力学性能检测，结果符合 ASTM A 312/A 312M[1]。按 GB/T 4340.1[2] 对焊接接头各部位进行硬度检查，数据见表 1，结果与 ASTM A 213/A 213M[3] 表明焊缝及其近缝区出现了硬化现象。

图4 2JHJ 管裂纹特征(外壁)

图5 2JHJ 管裂纹特征(内壁)

表1 焊接接头各部位硬度

检测部位	焊 缝	热影响区	近缝母材	母 材	标准值
HV5	213 256 227	200 196 198	204 214 214	183 195 194	≤200

4.2.2 金相检验

按 GB/T 13298[4] 对焊接接头进行金相检查，结果集合管材料组织为奥氏体+少量 α 铁素体+晶界点状析出，反应其固溶效果不好，组织不均匀，存在晶界析出和明显的带状特征，图6；焊缝为奥氏体+ δ 铁素体；焊缝热影响区为奥氏体+ 晶界点状析出，见图7。按 GB/T 1954[5] 金相割线法评定焊缝铁素体含量为5.4% ~5.8%。

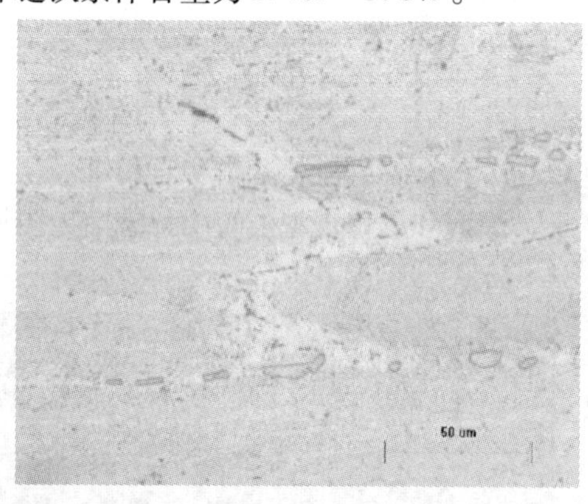

图6 母材组织

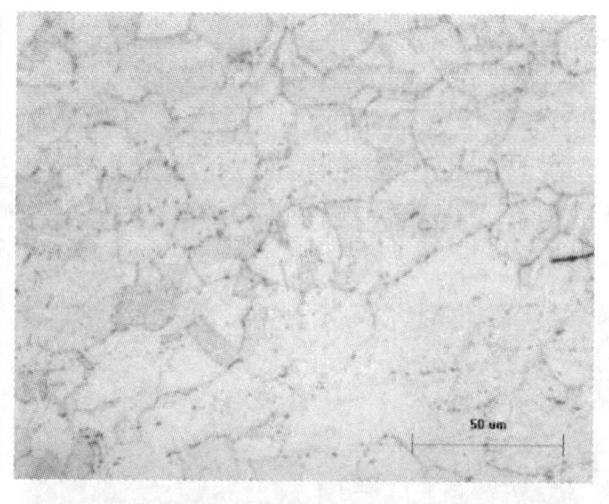

图7 焊缝热影响区组织

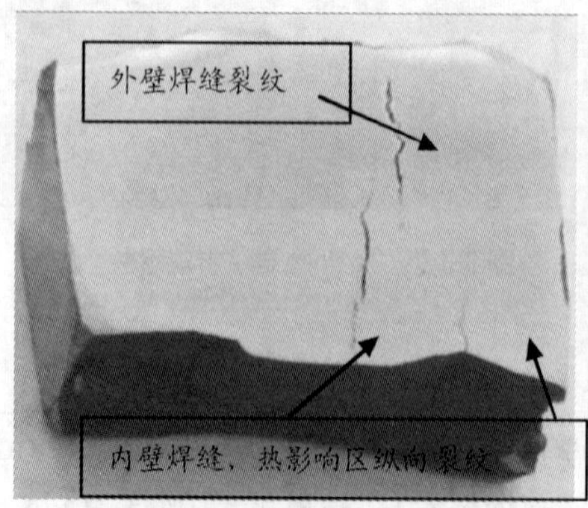

图8 集合管焊接接头部位裂纹

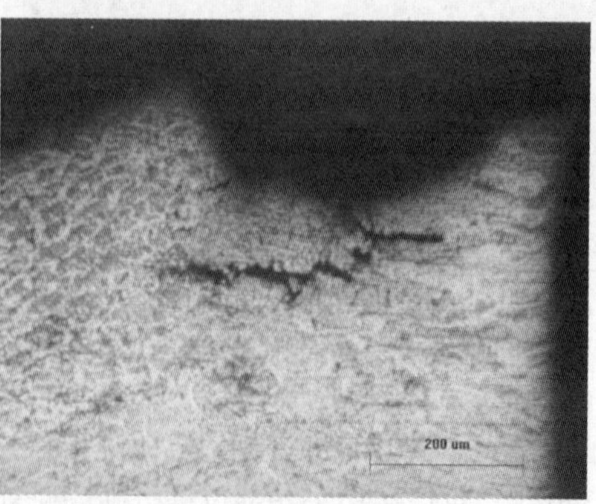

图9 内壁焊缝中心沿晶裂纹

断面裂纹特征，表明集合管焊接接头部位内、外表面均有裂纹产生，见图8。裂纹起始于表面焊缝部位，沿热影响区沿晶扩展，裂纹内有灰色腐蚀产物。内壁次表面存在平行于断面的沿晶裂纹，见图9。

金相分析结果表明集合管焊接热影响区存在敏化现象，对应力腐蚀开裂敏感；焊接接头部位存在2种类型的裂纹，内部起裂的焊接结晶裂纹或称热应力裂纹和表面起裂的应力腐蚀裂纹。

4.2.3 断口分析

断口宏观特征可见断面粗糙有明显的方向性，无金属光泽、无塑性变形，无壁厚减薄，呈脆性特征。打开穿透裂纹断口，可见断面存在2条裂纹形成的断裂面，颜色有差别，均为内表面起裂，内侧断面呈铁褐色，裂纹扩展区颜色略浅，打开的新断口呈灰色，与裂纹扩展前沿形成清晰的界限。微观形貌，低倍可以观察到焊缝柱状结晶的特征见图10，断面高倍呈氧化腐蚀产物见图11。断口分析表明该裂纹断口内壁表面多源起裂，裂纹穿透焊缝，呈脆性特征。

图10 内壁低倍

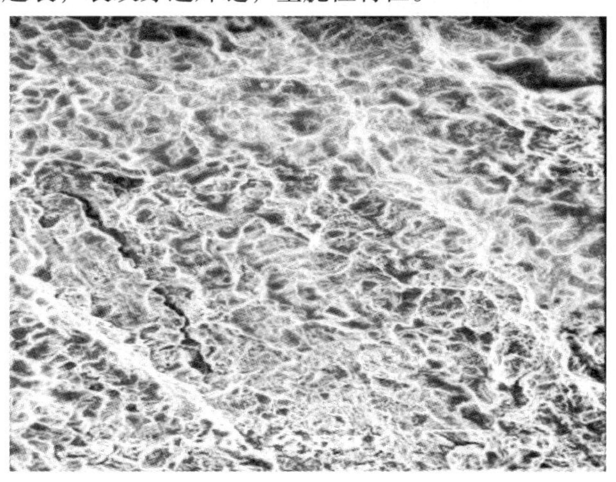

图11 腐蚀产物

4.2.4 裂纹微区成分分析

分别在焊缝内外壁裂纹不同的部位进行微区成分检测，测点示意见图12～图14。分析结果见表2、表3。

表2 图12裂纹不同区域微区成分分析结果

化学元素	元素相对含量									
	黑色区域		灰色区域		白色区域		裂纹边缘		基体	
	mass%	at%	mass%	at%	mass%	at%	mass%	at%	mass%	at%
Si	76.61	86.66	0.48	0.94	82.68	90.27	1.13	2.18	0.80	1.55
Cr	0.83	0.51	10.75	11.40	5.94	3.50	30.58	31.90	18.32	19.34
Fe	22.56	12.84	88.77	87.66	10.62	0.40	59.62	57.91	73.16	71.89
Ni	/	/	/	/	0.76	5.83	8.67	8.01	7.73	7.22

表3 图13、14裂纹不同区域微区成分分析结果

元素	外壁元素相对含量		内壁元素相对含量	
	mass%	at%	mass%	at%
Al	0.54	1.05	0.95	1.81
Si	1.61	3.02	3.08	5.63
S	1.28	2.10	1.32	2.11
Cl	1.80	2.67	2.53	3.66
K	0.58	0.78	0.77	1.00

续表

元　素	外壁元素相对含量		内壁元素相对含量	
	mass%	at%	mass%	at%
Ca	0.66	0.86	0.82	1.05
Cr	20.59	20.86	25.03	24.70
Fe	69.52	65.58	62.16	57.12
Ni	3.44	3.09	3.35	2.93

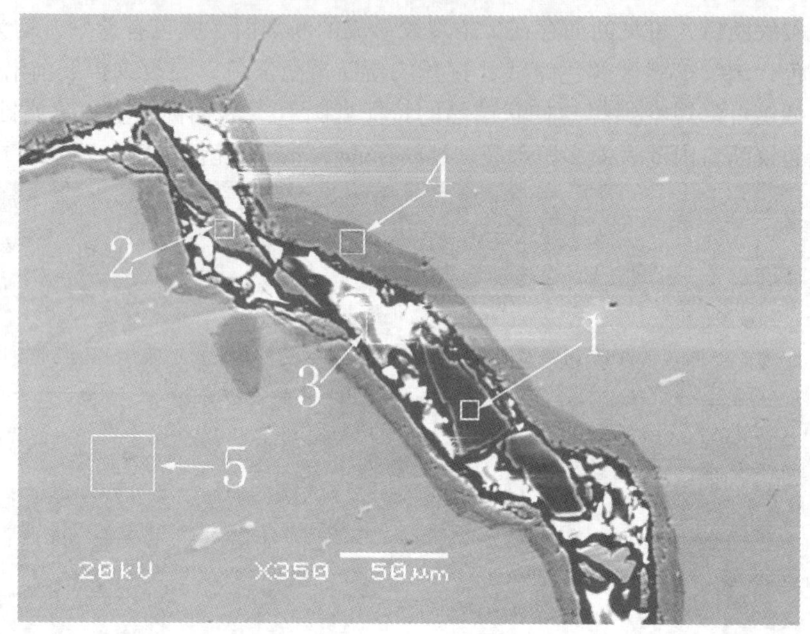

图12　内壁裂纹测点示意(一)

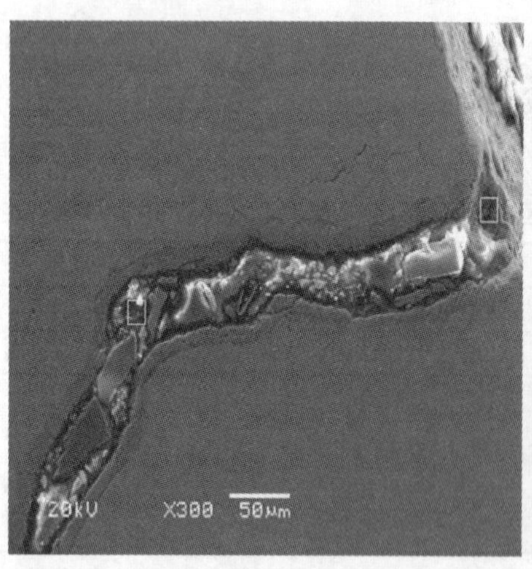

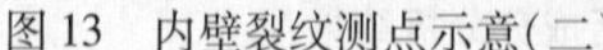

图13　内壁裂纹测点示意(二)　　图14　内壁裂纹测点示意(三)

5　分析讨论

1)金相和断口等分析表明，焊缝内外壁均有起裂，断口上有明显的陈旧性断口特征，裂纹扩展区有较厚的腐蚀产物，腐蚀产物中都检验出 Cl^- 的存在，腐蚀产物呈褐色，并出现了富 Cr 贫 Ni 现象，符合 300 系列奥氏体不锈钢在氯化物中应力腐蚀的断口和腐蚀产物特征[6~8]。

2)工艺分析，按设计和操作条件，在正常操作条件下，管子内外壁温度均处于介质露点温度以上，管内介质和空气不具有腐蚀性。但在实际运行中，特别是在开停车过程中，可能出现介质温度或管壁温度低于露点温度的情况。如对运行记录分析，发现制氢转化炉Ⅱ系列烘炉过程中出现过3次停炉，此时炉管中已配蒸汽，上集合管处的蒸汽易于结露(注：Ⅰ系列烘炉中未出现过停炉，上集合管也未出现过开裂)。

3)材料因素，347H不锈钢是对Cl^-应力腐蚀开裂的敏感材料，由于该三通处结构复杂，高空作业，现场稳定化热处理难以保证质量，存在现场进行稳定化热处理效果不到位的可能性，且热处理过程中材料容易发生敏化，最终难以保证焊缝各项力学实验与晶间腐蚀实验全部合格。导致焊缝中存在冷裂纹和焊接接头硬化现象，材料出现敏化作用，焊接接头存在较严重的碳化物析出。这些因素降低了材料的抗Cl^-应力腐蚀开裂的能力。

4)应力因素：从管线结构上看，整个管系易造成该焊缝处产生应力集中。

5)介质因素：在装置正常生产过程中，转化炉上集合管处介质为天然气和蒸汽，由于蒸汽本身含有微量的Cl^-(尽管按规范是合格的)，这些Cl^-将会在露点温度下，在金属表明发生反复浓缩，导致奥氏体不锈钢发生应力腐蚀开裂。

6 对策

1)从三通与支管的焊接质量上看，开裂的焊缝有一次合格的，也有经返修合格的。从开裂部位上看，开裂位置与焊缝质量无对应关系。从开裂的三通位置来看，并不是结构应力最大的外侧2个三通焊缝开裂。因此，综合分析结果，开裂位置与介质的分布关系最大。因此，应主要防止形成露点腐蚀的形成条件。故，工艺上要稳定操作，避免装置频繁开停。不锈钢发生氯化物应力腐蚀存在一个临界断裂温度，一般认为对于Cr-Ni奥氏体不锈钢发生氯化物应力腐蚀的下限温度为50℃[9]。所以，在生产中特别是开停工时，当温度大于50℃要防止蒸汽结露。

2)为减小管道焊缝处的应力，需进一步做评估核算，研究在总管增设弹簧吊架等的可行性。如集合管主管增设2个恒力弹簧吊架，转油线直管段底部的固定支座改为变力弹簧支座，以使转油线直管段可上下膨胀。装置开停工升降温速度不宜过快。

3)要重视主管与支管连接焊缝处的焊接与热处理，该部位由于结构复杂，焊接和热处理宜在制造厂进行，并整体热处理(固溶加稳定化处理)。

4)应重视焊接工艺评定工作，做焊接工艺评定时必须用原材料，焊接位置和条件等应与现场尽量一致，以利指导现场实物焊接保证焊接质量。按焊接工艺评定进行现场稳定化热处理时，必须保证焊缝各项力学实验与晶间腐蚀实验符合规范要求，如果施工单位有足够的施工经验且得到了业主的批准，焊后不进行稳定化处理时，同样也应确保焊缝各项力学实验与晶间腐蚀实验符合规范要求。

5)严格控制水蒸气等的Cl^-含量。保温应选用低氯含量的材料，并外加防护层，避免雨水等液体水直接淋到管子上。

6)要对集合管、炉管等加强检查与监测，有条件时建议请专家对制氢装置转化炉频繁开停对设备的影响进行评估，以利于装置今后的安全运行。

7 结论

1)集合管母材为347H，成分和力学性能符合ASTM A213/213M中的TP347H牌号，组织存在晶界析出和明显的带状特征，表明管子固溶处理不当。

2)焊缝内外均有起裂，内壁起裂的应力腐蚀裂纹是导致泄漏的主要原因。裂纹符合Cl^-应力腐蚀开裂特征。

3)初始烘炉过程中，内壁露点温度下的介质因素是导致应力腐蚀的重要因素，现场稳定化处理难以保证质量，使焊缝抗应力腐蚀能力下降，促进了开裂的进程。

参 考 文 献

[1] ASTM A 312/A 312M—06. Standard Specification for Seamless, Welded, and Heavily Cold Worked AusteniticStainless Steel Pipes[S]

[2] GB/T 4340.1—2009 金属材料　维氏硬度试验

[3] ASTM A 213/A 213M—04 Standard Specification for Seamless Ferritic and Austenitic Alloy - Steel Boiler, Superheater, and Heat - Exchanger Tubes[S]

[4] GB/T 13298—1991 金相显微组织检验方法[S]

[5] GB/T 1954—2008 铬镍奥氏体不锈钢焊缝铁素体含量测量方法[S]

[6] 肖纪美. 不锈钢的金属学问题[M]. 北京：冶金工业出版社，2006

[7] 赵伟，陈斌，张玉福等. 汽化炉氧 - 蒸汽混合三通开裂失效探讨[J]. 石油化工腐蚀与防护，2002，19(1)：42～45

[8] 左景伊. 应力腐蚀破裂[M]. 西安：西安交通大学出版社，1985

[9] 冈毅民. 中国不锈钢腐蚀手册[M]. 北京：冶金工业出版社，1992

预转化技术在惠州炼油制氢装置的应用

刘建华　邵为说

（中海炼化惠州炼油分公司，广东惠州　516086）

摘　要：介绍了预转化技术在惠州炼油制氢装置的成功应用、预转化技术较传统的一段式转化炉技术的技术及经济优势、庄信万丰（Johnson Matthey Catalysts，简称 JMC）预转化催化剂特点以及预转化反应器开车投用过程，分析了其应用过程中涉及到的问题，如选择合适开停工流程和方法，降低反应操作的苛刻度，优化水碳比控制等。同时介绍了一些常见问题的处理，尽可能的维持预转化反应系统的平稳运行，降低装置运行费用，为优化装置工艺流程、提高制氢装置工艺技术水平和节能增效提供有益的参考。

关键词：烃类水蒸气制氢　预转化　工艺技术　催化剂　节能

1　前言

中海炼化惠州炼油分公司两套 $10 \times 10^4\ Nm^3/h$ 制氢装置，是截止目前我国国内单套生产规模最大的制氢装置，设计产量 $10 \times 10^4 Nm^3/h$，实际产量（在保持原料量不变的前提下）可达 $11 \times 10^4 Nm^3/h$；设计以天然气和饱和炼厂干气为原料，采用德国 Uhde 公司的工艺技术，烃类蒸汽转化法造气、变压吸附（PSA）法提纯氢气的工艺路线。生产符合高压加氢裂化装置新氢要求的高纯氢气，同时副产 9.8MPa（g）高压过热蒸汽。装置设计采用预转化工艺技术，使得进入转化炉的进料组成变得简单、稳定（基本不含重烃即 C2 以上的烃类），从而可以采用更低的转化水碳比（2.6）和更高的转化进口温度（630℃），有效地降低装置能耗。造气系统的全套催化剂包括加氢、脱氯、脱硫和深度脱硫、预转化、转化和高温变换等全部由 JMC 提供。其中的 预转化催化剂型号为 $\text{KATALCO}_{\text{JM}}^{\text{TM}}$ CRG－LHR（预还原型，开车过程中不需还原），设计运行寿命 2 年，预转化反应器设置了管道跨线，必要时可以离线更换预转化催化剂，以满足装置主体部分连续运行 4 年的要求。

2　预转化工艺与常规转化工艺技术的组合运用

烃类蒸汽预转化技术主要是将常规转化炉的一部分负荷前移到预转化反应器内进行，如图 1 所示。该工艺具有别于常规转化反应的特点，可以在高空速、低温、低水碳比的条件下进行。在绝热反应器床层中，高分子烃类通过蒸汽预转化生成富甲烷气，从而减少了转化炉的反应强度和热负荷，提高了装置产能，降低了转化炉的建设投资和运行时的燃料消耗，装置运行成本可以大幅度降低。主要反应过程如下：

烃类水蒸气转化反应生成 H_2 和 CO

$$C_nH_m + nH_2O = nCO + (n + m/2)H_2\text{（吸热）} \tag{1}$$

$$CH_4 + H_2O = CO + 3H_2\text{（吸热）} \tag{2}$$

CO 水蒸气变换生成 CO_2 和 H_2

$$CO + H_2O = CO_2 + H_2\text{（放热）} \tag{3}$$

析碳反应

$$CH_4 = C + 2H_2 \tag{4}$$

在以上反应中，以甲烷和水蒸气反应生成氢气的吸热转化反应为主，因此总体表现为吸热反应。主要工艺过程如下：

烃类原料→原料预处理→蒸汽预转化→蒸汽转化→变换及氢气提纯等后续工艺

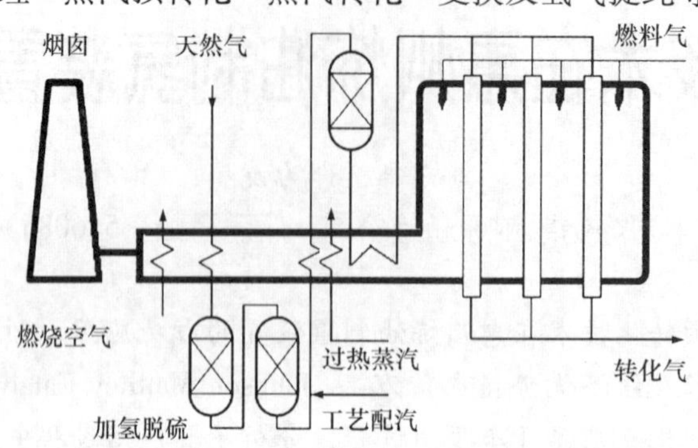

图1 预转化与常规转化工艺流程示意图

惠州制氢装置主要以天然气为原料，天然气经过预处理后，再通过绝热固定床反应器，在预转化催化剂 $KATALCO_{JM}^{TM}$ CRG－LHR 作用下进行预转化反应，把原料中的高分子烃转化成富含甲烷、CO、CO_2 和水蒸气的混合物。预转化反应压力3.0MPa，入口温度510℃，出口450℃，总反应表现为吸热反应。

3 $KATALCO_{JM}^{TM}$ CRG－LHR 预转化剂简介

根据预转化反应原理，对预转化催化剂主要性能有如下要求：良好的低温活性、抗毒性、活性稳定性、抗积炭性能及良好的机械强度。惠州炼油制氢装置选择的 KATALCOJMTM CRG－LHR 是以镍为主要活性组分的预转化催化剂，单系列产氢 10×10^4 Nm^3/h，预转化催化剂实际装填量仅为 $6.66m^3$，反应器尺寸缩小，可以节省装置投资以及正常运行时的折旧成本。其转化活性高、床层压降低，能够处理从天然气到炼厂废气，从液化石油气到重石脑油(高芳烃)大范围的进料，完全满足一般预转化工艺对催化剂的要求，世界范围内应用广泛。

CRG－LHR 预转化催化剂以预还原并钝化的形式提供。其主要物理化学性质如表1所示。

表1 预转化催化剂 $KATALCO_{JM}^{TM}$ CRG－LHR 的主要物理化学性质

$KATALCO_{JM}{}^{TM}$CRG－LHR 化学组成/%		$KATALCO_{JM}{}^{TM}$ CRG－LHR 主要物理性质	
以氧化镍形式存在的镍	39.0～44.0	形式	球状
以二氧化硅形式存在的硅	4.7	直径 mm	3.4
以三氧化二铬形式存在的铬	1.7	内部孔直径 mm	—
以氧化钙形式存在的钙	8.7	长度 mm	3.2～3.7
氧化铝及其他	平衡	堆密度(kg/m^3)	1450
		堆密度(lb/ft3)	90.5

注：密度值为典型值。根据装载技术和微粒型号的不同等，实际可达到的密度可能不同。

4 $KATALCO_{JM}^{TM}$ CRG－LHR 预转化剂的应用

4.1 预转化剂主要开工步骤

1)准备条件：①装置生产正常，负荷不低于60%，脱硫反应器出口干气总硫 $<10^{-10}$ μg/g；②预转化反应器及放空系统吹扫、气密、置换合格，$O_2<0.1\%(v)$，压力0.5～0.6MPa。

2)反应器床层升温：以脱硫后的干气混入冷氮气控制温度，以与预转化反应器床层顶部温度差不大于100℃(同时保证床层温度最高点与最低点相差不大于100℃)为原则，逐步将预转化反应床层温度升温至100～120℃(以床层温度最低点为准)，恒温1～2h后，继续升温至200℃，恒温1～2h。

3)配水碳比3.0左右的混合原料气继续升温：①逐步以水碳比3.0左右的混合原料气升温，逐步减少脱硫后干气，控制好温度平稳；②适当减少冷氮流量(无法升温时停 N_2)，以预转化反应器床层顶部温度为准，按照25～30℃/h的升温速度，逐步将预转化反应床层温度升温至450℃。

4)预转化反应器联入系统：①逐步关闭高压 N_2 阀、脱硫后干气阀、预转化反应器出口放空阀；②全开预转化反应器出入口阀门，逐渐关闭反应器旁路阀门；③将水碳比3.0左右的混合原料气全部改入预转化反应器，床层温度以40～50℃/h的速度升至正常操作温度(510℃)。

5)预转化停工：①打开旁路阀门，缓慢关闭入、出口阀门，切出预转化反应器；②反应器内介质全部往火炬系统放空；③催化剂床层氮气吹扫置换合格[烃 $<0.5\%(v)$]后充氮气保护，压力3.5～4.0MPa。

4.2 预转化剂工业应用过程

2009年3月4～8日，制氢装置Ⅰ系列完成催化剂装填，21～25日，完成Ⅱ系列催化剂装填。3月31日15:00，Ⅰ系列转化炉点火升温，4月2日9:00变换气合格引进PSA单元，当日12:00产品氢气合格并入1JHJ氢气管网。4月27日22:00，预转化催化剂床层开始升温，28日11:30，预转化反应器并入系统。

4.3 预转化正常操作条件

预转化正常操作条件见表2。

表2 预转化催化剂CRG LHR正常操作条件

工 艺 参 数	单位	5月1日	9月1日	12月1日	平 均
预转化反应器入口温度	℃	510	509	508	509
预转化反应器床层温度	℃	495	490	493	494
预转化反应器出口温度	℃	451	455	450	453
预转化反应器床层差压	kPa	77	76	75	76
预转化反应器水碳比		2.8	2.9	2.7	2.8

4.4 预转化出入口气体组成

预转化出入口气体组成见表3。

表3 预转化反应器出入口气体组成 %(v)

工 艺 参 数	5月1日	9月1日	12月1日	平 均
预转化反应器入口 H_2	1.5	2.09	0.60	1.40
CH_4	85.00	86.32	86.44	85.92
C_2H_6	7.40	7.45	9.31	8.05
C_3H_8	4.60	3.54	2.76	3.63
C_4H_{10}	1.50	0.60	0.89	1.00
预转化反应器出口 H_2	17.67	20.93	20.00	19.53
CH_4	71.75	70.42	68.09	70.09
CO	3.24	0.72	3.24	2.40
CO_2	7.34	7.93	8.67	7.98

4.5 预转化工艺应用效果

制氢装置采用预转化与常规转化工艺技术，两系列转化炉炉管总数仅430根、燃烧器216台，有效减少了转化炉体积，降低装置建设投资约12%，并缓解了大型化带来的其他工程问题。

采用预转化后，预转化气的组成为CO、CO_2、H_2、CH_4、H_2O，没有 C_2 以上的高级烃，可以充分利用烟道气的热量，把转化进料预热到630℃，降低了转化炉运行时的燃料消耗，预转化投用前后，转化炉燃料差异约在1200Nm³/h左右，按照燃料气密度0.82kg/Nm³，价格3000元/t计算，一年运行8400h可节省燃料气消耗约8265.6t，节约生产成本约2480.68万元。

预转化剂对原料中毒物精制要求高，预转化后气体组成中不含 C_2 以上的高级烃，因此预转化工艺正常运行后能有效降低转化炉操作的苛刻性。转化催化剂对水碳比和原料组成变化的敏感性下降，转化催化剂和变换催化剂的运行寿命在保持设计水碳比不变的前提条件下，预计可以达到4年。预转化催化剂 $KATALCO_{JM}^{TM}$ CRG－LHR 主要性能参数见下表4。

表4 预转化剂主要性能参数

技术指标等	设计值	实际运行情况	备注
预转化剂型号	$KATALCO_{JM}^{TM}$ CRG－LHR		
装填数量/m^3	9.27 × 2 = 18.54	6.66×2=13.32	
运行寿命/年	3	已运行9个月	实际运行寿命要求2年
出口>C_2 含量/(μg/g)	2000	未检测到	
催化剂床层压降/kPa	<79	78	

4.6 异常操作及事故处理

因预转化工艺的特殊性，且预转化剂价格昂贵并易于中毒、积炭从而导致性能损坏，因此在催化剂装填数量及开工次序上都对其作了特殊考虑。催化剂装填数量从基础设计的9.27m^3、三年换剂，降低到6.66m^3、两年换剂；首次开工时，必须等转化炉开工正常、操作平稳，装置负荷60%以上后才联入预转化反应器；装置停工时，首先停运预转化反应器并置换合格后才开始其他停工步骤，以便最大程度地规避原始开工对预转化剂所带来的风险。装置投料试车25天后，预转化反应系统按照预定方案投入正常使用。但在随后的运行过程中，装置因其他原因故障停车次数较多，预转化反应系统出现了以下情况。

2009年5月9日晚，制氢装置Ⅱ系列因转化炉入口集合总管与支管焊缝处出现裂纹，装置紧急停工。5月14日Ⅱ系列转化开工正常，于15日上午准备联入预转化反应器时，发现催化剂床层压降超标，DCS操作站上显示床层差压指示超量程(250kPa)，现场压力表指示差压在0.35～0.4MPa之间，预转化反应器无法完全联入系统之中。经与催化剂供应商JMC协商后，16日上午将预转化反应器离线，置换合格后，充氮气保护。预转化反应器切出系统等待进一步处理。

经查DCS历史记录，5月9日Ⅱ系列停工抢修前预转化床层差压正常，约51kPa。预转化床层温度分布及出口工艺气组成无异常。当晚紧急停工过程中，预转化床层差压最高上升至超过差压指示表量程。经过对班组紧急停工过程的了解，最终确定了造成预转化床层差压上升的直接原因为：预转化反应器床层温度400℃以上条件下，由于装置停工过程中操作波动较大，引起进入预转化反应器内的原料气水碳比过低，从而造成预转化催化剂结碳。

2009年8月2～4日，在预转化催化剂全程氮气保护的前提下，预转化反应器开头盖卸剂、过筛。4日，反应器回装催化剂，封头盖。6日，预转化催化剂床层开始升温。7日，预转化反应器重新投入正常使用。经过处理后的预转化剂运行至今，除床层压降略有下降外，预转化、转化系统操作稳定，产品质量合格，可以满足预转化工艺的技术要求。预转化反应器内催化剂经此处理，装填量大约减少了17%，另外由于预转化剂床层上部曾经严重结碳，床层的中下层催化剂内部微孔也可能存在一定程度的结碳，见图2、图3。预转化剂投用后，微孔内的碳会汽化以CO和CO_2的形式陆续逸出，运行过程中催化剂仍然存在破碎的可能。随着时间的推移，不排除有可能床层阻力降会缓慢升高，装置运行末期，其重烃转化率可能会有所降低。

4.7 使用注意事项

预转化剂价格昂贵且易于中毒、积炭从而导致性能损坏。催化剂应用的各个环节，如催化剂的装填、开停工及事故处理步骤等，都要引起足够的重视。开停工过程中，高温情况下(床层温度>200℃)，严禁干原料气进入预转化或转化催化剂床层。

一般情况下，尽量避免没有氢气存在的条件下，蒸汽单独通过预转化催化剂床层。特殊情况下，允许蒸汽单独通过预转化催化剂床层不超过10min。但在有10%以上氢气存在的条件下，可以

图2 正常的预转化催化剂

图3 积炭后的预转化催化剂

允许蒸汽通过的时间长一些，最长允许到12h。否则，预转化催化剂会被钝化，一旦钝化就会失活。预转化催化剂与转化催化剂活性组分的含量不同，其微晶结构也不相同，钝化后基本不能在线还原。

正常生产过程中，水碳比的稳定控制至关重要，严禁转化系统原料水碳比失调。对各反应器床层及转化炉管压降变化情况要时刻警惕，任何异常变化应该立即查找原因并及时处理。

5 结论

预转化工艺技术与常规制氢工艺技术组合应用，减少了转化炉的反应强度和热负荷，提高了装置产能，降低了转化炉的建设投资和运行时的燃料消耗，装置运行成本可以大幅度降低。

$KATALCO_{JM}^{TM}$ CRG－LHR 预转化剂为制氢工艺包专利商指定催化剂，为国内制氢装置首次应用，其转化活性高、床层压降低，抗风险能力强，完全满足制氢预转化工艺技术要求。如果预转化催化剂能以预还原并钝化的形式提供，则装置开工方便快捷，可以大幅度节省开工费用。

参 考 文 献

[1] Operating Manual for Pre－reforming Catalysts, Davy Process Technoloy, Revision N° 6 Johnson Matthey Catalysts
[2] Mick Hilton , Steve Little Wood. CRG Operation and Troubleshooting Information Sheets, Johnson Matthey Catalysts
[3] Product Bulletin _ CRG LHR Series Aug 07. Doc. Johnson Matthey Catalysts
[4] 郝树仁，董世达．烃类转化制氢工艺技术．北京：石油工业出版社，2007
[5] 烃类蒸汽转化制氢装置工艺操作技术．中国石化制氢技术联络站，2007

新型双辐射斜面阶梯炉的应用

梁文彬

（中海石油惠州分公司，广东惠州　516086）

摘　要： 本文介绍了国内首次引进的新型双面辐射斜面阶梯加热炉的技术特点与主要结构，该技术在延迟焦化装置得到了成功应用，真正实现了炉管的在线清焦，延长了延迟焦化装置的开工周期，提高了装置的生产效益，在采用了模块化设计制造与安装。这些技术对于国内同类装置的推广应用具有重要意义。

关键词： 双辐射阶梯加热炉　延迟焦化　在线清焦　燃烧器　模块化

1　前言

延迟焦化是以渣油或类似渣油的各种重质油、污油等为原料，通过加热炉快速加热到一定的温度后进入焦炭塔，在塔内适宜的温度、压力条件下发生裂解、缩合反应，生成气体、汽油、柴油、蜡油、循环油组分和焦炭的工艺过程。延迟焦化加热炉是延迟焦化装置的核心设备之一。惠州炼油420万吨/年延迟焦化装置采用两炉四塔工艺，加热炉采用了国外某工程公司专有技术的双面辐射斜面阶梯炉，每台加热炉由6个辐射室、1个对流室组成。对流室安装在辐射室上，用于原料预热和蒸汽过热。该加热炉的特点为：操作灵活性，能够独立控制每一个单元，实现在线清焦和停车机械清焦、蒸汽空气烧焦。焦化加热炉的主要设计参数见表1。

表1　焦化加热炉的主要设计参数

项　目	操 作 参 数	设 计 参 数
焦化油流量/(kg/h)	322，905	322，905
冷油流速/(m/s)	1.8	1.8
对流入口温度/℃	317	303
对流入口压力/MPa	2.97	2.97
出口温度/℃	513	521
出口压力/MPa	0.558	0.558
汽化率/%	35.5	38.7
最大允许辐射热强度/(kW/m^2)	42，587	42，587
热效率/%	≥90	≥90

2　加热炉的布置及结构型式

如图1所示该加热炉采用了6个单独布置的辐射室，辐射室侧墙为倾斜布置方式，下部的横截面宽大，上部的横截面狭小，侧墙整体向炉膛中间倾斜，炉管布置在炉膛的中间。辐射室为陶瓷耐火纤维平铺毯结构。在侧墙下部还设有耐火砖。燃烧器布置在侧墙底部，火焰沿倾斜的侧墙燃烧，通过炙热的耐火砖及纤维毯向辐射管进行辐射传热。6个辐射室的烟气通过热烟道收集进入上部的对流室。对流室除遮蔽管外，其他盘管为翅片管，上部为2排过热蒸汽管。出对流室的热烟气再进入空气预热器换热降温后排入烟囱，燃烧用的空气经过蒸汽－空气预热器、鼓风机、空气预热器后，通过2级调节风门进入燃烧器。

与国内同类型焦化加热炉比较分析，可以发现本炉型的炉管表面热强度在长度方向和高度方向均匀性均有较大提高，炉管局部热强度峰值显著减小，平均热强度增大。这种结构保证了整个炉膛内炉管热强度的均匀性，并且降低了炉管的最大辐射热强度，可以明显改善炉管表面局部过热，减少了管内结焦倾向，有利于提高焦化炉辐射室传热效率，延长焦化炉的操作周期，显著提升焦化装置的整体经济效益。

另外，由于炉管出口段在辐射室下部，该部位炉管内介质温度高，并处于辐射炉膛内温度与传热的热强度最高处，为防止由于管壁局部温度过高而造成炉管的结焦，设计上进行了改进，第 1 与第 2 根及第 2 与第 3 根的管间距远大于其他炉管的管间距。这种布置显著降低了下部炉管表面热强度的峰值，有效的延缓该部位的结焦，从而提高炉管的使用寿命。

图 1　加热炉的布置示意图

3　辐射管架的布置与制造

辐射盘管架在炉膛内，直接承受高温火焰和烟气的辐射，并且所有辐射盘管的重量要依靠其支撑，管架设计及质量的优劣直接关系到加热炉的操作安全。

本加热炉的管架由多根离心铸造的管柱与矩形的水平横梁及定位销构成。管柱为下部支撑形式，如图 2。管柱支撑在炉底的钢结构梁上，在炉底钢结构上焊接了 25Cr－20Ni 材质的内套筒，管柱插在套筒外固定，上部在炉顶钢结构上焊接了外套筒，并预留了管柱向上膨胀的空间。两管柱上穿有横梁来支撑炉管，为防止横梁移动，横梁端部采用销子固定。炉柱及横梁选用 HK－40 材质，采用了离心铸造工艺，可有效避免静态铸造的弊端，提高了管架的强度和安全性。

采用这种结构的另外一个优点是可以保证整个支架自由向上膨胀，其膨胀方向与辐射盘管的膨胀方向一致，避免了原来加热炉设计中炉管膨胀方向与支架方向相反的缺陷。由于辐射管架与炉管的材质、金属壁温的不同，管支架的材质为 HK－40，其线膨胀系数大于辐射炉管 T9 的线膨胀系数，同时管架的金属壁温度接近炉膛烟气温度 750～840℃，而辐射炉管的金属壁温度 550℃（开工初期）～650℃（开工末期）。因此管架膨胀量大于辐射盘管膨胀量，这样就能够保证辐射盘管在各支撑点上都能被辐射管架支撑。采用这种辐射管架后，辐射出口转油线也能够采用更为简单、可靠的设计。炉管系的热变形全部由炉管本身进行了吸收，最下端出口段炉管的上下热位移为零，出口法兰的热位移也为零，这样就可以将出口端法兰进行固定，不用考虑炉管的热变形对出口转油线的影响。对流与辐射之间的转油线进行了特殊设计，对流与辐射之间的转油线吸收了辐射入口的热位移。采用这种设计，减少了加热炉出口转油线受力的复杂性，也减少了操作过程中转油线频繁泄漏的隐患。这一点经过了实践检验，在三次在线清焦的过程中，加热炉每路的出口都经历了大幅度变温过程，加热炉出口转油线的法兰未发生泄漏。

该辐射管架的另一优点：由于支撑点和导向点均在炉内，克服了辐射管架穿过炉壁而产生的散热损失，并且在内外套筒内填充了耐火陶瓷纤维，减少了受热支架与外部钢结构的热传导，提高了加热炉热效率。

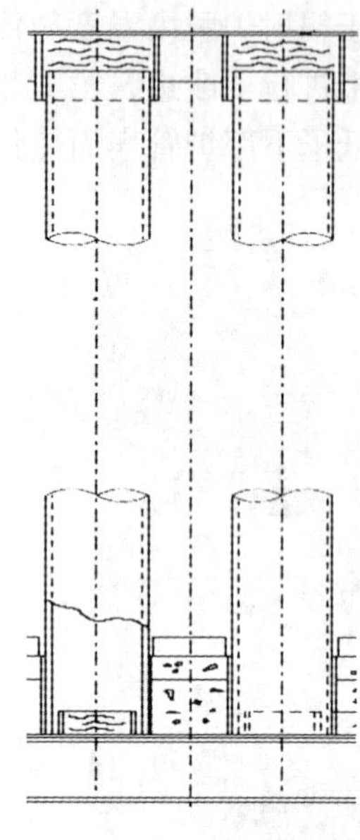

图 2　管架支撑示意图

4　衬里结构

加热炉衬里结构的优劣不仅仅关系到加热炉的热损失，还与整个加热炉的操作息息相关。本焦化加热炉整体采用陶瓷耐火纤维、辐射室侧墙下部向火面采用耐火砖的结构。

4.1　辐射室

焦化加热炉的燃烧器为附墙燃烧，火焰与衬里直接接触，火焰的温度高达1600℃左右，并且在线清焦时炉膛温度的变化幅度与变化速度非常大，这就对侧墙下部的耐火砖提出了比较苛刻的要求，既要有低的导热系数，较高的最高使用温度，又要具有良好的热震稳定性。设计上采用了轻质莫来石 28 级耐火砖，热面最高使用温度：1650℃。耐火砖背衬 2 层 96 kg/m^{3}的针刺陶瓷耐火纤维毯(等级温度 982℃)，以降低炉外壁温度；考虑到炉膛的向上倾斜布置，砖墙容易倒塌，采用了特殊设计的拉砖钩，以增强耐火砖墙的整体强度与刚度。

辐射室内与火焰不直接接触的部位的炉衬选用耐火陶瓷纤维毯，共分 4 层：背衬96 kg/m^{3}的针刺陶瓷耐火纤维毯(等级温度 982 ℃)；向火面为 128 kg/m^3 的针刺纤维毯(等级温度 1427℃)。因为耐火纤维毯的热容比较小，在线清焦时有利于炉膛的快速升降温。为防止由于露点腐蚀造成保温钉腐蚀断裂，在保温钉焊接完毕后应对炉壁进行除锈、除焊渣，然后在炉壁板涂刷 MASTIC 涂料，实现对保温钉的防护。

炉底采用浇注料与耐火砖结合的 3 层衬里结构，底层为 560kg/m^3 的轻质浇注料，最上层面为刚玉砖，主要考虑检修时的踩踏与耐温。

4.2　对流室

采用 128kg/m^3 的针刺耐火陶瓷纤维毯(等级温度 982℃)，陶瓷纤维毯外部喷涂 13mm 厚的 MOISTPACK，然后整体烘干后供货。

经过实际生产运行，加热炉的衬里结构设计、施工的质量都比较好，已经经历了三次在线清焦。在线清焦时局部的燃烧器要反复熄火、点火，要求路管内温度快速的升降，耐火砖的温差很大，温度变化剧烈。检查耐火砖未发生开裂现象。加热炉运行正常后，经检测炉外壁的温度在 65℃左右，最高的局部约 80℃，符合有关标准的要求。

5　采用了扁平焰、低 NO_x 燃烧器

燃烧器采用了焦化专用附墙燃烧的小型、扁平焰、燃料分级的低 NO_x 燃烧器，燃烧器的结构图如图 3 所示，燃料通过总管分 4 路进入燃烧器火嘴。每路火嘴上开设了 3 个喷孔，一次燃料瓦斯喷孔开在燃烧器火道砖内火道处，瓦斯垂直向上喷出，燃烧器火道砖外开有 2 个二次燃料瓦斯喷孔，这两个喷孔斜向上(喷孔轴线与火嘴轴向成内斜 60°角)喷出。燃烧器火道砖内火道处的喷孔喷出的燃料进行一次燃烧，该次燃烧为富氧、贫瓦斯燃烧，燃烧火焰的温度较低，一次燃烧后的烟气的流速提高，经燃烧器火道砖特殊设计的喷口喷出，在喷口处形成一定的负压，提升燃烧器火道砖外的二次燃料到燃烧器火道砖上部进行二次燃烧，二次燃烧为贫氧燃烧。分级燃烧显著降低了 NO_x 的生成。

每台燃烧器配置了一个设置在燃烧器火道砖内火道处的长明灯，长明灯采用文丘里管自然吸入空气。考虑到点火及小负荷工况，燃烧器风道入口处配置了带手柄自锁的调节风门，可以通过调节风门对配风进行微调，以保证良好的燃烧。

该燃烧器的特点：

1)低 NO_x 生成。因为 NO_x 的生成主要跟火焰的温度、氧气的浓度有关，一次燃烧火焰温度低，NO_x 产生少；二次燃烧是剩余燃气在一次燃烧烟气混合物中进行，由于烟气的稀释，氧的浓度低，因此 NO_x 生成受到抑制。采用这种燃烧器后 NO_x 的排放比普通燃烧器降低50%左右。

2)火焰在燃烧时离开火嘴，在燃烧器火道砖的上方燃烧，火焰对火嘴本身影响不大，不用采用耐高温的材质，采用普通的304材质即可，降低了造价，提高了燃烧器的使用寿命。

3)火焰稳定好，刚度大，火焰不易偏离，不会添炉管，火焰的形状良好，火苗齐、短、扁，多燃烧器组合燃烧后的效果好，保证了整个炉膛的热强度的均匀性。

4)燃烧器的可调节性好，这点在在线烧焦过程中得到了较好的体现，可以快速的升降温。

5)火焰不易熄灭，即使在炉膛微正压时，燃烧器不会熄火。

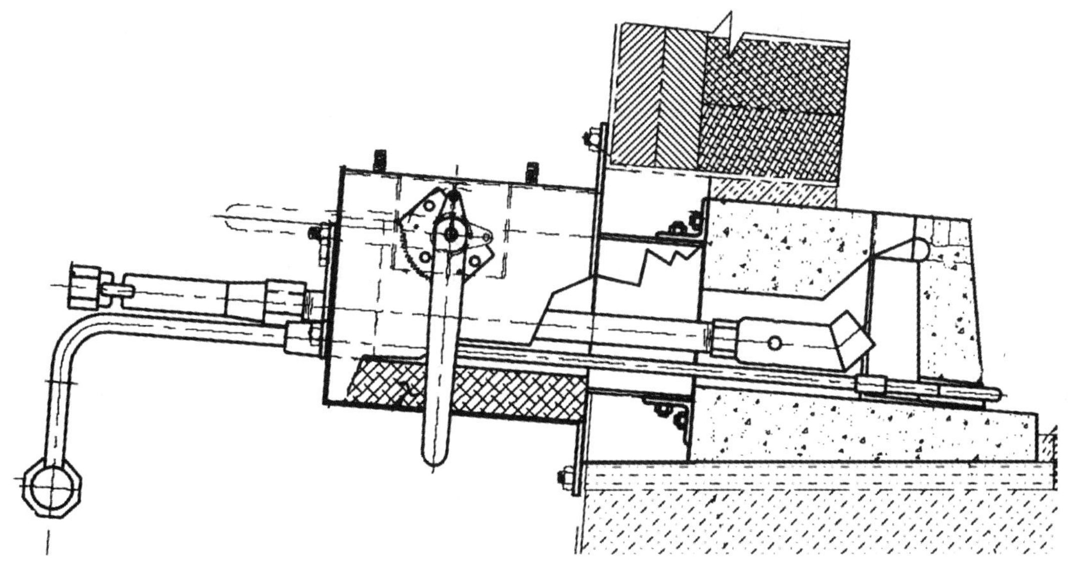

图3 燃烧器的结构示意图

6 炉管表面热电偶的设计

为监测运行过程中的炉管壁金属温度，在对流室的遮蔽段出口侧炉管上每路布置了1个管壁热电偶，用于监测遮蔽管超温与结焦情况。在每个辐射室布置有6个管壁热电偶，分别布置在：第5根、第10根、第19根，每根布置了两片。通过炉管表面温度的变化，可以考察管内介质的流量分布与局部超温过热及结焦情况。对流炉管热电偶设置方向垂直向下，辐射炉管表面热电偶的位置设置在炉管向火面60°范围内，触点直接焊接在炉管管壁上。在炉管表面热电偶上设置屏蔽罩，屏蔽罩内填充陶瓷耐火纤维，屏蔽罩材质为25Cr－20Ni。这一结构有效屏蔽了火焰与烟气的直接辐射，真实的反映管壁温度，数值准确可靠。

7 设计了密封良好的烟囱主挡板

目前，国内开工的部分延迟焦化装置的最终排烟温度达不到设计值，加热炉热效率达不到90%。其中一个原因是烟囱主挡板泄漏量大。大型延迟焦化装置加热炉的烟囱直径大约3.6m。其密封面线长度大。传统的设计是通过钢板制造的叶片和密封板间的接触实现有效密封。通常在制造过程中均采用各种矫形方法来减小叶片和密封板间的变形，使其有良好接触面。但密封面的质量检查通常采用目测的方法，使其制造质量良莠不齐。在操作期间受热后，钢板制造的叶片和密封板在热膨胀和焊接应力的作用下再次发生变形，密封效果进一步减退，产生较大的泄漏。本次由福斯特惠勒(FW)公司提供的挡板采用新型结构，挡板的刚度得到了加强，在挡板上又增加了耐高温的软质高回弹填料，在关闭状态下，两个挡板及挡板与封板之间的填料压紧，并且两个挡板能够实现严密咬合，避免了烟气的泄漏。

8 采用了高效率的肋板式空气预热器

为充分回收烟气余热，提高加热炉系统热效率一般都要采用空气预热器。目前国内空气预热器主要应用有如下几种类型：铸铁式空气预热器、板式空气预热器、复合、相变空气预热系统等。

本加热炉空气预热器采用了复合式的肋板式预热器，设计参数见表 2。预热器的结构见图 4。预热器由多个板片连接而成，热烟气由上向下通过预热器，冷空气在侧下方进入预热器，在侧上方离开预热器，这种换热器综合了铸铁式空气预热器和板式换热器的优点，具有换热效率高、占地面积小等优点；肋板采用了高级别的铸铁，具有比较优良的抵抗露点腐蚀的能力。该种预热器可以用于各种燃料工况，以达到最大程度的回收烟气余热，对于提高加热效率具有非常重要的意义。该预热器可以连续运行 10 年不用检修。烟气侧最高使用温度可以达到 720℃，空气侧的最高使用温度可以达到 480℃。预热器的换热面积根据需要进行调整。

考虑清洗的方便性，空气预热器上部增加了清洗耙，可以通入清洗水进行在线或离线对预热器翅片进行清洗。

为防止露点腐蚀，在鼓风机入口增加了蒸汽 - 空气预热器，在环境空气温度低于 10℃时，可以将蒸汽 - 空气预热器投用，提高空气的入口温度，从而提高预热器的壁温，避免了空气预热器的露点腐蚀。

表 2 肋板式预热器设计参数

项 目	设 计 工 况
烟气进口温度/℃	371
烟气出口温度/℃	130
压降/mbar	5.0
在热损失为 2% 时的热量回收值/kW	6938
空气进口温度/℃	45
空气出口温度/℃	289
压降/mbar	6.5
最小金属壁温/℃	107

注：1bar = 100kPa。

9 采用了变截面设计的热风道

以往国内设计加热炉的风道采用简单的恒定截面的风道，这种设计的的缺点是：由于主热风道的空气流速较快，前部供风口有“抽真空”的效应，造成了风道尾部的压头高，前部的压头低，前部燃烧器的供风不良，后部的供风压力又偏高，正常生产时需要频繁调节燃烧器的风门，造成了燃烧的不稳定，炉膛内温度分布不均匀等，影响整个加热炉的优化运行。本次设计的主风道与分支风道均采用了截面渐变细的结构，既前部风道截面积较大，到后部的截面积逐渐变小，成锥台状布置。采用这种变截面的风道后，能够保证各个用风分配口的压力均衡，不用调整燃烧器的风门就能保证每个燃烧器充分而良好的燃烧，保证了炉膛内温度的恒定。

10 实现了在线清焦及停车机械清焦

在装置不停车的情况下，将某一管程的工艺介质切断，只保留注水，通过变温操作，利用热胀冷缩将炉管壁上的焦碳剥离，剥离后的焦碳与汽化后的蒸汽一同进入焦炭塔。实践证明，本加热炉的在线清焦的效果非常好，辐射炉管局部管壁温度达到641℃的情况下，在线清焦后的管壁温度能够下降89℃左右，保证了加热炉的长周期运行。另外，加热炉炉管一端采用急弯弯管连接，另外一端采用可拆的铸造回弯头进行连接，在加热炉严重结焦后，可以停工将一侧回弯头的堵头全部打开，利用 PIPE PIG 进行机械清焦。

图4 肋板式空气预热器的结构图

目前国内一些炼厂也进行了在线清焦，但由于前期的设计及操作的局限性，在线清焦成功的案例比较少。在线清焦是 FW 公司设计的加热炉的最为核心的技术，该公司不仅提供了关键硬件的设计，也提供了具体的操作方法。经过两次实际在线清焦操作，证明加热炉的设计与操作是非常成功的，下表3是在线清焦前后的炉管壁温的比较。（注：清焦后的炉出口温度及处理量均高于清焦前。）

表3 在线清焦前后炉管壁温度变化的对比

项　　目	第1组	第2组	第3组	第4组	第5组	第6组
在线清焦前温度/℃	621	641	620	615	614	634
在线清焦前温度/℃	564	552	561	560	545	564
温差/℃	57	89	59	55	69	70

11 实现了工厂化、模块化制造与现场模块化组装

加热炉施工工程量大，施工周期长，技术复杂，交错施工作业多，现场施工管理难度高。国内加热炉的制造一般都是设计院进行设计，施工单位现场拼焊的现场组装模式。但考虑到现场施工场地狭窄，并且当地多风多雨的气候条件，对焊接要求比较严格，加上工艺包提供商的要求，就决定了加热炉的主要部件必须采用工厂模块化制造、模块化安装的方式，通过专业化设计、制造、运输、吊装等工序保证优良的工程质量与较短的施工工期。

目前国内能够模块化转化设计、制造的单位及经验非常少，在制造时需要保证设备大型化后的平整度、直线度、尺寸误差都符合要求，保证现场一次组装成功，并且长距离的运输与吊装的难度也比较大，需要对转化设计、制造与安装进行严格的要求。

11.1 转化设计

FW 公司提供的为加热炉的工程图，国内制造单位必须再根据工程图进行详细的转化设计成节点图、工厂制造图。制造厂完成转化后，交由建设单位、国内设计院、国外设计公司进行审查各个节点图、制造图的审查。审核合格后的图纸方能用于框架的节点详图设计，搭建框架细节结构模

型。保证转化设计后的图纸真实的符合 FW 公司的要求。

11.2 模块化制造

制造厂制造专用的焊接工装，稳定坚固的工作台，有利于提高制作精度，保证产品质量。在车间的工作台上，可以将现场模式中的大部分工作效率低、技术难度高的立焊工作变为工作效率高、操作简便的平焊，既提高效率又保证质量。

制造过程要求如下：主要的承重梁、柱等必须采用整料制作，严禁拼接。坡口加工在铣边机或坡口切割机上进行，应严格按图和工艺文件要求，保证坡口角度及有关尺寸的正确；箱形柱板采用双定尺，原则上不拼接；下料时其宽度公差，隔板的对角线公差必须预以保证；对箱形柱四主角焊缝进行双弧双丝焊，保证全熔透焊缝根部焊透；焊接应同时、同向、同工艺参数焊接两条主角焊缝；钢结构的放线采用激光测距等离子切割或相当的工艺，以确保构件的制造精度；螺栓接孔的加工不得采用气割，应进行精密加工，加工孔平齐光滑、符合标准的要求。

各个构件加工完毕，必须完成工厂内的预组装，组装后结构尺寸偏差除符合有关标准的要求。在甲方或监理及安装施工单位认可后，方能够拆解、运输。严禁采用整体制造完毕，再重新切割成片的加工工艺。

11.3 安装

焦化加热炉炉体大，重量重，附属设备多，钢结构载荷大，但主体立柱设计采用小型 H 型钢，炉壳支撑少，所以预制件的刚度小，易在运输和吊装过程中发生变形；由于炉体附件安装精度和炉衬砌筑质量要求高，对墙板的平整度要求也相应提高，吊装和找正时应注意防止墙板平整度受到破坏；对流段设备重量大，钢结构立柱易受力大，而且整个烟囱连接在对流段上；安装过程中炉壳体要进行密封焊，焊接量大，焊接过程易发生焊接变形。

针对上述问题，要求施工单位严格安装图纸与相关规范进行施工安装，吊装作业全部采用平衡梁，防止构件的变形；严格保证各个部分的公差配合，无论采取地面预组装成片状或箱形结构后吊装，或采用模块式组装方法，均应严格掌握预组装件的装配精度，确保构件之间的组装配合尺寸符合要求，尤其对监理人员提出了严格的要求，每道工序完成后进行检测，不合格的返工处理，有效的提高了安装的质量。

12 结束语

惠州炼油 420 万吨/年延迟焦化装置引进的延迟焦化加热炉为世界最大处理量的加热炉，设计上采用了先进的技术，设计及制造细节进行了有效的改进，充分保证了整台加热炉技术的先进性与适用性，经过实际标定加热炉的整体热效率达到 91%，真正实现了炉管在线清焦，延长了延迟焦化装置的开工周期。设计与制造过程中采用了模块化的设计与制造，保证了设备的制造质量与工期。这些技术对于在国内同类装置的推广应用同样具有重大意义。

参考文献

[1] 罗莹，周桂娟．新技术在延迟焦化加热炉上的应用．2009 年全国延迟焦化技术年会论文集，青岛

[2] 孙毅．柴油加氢改质装置反应进料加热炉的扩能改造[J]．石油化工设备技术，2009，30(2)：16~24

高压加氢裂化装置高压空冷器单元的腐蚀分析与防护

郑明光

（中海石油炼化有限责任公司惠州炼油分公司，广东惠州　516086）

摘　要：本文依据中海油惠州炼油项目高压加氢装置设计工艺流程，结合设备选材，对高压加氢裂化装置高压空冷器单元中各个设备以及管道中的腐蚀物质及其存在状况进行了核算，对其可能发生的腐蚀和程度进行了分析，并在腐蚀分析的基础上，提出了防护措施，为中海油惠州炼油项目投产后高压加氢裂化装置的安全运行提供技术支持。

关键词：高压空冷器　设计　选材　防腐

1　前言

中海油惠州炼油项目高压加氢装置采用 Shell Global Solution 开发的加氢裂化技术，催化剂采用 Criterion Catalysts & Technologies 的催化剂，主要加工减二线蜡油、减三线蜡油和焦化蜡油，其混合比例为 49.08：30.92：20，处理量为 400 万吨/年，生产出加氢尾油、柴油、航煤和轻重石脑油等高附加值产品，是惠州炼油项目核心装置之一。

高压加氢裂化装置长期处于高压、高温状态，内部介质含有氢、硫化氢等易燃、易爆、剧毒成分，一旦发生事故后果十分严重，因此其安全稳定长周期运行对于惠州炼油项目至关重要。高压加氢裂化装置的稳定长周期运行，与其腐蚀问题密切相关。加氢裂化装置存在多种腐蚀类型，如氢损伤、高温氢和硫化氢腐蚀、堆焊层氢致裂纹、连多硫酸应力腐蚀开裂、铬钼钢的回火脆性、堆焊层剥离、低温 H_2S-H_2O、氯化物应力腐蚀开裂、硫氢化铵的腐蚀、氯化铵的腐蚀、高温环烷酸的腐蚀等，腐蚀部位遍及装置的各个部位，从国内加氢装置的运行经验看，90% 以上的腐蚀破坏主要集中在高压空冷器单元，因此本文针对惠州高压加氢裂化装置的高压空冷器单元，从其工艺出发，结合内部介质的性质以及设备、管道的选材，分析可能出现的腐蚀以及采取的防护措施。

2　高压空冷器单元的工艺及选材

高压加氢裂化装置两个系列反应产物分别与原料油、混合氢换热后，混合一并进入热高压分离器进行气、液分离，液体降压后去热低压分离器，热高分气体分别与混合氢和冷低分油换热，经过空冷器冷却后进入冷高压分离器进行汽、液、水分离。为了充分考虑影响因素的完整性，把热高压分离器 106 - D103，循环氢与热高分气换热器 106 - E - 106、冷低分油与热高分气换热器 106 - E - 107，热高分气与注水混合器 106 - M - 101、高压空冷器 106 - A - 101 以及冷高压分离器 106 - D - 105 等设备划入高压空冷器单元，其工艺流程图见图 1。

根据工艺介质和操作条件，设计选材如下：

热高压分离器 106 - D - 103：

壳体 2.25Cr1Mo + 309L + 316L，内件：316L

循环氢与热高分气换热器 106 - E - 106：

壳程：2.25Cr1Mo + 309L + 316L，管程：2.25Cr1Mo + 309L + 347L，

管束：TP321

冷低分油与热高分气换热器 106 - E - 107：

壳程：SA516 - 65，管程：2.25Cr1Mo + 309L + 316L，管束：825 合金

热高分气与注水混合器 106 - M - 101：

壳体 C.S + 825，内件：825 合金

高压空冷器 106 - A - 101：

入口管箱：825，其余管箱 16MnR(HIC)

第一排管束：合金 825，第一排换热管出口与管板堆焊 625 合金。

冷高压分离器 106 - D - 105：

壳体：16MnR(HIC)，内件：S.S/C.S

反应流出物管道：TP321

热高压分离器至高压空冷器管道：TP321

高压空冷器至冷高压分离器管道：ASTM A106 Gr. B

表 1、表 2 分别是加氢裂化装置高压空冷器单元初期、末期的物流数据，表中数据表明：反应流出物在热高压分离器内进行汽液分离后，97% 以上的硫化氢、氨以及水均随热高分气进入高压空冷器单元，随着高分气冷却，可见高压空冷器单元应是加氢裂化装置受到腐蚀威胁最大的单元。

表 1　是高压加氢裂化装置物流数据(初期)

物　流　号	020	021	022	023	028	029	030	048	065	066
温度/℃	280.3	280.3	248.2	201.8	161.8	50.0	50.0	55.9	50.0	50.0
压力/bar	143.5	143.4	142.9	142.4	141.4	140.4	140.3	155.0	140.3	140.3
总质量流量/(kg/h)	631478.4	417946.5	417946.5	417946.5	483763.5	483726.7	140584.6	65817.0	272126.9	71023.4
总摩尔流量/(kmol/h)	37746.1	36421.1	36421.1	36421.1	40074.5	40074.5	33516.7	3653.5	2645.5	3914.3
总体积流量/(m^3/h)	12751.1	12405.9	11690.9	10619.9	10126.9	7321.1	6856.7	66.8	382.2	73.8
液相质量流量/(kg/h)	213586.5	n/a	45049.1	125892.6	213531.9	220034.8	340791.5	65817.0	272127.0	71023.4
气相质量流量/(kg/h)	417891.9	417946.5	372897.4	292053.8	263728.7	142935.2	140584.6	n/a	n/a	n/a
氢/(kg/h)	63516.1	62929.6	62929.6	62929.6	62929.7	62931.3	62487.8	n/a	447.2	0.0
H_2S/(kg/h)	2352.3	2285.9	2285.9	2285.9	2285.9	2285.9	832.4	n/a	176.8	1276.5
NH_3/(kg/h)	1938.4	1884.3	1884.3	1884.3	1884.3	1884.3	188.9	n/a	51.6	1643.8
H_2O/(kg/h)	2999.3	2913.3	2913.3	2913.3	68730.4	68730.4	528.1	65817.0	99.3	68103.0

注：1bar = 100kPa。

表 2　是高压加氢裂化装置物流数据(末期)

物　流　号	020	021	022	023	028	029	030	048	065	066
温度/℃	280.0	280.0	245.2	201.8	158.3	50.0	50.0	55.8	50.0	50.0
压力/bar	143.5	143.4	142.9	142.4	141.4	140.4	140.3	155.0	140.3	140.3
总质量流量/(kg/h)	632662.0	424442.3	424442.3	42437.4	490258.4	490258.4	142828.9	65816.2	276475.2	71002.9
总摩尔流量/(kmol/h)	36339.7	35051.3	35051.3	35051.3	38704.8	38704.8	31958.3	3653.4	2843.7	3913.5
总体积流量/(m^3/h)	12255.0	11919.0	11171.0	10048.5	9614.9	7003.2	6530.0	66.8	393.0	73.8
液相质量流量/(kg/h)	208272.0	n/a	44688.2	128573.2	220871.8	345157.0	n/a	65816.2	276475.2	71002.9
气相质量流量/(kg/h)	424390.0	424442.3	379754.0	295864.3	269386.6	145101.5	142828.9	n/a	n/a	n/a
氢/(kg/h)	60146.3	59591.0	59591.0	59591.0	59591.0	59591.0	59124.8	n/a	486.2	0.0
H_2S/(kg/h)	2328.4	2262.3	2262.3	2262.3	2262.3	2262.3	808.8	n/a	190.3	1263.5
NH_3/(kg/h)	1935.5	1881.4	1881.4	1881.4	1881.4	1881.4	186.0	n/a	54.2	1641.3
H_2O(kg/h)	2974.8	2873.6	2873.6	2873.6	68689.8	68689.8	503.5	65816.2	88.3	68098.1

注：1bar = 100kPa。

3 高压空冷器单元的腐蚀分析

3.1 热高压分离器的腐蚀分析

高压加氢裂化装置两个系列反应产物，分别与原料油、混合氢换热后，混合进入热高压分离器106-D-103，操作温度为280℃，介质含有氢气、硫化氢、氨、水以及气态烃和液态烃等，流程图见图1。

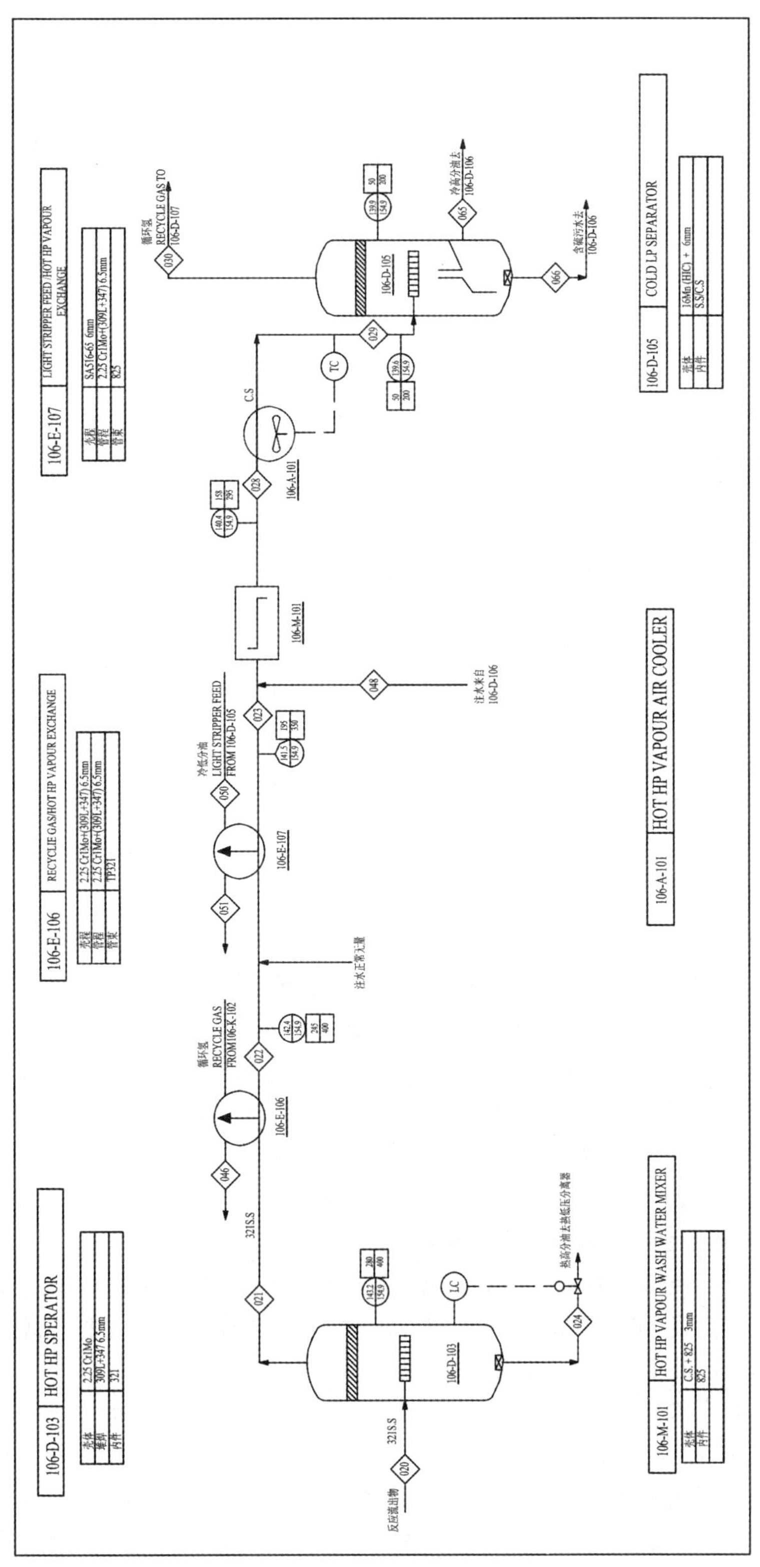

图1 高压空冷器单元工艺流程图

根据表 1 与表 2 数据，水的摩尔分数为 0.0044，水蒸气分压为：

0.0044 × 143.2 × 0.1 = 0.063MPa

参看图 2 水蒸气饱和蒸气压与温度的关系，280℃时水的饱和蒸气压约为 6.5MPa，没有液态水存在，不存在水相腐蚀。

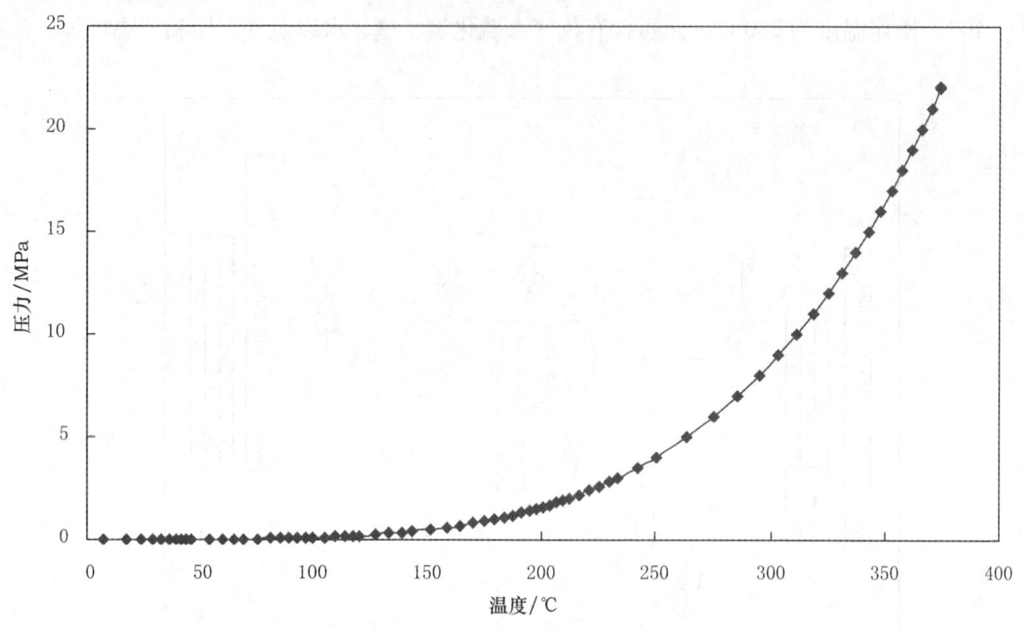

图 2　水蒸气温度与饱和蒸气压的关系

由于含有氢气和硫化氢，存在高温氢与硫化氢腐蚀。硫化氢的摩尔分数为 0.0018，热高压分离器内件与壳体选材均为 300 系列不锈钢，280℃腐蚀速率约为 0.025mm/a[1]，因此热高压分离器腐蚀轻微。

3.2　循环氢与热高分气换热器的腐蚀分析

循环氢与热高分气换热器 106 - E - 106 壳程走循环氢，进口温度 75℃，出口温度 206℃，管程走热高分气进口温度 280℃，出口温度 248℃。由于循环氢温度较低，不存在液相，腐蚀性相对较弱，这里主要考虑热高分气的腐蚀。

虽然在热高压分离器 106 - D - 103 分离出一部分液相，但是总摩尔数下降很少，仅为 3.5% 左右，相应水蒸气分压也约为 0.063MPa，参看图 2 水蒸气饱和蒸气压与温度的关系，248℃时水的饱和蒸气压约为 3.96MPa，此时依然没有液态水存在，不存在水相腐蚀。

热高压分离器分离出的液相主要是较重的烷烃，氢气和硫化氢基本都随热高分气进入循环氢与热高分气换热器，此部位和热高压分离器一样存在高温氢与硫化氢腐蚀。硫化氢的摩尔分数为 0.00185，循环氢与热高分气换热器壳程、管程以及管束选材均为 300 系列不锈钢，此温度下腐蚀速率约为 0.025mm/a[1]，循环氢与热高分气换热器腐蚀轻微。

3.3　冷低分油与热高分气换热器的腐蚀分析

冷低分油与热高分气换热器 106 - E - 107 壳程走冷低分油，进口温度 54℃，出口温度 190℃，管程走热高分气，进口温度 248℃，出口温度 195℃。由于冷低分油温度较低，腐蚀性物质含量很少，腐蚀性相对较弱，因此主要考虑热高分气的腐蚀。

正常情况下，水的摩尔分数和热高压分离器中相近，约 0.063MPa，而 195℃时水的饱和蒸气压约为 3.96MPa，此时依然没有液态水存在，不存在水相腐蚀。如果原料中含有氯元素，氯元素加氢反应后生成氯化氢，氯化氢和氨反应生成氯化铵，氯化铵为无色立方晶体或白色结晶，相对密度 1.527，加热至 340℃升华，沸点 520℃，水溶液呈弱酸性，加热时酸性增强，对黑色金属和其他金属有腐蚀性，特别对铜腐蚀更大[2]。氯化铵的存在可导致换热器管束结垢，具体结垢温度由氯化铵浓度决定，结垢温度可达340℃。API571报道氯化铵结垢温度大于149℃[3]，国内炼油厂操作经验氯化铵一般在200℃左右结垢[4]。氯化铵结垢不但堵塞管道，而且导致严重的垢下腐蚀。基于上述原因在冷低分油与热高分气换热器前设置了注水线，正常情况下不注水，如果出现氯化铵结垢堵塞，注水进行清洗，保证生产的正常运行。

由于热高分气中含有氢气和硫化氢，在温度大于200℃的部位存在高温氢与硫化氢腐蚀。硫化氢的摩尔分数为0.0018，循环氢与热高分气换热器管程选材均为300系列不锈钢，此温度下腐蚀速率约为0.025mm/a[1]，管束选材为825合金，即使在氯化铵严重结垢情况下腐蚀速率也在0.025mm/a以下，因此循环氢与热高分气换热器腐蚀轻微。

3.4 热高分气与注水混合器的腐蚀分析

从冷低分油与热高分气换热器106-E-107出来的热高分气温度195℃，在注入水后进入热高分气与注水混合器106-M-101，混合后温度降为158℃，高温腐蚀减弱。但由于注水，大大降低了温度，同时提高了水的摩尔分数，注水前，水的摩尔分数为0.0044，注水后水的摩尔分数为0.0953，水的分压增加到：

$$0.0953 \times 141.4 \times 0.1 = 1.35\text{MPa}$$

参看图2，158℃时水的饱和蒸气压约为0.6MPa，存在大量的液态水，同时由于温度较高，所以介质的腐蚀性很强。由于热高分气与注水混合器壳体与内件均选用825合金，腐蚀速率可以控制在0.025mm/a以下。

3.5 高压空冷器的腐蚀分析

热高分气与水混合物从热高分气与注水混合器106-M-101出来，温度为158℃，进入高压空冷器106-A-101，经空气冷却后，温度降为50℃。此时的腐蚀主要由水中溶解的氢硫化铵(NH_4HS)引起，影响因素主要是水的NH_4HS浓度和流速，次要因素是pH值、水中的氰化物和氧含量。

依据表1、表2数据，高压空冷器内部介质中H_2S的摩尔分数为0.17%，氨的摩尔分数为0.28%，核算的$Kp = 0.17 \times 0.28 = 0.0476$。

高压空冷器106-A-101采用16片+16片设计，对称型集合管布置。前16片个高压空冷规格为：GP13×2.5-5-221-160S-21.3/DR-IIIt，后16片个高压空冷规格为：GP10.5×3-5-200-160S-21.3/DR-IIIt。管束为3管程5管排，第1管程为单管排，第2、3管程为2管排。管箱为分体式，介质入口管箱及第1管排材料为合金825，其余管箱材料为16MnR(HIC)或16Mn(HIC)，第2、3、4、5管排换热管材料为10JHJ，第1排换热管出口与管板相焊要求管板堆焊625 6mm。管束为非标设计，换热管的布置为等边三角形，管间距为67mm，前16片管束每排管35根换热管，后16片管束每排管39根换热管。第2、3管程的所有换热管入口衬300mm 316L管，规格为CGϕ24×0.8-300-316L。其结构示意图见图3。

高压空冷器106-A101入口处体积流量为10126.9m^3/h，前16片高压空冷器第1管程入口总流通面积为0.3254m^2，第2、3、4、5管排总流通面积为0.5498m^2，核算第1管排流速为8.645 m/s，第2、3管程流速为5.116 m/s；后前16片高压空冷器第1管程入口总流通面积为0.3626m^2，第2、3管程总流通面积为0.6126m^2，核算第1管程流速为7.758m/s，第2、3管程流速为4.592m/s。

对于高压空冷器选择碳钢管束，一般符合以下条件[5]：

(1) 硫化氢和氨的浓度以K_p值表示[(H_2S)%×(NH_3)%]，当$K_p \leq 0.07$时根本无腐蚀，当K_p值增加时为了得到长的管子寿命，介质流速的允许范围变窄，当K_p值很低时，能允许较高的流速而不会出现严重腐蚀。

(2) 当K_p值在0.2~0.3范围的，管内最适宜的流速范围是15~20ft/s(4.6~6.09m/s)。一

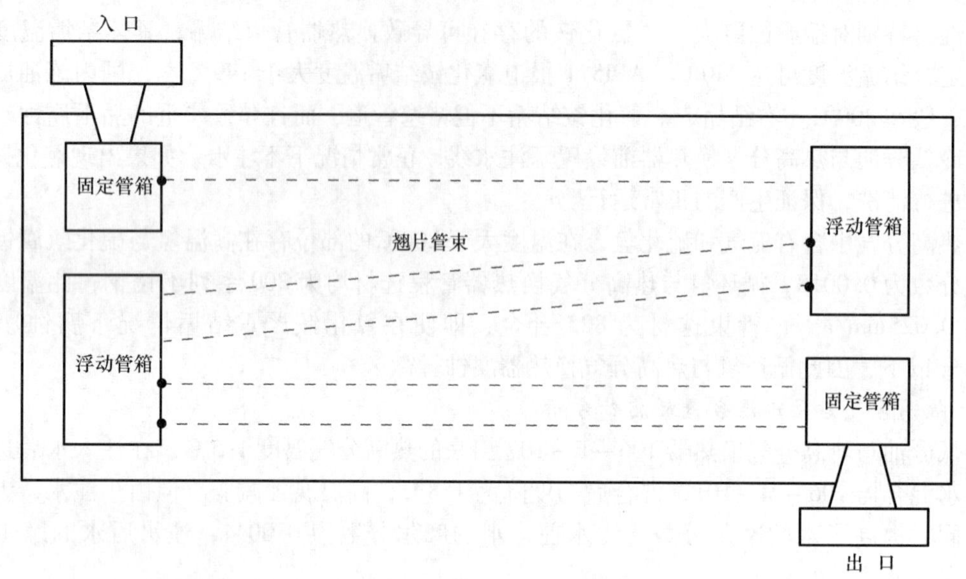

图3 高压空冷器结构示意图

般≤6m/s表明具有可靠的性能。如速度太慢时可能会发生氨盐沉积导致管束堵塞。

(3) 介质中无氰化物和氧或微量存在。

只要上述因素控制得当，碳钢管束可以获得满意的效果。若超出上述限制宜选用3RE60(Cr18Ni5Mo3Si2)双相钢或Monel(Ni70Cu30)或Incolloy800，即使流速高于7.6m/s(25ft/s)或低于3.05m/s(10ft/s)在耐蚀方面是令人满意的。

根据上述核算结果，高压空冷器第1管程流速超出限制条件，实际用材为825合金，不会出现严重腐蚀；第2、3管程流速以及K_p值均符合选用碳钢的限制条件，控制介质中无氰化物和氧的含量，应能获得很好的耐蚀性能。

氢硫化铵(NH_4HS)为无色棱形、针状或片状晶体，在120℃升华。氯化铵的浓度的高低，决定氢硫化铵结垢的温度，如果氢硫化铵含量非常多，其最高积垢温度可超过120℃。API571报道氯化铵结垢温度区间在49～66℃范围内[3]，国内炼油厂操作经验氢硫化铵一般在高压空冷器管束结垢[4]。高压空冷器106－A－101前16片空冷器出口温度为78℃，后16片空冷器进口温度78℃，出口温度50℃，所以在后16片空冷器形成氢硫化铵垢层可能性大很。

氢硫化铵结垢不但堵塞管道，而且导致垢下腐蚀，因此在高压空冷器前注水，防止氢硫化铵结垢，保证生产的安全稳定运行。

3.6 冷高压分离器的腐蚀分析

热高分气经过高压空冷器冷却之后，温度降为50℃，进入冷高压分离器106－D－105，循环氢由上部去循环氢压缩机，含硫污水由底部排出，冷高分油去冷低压分离器106－D－106。

冷高压分离器106－D－105的腐蚀主要为H_2S和氨造成的腐蚀，由于温度已降至50℃，不存在相变温度区间，而且腐蚀性物质经过水的稀释，腐蚀性已大大降低，使用一般碳钢可以满足操作要求。

3.7 管道的腐蚀分析

高压空冷器单元的管道可以划分为四类，第一类是反应流出物管道，介质是反应流出物，操作温度280℃；第二类是热高压分离器至热高分气与注水混合器管道，操作温度280～195℃，介质是热高分气；第三类管道是热高分气与注水混合器至高压空冷器管道，操作温度158℃，介质是热高分气与水；第四类管道是高压空冷器至冷高压分离器管道，操作温度50℃，介质是热高分气与水。

第一类管道腐蚀和热高压分离器相同，主要是氢气和硫化氢腐蚀，管道选材均为TP321，280℃腐蚀速率约为0.025mm/a，腐蚀轻微。

第二类管道腐蚀与循环氢与热高分气换热器和冷低分油与热高分气换热器相似，主要是氢气和硫化氢腐蚀，管道选材均为TP321，腐蚀速率约为0.025mm/a，腐蚀轻微。

第三类管道腐蚀与热高分气与注水混合器相同，主要为高温水相硫化氢腐蚀，管道选材为TP321，腐蚀轻微。

第四类管道腐蚀与冷高压分离器相同，主要为H_2S和氨造成的腐蚀，但是由于温度已降至50℃，不存在相变温度区间，而且腐蚀性物质经过水的稀释，侵蚀性已大大降低，所以使用一般碳钢可以满足操作要求。

4 腐蚀防护措施

合理的选材只是做好防腐工作的一方面，仍然需要根据日常腐蚀监测结果，调整相应的防腐蚀措施，才能保证装置的安全稳定运行。

4.1 原料油的性质分析

原料油性质对于腐蚀影响巨大，装置设计依据加工蓬莱19-3原油数据为基础，蓬莱19-3原油属于高酸低硫原油，因此根据设计数据核算的K_p值仅为0.0476，一旦原料油性质发生变化，特别是硫含量上升，必将导致K_p值增加，因此在实际生产中应依据高压空冷器管束选用碳钢的限制条件，结合原料性质，核算K_p值，并针对不同的情况，采取相应的防腐措施，保障生产的安全稳定运行。

原料油中氯含量的变化对于整个加氢装置都有至关重要的影响，但对高压空冷器单元来讲，原料油中氯含量的升高，导致氯化铵浓度增加，从而导致热高分气与冷低分油换热器氯化铵结垢概率大大增加，同时由于氯含量的增加，大大增加了奥氏体不锈钢应力腐蚀开裂的概率，特别是热高分气与注水混合器至高压空冷器管道，其采用了TP321不锈钢，操作温度158℃，介质中存在大量的液态水，更容易导致应力腐蚀开裂。

原料油分析数据的不断积累，配合其他监测数据，可以形成完整的操作经验，对于日后检修和材质更换均能提供技术参考。

综上所述，对于原料油性质的跟踪，及时对可能发生的腐蚀进行预测，并制定相应的防腐蚀预案，对于保障生产的安全稳定运行具有十分重要的意义。表3是建议原料油的分析项目及分析方法。

表3 原料油的分析项目及分析方法

项目名称	测定方法
S含量/%	硫含量GB/T 17040
酸值/(mgKOH/g)	酸值GB 26483
铁离子含量/(μg/g)	等离子
N含量/(μg/g)	氮含量GB/T 17674
Cl含量/(μg/g)	GB/T 18612—2001

4.2 排出水化学分析

排出水化学分析是重要的腐蚀监测手段之一，水中铁离子含量直接反映腐蚀的程度，硫化氢以及氨含量可以核算水中氢硫化铵的浓度，根据核算结果不但可以判定腐蚀介质的腐蚀性，而且指导注水，控制腐蚀。

Piehl提出，污水中氢硫化铵的浓度不超过2%，腐蚀轻微；氢硫化铵的浓度超过2%，碳钢腐蚀加重；氢硫化铵的浓度超过3% ~4%，将产生严重腐蚀[6]。因此根据排出水的化学分析结果，调整注水量，控制氢硫化铵的浓度不超过3% ~4%，可以有效地控制高压空冷器单元的腐蚀。

表4是建议排出水分析项目及分析方法。

表4 排出水分析项目及分析方法

项 目 名 称	测 定 方 法
pH值	pH计法
铁离子含量/(mg/L)	原子吸收光谱法
氨含量/(mg/L)	GB 6532—86
硫化物含量/(mg/L)	
Cl含量/(mg/L)	
N含量/(mg/L)	

4.3 其他防护措施

对于管道采用重点部位定点测厚和检修期间普查测厚方法进行腐蚀监测，结合排出水的化学分析，综合判断管道的运行状况，确保管道的安全运行。如果水相化学分析氯离子含量较高，对于热高分气与注水混合器至高压空冷器管道应加强监控，避免氯离子应力腐蚀开裂造成重大危害。

为防止高压高温系统设备如高压换热器、热高分的氢致开裂、氢腐蚀、堆焊层鼓泡剥离和开裂，须严格控制工艺操作参数，控制升降温和升降压速度，停工过程须进行恒温解氢。对有奥氏体不锈钢堆焊层的设备，停工时必须进行隔离保护或进行中和清洗；必须对现有管束进行严格的检验和安全评估以确保其长周期运行[7]。

5 结束语

高压加氢裂化装置是炼油厂重要的二次加工装置，长期处于高压、高温状态，内部介质含有氢、硫化氢等易燃、易爆、剧毒成分，一旦发生事故后果十分严重。高压空冷器单元是高压加氢装置受到腐蚀威胁最重的单元，97%以上的腐蚀性物质在该单元冷却分离，因此依据中海油惠州炼油项目高压加氢装置设计工艺流程，结合设备选材，对高压加氢裂化装置高压空冷器单元中各个设备以及管道中的腐蚀物质及其存在状况进行了核算，对其可能发生的腐蚀和程度进行分析，针对可能出现的情况以及实际生产过程中可能暴露的问题提出相应的防腐蚀措施，对于保障高压空冷器单元的安全稳定运行，以及整个高压加氢裂化装置的安全稳定运行都具有十分重要的意义。

参 考 文 献

[1] Risk - Based Inspection Base Resource Document, API PUBLICATION 581, American Petroleum Institute, FIRST EDITION, MAY 2000

[2] API Recommended Practice 571, 2003(10): 5 ~ 19

[3] 黄晓文，黄蔼民，谢涛．柴油加氢装置高压换热器管束铵盐结晶原因分析及对策．炼油技术与工程，2007, 37(4): 17

[4] 中国石油化工设备管理协会设备防腐专业组．石油化工装置设备腐蚀与防护手册．北京：中国石化出版社，1996

[5] 韩建宇等．加氢裂化高压空冷器管束穿孔失效分析．石油化工设备技术，2004，25(2): 50

[6] 俞国庆，沈春夜．加氢裂化装置的腐蚀现状分析和防护措施．镇海石化，2003，14(1): 50

超低碳316不锈钢应用于催化重整再生器的可靠性分析与评估

黄梓友
（中海炼化惠州炼油分公司设备中心，广东惠州　516086）

摘　要：通过对316H和316两种含碳量不同不锈钢高温性能试验及分析，认为含碳量的高低不是影响不锈钢高温性能的主要因素，低含碳量的316可以满足580℃高温条件下设备长周期运行的要求。

关键词：超低碳　不锈钢　高温强度　可靠性

1　问题提出

中海油惠州炼油分公司200万吨/年催化连续重整装置采用UOP专利技术，由SEI负责基础设计和详细设计。该装置在工程建设过程中，由于制造商的原因，用于制造重整再生器的奥氏体不锈钢含碳量与设计文件不符，设计要求0Cr17Ni12Mo2钢板的碳含量0.04%～0.08%之间(相当于ASME SA－240 316H，以下简称316H)，而实际使用材料的碳含量与ASME SA－240 316相当，仅为0.019%(以下简称316)。

一般认为，碳是合金材料高温性能的强化元素，碳含量太低，将可能使合金材料的高温机械性能，尤其是高温持久强度降低，从而影响金属材料的使用寿命。GB 150—98中规定：奥氏体钢的使用温度高于525℃时，钢中的含碳量应不小于0.04%。

由于工期紧迫，如果重新制造一台新的再生器，从原材料采购到成品出厂，至少需要半年时间，将大大推迟开工投料日期。为了判定316能否代替316H用于制造再生器，我们对这两种不同碳含量不锈钢材料的性能进行对比试验。

本文在对比试验的基础上，对低碳含量的316材料用于再生器的可靠性进行进行分析、评估。

2　再生器的设计参数及工作原理

再生器是重整装置催化剂连续再生部分的主要设备，其主体材质选用316H，内装内外两层从国外进口的条形筛网和其他316H内构件，尺寸和安装精度要求高。其主要设计和操作参数为：

设计压力0.42MPa，操作压力0.25 MPa；设计温度580℃，操作温度520℃；操作介质：氧气、氮气、一氧化碳、二氧化碳、催化剂等；主体材质：316H；外型尺寸：ϕ2750/ϕ1980/23700(切)。

再生器的主要工作过程：待生催化剂依靠重力自再生器顶部的分离料斗进入再生器，然后自上而下依次经过烧焦、氧氯化、干燥和冷却。在烧焦区，催化剂通过两个柱状筛网之间的环形区向下流，通过热风机循环的热再生气体用于催化剂烧焦，热再生气体的主要成分是含有少量氧气的氮气。在氧氯化区，催化剂向下流动，氯化气体(由空气和有机氯化物组成)通过催化剂床层向上流动，氧氯化区的作用是促进金属的颗粒分布，并调整催化剂的氯化物平衡。在焙烧干燥区，烧焦产生的水分要去除，以确保良好的催化剂功能，催化剂在该区域的流动与氧氯化区相似，热的干燥空气向上流经催化剂床层，相对应于催化剂逆流运动。冷却区位于再生器底部，使用干燥的冷空气对催化剂进行冷却。冷却后的催化剂自再生器底部流出，经过氮封罐后进入闭锁料斗顶部，通过闭锁料斗来控制催化剂的循环量。

3 试验结果

3.1 试验样品来源

316试样取自用于制作再生器的余料，316H试样从符合ASME SA-240要求的钢板上截取，两者均为山西太钢不锈钢股份有限公司生产，供货状态为固溶热处理。截取试样的数量、尺寸、部位及机加工均符合ASME SA-240及相关标准。

表1为316和316H两种材料样品的材质证所标明的化学成分和力学性能数据。

表1 钢板材质证书标明的化学成分和力学性能

名称	化学成分/%									
	C	Si	Mn	P	S	Cr	Ni	Cu	N	Mo
316	0.0191	0.3514	1.2209	0.0245	0.0016	16.557	10.052	—	0.0323	2.2017
316H	0.04	0.54	1.26	0.024	0.001	17.03	10.36	0.08	0.0274	2.14

名称	力学性能				
	R_m/MP$_a$	$R_{p0.2}$/MPa	A/%	硬度(HB)	
316	540	276	63.0	161.0	
316H	588	255	61.5	187	

3.2 化学成分分析及硬度检测

化学成分分析结果表明：316和316H钢板的化学成分符合ASME SA-240的要求。316和316H两者化学成分相比较，除C含量相差较大外，Cr、Ni、Mo、N含量相差并不大，Si、Mn、P、S有一定的差别。试验分析结果与钢板材质证书上表明的化学成分有一定的差异，但是主要元素C、Cr、Ni、Mo差别较小(详见表2)。

硬度检测结果表明：两种钢板的硬度均符合ASME SA-240的要求(详见表3)。

表2 化学成分分析结果

材料	C	Si	Mn	P	S	Cr	Ni	Mo	N
316	0.018	0.426	1.109	0.034	0.003	16.17	10.01	2.036	0.043
ASME SA-240 316	≤0.08	≤0.75	≤2.00	≤0.045	≤0.030	16.0-18.0	10.0-14.0	2.00-3.00	≤0.10
材质证书	0.0191	0.3514	1.221	0.0245	0.0016	16.557	10.052	2..2017	0.0323
316H	0.040	0.478	1.339	0.029	0.002	16.93	10.10	2.142	0.041
ASME SA-240 316H	0.04-0.10	≤0.75	≤2.00	≤0.045	≤0.030	16.0-18.0	10.0-14.0	2.00-3.00	≤0.10
材质证书	0.04	0.54	1.26	0.024	0.001	17.03	10.36	2.14	0.0274

表3 硬度检测结果

材料牌号	试样编号	温度/℃	HRB			换算为HB		
			1	2	3	1	2	3
316	2	26	75	75	73	122	122	118
316H	3	26	76	77	77	124	126	126
ASMESA-240要求			≤95			≤206		

3.3 常温力学性能测定

3.3.1 常温抗拉强度和曲服强度

结果表明：316 和316H 的常温力学性能基本相当，偏差小于3%，均符合 ASME SA－240 标准要求。与材质证书比较，316 的 R_m 相差 7.41%，$R_{P0.2}$相差 5.07%，A 相差 －1.06%（负值表示比材质证书明的数据小）；316H 的 R_m 相差 0.90%，$R_{P0.2}$相差 10.00%，A 相差 －1.37%（详见表4）。

表4 试样常温拉伸性能分析结果

材料牌号	试样编号	温度/℃	R_m/MPa	$R_{P0.2}$/MPa	A/%	Z/%
316	1	25	580	270	62.0	77.0
	2－1	25	580	305	64.0	82.0
	2－2	25	580	295	61.0	81.0
	材质证书		540	276	63.0	—
316H	3－1	25	595	300	60.0	81.0
	3－2	25	590	260	62.0	79.0
	3－3	25	595	290	60.0	79.0
	材质证书		588	255	61.5	—
ASME SA－240 要求			≥515	≥205	≥40	—

3.3.2 常温弯曲性能

弯曲测试结果表明：316、316H 均未发现未发现裂纹、分层等肉眼可见的缺陷，弯曲性能合格（见表5）。

表5 试样的弯曲测试结果

材料牌号	试样编号	试验温度/℃	弯心直径/mm	弯曲角度	试验结果
316	2－1	27	30	180°	未发现裂纹、分层等肉眼可见的缺陷
	2－2	27	30	180°	
	2－3	27	30	180°	
316H	3－1	27	30	180°	
	3－2	27	30	180°	
	3－3	27	30	180°	

3.4 高温力学性能测定

3.4.1 高温抗拉强度和屈服强度

高温拉伸性能测试结果表明：316 和 316H 钢板的高温屈服强度符合 ASME－Ⅱ－Part－D 要求，且比 ASME－Ⅱ－Part－D 要求的最低值高 21%～48%；316 钢板的高温屈服强度值高于 316H 的高温屈服强度值，最大高出 17.67%。除了 316H 在 100℃ 附近的抗拉强度值满足 ASME－Ⅱ－Part－D 的要求外，所有试样的高温抗拉强度值都普遍低于 ASME－Ⅱ－Part－D 要求，最小值低 11.8%。316 高温抗拉强度普遍低于 316H 的高温抗拉强度，最大差 8.05%。（具体数值详见表 6 和图 1、图 2）。

表6 316 和 316H 钢板在高温拉伸性能对比

试验温度/℃	试验平均值与 ASME－II－Part－D 要求在最低值比较/%				316 与 316H 之间的比较/%	
	R_m/MPa		$R_{P0.2}$/MPa		R_m/MPa	$R_{P0.2}$/MPa
	316	316H	316	316H		
100	－3.75	0.45	26.89	25.95	4.36	－0.75
150	－5.71	－2.39	39.75	21.74	3.52	－12.89
200	－8.27	－4.23	27.02	36.26	4.40	7.27
250	－10.10	－5.72	47.96	21.82	4.87	－17.67

续表

试验温度/℃	试验平均值与 ASME－Ⅱ－Part－D 要求在最低值比较/%				316 与 316H 之间的比较/%	
	R_m/MPa		$R_{P0.2}$/MPa		R_m/MPa	$R_{P0.2}$/MPa
	316	316H	316	316H		
300	－11.11	－5.72	43.43	22.47	6.06	－14.61
350	－11.11	－4.71	43.30	22.31	7.20	－14.65
400	－11.76	－4.67	38.48	35.50	8.05	－2.15
450	－10.44	－4.22	33.60	31.40	6.95	－1.65
500	－8.93	－3.17	31.64	35.03	6.32	2.58
550	—	—	—	—	5.26	－13.97
580	—	—	—	—	8.02	1.26
600	—	—	—	—	7.33	－7.56

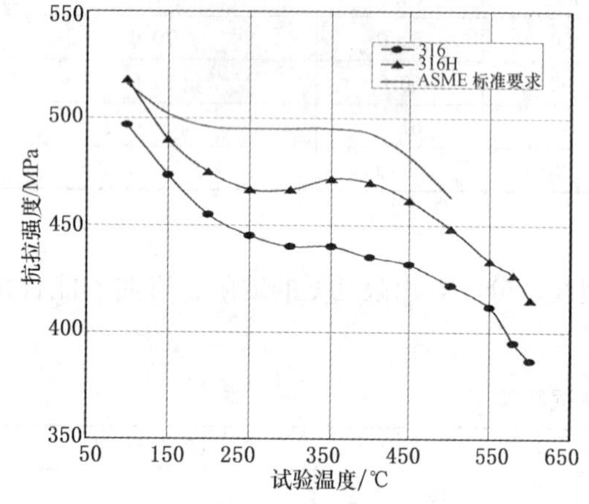

图1 抗拉强度与温度关系

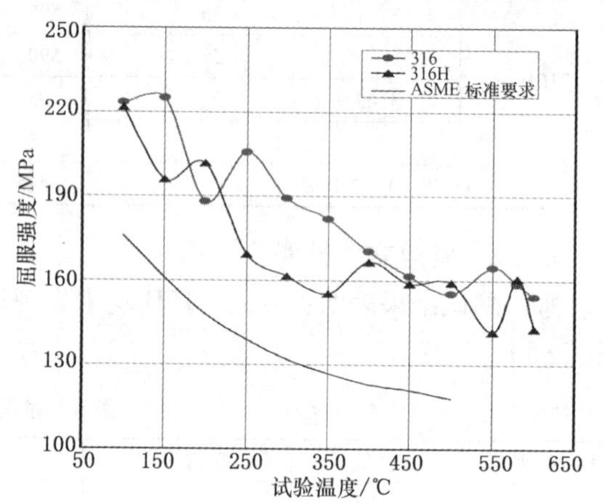

图2 屈服强度与温度关系

3.4.2 高温持久强度测定

分别对 316 和 316 在 580℃下设定 6 个不同应力值高温持久强度测试，并将 6 个试验点试验数据进行线性拟合分析(详见表 7 和图 3)，可以得到：

316 钢板 580℃持久强度试验直线外推公式(适用于短时外推)：

$$\lg\sigma = 2.63471813 - 0.07088398\lg t$$

其 1 万小时的持久强度值约为 224.48MPa。

316H 钢板 580℃持久强度试验直线外推公式(适用于短时外推)：

$$\lg\sigma = 2.65168202 - 0.07849571\lg t$$

其 10000h 的持久强度值约为 217.62MPa。

上述分析结果表明，316 钢板的高温持久强度比 316H 钢板高温持久长度略高，且本试验结果没有显示含碳量高的 316H 钢板高温持久强度性能优越。

表7 高温持久试验数据汇总表

温 度/℃	试样材料	应 力/MPa	断裂时间/h	延伸率/%	断面收缩率/%
580	316	326	47.0	36.8	72.7
580	316	320	91.1	46.4	65.7
580	316	300	129.3	48.9	59.4
580	316	282	381.2	56.3	64.1
580	316	270	970.3	41.5	73
580	316	247	2185.6	35.9	64.1
580	316H	326	83.7	33.4	66.4

续表

温 度/℃	试样材料	应 力/MPa	断裂时间/h	延伸率/%	断面收缩率/%
580	316H	320	70.8	40.0	53.0
580	316H	300	148.1	43.1	68.2
580	316H	282	413	42.1	72.1
580	316H	270	760.8	35.1	57.1
580	316H	247	1691.7	47.8	67.9

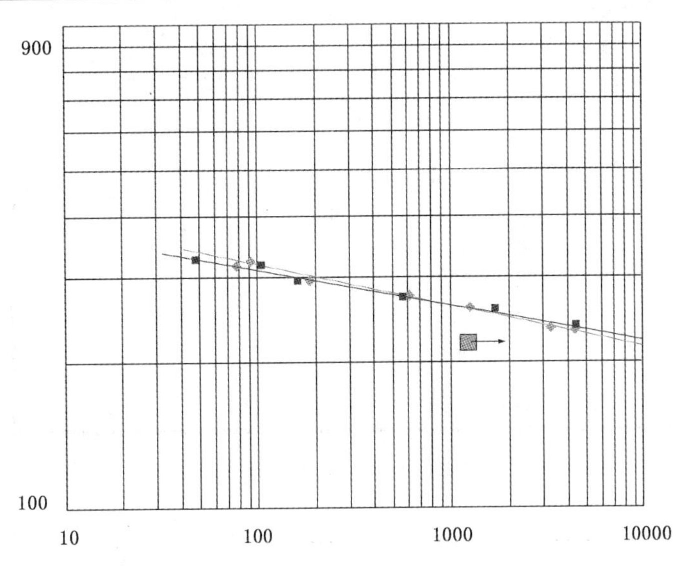

图3 316 和 316H 在 580℃时持久强度曲线的比较

3.5 其他分析结果

除了以上分析、测试项目外，还对 316 及 316H 的晶粒度、非金属夹杂物、显微组织以及晶间腐蚀等项目进行测试分析。结果表明，316 和 316H 两种材料的晶粒度、非金属夹杂物和显微组织没有明显差异(详见表 8、表 9 和图 4、图 5)。

对腐蚀试验后的试样进行弯曲，弯曲试样外表面未发现裂纹，钢板的晶间腐蚀试验合格。

表 8 试样的晶粒度级别

材 料 牌 号	试 样 编 号	侵 蚀 剂	晶 粒 度 级 别
316	2	苦味酸－盐酸－酒精溶液	5 级
316H	3	苦味酸－盐酸－酒精溶液	5－6 级

表 9 试样的非金属夹杂物评级结果

材料牌号	A 硫化物类		B 氧化铝类		C 硅酸盐类		D 球状氧化物类		DS 单颗粒球状类
	细系	粗细	细系	粗细	细系	粗细	细系	粗细	
316	0.5	0.5	1.5	0	0.5	0.5	0.5	0.5	0
316H	0.5	0.5	0.5	0	2	0	0.5	0.5	0

4 讨论与分析

1)316 和 316H 两种材料的冶金质量良好，化学成分及硬度符合 ASME SA－240 的要求，各类非金属夹杂物较少，显微组织为均匀的奥氏体组织，晶粒度为 5～6 级，钢板的晶间腐蚀试验合格；

2)316 和 316H 的常温力学性能基本相当，偏差小于 3%，且均符合 ASME SA－240 标准要求，其常温弯曲性能测试合格；

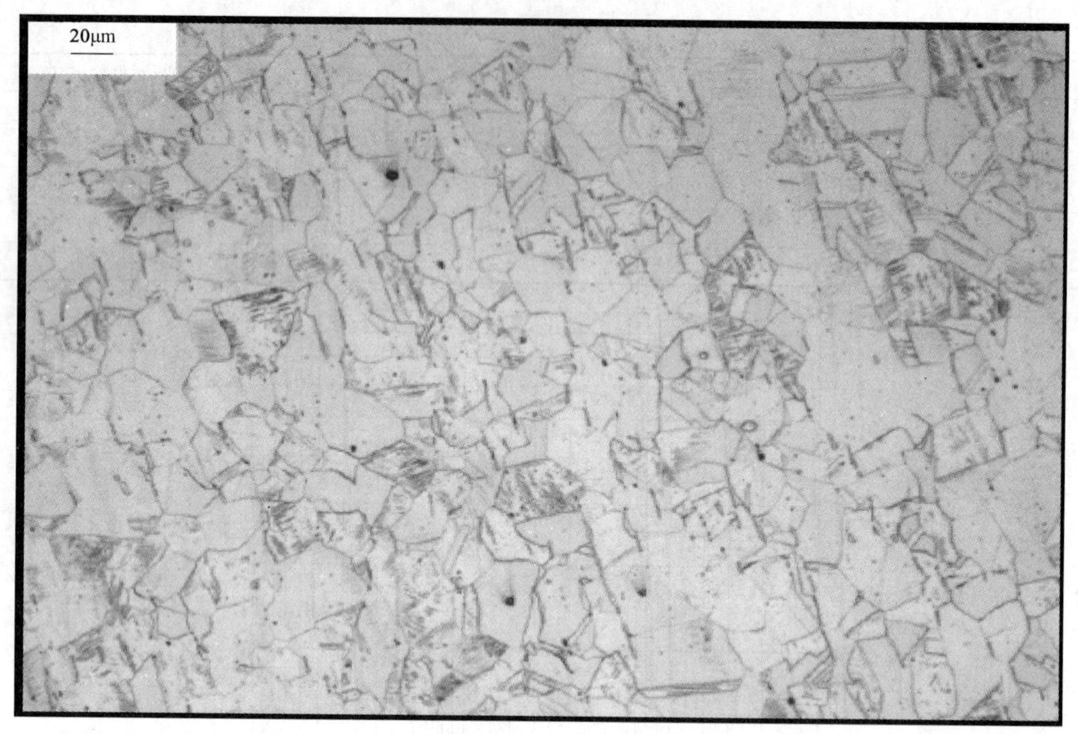

图4　316钢试样显微组织

图5　316H钢试样显微组织

3)316和316H的高温屈服强度符合ASME－II－Part D的要求，且316钢板的屈服强度略高于316H的屈服强度；两者的高温抗拉强度普遍偏低ASME－Ⅱ－Part－D的要求，且316钢的高温抗拉强度比316H钢低。

对于压力容器来说，在确定材料许用应力规则时，通常情况下需要考虑四个因素：

$$[\sigma]^t = \min\left\{\frac{R_{P0.2}}{1.5}, \frac{R_m}{3.0}, \frac{R_P}{1.5}, \frac{R_{CP}}{1.0}\right\}$$

对于316不含N系列材料，$R_{P0.2}$作为控制许用应力最重要的因素，可以不考虑抗拉强度R_m的影响。而且由测试分析结果可知，316的高温曲服强度普遍高于316H的高温曲服强度，因此，可以认为316的高温许用应力高于316H的高温许用应力。

4)恒量金属材料高温性能的另一个重要指标是高温持久强度，它是在给定温度T下经过规定时间t恰好使材料发生断裂的应力值，是高温长期作用下材料对断裂的抗力指标。

持久强度测定及外推方法：在恒定温度和恒定拉力下测定金属试样至断裂的持久时间和持久强度极限。鉴于零部件在高温下工作的时间长达几千小时，甚至几十万小时，而持久强度试验不可能进行那么长时间。一般做试验均选择应力较高而时间较短的试验，然后根据试验数据进行外推，从而得出更长时间的持久强度值，外推时间一般不大于$10t$(t为持久试验时间)。最常用的持久强度外推方法为等温线法，即在同一试验温度下，用较高的不同应力进行短期试验的数据，建立应力和断裂时间的关系，来外推在该试验温度下长期的持久强度值。大量试验结果表明，断裂时间的对数值与应的对数值之间呈线性关系。

通过对316和316H进行580℃短时持久试验，外推得到316和316H的10000h持久强度分别为224.48 MPa、217.62MPa，结果表明316钢板的高温持久强度高于316H钢板高温持久强度，没有显示含碳量高的316H高温持久强度性能优于316。

5 结论与建议

1)试验分析表明，316与316H的冶金质量良好，化学成分符合ASME SA-240的要求，316常温力学性能、高温力学性能和短时高温持久强度均优于316H 。316钢板可以代替316H钢板用于制造催化重整装置的再生器；

2)鉴于高温持久强度试验的时间较短，仅能外推出1万小时的持久强度，还不足以反映材料在580℃高温下的持久寿命。建议在设计温度下(580℃)，按照许用应力的1.5倍对316和316H种材料试样继续进行10000h高温持久强度试验，以此外推出100000h的高温持久强度；

3)采取措施监测设备高温段的金属壁温，在操作中注意控制其不超过设计规定的温度，并预留可进行表面金相试验的位置，定期监测脱碳情况。

延迟焦化装置分馏塔振动故障分析及处理措施

赵子明　范而奎　蔡伟　田进军

（中国石化济南分公司，山东济南　250101）

摘　要：针对焦化分馏塔的振动情况，进行了不同状况下的标定，分析了振动原因并提出缓解措施。在装置检修期间，对装置内相关设备进行了检查，发现油气线堵塞严重，通过分析，认为是油气线内气体流速改变，使分馏塔构件产生共振，从而产生振动。对油气线进行清焦处理，消除了振动发生的原因。

关键词：延迟焦化　分馏塔　振动　原因　油气线　处理

中国石化济南分公司二加氢车间0.50Mt/a焦化装置自2006年4月第四周期开工以来，当2JHJ焦炭塔运行时，分馏塔存在振动现象，尤其在开工初期装置加工量为72t/h时，塔振动非常明显，后经降低加工量至65t/h并适当提高操作压力后，分馏塔振动虽明显降低，但仍未消除。

1　初次故障分析

2006年9月车间制定方案，查找分馏塔振动原因，并根据焦化装置的操作特点，在每天的上午阶段实施标定。通过标定，查找振动的内在原因，提出整改措施，保证装置安稳运行。

1.1　*初次故障发现*

1.1.1　大幅度调整分馏塔各回流量，分析降液管情况和查找振源

焦化分馏塔的主要回流有：蜡油上回流，中段回流，柴油上回流，顶循环回流。

进行标定时，在其他回流不变时，调整各主要回流分别保持最大、最小量的操作状态，对分馏塔典型位置进行振动测量。之后调整各主要回流同时保持最大、最小量的操作状态，进行测量。通过数据，发现存在以下情况：①各回流量变化时，塔各处振动变化并不明显，塔中上部压降和油气线及下部压降值均变化甚小，基本可以判定不存在分馏塔降液管堵塞情况。②从测量数据看，明显的振源有两处：底循返塔处塔体和原料罐平衡线入口塔体。现场的感觉，也是该二处平台上下振动明显。

1.1.2　平衡焦炭塔球阀漏汽量进行标定

因1JHJ焦炭塔生产时分馏塔基本不振动，2#焦炭塔生产时振动较大，针对2#焦炭塔球阀密封漏汽量大的实际情况，车间对球阀实际漏汽量进行了标定。结果显示，1#焦炭塔运行时，球阀密封漏汽量为1.70t/h，2#焦炭塔运行时，球阀密封漏汽量为1.97t/h，两者差量约0.30t/h。

在1JHJ焦炭塔生产时加大加热炉注汽量约0.30 t/h，即近似达到两塔蒸汽量一致，在现场进行观测，分馏塔基本不振动。可以判定球阀密封漏汽量的增加不是引起分馏塔振动的必然原因。

1.1.3　压力变化对振动的影响

为分析压力变化对分馏塔振动的影响，对分馏塔进行提压操作，并进行了数据测量。发现提压后各部分振动值均有不同程度的下降，证明提高压力对于减缓振动是有一定作用。但由于实际操作限制，实施提压有一定难度。

1.1.4　两焦炭塔生产时油气线压降情况

进行各方面标定时，对两个焦炭塔生产时油气线压降情况同时进行了记录。

从油气线压降情况看，1JHJ焦炭塔生产时，油气线压降为48kPa，2JHJ塔生产时，油气线压

降为 40～44kPa 之间，两塔不共用部分的压降差为 4～8kPa，表明两焦炭塔顶油气附塔线管内通道畅通状况不同，加之油气总量不同等复合原因，造成管内油气流动状态有所不同。

1.2 初次故障诊断分析

两焦炭塔顶油气附塔线管内通道畅通状况不同，可能造成管内油气流动状态不同。2#塔油气在油气线内流动产生振动，与分馏塔部分的某些构件固有频率形成共振，引起分馏塔振动明显。从原料罐平衡线入口平台即原料罐顶处平台振动看，踏在某块平台板上时，振动减弱。

分馏塔内油气入塔管末端固定螺栓可能发生松动。致入塔管末端不固定，受气流冲动，塔内管产生振动从而影响全塔，这与现场底循返塔处塔体振动明显的情况相一致。

1.3 初次采取的改善措施

① 针对共振产生的原因，通过改变油气流速等措施减弱共振的产生。

② 在焦炭塔能够正常生产的前提下，提高分馏塔顶压力，降低分馏塔油气线速。这一方面可以降低高流速带来的油气线末端振动；另一方面，可以对油气流动状态进行扰动，改变流动产生的频率，避开共振频率。

③ 加强对分馏塔的监测。

④ 检修时仔细检查塔内部件，及时整改存在问题。

2 故障确诊分析及处理措施

2007 年 10 月，分公司进行三年一修的全厂大检修。焦化装置也于 20 日开始停工进行了常规检修。检修期间，对分馏塔内构件进行了详细检查，未发现有松动，原有的“分馏塔内油气入塔管末端固定螺栓发生松动”的判断可以排除。现场发现，焦炭塔至分馏塔的大油气线内部结焦严重，这会造成油气在管内的线速较设计值大幅增加，可能会使得分馏塔产生共振。

2.1 油气线结焦情况

2.1.1 大油气线结焦情况

从现场情况看，结焦主要集中在焦炭塔总管部分(两焦炭塔油气汇合后管线)，管内结焦情况如图 1 所示。经对结焦厚度进行测量，原直径为 450mm 的管径，结焦后实际流通直径仅为 250mm (见图 2)。

2.1.2 附塔线结焦情况

装置焦炭塔油气流程如下：两个焦炭塔油气线分别从 45m 平台塔顶接出后，经过各自塔的油气附塔线下行到装置焦炭塔框架 18m 平台后再汇合到总油气线去分馏。焦炭塔的冷焦水溢流阀也在 18m 平台上。

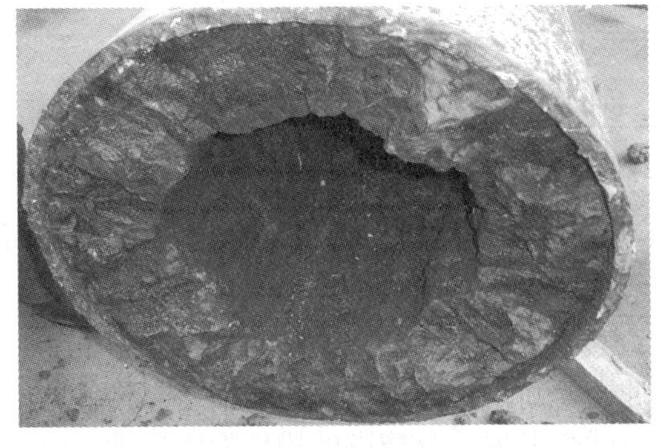

图 1 大油气线结焦图

图 2 管径结焦测量图

这样，当夜间对焦炭塔老塔进行冷焦处理时，冷焦水经过附塔线后溢流去热水罐，水中携带的原焦炭塔内的顶部的泡沫层组分有一部分会沉积在附塔线内表面，第二天进行新塔预热时，高温油气又经过附塔线倒流至焦炭塔，浮在油气线内表面的油就会受热凝结甚至结焦。如此经过长时间的运行后，附塔线内部也会出现结焦堵塞情况。

附塔线在检修时没有割开，其内部的结焦情况无从看到。停工前两塔的油气线压降数据统计见表1。

表1 停工前两塔的油气线压降数据统计

时　间	2007－10－15	2007－10－17	2007－10－16	2007－10－18
生产塔号	2	2	1	1
焦炭塔顶压力/kPa	255	250	229	230
分馏塔底压力/kPa	108	105	103	106
油气线压降/kPa	147	145	126	124
平均压降/kPa	146	125		

从数据情况看，1JHJ 塔生产时，油气线压降为 125 kPa，2JHJ 塔生产时，油气线压降为 146 kPa，两塔不共用部分的压降差值为 21 kPa，表明两焦炭塔顶油气附塔线管内通道畅通状况不同，2JHJ 焦炭塔附塔线内结焦程度比 1JHJ 塔严重，可以认为，在 2JHJ 焦炭塔附塔线内部某处，管线结焦严重。

2.2 油气线结焦原因分析

2.2.1 原料性质恶劣

随着原油开采量的不断增加，原料性质不断变差。表现为原油比重、黏度增大，杂质和重金属含量升高，水和盐含量增加。同样的，从分公司实际情况看，进焦化装置原料的性质也越来越差，渣油中杂质和盐含量大大增加，这必然导致重油在焦炭塔内产生裂解和缩合反应时容易发泡，泡沫层升高，可能携带大量焦粉进入油气管线，而焦粉的进一步沉积，造成大油气管线结焦。

2.2.2 焦化原料中含盐量的增加

由于在装置运行中加工量较大，线速较高，导致料位计无法检测到的部分稀泡被带出焦炭塔，在大油气线中沉积形成焦炭。而泡沫层中的盐类多是存在于泡沫的外膜上，随稀泡带入到大油气线中。盐的极性较强，容易吸附在管壁上，加速结焦。公司电脱盐部分自从 07 年 2 月份以来，脱盐效果变差，直接导致后续产品尤其是渣油中的盐类含量大幅度增加[1]。作为以减压渣油为原料的焦化装置，原料中的盐含量也大幅增加。本次从大油气线中采集焦块进行分析，发现其中盐类含量达到 50%，可以推断原料盐含量高对油气线结焦的影响较大。

2.2.3 油气线线速影响

表 2 为在装置 65t/h 处理量的情况下，油气线实际通径不同时的油气线速。

表2 线速－通径对应表

实际通径/mm	450	400	350	300	250
油气线速/(m/s)	22.58	28.58	37.33	50.81	73.17

从计算数值看，到装置进行检修时，油气线的实际线速已由正常油气线不曾结焦时的 22.58m/s大幅变化到 73.17m/s，线速是原来的 3 倍多，使油气线内油气流动的流型发生变化，而线速度的增加，也易使焦炭塔内的泡沫发生携带进入油气线，导致油气线结焦趋势增大[2]。

2.3 振动故障分析

在高流速情况下，气体的流动产生一定频率的声波冲击，当这种频率正好与分馏塔某构件的固有频率一致时，该构件就会发生共振。表现到外部，我们就会发现，分馏塔的构件发生振动，而当这个构件与分馏塔连在一起的时候，我们往往注意到的是大的东西的振动，比如分馏塔的振动。

可以认为，在 2#塔运行时，油气先进入结焦较严重的附塔线，再进入结焦严重的大油气线，油气经过的管线处于正常通径－结焦变窄附塔线通径－稍正常通径－结焦变窄油气线通径－较正常油气线通径－分馏塔的几个阶段，油气线速经历了正常－高速－减速－再次高速－再次减速－进分馏塔的几个阶段，气体在数次高速区域间流动产生脉动，其频率与底循返塔处平台和原料罐平衡线入口平台的频率基本吻合，造成这两部分平台振动，并且成为振源，带动分馏塔上上下下产生不同幅度的振动。

2.4 振动的消除和检验

由于焦炭塔大油气线结焦硬且厚度大，清焦成为检修的工作重点，本次检修中将焦炭塔 18m 平台处到分馏塔段大油气线分割成三段吊下用高压水清理，前后一共割成七段，进行了彻底处理。考虑到施工限制，焦炭塔顶至 18m 平台的附塔线及 18m 管线采取了用高压水清理，清焦后将管内焦块清理了出来。焦化装置于 11 月 23 日第五周期开工，运行以来分馏塔振动情况未再发生，产生振动的因素已被消除。

3 结论

1)在 2#焦炭塔运行时，由于附塔线和油气线内部严重结焦，油气线速经历了正常 - 高速 - 减速 - 再次高速 - 再次减速 - 进分馏塔的几个阶段，气体在数次高速区域间流动产生脉动，其频率与底循返塔处平台和原料罐平衡线入口平台的钢金属结构的固有频率基本吻合，造成这两部分平台共振，并成为振源，是分馏塔振动的根本原因。

2)通过检修时对油气线进行清焦处理，分馏塔产生振动的根本原因得到消除。

3)在日常的生产中，要加强焦化装置原料中盐含量的监控，延缓油气线结焦。

参考文献

[1] 颜世山．原料劣质化对重油催化裂化装置生焦及汽油质量的影响与对策．济炼科技，2007，61(3)：1～4

[2] 李春年．渣油加工工艺．北京：中国石化出版社，2002

常减压蒸馏装置高温部位的腐蚀与防护

杨水春
(中国石化九江分公司，江西九江 332004)

摘 要：常减压蒸馏装置在炼制高酸含硫原油的过程中，高温重油部位的设备腐蚀严重。分析了高温部位的腐蚀类型、机理及影响因素，提出了装置高温部位腐蚀防护对策。

关键词：蒸馏装置 硫腐蚀 环烷酸腐蚀 腐蚀防护

1 前言

中国石化股份有限公司九江分公司设有2套常减压蒸馏装置，原油加工能力为Ⅰ常2.5Mt/a和Ⅱ常1.5Mt/a，2008年3月Ⅰ常加工能力扩能改造为5.0Mt/a，原Ⅰ常设计加工鲁宁管输油，Ⅱ常设计加工阿曼油。从2003年起胜利、辽河原油逐渐变重，酸值逐年升高，同时出于经济效益考虑，轻质油品外购量进一步减少，劣质原油外购量逐渐加大，所炼原油品种性质逐年劣化，尤其在2005年12月仪长原油管线投产后，原油硫含量基本在1.18%，酸值(KOH)在1.2mg/g左右，原油的含硫含酸值进一步加大，加工含硫高酸原油造成了装置的腐蚀加剧，在常压炉出口管线、减压转油线、减压塔、减压塔各侧线等220℃以上高温重油部位腐蚀更为突出，严重影响着装置安全生产。

2 腐蚀现状调查

对2006年4月至2007年4月Ⅰ常、Ⅱ常高温机泵的出口管线的定点测厚数据进行计算，得出管线腐蚀率，见表1。2005年12月炼制仪长管输油以来，Ⅰ常、Ⅱ常高温重油部位的腐蚀情况见表2。

表1 高温部位定点测厚数据(2006-04~2007-04)

部 位		材 质	平均值/(mm/a)
Ⅰ常			
	减一线泵P112/1出口	20#	0.67
	减二线泵P113/1出口	20#	0.75
	减三线泵P114出口	20#	0.88
	减底泵P115/2出口	Cr5Mo	0.27
Ⅱ常			
	减一线泵P19/1出口	20#	0.7450
	减二线泵P20/1出口	20#	0.83
	减三线泵P21出口	20#	0.92
	减底泵P22/1出口	Cr5Mo	0.25

表2 2006~2007年常减压装置高温部位腐蚀情况

时 间	腐蚀情况及处理方式
2006-06	Ⅰ常减三中返塔管线三通焊缝腐蚀泄漏，包盒子处理
2006-07	Ⅰ常减二中控制阀组大小头焊缝腐蚀泄漏，包盒子处理
2006-11	Ⅰ常减压塔减一线挡液板、受液槽均匀腐蚀穿孔，贴板处理；减二线、减三线挡液板腐蚀严重减薄，贴板处理，减三线填料腐蚀脆烂，更换不锈钢填料；减压塔进料段环形流道挡板腐蚀开裂，贴板处理

续表

时　间	腐蚀情况及处理方式
2006-12	Ⅰ常减一线油泵 P112/1 叶轮坑蚀严重，更换叶轮
2007-02	Ⅰ常减底渣油换热器 E110/2 芯子腐蚀穿孔泄漏，更换新芯子；Ⅱ常减二线注高温缓蚀剂处焊缝 2 次腐蚀泄漏，焊缝堆焊处理
2007-03	Ⅰ常减底渣油泵 P115/2 一级叶轮叶片基本被腐蚀，更换叶轮
2007-04	Ⅰ常减二线注高温缓蚀剂处焊缝 2 次腐蚀泄漏，焊缝堆焊处理；Ⅰ常减三线油泵 P113/2 出口弯头腐蚀严重减薄，包盒子处理；Ⅱ常减压塔减三线填料腐蚀糜烂，更换填料
2007-05	Ⅰ常常压炉 F101 三路、四路出口焊缝腐蚀泄漏，外表贴疤处理
2007-12	减三线油泵 P21 泵体内被填料堵塞，减压塔填料已腐蚀脱落，拆泵清理

从表 1 的定点测厚数据可以看出，减压部分机泵出口管线腐蚀率基本都在 0.5mm/a 以上，腐蚀情况是非常严重。从表 2 中可以看出，从常压炉出口至减压渣油出口管线都存在腐蚀脆烂、穿孔、减薄的情况。可见，在炼制含硫高酸的过程中高温部位的管线、设备腐蚀严重。

3　腐蚀原因分析

根据相关试验和数据表明，当原油总酸值超过 0.5mgKOH/g 时，就会在 220～420℃温度范围内产生高温硫和高温环烷酸腐蚀。常减压蒸馏装置中具体的高温部位见图 1：

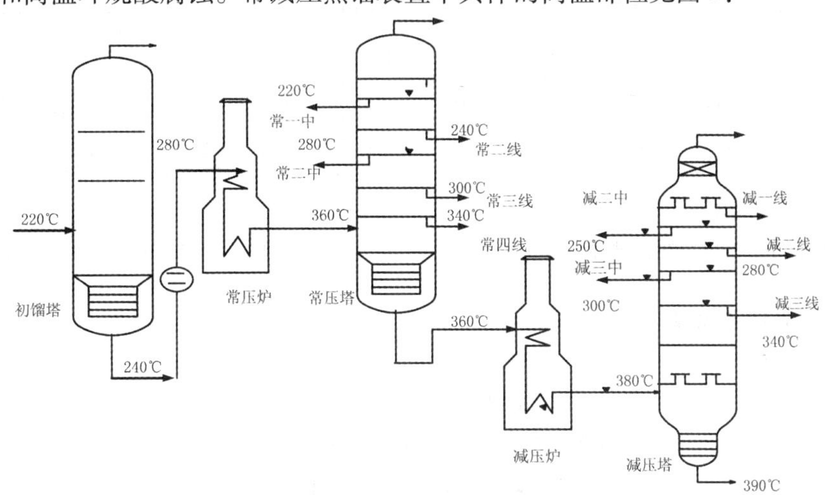

图 1　蒸馏装置高温部位

从图 1 可以看出：常减压蒸馏装置的高温部位主要分布的部位是初馏塔、常压塔、减压塔、常压炉、减压炉及相关换热器，常压塔各中段回流及支路抽出线，减压塔各中段回流及支路抽出线，加热炉进出管线。

3.1　高温硫腐蚀

在高温下单质 S 或者其他活性硫具有非常强的活性，很容易与 Fe 发生发应。其反应式如下：

$$Fe + S \longrightarrow FeS \downarrow \tag{1}$$

$$Fe + H_2S \longrightarrow FeS + H_2 \uparrow \tag{2}$$

其影响因素有：①温度。原油中的高温重组分中硫主要是非活性硫，与金属不直接发生发应，因而不直接腐蚀设备。但非活性硫化物在 220～400℃的温度范围会分解生成能与金属直接反应的 H_2S 或单质 S，对管道和设备腐蚀严重。②硫含量。在特定的温度区间那内，原油中的总硫含量与腐蚀性之间的对应关系见图 2，图中表明腐蚀率随硫含量的增加而增大。③流速。腐蚀产物 FeS 可以形成沉淀附着在金属表面，形成一定的保护膜，当介质流速高的时候，保护膜容易脱落，腐蚀继续进行。因此在三通、弯头、大小头等容易产生湍流和涡流的地方，金属表面保护膜容易被冲刷脱落，露出新的金属表面，使腐蚀速率大大提高。④设备材质不同材质耐高温硫腐蚀的性能不同，其关系见图3。一般来说，含铬合金钢耐高温硫腐蚀的性能比碳钢强，且铬含量越高，耐蚀性能越强。合金钢的表面能形成双层保护膜，外层为多孔的硫化亚铁，内层为致密的 Cr_2O_3。当 Cr 含量大于5%时可生成比较稳定的铁铬尖晶石($FeCr_2S_4$)保护膜，因此，Cr 含量大于5%的合金钢具有较好的耐高温硫腐蚀性能。

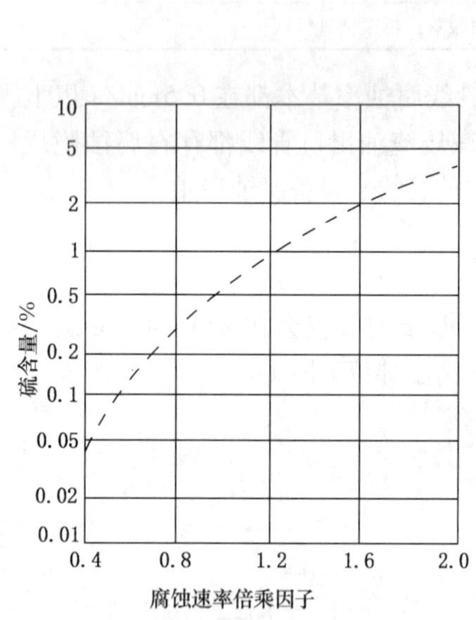

图2　290～400℃间硫含量与腐蚀速率的关系

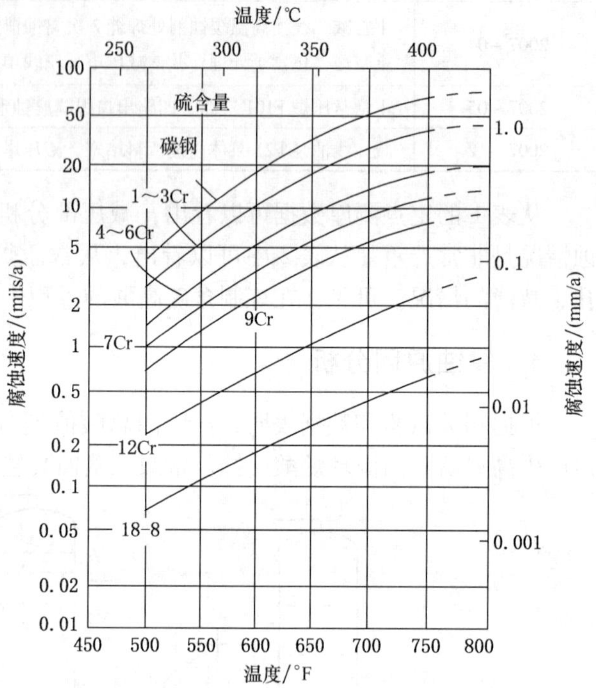

图3　修正后 McConDary 曲线中温度与各种钢高温硫腐蚀的关系

3.2　高温环烷酸的腐蚀

环烷酸腐蚀反应式如下：

$$Fe + 2RCOOH \longrightarrow Fe(RCOO)_2 + H_2 \uparrow \tag{3}$$

$$FeS + 2RCOOH \longrightarrow Fe(RCOO)_2 + H_2S \uparrow \tag{4}$$

$$Fe + H_2S = FeS + H_2 \uparrow \tag{5}$$

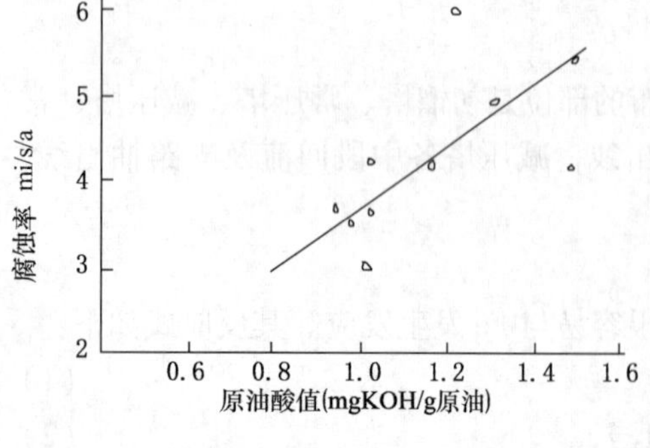

图4　原油酸值与腐蚀率的关系

其腐蚀影响因素有：①原油酸值环烷酸占石油有机酸含量的90%以上，总酸值较低时腐蚀不明显，但当原油总酸值大于临界值 0.5mgKOH/g，且温度在 220～400℃之间时，环烷酸腐蚀与酸值成正比，见图4。②温度。环烷酸腐蚀受温度影响很大，一般发生在 220～400℃范围内。温度在220℃以下，环烷酸对设备几乎不造成腐蚀，而温度达到400℃以上时环烷酸会分解完毕腐蚀明显减弱。③流速与湍流介质流速和湍流是环烷酸腐蚀的两个重要参数，在酸值一定的情况下，相同材质的腐蚀速率随线速度增大而增大；当设备的某一部位因突起妨碍了流体流动，在局部区域引起涡流和紊流而加剧腐蚀。最常见的腐蚀部位有阀、弯头、三通等。④设备材质不同材质对环烷酸具有不同的耐蚀性，具体材料的耐蚀性为：碳钢 < 低合金钢 < 1Cr13 < 18－8 不锈钢 < 含钼奥氏体不锈钢，选用含钼奥氏体不锈钢可有效地控制环烷酸的腐蚀。

目前使用的不锈钢中含Mo的316、317耐环烷酸腐蚀的效果最好，但在流速快或液流冲击区，即使316腐蚀也很严重，在此区域可采用普通碳钢内衬合金钢的方法。

4 腐蚀防护

综合2.1和2.2对高温硫腐蚀和环烷酸腐蚀的影响因素的分析，可以采取相应的腐蚀防护对策。

4.1 材质升级

按《加工高硫原油重点装置主要管道设计选材导则》[1]对不符合要求的设备管道材质进行升级，是减少腐蚀泄漏及腐蚀事故的基础。改造后Ⅰ常在220℃以上高温部位材质按照加工高硫高酸原油设防，材质均为含Cr合金钢。改造前Ⅰ常和目前的Ⅱ常高温部位设备管线主要是20#钢，在加工高硫高酸原油时耐腐蚀性差，在改造升级之前主要是通过定点测厚和在线腐蚀检测来监控腐蚀情况，调节高温缓蚀剂的注入量来延缓腐蚀以及加强高温部位的巡检来消除隐患。

4.2 注高温缓蚀剂

高温缓蚀剂是针对含硫、含酸原油的高温腐蚀机理，结合装置的工艺条件研制而成的。注入一定时间后，使其与Fe反应在金属表面生成一层很硬的附着性很强的保护膜，降低表面金属的腐蚀，对腐蚀有很好的缓蚀作用。常减压蒸馏装置高温缓蚀剂的注入部位：Ⅰ常常压塔塔底泵出口管线、Ⅱ常减二线回流控制阀处、改造后Ⅰ常常压塔塔底泵出口管线。

采用高温缓蚀剂是解决高温环烷酸腐蚀的一种经济、简便、有效的途径，通过对Ⅰ常、Ⅱ常、改造后Ⅰ常的减压侧线Fe离子含量的分析发现(见表3)，在高温缓蚀剂注入前后减一、二、三线中Fe离子的含量明显下降，防腐效果比较明显。

表3 铁离子平均含量对比 μg/g

项目	Ⅰ			Ⅱ			Ⅲ		
	减一线	减二线	减三线	减一线	减二线	减三线	减一线	减二线	减三线
未注高温缓蚀剂	11.65	26.35	72.26	13.83	24.58	68.54	6.82	10.56	12.63
高温缓蚀剂注入后	5.68	11.24	25.36	5.95	10.33	23.81	2.76	2.89	3.12

4.3 混炼

原油的酸值可以通过混合加以降低，将高酸值和低酸值的原油混合，使原油酸值控制在0.5mgKOH/g以下，可以避免环烷酸腐蚀。九江分公司一般情况下采用混炼方法，在一定程度上降低了环烷酸腐蚀。

还可以采取高酸值原油与低酸值原油交替加工的方法，降低环烷酸腐蚀。在加工低酸值原油时，高温部位可能产生保护膜或薄层焦，它们能减缓环烷酸的腐蚀。接着加工高酸值原油时，保护膜受到破坏，在还没有完全被破坏时，又改炼低酸值原油，从而减轻环烷酸的腐蚀。九江石化受原油供应和原油种类的限制，高酸值原油与低酸值原油交替加工的方法受到限制，主要采用在高温部位注高温缓蚀剂的方法防止环烷酸腐蚀。

4.4 控制流速和流态

1)新装置设计时采取扩大管径，降低流速的方法控制低流速转油线最大流速不得超过62m/s，高流速转油线最大流速不得超过94m/s。

2)设计结构要合理，应尽可能避免形成涡流和冲击的结构，减少死角、盲肠；减少管线振动；尽量走直线，减少急弯走向。

3)安装时应将焊缝处磨平，防止涡流；高温部位，尤其是高流速区的管道焊接，凡是单面焊的尽可能采用氩弧焊打底，以保证根部成型良好，不允许有焊瘤、凹坑及未焊透等缺陷。对老装置的重要部位焊缝主要采取射线探伤检测和巡检的方法确定和消除隐患，发现问题对焊缝采取包盒子或堆焊的处理方法。

4.5 加强腐蚀监控

1)开展在线定点测厚及停工期间测厚普查等状态监测工作。测厚点主要分布在高温重油部位的弯头、大小头、三通等容易产生冲刷、湍流、涡流的地方，每个季度进行一次全面测厚，其余每月对减薄较严重的点进行复测。通过在线定点测厚及停工期间测厚普查，共发现13处严重减薄点，采取包盒子或更换管线的办法，避免了重大的泄漏事故发生。

2)安装在线高温腐蚀探针监测系统，动态掌握腐蚀情况，及时查找原因，调整操作。I常在减底重油部位安装了一个在线腐蚀监测探针，当腐蚀高时，可通过调整高温腐蚀剂的注入量来控制腐蚀速率。

3)做好铁离子定时分析工作，根据分析数据制定对策。每星期对减一线、减二线、减三线的油品取样分析，发现铁离子含量超标时，可调整高温缓蚀剂的注入量来降低铁离子含量，减轻腐蚀。

4)悬挂腐蚀试片，了解设备腐蚀的真实情况。在初馏塔塔底、常压塔、减压塔、转油线一等部位放置与相应设备相同材质的腐蚀挂片，可通过挂片的腐蚀厚度来计算出设备相应部位的腐蚀率，从而预测设备的腐蚀程度，对腐蚀严重部位再辅以测厚等手段进行确认。

5)对原油性质进行跟踪监测，了解原油的酸值及硫含量，及时调整高温缓蚀剂的注入量。

通过这些腐蚀监测手段有助于弄清设备的腐蚀环境和腐蚀程度，为制定合理的防腐措施提供可靠依据，在加工高硫高酸原油时期，平稳渡过了老装置的腐蚀危险时段，设备腐蚀得到有效的遏制，改造后的I常装置的Fe离子的平均含量为2.92μg/g，测厚数据也显示高温管线没有减薄。

5 结束语

(1)硫腐蚀和环烷酸腐蚀是常减压蒸馏装置高温部位的主要腐蚀类型。

(2)提高材料等级是预防高温硫腐蚀和高温环烷酸腐蚀的根本方法。

(3)注入高温缓蚀剂是延缓高温硫腐蚀和高温环烷酸腐蚀有效途径。

(4)腐蚀监控是预防高温腐蚀事故的重要手段。

参 考 文 献

[1] 刘洪福，陈跃权等．加工高硫原油重点装置主要管道设计选材导则．中华人民共和国行业标准，2002

[2] 郑平，马贵阳，孙宏生．常压蒸馏装置加工俄罗斯原油的腐蚀与防护．石油化工腐蚀与防护，2005

不同喷淋量下组合式空冷器风量和风阻测试分析

王仁文　李学斌　艾云慧
（湖北省电力公司汉口电力设备厂，武汉　430035）

摘　要：组合式空冷器由翅片管束干空冷和光管管束喷淋蒸发空冷组合而成，用于将100℃以上的热流体冷却到40℃以下。出厂前，在不同喷淋量下对组合式空冷器的风量和风阻进行了测试。测试表明，喷淋量增大，风量会有所减小；翅片管束的风阻比光管管束的风阻大。

关键词：空冷器　蒸发　测量　分析

1　前言

翅片管束组成的干式空冷器，管内走热流体，管外为流动的空气。管外一般采用风机强制通风。由于空气的导热系数较小，故只有当管内外温差大时，即管内介质温度在100℃以上时，干空冷才有比较好的换热效果。光管管束组成的蒸发空冷，管内走热流体，管外既有流动空气，又有自上而下的喷淋水。在光管表面形成的水膜蒸发时，会吸收管内介质大量的热，故蒸发空冷的管外传热系数比干空冷大得多，即便管内热流体温度低于60℃，蒸发空冷也会有比较好的效果。为防止管内温度过高时，管外水膜结垢，影响换热，蒸发空冷的管内热介质温度一般控制在80℃以下。可见，干空冷和蒸发空冷发挥作用的温区不同。石油化工企业常需将100℃以上的管内热介质冷却到环境温度，那么将翅片管束与光管管束组合起来是比较合适的。本厂和高校联合研制的新型组合式空冷器将捕雾器装在干空冷和蒸发空冷之间，以便捕集随空气流出蒸发空冷管束的水雾，节约喷淋水。

新型组合式空冷器出厂前，对不同喷淋量下的风量和风阻进行了测试。本文给出了测试方案，并对测试数据进行了分析。

2　测试方案

2.1　喷淋水量的确定

按三种有代表性的情况确定喷淋水量：①喷淋量为零，即不喷水的情况；②喷淋量为 $Q=78\ m^3/h$，此流量下，喷淋锥边缘部分重叠，喷淋水基本将光管管束顶面全覆盖；③泵的最大流量 $Q=125\ m^3/h$。喷淋水量用涡轮流量计测得。

2.2　风量的测量方法

9m长3m宽的组合式空冷器顶置三台风机，风筒出口直径2.4m，且出口速度不均匀，故在出口测风量难度大。组合式空冷器下部的百叶窗是空气的进口，此处压力（大气压）均匀，进口速度也比较稳定。故在此处测量风速，再乘以面积得到的风量就比较准确。

先测量和计算百叶窗每个叶片通道的面积，再测风速。数字式风速仪可以记录和显示出测量时段内的最大风速、最小风速值和时间加权平均风速 u_{av}。每个叶片通道测量左中右三个有代表性的点。按下式计算每个叶片通道的平均风速 $u_{av,ji}$

$$u_{av,ji}=\frac{u_{Lav,ji}+u_{Mav,ji}+u_{Rav,ji}}{3} \tag{1}$$

式(1)中，下标 av 表示加权平均风速；下标 ji 表示第 j 个百叶窗，第 i 个叶片通道；下标 L，M，R 表示左中右三个测点。

叶片通道面积 s_{ji} 乘以平均风速 $u_{av,ji}$ 等于该通道的风量 V_{ji}，组合空冷器的总风量 V 用下式算得

$$V = \sum_{\substack{i=1 \\ j=1}} V_{ji} = \sum_{\substack{i=1 \\ j=1}} u_{av,ji} \cdot s_{ji} \tag{2}$$

2.3 风阻的测量方法

如图 1 所示，建立坐标，选择测点。管束长度方向为 x，管束宽度方向为 y，组合空冷器高度方向为 z。

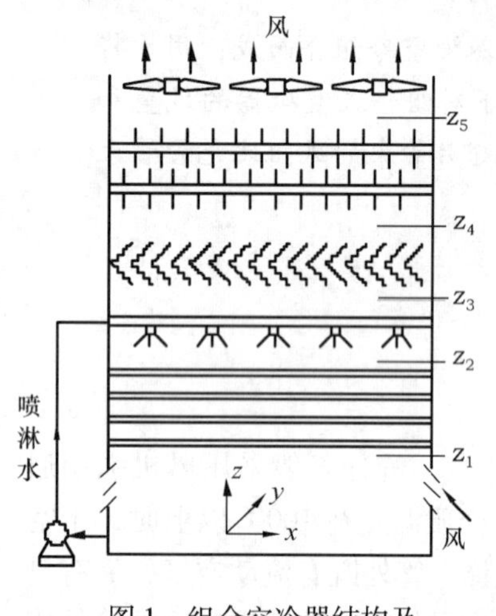

图 1　组合空冷器结构及风阻测量截面示意

管束长 9m，分为 6 跨，每跨长度 1.5m。考虑到组合空冷器的结构对称性，在第 1、第 2、第 3 跨的中部选取测点，即 $x_1 = 0.75$m，$x_2 = 2.25$m，$x_3 = 3.75$m。

在组合空冷器的高度方向，测点位置分别是，光管管束下方 z_1，光管管束上方 z_2，捕雾器下方 z_3，捕雾器上方 z_4，翅片管束上方 z_5。

在组合空冷器宽度方向，各测点到边板的距离分别是 $y_1 = 0.3$m，$y_2 = 0.8$m，$y_3 = 1.5$m，$y_4 = 2.2$m，$y_5 = 2.7$m。

空气进口压力即大气压，空冷器中各点压力与大气压力之差即各点的风阻。测压点在 x 方向取 3 个值，y 方向取 5 个值，z 方向取 5 个值，共 75 个测压点。测量风阻时，数字式气流压差计的高压口通大气，低压口接测压钢管，测压钢管的管口伸到测压点处。

3　测试数据及分析

3.1 气流静压沿空冷器高度和管束宽度方向的变化。

以大气压为基准，即取进空冷器之前空气的静压为 0。由于空冷器顶置风机是引风式的，故进空冷器之后的空气静压值均为负值，负得越多，则静压越低，与空冷器进口之间的压降越大。

在管长方向的前三跨，即 $x_1 = 0.75$m，$x_2 = 2.25$m，$x_3 = 3.75$m 处测得的静压数值差别较小，三跨静压图形基本相同，故将三跨各测点静压取平均值，得静压沿管束宽度和高度方向的分布图形，如图 2 所示，该图数据是在喷淋量 125 m^3/h 下测量所得。

由图 2 看出，z_1 截面上沿管束宽度方向的五个测点的静压值有所差别，z_2，z_3 及 z_4 截面上五个测点的静压差别较小，而在 z_5 截面上的 5 个测点的静压差别明显大得多。这说明，尽管进光管管束前 z_1 截面压力不太均匀，但光管管束风阻产生的均压作用，使得光管管束出口 z_2 截面的压力已经基本均匀了。此后，直到捕雾器出口 z_4 截面的压力都是均匀的。而经过翅片管束后，即在进入风机之前的 z_5 截面，沿管束宽度 5 个测点的压降差别比较大。分析如下：

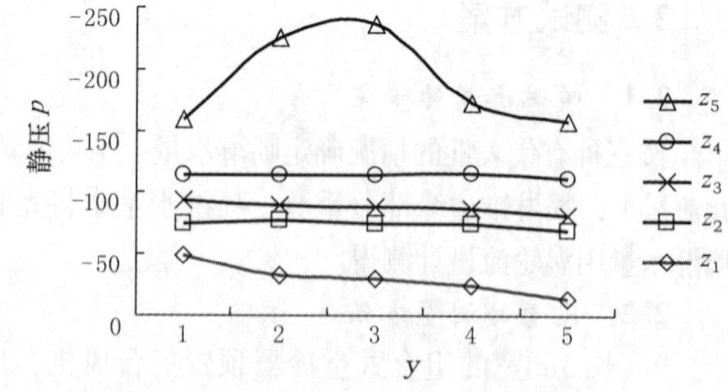

图 2　静压沿管束宽度和高度方向的分布

气流进翅片管束前的压力是均匀的；翅片管束的均匀性决定了其各处的阻力是均匀的；气流出翅片管束后的气流总能量是均匀的，即沿宽度方向 y_1，y_2，y_3，y_4 和 y_5 点的气流总能是基本相等的；气流出管束后即将进入风机，靠近空冷器壁面的 y_1 点和 y_5 点流动阻力较大，气流速度较小，静压较大；离壁面较远的流道中部气流阻力较小，气流速度较大，静压较小，即负压负得较大，比之大

气压，其压降也就较大。

3.2 风阻与喷淋量的关系

将图2各截面的静压取平均值，得到喷淋量125 m³/h下各截面的静压。同理可得喷淋量为0和喷淋量为78 m³/h下各截面的静压，于是可得图3。

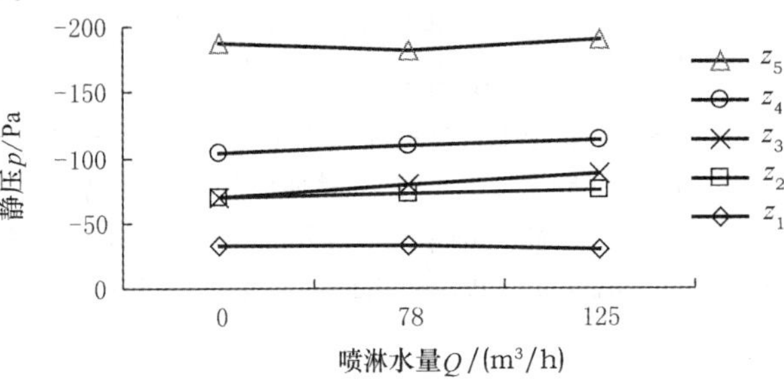

图3 各截面静压随喷淋量的变化

图3中，光管管束下方z_1截面的风静压约为-32Pa，经过光管管束后到z_2截面的风静压约为-72Pa，经过喷淋段后到z_3截面的风静压平均为-78.6Pa，经过捕雾器后到z_4截面的风静压约为-109Pa，经过翅片管束后到z_5截面的风静压约为-190Pa。z_1，z_2，z_4，z_5截面的平均静压值，基本不随喷淋量变化。而z_3截面静压值随喷淋量的增大而负得更多。这是因为从z_2截面到z_3截面之间是喷淋锥所在区域，喷淋量越大，则喷淋锥向下的流速越大，对向上流动的空气的阻力就越大。

由图3还可知，从z_1截面到z_2截面之间的静压差40Pa，就是光管管束(12排光管，叉排)的风阻。同理得到，捕雾器的风阻为30.4Pa，翅片管束(6排翅片管，叉排)的风阻为81Pa。可见组合式空冷器的最大风阻出现在翅片管束上。同时也可知道，夹在两个管束之间的捕雾器的风阻是不大的。为了节水，加上捕雾器，增加一些风阻是值得的。三段风阻的大小关系为：

捕雾器风阻 < 光管管束风阻 < 翅片管束风阻

整体来看，喷淋量增大或减小时，组合空冷器风阻基本不变化。

3.3 总风量与喷淋量的关系

测得不喷淋时总风量为243170 m³/h，喷淋量为78 m³/h时的总风量为228532 m³/h，喷淋量为125 m³/h时的总风量为223268 m³/h。最大喷淋量时的总风量比不喷淋时的总风量下降了8%。总风量与喷淋量关系的拟合曲线见图4。

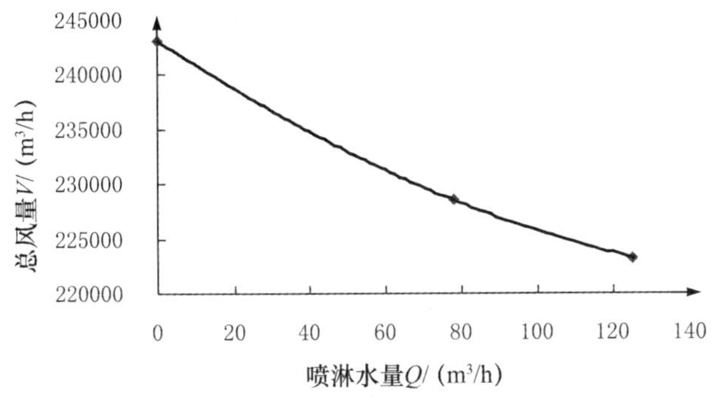

图4 不同喷淋量时的总风量

该拟合曲线的表达式为

$$V = 0.6504Q^2 - 234.89Q + 243170 \quad (3)$$

由图4可见，随着喷淋量的增大，总风量会有所减小。这是因为喷淋水与风是逆向流动的，喷淋量越大，则喷淋速度越大，对风的阻力就越大。对于常用的轴流式风机，风阻增大会导致风量减小；而风阻是与风量的平方成正比的，故风量减小又会使风阻相应减小。故总的结果是当喷淋量增大时，风阻变化不明显，但风量会明显减小。

4 结论

(1)将温度100℃以上的热流体冷却到环境温度，可用干空冷与蒸发空冷及捕雾器组合的空冷器。

(2)从空冷器进口到翅片管束进口，各流通截面上的静压基本均匀。出翅片管束后进风机之前的静压不均匀，靠近管束宽度中部的风速较高，静压较低。

(3)捕雾器风阻小于光管管束风阻和翅片管束风阻。为了节水，加上捕雾器是值得的。

(4)整体来看，组合式空冷器的风阻不随喷淋量变化。

(5)开喷淋会减小风量，减小幅度不太大。喷淋水和风共同作用，有利于光管管束表面水膜蒸发降温。

参 考 文 献

[1] 张祉佑，石秉三. 低温技术原理与装置. 北京：机械工业出版社，1987

[2] G. H. Reed. Refrigeration：a Practional Manual for Mechanics. 2nd ed. London：Applied Science，1981

[3] 朱冬生，沈家龙，蒋翔等. 蒸发式冷凝器管外水膜传热性能实验研究. 高校化学工程学报，2007，21(1)

[4] 杨世铭，陶文铨. 传热学(第四版). 北京：高等教育出版社，2006

[5] W. Liu，X. M. Huang，S. B. Riffat. Heat and Mass Transfer with Phase Change in a Rectangular Enclosure Packed with Unsaturated Porous Material. Heat and Mass Transfer，2003(39)：223～230

安全与环保

财税与金融

化工过程危害识别和风险分析方法概述

石宁　谢传新　王慧欣　黄飞　姜杰　徐伟　孟庭宇　张海峰
（中国石化青岛安全工程研究院，山东青岛　266071）

摘　要： 本文全面总结了化工过程危害识别和风险分析方法，主要包括：危险与可操作性(HAZOP)分析、活性化学品/工艺危险性分析(RC/PHA)、火灾爆炸指数(F&EI)、化学暴露指数(CEI)、故障树、事故树等方法；详细介绍了各种分析方法的应用和特点，并给出了应用建议。

关键词： 化工过程　危害识别　风险分析

化工过程危害识别和风险分析是工艺安全研究非常重要的一步，通过危害识别找出危险源，确定具体有害因素，不但可以为进一步的工艺安全分析提供一系列危害列表，而且可以对危害进行定性评估，提出并采取具体的安全操作及控制措施来降低风险。风险分析及危害识别的工作范围及主要方法包括：

1)基于工厂范围的风险分析，初步辨识危险因素，分析危险可能出现在哪些方面，比如：管理、设备、反应、气相等等。此时辨识出的危险因素范围较大，分析方法可用危险与可操作性分析(HAZOP)、活性化学品/工艺危险性分析(RC/PHA)。

2)基于单元的风险分析，考察单元的火灾爆炸及泄漏危险性，为安全措施需要的可靠度提供参考，分析方法可用火灾爆炸指数(F&EI)、化学品泄漏指数(CEI)等方法。

3)基于设备的风险分析，考察具体设备失效后的危险性，以提出具体控制措施。

4)定性风险分析，考察工艺出现偏差时的危险性。通过定性风险分析，辨识出具体危险因素，对致灾机理不确定的地方进行具体试验和理论研究，及进一步风险分析(LOPA)；对致灾机理确定的地方，直接作为结论，提出相应措施。

5)危险场景定量风险分析，以便提出控制措施及建议。主要方法可用事故树、故障树等。

1　HAZOP 分析

危险与可操作性(HAZard and OPerability，HAZOP)分析方法是由 T. A. Kletz 提出发展。该方法是危害辨识的重要应用技术之一，其全面、系统、科学等性能优势决定了其在工艺过程危险辩识领域的领先地位，使其成为国际上工艺过程危险性分析中应用最广泛的分析技术之一。

HAZOP 分析是一种用于辩识设计缺陷、工艺过程危害及操作性问题的结构化分析方法，方法的本质就是通过系列的会议对工艺图纸和操作规程进行分析。在这个过程中，由各专业人员组成的分析组按规定的方式系统的研究每一个单元(即分析节点)，分析偏离设计工艺条件的偏差所导致的危险和可操作性问题。HAZOP 分析组分析每个工艺单元或操作步骤，识别出那些具有潜在危险的偏差，这些偏差通过引导词引出，使用引导词的一个目的就是为了保证对所有工艺参数的偏差都进行分析。分析组对每个有意义的偏差都进行分析，并分析它们的可能原因、后果和已有安全保护等，同时提出应该采取的措施。HAZOP 分析方法明显不同于其他分析方法，其是一个系统工程。HAZOP 分析必须由不同专业组成的分析组来完成。HAZOP 分析的这种群体方式的主要优点在于能相互促进、开拓思路，这就是 HAZOP 分析的核心内容。

1.1 HAZOP分析的目的及作用

HAZOP分析的目的在于用来识别工艺或操作过程中存在的危害，进行HAZOP分析，可以识别出不可接受的风险状况。其作用主要表现在以下几个方面：

1)对工艺过程进行全面系统的安全检查。

2)尽可能将危险消灭在项目实施时期。对于新建装置，在工艺设计基本确定之后进行HAZOP分析，可以分析出装置存在的问题，在这个阶段对装置的设计进行修改也比较容易。

HAZOP分析为企业提供系统危险程度证明，并应用于项目实施过程。对许多操作，HAZOP分析可提供满足法规要求的安全保证。HAZOP分析确定需采取措施，以消除或降低风险。

3)为操作指导提供参考资料。HAZOP分析能为包括操作指导在内的许多文件提供大量实用的参考资料，因此应将HAZOP分析的结果全部告诉操作人员和安全管理人员。

1.2 HAZOP分析过程

HAZOP的工作程序主要包括以下几方面，其分析过程如图1所示。

(1)定义目标与范围

清楚地理解HAZOP分析目标和范围是将其形成文件的重要前提。在开始HAZOP分析前，确定研究的范围和目标是极其关键的。定义HAZOP的研究目标应包括：① 评估节点最好在PID图上定义；② 评估时的设计状态，用定义PID版次状态来表示；③ 影响程度和应考虑的邻近工厂；④ 评估程序包括采取的行动和最终的报告；⑤ 涉及对邻近或相关工厂的整体评估的准备。

(2)分析准备

主要为资料准备、人员配备及进度计划等等。

(3)执行分析

HAZOP分析需要将工艺图或操作程序划分为分析节点或操作步骤，然后用引导词找出过程的危险，识别出那些具有潜在危险的偏差，并对偏差原因、后果及控制措施等进行分析。图1为HAZOP分析的流程图。

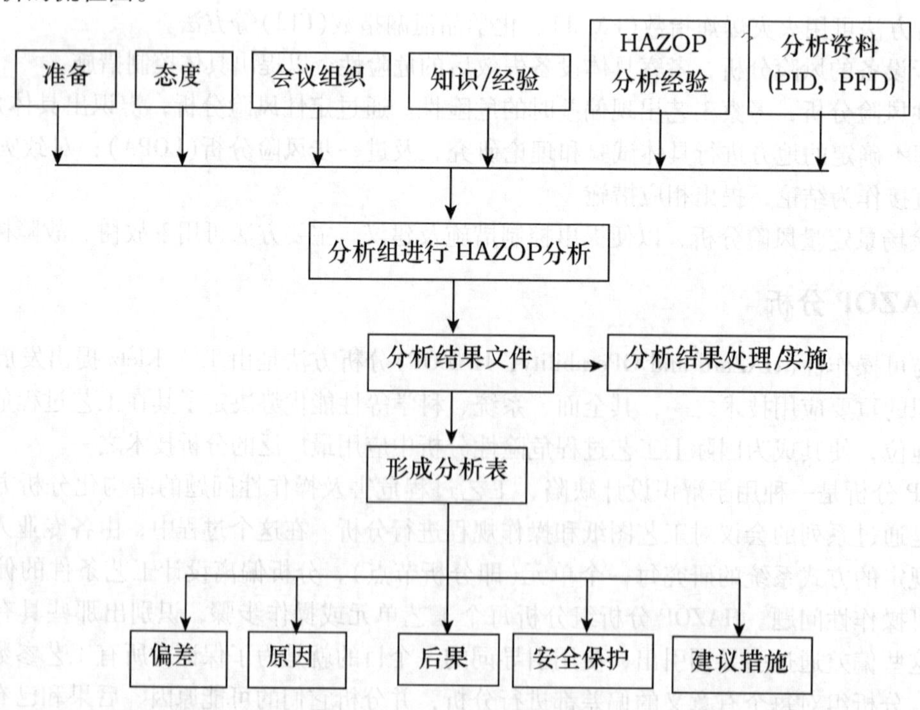

图1 HAZOP分析过程图

HAZOP分析的组织者把握分析会议上所提出的问题的解决程度很重要，为尽量减少那些悬而未决的问题，一般的原则为：①每个偏差的分析及建议措施完成之后再进行下一偏差的分析；②在考虑采取某种措施以提高安全性之前应对与分析节点有关的所有危险进行分析。

HAZOP 分析涉及过程的各个方面，包括工艺、设备、仪表、控制、环境等，HAZOP 分析人员的知识及可获得的资料总是与 HAZOP 分析方法的要求有距离，因此，对某些具体问题可听取专家的意见，必要时对某些部分的分析可延期进行，在获得更多的资料后再进行分析。

(4)记录结果

HAZOP 分析结果应由秘书精确的记录下来。负责人应确保有时间讨论汇总结果，应确保所有的成员知道并且对采取有关的措施形成一致意见。

(5)措施跟踪

跟踪 HAZOP 进行整改是不可避免的。在某些适当的阶段，应对项目进行进一步的审查，最好由原来的负责人负责进一步的审查工作。这种审查有三个目标：①确保所有的整改不损害原来的评估；②审查资料，特别是制造商的数据；③确保已经执行了所有提出的推荐措施。

2 活性化学品/工艺危险性分析(RC/PHA)

RC/PHA 主要由陶氏化学公司建立和发展，主要关注工艺中固有的能量并预防会导致伤害、环境破坏和财产损失的失控反应，也审视其他包括工艺控制失效、仪表、人员错误、设备等引起的潜在的事故，是基于工厂级别的风险分析方法。

RC/PHA 是用来管理整个工厂风险的工具。它考虑到现有工厂/工艺/化学反应总览、主要工艺变更、以往事故、最严重危害后果场景、安全培训计划等等。

RC/PHA 清单：①概述信息；②化学爆炸指数；③燃烧和爆炸指数；④高风险评估；⑤附加风险评估；⑥活性化学品数据；⑦原材料确认；⑧建设材料和维护材料；⑨副反应和反应条件；⑩催化剂/引发剂/分析筛；⑪抑制剂和活性材料；⑫可燃混合物/粉尘/点火源；⑬控制系统/计算机；⑭环境控制和废物处理；⑮回流装置/紧急切断；⑯化学存储和处理以及公用设施；⑰工厂排水；⑱运输容器和设备中脚料；⑲活性化学品兼容表；⑳活性化学品/工艺安全培训和场景；㉑客户信息；㉒工艺设备评估；㉓本质(固有)安全设计：在所有可能的工艺偏差和故障情况下，本质安全型工艺过程是不会产生危险的。本质安全是指通过工艺过程的谨慎选择和装置的合理设计来减少工艺过程中的危险。事实上，很少有严格意义上的本质安全型的工艺，但仍然可以采用“本质安全”原则：消减(减少危险物质的存量和使用的能量，从而使泄露产生的危害最小)，替换(使用危险相对较低的物质来替换，使用含水的或危险较低的有机物质来替换不稳定的有机溶剂)，减弱(使用危险相对较低的条件或危险相对较低的物质形式)，影响限制(通过工厂选址、设备布置或其他的工程方法，限制释放的物质或能量的影响)，消除或容忍误操作设计(设计工艺应消除不必要的复杂性，降低误操作的概率)。㉔人为设计因素和人员保护；㉕工厂安全布局和建筑物设计：工厂建筑物是否是不燃结构，是否使用混凝土结构使防火要求最小化，爆炸缓冲或冲击设计是否已经考虑到。工厂布局应考虑的内容：公用设施的位置，主导风向，原材料的物流(管线、卡车、槽车)，产品的物流(管线、卡车、槽车)，物质的易燃性，物质的可燃性，物质的毒性，安全间距等。可参照陶氏工厂平面布置步骤进行布局。同时，在满足可操作性的前提下管线越短越好，工艺单元和建筑物采用一定的消防措施，工厂有足够的水源满足最大危险场景供水要求等。㉖电气等级和安全设计：a. 火灾爆炸危险环境的电气设备和线路，应符合周围环境内化学、机械、热及风沙等环境条件对电气设备的要求；b. 在火灾爆炸危险环境内，正常运行时有火花的和外壳表面温度较高的电气设备，应远离可燃物质。电缆桥架线路应远离易燃液体火源。c. 在火灾爆炸危险环境内，不宜使用电热器。当生产要求必须使用电热器时，应将其安装在非燃材料的底板上。d. 在火灾爆炸危险环境内，应根据区域等级和使用条件，选择相应类型的电气设备。e. 变电所与火灾爆炸危险环境建筑物共用的隔墙应是密实的非燃烧体。变压器应该远离建筑物，其他电气设备和危险工艺设备。f. 工厂内外照明要充足，紧急照明要充足，要注意发生电力故障时引发设备失效是否安全。

3 火灾爆炸指数(F&EI)

美国道化学公司提出的火灾与爆炸危险指数评价法 F&EI（Fire and Explosion Index）被化学工业界公认为是最主要的危险指数，它是一种针对化工生产系统的综合性评价方法。其最初的目的是作为选择火灾预防方法的指南，而经过几十年的应用发展后，已成为一种能给出单一工艺单元潜在火灾、爆炸损失相对值的综合指数，从而可以对此单元进行相对分级的评价方法。

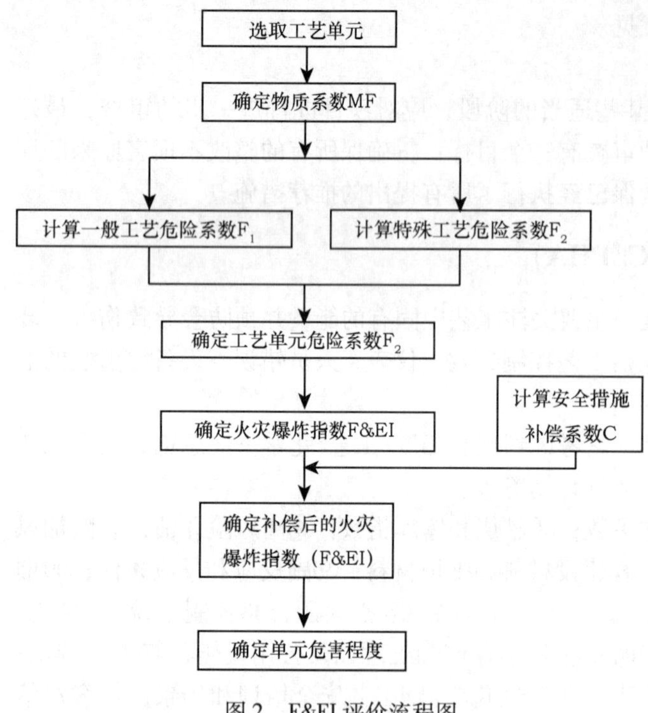

图2 F&EI 评价流程图

评价法 F&EI 是基于对物质危险性的评价和对工艺过程的危险性评价。二者相比又以物质的危险性更为基础，整个危险指数可认为是工艺过程通过对物质及其反应的影响而体现的。所评价的危险性指数反映了系统的最大潜在危险，预测事故可能导致的最大危害程度与停产损失。是系统中物质、工艺定下来以后的固有危险性，基本上未涉及当时生产过程中的人的、管理的因素。评价中所用数据来源于以往的事故统计、物质的潜在能量及现行防灾措施的经验，所以尽管把这些经验量化成了数据，但本质上仍属定性的、相对比较的方法。其评价程序流程图如图 2 所示。

F&EI 分析计算程序：

(1)选择工艺单元

进行危险指数评价的第一步是确定评价单元，单元是装置的一个独立部分，与其他部分保持一定的距离，或用防火墙。

(2)物质系数的确定

物质系数(MF)是表述物质在燃烧或其他化学反应引起的火灾、爆炸时释放能量大小的内在特性，是一个最基础的数值。物质系数是由美国消防协会规定的 N_F、N_R(分别代表物质的燃烧性和化学活性)决定的。

(3)工艺单元危险系数(F_3)

工艺单元危险系数(F_3)=一般工艺危险系数(F_1)×特殊工艺危险系数(F_2)。

① 一般工艺危险性(F_1) 一般工艺危险是确定事故损害大小的主要因素，共有 6 项：

a. 放热化学反应，若所分析的工艺单元有化学反应过程，则选取此项危险系数。b. 吸热反应。c. 物料处理与输送，本项目用于评价工艺单元在处理、输送和储存物料时潜在的火灾危险性。d. 封闭单元或室内单元，封闭区域定义为有顶且三面或多面有墙壁的区域，或无顶但四周有墙封闭的区域。封闭单元内即使专门设计有机械通风，其效果也不如敞开式结构，但如果机械通风系统能收集所有的气体并排出去的话，则系数可以降低。e. 通道，生产装置周围必须有紧急救援车辆的通道，“最低要求”是至少在两个方向上设有通道，选取封闭区域内主要工艺单元的危险系数时要格外注意。f. 排放和泄漏控制，此项内容是针对大量易燃、可燃液体溢出危及周围设备的情况，不合理的排放设计已成为造成重大损失的原因。

② 特殊工艺危险性(F_2) 特殊工艺危险是影响事故发生概率的主要因素，特定的工艺条件是导致火灾、爆炸事故的主要原因。特殊工艺危险有下列 12 项：a. 毒性物质，毒性物质能够扰乱人们机体的正常反应，因而降低了人们在事故中制定对策和减轻伤害的能力；b. 负压操作，本项内

容适用于空气泄入系统会引起危险的场合。当空气与湿度敏感性物质或氧敏感性物质接触时可能引起危险，在易燃混合物中引入空气也会导致危险。c. 燃烧范围或其附近的操作，某些操作导致空气引入并夹带进入系统，空气的进入会形成易燃混合物，进而导致危险。d. 粉尘爆炸，粉尘最大压力上升速度和最大压力值主要受其粒径大小的影响。通常，粉尘越细，危险性越大。这是由于细尘具有很高的压力上升速度和极大压力伴生。本项系数将用于含有粉尘处理的单元，如粉体输送、混合粉碎和包装等。e. 释放压力，操作压力高于大气压时，由于高压可能会引起高速率的泄漏，因此要采用危险系数。是否采用系数，取决于单元中的某些导致易燃物料泄漏的构件是否会发生故障。f. 低温，本项主要考虑碳钢或其他金属在其展延或脆化转变温度以下时可能存在的脆性问题。g. 易燃和不稳定物质的数量，易燃和不稳定物质数量主要讨论单元中易燃物和不稳定物质的数量与危险性的关系。h. 腐蚀，虽然正规的设计留有腐蚀和侵蚀余量，但腐蚀或侵蚀问题仍可能在某些工艺中发生。i. 泄漏——连接头和填料处，垫片、接头或轴的密封处及填料处可能是易燃、可燃物质的泄漏源，尤其是在热和压力周期性变化的场所，应该按工艺设计情况和采用的物质选取系数。j. 明火设备的使用，当易燃液体、蒸汽或可燃性粉尘泄漏时，工艺中明火设备的存在额外增加了引燃的可能性。k. 热油交换系统，大多数交换介质可燃且操作温度经常在闪点或沸点之上，因此增加了危险性。l. 转动设备，单元内大容量的转动设备会带来危险，虽然还没有确定一个公式来表征各种类型和尺寸转动设备的危险性，但统计资料表明，超过一定规格的泵和压缩机很可能引起事故。

(4)确定火灾爆炸指数(F&EI)

火灾、爆炸危险指数(F&EI)是单元危险系数(F_3)和物质系数(MF)的乘积。

表1是F&EI值与危险程度之间的关系，它使人们对火灾、爆炸的严重程度有一个相对的认识。

表1 F&EI危险等级

F & EI值	危险等级	F & EI值	危险等级
1~60	最轻	128~158	很大
61~96	较轻	>159	非常大
97~127	中等		

(5)安全措施补偿系数

建造任何一个化工装置(或化工厂)时，应该考虑一些基本设计要点，要符合各种规范，如建筑规范和美国机械工程师学会(ASME)、美国消防协会(NFPA)、美国材料试验学会(ASTM)、美国国家标准所(ANST)的规范以及地方政府的要求。

除了这些基本的设计要求之外，根据经验提出的安全措施也已证明是有效的，它不仅能预防严重事故的发生，也能降低事故的发生概率和危害。安全措施可以分为工艺控制、物质隔离、防火措施三类，其补偿系数分别为C_1、C_2、C_3，$C_1 \times C_2 \times C_3$计算便得到总补偿系数。

(6)确定补偿后的火灾爆炸指数

补偿后的火灾爆炸指数为补偿前火灾爆炸指数乘以总补偿系数。

(7)确定单元危害程度

可重新根据表1确定单元危害程度。

4 化学暴露指数(CEI)

化学品暴露指数(CEI)由陶氏化学在印度博帕尔(Bhopal)事故之后建立的，见图3。它是建立在辨识有毒化学材料泄漏的假设的基础上，最大的泄漏应根据工艺设备的尺寸、为关键的管道和设备使用一套标准的假设工艺条件来确定。计算CEI的数值要根据泄漏量、空气传输量和美国应急反应计划指南的值，来表示浓度降到美国应急计划指南(ERPG)中规定的危险阈值以下处这段危害的距离。CEI是数值指数，它可以简化工艺化学物质和生产单元危险性的对比，同时确定合理的工艺条件、可信事故、后果的范围和全面的风险。是将可能对人身健康造成急性危害的化学泄漏的潜在风险进行分级的方法。其主要目的是：

1)为使用活性化学品/工艺危险性分析(RC/PHA)作准备；

2)用在运输风险指数(DRI)中；

3)可作为项目审核过程的一部分；

4)为编制应急预案提供参考；

5)为其他评价方法(如保护层分析)提供蒸发量。

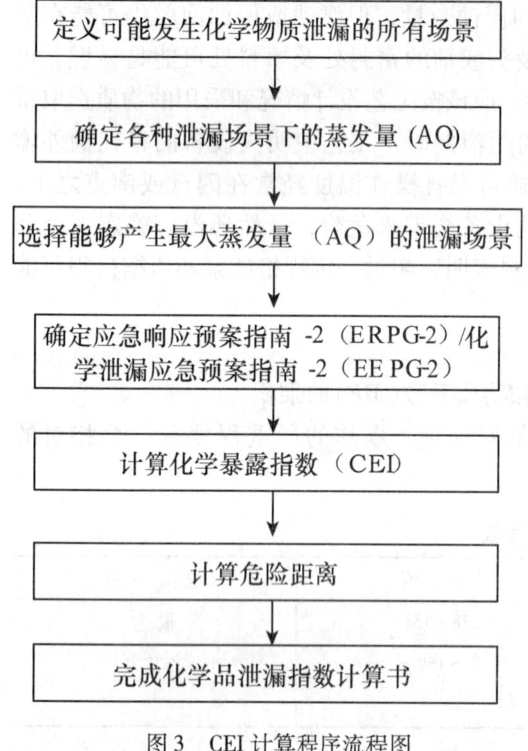

图3 CEI计算程序流程图

5 故障树

故障树分析法简称FTA（Failute Tree Analysis)，是1961年为可靠性及安全情况，由美国贝尔电话研究室的华特先生首先提出的。其后，在航空和航天的设计、维修，原子反应堆、大型设备以及大型电子计算机系统中得到了广泛的应用。目前，故障树分析法虽还处在不断完善的发展阶段，但其应用范围正在不断扩大，是一种很有前途的故障分析法。

5.1 故障树分析法的特点

1)它是一种从系统到部件，再到零件，按“下降形”分析的方法。它从系统开始，通过由逻辑符号绘制出的一个逐渐展开成树状的分枝图，来分析故障事件(又称顶端事件)发生的概率。同时也可以用来分析零件、部件或子系统故障对系统故障的影响，其中包括人为因素和环境条件等在内。

2)它对系统故障不但可以做定性的而且还可以做定量的分析；不仅可以分析由单一构件所引起的系统故障，而且也可以分析多个构件不同模式故障而产生的系统故障情况。因为故障树分析法使用的是一个逻辑图，因此，不论是设计人员或是使用和维修人员都容易掌握和运用，并且由它可派生出其他专门用途的“树”。例如，可以绘制出专用于研究维修问题的维修树，用于研究经济效益及方案比较的决策树等。

3)由于故障树是一种逻辑门所构成的逻辑图，因此适合于用电子计算机来计算；而且对于复杂系统的故障树的构成和分析，也只有在应用计算机的条件下才能实现。

5.2 故障树的用途

1)复杂系统的功能逻辑分析；

2)分析同时发生的非关键事件对顶事件的综合影响；

3)评价系统可靠性与安全性；

4)确定潜在设计缺陷和危险；

5)评价采用的纠正措施；

6)简化系统故障查找。

5.3 故障树的主要步骤

建立故障树、故障树的规范化、简化和模块分解、故障树的定性分析和故障树的定量分析。

(1)建树步骤

选定顶事件——某一影响最大的系统故障；将造成系统故障的原因逐级分解为中间事件；直至底事件——不能或不需要分解的基本事件，构成一张树状的逻辑图——故障树。

(2)定性分析

目的是为了弄清系统(或设备)出现某种故障(即顶事件)的可能性有多少，分析哪些因素会引发系统的某种故障。

(3)定量分析

目的是得到在底事件互相独立和已知其发生概率的条件下，顶事件发生概率和底事件重要度等定量指标(GJB 768)。常用的指标是：顶事件发生的概率、底事件重要度等。

6 事故树

事故树分析(Accident Tree Analysis，简称 ATA)方法起源于故障树分析(简称 FTA)，是安全系统工程的重要分析方法之一，它能对各种系统的危险性进行辨识和评价，不仅能分析出事故的直接原因，而且能深入地揭示出事故的潜在原因。用它描述事故的因果关系直观、明了，思路清晰，逻辑性强，既可定性分析，又可定量分析。

事故树分析首先由美国贝尔电话研究所于 1961 为研究民兵式导弹发射控制系统时提出来，1974 年美国原子能委员会运用 FTA 对核电站事故进行了风险评价，发表了著名的《拉姆逊报告》。该报告对事故树分析作了大规模有效的应用。此后，在社会各界引起了极大的反响，受到了广泛的重视，从而迅速在许多国家和许多企业应用和推广。我国开展事故树分析方法的研究是从 1978 年开始的。目前已有很多部门和企业正在进行普及和推广工作，并已取得一大批成果，促进了企业的安全生产。20 世纪 80 年代末，铁路运输系统开始把事故树分析方法应用到安全生产和劳动保护上来，也已取得了较好的效果。

事故树分析虽然根据对象系统的性质、分析目的的不同，分析的程序也不同。但是，一般都有下面的十个基本程序。有时，使用者还可根据实际需要和要求，来确定分析程序。

1)熟悉系统。要求要确实了解系统情况，包括工作程序、各种重要参数、作业情况。必要时画出工艺流程图和布置图。

2)调查事故。要求在过去事故实例、有关事故统计基础上，尽量广泛地调查所能预想到的事故，即包括已发生的事故和可能发生的事故。

3)确定顶上事件。所谓顶上事件，就是我们所要分析的对象事件。分析系统发生事故的损失和频率大小，从中找出后果严重，且较容易发生的事故，作为分析的顶上事件。

4)确定目标。根据以往的事故记录和同类系统的事故资料，进行统计分析，求出事故发生的概率(或频率)，然后根据这一事故的严重程度，确定我们要控制的事故发生概率的目标值。

5)调查原因事件。调查与事故有关的所有原因事件和各种因素，包括设备故障、机械故障、操作者的失误、管理和指挥错误、环境因素等等，尽量详细查清原因和影响。

6)画出事故树。根据上述资料，从顶上事件起进行演绎分析，一级一级地找出所有直接原因事件，直到所要分析的深度，按照其逻辑关系，画出事故树。

7)定性分析。根据事故树结构进行化简，求出最小割集和最小径集，确定各基本事件的结构重要度排序。

8)计算顶上事件发生概率。首先根据所调查的情况和资料，确定所有原因事件的发生概率，并标在事故树上。根据这些基本数据，求出顶上事件(事故)发生概率。

9)进行比较。要根据可维修系统和不可维修系统分别考虑。对可维修系统，把求出的概率与通过统计分析得出的概率进行比较，如果二者不符，则必须重新研究，看原因事件是否齐全，事故树逻辑关系是否清楚，基本原因事件的数值是否设定得过高或过低等等。对不可维修系统，求出顶上事件发生概率即可。

10)定量分析。定量分析包括下列三个方面的内容：

①当事故发生概率超过预定的目标值时，要研究降低事故发生概率的所有可能途径，可从最小割集着手，从中选出最佳方案。

②利用最小径集，找出根除事故的可能性，从中选出最佳方案。

③求各基本原因事件的临界重要度系数，从而对需要治理的原因事件按临界重要度系数大小进行排队，或编出安全检查表，以求加强人为控制。

事故树分析方法原则上是这10个步骤。但在具体分析时，可以根据分析的目的、投入人力物力的多少、人的分析能力的高低、以及对基础数据的掌握程度等，分别进行到不同步骤。如果事故树规模很大，也可以借助电子计算机进行分析。

7 结语

总之，针对不同的化工过程以及化工过程的不同服役周期，应采取不同的工艺安全分析和风险评估方法，应做好以下几方面工作：

1)组织具有丰富工艺安全分析经验的专家队伍；

2)根据工艺特点，选择合适的工艺安全分析和风险评估的方法；

3)对于在役装置，现场要注意积累装置运行的基础数据，以便为工艺安全分析和风险评估提供经验数据；

4)工艺安全分析也是一个持续改进的过程，在装置的不同运行周期，特别是装置改造、装置扩建、工艺条件变更等过程中，要及时进行工艺安全分析和风险评估，以便及时发现安全隐患，提出整改措施。

参考文献

[1] Hazard Investigation - Improving Reactive Hazard Management[R]. No：2001 - 01 - H. US：Chemical Safety and Hazard Investigation Board(CSB), October 2002.

[2] 谢传欣，王传兴，纪晔等．化工生产过程中活性危害识别[J]．安全、健康和环境，2006，6(9)：30 ~ 32

[3] Johnson, R. W. &P. N. Lodal. Screen your facilities for chemical reactivity hazards[J]. Chemical engineering progress, 2003, 99(8)：50 ~ 58

[4] General Guidance on Risk Management Programs for Chemical Accident Prevention(40 CFR PART 68)[S]. US：Environmental Protection Agency(EPA), April 2004

[5] Guidelines for Safe Storage and Handling of Reactive Materials(CCPS 1995b)[M]. Center for Chemical Process Safety of the American Institute of Chemical Engineers, 1995

[6] 孙金华，陆守香，孙占辉．自反应性化学物质的热危险性评价方法[J]．中国安全科学学报，2003，13(4)：44 ~ 47

[7] Kossoy, A. &A. Benin. An Advanced Approach to Reactivity Rating[J]. Journal of Hazardous Materials, 2005, 118(1 - 3)：9 ~ 17

[8] 陈锦灿．安全评价指标因素权重法[J]．安全与健康，1995，(2)：10 ~ 12

污水处理厂运行控制技术研究进展

李伟华
（中国石油大庆石化公司，大庆　163714）

摘　要：本文着重介绍国内外污水处理厂普遍运行状况及运行中采取的传统与先进的控制技术手段，主要列举了活性污泥法工艺运行控制技术，并综述了国内外污水处理自动化技术的发展现状，结合国外研究动态，提出我国开展污水处理智能化控制理论、方法和技术研究的必要性和紧迫性。

关键词：污水处理厂　进行控制技术　活性污泥法

近年来，我国城市污水处理厂建设发展迅速，污水处理已经逐步由分散治理转向集中处理。纵观国内现已建成运营的城市污水处理厂，其运行状况不容乐观，污水处理厂年污水处理量低于设计能力20%以上的情况较普遍，甚至有较大比例的污水处理厂处于半开半停的局面。污水处理厂不能满负荷运行，一方面必然造成部分污水的直接排放；另一方面，长期低负荷运行，污水处理厂污染物去除率受到较大影响，使污水处理工程的环境效益降低，从而造成国家投资的巨大浪费。因此，规范和完善城市及工业污水处理厂的运行机制，认真总结污水处理厂监管运行控制技术工作经验，对于改善水环境质量状况具有十分重要的现实意义。本文就我国目前国内外城市及工业污水处理厂运行管理状况，传统、现在和未来将出现的控制技术等做了介绍和探讨，以期为规范城市及工业污水处理厂运行、加强控制技术手段及解决水污染问题等提供有益的借鉴。

1　国内外污水处理厂运行现状

2004年7月全国环境监察系统对全国的城市污水处理厂运行情况开展了一次专项检查，被检查的532座污水处理厂中，有275座非正常运行，占51.7%。其中出水水质超标的111座，占20.9%；还有一些厂随意堆放污泥，造成二次污染，污水处理厂本身却成为污染源。275座非正常运行的污水处理厂中，43座基本没有正常运行，占8.1%；运行负荷不足30%的121座，占22.7%；出水水质超标的111座，占20.9%，平均超标天数为152天[1]。目前，我国水污染情况相当严重，并呈恶化趋势，长期以来城市排水工程欠账太多，每年有近300亿立方米污水未经处理而直接排放，水环境污染大大超过了自净能力所能承受的程度，从而破坏了水的良性循环。因此，我们修建污水处理厂，然而，修建污水处理厂不是最终目的，最终目的是保护水环境保护水资源，那么确保污水处理厂正常运行，拥有良好的运行控制技术至关重要。

从工艺上来看，活性污泥工艺作为城市污水处理的主体工艺，近30年来没有太大变化。例如1988年，芬兰全国有570座城市污水处理厂在运行，处理工艺主要是生物处理，占86%，而且多采用活性污泥法；1988年日本有736座污水处理厂投入运行，其中处理方式为标准活性污泥法的占74%，表1是一些国家城市污水处理厂所采取的工艺[2]。

表1 国外城市污水处理工艺

城 市	污水处理厂	工 艺	规 模	出 水 情 况
洛杉矶	圣约瑟	活性污泥法(二级) 双介质过滤法(三级)	60Mgal/d	处理后污水部分补充地下水，部分， 部分浇灌草坪过除尘
洛杉矶	联合污水处理厂	纯氧曝气	350 Mgal/d	加氯后用海水稀释，排海
新泽西	Butterworth	A^2/O	1万吨/天	出水砂滤、紫外消毒、跌水复氧排出
芝加哥	西南西	普通活性污泥法	455万吨/天	SS - 8mg/L、BOD - 5mg/L、NH_3 - N - 8mg/L
莫斯科	库里扬诺夫	普通活性污泥法	312.5万吨/天	经深度处理SS - 3mg/L、BOD - 3mg/L
伦敦	Beckton	活性污泥	113.7万吨/天	SS - 16mg/L、BOD - 7mg/L、 COD - 43 mg/L
巴黎	瓦朗顿	缺氧 - 好氧	60万吨/天	SS - 22mg/L、BOD - 6mg/L、 COD - 41 mg/L、TN - 2.5 mg/L

如何使污水处理厂的运转优化，在保证出水水质的条件下减少运行费用，提高能源利用率，国外已做过一些研究，国内也很重视。美国EPA对其投资所建的一批污水处理厂进行过调查，发现有50%的污水厂出水水质达不到标准，这主要是由于设计和操作两个因素造成的。在调查的60个影响污水厂处理效果的因素中，前10个因素有4个是属于污水厂操作人员的问题，有6个因素与设计有关，其他50个因素与管理有关，与经济成本、空间限制以及设备运转情况有关。在我国也有城市污水厂运转管理欠佳或运转不正常，达不到设计要求的情况。所以，不只是设计与污水处理效果有着密切的关系，而且良好的运转管理与污水处理厂的高效运行、出水水质提高，更有着唇齿相依的关系。

有调查，我国城市与工业污水厂运行中普遍存在的问题[3]，主要表现在：

1)城市污水处理厂的运营缺乏有效约束机制，环境监管难到位。已建成的532座污水处理厂中，仅有52座实行了市场化运营，90%仍由政府包办。306座污水处理厂未按规定安装在线监测装置。

2)污水收集管网建设滞后，雨污不分、生活和工业污水不分，使污水处理厂系统的整体效率低下。已建成的532座污水处理厂，年设计处理能力为145.6亿吨，而实际处理量为95.9亿吨，仅为设计处理能力的65.9%。其中192座污水处理厂因收集管网不配套难以正常运行，占36.1%。

3)污水处理收费标准低，征收不到位。已建成的532座污水处理厂，340座已征收污水处理费，但实际收费额仅为0.26元/吨污水。

4)部分工业企业以已缴纳污水处理费为由，频频超标、超总量排污，而城市污水处理厂难以接纳，却成为企业违法排污的“保护伞”、“避风港”。已运行的489座污水处理厂中，进水COD浓度超过400mg/L的占40%，有的进水COD超过1000mg/L、总氮超过200mg/L、总磷超过100mg/L。超标排污的111座污水处理厂中，总磷、总氮超标的占60%以上，成为主要的污染因子。

5)污泥无害化处理能力严重不足，存在污染隐患。

2 污水处理厂主要处理工艺及其运行特性

工艺技术是污水处理厂的核心部分。污水处理采取的工艺与很多因素有关，如进水水质、出水要求、处理量、投资大小等，甚至还与气候条件有关。虽然污水处理的工艺多种多样，但生物法仍是我国污水处理厂采用的主体工艺，也有部分地区采用化学、物理强化一级处理，但这些处理工艺往往去除率不高，只适用于某些特定区域对出水水质要求不高或过渡阶段的污水处理，总体上，我国污水处理的等级已经从一级处理向二级处理过渡，深度处理开始起步，但国内外最普遍流行的还是以传统活性污泥法为核心的二级处理。

在生物法中，有活性污泥法和生物膜法两大类，其中生物膜法在目前主要以生物滤池法为主。然而，由于生物滤池卫生条件较差，我国只有少数几座生物滤池城市污水处理厂，活性污泥法在各污水处理厂中仍然占据了主导地位。采用活性污泥法处理生活和工业污水已有悠久的历史，也是目前国际城市污水处理的主体技术。近年应用较多的有 A/O 工艺、A^2/O 工艺、氧化沟工艺和 SBR 工艺等，都是传统活性污泥法的衍生技术。传统活性污泥法去除有机物效率高，能耗和运行费用都比较低，因而得到广泛的应用。常规废水处理技术虽然处理效果好，但大部分耗能多、费用高，土地处理法和氧化塘法由于其低投资、低能耗以及与生态处理相结合具有深度处理的功能，越来越受到美国、加拿大等国家的欢迎，在这些国家这类污水处理厂的数目有望超过活性污泥法和生物滤池法，在我国部分乡镇地区也将具有良好的发展前景。

对于实现对生物反应系统的过程控制关键在于控制对象或控制参数的选取，而这又与处理工艺或处理目标密切相关。例如，溶解氧是生物反应类型和过程中一个非常重要的指示参数，它能直观且比较迅速地反映出整个系统的运行状况，运行管理方便，仪器、仪表的安装及维护也较简单，这也是近十年我国新建的污水处理厂基本都实现了溶解氧现场和在线监测的原因。

对于有特殊处理要求或某项指标成为处理过程的限制因素时，也可将出水的某项指标作为控制参数。例如，美国奥兰多(Orlando)的一个污水处理厂，该厂在 1986 年扩建时并无对出水中硝酸盐氮控制的要求[2]，但在 1992 年，佛罗里达州环境保护部对所有处理设施增加了出水硝酸盐氮需在 10 mg/L 以下的限制要求。在不改动处理构筑物的条件下，该厂通过增设现场仪表，采取自动控制供气量的方式达到了处理要求。但在我国，以采集这类水质指标为控制参数的控制方式尚未见有应用实例，其原因可能是此类参数的在线监测仪表十分昂贵，特别是如硝酸盐氮等在线监测仪表基本上得依赖于国外进口。因此，现阶段这种控制方式在我国还难以实施。

3 污水处理厂活性污泥工艺运行控制技术

活性污泥法自 1914 年在英国曼彻斯特建成试验厂开创以来，已有 90 多年的历史了，随着在实际生产上的广泛应用和技术上的不断改进，活性污泥法已成为有机性废水处理技术的主体技术，根据水质的变化、微生物代谢活性的特点和运行管理、技术经济及排放要求等方面的情况，发展为多种运行方式和池型。按运行方式可分为标准曝气法、阶段曝气法、吸附再生法、延时曝气法、高负荷曝气法等；按池型可分为推流式曝气池和完全混合式曝气池。

3.1 运行管理措施

为了保证污水处理系统正常运行，需要进行一定的监督分析和测算。快速准确的监测结果对系统运行起指示与指导作用，为定量考核提供重要依据。一般人工控制所需监督的项目有：

1)反映活性污泥性状的项目，包括 SV、MLSS 或 MLVSS、SVI 等，以及污泥生物相观察及污泥形态观察，污泥回流量及回流比等；

2)反映活性污泥环境条件的项目，包括溶解氧、水温、pH 值等；

3)反映活性污泥处理效率的项目，包括进出水的 COD、BOD_5、SS，以及进出水中有毒有害物质浓度，废水流量等；

4)反映运转经济性指标的项目，包括空气耗量，电耗及机电设备运行情况，药剂耗量等。

3.2 控制活性污泥工艺运行问题的技术对策

关于污泥为污水处理厂运行带来的一系列问题，一直成为污水处理的焦点。活性污泥法污水处理厂运行管理中可能出现的问题较多，往往由于设计和运行管理不善出现一系列异常现象，使出水水质变差，污泥流失，系统工作破坏，但较常出现的有污泥上浮，活性污泥不增长或减少，曝气池产生大量泡沫这 3 类，其出现的原因又不尽相同。

(1)污泥膨胀

预防丝状菌性污泥膨胀可采取以下一些措施：一是结合进水浓度和处理效果，变更曝气量，使有机物和曝气量维持适当的比例；二是严格控制排泥量和排泥时间。抑制丝状菌性污泥膨胀可采取以下一些措施：一是加强曝气，使废水中保持足够的溶解氧(一般不少于1~2mg/L)；二是若进水中含有工业废水，则可能引起C/N比的失调，此时，可根据水质适当投加氮化物或磷化物；三是在回流污泥中投加漂白粉或液氯以消除丝状菌，加氯量可按干污泥质量的0.3%~0.6%投加考虑；四是调整pH值。

(2)污泥脱氮上浮

防止污泥脱氮上浮的措施如下：一是增加污泥回流量或及时排泥，以减少二沉池中的污泥量；二是减少曝气量或缩短曝气时间，以减弱硝化作用；三是减少二沉池进水量，以减少二沉池的污泥量。

(3)活性污泥不增长或减少

解决活性污泥不增长或减少有3种办法：第一，提高污泥沉淀效率，防止污泥随水流出；第二，加大进水量或投加营养物；第三，若营养物少，则可减少曝气量，否则将可能引起污泥的"过氧化"，若营养物多，则可加大曝气量，使活性污泥快速增长。

(4)泡沫问题[4]

控制泡沫问题可采取如下措施：第一，用自来水或处理后的出水喷洒曝气池水面，此法效果较好，价格低廉又易于操作，被广泛采用，但采用自来水时，浪费水资源，采用处理后出水时，影响操作环境；第二，投加消泡剂，如柴油、煤油等，此法效果也较好，可采用废机油等，投量为0.5~1.5mg/L,价格低廉，但投量较多时将污染水体，从节约油量、减少油类物质进入水体造成污染的角度考虑，应慎用此法；第三，增加曝气池中活性污泥的浓度，此法是控制泡沫大量产生的最有效的治本之法，但在实际运行中可能没有足够的回流污泥以加大曝气池的污泥浓度。

4　污水处理厂自动化运行控制技术

污水处理工作除了在处理技术上寻求突破之外，还要在污水处理的控制管理系统上给予更多的重视和创新。工业自动化控制技术在污水处理上的应用是一项可行和科学的方法。在污水处理工业中，合理有效的工业控制将会提高处理的效率，加强处理过程的管理，达到更好的处理效果。

4.1　国内外自控技术现状分析

国外污水处理厂的自动控制水平很高，从大型污水厂到小型氧化塘，全部为计算机自动控制，遥控和闭路电视等现代化工具被广泛采用。如英国的泰晤士河流域的威特尼伊污水处理厂1980年安装了操纵管理自动化仪器设备(ICA)后，使污水处理过程完全由电子计算机自动化控制，全厂只需两个人值班操纵管理。美国的一些氧化塘只有一个管理人员，甚至没有经常性的管理人员，这都是污水厂高度自动控制化管理的结果[4]。

发达国家在二级处理普及以后投入大量资金和科研力量加强污水处理设施的监测、运行和管理，实现了计算机控制、报警、计算和瞬时记录。美国在20世纪70年代中期开始实现污水处理厂的自动控制，目前主要污水处理厂已实现了工艺流程中主要参数的自动测试和控制。80年代以来在美国召开了两次水处理仪器和自动化的国际学术会议，会上发表的数百篇论文反映出水处理自动化已发展到实用水平。与国外相比，我国污水处理自动化控制起步较晚，进入90年代以后污水处理厂才开始引入自动控制系统[5]，但多是直接引进国外成套自控设备，国产自动控制系统在污水处理厂应用很少。

自动化系统监控范围如：工艺生产流程要求的检测、分析、控制等自动化仪表；工艺生产过程要求的自动监测、过程控制；污水厂物料计量和污水流量计量系统；污水厂进水和出水水质在线监测仪表；仪表、自控设备的信号传送和防护；区域监控管理的各个现场控制系统；综合信息管理、集中控制的污水处理厂中央控制系统；生产现场图像采集、管理的闭路电视监视系统；污水处理厂与上级系统和周边污水系统的数据传输[6]。

工业废水的水质变化很大，当进水有机物浓度高时，为使出水水质达标，应适当增加反应时间使运行更可靠；而当进水有机物浓度低时可以减少反应时间以节省运行费用。彭永臻等[7]将ORP作为SBR反应器有机物降解程度间接指标的研究结果表明，无论是在很大范围内改变曝气量或者改变MLSS浓度，还是使反应初始COD在230~2180mg/L之间逐渐变化或突然变化，当COD达到难降解浓度时，ORP都迅速、大幅度地升高，随后又很快趋于平稳，并在某一特定范围内稳定下来。因此，可以用ORP作为SBR法反应时间的计算机控制参数，实现计算机在线自动控制。

4.2 智能控制技术的应用与发展

作为智能控制重要分支的模糊控制、神经网络控制、专家控制和自学习控制等除了应用到工业过程控制以外，已经扩大到军事、医学、高科技领域。由于智能控制系统具有自学习、自适应和自组织功能，特别适用于复杂的污水处理动态过程的控制，因此近年来智能控制在美国、欧洲、日本的给水处理、污水生物处理、污水的物理化学处理中都有典型的成功应用，正在研究与开发的更是不胜枚举[8]。从现在可以检索到的有关污水处理自动控制的研究论文来看，有近1/3的论文涉及智能控制，可见智能控制已成为该领域的一个研究热点与前沿课题，显示出极为广阔的应用前景[8]。

由于活性污泥法出水BOD或COD浓度通常随出水悬浮物浓度增加而增大，因此Tsai等人建立了对出水悬浮物浓度进行预测和控制的动态活性污泥法模糊控制[9]，他们所提出的模糊控制策略能有效地降低出水SS浓度，从而使处理系统的运行稳定可靠。

与国外相比，国内从事污水处理模糊控制的研究人员较少。彭永臻等[9]对硝态氮污染水脱氮处理的新方法——生物电极法采用模糊控制，也取得了较好的控制效果。彭永臻、曾薇等[10]采用SBR法处理石油化工废水，根据反应器内有机物的去除与DO浓度的相关性，提出以DO作为SBR法的模糊控制参数。通过大量试验，认为可根据初始阶段DO浓度及变化情况预测进水有机物浓度，进而实现对曝气量的模糊控制。

在活性污泥法污水处理厂中，污泥膨胀是引起运行不正常的一个严重问题，它直接影响污水处理厂的处理效率，因此许多学者从活性污泥法的运行机理上对污泥膨胀现象进行了广泛的研究，但至今尚未获得克服污泥膨胀的经济而有效的方法。近年来，国外一些学者采用人工神经网络技术建立模型来预测和防止污泥膨胀现象的发生[11]。Capodaglio等[12]在分析活性污泥系统输入和输出的基础上，应用污水处理厂的数据建立了人工神经网络模型，随后用这种模型预测未来污泥膨胀的发生。

4.3 我国污水处理应用智能控制展望

虽然智能控制已成为污水处理的研究与应用中的前沿与热点，但国内外仍处于广泛应用的初级阶段。从文献来看，我国从事这方面研究的人员太少，这也是制约我国污水处理自动控制和智能控制发展的主要因素。

与发达国家相比，我国在污水处理的基本理论、工艺流程和工程设计等方面并不明显落后，但是在运行管理与自动控制方面却存在着较大的差距。目前，我国城市污水处理厂的吨水耗电量是发达国家的近两倍，而运行管理人员数又是其若干倍，因此加强我国污水处理系统智能控制的研究与应用具有重要的科学意义与应用价值。

由于智能控制的优越性及其研究与应用的迅速发展，目前国外许多城市污水和工业废水处理厂正在通过技术改造向实现智能控制方向过渡。我国应当在有条件的情况下，在污水处理厂的规划、设计与建设初期就尽可能采用或部分采用智能控制。

5 结束语

城市污水处理厂的运行稳定性，直接关系到其运行的成本和对环境的影响。污水处理厂运行稳定性的重要表征就是污水厂各工艺单元的各项指标和监测数值处于相对平稳的范围。优化各工艺流程的运行，保证出水水质，降低处理成本，提高运行管理水平，使污水厂长期正常稳定地运行，取得最佳效益。自动控制系统是紧密结合工艺，集控制功能、管理功能和数据处理功能于一体的，有助于污水厂各种电气设备、工艺参数、运行工况的监视、操作、控制和管理。

参考文献

[1] 孙振世，陆芳．我国城市污水处理厂运行状况及加强监管对策．中国环境管理，2003，22(5)：1~2

[2] 买文宁．生物化工废水处理技术及工程实例

[3] 张翠林．活性污泥法污水处理厂运行中的几个问题探析技．情报开发与经济，2005，15(24)：230~231

[4] 刘鸿志．国外城市污水处理厂的建设及运行管理

[5] 牛学义．济宁污水处理厂控制系统的特点[J]．给水排水，2000，26(6)：75~7 8

[6] Zipper T. Development of a new system for control and optimization of small wastewater treatment plants using oxidation - reduction potential(ORP)[J]. Wat Sci Tech，1998，38(3)：307~314.

[7] 彭永臻，邵剑英，周利等．利用ORP作为SBR法反应时间的计算机控制参数[J]．中国给水排水，1997.

[8] Pierson John A. Real - time monitoring and control of sequencing batch reactors for secondary treatment of a poultry processing wastewater[J]. Wat Envir on Res，2000，72(5)：585~592.

[9] Tsai Y P. Effluent suspended solid control of activated sludge process by fuzzy control approach[J]. Wat Environ Res，1996，68(6)：1045~1053

[10] 彭永臻，王淑莹，周利等．生物电极脱氮法的在线模糊控制Ⅰ．模糊控制系统的组成与基本思想[J]．中国给水排水，1999，15(2)：5~9

[11] Zhu Jiabao. An on - Line wastewater quality predication system based on a time - delay neural network [J]. Engineering Applications of Artificial Intellige nce，1998，(11)：747~758

高浓度含硅废水处理及资源化技术研究

张莉　李本高　马欣　王振宇　张利强
（中国石化石油化工科学研究院，北京　100083）

摘　要：利用炼油催化剂厂高含硅废水和其他原料合成了絮凝剂 RP－001，并用于综合废水处理。实验室、中试、工业试验结果均表明，经 RP－001 处理后的现场综合废水浊度达到了国家环保排放标准要求，且显示出良好的社会效益和经济效益。

关键词：废水处理　絮凝剂　工业试验

1　前言

世界人口的迅猛增加和工业的高速发展，导致水资源短缺日益加剧。我国水资源严重短缺，而且污染日益严重，对排放废水已经到了非治理不可的地步。

在石油化工行业炼油催化剂生产过程中，分子筛车间产生大量的高 pH 的高浓度含硅废水(俗称废水玻璃母液、晶化釜母液，主要成分为硅酸钠、硫酸钠)，其硅酸盐(以 SiO_2 计)质量分数高达2.0%～4.0%，且相当稳定，不易处理。现有催化剂生产技术虽然尽量减少了污水排放量，并采用部分废水回用工艺，但这些技术还不能完全解决所产生污水问题。这些高含硅废水一般显碱性，在较高 pH 下外观清澈，无沉淀物析出，不出现视觉污染；但随着 pH 降低，废水中所含的 SiO_2 将形成凝胶或絮状物，产生“白水”现象，不但形成视觉污染，更为严重的是污染水体，堵塞水道。常规处理方法是先中和，再沉降，使水中的 SiO_2 含量达到允许值后再排放。但自然沉降速度较慢，水中残留浊度仍然较高，不能满足要求。采用添加常规水处理剂如聚铝(PAC)、聚丙烯酰胺(PAM)及聚丙烯酸等对上述废水的处理无效果或效果很差；采用二甲基二烯丙基氯化铵均聚或共聚物处理此类废水有一定效果，但药剂用量大，增大生产成本，也难以进行工业应用。目前国内外对此类废水的处理尚未见到系统报道。

以高含硅废水为原料之一合成聚硅酸盐絮凝剂(RP－001)，用于处理催化剂厂综合废水[1,2]，可以达到降低企业生产成本、变废为宝、使废水成为有用资源再利用的目的，起到既使资源循环利用又使环境得到保护的双重功效。

2　试验部分

2.1　试验仪器设备

2.1.1　小试主要仪器和试剂

84-Ⅱ型磁力恒温搅拌器，MODEL 828 型 pH 计，ZR3-6 混凝试验搅拌机，HACH 2100P 浊度计；高含硅废水及综合废水从催化剂厂取得；硅藻土为化学纯，其他试剂均为工业品。

2.1.2　中试设备及仪器

絮凝剂 RP－001 生产的主要设备及规格见表 1。

表1 中试设备及规格

设备名称	规格及数量	说明
反应釜	200L，1个	搪瓷反应釜，加料与放料口带搪瓷，带搅拌，搅拌转速为300r/min。搅拌器距釜底5公分，放料口带滤网。
加料罐	50L，1个	搪瓷加料罐，通过阀门与反应釜相连。
pH计	便携式，	
絮凝搅拌罐	200 L	500L带搅拌器，搅拌转速为300转，可调。
沉降罐	200L(3个)	任何适当容积的容器
泵	1台	将絮凝前的综合废水泵入搅拌罐，并将絮凝搅拌后的液体泵入沉降罐
分光光度计	1台	测定处理后废水的浊度

2.1.3 工业试验设备与仪器

1)絮凝剂生产设备：4.5m^3 搪瓷搅拌釜1个。

2)综合废水处理设备：加药泵1台、加药罐2个、废水中和池、竖流沉降罐4个。

3)现场分析仪器：pH计、便携式浊度计

2.2 RP-001制备方法

取一定量的催化剂厂高含硅废水于三口烧瓶中，用硫酸或盐酸溶液调pH值，室温熟化1h即得聚硅酸溶液，将其分成若干份。

将一定浓度的硫酸铝溶液加入到上述聚硅酸溶液中，搅拌反应1h，静置熟化一定时间即得一系列RP-001(液体)絮凝剂，该系列溶液中SiO_2的含量为1.5%，具有不同的Al/SiO_2摩尔比，(简称Al/SiO_2)。

2.3 混凝试验

将通过0.1mm筛孔(150目)的硅藻土在105℃条件下干燥1h，准确称取一定量的上述硅藻土于研钵中，加少许蒸馏水调成糊状并研细后配成模拟水样，硅藻土浓度为1250mg/L，搅拌试验于ZR3-6混凝试验搅拌机上进行，每次试验水样用量为800mL，加入一定量的絮凝剂，在转速为120r/min条件下搅拌1min，在60r/min条件下搅拌7min，静止沉降10min，取上清液进行各项测定。一般试验条件下pH值为6~9。

2.4 絮凝剂生产

按2.2制备方法在搪瓷反应釜中进行生产。

2.5 综合废水连续处理中试试验

采用絮凝剂RP-001处理综合废水工艺流程如图1，操作步骤如下：

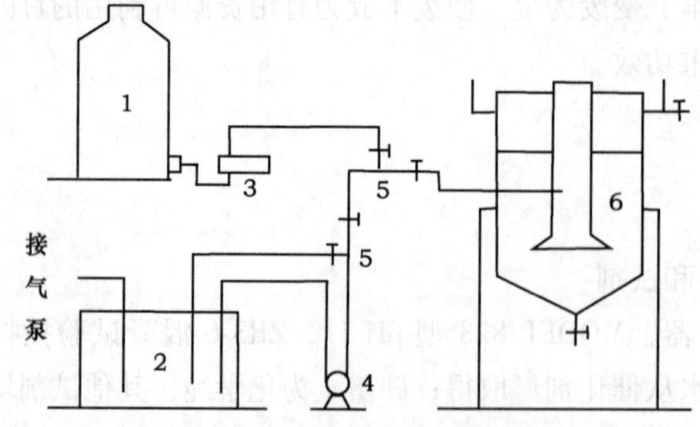

图1 综合废水处理中试试验流程图

1—下口瓶；2—混合罐；3—加药泵；
4—离心泵；5—三通阀；6—沉降罐；

a. 向下口瓶中加入已稀释2倍的絮凝剂RP-001，接通加药泵电源，调节药剂流量；

b. 取综合废水倒入混合罐中，混匀，需要时加入NaOH调节废水pH值，满足絮凝剂使用条件的需要；

c. 接通循环水泵4的电源，用回流调节流量，将综合废水打出；

d. 打开加药三通向废水中加药，使废水与药剂混合；

e. 加药后的综合废水经管道注入沉降罐中，每半小时取上清液测定浊度，计算去除率。

2.6 综合废水处理工业试验

采用絮凝剂RP-001处理综合废水工艺流程如图2，操作步骤如下：

a. 试验前测定废水的悬浮物含量，并做烧杯试验初步确定加药量；

b. 将生产中排出的各种废水连续注入到废水中和池中混合均匀；

c. 将絮凝剂RP-001加入到加药罐中，调节加药泵流量，使加药浓度计算值；

d. 测定中和池废水pH值，保持中和池废水pH值在5~8范围内，必要时加碱进行调节，满足絮凝剂使用的条件要求；

e. 开启输水泵向竖流沉降罐中输水，同时开启加药泵加药，使絮凝剂与综合废水在输水管线中充分混合进入竖流沉降罐中沉降；

f. 待废水从竖流沉降罐中溢出时，每2h从沉降罐出水口取样测定浊度，并计算悬浮物去除率。

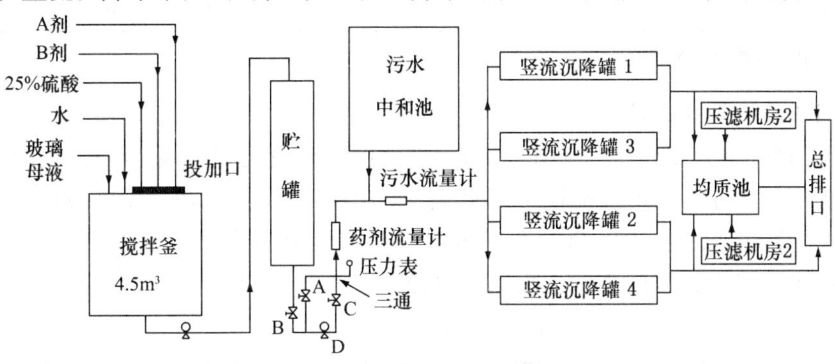

图2 综合废水处理工业试验流程图

A、B、C—控制阀门；D—加药泵

3 试验结果

3.1 RP-001制备因素对絮凝效果的影响

3.1.1 Al与SiO_2比

按照2.2方法制备5份聚硅酸溶液，每份100mL，固定活化时间为1h。按照Al/SiO_2分别为0、0.5、1、1.5、2比例加入一定量的硫酸铝溶液，静止熟化1h，以投药量均为0.1ml进行混凝试验，所得结果见表2。由表2可知，Al/SiO_2对混凝效果有较大的影响。随着Al/SiO_2的增加，药剂对污水的混凝除浊效果也相应增加，当Al/SiO_2达到1时，混凝效果最佳；再随着Al/SiO_2的增加，处理后水的残余浊度反而有上升的趋势。

表2 Al/SiO_2对絮凝效果的影响

Al/SiO_2	0	0.5	1	1.5	2
残余浊度/NTU	44.6	29.8	10.4	15.2	21.5

3.1.2 其他杂质

因高含硅废水中含有约50g/L的Na_2SO_4，采用纯$Na_2SiO_3\cdot9H_2O$与铝盐反应制得对比样(SiO_2

含量为 1.5%)，与 RP - 001 进行对比试验，结果见表 3。由表中结果可知，RP - 001 与对比样絮凝结果相当。由此可见，用高含硅废水合成的絮凝剂与用化学试剂合成的絮凝剂在絮凝效果相当的情况下相比，生产成本较低，并节省了高含硅废水的处理费用，具有广阔的应用前景。

表 3 其他杂质对絮凝效果的影响

	RP - 001	对比样
残余浊度/NTU	10.3	9.8

注：投药量均为 0.1mL，$Al/SiO_2 = 1$

3.2 RP - 001 的絮凝小试效果

3.2.1 用量对效果的影响

在混凝试验搅拌机上各取 800mL 硅藻土水样按照 2.3 试验方法进行絮凝剂用量评价试验，结果见表 4。由表中数据可知，用有效浓度为 7mg/L 的絮凝剂即可将污水处理干净，絮凝效果好(若无指明，以下试验中絮凝剂的用量均以有效浓度计)，絮凝剂具有用量少、见效快的特点。

表 4 絮凝剂用量对效果的影响

絮凝剂用量*/(mg/L)	3	4	5	6	7	8
残余浊度/NTU	27.8	21.1	15.5	11.2	10.3	25.4

注：*用量为产品有效浓度，$Al/SiO_2 = 1$。

3.2.2 与 PAC 效果的比较

用市售 PAC(碱式聚合氯化铝)与 RP - 001 采用相同有效浓度进行絮凝评价试验，pH 值为 6.5，$Al/SiO_2 = 1$，加药量均为 0.1mL，比较结果见表 5。由表 5 数据可知，RP - 001 的絮凝性能优于 PAC。同时在试验中发现，用 RP - 001 处理污水时絮体形成速度快、絮体大、下沉速度快，而用 PAC 时，絮体形成速度慢、絮体小、下沉速度也慢。

表 5 与 PAC 效果的比较

	残余浊度/NTU	絮体形成速度	絮体大小	下沉速度
RP - 001	10.3	快	大	快
PAC	14.1	慢	小	慢

3.2.3 pH 对絮凝效果的影响

用氢氧化钠和硫酸调节试验水样的 pH 值，考察处理水样 pH 值对絮凝效果的影响，$Al/SiO_2 = 1$，加药量均为 0.1ml，结果见表 6。结果表明，絮凝剂处理废水时有一定的 pH 值要求，RP - 001 絮凝剂适用的 pH 值范围较宽，pH 在 5 ~ 10 的范围内均有良好的絮凝效果。

表 6 废水 pH 值对絮凝效果的影响

pH 值	4	5	6	7	8	9	10
残余浊度/NTU	47.8	27.9	10.5	11.0	10.6	10.3	31.3

3.2.4 水温对絮凝效果的影响

实际工业污水水温变化较大，因此考察不同温度对絮凝效果的影响，污水 pH 值为 7.8，$Al/SiO_2 = 1$，加药量均为 0.1mL，结果见表 7。由表 7 可知，在 0 ~ 60℃范围 RP - 001 絮凝剂均有良好的絮凝效果，说明此絮凝剂对工业污水具有较宽的水温处理范围。

表 7　处理水温对絮凝效果的影响

处理水温/℃	0	20	40	60
残余浊度/NTU	11.4	10.3	15.1	25.8

3.2.5　对催化剂厂综合废水的处理

取催化剂厂综合废水各 1L(SS = 4500mg/L) 在混凝搅拌机上用不同 Al/SiO_2 比的 RP - 001 絮凝剂进行试验，结果见表 8。从表中结果可以看出，RP - 001 - 1 絮凝剂对催化剂厂综合废水处理效果较好，优于 RP - 001 - 2，这是因为综合废水中悬浮物吸附了大量的阳离子，呈正电性，因此阴离子性的 RP - 001 - 1 对悬浮物有较好的吸附架桥作用，絮凝作用好。

表 8　催化剂厂综合废水处理试验结果

药　剂　名　称	RP - 001 - 1 (Al/SiO_2 = 0.2)			RP - 001 - 2 (Al/SiO_2 = 1)		
投药量*/g	40	50	60	16	18	20
残余浊度/NTU	22.5	4.5	4.5	94.5	36	117
浊度去除率/%	99.5	99.9	99.9	97.9	99.2	97.4

注：＊投药量为药品重量。

3.3 RP - 001 对综合废水处理的中试效果

3.3.1　废水流量对处理效果的影响

通过调节回流水量的大小控制废水的流量，考察药剂在不同流量下的絮凝效果，所取综合废水悬浮物浊度为 3600NTU，pH 为 2.90。试验结果见表 9。从表中结果可看出，在不同的流量下絮凝剂均能达到良好的去除效果，去除率均在 99% 以上，中试试验效果和小试效果相当。

表 9　不同流量下综合废水评价试验结果

流量/(L/h)	20		40		60	
项目 取样时间/h	残浊/NTU	去除率/%	残浊/NTU	去除率/%	残浊/NTU	去除率/%
0.5	11.1	99.7	2.8	99.9	1.8	99.9
1.0	2.8	99.9	4.3	99.8	1.9	99.9
1.5	3.2	99.9	2.5	99.9	1.6	99.9

3.3.2　废水 **pH** 值对处理效果的影响

催化剂厂现场综合废水的 pH 值波动较大，致使排放的废水无法达标。因此，试验考察了废水 pH 值对试验效果的影响，所取综合废水悬浮物浊度为 3600NTU，pH 值为 2.90，结果见表 10。从表 10 试验结果可以看出，在试验的 pH 值范围加入药剂后，基本可使废水中悬浮物沉降完全，去除率达 99% 以上，可达到国家排放标准要求。

表 10　综合废水在不同 pH 值下的评价结果

废水 pH 值 / 项目 / 取样时间/h	4.7		5.8		6.7		7.2	
	残浊/NTU	去除率/%	残浊/NTU	去除率/%	残浊/NTU	去除率/%	残浊/NTU	去除率/%
0.5	11.1	99.6	1.4	99.9	2.8	99.9	1.8	99.9
1.0	2.7	99.9	0.9	99.9	4.3	99.8	1.9	99.9
1.5	3.2	99.9	0.8	99.9	2.5	99.9	1.5	99.9

3.4　RP－001 对综合废水处理的工业效果

自 2004 年 11 月开始进行综合废水处理工业试验，共进行 5 天。前 3 天絮凝剂 RP－001 加入量为 0.5 m^3/h，处理的综合废水量控制在 500～600 m^3/h；自第 4 日开始将絮凝剂 RP－001 加入量提高到 0.6～0.8 m^3/h，处理的综合废水量仍控制在 500～600m^3/h，试验结果见表 11。从表 11 可以看出，除个别时间因 pH 值波动较大导致沉降罐上清液浊度较高之外，在大部分时间沉降罐上清液浊度均较低，出水能够达到国家排放标准要求。

表 11　沉降罐静置上清液中浊度

序　号	取样时间	中和池废水		沉降罐上清液		浊度去除率/%
		pH	浊度/NTU	pH 值	浊度/NTU	
1	17：30	8.30	486	7.39	16.8	96.54
	19：30	2.49	412	3.65	27.6	93.30
2	8：00	9.28	68.3	4.24	1.06	98.45
	16：00	7.02	339	8.16	5.53	98.37
3	9：00	8.74	76.3	8.52	10.3	86.50
	16：00	3.01	17.1	8.54	4.07	76.20
4	8：00	4.12	350	3.93	13.5	96.14
	16：00	4.58	232	3.64	3.93	98.31
5	8：00	6.72	1083	8.87	19.0	98.25
	16：00	7.98	110.7	8.39	11.8	89.34
6	8：00	6.05	270	6.84	9.74	96.39
	10：00	4.11	414	8.16	1.45	99.65

4　结论

1）利用催化剂厂高含硅废水为原料之一合成絮凝剂 RP－001，当 Al/SiO_2 为 1 时，效果最好。

2）絮凝剂 RP－001 具有处理效果好、处理水温和 pH 值适用范围宽、絮体形成速度快、絮体大、沉降速度快等特点，适用范围较广。

3)利用高含硅废水合成絮凝剂，既节省高含硅废水的处理费用，又使其成为合成絮凝剂的一种原料得到再利用，达到降低企业生产成本、变废为宝的目的，起到既节约资源又保护环境的双重功效。

4)小试、中试、工业试验结果表明，利用催化剂厂高含硅废水为主要原料得到的絮凝剂 RP-001 质量稳定，用于综合废水处理，出水浊度可以达到国家环保排放标准，并使高含硅废水得到回收利用，起到资源化作用，显示出良好的社会效益和经济效益。

参 考 文 献

[1] 中国石油化工总公司. 聚硅铝絮凝剂的制备方法. 中国，CN1203110C，2004

[2] 中国石油化工总公司. 聚硅酸盐絮凝剂的制备方法. 中国，CN162345C，2005

石化工业高钙高盐废水处理技术研究

王建娜　王基成　潘咸峰　张方银　李茂双
（中石化齐鲁分公司研究院，山东淄博　255400）

摘　要：齐鲁乙烯高钙、高盐混合废水处理难度大，经适盐菌的驯化可以获得稳定的生化处理效果，处理后COD平均值为76.3mg/L，达不到小于60.0mg/L的标准。采用厌氧生物滤池（AF）－曝气生物滤池（BAF）工艺深度处理高钙、高盐生化出水（三沉池出水），在共基质质量浓度为12 mg/L，BAF水力停留时间为2.7h条件下，出水COD平均为42.9 mg/L，NH_3^-N质量浓度为2.2 mg/L。

关键词：含盐废水　适盐菌　水解酸化　共降解　曝气生物滤池

2010年山东省小清河流域工业废水排放标准为：COD＜60mg/L，NH_3^-N质量浓度小于5mg/L。现有齐鲁乙烯废水处理设施为上世纪80年代建造，难以满足上述环保要求。为了兼顾乙烯低盐废水回用和高盐废水达标排放，必须进行污污分流，将难以回用的高钙、高盐废水集中处理。高的盐含量对常规生物处理有明显的抑制作用，会严重影响废水处理效果和出水水质[1~4]。

本工作对高钙、高盐废水进行了生化处理和深度处理中试实验研究。

1　实验部分

1.1　废水水质

齐鲁乙烯废水处理场现有高钙、高盐废水采用两级生化处理工艺：预处理-纯氧曝气-二沉-接触氧化-三沉，其废水主要包括氯碱环氧氯丙烷废水、氯碱和烯烃废碱液、二化两醇废水、热电厂化学制水等，其中含有高浓度氯化钙和难生物降解有机氯化物，处理难度大。高钙、高盐废水水质见表1。

表1　高钙、高盐废水水质

$\rho(Ca^{2+})$①/(mg/L)	$\rho(Cl^-)$/(mg/L)	电导率/(μS/cm)	总溶固/(mg/L)	COD/(mg/L)	$\rho(NH_3^-N)$/(mg/L)	TP/(mg/L)	BOD_5/COD
5 000～7 000	9 000～10 000	26 000～27 000	20 000	500～750	10.0	1.2～4.6	0.40

注：①Ca^{2+}以$CaCO_3$计，下同。

1.2　生化处理实验

实验采用混合絮凝沉降－水解酸化－纯氧曝气－接触氧化的工艺流程处理高钙、高盐废水，实验时将乙烯各股高钙、高盐废水通过管线引入实验装置，进行了适盐菌的驯化和长周期实验考察。实验规模为75 L/h，生化处理工艺流程见图1。

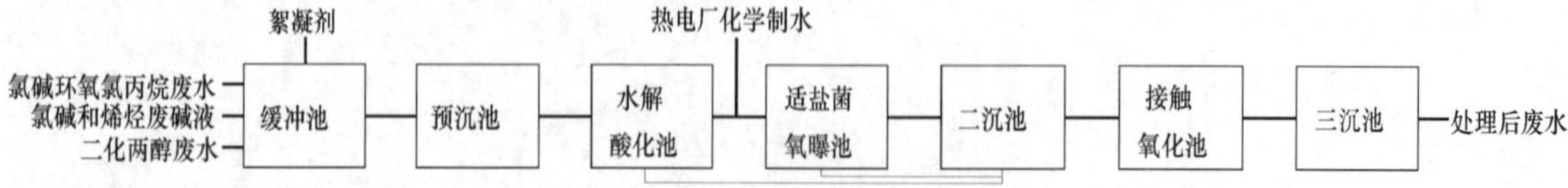

图1　生化处理工艺流程

1.3 深度处理实验

由于高钙、高盐废水水量大，深度处理工艺除了要技术上可行，还要充分考虑运行成本。通过实验室和模型实验研究[5]，确定了深度处理实验规模为1.5 m^3/h，深度处理工艺流程见图2，深度处理实验设备规格见表2。

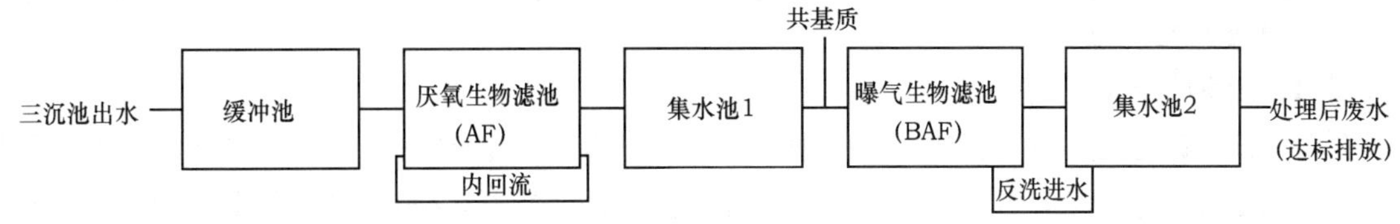

图2 深度处理工艺流程

表2 深度处理实验设备规格

工 艺 单 元	设　　备	主 要 规 格	有 效 体 积
缓冲单元	潜水泵、缓冲池	流量10 m^3/h，扬程80m，尺寸1700mm×1500mm×1500mm	
处理单元	AF	尺寸1700 mm×1000mm×2300mm，悬浮填料，填料投配率15%	3.9 m^3
	内回流泵	流量5 m^3/h，扬程20m	
	BAF	尺寸ϕ1310mm，高度5140mm，材质碳钢，填料陶粒，填料高度3 000 mm	4.0m^3

2 中试结果

2.1 生化处理实验

生化处理实验工艺运行条件见表3，生化处理实验结果见表4。由表5可见，高盐废水混合后采用上述工艺处理，处理后出水COD平均为76.3 mg/L，水解酸化、适盐菌氧曝和接触氧化对COD去除率分别为10.4%、86.5%和17.4%，总去除率达到90.0%。但是，要达到2010年山东省小清河流域要求的工业废水排放标准，必须进行深度处理。生化处理侧线实验出水水质见表5。

表3 生化处理实验工艺运行条件

处理单元	容积负荷/[kg/(m^3·d)]	HRT/h	DO/(mg/L)	MLSS/(g/L)	VSS/SS/%	泥龄/d
水解酸化	1.0~1.9	10.9	<0.5	3.0	45~50	30
适盐菌氧曝		10.2	>4.0	10.0	45~50	26
接触氧化		11.3	>3.0	1.5	45~50	

表4 生化处理实验结果

处理单元	进水COD/(mg/L)	出水COD/(mg/L)	去除率/%
水解酸化	763.8	684.4	10.4
适盐菌氧曝	684.4	92.4	86.5
接触氧化	92.4	76.3	17.4

表 5　生化处理实验出水水质

$\rho(Ca^{2+})$/(mg/L)	$\rho(Cl^-)$/(mg/L)	电导率/(μS/cm)	TDS/(mg/L)	COD/(mg/L)	$\rho(NH_3^-N)$/(mg/L)	BOD_5/(mg/L)	pH 值
4 700 ~ 5 400	6 300 ~ 7 700	20 000 ~ 25 000	14 000 ~ 16 000	58. 1 ~ 114. 1	1. 2 ~ 19. 0	2. 2 ~ 6. 5	7. 3 ~ 7. 6

2.2　深度处理实验

2.2.1　滤池的启动挂膜

将静态培养驯化成熟的二沉池回流污泥 0. 5m³，作为 AF 接种污泥，AF 中装填 K3 型悬浮填料 600L。将二沉池回流污泥 1. 2m³ 作为 BAF 接种污泥。按 C: N: P = 200: 5: 1(质量比)的比例分别向 AF 和 BAF 中加入营养物，采用动态挂膜方法，连续进水，AF 和 BAF 对 COD 总去除率随时间的变化见图 3。由图 3 可见，运行 10 d 时，对 COD 总去除率已基本稳定在 40% 左右，镜检发现填料表面附着丰富的生物膜，启动挂膜成功。

2.2.2　共基质投加浓度的考察

采用投加共基质来强化深度处理工艺对 COD、NH_3^-N 的去除效果。在培养温度 28 ℃、培养时间 3h、摇床转速 130 r/min、pH 7. 8、废水 COD 78. 5mg/L 的条件下，共基质质量浓度对 COD 去除率的影响见图 4。由图 4 可见，过多或过少的生长基质都会降低 COD 的去除效果，共基质质量浓度为 12 mg/L 时，高钙、高盐废水 COD 的去除率最高，达 45. 3%。这是由于当生长基质过多时，目标污染物对关键酶的争夺处于劣势，当生长基质过少时，又满足不了大量微生物生长的需要，诱导不出大量有活性的关键酶[6]。

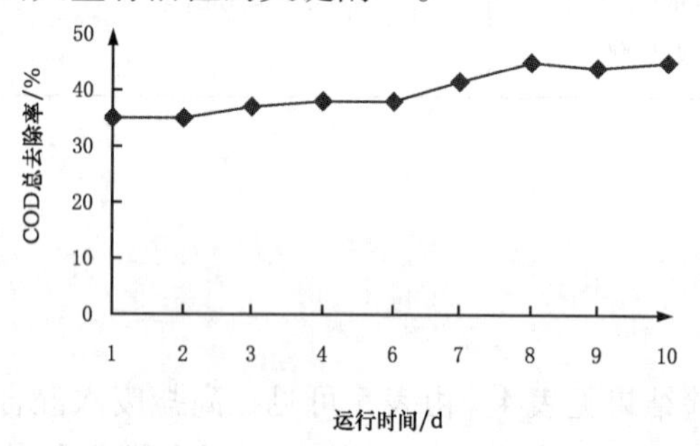

图 3　AF 和 BAF 对 COD 总去除率随时间的变化

图 4　共基质质量浓度对 COD 去除率的影响

2.2.3　水力负荷对 COD 和 NH_3^-N 去除率的影响

在共基质质量浓度为 12 mg/L、BAF 氧气与水体积比 2: 1 的条件下，水力负荷对出水 COD 和 COD 去除率的影响见图 5，水力负荷对出水 NH_3^-N 质量浓度和 NH_3^-N 去除率的影响见图 6。由图 5 可见，水力负荷为 0. 90 ~ 1. 11 m³/(m² · h)较为适宜。由图 6 可见，水力负荷对 NH_3^-N 的去除效果影响较大，且随着水力负荷的增大，出水 NH_3^-N 质量浓度增大，NH_3^-N 去除率下降。随着水力负荷的增大，进水 NH_3^-N 负荷增加，当进水 NH_3^-N 负荷超出反应器的硝化极限，使硝化作用不完全，导致出水 NH_3^-N 质量浓度升高。因此，若要获得良好的硝化效果，应根据进水 NH_3^-N 质量浓度，选择适当的水力条件。本实验确定较佳水力负荷为 1. 11 m³/(m² · h)，对应水力停留时间为 2. 7h。

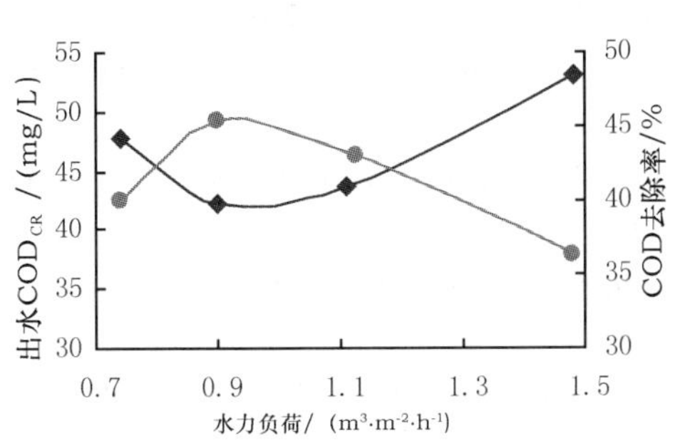

图5 水力负荷对出水COD和COD去除率的影响

● 出水COD；■ COD去除率

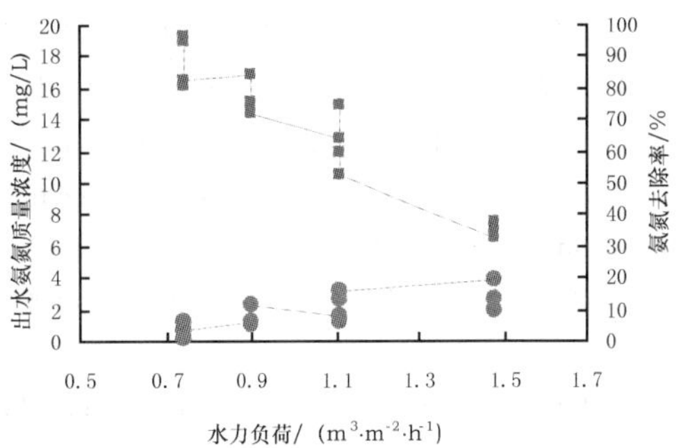

图6 水力负荷对出水NH_3^-N质量浓度和NH_3^-N去除率的影响

● 出水NH_3^-N质量浓度；■ NH_3^-N去除率

2.2.4 运行效果

填料挂膜成熟后，在所确定的工艺条件下，进行了长周期稳定实验，稳定实验期间COD和NH_3^-N的处理效果分别见图7和图8。由图7和图8可见：实验进水COD为58.1～114.1 mg/L，出水COD为27.0～59.5 mg/L，出水COD平均为42.9 mg/L，COD平均去除率为43.7%；实验进水NH_3^-N质量浓度为1.2～19.0 mg/L，出水NH_3^-N质量浓度为0～4.1 mg/L，出水NH_3^-N质量浓度平均为2.2 mg/L，NH_3^-N平均去除率为74.2%。

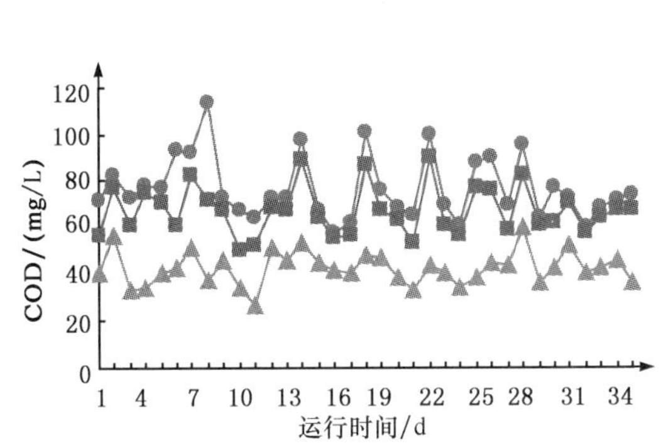

图7 稳定实验期间COD的处理效果

● AF进水；■ AF出水；▲ BAF出水

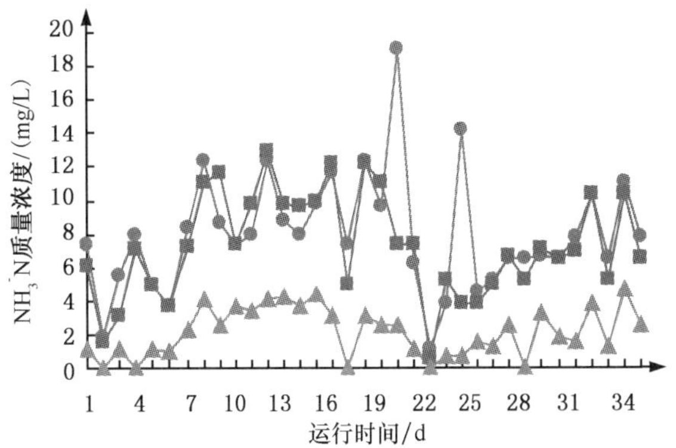

图8 稳定实验期间NH_{3-}N处理效果

● AF进水；■ AF出水；▲ BAF出水

3 结论

1)齐鲁乙烯高钙、高盐废水，经适盐菌的驯化，可以获得稳定的生化处理效果，处理后出水COD平均为76.3 mg/L，但是达不到小于60.0mg/L的排放标准。

2)采用AF－BAF工艺并投加共基质，深度处理高钙、高盐废水(三沉出水)，在共基质质量浓度为12 mg/L，BAF水力停留时间为2.7 h条件下，对COD平均去除率为43.7%，出水COD平均为42.9 mg/L；NH_3^-N平均去除率为74.2%，出水NH_3^-N质量浓度平均为2.2 mg/L。

3)推荐乙烯高钙、高盐废水改造工艺流程：混合絮凝沉降－水解酸化－纯氧曝气－二沉－接触氧化－三沉－AF－BAF。

参 考 文 献

[1] Ahmet Uygur. Specific nutrient removal rates in saline wastewater treatment using sequencing batch reactor. Process Biochem, 2006, 41(1): 61～66

［2］ 胡晓剑．好氧－兼氧－好氧法处理氯碱生产废水．化工环保，2002，22(4)：217 ~ 220

［3］ Doong R A，Wu S C. Reductive dechlorination of chlorinated hydrocarbons in aqueous solutions containing ferrous and sulfide irons. Chemosphere，l992，(24)：1063 ~ 1075

［4］ Kargi F，DincerA R. Saline wastewater treatment by halophile－supple－mentted activated aludge culture in an aerated rotating biodisc contactor. Enzyme Microb Technol，1998，22(6)：427 ~ 433

［5］ 杜龙弟，赵长海，王春娥等．可生物降解性测定技术在工业废水处理中的应用．工业水处理，2004，24(7)：17 ~ 21

［6］ Janke D，Frische W. Nature and significance of microbial cometabolism of xenobiotics. J Basic Microbial，1985，25：603 ~ 619

硫氰酸钠净化回收方法国内外发展概况

王薇　荣丽丽　孙玲
（中国石油大庆化工研究中心，大庆）

摘　要：腈纶生产用硫氰酸钠（NaSCN）溶液当中，存在着大量的有机杂质，这些杂质主要来源于原料带入，聚合、纺丝及溶剂回收等加工过程中形成的低聚物以及不完全氧化分解产物等。其对腈纶生产及其产品质量提高影响非常严重。因此，除去杂质一直是NaSCN法腈纶生产十分关注的问题。为此，国内外发明了许多行之有效的除杂方法，主要有溶剂萃取法[1]、延迟树脂法[2,3]、电渗析法[4]、重结晶法[4]、吸附法[5]、离子交换树脂法[6]；凝胶渗透色谱法[6]等等。其中萃取法和离子交换法流程复杂、投资大，存在较严重的环境污染，其应用受到限制。活性炭吸附法初期投资最省，仅适合于处理二步法溶剂。离子延迟法和凝胶色谱法由于工艺流程简单、污染轻微，具有很好的应用前景。

关键词：硫氰酸钠　净化回收

1　前言

目前，我国腈纶生产工业拥有5种溶剂8条工艺路线[7,8]，其中DMF（二甲基甲酰胺）干法，NaSCN一步法和二步法是应用最多的3种方法。以NaSCN为溶剂的工艺路线占总数的一半以上，达57%，而且我国今后将重点发展以NaSCN为溶剂的生产工艺。因此，深入研究以NaSCN为溶剂的各项技术显得尤为重要。

NaSCN无论是一步法还是二步法，NaSCN的用量都非常大，因此需要在系统中循环使用。但是随着循环次数的增加，溶剂中的杂质含量也相应增加。为了保持较低水平的杂质含量，要求不断地对溶剂进行净化处理。溶剂净化技术水平的高低，直接影响腈纶的质量，关系到溶剂的消耗、生产成本以及对环境的危害程度，是整个腈纶生产水平的一个重要标志。下面介绍国内外腈纶生产过程中使用的一些NaSCN净化方法，并对其工艺特点进行了比较，为选择合适的NaSCN净化工艺提供参考。

目前世界上采用NaSCN为溶剂的腈纶生产工艺基本上来源于3家公司：英国的Courtaulds（一步法）公司、美国ACC公司和日本Exlan公司（二步法）。容积NaSCN的净化方法的研究也相对集中在这3家公司，特别以Exlan公司研究得最为广泛和深入。

2　吸附法

吸附法最早是由美国Cyanam id公司于1961年提出的[9]。其主要技术特征是吸附与浓缩相结合达到净化NaSCN的目的。先用NH_4OH调整NaSCN溶液的pH值，并加入$Ba(NO_3)_2$、活性炭或硅藻土、搅拌浆液1h后，溶液中的部分SO_4^{2-}与Ba^{2+}形成$BaSO_4$沉淀析出，Fe^{3+}以$Fe(OH)_3$形成絮状沉淀，有机物则被吸附与吸附剂，经过滤得到含少量硫酸根的硫氰酸溶液。将此溶液进一步浓缩至含59% NaSCN的浓溶液，同时进一步析出Na_2SO_4，滤除固体即可得到净化了的NaSCN浓溶液。

该工艺基本上不消耗其他有机溶剂，操作比较简单，除杂效果较好。但一次性消耗的吸附剂

(活性炭或硅胶图)量较大，含有 NaSCN 的旧吸附剂难以进行焚烧处理，易形成污染。

另有专利[10]提出将含有杂志的 NaSCN 溶液通过一种硫酸盐泥浆床，沉淀除去硫酸盐的方法。不过该方法不能脱出其他有机杂质，产生的含毒废渣难以处理，生产意义不大。日本的 Exlan 公司提出了该工艺的一种改进技术。将稀溶液调整 pH 值后直接送入活性炭固定床，吸附除去不挥发杂质和铁离子，而后浓缩至含 NaSCN52%以上的浓溶液，此时过饱和的 Na_2SO_4 形成晶体析出，过滤出去。当活性炭吸附饱和时，用 NaOH 溶液再生。改用固定床吸附的优点是流程紧凑，设备简单，便于自动控制易操作。活性炭可以循环再生使用。但是，该方法去除离子性杂质，如铁离子和一些有机离子还不够彻底，难以达到一步法工艺的纯度要求，只适合于二步法工艺中的溶剂净化。

3 萃取法

萃取法最早见于英国专利[11]。约 13% NaSCN 的含杂溶液和 50% H_2SO_4 混合进入萃取塔上部，与来自塔底的异丙醚进行逆向萃取，萃取相进入倾析槽分层得含 HSCN 的醚相，经冷却进入中和塔底部，与自塔上部加入的 22%的 NaOH 和等量的去离子水进行中和反应，中和塔底部得到净化了的 NaSCN 溶液，浓度约为 22%[12]。

该方法的优点是除杂率高和回收率高，工艺成熟，产品质量较好。主要缺点是需消耗大量纯度较高的酸、碱和异丙醇，萃取过程中产生的硫氰酸浓度超过 5%时容易分解产生毒性很大的氰酸。且异丙醚沸点低，易燃易爆，故生产现场的防爆要求很高，生产中要排放大量酸性废水，过程中异丙醚和 NaSCN 损失大，给污水处理增加难度，很难达到工业排放标准。

4 离子交换法

日本东洋喷丝公司 1959 年提出的工艺[13]：第一步，将硫氰酸钠粗溶液通过装有 Amberlite IR-120 型阳离子交换树脂，使 Na^+ 交换于该树脂上，NaSCN 转换为 HSCN；第二步，经前一步处理的溶液通过 Amberlite IR-4B 阴离子交换柱，吸附 SCN^-；然后以 NaOH 溶液将 SCN^- 置换出来，得到 NaSCN 溶液。回收液中的 NaOH 可通过一弱碱性离子交换树脂除去。日本 Exlan 公司于 1975 年在专利中提出如下工艺[14]：溶液先经过氢型阳离子交换树脂生成 HSCN，在减压精馏出 HSCN，一次去除杂质成分。流出的 HSCN 蒸汽冷凝冷却至低于 5℃后通过一钠型树脂柱形成硫氰酸钠回收液，浓度约为 6%。

上海石油化工股份有限公司业开发了自己的专利技术[15]，于 1986 年在抚顺化纤厂实施。该技术是利用 Lewatit Mp62 大孔型苯乙烯系弱碱性阴离子交换树脂除去硫氰酸钠中不挥发性杂质(NVI)。

5 离子延迟树脂法

离子延迟树脂法是 ACC 公司 20 世纪 80 年代发明的[16]。他使用了一种独特的树脂——离子延迟树脂法。离子延迟树脂法又称蛇笼树脂，由美国 Dow 化学公司首先合成[17]，是指在具有特定电荷交换功能基的交联聚合物(笼)中，物理截留带相反电荷功能基的线型聚合物(蛇)的一类特殊的离子交换树脂。

延迟树脂中有阴阳两种相反的官能团电荷，可以相互吸引配对，中和部分电荷。因此其作用机理是离子阻滞而非离子交换，因此互相配对的官能团对被阻滞的离子吸附能力较弱，因此用水冲洗即可再生。当 NaSCN 溶液通过延迟树脂时，SCN^- 的电极性很强，被较牢地吸附在笼里，其他离子按电极性不同分布在蛇上，当用水洗脱时，这些离子被有序地置换出来。由于离子延迟树脂法在电解质分离和工业上应用前景较为乐观，朱常英等[18,19]合成了与 Retardion11A-8 性能相近的离子延迟树脂法，并对腈纶纺丝溶液中杂质的分离性能作了评价[20]。

大庆石化总厂腈纶厂于 20 世纪 80 年代末引进了 ACC 公司的 NaSCN 净化技术就是采用延迟树

脂法，所用树脂即 Dow 化学公司的 Retardion11A－8，单塔装填容积达 $4.8m^3$[21]。大庆石化公司腈纶厂的腈纶装置是引进美国腈氨公司的腈纶二步法专利技术，于 1988 年投产。该装置采用的是延迟树脂与阴离子交换树脂联用的方法净化硫氰酸钠溶剂，该法工艺简单，但阴离子交换树脂，用碱再生才能重复使用。因此，大庆石化公司研究院根据生产实际，研究并开发出一种只使用延迟树脂进行硫氰酸钠溶剂净化的工艺。该工艺中延迟树脂为净化剂，只使用脱盐水对树脂进行再生，不使用化学药品，无环境污染，应用该工艺对硫氰酸钠溶剂进行净化，不挥发性杂质(NvI)的脱除率达 70% 以上，可完全满足生产需要。延迟树脂净化硫氰酸钠溶剂的原理：腈纶溶剂硫氰酸钠中含有少量杂质，主要是丙烯脂低聚物、硫酸钠、氯化钠等。含杂质的硫氰酸钠溶剂通过延迟树脂床层时，杂质受到其中阴、阳两种功能基团的截流阻滞作用较小，而硫氰酸钠受到的阻滞作用较大，物料的流出顺序为低聚物，氯化钠，硫氰酸钠，由于前期流出液中含杂质较多，可作为废液处理，后期流出液中硫氰酸钠含量较高而杂质含量很少，可作为产品，从而使硫氰酸钠溶剂得到净化，而树脂只用脱盐水就能再生并重复使用。

离子延迟树脂的应用，使得容积净化流程更为简练，设备投资比溶剂萃取法大大下降。从机理上讲无需化学试剂，不污染环境。该技术的不足之处是：树脂的交换容量小，生产能力低；洗脱缓慢，回收液浓度稀，再次浓缩能耗大；色谱峰形托尾严重(尤其是 pH 值低于 4～5 时)，硫氰酸钠损耗较多；杂质与硫氰酸钠分割不清，需要做部分循环[22]。此外，如物料中含有铜、铁、锰离子以及碘、高氯酸盐等杂质时，以使树脂中毒，操作一段时间后仍需要用强酸强碱再生。

6 凝胶色谱法

凝胶色谱法是基于溶质分子的流体力学体积大小进行分离的。在凝胶介质颗粒内部，含有十分丰富的多分散性微孔，较小的分子能够进入更多的或者全部的微孔，较大的分子只能进入部分微孔甚至完全排斥与孔外，因而不同大小的分子流经凝胶时小分子被保留而大分子首先被排除，凝胶孔起到筛分物质质点大小的作用。

根据构成凝胶的物质的极性不同，可以分为亲水性凝胶和疏水性凝胶两大类。亲水性凝胶具有“筛分”无机盐的能力，特别是葡萄糖类凝胶，一经面世，便有众多的学者开展了这方面的研究。一般认为凝胶色谱分离无机盐的机理除了体积排除效应以外，还存在诸如离子排斥、物理吸附、两性离子交换等次级效应。这种次级效应给无机盐的分离带来好处。SCN^-就是一个十分典型的离子，它在凝胶中存在比较明显的吸附趋向，分配系数往往大于 1[23～25]，从而有利于与其他无机盐的分离。也有学者认为[26～28]，SCN^-在凝胶中能格外保留的原因还可能在于水化度及水化过程的热力学性质变化。

鉴于以上认识，日本 Exlan 公司的小坂幸雄等首先提出用葡萄糖类凝胶净化腈纶用硫氰酸钠溶液。1983 年和 1984 年又分别在日本和美国申请了关于凝胶再生方法的专利，同时还申请了新旧凝胶混合使用的最佳方法。专利中明确提到了这些旧的葡萄糖凝胶是在溶剂净化装置中连续使用过长达 5 年的时间。表明凝胶色谱净化技术是比较成熟的，也是有工业应用价值的[29～31]。

浙江大学曾对凝胶色谱净化技术做过系统研究，并将其应用于工业装置，自 1997 年建成至今运行良好，其除杂率和 NaSCN 回收率分别达到 94% 和 99% 以上。从而对凝胶色谱法的前期开发工作和工业运行情况来看，该技术具有流程简单、除杂效果好、操作费用低廉的优点。而且该方法不消耗任何化学试剂，既不会引入杂质，也不会是硫氰酸钠分解，不会造成环境污染。由于高价阳离子或形成络合物的离子不会被牢固地滞留于凝胶介质中，因而即使长期使用也无需化学试剂再生，使凝胶的使用寿命较离子交换树脂大大延长。虽然进口凝胶的价格比较昂贵，但这是一种比较理想的 NaSCN 溶剂净化手段。

7 结晶法[32]

采用结晶法净化技术净化生产系统中循环使用的溶剂 NaSCN，以降低系统杂质含量，效果不甚理想。下面介绍生产系统在杂质含量较高的情况下，净化后的溶剂 NaSCN 对腈纶生产和产品质量造成的影响，为其他湿法腈纶生产厂家选择较佳溶剂 NaSCN 净化技术提供参考。

溶剂 NaSCN 净化前后腈纶纤维溶解性能比：当全部用未净化(即净化前，下同)溶剂 NaSCN 时，腈纶纤维溶解极为顺利，浆液透明、微带黄色，且有较好的物理性能，浆液均匀，无沉淀，放置一段时间无变化。当净化后的溶剂占 1% 时，溶解顺利，浆液有较好的物理性能，但均匀性一般，色度较差(微带血红色)，透光性较差，与未净化时有明显差别。当净化后的溶剂占 2% 时，溶解顺利，浆液有较好的物理性能，均匀性较差，色度差(血红色稍深)，透光性差。当净化后的溶剂占 5% 时，溶解较顺利，浆液透光性和色度更差，均匀性不好。当净化后的溶剂占 15% 时，溶解稍慢，浆液透光性较占 5% 时样差一些，色度有所提高，均匀性不好，略呈混浊。当全部用净化后的溶剂溶解腈纶纤维时，溶解较慢，需加热才溶解完全，浆液呈血红色，几乎不透光，浆液混浊。且有分层现象，重新搅拌后，浆液才重现均匀。从以上现象可以看出，未净化的溶剂 NaSCN 中杂质含量较高，大多为对腈纶生产影响较小的无机盐、有机物等杂质，而严重影响工艺稳定和产品质量的可溶性低聚物的含量远低于其他杂质，对溶剂溶解能力影响较少，所以未净化的溶剂对腈纶纤维溶解完全，且浆液透明。

溶剂经结晶法净化处理后，因活性炭的吸附，溶剂中低极性和非极性的有机物及较大颗粒的无机物等机械杂质被大量去除。溶剂 NaSCN 中的可溶性低聚物随溶剂进入下道工序。在减压加热蒸发过程中水分大量蒸发，可溶性低聚物含量相对提高；在降温阶段，可溶性低聚物分子量较 NaSCN 分子、无机盐分子和部分有机物等小分子大得多，它作为晶核促使 NaSCN 溶剂析出，晶粒成长的过程中，可溶性低聚物吸附在成长的晶粒表面，加速了沉淀颗粒的生长速度，形成 NaSCN 和部分有机物、无机盐与可溶性低聚物共沉淀，共沉淀聚集体与溶剂 NaSCN 冷却重结晶析出。由于共沉淀的存在，溶剂 NaSCN 在重新配制成溶液时会过早地处于过饱和状态，降低溶剂的溶解能力。

结晶法净化得到的溶剂 NaSCN 分别以不同比例与未净化的溶剂相混溶解腈纶纤维时，净化后的溶剂溶液中原有的共沉淀——溶解平衡被打破，作为晶核的可溶性低聚物分子链未被吸附的一端在新环境中被其他微粒吸附，新晶粒将不断增大，形成一个新 NaSCN 分子、有机物和可溶性低聚物的共沉淀聚集体，从而形成溶剂 NaSCN 溶液新的沉淀——溶解平衡。共沉淀聚集体达到脱稳状态时，会出现凝聚，发生沉淀，混合后的溶剂溶解能力也受到影响，单体和高聚物的溶解能力降低，共沉淀发生时，整个系统呈混浊状。所以用含有结晶法净化处理得到的溶剂 NaSCN 溶解腈纶纤维会出现以上溶解现象。浆液呈血红色，表明净化过程中溶剂 NaSCN 曾接触过铁制品，溶剂中铁离子增高。

净化前后溶剂 NaSCN 对生产的影响：生产系统中投用净化后的溶剂 NaSCN 对生产的影响较大。净化后的溶剂 NaSCN 投入生产系统后，总杂质含量降低，溶剂中的可溶性低聚物在总杂质中的含量却相对提高，且以共沉淀聚集体的形式存在。可溶性低聚物在自由基链式聚合反应时，链转移基团和终止基团多，使聚合反应速度降低，聚合物平均分子量下降，黏度降低。为稳定工艺，需及时调整引发剂加入量及分子量调节剂用量，提高反应内温。由于聚合反应液中链转移基团增多，链自由基有可能向可溶性低聚物为晶核形成的共沉淀晶粒分子链节发生转移，形成链自由基终止。虽然聚合工艺进行了调整，但滞后的工艺调整造成聚合副反应产生新的可溶性低聚物，新生成的可溶性低聚物导致循环使用的溶剂 NaSCN 中总杂质的增高和杂质增长率迅速提高，形成恶性循环。在原液阶段，因可溶性低聚物降低了溶剂对高聚物的溶解能力，并促使溶剂 NaSCN 过早处于饱和状态，且可溶性低聚物的存在将会形成新的杂质和 NaSCN 及可溶性低聚物的共沉淀，整个浆液系统呈混浊状，随纺前原液温度的变化，沉淀——溶解平衡将被打破，晶体析出，原液的过滤性能大大降低，过滤机更换滤布高峰频繁出现。在凝固液中，喷丝孔经常堵塞，大大缩短了喷丝头、烛形滤器、原液过滤器的使用周期，同时纺丝线上产生大量毛丝、井丝等疵点。

因净化后溶剂 NaSCN 的使用，系统中时时处处都有共沉淀存在，低温系统极易结晶，特别是脱单塔在喷淋循环系统内因结晶易发生管道堵塞，原液换热器列管结垢等，换热器换热效率降低，甚至堵死列管，生产被迫停车除垢，严重影响腈纶生产的平稳运行。这主要是因过饱和状态下 NaSCN、有机物和可溶性低聚物共沉淀所致。

净化前后的溶剂 NaSCN 对产品质量的影响：净化后的溶剂 NaSCN 投入生产系统后，其对产品质量的影响较大。投用结晶法净化的溶剂 NaSCN 后，纤维的质量出现较大波动，纤维疵点的大量增加，是产品降低等级的最直接因素。主要表现为因喷丝孔的部分堵塞，相邻的孔喷出的原液纫流改变射向，引起纤维纤度变化和单丝间的黏连或纠缠，形成粗纤维、黏连丝、并丝等疵点。因溶剂 NaSCN 中可溶性低聚物具有链转移作用，聚合工艺调整频繁，影响了聚合浆液的质量，聚丙烯腈大分子的规整度变差；原液成纤后，取向度差，在拉伸、烘干等后处理过程中形成了大量的粉末丝。

用结晶法净化的溶剂 NaSCN 以不同比例与未曾净化的溶剂相混后，溶解腈纶纤维丝束，未净化的溶剂溶解所得的浆液清澈透明，均匀性好，而加入一定比例净化后的溶剂溶解的浆液混浊，且有白色絮状物出现，均匀性不好。在未有除杂装置的腈纶生产系统中加入净化的溶剂 NaSCN 后，聚合工艺处于非稳态，生产系统内溶液易结晶，造成管道结垢堵塞，浆液阻塞系数由此增高，过滤性能变差，过滤机更换滤布高峰频繁出现，滤布使用周期大大缩短，并造成喷丝板堵孔严重，毛丝、并丝、黏连丝，粗纤维等疵点大量出现，废丝、废胶量猛增，整个腈纶生产受到严重影响，生产成本提高，产品质量难以保证。采用结晶法净化生产中循环使用的高含杂溶剂 NaSCN，其杂质中的可溶性低聚物无法去除。

8 总结

除了以上几种溶剂净化方法以外，文献中还提出过一些净化方法，如：电渗析法、反渗透膜过滤法、两性树脂的模拟移动床法等。结晶法和电渗析法曾在国内腈纶企业中作过试验，结果表明都没有推广应用价值。模拟移动床法是采用离子延迟树脂，杂质脱出率为 80% ~90%，产品纯度为 98% ~99%，NaSCN 损失率为 3% ~5%[33]。说明模拟移动床并不能改变离子延迟树脂固有的分离不完全的缺点，NaSCN 的损失仍然很大，仍因排放的废水中含有过多的 NaSCN 而污染环境。1992 年 Exlan 公司提出用反渗透膜脱出回收溶剂中的显色杂质[34]，渗透压低于 2.0MPa，膜材质可用交联的聚乙烯醇、聚烯烃、聚砜、聚酰胺以及醋酸纤维素等，反渗透膜的 NaCl 排斥率为 10% ~97%，优选范围是 30% ~60%。不久，Exlan 公司又补充了类似的专利[35]，将处理对象扩大至含硫氰酸盐溶液的净化，包括焦炉煤气脱硫副产品硫氰酸铵溶液的晶净化处理。但是，也尚未见有工业应用的报道，其操作的经济性和设备运行的可靠性（主要是反渗透膜的可靠性）都存有疑虑。

目前，以硫氰酸钠为溶剂的湿法纺丝是我国腈纶生产的主要工艺路线。大庆石化公司腈纶厂的腈纶装置是引进美国腈氨公司的腈纶二步法专利技术，于 1988 年投产[36]。硫氰酸钠的单耗是影响腈纶生产成本的一项重要因素，净化回收硫氰酸钠是腈纶生产中必须解决的问题。目前，已工业应用的硫氰酸钠溶剂净化方法有异丙醚萃取法、阴离子树脂交换法、延迟树脂净化法等[37]。

大庆石化公司腈纶厂污水回收系统通过对国内各主要树脂生产厂的 10 多种树脂的考察，优选和改进了一种大孔弱碱性苯乙烯系阴离子交换树脂。该树脂具有处理量大，换型、交换、洗脱集中的优点。污水系统采用新树脂后，每个工作循环的处理量由 400kg 提高到 700kg，使装置的处理能力大幅度提高。采用全容量交换技术，在树脂交换阶段加入过量的硫氰酸钠使树脂的功能基尽可能转换为硫氰酸根型，避免杂质进入硫氰酸钠产品中，从而降低硫氰酸钠产品的 NVI 含量；应用泄漏液循环使用技术，提高产品硫氰酸钠的回收率；采用套碱工艺（碱性硫氰酸钠）将碱性流出液与硫氰酸钠产品分开，从而使产品 pH 呈中性，同时降低工艺过程中氢氧化钠的消耗量。通过优化污水系统中所用树脂、优化工艺操作参数及改进生产工艺等措施，有效提高污水系统对 NaSCN 的回收率，降低产品中杂质含量，提高产品质量。

参 考 文 献

[1] 马志发. 硫氰酸钠溶剂的回收和净化[M]. 北 京: 纺织工业出版社, 1983

[2] 孟庆财, 邓爱琴. 两性蛇笼树脂的应用及开发[J]. 合成纤维工业, 1995, 18(1): 6~13.

[3] 王淑兰. 延迟树脂法净化腈纶溶剂硫氰酸钠的研究[J]. 黑龙江石油化工, 2001, 12(1): 26~27.

[4] 孙丕湖, 苏常青. 浅析腈纶用溶剂硫氰酸钠净化工艺的选择[J]. 合成纤维工业, 1998, 21(5): 39~40

[5] 周抬芳, 杨彦功. 活性炭在腈纶生产中的应用 [J]. 合成纤维工业, 1991, 14(3): 1~5

[6] 任其龙, 苏宝根, 腈纶工业中硫氰酸钠溶剂的净化技术门[J]. 合成纤维工业, 2001, 24 (4): 34~37

[7] 任铃子. 腈纶生产的回顾与发展建议[J]. 合成纤维工业. 1996, 19(1): 1~7

[8] 任铃子. 我国腈纶工业发展与建议[J]. 合成纤维工业. 2000, 23(1): 14~21

[9] American Cyanam id Co. Method of Purifying Thiocyabate Solutions[P]. US, US 2 977 188. 1961

[10] Courtaulds Ltd. Method of An Aqueous Inorganic Thiocyanare Solution[P]. US, US 3 078 143. 1962

[11] Courtaulds Ltd. Brit. Pruification of Inorganic Thiocyanates[P]. US US 876 711, 1959

[12] 上海纺织工学院. 腈纶生产及原理[M]. 上海: 上海人民出版社, 1976

[13] Toyo Spinning Co., Ltd.. Recovery of Sodium Thioccyanatesfrom Waste Solutions from Manufacture of Acrylonitrile Fibers[P]. JP JP 59~1 179, 1959

[14] Japan Exlan Co., Ltd Pure Throcyabate Solution[P]JP, JP 75~58 000, 1975

[15] 上海石油化工总厂. 用阴离子交换树脂净化硫氰酸钠溶液的方法[P]. 中国, CN 100 573, 1986

[16] 邓爱琴, 梁成杰. "Retardion"除杂探讨[J]. 合成纤维工业, 1993, 16(5)23~27

[17] Hatch M J, Dillon J A, Smith H B. Preparation and Use of Snake - Cage Polyeleetolytes[J]. Ind Eng Chem, 1957, 49(11): 1812~1819

[18] 朱常英, 邓欢, 王丽艳等. 蛇笼树脂交换量的测定[J]. 高等学校化学学报, 1993, 14(7): 1015~1018

[19] 孟庆财, 邓爱琴, 朱常英. 两性蛇笼树脂的开发及应用[J]. 合成纤维工业, 1995, 18(1): 91~95

[20] 朱常英, 晏良增, 李连荣等. 蛇笼树脂的合成及其对腈纶纺丝溶液杂质的分离[J]. 高分子学报, 1996, (1): 91~95

[21] 大庆石化总厂研究院. 一种净化硫氰酸钠水溶液的方法[P]. 中国, CN 1 097 719, 1993

[22] Haglund A C, Marsden N V B. Hydrophobic and Polar Contributions to Solute Affinity for a Hightly Crooslinked Water - Swollen(Sephadex)[J]. J Polym Sci Polym Lett Ed, 1980, 18(4): 271~297

[23] Marsden N V B. Similarity between Nonionic Micelle Fromation and Nonplar Adsorption by Sephadex G - 15[J]. Naturwissenschaften. 1977, 64(3): 148~149

[24] Ceguchi T. Hisanaga A, Nagai H. Chrom a tog raphic Behaviour of Inorganic Anions on A Sephadex G - 15 Column [J]. J Chrom a togr. 1977, 133(3): 173~179

[25] Borák J. Smrz M. Use of Hydroxyethyl Methacrylate Gels in Liquid Chromatography in Non - Aqueous Media[J] J Chrom a togr, 1977, 144(1): 57~62

[26] Vytasek P, Coupek J, Macek. K, et al. Application of The Sorption Properties of Spheron Gels in High - Resolution Liquid Column Chrom atography of Naturaly Occrring Macromolecular Sepecies[J]. J Chrom atogr, 1976, 119: 549~556

[27] Borak J. Chrom a tographic Behavoiur of Inorganic Salts on Hydroxyethyl Methacrylate Gels[J]. J Chrom a tog r, 1978, 155(1): 69~82

[28] Japan Exlan Co., Ltd. Gel Tegeneration[P]. JP, JP 83~137 752, 1983

[29] Japan Exlan Co., Ltd. Method of Regenerating Eels for Use in Liquid Chrom a tography[P]. US, US 4 474 663. 1984

[30] Japan Exlan Co., Ltd. Liquid Chrom a tography[P]. JP. JP83~144 743, 1983

[31] Japan Exlan Co., Ltd. Method for Effective Combined Use of Gels Having Different Activities[P]. US, US 4 486 311, 1984

[32] 徐光明, 刘锋章, 孙维波, 张玉海. 结晶法净化的溶剂硫氰酸钠对腈纶生产的影响[J]. 化纤与纺织技术, 2004, 3(1): 19~22

[33] 大庆石化总厂研究院. 采用模拟移动床净化含硫氰酸钠废液的方法[P]. 中国, CN 095044, 1994
[34] 日本爱克兰株式会社. 脱除聚丙烯腈的溶剂中带色组分的方法[P]. 中国, CN 1076737, 1993
[35] 日本爱克兰株式会社. 回收硫氰酸盐的方法[P]. 中国, CN 1088182, 1994
[36] 大庆石化总厂腈纶厂. 腈纶装置操作手册. 1986, 183~188
[37] 钱梅. 腈纶生产技术问答. 北京: 纺织工业出版社, 1988. 152

缓释技术及水处理缓蚀剂在石化炼油企业应用

金若春
（中国石油化工股份有限公司催化剂抚顺分公司，抚顺　113122）

摘　要：本文介绍了缓释技术的基本原理和特点，综述了它在药物、肥料、农药、缓蚀剂、水处理剂、芳香剂等方面应用的进展；综述了水处理缓蚀剂的分类、性能特点及应用现状；介绍了应用在石化炼油企业工业循环水中的缓蚀剂的类型及其开发状况。

关键词：缓释　循环水　缓蚀剂　应用　发展方向

1　前言

缓释技术是指在一个特定的体系内，采取某些措施来减小某种活性制剂的释放速度，从而在某段时间内，体系中的活性制剂可以维持有效浓度。缓释技术是一种新兴的技术，其显著的优越性引起了人们浓厚的兴趣。近年来，缓释技术已广泛应用于医药、农业、石油化工、日用化工等各领域。缓释技术作为一种新兴技术，它可以有效解决活性制剂释放速度快、有效作用时间短的问题。

2　缓释型药剂类型

2.1　缓释型药剂

国内外学者在缓释型药剂的研制方面取得了显著的成果。贺芬等[1]采用挤出、滚圆、气流包衣法制备头孢氨苄缓释胶囊，所制得颗粒的体外释放以及体内的药动学证明，由该法制得的头孢氨苄缓释胶囊的日服二次给药可以代替普通药剂的每日四次给药，维持有效血浓度的时间为普通胶囊的2.33倍。黄天文等[2]研制了双氯芬酸钾(抗炎药)的缓释微丸并对其含量进行测定，他在含有主药的丸芯外包控释膜，控制药物的释放速度，获得了释药时间持续8h的缓释微丸。Korol[3]将活性药剂如抗生素、抗炎素、抗菌素、镇痛剂、伤口愈合剂等，通过溶剂分散在亲水性聚合物中，加入增塑剂熟化成型，制成缓释型创伤贴剂，以保障受损皮肤不被感染并促进伤口皮肤快速再生。Qian等[4]研究了缓释型5-氟二氧嘧啶(5-FU，抗癌药物)，这种药物主要由两部分组成：内部是具有抗癌功能的药剂5-FU，外部是含有NaCl的PLAG聚合物膜。SEM分析结果表明，NaCl溶解后形成半透型的聚合物薄膜，可以控制5-FU缓慢释放。PLAG聚合物膜的厚度和其中NaCl的密度是5-FU释放动力学的两个重要参数。

缓释型药剂研究中仍存在一些问题，主要是载体材料的选择。常用的载体材料有海藻酸盐、壳聚糖等天然多糖资源丰富、价格低廉，极具开发潜力；合成高分子材料一般化学稳定性和成膜性好，研究较多的是乳酸/乙醇酸共聚物；药物载体材料的发展方向是将天然材料与合成材料混合使用，使它们的优点相得益彰。

2.2　缓释型肥料

缓释型肥料可以提高养分利用率，减少了环境污染，成为肥料发展的新方向。近年来，国内缓释型肥料的研究开发比较迅速。梁智等[5]在一系列的实验室研究和小型试验基础上，优选出了成本低、效果较好的包裹控释材料和黏结剂，提出了制造包裹型缓释肥料的生产工艺，包裹型缓释肥料肥效期可达110天以上，比复混肥料的肥效期延长至少80天。张平等[6]采用尿素甲醛缩合物作氮源，混配磷、钾等肥料，经挤压造粒，研制出适合苗木生长的新型缓释型肥料。该复合肥施入土壤后产生均衡性供应养分，促进苗木根、茎、叶均匀生长；肥效较长，养分残留较多，适合幼林施肥，能促进幼林速生；在土壤中流失少，有利于矿质养分的利用，防止了环境污染。

在国外，缓释型肥料呈现出多样性的特点。文献[7～8]指出，将肥料与精制食用油的残渣制成“水在油相中”的乳浊液，可降低暴雨对养分的淋失，从而提高肥料利用率。Karak[9]利用印度栋树仁提取物及虫胶包膜尿素，得到的缓释肥成本较低，对生态友好，水稻、小麦增产显著。包膜尿素在美国应用很普遍，价格也较便宜。

2.3 缓释型农药

目前各种农药缓释剂中，工艺较成熟、品种较多、生产量较大的仍然是微胶囊剂。所谓微胶囊剂，就是通过物理或化学方法使原药分散成几微米到几百微米，然后用聚合物包裹和固定起来，形成具有一定包覆强度并能控制释放原药的半透膜胶囊。唐进根等[10]对触破式微胶囊农药的残留量及降解规律进行测定，结果表明触破式微胶囊农药具有残效期长、使用安全、杀虫效果好和对环境安全的特点，是防治天牛类害虫较为理想的农药剂型。文献[11～12]报道，可采用海藻胶等包囊材料对马拉硫磷、敌敌畏、氰戊菊酯、氯氰菊酯等农药进行微胶囊化。国外已商品化的农药微胶囊有：Pennwalt 公司生产的二嗪磷、氯菊酯；Stauffer 公司生产的扑草灭、灭草猛、地草硫磷、杀鼠灵；Zoecon 公司生产的烯虫酯；3M、住友、杜邦等公司生产的除虫菊酯、毒死蜱、甲草胺、杀螟松等[13]。

囊皮材料价格较贵、制剂化费用较高，使得农药微胶囊在经济上缺乏竞争能力。寻求廉价的囊皮材料、研究开发高附加值的农药缓释剂是今后农药研究的重点。

2.4 缓释型缓蚀剂

缓蚀剂是防锈水、防锈切削液、防锈油、乳化油、防霉剂、稳定剂等处理液中不可缺少的物质。在石油天然气的开采、运输过程中，为了防止油、气田伴生气体（如 CO_2、H_2S 等）腐蚀管道设备而导致爆炸、燃烧等事故，常使用油田缓蚀剂，如抗二氧化碳腐蚀缓蚀剂，我国在这方面取得了一定的研究进展[14]。

根据预先设定的缓蚀剂浓度，在适宜的温度下，将液体缓蚀剂与填充剂、黏合剂、增效剂等添加剂按一定比例混合均匀，再根据不同的需求，经过挤压成型装置，在室温下凝固成型，制成片、棒、条、块、粒、板、膜等各种形状的缓释型缓蚀剂。

胡云鹏[15]研制了一种以炔氧甲基氨类缓蚀剂为主的水溶性固体缓蚀剂 JH4，它能缓慢均匀释放，长期保持有效浓度。现场投加工艺简单，易操作，劳动强度低，缓蚀效果好。杨怀玉等[16]研制了一种新型咪唑啉缓释片剂，其在水中的持续释药时间超过 60h，咪唑啉分子在载体骨架体内的释放符合零级动力学释放过程，介质的流动可提高药剂的释放速度，表明药剂的释放过程可能受咪唑啉分子在骨架体内扭曲孔隙间的控制。

2.5 其他应用

2.5.1 缓释型水处理剂

缓释型水处理剂是将活性物质与缓释成分以固溶体的形式“捆绑”成为一个均相整体，当其在环境介质中发生溶蚀时，活性物质得到“松绑”释放。通常活性物质在固溶体内部的扩散作用可忽略不计，其释放的速率只受缓释剂表面溶蚀过程的速率控制。这种缓释型水处理剂可以解决工业冷却水系统、锅炉给水系统、生活冷热水处理、水系统杀菌中因腐蚀、结垢和菌藻等问题造成的设备腐蚀和安全隐患。高华生等[17]用控制释放玻璃（CRG）制备了磷酸盐含银控制释放玻璃（Ag－CRG）缓释水处理剂，其抑菌和缓蚀试验结果表明，Ag－CRG 能按比例、稳定地释放出聚磷酸盐和银离子，同时具有明显的抑菌和缓蚀作用，可以成为集缓蚀、阻垢和杀菌等三种功能于一体的新型缓释水处理剂，适用于中小型工业循环冷却水和市政供水系统。

2.5.2 缓释型芳香剂

传统的芳香剂留香时间短，若采用微胶囊将香精、香料包覆，制成缓释型芳香剂，人为控制香味释放速度使之缓慢释放，将大大延长香精、香料的留香时间。程莉萍等[18]采用相分离法，以PVA为外膜材料，CMC为相分离物，将香精微粒包囊，形成微胶囊。用此微胶囊留香整理剂整理织物可大大延长留香时间，达到长效缓释效果，织物经多次洗涤后仍能保持浓郁清香。张平安等[19]介绍了一种专门用于纺织品加香的长效、缓释型微胶囊香精的制备机理及方法，对其加香方法进行了探索，并将有机硅与专用微胶囊香精相结合，制成了芳香布匹。

3 水处理缓蚀剂

水是人类生存的必需物质，在人类用水中，工业用水占了非常大的比例，且随着工业生产的迅速发展，工业用水量日益增加，而其中冷却水又占工业用水的60%～70%以上[20]，这样节约冷却用水就成为我们的首要目标。节约冷却水的主要方法是循环利用冷却水，提高浓缩倍率，如此一来，由于冷却水中有害离子的成倍增加，又从冷却塔中带入大量溶解氧、尘土、孢子和细菌，水质变坏，造成了循环冷却水系统的腐蚀、结垢、菌藻滋生问题。为此必须向循环水系统中添加缓蚀剂、阻垢剂、杀生剂、以确保系统稳定运行。

3.1 水处理缓蚀剂应用现状

在整个水处理化学品中缓蚀剂所占份额最大[21]，经过半个多世纪的研究应用和发展已经取得了令人瞩目的成果，形成了铬酸盐、锌盐、硼酸盐、磷酸盐、硅酸盐、硝酸盐、亚硝酸盐、全有机磷系、钼酸盐、钨酸盐及有机羧酸、有机胺等系列缓蚀剂。

3.2 水处理缓蚀剂的分类

上述诸多系列缓蚀剂一般根据生成保护膜类型的不同分成三类[20,22]。详见表1。

表1 水处理缓蚀剂的分类

分 类	举 例
钝化膜型	铬酸盐、重铬酸盐，铬酸钠亚硝酸盐，亚硝酸钠钼酸盐，钼酸钠钨酸和钨杂多酸
沉淀膜型	聚磷酸盐、六偏磷酸钠、三聚磷酸钠硅酸盐，水玻璃锌盐、硫酸锌硼酸盐，偏硼酸钠有机磷酸盐、氨基三甲叉磷酸肌氨酸
吸附膜型	葡萄糖酸盐、葡萄糖酸钠磺酸盐，石油磺酸钠磺酰胺有机胺，十六胺木质素磷羧酸盐，2－羟基磷基乙酸多氨基羟基化合物

3.3 水处理缓蚀剂性能特点

3.3.1 钝化膜型缓蚀剂

此类缓蚀剂均为氧化剂，它氧化金属表面生成一层连续致密的含有$\gamma-Fe_2O_3$的具有抗腐蚀作用的钝化薄膜，可在邻近区域扩散而达到缓蚀的目的[22]。典型的是铬酸盐、亚硝酸盐。该类缓蚀剂用量往往较大，因为如果加入量不够，不足以使阳极全部钝化，则腐蚀会集中在未钝化完全的部位进行，从而引起危险的点蚀[23]。

3.3.2 沉淀膜型缓蚀剂

沉淀膜型缓蚀剂能与介质中的离子反应，在金属表面形成沉淀膜。虽然沉淀膜的厚度比钝化膜厚，但致密性、附着力较差，所以缓蚀效果不如钝化膜[20]，但由于该类缓蚀剂用量小且价格便宜，其应用与研究尤其是含磷缓蚀剂的研究与应用最为活跃。

3.3.2.1 硅酸盐作为缓蚀剂，其最大的优点是操作容易、没有危险、无毒、无害、价格低廉，但该类物质存在易于成垢、成垢后不易清除的缺点，且缓蚀效果不够理想，所以硅系缓蚀剂目前只在少数厂使用，还没有使用在浓缩倍数高或换热器热强度高的装置中。

3.3.2.2 聚磷酸盐是目前应用最广泛最经济的缓蚀剂[22]，常用的是六偏磷酸钠、三聚磷酸钠。该类缓蚀剂用量小、成本低、无毒，并有阻垢功能。该类物质需要有一定的溶解氧，且有

Ca^{2+}、Zn^{2+}等离子共存时可提高其缓蚀性能。聚磷酸盐一个很大的问题是易于水解，水解后缓蚀性能下降，易形成$Ca_3(PO_4)_2$垢且难以去除。再者其水解产物作为微生物的营养源，促进了循环水的菌藻的滋生，对环境也会造成富营养化污染。

3.3.2.3 有机磷酸盐与聚磷酸盐在许多方面相似，但抗水解性能大大优于聚磷酸盐，从而避免了聚磷酸盐使用的缺点，所以70～80年代以来发展极为迅速，已先后开发出氨基三甲叉磷酸(ATMP)、羟基乙叉二磷酸(HEDP)、乙二胺四甲叉膦酸(EDTMP)、二亚乙基三胺五亚甲基磷酸(DTPMP)、2-磷酸基丁烷-1，2，4-三羧酸(PBTCA)等系列产品。该类产品已逐渐取代了聚磷酸盐。

3.3.2.4 锌盐主要靠Zn^{2+}起缓蚀作用，其成膜比较迅速，但和其他缓蚀剂如聚磷酸盐、低浓度的铬酸盐、有机磷酸盐等协同使用时，可取得良好的缓蚀效果，因为锌能加速这些缓蚀剂的成膜作用，同时又能保持这些缓蚀剂所形成的膜的耐久性[20]。

锌因有毒性，使用浓度必须小于5×10^{-6}，且pH值大于8.3时，有产生沉淀的倾向。

3.3.3 吸附膜型缓蚀剂

吸附膜型缓蚀剂均为有机化合物，分子结构中同时含有吸附基和疏水基，吸附基在金属表面定向吸附后，疏水基在外围形成一层屏蔽或阻挡层，将金属表面与金属离子及溶解氧隔离，抑制了金属腐蚀[22]。当金属表面清洁而呈现活性时，吸附膜表现出很好的防蚀效果，但如果金属表面有腐蚀产物覆着或有沉积物，就不能提供适宜的条件形成防蚀膜。

3.3.3.1 巯基苯并噻唑(MBT)、苯并三唑(BTA)、甲基苯并三唑(TTA)，它们是铜及合金有效的缓蚀剂，MBT耐氧化较差，BTA、TTA耐氧化作用很强，但价格较高，因此没有MBT使用普遍，但由于BTA与磷系配方和氧化性杀生剂的良好相容性，BTA已逐渐取代MBT。

3.3.3.2 葡萄糖酸钙对钙、镁、铁有很好的络合作用，价格便宜，常用来与其他缓蚀剂配合使用以提高缓蚀性能。

3.3.3.3 磺酰胺化合物多用于高氯离子水质的处理。多氨基羟基化合物可作为酸洗缓蚀剂，缓蚀率高达98%。

3.4 复合缓蚀剂

目前，由于以上各种系列缓蚀剂自身存在的缺陷，使它的应用受到了限制，为了获得好的缓蚀效果，利用协同效应原理，国内外已广泛采用复合水处理缓蚀剂来控制设备的腐蚀。现将复合水处理缓蚀剂列表如下[22]，见表2。

现在，全有机配方由于无毒无污染，没有聚磷的水解问题，无磷酸钙垢的危险，适用于高pH、高碱度、高硬度和高浓缩倍率的水质，因而得到了广泛的应用。

表2 复合水处理缓蚀剂分类

分　类	复合水处理缓蚀剂主要成分
铬系	铬酸盐-锌盐 铬酸盐-锌盐-有机磷酸盐 铬酸盐-聚磷酸盐 铬酸盐-聚磷酸盐-锌盐
磷系	聚磷酸盐-锌盐 聚磷酸盐-有机磷酸盐 聚磷酸盐-有机磷酸盐-锌盐聚磷酸盐-有机磷酸盐-巯基苯并噻唑 聚磷酸盐-有机磷酸盐-正磷酸盐-丙烯酸三元共聚物
锌系	锌盐-有机磷酸盐 锌盐-磷羧酸-分散剂 锌盐-多元醇磷酸酯 锌盐-单宁
硅系	硅酸盐-有机磷酸盐-苯并噻唑
钼系	钼酸盐-葡萄糖酸钠-锌盐-有机磷酸盐-聚丙烯酸 钼酸盐-正磷酸盐-唑类 钼酸盐-有机磷酸盐-唑类
全有机系	有机磷酸盐-聚羧酸盐-唑类 有机磷酸盐-芳香唑类-木质素 有机磷酸盐-羧酸、磺酸三元共聚物

3.5 水处理缓蚀剂的新发展

水处理缓蚀剂从最初的铬酸盐、聚磷酸盐到有机磷酸盐；从高磷、含金属的配方到低磷、全有机配方；从单一的铬系、磷系配方到钼系、钨系、硅系、全有机系等配方，显示出水处理缓蚀剂正朝着多品种、高效率、低毒性等方向发展[23,24]，并且近几年来在新品种、新配方的发展研究中取得了许多可喜的成果。

3.5.1 有机磷酸类缓蚀剂的新发展

有机磷酸类缓蚀剂的新发展有机磷酸是一类具有 C－P 键的化合物，分子中含有与碳原子直接相连的磷酸基，60 年代开始用于冷却水化学处理，直到现在成为水处理化学品最广泛应用和研究最多的系列。该系列已形成四代产品：HEDP(ATMP)→PBTCA→HPAA→(PAPEMP，POCA)[25]。现主要应用的还是第一代和第二代产品，第三代和第四代产品也已研究出来和商品化。

3.5.1.1 2－磷酸丁烷－1，2，4－三羧酸(PBTCA)

PBTCA 分子中同时引入了－PO_3H_2 基团和－COOH 基团，具有独特的缓蚀阻垢性能。其缓蚀效果优于 HEDP、ATMP 等第一代产品[26]，且稳定性能高，适合在高温、高硬度、高浓缩倍数的冷却水系统中使用。此外，PBTCA 具有优异的稳定锌离子作用，即使在 pH＝9.5 的环境下也可以使锌离子稳定在水中而不产生 $Zn(OH)_2$ 沉淀，还有 PBTCA 耐氧化性优于第一代产品。

3.5.1.2 2－羟基磷基乙酸(HPA)

HPA[$H_2O_3PCH(OH)COOH$]是 CiBa－Geigy 公司开发的一种新型磷羧酸[26]。HPA 与 HEDP、PBTBA 相比，缓蚀能力大大提高。它能适用于软水，低硬度水中，在低浓度下有很好的缓蚀效果，毒性低，相溶性好，与 Zn^{2+} 复配增效作用明显，可比得上 Gr^{6+}/Zn^{2+} 复配。HPA 是目前缓蚀性能最好的磷系产品。

3.5.1.3 磷酰基羧酸(POCA)

由美国开发的磷酰基羧酸(POCA)将磷酸盐和聚合物有机地结合一起，POCA 对碳酸钙、磷酸钙垢的抑制、颗粒的分散以及对铁金属的缓蚀均具有良好效果，且几乎不与氯作用，对钙有较高的容忍度[27]，是一种兼具阻垢和缓蚀的多功能的低磷水处理化学品，同时也是一种有效的锌盐稳定剂。

以上磷系列历代产品结构上的归类与分析及性能比较，见表 3[25]。

表 3 各种有机磷酸的比较

有机磷酸	相对分子质量	磷含量/%	分子中基团数目			缓蚀能力/(mm/a)
			—PO_3H_2	—COOH	—OH	
HEDP	206	30.1	2	0	1	
PBTCA	264	11.7	1	3	0	3.1
HPA	155	20	1	1	1	0.8
POCA	2000	<5.0	1	未知	未知	1.9

3.5.1.4 氨基磷酸。氨基磷酸是 DOW 公司开发的一类有机磷药剂，它的特点是与 Mn^{2+} 复合对碳钢和铜合金均有很好的作用[26]，并对碳酸钙、磷酸钙和硫酸钙有阻垢作用，与 Zn^{2+} 不同，由于 Mn^{2+} 不在环境法规限制范围之内，因此这种配方近年来已经引起国际上较大的兴趣。

3.5.2 非磷缓蚀剂的新发展

由于磷系缓蚀剂污染环境，促进冷却水中藻类的生长，导致磷垢、赤潮等现象，因此，禁磷和限磷的呼声越来越高，现在，世界许多国家和地区都相继采取了禁磷和限磷的措施。因而开发非磷缓蚀剂已经引起人们的重视，近年来也取得了相应的成果。

1)烷基环氧羧酸酯(AEC)。AEC 是 Bets 水处理集团开发的 Continuum AEC 中的一组分[8]。Bets 认为 Continuum 具有极高的安全和环保性能，允许在高浓缩倍数下运行而不引起与浓缩倍数有关的问题，因而减少了操作费用。AEC是唯一的非三价磷沉积物控制剂，可提供比磷酸盐更好的结垢控制，也是一个不会在高钙含量水中沉淀的非三价磷酸钙抑制剂。由于AEC的引入，使总磷排放量减少了30%～50%，是解决高pH值循环冷却水系统腐蚀和结垢问题的全新方法。

2)无磷钨系缓蚀剂。钨酸盐属于钝化型缓蚀剂，其氧化能力较弱，故只有在水中有溶解氧的情况下才会有缓蚀作用，即当金属表面有氧化物覆盖率相当大时，阳极面积很小，阳极电流密度大，而WO_4^{2-}可在高电流密度时极快地放电，此时其氧化能力强，可将Fe^{2+}氧化成Fe^{3+}，促进了金属氧化膜的形成，所以钨酸盐对金属钝化膜的形成并不起主要作用，它仅起着膜的维持和修补作用[28]。因此，钨酸盐多和其他缓蚀剂复配使用以获得优良缓蚀效果。如钨酸盐与含—COOH、—OH、—C═C—和—COOR的共聚物复配后，加入高硬度的水中可降低冷却水系统中软钢热交换器、管道的腐蚀速度，缓蚀率可达90%[29]。我国钨矿资源丰富，在此基础上华东理工大学环境工程系开发出钨酸盐系列的复合缓蚀剂，先后得到国家发明奖和中国发明专利。目前已在有关炼油厂和制药厂等单位应用，并被国家环保局评为1997～2000年环保重点转化项目。但该配方有的尚含有有机磷，因此该单位近期又研究开发出无磷钨系缓蚀阻垢剂，缓蚀率>94%，阻垢率达到89.64%，性能优良[30]。故该种无磷钨系水处理剂是一种结合我国资源的有发展前途的无磷新型绿色水处理剂。

3)共聚物缓蚀剂。人们发现某些共聚物不但具有阻垢分散作用，而且还具有缓蚀作用，因此近年来国外大力研究共聚物缓蚀剂，以代替无机磷酸盐、锌盐、有机磷酸盐或磷酸酯等缓蚀剂，用于配制不含有机磷的全有机配方。如栗田公司的马来酸/戊烯共聚物、不饱和酚/不饱和磺酸和不饱和羧酸共聚物[31]；片山公司的聚烷撑二醇丙烯醚/不饱和羧酸共聚物；美国Nalco公司的苯乙烯磺酸/马来酸(酐)共聚物；Bets公司的丙烯酸/羟丙磺酸烯丙基醚共聚物、异丁烯/马来酸共聚物等[32]。

4)有机硅缓蚀剂。有机硅缓蚀剂是缓蚀剂发展的一个新领域，它具有缓蚀、阻垢及净化等性能，并且能稳定硅酸盐[32]。用做缓蚀剂的有机硅化合物有a、有机硅烷或有机硅氧烷b、硅氮烷c、对有机硅烷偶联剂改性物。

5)臭氧。

从20世纪80年代起臭氧处理冷却水的技术就在美国、日本和西欧等一些发达国家兴起[33]。臭氧是一种强氧化剂，与铬酸盐相似能在金属表面上形成一层$\gamma-Fe_2O_3$氧化膜，降低腐蚀速度[34]，且臭氧的强杀生作用，有效地控制了循环水中微生物的生长，减轻了生物污垢及其引起的垢下腐蚀[35]。并且臭氧氧化垢层基质中的有机物成分，使垢层变松脱落，起到了阻垢的作用。因此臭氧作为单一使用的水处理剂，操作简单、排污量少、既能节水、节能又不存在二次污染，对循环冷却水的缓蚀、阻垢、杀菌藻等方面均有良好的效果，是一种彻底绿色的水处理技术。

4 水处理缓蚀剂在石化炼油企业应用

石油化工科学研究院水处理中心以新型羧磺酸共聚物(RP－21)为主要成分研制出了高效复合阻垢缓蚀剂RP-100[36]，经过实验室静态阻垢、旋转挂片、动态模拟试验，以及在洛阳石化总厂第三循环水场进行的工业应用试验，结果表明，RP－100具有优良的阻垢缓蚀性能，其阻垢性能优于S-113系列产品，各项指标达到中国石化总公司规定标准的“很好级”，可使循环水中Ca^{2+}+M碱度容忍极限从900mg/L(均以$CaCO_3$)提高到1000mg/L。

沈阳工业大学石油化工学院傅承碧以辽阳石油化纤公司的副产品混合二元酸为原料，不经分离直接合成了可作为缓蚀阻垢剂的混合有机多元磷酸(HMTP)。该研究不仅为缓蚀阻垢剂产品开发了新品种，也为混合二元酸的综合利用开辟了新的途径。通过比较实验可知，HMTP具有明显的缓蚀和阻垢作用，其缓蚀率基本上是HGTP(1，5－二羟基戊二叉四磷酸)和HATP(1，6－二羟基己二叉四磷酸)的综合结果。在低剂量时，缓蚀效果不明显，高剂量时有较高的缓蚀率。总之，HMTP

的阻垢效果比缓蚀效果好，但不如 HEDP，这与 HEDP 中的有机磷含量高有关[37]。

大庆石化总厂炼油厂试验并应用了一种含磷羧酸的低有机磷复合型锌基缓蚀剂 SX-102A，它是以 PBTCA(磷羧酸)为主并含有锌盐的药剂，对低硬度水有较好的缓蚀效果，在实验室进行的旋转挂片和动态模拟应用试验充分地说明了这一点[38]。SX-102A 复合型水处理剂具有较好的缓蚀效果，能够满足大庆石化总厂炼油厂二循二、三系列的水处理要求。说明 PBTCA 的稳锌增容效果非常好，在 pH 为 9.3 的条件下，水中锌离子浓度即使达到 3～4mg/L，也不会发生锌离子沉淀。SX－102A 属于低磷水处理剂，符合国家环保要求。

太原化学工业集团有限公司参考了国内碱性配方的特点，依据具有不同官能团的药剂特性及分子间的协同效应，经过大量阻垢评定试验、动态旋转挂片腐蚀评定试验，成功地研制了含有阻垢剂、缓蚀剂、分散剂的 LS 系列复合型水处理药剂。该系列药剂可用于化工、炼油、化肥、电力等行业的循环冷却水处理，可起到很好的阻垢缓蚀作用。一般只需投加 3～4mg/L 的微小剂量，就可以起到满意的阻垢缓蚀效果。循环水的浓缩倍数通常控制在 2.5 倍左右，试验中浓缩倍数可以提高到 3 倍，可大大节约新鲜水的补充，既降低了消耗，又节省了费用[39]。

岳阳石化总厂研究院在以环烷酸及二乙烯三胺为原料合成出环烷酸咪唑啉的基础上，采用冰醋酸或氯乙酸使环烷酸咪唑啉由油溶性转化为水溶性。针对冰醋酸法和氯乙酸法所合成的水溶性咪唑啉，分别测试了其在不同浓度下的缓蚀性能，并与目前国内较通用的复合型缓蚀剂(磷系，如 BL－1)进行了对比。结果发现，冰醋酸法生产的产品缓蚀效果不理想，但氯乙酸法生产的水溶性环烷酸咪唑啉却具有较理想的缓蚀效果，与对比样品 BL^{-1} 相比，具有低剂高效的特点。对岳阳石化总厂的工业水，投药量为 10～20mg/L，缓蚀率达 92% 以上，而年腐蚀率小于 0.125mm。这种水溶性咪唑啉属于一种吸附膜型缓蚀剂。在工业水中的缓蚀作用，主要是基于咪唑啉环上孤对电子的氮原子与设备表面的金属原子形成强的金属原子－氮原子配位键，而环烷基则形成一个有效的覆盖膜。这种较强的金属与介质间的隔膜有效抑制了设备的腐蚀。因此，氯乙酸法合成的水溶性咪唑啉，可望开发成一种高效的水处理缓蚀剂[40]。

5 使用缓蚀剂时应注意的问题

5.1 影响缓蚀剂性能的因素

对缓蚀剂和复合缓蚀阻垢剂在使用过程中对其缓蚀性能的影响因素尚缺少系统的研究，认识上也不深刻，在应用上表现出同一种药剂在不同的循环水系统处理效果相差甚远，同一种药剂在同一循环水系统不同时期处理效果相差甚远，最终不能取得好的效果。因此，为解决水处理剂在使用过程中出现的一些异常现象，正确掌握水处理剂的使用条件，有必要对影响目前常用的水处理用缓蚀剂缓蚀效果的因素作较为系统的研究。

中国石油化工集团公司水处理中心及上海宝山钢铁集团公司能源部，通过 NMR 仪对国内外在中国使用的 8 类典型的水处理剂的主要成分进行分析，由主要成分确定药剂类型，并采用旋转挂片腐蚀试验方法对这些水处理剂的缓蚀效果进行研究，发现药剂的浓度、水质、钙硬度、碱度、浊度、铁离子浓度以及杀菌剂对不同类型水处理剂的缓蚀效果影响是不同的，因此，应根据水处理剂的类型确定使用条件[41]。

5.2 要进行药剂评定及实时监测

各石化炼油企业在选用水处理缓蚀剂时，都要根据其实际的工况条件进行药剂评价。目前我国石化企业药剂评定方法中，关于缓蚀性能的评价方法主要采用的仍是挂片失重法，包括旋转挂片和动态模拟挂片两种。但挂片实验工作周期长，实验环节多，产生误差的机会多，且无法获得瞬间信息。

中科院金属腐蚀与防护研究所金属腐蚀与防护国家重点实验室采用 CMB-1510a 智能腐蚀测试仪，与抚顺石化公司设备研究所和北京燕山石化公司研究院水处理药剂评定中心进行合作实验。实验结果表明，仪器能很好地监测体系腐蚀率的变化，体系在测试过程中无外加干扰，反应出一条腐蚀率随时间较为平缓变化的趋势；而在动态模拟实验中，由于体系经常补水，从而使体系发生变化，在监测曲线上反应出较大的波动。仪器测得的腐蚀率具有较好的准确性，并与室内及现场挂片实验具有较好的对应关系。由此可见，CMB-1510a 智能腐蚀测试仪在循环水药剂评定及腐蚀监测等方面具有良好的应用前景，与传统的挂片法及监测换热器法联合使用，会得到更多、更快、更全面的腐蚀与腐蚀控制信息[42]。中科院金属研究所针对目前送信冷却水系统添加的大多是阻垢缓蚀剂，以及腐蚀和结垢是影响冷却设备、换热设备热效率及使用寿命的主要因素，最近介绍了一种采用电化学测量原理和化工传热原理研制开发的适用于工业冷却水循环系统的腐蚀速度、污垢热阻实时监测技术，经过长时间的现场运行，可以看出，该技术系统可以实现在一定流速下的瞬时腐蚀速度的测量，并能较好地反映循环水的腐蚀率的变化，污垢热阻的监测也与现场的相符[43]。

5.3 循环水中 H_2S 对缓蚀剂的影响

高含硫原油在加工过程中对冷换设备的腐蚀十分严重，介质泄漏至循环水的现象时有发生，给循环水系统的水质稳定处理带来了较为严重的影响，不但加重了循环水系统冷换设备的腐蚀和结垢，以及生物黏泥的增加，甚至于使原有的水处理药剂失去作用，对装置的正常生产威胁较大。因此，研究解决 H_2S 对循环水系统的影响，提出相应的措施，是加工高含硫原油炼油企业的重要课题。镇海炼化股份有限公司采用以下 5 项措施来减轻 H_2S 的危害[44]。

1) 提前氧化；2) 改进水质稳定药剂的缓蚀阻垢性能，增强抗硫化物能力；3) 偏碱性条件下运行；4) 采用非氧化性杀菌剂控制微生物繁殖；5) 投加氧化性杀菌剂来氧化 H_2S。在选用缓蚀剂时，根据水稳定剂改进前后应用结果，将沉淀膜型的缓蚀剂、氧化膜型缓蚀剂和二价金属离子复合使用，同时抑制阳极和阴极的腐蚀，并使用新型的阳极型缓蚀剂磷羧酸类如 PBTCA、HPAA 替代强氧化性的阳极缓蚀剂，如此水稳定剂的缓蚀性能会大大提高。若同时加入共聚物类分散剂改善多孔的阴极型沉淀膜，增加保护薄膜的致密性，效果会更好。解决炼制高含硫原油中设备的 H_2S 腐蚀问题是炼油行业中的一个技术难题，该问题还将有待于进一步地探索和研究。

6 水处理缓蚀剂发展方向

全球环境意识的提高对缓蚀剂的毒害作用、缓蚀效果、磷、氮等元素引入导致的水体富营养化和对氧化性杀生剂的不适应等方面提出了新的要求。根据可持续发展战略，推进绿色化学，研究开发性能良好、廉价、无毒、无害、无污染的无铬、无锌、低磷乃至无磷缓蚀剂是水处理缓蚀剂的发展方向，其中更应重点发展如臭氧、共聚物缓蚀剂等兼具阻垢、杀生功能且能生物降解的多功能缓蚀剂。

7 结语

目前的缓释技术主要是指简单、定性的缓慢释放，未来的缓释技术应朝着精确、定量的控制释放方向发展。在已经研究应用的缓蚀剂中，有些产品由于自身的缺陷，缓蚀效果不够理想，对环境有毒害作用；有些广泛使用的低价、高效、无毒缓蚀剂在水中不稳定。在石化炼油企业循环水使用缓蚀剂的过程中，必须明确存在的问题，根据不同水质选择适用的缓蚀剂类型及其配方，考虑各种水稳剂之间的协同增效作用，注意环保概念，同时还要注意与经济目标相联系。及时跟踪水处理用缓蚀剂的发展方向，开发缓蚀剂用稳定剂如木质素、单宁、葡萄糖酸钠等天然高分子，开发无毒或低毒、耐氯的复合缓蚀剂。

参 考 文 献

[1] 贺芬，徐瑛，侯惠民．挤出造粒、气流包衣法制备包衣微粒剂Ⅰ．头孢氨苄缓释胶囊的研究[J]．中国医药工业杂志，2000，31(1)：19～21

[2] 黄天文，徐群为，郝　钦．双氯芬酸钾缓释微丸的初步研制[J]．广西医学，2000，22(4)：704～706
[3] 梁智，何生丽．包裹型缓释肥料生产技术实验研究．磷肥与复肥，2002，17(3)：12～13
[4] 张平，索滨华，杨晓光．缓释肥料在苗木生产上的应用研究．吉林农业大学学报，1996，18(1)：46～50
[5] 许秀成，李的萍，王好斌．包裹型缓释/控制释放肥料专题报告第三报———包膜(包裹)型控制释放肥料各国研究进展(续)5. 以色列、印度、埃及等[J]．磷肥与复肥，2002，17(1)：10～12
[6] 许秀成，李的萍，王好斌．包裹型缓释/控制释放肥料专题报告第三报———包膜(包裹)型控制释放肥料各国研究进展(续)3. 欧洲[J]．磷肥与复肥，2001，16(2)：10～12
[7] 唐进根，夏民洲．触破式微胶囊农药的降解和残留及对天牛的药效[J]．南京林业大学学报，2000，24(6)：75～78
[8] 宋健，陈磊，李效军．微胶囊化技术及应用[M]．北京：化学工业出版社，2001
[9] 胡笑形．我国农药工业的现状与发展方向[J]．农药，1998，37(6)：7～10
[10] 李玉新，敖聪聪．胶囊化技术及农药微胶囊剂[J]．农药，1998，37(7)：4～7
[11] 赵雯，张秋禹，王结良，等．一种新型 CO_2 缓蚀剂的制备及评价[J]．石油与天然汽化工，2003，32(4)：230～233
[12] 胡云鹏．第十二届全国缓蚀学术讨论会论文集[C]．武汉：华中科技大学出版社，2001
[13] 杨怀玉，任鑫，陶晓杰，等．第十二届全国缓蚀学术讨论会论文集[C]．武汉：华中科技大学出版社，2001
[14] 高华生，金一中，谭天恩，等．Ag－CRG 水处理剂的制备与抑菌缓蚀性能试验[J]．高校化学工程学报，2002，16(1)：79～83
[15] 程莉萍，彭维建．长效缓释性微胶囊留香整理剂的研制[J]．印染助剂，1998，15(1)：10～13
[16] 张平安，刘冬芝，黄泽元．纺织品加香方法的研究[J]．棉纺织技术，2000，28(10)：23～25
[17] 严瑞暄．水处理剂应用手册[M]．北京：化学工业出版社，2000
[18] 陆柱．水处理药剂量的现状、进展与建议[J]．净水技术，2000，18(1)：4
[19] 胡玉国，祝增才．水处理缓蚀剂应用现状及发展方向[J]．化工进展，2000，5：29
[20] SheldomWDean，JRRichardDerby，GemTVon. Inhibitortype[J]. MaterialPerformance，1981，20(12)：47
[21] 鲍其鼎，何高荣，曾莺．新一代有机磷本与冷却水处理[J]．石油炼制与化工，1997，28(10)：44
[22] 张春梅，王沛滋．循环冷却水缓蚀阻垢剂的新发展[J]．广州化工，1998，26(3)：35
[23] 杨文忠，唐永明，马迎军等．循环冷却水处理新化学药剂的发展[J]．工业用水与废水，2000，31(6)：1
[24] 栗田水工业株式会社．水の中に金属の腐食、スケ－スと垢を防止する抑制剂[P]．日本：JP58，171，576(83，171，576)，08Oct：1983
[25] 谭卫刚，陆柱，李燕．无磷钨系水处理剂缓蚀阻垢研究[J]．腐蚀与防护，2001，22(6)：237
[26] 崔小明．国内外水处理剂发展现状与建议[J]．企业技术开发，1998，9：4
[27] 蔡建培，高庆丰．冷却水用非磷有机缓蚀剂[J]．工业水处理，1996，16(3)：1
[28] 赖万东，杨卓如，陈焕钦．臭氧处理工业循环冷却水的实验研究[J]．华南理工大学学报，1998(1)：41
[29] 杨小莉，李本高．新型高效复合阻垢缓蚀剂 RP－100 的研制和性能评价[J]．水处理技术，1997，14(1)：25
[30] 傅承碧．混合二元酸制备多元磷酸缓蚀阻垢剂研究[J]．工业水处理，2002，22(6)：44
[31] 李颜云，武晨．复合型缓蚀剂的试验与应用[J]．黑龙江石油化工，2001，12(4)：18
[32] 李晶，段崇东．LS 系列高效复合阻垢缓蚀剂[J]．中氮肥，2002，(2)
[33] 石顺存．环烷酸咪唑啉在水处理中的应用探讨[J]．精细石油化工，1999，(2)：36
[34] 李本高，余正齐，张宜莓．影响循环水处理缓蚀效果的因素[J]．工业水处理，2000，20(4)：1
[35] 郑立群，武显亮，杜鹃．一种循环水缓蚀药剂评定新方法的研究[J]．工业水处理，1996，16(1)：32
[36] 郑立群，王子恒，左晋等．工业冷却水腐蚀、结垢实时监测技术开发与应用[J]．工业水处理，2002，22(6)：47
[37] 蔡如油，江萍．硫化氢对循环冷却水系统的危害及对策[J]．工业水处理，2001，21(4)：40

加油站加油过程静电火灾事故分析及防范措施

陶彬　王志强　单晓雯　厉建祥

（化学品安全控制国家重点实验室，青岛　266071）

摘　要：本文对加油站加油过程静电火灾事故起因进行了理论分析和实验测量，确定了加油站静电火灾发生的五个必要条件。在上述研究的基础上，有针对性提出防范措施，特别是对采用油气回收系统的加油站的操作提出要求。

关键词：加油站　加油　静电火灾　防范措施

随着我国经济和交通运输的快速发展，城市加油站的建设速度加快，加油站的环保和安全问题备受人们的关注。

火灾爆炸事故是加油站最容易发生的典型事故。加油站火灾事故的调查情况表明：加油站发生的火灾主要集中在车辆的加油过程和油罐车的卸油过程。

对加油站加油火灾事故分析表明：在很多情况下，引起火灾的最可能的原因是静电放电。

本文通过对加油站加油操作过程中静电产生的理论分析，确定静电对加油站安全性的影响，提出防止静电火灾，实现安全生产的措施。

1　加油过程的静电火灾成因

1.1　流动带电

当电导率小的(10pS/m 以下)油品，在管线内流动时与管壁摩擦，油品中便产生了静电，即流动带电。油品流动而产生的静电电量，根据克林肯贝格提出的基础理论可知，它取决与油品的流速、管径，油品的电导率等多种因素。但是，由于这个理论还包括许多未定常数，在计算流动带电量时，采用一般公式并不适用。为此，提出了如下的经验公式：

从防止油品静电灾害的观点出发，油品流动所产生的静电量，是着眼于最大电流发生量 I_∞。

$$I_\infty = KV^m d^n \tag{1}$$

式中　K——常数，取决于电导率，是电导率的函数；

V——油品的平均流速，m/s；

m，n——常数，采用科恩值，即 $m = n = 2$ ；

d——管线的直径，m。

上式计算出来的电流最大发生量为油品在管线内流动时的工况。实际上由于管线上有弯曲、节流、过滤等情况，静电的产生还要受到这些因素的影响。

1.2　喷射及冲击带电

图 1 给出了某型轿车的油箱结构图。加油过程中产生的油气主要通过通风管路和注油口排放到加油管，然后排空。加油枪头伸入油箱口，油品从喷嘴形成分散射流，碰到壁或板后，使油品向上飞溅成许多微小的液滴。这些液滴在破裂时会带电，产生破碎静电，并在空间形成电荷云。

图 2 给出了汽车加油过程油箱油气体积分数与加油枪管口的距离关系。理论分析认为油品越易挥发，油箱内油气体积分数越低。通过实验发现：对于油箱内加注油品的过程，油气存在明显的压力对流扩散，使油气体积分数明显变大。如果分散喷射，装油过程蒸发排放出来的不仅是单纯的油

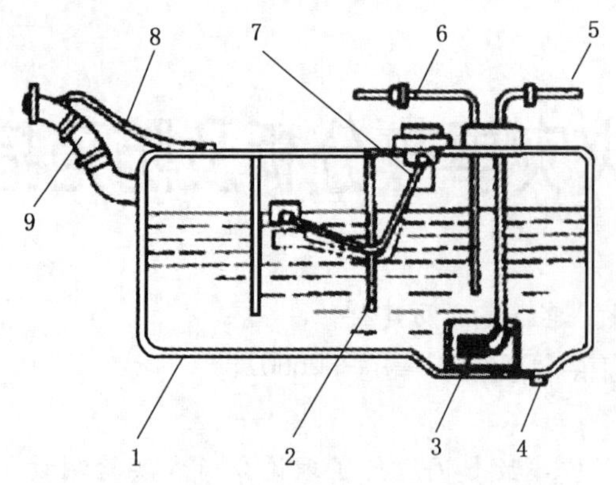

图1 轿车油箱结构图

1—油箱体；2—隔析；3—滤网；4—放油旋塞；5—轴油管；
6—回油管；7—油位传感器；8—通风管；9—加油管

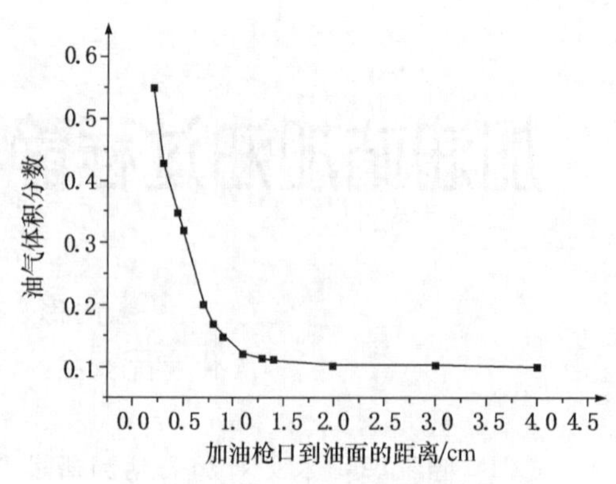

图2 加油过程油箱内油气体积分数分布

气和空气的混合气体，而且还夹带有油雾。

1.3 静电放电

如果油品带电而且静电荷没有有效地释放入地，容易形成火花放电。实验证明，当燃料油以45L/min 的流量流过加油枪喷嘴，形成分散射流，在喷嘴处可见形似刷形放电的闪光[1]，如图3所示。

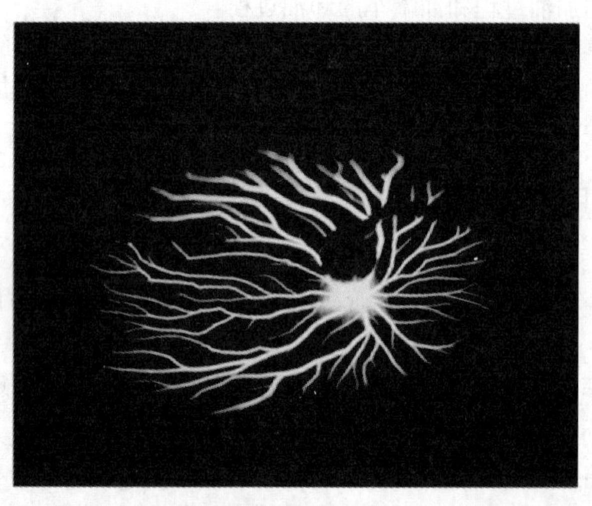

图3 刷形放电

导体(加油枪)能够与非导体(油箱塑料内表面、液体表面)之间形成刷形放电。刷形放电的电荷转移量可高达500μC，分析可知其放电相当能量可高达数百焦耳量级，足以点燃油气混合气体[2]。很多加油过程中的火灾就是这个原因引起的。

加油过程发生静电火灾，必须具备五个条件：①必须有静电荷产生；②必须有足以产生火花的静电电荷的积聚；③必须有使积聚电荷以引燃火花形式放电，即火花间隙放电；④在火花间隙中必须有可燃的蒸气，即空气混合物；⑤可燃气体在爆炸极限之内；

以上五个条件免去其中一个条件就可以避免事故的发生。

2 防范加油过程静电火灾事故的措施

2.1 限制油品的流速

油品静电的产生与管道材质、管径大小、油品成分及所含导电粒子的多少、管壁光滑程度、油品流速等多种因素有关。当其他条件固定时则主要取决于管内径和流速。油品利用管道输送时，流速与管径不可同时过大。按照德国化学工业协会(防静电着火规范)推荐的公式，管径与流速二者存在下列关系：

$$v^2 d_p \leqslant 0.64 \tag{2}$$

式中 v——最大流速，m/s；

d_p——管线内径，m。

以此公式，计算不同管径的允许最大流速见表1。

表1 不同管径允许的最大流速

管径/mm	10	25	50	100	200	400	600
流速/(m/s)	8	5.1	3.6	2.5	1.8	1.6	1.0

按照有关规范选择合适的加油速度，是避免静电产生的有效措施。

2.2 避免静电荷积聚

由于加油站的路面一般都是普通的砼路面，电阻高达 $10^{11}\sim10^{12}$ 欧姆以上，汽车轮胎的阻值一般也要超过 10^{10} 欧姆，整个车辆相当于对地绝缘。如果在没有可靠的接地情况下加油，汽车车身金属可带上5000～10000V以上的高压；而打火能量只需300～500V就可点燃油蒸气混合气体[3]。因此，在加油时将油枪与车辆的油箱的可靠接触，油枪枪头与加油软管之间的静电导通，加油机可靠接地，可以使车辆与加油机形成等电位，避免静电打火。

人体静电也是产生加油站火灾爆炸事故的主要因素之一。在一定条件下，人体可带静电4～5 kV，甚至上万伏静电电压。因此在加油操作之前，必须通过触摸静电释放装置，释放人体电荷。

2.3 降低二次油气回收气液比，避免油箱空间油气浓度的波动

对使用油气回收加油系统，在汽车油箱内部设置位置点，测量加油过程中的油气浓度的变化。测量结果显示，在外加空气流动模拟的情况下，整个油箱内，仅油箱入口1cm处的油气浓度在爆炸极限范围之内，而其他位置的油气浓度远远超过爆炸极限。因而如果油枪与油箱口产生刷形放电，极易引起火灾。

加油站油气回收系统采用的是真空辅助式油气回收系统，加油时产生的油气通过加油枪软管抽吸入罐。加油枪的气液比(*A/L*)是一个十分重要的指标，它表示加油时收集的油气体积与同时加入油箱内汽油体积的比值。若要系统能够正常工作，就必须将*A/L*控制在合理的范围内。德国TüV Rheinland的测试表明，当*A/L*=1时，油气回收系统的有效回收率为75%～80%[4]；只有当*A/L*增大到约等于1.3时，平均油气回收效率才能达到95%；但*A/L*过大，一方面将会导致吸入过多的空气，在储油罐中形成新的挥发；另一方面也将会降低油箱空间混合油气浓度，使其达到爆炸极限范围，从而增大加油过程着火的危险性。因此，对于采用二次油气回收系统的加油站，油枪的*A/L*不宜过大，应该在1.0左右。

3 结语

综上所述，汽车加油过程中产生的火灾主要与静电有关，容易造成安全事故，因此避免静电火灾的主要措施也要从消除静电角度出发。另外，只要油箱空间内的油气浓度不在爆炸极限之内，即使产生静电放电也不能形成火灾事故，因而对于安装油气回收装置的加油站应该优化操作，控制加油枪气液比在1.0左右，防止油箱内油气浓度降低，导致静电火灾事故发生。

参考文献

[1] I. D. PAVEY. Electrostatic Hazards in the Process Industries. In: Institution of Chemical Engineers Trans IChemE, Part B, March 2004: Process Safety and Environmental Protection, 82(B2): 132～141

[2] 周本谋，范宝春，刘尚合．典型静电放电火花点燃危险性评价方法研究．中国安全科学学报，2004，14(4)：27～31

[3] 唐志弘．加油站静电的主要存在方式及防范措施．石油库与加油站，2000，9(4)：24～26

[4] 陈家庆，王金惠，朱玲等．加油站地下储油罐压力管理系统的相关研究．环境工程学报，2009，3(6)：1073～1078

催化燃烧法处理污水处理场有机废气

肖慧英　王有华

（中国石化九江分公司，江西九江　332004）

摘　要：九江分公司污水处理场有机废气处理装置，采用“脱硫及总烃浓度均化——催化燃烧”联合处理工艺，废气处理能力为3000Nm^3/h。本文介绍了采用催化燃烧法处理污水场有机废气的工艺流程，并对装置运行情况进行总结。

关键词：催化燃烧　污水处理　有机气体

1　前言

九江分公司炼油污水处理场的处理工艺为平流隔油池、斜板隔油池、一级浮选、均质罐、二级浮选、一级生化、二级生化、沉降池、三级生化（A/O系统），实际处理能力1000 t/h。污水处理场处理污水过程中，由于污水中挥发性有机物浓度较高，并且污水不断搅拌，从而逸散出大量挥发性有机气体。这种挥发性有机气体的主要成分是甲烷、苯、甲苯、二甲苯、环己烷等低分子量的烃类，以及一些低分子量的含硫化合物，如硫化氢、甲硫醇、二甲二硫等。总进口、隔油池、浮选产生含有机废气约1000～3000m^3/h，其中总烃浓度约500～2500mg/m^3（有时大于2500 mg/m^3），总硫（包括有机硫化物和硫化氢）约为0～30mg/m^3（有时大于30mg/m^3）；散发到大气中的这些污染物超过一定浓度，将超过国家《大气污染物综合排放标准》（GB 16297—1996）、《恶臭污染物排放标准》（GB 14554—93）和《工业企业卫生设计标准》（TJ 36—79）中的车间卫生标准。如果我们长期活动在被这些物质污染的环境中，可能引发呼吸系统、消化系统、生殖系统等疾病；在污染严重时，还会使人产生头晕、恶心、呕吐等急性中毒症状，甚至会发生死亡事件。因此，必须对该废气进行处理。九江分公司于2007年投资建成的污水处理场有机气体处理装置，采用抚顺石油化工研究院研制开发的“脱硫及总烃浓度均化——催化燃烧”联合处理工艺，处理废气3000Nm^3/h；此次装置运转废气为平流隔油池、斜板隔油池、总进口挥发的混合气体。于2008年5月6日起进行了试运行，运行一年后又于2009年8月10～12日进行了标定，从试运行的运转数据及标定的数据来看，装置运行稳定，处理后气体总烃达到《大气污染物综合排放标准》（GB 16297—1996）120mg/m^3的国家排放标准。

2　燃烧法的废气处理工艺原理

燃烧除臭法是利用高温热解恶臭气体的方法。分为直接高温燃烧法和催化低温燃烧法。

一般的直接燃烧处理程序。臭气用热交换机换热后导入脱臭炉，脱臭炉内的温度通常设定在650～800℃左右，接触时间为0.3～0.5s。炉内温度应尽量均匀是很重要的。温度分布不均将造成臭气脱除效率低下。脱臭炉排放的尾气预热交换机以及废热回收交换机回收废热后大气排放。这种方式在具有废热回收的蒸汽和热风的工厂可以有效、经济的运转。对于高浓度臭气处理用直接燃烧法是有效的，但是燃料费用高，燃烧后的气体中存有NO_x等气体成分，有二次污染的可能。

催化燃烧法和直接燃烧法一样，也是通过使臭气成分燃烧，氧化分解的除臭方法。因为使用催化剂可以比直接燃烧法更低温地运行。燃料的使用量也大幅度的减少。被处理的臭气通过前处理装置除去有害金属、酸性气体和粉尘等后，通过热交换机预热输送到脱臭炉内处理。通常炉温设定在250～350℃，接触时间为0.3～0.5s。催化燃烧所用的催化剂一般用铂、钯或非贵重金属铜、锰、铁、钴、锌、镍的氧化物，也有的用稀土化合物，对于苯类、醚类、酯类的恶臭气体，净化率可达99%以上。催化燃烧法具有净化效率高、操作温度较低、能耗较少等特点，是一种重要的恶臭脱除方法，可以彻底将废气中的有害物质转化为无害物质，达到脱臭的目的。催化燃烧整套装置可以采用PLC或DCS控制系统，设有温度自动控制、安全及报警连锁等措施，确保生产装置安全、稳定运行。

九江分公司炼油污水处理场有机气体处理采用催化低温燃烧法。

3 处理装置主要设计参数

1)处理工艺废气量：3000Nm^3/h。

2)处理后的废气达到国家规定的排放标准。

3)催化燃烧反应器入口气体温度240～300℃，空速10000～40000h^{-1}。

4 废气处理工艺流程

本装置属于工业装置，其任务是采用强化预脱硫及总烃浓度均化——催化燃烧联合工艺处理九江分公司炼油污水处理场集水井、事故隔油池、波纹斜板隔油池、压力溶气浮选池等散发的恶臭气体，使污水处理场及其周围的环境污染明显改善，处理后的废气排放符合国家排放标准。

本装置以催化燃烧反应器为核心设备处理污水处理场集水井、事故隔油池、波纹斜板隔油池、压力溶气浮选池等散发的恶臭气体，同时，为了保护催化燃烧催化剂，以及安全、稳定运行，配备了强化预脱硫及总烃浓度均化罐等必要的附属设备。

废气首先由引风机从封闭好的集水井、事故隔油池、波纹斜板隔油池、压力溶气浮选池等引出，经过输送管路进入强化预脱硫洗涤塔，再进入阻火器及总烃浓度均化罐。在脱硫及总烃浓度均化剂的作用下，废气中的H_2S和有机硫被脱除，同时完成废气总烃浓度的均化。然后废气经过引风机、过滤器、阻火器进入加热－换热－反应单元，废气中的有机物在适宜的温度和催化燃烧催化剂作用下，与氧气发生氧化反应，生成H_2O和CO_2，并释放出大量的反应热。处理后的气体携带大量的热量，通过换热器进行热能交换，对原料气进行加热，处理后的达标废气通过排气筒排放到大气中。

洗涤塔作为强化预脱硫措施，可以减轻脱硫及总烃浓度均化罐的负荷，降低装置的操作费用，延长脱硫及总烃浓度均化剂和催化燃烧催化剂的使用寿命，确保装置长期稳定运转。

废气进入洗涤塔后，其中的大部分硫化物被洗涤吸收。洗涤吸收液采用工业水加NaOH配制成5%～8%的稀碱液，或直接用液碱。吸收液经过塔上部的分散器分散后，沿填料流下润湿填料表面；废气自塔底向上通过填料缝隙中的自由空间与吸收液作逆向流动，在填料塔中废气与吸收液充分接触，废气中的含硫污染物被吸收，从而使废气的含硫量大大降低。如果废气中的硫化物浓度不是太高，即废气中(微库仑法)硫化物浓度为0～50mg/m^{3}时，可以不开本装置；如果废气中硫化物浓度超过50mg/m^{3}时，则需要开启强化预脱硫装置，以保证催化燃烧装置的长期稳定运行。

在其洗涤塔内上部安装除雾丝网，用来脱除废气中携带的水雾。

阻火器用来防止在意外情况下，下游管道中的火焰回流到隔油池、浮选池等。

一次风机为气体送入脱硫及总烃浓度均化罐提供动力；二次风机给反应器提供动力。

脱硫及总烃浓度均化罐内装填脱硫及总烃浓度均化剂，通过化学吸附、氧化转化等途径脱除硫化氢和有机硫化物，防止催化燃烧催化剂急性中毒；同时通过吸附－解吸作用，降低废气中总烃浓度的波动幅度，使总烃浓度维持在较稳定的水平，保持催化燃烧反应器的稳定操作。

加热－换热－反应单元是集加热、换热、催化燃烧反应于一体的整体装置，是本装置的主体设备。废气经换热(或加热)后，进入催化燃烧反应器。反应器内装填催化燃烧催化剂。在反应器入口气体温度250~300℃，空速10000~40000h^{-1}的条件下，将废气中的有机物氧化为CO_2和H_2O，并释放出大量的反应热。处理后的气体携带大量的热量，通过换热单元将热量传给处理前的废气，使废气加热；处理后的气体经充分回收热量后，经烟囱排放到大气中。

一般情况下，废气燃烧放出的热量可维持系统的平稳运行，不需要提供外部能源。在正常条件下，加热器关闭或低负荷运行。只有在启动或当废气中有机物浓度较低时，需要启动加热器补充热量。

废气经过处理后，排放气体中各项指标应符合国家排放标准，达标排放。工艺流程见附图1。

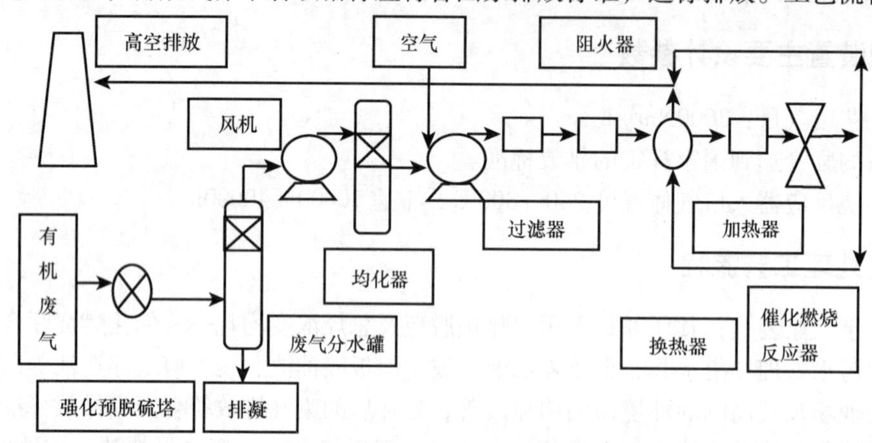

图1　催化燃烧法污水处理场有机废气流程

5　装置处理效果

2008年5月6日至5月13日对废气处理装置进行了半个月的试运转，并于2009年8月10~12日进行了标定；从试运转和标定期间考察项目包括装置耗电量、装置处理规模和处理效果。装置耗电量通过装置加热器和风机的输出功率来估算；装置处理规模由现场流量计标定；处理效果通过催化燃烧反应器进、出口废气的非甲烷总烃浓度等来考察。在装置的正式运转过程中，稀释空气阀门关闭，所有废气全部经催化燃烧装置处理。正式运转过程中装置运转平稳，催化燃烧反应器进口温度在240~300℃，流量为1700~3000Nm^3/h。

5.1　催化燃烧反应器的处理效果

催化燃烧反应器作为本装置的核心设备，它是考察的重点。在试运转和标定过程中，催化燃烧反应器进、出口分别共采样6次。分析项目包括反应器进、出口总烃、苯、甲苯、二甲苯等。

试运行期间催化燃烧反应器进、出口废气的分析结果列于表1、表2中；标定期间催化燃烧反应器进、出口废气的分析结果列于表3、表4中。

表1　试运行期间催化燃烧反应器对非甲烷烃的去除效果

采样时间	总烃/(mg/m^3)		总烃的去除率/%
	进口	出口	
2008-05-07	2260	19	99.16
2008-05-08	2379	35	98.53
2008-05-09	1071	59	94.49
2008-05-10	1190	45	96.22
2008-05-12	991	47	95.26
2008-05-13	644	11	98.29

表 2 试运行期间催化燃烧反应器对“三苯”的去除效果

采样时间	进口/(mg/m^3)			出口/(mg/m^3)			对应的去除率/%		
	苯	甲苯	二甲苯	苯	甲苯	二甲苯	苯	甲苯	二甲苯
2008-05-07	5.0	5.0	25.0	未检出	未检出	未检出	100	100	100
2008-05-08	13.0	27.0	31.0	未检出	未检出	未检出	100	100	100
2008-05-09	11.0	27.0	17.0	未检出	未检出	未检出	100	100	100
2008-05-10	8.0	6.0	3.0	未检出	未检出	未检出	100	100	100
2008-05-12	4.0	5.0	3.0	未检出	未检出	未检出	100	100	100
2008-05-13	3.0	3.0	7.0	未检出	未检出	未检出	100	100	100

表 3 标定期间催化燃烧反应器对非甲烷烃的去除效果

采样时间	总烃/(mg/m^3)		总烃的去除率/%
	进口	出口	
2009-08-10(10:00)	1239	49	99.16
2009-08-10(15:00)	1326	62	98.53
2009-08-11(10:00)	1167	34	94.49
2009-08-11(15:00)	1277	43	96.22
2009-08-12(10:00)	991	68	95.26
2009-08-12(15:00)	892	62	98.29

表 4 标定期间催化燃烧反应器对“三苯”的去除效果

采样时间	进口/(mg/m^3)			出口/(mg/m^3)			对应的去除率/%		
	苯	甲苯	二甲苯	苯	甲苯	二甲苯	苯	甲苯	二甲苯
2009-08-11(15:00)	35	25	25	未检出	未检出	未检出	100	100	100
2009-08-12(15:00)	10	15	20	未检出	未检出	未检出	100	100	100

《大气污染物综合排放标准》(GB 16297—1996)规定：苯 12 mg/m^3；甲苯：40 mg/m^3，二甲苯：70 mg/m^3。

表 1~表 4 数据表明，在反应器入口温度 240~300℃的条件下，废气经过催化燃烧装置处理，净化气体中的苯、甲苯、二甲苯等污染物均未检出，总烃浓度均低于 120mg/m^3，即非甲烷总烃浓度也低于 120mg/m^3，符合我国《大气污染物综合排放标准》(GB 16297—1996)规定的排放标准。

5.2 脱硫及总烃浓度均化器的处理效果

试运行、标定期间的脱硫及总烃浓度均化器进、出口废气的总硫数据如表 5、表 6。

表 5 试运行期间脱硫及总烃浓度均化器的脱硫效果

采样时间	进口/(mg/m^3)		出口/(mg/m^3)		对应的去除率/%	
	硫化氢	总硫	硫化氢	总硫	硫化氢	总硫
2008-05-07	3.78	4.98	未检出	未检出	100	100
2008-05-08	3.58	28.0	未检出	未检出	100	100
2008-05-09	1.29	2.15	未检出	未检出	100	100
2008-05-10	2.15	2.15	未检出	未检出	100	100
2008-05-12	0.41	0.70	未检出	未检出	100	100
2008-05-13	1.68	2.05	未检出	未检出	100	100

表 6 标定期间脱硫及总烃浓度均化器的脱硫效果

采样时间	进口/(mg/m^3)		出口/(mg/m^3)		对应的去除率/%	
	硫化氢	总硫	硫化氢	总硫	硫化氢	总硫
2009-08-10	4.0	30.0	未检出	5.0	100	83.3
2009-08-11	3.0	25.0	未检出	5.0	100	80
2009-08-12	2.5		未检出		100	

由表 5、表 6 可见，经过脱硫及总烃浓度均化器的脱硫处理，其出口废气中的总硫含量未检出，均符合《恶臭污染物排放标准》(GB 14554—93)规定的排放标准。这表明脱硫及总烃浓度均化器良好的脱硫效果。

5.3 装置能耗分析

本装置的能耗主要有电和碱液(浓度30%)，主要用于预脱硫分水塔，消耗量约500kg/月，当碱液pH降低至7左右时，需补充碱液，废液排至污水系统。净化风主要用于装置气动阀的用风，用风量很小，可不做计算。

电耗主要用于风机和电加热器。正式运转期间，废气中的有机物浓度不是特别高，不能满足系统热量平衡的需要，因此，需要通过电加热器补充少量的热量。期间，二段加热器一直处于关闭状态，装置仅需要一段加热器提供一定的热量来维持装置的稳定运转。根据现场一段加热器的开启状态和频率，输出功率基本上在10% ~50%之间波动，连续运行两个月后，含烃气体浓度低，按平均50%估算，则用于加热器的电耗为81 ×0.5 ×50% =20.25kW(加热器总功率81kW，两段功率平均分配)。

一次风机和二次风机的变频输出均为60%，它们额定功率均为18.5kW，则两台风机的电耗为22.20kW。

装置的总耗电为电加热器和两台风机总和，即42.45kW。可见，整个装置耗电量仅相当于一台功率为三十几千瓦的风机的耗电量。在废气浓度较高时，加热器的输出为零，仅靠反应器产生的反应热便可以维持反应的进行。因此，整个装置的耗电量是很低的。

6 结论

1)本催化燃烧处理装置可以治理炼油污水场产生的挥发性有机气体，催化燃烧反应器出口气体的总烃(非甲烷总烃)浓度均在120mg/m^{3}以下，苯、甲苯、二甲苯浓度未检出，无机和有机硫化物浓度未检出，均符合国家排放标准。

2)催化燃烧反应器对苯系物也具有很好的处理效果。

3)在正常操作条件下，装置的能耗主要是风机用电和电加热器耗电，总电耗42.5kW左右。

4)通过实验表明，使用催化燃烧法处理炼油污水场产生的挥发性有机气体是可行的，不产生二次污染。

HAZOP 分析法在连续重整装置设计阶段的应用

严国南
（中国石化广州分公司，510726）

摘　要：运用危险与可操作研究（HAZOP）方法对广州石化 1Mt/a 连续重整装置设计的管路和仪表流程图（PID）进行分析，探讨工艺变化对各单元的影响，及时发现装置设计过程存在缺陷及不足，对偏差提出控制措施和操作建议，为装置的建设和开车提供技术指导和支持。

关键词：危险与可操作性研究　催化重整装置　装置设计　安全评价

1　前言

广州石化 1Mt/a 催化重整联合装置采用中国石化集团洛阳石油化工工程公司连续重整的专利技术，自 2007 年 10 月起，由中国石化集团洛阳石油化工工程公司实施工程总承包，装置计划投资 10 亿元人民币，占地约 $2.74\times10^4 m^2$。联合装置包括催化重整、芳烃抽提、重整氢提纯三个主要工艺过程。

在设计阶段，本文采用 HAZOP 方法对重整及再接触部分、催化剂再生部分两个工艺单元 P&ID 图进行分析评价，并对发现的设计缺陷和偏差提出控制措施和操作建议。

2　HAZOP 方法简介

HAZOP 方法，即危险与可操作性研究（Hazard and Operability Analysis），是以系统工程为基础的一种可用于定性分析或定量评价的危险性评价方法，用于探明生产装置和工艺过程中的危险及其原因，寻求必要对策。通过分析生产运行过程中工艺状态参数的变动，操作控制中可能出现的偏差，以及这些变动与偏差对系统的影响及可能导致的后果，找出出现变动 偏差的原因，明确装置或系统内及生产过程中存在的主要危险、危害因素，并针对变动与偏差的后果提出应采取的措施[1]。

HAZOP 方法尤其适用于建设项目的安全评价。通过 HAZOP 分析，可以有效发现/分析系统潜在危险，以及人为误操作的后果，提出解决措施。分析步骤为：a. 选择一个工艺单元操作步骤，收集相关资料；b. 解释工艺单元或操作步骤的设计意图；c. 选择一个工艺变量或任务；d. 对工艺变量或任务用引导词开发有意义的偏差；e. 列出可能引起偏差的原因；f. 解释与偏差相关的后果；g. 识别现有防止偏差的安全控制措施或保护装置；h. 基于后果、原因和现有安全控制措施或保护装置评估风险度；i. 建议控制措施。

3　HAZOP 方法的实施

3.1　成立审查组

HAZOP 分析工作是由专家小组来完成，所以小组的成员必须具有丰富工作经验和广泛知识。催化重整联合装置涉及复杂的工艺过程，HAZOP 分析人员需要 5 ~ 8 人，包括设计、工程施工、工艺操作、设备维修、仪表/电气调校维护及公用工程系统等有丰富经验的专业技术人员，其中设计方总工程师担任组长，参加人员包括设计工艺工程师、工艺控制仪表工程师、安全环保工程师等，业主方参加人员主要包括工艺、设备、仪表和安全管理技术人员，每次会议根据讨论单元的特点可适当调整参加人数。

3.2 工艺单元的选定

为方便 HAZOP 讨论，宜根据装置工艺特点将工艺设计分解成若干段，覆盖到工艺装置、公用设施、储运设施、公用工程、其他服务设施和界区内设备的每一部分，并确保不被遗漏。然后根据每段的工艺目的和重要性的大小，给予不同的重视，排出讨论日程计划。

国际上对石化建设项目的 HAZOP 分析，一般需要 8 ~ 12 周(每周五个工作日，每个工作日讨论半天)时间。HAZOP 分析耗时长，国内石化项目很少采用该方法。由于广州石化 100×10^4 t/a 催化重整联合装置是国内第一套采用催化重整自主产权专利技术的装置，基于谨慎设计、促进双发交流协作的原因，设计方选用了 HAZOP 分析方法。考虑到工期紧、人员集中困难等因素，HAZOP 分析会议采取缩短周期、延长每天分析时间、分批次集中等方式，重点分析含有新工艺和复杂工艺的重整及再接触部分和催化剂再生部分，对其他单元成熟工艺则不予考虑。

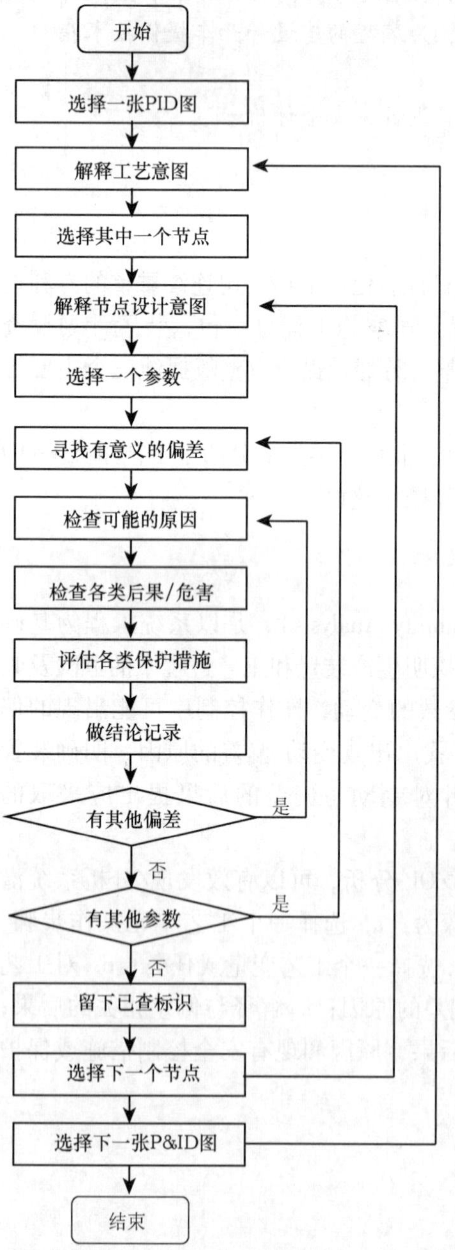

图 1 HAZOP 分析流程

3.3 资料准备

HAZOP 分析会议过程主要以 PID 图作为分析的原点，其中重整及再接触部分包括换热系统、“四合一”加热炉、反应器系统、再接触制冷器系统、冷却系统、循环氢压缩机系统、重整氢增压机系统、四氯乙烯注入系统、除氧水注入系统等 24 个节点；催化再生部分包括再生催化剂还原系统、催化剂循环系统、催化剂料斗系统、催化剂隔离提升系统、再生催化剂分离料斗系统、闭锁料斗系统等 20 个节点。主要资料有：a. 附有设备、仪表、配管规格、故障阀故障位置、管线编号的工艺流程图；b. 所用化学品的物料安全数据表及特性；c. 工艺说明、工艺化学原理；d. 平面布置图；e. 项目工艺流程图、工艺条件、物料及能量平衡、设计参数、过程描述；f. 工艺危害说明；g. 工艺联锁控制图；h. 紧急停车方案；i. 安全泄压系统方案[压力调节阀(PSV)/爆破膜位置(RD)、拟定卸压条件等]；j. 控制方案说明；k. 主要设备图；l. 类似工艺装置《装置操作手册》(洛阳炼油厂催化重整装置，UOP 技术)。

3.4 HAZOP 分析

3.4.1 定制流程

催化重整联合装置的 HAZOP 分析流程见图 1。

3.4.2 选择评价方法及判定标准

为了通过 HAZOP 分析识别出工艺设计中的潜在危险，并采取措施消除隐患，HAZOP 分析方法中可引入风险矩阵对每一节点的风险度进行定义。风险矩阵中，风险度(R)、事件发生的可能性(P)和后果严重程度(S)之间的关系为 $R = PS$,我们可以根据对风险度的可接受程度，设置风险度的判定标准，对不同风险值的节点采取相应的对策措施[2]。HAZOP 等级评定矩阵见图 2。

		可能性等级			
		1 不可能	2 低可能性	3 偶有可能	4 可能
严重程度等级	1 低	D	D	C	B
	2 严重	D	C	B	B
	3 很严重	C	B	B	A
	4 灾难性的	B	A	A	A

图 2 HAZOP 等级评定矩阵图

图中可能性级别定义如下：

级别 1（不可能）——在装置和设施的使用期限内预计不会发生事故，到目前为止任何地方还没有发生过类似事故。事故概率 $<10^{-4}$；如：多种仪表或阀门失灵；正常情况下的操作失误；工艺设备故障。

级别 2（低可能性）——在工艺或设施的操作年限内预计发生次数不超过 1 次。事故概率 $10^{-2}\sim10^{-4}$；如：双仪表或双阀失灵；装卸区出现大泄漏；管道或管件的损坏；仪表失灵的同时操作失误。30 年内不超过 1 次。此类事故在石化行业已有发生。

级别 3（偶有可能）——在工艺操作周期内预计发生次数超过 1 次，事故概率 $10^{-1}\sim10^{-2}$ 如：装置出现泄漏；单个仪表或阀门失灵；引发少量有害物料泄漏的操作失误；每五年发生 1 次 。

级别 4（可能）——在工艺或装置操作周期内预计重复发生。每年至少 1 次。事故概率 $\geqslant10^{-1}$。

严重等级定义如下：

1 级（较低影响）——可能发生人员（损失工时）伤害事件；生产现场环境污染（突破限值），对现场外没有影响；装置局部事故，装置不停车，产量下降（ <10% ）；设备轻微受损（费用 $<10\times10^4$ 元）。

2 级（严重）——可能发生严重人员伤亡事故；可能发生环境污染（突破限值），破坏周边环境但影响较小；装置可能发生局部损坏，产量明显下降（ ≥10% ）；设备受损或装置短时间停车（10×10^4 元≤费用 $<100\times10^4$ 元）。

3 级（很严重）——现场易发生重大伤亡事故；易发生环境污染（突破限值），严重破坏周边环境，影响较大；大量设备受损或装置长时间停车（费用 $\geqslant100\times10^4$ 元）。

4 级（灾难性影响）——现场发生重大伤亡事故，概率 $\geqslant10^{-1}$；发生环境污染且严重破坏周边环境，概率 $\geqslant10^{-1}$；装置受损停车（费用 $\geqslant500\times10^4$ 元）。

风险度等级定义如下：

A ——不可接受的风险，应立即采取行动将风险降低到 B 或更低，后序方案应到达 C 水平。

B ——不希望有的风险，要求加强管理或工程上的控制措施以将风险降低到 C 水平或更低。

C ——最低风险，控制或书面程序应得到确认。必须要考虑其他管理控制措施，费用应进行优化。

D ——可接受风险，无需行动。

3.4.3 引导词参数分析

在 HAZOP 分析开始时，组长首先根据图 1 流程对整个装置设计做一个详细介绍，并讲解每一段细节的设计目的，讲解内容由记录员记录下来。HAZOP 标准参数和引导词见表 1。根据表 1 组长结合引导词与参数，针对装置的某节点提出问题。

表 1 HAZOP 标准参数和引导词 [3]

参数	引导词						
	无	过多	过少		相反	部分	像…一样
流量	√	√	√	√	√	√	
温度		√	√				
压力	√	√	√	√			
液(料)位	√	√	√				
组成				√	√		
化学反应	√	√	√				
其他							

例如：组长选择第一个参数“流量”结合第一个引导词“无”向研究小组提问：什么情况下正常流量会变成无流量？然后组员共同研究这种情况可能发生的原因，分析这些原因对系统正常运行可能造成的影响，并探讨设计中的安全措施是否可减少或避免这些非异常情况对系统的影响，最后大家提出改进措施的建议。组长将概括组员提出的改进措施，并作节点总结。措施建议和节点总结由记录员负责记录。

为提高会议研究效率，组长通常向组员提供对于引导词中导致参数偏差的原因或实例，用来提醒组员注意某些容易忽略的参数，以及相关操作细节描述。常见的偏差实例见表2。

表 2 各种可能导致偏离的实例

引导词参数	可能导致偏离的原因
无流量	阀门关闭，流向错误，管路堵塞，误加盲法兰，止回阀错误，过滤器堵塞，管线破裂，伴热故障，气锁，管线中铵盐结晶，流量转换器/控制阀故障，泵或容器损坏等
较少流量	部分堵塞，容器或阀故障，泄漏，泵效率损失
较多流量	控制阀开得过大，流量控制器故障，多泵操作，泵出口压力降低，泵入口压力增加，其他路线的物流流入，换热管破裂
其他流量	压力突然降低导致双相流，过热导致汽液混合，换热管破裂导致冷热媒体混合，分离罐中的分离界面破坏；其他介质进入，水压试验残留的液体，穿过绝缘层的物料等
压力降低	压控阀故障，泄压阀起跳后没有回落，泵的输出能力大于罐的放空能力，当罐倒空时放空阀关闭，冷却使罐内汽相冷凝，泵或压缩机入口管线阀门关闭
压力较高	湍流，后路排放不畅，温升过快，压控阀故障，液位控制故障导致高压气体进入
温度较低	气温突降，压力损失，热损失，换热管破裂，温度控制器故障，压力释放，夹套冷却
温度较高	温度控制故障，气温升高，冷却管堵塞，冷却水故障，换热管破裂
液位高	液位控制故障，出口控制阀开启失效，进入容器的流量大于排出的量，排出管线堵塞
液位低	液位控制故障，出口控制阀无法关闭，排放阀打开
组成变化	物料通过隔热层，从换热管漏出，错误进料，阀门泄漏导致物流污染，换热管泄漏，物料分离不完全，产品腐蚀
化学反应	组成变化，芳潜含量变化，烧焦氧含量变化，催化剂积碳波动，电加热器失控，物料含导致催化剂中毒杂质，催化剂失效，水氯平衡破坏

3.4.4 过程分析与记录

HAZOP 分析过程中，由组长牵头，引导组员对每一个节点的每一个参数和引导词进行讨论，并做好记录，以用于形成 HAZOP 分析报告中的记录表和建议措施报告表。

记录表主要包含以下字段：记录表序号、偏差研究序号、节点名称、PID 图号、参数、引导词、偏差、原因、后果、可能性、严重程度、已有保护措施、建议、采取措施后风险等级、备注、分类码、后续答复(责任方/答复)等。

建议措施报告表主要包括以下字段：序号、记录表序号、P&ID 图号、原因、建议、分类码、采取措施后风险等级、后续答复、设计方评审意见、责任方、预期目标完成时间、执行信息反馈、关闭状态、责任方答复等[4]。

3.4.5 分析记录示例

重整再生器闭锁料斗为再生系统的核心技术，也是催化重整国产化专利技术的关键部位，组长牵头重点对该部位进行了 HAZOP 分析，其中有 3 项位于 B 区，需落实防范措施以降低风险，另外还发现设计中仍有缺陷，需要调整工艺，增加阀门、分析仪器等设备。分析结果对工艺设计改进有较大的帮助。该节点关键参数、偏差及建议见表 3。

表 3 再生系统催化剂闭锁料斗 HAZOP 分析表

参数	引导词	原因	后果	可能性	严重程度	已有保护措施	建议
流量	无	管线 NG30519 上阀门坏了	闭锁料斗停车，再生系统停	2	1	催化剂再生系统可以临时停车	取消管线 NG30519 上阀门
流量	无	管线 NG30503 上过滤器堵塞	闭锁料斗停车，再生系统停	2	1	1 过滤器前后有压差 2 过滤器有备用 3 催化剂再生系统可以临时停车	过滤器安装时注意管线不要有死区
流量	倒流	阀门 UV30509 开，循环氮气反窜至氮气系统	污染装置内新鲜氮气系统	2	3	无	在管线 NG30520 加单向阀
压力	升高	管线 NG30914 上 PV30903B 阀失控	1 影响闭锁料斗的正常操作，激活再生停车系统 2 损坏系统设备 3 淘析气反窜至四反底提升器进入四反	2	2	1 闭锁料斗自动停车，再生系统停车 2 有安全阀 SV305 3 四反底下部料斗有差压联锁切断管线 CAT30401	
压力	降低	管线 NG30915 上 PV30903A 失控	再生器含氧气体经缓冲区反窜至闭锁料斗，形成局部爆炸氛围	2	3	闭锁料斗与缓冲区之间有压差控制，压差减小时，闭锁料斗及再生系统停车	
温度	增高	再生器缓冲区气体反窜	再生器含氧气体经缓冲区反窜至闭锁料斗，形成局部爆炸氛围	2	3	1 闭锁料斗与缓冲区之间有压差控制，压差减小时，闭锁料斗及再生系统停车 2 循环氮气进压缩机前有冷却器 E305	
温度	降低	循环氮气加热器 E304 的加热蒸汽失控	无严重后果	2	1	循环氮气进压缩机前有冷却器 E305	
循环氮气缓冲罐液位	增高	系统氮气带液	损坏催化剂	1	3		此罐正常操作时应无液位

3.4.6 审查报告及建议程序

HAZOP 分析结束后，需尽快形成 HAZOP 报告，向设计方和业主方分别提出建议。HAZOP 报告内容主要包括：a. HAZOP 研究报告成果统计(整改建议分类统计)；b. 项目介绍(项目名称、背景、审查对象及范围、审查目的、审查原则与要求、时间和地点)；c. 工艺过程说明(装置概况、工艺设计技术说明)；d. HAZOP 工作方法(方法、工作流程、记录要求、风险分级标准、程序、引导词)；e. HAZOP 研究组成员介绍；f. 研究文件资料目录清单；g. 研究节点表(重整及再接触部分、催化剂再生部分及实际节点)；h. 待审内容和整改建议(需要进一步分析的项目、工作组提出的整改建议等)。

4 结语

本次对 $100 \times 10^4 t/a$ 催化重整联合装置的重整及再接触部分、催化剂再生部分两个工艺单元的 HAZOP 分析，共记录 484 条引导词分析记录，提出了 101 项整改建议，有效地发现装置设计过程存在缺陷及潜在隐患，并对偏差提出控制措施和操作建议。

事实证明，HAZOP 分析不仅能够使设计人员对于新建装置工艺过程及设备运行有更深的了解，帮助设计人员改进和优化工艺设计，而且能够帮助业主方技术人员了解设计理念，掌握设计意图，使业主方对单元中的危险及应采取的措施有透彻的认识，有利于装置安全、顺利、平稳地开车。

参 考 文 献

[1] 王秀军，陶辉．HAZO 分析方法在石油化工生产装置中的应用[J]．安全、健康和环境，2005，5(2)：6 ~ 9

[2] 戴树和等．工程风险分析技术[M]．北京：化学工业出版社，2007

[3] 王若青，胡晨．HAZOP 安全分析方法的介绍[J]．石油化工安全技术，2003，19(1)：19 ~ 22

[4] 罗莉．HAZOP 在石油化工设计中的应用[J]．石油化工设计，2006，23(4)：15 ~ 18

C/N 值对废水脱氮效果影响的试验研究

荣丽丽　王薇　孙玲
（中国石油大庆化工研究中心，大庆　163714）

摘　要： 选择 A/O 两段式接触氧化模型试验方法对炼油废水进行处理，取得了理想的处理效果。通过试验，研究不同 C/N 值对废水脱氮除碳效果的影响，试验表明当 C/N 值为 8 时，COD、氨氮、总氮及硝酸盐氮的去除率均达到 90% 以上，出水水质达到国家一级排放标准。

关键词： C/N 值　废水脱氮

随着城市化和工业化程度的不断提高，含氮营养物质引起水体富营养化问题日益突出，尤其石化行业排放的废水，含氮量较高，因此废水脱氮问题成为近年来污水处理领域的热门和难点。废水脱氮处理中进水 C/N 值的高低对脱氮的效果具有重要的影响。控制合适的 C/N 值可有效地提高废水的处理效果尤其是降氨脱氮效果。在正常范围内，C/N 值越高，缺氧反硝化与好氧硝化的碳源越充足，即同步硝化反硝化越明显，总氮（TN）的去除率也就越高。另外，进水 C/N 值对同步硝化反硝化的影响还表现在有机污染物负荷的高低。有机污染物负荷过高，异养菌活动旺盛，势必会在一定程度上抑制硝化反应，而硝化不充分必然会影响反硝化；有机污染物负荷过低，有机物大量消耗，会影响反硝化的碳源需求。所以进水 C/N 值是影响脱氮效率的重要因素。本试验选择“A/O 两段式接触氧化法”对废水中氨氮（NH_3^-N）进行处理，该方法对氨氮和化学需氧量（COD）能同时有效的处理，是比较理想的新型生物脱氮工艺。

1　试验部分

1.1　试验装置及仪器

试验选用模型试验方法，采用“A/O 两段式接触氧化法”模型试验装置，装置如图 1。挂膜驯化后，装置进入试运行，连续进出水，好氧池持续曝气充氧。进水用蠕动泵计量。水温和溶解氧的测定使用上海雷磁的 JPBJ－608 型便携式溶解氧分析仪，化学需氧量（COD）、氨氮（NH_3^-N）、总氮（TN）、硝酸盐氮（NO_3^-N）等项目的分析方法参考《水和废水监测分析方法（第四版）》。

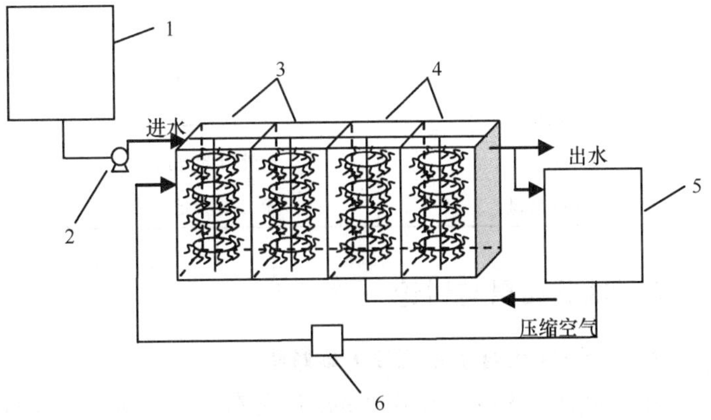

图 1　模型试验装置

1.2　试验材料

试验用水取自炼油污水处理厂气浮池出水，所用活性污泥取自炼油污水处理厂缺氧池和好氧池污泥，曝气采用压缩空气。原料指标如表 1。

表1 原料指标

分析项目	CODcr/(mg/L)	BOD_5/(mg/L)	pH	NH_3^-N/(mg/L)	TN/(mg/L)	NO_3^-N/(mg/L)
气浮池出水	321.17	213.56	7.23	32.07	38.43	0.29

1.3 试验方法及分析项目

(1)挂膜和驯化

取炼油污水处理厂缺氧池污泥(MLSS约5800mg/L)和好氧池污泥(MLSS约5000mg/L)分别投入缺氧和好氧反应器，用污水厂气浮池出水填满反应器，并投加营养盐，按COD: N: P=200: 5: 1的比例，投加磷盐(K_2HPO_4)和尿素，并适当补充葡萄糖作为碳源。缺氧池进行静置，好氧池进行曝气，约15天完成挂膜和驯化。

(2)试验过程

本试验以炼油厂污水处理装置的A/O工艺进水(即气浮工艺出水)为研究对象，采用"A/O两段式接触氧化法"模型实验装置进行连续流实验。装置运行控制指标如表2。进水中加入营养盐磷盐(K_2HPO_4)和尿素，投加按COD: N: P=200: 5: 1。试验中水质COD和氨氮的变化采用添加不同比例甲醇和氯化铵来实现。

表2 A/O工艺运行控制指标

工艺指标	温度/℃	pH值	HRT/h	DO/(mg/L)	内回流比
A段	20~40	7.0~7.5	10~12	≤0.5	—
O段	20~30	7.0~8.0	10~15	2~4	0.5~1.0

注：HRT——水力停留时间；DO——溶解氧浓度。

(3)分析项目

试验所需开展的分析项目及方法见表3。

表3 分析项目及方法

分析项目	分析方法	采用标准
化学耗氧量	重铬酸钾法	国标GB/T 11914—1989
pH值	玻璃电极法	水和废水监测分析方法(第四版)
溶解氧	溶解氧测定仪	国标GB/T 11913—1989
氨氮	滴定法	国标GB/T 7478—1987
总氮	紫外分光光度法	国标GB 11894—89
硝酸盐氮	酚二磺酸光度法	国标GB 7480—87

2 试验结果与讨论

2.1 C/N值对出水COD的影响

将好氧池DO控制在4.0 mg/L左右，水力停留时间(HRT)为12h，缺氧池DO小于2mg/L，HRT控制12h。进水COD根据C/N值，通过稀释进水，及添加氯化铵和甲醇的方法，来改变水中COD和总氮的浓度，反应池温度为25~30℃的条件下，通过改变进水COD浓度进行不同C/N对总氮的处理效果实验，结果表4所示。

表4　不同 C/N 值对出水 COD 的影响

C/N	进水 COD/(mg/L)	出水 COD/(mg/L)	去除率/%
4	151.6	14.9	90.17
6	231	22.1	90.43
8	301.8	29.7	90.16
10	379.5	37.5	90.12

根据表4可以看出，C/N 值在4～10时，COD 去除率均较好，均在90%以上而且出水 COD 均小于50mg/L。尽管进水的 COD 浓度有一定波动，但出水一直保持较稳定的 COD 浓度，保持较高的 COD 去除率，可见该处理系统具有一定的耐有机负荷冲击能力和水质适应能力。

2.2　不同 C/N 值对总氮(TN)去除的影响

试验条件如2.1介绍，进水总氮(TN)保持在40 mg/L 左右，反应池温度为25～30℃ 的条件下，通过改变进水 COD 浓度进行不同 C/N 值对总氮的处理效果实验，结果表5所示。

表5　不同 C/N 值对出水总氮的影响

C/N	进水 TN/(mg/L)	出水 TN/(mg/L)	去除率/%
4	37.4	20.3	45.72
6	37.5	10.5	72.0
8	37.5	3.5	90.67
10	37.3	10.6	71.58

从表5可以看出，当 C/N 值控制在6～8之间时，具有较高的脱氮效果，TN 去除率可达到70%以上，且出水水质稳定，出水 TN 为10 mg/L 左右。当 C/N 值达到10时，因体系中硝化反应较差，从而造成体系的脱氮效能亦受到相应的影响，脱氮率下降。那么，C/N 值在8左右时，可较好地满足该工艺的脱氮需要。

2.3　不同 C/N 值对氨氮(NH_3^-N)去除的影响

试验条件如2.1介绍，进水氨氮在30mg/L 左右，试验结果如表6所示。

表6　不同 C/N 值对出水氨氮的影响

C/N	进水 NH_3^-N/(mg/L)	出水 NH_3^-N/(mg/L)	去除率/%
4	32.7	5.6	82.87
6	30.5	4.8	84.26
8	31.2	3.1	90.06
10	33.6	7.3	78.27

从表6可见，C/N 值在4～8时，该体系表现出理想的氨氮处理效果，氨氮去除率达到80%以上，氨氮出水浓度也基本上处于5 mg/L 左右。当 C/N 值为10时，氨氮降解效果明显下降。根据试验结果来看，在高 C/N 值下，处理体系中有机碳源相对较充裕，有利于异养菌的繁殖而自养性硝化菌受到抑制，因此出现了氨氮降解效果降低的现象。

2.4　不同 C/N 值对硝酸盐氮(NO_3^-N)去除的影响

试验条件如2.1介绍，进水氨氮在30mg/L 左右，总氮(TN)保持在40 mg/L 左右试验结果如表7所示。

表7 不同C/N对出水硝酸盐氮的影响

C/N	缺氧池出水 NO_3^- N/(mg/L)	好氧池出水 NO_3^- N/(mg/L)	去除率/%
4	16.2	5.1	68.51
6	22.2	4.8	78.37
8	24.1	2.2	90.87
10	17.3	4.3	75.14

根据表7所示，C/N值为4时，好氧池出水的 NO_3^- N因体系中总体碳源不高未能及时得到反硝化而保持较高的浓度；但随着C/N比的增高，好氧池维持较充裕的溶解氧，出水的 NO_3^- N又有相对较充裕的有机碳源存在而快速反硝化，因而出水保持较低的浓度；但是C/N值并非越高越好，当增至一定程度时，出水的 NO_3^- N去除率开始下降，当C/N值为10时，即在硝化反硝化过程中，反应器中C/N值过高，会抑制硝化过程的进行，同时也导致氨氮降解过程减缓。

3 结语

综上试验，通过改变C/N值来考察反应器总体脱氮的效果，当C/N值为8时，反应器总氮、氨氮、硝酸盐氮都得到了很好的去除；当C/N值小于8时，碳源不足，无法满足反硝化所需要的碳源，反硝化反应不充分，总氮去除率低；当C/N值大于8，由于水中COD浓度较高，影响硝化和反硝化的进程，导致出水总氮、氨氮和硝酸盐氮的去除率降低。

通过考察C/N值对系统处理效果的影响，认为针对炼油污水处理厂气浮池出水采取“A/O两段式接触氧化法”进行处理，当C/N值为8时，根据国家一级排放标准规定：COD ≤50mg/L，氨氮≤5mg/L,TN ≤15mg/L，试验出水水质满足标准，说明该工艺能适于炼油污水的处理，具有较好的应用前景。

石化环保监测系统中水的干扰分析探讨

方培基 王复兴 马安西 袁俊

（西克麦哈克（北京）仪器有限公司，北京 100095）

摘　要：本文论述了在石化行业防爆型环保排放检测系统（CEMS）中水分对分析仪的测量组分干扰研究，采用参比与测量仪器串联方式同时测量样气中水分和测量仪器以 SO_2 数值为例的方法。结果显示：新型测量原理的红外分析仪抗水分干扰的能力有了显著提高。

关键词：水分干扰　CEMS　红外分析仪

1　引言

为了贯彻《中华人民共和国大气污染防治法》，执行国家、地方大气排放标准，按照国家环境保护总局发布的固定污染源烟气排放连续监测技术规范和固定污染源烟气排放连续监测系统技术要求及检测方法[1,2]，在石化行业防爆型环保排放检测系统（CEMS）中通常采用非分散红外 NDIR 分析仪测量污染物 SO_2，NO_x，CO，CO_2等组分浓度。但由于水的红外吸收在红外波段与这些组分的光谱重叠会产生分析干扰，例如 SO_2 的红外参比波长和测量波长（5438nm，7370nm）NO_x（5250nm）CO（4720 nm）CO_2（2180nm，2010nm）处均有水的吸收干扰。如图 1 所示：水在此红外波段有很宽的吸收带，对这些组分均可能产生测量干扰，使测量数据失真。

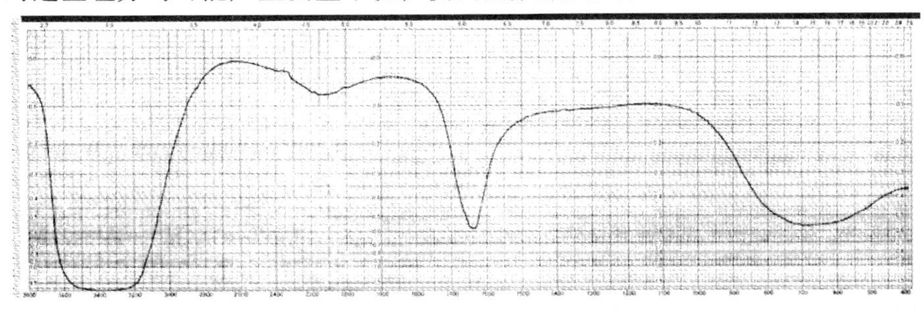

图 1　水分子的红外吸收光谱图

在目前石化行业应用 CEMS 系统中设计人员为了降低水的干扰通常采用精确制冷降温（约 4℃）以减少样气中水分并设法保持较低的常量水分（约 8000μg/g）并在系统标定时要求标气通过整个样气处理系统模拟含水的样气状态进行标定，尽可能减小水分对测量的干扰。另一种方法采用高温热湿法，分析仪系统需要在高于水和酸的露点气室温度（大于 150℃）运行，同时测量气体组分和水含量再由数据处理做水分对测量组分的干扰补偿得到标态下的测量结果。每一方法都各有优缺点，例如高温热湿法由于技术复杂，分析仪系统成本较高，应用受到限制。制冷降温方法除了有少部分的 SO_2［约 5%（v）］随冷凝液排放损失掉外，样气中的剩余少量水也会对其他组分测量产生光谱重叠和稀释的干扰而导致测量数据失真。水分对红外分析仪测量组分的影响程度将关系到石化环保监测测量数据的准确度，研究掌握这些影响程度和规律在设计和应用 CEMS 时将会考虑到这些影响因素。

为此，设计了如图 2 所示的水分干扰分析的系统，试验条件控制在室温 20℃，大气压力 101. 8kPa，采用注入微量水在干燥的氮气中雾化后经过汽化器，充分混合均匀后进入分别串联了相同测量量程(SO_2：0～2500 mg/Nm^3)的三种分析仪，串联同时测量以达到相同的试验条件。利用Multor红外模块测量样气中含水量并进行数据处理同时测量得到干扰补偿后的SO_2浓度测量值，这些测量结果与串联的Sidor或Unor模块同时得到的测量SO_2组分数据对比，分析比较样气中的含水量对这三种分析仪的测量结果影响程度，对石化环保CEMS系统设计和选型方案的合理性有指导意义。

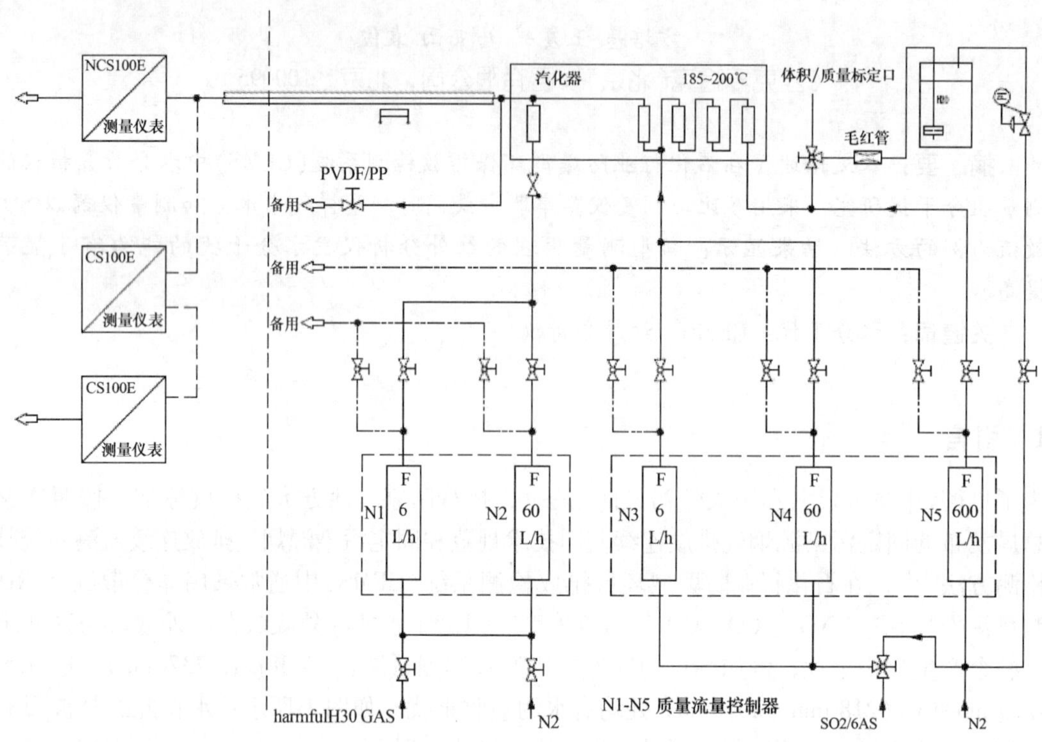

图2 水分对不同原理分析仪的测量影响分析系统示意图

2 试验结果和讨论

试验结果参见图3和图4。

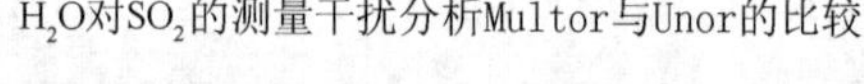

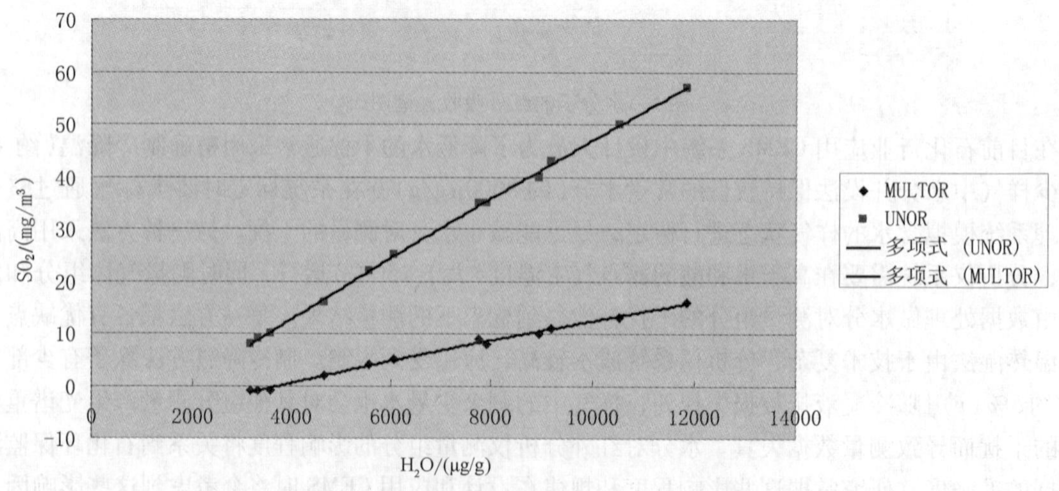

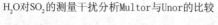

图3 H_2O对SO_2的测量干扰Multor与Unor的比较

从图3和图4的试验结果可明显地看到：随样气中水含量的增加对这三种分析仪的SO_2测量的

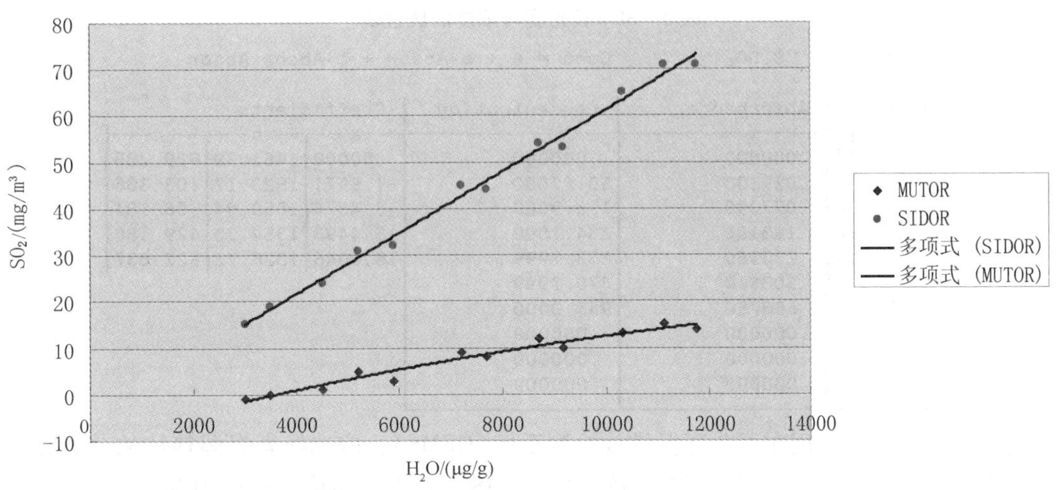

图4 H_2O 对 SO_2 的测量干扰 Multor 与 Sidor 的比较

零点基线值均有不同程度的干扰，但具有水分干扰补偿功能的红外分析仪 Multor 要比普通红外 Unor 和 Sidor 在抗水分干扰能力上无论是绝对干扰值还是影响趋势上都有了显著优势。这是由于在 Multor 分析仪中加入了水分组分的测量，水对 SO_2 的红外吸收光谱波段重叠和对 SO_2 浓度稀释的红外吸收光谱的影响会在仪器的数据处理中自动扣除，使得测量数据更趋于真实值。从 Unor 和 Sidor 分析仪测量得到的随样气中水分浓度增加 SO_2 测量基线本底数值曲线的较大斜率也可判断出：随水分的增加这种干扰影响会急剧增加，因此在设计石化 CEMS 分析仪系统时要严格控制使得样气和标气中的水分含量一致，并应选择具有水分干扰补偿的功能气体分析仪。而对于要测量的样气中含有易溶于水的气体组分时，例如：HCl，NH_3，HF 组分会随冷凝液排放损失掉，则不能采用制冷除水的分析仪系统，而应采用保留样气中水分的高温湿热分析系统，高温红外分析仪一定要做水分干扰的加式和乘式补偿曲线，如 MCS100E 在出厂时已在操作条件下的水对 SO_2 的干扰补偿进行了校准，请参见表 1 和表 2[3] 的干扰补偿表，表 1 表明：在样气中并无 SO_2 气体，但在 SO_2 红外吸收的测量波段有水的吸收干扰，并随水含量的增加，相当于 SO_2 的红外吸光度[absor]也相应增加。

表 1 水分对 SO_2 的加式干扰补偿表

IF table 31 SO_2

IF Component :13_H_2O
IF type: additive
IF signal:Absorbance

Fitpoint		Meascomp.[absor]	IF-component	a	b
1	√	.000000	.000000	.00000	-.20185
2	√	-.005194	.025732	-.01037	.20104
3	√	.004970	.076290	-.01734	.29248
4	√	.021030	.131200	-.02743	.36937
5	√	.039720	.181800	-.05269	.50830
6	√	.063610	.228800	-.08256	.63885
7	√	.092550	.274100	-.10678	.72723
8	√	.125130	.318900	-.09678	.69586
9	√	.146980	.350300		
10		.000000	.000000		

表 2 水分对 SO_2 的乘式干扰补偿表

IF table 32 SO_2

IF Component :13_H_2O
IF type: multiplicativ
IF signal:Absorbance

Fitpoint		Meascomp.[absor]	IF-component	a	b
1	√	.153110	.000000	.15311	-.18242
2	√	.129450	.129700	.16236	-.25371
3	√	.116790	.179600	.16476	-.26709
4	√	.104130	.227000	.16721	-.27788
5	√	.091820	.271300	.16586	-.27290
6	√	.078830	.318900		
7		.000000	.000000		
8		.000000	.000000		
9		.000000	.000000		
10		.000000	.000000		

如果对照表 3 的 SO_2 浓度与吸光度线性表比较，当样气中含有 35% 水分时相当于 220mg/m^3 左右 SO_2 的红外吸收，可见这种对 SO_2 的测量干扰是很大的。而水分对 SO_2 测量的另一干扰反映在对样气的稀释干扰，由于各级环保局要求的污染物排放报表是要换算成气体组分干标态值，而从表 2 的数据分析，对 SO_2 气体干态 234mg/m^3 的标气测量值随水分增加测量值减小，如果对照表 3 的 SO_2 浓度与吸光度线性表比较，当样气中含有 31.89% 水分时 SO_2 的测量值减小到 120mg/m^3 左右。这表明：要想精确测量环保排放废气中的污染物排放浓度就要保留样气中的水分并且测定其对测量组分的加式和乘式的干扰并进行数据处理消除干扰影响。应当讲，这种高温湿热法由于经样气处理后仍保留原来烟气的成分和状态是目前应用的环保排放监测系统中测量数据最为准确和接近真实值

的测量方法。

表 3 SO_2 吸光度与浓度的线性表

LIN table 8 SO_2 Conc = a + b×Absor + c×Absor×Absor

Fitpoint		Absorbance	Concentration	Coefficients a	b	c
1	√	.000000	.000000	.00000	1461.79	629.785
2	√	.039200	58.27000	-1.5971	1523.17	103.306
3	√	.077390	116.9000	-3.4874	1559.94	-56.181
4	√	.153150	234.1000	15.4493	1354.30	479.186
5	√	.230960	353.7999	18.8046	1328.72	527.037
6	√	.303610	470.7999			
7	√	.568750	945.0000			
8		.000000	.000000			
9		.000000	.000000			
10		.000000	.000000			

综上所述，对目前应用在石化环保排放检测系统(CEMS)，应选择高温湿热法的分析仪系统为好。如果应用条件有限，倘若要采用制冷除水的 CEMS 系统时，也应选择使用有水分干扰补偿功能的红外气体分析仪并在进行标定时要保持标气中含水量与经过处理后的样气一致，这样才能最大限度地降低样气中水分干扰的影响。以上试验结果对如何设计 CEMS 系统来降低样气中水分的测量干扰，特别是对低浓度 SO_2 测量应用，如 FGD 出口的测量 SO_2 的 CEMS 系统就显得尤为重要。

参 考 文 献

[1] HJ/T 75—2007 中华人民共和国环境保护行业标准

[2] HJ/T 76—2007 国家环境保护总局标准

节能减排

IGCC 节能技术在炼油厂减排中的应用

钱伯章　朱建芳
（上海擎督信息科技公司，上海）

摘要： 汽化一体化联合循环(IGCC)技术是现代化炼油厂进行渣油改质和减少污染排放的优选工艺之一。本文评述 IGCC 技术在国内外炼油厂中的开发应用及其节能减排效益。

关键词： 汽化一体化联合循环　技术　渣油改质　节能减排

1　概述

汽化一体化联合循环(IGCC)技术已成为现代化炼油厂渣油改质、提高能效、减少污染排放的优选工艺之一。

炼油厂 IGCC 技术采用高硫渣油(或焦炭)等炼厂劣质进料，通过基于部分氧化的汽化技术产生合成气，不仅可使合成气通过燃气轮机－蒸汽透平发电、产汽，而且可带来很大的环境效益，可使 CO_2 排放减少 40%，SO_x、NO_x、CO 和颗粒物质排放减少 80%，使炼厂满足日益苛刻的污染排放新标准。

IGCC 技术首先基于汽化技术，德士古和壳牌公司等均开发有专有技术。德士古公司已有 31 套汽化设施用于渣油汽化，发电量超过 6000MW。

2　国外应用

美国路易斯安娜州 Motiva 炼厂渣油汽化制氢用于加氢裂化装置，于 1983 年投运。荷兰壳牌佩尼斯炼油厂自 1997 年起就应用汽化技术发电和产氢。埃克森美孚化学公司新加坡的装置采用乙烯焦油汽化发电 160MW。日本炼制公司的装置使用沥青汽化发电 342MW 。2000～2001 年，意大利三座炼油厂投运利用沥青和减黏渣油为进料的 IGCC 装置，API 能源公司汽化 1470t/d 减黏渣油，发电 280MW；ISAB 公司汽化 3174t/d 脱沥青渣油，发电 512MW；SARAS 公司汽化 3772t/d 减黏渣油，发电 545MW，并向炼油厂供氢、供汽。美国 Premcor 公司 Delaware 城炼油厂 160 MW 发电装置投运于 2003 年，由石油焦生产电力和蒸汽。截至 2006 年，已有 14 套以上汽化 IGCC 装置在炼油厂投运。采用大陆菲利浦斯公司汽化工艺的 IGCC 装置建于辛特果石油公司查里斯湖炼油厂。2006 年，法国、美国和西班牙又有数套 IGCC 装置投产，分别处理渣油和石油焦进料。

IGCC 装置通过汽化产生合成气，也可为炼油厂提供了大量需用的氢气。

波兰 Grupa Lotos 公司(前 Gdanska 炼厂公司)是波兰第二大炼油厂，属加氢裂化和润滑油型炼油厂，2006 年原油加工能力达到 600 万吨。该综合性炼油厂组合采用了汽化装置，常减压渣油脱沥青后的沥青质作为汽化器进料；加氢裂化装置加工脱沥青油(DAO)，生产低硫柴油和加氢蜡油。汽化装置产生的氢气供加氢裂化装置用氢 72t/d，合成气为清洁燃料，供一体化汽化联合循环(IGCC)发电装置发电。联产发电装置有两台燃气轮机和二台蒸汽透平发电机，利用过剩的合成气发电，汽化过程的废热锅炉发生蒸汽。超临界脱沥青装置生产 260t/h DAO 供加氢裂化装置进料，68t/h 沥青质供汽化进料。加氢裂化装置使用来自汽化器的氢气 6. 5t/d。三台汽化器总能力 1632t/d(每台 544t/d)，后置酸性合成气处理单元(脱 H_2S 和 CO_2)、CO 变换和氢气提纯单元。

壳牌公司在荷兰的佩尼斯(Pernis)炼油厂是该集团最大的炼油厂之一，加工能力约为 1800 万吨/年。上世纪 80 年代后期，该炼厂进行了面向 21 世纪的现代化改造。主要项目有：建设世界规模级加氢裂化装置，处理能力为8000t/d，耗氢285t/d；建设1650t/d渣油汽化装置，产氢供加氢裂化装置，并通过联产发电装置产生高压蒸汽和清洁燃料气。联产发电装置由两台燃气轮机和两台蒸汽透平发电机组成，燃用来自汽化的过剩燃料气，并由汽化的流出物锅炉产生蒸汽。由总能力为1650t/d(每台550t/d)的并联汽化器系列组成汽化/制氢装置。以重质减黏渣油或减压渣油与丙烷脱沥青的沥青混合物为汽化进料。汽化能力大于所需的产氢能力，过剩的合成气用作联产发电装置燃气轮机的清洁燃料。该炼油厂的IGCC装置生产285t/d氢气供给炼油厂，另发电110MW供给炼厂和电网。同时取得减少排放污染的良好效果，设置IGCC前，SO_x、NO_x和颗粒物质排放分别为1.96、0.67和0.22kg/t原料，设置IGCC后，上述污染物排放分别减少到1.34、0.39和0.11kg/t原料。

意大利阿基普(Agip)石油公司萨那扎罗(Sannazzaro)炼油厂改造时选用了汽化技术。将减压渣油的减黏渣油在两台600t/d汽化器中汽化产生合成气，热的合成气冷却，产生过热蒸汽，并用水洗涤。合成气脱硫、脱除金属羰基化合物后送至发电站，部分氢气供炼油厂使用。汽化产生的烟炱洗涤，洗涤水送至过滤单元，烟炱以滤饼形式去除，滤饼送至膛式炉，将炭烧尽。烟炱去除单元中产生的富钒烟灰用于外售。

加拿大Opti公司Long Lake油砂加工一期改造项目中，将含硫的合成原油产品送入加氢裂化，进一步改质为优质低硫的合成原油。来自合成原油装置的沥青质作为液体进料进入汽化系统。该项目采用4台汽化器，每台能力为1033t/d。汽化产生的合成气经冷却器产生7.7MPa蒸汽。来自合成气冷却器的蒸汽经改质后提供给其他工艺装置作过程蒸汽。冷却后的合成气经酸性气体处理系统处理，处理后的大多数合成气直接送至变压吸附(PSA)单元以回收氢气。所产氢气足以满足改质装置的用氢需求，无CO变换反应器。来自PSA的较高压力尾气直接供给用户(主要是蒸汽发生器)。尾气低含CO_2，其热值与粗合成气差不多。

汽化产生的合成气不仅可通过联合循环发电、产汽、供氢，而且可用以生产石化产品，如羰基醇、甲醇、碳酸二甲酯、醋酸和醋酐等。合成气也可通过费-托合成生产石化用石脑油、高十六烷值柴油和高质量蜡。实施炼油向石油化工的延伸。德士古汽化工艺应用于Farmland工业公司将焦炭转化成合成氨项目中，来自炼油厂的1100t/d石油焦转化成1000t/d合成氨。德国韦塞林炼油厂的汽化装置处理600t/d渣油，合成气主要用于生产甲醇。新加坡裕廊岛与炼油厂毗邻的合成气公司通过汽化，将重质、高硫渣油转化成合成气，从中向炼油厂返回640000m^3/d氢气，同时将700000m^3/dCO用于生产醋酸。

因天然气和电价上涨、氢气(用于加氢处理生产清洁燃料)和蒸汽需求上升，而又有低价焦炭供应，使美国等地炼制商和电力生产商正热衷于石油焦炭汽化。面对重质原油加工和焦化装置增多，世界石油焦供应过剩，致使焦炭汽化倍受关注。

拥有一体化联合循环(IGCC)设施的两家美国电力生产商已将煤炭汽化切换为石油焦汽化：靠近Terre Haute的Wabash河电厂从2003年起100%改用焦炭；在Polk郡的Tampa电力公司也已改用60%焦炭。美国炼制商Premcor公司在Delaware城Motiva炼油厂的2400t/d石油焦汽化发电装置也提高了运转率。此外，将有更多的美国炼厂计划建设焦炭汽化项目，辛特果公司将投资13亿美元建设670MW石油焦汽化一体化联合循环(IGCC)装置，还有许多燃用天然气项目将利用其基础设施，切换为煤炭或石油焦汽化IGCC装置。焦炭汽化的扩展应用也将面向加拿大阿尔伯达油砂改质项目，这将使油砂生产商减少对天然气的依赖，以确保本世纪的合成原油生产。基于焦炭汽化的近期其他实施项目包括：Frontier炼制公司在美国堪萨斯州埃尔-多伦多炼厂的联产设施；西班牙Puertollano公司用于发电的焦炭/煤炭(各半)汽化联产设施；美国Coffeyvelle资源公司在堪萨斯州Framland炼油厂的焦炭汽化生产合成氨项目。美国Citgo公司也计划投资13亿美元，在查里斯湖炼油厂建设IGCC联合装置，生产670MW电并联产蒸汽和氢气。

美国Mosaic公司与美国合成气公司(USS)于2006年4月签署合同，建设世界规模级石油焦汽化项目，用于 Mosaic 公司在美国路易斯安娜州 Faustina 磷肥生产地生产 130 万吨/年合成氨。该联合装置将采用 GE 能源公司提供的汽化技术。Mosaic 公司将出售所生产的大部分合成氨。该联合装置由美国合成气公司（USS）建设和拥有。依士曼汽化服务公司是该装置的运营者，该装置由 JGC 公司进行基础设计。该联合装置的其他装置将生产 360 万吨/年二氧化碳，二氧化碳由一家石油天然气公司购买。另有约 840 亿立方英尺/年（2.35 亿立方米/年）合成气由工业用户购买。

据统计，美国休斯敦 2004 年初石油焦价格为 4 ~6 美元/吨（即 15 美分/百万英热单位），仅为美国天然气价格的 1/30。美国生产的大量石油焦用于水泥窑或锅炉，对环境有污染，因焦炭含硫高达 6%、含金属高达 3000PPm，而焦炭汽化具有诸多优点，焦炭（和煤炭）可转化为氢气、蒸汽和电力，转化过程像天然气转化一样“清洁”，远比常规燃煤发电要洁净得多，因而具有发展前景。

炼油厂生产的石油焦有三种利用方案：一种是外销，其价格只有 0.20 ~0.45 美元/百万 BTU（2004 年，美国），如果市场不好，还有销售困难。第二种是用作燃料，虽然投资和操作费用中等，但不是特别有效，即使利用循环流化床锅炉燃烧也需要后处理，且难以收集 CO_2；第三种汽化，虽然投资较高，但经济性好，优于外购能源，还能使原油加工利润提高 0.30 ~0.50 美元/桶，其污染物排放与天然气联合循环燃烧工厂相近，且能够收集 CO_2。石油焦用作汽化原料的好处还有：灰分低，热值高达 2800 万 BTU/t，成本远低于天然气。炼油厂的石油焦成本，在过去十年间只有 6 ~12 美元/吨，相当于 0.20 ~0.45 美元/百万 BTU。可是，2004 年美国的天然气平均价格为 6.14 美元/百万 BTU，前 5 年的平均价格为 4.63 美元/百万 BTU，过去 10 年的平均价格为 3.43 美元/百万 BTU。炼油厂用石油焦汽化生产合成气发电成本低，<1.5 美元/百万 BTU，制氢成本也低于天然气（4 美元/1000 英尺 3）的制氢成本。用合成气还可以生产肥料、化学品和合成油。此外，炼油厂的废油、罐底油泥、溶气浮选的固体物、催化裂化废催化剂等都可用作汽化原料。

据测算，一座 1000 万吨/年（20 万桶/天）炼油厂，生产高硫燃料级石油焦 4700t/d，需要用氢气 954 万 m^3/d、100 兆瓦电和 4.2MPa、399℃的蒸汽 853.5 吨/小时。新建一套汽化联合循环一体化（IGCC）装置的总投资为 9 亿美元。其中，空分装置（生产能力为 4200 吨/日氧气）投资 1.30 亿美元；汽化装置（包括焦浆制备、石油焦汽化、合成气净化、变换、硫磺回收）投资 3.70 亿美元；发电装置（包括 2 套燃气轮机和热回收蒸汽发生器以及 2 套辅助锅炉）投资 2.6 亿美元；辅助和系统外设施投资 1.40 亿美元。操作费用总计 5500 万 ~6500 万美元/年，其中操作和维修费用 4500 万美元/年，原料费用 1000 万 ~2000 万美元/年（石油焦价格按 6 ~12 美元/吨计）。按照这种方案的经营效果是：基建投资 9.0 亿美元，操作费用 5500 万 ~6500 万美元/年，收益/节省 1.8 亿 ~1.9 亿美元/年（天然气价格按 4.63 美元/百万 BTU，电价按 48 美元/兆瓦计），税后内部收益率 15%，电和蒸汽的现金成本 1.20 ~1.45 美元/百万 BTU 当量，原油加工费用节省 0.40 ~0.45 美元/桶。

3 国内应用进展

我国福建炼化公司在建设 80 万吨/年乙烯装置，炼油厂的炼油能力从 400 万吨/年扩增至 1200 万吨/年，改造后的炼油厂设计加工沙特阿拉伯含硫原油。改造项目设计中的汽化装置将处理脱沥青的沥青以生产合成气，合成气通过 CO 变换、脱除酸性气和 PSA，用于发电和产氢。氢气用于炼厂扩能后的工艺装置。含有芳烃化合物及高含量硫和金属的沥青质进入两台并列的汽化器系到，总进料量为 1200t/d，一个系列就可产生工艺过程用氢，另设第三台汽化器供 4 年一次的维修切换使用。来自汽化单元的粗合成气经 CO 变换和脱除酸性气，脱硫后进入燃气轮机。氢气通过 PSA 单元提纯。核心技术是汽化器和特定设计合成气流冷却器。汽化器为耐火衬里的低合金钢容器。汽化过程所需氧气来自空分单元。在 1300℃和 6.5MPa 下部分氧化的产物即为粗合成气，含有烟炱和灰的颗粒。粗合成气在合成气流冷却器中冷却至 400℃，回收的热量用于产生 12.5MPa 高压蒸气，高压蒸气供石化联合装置尤其是裂解装置使用。

2009 年 7 月，福建炼油乙烯 IGCC 项目打通全流程，稳定产出蒸汽和氢气，彻底改变了福建炼油乙烯一体化项目蒸汽不足的现状，为整个项目投料开车打下基础。福建炼油乙烯一体化项目共分乙烯、IGCC(汽电联产)、PX三大关键线路。其中，IGCC项目是目前国内第一套采用国外先进技术、与炼油化工装置配套的大型汽化一体化联合循环装置。它作为整个福建炼油乙烯一体化项目的公用工程核心岛，将为整个项目提供蒸汽、氢气、氮气、氧气和电力。宁波工程公司负责该项目的详细设计、物资采购和施工管理(EPC)工作，五建公司承建。IGCC装置是整个福建炼油乙烯一体化项目的"心脏"，采用的是国外新技术、新工艺。加工原油1200万吨，年产80万吨乙烯、80万吨聚乙烯、40万吨聚丙烯和70万吨芳烃的福建炼油乙烯一体化项目于2009年11月11日在福建泉州市泉港区正式投入商业运行。至此，中国首套高度集成的汽电联产大型环保节能项目——IGCC也宣告建成。建设了我国首套高度集成的汽电联产大型环保节能项目——IGCC(氧化汽化/汽电联产)装置，以沥青为原料，生产工厂所需的氢气、氧气、氮气、蒸汽及发电(满负荷运行时发电量可满足全厂大部分装置电力需求)，并回收过程中全部二氧化硫、氮氧化物及废渣，实现清洁生产"零排放"。

IGCC多联产是福建炼油乙烯项目中一套公用工程装置，对整个炼油乙烯项目的生产运营十分关键。该装置应用壳牌部分氧化工艺(POX)，以溶剂脱沥青装置沥青为原料，生产整个炼油乙烯项目所需要的部分氢气和大部分超高压蒸汽及部分电力。其中，发电能力为280MW，配套产生氢气$8\times10^4Nm^3/h$。同时副产氮气和氧气，满足生产装置新增氮气和氧气要求。

参 考 文 献

[1]节能减排——可持续发展的必由之路. 北京：科学出版社，2008

催化裂化催化剂生产中节能降耗成套技术开发

周灵萍　田辉平　于大平　严加松

（中国石化石油化工科学研究院，北京　100083）

摘　要：针对节能降耗减排的宏观要求，为了降低催化裂化催化剂的生产成本及综合能耗，提高催化剂的生产效率，进而提高产品的竞争力，石油化工科学研究院通过对催化裂化催化剂的活性组分、基质到催化剂的制备工艺进行整体优化，研究开发了催化裂化催化剂生产的节能降耗成套技术，并在催化剂剂齐鲁分公司成功进行了工业试验及工业应用，取得了显著的经济效益和社会效益。本文介绍了其中的两项重要创新技术即结构优化分子筛 SOY 及其制备新技术以及催化剂高固含量成胶工艺技术的研究开发、工业试验、工业应用及节能降耗效果。

关键词：分子筛　结构优化　催化裂化　高固含量　节能降耗

1　前言

在世界能源日益紧张及国际市场日益竞争激烈的情况下，简化、优化工艺流程，提高催化剂生产效率；节能降耗，降低催化剂生产成本，提高产品的竞争力，是国内外催化剂生产企业追求的目标，也是催化剂生产技术发展的必然趋势。进入 21 世纪，我国已正式成为世界贸易组织的成员国，我国催化裂化催化剂生产企业面临着前所未有的挑战。首先是要降低催化剂生产成本；其次是应用环保型催化剂制备技术，减少排放。这样可以提高产品的市场竞争力，巩固国内销售市场，并向国外市场扩展。国内催化剂厂的催化剂制备技术大致相同，均有成本比较高，污染严重的特点。为了能大幅度降低催化剂的生产成本，必须从催化剂的活性组分、基质到催化剂的制备工艺进行整体优化，研究开发催化剂生产的节能降耗成套技术，这在目前国际市场竞争日益激烈的情况下，对国内催化剂生产企业来说具有十分重要的现实意义，同时，对我们进一步开拓国际市场具有重大的推动作用。

2　催化裂化催化剂生产中节能降耗成套技术创新思路[1]

催化裂化催化剂生产中节能降耗成套技术创新思路是通过对从分子筛的制备工艺优化及性能改进到催化剂生产工艺流程的整体优化，从而研究开发出催化剂生产过程中的成套节能降耗技术。本文主要涉及其中的两项重要创新技术为结构优化分子筛 SOY 及其制备新技术及催化剂高固含量成胶工艺技术。

技术之一：结构优化分子筛 SOY 及其制备新技术的研究思路和创新包括以下 4 个方面：①针对目前国内工业上水热法制备的超稳 Y 的稀土含量低难以适应日益变重的催化裂化原料油的加工要求的问题，本课题首次对国内工业上水热法制备的超稳 Y 分子筛的结构及性能进行全面系统分析表征，提出工业上水热法超稳 Y 分子筛的稀土含量难以提高的主要原因是因为在水热超稳过程中形成的非骨架铝碎片造成的孔道堵塞。②针对水热法超稳分子筛孔道堵塞问题，首次开发结构优化分子筛(SOY)及其制备新技术，采用化学法分子筛孔道清理改性技术与稀土改性技术协同作用的方法有效地解决了多年来一直未解决的分子筛孔道堵塞难题，在使超稳分子筛孔道畅通的基础上顺利地将稀土离子引入到分子筛的晶体结构中，大大地提高了超稳分子筛中的有效稀土含量，从而使分子筛的结构与性能最优化。③针对目前分子筛两交两焙工艺能耗高的现状，从节能降耗的角度出发，通过水热法与化学法的优化结合，进一步简化并完善结构优化分子筛(SOY)制备技术，开发简化优化的两交一焙的分子筛结构优化（SOY)制备新技术，不仅显著降低了分子筛生产能耗，而且，缩短了分子筛的生产流程，大大提高了分子筛的生产效率。④结构优化分子筛 SOY 及其制备新技术的主要创新在于两个方面，其一：SOY 技术使分子筛的结构与性能最优化从而可以使催化剂在较低分子筛含量的情况下仍然具有优异的反应性能，降低催化剂中分子筛的含量可以进一步降低成本；其二：在分子筛的结构性能最优的前提下，SOY 技术进一步简化优化了分子筛的制备工艺以最大程度地降低生产能耗并提高生产效率。

技术之二：针对常规催化裂化催化剂生产工艺存在催化剂浆液固含量低、喷雾干燥能耗高及生产效率低的问题，创新地研究开发了催化剂高固含量成胶工艺技术。催化剂高固含量成胶工艺技术主要致力于催化剂的制备工艺的改进与优化，其研究思路和创新在于：研究开发催化剂高固含量均质技术，改进成胶工艺，提高喷雾前的催化剂浆液固含量可以大大提高催化剂的生产效率，大幅度降低喷雾干燥的能耗，减少因燃料燃烧而产生的废气排放，同时可以减少水的用量，从而显著降低催化剂的生产成本，提高产品的竞争力。

3 结构优化分子筛 SOY 及其制备新技术中试研究结果

3.1 结构优化分子筛（SOY)技术中试试验

采用优化条件进行了分子筛优化改性的中型试验，中型试验所用的一交一焙分子筛原料的 Na_2O 质量分数为 4.2%，晶胞常数为 2.456nm，结构崩塌温度为 970℃，分析中型试验的物性分析结果可以看出：与原料相比，经过结构优化改性后所制备的三个中试样品具有以下特点：①样品中的 Na_2O 质量分数均大大降低，降至 1.0% 以下；②改性样品的结构崩塌温度显著升高，均高于 1011℃，比原料提高了31~35℃；③改性样品的稀土上量较高，稀土含量可控制为 10% 左右。④晶胞常数未发生变化，表明改性并未脱除分子筛的骨架上的铝。中型试验研究结果表明：中试试验很好地重复了实验室小试的结果，中型试验利用简化优化的两交一焙工艺制备出了具有高稀土低氧化钠含量的高热稳定性的结构优化分子筛。

3.2 结构优化分子筛(SOY)的催化裂化性能的考察

3.2.1 催化剂的制备及物化性质分析

以结构优化分子筛 SOY 中试样品为活性组元，拟薄水铝石和铝溶胶为黏结剂，高岭土为载体，按照常规催化裂化催化剂的制备方法，经喷雾干燥制成微球催化剂。所制备的催化剂在 300~350℃焙烧 1h，然后用酸性水洗涤，洗涤后样品，经烘干后，用于分析及活性评价。

所制备的催化剂中，SOYC-Z1，SOYC-Z2 中的分子筛的含量比国内通常的重油剂中分子筛的含量要低 3~5 个百分点，SOYC-Z3 中的分子筛的含量比通常的重油剂中分子筛的含量要低 8~10 个百分点。首先对新鲜催化剂的理化性质进行了分析表征，见表1。表1 的结果表明，催化剂的物性指标全部合格，并且，其中 SOYC-Z2 的孔体积比较大。

表1 催化剂的物化性质

样品名称	强度/(%/h)	堆密度/(kg/L)	孔体积/(mL/g)
SOYC-Z1	1.2	0.64	0.40
SOYC-Z2	1.9	0.66	0.42
SOYC-Z3	0.8	0.65	0.39

3.2.2 催化剂的催化裂化性能考察

为了进一步考察催化剂的催化裂化性能，将催化剂分别和目前国内重要裂化催化剂 D 及 M 在相同的老化及评价条件下，进行活性评价并将评价结果进行分析讨论。表2 及表3 分别列出了催化剂的轻油微反及 ACE 评价结果。

从表2中数据可以看出，SOYC－Z1及SOYC－Z2催化剂，无论在800℃老化8h还是17h，其轻油微反活性均比对比剂M和D2的高，表明SOYC－Z1及SOYC－Z2的裂化能力及活性稳定性均优于对比剂，在800℃老化8h，SOYC－Z3催化剂的活性与对比剂M和D2相当，在800℃老化17h，SOYC－Z3催化剂活性明显高于对比剂M和D2，表明具有较低分子筛含量的SOYC－Z3催化剂的活性稳定性明显优于对比剂。

表2 催化剂的轻油微反活性

催化剂编号	SOYC－Z1	SOYC－Z2	SOYC－Z3	M	D2
800℃/8h微反活性	71	70	65	64	63
800℃/17h微反活性	61	62	59	55	52

表3列出了SOYC催化剂与工业剂D2在相同条件下的ACE评价结果。表3的结果表明，在催化剂经过800℃，100%水蒸气8h老化后，与工业剂D2相比，以结构优化分子筛为活性组元的催化剂SOYC－Z1及SOYC－Z2，在相同剂油比的评价条件下，汽油选择性分别提高了3.62和2.75个百分点，总轻收分别提高了1.53和1.63个百分点，焦炭选择性分别降低了0.5和0.58个百分点，说明与工业对比剂D2相比，以结构优化分子筛为活性组元的催化剂SOYC－Z1及SOYC－Z2的重油转化能力较强，轻油收率高，汽油选择性好，焦炭选择性好；另外，具有较低分子筛含量的催化剂SOYC－Z3，催化剂经过800℃，100%水蒸气8h老化后，与工业剂D2相比，相同剂油比的评价条件下，汽油选择性提高了3.85个百分点，总轻收提高了1.51个百分点，焦炭选择性降低了0.9个百分点，说明以较低含量的SOY分子筛为活性组元所制备的催化剂，与工业剂D2相比，同样具有较强的重油转化能力，较高的轻油收率，较好的汽油及焦炭选择性。

表3 催化剂的ACE评价结果

催化剂编号	工业剂D2	SOYC－Z1	SOYC－Z2	SOYC－Z3
老化条件	800℃，8h	800℃，8h	800℃，8h	800℃，8h
原料油	武混三	武混三	武混三	武混三
反应温度/℃	500	500	500	500
剂油比	5.92	5.92	5.92	5.92
产物分布/%				
干气	1.35	1.33	1.36	1.26
液化气	16.73	14.71	15.45	14.6
焦炭	7.79	7.57	7.52	7.13
汽油	50.45	54.36	53.77	53.55
柴油	15.11	14.75	14.7	15.65
油浆	8.57	7.28	7.2	7.8
转化率/%	76.32	77.97	78.1	76.55
（液化气＋汽油＋柴油）产率/%	82.29	83.82	83.92	83.8
焦炭选择性/%	10.21	9.71	9.63	9.31
汽油选择性/%	66.10	69.72	68.85	69.95

4 催化剂高固含量成胶工艺技术研究开发

4.1 中试研究结果

高固含量成胶技术力求将催化剂制备中的用水量降至最低，提高催化剂胶体的固含量，从而提高催化剂的生产效率，大幅度降低能耗。采用相同的催化剂配方中试制备催化剂，对催化剂高固含量成胶技术进行了中试条件试验。

4.1.1 酸铝比对催化剂浆液的黏度及催化剂性能的影响

设计相同催化剂配方，利用高固含量成胶工艺制备一组催化剂，催化剂胶体的固含量均为35，考察了酸铝比变化对催化剂胶体的黏度及所制备催化剂的孔体积、强度及堆密度的影响。研究结果表明，当酸铝比降低时，催化剂胶体的黏度降低，所制得催化剂的孔体积增大，磨损指数也随之增加，催化剂的堆密度随着酸铝比的降低而减小。

4.1.2 催化剂浆液固含量对催化剂浆液的黏度及催化剂性能的影响

根据前面的研究结果，选择较合适的酸铝比，考察了催化剂胶体固含量变化对催化剂胶体的黏度及所制备催化剂的孔体积、强度及堆比的影响。研究结果表明，当催化剂胶体的固含量升高时，催化剂胶体的黏度增大，所制得催化剂的孔体积略有变化，催化剂的磨损指数明显减小，催化剂的堆密度随着催化剂胶体固含量的提高而增大。另外，采用高固含量成胶技术提高催化剂胶体的固含量有利于改善催化剂的强度。

4.2 采用高固含量成胶工艺制备催化剂性能的考察

4.2.1 催化剂物化性能的考察

设计相同配方，中试分别采用高固含量成胶工艺及常规普通工艺制备催化剂 CAT－Z1 及 CAT－Z2，其中，CAT－Z1 为高固含量成胶工艺制备得到，催化剂制备时的浆液固含量为36%，CAT－Z2 为采用常规普通工艺制备得到，催化剂制备时浆液的固含量为28%。比较考察了两个催化剂的物化性能，分析数据列于表4中。

表4 催化剂的物化性能分析数据

样品	PV/(mL/g)	AI/(%/h)	堆密度/(kg/L)	胶体固含量/%
CAT－Z1	0.41	1.5	0.71	35
CAT－Z2	0.39	2.4	0.69	28

从表中数据可以看出，与常规工艺制备的催化剂 CAT－Z2 相比，采用高固含量成胶技术制备的催化剂 CAT－Z1 的水滴孔体积显著增大，强度明显改善。

4.2.2 催化剂反应性能的考察

对不同工艺制备的催化剂的催化裂化性能进行了考察。表5列出了分别利用高固含量成胶工艺及常规工艺制备的两个催化剂 CAT－Z1 和 CAT－Z2 的 ACE 评价结果。从表中数据可以看出，与常规工艺制备的催化剂 CAT－Z2 相比，采用高固含量成胶工艺制备的催化剂 CAT－Z1 的重油转化能力略有增强，汽油收率增加0.67个百分点，焦炭选择性下降0.17个百分点，液化气收率下降0.63个百分点，总轻收增加0.41个百分点。

表5 催化剂的 ACE 评价结果

催化剂编号	CAT－Z1	CAT－Z2
老化条件	800℃，8h	800℃，8h
原料油	武混三	武混三
反应温度/℃	500	500
剂油比	5	5
产物分布/%		
干气	1.43	1.46
液化气	21.98	22.59
焦炭	6.58	6.7
汽油	44.27	43.56
柴油	16.53	16.22
油浆	9.1	9.47
转化率/%	74.37	74.31
(液化气＋汽油＋柴油)产率/%	82.78	82.37
焦炭选择性/%	8.85	9.02

4.3 小结

催化剂高固含量成胶技术通过改进成胶工艺，提高喷雾前的催化剂胶体固含量大大提高了催化剂的生产效率，显著降低能耗，从而降低催化剂的生产成本，提高产品的竞争力。对催化剂高固含量成胶技术的中试试验研究结果表明，采用催化剂高固含量成胶工艺有利于改善催化剂的强度，在催化剂制备中酸铝比的变化对催化剂胶体的黏度及催化剂的物化性能影响很大，通过试验对酸铝比进行了优化；与常规工艺制备的催化剂相比，采用高固含量成胶技术制备的催化剂的物化及裂化性能均有所改善。

5 结构优化分子筛(SOY)技术工业应用[2]

5.1 结构优化分子筛(SOY)工业试验

SOY分子筛采用简化优化的两交一焙生产工艺，工业试验流程见图1所示。工艺流程中关键是控制一焙焙烧温度、水蒸气分压、转炉转速等工艺条件使分子筛晶胞常数及结晶度满足要求，在二交中采用先清理分子筛的孔道再进行稀土离子改性的方式，可使分子筛中的有效稀土含量大大提高。

NaY→NaY水洗→一次交换→一交过滤→一焙→二次交换

图1 异辛酸与石油酸表观消费量对比分析

2006年11月，在催化剂齐鲁分公司成功地进行了两交一焙结构优化分子筛(SOY)的工业试验，在试验过程中，根据生产的实际条件对SOY工艺进行调整，经过工艺的调整不但使得所制备的分子筛的性能满足指标要求，而且，使得改性工艺更加优化合理；开发了两个新品种分子筛，产品牌号分别为SOY-8和SOY-12，先后进行了工业试验、工业试生产及连续化工业生产。工业试验及工业生产数据充分表明，SOY分子筛采取先清理分子筛中在水热超稳过程中生成的非骨架铝碎片堵塞的孔道，再进行稀土离子交换改性。该方法不仅能够顺利实现二交一焙分子筛工业生产，还能有效提高超稳Y分子筛晶体内有效稀土含量，进而使改性后的分子筛既具有超稳分子筛的结构稳定性，又具较高的裂化活性。

5.2 结构优化分子筛工业生产的节能降耗效果分析

现有分子筛采用两交两焙生产工艺，在两次交换中都需要将交换液升温至60~70℃；交换中采用的交换介质是铵盐介质，交换后废液要由高氨氮废水处理工艺处理后排放，高氨氮废水处理费用较高。结构优化分子筛(SOY)采用的是简化优化的两交一焙生产工艺，二交采用常温交换，并且在二交中采用新交换工艺其废液不需要通过高氨氮废水处理装置处理。

与现有分子筛生产工艺相比，结构优化分子筛(SOY)省去了一次焙烧过程，生产每吨分子筛可节约天然气50%，提高分子筛的收率1%，提高生产效率约20%；二交中采用常温交换工艺，省去二交中的加热升温过程，生产每吨分子筛可节约蒸汽约1t；结构优化分子筛(SOY)开发的新交换工艺，可使分子筛生产的高氨氮废液减少50%。因此，与现有超稳分子筛生产工艺相比，结构优化分子筛(SOY)可使分子筛生产总成本降低约10%，提高分子筛的收率1%，提高生产效率约20%。

5.3 结构优化分子筛的工业应用及效果

SOY分子筛采用两交一焙工艺，并且在分子筛的交换中采用常温交换条件，此工艺的成功开发及工业应用，为催化剂齐鲁分公司新的5万吨/年生产装置的设计提供了依据。自2006年11月成功工业放大试验以来至2008年10月，催化剂齐鲁分公司已累积生产SOY-8分子筛1400余吨、SOY-12分子筛1900余吨，成为催化剂齐鲁分公司的第三大系列分子筛产品，并成功应用至RICC、COKC及VRCC系列催化剂中。SOY-8分子筛分别用在新型重油裂化催化剂COKC-1、RICC-3中，并且，推广用于国际出口剂招标剂的投标催化剂样品中。新型重油裂化催化剂COKC-1自2006年12月起一直在齐鲁石化胜利炼厂的一套催化中应用，应用效果十分理想；RICC-3催化剂在山东地方炼厂海化炼厂的应用也受到炼厂方面的一致好评。SOY－12分子筛先后用在新型重油裂化催化剂RICC－1、RICC－2、COKC－2及VRCC－1中。新型重油裂化催化剂RICC－1自2006年12月起一直在齐鲁石化胜利炼厂的二套催化中应用，应用效果令炼厂十分满意。VRCC－1新型重油裂化催化剂自07年12月起一直在燕山二套催化中应用，应用后炼厂经济效益明显。至2008年10月，以SOY系列分子筛为主要活性组元的RICC、COKC及VRCC系列催化剂已累积生产6000多吨。

6 催化剂高固含量成胶工艺技术工业应用[3]

6.1 催化剂高固含量成胶工艺技术工业试验及工业应用

2006年开始，在催化剂齐鲁分公司两个催化剂车间分别进行了催化剂高固含量成胶工艺技术的工业试验研究，对催化剂制备流程进行优化，采用高固含量成胶工艺技术，改进了成胶工艺，大大提高了催化剂的生产效率，显著降低了催化剂的生产成本。

工业试验期间，催二车间在多种催化裂化催化剂产品上进行了大量釜次的催化剂高固含量成胶试验。具体从以下几方面进行了调整和优化：

1)考察了成胶酸铝比对胶体黏度和成品强度的影响，确定了适宜的酸铝比范围；

2)考察了成胶搅拌时间对胶体黏度和成品强度的影响，确认了适宜的成胶搅拌时间范围；

3)针对胶体固含量的提高，对喷嘴和旋转体进行了重新选型，并优化了工艺流程、喷雾干燥压力、尾气温度等工艺条件，使催化剂主筛分达到92%以上，细筛分显著减少；

4)对成胶配方和加料顺序进行了优化，适当降低了分子筛加入量，优化了铝石的加入方式，提高了催化剂的活性和选择性；

5)对胶体的转料泵进行改造换型，以适应催化剂胶体固含量增高的状况，并进行了使用新型胶体转料泵进行高黏度胶体转料的试验。(新型的胶体转料泵输送高黏度胶体物料速度比原胶体转料泵提高3倍以上)

催二车间通过近一年的高固含量成胶工艺工业试验，已在数十个产品的生产中进行了验证，不仅确定了成熟的工业生产方案，也为催一高固含量成胶装置的投用提供了基础数据，使得催一车间也很快在2007年6月成功投用了高固含量成胶装置。

通过不断的调整和优化工作，催二、催一两个车间成功实现了高固含量成胶工艺的大规模工业应用。高固含成胶工艺大大降低了成胶过程的酸铝比，减少了对活性组分分子筛的破坏作用，使活性组分更好地得以保留，提高了产品性能。同时，胶体固含量的提高，减少了胶体中水分的含量，在喷雾干燥过程中减少了热量需求，大幅度降低了能耗。另外，产品性能得到改善，主要是改善了催化剂的球形度及强度，提高了催化剂的稳定性。

6.2 采用高固含量成胶工艺的节能降耗效果分析

当胶体固含量提高时，天然气单耗明显降低，说明高固含量胶体工艺能显著节约能耗。按固含量从27%提高至33%情况计算，天然气单耗下降了17.14%。另外，采用常规催化剂成胶工艺制备催化剂时，催化剂胶体需要升温，采用高固含量工艺制备催化剂时，催化剂胶体不用升温，由此消耗蒸汽量降低约44%；采用高固含量工艺，催化剂的成本降低了约1.5%；综合能耗降低了14.13%；采用高固含量工艺提高催化剂胶体固含量能显著提高生产效率，单釜催化剂干基量由原来的3.5吨提高至4吨，催化剂的生产效率提高了18.75%。

7 结束语

催化裂化催化剂生产中节能降耗成套技术自2006年4月起先后在催化剂齐鲁分公司成功进行了工业试验和工业应用。所开发的SOY分子筛已成为催化剂齐鲁分公司的第三大系列分子筛，所开发的高固含量成胶工艺在其两个催化剂车间全面推广应用。节能降耗成套技术中的SOY分子筛开发的简化优化的两交一焙生产工艺，与现有的分子筛的两交两焙生产工艺相比，可使分子筛的生产成本节显著降低，生产效率大大提高，并减少分子筛的损失进而提高分子筛的收率。SOY 分子筛开发的新交换工艺在催化剂齐鲁分公司得到广泛推广应用，大大减轻了催化剂齐鲁分公司的高氨氮废水的处理压力，为齐鲁分公司的节能减排做出了显著贡献。节能降耗成套技术中的高固含量成胶工艺技术的全面推广应用大幅度降低了催化剂生产的综合能耗和生产成本，显著提高了生产效率。

节能降耗成套技术的成功开发为催化剂齐鲁分公司新的 5 万吨/年生产装置的设计提供了依据，并将进一步在新的 5 万吨/年生产装置中推广应用。催化裂化催化剂生产中节能降耗成套技术在催化剂齐鲁分公司的工业应用取得了显著的经济效益和社会效益，具有很好的推广前景。

吸附法油气回收装置活性炭选取与钝化处理

张卫华　李俊杰　单晓雯

（中国石油化工股份有限公司青岛安全工程研究院，山东青岛　266071）

摘　要：油气回收装置的活性炭选取需要孔径适合的优质活性炭，并配合合理的床层设计，才能发挥出更大的效能，另外，活性炭使用前需要钝化处理，才能保证装置的安全运行。

关键词：活性炭　孔径　油气回收　钝化　温升

活性炭有着技术成熟、性价比高、容易大规模生产等特点，被广泛应用在吸附法油气回收装置中，其主要性质为吸附量；压降或者床层膨胀；抗磨性；大小、水分、灰分、pH 值和可溶物等。在油气回收处理装置中，合理的床层设计可降低床层阻力，压降大小由床层结构和活性炭物理尺寸有关系。另外，装置的安全性能也体现在活性炭吸附油气的安全放热性能。

1　活性炭选取

1.1　吸附量与孔径的关系

吸附性质是活性炭的首要性质，活性炭具有像石墨晶粒却无规则地排列的微晶，在活化过程中微晶间产生了形状不同 、大小不一的空隙，假定活性炭的孔隙是圆筒孔形状，按一定方法计算孔隙的半径大小可分为两类。活性炭微观孔径如图 1 所示。

(1)按 IUPAC 分：

微孔　　　　　　　<1.0nm；

中孔(又称过度孔)　　1 ~ 25 nm；

大孔　　　　　　　>25 nm；

(2)按习惯分：

微孔　　　　　　　<150nm；

中孔(又称过度孔)　　150 ~ 500nm；

大孔　　　　　　　>500 nm；

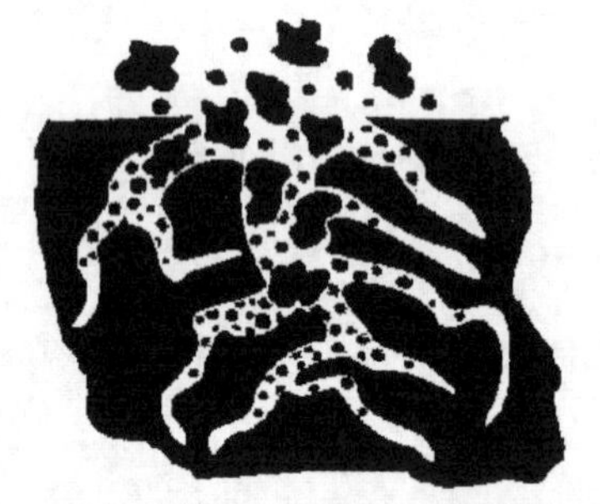

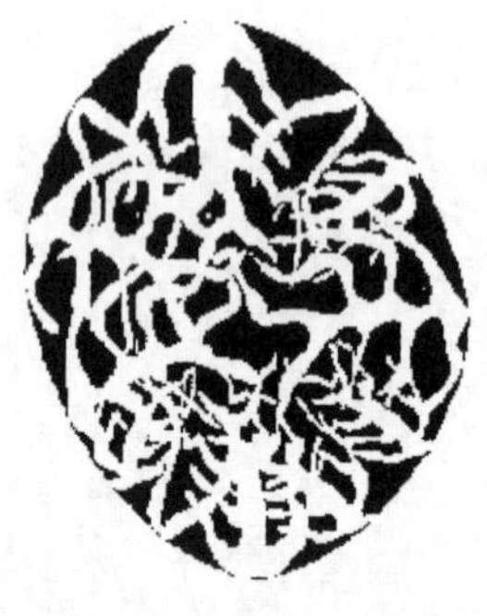

图 1　活性炭微观孔径图

这些孔隙，特别是微孔提供了巨大的表面积。微孔的孔隙容积为 0.25 ~ 0.9mL/g，通常以 BET 法测算，也有称高达 3500 ~ 5000m²/g。活性炭几乎 95% 以上的表面积都在微孔中，因此除了有些大分子无法吸附外，微孔是决定活性炭吸附性能高低的重要因素。中孔的孔隙容积一般约为 0.02 ~ 1.0 mL/g，表面积最高可达到几百平方米，一般只有活性炭总表面积的约 5%。其作用能吸附有机分子，并能为吸附物提供进入微孔的通道，又能直接吸附较大的分子。大孔的孔隙容积一般约为 0.2 ~ 0.5 mL/g，表面积只约 0.5 ~ 2m²/g，其作用一是使吸附质分子快速深入活性炭内部较小的孔隙中去，二是作为催化载体，催化剂常少量沉淀在微孔内，大都沉淀在大孔和中孔中。

一般地，活性炭的比表面积(BET)越大，吸附力也越大，但事实并非如此，BET 是用氮气或者丁烷的吸附方法测出活性炭总表面积的一种广用参数。按理 BET 越大，吸附力越大。可是在实际应用中这种理论具有局限性，因为活性炭的孔有大孔、中孔、微孔的区别，有时仅有部分的孔适合于某类大小吸附物的进入，因此总表面积好孔容积数据(例如总表面积通常约为450 ~ 1800m²/g、孔容积约为0.7~1.8mL/g)不能用来评价这个吸附的活性炭的有效性。总表面积的大部分属于微笑孔，典型的数据是：微孔占1000m²/g，中孔占10~100m²/g，大孔占1m²/g。吸附过程中，通常有机物的吸附随分子量(分子大小)的提高而提高。直到分子大到不能进孔为止。很多高分子量的有机物，如有色物或腐殖质被排除在微孔之外，这时，需要应用中孔多的活性炭，而高比表面积的微孔炭是无能为力。最理想的活性炭是具有大量稍大于吸附物分子的孔。孔太小，吸附物进不去孔，孔太大使单位体积的表面积减少。最好碰到分子量在300~100000之间的分子，相当于孔径0.5~4nm之间，较深尤其较大的分子。在气相应用中，小分子被吸附进入微孔，这时总表面积的概念是合理的。

1.2 吸附条件的最优化

温度影响扩散速率和吸附速率，扩散速率与黏度等有关，提高温度会提高扩散速度，从而达到平衡加快，但因为温度升高导致吸附量也较低。压力对吸附过程有力，可有效提高吸附量。活性炭吸附时不需要除水，但活性炭中的水分会使气流中要去除的成分扩散先通过水，然后到达炭表面，通过水分的扩散比通过气相慢些，相当于增加的传质层，从而延长吸附时间。除此之外，气体在床层内合理分布可有效提高吸附床层效率。

2 活性炭钝化处理

活性炭具有及其强烈的吸附作用。活性炭不仅含炭，而且含少量的化学结合、官能团的氧和，例如羟基，羧基，酚类、内脂类、醌类、醚类。这些表面上还有的氧化物或者络合物，有些来自原料的衍生物，有些是活化时、活化后由空气水蒸气的作用而生成。有时还会生成表面硫化物和氯化物。在活化中原料所含矿物质集中到活性炭里成为灰分，灰分的主要成分是碱金属和碱土金属的盐类，如碳酸盐和磷酸盐等。活性炭在吸附油气时，这些物质和官能团性质会变的不稳定，会参与到放热反应，加速炭积热效应，给床层带来危险，因此，活性炭在出厂前最好用弱酸清洗，以达到去除杂质和消除不利官能团的目的。

表1 不适合用活性炭吸附的有机气体

下列有机物不宜用活性炭床层吸附	
Ketones 酮类	Aldehydes 荃类
Acetone 丙酮	Acetaldehyde 乙醛，
Acetophenone 苯乙酮	Acrolein 丙烯醛
Acetylacetone 乙酰丙酮	Formaldehyde 甲醛
Camphor (1, 7, 7 - Trimethylbicyclo 2, 2, 1 heptanone) 樟脑	Propionaldehyde 丙酸酯
Cyclohexanone 环已酮	n - Valeraldehyde 戊醛
Cyclepentanone 戊酮	Alkenes 烯烃类
Ethyl Amyl Ketone 亚砷酸乙酯	Butadienes 丁二炔
Ethyl Butyl Ketone 丁酸乙酯	Cyclohexadienes 环已胺
Methyl Acetone 甲基丙酮	Cyclohexene 环已烯基
Methyl Acetyl Phenone 甲基腺苷基转移酶	Trichloroethylene 三氯乙烯
Methyl n - Amyl Ketone 甲基萘基(甲)酮	Organic Acids 有机酸类
Methyl Ethyl Ketone 过氧化甲乙酮	Acetic Acid 乙酸
Methyl Isobutyl Ketone 甲基异丙酮	Formic Acid 蚁酸
	Propionic Acid 丙酸尿

另外，活性炭一些微孔吸附油气是不可再生的，这个过程会集聚放热，导致床层温度超过200℃，增加床层风险，解决这个问题最好的方法是对活性炭进行钝化。下面是作者在实践过程当中总结出来的几种钝化方法。

2.1 油气循环法

将活性炭床层充满 N_2，打开两个排空阀门，关闭一个床层的进口阀和再生阀，另一个床层阀门反向，此时，两个床层处于串联，启动机组，是油气在整个系统中循环，每15min改变一下油气的流动方向，12h后床层钝化完毕，在利用手动开车对床层进行再生。此法简单使用，效果明显，耗费 N_2 比较少，但需要现场提供 N_2 钢瓶。

2.2 循环再生法

在 N_2 比较充足的化工厂里，活性炭吸附装置可手动切换进行对活性炭的钝化，方法是在每次床层再生完进行恢复压力操作时，放空阀不打开，不让空气进入床层，而是让 N_2 进入床层，周而复使操作，12h后床层钝化完毕。此法优点为钝化效果好，钝化完后装置可直接投入使用，缺点是使用场合受到 N_2 源的限制。活性炭床层再生原理如图2所示。

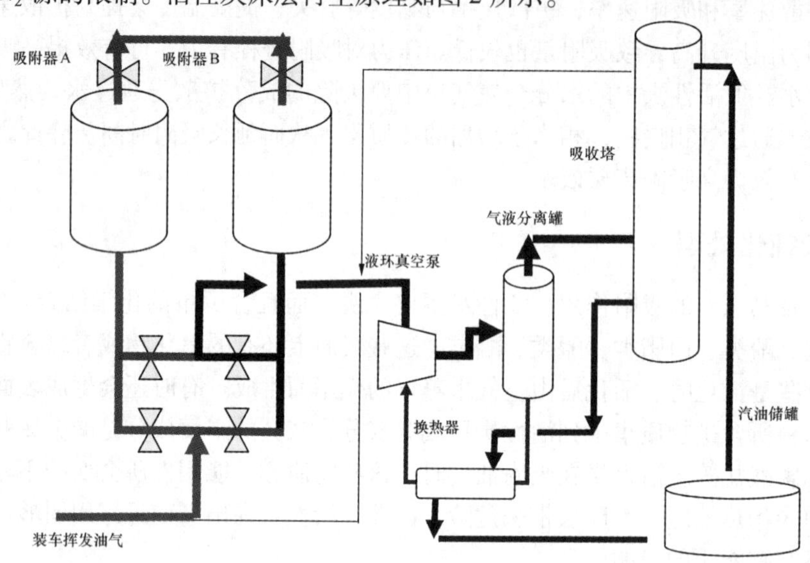

图2 活性炭床层再生原理图

2.3 油气闷制法

在缺少 N_2 的条件下，可将高浓度油气直接通入油气回收装置，此时温度可能会上升到超过100℃，然后停止任何操作，关闭所有控制阀门，48h后，装置再生后可以使用。此方法优点是不使用 N_2，但效果不理想，温升情况很可能会反复出现，适合小装置。

2.4 液态钝化法

将液态汽油直接喷洒在活性炭床层里，然后关闭阀门，原理同油气闷制法有些相同。此法适合加油站小装置，优点是不使用 N_2，钝化时间短，但对活性炭损坏较大。

表2 活性炭吸附装置正常情况下温升过高原因

事故类别	具体原因	事故类别	具体原因
工艺操作	过量油气进入到吸附床层	活性炭	没有钝化处理
	油气在床层上驻留时间过长		木基炭混在其中
温控系统	断路	PLC	报警值设置低
	温升报警点设计过低		模拟量输入错误
	温变失效		数字量输入错误

参考文献

[1] 郑其庚．活性炭应用．上海：华东理工大学出版社，2002

[2] 李征西，徐恩文．油品储运设计手册．北京：石油工业出版社，1997

[3] 张德姜，王怀义，刘绍叶．石油化工装置工艺管道安装设计手册(第三版)．北京：中国石化出版社，2005

富氧燃烧技术的应用进展

张永虎　熊云　黄晓峰

（解放军后勤工程学院，重庆　401311）

摘　要：简述了富氧燃烧技术的基本理论和特点。介绍了富氧燃烧技术在各行业的应用进展。最后对该技术的应用前景进行了分析，提出了建议。

关键词：富氧燃烧　富氧技术　应用

富氧燃烧技术是以氧含量高于20.93%的富氧气体作为助燃气体的一种高效强化燃烧技术。富氧燃烧技术可以提高燃烧效率，提高燃料的利用率，降低污染排放，具有显著的节能和减排作用。西方发达国家早在20世纪70年代就开始这项技术的研究，并在70年代末取得了良好的效果[1]。我国80年代中期开始此项技术的研究。近年来，随着石油资源的日益紧张和燃烧排放控制的更加严厉，国内外的研究者开始对富氧燃烧技术在各行业进行了广泛应用。

1　富氧燃烧技术的基本理论和特点

燃烧过程就是可燃物分子与空气中氧分子发生反应被氧化的过程，在这一过程中，释放能量生成燃烧产物。为了尽可能地使燃料燃烧完全，释放更多的能量，最直接的途径就是提供充足的氧气与可燃物发生化学反应。因此增加空气中氧气的浓度，能够促进燃料燃烧完全，释放更多的能量，提高燃料的利用率[2]。富氧燃烧与普通的燃烧过程相比有以下特点[3~5]。

1.1　降低燃料的燃点

燃料的燃点是一条件性数值，在不同的燃烧条件下是不同的常数。如CO在空气的燃点为609℃，在纯氧中仅388℃。可见富氧条件下有利于降低燃料的燃点，增加燃料的易燃性。

1.2　加快燃料燃烧速度，减少燃尽时间

燃料在空气中和纯氧中的燃烧速度相差甚大。如氢气在纯氧中的燃烧速度是在空气中的4.2倍，天然气则达到10.7倍左右。在富氧条件下，不仅能提高燃烧强度，加快燃烧速度，获得较好的热传导，还可以促进燃料的燃烧，减少燃尽的时间。

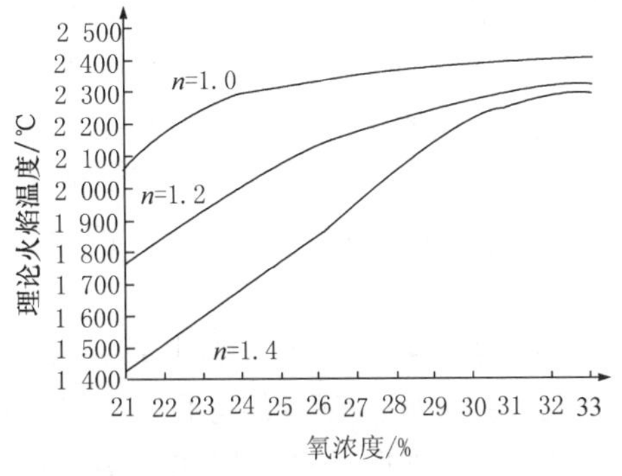

图1　城市煤气理论火焰温度与氧浓度的关系

1.3　提高火焰温度，促进完全燃烧

从化学反应的角度，提高反应物的浓度，可以加快反应速度。因氮气量减少，空气量及烟气量均显著减少，故火焰温度随着燃烧空气中氧气比例的增加而显著提高，但富氧浓度不宜过高。如图1[3]所示，随着氧浓度的增加，理论火焰温度的提升幅度逐渐减小，一般富氧浓度在26%~31%时为最佳。

1.4　降低过量空气系数

在富氧燃烧条件下，可适当降低过量空气系数。燃料燃烧时需要的氧气，通常是由空气中的氧来提供，而氧气在空气中仅占21%，其余79%的空气不参加燃烧，却带走了大量热量，降低了燃料的有效利用率，相应增加了燃料消耗。用富氧空气进行燃烧时，提供同样摩尔数的氧气，可以减少氮气的进气数量，减少废气所带走热量。

1.5 降低排放污染

富氧燃烧技术能加快燃料的燃烧速度，促进燃料完全燃烧，降低排放。国内外的研究者对富氧燃烧技术在发动机上的应用进行了研究，研究发现：发动机富氧燃烧技术可以显著降低 CO、HC 排放，但 NO_x 排放却有大幅提高，需进一步解决。发动机富氧燃烧技术在降低排放方面具有良好的前景[19,21,24,26]。

2 富氧燃烧技术的应用

2.1 在玻璃工业中的应用

富氧燃烧技术在玻璃工业中的应用形式有局部增氧和整体增氧两种方法。由于整体增氧，使耐火材料侵蚀加剧，炉龄缩短，玻璃质量下降。因此除单元窑外，整体增氧在马蹄焰、双碹和横火焰窑等玻璃窑炉上并不多见。局部增氧可以提高火焰强度，增加火焰温度和改善热效率，得到了广泛的应用。

王志平等对浮法玻璃熔窑富氧燃烧节能效率进行了理论计算，从理论角度阐述富氧燃烧技术关键之所在，为富氧燃烧技术实际应用提供参考意见[7]。1989 年，富氧燃烧技术成功应用在国内的日用玻璃窑上，取得了巨大的经济效益和社会效益，通过了北京市人民政府和中国科学院的联合鉴定，并被评为国家级新产品[8]。2003 年，山东某玻璃纤维有限公司的 1 号单元窑上应用了富氧燃烧技术。使用后大碹温度平均下降了 35.4℃，玻璃液温度上升 11.2℃，排烟温度降低 60℃，节油率在 10.5% ~17% 之间。富氧装置一直连续运行，至今非常稳定，直接投资回收期不到 4 个月。之后该单位扩大使用规模，将本部的 8 座单元窑全部改成全氧燃烧[9]。

在横火焰窑上采用富氧燃烧意义更大。2000 年江苏玻璃集团 400t/d 的生产线上首次采用富氧燃烧技术。在近半年的时间内，效果明显：玻璃产量提高 2.5%；平均每天节油 2t 多，燃烧情况有明显改善，烟气排放量显著减少[10]。2005 ~2006 年，秦皇岛玻璃工业研究设计院在总结以前玻璃熔窑富氧燃烧经验的基础上，开发了局部增氧 - 梯度燃烧富氧燃烧节能专利技术，目前正在一座 500 t/d 优质浮法玻璃生产线上实施，预计将取得节能 6% 以上的节能效果[11]。

2.2 在冶金工业中的应用

风温是高炉的重要技术经济指标之一，也是炼铁成本和效益的综合体现。国外先进水平的高炉风温已经达到 1300℃，而我国的风温水平是 1050℃ 左右。有关经验数据表明，在国内冶金行业现有条件下，热风温度每提高 100℃，可降低焦比 25kg/t，提高产量 3% ~4%。风炉采用富氧燃烧技术，不仅能降低焦比、增加产量，还能提高高炉煤气热值，具有显著的经济效益和社会效益。

昆钢 6 号高炉 2006 年抓住有利时机，大幅度提高富氧量，由 $3000m^3/h$ 增至 $5000m^3/h$，统计得到富氧率提高 1.00%，产量增加 7.31%，综合焦比下降 5.89%，产量上升，日产量连续突破 5000t，达到开炉以来的最好生产水平，取得了比较明显的增产节焦效果[12]。同年，包钢 4 号高炉高富氧后，由于鼓风含氧量的增加，使单位生铁的风量、煤量都减少，煤气对炉料下降的阻力减少；而对于同样体积的鼓风，因氧含量的增加可多烧碳素，生成的煤气量也多，因而高炉冶炼强度提高，产量增加[13]。

济钢 5 号高炉应用膜法富氧燃烧技术，有效地提高热风温度近 40℃，降低焦比 10kg/t，平均日增产 17.2t。仅计算焦比和增产两方面，年效益为 797 万元，扣除膜法制氧的运行成本，年收益为 425 万元。膜法富氧设备的总投资为 585 万元，所以仅用一年多的时间就可以完全实现投资回收，经济效果显著。同时为热风炉燃烧低热值高炉煤气，获取较高风温探索出一条新的途径[14]。

2.3 在工业炉中的应用

注汽炉主要用于往油田的油井里注汽来强化采油。在油田用的比较多，据不完全统计，国内大约有近千台所用燃料为原油、混合油或天然气。中科院大连化学物理研究所在国内对注汽炉首次采用局部增氧对称燃烧技术。在辽河油田曙光采油厂的一台 23t 燃油注汽炉，所配富氧量大约

$200Nm^3/h$,根据应用一年多的统计，平均节能 8.5%，即一天节约 2t 多原油[15]。

胜利油田孤岛采油厂的 23t 燃油样板注汽炉，已经采用了多种先进的节能技术，富氧使用前热效率达 87.68%，使用后达 92.28%，相当于 200t/h 的正常热效率。平均节能 5.0%，蒸汽温度提高 15℃，蒸汽压力提高 0.8MPa，排烟温度下降了 21.5℃，烟气中 CO 含量下降了 89.9%，空气过剩系数从 1.28 下降到 1.19，排烟达标[9,15]。

张科峰对吉化炼油厂高温位烟气余热无法全部回收以及加热炉热效率低的实际情况进行剖析，建议引进膜法富氧助燃技术[16]。胜利油田东辛采油厂的郑爱芝对膜法富氧装置在加热炉上的应用进行了研究，发现：在工况不变的情况下，加热炉燃油由 3t/d 降到 2.5t/d，炉膛温度由 1300℃升到 1400℃，排烟温度由 395℃降到 300℃，排烟中 CO 含量降低[17]。

2.4 在发动机上的应用

内燃机进气富氧燃烧的研究早在 20 世纪 60 年代末已开始，随着气体膜分离技术的飞速发展，20 世纪 90 年代起，国外研究者便开始对膜法富氧技术在内燃机上的应用进行研究。

膜法富氧技术在点燃式发动机上的应用可以改善冷起动阶段的排放。富氧进气燃烧被认为是减少冷起动阶段 HC 和 CO 排放量的一种有效手段[18,19]。因为富氧进气能够实现更快、更完全的燃烧，不但减少了 HC 和 CO 排放，也能缩短催化转换装置的起燃时间[20]，但 NO_x 排放量会增加，这需进一步解决。上世纪 90 年代，Kashmir 等在试验中率先采用了膜法富氧技术为柴油机提供富氧进气，研究低氧含量富氧进气燃烧降低黑烟和微粒子排放的情况。试验结果达到了预期的目标[21]。阿贡国立实验室(ANL)的交通研究中心在美国能源部(DOE)先进车辆技术中心(OAAT)的资助下，与美国铁路协会(AAR)合作，共同进行铁路机车柴油机富氧进气燃烧的研究[22]。进行了有关评定富氧膜装置为发动机制取富氧气体所需功耗的研究工作，还对膜法富氧技术和涡轮增压技术进行比较，相关工作还在继续。

国内很多研究者都对富氧燃烧对发动机动力性能和排放性能的影响进行了研究[23-27]。研究发现：在有限的范围内，随着富氧浓度的增加，可以提升发动机的功率，降低油耗，减少 CO、HC 等有害排放物，但 NO_x 排放会增加。对于膜法富氧技术在发动机上的应用技术研究却很少。

3 结论

富氧燃烧技术的应用经济与否很大程度上受制氧成本的影响。在现有的制氧技术中，膜法富氧较深冷法、变压吸附法，具有设备简单、操作方便和安全、起动快、规模可小可中、不污染环境、投资少、用途广等优点，工业发达国家称之为“资源的创造性技术”[28]。随着气体膜分离技术的飞速发展，使用产气量大、氧气体积分数高、能耗低的分离膜已经能够满足一部分行业富氧燃烧的要求。膜法富氧逐渐成熟起来，成为富氧燃烧技术应用的主要形式。

富氧燃烧技术在应用上的一些问题，如火焰控制，NO_x 排放增加等，限制了富氧燃烧技术的进一步推广。除了以后进一步研究 NO_x 形成机理和抑制机理，在具体的应用中，还应拓宽燃料的使用范围，设计高效清洁富氧燃烧炉型；进行炉压与炉气成分的有效控制；开发实用可靠的低 NO_x 排放的工程技术也非常重要。

富氧燃烧与普通燃烧过程相比有着诸多优点。富氧燃烧既有利于节约资源，也有利于环境保护；在实际的运用中，还能提高冶炼强度和产品质量，提高设备的效率，具有经济和社会双重效益。随着世界石油资源日益紧张、排放法规的更加严厉以及富氧燃烧技术研究的日趋成熟，富氧燃烧技术会更加广泛的应用起来。

参 考 文 献

[1] 戴树业，韩建国，李宏．富氧燃烧技术的应用．玻璃与搪瓷，2000，28(2)：26~29

[2] 李胜琴，关强，杜丹丰．汽油发动机富氧燃烧特性研究．小型内燃机与摩托车，2007，36(6)：30~33

[3] 苏俊林，潘亮，朱长明．富氧燃烧技术研究现状及发展．工业锅炉，2008，(3)：1~4

[4] 沈光林．膜法富氧助燃技术在石油化工中的应用．石油化工，1998，27(11)：849~852

[5] 万世清．膜法富氧助燃技术在锅炉上的应用．油气田地面工程，2004，23(7)：34

[6] Assanis D N，Poola R B，Sekar R R，et al．Study of using Oxygen – Enriched Combustion for Locomotive Diesel Engines．ASME，2001，123：157~166

[7] 王志平，曾雄伟，赵恩录等．富氧燃烧节能效率理论计算及富氧燃烧技术关键．玻璃，2009，(4)：3~5

[8] 石家良．富氧燃烧节能新技术在玻璃池炉上的应用．北京节能，1991，(3)：1~3

[9] 沈光林．膜法富氧在国内应用新进展．深冷技术，2006，(1)：1~6

[10] 蒋宏方，叶伟云．浮法玻璃熔炉局部增氧助燃技术浅析．玻璃，2002，(3)：25~26

[11] 赵恩录，张金栋，冯明良，等．浮法玻璃熔窑富氧燃烧节能技术．玻璃．2007，(3)：12~16

[12] 胡兴康，赵先胜．提高昆钢 $2000m^3$ 高炉富氧率和风温的可行性分析．昆钢科技．2008，(增)：8~10

[13] 孙国龙，罗果萍，郭卓团，等．包钢4号高炉富氧喷煤强化冶炼实践．炼铁，2007，26(2)：34~37

[14] 栾吉益，高新运，蔡漳平，等．膜法富氧技术的应用．钢铁，2005，40(7)：13~16

[15] 沈光林．膜法富氧助燃技术在节能和环保中的应用．能源环境保护，2005，19(6)：5~7

[16] 张科峰．膜法富氧助燃技术提高加热炉热效率．化工科技，2000，8(6)：39~42

[17] 郑爱芝．膜法富氧助燃技术在加热炉上的应用．中国设备工程，2003，(11)：16~17

[18] Gottberg I，Rydquist J E，Backlund O，et al．New potential exhaust gas after treatment technologies for ‘cleancar’ legislation．SAE Paper 910840. 1991

[19] Langen P，Theissen M，Mallog J，et al．Heated Catalytic Converter Competing Technologies to Meet LEV Emission Standards．SAE Paper 940470. 1994

[20] Kajitani S，Clasen E，Campbell S，et al．Partial – Load and Start – up Operations of Spark – Ignition Engine with Oxygen Enriched air．SAE Paper 932802. 1993

[21] Kashmir S Virk，Uygur Kokturk，Craig R Bartels．Effects of Oxygen – Enriched Air on Diesel Engine Exhaust Emissions and Engine Performance．SAE Paper 931004，1993

[22] Poola R B，Se kar R R，Assanis D N．Application of Oxygen – Enriched Combustion for Locomotive Diesel Engine，Phase I．ANL/ESD/TM – 135，1996

[23] 刘应书，冯俊小，乐恺等．富氧燃烧对汽油机性能指标的影响．热能工程，2001，(6)：14~16

[24] 左承基，李海海，徐天玉等．富氧燃烧对柴油机排放特性的影响．小型内燃机与摩托车，2003，32(5)：15~18

[25] 李胜琴，关 强，张文会．富氧燃烧发动机缸内过程试验研究．公路交通科技．2008，25(3)：143~146

[26] 肖广飞，乔信起，孙恺等．膜法富氧进气改善直喷式柴油机的起动性能．上海交通大学学报，2007，41(10)：1629~1632

[27] 李胜琴，关强，张邢磊等．车用发动机富氧燃烧技术应用研究．交通标准化，2008，(1)：51~54

[28] 苏德胜，储明来，丁建林等．国内膜法富氧技术应用研究新进展．膜科学与技术，1999，19(1)：12~14

燕山三催化不停工改造余热锅炉实现大幅度节能降耗

龚望欣　贾振东　宫振宇

（中国石化北京燕山分公司炼油厂，北京　102503）

摘　要：三催化余热锅炉由于补燃系统设计不合理，再生烟气量太大，补燃后烟气温度仅升高10℃左右，瓦斯补燃每年要增加1.5kgEo/t的能耗，同时也增加了三催化的加工损失，通过抢修改造，三催化余热锅炉停用了瓦斯补燃系统，保证了余热锅炉出口过热蒸汽温度达到420℃，余热锅炉排烟温度由改造前的230℃降低至165℃，中压蒸汽产量增加了6t/h，共降低装置能耗3.5kgEo/t以上。

关键词：催化裂化　余热锅炉　改造　节能

三催化由中国石化工程建筑公司(SEI)设计，采用高低并列式两段再生技术，于1998年6月建成投产，原设计加工大庆常压渣油，实际为大庆混合蜡油掺炼60%的大庆减压渣油。三催化于2005年3月15日开始进MIP－CGP技术改造，MIP改造后中压蒸汽产汽量大幅度上升，能够进行中压蒸汽外送，为此，三催化准备停用CFB锅炉供给的27～33t/h中压蒸汽。

三催化配置的余热锅炉为补燃型余热锅炉，主要利用再生烟气的余热(再生烟气流量238000 Nm^3/h，温度520℃)，并补燃少量瓦斯，产生中压过热蒸汽(3.82MPa，420℃)，提供装置1JHJ主风机及生产工艺所需蒸汽。该余热锅炉与装置两个外取热器、油浆蒸发器、高温取热炉和烟气过热器共同组成中压蒸汽发生系统，除过热自产中压饱和蒸汽外，同时还过热装置外取热器、油浆蒸发器和高温取热炉产生的同参数饱和蒸汽，省煤器也同时预热油浆蒸发器和外取热器汽包给水，烟气过热器过热高温取热炉产饱和蒸气。

1　余热锅炉改造必要性

三催化余热锅炉蒸发段和省煤段炉管已经使用十年，在2008年4月至6月间三催化余热锅炉已经进行了两次炉管堵漏，但是堵漏之后用不了一个月蒸发段和省煤段必定会有漏点出现，导致每小时多耗20吨除氧水或者省煤器切除一段使排烟温度达到280℃，即使是在余热锅炉不漏的情况下，由于三催化2007年检修时将9000kW·h/h的主风机电机换为12000kW·h/h也使风量增加，余锅排烟温度达到230℃，这个温度使三催化准备增上的美国贝尔格公司烟气除尘技术根本无法投用，烟气除尘项目设计的入口温度只有220℃，因此，三催化余锅改造势在必行。但是由于三催化汽包的上水线紧贴着省煤段有着一个“S”型膨胀弯，如果在更换十几吨的省煤器模块时稍微碰上一点儿也会导致非计划停工，另外，由于余锅入口没有隔断的水封罐，因此，必须在烟道上下挡板口砌墙才能保证人员安全。

另外，从经济性方面考量，三催化的余热锅炉能耗相对较高。主要问题如下：①补燃系统设计不合理，靠补燃瓦斯加热再生烟气，再生烟气量太大，补燃后烟气温度仅升高10℃左右。加上该余热锅炉烟气正压，补燃系统操作较为复杂，容易受全厂瓦斯管网压力波动影响，通过瓦斯补燃，三催化每年要增加1.5kgEo/t的能耗，同时，也增加了三催化的加工损失；②余热锅炉过热能力不足，出口过热蒸汽温度偏低，即使烟气过热器(E703)过热饱和蒸气达到65t/h，余热锅炉出口过热蒸汽温度仅388℃，不能满足装置1JHJ主风机汽轮机和中压蒸汽并网要求；③余热锅炉受热面积灰严重，排烟温度偏高，余热锅炉效率偏低，每次余热锅炉检修清灰后开始运行，排烟温度逐渐升高，最终将超过230℃，锅炉效率偏低，装置能耗增大。

由于以上问题的存在，影响余热锅炉效率，导致装置能耗升高，经济效益下降，三催化已准备对余热锅炉进行综合防腐节能技术改造。

2 余热锅炉改造方案

在2008年6月底，三催化余热锅炉蒸发段二段炉管出现较大泄露，除氧水的上水总量增加了50t/h，大量泄露的除氧水携带着催化剂从烟囱底部流出，为此，三催化立即进行了余热锅炉抢修。三催化余热锅炉的生产运行数据如表1所示。

表1 三催化余热锅炉的生产运行数据

序 号	项 目	单 位	数 值
1	主风流量	Nm^3/min	4350
2	烟风比		1.07
3	烟气进余热锅炉温度	℃	530
4	外取热器1饱和蒸汽产量	T/h	~65
5	外取热器2饱和蒸汽产量	T/h	~45
6	油浆蒸发器饱和蒸汽产量	T/h	~15
7	高温取热炉饱和蒸汽产量	T/h	~55
8	余热锅炉自产饱和蒸汽	T/h	~10
9	余热锅炉过热蒸汽流量	T/h	~190
10	烟气过热器(E703)过热中压饱和蒸汽量	T/h	~65
11	余锅出口过热蒸汽温度	℃	388
12	排烟温度	℃	(230±10)
13	除氧器出口水温	℃	118
14	给水泵压力	MPa	5.5

余热锅炉改造主要达到四个目的：①在保持烟气过热器(E703)运行参数不变的情况下，通过提高余热锅炉过热能力，在不投用补燃系统的情况下，使过热蒸气温度达到420℃；②降低余热锅炉排烟温度至180℃以下，提高余热锅炉效率；③提高省煤器抗腐蚀能力，消除省煤器露点腐蚀和泄漏隐患，确保余热锅炉长周期安全运行；④完善和加强吹灰措施，确保余热锅炉长周期高效运行。

通过增加高温过热器换热面积、采用模块化翅片管省煤器替代原光管省煤器、增设给水预热器、完善吹灰系统和改造省煤器上水管线等措施实现以上改造目的，具体情况如下：

1)根据余热锅炉现场空间位置，将增加一组以翅片管为换热元件的高温过热器管束，增加余锅过热器换热面积，提高余锅蒸汽过热能力。为了防止投运初期，蒸汽出口温度超高，可利用旁通烟道阀门开度，调节过热器蒸汽出口温度。

2)拆除原省煤器，在原空间位置新布置高温省煤器(一个模块)、低温省煤器(两个模块)，全部省煤器采用箱体结构，换热元件为翅片管，强化换热。

3)增设给水预热器，为适应装置负荷变化和原料油变化，防止省煤器低温露点腐蚀，采用水热媒技术，利用省煤器出口的高温水加热省煤器进口的118℃低温水，将省煤器实际进水温度提高到140℃(可设定)，高于烟气露点温度，从而彻底根除省煤器露点腐蚀，确保余热锅炉安全运行。

4)加强吹灰措施。改造后的省煤器、过热器和蒸发器均适用脉冲吹灰器的布点以确保余热锅炉长周期高效运行。改造共布置46台吹灰器，其中新增过热器4台，原高温过热器4台，原低温过热器8台，原蒸发器6台，改造后省煤器24台，全部吹灰器采用PLC控制，定时自动吹灰，确保有效清除灰垢。

5)将高温取热炉汽包上水也进余热锅炉省煤器进行预热，并将省煤器给水管线和出口水管线由DN150增大至DN200，降低给水阻力。

6)利用余热锅炉改造机会将双极烟机改为单级烟机以保证烟机的长周期运转。

7)余锅集合管处四个饱和汽大阀更换，进行中压饱和汽系统的消缺补漏，相应的饱和汽管线进行移位。

8)进行烟气除尘项目烟道挡板门施工。

余热锅炉部分流程图如图1所示。

3 改造方案的实施

整个余热锅炉改造共32天。改造的前期和后期进入如表2和表3所示，改造后期经历了试压、打靶、烘炉、煮炉，在此过程中，由于一催化意外停工，三催化正常的试压、打靶、烘炉、煮炉过程必须提前三天完成，否则炼厂的物料平衡将受到严重影响。为此，三催化在打靶过程中同步进行炉墙烘干。由于三催化在炉管焊接过程控制严格，打靶一次通过。在打靶过程中蒸汽控制得当，对烟道挡板调节及时到位，打靶过程中即完成了炉墙烘干的350℃以前的进程。打靶结束后，煮炉和烘干也同时进行深度交叉，在350℃恒温阶段即进行了煮炉，在进入500℃恒温阶段就直接转入正常生产，在提加工量恢复生产后进行了500℃炉墙烘温，较好的完成了全部抢修任务。

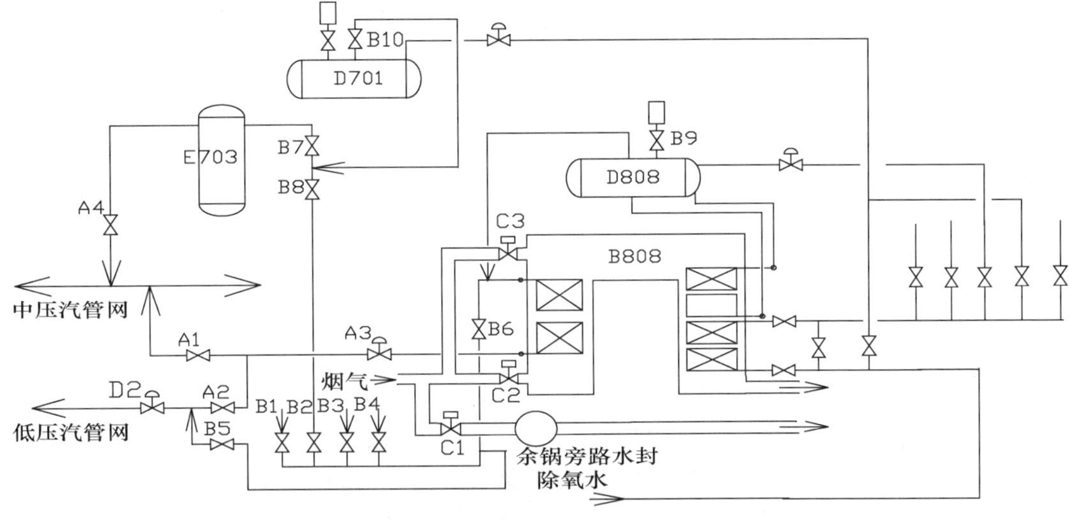

图1 余热锅炉部分的流程图(省煤器上水跨线和D701上水跨线都是检修要增加的内容)

B1，B2，B3，B4—要更换的饱和汽大阀；B5—减温减压器；A1—过热汽；

C3，C2—烟道上下挡板门，右侧集合管为上水分布器

4 余热锅炉抢修的几项突出进步

4.1 “汽包排污倒上水”操作法

如果没有“汽包排污的倒上水”操作法，三催化就只能停工抢修余热炉。由于此次抢修的核心部分就是省煤器的改造，其中省煤器的改造部分就包括了更换改造汽包上水线，汽包上水中断导致停工是催化裂化的重大生产事故，但是如果不更换改造这段管线，那么余锅改造就没有任何意义。更换这段管线需要的时间要30多个小时。经过深思熟虑，三催化采用了“汽包排污倒上水”操

作法。

使用该操作法最坏的结果也是切断进料停工，毕竟实施该操作法还存在很大的风险。所谓“汽包排污倒上水”操作法就是利用三催化汽包上水泵出口一根 *DN*50 至排污罐的排污线顺着汽包的排污反相上水，从而切除汽包的正常上水线，为该上水线的施工创造条件。由于三催化正常的上水量为 170t/h，三催化采取了一切可以采取的手段，先后进行了单机操作、切除油浆蒸发器汽包、切除一外取热和二外取热汽包、蒸发段汽包放空等多项措施，最后将发汽量降至 40t/h，可是由于泵出口压力最高只能达到 6.6MPa，汽包压力达到 3.67MPa 时汽包只能上水 37t/h，在经历了 12h 的操作摸索，三催化终于完成了用汽包排污反串的方法完成了汽包上水。

在汽包上水线施工过去 20h 后，也就是在凌晨 6：15，由于凌晨气温较低，二三催化的主风机供风状况都会有所增加，导致烧焦更充分，也正是由于这个原因导致系统管网中压蒸汽压力升高，三催化高温取热炉的大排污线上水中断，只有小排污还能上水，上水量已经明显满足不了发汽的要求，如果出现汽包干锅就必然导致停工，在这危急时刻，三催化创新性的采取了“一再富氧燃烧”操作法，保证三催化度过危急关头。

4.2 “一再富氧燃烧”操作法

三催化再生系统有两个再生器，其中一再设计烧焦 70%，二再设计烧焦 30%，由于一再贫氧烧焦存在大量的过剩一氧化碳，在一再和二再混合的高温取热器部分就会进行尾燃，正常状态下高温取热器部分控制 970～1020℃，设计值可达到 1400℃，因此只要有充足的主风，高温取热炉就会很容易超过 1000℃，补入的风量越多，高温取热炉前温度越高。正常控制高温取热炉温度的办法就是减少风量，保持贫氧状态才能保证不超温，可是当温度降到 870℃后就无法通过贫氧操作来降温，否则装置就会发生催化剂的“碳堆积”而无法进行低温操作。但是 *DN*25 的排污线根本无法满足 870℃的蒸发温度，为此，三催化为了避免停工，有史以来的第一次使用了“一再富氧燃烧”操作法。

“一再富氧燃烧”操作法就是利用高温取热炉温度控制方法的逆向思维，将加工量进一步降低至 120t/h(单台主风机供风的操作工况为 150 t/h 加工量)，将单台主风机供风量调至最大，使一再二再的烧焦均达到过剩的程度，由于加工量降得非常低，高温取热炉没有出现超温情况，在降量过程中，温度先是上升，然后突然下降了 150℃，即一再和二再的焦炭已经达到烧焦平衡，不再存在一再和二再的碳差，也没有了过剩的一氧化碳，一再达到了富氧再生状态，高温取热炉也达到了富氧状态，最终高温取热炉前温度降到了 620℃，一再和二再的温度都是 620℃，这三部分达到了温度平衡，使三催化最终保证了高温取热炉的上水，顺利的度过了难关。

5 改造效果

本次改造除新增一组过热器为现场组装外，高温省煤器(左右各一组)和低温省煤器(两级，每级左右各一组)共 6 个模块，每个模块之间自身护板连接，支撑在炉体钢结构承重梁上，原炉体钢结构无需加强，排烟系统未作任何改动，改造工作量小，节能效果明显，通过改造：

1)停用补燃系统，同时保证余热锅炉出口过热蒸汽温度，不仅节约瓦斯(700Nm^3/h)，降低风机电耗(75kW)，而且降低操作难度，共降低装置能耗 1.5kgEO/t。

2)高温省煤器和低温省煤器均采用模块化设计，设计上将承压部件的所有焊缝均安排在夹层内，预置了吹灰器的接口，现场安装时只将各模块之间加焊连接钢板，然后进行外保温，大大缩短现场安装工期，节约了安装费用；

3)降低了排烟温度，余热锅炉排烟温度由改造前的 230℃降低至 165℃，提高余热锅炉效率，余热锅炉改造后中压蒸汽产量增加了 6t/h，又降低装置能耗 2.0kgEO/t；

4)水热媒换热器较好的发挥了作用(见表 2～表 4)。无论装置负荷如何变化，均能自动将省煤器入口水温保持在避开露点腐蚀的给定值(140℃)，确保设备的安全运行。

表2 水热媒式给水预热器性能参数序号

序号	名称	单位	数值	备注
1	高温给水流量	t/h	215	
2	高温给水入口温度	℃	171	
3	高温给水出口温度	℃	149	
4	低温给水流量	t/h	215	
5	低温给水入口温度	℃	118	
6	低温给水出口温度	℃	140	设定
7	介质阻力降	MPa	< 0.1	两侧阻力之和
8	换热面积	M^2	~195	
9	换热量	kW	5495	
10	换热器型号：BIU700－6.4/6.4－195－6/19－2 I			

表3 余热锅炉改造前后烟气热平衡计算表

序号	名称	单位	改造前	改造后	备注
1	过热器(新增高温过热器，原过热器利旧)				
1.1	烟气入口温度	℃	550	550	不变
1.2	烟气出口温度	℃	410	390	
1.3	介质流量	t/h	141	145.8	
1.4	蒸汽入口温度	℃	254	254	
1.5	蒸汽出口温度	℃	400	420	
1.6	蒸汽侧阻力降	MPa	0.17	0.22	
1.7	换热量	kW	16320	18603	+2283
2	蒸发器(利旧)				
2.1	烟气入口温度	℃	410	390	
2.2	烟气出口温度	℃	356	349	
2.3	蒸汽产量	t/h	11.0	8.4	－2.7 t/h
2.4	介质温度	℃	253	253	
2.5	换热量	kW	6103	4639	－1464
3	省煤器(改造)				
3.1	烟气入口温度	℃	356	349	
3.2	烟气出口温度	℃	230	180	
3.3	总汽包上水流量	t/h	164.2	215	
3.4	汽包上水温度	℃	189	190	
3.5	除氧水温度	℃	118	118	
3.6	换热量	kW	13992	18582	+4650
4	余热锅炉总换热量	kW	36416	41825	+5409

表4 余热锅炉改造前后装置各汽包蒸汽产量变化详细说明

序号	名称	单位	改造前	改造后	备注
1	外取热器汽包/1				
1.1	汽包上水温度	℃	189	190	
1.2	汽包蒸汽产量	t/h	65	65.2	+0.2

续表

序号	名称	单位	改造前	改造后	备注
2	外取热器汽包/2				
2.1	汽包上水温度	℃	189	190	
2.2	汽包蒸汽产量	t/h	55	55.1	+0.1
3	油浆蒸发器				
3.1	汽包上水温度	℃	189	190	
3.2	汽包蒸汽产量	t/h	15	15.1	+0.1
4	高温取热炉				
4.1	汽包上水温度	℃	118	190	
4.2	汽包蒸汽产量	t/h	50	57.0	+7.0
5	余热锅炉汽包(吸热量和汽包给水温度均发生变化)				
5.1	汽包蒸汽产量	t/h	11.0	8.4	-2.6
6	装置总饱和蒸汽产量	t/h	196	201.8	+5.8

6 结语

三催化余热锅炉抢修采取多项措施，使三催化在不切断进料的情况下实现了余热锅炉的抢修，同时保证了汽包上水线的安全使用，在余热锅炉过热段不具备检修条件的情况下，采取烟道开人孔，余热锅炉拆炉墙的办法，保证了过热段增加了一组高温过热器，抢修期间三催化完成了烟机的更换，保证了三催化烟机的长周期运转。通过抢修，三催化每小时可多产中压蒸汽6t/h。三催化通过不停工抢修余热锅炉当年可挽回和新增效益2500万元以上。三催化中压蒸汽发汽量的增加使三催化在2008年8月1日停用了CFB锅炉的中压蒸汽，实现了三催化中压蒸汽外送二催化26t/h并满足自用的要求。

溴化锂制冷技术在低温热回收利用中的应用

李平阳
（中国石化九江分公司，江西九江　332004）

摘　要：在炼厂低温热综合回收利用中，通过引入热水型溴化锂机组，并将制取的冷媒水用于焦化等炼油工艺装置。实际应用效果表明：该方案增加了低温热系统的操作弹性，提高了能源的利用率，改善了焦化装置操作，可有效降低焦化干气中 C_3^+ 组分含量，能够为企业增效 93.3×10^4RMB。

关键词：溴化锂　低温热　延迟焦化　干气

中国石化九江分公司现有原油一次加工能力6.5Mt/a，为了降低炼油能耗，充分利用炼油装置的低温余热，实施了炼油装置低温余热回收综合利用改造。该低温热综合利用方案为[1]：将50℃热媒水分别进入6个热源装置，即Ⅰ常减压、Ⅰ催化、Ⅱ催化、Ⅰ污水汽提、Ⅱ污水汽提和Ⅱ加氢，热媒水换热到128℃后，用于蜡油罐区维温、Ⅱ气分的脱乙烷塔再沸器、脱丙烯塔再沸器和脱丙烷塔再沸器加热，然后再用于生活水加热、冬季民用采暖和动力的生水换热，为控制热媒水温度在末端配有循环水冷却，控制热媒水返回温度在50℃左右，为了增加低温热系统的操作弹性，在该低温热系统中引入了溴化锂制冷技术。

1　溴化锂机制冷技术应用的依据

低温热综合回收利用方案中，低温热阱需求量受季节影响较大，夏季气温高，且又无民用采暖需求，因而低温热阱相对不足，低温热热源存在富余情况，为保系统运行稳定，在热阱末端不得不使用循环水冷却热媒水，所以低温余热随季节变化为增设溴化锂机组制冷提供了可能性。

另一方面，高温季节循环冷却水温度一般在28℃以上，不能较好地满足炼油工艺装置分离塔顶气体冷却负荷需求，导致产品分离精度不高，如焦化装置的吸收塔干气中 C_3^+ 组分回收和气体分馏装置获得高纯度的丙烯，而低温热媒水通过溴化锂制冷技术可以获得工艺装置需求冷却温度以实现强冷。

综合上述，在低温热系统引入溴化锂制冷技术增设溴化锂机组，既可以增加低温热系统操作的灵活性和可控性，又可以获得工艺装置所需求的强冷媒介，从而提高产品附加值，提高企业整体经济效益。

2　溴化锂制冷技术简介

(1)技术机理

该公司低温热系统的溴化锂机组属于热水二段机，其制冷技术机理为：水在物体表面蒸发汽化，可以带走物体表面的热量，在真空条件下，物体表面的温度就会降到很低。溴化锂是一种吸水性极强的盐类物质，可以连续不断地将周围的水蒸气吸收过来，可创造和维持真空条件，因此溴化锂吸收式制冷机是利用溴化锂作吸收剂，用水作制冷剂，利用不同温度下溴化锂水溶液对水蒸气的吸收与释放来实现制冷的，这种循环是通过输入热源实现制冷的。

(2)工作原理

低温热系统配置了两套溴化锂机组并列运行，每组主要由发生器、冷凝器、蒸发器、吸收器、热交换器、蒸发泵等设备组成。工作原理为[2]：如图1所示，首先由真空泵将制冷机组抽至高真空状态后，吸收器的溴化锂稀溶液由泵送至发生器，途中流经热交换器，进入发生器的溴化锂稀溶液被管内的热媒水加热，产生溴化锂冷剂蒸汽，进而浓缩成浓溴化锂溶液，该溶液经热交换传热管间，加热管内流向发生器的稀溶液，温度降低后进入吸收器；发生器产生的冷剂蒸汽进入冷凝器内，被冷却水冷凝成为冷剂水经U形管流入蒸发器液囊，再经蒸发泵送往蒸发器上部喷淋系统，均匀喷淋在传热管表面，吸收管内冷水的热量而蒸发。产生的冷剂蒸汽进入吸收器，被溴化锂浓液吸收。冷剂蒸汽被吸收后释放出大量的热媒水由冷却水带走。浓液吸收水蒸气后成为稀溶液，再由溶液泵送至发生器，因此制冷循环实际上是溴化锂水溶液在机内由稀变浓再由浓变稀和冷剂水由液态变汽态再由汽态变液态的循环过程。通过这个循环周而复始，使得蒸发器可不断连续制取冷媒水。在溴化锂机组热量输入输出的媒介分别由热媒水、冷媒水、循环水三个独立循环系统组成，由其工作原理可知，热媒水和冷媒水输入的热量应等于循环水输出的热量。

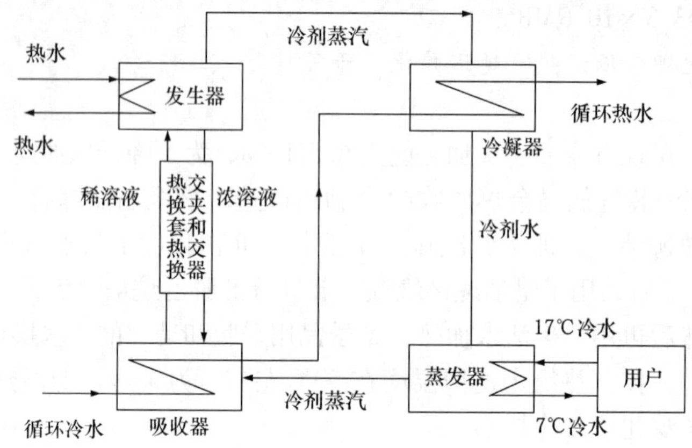

图1 每组溴化锂机组工作原理

(3)主要参数(见表1)

表1 每组溴化锂机组主要参数表

制冷量		kW	1455
冷媒水	出口温度	℃	7
	入口温度	℃	17
	流量	t/h	250
循环水	流量	t/h	1012
热水	进口温度	℃	113
	出口温度	℃	68
	流量	t/h	79.4
蒸发泵	功率	kW	14.05

3 冷媒水循环流程

如图2，冷媒水回水从冷媒水罐由P310/2抽出，经溴化锂机组冷却制冷后，分两路送至焦化装置和Ⅱ气分装置，先用于焦化装置吸收塔的汽油补充吸收剂、吸收塔的一中、二中循环和再吸收塔柴油补充吸收器的水冷器，剩余的冷媒水用于代替Ⅱ气分装置丙烯塔塔顶气体后冷器E307/1～6循环水，冷媒水的回水进入冷媒水缓冲罐，形成一个闭路循环系统。

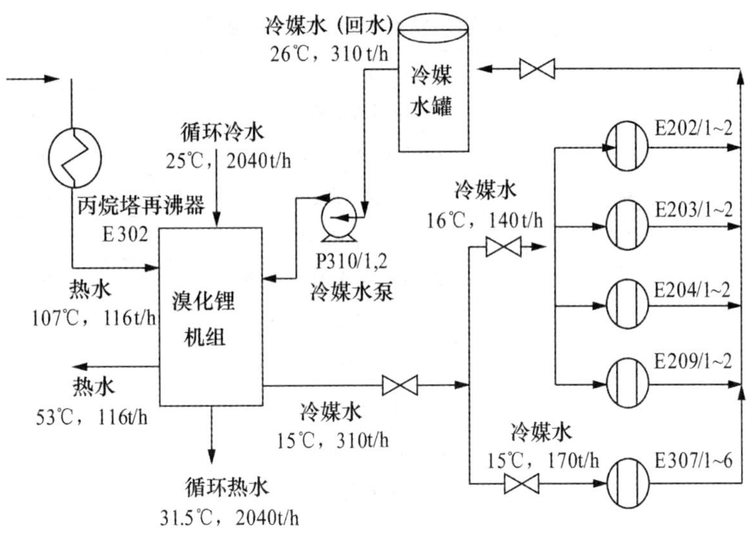

图2 溴化锂机组及冷媒水简易流程图

4 投用效果

(1)低温热系统热平衡得到优化

在未投用溴化锂机组前，环境温度高时低温热系统的循环热媒水经过与热阱换热后，温度仍达到76℃，为维持系统运转，需要使用循环水冷却热水至50℃，投用溴化锂机组后，循环热媒水末端温度下降为64℃，有效地降低了循环水冷却负荷，减少了能量的双重浪费，符合能量转换、回收、利用的“三环节”优化原则[3]。

(2)机组运行工况

表2为溴化锂机组运行参数，可以看出溴化锂机组制冷量没有达到机组设计要求，且冷媒水出口制冷温度远高于设计的7℃，分析原因为：一是热媒水量仅为116t/h，为设计73.4%，热源不足导致了机组整体制冷负荷较低；二是与冷媒水的换热流程中的工艺介质温度偏高造成冷媒水回水温度偏高。

表2 溴化锂机组实际运行参数与设计值比较

		单位	设计值	实际值
制冷量		kW	2910	1980
冷媒水	出口温度	℃	7	15
	入口温度	℃	17	26
	流量	t/h	500	310
循环水	出口温度	℃	36	31.5
	入口温度	℃	31	25
	流量	t/h	2024	2040
热水	进口温度	℃	113	107
	出口温度	℃	68	53
	流量	t/h	159	116
蒸发泵	功率	kW	28.1	

(3)工艺装置参数变化

在实际运行中，冷煤水先保证焦化装置吸收稳定冷却需求，如表3所示投用冷媒水后焦化装置工艺介质温度下降十分显著，有助于增强分离效果。剩余冷媒水用于Ⅱ气分装置的丙烯塔塔顶丙烯冷却器E307/4，冷媒水投用强化了丙烯塔塔顶冷却能力，塔顶温度有所下降，有利于提高丙烯收率。

表 3　冷媒水投用前后工艺参数变化

		项　目	投用前	投用后
焦化装置	汽油吸收塔C202	汽油补充吸收剂/℃	34	20
		C202 吸收塔顶温度/℃	31	26
		C202 吸收塔底温度/℃	41	35
		吸收塔一中抽出温度/℃	37	27
		吸收塔一中返塔温度/℃	30	20
		吸收塔二中抽出温度/℃	38	26
		吸收塔二中返塔温度/℃	32	21
	柴油吸收塔C201	柴油补充吸收剂温度/℃	36	25
		C201 再吸收塔顶温度/℃	43	32
		再吸收塔底温度/℃	50	37
Ⅱ气分装置丙烯塔		塔顶温度/℃	50	48
		冷回流量/(t/h)	180	170
		冷回流温度/℃	48	46

(4)焦化干气吸收效果

冷媒水投用后，对2008年和2009年8月份的干气组成进行了比较，如图3所示，干气质量有较大改善。干气中的C^{3+}组分平均值2.75%(v)，同比下降了3.11个百分点，大大改善了焦化装置吸收稳定系统的分离效果。

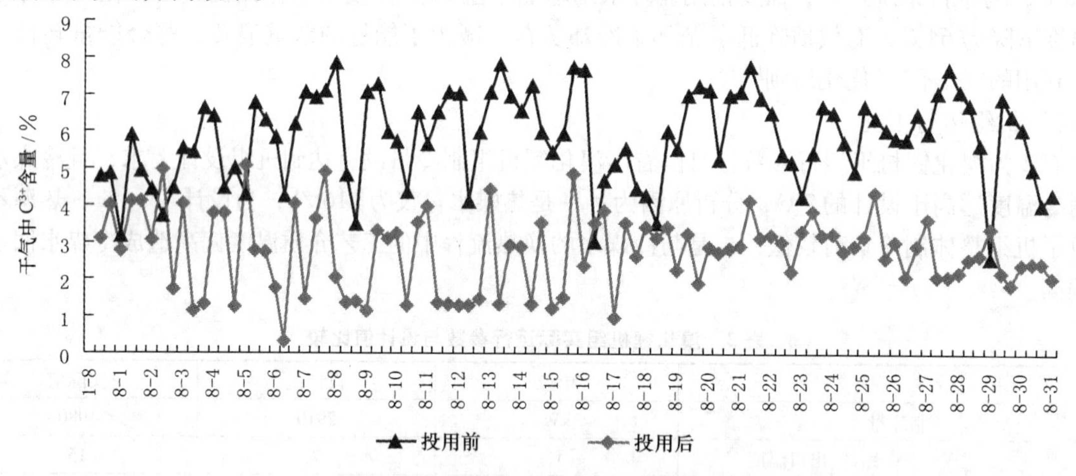

图 3　焦化干气 C^{3+} 组分投用前后对比图

(5)经济效益分析

以焦化装置按120t/h处理量计算，降低干气中 C_3^+ 组分后，相当提高了液化气收率0.26%，则增加液化气产量0.31t/h，每月可增产液化气232t。

干气按2400RMB/t，液化气按4650RMB/t，电按0.45 RMB/(kW·h)，循环水按0.145RMB/t，增产液化气可获得418 RMB/h，每年按投用3个月计算，年创效93.3×10^4 RMB。

5　存在问题与改进建议

(1)制冷量不足

热媒水流量偏低，实际运行热媒水量为设计73%，存在的原因可能是机组压降大，后续管路背压高，低温热循环水泵提压又超载引起联锁动作，因此需要进一步适当调整优化低温热系统流程，以达到设计能力，从而控制低温热媒水末端温度在50℃左右，彻底停用循环水冷却热媒水，实现能源利用最大化。

(2)提高冷媒水强冷效果

如前所述，目前机组运行没有达到设计要求，还与工艺介质相关，因为被冷却介质普遍在30℃以上，制约了机组制冷效果，按照“温度对口，梯级利用”的科学用能原则[4]，改变原有冷媒水替代循环水的方案，建议原有工艺介质循环水冷却器仍保留，在循环水冷却器后再增加一组冷媒水冷却器(如图4)，可最大限度发挥低温冷媒水的强冷的功效，同时还可节约冷媒水的用量，将富余的冷媒水用于其他需求装置如催化、I气分。

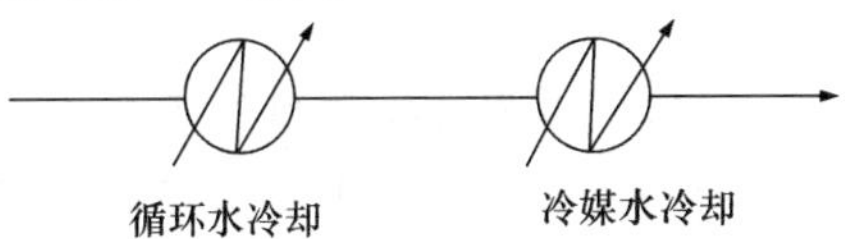

图4　换热流程改进图

目前Ⅱ气分装置仅投用了E307/4冷媒水，且溴化锂制冷的冷媒水大部分投用在该换热器上，而丙烯冷却效果十分有限，说明换热流程不合理，若按上述改进换热流程，会更有利于丙烯塔的分离操作。

(3)推广应用于其他炼油装置

对于炼厂为提高分离效果而需要低温的冷却介质的装置，如催化和重整装置都可以使用冷媒水强化冷却能力[2,5]。表4以催化装置和焦化装置干气中C_3^+平均组分来看：在C_3^+组分含量相近的情况下，催化干气C_3^+组分以经济价值高的丙烯和丁烯为主，而焦化装置以丙烷为主，且催化干气C_3^+组分比焦化干气重，更易吸收，降低干气中C_3^+组分含量效果会更好；且其C_3^+组分也有进一步降低空间。因此将冷媒水引用到催化装置，可获得更多的丙烯和丁烯等稀缺资源。

表4　催化和焦化干气中主要组成对比　　%(v)

	催化装置	焦化装置
C_3H_8	0.32	2.24
C_3H_6	1.41	1.07
C_4H_{10}	0.94	0.25
C_4H_8	1.03	0.12
C_5H_{10}	0.05	0
C_6组分	0.08	0
C_3^+组分	3.91	3.68

6　结论

通过引入溴化锂制冷技术，将低温热富余热源制取的冷媒水，可增加了低温热系统的操作弹性，提高了能源的利用率。高温季节在焦化装置吸收稳定系统使用冷媒水能够有效降低焦化干气中C_3^+组分含量，提高液化气收率，减轻了企业干气平衡的压力；运用在气分装置可改善丙烯塔操作，有利于提高精丙烯收率。为企业整体增效93.3×10^4RMB。通过进一步优化低温热系统操作，改进工艺介质冷却流程，将冷媒水推广应用于催化等炼油工艺装置，可为企业带来更大的经济效益。

参 考 文 献

[1]　王瑞群．炼油装置低温热利用节能改造[J]．中外能源，2009，14(7)：93~95

[2]　王士永．应用溴化锂制冷技术回收炼油厂低品位热能[J]．石油炼制与化工，2007，38(3)：57~61

[3]　陈清林等．某延迟焦化装置用能分析及改进[J]．炼油技术与工程，2003，33(8)：58~60

[4]　仵浩，华赉，王春花．石化企业低温热利用[J]．计算机与应用化学，2007，24(10)：1355~1358

[5]　宫超．优化催化裂化装置吸收稳定系统回收干气中的丙烯[J]．炼油技术与工程，2007，37(6)：22~27

炼油装置低温热利用节能改造

王瑞群　吴喜生　王小鹏
（中国石化九江分公司，江西九江　332004）

摘　要：按照“温度对口，梯级利用”的科学用能原则，将炼油装置热源和热阱按照温位高低进行优化组合，在九江分公司范围内建立低温热利用系统，实现能量的综合利用，达到节能降耗的目的。

关键词：炼油装置　低温热　系统优化　节能

1　前言

中国石化股份有限公司九江分公司炼油装置在上世纪九十年代先后建起了2套低温热利用系统，分别从Ⅰ套催化裂化装置、Ⅱ套催化裂化装置取热，用于Ⅱ套气体分馏装置、生水换热、生活水换热和冬季采暖。系统运行十几年来，取得了一定的节能效果和经济效益。但九江分公司的能耗与股份公司能耗先进水平比还存在较大的差距，以及随着我公司炼油装置生产规模的逐渐扩大，在资源利用上有待于进一步的挖潜。主要表现为：一是低温热没有充分优化利用。Ⅰ套常减压蒸馏以及2006年3月开工的延迟焦化、Ⅱ套柴油加氢等装置的大量部分低温热被空冷和水冷带走，没有利用上。与此同时，Ⅱ套气体分馏装置的塔底重沸器、原油罐区、蜡油罐区和渣油罐区等设备、储罐却需要补充1.0MPa或0.4MPa的蒸汽来加热或维温，使其能耗居高不下。二是低温热系统温位低，水量大，难以有效利用。三是热阱季节性较强，低温热网络的综合调控比较困难。

根据中国石油化工股份有限公司炼油事业部、广州优华过程技术有限公司组织专家为九江分公司制定的用能优化方案，九江分公司分别于2007年11月和2008年4月分两步实施了炼油装置低温余热回收利用节能项目改造。通过对Ⅰ套常减压蒸馏、Ⅰ套催化裂化、Ⅱ套催化裂化、溶剂脱沥青、延迟焦化、污水汽提等装置内部工艺流程进行优化，将各装置的低温余热取出，供给Ⅰ、Ⅱ气体分馏装置、溴化锂制冷、蜡油罐区、原油罐区、除盐水、生活热水、生水加热、采暖等各热阱，达到节汽、节电等节能目的。

2　低温热系统优化利用思路

按照“温度对口、梯级利用”的科学用能原则，热源和热阱按照温位高低热力学原理进行组合，在全公司范围内建立低温热大系统，实现低温余热的综合利用。在低温热大系统范围内，以除盐水为循环热媒体，设计适宜的水流量和温差，把分散在各个装置的热源集中起来，再按照同一原则，供给分散在各处的不同温位的热阱。通过增加一些换热过程和部分换热设备，使炼油装置的低温余热在全局范围内得到最充分、最合理的利用，并通过换热器和换热网络的优化，实现经济效益的最大化。

从生产实际出发，为达到经济效益的最大化，将炼油装置低温热的总流程分为一大一小2个系统运行。大系统是在现有的2套低温热水系统的基础上合并成为1个大系统，先后经过4次混合，将低温余热供给低温热阱，最后进入储水罐，经泵送入热源装置取热；小系统是焦化装置余热供给原油罐区的低温热系统。

2.1 改造后工艺流程简述

2.1.1 大系统工艺流程简述

目前，九江分公司炼油装置低温热大系统(见图1)，将50℃的热水从新建的热水站经泵送出后分为4路，分别进入4个热源装置，即Ⅰ套常减压蒸馏、Ⅰ套催化裂化、Ⅱ套催化裂化和污水汽提等装置，然后进行第一次混合。第一次混合后分出两路，一路先进入溶剂脱沥青装置与高压溶剂换热后进入气分装置，经过1台蒸汽加热器后进入Ⅱ套气体分馏装置的脱丙烷塔再沸器；另一路经过蜡油罐区后再进入Ⅱ套气体分馏装置的脱丙烷塔再沸器的出口热水进行第二次混合。第二次混合后的热水一路进入溴化锂制冷设施取出热量后与另一路分别进入Ⅱ套气体分馏装置的脱乙烷塔再沸器、丙烯塔再沸器A、B换热后进行第三次混合。第三次混合后的低温热水进入溶剂脱沥青装置与3台并联的换热器换热后回到主管，然后分两路，一路用于除盐水加热；另一路用于生活水供热和采暖。第四次混合后的热水与生水换热，将生水加热到40℃，然后进入循环水冷却器，通过控制循环水流量，使低温热水的温度控制在50℃，最后进入储水罐。

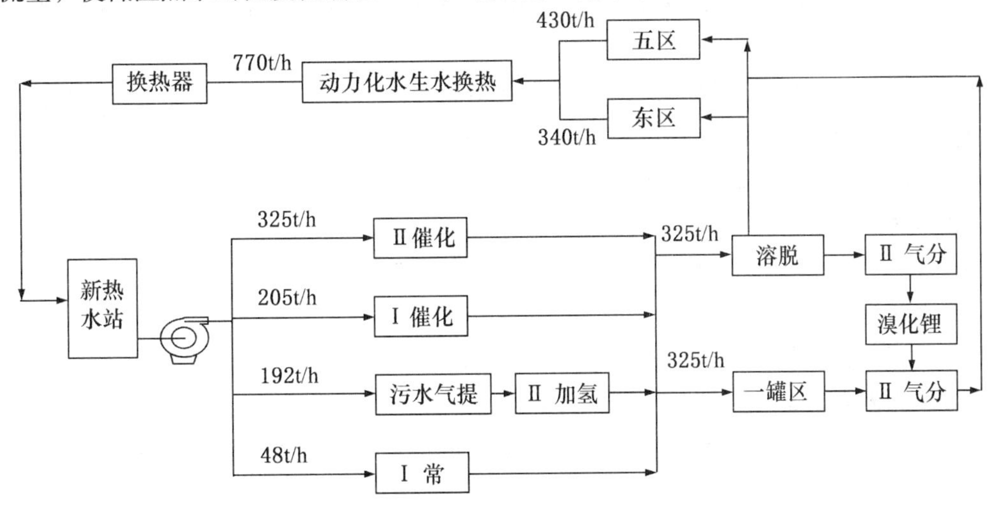

图1 大系统工艺流程

2.1.2 小系统工艺流程简述

延迟焦化装置和原油罐区之间的低温余热的利用，为低温热小系统。将46℃的低温热水从延迟焦化装置内新建储水罐经泵送出后分为4路，分别与延迟焦化分馏塔油气、分馏塔顶循、生焦水和吹汽蒸汽换热，然后全部送入原油罐区，用于原油罐区加热，加热后的回水返回延迟焦化装置的储水罐内。

2.2 改造后低温热系统特点

1)将原有的两套低温热水系统合并，增加了操作灵活性和可控性。

2)各装置低温热集中利用，合理利用。

3)用热水替代部分蒸汽热源，降低了炼油能耗和生产成本。

4)增设溴化锂制冷机组，用冷冻水替代部份循环水，充分降低干气中的C_3含量，提高企业整体经济效益。

3 低温热利用节能改造的内容

根据“充分依托现有设施，整体规划，分步实施”的原则，本次改造分两步组织实施。第一步，2007年11月份开始实施焦化装置与原油罐区低温热综合利用部分即小系统，并于2008年1月6日投入运行；第二步，2008年4月份开始实施大系统部分，并于2008年9月3日投入运行。

本次改造共增加22台冷换设备，溴化锂制冷机组2台，机泵11台，热水罐2台。总投资

0.354×108RMB。

3.1 Ⅰ套常减压蒸馏装置

新增常一、常二和常三线热媒水换热器各1台。

3.2 Ⅰ套催化裂化装置

1)分馏塔顶油气新增2台热媒水换热器，为了降低压降，直接选用折流杆型换热器，原有空冷保留。

2)分馏塔顶油气新增2台循环水后冷器，为了降低压降，直接选用折流杆型换热器。

3)顶循换热器、柴油换热器利旧，管线改动。低温热水的2组换热器(E305/1-4顶循热水换热器，E303/2柴油热水换热器)由串联改为并联。

4)脱硫再生塔重沸器热源改用1#气分装置0.45MPa蒸汽。

3.3 Ⅱ套催化裂化装置

1)分馏塔顶油气新增1台热媒水换热器，为了降低压降，直接选用折流杆型换热器，原有空冷保留。

2)分馏塔顶油气新增1台循环水后冷器，为了降低压降，直接选用折流杆型换热器。

3)顶循换热器、柴油换热器利旧，管线改动，由串联改为并联。

4)脱硫再生塔重沸器热源改用1#气分装置0.45MPa蒸汽。

3.4 污水汽提装置

新增1台净化水——热媒水换热器。

3.5 Ⅱ柴油加氢装置

新增1台精制柴油——热媒水换热器。

3.6 丙烷脱沥青装置

在高压空冷器前新增2台热媒水——循环溶剂换热器并联，原塔顶3台高压空冷器(AC101A、B、C)保留。

3.7 气体分馏装置

Ⅱ气体分馏装置新增1台热媒水——蒸汽换热器，部份再沸器换热面积扩大。

3.8 延迟焦化装置

1)新建热水站，设置1台热水罐、1个泵棚、3台热水泵。

2)新增2台顶循环油-热水换热器、1台塔顶油气-热水换热器、1台冷焦水-热水换热器、2台大吹汽蒸汽-热水换热器。

3.9 原油罐区

增设2台原油-热水换热器，并相应增设热水管网。

3.10 溴化锂制冷机组

在2JHJ气分装置内增上1套溴化锂制冷设施，其制冷量为600×10^4kcal/h。热水流量为270t/h，温度为118℃的热水进入溴化锂装置后，温度降至68℃。

3.11 低温热水站

按照新的热水循环量的要求，在原一热水站位置重新建设热水站，并对热水罐和热水泵更新。

4 低温热利用节能改造效果

焦化装置与原油罐区低温热综合利用部分(即小系统)和大系统，分别于2008年1月6日和2008年9月3日投入运行。新的低温热系统投入运行后，各装置操作正常，运行稳定，调节方便，丙烯质量合格。低温热系统投用后，各装置水、电、汽及燃料实际消耗数据见表1、表2、表3、表4和表5。

表1 低温热系统投运前后装置电消耗数据

装置名称	耗电设备	耗电量/kW		投运前后耗电差值/kW
		投运前	投运后	
Ⅰ套常减压	空冷 A1003A、B	30	0	30
Ⅰ套常减压	空冷 A1004A、B	30	0	30
Ⅰ套常减压	空冷 A1005A、B	30	0	30
Ⅰ套催化	空冷 301/1-6	180	0	180
Ⅱ套加氢	A2504	120	0	120
延迟焦化	空冷 A 131/1-6	28	0	28
延迟焦化	空冷 A 105/1-8	36	0	36
延迟焦化	空冷 A 103/1-4	88	0	88
溶脱高压溶剂	高压空冷器	44	0	44
一热水站	热水泵	110	0	110
二热水站	热水泵	320	0	320
新热水站	热水泵	0	400	-400
合计节电				616

表2 低温热系统投运前后装置循环水消耗数据

装置	循环水量消量/(t/h)		投运前后循环水量耗量差值/(t/h)
	投运前	投运后	
一热水站	500	0	500
二热水站	500	500	0
新热水站		0	0
合计节水			500

表3 低温热系统投运前后装置蒸汽消耗数据

项目	装置	耗汽设备	蒸汽耗量/(t/h)		投运前后蒸汽耗量差值/(t/h)
			投运前	投运后	
1.0MPa 蒸汽	Ⅱ气分	换 302、304	5.26	0	5.26
1.0MPa 蒸汽	Ⅲ硫磺		5.5	0.5	5.0
1.0MPa 蒸汽	Ⅰ催脱硫		4.5	0	4.5
1.0MPa 蒸汽	原油罐区	1-7#罐	8	2.37	5.63
1.0MPa 蒸汽	热剂和老热火线		3.0	0	3.0
节约合计					23.39
0.4MPa 蒸汽	Ⅱ气分	换 302、304	7.72	0	7.72
0.4MPa 蒸汽	Ⅲ硫磺		0	5.20	-5.20
0.4MPa 蒸汽	Ⅰ催脱硫		0	4.30	-4.30
0.4MPa 蒸汽	热剂和老热火线		0	2.30	-2.30
节约合计					-4.08

表4 低温热系统投运前后装置燃料气消耗情况数据

装置	耗瓦斯设备	瓦斯耗量/(Nm^3/h)		投运前后瓦斯耗量/(Nm^3/h)
		投运前	投运后	
Ⅱ加氢	F2501	50	80	-30
节约合计				-30

表5 能耗计算

项 目	折标系数/(kgEO/t)	消耗量减少/(t/h)或(℃/h)	折能/(kgEO/h)
电	0.26	616	160.16
循环水	0.1	500	50.00
1.0MPa 蒸汽	76	23.39	1777.64
0.4MPa 蒸汽	66	-4.08	-269.28
瓦 斯	950	-0.0285	-27.08
合 计			1691.45
实际能耗下降			2.90kg 标油/t

注：炼油加工量 583.33t/h。

5 结束语

1)炼油装置低温热节能改造项目投用后，降低炼油能耗 2.90kg 标油/t，按九江分公司内部财务核算价(含税)电价 0.56RMB/(kW·h)、循环水 0.16RMB/t、1.0MPa 蒸汽 104RMB/t、0.4MPa 蒸汽 84RMB/t、瓦斯气 2400RMB/t，可节约人民币 0.2054×108RMB/a。

2)由于动力生水加热器、一罐区和生活区采暖等热阱在冬季才投用，如果按投用考虑，可增加回收热量和降能如下：减少动力生水加热用 1.0MPa 蒸汽 5t/h、减少一罐区加热用 1.0MPa 蒸汽 1t/h、生活区采暖及生活用热水消耗低温热 30563kW，合计在冬季采暖期每月还可节 882.7t 标油。

延迟焦化装置用能分析及节能措施

邹圣武

（中国石化九江分公司，江西九江　332004）

摘　要：分析了延迟焦化装置的能耗构成特点及其影响的主要因素，通过采取加大装置处理量、提高原料换热终温和加热炉热效率、实施低温热回收综合利用、机泵增设变频和削级处理，提高水的回用率等工艺操作优化和设备改造措施，减少燃料气、蒸汽、电和水的消耗，显著地降低了装置能耗，由此全年可产生 0.1387×10^8RMB 以上的经济效益。

关键词：延迟焦化　能耗　节能

1　前言

随着原油资源需求的日益增加，原油资源趋于重质化和劣质化，因此延迟焦化工艺越来越受到炼厂的青睐，业已成为当今世界炼油工业中第一位的重质油加工技术[1]。中国石化股份有限公司九江分公司1Mt/a 延迟焦化装置2006 年3 月开工投产，采用一炉两塔的工艺路线，装置主要由焦化、富气压缩及柴油吸收、干气脱硫三部分组成并自备2000m^3/h 的循环水场。产品分布为净化干气、液化气、汽油、柴油、蜡油和焦炭等。2007 年11 月进行了完善吸收稳定系统改造，并增加了液化气脱硫部分。随着延迟焦化迅速发展以及节能降耗日益重视，分析延迟焦化装置能耗并采取有效措施节能降耗是非常有意义的。

2　装置能耗构成及其分析

装置能耗构成和设计值对比见表1。

表1　2006 年装置能耗构成和设计值对比　　MJ/t

名 称	原设计	2006 年	现设计*
新鲜水	0.17	0.71	0.17
循环水	49.03	66.46	64.43
除氧水	42.01	25.58	42.01
除盐水	0	3.14	0.00
电	177.36	159.89	194.38
3.5MPa 蒸汽	55.64	136.14	55.64
1.0MPa 蒸汽	124.61	119.46	242.22
燃料气	870.61	766.44	896.63
热输入	0	0	0.00
热输出	-19.1	-51.67	-19.10
装置能耗	1302.07	1226.16	1476.38

注：* 为完善吸收稳定系统的装置设计能耗。

从表1 可以看出，焦化装置能耗主要燃料气、蒸汽、电和水等构成，其中燃料气所占比例在65%左右，在装置能耗中占主导地位，其次是蒸汽和电的消耗所占比例在13% ~20%左右，因此降低燃料气、蒸汽、电的消耗是降低装置能耗的主攻方向。

与设计值相比，3.5MPa 蒸汽耗量较大，主要是由于装置处于1.0 MPa 蒸汽用户末端，蒸汽品质差，其压力和温度不能满足工艺要求，需要使用3.5MPa蒸汽减温减压提升1.0MPa蒸汽品质；新鲜水耗量大主要是因为冷切焦系统设计缺陷，造成补水量大；循环水耗量比设计大主要在于装置自备循环水场，工艺介质优先采用循环水降温冷却，减少空冷器的投用以节电。除盐水主要作为机泵端面密封冷却水代替循环水以避结垢。

与行业水平相比，2006年中石化集团公司28套延迟焦化装置平均能耗为1084.71MJ/t，该装置比之高141.25个单位，加之2007年又完善了吸收稳定系统，在循环水、电和1.0MPa和燃料消耗方面又有较大增加，且相对焦化原料需要增加能耗174.31个单位，因此该装置具有很大的节能空间。

3 装置主要节能措施

3.1 提高装置处理量，降低装置单位耗能

装置处理量影响能耗高低在于发挥装置规模效应，当处理量大时，单位能耗的基数增大则装置的能耗相对下降，反之亦然。提高装置处理量的常用方法是降低循环比和缩短生焦周期。

在一定处理量的条件下，降低循环比可以减少焦化循环油量，从而降低了加热炉热负荷，进而减少燃料气用量达到降低能耗的目的。同样在保证加热炉进料量一定时，降低循环比则可以提高装置处理量使得能耗下降，但降低循环比受原料性质、产品分布和工艺流程等诸多因素限制。目前该装置的循环比已由设计的0.25~0.35下降至0.12~0.20。缩短生焦周期目的是最大限度地发挥装置设备的空余能力，以实现处理量的提高，装置从24h下降至20h生焦周期操作，处理量可以提高10%~15%。该装置通过上述两个手段，处理量最高可至155t/h，达到设计负荷的130%，表2为在不同处理量情况下装置能耗情况，说明提高处理量对大幅度降低装置能耗不失为一重要措施。

表2 在不同处理量情况下装置能耗变化

处理量/(t/h)	装置能耗/(MJ/t)	循环比	生焦周期/h
79.83	1275.32	0.71	36
86.35	1201.33	0.56	24
105.15	1085.13	0.35	24
113.20	1060.05	0.32	24
125.44	1016.99	0.27	24
131.09	1002.36	0.23	24
146.28	985.23	0.19	20
151.48	966.83	0.14	20

3.2 优化工艺和设备运行，减少燃料气消耗

根据延迟焦化工艺特点，焦化过程是一种热裂化和缩合反应的过程，焦化反应中的热裂化反应是强吸热反应[2]，为满足反应温度要求，工艺上原料油先与分馏侧线换热后至分馏塔，在分馏换热段上与高温反应油气直接取热，再与循环油一同经加热炉升温后进入焦炭塔进行焦化反应，由此可知原料油反应所需的全部热量均由焦化加热炉提供，也导致燃料气消耗占装置总能耗比重在三分之二左右，因而减少燃料气消耗对装置节能起决定性作用。

3.2.1 提高原料与分馏侧线换热的终温

1)实现原料热进料：原料进装置温度直接影响原料换热终温，提高进料温度势必能够提高换热终温，装置2007年10月之前，原料进装置温度为130℃左右，与分馏侧线的换热终温可达到295~300℃，但2007年完善了吸收稳定系统，分馏系统需要为解析塔和稳定塔重沸器换热热源，反而会导致原料换热终温下降，为此实现装置热联合原料热进料，原料温度提高至165℃，有助于改善原料取热不足的问题。

2)优化分馏侧线回流取热：虽然实现原料热进料，但原料终温仍取决于高温位热量多少，焦

炭塔顶部≤420℃高温油气以高热值（约为19.3MW）进入分馏系统，这些热量最终随分馏侧线抽出带走，如何最大限度地降低高温油气在分馏过程的温度梯度损失，增加高温位的侧线回流取热量是提高原料换热终温关键所在，通过Aspen流程模拟计算，按照热量“温度对口、梯级利用”[3]原则，合理优化了分馏侧线回流量以提高蜡油侧线取热量。另外，在控制大油气结焦速度的前提下，降低急冷油量提高油气进分馏塔的温度，油气温度已由原来的416℃提高至418℃。从表3可知，优化后高温位侧线取热比例有显著提高，且原料取热量占高温油气总热量的比例由16.52%提高到17.36%，原料换热终温提高至298～302℃。

表3　优化前后分馏侧线回流取热变化

项　　目	优　化　前	优　化　后
顶循油		
取热量/MW	4.29	5.64
取热分布/%	22.64	26.91
柴油		
取热量/MW	5.80	4.60
取热分布/%	30.59	21.93
中段油		
取热量/MW	4.56	4.78
取热分布/%	24.03	22.80
蜡油		
取热量/MW	4.31	5.95
取热分布/%	22.74	28.37
回流总取热比例/%	23.44	25.93
原料总取热比例/%	16.52	17.36

3.2.2　提高加热炉热效率

该装置加热炉采用国内先进的双面辐射多火嘴卧管立式炉。加热炉火嘴采用偏平焰低NO_x火嘴。余热回收部分引入水热媒技术，排烟温度可控制在138℃左右，远远低于石化集团焦化装置平均排烟温度，经标定测算可以提高热效率7.12个百分点[4]，且排烟温度控制不受加热炉的处理量变化，保证排烟温度始终高于加热炉露点腐蚀温度，既降低能耗又防止了露点腐蚀。另外为了提高加热炉热效率，该装置还进行以下技术攻关和工艺改进：

1)更换火嘴孔径：装置燃料气管网压力虽然0.37MPa，但燃料气调节阀后压力只有0.025MPa左右，远低于设计值，导致火焰较高且飘散无力，燃烧不完全，不利于提高炉热效率，经分析主要为燃烧器选型与燃料气组成不配比，火嘴的孔径偏大，因此把原来的1.9mm孔径更换为1.7mm。更换后调节阀后压力提至0.04MPa以上，燃烧状况得到明显改善。

2)看火窗和防爆门增加保温：为了保证安全和观看火焰方便，加热炉的防爆门和看火窗都未进行衬里隔热处理，导致其外壁温度超过130℃，散热十分严重，为此在看火窗和防爆门的内侧增加可活动的保温材料，经处理后，其外壁温度只有40～50℃，降低加热炉散热损失。

3)漏风处理：加热炉一直存在对流室的氧含量明显高于辐射室，经过炉底配风调节仍没有得到改善，现场排查发现炉顶炉管吊挂冒漏风严重，造成加热炉上部氧含量偏高，影响加热炉热效率提高，因此进行了密封处理，有利于提高加热炉热效率。

4)加强加热炉日常维护的精细化管理：为了确保加热炉四路分支热负荷平衡，以达到炉膛燃烧负荷均衡平稳的效果，严格控制好加热炉四路进料流量，注意各分支量分配均匀，不要偏流，强化各分支工艺参数的监控，及时发现并处理分支流量指示偏差和漂移的现象；进行进料调节阀 PDI 参数的整合，减少流量波动幅度；针对炉管三点注汽量指示不准的问题，重新选定孔板安装位置；针对测量炉出口温度的热电偶选型不符安装规范的情况，购置和更换了新的热电偶。对火焰燃烧做到短火焰、齐火苗、有力不飘、颜色淡蓝明亮；对看火窗尤其炉底的看火孔使用完毕必须关严，减少漏风；对在线氧化锆分析定期调校，确保氧含量分析指示的正确性；定期对余热回收系统、对流室和辐射室的烟气组成分析和比较，以检测炉体漏风状况和燃烧器配风是否合理；为了确保合适的炉膛抽力和供氧，控制合理的炉膛负压和氧含量，经实际生产摸索，氧含量控制在 2.5% ~3.5%，炉膛负压控制 -25 ~ -35Pa，既保证了较低的过剩空气系数，火焰燃烧效果又最佳。

3.2.3 加热炉炉出口转油管线保温更换

加热炉炉出口至焦炭塔入口这一段转油线温差较大，大约温差为 11 ~12℃，其中一个主要原因是管线保温效果较差，经测定保温层的外表温度达到 84 ~90℃，为此经技术认证，重新设计保温材料和保温方式，改造后保温效果发生明显改观，保温层的外表温度在 40 ~50℃之间，温差下降到 9 ~10℃，总体提高了约 2℃，在保证焦化油进焦炭塔温度不变的情况下，降低了加热炉的热负荷，同时又不影响装置液体收率。

按照《石油化工管式炉热效率设计计算 SH/T 3045—2003》的行业标准计算加热炉的热效率在 91.7% 以上，2007 年装置燃料气消耗为 667.09MJ/t，比设计值下降了 203.52 个单位。

3.3 低温热综合利用，降低装置排弃能耗

焦炭塔的高温焦炭冷却后的油汽和热水普遍采用了空气和水冷却方式进行，另外分馏吸收系统的侧线流程也基本沿用换热一空气冷却一水冷却一出装置的模式，导致装置大量的低温热(≤150℃)仅简单地通过冷却水或空气冷却带走，未能回收利用，反而又增加了装置的排弃能耗，不符合能量转换、回收、利用的“三环节”优化原则[5]，经测算低温热热量达 59.01GJ/h 之多，回收潜力十分可观。

为此，对出装置的中间产品(稳定汽油、柴油和蜡油)以热输出方式与下游装置实现热联合，工艺改造内容为：稳定汽油增加一跨线甩开空冷 A202/1，2，水冷 E209/1，2，柴油增加一跨线甩开空冷 A103/1 ~4，蜡油增加一跨线甩开水冷 E108/3，4，以热输出形式出装置。对不连续和不稳定的低温热源(放空油汽和冷焦热水)以及分馏顶循环油则加热热煤水以维温罐区原油，替代原油罐区维温的 1.0MPa 蒸汽，工艺改造内容为：分别在对应的空气冷却器(A105/1 ~8，A131/1 ~6，A102/1 ~4)并联增加一组热媒水换热器以取代空气冷却器。

实施低温热技术改造后，焦化装置节电节水显著，合计节电 290.2kW，节约循环水 150t/h，可使焦化装置能耗下降 31.48MJ/t。

3.4 工艺改造和操作优化，降低蒸汽消耗

在焦化装置能耗总量中，蒸汽消耗占装置能耗的 20% 左右，因此采取适当措施减少或节省部分蒸汽的使用非常必要。

3.4.1 蒸汽流程改造

因该装置 1.0MPa 蒸汽品质较差，为确保焦炭塔试压、吹汽和气压机用汽要求，引入系统 1.0MPa 与汽包产的饱和蒸汽一同进入加热炉余热系统过热处理，提升了 1.0MPa 蒸汽品质，保证了气压机动力蒸汽要求，大大减少了 3.5MPa 蒸汽用量。

3.4.2 吸收系统操作优化

在保证吸收干气中 C_3 以上组分不超标的前提下，吸收稳定系统实行“低温低压”的方案，减小富气压缩比；同时因管线设计布置的缺陷，气压机小反飞管线振动大导致气压机必须保证一定的反飞动量，因此利用检修机会进行管线改造，目前小反飞阀全关，这两项措施可降低压缩机耗1.0MPa蒸汽1.5t/h，节能效果明显。

3.4.3 大小吹汽操作优化

除了气压机动力蒸汽之外，焦化装置主要用汽是焦炭塔吹汽操作耗汽，因此在保证焦炭挥发分指标的前提下，优化调整焦炭塔大小吹汽用量和吹汽时间，减少了蒸汽消耗十分必要，经过技术分析和操作经验，适当延长了小吹汽时间，减少大吹汽时间；同时大吹汽量由18t/h下降至13t/h，仍可以满足焦炭挥发分在10%左右。

另外在保证加热炉流速的前提下，优化了炉管三点注汽用量，注汽量由占加热炉进料量的1.5%下降至1%，既减少了3.5MPa蒸汽用量，又降低加热炉热负荷；对连续运行的管线停用蒸汽伴热，仅在冬季投用仪表蒸汽伴热，以降低蒸汽消耗。

3.5 提高电机效率和调整机泵操作，降低电消耗

装置现运行的机泵电机中，平均电机效率仅为52%，最高效率为76%，机泵效率整体不高，因为焦化装置半连续生产工艺特点，以及原料来源复杂产品分布波动较大，部分机泵流量波动频繁，造成机泵普遍设计余量较大，存在机泵“大马拉小车”现象，因此采用电机调频技术和泵削级处理则可以应对这些复杂因素，并又能有效提高电机效率，增强装置节电的能力。

1)加热炉辐射进料泵P102削级降压。该泵原设计出口压力为4.0MPa，泵的扬程和流量均超过工艺需求，为此将该泵由5级升压降为4级升压，泵出口压力降至2.8MPa，在相同负荷下，泵有效功率降低了31kW，节电效果明显[6]。

2)增设电机变频，对工艺操作和调节频繁的机泵，以及送输介质流量波动较大的机泵增设变频，即方便操作又节电，如调节加热炉风量和炉膛压力的鼓引风机，调节循环水温度的循环水风机和间歇操作的放空塔塔底循环泵等都取得一举两得的效果。

3)优化现场工艺流程，因装置现有柴油泵出口压力较高，吸收柴油可自压进入吸收塔，因此停运吸收柴油泵P201，可节电22kW；提高除焦效率和设备故障率，以减少高压水泵的运行时间，对于电机功率为3300kW的高压水泵，每次节省0.5h可节电1650kW·h。

3.6 提高水的利用率，降低水消耗

该装置新鲜水耗大多用于冷切焦水系统，消耗量约5~8t/h，主要因为焦炭塔除焦过程中产生出大量的水蒸气以及焦炭出厂携带约含8%的水分，加之冷切焦水储罐定期排焦、除油以及冷焦热水循环处理等工艺过程也造成水的损失，导致该系统需要补充一定量的新鲜水以维持系统的正常运行，而装置自备循环水场的排污水量约6t/h，白白排入污水井，另从水质分析看，循环水的水质优于冷切焦水，将排污水合理回用可一定程度上缓解冷切焦水系统补充水的需求。此外装置还引入排水的中水补充该系统，实现了冷切焦水系统新鲜水的零消耗，并用中水打扫装置卫生杜绝使用新鲜水，装置新鲜水耗用大大降低。此外控制和调整对机泵端面冷却水用量，尤其对不连续的高压水泵，其端面密封冷却水要求，停泵必须停注除盐水，减少除盐水的消耗。

4 节能效果分析

从表4可知，通过节能技术改造的有效实施和工艺操作调整及优化，装置能耗下降十分明显，2008年装置能耗1008.22MJ/t，比设计能耗下降了294.48个单位，比2006年下降了217.95个单位，并消化了期间完善吸收稳定系统增加的能耗，因此实际装置能耗比设计值下降了468.16个单位，与此同时节能也取得了较好的经济效益，以2008年为例，累计加工原料1.06×10^6 t，与2006年相比，则折标油可节约燃料油4347t，燃料油价格按2500 RMB/t计算，2008年节能已取得0.1387×10^8 RMB的经济效益。

表4 装置节能取得效果 MJ/t

名称	最初设计	2008年	2006年
新鲜水	0.17	0.13	0.71
循环水	49.03	48.24	66.46
除氧水	42.01	16.01	25.58
除盐水	0	1.29	3.14
电	177.36	127.45	159.89
3.5MPa蒸汽	55.64	117.71	136.14
1.0MPa蒸汽	124.61	97.69	119.46
燃料气	870.61	647.06	766.44
热输入	0	52.79	0
热输出	-19.1	-100.14	-51.67
装置能耗	1302.07	1008.22	1226.16
平均处理量/(t/h)	119.05	126.8	104.8

5 存在问题与建议

5.1 换热流程需要进一步优化

吸收稳定系统完善后，分馏侧线柴油(230℃)的换热流程为先用于解析塔再沸器，再与原料换热，而原料进装置温度已提至165℃，造成柴油“高热低用”的情况，导致原料与柴油换热取热量甚低，因此需要优化柴油换热流程，实现能量利用的最优化。

5.2 加热炉炉壁散热损失大

经测定，加热炉炉壁外的平均表面温度在70℃左右，虽基本满足一般炼油装置用火焰加热炉的行业标准SH/T 3036—2003的规定，但与国内一些焦化炉的平均表面温度在50℃左右，仍有较大差距，说明在加热炉炉壁保温方面大有潜力可挖，进一步减少炉壁的散热损失有利于提高炉热效率。

5.3 低温热回收利用不高

焦化装置低温热回收利用率仅约65%～70%，还存在分馏塔塔顶油气的低温热没有回收；虽然汽油和柴油实行热输出，尚存作为吸收剂的汽油和柴油低温热也没有回收利用，以及仅简单用水冷却的放空塔底循环油热量。所以装置低温热还可进一步回收利用。

5.4 蒸汽用量仍较大

蒸汽能耗仍比设计值大，一是完善吸收稳定系统后导致汽包自产汽量下降；二是现场1.0MPa蒸汽流程布置不合理，系统蒸汽进入装置主要用汽点(气压机和焦炭塔)管线走向布置没有选择最佳路线，增加了蒸汽温降和压降，降低了蒸汽品质，同时也需要强化管线保温效果；三是仪表和管线的蒸汽伴热能量浪费大，可以考虑用热水代替减少蒸汽用量。

5.5 机泵效率还有待提高

该装置机泵总体运行效率不高，虽然进行了一些机泵的削级处理和增设变频，但涉及面不广，尤其分馏吸收系统的侧线泵，受各种因素影响机泵输送负荷波动大，可通过设计核算，采取措施提高机泵效率，降低电耗。

6 结束语

通过对延迟焦化装置能耗构成逐一分解，分析影响能耗变化的关键因素，对照差距，采取提高装置处理量的手段，降低装置单位耗能；优化工艺和设备的运行，提高原料换热终温和加热炉热效率，减少燃料气消耗；实施低温热综合利用，降低装置排弃能耗；进行蒸汽流程改造和操作优化，降低蒸汽消耗；提高电机效率和调整机泵操作，降低电消耗；提高水的利用率降低水消耗，以此达到降低装置能耗的目的，全年相应可取得 1387×10^4 RMB 以上的经济效益，并就装置节能存在问题和潜力提出了下一步的工作方向。

参 考 文 献

[1] 侯芙生．发挥延迟焦化在深度加工中的重要作用[J]．当代石油石化，2006，14(2)：3~8

[2] 蔡晓洁等．延迟焦化装置能量系统优化改造[J]．炼油技术与工程，2002，32(2)：24~27

[3] 仵浩，华赍，王春花．石化企业低温热利用[J]．计算机与应用化学，2007，24(10)：1355~1358

[4] 陈齐全等．水热媒空气预热器在延迟焦化加热炉上的应用[J]．炼油技术与工程，2007，37(2)：52~54

[5] 陈清林等．某延迟焦化装置用能分析及改进[J]．炼油技术与工程，2003，33 (2)：58~60

[6] 吴波华，李小真．延迟焦化装置辐射进料泵的技术改造[J]．江西石油化工，2007，19(05)：37~40

三催化烟机采取优化措施大幅度提高发电量实现大幅度节能降耗

龚望欣[1]　李明哲　刘文涛

（中国石化北京燕山分公司炼油厂，北京　102503）

摘　要：北京燕山分公司200万吨/年重油催化裂化装置YLⅡ－18000A型烟气轮机在1998年投产是较先进的大型发电机组，该烟机在最初的几年里发电量一直不高，通过多年攻关，解决了膨胀节引起的震动，但是结垢问题一直没有较好的解决，在2008年更换新烟机后，三催化又采取了提高再生剂定碳、再生器提压、改善主风机供风量等措施使三催化烟机发电量大幅度提高，也实现了烟机的长周期运转。

关键词：三催化　烟机　发电　节能

1　前言

北京燕山分公司200万吨/年重油催化裂化装置烟气直接发电机系统是由YLⅡ－18000A型烟气轮机、14.5HSA型变速箱和QF－20－2型同步发电机配套机组组成。烟气轮机是催化裂化再生烟气中所具有热能和压力能膨胀做功转变为机械能的高速旋转机械，它发出的功率来驱动发电机直接发电从而达到能量回收的目的。1998年6月23日北京燕山分公司200万吨/年重油催化裂化装置能量回收系统的顺利投产，标志着我国催化裂化能量回收技术又前进了一步，烟气轮机的回收功率从过去的10000kW提高到15000～20000kW，使我国跨入了生产大中型烟气轮机的行列。

2　三催化烟机基本状况

YLⅡ－18000A型烟机是在10000kW的YL型烟气轮机基础上发展而来的，它继承了10000kW型烟机成熟的基本结构，并根据大型化的要求和原机型的一些不足进行了改进。其基本结构特点是采用了轴向进气和径向排气结构，轴向进气可以使烟气进入烟机时能稳定的流动，以确保烟气中催化剂颗粒均匀分布。避免了径向进气时，在离心力的分离作用下，产生颗粒集中的倾向，减小了入口压力的损失；机壳采用垂直剖分结构，从进气端拆装转子；轮盘与轮盘、轮盘与轴之间采用止口定位、套筒传扭，拉杆拉紧；叶片围带等处，喷涂耐磨涂层；壳体与转子之间设有蒸汽密封。YLⅡ－18000A型烟机的剖面图和发电机功率平衡情况和三催化的烟气流程图分别见图1、表1和图2。

表1　发电机组功率平衡情况表

项　目	设计参数	单　位	设计点
烟气轮机	流量	Nm^3	3536
	入口压力	MPa	0.35
	入口温度	℃	700
	出口压力	MPa	0.1072
	轴功率	kW	18500

续表

项　目	设 计 参 数	单　位	设 计 点
齿轮箱耗功		kW	-270
发电机自身损耗		kW	-474
功率平衡(发电)		kW	17756

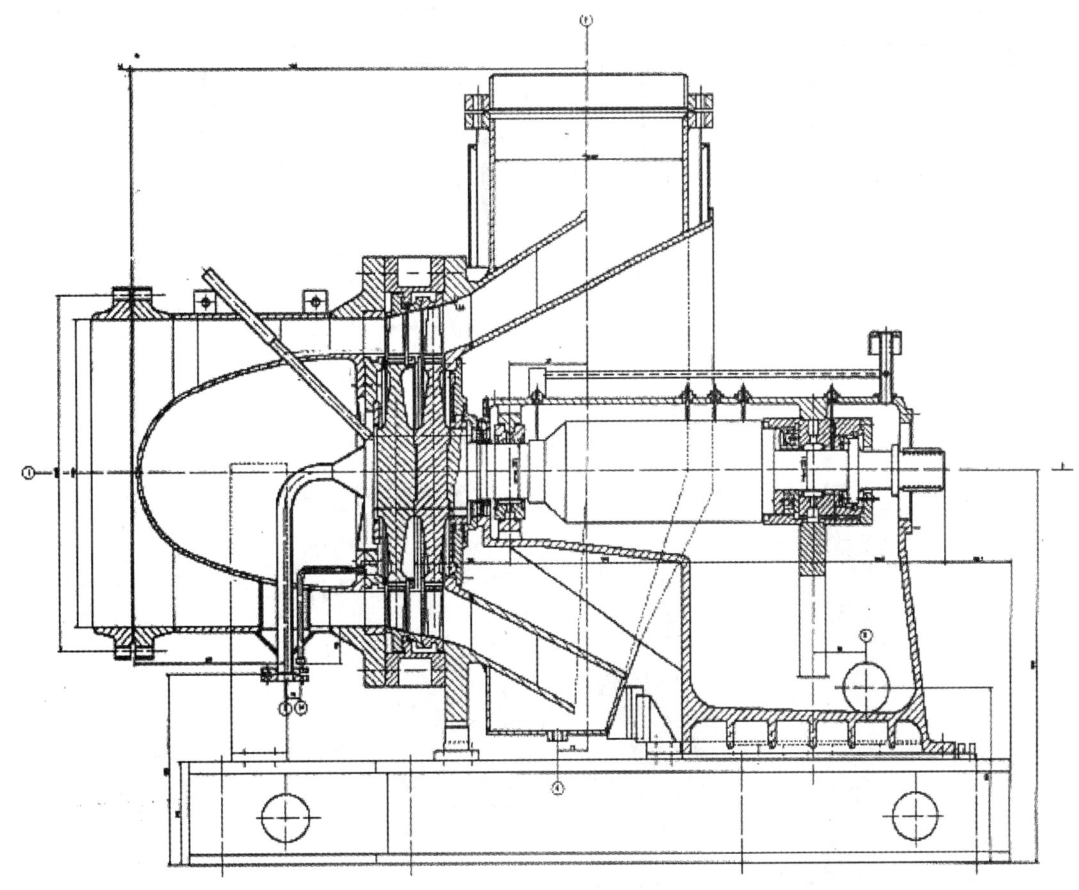

图1　YLⅡ18000A 型烟气轮机总剖面图

三催化的烟机在开工之初的前几年运行状况一直不太理想，每年都会由于震动原因导致停机，在膨胀节处的应力问题和腐蚀问题解决后(图3)，震动仍不见明显好转，尤其是烟机叶片之间的结垢问题长期制约着烟机的同步运行率(图4)。

直到2008年上半年，三催化的烟机发电量才达到比较理想的水平。2008年4月平均发电量达到13400 kW·h/h，三催化的烟机平均发电量达到了历史最高水平。2002年三催化烟机平均每小时发电量为6135 kW·h，2007年烟机发电每小时发电量为9299 kW·h。2008年4月累计发电量达到12094 kW·h/h。后来由于烟机长周期运转的需要，厂里决定在三催化余热锅炉抢修期间更换烟机，将双级叶片烟机更换为YL^{-1}6000A 型单级叶片烟机。三催化历年发电量如表2所示。

表2　三催化近年烟机年发电能力

	2003年	2004年	2005年	2006年	2007年	2008年
烟机总发电量/kW·h	20246493	34809103	69940580	77132310	78116220	105968520

2009年7月份累计发电量达到14067kW·h/h，超去年同期发电量的10%以上。

分析引起振动的原因发现：①两个再生器的催化裂化更容易发生烟机振动问题，这主要是两个

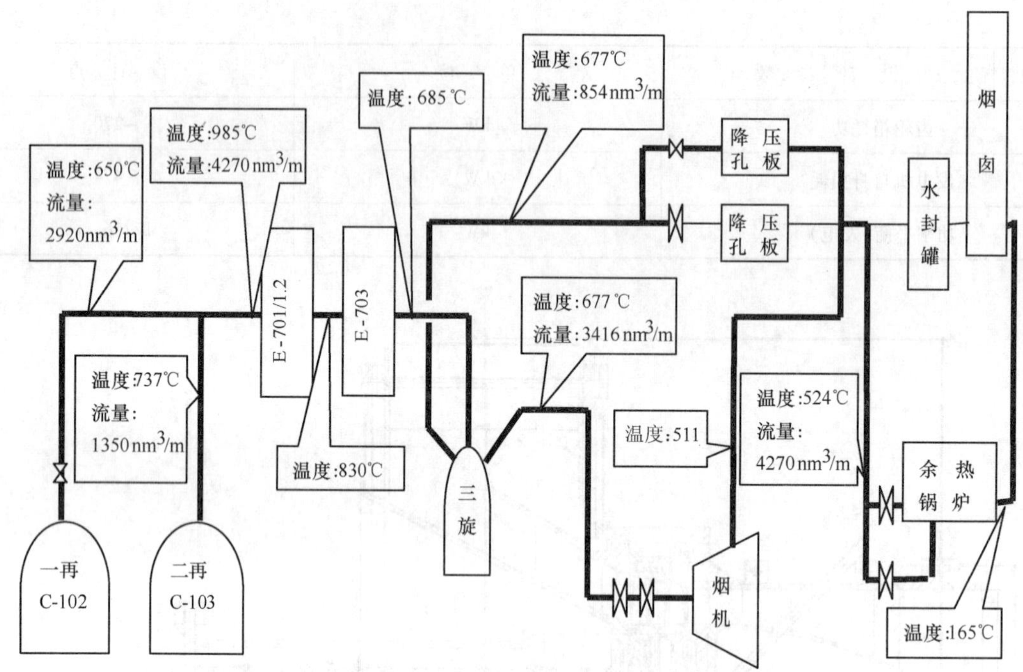

图2 三催化烟气流程图

图3 烟机入口变形的膨胀节

图4 烟机叶片的垢样

再生器的旋风分离器带出的催化剂粉尘限速不同，引起催化剂上分布的电荷也不同，在烟气携带着不同电荷的催化剂行进过程中容易造成催化剂相互之间进行吸附。②催化剂在再生器里面具备了长时间烧结的条件，在经过高温取热炉980℃左右的高温后随着烟气温度下降，在烟机叶片的温降明显的低温区结垢最明显，催化剂上的钙和磷会进一步促进结垢。

3 提高烟机发电措施

3.1 控制较高的再生剂定碳有利于烟机长周期运转

在为烟机长周期高负荷运转方面，工艺上主要是通过控制较高的再生剂定碳后从三方面改善烟机操作。第一、再生剂上的碳本身是很好的润滑剂，碳含量越高，催化剂之间的摩擦力越小，越不利于催化剂在烟机叶片上沉积；第二、再生剂上定碳越高，越能够降低催化剂颗粒间的静电吸附，由于催化剂始终是在反再系统内高速运转，运转过程中会使催化剂颗粒间产生较强的静电吸附，当再生剂上附着一定的焦炭后就会显著降低静电吸附，减少催化剂在叶片上吸附的可能；第三、系统中每立方厘米催化剂的表面积为100多平方米，如此之大的表面积主要是由于催化剂上的密集孔道造成，粗糙的表面使催化剂之间存在着较大的摩擦力，从显微镜下可以清晰的看到再生剂定碳高的催化剂有一个亮晶晶的外壳，因此，高再生剂定碳可以明显的降低催化剂的表面积，降低催化剂在烟机叶片上结垢的可能，解决了烟机叶片结垢问题也就解决了三催化烟机的长周期运转问题。

3.2 低再生温度操作法大幅度增加蒸汽发汽量促进发电量提高

2008年7月份三催化完成了余热锅炉的改造和YL^{-1}6000A型新烟机的更换。在新烟机更换后的近一个月时间内，烟机发电量一度徘徊在11800kW·h/h，就在普遍认为单级叶片烟机发电量比双级叶片烟机效率低5%而不会再进一步提高发电量时，三催化在摸索“低再生操作温度操作法”方面有了新的突破。

2008年8月1日，三催化要完全停用了CFB锅炉来的中压蒸汽，但经历了一下午的试验发现三催化在提高了25t/h发汽量的情况下还得再至少提供10t/h的蒸汽才有可能关闭CFB锅炉过来的中压蒸汽大阀。因此，三催化又将再生温度降低了10℃，首次在三催化使用了一氧化碳助燃剂，助燃剂的加入起到了非常良好的效果，在再生器温度降低到660℃的情况下，再生剂定碳也没有超过0.15%的新变更指标。第二再生器温度降低40℃至少增加了27t/h中压蒸汽发汽量，三催化完全关闭了CFB锅炉来的中压蒸汽。关闭CFB锅炉的中压蒸汽大阀后，三催化的中压蒸汽品质有了根本性提高，中压蒸汽压力由3.35MPa提高至3.64MPa，使1JHJ主风机的供风量提高了15%左右。由于主风量的增加，三催化烟机发电先是增加至13100 kW·h/h，最后达到14600 kW·h/h的历史新高点，突破了单机叶片烟机比双级叶片烟机发电量低的思想桎梏。

3.3 三催化进行再生器提压操作

2008年3月24日三催化进行了再生器降压试验，即降低再生滑阀差压试验。三催化分别对降压和升压过程进行了详细记录，见表3。

3月25日，KBC公司和三催化技术人员共同在三催化操作室进行了数据模拟试验和数据效验，并对一些关键趋势进行了确认，通过KBC软件计算，证明三催化收集的试验数据合理，和软件模拟计算结果一致。在三催化实施降压操作不利于烟机发电，在再生器压力较高工况下发电最理想，三催化烟机入口阀门已经近于全开，烟机发电达到了设备的最大负荷。为进一步摸索提高烟机发电量的途径，三催化进行了提高再生器压力试验，将压力提高到0.286MPa，相应的烟机发电量有所提高，通过该试验证明：通过提高再生器压力，烟机发电量会进一步提高。三催化烟机发电量对比见表4。

表3 三催化再生器提压试验数据

时　间	2：00	2：30	3：00	3：30	4：00
在线分析仪入口浓度	626	626	637	651	645
出口浓度	98	99	101	103	101
1#主风机耗汽量/(t/h)	132	132	132	134	132
1#主风机出口压力/kPa	343	346	348	349	348
2#主风机电流/A	1032	1052	1056	1058	1053
2#主风机出口压力/kPa	335	343	345	345	345
烟机发电量/kW·h	13880	14040	14200	14260	14370
二再压力/MPa	280.3	282.4	284.4	286.2	286.4
E-701前压力/MPa	273.4	275.1	277.5	279.5	280.1
E-702后压力/MPa	223.3	225.2	228	229.8	230.2
三旋出口压力/kPa	252.1	254.9	257.3	259.5	259.6
烟机入口压力/kPa	254.5	256.2	258.5	260.4	260.6

表4　三催化烟机年发电量对比

	2006年	2007年	2008年	2009年11月累计
总发电量/kW·h	77132310	78116220	105968520	112714270

4　结语

对于两个再生器还拥有双级叶片的烟机很难克服烟机结垢问题，在三催化总结多年的经验后取得了一定的成绩，不过和长周期相比，三催化更换单级烟机后已运行一年，经济效益要好于双级烟机时的状况。三催化烟机在提高发电量方面最突出的两项进步是：

1）通过核算可知，从烟机旁路流失的烟气量很大，通过再生器提压可较大幅度的提高发电量，因为再生器在设计上会充分考虑再生器憋压的情况，因此，日常的操作压力完全可以在略高于再生器设计操作压力工况下操作。

2）烟机入口切断阀和截止阀全开的操作方法完全可行，三催化烟机也曾经发生过飞车的情况，但通过近两年的操作已证明烟机入口阀全开是可行的。在继2008年比2007年多发电35.8%的情况下，今年前10个月就超过去年全年的发电量，比2004年发电量翻两番，仅今年前11个月就发电112714270度，远超去年全年的105968520度。